The Condensed Protocols

From *Molecular Cloning: A Laboratory Manual*

JN443424

역자 소개

강 범 식

소속: 경북대학교 자연과학대학 생명과학부 교수

최종학력 및 학위: 연세대학교, 이학박사

강 형 련

소속: 경상대학교 의학전문대학원 미생물학교실 교수

최종학력 및 학위: 서울대학교, 이학박사

김 정 호

소속: 서강대학교 자연과학부 생명과학과 교수

최종학력 및 학위: 캐나다 McGill University, 이학박사

배 기 호

소속: 연세대학교 과학기술대학 생명과학기술학부 교수

최종학력 및 학위:미국 Rutgers, The State University of New Jersey ,이학박사

오 상 택

소속: 국민대학교 자연과학대학 발효융합학과 교수

최종학력 및 학위: 서울대학교, 이학박사

장 영 주

소속: 단국대학교 치과대학 치의예과/대학원 나노바이오의과학과 교수

최종학력 및 학위: 한국과학기술원, 이학박사

정 광 환

소속: 서강대학교 자연과학부 생명과학과 교수

최종학력 및 학위: 미국 University of Texas - Houston Medical School, 이학박사

한 징 택

소속: 서강대학교 자연과학부 생명과학과 교수

최종학력 및 학위:미국 Rutgers, The State University of New Jersey ,이학박사

The Condensed Protocols

From *Molecular Cloning: A Laboratory Manual*

Sambrook and Russell

대표 역자 김정호

강범식 강형련 배기호 오상택
장영주 정광환 한징택 공역

월드사이언스
worldscience.co.kr

The Condensed Protocols

Originally published in English as *The Condensed Protocols from Molecular Cloning: A Laboratory Manual* by Joseph Sambrook and David W. Russell © 2006 Cold Spring Harbor Laboratory Press, Cold Spring Harbor, New York, USA.

© 2012 World Science Publishg. Printed in Korea.

Authorized Korean translation of the English edition © 2006 Cold Spring Harbor Laboratory Press. This translation is published and sold by permission of Cold Spring Harbor Laboratory Press, the owner of all rights to publish and sell the same.

이 책의 판권소유자인 Cold Spring Harbor Laboratory Press 사와의 계약에 따라 도서출판 월드사이언스가 국내 번역 출판권을 소유하고 있습니다. 본사의 허락없이는 일부 또는 전부를 복사 · 전송할 수 없습니다.

The Condensed Protocols

인쇄	2012년 6월 30일
발행	2012년 7월 10일
역자	김정호 강범식 강형련 배기호 오상택 장영주 정광환 한징택
발행인	박선진
발행처	도서출판 월드사이언스
등록	1988년 2월 12일 제16-1601호
주소	서울특별시 서초구 방배동 864-31 월드빌딩 1층
TEL	02) 581-5811~3
FAX	02) 521-6418
E-mail	worldscience@hanmail.net
URL	http://www.worldscience.co.kr

정가 48,000원
ISBN 978-89-5881-168-8

이 도서의 국립중앙도서관 출판시도서목록(CIP)은 e-CIP홈페이지(http://www.nl.go.kr/ecip)와 국가자료공동목록시스템(http://www.nl.go.kr/kolisnet)에서 이용하실 수 있습니다.(CIP제어번호: CIP2012002910)

Contents

CHAPTERS

1 유전자클로닝을 위한 플라스미드 벡터의 사용, 1
2 박테리오파지 λ와 그 벡터들, 77
3 박테리오파지 M13 vector를 이용한 실험, 133
4 고효율 벡터를 이용한 실험들, 153
5 DNA의 젤 전기영동과 펄스 필드 아가로우즈 젤 전기영동, 187
6 진핵 게놈 DNA의 정제와 분석, 237
7 진핵세포 mRNA의 추출, 정제 그리고 분석, 269
8 중합효소연쇄반응에 의한 시험관에서의 DNA 증폭, 309
9 방사성 표지된 DNA와 RNA 탐침의 준비, 357
10 합성 올리고뉴클레오타이드 탐침제 (Probe), 401
11 cDNA 라이브러리 준비와 유전자 동정, 427
12 DNA 염기서열결정, 467
13 돌연변이 유발, 505
14 발현 library의 탐색, 543
15 클로닝한 유전자를 대장균에서 발현하기, 573
16 클로닝한 유전자를 배양중인 포유류 세포 내로 도입하기, 599
17 포유동물세포에서의 유전자발현 분석, 621
18 단백질 상호작용 기술, 655

APPEMDICS

1 분자 클론닝에 사용하는 시약 및 완충액, 691
2 배지, 717
3 분자 클론닝에 일반적으로 이용하는 실험 방법 , 727
4 주의 사항, 769

INDEX, 779

옮긴이말

오늘날 생명과학에서 molecular cloning tool의 의미를 재차 강조하지 않더라도 그 중요성을 모두 인식하고 있으시리라 본다. 지난 1980대 말 Sambrook 박사와 Russell 박사가 저술한 Molecular Cloning –A Laboratory Manual이 Cold Spring Harbor Laboratory Press를 통해 출간된 이래 전 세계의 많은 연구실에서 이 책을 기본서로 교육이 이루어져 왔고, 현재 이 책은 내용이 증가되어 총 세 권의 책으로 3판이 출간되었다. Sambrook과 Russel 박사의 Molecular Cloning은 훌륭한 실험서이자 교육용 도서이다. 이 책은 대학원생뿐만 아니라 학부생들의 교육에도 필수적인 내용을 담고 있어 전 세계 대학에서 교재나 참고도서로 사용하고 있다. 하지만 세 권의 책에 담긴 막대한 분량을 한 학기에 모두 소화해야 하는 것이 항상 문제였다.

그런 어려움이 있던 가운데 고맙게도 Sambrook 박사와 Russell 박사가 세 권에 담긴 내용을 800 여 페이지 분량으로 축약해 한 권의 책으로 묶어 The Condensed Protocols – From Molecular Cloning: A Laboratory Manual을 내 놓았다. 이 책 역시 Molecular Cloning을 발행했던 Cold Spring Harbor Laboratory Press가 출간을 맡았다. 비록 세 권의 책이 한 권으로 요약되어 발간되긴 하였으나, plasmid, 벡터, 전기영동, probe, DNA 염기서열 분석, expression library 스크리닝, protein interaction technology 등 학부 및 대학원 교육에 필요한 내용을 광범위하게 다루고 있다. 이 책이 교육용으로 좋은 점은 실험과정이 그림과 함께 설명되어 있을 뿐만 아니라 각 스텝 마다 이론적인 내용이 함께 첨가되어 있어 대학원생들뿐만 아니라 실험경험이 상대적으로 적은 학부생들의 교육에도 좋다는 것이다. 또한 각 단원마다 실험에 사용되는 시약과 장비들도 자세하게 정리되어 있고, 책의 후반부에는 부록파트의 형태로 molecular cloning에 사용되는 시약 제조 방법, 배지조성, 그리고 실험 과정에서 필요한 주의사항 등이 정리되어 있어 실험에 대한 이론과 실기를 익히는데 안성맞춤인 교재라고 할 수 있다.

이 책의 한글 번역본을 완료하면서 바쁜 학사일정에도 흔쾌히 번역업무에 참여해 주신 한징택 (서강대학교), 강범식 (경북대학교), 강형련 (경상대학교), 배기호 (연세대학교), 장영주 (단국대학교), 정광환 (서강대학교), 오상택 (국민대학교) 교수님들께 감사의 말씀을 드린다. 또한 이 책의 출판에 많은 배려를 해 주신 월드사이언스 박선진 사장님과 임후택 부장님께 사의를 표하고, 방대한 내용의 편집과 교정에 많은 노력을 아끼지 않으신 이은경 과장님을 비롯한 월드사이언스직원분들께도 역자들을 대표해 감사의 말씀을 드린다.

2012년 6월

옮긴이 대표 김 정 호

제 1 장

유전자클로닝을 위한 플라스미드 벡터의 사용

Using Plasmid Vectors in Molecular Cloning

프로토콜 1.1	SDS를 이용한 알칼리 분해법에 의한 플라스미드 DNA 추출법: 미니플랩
프로토콜 1.2	SDS를 이용한 알칼리 분해법에 의한 플라스미드 DNA 추출법: 미디플랩
프로토콜 1.3	SDS를 이용한 알칼리 분해법에 의한 플라스미드 DNA 추출법: 맥시플랩
프로토콜 1.4	가열을 통한 플라스미드 DNA의 소량추출법
프로토콜 1.5	가열을 통한 플라스미드 DNA의 대량추출법
프로토콜 1.6	이쑤시개를 이용한 플라스미드 DNA 추출법
프로토콜 1.7	SDS를 이용한 알칼리 분해법에 의한 플라스미드 DNA 추출법
프로토콜 1.8	Polyethlene glycol를 이용한 플라스미드 DNA 추출법
프로토콜 1.9	column 크로마토그래피를 이용한 플라스미드 DNA 정제
프로토콜 1.10	CsCl–ethidium bromide 농도기울기에서 평형화 원심분리로 닫힌 원형의 DNA를 정제: 연속된 농도기울기
프로토콜 1.11	CsCl–ethidium bromide 농도기울기에서 평형화 원심분리로 닫힌 원형의 DNA를 정제: 비연속 농도기울기
프로토콜 1.12	유기용매를 이용한 phase extraction으로 DNA에서 ethidium bromide를 제거
프로토콜 1.13	이온교환크로마토그래피를 이용한 DNA에서 Ethidium Bromide 제거
프로토콜 1.14	NaCl을 이용한 원심분리방법으로 정제한 DNA에서 작은 핵산조각 제거
프로토콜 1.15	Sephacryl S–1000을 이용한 크로마토그래피방법으로 정제한 DNA에서 작은 핵산 조각 제거
프로토콜 1.16	플라스미드 DNA 준비물에서 작은 핵산조각을 lithium chloride로 침전시켜 제거
프로토콜 1.17	플라스미드 벡터에 방향성 있게 클로닝
프로토콜 1.18	Protruding 말단에 Adaptor 붙이기
프로토콜 1.19	플라스미드 벡터에 blunt–end 클로닝
프로토콜 1.20	플라스미드 DNA의 인산기 제거
프로토콜 1.21	Blunt–ended DNA에 합성 linker 정착
프로토콜 1.22	Low–melting agarose에서 플라스미드와 표적 DNA를 연결
프로토콜 1.23	Hahahan 방법으로 대장균 competent의 준비와 형질전환: 고효율 형질전환
프로토콜 1.24	Inoue 방법으로 대장균 competent의 준비와 형질전환: ultra–competent cell
프로토콜 1.25	Calcium chloride를 사용한 대장균 competent cell 준비와 형질전환
프로토콜 1.26	Electroporation 방법으로 대장균의 형질전환
프로토콜 1.27	X–gal과 IPTG를 이용한 세균 콜로니 선별: α–complementation
프로토콜 1.28	Hybridization을 이용한 세균 콜로니 검색: 작은 개수
프로토콜 1.29	Hybridization을 이용한 세균 콜로니 검색: 중간 개수
프로토콜 1.30	Hybridization을 이용한 세균 콜로니 검색: 많은 갯수
프로토콜 1.31	콜로니를 용해하여 DNA를 필터에 붙이기
프로토콜 1.32	필터에 고정된 세균 DNA에 대한 hybridization

BACKGROUND INFORMATION

다른 언급이 없으면 기본이 되는 정보는 Molecular Cloning: A Laboratory Manual, 3판 (이제부터 MC3)에 있다.

적절한 대장균 종의 선택	MC3, pp. 1.14–1.16
대장균 종의 유전적 표식과 특징	MC3, pp. A3.6–A3.10
각 플라스미드의 측성	MC3, pp. A3.2–A3.3
플라스미드 벡터의 종류	MC3, pp. 1.11–1.14

프로토콜 1.1

SDS를 이용한 알칼리 분해법에 의한 플라스미드 DNA 추출법: 미니플랩
Preparation of Plasmid DNA by Alkaline Lysis with SDS: Minipreparation

작은 스케일 (1–2 ml)의 세균배양액으로부터 플라스미드 DNA를 알칼리와 SDS를 처리하여 추출한다.

MATERIALS

CAUTION: 〈!〉로 표시된 시약의 적절한 조작법은 Appendix 4에서 참조하세요.

Reagents and Solutions

Appendix 1 에 있는 stock 용액과 버퍼, 시약의 조성을 참조한다. Stock 용액을 적절한 농도로 희석한다.

Alkaline lysis solution I과 II, III

Alkaline lysis solution II는 새롭게 만들어서 상온에서 사용한다.

Ethanol

Ethanol (70%)

Phenol:Chloroform (1:1, v/v) 〈!〉 (선택사항; 단계 8)

20 μg/ml RNaseA를 함유한 TE (pH 8.0)

Vectors and Hosts

정제할 플라스미드를 갖는 형질전환된 대장균의 콜로니

Media and Antibiotics

플라스미드 선택에 적절한 항생제를 함유한 LB나 YT, Terrifiv Broth

Centrigues/Rotors/Tubes

Microfuge (4℃)

Additional Items

진공흡입장치 (그림 1–1 참조)

Additional Information

알칼리 분해법의 원리 MC3, p.1.31

알칼리 분해법의 문제해결 MC3, p.1.42

METHOD

1. 적절한 항생제를 함유한 LB나 YT, Terrific Broth 2 ml에 형질전환된 세균의 콜로니 한 개를 접종한다. 37℃에서 밤새도록 진탕배양한다.
2. 배양액 1.5 ml를 microfuge tube에 넣고 최고 속도에서 30초간 4℃에서 원심분리한다. 남은 배양액은 4℃에 보관한다.
3. 진공흡입 (aspiration)으로 microfuge tube에서 상등액을 제거하고 세균침전물을 가능한 말린다 (그림 1–1).
4. 세균침전물을 차가운 alkaline lysis solution I 100 μl를 넣고 vertex하여 재현탁시킨다.
5. 새로 제조한 alkaline lysis solution II 200 μl를 세균현탁액에 넣는다. Tube의 뚜껑을 닫고 다섯 번 tube를 뒤집어 내용물이 잘 섞이게 한다. Vortex하지 말 것! Tube를 얼음에 보관한다.

Adapted from Chapter 1, Protocol 1, p. 1.32 of MC3.

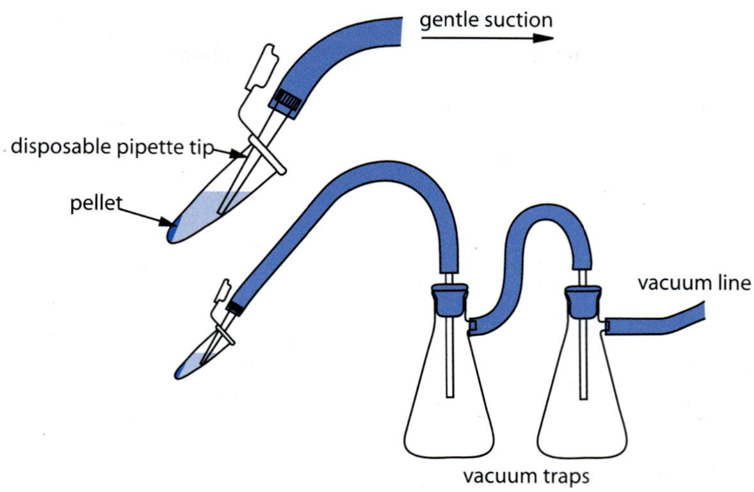

그림 1-1 상등액을 흡입으로 제거

뚜껑을 연 microfuge tube를 침전물이 위쪽으로 향하도록 잡는다. 진공펌프에 연결된 일회용 pipette tip을 사용하여 tube에 있는 액체를 제거한다. Pipette tip으로 침전물이 딸려나가지 않도록 약하게 빨아 당긴다. Tip의 끝이 침전물에 닿지 않도록 한다. 마지막으로 tube 벽면의 붙은 액체방울도 제거한다.

Tube의 안쪽 면 전체가 alkaline lysis solution II와 확실히 접촉할 수 있도록 한다.

6. 얼음으로 차갑게 한 alkaline lysis solution III를 150 μl 만큼 첨가한다. Tube의 뚜껑을 닫고 여러 번 tube를 뒤집어 진득한 세균용해액 전체에 퍼지도록 한다. Tube를 3–5분간 얼음 속에 방치한다.
7. microfuge에서 최고속도로 5분간 세균용해액를 4℃에서 원심분리한다. 상등액을 새 tube로 옮긴다.
8. (선택) 동일 부피의 phenol:chloroform을 넣는다. Vortex하여 용기용매층과 수용액층을 섞고 이 유탁액을 4℃에서 microfuge로 2분간 최대 속도로 원심분리한다. 상층의 수용액을새 tube로 옮긴다.
9. 상온에서 수용액에 2배 부피의 에탄올을 넣어 핵산을 침전시킨다. Vortex하여 용액을 섞고 혼합액을 상온에서 2분간 놓아둔다.
10. 4℃에서 microfuge로 5분간 최대속도로 원심분리하여 침전된 핵산을 모은다.
11. 그림 1–1과 같이 흡입으로 부드럽게 상등액을 제거한다. 용액이 모두 흘러내리도록 tube를 종이타월위에 뒤집어 놓는다. Kimwipe나 일회용 pipette tip을 이용하여 tube 벽면의 붙은 작은 방울까지 제거한다.
12. 침전물에 70% 에탄올을 1 ml 넣고 뚜껑을 닫고 tube를 몇번 뒤집는다. 4℃에서 microfuge로 2분간 최고속도로 원심분리하여 DNA를 회수한다.
13. 그림 1–1과 같이 부드러운 흡입하여 상등액을 모두 제거한다.

    이 단계에서 조심한다. 침전물이 tube에 단단히 붙어 있지 않은 경우도 있다.
14. tube 벽면에 조금한 에탄올 방울도 모두 제거한다. 뚜껑을 연채 상온에서 에탄올이 증발되고 tube안에 용액이 보이지 않을 때까지 방치한다. (5–10 분)
15. 20 μg/ml 농도의 DNase-free RNaseA (pancreatic RNase)를 함유한 TE (pH 8.0) 50 μl로 핵산을 녹인다. 수 초간 천천히 용액을 vortex하고 DNA 용액을 –20℃에서 보관한다.

프로토콜 1.2 SDS를 이용한 알칼리 분해법에 의한 플라스미드 DNA 추출법

Preparation of Plasmid DNA by Alkaline Lysis with SDS: Midipreparation

이 프로토콜은 중간 스케일 (20–25 ml)의 세균배양액으로부터 플라스미드 DNA를 알칼리와 SDS를 처리하여 추출하는 방법을 설명한다.

MATERIALS

CAUTION: 〈!〉로 표시된 시약의 적절한 조작법은 Appendix 4에서 참조하세요.

Reagents and Solutions

Appendix 1 에 있는 stock 용액과 버퍼, 시약의 조성을 참조한다. Stock 용액을 적절한 용액으로 희석한다.

Alkaline lysis solution I과 II, III

Chromatography를 통해 추가적으로 정제 (프로토콜 1.9 참조)를 시도할 플라스미드 DNA의 제조를 위해서는 사용하기 바로 전에 멸균한 alkaline lysis solution I에 DNase–free RNase를 농도가 100 μg/ml이 되도록 보충한다.

Alkaline lysis solution II는 새롭게 만들어서 상온에서 사용한다.

Ethanol

Ethanol (70%)

Phenol:Chloroform (1:1, v/v) 〈!〉

STE (선택사항 단계3의 note 참조)

20 μg/ml DNase–free RNaseA를 함유한 TE (pH 8.0)

Vectors and Hosts

정제할 플라스미드를 갖는 형질전환된 대장균의 콜로니

Media and Antibiotics

플라스미드 선택에 적절한 항생제를 함유한 LB나 YT, Terrific Broth

Enzymes and Buffers

RNaseA (pancreatic RNase), DNase–free

Centrigues/Rotors/Tubes

Microfuge (4℃와 상온)

Sorvall SS–34 roter와 15–ml tube (4℃)

Additional Items

진공흡입장치 (그림 1–1 참조)

Additional Information

알칼리 분해법의 원리 MC3, p.1.31

알칼리 분해법의 문제해결 MC3, p.1.42

METHOD

1. 적절한 항생제를 함유한 LB나 YT, Terrific Broth 10 ml에 형질전환된 세균의 콜로니 한 개를 접종한다. 37℃에서 밤새도록 진탕배양한다.
2. 배양액을 15-ml tube에 옮기고 세균을 2000 g (Sorvall SS-34 rotor로 4000 rpm)로 4℃에서 10분간 원심분리하여 회수한다.
3. 부드러운 흡입으로 배지를 제거하고 균체를 가능한 한 마르도록 방치한다.

   (*선택사항*) 세균침전물을 STE로 씻는다. 이 단계가 일반적으로 midiprep DNA에 대해 제한효소로 잘리는 효율을 높여준다.
4. 세균침전물을 냉각한 200 μl의 alkaline lysis solution I을 넣고 격렬하게 vortex하여 재현탁하고 이를 microfuge tube로 옮긴다.
5. 각 재현탁액에 새로 만든 alkaline lysis solution II를 400 μl 씩 넣는다. 뚜껑을 닫고 빠르게 다섯 번 tube를 뒤집어 내용물을 섞는다. Vortex하지 말 것! Tube를 얼음에 보관한다.

   Tube의 안쪽 면 전체가 alkaline lysis solution II와 확실히 접촉할 수 있도록 한다.
6. 차가운 alkaline lysis solution III를 300 μl 넣는다. 뚜껑을 닫고 tube를 여러 번 뒤집어 alkaline lysis solution III가 점액상태의 세균용해액에 퍼지게 한다. Tube를 얼음에서 3-5분간 방치한다.
7. microfuge로 4℃에서 5분간 최고속도로 원심분리한다. 600 μl의 상등액을 새로운 tube로 옮긴다.
8. 같은 부피의 phenol:chloroform을 넣는다. 유기용매층과 수용액층을 vortex하여 섞는다. microfuge로 4℃에서 2분간 최고속도로 유탁액을 원심분리한다. 새 tube에 수용성인 상층액을 옮긴다.
9. 상층액에 상온에서 600 μl의 isopropanol을 첨가하여 핵산을 침전시킨다. vortex로 용액을 완전히 섞어주고 상온에서 2분간 방치한다.
10. 침전된 핵산을 microfuge로 상온에서 최고속도로 5분간 원심분리하여 모은다.
11. 위 Step 3에 설명된 것과 마찬가지로 조심스럽게 흡입하여 상등액을 제거한다. Tube를 거꾸로 종이타월에 놓아 모든 용액이 빠져나오도록 한다. tube 벽에 붙어 있는 용액방울을 모두 제거한다.
12. 침전물에 70% 에탄올을 1 ml 넣고 microfuge의 최고속도로 상온에서 2분간 원심분리하여 DNA를 회수한다.
13. Step 3에 설명한 것 같이 부드럽게 흡입하여 모든 상등액을 제거한다.
14. Tube 벽면에 묻어 있는 에탄올 방울을 모두 제거한다. 상온에서 tube의 뚜껑을 열어둔 채 에탄올이 증발하여 아무 액체도 tube에서 보이지 않도록 방치한다 (2-5 분).
15. 핵산을 100 μl의 DNase-free RNase (pancreatic RNase)가 첨가된 TE (pH 8.0)에 녹인다. 용액을 수초간 약하게 vortex하고 -20℃에서 보관한다.

프로토콜 1.3 SDS를 이용한 알칼리 분해법에 의한 플라스미드 DNA 추출법

Preparation of Plasmid DNA by Alkaline Lysis with SDS: Maxipreparation

큰 스케일 (500 ml)의 세균배양액으로부터 플라스미드 DNA를 알칼리와 SDS를 처리하여 추출한다.

MATERIALS

CAUTION: 〈!〉로 표시된 시약의 적절한 조작법은 Appendix 4에서 참조하세요.

Reagents and Solutions

Appendix 1 에 있는 stock 용액과 버퍼, 시약의 조성을 참조한다. Stock 용액을 적절한 용액으로 희석한다.

Alkaline lysis solution I, II, III

계속되는 plasmid의 정제과정이 chromatography (Protocol 1.9 참조)를 이용할 경우, 멸균한 alkaline lysis solition I에 20 mg/ml DNase-free RNase A를 최종농도가 100 μg/ml이 되도록 보충한다

Chloramphenicol (34 mg/ml) 〈!〉

low와 moderate-copy-number plasmid 경우만 필요

Ethanol (70%)

Isopropanol

Phenol:Chloroform (1:1, v/v) 〈!〉

STE

TE (pH 8.0), 20 μg/ml DNase-free RNase A를 함유한 것

Vectors and Hosts

관심대상의 플라스미드를 갖는 형질전환된 대장균 콜로니나 late-log-phase 배양액

Media and Antibiotics

플라스미드 선택에 적절한 항생제를 함유한 LB나 YT, Terrific Broth

Enzymes and Buffers

DNase-free RNase A (Pancreatic RNase)

Lysozyme (10 mg/ml)

Restriction enzymes

Gels/Loading Buffers

1% Agarose gel

Gel-loading buffer IV

Centrigues/Rotors/Tubes

Microfuge (4℃와 상온용)

Sorvall SLC-1500 rotor와 원심분리통 (4℃)

Additional Items

이 프로토콜의 step 18에는 프로토콜 1.8과 1.11에 나열된 시약을 필요로 한다.

이 프로토콜의 step 18과 19에는 프로토콜 5.1에 나열된 시약을 필요로 한다.

진공흡입장치 (그림 1-1 참조)

Adapted from Chapter 1, Protocol 3, p. 1.38 of MC3.

Additional Information

Chloramphenicol	MC3, p. 1.143–1.144
Lysozymes	MC3, p. 1.153
전형적인 수율	MC3, p. 1.50
문제해결	MC3, p. 1.42

METHOD

1. 적절한 항생제를 함유한 LB나 YT, Terrific Broth 30 ml에 형질전환된 세균의 콜로니 한 개나 하나의 콜로니에서 유래된 small-scale 액체배양액 0.1–10 ml를 접종한다.
2. 적절한 온도에서 강한 흔들기로 배양액의 성장이 late log phage (OD_{600} = ~0.6)에 들어갈 때까지 진탕배양한다.
3. 적절한 항생제를 함유한 LB나 YT, Terrific Broth 500 ml을 2–liter 플라스크 안에 넣고 37℃가 되도록 따듯하게 한다. 따듯해진 배지에 late–log–phase까지 자란 배양액 25 ml를 접종하고 37℃에서 2.5 시간동안 진탕배양한다 (rotary shaker에서 250 cycles/min)
4. 낮거나 중간정도의 copy number를 갖는 플라스미드의 경우, 34 mg/ml chloramphenicol 용액 2.5 ml를 첨가한다. 배양액의 chloramphenicol의 최종농도는 170 μg/ml이 되어야 한다.
   high–copy–number plasmid은 chloramphenicol을 첨가할 필요가 없다.
5. 배양액을 37℃에서 12–16시간 더 진탕배양한다. (rotary shaker에서 250 cycles/min)
6. 세균 배양액을 1–2 ml 덜어 새 microfuge tube에 옮기고 4℃에서 보관한다. 나머지 세균배양액은 2700 g (Sorval SLC–1500 rotor로 4100 rpm)에서 15분간 4℃에서 원심분리하여 수확한다. 상등액은 버리고 원심분리 통은 거꾸로 뒤집어 세워놓는다.
7. 세균 침전물을 200 ml의 차가운 STE에 재현탁한다. 균체를 Step 6과 같이 원심분리하여 회수한다. 원심분리 통안의 세균 침점물은 –20℃에서 보관한다.
8. 프로토콜 1.1이나 1.4에 설명한 방법 중 하나로 Step 6에서 준비한 1–2 ml 분주한 배양액에서 플라스미드 DNA를 추출한다. 소량 준비한 플라스미드 DNA를 적절한 제한효소로 자르고 agarose 전기영동을 통해 분석하여 올바른 플라스미드가 대량 배양에 사용되었는지 검증한다.
9. Step 7에서 얼린 세균 침전물을 상온에서 5–10분간 녹인다. alkaline lysis solution I 18 ml (10 ml)에 침전물을 재현탁한다.
10. 새롭게 준비한 10 mg/ml lysozyme 용액을 2 ml (1 ml) 첨가한다.
11. 40 ml (20 ml)의 신선하게 준비한 alkaline lysis solution II를 넣는다. 원심분리 통의 뚜껑을 닫고 통을 여러 번 조심스럽게 뒤집어 내용물을 완전히 섞는다. 상온에서 5–10분간 반응시킨다.
12. 얼음에서 차갑게 한 alkaline lysis solution III를 20 ml (10 ml) 넣는다. 원심분리 통의 뚜껑을 닫고 내용물이 잘 섞이도록 통을 여러 번 휘저어준다. (더 이상 두개로 구별되는 액체 층이 없게 된다) 통을 얼음에서 10분간 방치한다.
13. 세균용해액을 4℃에서 30분간 medium–speed centrifuge를 이용하여 20,000 g (Sorvall SLC–1500 rotor로 11,000 rpm)이상에서 원심분리한다. rotor를 정지시킬 때는 브레이크를 사용하지 않는다. 원심분리가 끝나면 투명한 상등액을 눈금실린더로 옮기고 원심분리통 안에 남은 침전물은 버린다.

14. 상등액의 부피를 측정하고 0.6 배 부피의 isopropanol과 함께 새로운 원심분리 통으로 옮긴다. 내용물을 잘 섞고 상온에서 10분간 보관한다.
15. 침전된 핵산을 상온에서 15분간 12,000 g (Sorvall SLC-1500 rotor로 8000 rpm)에서 원심분리하여 회수한다.
16. 상등액을 조심스럽게 버리고 통을 거꾸로 종이타월위에 세워 상등액 방울까지 모두 빠져나오게 한다. 침전물과 통의 벽을 70% 에탄올로 상온에서 헹군다. 에탄올을 모두 제거하고 진공에 연결된 pasteur pipette을 이용하여 통의 벽에 붙은 모든 액체방울을 제거한다. 상온에서 수 분간 통을 종이타월 위에 뒤집어 놓아둔다.
17. 축축한 핵산 침전물을 3 ml의 TE (pH 8.0)에 녹인다.
18. column chromatography (프로토콜 1.9)나 polyethylene glycol로 침전 (프로토콜 1.8), CsCl-ethidium bromide gradients에서 equilibrium centrifugation (프로토콜 1.10과 1.11) 방법 중 하나로 미정제의 플라스미드 DNA를 정제한다.
19. 제한효소로 자르고 전기영동을 하여 플라스미드의 구조를 점검한다.

프로토콜 1.4

가열을 통한 플라스미드 DNA의 소량추출법

Small-scale Preparation of Plasmid DNA by Boiling

Triton X-100과 lysozyme으로 처리한 작은 양 (1-2 ml)의 세균배양액을 가열하여 플라스미드 DNA를 추출할 수 있다. 이 방법은 endonuclease A를 발현하는 대장균 (*endA*$^+$ strain)에서 플라스미드 DNA를 추출하는 데는 권하지 않는다.

MATERIALS

Reagents and Solutions

Appendix 1 에 있는 stock 용액과 버퍼, 시약의 조성을 참조한다. Stock 용액을 적절한 용액으로 희석한다.

- Ethanol (70%, 4℃)
- Isopropanol
- Sodium acetate (3.0 M, pH 5.2)
- STET
- TE (pH 8.0), 20 μg/ml RNase A을 함유한 것

Vectors and Hosts

- 관심대상의 플라스미드를 갖는 형질전환된 대장균 콜로니

Media and Antibiotics

- 플라스미드 선택에 적절한 항생제를 함유한 LB나 YT, Terrific Broth

Enzymes and Buffers

- Lysozyme (10 mg/ml), 새로 제조한 것
- DNase-free RNase A (Pancreatic RNase)

Centrigues/Rotors/Tubes

- Microfuge (4℃)

Additional Items

- 끓는 물 수조
- 진공흡입장치 (그림 1-1 참조)

Additional Information

가열분해법의 원리	MC3, p. 1.43
Lysozymes	MC3, p. 1.153

METHOD

1. 적절한 항생제를 함유한 LB나 YT, Terrific Broth 10 ml에 형질전환된 세균의 콜로니 한 개를 접종한다. 37℃에서 밤새도록 진탕배양한다.
2. microfuge tube에 1.5 ml를 넣고 microfuge의 최고속도로 4℃에서 30초간 원심분리한다. 사용하지 않은 배양액은 4℃에서 보관한다.

Adapted from Chapter 1, Protocol 4, p. 1.44 of MC3.

3. 배지를 부드럽게 흡입하여 제거하고 세균침점물이 가능한 마르도록 내버려 둔다
4. 세균침전물을 350 μl의 STET에 재현탁시킨다.
5. 새로 제조한 lysozyme 용액을 25 μl를 첨가하고 tube의 뚜껑을 닫고 3초간 vortex하여 내용물을 섞는다.
6. 정확히 40초간 끓는 물에 tube를 담근다.
7. 상온에서 microfuge의 최고속도로 15분간 세포용해액을 원심분리한다. 새로운 tube에 상등액을 옮긴다.
8. 40 μl의 3.0 M sodium acetate (pH 5.2)와 420 μl의 isopropanol을 첨가하여 상등액에서 핵산을 침전시킨다. vortex하여 용액을 섞고 혼합물을 상온에서 5분간 방치한다.
9. 침전된 핵산을 microfuge로 4℃에서 10분간 최고속도로 원심분리하여 회수한다.
10. Step 3에 설명한 것처럼 부드럽게 흡입하여 상등액을 제거하고 모든 액체가 빠져나오도록 종이타월위에서 tube를 거꾸로 놓는다. tube 벽에 붙은 용액방울은 Kimwipe나 pipette tip을 이용하여 제거한다.
11. 핵산침전물을 1 ml의 70% 에탄올로 4℃에서 씻고 Step 3과 같이 부드럽게 흡입하여 상등액을 모두 제거한다.
12. Tube 벽의 형성된 모든 액체방울을 제거하고 상온에서 에탄올이 증발되어 tube에 용액이 보이지 않을 때까지 열어서 말린다. (2-5 분)
13. 핵산을 DNase-free RNase A (pancreatic RNase)가 포함된 50 μl의 TE (pH 8.0)에 녹인다. 짧은 시간동안 부드럽게 용액을 vortex하고 −20℃에서 DNA를 보관한다.

프로토콜 1.5

가열을 통한 플라스미드 DNA의 대량추출법

Large-scale Preparation of Plasmid DNA by Boiling

대량 (500 ml)으로 배양된 세균에 Triton X-100과 lysozyme을 처리한 후 가열하여 플라스미드 DNA를 추출한다. 이 방법은 endonuclease A를 발현하는 대장균 (*endA*$^+$ strain)에서 플라스미드 DNA를 추출하는 데는 권하지 않는다.

MATERIALS

CAUTION: 〈!〉로 표시된 시약의 적절한 조작법을 Appendix 4에서 참조하세요.

Reagents and Solutions

Appendix 1 에 있는 stock 용액과 버퍼, 시약의 조성을 참조한다. Stock 용액을 적절한 용액으로 희석한다.

- Chloramphenicol (34 mg/ml) 〈!〉
- Ethanol (70%, 4℃)
- Isopropanol
- Soidum acetate (3.0 M, pH 5.2)
- STE, 차가운 것
- STET, 차가운 것
- TE (pH 8.0)

Vectors and Hosts

- 플라스미드를 갖는 형질전환된 대장균의 콜로니나 late-log-phase의 배양액

Media and Antibiotics

- 플라스미드 유지를 위한 적절한 항생제를 포함한 LB 혹은 YT, Terrific Broth

Enzymes and Buffers

- Lysozyme (10 mg/ml), 새로 제조한 것
- 제한효소

Gels/Loading Buffers

- 1% agarose gel
- Gel-loading buffer IV

Centrifuges/Rotors/Tubes

- Beckman SW41 Ti rotor와 tube
- Microfuge (4℃)
- Sorvall SLC-1500 rotor와 원심분리 통 (4℃)
- Sorvall SS-34 rotor와 tubes (상온)

Additional Items

- 끓는 물 수조
- 버너
- 50 ml 삼각플라스크용 집게

Adapted from Chapter 1, Protocol 5, p. 1.47 of MC3.

거즈, 4겹 (선택사항, 15단계 참조)
진공흡입장치

Additional Information

Chloramphenicol	MC3, pp. 1.142–1.144
획득될 DNA의 기대효율	MC3, p. 1.50

METHOD

1. 적절한 항생제가 포함된 30 ml의 LB, 혹은 YT, Terrific Broth에 형질전환된 세균의 단일 콜로니나 단일 콜로니로부터 배양된 배양액 0.1–1.0 ml를 접종한다.
2. 접종된 배양액을 적절한 온도에서 late–log–phase (OD_{600}=~0.6) 까지 진탕배양 (rotary shaker에서 분당 250 회전) 한다.
3. 2–liter 플라스크에 들어있는 적절한 항생제를 함유한 500 ml의 LB, 혹은 YT, Terrific Broth를 37℃까지 온도를 올린다. Late–log–phase까지 배양된 배양액 25 ml를 접종하고 2시간 반 동안 37℃에서 진탕배양 (rotary shaker에서 분당 250 회전)한다.
4. 34 mg/ml 농도의 Chloramphenicol 용액 2.5 ml을 넣는다. Chloramphenicol의 최종 농도는 170 μg/ml가 된다. 배양액을 37℃에서 12–16시간 더 진탕배양 (rotary shaker에서 분당 250 회전)한다.
5. 배양액 1–2 ml를 microfuge tube에 덜어 4℃에서 보관한다. 나머지 배양액은 4℃에서 2700 g (Sorvall SLC–1500 rotor에서 4100 rpm)에서 15분간 원심분리하여 세균을 수확한다. 상등액은 버리고. 원심분리 통을 뚜껑을 연채로 거꾸로 놓음으로서 모든 상등액이 빠져나오도록 한다.
6. 세균 침전물을 200 ml의 차가운 STE에 재현탁한다. 균체는 단계5와 같이 원심분리하여 모은다. 균체는 원심분리 통채로 –20℃에서 보관한다.
7. 단계 5에서 덜어둔 1–2 ml의 세균으로부터 플라스미드 DNA를 minipreparation 방법으로 (프로토콜 1.1이나 1.4) 추출한다. 적절한 제한효소를 이용하여 소량으로 추출된 DNA를 잘라봄으로서 다량의 배양액에 올바른 플라스미드가 있음을 확인한다.
8. 단계 6에서 얼린 균체를 상온에서 5–10분간 녹인다. 10 ml의 차가운 STET에 침전물을 재현탁하고 50 ml 플라스크로 옮긴다.
9. 새로 제조한 10 mg/ml의 lysozyme을 1 ml 넣는다.
10. 플라스크를 집게로 집어 Bunsen 버너에 위에서 끓기 직전까지 가열한다. 가열하는 동안 플라스크를 계속 흔들어준다.
11. 즉시 끓는 물 수조에 플라스크의 반을 담근다. 정확히 40초간 끓는 물에 담궈 둔다.
12. 플라스크를 찬물에서 5분간 식힌다.
13. 플라스크 내의 점성이 있는 물질을 ultracentrifuge tube (Backman SW41이나 대용품)로 옮긴다. 용해액을 150,000 g (Beckman SW41 Ti rotor로 30,000 rpm)로 4℃에서 30분간 원심분리한다.
14. 상등액을 새 tube로 가능한 한 많이 옮긴다. 원심분리 tube에 남은 점성의 액체는 버린다.

15. (*선택사항*) 만일 상등액에 실과 같은 크로마틴이나 솜털과 같은 단백질 침전물이 있으면 4겹의 거즈를 이용하여 여과한다.
16. 상등액의 부피를 특정한 후 0.6 배 부피의 isopropanol과 함께 새 원심분리 통으로 옮긴다. 잘 섞은 후 상온에서 10분간 방치한다.
17. 침전된 핵산을 12,000 g (Sorvall SS-34 rotor로 10,000 rpm)에서 15분간 상온에서 원심분리하여 회수한다.

    만일 원심분리를 4℃에서 수행하면 염이 침전될 수도 있다.
18. 상등액을 조심스럽게 따른 후 tube를 종이타월에 뒤집어 놓음으로 상등액의 마지막 한 방울까지 제거한다. 침전물과 tube의 벽면을 70% 에탄올로 상온에서 헹궈준다. 에탄올을 따러 버리고 진공에 연결된 Pasteur pipette을 이용하여 tube의 벽면에 맺혀 있는 조그만 용액도 모두 제거한다. Tube를 종이타월에 뒤집어 놓고 상온에서 수 분간 말린다. 침전물은 완전히 마르면 안된다.
19. 핵산침전물을 3 ml의 TE (pH 8.0)에 녹인다.
20. 플라스미드 DNA를 상업적인 resin을 이용한 크로마토그래피 방법 (프로토콜 1.9)으로 정제하거나 Polyethylene glycol을 이용한 침전법이나 (프로토콜 1.8) CsCl-ethidium bromide gradients을 사용한 원심분리법 (프로토콜 1.10과 1.11)를 이용하여 정제한다.
21. 플라스미드의 상태를 제한효소로 자르고 전기영동을 하여 확인한다.

프로토콜 1.6

이쑤시개를 이용한 플라스미드 DNA 추출법
Preparation of Plasmid DNA: Toothpick Minipreparation

이쑤시개를 이용하여 고체배지의 표면에서 뜯어낸 세균 콜로니에서 플라스미드 DNA를 직접추출

MATERIALS

CAUTION: 〈!〉로 표시된 시약의 적절한 조작법은 Appendix 4에서 참조하세요.

Reagents and Solutions

Appendix 1 에 있는 stock 용액과 버퍼, 시약의 조성을 참조한다. Stock 용액을 적절한 농도로 희석한다.

Bromophenol blue solution (0.4% w/v)이나 cresol red solution (10 mM)

cresol red는 DNA가 PCR로 분석하게 될 경우에 필요하다

KCl (4 M)

NSS solution, 새로 제조

0.2 N NaOH

0.5% SDS

20% sucrose

SYBR Gold 〈!〉 혹은 감도가 높은 DNA 염색약

Vectors and Hosts

형질전환된 세균의 culture

Media and Antibiotics

plasmid 선택할 수 있는 적절한 항생제가 포함된 LB나 YT, SOB (agar plate나 액체배지)

Enzymes and Buffers

제한효소와 버퍼

Gels/Loading Buffers

ethidium bromide가 없는 0.7% agarose gel, TAE buffer를 이용하여 만들고 전기영동한다.

Gel-loading buffer IV

Additional Items

이 프로토콜의 step 12에는 프로토콜 8.1에 나열된 시약이 필요로 한다.

이 프로토콜의 step 14에는 프로토콜 1.1 혹은 1.4에 나열된 시약이 필요로 한다.

멸균된 이쑤시개

수조 (70℃)

Additional Information

Cresol red	MC3, p. 1.53, note to Step 12
Electrophoresis buffers	MC3, p. 5.8과 note to Step 10 on p. 1.53
Ethidium bromide	MC3, pp. 5.14, 5.16, A9.3–A.9.4

Adapted from Chapter 1, Protocol 6, p. 1.51 of MC3.

METHOD

1. 적절한 항생제가 포함된 복합고체배지 (LB나 YT, SOB)에서 재조합 플라스미드로 형질전환된 세균의 콜로니를 직경이 대략 2–3 mm 정도가 될 때까지 키운다 (대부분의 세균 종은 37℃에서 18–24시간 소요된다).
2. 멸균한 이쑤시게나 일회용 loop를 사용하여 세균콜로니의 작은 부분을 적절한 항생제가 들어 있는 마스터 고체배지에 옮긴다. 나머지 콜로니는 번호를 먹인 microfuge tube에 50 μl의 멸균한 10 mM EDTA (pH 8.0)을 넣고 옮긴다.
3. Step 2를 원하는 수의 콜로니를 옮길 때까지 계속한다.
4. 마스터 고체배지를 37℃에서 여러 시간 배양하고 전기영동을 한 결과 (이 프로토콜의 11번)가 나올 때까지 4℃에서 보관한다. 원하는 크기의 플라스미드를 갖는 콜로니는 마스터 고체배지에서 회복시킬 수 있다.
5. 마스터 고체배지를 배양하는 동안 세균현탁액은 다음과정을 거친다. 각 microfuge tube에 순서대로 50 μl의 새롭게 제조한 NSS 용액을 첨가하고 tube의 뚜껑을 닫은 다음 vortex로 30초간 섞는다.
6. Tube를 70℃ 수조로 옮기고 5분간 반응시킨 다음 상온에서 식힌다.
7. 각 tube에 1.5 μl의 4 M KCl 용액을 1.5 μl 씩 넣고 30초간 vortex한다.
8. 얼음에서 5분간 tube를 보관한다.
9. 부서진 세균 조각은 microfuge에서 3분간 최고속도로 4℃에서 원심분리를 통해 제거한다.
10. 상등액을 각각 순서대로 새로운 microfuge tube로 옮긴다. 샘플을 agarose 전기영동으로만 분석할 경우 각 tube에 0.4% bromophenol blue가 들어 있는 용액 0.5 μl를 넣는다. 샘플을 PCR과 agarose 전기영동, 두 가지 모두로 분석할 경우는 2 μl의 10 mM cresol red를 첨가한다. 50 μl의 상등액을 0.7% agarose gel (5 mm 두께)의 slot (5 mm 길이와 2.5 mm 폭)에 얹는다.
11. bromophenol blue 염색약이 젤 길이의 2/3이나 3/4 정도 이동하였을 때 혹은 cresol red 염색약이 젤 길이의 약 반을 이동하였을 때 젤을 DNA 염색용액에 30–45 분정도 담구어 염색시킨다. UV illumination하에서 젤을 조사하고 사진을 찍는다.
12. Step 10에서 cresol red를 사용하였다면 상등액을 프로토콜 8.1에 설명된 데로 각 샘플의 남은 것을 주형으로 PCR을 수행한다.
13. 적절한 항생제를 갖는 2 ml의 액체배지 (LB나 YT, SOB)에 마스터 고체배지에서 자란 세균을 접종하여 가상의 재조합 클론의 소규모 세균배양액을 준비한다.
14. 소규모 세균배양액으로 가상의 재조합클론의 minipreparation을 (프로토콜 1.1이나 1.4를 참조) 실시한다. 플라스미드 DNA는 제한 효소로 잘라 agarose 전기영동을 통해 분석하여 원하는 크기와 구조를 갖는지 확인한다.

프로토콜 1.7

SDS를 이용한 알칼리 분해법에 의한 플라스미드 DNA 추출법
Preparation of Plasmid DNA by Lysis with SDS

큰 크기의 (15 kb 이상) 원형으로 연결된 형태의 플라스미드를 SDS으로 세균을 용해시켜 추출한다 (비효율적이고 수율이 낮다).

MATERIALS

CAUTION: 〈!〉로 표시된 시약의 적절한 조작법은 Appendix 4에서 참조하세요.

Reagents and Solutions

Appendix 1 에 있는 stock 용액과 버퍼, 시약의 조성을 참조한다. Stock 용액을 적절한 농도로 희석한다.

- Chloramphenicol (34 mg/ml) 〈!〉
  - low와 moderate-copy-number plasmid 경우만 필요
- Chloroform 〈!〉
- EDTA (0.25 M, pH 8.0)
- Ethanol
- Ethanol (70%)
- NaCl (5 M)
- Phenol:Chloroform (1:1, v/v) 〈!〉
- SDS (10% w/v)
- STE, 차가운 것
- TE (pH 8.0)
- Tris-sucrose

Vectors and Hosts

대상 플라스미드를 갖는 형질전환된 대장균의 콜로니나 late-log-phase 배양액

Media and Antibiotics

플라스미드를 선택할 수 있는 적절한 항생제가 포함된 LB나 YT, Terrific Broth

Enzymes and Buffers

Lysozyme (10 mg/ml)
제한효소와 버퍼

Gels/Loading Buffers

ethidium bromide가 함유한 0.7% agarose gel 〈!〉

Centrigues/Rotors/Tubes

Beckman Type 50 rotor (4℃)와 30-ml screw-capped Nalgene centrifuge tube
Sorvall SLC-1500 혹은 HS4 swing-out rotor와 centrifuge bottle (4℃) 혹은 Sorvall HS4 rotor 와 tube

Additional Items

이 프로토콜의 step 8에는 프로토콜 1.1과 1.4에 나열된 시약이 필요로 한다.
이 프로토콜의 step 21에는 프로토콜 1.9 나 1.10에 나열된 시약이 필요로 한다.
견고한 유리막대
진공흡입장치 (그림 1-1 참조)

Adapted from Chapter 1, Protocol 7, p. 1.55 of MC3.

Additional Information

Chloramphenicol	MC3, p. 1.143–1.144

METHOD

1. 적절한 항생제를 함유하는 30 ml의 LB나 YT, Terrific broth에 형질전환된 세균 콜로니 한 개를 접종한다. 혹은 하나의 형질전환된 콜로니로부터 late-log-phade까지 배양한 배양액 0.1–1.0 ml를 접종한다.
2. 배양액을 진탕배양해서 late log phase가 될 때까지 (OD_{600}=~0.6)
3. 적절한 항생제를 함유한 500 ml의 LB 혹은 YT, Terrific broth를 2-liter 플라스크에서 37℃가 되게 데운다. 25 ml의 late-log-phase 세균배양액을 접종한다. 2.5시간 37℃에서 진탕배양 (rotary shaker에서 분당 250회전)한다.
4. 낮거나 중간정도의 복제 수를 갖는 플라스미드의 경우 34 mg/ml 농도의 chloramphenicol을 2.5 ml 첨가한다. chloramphenicol의 최종농도는 170 μg/ml이 된다.
   높은 복제 수 (high-copy-number) 플라스미드의 경우는 chloramphenicol을 넣지 않는다.
5. 배양액을 37℃에서 12–16시간 진탕배양한다. (rotary shaker에서 분당 250회전)
6. 세균배양액에서 1–2 ml 정도 덜어내어 새 microfuge tube로 덜어내고 4℃에서 보관한다. 나머지 500 ml의 배양액을 원심분리하여 균체를 수확한다, 2700 g (Sorvall SLC-1500 rotor의 경우 4100 rpm) 15분 동안 4℃에서. 상등액을 버리고 원심분리 통을 거꾸로 놓는다.
7. 세균침전물을 200 ml의 차가운 STE에 재현탁한다. Step 6에서와 같이 원심분리하여 세균을 모은다. 원심분리통 안에 있는 균체는 –20℃에서 보관하다.
8. 프로토콜 1.1이나 1.4에 설명된 방법으로 Step 6에서 1–2 ml 분주한 배양액으로부터 플라스미드 DNA를 추출한다. 추출된 DNA를 적절한 제한효소로 자르고 agarose 전기영동을 하여 대규모 배양액의 세균에 플라스미드가 제대로 들어갔는지를 분석한다.
9. Step 7에서 얼린 세균침전물을 상온에서 5–10분 동안 녹인다. 10 ml의 차가운 Tris-sucrose 용액으로 재현탁하고 현탁액을 30-ml plastic screw-cap tube로 옮긴다.
10. 2 ml의 새롭게 준비한 lysozyme 용액 (10 mg/ml)을 넣고 8 ml의 0.25 M EDTA (pH 8.0)을 넣는다.
11. 여러 번 tube를 부드럽게 뒤집어 현탁액을 잘 섞고 얼음에서 10분간 보관한다.
12. 4 ml의 10% SDS를 넣고 즉시 SDS 용액이 세균현탁액 전체에 잘 퍼지도록 유리막대로 tube안의 내용물을 잘 섞는다. chromosomal DNA가 조각나는 것이 최소화되도록 가능한 부드럽게 섞는다.
13. 완전히 섞이는 대로 5 M NaCl을 최종농도가 1 M이 되도록 6 ml을 첨가한다. 유리막대로 내용물을 부드

렵게 완전히 섞는다. 얼음에서 tube를 최소한 1시간 놓는다.

14. 큰 분자량의 DNA와 세균조각을 4℃에서 30분간 71,000 g로 원심분리하여 (Beckman Type 50 rotor의 경우 30,000 rpm) 제거한다. 상등액을 50 ml 일회용 원심분리 tube로 조심스럽게 옮기고 침전물은 버린다.
15. 상등액을 phenol:chloroform으로 한번, chloroform으로 한번 추출한다.
16. 수용액부분을 250 ml 원심분리통에 옮기고 2배 부피의 (~60 ml) 에탄올을 상온에서 첨가한다. 용액을 잘 섞고 상온에서 1–2 시간 보관한다.
17. 핵산을 원심분리하여 회수한다. 4℃에서 20분간 5000 g에서 (Sorvall SLC–1500 rotor의 경우 5500 rpm, Sorvall HS4 swing–out rotor의 경우 5100 rpm)
18. 상등액을 버리고 침전물과 원심분리통의 벽면을 70% 에탄올로 씻는다. 상온에서 Step 17과 같이 원심분리한다.
19. 에탄올을 최대한 제거하고 원심분리통을 뒤집어 종이타월위에 놓아 남은 에탄올이 모두 빠져나오게 한다. 진공흡입장치로 원심분리통의 벽면에 붙은 에탄올의 방울까지 제거한다. 뒤집은 상태로 에탄올이 보이지 않을 때까지 보관한다. 이 상태에서 침전물은 아직 마르지 상태이다.
20. 축축한 핵산 침전물을 3 ml의 TE (pH 8.0)에 녹인다.
21. 미정제 플라스미드 DNA를 크로마토그래피나 상업적으로 판매하는 resin (프로토콜 1.9 참조)를 이용하여 정제하거나 CsCl–ethidium bromide gradient (프로토콜 1.10과 1.11 참조)를 이용한 등밀도 원심분리를 통해서 정제한다.
22. 플라스미드의 상태를 제한효소로 자르고 전기영동을 실시하여 확인한다.

프로토콜 1.8

Polyethlene glycol를 이용한 플라스미드 DNA 추출법
Purification of plasmid DNA by Precipitation With Polyethylene Glycol

아직 순수 정제되지 않은 상태로 준비된 플라스미드 DNA에 lithium chloride와 RNase (RNA 제거 목적)를 먼저 처리한다. 그 다음 플라스미드 DNA를 polyethylene glycol과 $MgCl_2$가 첨가된 용액에서 침전시킨다.

MATERIALS

CAUTION: ⟨!⟩로 표시된 시약의 적절한 조작법은 Appendix 4에서 참조하세요.

Reagents and Solutions

Appendix 1 에 있는 stock 용액과 버퍼, 시약의 조성을 참조한다. Stock 용액을 적절한 농도로 희석한다.

- Chloroform ⟨!⟩
- Ethanol
- Isopropanol
- LiCl (5 M)
- PEG-$MgCl_2$ solution ⟨!⟩
- Phenol:chloroform (1:1, v/v) ⟨!⟩
- Sodium acetate (3 M, pH 6.2)
- TE (pH 8.0)
- TE (pH 8.0), 20 μl/ml RNaseA를 포함한 것

Nucleic Acids/Oligonucleotides

- Crude plasmid preparation
  - 프로토콜 1.3, Step 17 혹은 프로토콜 1.5, Step 19에서 준비된 물질을 이용한다.

Centrifuges/Rotors/Tubes

- Corex glass tube (15와 30 ml)
- Microfuge tube (상온)
- Sorvall SS-34 rotor (4℃)

Additonal Items

- 얼음물 수조
- 진공흡입장치

Additional Information

Absorption spectroscopy	MC3, pp. A8.20-A8.21
Lithium chloride	MC3, p. A8.12

METHOD

1. 미정제된 대규모의 플라스미드 준비물 3 ml를 15-ml Corex tube로 옮긴다. 얼음통에서 0℃가 되도록 용액을 차갑게 한다.

Adapted from Chapter 1, Protocol 8, p. 1.59 of MC3.

2. 차가운 5 M LiCl를 3 ml를 미정제 플라스미드 준비물에 첨가하고 잘 섞고 4℃에서 10분간 12,000g 로 (Sorvall SS-34 rotor의 경우 10,000 rpm) 원심분리한다.
3. 상등액을 새 30-ml Corex tube로 옮기고 같은 부피의 isopropanol을 첨가하고 잘 섞는다. 상온에서 10분간 12,000 g로 (Sorvall SS-34 rotor의 경우 10,000 rpm) 원심분리하여 침전된 핵산을 회수한다.
4. 상등액을 조심스럽게 버리고 tube를 열은 상태로 뒤집어 남은 상등액 방울이 다 빠져나오도록 한다. 침전물과 tube의 벽을 상온에서 70% 에탄올로 씻는다. 조심스럽게 에탄올을 버리고 진공흡입장치로 tube의 벽면에 붙어있는 액체방울 하나라도 제거한다. 수분간 종이타월위에 tube를 뒤집어 놓는다. 침전물은 완전히 마르지 않은 상태이다.
5. 축축한 핵산 침전물을 500 μl의 20 μg/ml RNase A가 들어있는 TE (pH 8.0)에 녹인 다음 microfuge tube로 옮기고 상온에서 30분간 보관한다.
6. plasmid-RNase mixture를 phenol:chloroform으로 한번, chloroform으로 한번 추출한다.
7. DNA를 표준 에탄올 침전법으로 회수한다.
8. 플라스미드 DNA 침전물을 1 ml의 멸균한 H_2O에 녹인 다음 0.5 ml의 PEG-$MgCl_2$ 용액을 첨가한다.
9. 용액을 상온에서 10분 이상 보관한 다음 침전된 플라스미드 DNA를 상온에서 20분간 microfuge의 최고 속도로 원심분리하여 모은다.
10. 핵산침전물을 0.5 ml의 70% 에탄올에 재현탁하여 소량의 PEG를 제거한다. 핵산은 microfuge에서 최고속도로 5분간 원심분리하여 모은다.
11. 흡입장치로 에탄올을 제거하고 Step 10을 반복한다. 두 번째 헹구기를 수행한 다음 에탄올이 증발되도록 tube를 열어둔 채 10-20분간 실험대에서 보관한다.
12. 축축한 침전물을 500 μl의 TE (pH 8.0)에 녹인다. 1:100로 TE (pH 8.0)에 희석하여 OD_{260}을 측정하여 플라스미드 DNA의 농도를 계산한다. 1 OD_{260}은 ml 당 50 μg의 플라스미드 DNA에 해당한다.
13. DNA를 분주하여 -20℃에 보관한다.

프로토콜 1.9 Column 크로마토그래피를 이용한 플라스미드 DNA 정제
Purification of Plasmid DNA by Chromatography

아래의 표에는 구매가 가능한 여러 resin의 두드러진 특징이 정리되어 있다. 플라스미드 정제를 위해 현재 구입이 가능한 물건의 제조사는 자세한 사용설명서를 공급하고 있다.

표 1-1 구입이 가능한 레진과 용도

레진	제조사	화학물질	용도	노트
Qiagen	Qiagen www.qiagen.com	macroporous silica gel, anion-exchange (DEAE)	진핵세포의 형질도입	batch마다 조금 다름; pH에 민감
QIAprep	Qiagen www.qiagen.com	silica gel	효소조작	단일가닥과 이중가닥 DNA의 정제에 각각 다른 column이 있음
Wizard	Promega www.promega.com	silica particle	진핵세포에 형질도입을 위해서는 추가적인 에탄올 침전이 필요	저렴하고 재현성이 높음
FlexiPrep	GE Healthcare www.amershambio sciences.com	anion exchange	효소조작	형질도입을 위해서는 정제가 필요
GlassMAX	Invirogen www.invitrogen.com	silica matrix	효소조작	miniprep만 가능
Perfectprep	Eppendorf 5 Prime www.eppendorf.com	silica matrix	진핵세포의 형질도입	매우 빠름, miniprep만 가능
Strataprep Plasmid Miniprep Kit	Stratagene www.stratagene.com	silica resin, hydrophobic interaction	효소조작	플라스미드의 miniprep과 DNA 조각의 정제에 사용가능
Concert, rapid, and high-purity systems	Invirogen www.invitrogen.com	silica gel	효소조작과 진핵세포의 형질도입	mini와 maxiprep
RapiPURE Plasmid Mini Kit	Q-BIOgene www.qbiogene.com	silica-based (GENECLEAN) embedded membrane	효소조작	miniprep
GENECLEAN II	Q-BIOgene www.qbiogene.com	silica-based (GENECLEAN) embedded membrane	효소조작	200 bp에서 20 kb사이의 DNA 조각용

Additional information may be found in MC3, pp. 1.62–1.64.

Adapted from Chapter 1, Protocol 9, p. 1.62 of MC3.

프로토콜 1.10

CsCl-ethidium bromide 농도기울기에서 평형화 원심분리로 닫힌 원형의 DNA를 정제: 연속된 농도기울기

Purification of Closed Circular DNA by Equilibrium Centrifugation in CsCl-Ethidium Bromide Gradients: Continuous gradients

플라스미드 DNA를 갖는 용액을 농도가 1.55 g/ml가 되도록 고체 CsCl를 한 다음, ethidium bromide를 농도가 200 μg/ml이 되도록 첨가한다. intercalating dye인 ethidium bromide는 원형과 선형의 DNA에 상이하게 결합한다. 원심분리과정에서 초헬릭스를 갖는 원형의 플라스미드 DNA와 초헬릭스가 아닌 DNA는 다른 부력의 밀도에서 띠를 형성한다.

MATERIALS

CAUTION: 〈!〉로 표시된 시약의 적절한 조작법은 Appendix 4에서 참조하세요.

Reagents and Solutions

Appendix 1 에 있는 stock 용액과 버퍼, 시약의 조성을 참조한다. Stock 용액을 적절한 농도로 희석한다.

- CsCl rebanding solution (density=1.55)(선택사항; Step 4와 8을 참조)
  - 만일 rebanding 용액이 필요하면 48 g의 CsCl에 TE (pH 8.0)를 전체무게가 정확히 100 g이 되도록 넣는다.
- CsCl (고체)
- Ethanol
- Ethidium Bromide (10 mg/ml in H_2O) 〈!〉
- Light paraffin oil

Nucleic Acids/Oligonucleotides

- Crude preparation된 plasmid DNA
  - 프로토콜 1.3 Step 16이나 프로토콜 1.5 Step 18, 프로토콜 1.7 Step 19에서 얻은 물질을 사용한다

Centrifuges/Rotors/Tubes

- Corex glass tube (15 ml)(선호) 혹은 polypropylene tube
- Beckman vertical rotor (선호) 혹은 angled rotor, tube
- Sorvall SS-34 rotor

Additonal Items

- 일회용주사기 (5 cc)
- Hypodermic needle (21과 18 gauge)
- Refractometer
  - 비록 꼭 필요하지는 안지만 refractometer는 CsCl 용액의 밀도를 측정하는데 상당히 유용하다. 밀도와 굴절률 그리고 CsCl 용액의 농도와의 관계는 MC3, p. 1.156, 표 1-11을 참조
- Scotch tape나 Time tape
- 이 프로토콜의 step 8에는 프로토콜 1.12나 1.13에 나열된 시약이 필요로 한다.
- Top-loading balance

Additional Information

Adapted from Chapter 1, Protocol 10, p. 1.65 of MC3.

Cesium chloride–ethidium bromide density gradients

Radloff R., Bauer W., and Vinograd J. 1967. A dye-buoyant density method for the detection and isolation of closed circular duplex DNA: The closed circular DNA in HeLa cells. *Proc. Natl. Acad. Sci.* **57**: 1514–1521

Ethidium bromide — MC3, pp. 1.150–1.151, 5.14–5.15, A9.3–A.9.4

METHOD

1. 준비된 미정제 플라스미드 DNA의 양을 측정한다. top-loading 저울에서 0점 맞추기를 한 새 tube에 용액을 옮겨 측정한다. 플라스미드 DNA 용액 그램당 정확히 1.01 g의 고체 CsCl를 넣는다. 증발되지 않게 tube의 뚜껑을 닫고 CsCl가 잘 녹도록 용액을 30℃로 데운다. CsCl가 녹는 동안 용약을 천천히 섞어준다. 용액의 밀도 (*p*)는 대략 1.55 g/ml이 된다.
2. 처음 DNA 용액 5 g 당 100 μl의 10 mg/ml ethidium bromide를 첨가한다.
3. Corex glass tube를 사용하면 용액을 7700 g (Sorvall SS-34 rotor의 경우 8000 rpm)으로 상온에서 5분간 원심분리를 하고 poylpropylene tube를 사용할 경우 1100 g (Sorvall SS-34 rotor로 3000 rpm)로 10분간 원심분리한다.
4. pasteur pipette이나 large-gauge 바늘이 부착된 일회용 주사기로 투명한 붉은 용액 scum 아래와 pellet 위의 용액을 ultracentrifuge 용 tube로 옮긴다. 부분적으로 체워진 원심분리 tube에 light paraffin oil이나 200 μg/ml 농도로 ethidium bromide를 갖는 H_2O에 녹인 CsCl (*p*=1.55)로 윗부분을 채워준다. rotor에서 대칭되는 위치에 있는 tube의 무게는 동일하게 맞춰야 한다. 제조사의 방법대로 tube를 봉한다.
5. 20℃에서 rotor에 따라 적절하게 density gradient를 원심분리한다.

Beckman NVT 65 rotor	366,000 g (62,000 rpm) 로 6시간
Beckman VTi 65 rotor	194,000 g (45,000 rpm) 로 16시간
Beckman Type 50 Ti rotor	180,000 g (45,000 rpm) 로 48시간
Beckman Type 65 Ti rotor	314,000 g (60,000 rpm) 로 24시간
Beckman Type 70.1 Ti rotor	331,000 g (60,000 rpm) 로 24시간

6. 조심스럽게 원심분리기에서 rotor를 꺼내 평편한 표면위에 놓는다. 각 tube를 부드럽게 꺼낸다. 알루미늄호일로 덮은 test tube rack에 놓는다. 방을 어둡게 하고 (즉, 천정의 형광등을 끈 상태) ring stand에 부착된 집게에 tube를 올린다.
7. closed circular DNA의 띠를 모은다. (그림 1–2)
   a. 21–gauge hypodermic 바늘로 tube의 상단에 작은 구멍을 내어 용액이 빠져나올 때 공기가 들어가게 한다.
   b. tube의 바깥 면을 에탄올로 조심스럽게 닦아 조금의 그리스나 기름을 제거한다. 스카치테이프나 Time tape 조각을 tube의 바깥쪽에 붙인다.
   c. 18–gauge hypodermic 바늘을 (빗면이 위로 가게) 테이프를 통해 tube에 찌른 다음 열린 바늘의 빗면이 아래쪽 DNA 띠 (닫힌 원형 플라스미드 DNA)의 바로 아래에 위치하게 한다.
   d. 유리 원심분리통에 있는 초헬릭스의 플라스미드 DNA를 모은다. 위쪽은 점성인 염색체 DNA 띠를

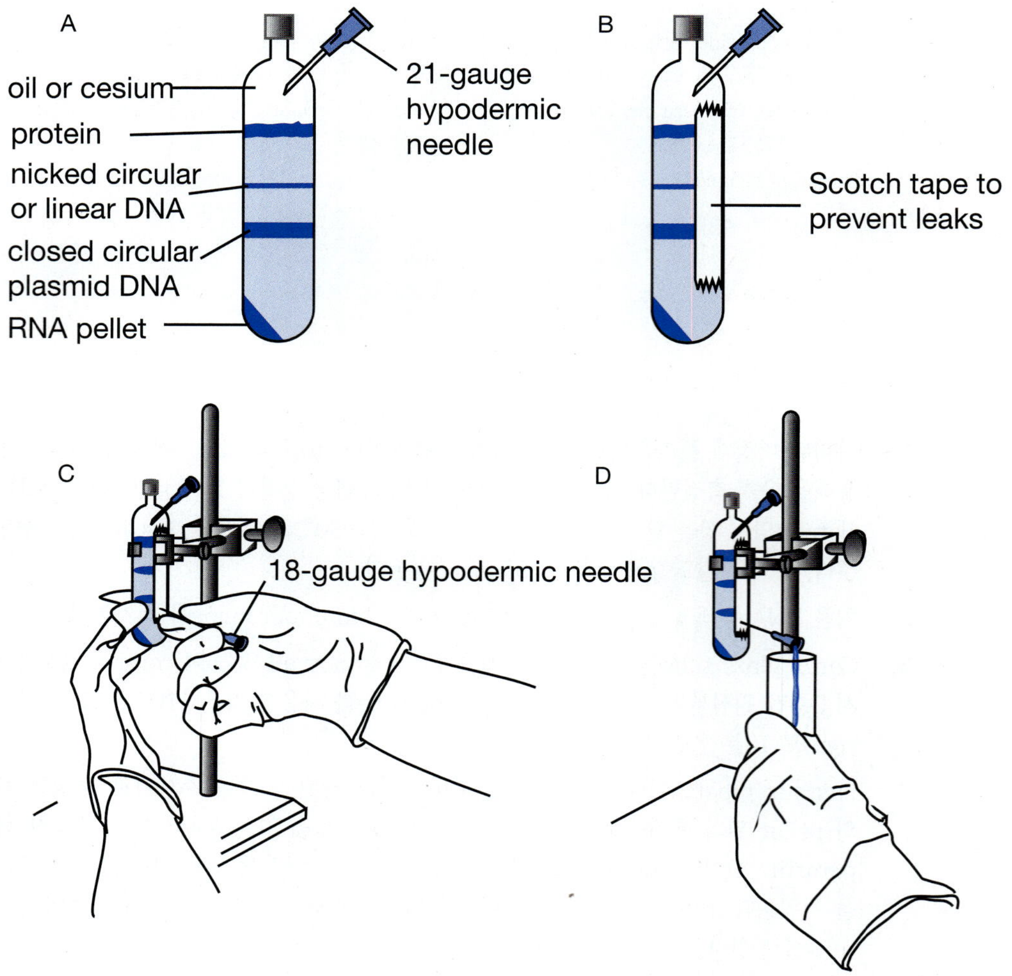

그림 1-2 Ethidium Bromide가 함유된 CaCl 농도기울기에서 초헬릭스 플라스미드 DNA을 모으기
자세한 것은 Step 7을 참조

건들지 않도록 주의한다.

8. DNA의 ethidium bromide를 프로토콜 1.12나 1.13에 있는 방법으로 제거한다.

프로토콜 1.11

CsCl-ethidium bromide 농도기울기에서 평형화 원심분리로 닫힌 원형의 DNA를 정제: 비연속 농도기울기

Purification of Closed circular DNA by Equilibrium Centrifugation in CsCl-Ethidium Bromide Gradients: Discontinuous Gradients

포화된 양의 ethidium bromide와 CsCl (44% w/v)를 포함하는 플라스미드 DNA용액을 낮은 (35% w/v CsCl)와 더 높은 (59% w/v CsCl) 밀도의 용액사이에 위치시킨다. 평형을 위한 원심분리를 하는 동안 초헬릭스의 닫힌 원형의 플라스미드 DNA와 초헬릭스가 아닌 DNA는 다른 밀도에서 띠를 형성한다.

MATERIALS

CAUTION: 〈!〉로 표시된 시약의 적절한 조작법은 Appendix 4에서 참조하세요.

Reagents and Solutions

Appendix 1 에 있는 stock 용액과 버퍼, 시약의 조성을 참조한다. Stock 용액을 적절한 농도로 희석한다.

- CsCl (고체)
- CsCl solution for three-step gradients
  - 다음 페이지의 표 1-2를 참조
- Ethanol
- Ethidium Bromide (H_2O에 10 mg/ml로 녹임) 〈!〉
- TE (pH 8.0)

Nucleic Acids/Oligonucleotides

- 미정제로 준비된 플라스미드 DNA
  - 각 step gradient에 프로토콜 1.3 Step 16이나 프로토콜 1.5 Step 18, 프로토콜 1.7 Step 19에 설명한 대로 50 ml의 밤샘 배양한 세균배양액으로부터 준비한 미정제 플라스미드 DNA를 사용한다.

Centrifuges/Rotors/Tubes

- Corex glass tube (15 ml)
- Beckman 5-ml polyallomer Quick-Seal tube
- Beckman Type 70.1 Ti rotor

Additonal Items

- Bone-marrow needle (18 gauge, 10 cm)
- Hypodermic needle (21과 18 gauge)
- Hypodermic syringes (1, 3, 5 cc)
- 이 프로토콜의 step 6에는 프로토콜 1.12나 1.13에 나열된 시약이 필요로 한다.

Additional Information

Dorin M. and Bornecque C.A. 1995. Fast separations of plasmid DNA during discontinuous gradients in the preparative ultracentrifuge. *BioTechniques* 18: 90-91.

밀도와 굴절률 그리고 CsCl 용액의 농도와의 관계

MC3, p. 1.156, 표 1-11

표 1-2 세 단계 비연속 기울기 층

층	CsCl의 몰농도 (w/w)	굴절률	제조
위층	2.806 (35%)	1.3670	8 ml의 TE (pH 8.0)에 4.720 g의 CsCl을 녹인다. 부피를 정확히 10 ml로 맞춘다. 10 mg/ml의 ethidium bromide를 120 μl의 넣는다.
중간층	3.870 (44%)	1.3792	0.8 g의 CsCl를 정확히 1 ml의 미정제된 플라스미드 DNA에 녹인다. 10 mg/ml의 ethidium bromide를 30 μl의 넣는다.
아래층	6.180 (59%)	1.4052	7 ml의 TE에 1.04 g의 CsCl을 녹인다. 부피를 정확히 10 ml로 맞춘다. 10 mg/ml의 ethidium bromide를 120 μl의 넣는다.

METHOD

1. 표 1-2에 설명한대로 3단계 비연속적인 기울기의 CsCl 층을 준비한다. 18-gauge의 bone-marrow (10 cm) 바늘이 정착된 3-cc hypodermic 주사기를 사용하여 1.5 ml의 top layer (35%) CsCl 용액을 5-ml polyallomer ultracentrifuge tube (Beckman Quick-Seal 이나 동등품)에 옮긴다.
2. 18-gauge의 bone-marrow (10cm) 바늘이 정착된 1-cc tuberculin 주사기를 이용하여 0.5 ml의 middle layer (44%) CsCl 용액을 놓는다. 플라스미드 DNA를 갖는 맨 위층 용액아래에 위치하게 tube의 바닥에 주입한다.

   가장 중요한 것은 50 ml 이하의 밤샘 배양액으로부터 준비된 미정제 플라스미드를 gradient 당 사용하는 것이다. 100 ml 배양액으로부터 준비된 미정제 플라스미드는 대략 0.9 ml의 TE (pH 8.0)에 녹여야 된다. 이것은 두개의 비연속적인 농도기울기의 중간층을 형성하기에 충분하다.
3. 18-gauge의 bone-marrow (10cm) 바늘이 정착된 5-cc hypodermic 주사기를 사용하여 바닥층 (59%) CsCl 용액을 중간층 CsCl 용액 아래에 위치시킨다.
4. 밀봉한 tube를 5시간동안 330,000 g (Beckman Type 70.1 Ti rotor로 60,000 rpm)로 원심분리한다. rotor에서 대칭되는 위치의 tube의 무게는 동일하여야 한다. tube는 제조사의 사용법에 따라 밀봉한다.
5. 닫힌 원형의 DNA 띠를 모은다. (프로토콜 1.10의 그림 1-2 참조)
   a. 21-gauge hypodermic 바늘로 tube의 상단에 작은 구멍을 내어 용액이 빠져나올 때 공기가 들어가도록 한다.
   b. tube의 바깥 면을 에탄올로 조심스럽게 닦아 조금의 그리스나 기름을 제거한다. 스카치테이프이나 Time tape 조각을 tube의 바깥쪽에 붙인다.
   c. 18-gauge hypodermic 바늘을 (경사면이 위로 가게) 테이프를 통해 tube에 찌른 다음 열린 바늘의 경사면이 아래쪽 DNA 띠 (닫힌 원형의 플라스미드 DNA)의 바로 아래에 위치하게 한다.
   d. 유리 원심분리 통에 있는 초헬릭스 플라스미드 DNA를 모은다. 위쪽은 점성인 염색체 DNA 띠를 건들지 않도록 주의한다.
6. DNA의 ethidium bromide를 프로토콜 1.12나 1.13에 있는 방법으로 제거한다.

프로토콜 1.12 유기용매를 이용한 phase extraction으로 DNA에서 ethidium bromide를 제거

Removal of Ethidium Bromide from DNA by Phase Extraction with Organic Solvents

이 프로토콜은 유기용매를 이용하여 어떻게 phase extraction 방법으로 DNA로부터 ethidium bromide를 제거하는지를 기술한다.

MATERIALS

CAUTION: 〈!〉로 표시된 시약의 적절한 조작법은 Appendix 4에서 참조하세요.

Reagents and Solutions

Appendix 1 에 있는 stock 용액과 버퍼, 시약의 조성을 참조한다. Stock 용액을 적절한 농도로 희석한다.

- *n*−butanol, saturated with H_2O 〈!〉
- Ethanol (선택사항; Step 6 참조)
- Ethanol (70%) (선택사항; Step 6 참조)
- Isoamyl alcohol, saturated with H_2O 〈!〉
- Phenol, equilibrated to pH 7.8 〈!〉
  - Step 13에서 필요할 수도 있음
- Phenol:Chloroform (1:1, v/v) 〈!〉
  - Step 13에서 필요할 수도 있음
- TE (pH 8.0) (선택사항; Step 6 참조)

Nucleic Acids/Oligonucleotides

- CsCl−ethidium bromide centrifugation으로 정제된 플라스미드 DNA
  - 프로토콜 1.10, Step 7이나 프로토콜 1.11, Step 5에서 준비한 물질이 필요

Centrifuges/Rotors/Tubes

- Sorvall H−400 rotor와 50−ml bucket (4℃)
- Sorvall SS−34 roter와 tube

Additonal Items

- Dialysis tubing (선택사항; Step 6 참조)
- Microconcentrator (Millipore) (선택사항; Step 6 참조)

Additional Information

Ethidium bromide	MC3, pp. 1.150−1.151, 5.14−5.15, A9.3−A.9.4

METHOD

1. glass나 polypropylene tube에 들어있는 DNA용액에 동량의 water−saturated *n*−butanol이나 isoamyl alcohol을 첨가하고 tube의 뚜껑을 꽉 닫는다.
2. vortex로 유기용매 층과 수용액 층이 잘 섞는다.
3. 혼합액을 상온에서 3분간 450 g (H−400 rotor와 50 ml bucket으로 Sorvall RT−6000 원심분리기에서 1500 rpm)로 원심분리한다. 상온에서 유기용매 층과 수용액 층이 분리될 때까지 용액을 놔둔다.

4. pasteur pipette으로 위층 (유기용매 층)을 적당한 폐기물용기로 옮긴다. 이 층은 진한 핑크색을 띈다.
5. 추출 (Step 1-4)을 수용액 층과 유기용매 층 모두에서 핑크색이 사라질 때가지 4-6번 반복한다.
6. 에탄올 침전법 (Step 7-12을 따른다)으로 DNA 용액에서 CsCl을 제거한다. 혹은 microconcentrator (Millipore)을 이용한 spin dialysis를 통해 제거하거나 2 liter의 TE (pH 8.0)(자주 버퍼를 교환한다)로 밤새 투석하여 제거한다. 뒤쪽 두 방법 중 하나를 사용하면 Step 13으로 간다.
7. CsCl-DNA 용액에서 DNA를 침전시키려면 CsCl 용액의 부피를 측정하고 3배 부피의 H_2O를 첨가한 다음 용액을 잘 섞는다.
8. 8배 부피의 에탄올 (Step 7에서 H_2O로 희석하기전의 CsCl-DNA의 용액 양을 기준으로 한다)을 DNA 용액에 넣고 잘 섞는다. 4℃에서 최소한 15분간 혼합액을 보관한다.
9. DNA 침전물을 4℃에서 15분간 20,000 g (Sorvall SS-34 rotor의 경우 13,000 rpm)로 원심분리하여 모은다.
10. 상등액을 새로운 원심분리 tube에 따르고 같은 부피의 100% 에탄올을 상등액에 더한다. 4℃에서 최소한 15분간 혼합액을 보관한 다음 DNA를 15분간 20,000 g (Sorvall SS-34 rotor의 경우 13,000 rpm)로 원심분리하여 침전시킨다.
11. 두 DNA 침전물을 70% 에탄올로 씻는다. 가능한 70% 에탄올을 제거하고 상온에서 남은 용액을 증발시킨다.
12. 침전된 DNA를 2 ml의 H_2O나 TE (pH 8.0)에 녹인다.
13. DNA 현탁액의 색깔과 자외선을 쬐어 형광이 나타나는 양으로 판단할 때 ethidium bromide가 많이 함유되어 있어 있으면 페놀에 한번, phenol:chloroform으로 한번 추출한 다음 에탄올로 DNA를 다시 침전시킨다.
14. 최종 DNA 용액의 OD_{260}을 측정하여 농도를 계산한다. DNA는 분주하여 -20℃에 보관한다.

프로토콜 1.13	이온교환크로마토그래피를 이용한 DNA에서 Ethidium Bromide 제거 Removal of Ethidium Bromide from DNA by Ion-exchange Chromatography

이 protocol은 양이온교환수지인 Dowex AG50을 이용한 크로마토그래피방법으로 어떻게 DNA로부터 ethidium bromide를 제거하는지를 알려준다.

MATERIALS

CATSION: 주의: 〈!〉표시된 물질의 적절한 사용법은 appendix 4를 참조하세요.

Reagents and Solutions

Stock 용액과 버퍼, 시약의 조성은 Appendix 1을 참조. Stock 용액을 적절한 농도로 희석한다.

- Dowex AG50 regin
- Ethanol
- Ethanol (70%)
- HCl (1 N), 11.6 N의 고농도 HCl로 부터 희석 〈!〉
- NaCl (1 M), 5 M stock solution을 희석
- Phenol, pH 7.8로 조정〈!〉
  - 단계 10에 필요할 수 있음
- Phenol:chloroform (1:1, v/v)〈!〉
  - 단계 10에 필요할 수 있음
- TE (pH 8.0)
- TEN buffer
- TEN buffer, 0.2% sodium azide가 포함

Nucleic acids/Oligonucleotides

- CsCl−ethidium bromide 원심분리로 정제된 플라스미드 DNA
  - 프로토콜 1.10의 단계 7이나 프로토콜 1.11의 단계 5에서 물질이용

Centrigues/Rotors/Tubes

- Corex glass tubes (30 ml)
- Sorvall SS−34 rotor (4℃)

Additional Information

Ethidium bromide MC3, pp.1.150−1.151, 5.14−5.15, and A9.3−A9.4

METHOD

1. Dowex AG50 수지를 사용하기 전에 평형화시킨다.
   a. 약 100 ml의 1 M NaCl에 20 g의 Dowex AG50를 넣고 5분간 젓는다. 수지가 가라앉도록 나눈 다음 상등액을 흡입으로 제거한다.
   b. 100 ml의 1 N HCl을 넣고 5분간 슬러지를 젓는다. 수지가 가라앉도록 나눈 다음 상등액을 흡입으로 제거한다.
   c. H_2O로 두 번 씻는 과정을 거친 다음 (100 ml씩), 100 ml의 TEN buffer로 한 번 씻는다.

Adapted from Chapter 1, Protocol 13, p. 1.75 of MC3.

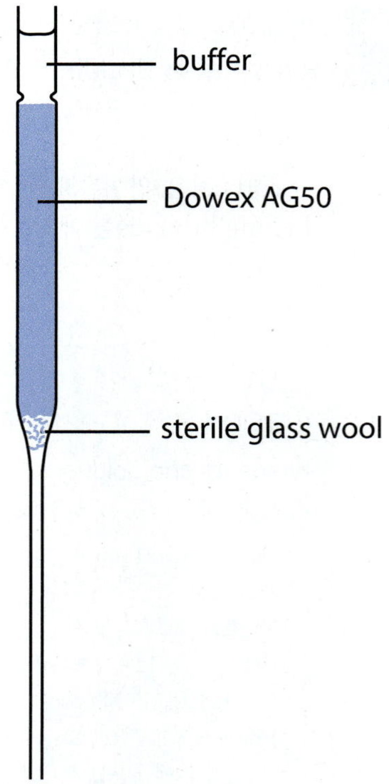

그림 1-3 Dowex AG50을 통한 크로마토그래피로 Ethidium Bromide를 DNA에서 제거.
자세한 사항은 Step 1을 참조

d. 0.2% sodium azide가 함유된 TEN buffer로 평형화된 수지를 4℃에서 보관한다.

2. Pasteur pipette를 이용하여 1-ml Dowex AG50 column을 만든다. (그림 1-3)
3. 수지위의 버퍼를 제거하고 2배 부피의 TE (pH 8.0)으로 column을 씻는다. Ethidium bromide와 CsCl를 갖는 DNA 용액을 resin에 직접 붓는다.
4. column으로부터 흘러나오는 용출액을 즉시 받기 시작한다. DNA용액이 모두 column 에 들어간 다음 수지를 1.2 배의 column 부피의 TE (8.0)으로 씻는다. 용리액을 30-ml Corex tube에 모은다.
5. column에서 용액이 모두 빠져나오면 용리액을 2.5 배 부피의 H_2O로 희석한다.
6. 8배 부피의 ethanol을 넣고 4℃에서 15분간 보관하여 DNA를 침전시키다. 4℃에서 15분간 17,000 g (Sorvall SS-34 rotor로 12,000 rpm)로 원심분리하여 DNA를 모은다.
7. 상등액을 새 원심분리 tube로 옮기고 같은 부피의 에탄올을 넣는다. 4℃에서 15분간 혼합액을 보관하고 침전된 DNA를 15분간 20,000 g (Sorvall SS-34 rotor로 13,000 rpm)로 원심분리하여 회수한다.
8. 두 개의 DNA 침전물을 70% 에탄올로 씻는다. 70% 에탄올을 최대한 많이 제거하고 남은 용액은 상온에서 증발되도록 한다.
9. 침전된 DNA를 최종 2 ml가 되도록 H_2O나 TE (pH 8.0)에 녹인다.
10. 녹인 DNA가 색상이나 자외선을 쬐었을 때의 형광으로 판단할 때 상당량의 ethidium bromide를 가지면 용액을 페놀에 한번, phenol:chloroform에 한번씩 추출한 다음 DNA를 에탄올을 이용하여 다시 침전시킨다.
11. 최종 DNA 용액의 OD_{260}을 측정하여 DNA 농도를 계산한다. DNA를 분주하여 −20℃에서 보관한다.

프로토콜 1.14

NaCl을 이용한 원심분리방법으로 정제한 DNA에서 작은 핵산조각 제거

Removal of Small Fragments of Nucleic acid from Preparations of Plasmid DNA by Centrifugation through NaCl

1 M sodium chloride를 이용한 원심분리방법으로 플라스미드 DNA에 오염되어 있는 작은 DNA나 RNA 조각을 허용할 수 있는 수준으로 줄인다.

MATERIALS

Reagents and Solutions

Stock 용액과 버퍼, 시약의 조성은 Appendix 1을 참조. Stock 용액을 적절한 농도로 희석한다.

- Ethanol
- NaCl (1 M), 5 M stock solution을 희석
- Sodium acetate (3 M, pH 5.2)
- TE (pH 8.0)

Enzymes and Buffers

- RNase A (pancreatic RNase) DNase-free

Nucleic acids/Oligonucleotides

- 정제된 플라스미드 DNA
  - 프로토콜 1.12의 단계 14이나 프로토콜 1.13의 단계 11에서 물질이용

Centrigues/Rotors/Tubes

- Beckman SW50.1 rotor (20℃)와 tube
- Microfuge (4℃)
- Sorvall SS-34 rotor (4℃)와 tube

METHOD

1. 준비된 플라스미드의 부피를 측정한다. 0.1배 부피의 3 M sodium acetate (pH 5.2)와 2배 부피의 에탄올을 넣고 4℃에서 30분간 혼합물을 보관한다.
2. 침전된 핵산을 10,000 g이상 (Sorvall SS-34 rotor로 9100 rpm이상)으로 4℃에서 15분간 원심분리하여 회수한다. 상등액을 최대한 버리고 실험대에서 뚜껑을 연채 몇 분간 방치하여 에탄올이 증발되도록 한다.
3. 젖은 DNA를 0.5-1.0 ml의 TE (pH 8.0)에 농도가 100 μg/ml이상이 되도록 녹인다.
4. DNase-free RNase를 최종농도가 10 μg/ml이 되도록 넣고 상온에서 1시간 반응시킨다.
5. Beckman SW50.1 원심분리 tube (혹은 동등품)에 4 ml의 TE (pH 8.0)에 녹인 1 M NaCl을 넣는다. 일회용 tip을 끼운 자동 pipette를 이용하여 1 M NaCl 용액의 위쪽에 플라스미드 1 ml를 올려놓는다. 만일 필요하다면 tube를 TE (pH 8.0)으로 채운다.
6. 용액을 150,000 g (Beckman SW 50.1 rotor로 40,000 rpm)로 20℃에서 6시간 원심분리하고 상등액을 조심스럽게 버린다.

Adapted from Chapter 1, Protocol 14, p. 1.78 of MC3.

7. 플라스미드 DNA 침전물을 0.5 ml의 TE (pH 8.0)에 녹인다. 여기에 3 M sodium acetate (pH 5.2) 50 μl을 넣고 용액을 microfuge tube로 옮긴다.
8. 2배 부피의 에탄올을 넣고 DNA를 침전시키고 4℃에서 10분간 방치한다. DNA를 4℃에서 최대속도로 15분간 원심분리하여 회수한다. 상등액을 최대한 버리고 몇 분간 실험대에서 에탄올이 증발하도록 뚜껑을 열어둔다.
9. 젖은 DNA를 TE (pH 8.0)에 녹인다.

프로토콜 1.15

Sephacryl S-1000을 이용한 크로마토그래피방법으로 정제한 DNA에서 작은 핵산 조각 제거

Removal of Small Fragments of Nucleic Acid from Preparations of Plasmid DNA by Chromatography through Sephacryl S-1000

플라스미드 DNA에 오염되어 있는 작은 DNA나 RNA 조각을 Sephacryl S-1000을 통과하는 분자배제크로마토그래피방법으로 획기적으로 줄인다.

MATERIALS

CAUTION: ⟨!⟩표시된 물질의 적절한 사용법은 Appendix 4를 참조하세요.

Reagents and Solutions

Stock 용액과 버퍼, 시약의 조성은 Appendix 1을 참조. Stock 용액을 적절한 농도로 희석한다.

- Bromophenol blue sucrose 용액, gel loading buffer IV
- Ethanol
- Phenol ⟨!⟩
- Sephacryl equilibration buffer
  - 50 mM Tris-HCl (pH 8.0)
  - 5 mM EDTA
  - 0.5 M NaCl
- Sephacryl S-1000
- Sodium acetate (3 M, pH 5.2)
- TE (pH 8.0)
- 20 μg/ml의 DNnase-free RNase A를 포함한 TE (pH 8.0)

Enzymes and Buffers

- RNase A (pancreatic RNase), DNase-free

Nucleic acids/Oligonucleotides

- 정제된 플라스미드 DNA
  - 프로토콜 1.12의 단계14이나 프로토콜 1.13의 단계11에서 물질이용

Gels/Loading Buffers

- 0.7% agarose gel
- Gel-loading buffer IV

Centrigues/Rotors/Tubes

- Sorvall SS-34 rotor (4℃)와 tube

Additional Items

- 유리나 플라스틱 크로마토그래피 column (1×12 cm)

Additional Information

Gómez-Márquez J., Freire M., and Segade F. 1987. A simple procedure for large-scale purification of plasmid DNA. *Gene* 54: 255-259.

METHOD

1. Sephacryl equilibration buffer로 평형화된 1 × 10 cm 크기의 Sephacryl S-1000 column을 준비한다.
2. 준비된 플라스미드의 부피를 측정한다. 0.1배 부피의 3 M sodium acetate (pH 5.2)와 2배 부피의 에탄올을 넣고 4℃에서 30분간 혼합물을 보관한다.
3. 침전된 핵산을 10,000 g이상 (Sorvall SS-34 rotor로 9100 rpm이상)으로 4℃에서 15분간 원심분리하여 회수한다. 상등액을 최대한 버리고 실험대에서 뚜껑을 연채 몇 분간 방치하여 에탄올이 증발되도록 한다.
4. 젖은 핵산 침전물을 적은 부피 (400 μl이하)의 RNaseA를 갖는 TE (pH 8.0)에 최종농도가 적어도 100 μg/ml이 되도록 녹인다.
5. 혼합물을 상온에서 1시간 반응시킨다.
6. 혼합물을 TE (pH 8.0)에 평형화시킨 동량의 페놀로 한번 추출한다.
7. 수용액 층을 회수하고 100 μl의 gel-loading buffer IV를 넣는다. 푸른 DNA 용액을 Sephacryl S-1000 column에 얹는다.
8. DNA를 column을 통해 씻는다. Sephacryl equilibration buffer를 흘려, 곧 바로 0.5 ml씩 분획을 모은다.
9. 15개 분획을 모았을 때 column의 바닥 clamp를 닫는다. 이 상태에서 푸른 염색약은 column 길이의 반 정도 이동하였다.
10. 각 분획의 10 μl 씩을 0.7% agarose gel에서의 전기영동으로 분석하여 플라스미드 DNA를 갖는 분획을 확인한다.
11. 플라스미드 DNA를 갖는 분획을 모두 모은 다음 2배 부피의 에탄올을 넣고 4℃에서 10분간 침전시키고 4℃에서 15분간 10,000 g (Sorvall SS-34 rotor로 9200 rpm)로 원심분리하여 DNA를 회수한다.
12. 상등액을 가능한 많이 버리고 실험대위에 뚜껑을 연채 수 분간 세워 놓아 에탄올이 증발되게 한다.
13. 젖은 침전물을 TE (pH 8.0)에 녹인다.

프로토콜 1.16

플라스미드 DNA 준비물에서 작은 핵산조각을 lithium chloride로 침전시켜 제거

Removal of Small Fragments of Nucleic Acid from Preparations of Plasmid DNA by Precipation with Lithium Chloride

이 프로토콜은 준비한 플라스미드 DNA에서 어떻게 높은 분자량의 RNA와 단백질을 고농도의 LiCl를 사용하여 침전시키고 낮은 속도의 원심분리로 제거하는지를 설명한다.

MATERIALS

Reagents and Solutions

Appendix 1 에 있는 stock 용액과 버퍼, 시약의 조성을 참조한다. Stock 용액을 적절한 농도로 희석한다.

- Ethanol
- Ethanol (70%, 4℃)
- Isopropanol
- LiCl (4 M)
- Sodium acetate (3 M, pH 5.2)
- TE (pH 8.0)
- TE (pH 8.0) containing 20 μg/ml DNase−free RNase A

Nucleic Acids/Oligonucleotides

플라스미드 DNA의 준비

예로 프로토콜 1.12, Step 14나 프로토콜 1.13, Step 11에서 만든 물질

Centrifuges/Rotors/Tubes

Sorvall SS−34 rotor (4℃)와 tube

Additional Information

Kondo T., Mukai M., and Kondo Y. 1991. Rapid isolation of plasmid DNA by LiCl−ethidium bromide treatment and gel filtration. *Anal. Biochem.* **198**: 30−35.

METHOD

1. 준비한 플라스미드 용액의 부피를 측정한다. 0.1배 부피의 3 M sodium acetate (pH 5.2)와 2배 부피의 에탄올을 넣고 4℃에서 30분간 혼합액을 보관한다.
2. 핵산 침전물을 4℃에서 15분간 10,000 g이상으로 (Sorvall SS−34 rotor로 9100 rpm이상) 원심분리하여 회수한다. 가능한 많이 상등액을 버리고 실험대에서 tube를 열어둔 채 수 분간 보관하여 에탄올을 증발시킨다.
3. 젖은 침전물을 100 μg/ml 이상의 농도의 RNase가 함유된 1 ml의 TE (pH 8.0)에 녹인다.
4. 4 M LiCl 용액을 3 ml 첨가하고 얼음 속에서 30분 동안 보관한다.
5. 4℃에서 15분간 12,000 g로 (Sorvall SS−34 rotor로 10,000 rpm) 원심분리하여 플라스미드 DNA를 침전된 핵산으로부터 분리한다.

6. 상등액을 새로운 원심분리 tube에 옮기고 6 ml의 isopropanol을 첨가한다. 상온에서 30분간 플라스미드 DNA가 침전되게 한다.
7. 침전된 플라스미드 DNA를 4℃에서 15분간 12,000 g로 (Sorvall SS-34 rotor로 10,000 rpm) 원심분리하여 회수한다.
8. 조심스럽게 상등액을 제거하고 70% 에탄올을 5-10 ml 넣고 tube를 잠깐 vortex하고 4℃에서 10분간 12,000 g로 원심분리한다.
9. 조심스럽게 상등액을 제거하고 tube를 실험대에서 수 분간 에탄올이 증발될 때까지 열어둔다.
10. 젖은 DNA 침전물을 TE (pH 8.0)에 녹인다.

프로토콜 1.17

플라스미드 벡터에 방향성 있게 클로닝
Directional Cloning into Plasmid Vectors

방향성있게 클로닝을 하는 것은 플라스미드 벡터를 말단이 호환이 되지 않는 두 개의 제한효소로 자르고 잘린 벡터의 양쪽과 호환이 가능한 말단을 갖는 DNA조각에 의해 클로닝이 가능하다.

MATERIALS

CAUTION: 〈!〉로 표시된 시약의 적절한 조작법은 Appendix 4에서 참조하세요.

Reagents and Solutions

Appendix 1 에 있는 stock 용액과 버퍼, 시약의 조성을 참조한다. Stock 용액을 적절한 농도로 희석한다.

- ATP (10 mM)
  - 10× ligation buffer에 ATP가 포함되어 있으면 필요없음
- Ethanol (4℃)
- Ethanol (70%, 4℃)
- Phenol:chloroform (1:1, v/v) 〈!〉
- 대장균형질전환에 필요한 시약 (프로토콜 1.23, 1.24, 1.25, 1.26 참조)
- Sodium acetate (3 M, pH 5.2)
- TE (pH 8.0)

Vectors and Hosts

- transformation-competent *E. coli*
- Vector DNA (superhelical plasmid) (10 μg)

Media and Antibiotics

- 적절한 항생제가 포함된 SOB나 LB agar plate

Enzymes and Buffers

- Bacteriophage DNA ligase와 10× ligation buffer
- 제한효소와 10× buffer

Nucleic Acids/Oligonucleotides

- Target DNA 조각

Centrifuges/Rotors/Tubes

- Microfuge tube (0.5 ml)
- Sorvall SS-34 rotor (4℃)와 tube

Additonal Items

- Spun column
- 수조나 heating/cooling block (16℃)

Additional Information

DNA ligase	MC3, pp. A4.30–A4.31
Spun-column chromatography	MC3, pp. A8.30–A8.31

Adapted from Chapter 1, Protocol 17, p. 1.84 of MC3.

METHOD

1. 벡터 (10 μg)과 외부 DNA를 두 개의 적절한 제한효소로 자른다.
2. 잘린 외부 DNA를 phenol:chloroform으로 추출하고 표준 에탄올 침전법으로 정제한다.
3. 벡터 DNA를 spun-column chromatography와 표준 에탄올 침전법으로 정제한다.
4. 침전된 DNA를 각각 TE (8.0)에 농도가 대략 100 μl/ml가 되도록 녹인다. DNA의 농도는 1 bp의 질량이 660 dalton으로 가정하여 pmole/ml로 계산한다.
5. 적당한 양의 DNA를 멸균한 0.5-ml microfuge tube에 다음과 같이 옮긴다.

Tube	DNA
A and D	vector (30 fmoles [~100 ng])
B	insert (foreign) (30 fmoles [~10 ng])
C and E	vector (30 fmoles) plus insert (foreign)(30 fmoles)
F	superhelical vector (3 fmoles [~10 ng])

플라스미드 벡터에 대한 삽입할 DNA의 몰수비는 ligation 반응에서 대략 1:1이 되어야 한다.
최종 DNA 농도는 대략 10 ng/μl이 되어야 한다.

a. Tube A부터 C에 아래를 첨가한다.

10× ligation buffer	1.0 μl
bacteriophage T4 DNA ligase	0.1 Weiss unit
10 mM ATP	1.0 μl
H_2O로 부피를	10 μl로 맞춤

b. tube D와 E에 아래를 첨가한다.

10× ligation buffer	1.0 μl
10 mM ATP	1.0 μl
H_2O로 부피를	10 μl로 맞춤

DNA ligase는 넣지 않음

10× ligation buffer에 이미 ATP가 들어있으면 ligation 혼합물에 첨가하지 않음

DNA 조각은 H_2O와 함께 tube에 넣어도 되며 45℃에서 5분간 따뜻하게 하여 DNA 조각 준비과정에서 다시 붙어버린 cohesive termini를 녹인다. DNA 용액을 나머지 ligation 시약을 넣기 전에 0℃로 차갑게 한다.

6. 반응물을 16℃에서 밤새 혹은 20℃에서 4시간동안 반응시킨다.
7. 대장균 competent cell을 각 liagation 혼합물의 희석액으로 프로토콜 1.23, 혹은 1.24, 1.25, 1.26에서 설명된 대로 형질전환시킨다. 대조군으로 알고 있는 양의 표준 초헬릭스 플라스미드 DNA 준비물로 형질전환의 효율을 확인한다.

Tube	DNA	ligase	Expected number of transformed colony
A	vector	+	~0 (~10^4 fewer than Tube F)[a]
B	insert	+	0
C	vector and insert	+	~10-fold more than Tube A or D
D	vector	−	~0 (~10^4 fewer than Tube F)
E	vector and insert	−	same, but fewer than Tube C
F	superhelical vector	−	〉 2 × 10^5

[a] 벡터 DNA 혼자의 연결로 생성된 형질전환체는 하나 혹은 두 개의 제한효소로 DNA를 완전히 자르는데 실패했기 때문이거나 multiple cloning site로부터 잘려 나온 작은 조각이 남아서 벡터에 연결되었기 때문이다.

프로토콜 1.18 Protruding 말단에 Adaptor 붙이기
Attaching Adaptors to Protruding Termini

Adaptor는 작은 double-stranded 합성된 올리고뉴클레오티드로 제한효소 인식자리를 가지고 있고 한쪽이나 양쪽 끝에 단일가닥 끝을 갖고 있다. Adaptor는 선형의 DNA 분자의 말단에 제한효소 자리를 교환하기위해 사용된다. 인산화가 되거나 되지 않는 형태로 구입할 수 있다.

MATERIALS

CAUTION: 〈!〉로 표시된 시약의 적절한 조작법은 Appendix 4에서 참조하세요.

Reagents and Solutions

Appendix 1 에 있는 stock 용액과 버퍼, 시약의 조성을 참조한다. Stock 용액을 적절한 농도로 희석한다.

- ATP (10 mM)
- Ethanol
- Ethanol (70%)
- Phenol:chloroform (1:1, v/v) 〈!〉
- Sodium acetate (3 M, pH 5.2)
- TE (pH 8.0)

Vectors and Hosts

- 플라스미드 벡터 DNA
- transformation-competent *E. coli*

Media and Antibiotics

- 적절한 항생제가 포함된 SOB나 LB 고체배지

Enzymes and Buffers

- Bacteriophage T4 DNA ligase와 10× ligation buffer
- Bacteriophage T4 polynucleotide kinase와 10× linker kinase buffer
- DNA 탈인산화를 위한 효소와 buffer (프로토콜 1.20 참조)
- 제한효소와 10× buffer

Nucleic Acids/Oligonucleotides

- 인산화된 합성한 DNA adaptor, 약 400 μg/ml (hexamer의 경우 ~50 mM)의 농도로 TE (pH 8.0)에 녹임
- 플라스미드 벡터
- target DNA 조각 (100-200 ng)

Centrifuges/Rotors/Tubes

- Microfuge (4℃)와 0.5-ml microfuge tube

Additonal Items

- Spun column
- 이 프로토콜의 step 9에는 프로토콜 1.17에 나열된 시약이 필요로 한다.
- 수조 (65℃)
- 수조나 heating/cooling block (4℃)

Adapted from Chapter 1, Protocol 18, p. 1.88 of MC3.

Additional Information

Adapter	MC3, pp. 1.160–1.161
Spun-column chromatography	MC3, pp.A8.30–A8.31

METHOD

1. Adapter (어댑터)를 인산화시키려면 멸균한 microfuge tube에

합성한 올리고뉴클레오티드나 adapter	0.5–2.0 μg, TE (8.0)에 녹인 것
10× linker kinase buffer	1.0 μl
10 mM ATP	1.0 μl
H_2O로 부피를	10 μl로 맞춤
bacteriophage T4 polynucleotide kinase	1.0 unit

37℃에서 1시간 반응을 시킨다.

2. 인산화된 adapter를 상보적으로 돌출된 끝을 갖는 DNA조각에 연결하기 위해서 아래의 ligation 반응을 준비한다.

DNA 조각	100–200 ng
인산화된 adapter	10–에서 20–배 몰수
10× ligation buffer	1.0 μl
bacteriophage T4 DNA ligase	0.1 Weiss unit
10 mM ATP	1.0 μl
H_2O로 부피를	10 μl로 맞춤

4℃에서 6–16시간 ligation 혼합물을 반응시킨다

최대의 ligation 효율을 얻기 위해서 반응은 작은 부피 (5–10 μl)로 실시한다. ligation buffer에 이미 ATP가 들어있으면 ATP 첨가는 생략한다.

3. 15분간 65℃에서 반응물을 처리하여 DNA ligase를 불활성화시킨다.
4. 10 μl의 적절한 10× 제한효소 버퍼로 ligation 반응물을 희석한다. 멸균한 H_2O를 최종 부피가 100 μl가 되도록 넣고 50–100 unit의 제한 효소를 넣는다.
5. 37℃에서 1–3시간동안 반응시킨다.
6. 제한효소로 자른 용액을 phenol:chloroform으로 추출하고 표준 에탄올 침전법으로 DNA를 회수한다.
7. microfuge로 4℃에서 15분간 최고속도로 원심분리하여 침전된 DNA를 모은 다음 50 μl의 TE (pH 8.0)에 DNA를 녹인다.
8. 재현탁한 DNA를 spun column (Appendix 3, p. 748)을 통과시켜 초과된 adapter와 잘려진 조각을 제거한다.
9. 변형된 DNA 조각은 이제 잘려진 adapter의 돌출된 말단과 상보적인 말단을 갖는 플라스미드 벡터에 연결될 수 있다. (프로토콜 1.17을 참조)

프로토콜 1.19

플라스미드 벡터에 blunt-end 클로닝

Blunt-ended Cloning into Plasmid Vectors

표적 DNA는 blunt-ended 플라스미드 DNA에 연결된다. ligation 반응결과물은 competent 대장균의 형질전화에 사용된다. 최대한 올바른 클론을 많이 만들어내기 위해 같은 몰수의 플라스미드와 표적 DNA를 전체 DNA 농도가 100 μg/ml 이하가 되도록 한 ligation 반응물을 만든다. Bacteriophage T4 DNA ligase로 촉매되는 blunt-ended ligation은 높은 농도 (5 mM)의 ATP와 spermidine과 같은 polyamine에 의해 억제된다.

MATERIALS

CAUSION: 〈!〉로 표시된 시약의 적절한 조작법은 Appendix 4에서 참조하세요.

Reagents and Solutions

Appendix 1 에 있는 stock 용액과 버퍼, 시약의 조성을 참조한다. Stock 용액을 적절한 농도로 희석한다.

- ATP (10 mM)
  - 10× ligation buffer에 ATP가 포함되어 있으면 필요 없음
- Ethanol
- Ethanol (70%, 4℃)
- Phenol:chloroform (1:1, v/v) 〈!〉
- Polyethylene glycol 8000 (PEG 8000, 30% w/v) 〈!〉
- Sodium acetate (3 M, pH 5.2)
- TE (pH 8.0)

Vectors and Hosts

- transformation-competent *E. coli*
- 벡터 DNA

Media and Antibiotics

- 적절한 항생제가 포함된 SOB나 LB 고체배지

Enzymes and Buffers

- Bacteriophage DNA ligase와 10× ligation buffer
- 제한효소와 10× buffer

Nucleic Acids/Oligonucleotides

- 표적 DNA (blunt-ended fragment)
- 벡터 DNA (플라스미드)

Gels/Loading Buffers

- agarose나 polyacrylamide gels (선택사항; Step 2와 3 참조)

Additonal Items

- 이 프로토콜의 Step 4에는 프로토콜 1.20에 나열된 시약이 필요로 한다.
- 이 프로토콜의 Step 7에는 프로토콜 1.23-1.26에 나열된 시약이 필요로 한다.
- 수조나 heating/cooling block (20℃)

Additional Information

Bercovich J., Grinstein S., and Zorzopoulos J. 1992. Promega enzyme resource guide:

Cloning enzyme. *BioTechniques* **12**: 190–193	
Blunt-ended ligation	MC3, pp. A4.31–A4.32

METHOD

1. 각 반응을 위해 플라스미드 DNA과 외부 DNA 10 μg을 적합한 제한효소로 blunt end가 생기도록 자른다.
2. 자른 외부 DNA와 벡터 DNA를 phenol:chloroform을 이용한 추출과 표준 에탄올 침전법으로 정제한다.
3. 침전된 DNA를 따로 TE (pH 8.0)에 농도가 대략 100 μg/ml이 되도록 녹인다. DNA의 농도는 1 bp의 질량이 660 dalton인 것으로 pmol/ml 단위로 계산한다.
4. 플라스미드 벡터 DNA를 프로토콜 1.20에서와 같이 인산기를 제거한다.
5. 적절한 양의 DNA을 멸균한 0.5-ml microfuge tube에 아래와 같이 옮긴다.

Tube	DNA
A and E	vector[a] (60 fmoles [~100 ng])
B	foreign DNA[b] (60 fmoles [~10 ng])
C and F	vector[a] (60 fmoles) plus foreign DNA (60 fmoles)[c]
D	linearized vector (contains 5′-terminal phosphates) (60 fmoles)
G	superhelical vector (6 fmoles [~10 ng])

[a]벡터 DNA는 프로토콜 1.20에 설명된 대로 인산기를 제거한다.

[b]linker는 외부 표적 DNA에 연결될 수 있다.

[c]ligation 반응에서 플라스미드 벡터와 삽인 DNA 조각의 몰수의 비는 대략 1:1이 되어야한다. ligation 반응에서 전체 DNA 농도는 대략 10 ng/μl가 되어야 한다.

a. Tube A와 B, C에 아래를 첨가한다.

10× ligation buffer	1.0 μl
bacteriophage T4 DNA ligase	0.5 Weiss unit
5 mM ATP	1.0 μl
H_2O로 부피를	8.5 μl를 맞춤
30% PEG 8000	1–1.5 μl

b. Tube D와 E, F에 아래를 첨가한다.

10× ligation buffer	1.0 μl
5 mM ATP	1.0 μl
H_2O로 부피를	8.5 μl를 맞춤
30% PEG 8000	1–1.5 μl
DNA ligase는 넣지 않음	

ligation의 최대 효율을 얻기 위해서 가능한 적은 부피 (5–10 μl)로 반응을 시킨다.

DNA 조각은 H_2O와 함께 tube에 넣을 수 있으며 45℃에서 5분 동안 따뜻하게 한다. 이것은 DNA 조각을 준비하는 동안 형성될 수 있는 DNA 덩어리가 분해되는데 도움을 준다. DNA 용액은 나머지 ligation 시약을 넣기 전에 0℃로 식힌다.

10× ligation buffer에 이미 ATP가 들어있으면 ligation 혼합물에 첨가하지 않음

6. 반응혼합물을 16℃에서 밤새 혹은 20℃에서 4시간동안 반응시킨다.

7. 각 ligation 혼합물을 희석해서 프로토콜 1.23-1.26에서 설명된 대로 대장균 competent cell을 형질전환시킨다. 대조군으로 알고 있는 양의 표준 초헬릭스 플라스미드 DNA 준비물로 형질전환의 효율을 확인한다.

Tube	DNA	ligase	expected number of transformed colony
A	vector[a]	+	~0[b]
B	insert	+	0
C	vectora와 insert	+	~5-fold more than Tube F
D	vector[a]	−	~0
E	vector[c]	−	~50-fold more than Tube D
F	vector[a]와 insert	−	~50-fold more than Tube D
G	superhelical vector	−	2×10^5

[a]dephosphorylated

[b]dephosphorylated 벡터 DNA 혼자의 ligation으로 생성된 형질전환체는 alkaline phosphatase로 처리하여 5′ 잔기를 제거하는데 실패했기 때문이다.

[c]not dephosphorylated

프로토콜 1.20

플라스미드 DNA의 인산기 제거
Dephsphorylation of Plasmid DNA

시험관에서 ligation을 하는 동안 T4 DNA ligase는 하나의 뉴클레오티드가 5′-인산기를 갖고 다른 하나는 3-hydroxyl 말단을 갖는 경우에 한해 근접한 뉴클레오티드간의 phosphodiester bond의 형성을 촉매한다. 따라서 선형의 이중가닥 플라스미드 DNA가 alkaline phosphatase로 양쪽 말단의 5′-인산기가 제거되어야 벡터 DNA가 다시 원형을 이루는 것을 최소화할 수 있다.

MATERIALS

CAUTION: 〈!〉로 표시된 시약의 적절한 조작법은 Appendix 4에서 참조하세요.

Reagents and Solutions

Appendix 1 에 있는 stock 용액과 버퍼, 시약의 조성을 참조한다. Stock 용액을 적절한 농도로 희석한다.

- EDTA (0.5 M, pH 8.0)
  - dephosphorylation에 CIP가 사용될 경우에만 필요하다
- EGTA (0.5 M, pH 8.0) (선택사항; Step 6 참조)
- Ethanol (4℃)
- Ethanol (70%, 4℃)
- Phenol 〈!〉
- Phenol:chloroform (1:1, v/v) 〈!〉
- SDS (10% w/v)
  - dephosphorylation에 CIP가 사용될 경우에만 필요하다
- Sodium acetate (3 M, pH 5.2)
- TE (pH 8.0)
- Tris-Cl (10 mM, pH 8.3)

Enzymes and Buffers

- Calf intestinal alkaline phosphatase (CIP)나 shrimp alkaline phosphatase (SAP)와 buffer
- Protease K (10 mg/ml)
  - dephosphorylation에 CIP가 사용될 경우에만 필요하다
- 제한효소와 10× buffer

Nucleic Acids/Oligonucleotides

- 닫힌 원형의 플라스미드 DNA (10 μg)

Gels/Loading Buffers

- 0.7% agarose gel
- Gel-loading buffer IV

Centrifuges/Rotors/Tubes

- Microfuge (4℃)

Adapted from Chapter 1, Protocol 20, p. 1.93 of MC3.

Additional Items	
수조 55℃ (CIP 용) 혹은 65℃ (SAP 용)	
Additional Information	
alkaline phosphatase의 특성	MC3, pp. 9.92–9.93과 A4.37

METHOD

1. 적절한 양 (~10 μg)의 닫힌 원형의 플라스미드 DNA를 필요량의 2–3배 과량으로 원하는 제한효소로 1시간 자른다.
2. 일부 (0.1 μg)를 덜어내고 ethidium bromide가 함유된 0.7% agarose gel을 이용한 전기영동을 통해 자르지 않은 플라스미드 DNA를 표지로 잘려진 정도를 분석한다. 만일 절단이 완전히 되지 않으면 제한효소를 좀 더 넣고 반응을 더 시킨다.
3. 반응이 완료되면 phenol:chloroform으로 샘플을 한번 추출하고 에탄올을 이용한 표준 침전법으로 DNA를 회수한다. 에탄올을 첨가한 용액은 얼음에서 15분간 방치시킨다.
4. microfuge를 이용하여 최고속도로 4℃에서 10분간 원심분리하여 DNA를 침전시키고 110 μl의 10 mM Tris–Cl (pH 8.3)에 녹인다.
5. 남은 90 μl의 선형화된 플라스미드 DNA에 10 μl의 10× CIP나 SAP buffer를 넣고 적절한 양의 calf intestinal phosphatase (CIP)나 shrimp alkaline phosphatase (SAP)을 넣는다. 아래 표에 표시된 대로 반응시킨다.

표 1-3 DNA로부터 5′-인산기의 제거를 위한 조건

말단의 형태	DNA 말단의 몰수 당 효소량	반응온도/시간
5′ 돌출	0.01 unit CIP[a] 0.1 unit SAP	37℃/30 분 37℃/60 분
3′ 돌출	0.1–0.5 unit CIP[b]	37℃/15 분 그 다음 55℃/45 분
	0.5 unit SAP	37℃/60 분
Blunt	0.1–0.5 unit CIP[b]	37℃/15 분 그다음 55℃/45 분
	0.2 unit SAP	37℃/60 분

[a]초기의 30분 반응 후 분주된 두 번째 CIP 효소를 첨가하고 37℃에서 반응을 30분간 더 지속한다.
[b]분주된 두 번째 CIP를 55℃에서 반응이 시작하기 바로 직전에 첨가한다.

6. Phosphatase 활성을 불활성화시킨다.

To inactivate CIP at the end of the incubation period (반응기간의 마지막에 CIP를 불활성화시키기 위해)

반응의 끝에 SDS와 EDTA (pH 8.0)을 최종농도가 각각 0.5%와 5 mM이 되도록 첨가한다. 잘 섞어준 다음 protease K를 최종농도가 100 μg/ml이 되도록 첨가한다. 55℃에서 30분간 반응을 시킨다.

다른 방법으로는 CIP는 pH 8.0에서 5 mM EDTA나 10 mM EGTA가 첨가된 상태에서 65℃에서 30분간 또는 (75℃에서는 10분) 가열해서 불활성화시킬 수 있다.

To inactivate SAP (SAP를 불활성화시키기 위해)

반응 혼합액을 dephosphorylation buffer 상태에서 65℃에서 15분간 반응시킨다.

7. 반응 혼합액을 상온이 되도록 식히고 페놀로 한번 phenol:chloroform으로 한번 추출한다.
8. DNA는 에탄올을 이용한 표준 침전방법으로 회수한다. 용액은 다시 혼합하고 0℃에서 15분간 보관한다.
9. microfuge를 이용하여 4℃에서 10분간 최고속도로 원심분리하여 DNA를 회수하고 침전물을 4℃에서 70% 에탄올로 씻고 원심분리를 한번 더 실시한다.
10. 조심스럽게 상등액을 제거하고 에탄올이 모두 증발하도록 실험대위에 tube의 뚜껑이 열린 상태로 놔둔다.
11. 침전된 DNA를 TE (pH 8.0)에 농도가 100 μg/ml 이 되도록 녹이고 분주하여 −20℃에 보관한다.

프로토콜 1.21

Blunt-ended DNA에 합성 linker 정착
Addition of Synthetic Linkers to Blunt-ended DNA

linker는 합성한 DNA의 작은 self-complementary 조각으로 클로닝과정을 도울 수 있는 제한효소 자리를 갖는 Blunt-ended 말단을 DNA에 만드는데 사용된다.

MATERIALS

CAUTION: 〈!〉로 표시된 시약의 적절한 조작법은 Appendix 4에서 참조하세요.

Reagents and Solutions

Appendix 1 에 있는 stock 용액과 버퍼, 시약의 조성을 참조한다. Stock 용액을 적절한 농도로 희석한다.

- Ammonium acetate (2 M), 4 M stock (pH 4.8)을 희석함
- ATP (Step 2에는 5 mM, Step 10에는 10 mM)
  - 10× ligation buffer에 ATP가 포함되어 있으면 5 mM ATP는 필요하지 않음
- Ethanol
- Ethanol (70%)
- Phenol:chloroform (1:1, v/v)〈!〉
- Sodium acetate (3 M, pH 5.2)
- TE (pH 8.0)

Enzymes and Buffers

- Bacteriophage T4 DNA ligase와 10× ligation buffer
- Bacteriophage T4 polynucleotide kinase
- 10× linker kinase buffer
  - 60 mM Tris-Cl (pH 7.6)
  - 100 mM $MgCl_2$
  - 100 mM dithiothreitol
  - 2 mg/ml bovine serum albumin
- 제한효소 (linker를 자름)와 10× buffer

Nucleic Acids/Oligonucleotides

- Blunt-end DNA
  - 반응 당 약 2 pmole의 blunt termini가 필요하다
- Synthetic linker
  - 약 50 μM의 농도로 TE (pH 8.0)에 녹임

Centrifuges/Rotors/Tubes

- Microfuge (4℃)와 0.5-ml과 표준크기의 microfuge tube

Additional Items

- Spun column (Appendix 3, p. 748 참조)
- 수조 (65℃)

Additional Information

linker의 특징	MC3, pp. 1.98-1.100
Spun-column chromatography	MC3, pp. A8.30-A8.31

METHOD

1. 아래 반응물을 멸균한 0.5-ml microfuge tube에 혼합한다.

10× linker kinase buffer	1.0 μl
10 mM ATP	1.0 μl
synthetic linker, TE (pH 8.0)에 녹인 것	2.0 μg[1]
H_2O로 부피가	9 μl가 되도록 맞춤
bacteriophage T4 polynucleotide kinase	10 units

[1]대략 250 pmole의 dodecamer

37℃에서 1시간 반응시킨다.

2. blunt-ended DNA 말단의 농도를 계산한 다음 아래 반응물을 주어진 순서대로 멸균한 0.5-ml microfuge tube에 혼합한다.

50 μg의 이중나선 DNA 1-kb 조각 = 78.7 nmoles or 157.4 nM의 말단

blunt-ended DNA	2 pmoles의 말단
phosphorylated linkers	150-200 pmoles의 말단
H_2O로 부피가	7.5 μl이 되도록 조정
10× ligation buffer	1.0 μl
5 mM ATP (free acid)	1.0 μl
bacteriophage T4 DNA ligase	1.0 Weiss unit

반응혼합물을 4℃에서 12-16시간동안 반응시킨다.

만일 10× ligation buffer에 이미 ATP가 들어 있으면 ligation mixture에 ATP를 넣지 않는다.

최대의 ligation 효율을 얻기 위해 반응을 가능한 적은 부피 (5-10 μl)에서 한다.

3. Bacteriophage T4 DNA ligase를 65℃에서 15분간 가열하여 불활성화시킨다.

4. ligation 혼합물을 상온에서 식히고 아래의 시약을 넣는다.

10× restriction enzyme buffer	10 μl
제한효소	50 units
멸균한 H_2O로 최종부피를	100 μl로 맞춤

37℃에서 1-3시간 반응시킨다.

5. Phenol:chloroform 추출법으로 잘린 DNA를 정제한다. DNA는 2 M의 ammonium acetate를 넣고 2배 부피의 에탄올을 첨가하여 침전시킨다.

6. 침전된 DNA를 microfuge로 4℃에서 15분간 최고속도로 원심분리하여 모으고 침전물을 50 μl의 TE (pH 8.0)에 녹인다.

7. 과량의 linker를 제거하기 위해 재현탁된 DNA를 spun column (Appendix 3, p. 748 참조)에 통과시킨다.

8. 표준 에탄올 침전방법으로 DNA를 회수하고 침전물을 10-20 μl의 TE (pH 8.0)에 녹인다.

변형된 DNA 조각은 이제 linker에 의해 도입된 것과 상보적인 protruding end를 갖는 플라스미드 (혹은 bacteriophage)에 프로토콜 1.17에 설명된 것처럼 ligation될 수 있다.

프로토콜 1.22

Low-melting agarose에서 플라스미드와 표적 DNA를 연결
Ligating Plasmid and Target DNAs in Low-melting-temperature Agarose

low-melting agarose에서 ligation은 용액에 정제된 DNA로 ligation하는 것보다 많이 덜 효율적이고 많은 양의 DNA ligase가 요구된다. 이 방법은 인산기가 제거된 벡터에 DNA 조각을 빨리 subcloning하는데 주로 사용된다.

MATERIALS

CAUTION: ⟨!⟩로 표시된 시약의 적절한 조작법은 Appendix 4에서 참조하세요.

Enzymes and Buffers

Bacteriophage T4 DNA ligase

2× Bacteriophage T4 DNA ligase mixture (새롭게 제조)

1 M Tris-Cl (pH 7.6)	1.0 μl
100 mM $MgCl_2$	2.0 μl
200 mM dithiothreitol	1.0 μl
10 mM ATP	1.0 μl
H_2O	4.5 μl
Bacteriophage T4 ligase	1 Weiss unit

각 반응 당 10 μl가 필요

10x Restriction buffer

제한효소 (linker를 자름)과 10× buffer

Nucleic Acids/Oligonucleotides

인산기가 제거된 플라스미드 DNA (~100 ng per ligation)

표적 DNA (~250 ng)

Gels/Loading Buffers

Low-melting-temperature agarose gel, ethidium bromide ⟨!⟩를 포함 (0.5 μg/ml)

Additonal Items

깨끗한 면도날

수조나 heating block (70℃)

Additional Information

Low-melting-temperature agarose MC3, p. 5.7

METHOD

1. 대략 250 ng의 원하는 조각이 나오도록 충분한 양의 표적 DNA를 적절한 제한효소로 자른다. 반응액의 부피는 20 μl이하로 수행한다.
2. Ethidium bromide (0.5 μg/ml)을 포함한 low-melting/gelling-temperature agarose gel에서 전기영동하여 DNA 조각을 분리한다.

Adapted from Chapter 1, Protocol 22, p. 1.103 of MC3.

3. 긴 파장의 자외선 하에서 agarose gel을 확인한다. 원하는 밴드의 형광의 광도를 비교하여 들어있는 DNA의 양을 평가한다. 깨끗한 면도날을 이용하여 원하는 밴드를 가능한 조그만 agarose 조각으로 (보통 40–50 μl) 자른다. DNA 조각의 위치를 표시하기 위해 각 밴드의 아주 작은 부분을 젤에 남겨두고 잘린 젤의 사진 찍는다.
4. 각 젤 조각을 정확하게 다듬은 다음 표지한 microfuge tube에 따로 따로 넣는다.
5. Tube를 heat block에서 70℃로 15분간 가열하여 agarose를 녹인다. 녹은 agarose의 부피를 평가하여 대략 200 ng의 DNA가 들어 있는 부피를 계산한다.
6. 37℃로 데운 멸균한 microfuge tube에 다음 시약을 넣는다

인산기를 제거한 플라스미드 DNA	60 fmoles
외부 DNA 조각	120–240 fmoles (10 μl보다 적은 부피)

대략 100 ng의 인산기를 제거한 DNA가 각 ligation에 필요로 한다.

Agarose가 굳기 전에 멸균한 일회용 pipette tip으로 tube의 내용물을 빨리 섞는다.

7. 다른 tube에 비교군으로 두개의 ligation을 더 준비한다. 하나는 인산기를 제거한 플라스미 벡터만 들어 있는 것이고 다른 하나는 외부 DNA 조각만을 갖는 것이다.
8. 세 개의 tube를 37℃에서 5–10분간 반응시키고 얼음에 식힌 2× bacteriophage T4 DNA ligase 혼합물을 10 μl 넣는다. 멸균한 일회용 pipette tip으로 빨리 tube의 내용물을 agarose가 굳기 전에 섞는다. 16℃에서 12–16시간동안 반응을 시킨다.

프로토콜 1.23

Hahahan 방법으로 대장균 competent의 준비와 형질전환: 고효율 형질전환

The Hanahan Method for Preparation and Transformation of Competent *E. coli*: High-efficiency Transformation

이 과정은 높은 효율로 (초헬릭스 플라스미드 DNA μg 당 5 x 10^8 형질전환 콜로니) 형질전환될 수 있는 대장균의 competent 배양액을 만든다.

MATERIALS

CAUTION: 〈!〉로 표시된 시약의 적절한 조작법은 Appendix 4에서 참조하세요.

Reagents and Solutions

Appendix 1 에 있는 stock 용액과 버퍼, 시약의 조성을 참조한다. Stock 용액을 적절한 농도로 희석한다.

DMSO 〈!〉

DnD solution

1.53 g dithiothreitol

9 ml DMSO

100 μl 1M potassium acetate (pH 7.5)

H_2O to 10 ml

Millex SR membrane unit (Millipore)로 여과하여 멸균한다. 160 μl씩 0.5-ml microfuge tube에 분주한다. tube를 닫고 -20℃에 보관한다.

Transformation buffer

Vectors and Hosts

형질전환을 위한 플라스미드

형질전환에 적합한 대장균 종

Media and Antibiotics

SOB 고체배지

SOB 고체배지, 적절한 항생제와 20 mM $MgSO_4$를 함유한 것

SOB 배지, 20 mM $MgSO_4$를 함유한것

SOC 배지

Centrifuges/Rotors/Tubes

Sorvall SLC-1500 rotor(4℃)와 원심분리 용기

Additonal Items

순환 수조 (42℃)

Corning tissue-culture flask, transformation buffer 보관용

냉동고 (-70℃)

접종용 loop (백금선)

액체질소

Nalgene filter (0.45-μm pore size)

멸균한 50-ml polypropylene centrifuge tube

멸균한 17 x 100-mm polypropylene tube

진공흡입기

Additional Information

형질전환에 영향을 미치는 요소 MC3, pp. 1.105–1.106

Hanahan D. 1983. Studies on transformation of Escherichia coli with plasmids. *J. Mol. Biol.* **136**: 557–580.

형질전환 개요 MC3, p. 1.24–1.26

METHOD

중요: 이 프로토콜의 모든 Step에서 무균 조작을 해야한다.

1. 형질전환 버퍼를 만든다.

   표준 형질전환 버퍼 (TFB)는 곧바로 사용할 competent cell을 만들 때 사용한다. 얼려진 보관버퍼 (FSB)는 −70℃에 보관할 competent cell의 stock을 만들 때 사용한다.

To prepare standard transformation buffer (표준 형질전환 버퍼 만들기)

a. MES 19.52 g을 증류수 (Milli-Q나 동급품) 80 ml에 녹여 1 M MES를 준비한다. 용액의 pH를 6.3이 되도록 5 M KOH를 첨가하고 증류수로 부피를 100 ml로 맞춘다. 미리 헹군 일회용 Nalgene filter (0.45-μm pore size)에 여과시켜 멸균한다. 10-ml씩 분주하여 −20℃에서 보관한다.

b. 아래의 모든 용질을 500 ml의 H_2O에 녹이고 10 ml의 1 M MES buffer (pH 6.3)을 넣어 TFB를 준비한다. TFB의 부피를 1 liter가 되도록 증류수를 첨가한다.

시약	liter 당 양	최종농도
1 M MES (pH 6.3)	10 ml	10 mM
$MnCl_2 \cdot 4H_2O$	8.91 g	45 mM
$CaCl_2 \cdot 2H_2O$	1.47 g	10 mM
KCl	7.46 g	100 mM
hexamminecobalt chloride	0.80 g	3 mM
H_2O로 부피를	1 liter로 맞춤	

c. 미리 헹군 일회용 Nalgene filter (0.45-μm pore size)을 통과시켜 TFB를 멸균한다. tissue culture flask (Corning이나 동등품)에 40 ml 씩 용액을 분주하여 4℃에 보관한다.

To prepare frozen storage buffer (얼린 보관 버퍼 만들기)

a. potassium acetate 9.82 g을 90 μl의 증류수에 녹여 1 M potassium acetate를 만든다. 2 M acetic acid를 첨가하여 용액의 pH를 7.5로 조정한 다음 최종 부피가 100 ml가 되도록 증류수를 넣는다. 용액을 분주하여 −20℃에 보관한다.

b. 아래의 모든 용질을 500 ml의 H_2O에 녹여 FSB를 만든다. 다 녹은 다음 0.1 N HCl로 용액의 pH를 6.4로 조정한다. 너무 높은 pH은 base를 넣는 것으로 조절이 안 되기에 용액을 버리고 다시 만든다. 용액의 부피를 증류수로 1 liter되도록 맞춘다.

시약	liter당 양	최종농도
1 M potassium acetate (pH 7.5)	10 ml	10 mM
$MnCl_2 \cdot 4H_2O$	8.91 g	45 mM
$CaCl_2 \cdot 2H_2O$	1.47 g	10 mM
KCl	7.46 g	100 mM
hexamminecobalt chloride	0.80 g	3 mM
Glycerol	100 ml	10% (v/v)
H_2O로 부피를	1 liter를 맞춤	

c. 미리 헹군 일회용 Nalgene filter (0.45-μm pore size)를 통과시켜 용액을 멸균한다. 조직배양 플라스크 (Corning이나 동등품)에 40 ml 씩 용액을 분주하여 4℃에 보관한다. 보관하는 동안 용액의 pH는 6.1-6.2 정도로 떨어지지만 곧 안정화된다.

2. 접종 loop를 이용하여 원하는 종의 대장균을 얼린 stock에서 직접 찍어 SOB 고체배지의 표면에 긋는다. 고체배질를 37℃에서 16시간 배양한다.

3. 4-5개의 잘 분리된 콜로니를 20 mM $MgSO_4$가 든 1 ml의 SOB로 옮긴다. 중간속도로 vortex을 하여 세균을 잘 펼친 다음 1 liter 플라스크안에 20 mM $MgSO_4$가 든 SOB 30-100 ml의 배지에 희석한다.

4. 세균을 37℃에서 2.5-3.0시간 배양하고 배양액의 성장을 관찰한다.
   배양액의 밀도가 10^8 cells/ml (OD_{600}가 0.4 이하)을 넘지 않는 것이 중요하다.

5. 멸균한 일회용 얼음에 식힌 50-ml polypropylene tube에 세균을 옮긴다. tube를 얼음에 넣고 10분동안 배양액을 0℃로 차갑게 한다.

6. 4℃에서 10분간 2700 g (Sorvall SLC-1500 rotor로 4100 rpm)로 원심분리하여 세균을 회수한다.

7. 세균침전물로부터 배지를 버리고 남은 배지가 빠져나오도록 tube를 거꾸로 뒤집어 1분간 세워둔다.

8. 세균침전물을 대략 20 ml (50-ml tube 당)의 차갑게 한 TFB 나 FSB transformation buffer로 흔들거나 부드럽게 vortex하여 재현탁시키다. 얼음에 10분간 현탁액을 보관한다.

9. 4℃에서 10분간 2700 g (Sorvall SLC-1500 rotor로 4100 rpm)로 원심분리하여 세균을 회수한다.

10. 세균침전물로부터 배지를 버리고 남은 배지가 빠져나오도록 tube를 거꾸로 뒤집어 1분간 세워둔다.

11. 세균침전물을 대략 4 ml (50-ml tube 당)의 차갑게 한 TFB 나 FSB transformation buffer로 흔들거나 부드럽게 vortex하여 재현탁시키다. competent cell을 즉시 사용할 경우 Step 12a로 진행하고 -70℃에 보관하여 나중에 사용할 경우 Step 12b로 진행한다.

12. 형질전환용 competent cell을 준비한다.

To prepare fresh competent cells (신선한 competent cell을 준비)

a. 각 세포 현탁액의 중앙에 140 μl의 DnD 용액을 넣는다. 즉시 부드럽게 휘저어 섞은 다음 얼음에서 15분간 현탁액을 보관한다.

b. 각 현탁액에 140 μl의 DnD 용액을 더 넣고 즉시 부드럽게 휘저어 섞은 다음 얼음에서 15분간 현탁액을 보관한다.

c. 차갑게 한 멸균한 17 × 100-mm polypropylene tube에 현탁액을 분주한 다음 얼음에서 tube를 보관한다.

To prepare frozen stocks of competent cells (competent cell의 얼린 stock을 준비)

a. 4 ml의 재현탁된 세균마다 140 μl의 DMSO를 넣는다. 흔들어 부드럽게 섞고 얼음에서 15분간 보관한다.

b. 각 재현탁액에 140 μl의 DMSO를 더 넣고 부드럽게 흔들어 놓고 얼음통에 다시 넣는다.

c. 차갑게 식힌 멸균한 microfuge tube나 tissue-culture vial에 재현탁액을 재빨리 분주한다. tube의 뚜껑을 단단히 닿고 액체질소통에 즉시 넣어 competent cell을 순간 얼린다. 필요할 때까지 -70℃에 보관한다.

d. 필요할 때 −70℃ 냉동고에서 competent cell을 꺼낸다. tube를 손바닥으로 잡아 세균을 녹인다. 세균이 녹자마자 tube를 얼음통으로 옮긴다. 얼음속에서 10분간 세균을 보관한다.

e. 차갑게한 멸균된 pipette tip으로 competent cell을 차갑게 한 멸균된 17 × 100-mm polypropylene tube로 옮기고 얼음에서 보관한다.

적절한 양성 및 음성 대조군을 모두 포함하여야 한다.

13. transformaing DNA (50 μl의 competent cell당 최대 25 ng까지)를 부피가 competent cell의 5%가 넘지 않게 넣는다. tube를 부드럽게 휘저어 내용물이 섞이게 한다. 각 형질전환실험에 최소한 2개의 대조군을 준비한다. 하나는 competent cell에 알고 있는 양의 표준으로 준비된 초헬릭스 플라스미드 DNA이고 또하나는 플라스미드가 없는 tube이다. tube를 얼음에서 30분간 보관한다.

14. 미리 42℃로 예열한 순화수조에 넣은 선반에 tube를 놓는다. tube를 정확히 90초간 rack에 놓아둔다. tube를 흔들지 않는다.

15. 재빨리 tube를 얼음통으로 옮긴다. 1−2분동안 세포를 차갑게 한다.

16. 각 tube에 SOC 배지를 800 μl씩 넣는다. 수조에서 37℃로 배양액의 온도를 올리고 37℃에서 진탕배양기로 옮겨 세균이 회복하고 플라스미드에 있는 항생제 내성인자의 발현하도록 45분동안 배양한다.

17. 적절한 부피의 (90−mm 접시에는 최대 200 μl까지) 형질전환된 competent cell을 적절한 항생제와 20 mM의 $MgSO_4$가 포함된 SOB 고체배지에 옮긴다.

18. 액체가 스며들 때까지 상온에서 고체배지를 보관한다.

19. 고체배지를 뒤집어 37℃에서 배양한다. 형질전환된 콜로니는 12−16시간 후에 나타나야한다.

프로토콜 1.24

Inoue 방법으로 대장균 competent의 준비와 형질전환: ultra-competent cell

The Inoue Method for Preparation and Transformation of Competent *E. coli*: Ultra-competent Cells

최적으로 competent 대장균 만드는 이 방법은 보통의 37℃ 보다는 18℃에서 키운 세균 배양액에서 준비하는 점에서 다른 과정과는 다르다. 최적으로 competent 대장균 만드는 이 방법은 보통의 37℃ 보다는 18℃에서 키운 세균 배양액에서 준비하는 점에 ㄹ서 다른 과정과는 다르다. 대량 배양을 18℃에서 하는 것은 도전이겠지만 한가지 방법은 배양기를 저온실로 옮기는 것이다. 만일 이것이 불가능하면 형질전환효율이 약간 떨어지지만 20–23℃에서 배양할 수도 있다.

MATERIALS

CAUTION: 〈!〉로 표시된 시약의 적절한 조작법은 Appendix 4에서 참조하세요.

Reagents and Solutions

Appendix 1 에 있는 stock 용액과 버퍼, 시약의 조성을 참조한다. Stock 용액을 적절한 농도로 희석한다.

- DMSO 〈!〉
- Inoue transformation buffer

Vectors and Hosts

- 형질전환을 위한 플라스미드
- 형질전환에 적합한 대장균 종

Media and Antibiotics

- LB나 SOB 배지
- SOB 고체배지, 적절한 항생제와 20 mM $MgSO_4$를 함유한 것
  - 기본적인 SOB는 10 mM $MgSO_4$를 함유한다.
- SOB나 LB 고체배지
- SOC 배지

Centrifuges/Rotors/Tubes

- Sorvall SLC–1500 rotor(4℃)와 원심분리 용기

Additonal Items

- 순환 수조 (42℃)
- 냉동고 (–70℃)
- 얼음물 수조
- 액체질소
- Nalgene filter (0.45–μm pore size)
- 멸균한 microfuge tube
- 멸균한 17 x 100–mm polypropylene tube, 얼음에 냉각
- 진공흡입장치

Additional Information

Inoue H., Nojima H., and Okayama H. 1990. High efficiency transformation of *Escherichia coli* with plasmids. *Gene* **96**: 23–28.

METHOD

1. Inoue transformation buffer를 준비한다 (사용하기 전까지 0℃로 차갑게 한다)
   a. PIPES 15.1 g을 80 ml의 증류수에 (Milli-Q나 동등품)에 녹여 0.5 M PIPES (pH 6.7) (piperazine-1,2-bis-[2-ethanesulfonic acid])를 만든다. 용액의 pH를 5 M KOH를 넣어 6.7로 조정한 다음 증류수를 넣어 부피가 100 ml가 되게 한다. 한번 헹군 일회용 Nalgene filter (0.45-μm pore size)에 여과시켜 멸균한다. 분주하여 -20℃에서 보관한다.
   b. Inoue transformation buffer를 만들기 위해 800 ml의 증류수에 아래의 용질을 모두 녹이고 나서 0.5 M PIPES (pH 6.7)을 20 ml 넣는다. Inoue transformation buffer의 부피를 증류수로 1 liter가 되게 맞춘다.

시약	liter당 양	최종농도
$MnCl_2 \cdot 4H_2O$	10.88 g	55 mM
$CaCl_2 \cdot 2H_2O$	2.20 g	15 mM
KCl	18.65 g	250 mM
PIPES (0.5 M, pH 6.7)	20 ml	10 mM
H_2O로 부피를	1 liter를 맞춤	

   c. 한번 헹군 일회용 Nalgene filter (0.45-μm pore size)에 Inoue transformation buffer를 여과시켜 멸균한다. 분주하여 -20℃에서 보관한다.
2. 형질전환에 적합한 대장균 종으로 접종하고 37℃에서 16-20시간 배양한 고체배지에서, 직경이 2-3 mm인 하나의 세균 콜로니를 찍는다. 250-ml 플라스크에 SOB 배지 (혹은 LB 배지) 25 ml에 콜로니를 옮긴다. 배양액을 37℃에서 6-8시간 진탕배양한다 (250-300 rpm)
3. 이 시작 배양을 이용하여 각각 250 ml의 SOB가 들어 있는 3개의 1-liter 플라스크에 접종한다. 첫 번째 플라스크는 10 ml의 시작배양을 넣고 두 번째는 4 ml, 세 번째는 2 ml를 넣는다. 세 개의 플라스크를 18-22℃에서 중간정도 shaking으로 14시간 배양한다.
4. 세 개의 배양액의 OD_{600}을 측정한다. 매 45분 마다 OD 값을 확인한다.
5. 배양액중 하나의 OD가 정확히 0.55가 되면 배양액을 얼음수조에 10분간 옮긴다. 두개의 다른 배양액은 버린다.
6. 4℃에서 10분간 2500 g (Sorvall SLC-1500 rotor로 3900 rpm)로 원심분리하여 세균을 수확한다.
7. 배지는 버리고 종이타월위에서 2분간 원심분리통을 열고 나둔다. 진공흡입으로 원심분리통의 벽면이나 목에 남아 있는 배지 방울을 모두 제거한다.
8. 세포를 부드럽게 80 ml의 차가운 Inoue transformation buffer에 재탁한다.
9. 4℃에서 10분간 2500 g (Sorvall SLC-1500 rotor로 3900 rpm)로 원심분리하여 세균을 수확한다.
10. 배지는 버리고 종이타월위에서 2분간 원심분리 tube을 열고 나둔다. 진공흡입으로 원심분리 tube의 벽면이나 목에 남아 있는 배지 방울을 모두 제거한다.
11. 세균을 20 ml의 차가운 Inoue transformation buffer로 부드럽게 재현탁한다.
12. DMSO 1.5 ml를 넣고 흔들어서 세균현탁액을 잘 섞고 얼음에서 10분간 보관한다.
13. 차갑게 한 microfuge tube로 현탁액을 재빨리 분주한다. tube의 뚜껑을 단단히 닿고 액체질소통에 즉시 넣어 competent cell을 순간 얼린다. 필요할 때까지 -70℃에 보관한다.

14. 필요할 때 −70℃ 냉동고에서 competent cell을 꺼낸다. tube를 손바닥으로 잡아 세균을 녹인다. 세균이 녹자마자 tube를 얼음통으로 옮긴다. 얼음속에서 10분간 세균을 보관한다.
15. 차갑게 한 멸균된 pipette tip으로 competent cell을 차갑게 한 멸균된 17 × 100−mm polypropylene tube로 옮기고 얼음에서 보관한다.

적절한 양성 및 음성 대조군을 모두 포함하다.

16. transforming DNA (50 μl의 competent cell당 최대 25 ng까지)를 부피가 competent cell의 5%가 넘지 않게 넣는다. tube를 부드럽게 휘저어 내용물이 섞이게 한다. 각 형질전환실험에 최소한 2개의 대조군을 준비한다. 하나는 competent cell에 알고 있는 양의 표준으로 준비된 초헬릭스 플라스미드 DNA이고 또 하나는 플라스미드가 없는 tube이다. tube를 얼음에서 30분간 보관한다.
17. 미리 42℃로 예열한 순화수조에 넣은 선반에 tube를 놓는다. tube를 정확히 90초간 선반에 놓아둔다. tube를 흔들지 않는다.
18. 재빨리 tube를 얼음통으로 옮긴다. 1−2분동안 세포를 차갑게 한다.
19. 각 tube에 SOC 배지를 800 μl씩 넣는다. 37℃로 온도를 올린 수조에서 45분간 배양하여 세균이 회복하고 플라스미드에 있는 항생제 내성인자의 발현하도록 한다.
20. 적절한 부피의 (90−mm 접시에는 최대 200 μl까지) 형질전환된 competent cell을 적절한 항생제와 20 mM의 $MgSO_4$가 포함된 SOB 고체배지에 옮긴다.
21. 액체가 스며들 때까지 상온에서 고체배지를 보관한다.
22. 고체배지를 뒤집어 37℃에서 배양한다. 형질전환된 콜로니는 12−16시간 후에 나타나야한다.

프로토콜 1.25 Calcium chloride를 사용한 대장균 competent cell 준비와 형질전환

Preparation and Transformation of Competent *E. coli* Using Calcium Chloride

molecular cloning (1972)의 초창기에 첫 번째 개발된 이 프로토콜은 초헬릭스 플라스미드 DNA μg 당 5×10^6에서 2×10^7 개의 형질전환 콜로니의 효율을 갖는 competent 세균을 만든데 사용된다.

MATERIALS

Reagents and Solutions

Appendix 1 에 있는 stock 용액과 버퍼, 시약의 조성을 참조한다. stock 용액을 적절한 농도로 희석한다.

$CaCl_2$ (1 M, 멸균하고 얼음에 식힌것)

$MgCl_2$–$CaCl_2$ solution

80 mM $MgCl_2$

20 mM $CaCl_2$

이 프로토콜의 Step 5에 $MgCl_2$–$CaCl_2$ 용액 대신 standard transformation buffer STB (Protocol 1.23, Step 1 참조)를 사용할 수 있다.

Vectors and Hosts

형질전환을 위한 플라스미드

형질전환에 적합한 대장균 종

Media and Antibiotics

SOB 고체배지, 적절한 항생제와 20 mM $MgSO_4$를 함유한 것

기본 SOB는 10 mM $MgSO_4$가 포함되어 있다.

SOB 배지

SOC 배지

Centrifuges/Rotors/Tubes

Sorvall SS–34 rotor(4℃)와 tubes

멸균한 17 × 100–mm polypropylene tube

멸균한 50–ml polypropylene centrifuge tube

Additonal Items

순환 수조 (42℃)

Additional Information

Cohen S.N., Chang A.C.Y., and Hsu L. 1972. Nonchromosomal antibiotic resistance in bacteria: Genetic transformation of *Escherichia coli by R–factor DNA. Proc. Natl. Acad. Sci.* 69: 2110–2114.

METHOD

1. 형질전환에 사용될 대장균이 접종되고 37℃에서 16–20시간 배양된 고체배지에서 한 개의 세균 콜로니 (직경이 2–3 mm)를 찍어 1–liter 플라스크에 들어 있는 100 ml의 SOB 배지 (LB배지도 사용가능)에 옮긴다. 배양액의 자라는 정도를 관찰하면서 37℃에서 3시간동안 진탕배양한다.

Adapted from Chapter 1, Protocol 25, p. 1.116 of MC3.

배양액의 농도가 10^8 cells/ml (OD_{600} 0.4이하)를 초과하지 않는 것이 중요하다.

2. 세균배양액을 얼음에서 차갑게 식힌 멸균한 일회용 50-ml polypropylene tube로 옮긴다. 배양액이 0℃가 되도록 tube를 얼음에서 10분간 보관한다.
3. 4℃에서 세균을 2700 g (Sorvall SS-34 rotor의 경우 4100 rpm)에서 10분간 원심분리하여 회수한다.
4. 배지는 버리고 tube를 종이타월위에 1분간 거꾸로 세워놓아 배지가 전부 흘러나오게 한다.
5. 침전물을 차갑게 한 30 ml의 멸균된 $MgCl_2$-$CaCl_2$ 용액을 넣고 흔들거나 부드럽게 vortex하여 재현탁한다.
6. 4℃에서 세균을 2700 g (Sorvall SS-34 rotor의 경우 4100 rpm)에서 10분간 원심분리하여 회수한다.
7. 배지는 버리고 tube를 종이타월위에 1분간 거꾸로 세워놓아 배지가 전부 흘러나오게 한다.
8. 초기의 배양액 50 ml 당 차갑게 한 2 ml의 멸균된 0.1 M $CaCl_2$ 용액 (또는 TFB)을 침전물에 넣고 흔들거나 부드럽게 vortex하여 재현탁한다.

   competent cell을 준비할 때 분주된 $CaCl_2$ stock 용액 10 ml을 녹이고 90 ml의 증류수를 넣어 100 ml로 희석한다. 미리 헹군 Nalgene filter (0.45-μm pore size)를 이용한 filteration으로 멸균하시고 0℃가 되게 식힌다.

   많은 대장균 종에서 standard TFB (프로토콜 1.23)가 $CaCl_2$ 대신에 사용될 수 있다. 비슷하거나 더 좋은 결과를 가져온다.

9. 이 시점에서 아래 Step 10-16에 기술된 대로 세균을 직접 형질전환에 사용하거나 분주하여 -70℃에 얼린다. (프로토콜 1.23 Step 12 참조)

적절한 양성 및 음성 대조군을 모두 포함하여야 한다.

10. $CaCl_2$를 처리한 세균을 바로 형질전환하기 위해서는 competent cell 현탁액을 200 μl 씩 멸균한 차가운 17 × 100-mm polypropylene tube로 차가운 micropipette tip을 이용하여 옮긴다. 각 tube에 DNA (10 μl 이하의 부피에 50 ng 보다 적게)을 넣는다. 내용물을 부드럽게 휘저어 섞는다. tube를 얼음에서 30분간 보관한다.
11. 미리 42℃로 예열한 순화수조에 넣은 선반에 tube를 놓는다. tube를 정확히 90초간 선반에 놓아둔다. tube를 흔들지 않는다.
12. 재빨리 tube를 얼음통으로 옮긴다. 1-2분동안 세포를 차갑게 한다.
13. 각 tube에 SOC 배지를 800 μl씩 넣는다. 37℃로 온도를 올린 수조에서 45분간 배양하여 세균이 회복하고 플라스미드에 있는 항생제 내성인자가 발현되도록 한다.
14. 적절한 부피의 (90-mm 접시에는 최대 200 μl까지) 형질전환된 competent cell을 적절한 항생제와 20 mM의 $MgSO_4$가 포함된 SOB 고체배지에 옮긴다.
15. 액체가 스며들 때까지 상온에서 고체배지를 보관한다.
16. 고체배지를 뒤집어 37℃에서 배양한다. 형질전환된 콜로니는 12-16시간 후에 나타나야 한다.

프로토콜 1.26

Electroporation 방법으로 대장균의 형질전환
Transformation of *E. coli* by Electroporation

Electrocompetent 세균은 mid-log-phase까지 배양한 다음 세균을 낮은 온도에서 광범하게 씻고 글리세롤을 함유한 낮은 이온강도의 용액에 재현탁하여 만든다. 세균을 높은 전압의 짧은 방전에 노출시켜 DNA가 도입되도록 한다.

MATERIALS

CAUTION: 〈!〉로 표시된 시약의 적절한 조작법은 Appendix 4에서 참조하세요.

Reagents and Solutions

Appendix 1 에 있는 stock 용액과 버퍼, 시약의 조성을 참조한다. stock 용액을 적절한 용액으로 희석한다.

Glycerol (10% v/v), 분자생물학실험 등급의 차가운 것

순수한 H_2O

Milli-Q나 동급의 미리 헹군 0.45-μm filter을 통과하여 멸균된 것. 4℃에 보관

Vectors and Hosts

형질전환에 사용할 plasmid DNA

Electroporation에 이상적인 DNA 농도는 H_2O나 TE (pH 8.0)에 녹은 1-10 μg/ml. DNA ligation 반응의 결과물을 electroporation에 이용할 때는 반응물을 H_2O로 10-20배 희석하여야 한다. 다르게는 ligated DNA를 spun-column 크로마토그래피로 정제한다. cDNA library 제조물의 경우 높은 효율이 필요하고 cotransformant는 바람직하지 않고 전체 DNA 농도는 10 ng/ml 이하가 되기를 권장한다.

형질전환에 적합한 대장균 종

Media and Antibiotics

GYT 배지, 차가운 것

10% (v/v) glycerol

0.125% (w/v) yeast extract

0.25% (w/v) tryptone

LB 배지, 37℃로 데움

SOB 고체배지, 20 mM $MgSO_4$와 적절한 항생제를 함유한 것

standard SOB는 10 mM $MgSO_4$를 함유한다

SOC medium

Centrigues/Rotors/Tubes

Sorvall SLC-1500 rotor (4℃)와 원심분리통 (차가운 것)

Additional Items

Electroporation device와 cuvette (0.2-cm gap)

냉동고 (-70℃)

얼음물 수조

멸균한 0.5-ml microfuge tube

Adapted from Chapter 1, Protocol 26, p. 1.119 of MC3.

METHOD

1. 대장균 콜로니 하나를 새로운 고체배지에서 50 ml LB 배지를 갖는 플라스크에 접종한다. 37℃에서 밤새 진탕배양한다. (rotary shaker에서 250 rpm)
2. 미리 데운 LB 배지 500 ml가 든 두 개에 2-liter 플라스크에 25 ml의 밤새 배양한 배양액을 넣는다. 플라스크를 37℃에서 흔들면서 배양한다. (rotary shaker에서 분당 300 회). 매 20분마다 자라고 있는 배양액의 OD_{600}을 측정한다.
3. 배양액의 OD_{600}이 0.4에 다다르면 플라스크를 빨리 얼음물통으로 옮기고 15-30 분간 식힌다. 전체적으로 식을 수 있도록 간간히 플라스크를 흔들어 준다. 다음 단계를 준비하는 동안 원심분리통을 얼음에 넣어둔다.
4. 배양액을 얼음에 식힌 원심분리통으로 옮기고 4℃에서 15분간 1000 g (Sorvall SLC-1500 rotor의 경우 2500 rpm)로 원심분리하여 균체를 획득한다. 상등액은 버리고 세균침전물을 얼음에서 식힌 H_2O 500 ml에 재현탁한다.
5. 4℃에서 1000 g (Sorvall SLC-1500 rotor의 경우 2500 rpm)으로 20분간 원심분리하여 균체를 획득한다. 상등액은 버리고 세균침전물을 얼음에서 식힌 10% glycerol 250 ml에 재현탁한다.
6. 4℃에서 1000 g (Sorvall SLC-1500 rotor의 경우 2500 rpm)으로 20분간 원심분리하여 균체를 획득한다. 상등액은 버리고 세균침전물을 얼음에서 식힌 10% glycerol 10 ml에 재현탁한다.
7. 4℃에서 1000 g (Sorvall SLC-1500 rotor의 경우 2500 rpm)으로 20분간 원심분리하여 균체를 획득한다. 조심스럽게 상등액은 버리고 진공흡입장치에 연결되어 있는 pasteur pipette를 이용하여 남아있는 버퍼를 모두 제거한다. 세균침전물을 얼음에서 식힌 1 ml의 GYT 배지에 부드럽게 흔들어주어 재현탁한다.
8. 1:100으로 희석한 세균 현탁액의 OD_{600}을 측정한다. 세포현탁액을 얼음에서 식힌 GYT 배지로 농도가 2×10^{10}에서 3×10^{10}cells/ml (1.0 OD_{600} = ~2.5×10^{8}cells/ml)가 되도록 희석한다.
9. 현탁액 40 μl를 얼음에서 차갑게 식힌 electroporation cuvette (0.2-ml gap)로 옮기고 전류를 흘렸을 때 (아래 Step 16을 참조) 전기불꽃 (arc)이 생기는 지를 시험한다. 만일 전기불꽃이 일어나면 세포현탁액의 전기 전도율이 충분히 낮도록 (<5 mEq) 차가운 GYT 배지로 한번 더 세포현탁액을 씻어준다.
10. Electrocompetent cell을 즉시 사용하기 위해서는 Step 12로 이동한다. 그렇지 않으면 필요할 때까지 -70℃ 냉동고에 보관한다. 보관하기 위해서는 40-μl씩 멸균한 차가운 0.5-ml microfuge tube에 분주하고 액체질소통에 넣어 급속도로 얼린 후 -70℃ 냉동고로 옮긴다.
11. 얼린 electrocompetent cell을 사용하기 위해서는 적당한 개수의 분주된 세균을 냉동고에서 꺼내서 상온에서 세균현탁액이 녹도록 한 다음 얼음통으로 tube를 옮긴다.
12. 새롭게 만든 (혹은 녹인) electrocompetent cell을 얼음에서 식힌 멸균한 0.5-ml microfuge tube로 40 μl를 pipette로 옮긴다. 적절한 개수의 세균용 electroporation cuvette과 함께 세포를 얼음에 박아둔다.
13. Electroporation할 DNA 10 pg에서 25 ng을 1-2 μl의 부피로 각 microfuge tube에 넣은 다음 얼음에서 30-60초간 놓아둔다. 여기에는 적절한 양성과 음성 대조군을 포함한다.
14. Electroporation 장치를 25 μF capacitance, 2.5 kV, 200-ohm의 저항으로 전기적 펄스가 나오도록 설정한다.

15. DNA/cell 혼합액을 차가운 electoporation cuvette으로 옮기고, 톡톡 쳐서 세균과 DNA 용액이 cuvette의 바닥으로 확실히 가게 한다. Cuvette의 바깥쪽의 응결된 수분을 제거하고 electroporation 장치에 넣는다.
16. 전기 펄스를 Step 14에서 설정한 대로 준다. "time constant"는 4-5 msec가 "field strength"는 12.5 kV/cm가 기기장치에서 표시되어야한다.
17. 펄스를 준 다음 가능한 신속하게 electroporation cuvette을 제거하고 상온에서 SOC 배지 1 ml를 넣는다.
18. 세포를 17 × 100-cm나 17 × 150-cm polypropylene tube로 옮긴다. 37℃에서 1시간동안 부드럽게 흔들면서 배양한다.
19. 여러 다른 부피 (90-cm plate 당 200 μl까지)의 electroporation을 한 세포를 적절한 항생제와 20 mM $MgSO_4$ 들어 있는 SOB 고체배지에 도말한다.
20. 고체배지를 액체가 다 흡수되도록 상온에서 보관한다.
21. 고체배지를 뒤집어 37℃에서 배양한다. 형질전환된 콜로니는 12-16시간 후 보이게 된다.

프로토콜 1.27

X-gal과 IPTG를 이용한 세균 콜로니 선별: α-complementation

Screening Bacterial Colonies Using X-gal and IPTG: α-Complementation

α-complementation은 두개의 불활성인 대장균 β-galactosidase 조각이 합쳐져 기능을 갖는 효소를 형성할 때 일어난다. 많은 플라스미드 벡터가 β-galactosidase의 앞쪽 146 아미노산을 암호화하는 짧은 DNA 조각을 갖는다. 이런 종류의 벡터는 효소의 카르복실 말단부분을 발현하는 호스트 세포에서 사용된다. 비록 호스트나 플라스미드가 암호화하는 β-galactosidase 조각은 둘다 활성을 갖지 않지만 이들은 서로 합쳐져 효소활성을 갖는 단백질을 형성한다. α-complementation 결과 Lac^{+}인 세균은 chromogenic 물질인 X-gal이 있을 때 파란색 콜로니를 형성하기 때문에 쉽게 인식될 수 있다. 그러나 외부 DNA 조각이 플라스미드의 polycloning 위치에 삽입이 되면 거의 예외 없이 더 이상 α-complementation을 할 수 없는 아미노 말단의 조각을 생산하게 된다. 따라서 재조합 플라스미드를 갖는 세균은 하얀색의 콜로니를 형성하게 된다. 단순한 파랑-하얀색 검사의 개발로 플라스미드 벡터에 건설된 재조합체를 확인하는 것이 엄청나게 간단하게 되었다. 이 프로토콜은 색깔 검사를 α-complementation을 나타내는 능력이 떨어진 대장균 형질전환체를 확인하는데 어떻게 이용하는 지를 설명한다. 이런 형질전환체는 원하는 구조의 재조합 플라스미드를 가질 확률이 높다.

MATERIALS

CAUTION: 〈!〉로 표시된 시약의 적절한 조작법은 Appendix 4에서 참조하세요.

Reagents and Solutions

Appendix 1 에 있는 stock 용액과 버퍼, 시약의 조성을 참조한다. stock 용액을 적절한 용액으로 희석한다.

IPTG (20% w/v)

IPTG (isopropyl-β-D-thiogalactoside)는 lactose의 발효불가능한 유사체로 *lacZ* 억제인자를 불활성화시켜 *lac* 오페론의 전사를 유도한다. 그러나 α-complementation에 이용되는 대부분의 대장균 종은 충분한 양의 *lac* 억제인자를 합성하지 않는다. 결과적으로 형질전환된 콜로니의 histochemical 선별을 위해서는 보통 호스트와 플라스미드에 암호화된 β-galactosidase 조각의 합성을 유도할 필요는 없다.

X-gal (2% w/v)

Vectors and Hosts

재조합 플라스미드로 형질전환된 대장균 액체배양액

Media and Antibiotics

형질전환체의 선별에 적절한 항생제를 함유한 LB 고체배지 (90 이나 150 mm)

Molten top agar

Additional Items

멸균된 일회용 polypropylene tube (17 × 100-mm)

Heating block (45℃)

Additional Information

α-complementation	MC3, pp. 1.149-1.150
대체가능한 프로토콜 (direct application of X-gal과 IPTG to agar plate)	MC3, p. 1.125

Adapted from Chapter 1, Protocol 27, p. 1.123 of MC3.

표 1-4 Top agar의 조성

	시약의 양		
배지의 크기 (mm)	녹은 Top Agar	X-gal	IPTG[a]
90	3 ml	40 µl	7 µl
150	7 ml	100 µl	20 µl

[a]필요하지 않을 수도 있다. Materials list에 항목을 참조

METHOD

1. molten top agar을 17 × 100-mm tube에 분주한 다음 45℃ heating block에 사용할 때까지 보관한다.
2. heating block에서 첫 번째 tube를 꺼내어 대장균 형질전환체를 3000 (90-mm plate의 경우)나 10,000 (150-mm plate의 경우) 미만으로 갖는 현탁액을 0.1 ml 넣는다. 이 과정은 빨리 진행하여야 한다. tube의 위쪽을 막고 여러 번 뒤집어 세균이 molten agar속에 잘 퍼지도록 한다.
3. tube를 열고 적당한 양의 X-gal과 IPTG (필요하면)를 위 표에 나온 대로 넣는다. tube의 위를 막고 부드럽게 여러 번 뒤집어 내용물이 잘 섞이게 한다.
4. molten top agar를 적절한 항생제가 첨가된 고체배지의 가운데에 잽싸게 붓고 원형으로 돌리면서 용액을 펼친다.
5. Step 2-4를 모든 샘플에 대해 반복한다.
6. 상온에서 soft agar가 굳을 때까지 기다리고 접시의 덮개에 응결된 수분이 있으면 닦아준다. 고체배지를 뒤집은 상태로 37℃에서 12-16시간 배양한다.
7. 배양기에서 고체배지를 꺼내서 푸른색이 생성되도록 4℃에서 여러 시간 보관한다.
8. 재조합 플라스미드를 갖는 콜로니를 확인한다.
   - 야생형 플라스미드를 갖는 콜로니는 β-galactosidase활성을 가져 중심은 연한 푸른색을 띄고 가장자리는 짙은 푸른색을 띤다.
   - 재조합된 플라스미드를 갖는 콜로니는 β-galactosidase의 활성을 갖지 않아 콜로리가 크림색이거나 담황색의 푸른색이고 가끔은 중심부에 연한 푸른점을 갖기도 한다.
9. 재조합된 플라스미드를 갖는 콜로니를 선택하여 배양한다.

프로토콜 1.28 Hybridization을 이용한 세균 콜로니 검색: 작은 개수
Screening Bacterial Colonies by Hybridization: Small Numbers

이 방법은 작은 수의 세균 콜로니 (200개 미만)을 검색하는데 사용된다. 여러 개의 고체배지에 뿌리고 같은 방사선표지된 탐침에 대해 hybridization방법으로 콜로니를 선별한다. 마스터 고체배지에 배열되어 있는 콜리니는 두 번째 배지위에 놓인 nitrocellulose나 nylon filter에 옮겨진다. 일정한 성장 후 필터위의 콜로니는 녹인 다음 hybridization과정을 거친다. 마스터 고체배지는 스크린과정의 결과가 나올 때까지 보관한다.

MATERIALS

Vectors and Hosts

제조합용 벡터를 가는 대장균이 자란 고체배지
재조합벡터를 갖는 대장균의 군집

Media and Antibiotics

적절한 항생제를 포함한 LB 고체 배지

Additional Items

1 cm간격의 모눈종이
5-cc 주사기와 주사바늘 (18 gauge)
먹물 (india ink)
고체배지크기의 nitrocellulose나 nylon filter
멸균된 이쑤시개나 접종용 루프

METHOD

1. 적절한 항생제가 포함된 고체배지에 멸균된 nitrocellulose나 nylon filter를 얹는다.
2. 모눈종이 (1-cm 간격)에 격자를 그린다. 마스터 고체배지의 바닥에 번호를 먹이고 격자위에 놓는다. 고체배지의 6시 방향에 표지를 한다.
   각 90-mm 접시에 약 100개의 세균을 그을 수 있다.
3. 멸균된 이쑤시개나 접종용 루프를 이용하여 세균 콜로니를 하나씩 시험용 배지위의 필터에 옮긴 다음 필터가 없는 항생제가 포함된 마스터 고체배지에도 옮긴다. 고체배지 밑의 격자눈금의 배열에 맞춰 2-3 mm 크기의 선이나 점으로 긋는다.
4. 마지막으로 음성 대조군으로 벡터만을 갖는 콜로니를 필터와 마스터 고체배지에 긋는다.
5. 고체배지를 뒤집고 37℃에서 그은 자국의 세균이 0.5-1.0 mm 정도의 폭으로 클 때까지 배양한다. (보통 6-16시간)

6. 18-gauge 바늘을 이용하여 세 곳 이상을 비대칭적으로 시험용 고체배지의 필터를 뚫어 배지까지 찔러 필터에 표시를 한다. 물에 안 번지는 검은색 먹물에 담군 바늘을 이용한다. 마스터 고체배지도 같은 위치에 표식을 한다.
7. 마스터 고체배지는 파라필름으로 봉하고 뒤집은 채 hybridization 결과를 얻을 때까지 4℃에서 보관한다.
8. 프로토콜 1.31을 이용하여 필터에 부착된 세균을 녹이고 노출된 DNA가 nitrocellulose나 nylon filter에 붙게 한다. 프로토콜 1.32에 기술된 것과 같이 hybridization을 진행한다.

프로토콜 1.29

Hybridization을 이용한 세균 콜로니 검색: 중간 개수
Screening Bacterial Colonies by Hybridization: Intermediate Numbers

고체배지에 자란 세균 콜로니를 무더기로 nitrocellulose filter에 옮긴다. 콜로니의 평면적인 배열이 필터에 보존되게 한다. 옮긴 후 필터는 적절한 방사선표지된 탐침으로 hybridization 과정을 수행하고 원래의 (마스터) 고체배지는 몇 시간 더 배양하여 세균 콜로니가 원래의 자리에 다시 자라도록 한다. 이 과정은 90-mm 크기의 고체배지에 콜로니가 2500 개 미만일 때 가능하다.

MATERIALS

CAUTION: 〈!〉표시된 물질의 적절한 사용법은 appendix 4를 참조하세요.

Vectors and Hosts

재조합벡터를 갖는 대장균의 군집
프로토콜 1.23–1.26에 기술된 방법 중 하나로 형질전환된 세균을 사용한다.

Media and Antibiotics

Chloramphenicol (170–200 μg/ml)이 포함된 LB나 SOB 고체배지 〈!〉(선택적 단계6참조)
적절한 항생제가 포함된 SOB나 LB 고체배지 (90–mm)

Additional Items

끝이 뭉뚝한 핀셋
1–cm 간격의 모눈종이
3–cc 주사기와 주사바늘 (23 gauge)
고체배지크기의 nitrocellulose나 nylon filter
프로토콜 1.31과 1.32에 나열된 시약
멸균된 이쑤시개나 접종용 루프
방수용 검은 잉크
Whatman 3MM 원형 거름종이

Additional Information

대체할 수 있는 프로토콜 (Rapid Lysis of Colonies and Binding of DNA to Nylon Filters) MC3, p. 1.131

METHOD

1. 형질전환된 대장균을 90–mm LB나 SOB 고체배지에 뿌린다. 2500 개정도의 형질전환된 콜로니가 형성되도록 계산하여 희석한다. 콜로니의 평균크기가 1.5 mm에 다다르면 배양기에서 저온실로 고체배지를 옮긴다.
2. 무른 연필이나 볼펜으로 마른 nylon이나 nitrocellulose filter에 번호를 먹인다. 이들을 물에 적시고 마른 Whatman 3MM filter 사이에 끼워 넣는다. 필터 더미를 호일로 둘러싸고 고압멸균한다. (15 psi [1.05 kg/cm^2]로 10분 동안의 liquid cycle)
3. 마른 멸균된 세제가 없는 nitrocellulose나 nylon filter를 번호먹인 쪽이 아래로 향하여 세균 콜로니와 접촉하도록 하여 완전히 젖을 때까지 LB (혹은 SOB) 고체배지의 표면에 놓는다.

4. 한번 필터를 위치시켰으면 filter를 아래쪽의 배지에 고정한다. 세 곳 이상의 비대칭적인 위치에 방수용 먹물에 찍은 23-gauge가 달린 주사기를 이용하여 필터를 관통하게 찌른다.
5. 필터의 가장자리를 둥근 핀셋으로 잡고 고체배지의 표면에서 필터를 한번에 그러나 천천히 벗겨낸다.
6. 다음의 선택사양중 하나를 진행한다.
   - 필터에 부착된 콜로니를 녹이고 노출된 DNA를 nitrocellulose나 nylon filter에 프로토콜 1.31에 기술된 과정을 통해 붙인다. 프로토콜 1.32의 hybridization 방법을 진행한다.
   - 필터를 콜로니쪽이 위로 오게 적절한 항생제를 함유한 새로운 LB (혹은 SOB) 고체배지 위에 놓는다. 몇 시간 배양한 뒤 콜로니가 2-3 mm 크기로 자라면 필터를 제거하고 프로토콜 1.31과 1.32에 기술된 용해와 hybridization을 진행한다.
   - 필터에 있는 콜로니를 chloramphenicol (170-200 μg/ml)을 함유한 고체배지에 옮기고 37℃에서 12 시간동안 배양한다. 프로토콜 1.31과 1.32에 기술된 용해와 hybridization을 진행한다.

     이 증폭과정은 결과적으로 더 강한 신호를 주게 된다. 형질전환체를 hybridization 방법으로 검색할 때. 이 방법은 플라스미드의 복제 수가 낮거나 탐침으로 degenerated 올리고뉴클레오티드를 이용할 때만 사용한다.
   - 필터를 이용하여 두 번째 복제판 만들기
     a. 필터를 콜로니가 위로 오게 적절한 항생제가 함유된 새 LB (혹은 SOB) 배지위에 놓는다.
     b. 멸균된 마른 nitrocellulose filer를 그 위에 조심스럽게 놓는다. 위의 과정 4와 같이 고정한다.
     c. 37℃에서 몇 시간동안 "filter sandwich"를 배양한다.
     d. 프로토콜 1.31과 1.32에 기술된 용해와 hybridization을 진행한다. 필터는 용해와 neutralization 과정동안 sandwich 형태를 유지한다. 마지막 씻기 직전에 이들을 떼어낸다.
7. 마스터 고체배지를 37℃에서 5-7시간동안 배양하여 콜로니를 다시 키운다. 파라필름으로 고체배지를 봉하고 뒤집어 4℃에서 보관한다.

프로토콜 1.30	Hybridization을 이용한 세균 콜로니 검색: 많은 갯수 Screening Bacterial Colonies by Hybridization: Large Numbers

이 과정은 많은 수의 박테리아 콜로니를 고체배지에 깔고 복사하고 검색하는 과정이다. (90-mm 크기의 고체배지에 1만 콜로니 혹은 2만 콜로니 미만일 때)

MATERIALS

CAUTION: 〈!〉표시된 물질의 적절한 사용법은 Appendix 4를 참조하세요.

Vectors and Hosts

재조합 플라스미드나 cDNA library를 갖는 대장균의 액체 배양액

프로토콜 1.23-1.26에 기술된 방법 중 하나로 형질전환된 세균을 사용한다.

Media and Antibiotics

Chloramphenicol (170-200 μg/ml)이 포함된 LB나 SOB 고체배지 〈!〉(선택적 단계12 참조)

적절한 항생제와 25% (v/v) glycerol이 포함된 SOB나 LB 고체배지

적절한 항생제를 포함한 SOB나 LB 고체배지

2-3일 지난 plate가 가장 좋은 결과를 낸다.

Additional Items

필터에 세균을 펼칠 구부러진 유리막대

3-cc 주사기와 주사바늘 (18 gauge)

고체배지크기의 nitrocellulose나 nylon filter (세제가 없는 멸균한 것)

단계14에는 프로토콜 1.23-1.26에 나열된 시약이 필요하다

Whatman 3MM 거름종이

Additional Information

Hanahan D.와 Meselson M. 1983. Plasmid screening at high colony density. *Methods Enzymol*. 100:333-342.

METHOD

1. 무른 연필이나 볼펜으로 마른 nylon 이나 nitrocellulose filter에 번호를 먹인 다음 물에 적시고 마른 Whatman 3MM 필터사이에 넣는다. 호일로 필터더미를 싸고 고압멸균시킨다. (15 psi [1.05 kg/cm^2]로 10분 동안의 liquid cycle)
2. 멸균된 둥근 핀셋으로 멸균된 nylon이나 nitrocellulose filter를 번호가 적힌 면이 아래로 가게 하여 적절한 항생제가 포함된 2-3일 된 LB (혹은 SOB) 고체배지위에 놓는다. 필터가 완전히 젖으면 고체배지에서 벗겨내고 번호가 적힌 면이 위로가게 다시 고체배지 표면에 위치시킨다.
3. 적은 양 (0.2 ml)의 세균 액체배양액을 고체배지위에 놓인 필터의 중앙에 떨어뜨린다. 멸균된 구부린 유리막대를 이용하여 용액을 골고루 펼친다. 이때 필터의 가장자리 2-3 mm 정도는 배양액이 가지 않게 남긴다.

   이 필터가 마스터가 되고 이로부터 복사판을 만든다.

4. 고체배지를 뒤집지 말고 배양한다. 접종액이 마르도록 laminar flow hood에서 뚜껑을 살짝 연채 몇 분간 방치한다. 뚜껑을 닫고 고체배지를 뒤집고 37℃에서 작은 콜로니 (직경 0.1–0.2 mm) 이 보일 때까지 (8–10 시간) 배양한다.

5. 필요하면 복사판 필터를 이 단계 (단계 6전에)에서 만들 수 있다. 아니면 세균콜로니를 −20℃에서 보관하기 위해 준비한다.

   a. 콜로니가 위로 가게 필터를 적절한 항생제와 25% glycerol이 함유한 표식된 LB (혹은 SOB) 고체배지로 옮긴다.

   b. 고체배지를 37℃에서 2시간 배양한다.

   c. 파라필름으로 고체배지를 봉하고 뒤집은 채로 플라스틱 주머니안에 넣어 −20℃에서 보관한다.

복사판 filter만들기

6. 주 nitrocellulose 혹은 nylon filter를 콜로니가 위로 가게 멸균된 Whatman 3MM filter위에 놓는다.

7. 젖은 멸균된 nitrocellulose 혹은 nylon filter에 번호를 먹이고 마스터 필터위에 놓는다. 이때 두 필터사이에 공기방울이 들어가지 않도록 주의한다.

8. 두장의 필터를 두 번째 둥근 3MM 필터로 덮고 petri 접시의 바탕을 3MM 종이위의 위치시킨다. 손바닥으로 detri 접시를 꾹 눌러 마스터 필터에서 복사판 필터로 세균이 전달되는 것을 촉진시킨다.

9. Petri 접시와 3MM 종이를 제거하고 두장의 nitrocellulose 혹은 nylon filer를 주사기에 붙은 18-gauge 바늘로 여러 개의 구멍을 냄으로 위치를 표시한다.

10. 필터를 떼어내고 복제판 필터를 적절한 항생제가 들어 있는 새 LB (혹은 SOB) 배지위에 놓는다.

    두 번째 복제판를 이 단계에서 단계 6–9를 반복함으로서 만들 수 있다. 마스터 필터에 생긴 구멍에 맞춰 두 번째 복제판에도 구멍을 낸다.

11. 두 번째 복제판과 마스터 필터를 적절한 항생제가 들어 있는 새 LB (혹은 SOB) 배지에 놓고 모든 고체배지를 콜로니가 보일 때까지 (4–6 시간) 37℃에서 배양한다.

12. 이 단계에서 콜로니가 빨리 자라면 필터는 chloramphenol이 들어 있는 고체배지로 옮겨 37℃에서 12 시간 더 배양할 수 있다.

    이 증폭과정은 형질전환체를 hybridization을 통해 검색할 때 더 강한 신호를 줄 것이기에 작은 복사 수의 플라스미드나 높은 변이도를 갖는 올리고뉴클레오티드를 탐침으로 사용할 때 필요하다.

13. 마스터 nitrocellulose filer를 적절한 항생제와 25% glycerol이 함유된 새 LB(혹은 SOB) 고체배지에 옮긴다. 단계 5와 같이 얼린다.

14. 복제판 필터에 붙은 세균을 녹이고 유리된 DNA를 nitrocellulose나 nylon filter에 프로토콜 1.31과 같이 붙인다. 프로토콜 1.32에 설명한 것과 같이 hybridization을 수행한다.

프로토콜 1.31

콜로니를 용해하여 DNA를 필터에 붙이기
Lysing Colonies and Binding DNA to Filters

이 과정은 박테리아 콜로니에서 DNA를 꺼내기 위해 알칼리를 사용하여 nitrocellulose나 nylon filter에 붙인다. 그 다음 DNA를 UV cross-linking이나 진공에서 굽음으로 고정시킨다.

MATERIALS

Reagents and Solutions

stock 용액과 버퍼, 시약의 조성은 Appendix 1을 참조. stock 용액을 적절한 농도로 희석한다.

- Denaturation 용액
- Neutralization 용액
- SDS (10% w/v) (선택사항 단계 1과 3)
- 2× SSPE

Vectors and Hosts

- 형질전환 대장균 콜로니를 갖는 nitrocellulose나 nylon filter (프로토콜 1.28–1.30)

Additional Items

- 둥근 핀셋
- 필터를 담을 수 있는 유리그릇 혹은 플라스틱그릇
- 유리피펫 (10–ml)이나 유리막대
- Whatman 3MM 종이
- UV cross–linking 장치나 80℃로 가열된 vacuum baking open

METHOD

1. 4장의 Whatman 3MM 종이를 유리그릇이나 플라스틱그릇에 맞게 적당한 크기와 모양으로 잘라서 4–5개의 그릇의 바닥에 단정하게 놓는다. 각 3MM 종이를 다음과 같은 용액에 각각 적신다.
   - 10% SDS (선택사항)
   - denaturing 용액
   - neutralizing 용액
   - 2× SSPE
2. 여분의 용액을 버리고 10–ml 피펫으로 굴려 그릇의 아랫면과 3MM 종이사이의 공기방울이 없앤다.
3. 둥근 핀셋으로 nylon 이나 nitrocellulose filter를 고체배지에서 벗겨 콜로니가 위로 오도록 SDS로 적신 3MM 종이위에 3분간 놓는다.
4. 첫 번째 필터를 SDS 용액에 3분간 노출한 다음, denaturing 용액을 적신 3MM 종이가 들어있는 두 번째 그릇으로 옮긴다. 나머지 필터도 같은 방법으로 고체배지에서 옮긴다. 각 필터를 denaturing 용액에서 5분간 노출시킨다.
5. 필터를 neutralizing 용액으로 적신 3MM 종이가 들어 있는 세 번째 그릇으로 옮긴다. 필터를 5분간 방치한다.

   (선택사항) 필터를 neutralizing용액이 들어 있는 다른 그릇으로 옮긴다.

6. 2× SSPE 로 적신 3MM 종이로 필터를 옮기고 5분간 방치한다.
7. 필터를 아래의 방법 중 하나로 말린다.

   If the DNA is to be fixed to the filters by baking (굽는 방법으로 필터에 DNA를 고정할 경우)

   콜로니 면을 위로 필터를 마른 3MM 종이에 놓고 상온에서 30분 이상 말린다.

   If the DNA is to be fixed to the filters by cross-linking with UV light
   (자외선을 이용한 cross-linking방법으로 필터에 DNA를 고정할 경우)

   제조사의 권장사항에 따라 2× SSPE에 적신 3MM 종이나 마른 3MM 종이에 필터를 올려놓는다.

8. 아래의 방법 중 하나로 DNA를 필터에 고정한다.

   Baking (굽기)

   마른 필터를 두 겹의 마른 3MM 종이사이에 끼고 DNA가 필터에 고정되도록 진공오픈에서 80℃로 1-2 시간 굽는다.

   For cross-linking with UV light (자외선을 이용하여 cross-linking)

   제조사의 지시에 따라 장치를 이용하여 DNA를 필터에 고정한다.

9. 필터에 고정된 DNA를 표지된 탐침으로 프로토콜 1.32와 같이 hybridization한다.

프로토콜 1.32

필터에 고정된 세균 DNA에 대한 hybridization
Hybridization of Bacterial DNA on Filters

이 과정은 필터에 고정된 형질전환된 콜로니에서 나온 DNA를 방사선으로 표지된 탐침으로 hybridization시키는 과정과 탐침에 특이적으로 hybridization된 콜로니에 해당하는 마스터 고체배지의 콜로니를 회수하는 과정이다.

MATERIALS

CAUTION: 〈!〉표시된 물질의 적절한 사용법은 Appendix 4를 참조하세요.

Reagents and Solutions

stock 용액과 버퍼, 시약의 조성은 Appendix 1을 참조. stock 용액을 적절한 농도로 희석한다.

Formamide (선택사항)〈!〉

Prehybridization/hybridization 용액 (수용액내에서 hybridization 용)

- 6x SSC or 6x SSPE
- 5x Denhardt's reagent
- 0.5% (w/v) SDS 〈!〉

혹은

Prehybridization/hybridization 용액 (콜로니/plaque lifts용)

- 50% formamide
- 6× SSC 혹은 6x SSPE
- 0.05× BLOTTO (Appendix 1 참조, p. 704)

Prewashing solution

- 6× SSC 혹은 6× SSPE

Wash solution 1

- 2× SSC
- 0.1% (w/v) SDS 〈!〉

Wash solution 2

- 1× SSC
- 0.1% (w/v) SDS 〈!〉

Wash solution 3

- 0.1× SSC
- 0.1% (w/v) SDS 〈!〉

Media and Antibiotics

적절한 항생제를 포함한 LB나 YT 배지

Nucleic Acids/Oligonucleotides

^{32}P로 표지된 이중가닥 DNA (specific activity ~5 × 10^7 cpm/μg)
또는 방사선표지된 합성 올리고뉴클레오티드

Additional Items

표식용 스티커

끓는 물 수조

형질전환된 세균 콜로니로부터 나온 DNA가 부착된 필터
필터의 제조방법은 프로토콜 1.31에 기술된 방법을 사용

Adapted from Chapter 1, Protocol 32, p. 1.138 of MC3.

필터를 다룰 유리그릇이나 플라스틱 접시
Mylar film
Radioactive ink나 chemiluminescent marker (Glogos [Stratagene])
50℃로 맞춘 배양기안의 회전하는 플랫폼
hybridization용으로 봉할 수 있는 주머니 (열부착용 플라스틱 주머니나 새지 않는 투껑이 있는 프라스틱박스)
단계15는 프로토콜 1.1이나 1.4 그리고 8.12에 나열된 시약이 필요함
멸균된 이쑤시개나 접종용 바늘
물에 녹는 접착제
UHU (Saunders)
Whatman 3MM 종이
X-선 필림이나 phosphorimager

Additional Information

Formamide and its uses in molecular cloning	MC3, pp.6.59–6.60
Hybridization chambers	MC3, pp.1.139 와 6.51
Prehybridization and hybridization solutions	MC3, p.1.141

METHOD

1. 2× SSC가 담긴 그릇에 굽거나 cross-linked 필터를 띄우고 밑에서부터 전체가 젖으면 필터를 5분간 담근다.
2. 필터를 최소한 200 ml의 prewashing 용액이 담긴 유리그릇 안에서 filter를 하나씩 쌓는다. 이 그릇을 랩으로 덮고 배양기안의 회전하는 플랫폼으로 옮긴다. 50℃에서 30분간 필터를 배양한다.
3. prewashing 용액으로 적신 Kimwipes를 이용하여 필터 표면에 있는 세균의 찌꺼기를 부드럽게 닦아낸다. 이 과정으로 콜로니의 찌꺼기를 완전히 제거하여 hybridization 신호의 강도와 선명도에 영향을 주지 않게 한다.
4. 필터를 150 ml의 prehybridization용액이 담긴 유리그릇으로 옮긴다. 필터를 적절한 온도 (즉, 수용액에서 hybridization을 수행할 경우 68℃; 50% formamide에서 수행할 때는 42℃)에서 1-2시간이상 흔들어주면서 배양한다.
5. ^{32}P로 표지된 이중나선 DNA를 100℃에서 5분간 가열하여 denature시킨다. 얼음물에게 이 탐침을 잽싸게 식힌다.

   단일가닥의 탐침은 denaturation 시킬 필요가 없다.

6. 필터를 봉할 수 있는 조금만 용기로 옮긴다. 필터를 덮고 있는 prehybridization 용액에 탐침을 넣는다. 적절한 온도에서 1-3 $C_ot_{1/2}$가 될 때까지 배양한다. Hybridization 동안 필터를 담은 용기가 완전히 닫혀 증발에 의한 용액의 손실이 없도록 유지시킨다.

   Hybridization용액 1 ml 당 2×10^5과 1×10^6 cpm의 ^{32}P로 표지한 탐침을 사용한다. (specific activity는 ~5×10^7 cpm/μg). 더 많은 탐침을 사용하면 비특이적인 hybridization에 의한 background가 증가되고 적은 양은 hybridization의 비율을 감소시킨다.

   단일가닥의 탐침을 갖는 hybridization 혼합물은 4℃에서 몇 일간 보관할 수 있으며 다른 처리없이 재사용할 수 있다. 이중가닥의 DNA로 만든 탐침은 용액을 얼려 보관한 후 녹이고 후드에서 5분간 끓인 다음 재사용할 수 있다.

7. hybridization이 완료되면 hybridization 용액을 제거하고 필터를 즉시 많은 양의 (300–500 ml) washing 용액 1에 상온에서 담근다. 씻기 과정동안 필터를 부드럽게 흔들어주며 한번이상 뒤집어 준다. 5분후 필터를 새로운 washing 용액으로 옮기고 계속 흔들어 준다. 이 씻기 과정을 두 번 더 반복한다.
8. 필터를 0.5–1.5시간동안 300–500 ml의 washing 용액 2 로 68℃에서 두 번 씻는다.
9. 상온에서 3MM 종이위에서 필터를 말린다. 필터의 밑 부분에 수용성 접착체로 바르고 마른 깨끗하고 평평한 3MM 종이위에 필터를 번호먹인 부분이 위로 오게 나열한다. 3MM 종이에 확실히 붙도록 필터를 누른다.
10. 3MM 종이에 여러 개의 비대칭적 위치에 방사성의 잉크나 chemiluminescent 마커로 표시한 라벨를 붙인다. 필터와 라벨을 랩으로 덮는다. 종이위에 주름이 없도록 랩을 문지르고 테이프를 이용하여 3MM 종이의 뒤쪽에 랩을 확실히 붙인다.
11. phosphorimaging이나 X–선 필름 (Kodak XAR–2, XAR–5나 동급)에서 12–16시간 –70℃에서 intensifying screen과 함께 노출시켜 분석한다.
12. 필름을 현상하고 방사성의 잉크로 남긴 마커를 활용하여 필터와 함께 배열한다. 색상이 있는 방사성이 없는 fiber–tip 펜을 이용하여 번호가 먹여진 필터에 있는 비대칭적인 점의 위치를 필름에 표시한다.
13. 투명한 Mylar나 다른 단단하고 투명한 용지를 필름에 테이프로 붙인다. 투명한 용지에 양성의 hybridization 신호의 위치를 표시한다. 다른 색으로 비대칭적으로 위치한 점의 위치를 표시한다. 투명 용지를 필름에서 떼어낸다. 고체배지에 투명용지의 점을 배치시킴으로 양성의 콜로니를 확인한다.
14. 멸균된 이쑤시개나 접종용 바늘을 이용하여 양성의 세균 콜로니를 각각 1–2 ml의 적절한 항생제를 갖는 영양배지 (예로 LB, YT 혹은 Terrific Broth)로 옮긴다.
15. 배양 후 플라스미드 DNA를 프로토콜 1.1과 1.4에 기술된 miniprepation 방법 중 하나로 추출한다. PCR이나 제한효소를 이용하여 분석을 할 수도 있다.

제 2 장

박테리오파지 λ와 그 벡터들

Bacteriophage λ and Its Vectors

프로토콜 2.1 박테리오파지 λ를 플레이팅하기, 78
프로토콜 2.2 박테리오파지 λ 플라그를 골라내기, 81
프로토콜 2.3 플레이트 용해와 용출에 의해 박테리오파지 λ 스톡을 준비하기, 82
프로토콜 2.4 소량 액체배양에 의해 박테리오파지 λ 스톡을 준비하기, 84
프로토콜 2.5 박테리오파지 λ의 대량 배양: 낮은 다중도로 감염시키기, 86
프로토콜 2.6 대량 용해액으로부터 박테리오파지 λ 입자를 침전하기, 88
프로토콜 2.7 박테리오파지 λ 스톡과 용해액의 DNA 양을 전기영동으로 분석하기, 90
프로토콜 2.8 CsCl 농도구배 평형 원심분리로 박테리오파지 λ 입자를 정제하기, 92
프로토콜 2.9 글리세롤 단계 농도구배 원심분리로 박테리오파지 λ 입자를 정제하기, 95
프로토콜 2.10 침전/ 원심분리로 박테리오파지 λ 입자를 정제하기, 97
프로토콜 2.11 Proteinase K와 SDS를 이용하여 대량 준비물에서 박테리오파지 λ DNA 추출하기, 98
프로토콜 2.12 Formamide를 이용하여 대량 준비물에서 박테리오파지 λ DNA 추출하기, 100
프로토콜 2.13 클로닝벡터로 사용하기 위해 단일 제한효소로 자른 박테리오파지 λ 준비하기, 102
프로토콜 2.14 클로닝벡터로 사용하기 위해 두 제한효소로 자른 박테리오파지 λ 준비하기, 104
프로토콜 2.15 박테리오파지 λ DNA에 알칼라인 포스파타아제 처리하기, 106
프로토콜 2.16 박테리오파지 λ 팔을 정제하기: 수크로스 밀도구배 원심분리, 109
프로토콜 2.17 지노믹 라이브러리에 사용하기 위해 진핵세포 DNA를 부분 분해하기: 시험반응, 112
프로토콜 2.18 지노믹 라이브러리에 사용하기 위해 진핵세포 DNA를 부분 분해하기: 준비반응, 114
프로토콜 2.19 박테리오파지 λ 팔을 외래 DNA 절편과 연결하기, 116
프로토콜 2.20 지노믹 라이브러리를 증폭하기, 118
프로토콜 2.21 박테리오파지 DNA를 플라그에서 필터로 옮기기, 120
프로토콜 2.22 필터 상에서 박테리오파지 DNA를 잡종화반응하기, 123
프로토콜 2.23 박테리오파지 λ의 빠른 분석: 플레이트 용해액으로부터 λ DNA를 정제하기, 126
프로토콜 2.24 박테리오파지 λ의 빠른 분석: 액체 배양액으로부터 λ DNA를 정제하기, 129

BACKGROUND INFORMATION

다른 언급이 없으면 기본이 되는 정보는 Molecular Cloning: A Laboratory Manual, 3판 (이제부터 MC3)에 있다.

박테리오파지 λ벡터의 제조	MC3, pp. 2.18–2.24
박테리오파지 λ벡터를 증식시키는데 사용하는 대장균 종들	MC3, pp. 2.28–2.29
박테리오파지 λ에 의한 용균 감염	MC3, pp. 2.2–2.15
야생형 박테리오파지 λ의 제한효소 및 유전자 지도	MC3, pp. 2.5

프로토콜 2.1

박테리오파지 λ를 플레이팅하기

Preparation of Plasmid DNA by Alkaline Lysis with SDS: Minipreparation

이 프로토콜은 박테리오파지 λ 스톡에서 개별 플라그를 분리하는 방법을 기술하고 있다. 각 플라그는 하나의 박테리오파지 입자가 감염시킨 한 마리의 세균에서 유래한다. 각 플라그는 단일 바이러스 입자의 자손들을 갖고 있기 때문에, 하나의 플라그에서 유래한 박테리오파지들은 유전적으로 서로 동일하다.

MATERIALS

Reagents and Solutions

농축액, 완충액, 시료의 조성은 Appendix 1을 참조하라. 농축액은 적당한 농도로 희석하여 사용하라.

MgSO$_4$ (10 mM)

SM

SM plus gelatin (0.01% w/v)

이들 세 용액을 멸균처리해야 한다.

Vectors and Hosts

Bacteriophage λ stocks

E. coli strain

적당한 유전자 마커를 갖고 있고 박테리오파지 λ의 왕성한 성장을 지원할 수 있는 대장균 종을 선택하라. 박테리오파지 λ 벡터와 재조합체를 증식시키는데 흔히 사용하는 대장균 종들에 대한 설명은 MC3, 2.28–2.29 페이지의 표 2-3을 참조하라.

Media and Antibiotics

NZCYM 또는 LB agar 플레이트

새로 부은 플레이트는 플라그 분석에 사용하기에는 물기가 너무 많다. 플라그가 흐르거나 번지는 것을 막기 위해, 플레이트는 사용 전에 상온에 이틀 동안 보관한다. 이 플레이트를 플라스틱 봉지에 넣어 4℃에 보관할 수 있다. 이렇게 보관한 플레이트는 사용 전 상온에 한 두시간 동안 놓아두어야 한다. 플레이트를 데우는 것은 수분 응결을 방지하고 top agar가 전체 표면에 고루 퍼져 가라앉도록 돕는다. 플레이트를 건조하는 대체 방법으로, 플레이트를 기류가 흐르는 후드나 또는 (덜 권장하지만) 37℃ 배양기에 뚜껑을 조금 열고 두 시간 정도 두면 된다. 비상시에, 플레이트를 말릴 시간이 없을 때는, top agar가 굳은 다음 플레이트 뚜껑에 있는 물방울들을 제거하고 각 뚜껑에 멸균한 둥근 여과지를 한 장씩 놓는다. 플레이트를 뒤집은 채로 섭씨 37도에서 배양하는 동안, 여과지가 대부분의 습기를 흡수하고 플라그가 흐르는 것을 줄여준다. 추가 정보에 대해서는, 단계 12의 부연 설명을 참조하라. 가능한 한 항상 각 박테리오파지 λ 희석액을 중복하여 플레이팅하라.

NZCYM 또는 LB 배지

NZCYM 또는 LB top agarose (0.7%)

이후 과정인 박테리오파지 λ DNA를 효소로 분석하는 과정을 방해할 수 있는 다당류성 억제제로 배지가 오염되는 것을 최소화하기 위하여, 박테리오파지 λ를 플레이팅하는 배지에는 agar보다 agarose를 더 선호하여 사용한다.

Centrigues/Rotors/Tubes

Sorvall SS-34 rotor (상온)

Additional Items

Adapted from Chapter 1, Protocol 1, p. 2.32 of MC3.

Heating block 또는 water bath (47℃)
Shaking incubator
멸균처리한 플라스틱 또는 유리튜브(13 × 75 또는 17 × 100 mm)
Water bath (47℃)

Additional Information

추가 프로토콜(Plaque-Assay of Bacteriophages that express β-galactosidase and Macroplaques) MC3, pp.2.30-2.31

METHOD

1. 적당한 *E. coli* 콜로니 하나를, 250 ml 크기 코니칼 플라스크에 든 NZCYM 또는 LB 배지 50 ml에 접종한다. 이를 37℃에서 흔들어 주며 밤샘 배양한다.
2. 이들 세포를 4000 g (Sorvall SS-34 rotor를 사용 시 5800 rpm)로 상온에서 10분 동안 원심분리한다.
3. 상층액을 제거하고 세포침전물은 20 ml의 멸균한 10 mM $MgSO_4$에 다시 풀어준다. 다시 푼 세포 1/100 희석액의 OD_{600}을 측정하고 최종농도 2.0 OD_{600} 값이 되도록 세포를 10 mM $MgSO_4$로 희석한다.
4. 이 플레이팅 세균의 현탁액을 4℃에 보관한다.
5. top agarose를 전자렌지에 짧은 시간 동안 돌려 녹인다. 녹인 agarose의 분주액(90-mm 플레이트 당 3 ml; 150-mm 플레이트 당 7 ml)을, 녹은 채로 있도록, 히팅 블록 또는 47℃ 상태의 수조에 보관한다.
6. 박테리오파지 λ 스톡의 10배씩 연속 희석액(젤라틴이 추가된 SM에 희석함)을 준비한다. 각 희석액을 살살 볼텍싱하거나 튜브 옆면을 손가락으로 가볍게 쳐주어 섞는다.
7. 단계 4의 플레이팅 세균 0.1 ml을 일련의 멸균한 튜브들(13 × 75 또는 17 × 100 mm)에 분주한다.
8. 박테리오파지 λ 스톡 각 희석액 0.1 ml을 플레이팅 세균이 들어 있는 튜브에 첨가한다. 흔들거나 살살 볼텍싱하여 세균과 박테리오파지를 섞어준다.
9. 이 혼합액을 37℃에서 20분 동안 배양하여 박테리오파지 입자들이 세균에 달라붙도록 한다. 튜브들을 수조에서 꺼내 상온이 되도록 식힌다.
10. 녹인 agarose 분주액을 첫 번째 튜브에 첨가한다. 몇 초 동안 가볍게 치거나 볼텍싱하여 섞고, *지체없이* 바로, 이들 튜브 내용물을, 표기해 둔 agar 플레이트 중앙에 붓는다. 기포가 생기지 않도록 주의하라. 세균과 top agarose가 골고루 펴지도록 플레이트를 살살 흔들어준다. 모든 튜브의 내용물들을 각각 표기한 플레이트에 다 옮길 때까지 이 과정을 반복한다.
11. 플레이트에 뚜껑을 덮는다. top agarose가 굳도록 플레이트들을 상온에 5분 동안 둔다. 뚜껑 덮은 플레이트를 뒤집고 37℃에서 배양한다.

    일부 대장균 종과 박테리오파지 벡터의 경우, 37℃가 아닌 다른 온도에서 배양하면 더 좋은 플라그가 형성되기도 한다. 예로, Stratagene사의 대장균 종 SRBρ와 SRB(P2)ρ를 숙주로 사용할 경우, 39℃를 배양온도로 추천한다. 또한, λgt10 벡터도, 39도에서 배양 시, 대장균 *hfl*-종에서 더 좋은 플라그를 형성한다.

12. 플레이트를 밤새 계속 배양한 다음 개별 플라그 수를 세고 희석안한 박테리오파지 λ 스톡의 titer(적정농

도, 보통 pfu/ml로 표현함)를 계산하라. 각 플라그를 골라 프로토콜 2.2에 기술한 이후 분석과정을 수행할 수 있다.

플라그는 배양 후 대략 7시간 후에 보이기 시작하는데 12–16시간 후에, 그 직경이 2–3 mm가 되었을 때, 수를 세고 골라내도록 한다. 만일 플레이트가 너무 건조하면, 플라그가 더 천천히 자라고 완전한 크기에 이르지 못할 것이다. 만일 플레이트를 바로 만들어 사용하여 너무 젖어 있다면, 37℃에서 배양하는 동안 top agarose 표면에 습기방울이 맺히고, 자라고 있는 플라그들이 흘러 서로 겹치게 한다.

프로토콜 2.2	박테리오파지 λ 플라그를 골라내기 Picking bacteriophage λ plaques

이 프로토콜은 플라그를 골라내고 보관하는 일반적인 방법을 기술하고 있다.

MATERIALS

CAUTION: 〈!〉표시된 물질의 적절한 사용법은 Appendix 4를 참조하세요.

Reagents and Solutions

농축액, 완충액, 시료의 조성은 Appendix 1을 참조하라. 농축액은 적당한 농도로 희석하여 사용하라.

Chloroform 〈!〉

SM, 멸균처리

Vectors and Hosts

Bacteriophage λ, 세균 잔디위에 서로 잘 분리된 플라그들로 자라고 있는 (프로토콜 2.1 참조)

Additional Items

고무 피펫벌브에 맞는 Borosilicate pasteur pipettes

또는

노랑 일회용 팁에 맞는 자동 micropipette

폴리프로필렌튜브(13 × 75 mm)

Additional Information

Long–term storage of bacteriophage λ stocks MC3, p. 2.36

METHOD

1. 표시한 멸균처리한 미세원심분리튜브 또는 폴리프로필렌 시험관에 1 ml의 SM을 넣는다. 각 튜브에 한 방울(~ 50 μl)의 클로로포름을 첨가한다.
2. 고무벌브가 장착된 borosilicate pasteur pipette 또는 micropipette로, 선택한 박테리오파지 λ의 플라그를, 아래쪽 딱딱한 agar에 닿을 정도로 찌른다. 피펫 속으로 플라그와 아래 agar가 함께 흡입될 수 있도록 가볍게 빨아들인다.
3. borosilicate pasteur pipette 속의 agar 절편을 SM/클로로포름을 가진 튜브(단계 1에서 준비함)속으로 씻어낸다. 튜브에 뚜껑을 덮고 상온에 1–2 시간 동안 두어 박테리오파지 입자들이 agar에서 확산되어 나오게 한다. 바이러스의 용출을 돕기 위해, 튜브를 흔들판 위에서 천천히 흔들어준다. 박테리오파지 현탁액을 4℃에 보관한다.

   박테리오파지 플라그의 평균 수율은 대략 10^6 감염성 박테리오파지 입자이며, 생존능력의 소실없이 SM/클로로포름 내에 무한시간 동안 4℃에서 보관할 수 있다. 플라그에서 복구한 바이러스는 프로토콜 2.3과 2.4에 기술한 대로 플레이트 용해 또는 액체배양방법을 이용한 대량의 박테리오파지 스톡을 준비하는데 사용 가능하다.

프로토콜 2.3

플레이트 용해와 용출에 의해 박테리오파지 λ 스톡을 준비하기
Preparing stocks of bacteriophage λ by plate lysis and elution

플레이트 용해액을 준비하고 top agar로부터 용출에 의해 감염성 박테리오파지를 복구하기 위한 신뢰할 만한 방법을 기술하였다.

MATERIALS

CAUTION: 〈!〉표시된 물질의 적절한 사용법은 Appendix 4를 참조하세요.

Reagents and Solutions

농축액, 완충액, 시료의 조성은 Appendix 1을 참조하라. 농축액은 적당한 농도로 희석하여 사용하라.

Chloroform 〈!〉

SM, 멸균처리

Vectors and Hosts

Bacteriophage λ stock

프로토콜 2.2에 기술한 대로 준비하라.

E. coli plating bacteria

프로토콜 2.1에 기술한 대로 준비하라.

Media and Antibiotics

NZCYM 또는 LB agar 플레이트

최상의 결과를 얻기 위해서는, 새로 만들어 상온으로 온도를 맞춘 플레이트(90 또는 150 mm)를 사용하라. 플레이트를 만든 지 오래되었거나 말라 있을수록, 더 낮은 titer의 플레이트 스톡을 얻게 된다.

NZCYM top agarose, 녹인 다음 3 ml (90 mm 플레이트 당) 또는 7 ml (150 mm 플레이트 당)로 분주

하여 47℃에 보관

이후 과정인 박테리오파지 λ DNA를 효소로 분석하는 과정을 방해할 수 있는 다당류성 억제제로 배지가 오염되는 것을 최소화하기 위하여, 박테리오파지 λ를 플레이팅하는 배지에는 agar보다 agarose를 더 선호하여 사용한다.

Centrigues/Rotors/Tubes

Sorvall SS-34 rotor (4℃)

Additional Items

Heating block 또는 water bath (47℃)

Pasteur pipettes

폴리프로필렌튜브(13 × 75 mm)

이 프로토콜의 단계 9에서는 프로토콜 2.1에 나열한 시약이 필요하다.

Additional Information

대체 프로토콜(Preparing stocks of bacteriophage λ by plate lysis and scraping)	MC3, p. 2.37
Making and using λ macroplaques	MC3, p. 2.31
Methods for long-term storage of bacteriophage λ stocks	MC3, p. 2.36

Adapted from Chapter 2, Protocol 1, p. 2.32 of MC3.

METHOD

1. 플레이팅하여 감염한 세균 배양을 준비한다.

90-mm 직경의 페트리 접시를 사용할 때

10^5 pfu의 박테리오파지(일반적으로 현탁한 개별 플라그의 약 1/10 또는 macroplaque [대형플라그]의 1/100 정도)를 0.1 ml의 플레이팅 세균과 섞는다.

150-mm 직경의 페트리 접시를 사용할 때

2×10^5 pfu를 0.2 ml의 플레이팅 세균과 섞는다.

감염 안 시킨 세포들을 가진 대조군 튜브도 항상 최소한 한 개 준비한다. 감염 및 대조군 배양을 37℃에서 20분 동안 키워 바이러스가 세균에 달라붙게 한다.

잘못 자라는 박테리오파지 λ 스톡을 준비할 때에는, 플레이팅 세균 0.1 ml 당 10^6 pfu로 접종량을 증가시킨다.

2. 감염한 세포가 들어있는 첫 번째 튜브에, 녹인 top agarose (47℃) 3 ml (90-mm 플레이트) 또는 7 ml (150-mm 플레이트)을 첨가한다. 몇 초 동안 가볍게 치거나 볼텍싱하여 섞고, *지체없이* 바로, 이들 튜브 내용물을, 표기해 둔 agar 플레이트 중앙에 붓는다. 기포가 생기지 않도록 주의하라. 세균과 top agarose가 골고루 펴지도록 플레이트를 살살 흔들어준다. 모든 튜브의 내용물들을 각각 표기한 플레이트에 다 옮길 때까지 이 과정을 반복한다.
3. 플레이트를 *뒤집지 않은 채*, 고 37℃에서 대략 12-16시간 동안 배양한다.
4. 배양기에서 플레이트를 꺼내고 SM (90-mm 플레이트 당 5 ml; 150-mm 플레이트 당 10 ml)을 첨가한다. 플레이트를 흔들판 위에서 천천히 흔들어주며 4℃에 수 시간동안 보관한다.
5. 각 플레이트 당 별도의 Pasteur pipette을 사용하여, 가능한 한 많은 양의 SM을 멸균한 screw-cap 또는 snap-cap이 달린 폴리프로필렌튜브에 옮겨 수거한다.
6. 각 플레이트에 1 ml의 SM을 새로 넣고 살살 흔든 후, 액체가 한쪽으로 모이도록 플레이트를 기울인 채 15분 동안 놓아둔다. SM을 제거하여 위에서 먼저 수거한 것과 합한다.
7. SM이 들어있는 튜브에 0.1 ml의 클로로포름을 각각 넣고 잠시 볼텍싱한 다음, 4000 g (Sorvall SS-34 rotor를 사용 시 5800 rpm)로 4℃에서 10분 동안 원심분리하여 세균 잔재를 제거한다.
8. 상층액을 새 폴리프로필렌튜브에 옮기고 각 튜브에 한 방울의 클로로포름을 첨가한다. 이들 박테리오파지 플레이트 스톡을 4℃에 보관한다.
9. 프로토콜 2.1에 기술한 플라그 분석법을 이용하여 각 스톡의 감염성 바이러스 입자 농도를 측정한다.

   플레이트 스톡의 titer는 대략 10^9 내지 10^{10} pfu/ml이어야 하고 스톡을 적절히 보관하는 한 안정적으로 유지되어야 한다.

프로토콜 2.4	소량 액체배양에 의해 박테리오파지 λ 스톡을 준비하기 Preparing stocks of bacteriophage λ by small-scale liquid culture

소량의 세균배양을 감염시켜 높은 농도의 박테리오파지 λ 스톡을 쉽게 준비할 수 있다.

MATERIALS

CAUTION: 〈!〉표시된 물질의 적절한 사용법은 Appendix 4를 참조하세요.

Reagents and Solutions

농축액, 완충액, 시료의 조성은 Appendix 1을 참조하라. 농축액은 적당한 농도로 희석하여 사용하라.

Chloroform 〈!〉

SM

Vectors and Hosts

Bacteriophage λ stock

프로토콜 2.2에 기술한 대로 준비하라.

적당한 *E. coli* 종의 플레이트 배양

Media and Antibiotics

NZCYM 또는 LB 배지

Enzymes and Buffers

Lysozyme (10 mg/ml), 새로 제조한 것

DNase-free RNase A (Pancreatic RNase)

Additional Items

Shaking incubator (37℃)

이 프로토콜의 단계 8에서는 프로토콜 2.1에 나열한 시약이 필요하다.

멸균한 폴리프로필렌튜브(13 × 75 mm)

Additional Information

Methods for long-term storage of bacteriophage λ stocks MC3, p. 2.36

METHOD

1. 적당한 *E. coli* 콜로니 하나를, 멸균한 폴리프로필렌 배양튜브에 든 NZCYM 또는 LB 배지 5 ml에 접종한다. 이를 30℃에서 세게 흔들어 주며 밤샘 배양한다.
2. 밤새 키운 세균 배양액(단계 1에서 준비함) 0.1 ml을, 뚜껑을 느슨하게 덮은 17 × 100-mm 크기의 멸균한 폴리프로필렌 배양튜브에 옮긴다. 50-100 μl의 SM에 들어있는 10^6 pfu의 박테리오파지 λ를 이 배양 세균에 감염한다.
3. 이 감염시킨 배양을 37℃에서 20분 동안 키워 박테리오파지 입자들이 세균에 달라붙게 한다.
4. 37℃로 미리 데운 배지 4 ml을 첨가하고 이를 세게 흔들어 주며 용해가 일어날 때까지(37℃에서 보통 8-12시간) 배양한다.

5. 용해가 일어난 후, 두 방울(~ 100 μl)의 클로로포름을 첨가하고 37℃에서 15분 동안 더 키운다.
6. 이를 4000 g (Sorvall SS-34 rotor를 사용 시 5800 rpm)로 4℃에서 10분 동안 원심분리한다.
7. 상층액을 제거하고, 한 방울(~ 50 μl)의 클로로포름을 첨가한 후 바이러스 스톡을 4℃에 보관한다.
8. 프로토콜 2.1에 기술한 플라그 분석법을 이용하여 각 스톡의 감염성 바이러스 입자 농도를 측정한다.
   플레이트 스톡의 titer는 대략 10^9 내지 10^{10} pfu/ml이어야 하고 스톡을 적절히 보관하는 한 안정적으로 유지되어야 한다.

프로토콜 2.5

박테리오파지 λ의 대량 배양: 낮은 다중도로 감염시키기
Large-scale growth of bacteriophage λ: infection at low multiplicity

배양 세균을, 낮은 다중도의 박테리오파지 λ로 감염시킨 후, 대량 배지로 옮겨주고 이들 숙주 세균들이 완전히 용해될 때까지 키운다.

MATERIALS

CAUTION: 〈!〉표시된 물질의 적절한 사용법은 Appendix 4를 참조하세요.

Reagents and Solutions

농축액, 완충액, 시료의 조성은 Appendix 1을 참조하라. 농축액은 적당한 농도로 희석하여 사용하라.

Chloroform 〈!〉

SM

Vectors and Hosts

Bacteriophage λ stock

프로토콜 2.3 또는 2.4에 기술한 대로 준비하라.

적당한 *E. coli* 종의 플레이트 배양

Media and Antibiotics

NZCYM 또는 LB 배지

단계 1의 설명을 참조하라.

Centrigues/Rotors/Tubes

Sorvall SS-34 rotor (상온)

Additional Items

유리 튜브(12 × 75 mm)

Shaking incubator (37℃)

이 프로토콜의 단계 8에서는 프로토콜 2.1에 나열한 시약이 필요하다.

멸균한 폴리프로필렌튜브(13 × 75 mm)

Additional Information

대체 프로토콜(Large-scale growth of Bacteriophage λ: Infection at high multiplicity) MC3, p. 2.42

METHOD

1. 적당한 *E. coli* 콜로니 하나를, 500-ml 크기 코니칼 플라스크에 든 NZCYM 배지 100 ml에 접종한다. 이를 37℃에서 세게 흔들어 주며 밤샘 배양한다.

   시작 배양용으로, 500-ml 크기 코니칼 플라스크에 100 ml의 NZCYM 배지를 준비하라. 이후 대량 배양을 하기 위해, 2 리터 크기 플라스크에, 37℃로 미리 데운 500-ml 씩 NZCYM 분주액 4개를 준비하라. 단계 9에서 추가로 4개의 500-ml 분주액이 더 필요할 수도 있다.

2. 배양액의 OD_{600}을 측정한다. 1 $OD_{600} = 1 \times 10^9$ 세포/ml 로 가정하여 세포 농도를 계산한다.

Adapted from Chapter 2, Protocol 5, p. 2.40 of MC3.

3. 각각 1010 세포를 갖도록 네 개의 분주액을 분리한다. 이들 세포를 4000 g (Sorvall SS-34 rotor를 사용 시 5800 rpm)로 상온에서 10분 동안 원심분리한다. 상층액을 버린다.
4. 각 세포침전물은 3 ml의 SM에 다시 풀어준다.
5. 적당한 수의 감염성 박테리오파지 입자를 첨가한 다음 이들이 배양액 전체에 빨리 퍼지도록 배양액을 흔들어준다.

   박테리오파지 입자의 수가 매우 중요하다. 잘 자라는 종의 박테리오파지 λ (예, EMBL3 과 4 및 λgt10)의 경우, 각 10^{10} 세포 현탁액 당 5×10^7 pfu를 첨가한다; 상대적으로 잘 자라지 못하는 박테리오파지(예, Charon 시리즈)의 경우에는, 초기 접종량을 5×10^8 pfu로 높이는 것이 좋다.

6. 이 감염시킨 배양을 37℃에서 20분 동안 가끔 흔들어주며 키운다.
7. 각 감염액에, 2 리터 플라스크에 든, 37℃로 미리 데운 NZCYM 500 ml을 첨가한다. 이들을 37℃에서 세게 흔들어 주며(shaking incubator에서 300 회전수/분) 키운다.
8. 8시간 이후 용해가 일어나는지 검사하기 시작한다. 세균과 박테리오파지가 동반성장하고 이 결과 8-12 시간 후엔 배양의 용해가 일어나야 한다. 용해가 관찰되면 단계 10으로 진행하라.
9. 12시간 이후에도 용해가 뚜렷이 보이지 않으면, 세균이 자라는지 확인하기 위해 소량의 배양 샘플을 조사한다.
   a. 감염시킨 세균배양액(각 1 ml)을 두 개 분주하여 유리 튜브에 옮긴다.
   b. 한 튜브에는 한 두 방울(~ 50-100 μl)의 클로로포름을 첨가하고, 두 튜브를 37℃에서 5-10분 동안 가끔 흔들어주며 키운다.
   c. 두 튜브를 빛에 비추어 배양의 모양을 비교해 본다. 감염은 거의 다 완료되었지만 용해가 아직 일어나지 않았다면, 클로로포름이 세포를 터지게 하여 배양액이 투명해질 것이다. 이 경우, 단계 10으로 진행하라.
10. 각 플라스크에 10 ml의 클로로포름을 첨가하고, 37℃에서 흔들어 주며 10분 더 키운다.
11. 배양액을 상온으로 식히고 프로토콜 2.6에 기술한 대로 박테리오파지 입자들을 침전한다.

프로토콜 2.6 대량 용해액으로부터 박테리오파지 λ 입자를 침전하기
Precipitation of bacteriophage λ particles from large-scale lysates

이 프로토콜은, 높은 이온세기에서 폴리에틸렌 글리콜을 이용한 침전을 통해, 세균용해액에서 박테리오파지 λ 입자를 복구하는 방법을 기술하고 있다.

MATERIALS

CAUTION: 〈!〉표시된 물질의 적절한 사용법은 Appendix 4를 참조하세요.

Reagents and Solutions

농축액, 완충액, 시료의 조성은 Appendix 1을 참조하라. 농축액은 적당한 농도로 희석하여 사용하라.

- Chloroform 〈!〉
- NaCl (고체)
- PEG 8000 〈!〉
  - 각 500 ml의 배양액 당 대략 50 그램을 사용하라.
- SM

Vectors and Hosts

- 용해한 감염시킨 *E. coli* 배양액(4 × 500 ml)
  - 프로토콜 2.5에 기술한 대로 준비하라.

Enzymes and Buffers

- Pancreatic DNase I (1 mg/ml) in
  - 10 mM Tris-Cl (pH 7.6)
  - 150 mM NaCl
  - 1 mM $MgCl_2$
- RNase (pancreatic RNase) (1 mg/ml) in TE (pH 7.6)

Centrigues/Rotors/Tubes

- Sorvall SLC-1500 및 SS-34 rotor (4℃)

Additional Items

- Magnetic stirrer 및 magnetic bar (4℃ 저온실)
- 고무 벌브가 장착된 Wide-bore pipette (10 ml)

METHOD

1. 박테리오파지가 들어있는 용해한 세균배양액을 상온으로 식힌다. 여기에 Pancreatic DNase I 및 RNase를 최종 농도 각 1 μg/ml로 첨가한다. 이들을 상온에서 30분 동안 반응시킨다.
2. 각 500 ml의 배양액 당 29.2 그램의 고체 NaCl (최종농도 ~ 1 M)을 첨가한다. 염이 녹을 때까지 배양액을 흔들어준다. 이를 얼음에 한 시간 동안 보관한다.
3. 11,000 g (Sorvall SLC-1500 rotor를 사용 시 8300 rpm)로 4℃에서 10분 동안 원심분리하여 불용성 찌꺼기를 제거한다. 네 개의 배양액으로부터 얻은 상층액을 합한다.

Adapted from Chapter 2, Protocol 6, p. 2.43 of MC3.

4. 합한 상층액의 양을 측정하고 이를 깨끗한 2 리터 크기 플라스크로 옮긴다. 고체 PEG 8000을 최종농도 10% w/v (즉, 500 ml 상층액 당 50 그램)이 되도록 첨가한다. 상온에서 자석 교반기 위에서 천천히 저어주며 PEG를 녹인다.
5. 용액을 폴리프로필렌 재질의 원심분리 병에 옮기고, 박테리오파지/PEG 용액을 얼음물에 식히고, 원심분리 병을 얼음에 적어도 한 시간 이상 보관하여 박테리오파지 입자들이 침전하도록 한다.
6. 11,000 g (Sorvall SLC−1500 rotor를 사용 시 8300 rpm)로 4℃에서 10분 동안 원심분리하여 침전된 박테리오파지 입자들을 수거한다. 상층액은 버리고 원심분리 병을 기울인 채 5분 동안 뒤집어두어 침전물에 남아있는 액체가 흘러내리게 한다. 잔존하는 액체는 페펫으로 말끔히 제거한다.
7. 고무 벌브가 장착된 넓은 구경의 피펫을 사용하여 박테리오파지 침전물을 기포가 생기지 않게 조심하며 SM (단계 3에서 얻은 500 ml 상층액 당 8 ml)에 천천히 풀어준다. 원심분리 병을 상온에서 한 시간 동안 기울여 세워두어 SM이 침전물을 덮고 적시게 한다.
8. 박테리오파지 현탁액에서 PEG와 세포 잔재를 추출하기 위해 동량의 클로로포름을 첨가한다. 이 혼합액을 30초 동안 천천히 볼텍싱한다. 3000 g (Sorvall SS−3400 rotor를 사용 시 4300 rpm)로 4℃에서 15분 동안 원심분리하여 유기용매 상과 수용액 상을 분리한다. 박테리오파지 입자들이 들어있는 수용액 상을 수거한다.

프로토콜 2.7

박테리오파지 λ 스톡과 용해액의 DNA 양을 전기영동으로 분석하기
Assaying the DNA content of bacteriophage λ stocks and lysates by gel electrophoresis

박테리오파지 λ 스톡과 미정제 용해액의 DNA 양은 전기영동에 의해 쉽게 예측할 수 있다.

MATERIALS

CAUTION: 〈!〉표시된 물질의 적절한 사용법은 Appendix 4를 참조하세요.

Reagents and Solutions

농축액, 완충액, 시료의 조성은 Appendix 1을 참조하라. 농축액은 적당한 농도로 희석하여 사용하라.

2.5 × SDS-EDTA dye mix

Vectors and Hosts

박테리오파지 λ 용해액 또는 스톡

프로토콜 2.3, 2.4, 또는 2.5에 기술한 방법 중 하나를 사용하여 준비하라.

Enzymes and Buffers

Pancreatic DNase I (1 mg/ml) in DNase I dilution buffer

10 mM Tris-Cl (pH 7.6)

150 mM NaCl

1 mM $MgCl_2$

Nucleic Acids/Oligonucleotides

박테리오파지 λ DNA (대조군으로 사용)

Gels/Loading Buffers

0.7% Agarose gel, 0.5 μg/ml ethidium bromide 〈!〉를 포함한 0.5 × TBE에 만들어 사용함

Additional Items

Water baths (37℃ 및 65℃)

METHOD

1. Pancreatic DNase I 사용액(1 μg/ml)을 다음과 같이 만든다: 1 μl의 DNase I 농축액(1 mg/ml)을 1 ml의 차가운 희석 완충액에 희석한다.
2. 튜브 뚜껑을 닫고 수차례 뒤집어주어 용액을 섞는다. 공기방울과 거품이 생기지 않도록 주의한다. 필요할 때까지 용액을 얼음에 보관한다. 사용한 다음에는 DNase I 사용액은 버린다.
3. 미정제한 박테리오파지 용해액 또는 스톡 10 μl를 미세원심분리 튜브에 옮긴다. 1 μl의 Pancreatic DNase I 사용액을 첨가한 후 이 혼합액을 37℃에서 30분 동안 반응시킨다.
4. 4 μl의 2.5 × SDS-EDTA 염색약 혼합액을 넣고 뚜껑을 닫은 튜브를 65℃에서 5분 동안 반응시킨다.
5. 이들 시료를 0.5 μg/ml ethidium bromide를 포함한 0.7% 아가로우즈 젤에 넣는다.

   대조군으로, 5, 25, 100 ng의 정제한 박테리오파지 λ DNA를 가진 시료들을 사용하라.

Adapted from Chapter 2, Protocol 7, p. 2.45 of MC3.

6. bromophenol blue 염색약이 3–4 cm 이동할 때까지 5 V/cm 미단으로 전기영동을 수행한다.
7. 젤에 UV를 비추며 확인한다. DNA 표준의 형광세기를 기준으로 시료 내에 있는 박테리오파지 λ DNA의 양을 예측한다.

   고농도 용해액 10 μl 내에 10~50 ng 정도의 박테리오파지 λ DNA가 들어있어야 한다.

프로토콜 2.8

CsCl 농도구배 평형 원심분리로 박테리오파지 λ 입자를 정제하기

Purification of bacteriophage λ particles by isopycnic centrifugation through CsCl gradients

CsCl 농도구배에 대한 평형 원심분리방법은 오염된 세균의 핵산이 사실상 오염되지 않은 최고 순도의 감염성 박테리오파지 λ 입자를 준비하는데 사용된다. 비재조합 박테리오파지 λ 벡터로부터 이렇게 정제 추출한 DNA는 λ 팔을 준비하기 위해 쓸 수 있다. 정제한 재조합 박테리오파지에서 추출한 DNA는 클로닝한 DNA 절편의 공급원이다.

MATERIALS

CAUTION: 〈!〉표시된 물질의 적절한 사용법은 Appendix 4를 참조하세요.

Reagents and Solutions

농축액, 완충액, 시료의 조성은 Appendix 1을 참조하라. 농축액은 적당한 농도로 희석하여 사용하라.

CsCl (고체, molecular biology grade)

Ethanol

SM

Vectors and Hosts

박테리오파지 λ 입자의 현탁액

프로토콜 2.6에 기술한 대로 준비하라.

Centrigues/Rotors/Tubes

Beckman SW 28 rotor 및 ultra-Clear tubes (4℃)

Beckman Ti 50 또는 SW 50.1 rotor 및 ultra-Clear tubes (4℃)

Additional Items

피하 주사 바늘(21 게이지)

Scotch tape 또는 Time tape

Additional Information

대체 프로토콜(Purification of Bacteriophage λ Particles by isopycnic centrifugation through CsCl Equilibrium gradients) MC3, p. 2.51

Detailed explanation of CsCl step and equilibrium gradients used to purify bacteriophage λ MC3, p. 2.49 information panels

Yamamoto K.R., Alberts B.M., Benzinger R., Lawhorne L., and Treiber G. 1970. Rapid bacteriophage sedimentation in the presence of polyethylene glycol and its application to large-scale virus purification. *Virology* **40**: 734–744.

Adapted from Chapter 2, Protocol 8, p. 2.47 of MC3.

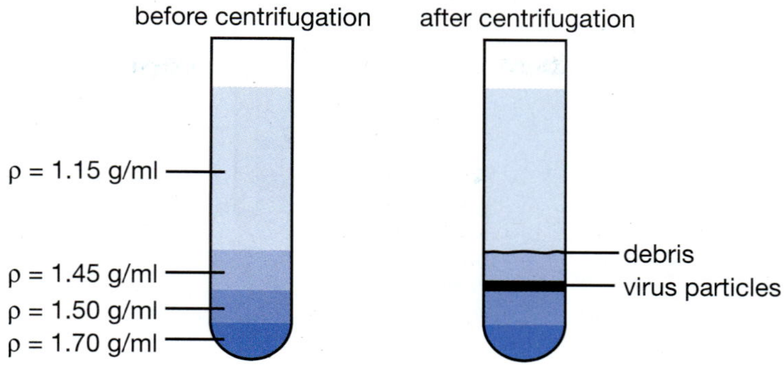

그림 2-1 CsCl Gradients for Purifying Bacteriophage λ
원심분리 후, 박테리오파지 입자는 1.45와 1.50-g/ml CsCl 층 사이의 경계면에 육안으로 구분 가능한 밴드를 형성한다.

METHOD

1. 아래 표시한 대로, 고체 CsCl을 SM에 첨가하여 밀도가 다른 세 용액을 준비한다. 용액을 상온에 보관한다.

단계 농도구배를 위해 SM (100 ml)에 준비한 CsCl 용액

밀도 ρ (g/ml)	CsCl (g)	SM (ml)	굴절율 η
1.45	60	85	1.3768
1.50	67	82	1.3815
1.70	95	75	1.3990

박테리오파지 현탁액의 부피를 측정하고 현탁액 ml 당 0.5 그램의 고체 CsCl을 첨가한다. CsCl가 완전히 녹을 때까지 현탁액을 흔들판 위에 놓아둔다.

2. 박테리오파지 현탁액을 분획하기 위하여 투명한 플라스틱 원심분리 튜브(예, Beckman사 ultra-Clear tubes)에 충분한 양의 CsCl 단계 농도구배액을 준비한다. 농도구배액은 초원심분리 튜브 부피의 대략 60% 정도를 넣도록 한다. 예를 들어, 38 ml 용량인 Beckman SW 28 튜브에는, 세 CsCl 용액을 7.6 ml씩 섞어 만든 농도구배액을 넣는다. 감소하는 밀도의 세 CsCl 용액을 서로의 위에 조심스럽게 놓거나 또는 감소하는 밀도의 용액을 서로의 아래에 놓아 단계 농도구배를 만든다.

   밸런스 튜브(필요 시)도 같은 부피의 세 가지 CsCl 용액을 포함해야 한다.

3. ρ = 1.50-g/ml 층과 ρ = 1.45-g/ml 층 사이의 경계면 위치(그림 2-1) 반대편 튜브 바깥에 영구 펠트-팁 마커로 표시를 한다.

4. 박테리오파지 준비액의 부피를 측정하고 박테리오파지 현탁액 당 0.5 그램의 고체 CsCl를 첨가하여 밀도를 1.15 g/ml로 조정한다. CsCl가 녹을 때까지 용액을 천천히 섞어준 다음 박테리오파지 현탁액을 단계 농도구배 위에 조심스럽게 부어 넣는다. 농도구배액을 87,000 g (Beckman SW 28 rotor를 사용 시 22,000 rpm)로 4℃에서 두 시간 동안 원심분리한다.

5. 다음과 같이 튜브 옆에 구멍을 내어 박테리오파지 입자들을 수거한다(그림 2-2).

   a. 그리스나 기름을 제거하기 위해 튜브 바깥면을 에탄올로 조심스럽게 닦아주고 스캇치 또는 타임 테잎 한 조각을, 박테리오파지 입자들 밴드가 있는 위치의 튜브 바깥면에 부착한다.

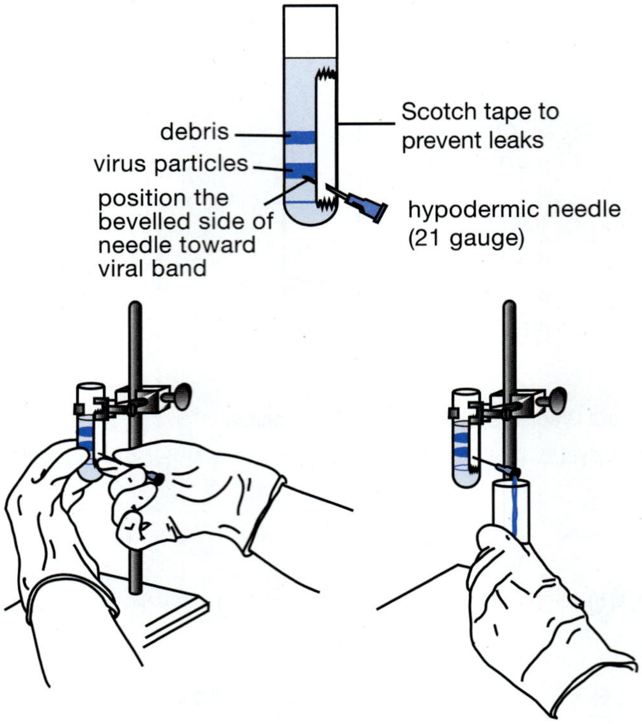

그림 2-2 **측면 천공을 통해 박테리오파지 λ 입자들을 수거하기**

b. 21 게이지의 주사바늘로 테잎을 통해 튜브에 구멍을 뚫고 박테리오파지 입자들이 있는 밴드를 수거한다.

6. 박테리오파지 입자들의 현탁액을 Beckman Ti 50 또는 SW 50.1 rotor (또는 그 유사품)에 맞는 초원심분리 튜브에 넣고 CsCl 용액(ρ = 1.5 g/ml in SM)으로 튜브를 채운다. 150,000 g (Beckman Ti 50 rotor를 사용 시 41,000 rpm) 또는 160,000 g (Beckman SW 50.1 rotor를 사용 시 36,000 rpm)로 4℃에서 24 시간 원심분리한다.

7. 단계 5에 기술한 대로 박테리오파지 입자들이 있는 밴드를 수거한다. 박테리오파지 입자들의 현탁액을, 뚜껑을 단단히 닿은 튜브에 든 CsCl 용액 내에 4℃에서 보관한다.

   박테리오파지 λ는 EDTA와 같은 킬레이터에 매우 민감하다. 박테리오파지 λ를 준비하고 보관하는 데 사용하는 모든 용액에는 Mg^{++}이 들어 있어야 한다.

8. (*조건부*) 필요 시, 한번 더 CsCl 내에서 평형 원심분리하여 박테리오파지 입자들을 더욱 정제하고 농축할 수도 있다. 박테리오파지 현탁액을 Beckman SW 50.1 rotor (또는 그 유사품)에 맞는 초원심분리 튜브에 옮긴다. SM에 녹인 CsCl 용액(ρ = 1.5)으로 튜브를 채우고 160,000 g (Beckman SW 50.1 rotor를 사용 시 36,000 rpm)로 4℃에서 24 시간 원심분리한다. 원심분리가 끝나면, 박테리오파지 입자들을 수거한다.

프로토콜 2.9

글리세롤 단계 농도구배 원심분리로 박테리오파지 λ 입자를 정제하기

Purification of bacteriophage λ particles by centrifugation through a glycerol step gradient

이 방법은 소량(5–30 ml)의 용해한 감염시킨 세균 배양액(프로토콜 2.6)으로부터 박테리오파지 λ 입자를 정제하기 위해 사용할 수 있다. 비재조합 박테리오파지 λ 벡터로부터 이렇게 정제 추출한 DNA는 λ 팔을 준비하기 위해 쓸 수 있다. 재조합 박테리오파지에서 추출한 DNA는 클로닝한 DNA 절편의 공급원이다.

MATERIALS

Reagents and Solutions

농축액, 완충액, 시료의 조성은 Appendix 1을 참조하라. 농축액은 적당한 농도로 희석하여 사용하라.

- EDTA (0.5 M, pH 8.0)
- Glycerol 용액(5% 및 40% in SM)
- SM

Vectors and Hosts

박테리오파지 λ 입자의 현탁액

프로토콜 2.6에 기술한 대로 준비하라.

Enzymes and Buffers

Pancreatic DNase I (1 mg/ml) in

- 10 mM Tris–Cl (pH 7.6)
- 150 mM NaCl
- 1 mM $MgCl_2$

RNase (pancreatic RNase) (1 mg/ml) in TE (pH 7.6)

Centrigues/Rotors/Tubes

Beckman SW 28 또는 SW 41 rotor 및 ultra–Clear tubes (4℃)

Additional Information

Vande Woude G.F., Oskarsson M., Enquist L.W., Nomura S., Sullivan M., and Fischinger P.J. 1979. Cloning of integrated Moloney sarcoma proviral DNA sequences in bacteriophage lambda. *Proc. Natl. Acad. Sci.* **76**: 4464–4468.

METHOD

1. Beckman SW 41 polycarbonate 튜브(또는 그 유사품; 박테리오파지 현탁액 5 ml 당 한 개의 튜브가 필요함)에 글리세롤 단계 농도구배를 준비한다:
   a. 튜브의 바닥에 SM에 녹인 40% 글리세롤 용액 3 ml을 피펫팅한다.
   b. 40% 글리세롤 용액 위에, SM에 녹인 5% 글리세롤 용액 4 ml을 조심스럽게 넣어준다.
   c. 5% 글리세롤 층 위에 박테리오파지 현탁액을 조심스럽게 넣어준다.

2. 단계 농도구배를 151,000 g (Beckman SW 41 또는 SW 28 rotor를 사용 시 35,000 rpm)로 4℃에서 60분 동안 원심분리한다.
3. 상층액을 버리고 박테리오파지 침전물을 원래 배양액 리터 당 1 ml의 SM에 다시 풀어준다.
4. 여기에 Pancreatic DNase I 및 RNase를 각각 최종 농도 5 μg/ml 및 1 μg/ml로 첨가한다. 반응 혼합액을 37℃에서 30분 동안 반응시킨다.
5. 정제한 박테리오파지 λ 준비액으로부터 DNA를 분리하고자 하면, 0.5 M 스톡농도(pH 8.0)의 EDTA를 최종농도 20 mM이 되도록 첨가한다. 프로토콜 2.11, 단계 5에서부터 시작하여, 기술한 대로 λ DNA를 추출한다.

프로토콜 2.10

침전/ 원심분리로 박테리오파지 λ 입자를 정제하기
Purification of bacteriophage λ particles by pelleting/centrifugation

이 방법은 용해한 감염시킨 세균 배양액(프로토콜 2.6)으로부터 박테리오파지 λ 입자를 복구하기 위해 사용할 수 있다. 이 결과 얻은 준비액은, 밀도평형 원심분리(프로토콜 2.8)하여 얻은 것만큼의 순도는 아니지만, 높은 질의 DNA를 제공한다. 이 방법은 재조합 박테리오파지로부터 클로닝한 DNA 절편을 복구할 때 주로 사용된다.

MATERIALS

Reagents and Solutions

농축액, 완충액, 시료의 조성은 Appendix 1을 참조하라. 농축액은 적당한 농도로 희석하여 사용하라.

EDTA (0.5 M, pH 8.0)

SM

Vectors and Hosts

박테리오파지 λ 입자의 현탁액

프로토콜 2.9 또는 2.10에 기술한 대로 준비하라.

Centrigues/Rotors/Tubes

Beckman SW 28 rotor 및 ultra-Clear tubes (4℃)

METHOD

1. Beckman SW 28 rotor용 튜브(또는 그 유사품)에 박테리오파지 현탁액을 옮긴다.
2. 110,000 g (Beckman SW 28 rotor를 사용 시 25,000 rpm)로 4℃에서 두 시간동안 원심분리하여 박테리오파지 입자들을 수거한다.
3. 상층액을 조심스럽게 부어 제거한다.
4. 박테리오파지 침전물에 1-2 ml의 SM을 첨가하고 4℃에, 느리게 도는 흔들판 위에 두면 좋고, 밤새 보관한다.
5. 다음날 아침, 용액을 피펫으로 천천히 위아래로 모든 박테리오파지 입자들을 풀리도록 한다. 정제한 박테리오파지 λ 준비액으로부터 DNA를 분리하고자 하면, 0.5 M 스톡농도(pH 8.0)의 EDTA를 최종농도 20 mM이 되도록 첨가한다. 프로토콜 2.11, 단계 5에서부터 시작하여, 기술한 대로 λ DNA를 추출한다.

Adapted from Chapter 2, Protocol 10, p. 2.54 of MC3.

프로토콜 2.11

Proteinase K와 SDS를 이용하여 대량 준비물에서 박테리오파지 λ DNA 추출하기

Extraction of bacteriophage λ DNA from large-scale preparation using Proteinase K and SDS

proteinase K와 같이 강력한 단백질가수분해효소를 사용하여 바이러스의 외피 단백질을 분해한 다음 페놀:클로로포름으로 추출하면 박테리오파지 λ 입자로부터 DNA가 가장 잘 분리된다. 여기서 박테리오파지 λ 대량 준비물에서 DNA를 분리하는 방법을 기술하고 있지만 소량의 바이러스 준비물에도 쉽게 응용하여 사용할 수 있다.

MATERIALS

CAUTION: 〈!〉표시된 물질의 적절한 사용법은 Appendix 4를 참조하세요.

Reagents and Solutions

농축액, 완충액, 시료의 조성은 Appendix 1을 참조하라. 농축액은 적당한 농도로 희석하여 사용하라.

- Chloroform 〈!〉
- EDTA (0.5 M, pH 8.0)
- Ethanol
- Ethanol (70%)
- Phenol equilibrated to pH 7.8 〈!〉
- Phenol:chloroform (1:1, v/v) 〈!〉
- SDS (10% w/v)
- Sodium acetate (3 M, pH 5.2)
- TE (pH 7.6 및 pH 8.0)

Enzymes and Buffers

- Proteinase K
- 제한효소 및 완충액

Gels/Loading Buffers

- 0.7% Agarose gel, 0.5 μg/ml ethidium bromide 〈!〉를 포함한 0.5 × TBE에 만들어 사용함

Centrigues/Rotors/Tubes

- Sorvall SS-34 rotor 및 폴리프로필렌 원심분리 튜브 (상온)

Additional Items

- Dialysis tubing
- Magnetic stirrer 및 bar (상온 및 4℃)
- Water baths (56℃)
- Wide-bore glass pipette

Additional Information

Bacteriophage λ DNA는 전단력에 민감할 만큼 충분히 길다(~ 50 kb). 추출하는 동안 DNA가 부서지는 것을 피하려면, Minimizing Damage to Large DNA Molecules를 참조하라.

MC3, p. 2.110

Adapted from Chapter 2, Protocol 11, p. 2.56 of MC3.

METHOD

1. 한쪽 끝을 매듭이나 플라스틱으로 봉인한 투석용 튜브에 박테리오파지 현탁액을 옮긴다. 투석용 튜브의 반대쪽도 봉한다. 봉인한 튜브를 1000배 부피의 투석 완충액과 자석 회전 막대를 가진 플라스크 안에 넣는다. 상온에서 1시간 동안 천천히 흔들어주며 박테리오파지 현탁액을 투석한다.
2. 투석 튜브를 새 완충액이 든 플라스크로 옮겨 박테리오파지 현탁액을 한 시간 더 투석한다.
3. 박테리오파지 현탁액을 폴리프로필렌 원심분리 튜브로 옮긴다.
4. 투석한 박테리오파지 현탁액에, 0.5 M EDTA (pH 8.0)를 최종농도 20 mM이 되도록 첨가한다.
5. proteinase K를 최종농도 50 ug/ml로 첨가한다.
6. SDS를 최종농도 0.5%로 첨가하고 튜브를 천천히 수차례 뒤집어 용액을 섞는다.
7. 이 분해혼합액을 56℃에서 1시간 동안 반응시킨다. 이후 혼합액을 상온으로 식힌다.
8. 등량의 평형화한 페놀을 분해혼합액에 첨가한다. emulsion (유상액)이 생길 때까지 튜브를 천천히 수차례 뒤집어 유기용매 상과 수용액 상을 섞어준다.
9. 3000 g (Sorvall SS-3400 rotor를 사용 시 5000 rpm)로 상온에서 5분 동안 원심분리하여 유기용매 상과 수용액 상을 분리한다. 넓은 구멍을 가진 피펫을 사용하여 수용액 상을 깨끗한 새 튜브에 옮긴다.
10. 수용액 상을, 평형화한 페놀과 클로로포름 1:1 혼합액으로 한번 추출한다.
11. 위에서 기술한 대로(단계 9) 수용액 상을 복구하고 등량의 클로로포름으로 추출을 반복한다. 대량 준비물을 얻고자하면, 단계 12로 진행하라. 소규모의 양(50 내지 100 ml 배양액으로부터의 박테리오파지)에 대해서는,
    a. 상온에서 30분 동안 표준 에탄올 침전방법으로 박테리오파지 DNA를 복구한다.
    b. DNA를 적당한 부피의 TE (pH 7.6)에 다시 녹이고 단계 14로 진행하라.
12. 수용액 상을 투석 주머니에 옮긴다.
13. 박테리오파지 DNA 준비물을, 4℃에서 1000배 부피의 TE (pH 8.0)에 넣고 세 번 TE를 교환해주며 밤새 투석한다.
14. 260 nm에서 용액의 흡광도를 측정하고 DNA의 농도를 계산한다.

    이중나선 DNA 1 OD_{260} = 50 μg/ml 이다. 한 개의 박테리오파지 입자는 대략 5×10^{-11} μg의 DNA를 갖고 있다. 박테리오파지 DNA의 수율은, 용해된 배양액 내의 박테리오파지 농도에 따라, 보통 리터 당 500 μg에서 수 mg 범위이다.
15. 분해하지 않고, 또는 적당한 제한효소로 자른 후 DNA의 분주액(0.5 μg)을 분석하여 DNA의 상태가 온전한지 검사한다. 적당한 크기의 마커와 함께, DNA를 0.7% 아가로우즈 젤에 전기영동하여 분석한다.
16. 박테리오파지 DNA의 스톡을 4℃에 보관한다.

프로토콜 2.12

Formamide를 이용하여 대량 준비물에서 박테리오파지 λ DNA 추출하기

Extraction of bacteriophage λ DNA from large-scale preparation using Formamide

박테리오파지 λ로부터 외피단백질을 분리하기 위해 proteinase K 대신 Formamide를 사용할 수 있다. 이 과정은 빠르며 박테리오파지 λ 대량 준비물에 가장 잘 작용한다.

MATERIALS

CAUTION: 〈!〉표시된 물질의 적절한 사용법은 Appendix 4를 참조하세요.

Reagents and Solutions

농축액, 완충액, 시료의 조성은 Appendix 1을 참조하라. 농축액은 적당한 농도로 희석하여 사용하라.

- EDTA (0.5 M, pH 8.0)
- Ethanol
- Ethanol (70%)
- Formamide, deionized 〈!〉
- NaCl (5 M)
- TE (pH 8.0)
- Tris-Cl (2.0 M, pH 8.5)

Vectors and Hosts

박테리오파지 λ 입자의 현탁액

프로토콜 2.9 또는 2.10에 기술한 대로 준비하라.

Enzymes and Buffers

제한효소 및 완충액

Gels/Loading Buffers

0.7% Agarose gel, 0.5 ug/ml ethidium bromide 〈!〉를 포함한 0.5 × TBE에 만들어 사용함

Centrigues/Rotors/Tubes

Beckman SW 28 rotor 및 ultra-Clear tubes (4℃)

미세 원심분리기(상온)

Additional Items

Borosilicate pasteur pipette (sealed) 또는 양치기의 지팡이(Shepherd's crook) 모양 막대

이 프로토콜의 단계 1에서는 프로토콜 2.11에 사용한 시약과 장비가 필요하다.

Water baths (37℃)

Additional Information

Bacteriophage λ DNA는 전단력에 민감할 만큼 충분히 길다(~ 50 kb). 추출하는 동안 DNA가 부서지는 것을 피하려면, Minimizing Damage to Large DNA Molecules를 참조하라.

MC3, p. 2.110

Adapted from Chapter 2, Protocol 12, p. 2.59 of MC3.

METHOD

1. 필요 시, 프로토콜 2.11의 단계 1–4에 기술한 대로, 박테리오파지 입자 준비물에서 CsCl를 제거한다.
2. 박테리오파지 입자 준비물의 부피를 잰다.
3. 0.1 부피의 2 M Tris (pH 8.5), 0.05 부피의 0.5 M EDTA (pH 8.0) 및 1 부피의 탈이온화한 포름아마이드를 첨가한다. 이 용액을 37℃에서 30분 동안 반응시킨다.
4. 1 부피(단계 3의 최종부피와 동량)의 물과 6 부피(단계 3의 최종부피와 각각 동량)의 에탄올을 첨가하여 박테리오파지 λ DNA를 침전한다.
5. 봉인한 borosilicate pasteur pipette 또는 양치기의 지팡이(Shepherd's crook) 모양 막대 끝으로 박테리오파지 λ DNA 침전물을 끌어당겨 올려 이를 70% 에탄올이 들어 있는 미세 원심분리튜브로 옮긴다.
6. 미세 원심분리기에 잠깐(10초) 원심분리하여 DNA 침전물을 수거한다.
7. 상층액은 버리고 에탄올이 증발하도록 튜브를 열고 벤치위에 수 분 동안 둔다. 300 μl의 TE (pH 8.0)를 축축한 DNA 침전물에 넣고 튜브 벽을 손가락으로 가볍게 치며 녹인다. 볼텍스를 사용하지 않도록 주의하라.
8. 6 μl의 5 M NaCl과 750 μl의 에탄올을 첨가하여 DNA를 다시 침전한다. 단계 6과 7에 기술한 대로 침전한 DNA를 수거하고 다시 녹인다.
9. 분해하지 않고, 또는 적당한 제한효소로 자른 후 DNA의 분주액(0.5 μg)을 분석하여 DNA의 상태가 온전한지 검사한다. 적당한 크기의 마커와 함께, DNA를 0.7% 아가로우즈 젤에 전기영동하여 분석한다.
10. 박테리오파지 DNA의 스톡을 4℃에 보관한다.

프로토콜 2.13

클로닝벡터로 사용하기 위해 단일 제한효소로 자른 박테리오파지 λ 준비하기

Preparation of bacteriophage λ cleaved with a single restriction enzyme for use as a cloning vector

재조합된 박테리오파지의 유전적 선택을 가능케 하는 박테리오파지 λ 벡터들(예, EMBL 시리즈, λ2001, λDASH, λZAP 및 λgt10)을, 하나 또는 그 이상의 제한효소로 단순히 절단하여 클로닝에 사용하기 위해 준비할 수 있다.

MATERIALS

CAUTION: 〈!〉표시된 물질의 적절한 사용법은 Appendix 4를 참조하세요.

Reagents and Solutions

농축액, 완충액, 시료의 조성은 Appendix 1을 참조하라. 농축액은 적당한 농도로 희석하여 사용하라.

ATP (10 mM)

10 × ligase buffer에 이미 ATP가 포함되어 있으면 불필요함

Chloroform 〈!〉

EDTA (0.5 M, pH 8.0)

Ethanol

Ethanol (70%)

Phenol:chloroform (1:1, v/v) 〈!〉

SDS (10% w/v)

Sodium acetate (3 M, pH 7.0)

단계 6에서 pH 5.2의 sodium acetate 대신 사용하라.

TE (pH 7.6 및 pH 8.0)

Vectors and Hosts

박테리오파지 λ 입자의 현탁액

프로토콜 2.9 또는 2.10에 기술한 대로 준비하라.

Enzymes and Buffers

박테리오파지 T4 DNA ligase 및 10 × ligation buffer

제한효소 및 완충액

Nucleic Acids/Oligonucleotides

박테리오파지 λ DNA

프로토콜 2.11 또는 2.12에 기술한 대로 준비하라.

젤 전기영동에 사용할 DNA markers

Gels/Loading Buffers

0.7% Agarose gel, 0.5 μg/ml ethidium bromide 〈!〉를 포함한 0.5 × TBE에 만들어 사용함

Gel-loading buffer IV

Additional Items

박테리오파지 λ packaging mixture (판매 제품)

이 프로토콜의 단계 7e에서는 프로토콜 2.1에 나열한 시약이 필요하다.

Water baths (68℃)

Additional Information

In vitro packaging — MC3, p. 2.110-2.111

Adapted from Chapter 2, Protocol 1, p. 2.32 of MC3.

METHOD

1. 25–50 ug의 박테리오파지 λ DNA를 TE (pH 8.0)와 섞고 최종부피를 170 μl로 조정한다.
2. 10 × 제한효소 완충액 20 μl를 첨가한다. 제한효소 처리 전 박테리오파지 λ DNA 0.2 μg 씩 둘을 따로 분주한다. 이들 분해하지 않은 DNA 분주액을 얼음에 보관한다.
3. 적당한 제한효소를 세 배정도 초과량(75–150 units)으로 첨가하고 이 분해 혼합액을 효소 제조사가 추천하는 온도에서 한 시간 동안 반응시킨다.
4. 반응을 얼음에 0도로 식힌다. 여기서 또 하나의 분주액(0.2 μg)을 제거한다. 이 분주액과, 분해하지 않은 DNA 분주액 중 하나(위 단계 2)를 68℃에서 10분 동안 배양하여 박테리오파지 DNA의 cohesive termini (점착성 말단)을 파손한다. 소량(10 μl)의 gel-loading buffer IV를 첨가하고 시료를 0.7% 아가로우즈 젤에 곧장 넣는다.

   이 단계는 말처럼 쉽지 않다. 박테리오파지 λ DNA의 좌우 팔들에는 서로 재결합이 가능한 12 염기 길이의 상보적인 말단이 있다. 이 반응 결과 생긴 수소결합한 DNA 종은 절단하지 않은 박테리오파지 λ DNA와 쉽게 혼동할 수 있다. 이러한 이유로, 68℃ 수조에서 DNA 시료들을 꺼낸 후 곧장 젤에 넣고 걸어주는 게 중요하다.

   만일 효소에 의한 분해반응이 불완전하다면, 반응액을 적정온도로 데우고 제한효소를 더 넣어(50–100 units), 제조사가 추천하는 최적 온도에서 반응을 계속시킨다.

5. 완전히 다 분해되면, 0.5 M EDTA (pH 8.0)를 최종농도 5 mM이 되도록 첨가하고, 이 분해혼합액을 페놀:클로로포름으로 한번, 그리고 클로로포름으로 한번 추출한다.
6. 0.3 M sodium acetate (pH 7.0)를 넣고 표준 에탄올 침전방법으로 수용액 상에서 DNA를 복구한다. DNA를 100 μl의 TE (pH 7.6)에 다시 녹인다. 260 nm에서 흡광도를 측정하여 농도를 결정한다.

   EDTA가 용액에서 침전될 수 있기 때문에 sodium acetate를 pH 5.2로 사용하지 말라.

7. DNA 분주액(0.5 μg)을 준비하여 연결반응이 가능할지 다음과 같이 시험한다:
   a. 물로 DNA 용액의 부피를 17 μl로 맞춘다.
   b. 2 μl 의 10 x ligation buffer, 필요하면 1 μl의 10 mM ATP도 함께, 를 첨가한다.
   c. 단계 b에서 준비한 혼합액 중 5 μl를 따로 떼어 얼음에 보관한다.
   d. 0.2–0.5 Weiss unit의 박테리오파지 T4 DNA ligase를 나머지 혼합액에 넣고 16℃에서 2시간 동안 반응시킨다.
   e. 시판중인 박테리오파지 λ 패키징 혼합액을 구입하여, 각각 0.1 μg의 ligase로 연결하거나 연결하지 않은 시료 및 단계 2의 자르지 않은 벡터 DNA를 패키징하는데 사용한다. 프로토콜 2.1에 기술한 대로 각 패키징 반응의 titer (pfu/ml)를 결정하라.

      효소로 자른 벡터의 패키징 효율이 연결반응 후 거의 세 배 정도는 증가해야 한다. 연결한 시료의 패키징 효율은 자르지 않은 벡터 DNA의 패키징 효율의 대략 10% 정도는 되어야 한다.

프로토콜 2.14

클로닝벡터로 사용하기 위해 두 제한효소로 자른 박테리오파지 λ 준비하기
Preparation of bacteriophage λ cleaved with two restriction enzyme for use as a cloning vector

여러 치환 벡터들(예, EMBL 시리즈, λ2001 및 λDASH)은, 중앙 삽입부 절편의 양 끝에, 반대방향으로 배열된 일련의 제한효소 인식부위들을 갖고 있다. 이들 벡터를 두 개의 서로 다른 제한효소로 자르면 좌우 팔, 삽입부 절편 및 짧은 다중 클로닝 부위가 조각이 생긴다. 이들은 이소 프로판올로 차등 침전시키거나 스핀 컬럼 크로마토그래피를 하면 팔로부터 쉽게 제거할 수 있다.

MATERIALS

CAUTION: 〈!〉표시된 물질의 적절한 사용법은 Appendix 4를 참조하세요.

Reagents and Solutions

농축액, 완충액, 시료의 조성은 Appendix 1을 참조하라. 농축액은 적당한 농도로 희석하여 사용하라.

ATP (10 mM)
  10 × ligase buffer에 이미 ATP가 포함되어 있으면 불필요함
Chloroform 〈!〉
Ethanol
Ethanol (70%)
Phenol:chloroform (1:1, v/v) 〈!〉
Sodium acetate (3 M, pH 5.2)
Sodium acetate (3 M, pH 7.0)
  단계 6에서 pH 5.2의 sodium acetate 대신 사용하라.
TE (pH 7.6 및 pH 8.0)

Vectors and Hosts

박테리오파지 λ 입자의 현탁액
  프로토콜 2.9 또는 2.10에 기술한 대로 준비하라.

Enzymes and Buffers

박테리오파지 T4 DNA ligase 및 10 × ligation buffer
제한효소 및 완충액

Nucleic Acids/Oligonucleotides

박테리오파지 λ DNA
  프로토콜 2.11 또는 2.12에 기술한 대로 준비하라.
젤 전기영동에 사용할 DNA markers

Gels/Loading Buffers

0.7% Agarose gel, 0.5 μg/ml ethidium bromide 〈!〉를 포함한 0.5 × TBE에 만들어 사용함
Gel-loading buffer IV

Additional Items

박테리오파지 λ packaging mixture (판매 제품)
이 프로토콜의 단계 10e에서는 프로토콜 2.1에 나열한 시약이 필요하다.
제한효소반응의 배양에 사용할 Water bath

Additional Information

In vitro packaging MC3, p. 2.110–2.111

Adapted from Chapter 2, Protocol 14, p. 2.64 of MC3.

METHOD

1. 치환벡터에서 정제한 박테리오파지 λ DNA 25–50 μg을 TE (pH 8.0)와 섞고 최종부피를 170 μl로 조정한다.
2. 두 적당한 10 × 제한효소 완충액 중 하나를 20 μl 첨가한다. 대조군으로 사용하기 위해, 제한효소 처리 전 박테리오파지 λ DNA 0.2 μg 씩 둘을 따로 분주한다. 이들 분해하지 않은 DNA 분주액을 얼음에 보관한다.
3. 적당한 두 제한효소 중 하나를 네 배정도 초과량(100–200 units)으로 첨가하고 이 분해 혼합액을 효소 제조사가 추천하는 온도에서 4시간 동안 반응시킨다.
4. 반응을 얼음에 0℃로 식힌다. 여기서 또 분주액(0.2 μg) 둘을 따로 둔다. 이 분주액 중 하나(나머지 하나는 아래 단계 10에 사용함)와, 분해하지 않은 DNA 분주액 중 하나(위 단계 2)를 68℃에서 10분 동안 배양하여 박테리오파지 DNA의 cohesive termini (점착성 말단)을 파손한다. 소량(10 μl)의 gel-loading buffer IV를 첨가하고 시료를 곧바로 0.7% 아가로우즈 젤에 전기영동한다.

   제한효소에 의한 분해가 완전히 일어났으면, 이동중인 DNA가, 분해하지 않은 대조군 밴드 위치에는 없을 것이다. 대신에, 셋 또는 그 이상(벡터 내 절단부위의 수에 의존)의 더 작은 DNA 절편들이 보일 것이다. 부분 분해된 산물들이 없는지 확실히 하기 위해 이들 작은 절편들의 숫자와 수율을 세심히 조사해야만 한다.
5. 페놀:클로로포름으로 두 번 그리고, 클로로포름으로 한번 추출하여 DNA를 정제한다.
6. 표준 에탄올 침전방법으로 DNA를 복구한다.
7. DNA를 250 μg/ml 농도로 TE (pH 8.0)에 다시 녹인다. 적당한 10 × 제한효소 완충액을 첨가하여 두 번째 제한효소로 DNA를 자른다. 네 배정도 초과량의 제한효소를 첨가하고 4시간 동안 반응시킨다.
8. 페놀:클로로포름으로 두 번 그리고, 클로로포름으로 한번 추출하여 DNA를 정제한다. 표준 에탄올 침전방법으로 DNA를 복구한다.
9. DNA를 300–500 μg/ml 농도로 TE (pH 7.6)에 다시 녹인다. 한 분주액(0.2 μg)을 영하 20도에 보관한다.
10. 분해과정의 효율을 확인하기 위해, 첫 번째 효소로만 자른 벡터 0.2 μg (위의 단계 4에서 따로 둔 분주액)과, 최종 준비물 0.2 μg (단계 9)을 사용한 시험 연결반응을 준비한다. 각 연결혼합액에서 등량의 DNA (0.1 μg)를 패키징하고 이 결과 박테리오파지의 감염성을 측정한다.
    a. 물로 두 DNA 용액의 부피를 17 μl로 맞춘다.
    b. 2 μl 의 10 × ligation buffer, 필요하면 1 μl의 10 mM ATP도 함께, 를 각 시료에 첨가한다.

       ATP를 이미 포함하는 ligase buffer를 구입하여 사용 중이면, 여기에 ATP를 넣지 마라.
    c. 단계 b에서 준비한 각 혼합액들 중 10 μl 씩을 따로 떼어 얼음에 보관한다.
    d. 0.2–0.5 Weiss unit의 박테리오파지 T4 DNA ligase를 나머지 혼합액(단계 b)에 넣고 16℃에서 2시간 동안 반응시킨다.
    e. 시판중인 박테리오파지 λ 패키징 혼합액을 구입하여, 각각 0.1 μg의 ligase로 연결하거나 연결하지 않은 시료 및 단계 2의 자르지 않은 벡터 DNA를 패키징하는데 사용한다. 프로토콜 2.1에 기술한대로 각 패키징 반응의 titer (pfu/ml)를 결정하라.

       하나의 제한효소로만 자른 경우 감염성이 약 10배 더 낮아져야 한다. 연결반응 후에는, 그 감염성이, 자르지 않은 벡터 DNA의 수준으로 다시 회복되어야 한다. 두 번째 제한효소로 자른 후에는, 감염성이 30 내지 50배 정도 더 감소해야하고 연결반응 후에도 거의 회복되면 안 된다.

프로토콜 2.15

박테리오파지 λ DNA에 알칼라인 포스파타아제 처리하기
Alkaline phosphatase treatment of bacteriophage λ DNA

박테리오파지 λ 팔의 말단에 있는 5′ 인산기를 제거하여, 클로닝 과정에서 self-ligation (자가 연결)을 막고 비재조합 박테리오파지의 영향을 억제한다.

MATERIALS

CAUTION: 〈!〉표시된 물질의 적절한 사용법은 Appendix 4를 참조하세요.

Reagents and Solutions

농축액, 완충액, 시료의 조성은 Appendix 1을 참조하라. 농축액은 적당한 농도로 희석하여 사용하라.

- ATP (10 mM)
  - 10 × ligase buffer에 이미 ATP가 포함되어 있으면 불필요함
- EDTA (0.5 M, pH 8.0)
- Ethanol
- Ethanol (70%)
- λ annealing buffer
  - 100 mM Tris-Cl (pH 7.6)
  - 10 mM MgCl2
- Phenol:chloroform (1:1, v/v) 〈!〉
- SDS (10% w/v)
- Sodium acetate (3 M, pH 5.2 및 pH 7.0)
- TE (pH 7.6 및 pH 8.0)

Enzymes and Buffers

- 박테리오파지 T4 DNA ligase 및 10 × ligation buffer
- Calf intestinal phosphatase (CIP) 및 10 × dephosphorylation buffer
  - 100 mM Tris-Cl (pH 8.3)
  - 10 mM $ZnCl_2$
  - 10 mM $MgCl_2$
- Proteinase K

Nucleic Acids/Oligonucleotides

- 박테리오파지 λ DNA
  - 프로토콜 2.11 또는 2.12에 기술한 대로 준비하라.

Gels/Loading Buffers

- 0.6% Agarose gel, 0.5 μg/ml ethidium bromide 〈!〉를 포함한 0.5 × TBE에 만들어 사용함

Centrigues/Rotors/Tubes

- 미세 원심분리기(상온)

Adapted from Chapter 2, Protocol 1, p. 2.32 of MC3.

Additional Items

Dog toenail clippers (개 발톱깎이)
이 프로토콜의 단계 6과 13에서는 프로토콜 2.1, 2.13 및 2.14에 나열한 시약이 필요하다.
제한효소반응의 배양에 사용할 Water bath
Water baths (16℃, 42℃, 56℃ 및 68℃)

Additional Information

Minimizing damage to large DNA Molecules	MC3, p. 2.110
In vitro packaging	MC3, p. 2.110–2.111

METHOD

1. 적당한 박테리오파지 λ 벡터 DNA 50–60 μg을 λ annealing buffer (접합 완충액)에 녹여 최종 부피 150 μl 를 만든다. DNA를 42℃에서 1시간 동안 반응시켜 바이러스 양끝의 *cos* 부위가 서로 접합하게 한다.

2. 2. DNA μg 당 20 μl 의 10 × ligation buffer, 20 μl의 10 mM ATP (필요 시) 및 0.2–0.5 Weiss unit의 박테리오파지 T4 DNA ligase를 첨가한다. 16℃에서 1–2시간 동안 반응시킨다.

   ATP를 이미 포함하는 ligase buffer를 구입하여 사용 중이면, 여기에 ATP를 넣지 마라.

3. 연결 반응액을 페놀:클로로포름으로 추출한다.

   연결과정 중, λ DNA는 폐쇄원형 및 긴 concatemer (연쇄고리)를 형성하고 절단에 민감해질 것이다. 연결한 DNA를 조심히 다뤄라! 볼텍스를 사용하지 말라. 유상액이 생기도록 튜브를 천천히 뒤집어 주며 페놀:클로로포름 추출을 수행하라.

4. 상온에서 1분 동안 미세 원심분리기로 원심분리하여 유기용매 상과 수용액 상을 분리한다. 바이러스 DNA를 가진 수용액 상을, 발톱깎이로 깍아 구멍의 직경을 넓힌 일회용 팁을 장착한 자동 피펫장치를 사용하여, 깨끗한 새 튜브에 옮긴다.

5. 표준 에탄올 침전방법으로 박테리오파지 DNA를 복구한다. 70% 에탄올 상층액을 버리고 에탄올이 증발하도록 튜브를 열고 벤치위에 둔다. 150 μl의 TE (pH 8.0)를 축축한 DNA 침전물에 넣어 녹인다.

   연결한 DNA 분주액(0.2 μg)을 TE에 넣고 68℃에서 5분 동안 열처리하여 *cos* 말단의 접합 연결이 성공되었는지 확인하라. 얼음물에 DNA를 식히고 0.6% 마가로우즈 젤에 곧장 전기영동하라. 대조군으로, (i) 열처리 하고 연결은 안 한 박테리오파지 λ DNA 및 (ii) 연결하고 열처리는 안 한 박테리오파지 λ DNA를 사용하라.

   연결반응으로 박테리오파지 λ DNA는 폐쇄원형 및 concatemer (연쇄) 형태로 바뀌어 열처리 후 전기영동에 전개 시에도 아무 변화가 없어야 한다. 연결 안한, 열처리한 대조군 DNA는 대략 50 kb 길이의 선형 분자처럼 이동해야 한다.

6. 연결한 DNA를 프로토콜 2.13 또는 2.14에 기술한 대로 하나 또는 그 이상의 제한효소로 절단한다.

7. 단계 3과 4(위)를 반복한다.

8. 0.1 부피의 3 M sodium acetate (pH 7.0)와 2 부피의 에탄올을 첨가한다. 4℃에서 10분 동안 미세 원심분리기로 원심분리하여 DNA 침전물을 복구한다. 침전물을 1 ml의 70% 에탄올로 린스하고 다시 2분 동안 원심분리한다. 70% 에탄올 상층액을 버리고 에탄올이 증발하도록 튜브를 열고 벤치위에 둔다.

9. 절단하고 에탄올로 침전한 DNA를 100 μg/ml 농도로 10 mM Tris-Cl (pH 8.3)에 녹이고 한 분주액

(0.2 μg)을 얼음에 보관한다. 나머지 DNA에는 다음과 같이 과량의 CIP를 처리하여 37℃에서 1시간 동안 반응시킨다:

a. 박테리오파지 λ DNA 각 10 μg 당 0.1 부피의 10 × dephosphorylation buffer와 0.01 unit의 CIP를 첨가한다.

b. 섞어준다; 37℃에서 30분 동안 반응시킨다. CIP를 한번 더 넣어주고 추가로 30분 더 반응시킨다.

10. SDS와 EDTA (pH 8.0)를 각각 최종농도 0.5%와 5 mM로 첨가한다. 천천히 볼텍싱하여 용액을 섞고 proteinase K를 최종농도 100 μg/ml이 되도록 넣는다. 이 혼합액을 56℃에서 30분 동안 반응시킨다.

11. 반응혼합액을 상온으로 식히고 페놀:클로로포름으로 한번, 그리고 클로로포름으로 한번 추출하여 박테리오파지 λ DNA를 정제한다. 0.3 M sodium acetate (pH 7.0)를 넣고 표준 에탄올 침전방법으로 DNA를 복구한다.

12. DNA를 300–500 μg/ml 농도로 TE (pH 7.6)에 녹인다. 탈인산화한 DNA를 1–5 μg 씩 분주하여 영하 20℃에 보관한다.

13. 절단한 벡터 일부(0.2 μg)를 CIP 처리 전과 후에 연결반응시켜(연결반응의 조건은 프로토콜 2.13 참조) 탈인산화 효율을 측정한다. DNA를 박테리오파지 입자로 패키징하고(패키징의 조건은 프로토콜 2.14 참조) 감염성을 측량한다.

프로토콜 2.16

박테리오파지 λ 팔을 정제하기: 수크로스 밀도구배 원심분리
Purification of bacteriophage λ arms: centrifugation through sucrose density gradients

이 방법은 어떤 박테리오파지 λ 벡터의 팔을 준비하기 위해 사용할 수 있다.

MATERIALS

CAUTION: 〈!〉표시된 물질의 적절한 사용법은 Appendix 4를 참조하세요.

Reagents and Solutions

농축액, 완충액, 시료의 조성은 Appendix 1을 참조하라. 농축액은 적당한 농도로 희석하여 사용하라.

- ATP (10 mM)
  - 10 × ligase buffer에 이미 ATP가 포함되어 있으면 불필요함
- *n*–Butanol 〈!〉
- EDTA (0.5 M, pH 8.0)
- Ethanol
- Ethanol (70%)
- $MgCl_2$ (1 M)
- NaCl (5 M)
- Phenol:chloroform (1:1, v/v) 〈!〉
- Sodium acetate (3 M, pH 5.2)
- 1 M NaCl, 20 mM Tris (pH 8.0), 5 mM EDTA에 녹인 10% sucrose (w/v) 및 40% sucrose (w/v)
- TE (pH 7.6)
- Tris–Cl (1 M, pH 7.6 및 pH 8.0)

Enzymes and Buffers

- 박테리오파지 T4 DNA ligase 및 10 × ligation buffer

Nucleic Acids/Oligonucleotides

- 박테리오파지 λ DNA (60 μg 이상)
  - 프로토콜 2.11 또는 2.12에 기술한 대로 준비하라.

Gels/Loading Buffers

- Gel–loading buffer IV
- 두꺼운(0.6 cm) agarose gel (0.5% 및 0.7%), 0.5 μg/ml ethidium bromide 〈!〉를 포함한 0.5 × TBE에 만들어 사용함

Centrigues/Rotors/Tubes

- Beckman SW 28 rotor 및 ultra–Clear tubes (15℃)

Additional Items

- Dialysis tubing
- Gradient–making device (38 ml의 농도구배 제조용)
- 피하주사기 바늘(21 게이지)
- Large–bore yellow tips (개 발톱깎이를 사용하여 만들 수 있음)
- 미세 원심분리기(상온)
- 니트로셀룰로즈 필터(0.22 μm), 수크로스 용액을 멸균하는데 사용
- 이 프로토콜의 단계 2에서는 프로토콜 2.13 또는 2.14에 나열한 시약이 필요하다.
- 제한효소반응의 배양에 사용할 Water bath
- Water baths 또는 heating/cooling blocks (16℃, 37℃, 42℃ 및 68℃)

METHOD

이 방법은 벡터 DNA를 제한효소로 자르기 전에 수행해도 되는 조건부 단계부터 시작한다. "Ligation First (연결 먼저)" 기법에서는, 벡터 DNA의 점착성 말단을 서로 연결하여 선형 및 폐쇄원형의 concatemer 구조를 만든다. 이들 concatemer를 잘라 좌우 팔(서로 연결된 채 있는)과 삽입부 절편(이후 수크로스 밀도구배 원심분리과정 중에 제거됨)을 얻는다. 연결 먼저기법의 장점은 높은 효율로 패키징되는 온전한 *cos* 부위를 가진 벡터분자를 선택한다는 점이다.

i. 효소로 자르지 않은 박테리오파지 λ DNA를 150 μl의 0.1 M Tris-Cl (pH 7.6), 10 mM $MgCl_2$에 42℃에서 1시간 동안 배양하여 점착성 말단이 접합하게 한다.

ii. DNA μg 당 20 μl 의 10 × ligation buffer (프로토콜 2.13 참조), 20 μl의 10 mM ATP (필요 시) 및 0.2–0.5 Weiss unit의 박테리오파지 T4 DNA ligase를 첨가한다. 이 반응 혼합액을 16℃에서 1–2시간 동안 반응시킨다.

iii. 연결한 DNA를 페놀:클로로포름으로 한번 추출한다.

연결과정 중, 박테리오파지 λ DNA는 폐쇄원형 및 긴 concatemer를 형성하고 절단에 더 민감해질 것이다. 연결한 DNA를 조심히 다뤄라! 볼텍스를 사용하지 말라. 두 층이 섞여 유상액이 되도록 튜브를 천천히 뒤집어 주며 페놀:클로로포름 추출을 수행하라.

iv. 유상액을 상온에서 1분 동안 미세 원심분리기로 원심분리하여 유기용매 상과 수용액 상을 분리한다. 바이러스 DNA를 가진 수용액 상을, 넓은 직경의 구멍을 가진 팁이 장착된 자동 피펫장치를 사용하여 새 튜브로 옮긴다.

v. 0.3 M sodium acetate (pH 5.2)를 넣고 표준 에탄올 침전방법으로 DNA를 복구한다.

vi. 연쇄 DNA를 적당한 제한효소로 자르고 이를 수크로스 밀도구배 원심분리로 분획하기 위하여, 이 프로토콜의 단계 1을 수행하라.

1. 1 M NaCl, 20 mM Tris (pH 8.0), 5 mM EDTA (pH 8.0) 성분의 완충액에, 각각 10% (w/v) 수크로스와 40% (w/v) 수크로스를 가진 두 용액을 준비한다. 이들을 0.22 um의 니트로셀룰로즈 필터에 여과하여 멸균한다. 깨끗한 초원심분리 튜브에 하나 또는 그 이상의 38 ml 부피(10–40% w/v) 수크로스 밀도구배를 준비한다. 필요할 때(단계 4)까지 밀도구배를 4℃의 조용한 장소에 1–2시간 동안 보관한다.

   Bio-Rad사나 Techware사가 판매하는 것과 같은 밀도구배 제조장치를 사용하면 연속적인 수크로스 밀도구배가 가장 잘 만들어진다. 각 구배는 밀도구배 제조장치를 사용하여 상온에서 붓는데 10–20분 정도 소요되어야 한다. 각 구배는 60–75 μg의 절단한 박테리오파지 λ DNA를 수용할 수 있다.

2. 프로토콜 2.13 또는 2.14에 기술한 대로 대략 60 μg의 박테리오파지 λ 벡터 DNA를 분해하고 분석한다. 표준 에탄올 침전 후, DNA를 150 μg/ml 농도로 TE (pH 7.6)에 녹인다. 전기영동 대조군(단계 7)으로 사용하려고 한 분주액(0.2 μg)을 따로 둔다.

3. $MgCl_2$ (1 M)를 최종농도 10 mM로 첨가하고 박테리오파지 DNA용액을 42℃에서 1시간 동안 배양하여 박테리오파지 λ DNA의 점착성 말단이 접합하게 한다. 접합이 일어났는지 확인하기위해 한 분주액(0.2 μg)을 0.7% 아가로우즈 젤에 전기영동하여 분석한다.

4. 각 밀도구배에 75 μg 이하, 500 μl 부피 이하의 접합하고, 절단한 박테리오파지 λ DNA를 올려놓는다.

   더 많은 양의 DNA를 사용하면 밀도구배가 과부하되어 팔과 삽입부 절편이 잘 분리되지 않게 된다.

5. 밀도구배액을 120,000 g (Beckman SW 28 rotor를 사용 시 26,000 rpm)로 15℃에서 24시간 동안 원심분리한다.

6. 원심분리 튜브 바닥에 21 게이지의 바늘을 꽂아 0.5 ml 씩 분획을 수거한다.
7. 매 세 번째 분획마다에서 15 μl 분주액을 둘씩 뽑아 이들을 물로 35 μl로 희석한다. 8 μl의 gel-loading buffer IV를 넣고, 각 분획 당 한 개의 분주액은 68℃에서 5분 동안 열처리하고, 두 번째 분주액은 아무 처리도 하지 않는다. 이들 시료 전부를 두꺼운 0.5% 아가로우즈 젤에 전기영동한다. 마커로는, 온전한 박테리오파지 λ DNA와, 단계 2에서 따로 빼어둔 절단한 DNA의 분주액을 사용한다.

   마커의 수크로스 및 염 농도를 시료의 것과 비슷하게 조정하라; 그렇게 하지 않으면, 전기영동상의 이동성을 비교할 수 없을 것이다.
8. 젤 사진을 찍은 다음, 접합된 팔들을 가진 분획들을 확인하고 합한다(그림 2-3).

   절단 안 된 박테리오파지 λ DNA로 오염된 것이 보이는 분획이나, 상당량의 접합 안 된 좌또는 우측 팔 또는 삽입부 절편을 갖고 있는 분획은 합치지 않도록 주의하라.
9. 합친 분획은, 1000배 초과량의 TE (pH 8.0)에 대해 4℃에서 12-16시간 동안 적어도 한 번 TE를 교환해주며, 투석한다.

   투석 동안에 부피가 두 세배 증가하는 것을 허용하도록 하라.
10. 투석한 시료를 *n*-부탄올로 수차례 추출하여 그 부피를 3 ml 이하로 줄인다.
11. 표준 에탄올 침전방법으로 투석한 DNA를 복구한다.
12. DNA를 300-500 μg/ml 농도로 TE (pH 7.6)에 녹인다.
13. DNA의 농도를 분광광도계로 측정(1 OD260 = ~50 μg/ml)하고 한 분주액을 0.5% 아가로우즈 젤에 전기영동하여 그 순도를 확인한다. DNA를 1-5 μg 씩 분주하여 영하 20℃에 보관한다.

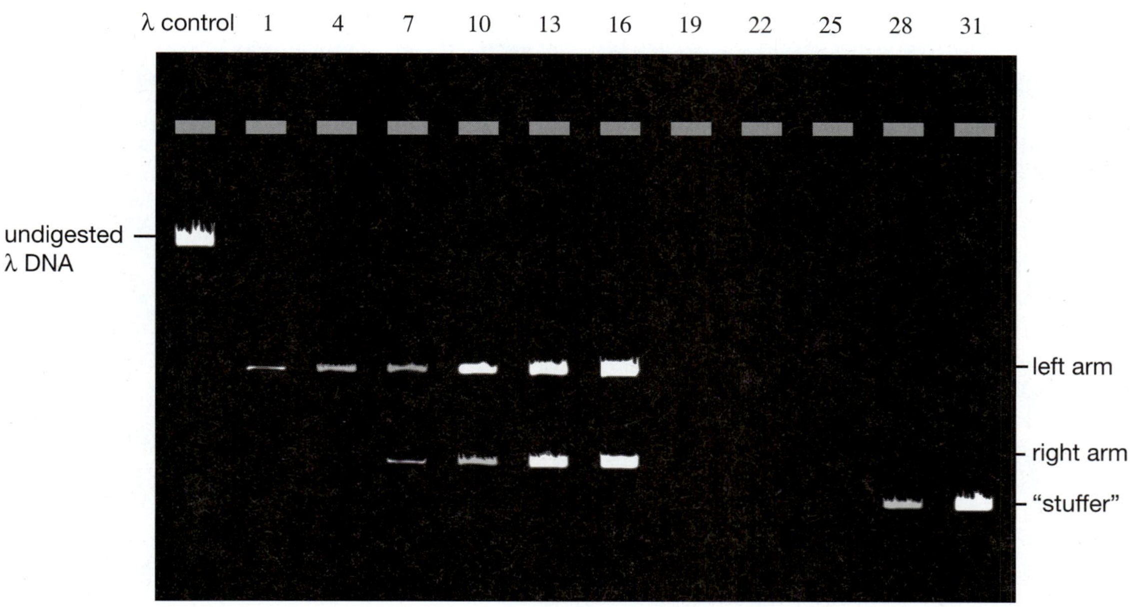

그림 2-3 Preparation of the Arms of Bacteriophage λ DNA by Sucrose Gradient Centrifugation

이 실험에서는, 박테리오파지 λ 벡터 Charon 28을 BamHI으로 절단하고 10-40% 연속 수크로스 밀도구배에서 원심분리하였다. 매 세 번째 분획에서 분주액을 뽑아, 전기영동하기위하여, 68℃에서 5분 동안 가열하고, 0.5% 아가로우즈 젤로 분석하였다. 좌측 팔(23.5 kb), 우측 팔(9 kb), "삽입부 절편"(6.5 kb) 및 제한효소로 절단하지 않은 λ DNA의 위치를 나타내었다. 팔 부위를 포함하고 있는 분획 1-16을 합하였다.

프로토콜 2.17 지노믹 라이브러리에 사용하기 위해 진핵세포 DNA를 부분 분해하기: 시험반응
Partial digestion of eukaryotic DNA for use in genomic libraries: pilot reactions

이 프로토콜은 지노믹 라이브러리를 구축하기에 적당한 크기의 절편들을 얻고자 진핵세포의 지노믹 DNA를 제한효소로 분해하기 위한 조건을 확립하기 위해 사용한다. 지노믹 라이브러리를 구축하려면, 시작 지노믹 DNA의 평균길이가 적어도 벡터 용적의 여덟 배여야 한다. 이 크기 범주에 들면 제한효소로 부분 분해하여 생긴 DNA분자들 대부분이 고분자량 DNA의 고유 절편에서 유래하였고 따라서 벡터 팔의 말단부분과 상응하는 말단부분을 갖고 있다는 확신을 준다.

MATERIALS

CAUTION: ⟨!⟩표시된 물질의 적절한 사용법은 Appendix 4를 참조하세요.

Reagents and Solutions

농축액, 완충액, 시료의 조성은 Appendix 1을 참조하라. 농축액은 적당한 농도로 희석하여 사용하라.

Tris–Cl (10 mM, pH 8.0)

Enzymes and Buffers

제한효소 및 10 × buffer

Nucleic Acids/Oligonucleotides

DNA size markers (예, oligomers, 박테리오파지 λ DNA 또는 플라스미드)

고분자량의 genomic DNA(프로토콜 6.4에 기술함)

Gels/Loading Buffers

0.6% Agarose gel, 0.5 μg/ml ethidium bromide ⟨!⟩를 포함한 0.5 × TBE에 만들어 사용함

또는

Pulse–field gel (MC3, 5.55–5.90 페이지 참조)

Gel–loading buffer IV

Additional Items

Sealed glass capillary tube

Water baths 또는 heating blocks (37℃ 및 70℃)

Wide–bore yellow tips (개 발톱깎이를 사용하여 만들 수 있음)

METHOD

1. 클로닝할 절편을 준비하는 데 쓸 것과 동일한 batch의 지노믹 DNA를 이용하여 시험반응을 준비한다.
   a. 고분자량의 진핵세포 DNA 30 μg을, 10 mM Tris–Cl (pH 8.0)로 900 μl로 희석하고, 적당한 10 × 제한효소 완충액 100 μl를 첨가한다.

      시험반응과 대량반응 두 경우 모두에 동일한 batch의 10 × 완충액을 사용한다면 최상의 결과를 얻을 수 있다.

Adapted from Chapter 2, Protocol 17, p. 2.76 of MC3.

b. 봉인한 유리 모세관을 사용하여 용액을 천천히 섞어준다. 고분자량의 DNA가 제한효소 완충액 전체에 고루 퍼지도록 잘 섞어주어야 한다.

c. 섞은 후, 잔존하는 DNA 뭉치가 다 풀어지도록, 희석한 DNA를 상온에 1시간 동안 둔다(아래 단계 8의 설명을 또한 참조하라).

고분자량 DNA의 농도가 낮다면, 시험반응의 부피를 증가시키고 절단 이후에 표준 에탄올 침전방법으로 DNA를 농축시키는 것이 가장 좋다. 이렇게 함으로써 고분자량 DNA의 전단 가능성을 최소화한다. 각 시험반응은, EtBr로 염색했을 때 다양한 분해산물들을 확인할 수 있도록 적어도 1 μg의 DNA를 가지고 있어야 한다.

2. 일련의 미세원심분리 튜브를 1-10으로 표시한다. 넓은 구멍의 유리모세관이나 일회용 플라스틱 팁을 사용하여 60 μl의 DNA 용액을 미세원심분리 튜브(튜브 1)에 옮긴다. 표시한 나머지 9개의 튜브에 30 μl 씩 DNA 용액을 옮긴다. 튜브들을 얼음에 넣어둔다.

3. 적당한 제한효소 2 unit을 튜브 1에 첨가한다.

봉인한 유리 모세관을 사용하여 제한효소를 DNA와 섞어준다. 혼합액의 온도가 4℃ 이상 오르지 않도록 하라.

4. 새 피펫 팁을 사용하여 튜브 1의 반응액 중 30 μl를 다음 튜브로 옮긴다. 전과 같이 섞어주고, 반응액을 일련의 다른 튜브들에 연달아 옮겨준다. 열 번째 튜브에는 아무것도 섞지 않고(효소처리 안 한 대조군), 아홉 번째 튜브로부터 남은 30 μl는 버린다.

5. 튜브들을 37℃에서 1시간 동안 반응시킨다.

6. 70℃에서 15분 동안 반응액을 열처리하여 제한효소를 불활성화한다.

7. 반응을 상온으로 식히고 적당량의 gel-loading buffer IV를 첨가한다.

봉인한 유리 모세관을 휘젓는 막대로 사용하여 용액을 천천히 섞어준다.

8. 넓은 구멍의 플라스틱 피펫 팁이나 일회용 유리모세관을 사용하여 용액을 0.6% 아가로우즈 젤의 웰 또는, 더 좋은 것은, Pulsed-field 전기영동(5장 참조)용 아가로우즈 젤의 각 웰에 옮긴다. 전기영동을 수행한다.

일반적인 아가로우즈 젤 전기영동으로 부분 분해산물을 분리하고자 할 때는, 최적의 해상도 조건에서 젤을 걸어주는 것이 필수적하다. 동일 batch의 완충액으로, 전기영동 전에, 젤도 만들고, 젤 탱크에도 부어 사용한다. DNA 절편이 번지는 것을 막기 위해 젤은 4℃에서 천천히(1 V/cm 이하) 전개해야 한다.

9. 절단한 진핵세포 DNA의 크기를, 박테리오파지 λ DNA 또는 플라스미드로 만든 DNA 표준 크기와 비교한다. 원하는 크기 범위 내에 이동하는 다량의 지노믹 DNA를 얻을 수 있는 부분 분해조건을 확인한다.

프로토콜 2.18	지노믹 라이브러리에 사용하기 위해 진핵세포 DNA를 부분 분해하기: 준비반응 Partial digestion of eukaryotic DNA for use in genomic libraries: preparative reactions

여기 기술한 대량 반응에서 진핵세포 DNA를 제한효소로 부분 분해하기 위한 조건을 확립하기 위하여 앞의 파일럿 실험(프로토콜 2.17) 결과를 사용한다.

MATERIALS

CAUTION: 〈!〉표시된 물질의 적절한 사용법은 Appendix 4를 참조하세요.

Reagents and Solutions

농축액, 완충액, 시료의 조성은 Appendix 1을 참조하라. 농축액은 적당한 농도로 희석하여 사용하라.

- Ammonium acetate (10 M)
- *n*–Butanol 〈!〉
- Ethanol
- Phenol:chloroform (1:1, v/v) 〈!〉
- Sodium acetate (3 M, pH 5.2)
- 1 M NaCl, 20 mM Tris (pH 8.0), 5 mM EDTA에 녹인 10% sucrose (w/v) 및 40% sucrose (w/v)
- TE (pH 7.6 및 pH 8.0)
- Tris–Cl (1 M, pH 8.0)

Enzymes and Buffers

- 제한효소 및 10 × buffer

Nucleic Acids/Oligonucleotides

- DNA size markers (예, oligomers, 박테리오파지 λ DNA 또는 플라스미드)
- 고분자량의 genomic DNA, 프로토콜 6.4에 기술함

Gels/Loading Buffers

- 0.6% Agarose gel, 0.5 μg/ml ethidium bromide 〈!〉를 포함한 0.5 × TBE에 만들어 사용함
- 또는
- Pulse–field gel (MC3, 5.55–5.90 페이지 참조)
- Gel–loading buffer IV

Centrigues/Rotors/Tubes

- Beckman SW 28 rotor 및 ultra–Clear tubes (20℃)

Additional Items

- Dialysis tubing
- 피하주사기 바늘(21 게이지)
- 니트로셀룰로즈 필터(0.22 μm), 수크로스 용액을 멸균하는데 사용
- Water baths 또는 heating blocks (37℃ 및 68℃)

Adapted from Chapter 2, Protocol 18, p. 2.80 of MC3.

METHOD

1. 1 M NaCl, 20 mM Tris (pH 8.0), 5 mM EDTA (pH 8.0) 성분의 완충액에, 각각 10% (w/v) 수크로스와 40% (w/v) 수크로스를 가진 두 용액을 준비한다. 이들을 0.22 μm의 니트로셀룰로즈 필터에 여과하여 멸균한다. 깨끗한 초원심분리 튜브에 하나 또는 그 이상의 38 ml 부피(10–40% w/v) 수크로스 밀도구배를 준비한다. 필요할 때(단계 5)까지 밀도구배를 4℃의 조용한 장소에 1–2시간 동안 보관한다.
2. 각각 고분자량 DNA 100 μg을 가진, 일련의 분해액을 준비한다.
   a. 시험 반응(프로토콜 2.17)을 통해 결정한 최적농도 전후에 걸쳐있는 서로 다른 세 농도로 제한효소를 사용한다.

      시험반응과 대량반응 두 경우 모두에 동일한 batch의 10 × 완충액을 사용한다면 최상의 결과를 얻을 수 있다.

   b. 제한효소반응을 적당한 시간동안 반응시킨다.
   c. 부분 분해한 DNA 분주액을 전기영동으로 분석하여 예상한 대로 분해가 일어났는지 확인한다. 결과 확인이 가능할 때까지, 나머지 시료를 0℃에 보관한다.
3. 절단한 DNA를 페놀:클로로포름으로 두번 추출한다.
4. 0.3 M sodium acetate (pH 5.2)를 넣어 표준 에탄올 침전방법으로 DNA를 복구한 다음 200 μl의 TE (pH 8.0)에 녹인다.
5. DNA 시료(100 μg)를 68℃에서 10분 동안 열처리한다. 20℃로 식힌 후, 시료를 밀도구배위에 조심스럽게 올려놓는다. 밀도구배액을 83,000 g (Beckman SW 28 rotor를 사용 시 25,000 rpm)로 20℃에서 22시간 동안 원심분리한다.
6. 21 게이지의 바늘이나 밀도구배액 분획장치를 사용하여 원심분리 튜브 바닥을 뚫고 350 μl 씩 분획을 수거한다.
7. 매 두 번째 분획마다 10 μl 분주액을 뽑아 10 μl의 물, 5 μl의 gel–loading buffer IV와 섞는다. 각 분획 내 DNA의 크기를, 플라스미드 DNA의 올리고머나 기타 고분자량 기준 DNA 마커를 사용하며, 0.6% 아가로우즈 젤에 전기영동하여 분석한다. 마커의 수크로스 및 염 농도를 시료의 것과 비슷하게 조정한다.
8. 전기영동 후, 원하는 크기의 DNA 절편(예, 코스미드에 라이브러리를 만들려면 35–45 kb, 박테리오파지 λ 벡터에 라이브러리를 만들려면 20–25 kb)을 가진 분획들을 확인하고 합한다.
9. 합친 분획은, 2 리터의 TE (pH 8.0)에 대해, 4–6시간 후에 TE를 교환해주며, 4℃에서 12–16시간 동안 투석한다.

   시료의 부피가 두 세배 증가하도록 투석 주머니에 여유 공간을 남겨두라.

10. 투석한 DNA를, 부피가 대략 1 ml로 줄 때 까지, 동량의 *n*–부탄올로 수차례 추출한다.
11. 2 M ammonium acetate (10 M 스톡 용액에서 희석함)를 넣고 상온에서 에탄올로 DNA를 침전한다.
12. 원심분리하여 DNA를 복구하고 300–500 μg/ml 농도로 TE (pH 8.0)에 다시 녹인다. 분해산물의 크기분포가 맞는지 확인하기 위해, DNA 분주액(0.5 μg)을 일반적인 0.6% 아가로우즈 젤로 전기영동하거나 Pulsed–field 전기영동으로 분석한다. DNA를 4℃에 보관한다.
13. 지노믹 DNA 라이브러리를 만들려면, 프로토콜 2.19에 기술한 대로, 이들 분획한 DNA를 박테리오파지 λ 벡터의 팔에 연결하라. 코스미드 라이브러리를 준비하려면, 프로토콜 4.1을 참조하라.

프로토콜 2.19

박테리오파지 λ 팔을 외래 DNA 절편과 연결하기

Ligation of bacteriophage λ arms to fragments of foreign DNA

최대 수치의 재조합체를 만드는 데 필요한, 절단한 지노믹 DNA와 박테리오파지 λ 팔의 양을 확인하기 위하여 예비 연결 및 패키징 반응을 시도한다. 완전한 지노믹 DNA 라이브러리를 얻고자 이후에 추가적인 연결 및 패키징 반응을 셋업할 수 있다.

MATERIALS

CAUTION: 〈!〉표시된 물질의 적절한 사용법은 Appendix 4를 참조하세요.

Reagents and Solutions

농축액, 완충액, 시료의 조성은 Appendix 1을 참조하라. 농축액은 적당한 농도로 희석하여 사용하라.

ATP (10 mM)

10 × ligase buffer에 이미 ATP가 포함되어 있으면 불필요함

SM

SM plus gelatin

Vectors and Hosts

E. coli plating bacteria

프로토콜 2.1에 기술한 대로 준비하라.

Media and Antibiotics

NZCYM 또는 LB agar 배지

NZCYM 또는 LB top agarose

Enzymes and Buffers

박테리오파지 T4 DNA ligase 및 10 × ligation buffer

제한효소 및 10 × buffer

Nucleic Acids/Oligonucleotides

박테리오파지 λ arms

프로토콜 2.11–2.15에 기술한 대로 준비하라.

Genomic DNA, 벡터에 적합한 크기

프로토콜 2.18에 기술한 대로 준비하라.

Gels/Loading Buffers

0.7% Agarose gel, 0.5 μg/ml ethidium bromide 〈!〉를 포함한 0.5 × TBE에 만들어 사용함

Additional Items

박테리오파지 λ packaging mixture (판매 제품)

Water baths 또는 heating/cooling blocks (16℃)

Adapted from Chapter 2, Protocol 19, p. 2.84 of MC3.

METHOD

1. 표 2-1을 길잡이로 삼아 다음을 포함하는 일련의 연결반응들을 준비한다:

박테리오파지 λ 팔	0.5-1.0 μg
부분 분해한 지노믹 DNA	6-1200 ng
10 × 연결 완충액	0.5-1.0 μl
10 mM ATP (필요 시)	0.5-1.0 μl
박테리오파지 T4 DNA ligase	0.5-1.0 μl
H_2O	5 또는 10 μl로 맞춤

벡터와 삽입 DNA가 각각 들어있지 않은 두 대조군 반응도 준비한다. 연결반응을 16℃에서 4-16시간 동안 배양한다.

표 2-1 박테리오파지 λ 팔 DNA 1 ug을 포함한 시험 연결반응에서 사용한 삽입 DNA의 양

SIZE OF POTENTIAL INSERT DNA (KB)	AMOUNT OF INSRT DNA (NG)
2-4	6-200
4-8	12-400
8-12	24-600
12-16	36-800
16-20	48-1000
20-24	60-1200

2. 각 연결반응의 분주액(10-25%)을, 패키징 추출액 제조사가 제공하는 지침에 따라, 박테리오파지 입자로 패키징한다.
3. 패키징 반응을, 젤라틴이 들어있는 SM 또는 패키징 추출액 제조사가 추천하는 유사한 완충액을 희석액으로 하여 열배씩 일련의 희석액(10^{-1}에서 10^{-5}까지)을 준비한다.
4. 프로토콜 2.1에 기술한 대로 각 희석액 1 μl와 10 μl에 있는 플라그 형성 단위의 수를 분석한다.
5. 최대 수치의 감염성 박테리오파지 입자를 내는 연결반응에서, 6-12 플라그를 골라, 프로토콜 2.23에 기술한 대로, 각 플라그에서 소량의 재조합 DNA를 준비한다.
6. 적당한 제한효소로 자른 다음, 적당한 크기 마커와 함께, 0.7% 아가로우즈 젤에 전기영동하여, 삽입된 지노믹 DNA의 크기를 확인한다.
7. 만일 박테리오파지가 재조합체이고 원하는 크기의 삽입 DNA를 갖고 있다면, 다수의 연결 및 패키징 반응을 준비하여 지노믹 라이브러리를 확립한다. 이들 반응에서 벡터 DNA 대 삽입 DNA의 비는, 시험반응에서 최대 수치의 재조합된 플라그를 생성한 그 비율이어야 한다.
8. 대규모 연결 및 패키징 반응에서 생겨난 재조합 플라그의 전체 수를 확인한다. 이 크기의 라이브러리가 표적 지놈을 얼마나 포괄적으로 커버할 수 있을지 계산한다.

   한 포유류 지놈(3×10^9 bp)을 다섯 배 정도 커버하려면, 평균 크기 20 kb인 삽입 DNA를 가진 어떤 박테리오파지 λ 라이브러리가 2×10^6개의 별개의 재조합체를 가져야 한다.

프로토콜 2.20

지노믹 라이브러리를 증폭하기

Amplification of genomic libraries

프로토콜 2.18에서 만든 패키징 혼합액로부터 직접 플레이트 스톡을 키워 재조합 박테리오파지의 라이브러리를 증폭할 수 있다.

MATERIALS

CAUTION: 〈!〉표시된 물질의 적절한 사용법은 Appendix 4를 참조하세요.

Reagents and Solutions

농축액, 완충액, 시료의 조성은 Appendix 1을 참조하라. 농축액은 적당한 농도로 희석하여 사용하라.

Chloroform 〈!〉

SM

Vectors and Hosts

지노믹 DNA 절편을 가진 재조합 λ 박테리오파지 라이브러리

프로토콜 2.18에 기술한 대로 준비하라.

Plating bacteria (프로토콜 2.1)

Media and Antibiotics

NZCYM agar 플레이트(150 mm)

NZCYM top agarose

150 mm 플레이트 당 6.5 ml의 top agarose가 필요하다.

Centrigues/Rotors/Tubes

Sorvall SS-34 rotor (4℃)

Additional Items

이 프로토콜의 단계 7에서는 프로토콜 2.1에 나열한 시약과 기술이 필요하다.

멸균한 튜브(17 × 100 mm)

Water bath (37℃)

Water bath 또는 heating block (47℃)

Additional Information

지노믹 라이브러리를 증폭하기 위한 대체방법 (panel on in situ amplification) MC3, p. 2.95

METHOD

1. 박테리오파지 λ 라이브러리를 증폭시키고자 하면, 50 μl 또는 그 이하 부피에 10,000-20,000개의 재조합 박테리오파지를 갖고 있는 패키징 혼합액의 분주액과, 17 × 100-mm 크기 튜브에 들어있는 0.2 ml의 플레이팅 세균을 섞어준다. 이 감염시킨 배양액을 37℃에서 20분 동안 키운다.

   만일 배양기 공간이 충분하다면, 150-mm 플레이트 대신 큰 유리 베이킹 접시를 사용할 수도 있다.

Adapted from Chapter 2, Protocol 20, p. 2.87 of MC3.

2. 감염시킨 세균의 첫째 분주액에 6.5 ml의 녹인 top agar/agarose (47℃)를 첨가한다. 가볍게 치거나 살짝 볼텍싱하여 튜브의 내용물을 섞고 이들 감염시킨 세균을, 새로 부은 bottom agar가 든, 150-mm 플레이트의 표면에 펼쳐준다. 감염시킨 배양액 나머지로도 동일 과정을 반복한다.

   23 × 33-cm 유리 베이킹 접시에 든, 500 ml bottom agar 위의 75 ml의 top agar/agarose에는 450,000개 정도의 박테리오파지를 1.4 ml의 세균과 섞어 플레이팅할 수 있다.

3. 플레이트를 37℃에서 최대 8-1 시간 동안 배양한다.

   플라그가 너무 크게 자라 서로 닿지 않도록 한다.

4. 플레이트 위에 12 ml의 SM (또는 유리 베이킹 접시 사용 시, 150 ml의 SM)을 넣어준다. 플레이트를 평평한 표면위에 4℃에서 밤새 놓아둔다.

5. 모든 플레이트의 SM을, 한 개의 멸균한 폴리프로필렌 원심분리 튜브나 병에 수집한다. 각 플레이트를 추가로 4 ml의 SM으로 씻어 이 세척액도 원래 수집액에 합한다. 이 증폭한 박테리오파지 스톡에 클로로포름을 0.2 ml 첨가한다. 클로로포름이 모든 감염시킨 세균을 용해할 수 있도록 가끔씩 살짝 흔들어 주면서 이 스톡을 상온에 15분 동안 보관한다.

6. 이들을 4000 g (Sorvall SS-34 rotor를 사용 시 5800 rpm)로 4℃에서 5분 동안 원심분리하여 세포와 아가로우즈를 제거한다.

7. 상층액을 멸균한 유리 튜브나 병에 옮긴다. 증폭한 박테리오파지 라이브러리를 분주액으로 나누고 4℃에 보관한다. 플라그 분석법으로 라이브러리의 titer를 측정한다(프로토콜 2.1).

프로토콜 2.21

박테리오파지 DNA를 플라그에서 필터로 옮기기
Transfer of bacteriophage DNA from plaques to filters

이 프로토콜과 프로토콜 2.22는 관심 DNA서열을 가진 재조합체를 확인하고 분리하는데 사용한다.

MATERIALS

CAUTION: <!>표시된 물질의 적절한 사용법은 Appendix 4를 참조하세요.

Reagents and Solutions

농축액, 완충액, 시료의 조성은 Appendix 1을 참조하라. 농축액은 적당한 농도로 희석하여 사용하라.

Denaturing solution
- 1.5 M NaCl
- 0.5 M NaOH

Neutralizing solution
- 0.5 M Tris-Cl (pH 7.4)

SM plus gelatin (0.01% w/v)

2 × SSPE
- 0.3 M NaCl
- 20 mM NaHPO4
- 2 mM EDTA

SDS (10% w/v) (조건부; 단계 14 참조)

Vectors and Hosts

박테리오파지 λ 라이브러리
- 프로토콜 2.19에 기술한 대로 준비하라.

E. coli plating bacteria
- 프로토콜 2.1에 기술한 대로 준비하라.

Media and Antibiotics

NZCYM agar 플레이트
- 잘 마른, 이틀 이상 지난 플레이트를 사용하라. 플레이트가 잘 마르지 않았으면, 나일론 또는 니트로셀룰로스 필터를 제거할 때 top agarose층이 벗겨져 나갈 것이다.

NZCYM top agarose

Additional Items

Blunt-ended plastic forceps

Cross-linking device (예, Stratalinker [Stratagene사] 또는 80℃ microwave oven 또는 vacuum oven set)

피하 주사기 및 21 게이지 바늘

nitrocellulose 또는 nylon filters (예, Millipore HATF detergent-free nitrocellµlose filters 또는 Pall Biodyne™ A nylon filters)

Plastic cafeteria trays 또는 Pyrex glass dishes, filter 다발 처리용

멸균한 튜브(13 × 75 또는 17 × 100 mm)

Water baths (37℃, 47℃ 및 65℃)

Whatman 3MM, 85-mm filter papers 및 precut sheets

Adapted from Chapter 2, Protocol 21, p. 2.90 of MC3.

Additional Information

대체 프로토콜(Rapid Transfer of Plaques to Filters)	MC3, p. 2.95
Discussion of the relative merits of nylon and nitrocellulose filters	MC3, p. 2.91 and 6.37–6.38

METHOD

1. 옮기는데 사용할 니트로셀룰로스 또는 나일론 필터를 준비한다:
   a. 마른 필터에 연필이나 볼펜으로 번호를 매긴다.
      각 아가 플레이트에서 하나 또는 두 사본을 만들 수 있도록 필터를 충분히 준비한다. 후자의 경우, 두 세트의 필터를 1A, 1B, 2A, 2B 등으로 표시한다.
   b. 필터를 2분 동안 물에 적신다.
   c. 85-mm 직경의 Whatman 3MM 여과지 위에 각 필터가 겹치지 않게 쌓아둔다.
   d. 한 더미의 필터를 알루미늄 호일로 둘둘 말고 액체주기로 15 psi (1.05 kg/cm^2)에서 15분 동안 오토클래이브하여 멸균한다.
2. 박테리오파지 스톡 또는 라이브러리를 (젤라틴을 가진 SM에) 희석한다. 희석한 박테리오파지의 분주액과 적당량의 새로 준비한 플레이팅 세균을 섞어준다(표 2-2 참조). 이 감염시킨 세균 배양을 37℃에서 20분 동안 키운다.
   희석한 스톡(100 μl)에는 90-mm 플레이트를 사용 시 대략 15,000개 또는 150-mm 플레이트를 사용 시 대략 50,000개의 감염성 파지가 들어 있어야 한다.
   박테리오파지 라이브러리를 스크린 시, 단일 풀로 세포를 감염시키는 것이 가장 좋다. 예를 들어, 10개의 150-mm 플레이트를 사용 시, 500,000 cfu를 가진 박테리오파지 스톡 희석액 1 ml을 3 ml의 새로 준비한 플레이팅 세균에 첨가한다. 37℃에서 20분 후, 등량의 감염시킨 배양액을 플레이팅 용도로 13 × 75 또는 17 × 100-mm 튜브에 나눈다. 이 과정을 통해 각 플레이트가 대략 같은 수의 플라그를 갖게 된다.
   특정 지놈 서열을 가진 어떤 박테리오파지를 찾고자 한다면, 한 지노믹 DNA 라이브러리에서 백만 또는 그 이상의 재조합체를 스크린해야 할 것이다. 표 2-2는 크기가 다른 배양접시에서 효율적으로 스크린 가능한 최대 플라그 수를 보여준다.

표 2-2 배양접시의 크기에 따라 다르게 얻을수 있는 플라그 수

Size of petri dish	90 mm	150 mm
Total area of dish	63.9 cm^2	176.7 cm^2
Volumn of bottom agar	30 ml	80 ml
Volumn of plating bacteria	0.1 ml	0.3 ml
Volumn of top agarose	2.5 ml	6.5–7.5 ml
Maximum number of plaques/dish	15,000	50,000

3. 감염시킨 세포들 각 분주액에 2.5 또는 6.5 ml의 녹인(47℃) top agar를 첨가한다. 각 튜브의 내용물을 각각 별개의, 번호매긴 90-mm 또는 150-mm 아가 플레이트에 붓는다.
4. 플레이트를 덮고, top agar가 굳도록 하고, 플라그가 나타나 서로 접하기 시작할 때(10–12 시간)까지 플레이트를 뒤집은 채 37℃에서 배양한다.
   플레이트 간 차이를 최소화하기 위해, 각 플레이트가 배양기 안에 있을 때, 같은 정도로 열을 받도록 함이 중요하다.
5. 플레이트를 4℃에서 최소 1시간 냉각하여 top agar가 굳도록 한다.

6. 플레이트를 저온실 또는 냉장고에서 꺼낸다. 각 플레이트의 플라그 imprint (흔적)을, 첫째 세트의 표시한 필터를 사용하여 찍어낸다. 마른, 표시한 원형의 니트로셀룰로스 또는 나일론 필터를, 플라그와 직접 접촉할 수 있도록 top agar 표면에 잘 올려놓는다. 필터는 장갑 낀 손으로 다룬다.
7. 방수의 검정 드로잉 잉크가 든 주사기에 꽂은 21 게이지의 바늘로, 필터와 그 밑 아가를 뚫어, 필터 상의 셋 또는 그 이상의 비대칭, 주변부위에 표시를 한다.
8. 1-2 분 후, 끝이 뭉뚝한 집게(예, Millipore)를 사용하여 각 플레이트에서 차례로 필터를 벗겨낸다.
9. 각 필터를, 플라그가 위쪽으로 향하게 하고, 플라스틱 쟁반이나 파이렉스 접시에 든 변성용액에 1-5분 동안 적신 한 장의 Whatman 3MM 여과지(또는 그 유사품) 위에 옮긴다.

   과량의 변성용액이 니트로셀룰로스나 나일론 필터 측면을 넘어 린스하지 않도록 주의하라. 필터를 옮길 때에는, 쟁반이나 접시의 가장자리를 사용하여 필터 아래쪽으로부터 가능한 한 많은 양의 용액을 제거하라.

10. 각 필터를, 플라그가 위쪽으로 향하게 하고, 중화용액에 5분 동안 적신 한 장의 Whatman 3MM 여과지 위에 옮긴다.

    니트로셀룰로스 필터를 사용한다면, 새로 적신 3MM 여과지를 사용하여 중화 단계를 반복하라.

11. 필터를 고정시킬 준비를 한다.

마이크로웨이브나 베이킹하여 DNA를 필터에 고정하기

마이크로웨이브 오븐을 사용한다면, 단계 13으로 바로 진행하라. 진공 오븐에서 베이킹하려면, 필터를, 플라그가 위쪽으로 향하게 하여 한 장의 마른 Whatman 3MM 여과지 또는 종이 타올 뭉치 위에 옮긴다. 필터가 마르도록 상온에 적어도 30분 동안 둔다.

자외선으로 cross-linking하여 DNA를 나일론 필터에 고정하기

필터를, 2 × SSPE에 적신 한 장의 Whatman 3MM 여과지 위에 놓고, 필터를 포함한 2 × SSPE가 들어있는 이 쟁반을 자외선 cross-linker 가까이 이동한다.

12. 첫째 세트의 필터들 처리가 끝난 다음 필요 시, 두 번째 세트의 필터로 플라그 흔적을 하나 더 찍어낸다. 두 세트의 필터들을 플레이트의 같은 위치에 맞춰 찍어 내도록 한다.

    일반적으로, 두 번째 세트의 필터는, 플라그와 3분 동안 또는 필터가 완전히 젖을 때까지 접촉시킨다.

13. 플라그의 DNA를 필터에 고정한다.

마이크로웨이브 오븐에서 처리하여 고정하기

젖은 필터를 한 장의 마른 Whatman 3MM 여과지에 놓고 2-3분 동안 최대출력에서 조사한다.

베이킹하여 고정하기

건조한 필터들(단계 10)을, 마른 Whatman 3MM 여과지로 이웃한 여과지와 구분하여, 쌓아둔다. 이들 필터 더미를 진공 오븐에서 80℃에서 1-2시간 동안 굽는다.

30분 후, 오븐을 점검하고 문에 응결액이 있으면 닦아낸다. 필터는 stew (삶기)보다는 진공에서 구워야한다.

자외선으로 cross-linking하여 고정하기

이 목적을 위해, 시판중인 기기를 사용하여 제조사의 지시를 따라 과정을 수행한다.

cross-linking 전에 필터가 말라버리지 않도록 주의하라.

14. 베이킹이나 cross-linking한 후, 마른 필터를 알루미늄 호일로 느슨하게 감싸고 상온에 보관한다. 교대로, 만일 잡종화반응을 하루 정도 이내에 수행할 거면, 필터를 65℃에서 30분 동안 0.1 × SSC 또는 SSPE, 0.5% SDS에 씻어준 다음 플라스틱 백안에 넣고 밀봉하여 젖은 채로 보관한다.

프로토콜 2.22

필터 상에서 박테리오파지 DNA를 잡종화반응하기
Hybridization of bacteriophage DNA on filters

^{32}P로 표지한 probe (탐침)와 잡종화반응을 하여, 15,000개 이상의 플라그 흔적을 갖고 있는 한 장의 필터 상에서, 원하는 표적 서열을 가진 한 재조합체를 확인할 수 있다.

MATERIALS

CAUTION: 〈!〉표시된 물질의 적절한 사용법은 Appendix 4를 참조하세요.

Reagents and Solutions

농축액, 완충액, 시료의 조성은 Appendix 1을 참조하라. 농축액은 적당한 농도로 희석하여 사용하라.

Chloroform 〈!〉

Prehybridization solution 〈!〉

6 × SSC 또는 SSPE

5 × Denhardt's solution

0.5% SDS

100 μg/ml salmon sperm DNA

1 μg/ml poly(A)

SM

Wash solution 1

2 × SSC 또는 SSPE

0.1% SDS

Wash solution 2

1 × SSC 또는 SSPE

0.1% SDS

Wash solution 3

1 × SSC

0.1% SDS

Vectors and Hosts

박테리오파지 λ 입자의 현탁액

프로토콜 2.9 또는 2.10에 기술한 대로 준비하라.

Nucleic Acids/Oligonucleotides

고정시킨 박테리오파지 λ DNA를 가진 fliters

프로토콜 2.21에 기술한 대로 준비하라.

Radiolabeled probe 〈!〉

9 또는 10장에 기술한 대로 준비하라.

Additional Items

Glue stick (UHU [Saunders사])

Incubation chamber, 적당한 잡종화반응 온도 상태

Radioactive ink 〈!〉 또는 chemiluminescent markers (예, Gloglos [Stratagene사])

배양 챔버를 둘 수 있는 Rocking platform, autoradiography 동안 orientation markers로 사용

이 프로토콜의 단계 12에서는 프로토콜 2.1에 나열한 시약과 기술이 필요하다.

Water bath (100℃)

Whatman 3MM filter paper sheets
X-ray film (예, Kodak XAR-2)

Additional Information

Alternative hybridization chambers	MC3, p. 2.97
Prehybridization and hybridization solutions	MC3, p. 1.141
Preparation of radioactive ink	MC3, pp. 2.97–2.98
Using formamide as a solvent for hybridization	MC3, pp. 6.59–6.60

METHOD

1. 필터가 말라있으면, 베이킹이나 cross-linking한 필터를, 바닥부터 완전히 젖어들 때까지 2 × SSPE 용액 표면에 띄운다. 필터를 5분 동안 담가 둔다.

   필터아래에 공기방울이 있지 않도록 하라. 수용성 용매가 필터 구멍들에 스며들어 필터가 흰색에서 얼룩진 색으로 변해야한다. 필터에 흰색 점이나 조각부분들이 없어야 단계 2로 진행하라.

2. 필터를 prehybridization 용액이 들어있는 파이렉스 접시나 다른 잡종화 챔버에 옮긴다. 82-mm filter 당 3 ml 또는 145-mm filter 당 5 ml의 prehybridization 용액을 사용한다. 필터를 흔들판 위에서 살살 흔들면서 1-2시간 또는 그 이상 동안 적당한 온도(잡종화반응을 수용액에서 하면 68℃; 50% 포름아마이드가 들어있는 상태로 하면 42℃)에서 반응시킨다.

   반응 용기를 무엇을 사용하든지, 필터를 prehybridization 용액으로 완전히 덮는 것이 중요한 점이다.

3. ^{32}P로 표지한 이중나선 탐침을 100℃에서 5분 동안 가열하여 변성시킨다. 탐침을 얼음물에 급히 냉각한다. 단일나선 탐침은 변성시킬 필요없다.

   hybridization 용액 ml 당 2×10^5 과 1×10^6 cpm 사이의 ^{32}P-표지 탐침(specific activity 5×10^7 cpm/μg)을 사용해야한다. 더 많은 양의 탐침을 쓰면 비특이적인 잡종화반응 배경이 증가한다; 너무 적게 쓰면 잡종화반응 비율이 줄어든다.

4. 변성시킨 탐침을 필터를 덮고 있는 prehybridization 용액에 첨가한다. 필터를 적당한 온도에서 12-16시간동안 반응시킨다(프로토콜 6.10 참조).

   필터가 든 용기는 단단히 닫아 증발에 의한 용액의 손실을 막는다.

   탐침과 그 표적 간 annealing (결합)율을 최대화하기위해, 잡종화반응은 보통 높은 이온농도를 가진 용액(6 × SSC 또는 6 × SSPE)에서, Tm 보다 20-25도 낮은 온도(프로토콜 1.28-1.30 또는 6.10 참조)에서 수행한다. 수용성 용매에서 잡종화반응을 수행할 때에는 SSPE와 SSC 둘 다 똑같이 잘 작용한다. 하지만, hybridization buffer에 포름아마이드가 들어있으면, 완충력이 더 큰 6 × SSPE를 더 선호하여 사용한다.

5. 잡종화반응이 끝나면, 필터를 hybridization 용액에서 빨리 꺼내고 곧바로 상온에서 대량(300-500 ml)의 세척용액 1에 담근다. 필터를 살살 흔들어주고 세척 중 적어도 한번 뒤집어준다. 5분 후, 필터를 새 세척용액에 옮기고 계속 살살 흔들어준다. 이 세척과정을 두 번 더 반복한다.

   전체 세척과정 동안 필터가 마르거나 서로 겹쳐 붙게 하면 안 된다.

6. 필터를, 68℃에서 300-500 ml의 세척용액 2에 1-1.5시간 동안 씻어준다.

   경험으로, 세척이 완료되었는지 손잡이 모니터를 사용하여 확인할 수 있다. 만일 배경신호가 여전히 너무 높거나 또는 실험에 high stringency (매우 까다로운) 세척이 필요하면, 필터를 68℃에서 300-500 ml의 세척용액 3에 60분 동안 담근다.

7. 필터를, 한 장의 Whatman 3MM 여과지 또는 종이 타올 뭉치 위에 놓고, 상온에서 대기 중에 말린다. 필터 바닥 쪽에 수용성 풀을 한줄 칠한 다음, 필터를 (번호매긴 쪽이 위로) 한 장의 깨끗하고 마른 편평한 Whatman 3MM 여과지위에 배열한다. 필터를 3MM 여과지에 단단히 눌러 붙여 움직이지 않게 한다. 방사성 잉크나 화학형광마커로 표시한 점착성 라벨 표지를 3MM 여과지 상의 여러 비대칭 위치에 붙인다. 이들 마커는 필터의 자기방사사진을 맞춰볼 때 도움이 된다. 필터와 라벨표지를 Saran 랩/포장용 랩으로 덮는다. 테입으로 3MM 여과지 뒤에 랩을 고정하고 주름을 당겨 펴준다.

8. 필터를 X-선 필름에, 강화 스크린과 함께, 영하 70℃에서 12-16시간 동안 노출시킨다.

9. 필름을 현상하고, 방사성 잉크나 화학형광마커가 남긴 표시를 이용하여 필터와 대조해본다. 번호매긴 필터 위의 비대칭으로 분포하는 점들의 위치를, 비방사성의, 적색, 섬유-팁 펜을 사용하여, 필름에 표시한다.

10. 이들 위치 표지와 아가 플레이트 상의 표지를 맞춰보아 양성 플라그를 확인한다.

    사본 필터를 동일한 탐침으로 잡종화하면, 양성 플라그를 배경 얼룩과 혼동할 확률이 줄어든다. 두 세트의 필터 모두에서 확실한 잡종화 신호를 보이는 플라그들만 골라 다음 분석에 사용하라. 단일 카피의 유전자를 확인하고자 지노믹 라이브러리를 스크린 할 경우, 스크린한 10^5개의 플라그 당 양성 클론을 하나 이상 얻을 기대는 하지 말라. cDNA 라이브러리를 스크린 할 경우, 얻을 수 있는 양성 클론의 숫자는 관심 mRNA의 양에 의해 결정된다.

11. 프로토콜 2.2에 기술한 대로 각 양성 플라그를 골라내어 한 방울(50 μl)의 클로로포름이 들어있는 SM 1 ml에 보관한다.

12. 잡종화 양성 플라그를 정제하려면, 아가 조각에서 복구한 박테리오파지들의 분주액(보통 10^{-2} 희석액 50 μl)을 플레이팅하고 이어 잡종화반응에 의한 스크리닝 과정을 진행한다.

프로토콜 2.23

박테리오파지 λ의 빠른 분석: 플레이트 용해액으로부터 λ DNA를 정제하기
Rapid analysis of bacteriophage λ: purification of λ DNA from plate lysates

이 프로토콜은 제한효소의 기질과 DNA 및 RNA 중합효소의 주형으로 사용하기 적합한 소량의 박테리오파지 λ DNA를 정제하기 위해 사용한다.

MATERIALS

CAUTION: 〈!〉표시된 물질의 적절한 사용법은 Appendix 4를 참조하세요.

Reagents and Solutions

농축액, 완충액, 시료의 조성은 Appendix 1을 참조하라. 농축액은 적당한 농도로 희석하여 사용하라.

- Chloroform 〈!〉
- Ethanol
- Ethanol (70%)
- Isopropanol
- λ High-salt buffer
  - 20 mM Tris-Cl (pH 7.4)
  - 1.0 M NaCl
  - 1 mM EDTA (pH 8.0)
- λ Low-salt buffer
  - 20 mM Tris-Cl (pH 7.4)
  - 0.2 M NaCl
  - 1 mM EDTA (pH 8.0)
- Phenol:chloroform (1:1, v/v) 〈!〉
- SM
- TE (pH 8.0)
- TM

Vectors and Hosts

- Bacteriophage λ 재조합체, 세균 잔디위에 서로 잘 분리된 플라그들로 자라고 있는 (프로토콜 2.1)
- *E. coli* plating bacteria (프로토콜 2.1)

Media and Antibiotics

- NZCYM 또는 LB agar 플레이트
  새로 만들어 상온으로 온도를 맞춘 플레이트(145-mm 직경)를 사용하여야 최상의 결과를 얻는다. DNA의 효소분석과정을 방해할 수 있는 오염물질을 최소화하기위해 agar보다 agarose를 더 선호하여 사용한다.
- NZCYM 또는 LB top agarose

Centrigues/Rotors/Tubes

- Sorvall SS-34 rotor 및 tubes (4℃ 및 상온)

Additional Items

- Borosilicate pasteur pipettes
- DE52, preswollen (Whatman), TM에 DE52를 넣어 2:1 slurry로 사용함
- Elutip-d columns (Schleicher & Schuell)
- 미세 원심분리기(4℃)

 Adapted from Chapter 2, Protocol 1, p. 2.32 of MC3.

Rotating platform
멸균한 튜브(17 × 100 mm)
Water bath 또는 heating blocks (37℃ 및 47℃)

Additional Information

추가 프로토콜(Removing polysaccharides by Precipitation with CTAB) MC3, p. 2.105
Other methods of analysis MC3, pp. 2.104 and 2.105
Xu S.-Y. 1986. A rapid method for preparing phage lambda DNA from agar plate lysates. *Gene Anal. Tech.* 3: 90-91.

METHOD

1. 유전적으로 동일한, 플라그가 정제된 박테리오파지 스톡에서 기원한 플레이트로부터, borosilicate pasteur 피펫을 사용하여, 8-11개의 서로 잘 분리된 박테리오파지 플라그들을 골라낸다. 플라그를 50 µl의 클로로포름이 들어있는 SM 1 ml에 넣는다. 이 현탁액을, 박테리오파지 입자들이 top agarose로부터 잘 확산되도록, 4℃에서 4-6시간 동안 보관한다.
2. 17 × 100 mm 크기의 멸균튜브에, 50-100 µl의 박테리오파지 현탁액(~10^5 pfu)을 150 µl의 플레이팅 세균과 섞는다. 감염시킨 배양액을 37℃에서 20분 동안 배양한다. 7.0 ml의 녹인(47℃) top agarose (0.7%)를 첨가하고 이 세균현탁액을 새로 부은 NZCYM agarose를 가진 150-mm 플레이트 표면에 펴준다.
3. 플레이트를 뒤집어, 플라그가 플레이트 전체 표면을 거의 다 덮을 때까지(7-9시간) 37℃에서 배양한다.
   너무 오래 배양하면 confluent (융합성) 용해가 일어나 박테리오파지 DNA의 수율이 감소하므로 플레이트를 오래 배양하지 말라.
4. 7 ml의 TM을 top agarose의 표면에 직접 첨가한다. 박테리오파지 입자들이 용출되도록 4℃에서 4시간 동안 일정하게 천천히 흔들어준다.
5. 박테리오파지 λ 용출액을 원심분리튜브에 옮기고 4000 g (Sorvall SS-34 rotor를 사용 시 5800 rpm)로 4℃에서 10분 동안 원심분리하여 세균 잔재를 제거한다. 이 단계에서 청소한 용해액을 소량 분주하여 박테리오파지 스톡용액으로 따로 떼어 놓는다. 스톡을 소량의 클로로포름을 넣어 4℃에 보관한다.
6. 2:1 slurry (슬러리) 상태의 DE52 resin (레진) 10 ml을 원심분리튜브에 분주하고 500 g (Sorvall SS-34 rotor를 사용 시 2000 rpm)로 상온에서 5분 동안 원심분리하여 레진을 가라앉힌다. 레진 침전물에서 상층액을 버리고 원심분리튜브를 얼음에 둔다.
7. DE52를 청소한 TM에 다시 풀고 박테리오파지 입자들이 레진에 달라붙도록 상온에서 3분 동안 원심분리튜브를 흔들어준다.
8. TM/DE52 슬러리를 4000 g (Sorvall SS-34 rotor를 사용 시 5800 rpm)로 5분 동안 원심분리한다. 상층액을 조심스럽게 새 원심분리튜브에 옮기고 원심분리단계를 반복한다. 각 원심분리 후 생긴 침전물은 버린다.
9. 두 번째 원심분리 후 얻은 상층액을 새 원심분리튜브에 옮긴다. 박테리오파지 λ 입자들이 있는 상층액을 페놀:클로로포름으로 한번 추출한다.

10. 박테리오파지 λ DNA가 있는 수용액 상을 새 폴리프로필렌 튜브에 옮기고 등량의 이소프로판올을 첨가한다. 이 혼합액을 영하 70℃에 10분 동안 보관한다.
11. 16,500 g (Sorvall SS-34 rotor를 사용 시 12,000 rpm)로 4℃에서 20분 동안 원심분리하여 침전된 박테리오파지 DNA를 수거한다.
12. 원심분리튜브에서 이소프로판올을 버리고 DNA 침전물을 공기 중에 말린다.
13. DNA 침전물을 2 ml의 low-salt buffer에 다시 녹인다.
14. Elutip-d 컬럼 상에 크로마토그래피하여 박테리오파지 DNA를 정제한다:
    a. 주사기로 1-2 ml의 high-salt buffer를 Elutip-d 컬럼에 주입한다.
    b. 컬럼에 5 ml의 low-salt buffer를 주입한다.
    c. 컬럼에 0.45-μm 구멍 크기의 앞 필터를 부착하고 컬럼에 DNA 시료를 천천히 주입한다(단계 13).
    d. 컬럼을 2-3ml의 low-salt buffer로 린스한다.
    e. 앞 필터를 제거하고 0.4 ml의 high-salt buffer로 DNA를 용출한다. 이 단계에서 용출액을 1.5-ml 미세원심분리 튜브에 수거한다.
15. 용출한 DNA 용액에 1 ml의 에탄올을 첨가하고, 튜브를 수차례 뒤집어준 다음, 이 혼합액을 얼음에 20분 동안 배양한다. 미세원심분리기로 원심분리하여 침전된 DNA를 수거하고 상층액을 버린 다음, DNA 침전물을 0.5 ml의 70% 에탄올로 린스한다. 상층액을 버리고 DNA 침전물을 공기 중에 말린다. DNA 침전물을 50 μl의 TE (pH 8.0)에 녹인다.

    튜브 옆을 가볍게 쳐서 DNA를 다시 풀어라. 볼텍싱은 피하라. DNA가 잘 안 녹으면, 튜브를 50℃에서 15분 동안 배양하라.

    minipreparation (소량의 DNA 준비과정)을 잘 수행하면, 5 × 10^{10}개의 감염성 입자들로부터 대략 5 μg의 정제된 박테리오파지 DNA를 분리할 수 있다.

프로토콜 2.24 박테리오파지 λ의 빠른 분석: 액체 배양액으로부터 λ DNA를 정제하기

Rapid analysis of bacteriophage λ: purification of λ DNA from liquid cultures

이 프로토콜은 λgt10, λgt11, λZAP 또는 ZipLox와 같이 왕성하게 잘 자라는 박테리오파지 종에 클로닝한 소량의 재조합 DNA를 정제하기 위해 사용한다. 이 DNA는 제한효소의 기질과 DNA 및 RNA 중합효소의 주형으로 사용하기에 적합하다.

MATERIALS

CAUTION: 〈!〉표시된 물질의 적절한 사용법은 Appendix 4를 참조하세요.

Reagents and Solutions

농축액, 완충액, 시료의 조성은 Appendix 1을 참조하라. 농축액은 적당한 농도로 희석하여 사용하라.

- Chloroform 〈!〉
- Ethanol
- Ethanol (70%)
- Isopropanol
- λ High-salt buffer
  - 20 mM Tris-Cl (pH 7.4)
  - 1.0 M NaCl
  - 1 mM EDTA (pH 8.0)
- λ Low-salt buffer
  - 20 mM Tris-Cl (pH 7.4)
  - 0.2 M NaCl
  - 1 mM EDTA (pH 8.0)
- Phenol:chloroform (1:1, v/v) 〈!〉
- SM
- TE (pH 8.0)

Vectors and Hosts

Bacteriophage λ 재조합체, 세균 잔디위에 서로 잘 분리된 플라그들로 자라고 있는 (프로토콜 2.1)

E. coli strain

적당한 E. coli 종의 콜로니 하나를, 25 ml의 NZCYM에 접종하여 37℃에서 밤샘 배양한다. 이 밤샘 배양액의 OD_{600}을 측정하고 변환인자 1 OD_{600} = 1 × 10^9 cells/ml을 이용하여 ml 당 세포수를 계산한다.

Media and Antibiotics

NZCYM 배지

Centrigues/Rotors/Tubes

Sorvall SS-34 rotor 및 tubes (4℃ 및 상온)

Additional Items

- Bacterial shaking incubator (30℃)
- Borosilicate pasteur pipettes
- DE52, preswollen (Whatman), TM에 DE52를 넣어 2:1 slurry로 사용함
- Elutip-d columns

미세 원심분리기(4℃)
Rotating platform
멸균한 튜브(17 × 100 mm)
Water bath 또는 heating blocks (37℃ 및 47℃)

Additional Information

Other methods of analysis MC3, p. 2.104–2.105

Xu S.–Y. 1986. A rapid method for preparing phage lambda DNA from agar plate lysates. *Gene Anal. Tech.* 3: 90–91.

METHOD

1. borosilicate pasteur 피펫을 사용하여 한 개의 잘 분리된 박테리오파지 플라그를 골라, 작은 멸균한 폴리프로필렌 튜브에 든, 한 방울의 클로로포름을 포함한 SM 1 ml에 넣는다. 이 현탁액을, 박테리오파지 입자들이 top agarose로부터 잘 확산되도록, 4℃에서 4–6시간 동안 보관한다.
2. 17 × 100 mm 크기의 튜브에, 0.5 ml의 박테리오파지 현탁액(~3 × 10^6개의 박테리오파지)을 0.1 ml의 밤샘 배양한 세균과 섞는다. 배양액을 37℃에서 15분 동안 배양한다.
3. 4 ml의 NZCYM 배지를 첨가하고 배양액을 37℃에서 세게 흔들어주며 대략 9시간 동안 키운다.
   배양액은, 잔재가 거의 보이지 않고, 투명해져야 한다.
4. 배양액에 0.1 ml의 클로로포름을 첨가하고 37℃에서 세게 흔들어주며 15분 동안 더 키운다. 용해액을 5-ml 크기의 폴리프로필렌 원심분리 튜브에 옮긴다. 800 g (Sorvall SS–34 rotor를 사용 시 2600 rpm)로 4℃에서 10분 동안 원심분리한다.
5. 상층액을 새 튜브에 옮기고 4000 g (Sorvall SS–34 rotor를 사용 시 5800 rpm)로 4℃에서 10분 동안 원심분리하여 세균 잔재를 제거한다. 이 단계에서 청소한 용해액을 소량 분주하여 박테리오파지 스톡용액으로 따로 떼어 놓는다. 스톡을, 클로로포름을 넣고 4℃에 보관한다.
6. 2:1 슬러리 상태의 DE52 레진 10 ml을 새 원심분리튜브에 분주하고 500 g (Sorvall SS–34 rotor를 사용 시 2000 rpm)로 상온에서 5분 동안 원심분리하여 레진을 가라앉힌다. 레진 침전물에서 상층액을 버리고 원심분리튜브를 얼음에 둔다.
7. DE52를, 청소한 박테리오파지 λ 현탁액에 다시 풀고 박테리오파지 입자들이 레진에 달라붙도록 상온에서 3분 동안 원심분리튜브를 흔들어준다.
8. 박테리오파지 λ 현탁액/DE52 슬러리를 4000 g (Sorvall SS–34 rotor를 사용 시 5800 rpm)로 5분 동안 원심분리한다. 상층액을 조심스럽게 새 원심분리튜브에 옮기고 원심분리단계를 반복한다. 각 원심분리 후 생긴 침전물은 버린다.
9. 두 번째 원심분리 후 얻은 상층액을 새 원심분리튜브에 옮긴다. 박테리오파지 λ 입자들이 있는 상층액을 페놀:클로로포름으로 한번 추출한다.
10. 박테리오파지 λ DNA가 있는 수용액 상을 새 폴리프로필렌 튜브에 옮기고 등량의 이소프로판올을 첨가한다. 이 혼합액을 영하 70℃에 10분 동안 보관한다.
11. 16,500 g (Sorvall SS–34 rotor를 사용 시 12,000 rpm)로 4℃에서 20분 동안 원심분리하여 침전된 박테리오파지 DNA를 수거한다.

12. 원심분리튜브에서 이소프로판올을 버리고 DNA 침전물을 공기 중에 말린다.
13. DNA 침전물을 2 ml의 low-salt buffer에 녹인다.
14. 프로토콜 2.23에 기술한 대로 Elutip-d 컬럼 상에 크로마토그래피하여 박테리오파지 DNA를 정제한다.
15. 용출한 DNA 용액과 1 ml의 에탄올을 섞고, 이 혼합액을 얼음에 20분 동안 배양한다. 미세원심분리기로 원심분리하여 침전된 DNA를 수거하고 상층액을 버린 다음, DNA 침전물을 0.5 ml의 70% 에탄올로 린스한다. 상층액을 버리고 에탄올을 증발시킨다. 젖은 DNA 침전물을 50 μl의 TE (pH 8.0)에 녹인다.

    튜브 옆을 가볍게 쳐서 DNA를 다시 풀어라. 볼텍싱은 피하라. DNA가 잘 안 녹으면, 튜브를 50℃에서 15분 동안 배양하라.

    minipreparation (소량의 DNA 준비과정)을 잘 수행하면, 5 × 10^{10}개의 감염성 입자들로부터 대략 5 μg의 정제된 박테리오파지 DNA를 분리할 수 있다. 직접 아가로우즈 젤 전기영동(프로토콜 2.7 참조)을 수행하여 플레이트 용해액 또는 액체배양 용해액 속의 박테리오파지 DNA의 양을 예측할 수 있다.

    제한효소분석 및 아가로우즈 젤 전기영동을 하려면, TE에 녹인 DNA 분주액 5–10 μl를 분해하라.

제 3 장

박테리오파지 M13 vector를 이용한 실험

Working with Bacteriophage M13 Vectors

프로토콜 3.1 박테리오파지 M13을 플레이팅하기, 134
프로토콜 3.2 액체 배양으로 박테리오파지 M13을 배양하기, 136
프로토콜 3.3 복제가 가능한 형태의 이중 가닥의 박테리오파지 M13 DNA 준비하기, 138
프로토콜 3.4 단일 가닥의 박테리오파지 M13 DNA 준비하기, 140
프로토콜 3.5 대용량으로 단일 가닥과 이중 가닥의 박테리오파지 M13 DNA 준비하기, 142
프로토콜 3.6 박테리오파지 M13 벡터로 클로닝하기, 145
프로토콜 3.7 재조합된 박테리오파지 M13 클론 분석하기, 148
프로토콜 3.8 파지미드 벡터를 이용하여 단일 가닥의 DNA를 제작하기, 150

BACKGROUND INFORMATION

다른 언급이 없으면 기본이 되는 정보는 Molecular Cloning: A Laboratory Manual, 3판 (이제부터 MC3)에 있다.

박테리오파지 M13 벡터를 위한 박테리아 숙주	MC3, pp. 3.10–3.13
벡터로써의 박테리오파지 M13	MC3, pp. 3.8–3.10
박테리오파지 M13의 유전자 지도	MC3, p. 3.3
박테리오파지 M13 벡터안의 multiple cloning sites(MCS) 서열	MC, pp. 3.14–3.15

프로토콜 3.1 박테리오파지 M13을 플레이팅하기
Plating Bacteriophage M13

박테리오파지 M13은 대장균(*E.coli*) 웅성 균주의 세균잔디위에서 혼탁한 플라그를 형성한다.

MATERIALS

CAUTION: 〈!〉표시된 물질의 적절한 사용법은 Appendix 4를 참조하세요.

Reagents and Solutions

농축액, 완충액, 시료의 조성은 Appendix 1을 참조하라. 농축액은 적당한 농도로 희석하여 사용하라.

IPTG solution (20% w/v)

X-gal solution (2% w/v) 〈!〉

Vectors and Hosts

E. coli F′ strain

Bacteriophage M13 stock in LB or YT medium

박테리오파지 M13이 감염된 박테리아가 완전히 자란 액체 배양액으로부터 얻은 LB나 YT 배지는 10^{10}에서 10^{12} pfu/ml 사이의 농도의 파지를 포함한다. 1 ml LB나 YT에 부유시킨 박테리오파지 M13 플라그는 10^7에서 10^8 pfu 사이의 회수율을 나타낸다.

Media and Antibiotics

Tetracycline 또는 Kanamycin을 포함하는 LB agar 플레이트

이 배지는 Tetracyclin 저항성인 XL1-Blue와 같은 대장균 균주 또는 Kanamycin 저항성인 XL1-Blue MRF′ Kan과 같은 균주가 바이러스를 증식하기 위해 사용될 때만 필요하다.

또는

0.4% glucose, 5 mM $MgSO_4 \cdot 7H_2O$, 0.01% thiamine이 첨가된 M9 미니멀 agar 플레이트

미니멀 agar 플레이트는 박테리아 염색체에서 프롤린 생합성 오페론이 결손된 대장균 균주(Δ[*lac–proAB*)를 사용하고 F′ 플라스미드 내의 *proAB* 유전자로 보완될 때 필요하다.

5 mM $MgCl_2$가 포함된 LB 또는 YT agar 플레이트

LB 또는 YT 배지

5 mM $MgCl_2$가 포함된 LB 또는 YT top agarose

Additional Items

Bacterial shaker (37 ℃)

멸균처리한 튜브 (13 × 75 or 17 × 100mm)

수조 또는 히팅 블록 (47 ℃)

Additional Information

일반적으로 사용되는 항생제 용액	MC3, p. A2.6, Table A2-1
박테리오파지 M13의 성장 주기	MC3, pp. 3.2–3.7

Adapted from Chapter 3, Protocol 1, p. 3.17 of MC3.

METHOD

1. F′ 플라스미드를 가지고 있는 박테리아 균주를 배양한 것을 첨가된 미니멀 (M9) agar 플레이트나 tetracycline (XL1-Blue) 또는 kanamycin (XL1-Blue MRF′ Kan)을 넣은 LB 플레이트에 스트리킹 한다. 플레이트를 37℃에서 24-36 시간 배양한다.
2. 플레이팅 박테리아를 준비하기 위해, 단계 1에서 준비한 agar 플레이트로부터 얻은 하나의 독립적인 콜로니를 20 ml의 살균한 배양용 튜브에 들어있는 5 ml LB또는 YT 배지에 접종한다. 원심 배양기 (Rotary shaker)안에서 37℃에서 6-8 시간동안 흔들어주며 배양한다. 얼음 수조에서 20 분 동안 배양액을 식히고, 그 다음 4℃에 배양액을 보관한다. 이 플레이팅 박테리아들은 4℃에서 1주까지 저장할 수 있다.

   F′ 플라스미드로부터 만들어지는 필리(섬모)를 잃을 위험이 있으므로, 세포들을 포화상태까지 자라게 하지 마시오.

3. 5 mM $MgCl_2$가 첨가된, 녹은 LB 또는 YT 배지 top agar 또는 agarose 3 ml이 포함되어 있는 살균된 튜브 (13 × 75 or 17 × 100 mm)를 준비한다. 이 튜브를 히팅 블록이나 수조에서 47℃로 맞춰준다.
4. 살균된 튜브 (13 × 75 or 17 × 100 mm)를 희석 지수와 첨가된 박테리오파지 스톡의 양에 따라 표시한다 (단계 5 참조). 단계 2로부터 얻은 플레이팅 박테리아를 각각의 튜브들로 100 μl씩 분주한다.
5. LB 혹은 YT 배지에 들어있는 박테리오파지 스톡을 10배씩 연속적으로 희석(10^6-10^9)하여 준비한다. 단계 4에서 얻은 plating 박테리아가 들어있는 살균된 튜브에 분석되어야하는 각각의 희석액을 10 또는 100 μl씩 분배한다. 부드럽게 vortexing하여 박테리아 배양액을 박테리오파지 입자들과 섞어준다.
6. top agar가 포함된 각각의 튜브에 2% X-gal 용액 40 μl와 20% IPTG 용액 4 μl를 첨가해준다. 즉시 이 튜브들 중 하나의 내용물을 감염된 배양액 하나에 부어준다. 배양액과 agar/agarose를 3 초간 부드럽게 vortexing하여 섞어주고나서 표시된 5 mM $MgCl_2$가 들어있는 LB 또는 YT agar 플레이트에 혼합액을 붓고 상온에 놓아둔다. 박테리아와 top agar의 고른 분포를 위해서 플레이트를 서서히 흔들어준다.

   top agar가 agar의 전체 표면에 고르게 펴지게 하기 위해 빨리 시행한다.

7. 단계 5에서 준비한 감염된 배양액의 각각의 튜브에 X-gal 과 IPTG를 포함한 top agar의 첨가를 반복한다.
8. 플레이트의 뚜껑을 덮고 top agar/agarose가 굳도록 상온에 5 분간 놔둔다. Kimwipes로 과도하게 응결된 물방울들을 뚜껑에서 제거한다. 플레이트를 뒤집어서 37℃에서 배양한다.

   엷은 푸른색의 플라그가 4 시간 후에 보이기 시작한다. 푸른색은 플라그가 커질수록 점차적으로 진해지고 8-12시간의 배양 후에 완전해진다.

프로토콜 3.2 액체 배양으로 박테리오파지 M13을 배양하기

Growing Bacteriophage M13 in Liquid culture

바이러스 스톡의 준비와 단일 가닥과 이중 가닥 DNA의 분리를 포함하는 대부분의 M13의 조작은 agar 플레이트로부터 얻은 M13 플라그를 감염시킨 소규모의 액체 배양에서부터 시작한다.

MATERIALS

Vectors and Hosts

Bacteriophage M13 플라그

Agar 플레이트에서 (프로토콜 3.1 또는 3.6 참조)

E. coli F′ strain

Agar 플레이트에서 독립적인 콜로니로 자란 균주

Media and Antibiotics

Tetracycline (또는 kanamycin) 을 포함하는 LB 배지

항생제를 포함한 배지는 Tetracyclin 저항성 균주인 XL1-Blue와 같은 대장균 균주, 또는 kanamycin 저항성 균주인 XL1-Blue MRF′ Kan과 같은 균주를 이용해 바이러스를 증식 시킬 때만 필요하다.

또는

0.4% 포도당, 5 mM $MgSO_4 \cdot 7H_2O$, 0.01% thiamine이 보충된 M9 미니멀 agar 플레이트

미니멀 agar 플레이트는 박테리아 염색체에서 프롤린 생합성 오페론이 결손된 대장균 균주(Δ[*lac*−*proAB*)를 사용하고 F′ 플라스미드 내의 *proAB* 유전자로 보완될 때 필요하다.

5 mM $MgCl_2$가 포함된 2× YT 배지

Additional Items

Bacterial shaker (37 ℃)

접종 바늘 또는 멸균처리된 도포용 막대

멸균처리된 튜브 (13 × 75 or 17 × 100 mm)

Additional Information

일반적으로 사용되는 항생제 용액	MC3, p. A2.6, Table A2-1
박테리오파지 M13의 성장 시간	MC3, p. 2.153
박테리오파지 M13 플라그를 선별하기	MC3, p. 3.22

METHOD

1. 새롭게 단일 콜로니를 형성한 F′ 플라스미드를 가지고 있는 박테리아 균주를 supplemented M9 배지 (혹은 항생제 내성이 있는 균주가 자라도록 적절한 항생제가 첨가된 LB 배지) 5 ml에 접종한다. 적당한 속도로 흔들어주며 37 ℃에서 12 시간동안 배양한다.
2. 5 mM $MgCl_2$가 포함된 2× YT 배지 5 ml에 대장균 배양액 0.1 ml을 옮겨준다. 강한 속도로 흔들면서 37℃에서 2 시간동안 배양한다.
3. 배양액 5 ml을 5 mM $MgCl_2$가 포함된 2× YT 배지 45 ml에 넣어 희석하고, 증식된 플라그 수만큼의 살균된 튜브(13 × 75 또는 17 × 100 mm)에 1 ml씩 양분해서 분주한다. 박테리오파지 성장을 보기 위해

Adapted from Chapter 3, Protocol 2, p. 3.20 of MC3.

필요한 양성과 음성 대조군을 준비하기 위해서 추가적으로 2개의 튜브에 더 분주한다. 단계 7에서 사용될 때까지 이 배양액들은 따로 보관해둔다.

4. 1ml의 YT 또는 LB 배지를 멸균처리된 13 × 75 mm 튜브에 분주한다. 플라그 수만큼 의 튜브를 준비한다. 박테리오파지 성장을 보기 위해 필요한 양성과 음성 대조군을 준비하기 위해서 추가적으로 2개의 튜브에 더 분주한다.

5. 멸균처리된 접종 바늘의 끝을 플라그의 표면에 접촉하고 바늘의 끝을 YT 또는 LB 배지에 담금으로써 박테리오파지 M13의 희석된 현탁액을 준비한다. 박테리오파지의 성장을 보기 위한 양성 대조군으로 푸른색의 M13 플라그를 하나 선택한다. 또한 음성 대조군으로 사용하기 위해 플레이트에서 플라그가 없는 대장균의 세균잔디 부분을 선택한다.

6. 박테리오파지 입자가 agar 에서부터 확산되어 나가도록 1–2 시간 현탁액을 상온에 놔둔다.

7. 0.1ml의 박테리오파지 현탁액 (단계 6)을 바이러스 DNA 분리를 위한 접종원으로 1ml의 대장균 배양액에 감염시킨다. 적당한 속도로 흔들어주면서 37 ℃에서 5 시간동안 접종한 튜브를 배양한다.

   그 대신에, 하나의 플라그를 대장균 배양액에 직접 옮길 수 있다.

   결손 돌연변이가 선택되는 가능성을 최소화하기 위해, 재조합형의 M13박테리오파지가 감염된 배양액을 단일가닥 DNA의 충분한 양을 얻을 수 있는 최단 시간동안 배양한다 (보통 5 시간 정도).

8. 배양액을 멸균처리된 microfuge 튜브에 옮기고 상온에서 최대속도로 5 분간 원심 분리한다. 박테리아 펠렛이 섞이지 않게 상층액을 새 microfuge 튜브로 옮긴다.

9. 상층액 0.1 ml을 멸균처리된 microfuge 튜브로 옮긴다.

   이 high–titer 스톡(10^{10}–10^{12} pfu/ml)은 감염능력의 손실 없이 4℃ 또는 –20℃에서 무기한 보관할 수 있다.

10. 남아있는 상층액 1ml을 이용하여 단일 가닥 박테리오파지 DNA를 준비한다 (프로토콜 3.4). 박테리아 펠렛을 이용하여 이중 가닥 RF–DNA를 준비한다 (프로토콜 3.3).

프로토콜 3.3

복제가 가능한 형태의 이중 가닥의 박테리오파지 M13 DNA 준비하기
Preparation of Double-stranded (Replicative Form) Bacteriophage M13 DNA

이중 가닥의 복제 가능한 형태 (RF) 의 박테리오파지 M13은 플라스미드 DNA를 정제하는 것과 비슷한 방법을 사용해서 감염된 세포로부터 추출할 수 있다. RF DNA 몇 그램은 1–2 ml 감염된 세포 배양액으로부터 추출할 수 있다.

MATERIALS

CAUTION: 〈!〉표시된 물질의 적절한 사용법은 Appendix 4를 참조하세요.

Reagents and Solutions

농축액, 완충액, 시료의 조성은 Appendix 1을 참조하라. 농축액은 적당한 농도로 희석하여 사용하라.

- Alkaline lysis solution I
- Alkaline lysis soultion II, 새롭게 준비된것
- Alkaline lysis solution III
- Ammonium acetate (7.5M) (선택적; 단계 10 참조)
- Ethanol
- Ethanol (70%)
- Phenol:chloroform (1:1, v/v) 〈!〉
- 20μg/μl RNase A가 포함된 TE (pH 8.0)

Vectors and Hosts

박테리오파지 M13이 감염된 대장균 배양액

프로토콜 3.2에 기술한 대로 준비한다.

Enzymes and Buffers

제한 효소와 10× 버퍼

Gels/Loading Buffers

- 0.8% Agarose gel, 캐스트와 0.5 mg/ml ethidium bromide 〈!〉가 들어있는 0.5× TBE
- Gel-loading buffer IV

Centrifuges/Rotors/Tubes

소형 원심분리기 (4 ℃및 상온)

METHOD

1. 배지로부터 감염된 세포를 분리하기 위해 소형 원심분리기를 이용해 상온에서 5 분간 최고 속도로 M13이 감염된 세포 1 ml을 원심분리한다. 상층액을 새 microfuge 튜브에 옮겨 담고 4℃에 보관한다. 감염된 박테리아 세포 펠렛을 얼음 속에 놓아둔다.

   상층액은 단일 가닥 DNA를 가진 M13 박테리오파지를 함유한다. 뒤의 단계에서 이 supernatant (상층액)으로부터 M13 DNA를 준비한다 (프로토콜 3.4).

Adapted from Chapter 3, Protocol 3, p. 3.23 of MC3.

2. 4℃에서 5 초 동안 박테리아 세포 펠렛을 원심분리하고 자동 파이펫 기구를 이용해 잔여의 배지를 제거한다.
3. 차가운 alkaline lysis solution I 100 μl를 넣고 강한 vortexing으로 세포 펠렛을 풀어준다.
   박테리아 펠렛이 alkaline lysis solution I에 완전히 풀어져야 한다.
4. 튜브에 새롭게 준비한 alkaline lysis sulition II를 200 μl을 첨가한다. 튜브 뚜껑을 완전히 닫고 재빨리 튜브를 5 회 뒤집어서 샘플을 섞는다. vortex는 하지 않는다. 섞은 후에 튜브를 2 분간 얼음 속에 박아 놓는다.
5. 튜브에 차가운 alkaline lysis solution III 150 μl을 첨가한다. 튜브를 닫고 여러번 뒤집어서 점성이 있는 박테리아 lysate (용해물)로 alkaline lysis solution III가 분산되게끔 한다. 3–5 분간 튜브를 얼음 속에 박아 놓는다.
6. 소형 원심분리기로 박테리아 용해물을 4℃에서 5 분간 최고 속도로 원심분리한다. 상층액을 깨끗한 새 튜브로 옮긴다.
7. 동일 부피의 phenol:chloroform을 첨가한다. vortexing으로 유기용매와 수용성의 상을 섞고, 상온에서 2–5 분간 최고 속도로 튜브를 원심분리한다. 위쪽의 수용성의 상을 깨끗한 새 튜브에 옮긴다.
8. 2배 부피의 에탄올을 첨가하여 이중 가닥 DNA를 침전시킨다. vortexing을 해서 튜브에 있는 내용물을 섞어주고 상온에 혼합물을 2분간 놔둔다.
9. 소형 원심분리기로 4℃에서 5 분간 최대 속도로 원심분리해서 DNA를 회수한다.
10. 상층액을 조심스럽게 빨아 내서 제거한다. 튜브를 거꾸로 종이 타월 위에 놓아 모든 용액이 서서히 빠지도록 한다. 튜브 벽면에 붙어있는 모든 용액 방울을 제거한다.
    이 부가적인 에탄올 침전 방법은 이중 가닥의 DNA가 제한 효소에 의해 효율적으로 잘리도록 한다.
    - TE(pH 8.0) 100 μl에 RF DNA 펠렛을 용해시킨다.
    - 7.5 M ammonium acetate를 50 μl 첨가하고, 잘 섞은 후, 차가운 에탄올을 300 μl 첨가한다.
    - 튜브를 15 분간 상온에 보관하거나 −20℃에서 밤새 보관하고 그 후 소형 원심분리기로 4℃에서 5–10 분간 최고 속도로 원심분리해서 침전된 DNA를 모은다. 상층액을 조심스럽게 빨아내서 제거한다.
    - 차가운 70% 에탄올 250 μl을 첨가해 펠렛을 씻어내고, 2–3 분간 다시 원심분리를 한 후, 상층액을 제거한다.
    - DNA 펠렛을 10분간 공기 중에서 말리고, 단계 12에 기술한 대로 DNA를 용해시킨다.
11. 4℃에서 70% 에탄올을 1 ml 첨가하고 다시 2 분간 원심분리한다. 단계 10에서 설명한 대로 상층액을 제거하고 핵산 펠렛을 10 분간 공기 중에서 말린다.
12. RNA를 제거하기 위해 RNase가 들어있는 TE (pH 8.0) 25 μl을 넣고 펠렛을 풀어준다. 짧게 vortexing 해준다.
13. 적절한 제한 효소로 자르고, 이어서 agarose gel을 통해 전기영동하여 이중 가닥의 RF DNA를 분석한다.
    감염된 박테리아 배양액 1 ml으로부터 예상되는 RF DNA의 수득률은 2–5 μg이고, 이는 5–10회의 제한 효소 분해에 충분한 양이다.

프로토콜 3.4

단일 가닥의 박테리오파지 M13 DNA 준비하기
Preparation of Single-stranded Bacteriophage M13 DNA

박테리오파지 M13 단일 가닥 DNA는 감염된 세포로부터 주변 배지로 분비되는 바이러스 입자들로부터 얻을 수 있다. 섬유 같은 입자들은 폴리에틸렌글리콜이 포함된 높은 이온강도를 갖는 버퍼로 침전시킴으로써 농축할 수 있다. 차후의 페놀을 사용한 추출방법은 단일 가닥 DNA를 방출시키고, 이것을 에탄올로 침전시켜서 모을 수 있다. 이 프로토콜은 적은 수의 M13 고립 집단으로 부터 단일 가닥 DNA를 얻는 일반적인 방법이다. 전형적으로, 단일 가닥 DNA의 회수율은 감염된 배양액 1ml당 5–10 μg이다.

MATERIALS

CAUTION: 〈!〉표시된 물질의 적절한 사용법은 Appendix 4를 참조하세요.

Reagents and Solutions

농축액, 완충액, 시료의 조성은 Appendix 1을 참조하라. 농축액은 적당한 농도로 희석하여 사용하라.

- Chloroform 〈!〉
- Ethanol
- Ethanol (70 %)
- Phenol 〈!〉
  - Water saturated and equilibrated to pH 7.0 (MC3 참조, p. A1.23)
- Polyethylene glycol 8000 (20% w/v PEG, 2.5 M NaCl) 〈!〉
- Sodium acetate (3M, pH 5.2)
- TE (pH 8.0)

Vectors and Hosts

- 박테리오파지 M13이 감염된 대장균 배양액
  - 프로토콜 3.2에 기술한 대로 준비
  - 감염되지 않은 대장균 배양액

Gels/Loading Buffers

1.2% Agarose gel, 캐스트와 0.5 mg/ml ethidium bromide 〈!〉가 들어있는 0.5× TBE
Gel–loading buffer IV

Centrigues/Rotors/Tubes

소형 원심분리기 (4℃ 및 상온)

Additional Items

일회용 yellow tip에 적합한 진공 흡입기

Additional Information

PEG 8000 MC3, p. 1.154

METHOD

1. 박테리오파지가 감염된 배양액과 감염되지 않은 배양액을 각각 1 ml씩 microfuge 튜브로 옮기고 상온에서 최대 속도로 5 분간 원심분리한다. 각각의 상층액을 상온에서 새 microfuge 튜브로 옮긴다.

Adapted from Chapter 3, Protocol 4, p. 3.26 of MC3.

2. 각각의 상층액에 20% PEG, 2.5 M NaCl 용액 200 μl를 첨가해준다. 튜브를 여러 번 뒤집어서 용액을 잘 섞어주고, 이어서 가볍게 vortexing을 한다. 튜브를 상온에 15 분간 놓아둔다.
3. 소형 원심분리기를 이용하여 4℃에서 5 분간 최고 속도로 원심분리해서 침전된 박테리오파지 입자를 얻는다.
4. 일회용의 파이펫 팁을 꽂은 진공 흡입기를 이용하여 모든 상층액을 조심스럽게 제거한다. 튜브를 30 초간 다시 원심분리하고 남아있는 상층액을 모두 제거한다.

   침전된 박테리오파지 입자의 매우 작은 펠렛이 튜브의 바닥면에서 보여야 한다. 박테리오파지가 감염되지 않은 부분의 대장균이 접종된 음성 대조군 튜브에서는 펠렛이 보이지 않아야 한다.

5. 박테리오파지 펠렛에 100 ml TE (pH 8.0)를 넣어 5–10 분간 담가둔 후, 20 초씩 2회 튜브를 vortexing 한다.

   다음 단계에서 phenol에 의한 단일 가닥 DNA의 효율적인 추출을 위해 박테리오파지 펠렛을 완전히 풀어주는 것이 중요하다.

6. 잘 풀어준 펠렛에 equilibrated phenol을 100 μl을 첨가한다. 30 초간 vortexing하여 잘 섞는다. 상온에서 샘플을 1 분간 놓아둔 후 30 초간 vortexing한다.
7. 소형 원심분리기를 이용하여 샘플을 상온에서 3–5 분간 최고 속도로 원심분리한다. 위쪽에 있는 수용성의 상을 깨끗한 새 microfuge 튜브로 가능한 한 많이 옮긴다.

   수용성 상 전체를 모두 옮기려고 하지 않는다. 경계면에서 수용성 상을 5 μl정도 남기면 더욱 깨끗한 단일 가닥 DNA를 얻을 수 있다.

8. 0.3 M sodium acetate를 포함하는 에탄올로 M13 DNA를 침전시켜 얻는다. 짧게 vortexing해 샘플을 섞고 튜브를 상온에 15–30 분간 놓아두거나 −20℃에 밤새 놓아둔다.
9. 침전된 단일 가닥 박테리오파지 DNA를 소형 원심분리기로 4℃에서 10분간 최고 속도로 원심분리하여 얻는다.
10. DNA 펠렛이 망가지는 것에 주의하면서, 진공 흡입기로 상층액을 제거한다 (종종 튜브 한 쪽 면에 안개처럼 보인다). 15 초간 튜브를 다시 원심분리하고 남아있는 supernatant (상층액)을 제거한다.
11. 200 μl의 차가운 70 % 에탄올을 첨가해주고 4℃에서 5–10 분간 최고 속도로 원심분리한다. 즉시 진공 흡입기로 상층액을 흡입하여 제거해준다.

    이 단계에서, 펠렛은 튜브 벽면에 단단히 붙어 있지 않다. 그러므로 DNA 손실을 막기 위해 빠르고 조심스럽게 상층액을 제거해 주는 것이 중요하다.

12. 남아있는 에탄올이 밑으로 빠져나오게 하거나 증발시키기 위해서 뚜껑이 열려있는 튜브를 10 분간 거꾸로 놓아둔다. TE (pH 8.0) 40 μl에 펠렛을 녹인다. DNA를 빠르게 용해시키기 위해서 용액의 온도를 5 분간 37℃로 올려준다. DNA 용액을 −20℃에 보관한다.

    단일 가닥 DNA의 회수율은 대개 원 감염 배양액 1ml당 5–10 μg이다.

13. 단계 12에서 얻은 DNA의 2 μl를 1 μl의 gel loading buffer IV와 섞어 DNA 농도를 측정한다. 샘플을 0.5 μg/ml ethidium bromide와 0.5× TBE가 들어있는 1.2% 아가로우즈 젤 캐스트의 well에 로딩한다. 대조군으로, 농도를 알고 있는 M13 DNA의 다양한 양을 사용한다. 6 V/cm로 1 시간동안 전기영동을 한 후에 젤을 관찰한다. 형광의 세기로부터 DNA 양을 측정한다.

    대개, dye primer를 이용한 4번의 dideoxy cycle sequencing 반응에 2–3 μl의 표준적인 박테리오파지 M13 DNA가 필요하다.

프로토콜 3.5	대용량으로 단일 가닥과 이중 가닥의 박테리오파지 M13 DNA 준비하기 Large-scale Preparation of Single-stranded and Double-stranded Bacteriophage M13 DNA

이 프로토콜은 프로토콜 3.3과 3.4의 규모 확대 버전으로 클로닝 벡터로 대개 사용되는 M13 균주의 이중 가닥 DNA의 대용량의 스톡을 만들 때 주로 사용된다. 개별 재조합체에서 유래한 대용량의 단일 가닥 DNA는 때때로 특수한 방사선 동위원소가 표지된 탐침의 준비나 다수의 site-directed 돌연변이체 생산과 같은 특별한 목적에 사용될 수 있다.

MATERIALS

CAUTION: 〈!〉표시된 물질의 적절한 사용법은 Appendix 4를 참조하세요.

Reagents and Solutions

농축액, 완충액, 시료의 조성은 Appendix 1을 참조하라. 농축액은 적당한 농도로 희석하여 사용하라.

- Ethanol
- Ethanol (70 %)
- NaCl (고체)
- Phenol 〈!〉
  - Water saturated and equilibrated to pH 7.0 (MC3 참조, p. A1.23)
- Phenol:chloroform (1:1, v/v) 〈!〉
- Polyethylene glycol 8000 〈!〉
- Sodium acetate (3 M, pH 5.2)
- STE
- TE (pH 8.0)
- Tris-Cl (10 mM, pH 8.0)

Vectors and Hosts

- 박테리오파지 M13 스톡
  - 프로토콜 3.2에 기술한 대로 준비
- *E. coli* F′ plasmid bacteria
  - 프로토콜 3.1에 기술한 대로 준비

Media and Antibiotics

37℃로 미리 데워진 5 mM $MgCl_2$가 포함된 LB 또는 YT 배지

Gels/Loading Buffers

0.8% Agarose gel, 캐스트와 0.5 mg/ml ethidium bromide 〈!〉가 들어있는 0.5× TBE

Centrigues/Rotors/Tubes

- Corex glass centrifuge tubes (30 ml)
- Sorvall SLC-1500, SS-34 rotors, tubes 와 bottles (4℃)

Additional Items

- Bacterial shaking incubator
- Magnetic stirrer 와 magnetic bar

Adapted from Chapter 3, Protocol 5, p. 3.30 of MC3.

이 프로토콜의 단계 5는 프로토콜 1.3, 1.8, 1.9 그리고 1.10에 명시된 시약을 필요로 한다.
멸균 처리된 튜브 (13 × 75 or 17 × 100 mm)

Additional Information

PEG 8000 MC3, p. 1.154

METHOD

1. 배양한 plating 박테리아 2.5 ml을 멸균처리된 튜브 (13 × 75 or 17 × 100 mm)에 옮긴다. 박테리오파지 M13 스톡(~5 × 10^{11} pfu) 0.5 ml을 첨가하고 튜브 한 쪽 면을 톡톡 쳐서 섞는다. 감염된 세포를 상온에서 5 분간 배양한다.
2. 감염된 세포를 2-liter 플라스크에 미리 37℃로 데워서 준비한 5 mM $MgCl_2$가 포함된 LB나 YT 배지 250 ml에 넣어 희석한다. 37℃에서 5 시간동안 일정한 속도로 강하게 흔들면서 배양한다.
3. 4℃에서 15 분간 4000 g(Sorvall SLC-1500 rotor 사용시 5000 rpm)로 원심분리하여 감염된 세포를 수득한다. 아래 단계 7-17에 기술한 대로 단일 가닥 박테리오파지 M13 DNA의 대량 준비를 위해 사용되는 상층액을 회수한다.
4. 차가운 STE 100 ml에 박테리아 펠렛을 다시 풀어준다. 4℃에서 15분간 4000 g (Sorvall SLC-1500 rotor 사용시 5000 rpm)로 원심분리하여 세척된 세포를 얻는다.
5. Alkaline lysis방법을 이용해 박테리오파지 M13 closed circular RF DNA를 분리한다(MC3, 프로토콜 1.3 참조). 세포 용해 용액의 부피를 적절하게 높여서 맞춘다. PEG에 의한 침전이나, 컬럼 크로마토그래피, CsCl-ethidium bromide 농도경사내의 평형 원심분리를 통해 DNA를 정제한다.
6. 분광학적으로 DNA의 농도를 측정하고 아가로우즈 젤 전기영동으로 DNA의 농도를 확인한다. closed circular DNA를 적은(1-5 μg) 양으로 분주해서 -20℃에서 보관한다.

   250 ml 감염된 세포에서 예상되는 RF DNA의 회수율은 대략 200 μg이다.
7. 감염된 세포 배지에서 박테리오파지 입자들로부터 단일 가닥 DNA를 분리해내기 위해, 단계 3에서 얻은 250 ml 상층액을 magnetic stirring bar가 들어있는 500 ml 비커에 옮겨 넣는다.
8. 상층액에 PEG 10 g과 NaCl 7.5 g을 넣는다. 상온에서 용액을 30-60 분간 젓는다.
9. 4℃에서 20분간 10,000 g(Sorvall SLC-1500 rotor 사용시 7800 rpm)로 원심분리하여 침전물을 모은다. 2-3 분간 원심분리 bottle을 뒤집어 놓아 상층액을 흘러나오게 하고, Kimwipes를 사용해 bottle의 벽과 목에 남아있는 상층액을 모두 제거한다.

   원심분리 bottle의 옆쪽과 바닥에 있는 침전된 박테리오파지 입자의 흰 색의 얇은 막을 건드리지 않도록 한다.
10. bottle에 10 mM Tris-Cl (pH 8.0) 10 ml을 첨가한다. bottle 안의 용액을 휘젓고 파스테르 피펫을 사용하여 bottle의 옆면에 붙은 침전물도 철저히 녹여 낸다. 박테리오파지 펠렛이 용해되면, 30 ml Corex 원심분리 튜브로 용액을 옮긴다.
11. 박테리오파지 부유물에, 같은 부피의 equilibrated phenol을 첨가하고, 튜브를 실리콘 고무마개로 막고 2분간 vortexing해서 내용물을 잘 섞는다.
12. 용액을 상온에서 5분간 3000 g(Sorvall SLC-1500 rotor 사용시 5000 rpm)로 원심분리한다. 위쪽에 있는 수용액 상을 깨끗한 새 튜브에 옮기고 phenol:chloroform 10 ml으로 추출을 반복한다.

유기용매 층과 수용성의 층 사이의 경계가 보인다면, chloroform 으로 수용성의 상층액을 한 번 더 추출한다.

13. 2개의 30 ml Corex 튜브에 수용성 상을 동일한 양으로 각각 옮겨 넣는다. 각각의 튜브에 3 M sodium acetate (pH 5.2) 0.5 ml과 에탄올 11 ml을 첨가한다. 용액을 잘 섞고 상온에 15 분간 샘플을 놓아둔다.
14. 4℃에서 20분간 12,000 g(Sorvall SLC-1500 rotor 사용시 10000 rpm)로 원심분리하여 단일 가닥 DNA의 침전물을 얻는다. 조심스럽게 상층액을 모두 제거한다.

    대부분의 침전된 DNA는 원심분리 튜브의 벽면에 붙어있는 얇은 막에서 얻을 수 있다.
15. 4℃에서 각각의 튜브에 70 % 에탄올을 30 ml씩 첨가하고 4℃에서 10분간 12,000 g(Sorvall SLC-1500 rotor 사용시 10000 rpm)로 원심분리한다. 가능한 한 많은 양의 상층액을 조심스럽게 제거하고, 튜브를 뒤집어 놓아 침전물으로부터 남아 있는 상층액이 모두 흘러나오도록 한 후, Kimwipes를 사용해 튜브의 벽과 목에 남아있는 상층액 모두를 제거한다.
16. 상온에서 남아있는 에탄올을 증발시킨다. 펠렛을 TE (pH 8.0) 1 ml에 용해시킨다. DNA를 −20℃에 보관한다.
17. 분광학적으로 DNA의 농도를 측정하고 아가로우즈 젤 전기영동으로 DNA의 농도를 확인한다. Closed circular DNA를 적은(10−50 μg) 양으로 분주해서 −20℃에서 보관한다.

    감염된 세포 250 ml당 예상되는 단일 가닥 DNA의 회수율은 대략 250 μg−1 mg이다.

프로토콜 3.6

박테리오파지 M13 벡터로 클로닝하기
Cloning into Bacteriophage M13 vectors

이 프로토콜은 박테리오파지 M13 재조합체를 만드는 3개의 정형화된 방법을 기술한다 : (1) M13 RF를 하나의 제한 효소로 분해하여 만든 선형화된 벡터에 삽입 DNA를 붙이는 방법; (2) 선형화된 벡터의 자가 연결을 억제하기 위해 알칼라인 포스파타아제를 사용하는 방법; 그리고 (3) 직접적인 클로닝을 위해 2개의 제한 효소를 사용해 분해한 M13 RF를 이용하는 방법.

MATERIALS

CAUTION: 〈!〉표시된 물질의 적절한 사용법은 Appendix 4를 참조하세요.

Reagents and Solutions

농축액, 완충액, 시료의 조성은 Appendix 1을 참조하라. 농축액은 적당한 농도로 희석하여 사용하라.

ATP (10 mM)

10× ligation 버퍼가 ATP를 포함하고 있으면 필요하지 않다.

Ethanol

Ethanol (70%)

IPTG (20% w/v)

Phenol:chloroform (1:1, v/v) 〈!〉

Sodium acetate (3 M, pH 5.2)

X-gal (2% w/v) 〈!〉

Vectors and Hosts

박테리오파지 M13 RF DNA

E. coli-competent cell carrying an F′ plasmid

프로토콜 1.25에 기술한 대로 준비하거나 상업적으로 파는 것 구매

E. coli F′ plating bacteria

프로토콜 3.1에 기술한 대로 준비하거나 상업적으로 파는 것 구매

Media and Antibiotics

YT or LB agar 플레이트

YT or LB 배지

YT or LB top agarose

Enzymes and Buffers

박테리오파지 T4 DNA ligase와 10× buffer

Calf 또는 shrimp 알칼라인 포스파타아제와 10× 버퍼 (선택적; Step 4 참조)

제한 효소와 10× 버퍼

Nucleic Acids/Oligonucleotides

외래 DNA

시험용 DNA

Gels/Loading Buffers

0.8% Agarose gel, 캐스트와 0.5 μg/ml ethidium bromide 〈!〉가 들어있는 0.5× TBE Gel-loading buffer IV

Adapted from Chapter 3, Protocol 6, p. 3.33 of MC3.

Additional Items

이 프로토콜의 단계 4는 프로토콜 1.20에 명시된 시약을 필요로 한다.
멸균처리된 5 ml 배양용 튜브 (e.g., Falcon 2054, Becton Dickins
수조 또는 히팅/쿨링 블록 (12–16℃, 42℃ 및 47℃)

Additional Information

이 프로토콜로부터 얻을 수 있는 전형적인 결과를 보여주는 표 MC3, p. 3.38

METHOD

1. 박테리오파지 M13 벡터 RF DNA 1–2 μg을 DNA 양의 3–5배 정도의 많은 양의 적절한 제한 효소로 자른다. M13 RF DNA는 들어있지만 제한효소는 들어있지 않은 대조군 실험을 준비한다.
2. 효소 반응 기간의 끝에, 각각의 반응으로부터 소량의 DNA 샘플(50 ng)을 취득해 0.8 % 아가로우즈 젤에 전기 영동하여 분해된 크기를 분석한다. 만약 분해가 완전하지 않다면 (i.e., 만약 closed circular DNA가 보인다면), 더 많은 제한 효소를 넣고 반응을 지속한다.
3. 분해가 끝나면, phenol:chloroform으로 M13 DNA를 추출하고 이어서 0.3 M sodium acetate (pH 5.2)를 포함하는 에탄올을 이용한 표준 에탄올 침전법으로 정제한다. DNA를 50 μg/ml의 농도가 되도록 TE (pH 8.0)에 녹인다.
4. 필요하다면, 선형화된 벡터 DNA를 calf 알칼라인 포스파타아제 또는 shrimp 알칼라인 포스파타아제로 처리하여 탈인산화시킨다. 탈인산화 반응이 끝나면, 열을 가하거나 proteinase K를 이용하여 알칼라인 포스파타아제를 분해하여 불활성화시키고, 이어서 phenol:chloroform으로 추출한다 (자세한 내용은 프로토콜 1.20 참조).
5. 단계 3에 명시된 대로 선형화된 M13 DNA를 회수한다. 탈인산화된 DNA를 50 μg/ml의 농도가 되도록 TE (pH 7.6)에 녹인다.
6. 적절한 제한 효소로 잘라서 각각의 외래 DNA 제한 절편를 만들고 이것들을 아가로우즈 젤 전기영동으로 정제한다. 외래 DNA를 50 μg/ml의 농도가 되도록 TE (pH 7.6)에 녹인다.

상보적 점착 말단을 갖는 DNA 조각들을 연결할 때, 다음의 단계 7–9에 명시된 방법을 따른다. 평활 말단 연결반응을 위한 방법은 프로토콜 1.19에 명시되어 있다.

7. microfuge 튜브에(Tube A), 대략 vector DNA 50 ng과 vector 양의 1–5배되는 표적 (외래) DNA 절편을 섞어준다. 두 DNA가 섞여 있는 부피는 8 μl을 초과하지 않아야 한다. 필요하다면, 7.5–8.0 μl의 부피를 맞춰주기 위해 TE (pH 7.6)을 첨가한다. 대조군으로, 다음과 같은 3개의 연결 반응을 준비한다.

Tube	DNA
B	같은 양의 벡터 DNA, 외래 DNA는 포함되지 않음
C	같은 양의 벡터 DNA, 1–5배되는 표적 DNA 절편
D	같은 양의 vector DNA와 동일 무게의 이전에 박테리오파지 M13으로 성공적으로 clone된 시험용 DNA

시험용 DNA로, 4개의 염기서열을 인식할 수 있고 사용되는 M13 vector에 상보적인 말단을 만드는 제한효소로 자른 박테리오파지 λ DNA를 사용한다.

8. 10× ligation 버퍼 1 μl와 10 mM ATP 1 μl을 4개의 반응 튜브에 각각 넣어준다 (Tubes A–D).

   ATP가 들어있는 상업용의 버퍼를 사용할 때 ATP를 넣는 과정은 생략한다.

9. Tube A, B, D에 박테리오파지 T4 DNA 리가아제를 0.5 Weiss unit씩 첨가한다. 몇 초 동안 각각의 튜브의 옆면을 쳐주면서 내용물을 섞는다. 12–16℃에서 4–16 시간동안 연결반응을 진행시킨다.

   연결 반응이 끝나면, 각각의 ligation 반응 1 μl씩을 0.8 % 아가로우즈 젤에 전기영동 하여 분석한다. 벡터와 외래 DNA 절편이 연결된 원형의 재조합체 물질의 밴드는 대조군 (Tube C)에서는 보이지 않아야 하지만 시험 반응 (Tube A)에서는 보여야 한다.

   연결 반응 후에, 반응물은 형질전환할 때까지 –20℃에서 저장한다.

10. 지속적으로 흔들면서 37℃에서 plating 박테리아(프로토콜 3.1 참조)를 YT or LB 배지에 밤새 배양하여 준비한다.

11. 분주하여 얼려 놓은 F′ 플라스미드를 포함하는 적절한 균주의 competent 세포를 녹인다. 세포를 상온에서 녹이고 10분간 얼음에 놓아 둔다.

12. competent F′ 박테리아를 20–100 μl씩 0℃로 차갑게 만든 16 개의 멸균 처리된 5 ml 배양용 튜브 (Falcon 2054, Becton Dickinson)에 옮긴다.

13. 즉시 각각의 competent 세포를 넣은 튜브에 연결 반응물과 대조군(tube A–D)을 0.1–, 1.0– 그리고 5 μl씩 첨가한다. 몇 초간 튜브 옆면을 가볍게 쳐서 박테리아와 DNA를 섞어준다. 얼음에 30–40 분간 보관한다. 박테리오파지 M13 RF DNA 5 pg을 포함한 것과 DNA를 포함하지 않은 것의 2개의 형질전환 대조군을 포함한다.

14. 연결 반응된 DNA를 competent 세포에 섞어 반응하는 동안, 3 ml melted YT 또는 LB top agarose를 포함하는 16개의 멸균처리된 배양용 튜브 세트를 준비한다. 튜브를 단계 16에서 필요할 때까지 히팅 블록이나 수조안에서 47℃로 보관한다.

15. competent 박테리아와 DNA가 들어있는 튜브를 42℃로 설정된 수조에 넣는다. 튜브를 정확히 90 초 동안 반응시키고 즉시 차가운 수조로 옮긴다.

16. 2 % X–gal 40 μl, 20% IPTG 4 μl, 밤새도록 키운 대장균 세포 200 μl (단계 10)을 단계 14에서 준비해 놨던 melted top agarose를 담아 놓은 튜브에 넣고, 몇 초 동안 가볍게 vortexing하여 튜브의 내용물을 섞는다. 각각의 형질전환된 박테리아를 튜브로 옮긴다. 튜브를 닫고 3번 뒤집어서 내용물을 섞는다. 각각의 튜브의 내용물을 개별 표기된 LB agar plate에 붓는다. 박테리아와 top 아가로우즈가 고르게 퍼지게 하기 위해 플레이트를 돌려준다.

17. 플레이트를 닫고 상온에서 5분간 top agarose를 굳힌다. Kimwipes를 사용하여 플레이트 위쪽에 응결된 액체를 제거하고, 플레이트를 뒤집어서 37℃에서 배양한다.

    플라그는 8–12시간 후에 완전히 형성된다.

프로토콜 3.7

재조합된 박테리오파지 M13 클론 분석하기

Analysis of Recombinant Bacteriophage M13 Clones

이 프로토콜은 M13 재조합체의 단일 가닥 DNA의 크기를 빠르게 분석하는 방법을 나타낸다.

MATERIALS

CAUTION: 〈!〉표시된 물질의 적절한 사용법은 Appendix 4를 참조하세요.

Reagents and Solutions

농축액, 완충액, 시료의 조성은 Appendix 1을 참조하라. 농축액은 적당한 농도로 희석하여 사용하라.

SDS (2% w/v)

20× SSC

Vectors and Hosts

Bacteriophage M13 nonrecombinant plaques in top agarose

프로토콜 3.1에 기술한 대로 준비

Bacteriophage M13 recombinant plaques in top agarose

프로토콜 3.6에 기술한 대로 준비

E. coli F′ plasmid 박테리아

프로토콜 3.1에 기술한 대로 준비 또는 상업적으로 파는 것 구매

Nucleic Acids/Oligonucleotides

단일 가닥 재조합체 박테리오파지 M13 DNAs

전기영동에서 양성 대조군으로 사용하기 위해 알고 있는 크기의 외래 서열을 가지고 있는 기존에 보고된 재조합체를 사용할 것

Gels/Loading Buffers

0.7% Agarose gel, 캐스트와 0.5 μg/ml ethidium bromide 〈!〉가 들어있는 0.5× TBE

Gel-loading buffer IV

Additional Items

이 프로토콜의 단계 1은 프로토콜 3.2에 명시되었던 시약을 필요로 한다.

이 포로토콜의 단계 7은 프로토콜 2.21과 2.22에 명시되었던 시약을 필요로 한다.

수조 또는 히팅/쿨링 블록 (65℃)

Additional Information

대안적인 프로토콜 (혼성화에 의한 박테리오파지 M13 플라그의 스크리닝) MC3, p. 3.41

METHOD

1. 프로토콜 3.2에 기술한 대로 적절한 F′ host에서 자란 하나의 플라그로부터 잠정적인 박테리오파지 재조합체의 스톡을 준비한다.

   대조군으로, 재조합되지 않은 여러 개의 박테리오파지의 스톡을 준비한다 (완전히 분리된 짙은 파란색 플라그로부터 선택된).

2. 멸균처리된 팁이 꽂혀진 micropipettor를 사용하여 각각의 상층액을 20 μl씩 깨끗한 새 microfuge 튜브로 옮긴다. 남은 상층액은 필요할 때까지 4℃에 보관한다.

3. 20 μl씩 분주한 상층액 각각에 2 % SDS 1 μl씩을 첨가한다. 내용물을 섞기 위해 튜브 옆면을 쳐주고 65 ℃에서 5분간 튜브를 항온처리한다.

4. 각각의 튜브에, gel-loading buffer IV를 5 μl씩 첨가한다. 다시 튜브 옆면을 쳐서 내용물을 섞고 0.7 % agarose gel에 전기영동하여 각각의 샘플을 분석한다. 5 V/cm으로 gel 을 내린다. 양성 대조군으로, 알고 있는 크기의 foreign 서열을 가지고 있는 기존에 알려진 M13 재조합체의 단일 가닥 DNA를 사용한다.

5. bromophenol blue가 gel의 모든 부분을 다 통과했을 때, UV 아래서 DNA 사진을 찍는다.

6. 잠정적인 재조합체로부터 얻은 단일 가닥 DNA의 전기영동에서의 이동성과 대조군인 재조합되지 않은 박테리오파지로부터 얻은 DNA의 이동성을 비교해 본다.

   200-300 뉴클레오티드보다 큰 외래 DNA의 서열을 지니고 있는 재조합체의 단일 가닥 DNA는 0.7 % agarose gel 에서 empty vector보다 조금 느리게 이동할 것이다. 원하는 크기의 재조합체가 한번 확인되고 나면, 단일 가닥 DNA는 4℃ (단계 2)에 저장되어있던 상층액으로부터 얻을 수 있다.

7. 필요하다면, 단일 가닥 DNA를 gel에서 니트로셀룰로스 또는 나일론 멤브레인 (프로토콜 2.21 참조)으로 옮기고, 적절한 방사성 동위원소 탐침 (프로토콜 2.22 참조)으로 혼성화시켜 외래 DNA 서열의 유무를 확인한다. gel을 20× SSC의 10배 부피에 45 분간 담그고 나서 DNA를 멤브레인으로 직접 옮긴다.

프로토콜 3.8 파지미드 벡터를 이용하여 단일 가닥의 DNA를 제작하기
Producing Single-stranded DNA with Phagemid Vectors

이 프로토콜은 적절한 헬퍼 바이러스의 고농도 스톡과 함께 재조합 파지미드를 가지고 있는 중복 감염 박테리아를 제작하고, 파지미드 DNA의 단일 가닥 복사본을 가지고 있는 선형 바이러스 입자의 회수율을 분석하는 방법을 제시한다.

MATERIALS

CAUTION: 〈!〉표시된 물질의 적절한 사용법은 Appendix 4를 참조하세요.

Reagents and Solutions

농축액, 완충액, 시료의 조성은 Appendix 1을 참조하라. 농축액은 적당한 농도로 희석하여 사용하라.

Kanamycin (10 mg/ml)
SDS (2% w/v)

Vectors and Hosts

박테리오파지 M13K07 (helper)

M13K07은 상업적으로 파는 것을 구할 수도 있고 이 프로토콜의 단계 1-3에 나와 있는 것처럼 증식시켜 얻을 수도 있다. 헬퍼 바이러스 스톡은 2× YT 배지에서 4℃에서 보관하거나 혹은 50 % glycerol (v/v)이 들어있는 2× YT 배지에서 −20℃에서 보관한다.

E. coli F′ strain

박테리오파지 M13의 증식에 적합한 균주의 리스트를 확인하기 위해서는 M13, MC3, 표 3-2 (pp. 3.12-3.13)과 3-4 (p. 3.42)를 참조하시오.

E. coli DH11S

이 균주는 보충화된 미니멀 아가 플레이트에서 배양되어야 한다.

박테리오파지 M13 파지미드 벡터로 형질전환된 *E. coli* 균주 DH11S

이 균주는 프로토콜 3.6에 기술한 대로 파지미드 벡터로 형질전환된 것이다. 형질 전환된 균주는 프로토콜 3.2에 기술한 배양법으로 증식시킬 수 있다.

외래 DNA를 포함하는 박테리오파지 M13 재조합체 파지미드 클론으로 형질전환된 *E. coli* 균주 DH11S

이 균주는 프로토콜 3.6에 기술한 대로 재조합 파지미드 벡터로 형질전환된 것이다. 형질 전환된 균주는 프로토콜 3.2에 기술한 배양법으로 증식시킬 수 있다.

Media and Antibiotics

Supplemented M9 미니멀 agar 플레이트
60 μg/ml ampicillin을 포함하는 YT agar 플레이트
25 μg/ml kanamycin을 포함하는 2× YT 배지
60 μg/ml ampicillin을 포함하는 2× YT 배지
2× YT 배지

Gels/Loading Buffers

0.7% Agarose gel, 캐스트와 0.5 mg/ml ethidium bromide 〈!〉가 들어있는 0.5× TBE
Gel-loading buffer IV

Centrigues/Rotors/Tubes

Microfuge (4℃) 및 멸균처리된 microfuge 튜브

Additional Items

Bacterial shaker (37℃)
이 프로토콜의 단계 14는 프로토콜 3.4에 명시되어있는 시약을 필요로 한다.
이 프로토콜의 단계 2와 5는 프로토콜 3.1에 명시되어 있는 시약을 필요로 한다.
멸균처리된 튜브 (17 × 100 mm)
수조 또는 히팅 블록 (65℃)

Additional Information

파지미드의 특징, 성장, 사용방법 MC3, pp. 3.42–3.44

METHOD

파지미드를 사용하는 데 있어 성공하는 열쇠는 농도를 정확하게 알고 있는 helper virus의 스톡을 준비하는 것이다.

1. supplemented 미니멀 agar 플레이트에서 자란 새로운 하나의 colony를 선택하여 2× YT 배지 20 ml에 *E. coli* DH11S 균주의 배양을 시작한다. OD_{600}가 0.8이 될 때까지 보통속도의 교반으로 37℃에서 배양액을 배양한다.

2. 2× YT 배지에 박테리오파지 M13K07을 1/10씩 연속적으로 희석하여 준비하고, 프로토콜 3.1에서 기술한 대로 DH11S 세포의 세포잔디 위에서 완전히 고립된 플라그를 얻기 위해 분주한 박테리오파지를 플레이트에 도포한다.

3. 잘 분리된, 하나의 플라그를 선택해서 kanamycin (25 μg/ml)이 포함된 2× YT 배지 2–3 ml가 들어있는 15 ml 배양용 튜브에 각각의 플라그를 넣는다. 보통 속도의 교반 (분당 250 cycles)으로 37℃에서 12–16 시간동안 감염된 배양액을 배양한다.

   이 프로토콜에서 사용되는 kanamycin은 phagemid genome을 가지고 있는 모든 박테리아 세포가 helper M13K07 박테리오파지에 의해 감염된 사실을 확인시켜준다. M13K07 (e.g., 단계 1–3)가 증식하는 동안에, p15 origin과 Tn903 트랜스포존을 잃은 박테리오파지 genome을 선별한다. 이런 이유로, 이 단계에서 헬퍼 바이러스 스톡을 준비하기 위해 사용되는 배지에 kanamycin을 넣어 주는 것은 필수적이다.

다음에 이어지는 단계에서는, 새로 선택된 하나의 플라그로부터 얻은 M13K07 스톡을 사용한다.

4. 감염된 배양액을 멸균처리된 1.5 ml microfuge 튜브로 옮기고 4℃에서 2 분간 최고 속도로 원심분리한다. 깨끗한 새 튜브로 상층액을 옮기고 4℃에 보관한다.

5. 박테리오파지 M13의 성장을 도와주는 대장균 F′ (TG1, DH11S, NM522, 또는 XL1–Blue) 균주 위에서 플라그를 형성한 (프로토콜 3.1) 박테리오파지 스톡 각각의 농도를 측정한다.

   스톡에서 감염성의 박테리오파지 입자의 농도는 1ml당 10^{10} pfu이 되어야 한다. 낮은 농도의 스톡은 버린다.

6. 60 μg/ml ampicillin (엠피실린)이 포함된 2개의 개별적인 YT agar 플레이트 위에 (i) 재조합체 파지미드와 (ii) 빈 phagemid vector에 의해 형질 전환된 DH11S 세포를 스트리크한다. 플레이트를 37 ℃에서 16 시간동안 배양한다.

7. (i) 재조합된 파지미드에 의해 형질 전환된 여러 개의 독립 군체 및 (ii) 빈 벡터로 형질 전환된 한 두 독립 군체를 선택하여 60 μg/ml ampicillin이 포함된 2–3 ml YT 배지가 들어있는 멸균처리된 17 × 100 mm 튜브로 접종한다.

8. 각각의 배양액에, M13K07 helper 박테리오파지를 최종 농도가 2 × 10^7 pfu/ml이 되도록 넣는다. 강한 속도로 교반(분당 300 cycles)하며 37℃에서 1–1.5 시간동안 배양액을 배양한다.

9. kanamycin을 최종 농도가 25 μg/ml이 되도록 배양액에 첨가한다. 37℃에서 14–18 시간동안 추가적으로 배양 한다.

10. 세포 부유액을 microfuge 튜브로 옮기고 상온에서 5 분간 최고 속도로 원심분리하여 성장 배지로부터 박테리아 세포를 분리한다. 상층액을 깨끗한 새 튜브로 옮기고 4℃에 보관한다.

11. 0.5 ml microfuge 튜브에 2 % SDS 2 μl와 각각의 상층액 40 μl씩을 섞어준다. 살짝 튜브를 쳐서 튜브의 내용물을 섞어주고 65℃에서 5분간 튜브를 항온유지한다.

12. 파지미드 DNA 샘플 각각에 gel–loading 버퍼를 5 μl씩 넣고, 샘플을 섞은 후, 0.7 % 아가로우즈 젤의 각각의 well에 로딩한다.

13. 브로모페놀 블루가 대략 gel의 반 정도까지 내려 올 때까지 6 V/m로 여러 시간 전기영동을 한다. UV 아래서 젤을 확인하고 사진을 찍는다.

    회수율은 파지미드 내의 외래 DNA의 크기와 성질에 따라 달라지지만, 대략 배양 용액 부피 1ml당 1 μg이다.

14. 많은 양의 단일 가닥 DNA를 포함하는 상층액으로부터 단일 가닥 phagemid DNA를 분리한다. 프로토콜 3.4에 명시된 단계를 따르고, 부피를 2–3 배로 늘린다.

제 4 장

고효율 벡터를 이용한 실험들

Working with high-capacity vectors

프로토콜 4.1	코스미드 벡터를 이용한 게놈 DNA 라이브러리 제조, 153
프로토콜 4.2	혼성법에 의한 비증폭 코스미드 라이브러리의 스크리닝: 필터 상에 라이브러리 도말하기, 158
프로토콜 4.3	코스미드 라이브러리의 증폭과 보관: 액체 배양으로부터 증폭하기, 160
프로토콜 4.4	코스미드 라이브러리의 증폭과 보관: 필터 상으로부터 증폭 하기, 162
프로토콜 4.5	P1 박테리오파지를 이용한 클로닝 시스템, 164
프로토콜 4.6	대장균 숙주 간 P1 클론의 전달, 167
프로토콜 4.7	박테리아 인위 염색체를 이용한 연구, 169
프로토콜 4.8	소규모 배양으로부터 BAC DNA를 정제하는 방법, 171
프로토콜 4.9	대규모 배양으로부터 BAC DNA를 정제하는 방법, 173
프로토콜 4.10	효모 인위 염색체를 이용한 실험, 176
프로토콜 4.11	*S. cerevisiae*의 배양과 DNA의 정제, 178
프로토콜 4.12	효모 DNA의 소규모 정제법, 180
프로토콜 4.13	PCR 기법을 이용한 효모 콜로니의 분석, 182
프로토콜 4.14	고효율 벡터에 클로닝된 게놈 DNA 조각의 말단의 동정: Vectorette polymerase chain reactions, 184

BACKGROUND INFORMATION

다른 언급이 없으면 기본이 되는 정보는 Molecular Cloning: A Laboratory Manual, 3판 (이제부터 MC3)에 있다.

Bacterial artificial chromosomes (BACs)	MC3, pp. 4.48–4.51
Choosing a vector	MC3, pp. 4.7–4.10
Commercially available libraries	MC3, pp. 4.9
Constructing libraries of genomic DNA	MC3, pp. 4.6–4.7
Cosmids and cosmid libraries	MC3, pp. 4.11–4.17
P1 cloning systems	MC3, pp. 4.35–4.41
Properties of high–capacity vectors	MC3, pp. 4.1–4.5 and 4.7–4.10
Yeast artificial chromosomes	MC3, pp. 4.58–4.65

프로토콜 4.1

코스미드 벡터를 이용한 게놈 DNA 라이브러리 제조
Construction of genomic DNA libraries in cosmid vectors

이 프로토콜은 cosmid vector (코스미드 벡터)인 SuperCos-1를 이용하여 35-45 kb 길이의 게놈 DNA 라이브러리를 제조하는 방법이다. 주요 절차를 살펴보면,

- SuperCos-1 DNA의 선형화 및 탈인산화
- MboI을 이용한 고분자량 게놈 DNA의 부분 분해
- 게놈 DNA의 탈인산화
- 코스미드 말단과 게놈 DNA의 접합: 재조합체의 패키지와 도포
- 재조합 코스미드의 분리 및 분석: 라이브러리의 확인

MATERIALS

CAUTION: 〈!〉표시된 물질의 적절한 사용법은 Appendix 4를 참조하세요.

Reagents and Solutions

농축액, 완충액, 시료의 조성은 Appendix 1을 참조하라. 농축액은 적당한 농도로 희석하여 사용하라.

λ 박테리오파지 패키지 혼합물 (구입하여 사용가능)
Chloroform 〈!〉
Ethanol
Ethanol (70%)
Phenol:Chloroform (1:1, v/v) 〈!〉
SM
Sodium acetate (3 M, pH 5.2)
TE (pH 8.0)

Vectors and Hosts

λ 박테리오파지 stock
E.coli plating bacteria

λ 박테리오파지 입자로 패키지 된 코스미드 DNA의 감염율을 측정하기 위해 이용.
이 목적으로 주로 사용되는 균주는 XL1-Blue, ED8767, NM554, DH5αMCR 등이다.
코스미드 벡터에 적당한 plating bacteria 균주를 선택한다.

Media and Antibiotics

TB
TB agar plates containing 25 μg/ml kanamycin
TB medium containing 25 μg/ml kanamycin

Enzymes and Buffers

Alkaline phosphatase (CIP or SAP) and 10× buffer
T4 박테리오파지 DNA ligase and 10× ligase buffer containing ATP (1 mM)
Restriction enzymes BamHI, MboI, and XbaI, and 10× buffers
게놈 삽입체는 자르지 않고, 코스미드 벡터만 자르는 restriction enzymes (NotI, SalI)

Adapted from Chapter 4, Protocol 1, p. 4.11 of MC3.

Nucleic acids/Oligonucleotides

λ 박테리오파지 DNA
HindIII로 자른 λ 박테리오파지 DNA
High-molecular-weight genomic DNA
Marker DNA: 선형 λ 박테리오파지 DNA
Superhelical SuperCos-1 DNA

Gels/Loading Buffers

0.7% and 0.8% Agarose gel, cast and run in 0.5× TBE containing 0.5 μg/ml ethidium bromide 〈!〉
Pulse-field gels (or 0.5% agarose gels)

Additional Items

Bacterial shaker (37℃)
10번 과정에서 필요한 시약 (MC3의 프로토콜 2.17)
23번 과정에서 필요한 시약 (MC3의 프로토콜 1.1)
Water baths (65℃)
Water baths or heating block (37℃)

Additional Information

Alkaline phosphatases	MC3, pp. 9.92-9.93
In vitro packaging	MC3, p. 2.111
Minimizing damage to large DNAs	MC3, p. 2.10
Pulse-field electrophoresis	MC3, pp. 5.55-5.60 and protocols 5.14-5.20

METHOD

1. 200 μl의 1× XbaI 반응 완충용액에 20 μg의 초나선형 SuperCos-1 DNA와 *Xba*I 50 unit를 섞어 37℃에서 2-3 시간 반응한다.
2. 2 시간 후 효소 반응 용액을 1 μl 정도 덜어내어 0.8% agarose에서 전기영동하여 코스미드 DNA를 분석한다. 이때 대조군으로 (i) 50-100 ng의 초나선형 SuperCos-1과 (ii) HindIII로 처리한 λ 박테리오파지 DNA 50-10 ng을 사용한다.
3. 효소반응물에 페놀:클로로포름과 클로로포름을 처리한다.
4. 수용액 층을 새로운 마이크로퓨즈 튜브로 옮겨 에탄올 침전법으로 선형 DNA를 모은 후 70% 에탄올로 씻어낸다. 튜브의 뚜껑을 열고 페이퍼 타올 위에 거꾸로 세워 에탄올을 제거하고 남은 에탄올을 증발 시킨 후 완전히 마르지 않은 DNA 침전을 180 μl의 물에 녹인다. 대조군으로 사용할 100-ng의 DNA를 덜어둔다.
5. 나머지 DNA 용액에 10x 탈인산화 효소 반응 완충용액 20 μl과 0.1 unit의 알칼리 인산분해효소 (CIP 또는 SAP)를 첨가한 후 37℃에서 30 분간 반응한다. 0.1 unit의 효소를 한번 더 넣고 다시 30분간 반응한 후 65℃의 수조에서 30 분간 처리하여 효소의 활성을 없앤다. 대조군으로 사용하기 위해 100-ng의 DNA를 각각 두 개의 튜브에 나누어 덜어둔다.
6. 효소반응물에 페놀:클로로포름과 클로로포름을 처리한다. 에탄올 침전법으로 선형의 탈인산화된 DNA를 정제한 후 70% 에탄올로 씻어낸다. 완전히 마르지 않은 DNA 침전을 180 μl의 물에 녹인다.

7. 새로운 튜브에 탈인산화된 DNA (50–100 ng)를 덜고 얼음에 둔다. 나머지 탈인산화된 DNA에 10× *BamHI* 반응완충용액 20 μl와 *BamHI* 40 unit를 첨가한 후 37℃에서 2–3 시간동안 반응한다.

8. 2 시간 후에 소량의 DNA를 덜어내고, 위 단계에서 모아두었던 DNA와 함께 전기영동하여 분석한다.

   *BamHI*으로 자르면, 7.9-kb 길이의 선형 탈인산화 SuperCos-1 DNA는 1.1 과 6.8 kb로 분해되어야 한다. 만일 7.9-kb의 DNA가 전기영동 분석에서 약하게라도 보인다면, *BamHI* 10 unit를 추가로 첨가하여 반응이 완전하게 일어날 때 까지 37℃에서 반응을 계속한다.

9. 효소반응물에 페놀:클로로포름과 클로로포름을 처리한다. 에탄올 침전법으로 DNA를 모은 후 70% 에탄올로 씻어낸다. 완전히 마르지 않은 DNA 침전을 20 μl의 물에 녹인 후 다음 단계에서 이용할 때까지 4℃에서 보관한다.

10. High-molecular-weight-genomic DNA (고분자량 게놈 DNA) 30 μg에 MboI 제한 효소를 처리하여 부분 분해 조건을 결정한다. 이 과정은 38–52 kb 길이의 DNA 조각을 얻기 위한 준비 과정이다.

11. 10번 과정에서 정해진 부분 분해 조건을 적용하여 각각 고분자량 게놈 DNA 100 μg과 적당량의 *MboI* 담긴 3개의 반응을 준비하고, 반응이 끝난 후에 조금씩 덜어내어 전기영동을 통해 부분 분해 정도를 확인한다.

12. 38–52 kb 크기를 가진 DNA 조각이 가장 많이 만들어진 반응용액을 한데 모아 페놀:클로로포름과 클로로포름을 처리하고 에탄올 침전법으로 DNA를 모은 후 70% 에탄올로 씻어낸다. 완전히 마르지 않은 DNA 침전을 180 μl의 TE (pH 8.0)에 녹인다.

    DNA 침전을 4℃에서 16시간 이상 TE 용액에 담가두어 DNA가 완전히 풀어지도록 한다. 절대 기계적인 교반법으로 DNA를 섞으면 안 된다. 대신 DNA가 들어있는 튜브를 가볍게 두드려 섞는다.

    만일 flow-sorted 진핵 염색체나 정제된 YACs를 이용하여 코스미드 라이브러리를 제조하는 경우와 같이 소량의 DNA를 정제하고자 할 경우에는 에탄올 침전법 보다는 프로토콜 4.5에서 제시하고 있는 투석법을 이용한다.

13. 20 μl의 10× 탈인산화 효소 반응완충용액과 CIP 또는 SAP 2 unit를 첨가한다. 다음에 같이 대조군으로 써 사용할 소량의 DNA를 덜어낸다:

    a. 0.3 μg의 선형 플라스미드 (예를 들면 BamHI으로 분해한 pUC)가 들어있는 500-μl 튜브에 0.1–1.0 μg DNA를 덜어내어 섞는다.

    b. 0.3 μg의 선형 플라스미드가 들어있는 500-μl 튜브를 준비하고 여기에는 CIP 또는 SAP를 첨가하지 않는다.

    c. 다음 단계를 계속 진행한다.

14. 탈인산화 반응물과 위 두가지의 대조군을 37℃에서 30분간 반응 시킨다. CIP 반응을 멈추기 위해 65℃ 수조에서 30분간 가열한다.

15. 실온으로 식힌 후, DNA에 페놀:클로로포름과 클로로포름을 처리하고 에탄올 침전법으로 DNA를 모은 후 70% 에탄올로 씻어낸다.

16. 두가지의 대조군 DNA를 10 μl의 1× 접합효소 반응완충용액에 녹인 후 0.1 weiss의 T4 박테리오파지 DNA 접합효소를 첨가한다. 실온에서 3시간 동안 반응한 후 전기영동하여 접합된 DNA를 관찰한다.

17. DNA 침전은 4℃에서 16시간 이상 동안 작은 양의 물에 녹여 약 0.5 mg/ml의 농도로 맞춘 후 전기영동 또는 A_{260} 값을 측정하여 정확한 농도를 정한다.

18. 전체 반응 부피가 20 μl가 되도록 하여 다음과 같은 조성의 접합반응을 실시한다.

코스미드 선형 DNA (9번 과정)	2 μg
탈인산화 된 게놈 DNA (17번 과정)	0.5, 1 또는 2.5 μg
ATP 1mM을 함유한 10x 접합효소 반응완충용액	2 μl
T4 박테리오파지 DNA 접합효소	2 weiss unit

16℃에서 12–16시간 접합반응을 진행한다.

19. 시판되고 있는 패키지 시약을 이용하여 0.5 μg의 벡터 DNA 조각에 해당하는 λ 박테리오파지 입자와 접합된 DNA 용액 5 μl를 패키지 반응한다. 패키지 반응 후 500 μl의 SM 용액과 20 μl의 클로로포름을 첨가한 후 4℃에서 보관한다.

20. 적당한 대장균 숙주에 패키지 산물을 도입하여, 패키지 된 코스미드의 역가 (titer)를 결정한다. 10^{-2} 씩 희석한 패키지 반응물 0.1 ml과 SM 용액 0.1 ml을 섞고, 여기에 박테리아 0.1 ml을 넣는다. 37℃에서 20 분간 배양하여 재조합 코스미드를 함유한 박테리오파지가 숙주 박테리아에 부착 하도록 한다. 1 ml의 TB 배지를 첨가하고 다시 45 분간 배양하여 SuperCos-1 벡터 내의 카나마이신 저항성 유전자의 발현을 유도한다.

    21번에서 24번 과정이 완전히 끝날 때 까지 (2–3일 소요) 나머지 패키지 용액을 4℃에 보관한다.

21. 카나마이신 (25 μg/ml)이 들어있는 TB 고체 배지에 박테리아 배양액을 각각 0.5 ml과 0.1 ml 씩 도말 배양한다. 37℃에서 16시간이상 배양 후 박테리아 콜로니의 수를 파악한다.

22. 12 개의 개별적인 콜로니를 선택하여 TB 배지에서 6–8 시간동안 소규모 배양 (2–5 ml)한다.

23. 프로토콜 1.1에 제시했던 알칼리 용해 방법 (alkaline lysis methods)에 의해 코스미드 DNA를 분리한다.

24. 코스미드 벡터에만 작용하고 게놈 DNA에는 별로 작용하지 않는 제한효소 (*Not*I 또는 *Sal*I)를 게놈 DNA 2–4 μl에 처리한 후 0.7 % 한전 겔을 이용한 전기영동을 통해 DNA 조각의 크기를 확인한다.

    선형 λ 박테리오파지 DNA와 시판되고 있는 HindIII가 처리된 λ DNA 조각을 전기영동 마커로 이용한다.

25. 삽입 DNA를 가지고 있는 콜로니의 비율을 계산한다.

26. 수십개의 클론에서 DNA를 더 분리하여 삽입된 DNA의 평균 길이를 Pulsed-field gel 전기영동법으로 측정한다.

27. 라이브러리의 "범위 (depth)", 즉 라이브러리가 가지고 있는 게놈 당량수 (equivalent)를 계산한다.

    라이브러리가 DNA의 크기 및 질적인 면에서 만족할 수 있다면, 혼성법 (hybridization) (프로토콜 4.2)을 이용하여 라이브러리 스크리닝을 진행 하거나, 증폭한 후 보관 (로토콜 4.3과 4.4) 한다.

프로토콜 4.2

혼성법에 의한 비증폭 코스미드 라이브러리의 스크리닝: 필터 상에 라이브러리 도말하기
Screening an unamplified Cosmid library by hybridization: Plating the library on filters

비증폭 코스미드 라이브러리는 150-mm 크기의 nitrocelluose 또는 nylon 필터 상에 고밀도로 도말하여 혼성법에 의해 스크리닝 할 수 있다.

MATERIALS

Reagents and Solutions

λ 박테리오파지 패키지 혼합물 (구입하여 사용가능)

Vectors and Hosts

E.coli plating bacteria

λ 박테리오파지 입자로 패키지 된 코스미드 DNA의 감염율을 측정하기 위해 이용.

이 목적으로 주로 사용되는 균주는 XL1-Blue, ED8767, NM554, DH5αMCR 등이다.

코스미드 벡터에 적당한 plating bacteria 균주를 선택한다.

Media and Antibiotics

TB

TB agar plates containing 25 μg/ml kanamycin

Additional Items

Blunt ended forceps

Glass plates (two), thick and sterilized with ethanol

17-gauge Hypodermic needle

Nitrocellulose or Nylon filter (137-mm diameter), sterile (프로토콜 1.29의 2번 과정) and detergent-free

16번 과정에서 필요한 시약 (프로토콜 1.31과 1.32)

Sterile 13 × 75-mm tubes

Sterile bacterial spreader

Water bath or heating block (37℃)

Whatman No. 1 filters (137-mm diameter)

Additional Information

Additional Protocol MC3, p. 4.27

METHOD

1. 30,000-50,000개의 박테리아 콜로니가 만들어질 만큼의 패키지 반응물 (프로토콜 4.1, 20, 21번 과정)의 부피를 계산한다.
2. 위 부피의 패키지물과 0.2 ml의 숙주 박테리아를 넣은 13x75-mm 크기의 튜브를 몇 개 준비한다.
   튜브의 수는 게놈의 크기, 클론된 DNA 조각의 평균길이, 그리고 연구하고자 하는 클론을 찾는데 필요한 게놈의 가능성등의 인자에 따라 결정된다. 일반적으로 15-20 개정도면 충분하다.
3. 37℃에서 20분간 배양한다.

Adapted from Chapter 4, Protocol 2, p. 4.24 of MC3.

4. 각 튜브에 TB 용액을 0.5 ml 씩 넣은 후 45분간 더 배양한다.
5. 카나마이신 (25 μg/ml)이 들어있는 TB 고체 배지 (150-mm) 위에 멸균된 필터를 올려놓는다.
6. 필터 위에 튜브에서 배양한 세포용액을 부어 멸균된 스프래더로 골고루 도말한다. 용액이 필터에 흡수된 후 배지를 37℃로 옮겨 12-15 시간 동안 배양한다.

   필터의 가장자리부터 3 mm이내에는 세포용액을 도말하지 않도록 한다.

7. 새로운 카나마이신 함유 TB 고체배지에 멸균된 137-mm 크기의 필터 (replica 필터로 이용)를 올려 놓는다.
8. 두꺼운 멸균 유리판에 Whatman No.1 필터를 놓는다.
9. 고체배지 위에 덮었던 필터를 끝이 뭉툭한 핀셋으로 들어 올려 유리판 위에 있는 Whatman No.1 필터 위에 놓는다.
10. 이번에는 고체배지에서 자라는 형질전환된 콜로니들이 있는 마스터 필터를 들어 올려 Whatman No.1 필터 위에 놓아둔 replica 필터 위에 콜로니들이 아래를 향하도록 조심스레 겹쳐 놓는다.
11. 겹쳐진 필터위에 또 하나의 유리판을 올려놓고 압력을 가해준다.
12. 위에 있는 유리판과 Whatman No.1 필터를 치우고, 17-gauge 크기의 주사바늘을 이용하여 포개진 필터의 가장자리에 비대칭적으로 5개 정도의 구멍을 뚫어 표시한다.
13. 포개져 있던 필터를 떼어내자마자 즉시 카나마이신 함유 TB 고체배지위에 올려 놓는다.
14. 마스터와 replica 필터 모두 37℃에서 박테리아 콜로니가 직경 0.5-1.0 mm 정도 되도록 배양하여 한다.
15. 마스터 필터가 있는 배지는 parafilm으로 감싼 후 뒤집어 4℃에서 보관한다.
16. replica 필터의 위에 자란 콜로니를 용해 (프로토콜 1.31)하고, 동위원소로 표지된 탐침체 (probe)를 이용한 핵산 혼성법 (nucleic acid hybridization)에 의해 분석에 적용한다(프로토콜 1.32).

   Replica 필터는 라이브러리를 다시 찍어내는데 이용하거나 -70℃에 보관 할 수 있다.

프로토콜 4.3 코스미드 라이브러리의 증폭과 보관: 액체 배양으로부터 증폭하기
Amplification and storage of a cosmid library: Amplification in liquid culture

코스미드 라이브러리의 증폭은 클론된 게놈 서열이 편향된 발현 양상을 보일 수 있기 때문에 가능하면 실시하지 않는 것이 바람직하다. 만일 불가피하게 라이브러리를 증폭을 해야 할 경우에는 액체 배지에서 배양하여 증폭하는 것이 좋다.

MATERIALS

Reagents and Solutions

λ 박테리오파지 패키지 혼합물 (구입하여 사용가능)

Glycerol

15 psi (1.05 kg/cm^2)에서 20 분간 autoclave하여 멸균한다.

Vectors and Hosts

E.coli plating bacteria

λ 박테리오파지 입자로 패키지 된 코스미드 DNA의 감염율을 측정하기 위해 이용.

이 목적으로 주로 사용되는 균주는 XL1-Blue, ED8767, NM554, DH5αMCR 등이다.

코스미드 벡터에 적당한 plating bacteria 균주를 선택한다.

Media and Antibiotics

TB

TB agar plates containing 25 μg/ml kanamycin

TB medium containing 25 μg/ml kanamycin

Centrigues/Rotors/Tubes

Sorvall SLC-1500 and SS-34 rotor (4℃) (SS-34 rotor optional; 3번 과정의 note를 참고한다.)

Additional Items

9번 과정에서 필요한 시약 (프로토콜 1.31, 1.32, 4.2)

Sterile 13 × 75-mm tubes

Sterile freezing vials (예를 들면, NUNC CryoTube vials)

Water bath or heating block (37℃)

Additional Information

Alternative Protocol (Amplification on plates)	MC3, p. 4.324
Storage of bacteria cultures	MC3, p. A8.5

METHOD

1. 30,000-50,000 개의 형질전환 박테리아 콜로니를 만들 수 있는 패키지 반응 (프로토콜 4.1에서 20번, 21번 과정)의 부피를 계산한다.
2. 멸균된 튜브를 준비하고 박테리아 0.2 ml 씩을 각 튜브에 덜어 넣는다.

Adapted from Chapter 4, Protocol 3, p. 4.28 of MC3.

패키지 반응에 필요한 튜브의 수는 게놈의 크기, 클론된 DNA 조각의 평균 길이, 그리고 연구하고자 하는 클론을 얻기 위해 필요한 게놈의 적용 범위 (coverage)에 따라 결정 된다. 일반적으로 15–20개 정도면 충분하다.

3. 37℃에서 20분간 배양한다.

   과량의 패키지 용액은 박테리오파지 입자가 박테리아에 흡착하는 것을 방해할 수 있다. 만일 패키지 된 박테리오파지의 농도가 낮을 경우에는 (패키지 반응용액 ml 당 10^4 이하의 transducing units) 좀 더 많은 양의 박테리아를 사용한다 (예를 들면 패키지 반응용액 ml 당 5 ml 사용). 37℃에서 20분간 배양한 후, 5000g (Sorvall SS-34 이용 시에는 5500rpm)에서 10분간 원심분리하여 박테리아를 모은다. 다음 과정으로 진행하기 위해서 TB 배지 0.5 ml에 세포를 현탁한다.

4. 각 튜브에 0.5 ml의 TB 배지를 넣고 45분간 더 배양한다.
5. 여러 개의 250 ml 플라스크에 카나마이신이 들어있는 TB 배지 100 ml 씩 담고, 박테리오파지로 감염된 세포배양액 0.25 ml을 각각 접종한다.
6. 세포의 농도가 OD_{600} 값이 0.5–1.0에 도달 할 때까지 37℃에서 교반 배양한다.
7. 모든 배양액을 5000g (Sorvall SLC-1500 이용 시에는 5500 rpm)에서 15 분간 원심분리하여 세포를 모은 후, 총 배양액 부피의 0.1×에 해당하는 TB 배지에 다시 현탁한다.

   코스미드 DNA는 글라이세롤을 넣기 전에 정제 할 수 있다 (프로토콜 4.1의 23 번 과정). 이 DNA 원액은 라이브러리에서 연구하고자 하는 DNA 서열이 있는지의 여부를 결정하는 PCR 과정의 주형으로 이용될 수 있다.

8. 멸균된 글라이세롤을 세포에 넣어 15 % (v/v)의 농도가 되도록 맞춘 후 잘 섞는다. 멸균된 동결바이알에 0.5–1.0 ml 씩 덜어 넣고 –70℃에 보관한다.
9. 라이브러리 스크리닝 하기 위해 얼린 세포들을 37℃에서 빠른 속도로 녹인 후 프로토콜 4.2의 5번 과정부터 진행한다. 30,000–50,000 개의 박테리아를 137–mm 직경의 필터 위에 도말하고 이후 replica 필터위에서 콜로니를 용해하는 과정 (프로토콜 1.31)을 진행한다. 필터들은 표지된 탐침체 (probe)와의 혼성과정에 이용 될 수 있다.

프로토콜 4.4

코스미드 라이브러리의 증폭과 보관: 필터 상으로부터 증폭 하기
Amplification and storage of a cosmid library: Amplification on filters

코스미드 라이브러리의 증폭 과정은 클로닝 된 게놈 DNA 서열의 편향된 발현을 유발 할 수 있다. 이 방법에 따른 증폭 과정에서는 서로 다른 재조합 코스미드를 가지고 있는 박테리아들이 배양되는 동안 성장에 있어 경쟁하지 않도록 함으로써 라이브러리의 균형적인 증폭을 도모할 수 있다. 단, 이 방법의 단점은 시간이 오래 소요된다는 점이다.

MATERIALS

Reagents and Solutions

λ 박테리오파지 패키지 혼합물 (구입하여 사용가능)

Vectors and Hosts

E.coli plating bacteria

λ 박테리오파지 입자로 패키지 된 코스미드 DNA의 감염율을 측정하기 위해 이용.
이 목적으로 주로 사용되는 균주는 XL1-Blue, ED8767, NM554, DH5αMCR 등이다.
코스미드 벡터에 적당한 plating bacteria 균주를 선택한다.

Media and Antibiotics

TB
TB agar plates containing 25 μg/ml kanamycin

Centrigues/Rotors/Tubes

SS-34 rotor (4℃)

Additional Items

Blunt ended forceps
Nitrocellulose or Nylon filter (137-mm diameter), sterile (프로토콜 1.29의 2번 과정) and detergent-free
7번 과정에서 필요한 시약 (프로토콜 4.2)
8번 과정에서 필요한 시약 (프로토콜 1.31과 1.32)
Sterile 13 × 75-mm tubes
Sterile bacterial spreader
Water bath or heating block (37℃)

Additional Information

Alternative Protocol (Amplification on plates) MC3, p. 4.34

METHOD

1. 30,000-50,000 개의 형질전환 박테리아 콜로니를 만들 수 있는 패키지 반응 (프로토콜 4.1에서 20번, 21번 과정)의 부피를 계산한다.
2. 여러 개의 멸균된 튜브를 준비하여 박테리아 0.2 ml 씩을 넣고, 1번 과정에서 정한 양 대로 패키지 반응 용액을 넣는다.

Adapted from Chapter 4, Protocol 4, p. 4.31 of MC3.

패키지 반응에 필요한 튜브의 수는 게놈의 크기, 클론된 DNA 조각의 평균 길이, 그리고 연구하고자 하는 클론을 얻기 위해 필요한 게놈의 적용 범위 (coverage)에 따라 결정 된다. 일반적으로 15–20개 정도면 충분하다.

3. 37℃에서 20분간 배양한다.

   과량의 패키지 용액은 박테리오파지 입자가 박테리아에 흡착하는 것을 방해할 수 있다. 만일 패키지 된 박테리오파지의 농도가 낮을 경우에는 (패키지 반응용액 ml 당 10^4 이하의 transducing units) 좀 더 많은 양의 박테리아를 사용한다 (예를 들면 패키지 반응용액 ml 당 5 ml 사용). 37℃에서 20분간 배양한 후, 5000g (Sorvall SS-34 이용 시에는 5500 rpm)에서 10분간 원심분리하여 박테리아를 모은다. 다음 과정으로 진행하기 위해서 TB 배지 0.5 ml에 세포를 현탁한다.

4. 각 튜브에 0.5 ml의 TB 배지를 넣고 45분간 더 배양한다.
5. 멸균된 필터를 150–mm의 카나마이신이 함유된 TB 고체배지 위에 놓는다 (2번 과정에서의 튜브수와 동일한 수로 준비).
6. 필터 위에 튜브에서 배양한 세포용액을 부어 멸균된 스프래더로 골고루 도말한다. 용액이 필터에 흡수된 후 배지를 37℃로 옮겨 12–15 시간 동안 배양한다.
7. 프로토콜 4.2의 7번 과정에서 시작되는 replica 제조 과정에 따라 replica 필터를 만들어 –70℃에서 보관한다.
8. 라이브러리 스크리닝을 위해 replica 필터를 녹인후 필터 위의 콜로니들을 용해하고 (프로토콜 1.31), 표지된 탐침체 (probe)를 이용하여 혼성과정을 수행한다 (프로토콜 1.32).

프로토콜 4.5

P1 박테리오파지를 이용한 클로닝 시스템
Working with bacteriophage P1 and its cloning system

이 프로토콜은 박테리아에서 P1 박테리오파지 또는 PAC DNA의 재조합 클론 정제를 위한 것이다. 이들은 크기가 매우 큰 DNA들 이므로, 기계적인 힘에 민감하여 조심스럽게 다루어야 한다. 효소반응에서 필요한 기질 또는 주형으로 사용할 P1 DNA를 얻을 수 있다.

MATERIALS

CAUTION: 〈!〉표시된 물질의 적절한 사용법은 Appendix 4를 참조하세요.

Reagents and Solutions

농축액, 완충액, 시료의 조성은 Appendix 1을 참조하라. 농축액은 적당한 농도로 희석하여 사용하라.

- Alkaline lysis solution I
- Alkaline lysis solution II, freshly prepared
- Alkaline lysis solution III
- Ethanol
- Ethanol (70%)
- IPTG (1 mM) 〈!〉
- Isopropanol
- $MgCl_2$ (1 M)
- PEG 8000 (40% w/v) 〈!〉
- Phenol:Chloroform (1:1, v/v) 〈!〉
- Sodium acetate (3 M, pH 5.2)
- TE (pH 8.0)
- TE (pH 8.0) containing 20 μg/ml RNase A

Vectors and Hosts

- *E.coli* strain transformed with a nonrecombinant bacteriophage P1 or PAC vector
- *E.coli* strain transformed with a recombinant bacteriophage P1 or PAC vector

Media and Antibiotics

- LB containing 25 μg/ml kanamycin (1번 과정에서는 IPTG를 넣어 사용)
- TB containing 25 μg/ml kanamycin

Enzymes and Buffers

- Restriction enzymes and 10× buffers

Gels/Loading Buffers

- Pulse-field gels (or 0.5% agarose gels)
  15번 과정을 참고. Pulse-field gel 전기영동법에 대한 정보는 MC3의 p. 4.18과 chapter 5를 참고한다.

Centrigues/Rotors/Tubes

- SS-34 rotor (4℃)

Adapted from Chapter 4, Protocol 5, p. 4.35 of MC3.

Additional Items

Bacterial shaker (37℃)
원심분리 튜브 (15 ml)
Corex glass 원심분리 튜브 (30 ml)
Falcon 튜브 (50 ml) 또는 Erlenmeyer 플라스크 (멸균)
Microfuge (4℃)
수조 (65℃)

Additional Information

Additional Protocol (Drop analysis에 의한 고분자량 DNA의 정제)	MC3, p. 4.44
Alternative Protocol (Qiagen 크로마토그라피법을 이용한 고분자량 원형 DNA의 정제)	MC3, p. 4.35
P1 벡터를 이용한 클로닝	MC3, pp. 4.37–4.39
PAC 벡터	MC3, pp. 4.40–4.41
Polyethylene glycol	MC3, p. 1.154
Pulse–field gel 전기영동법	MC3, pp. 5.55–5.60과 프로토콜 5.14–5.20
P1 라이브러리 스크리닝	MC3, pp. 4.39–4.40

METHOD

1. 25 μg/ml의 카나마이신이 함유된 TB 배지 10 ml을 2개의 50–ml 짜리 Erlenmeyer 플라스크 또는 Falcon 튜브에 담는다. 한 개의 튜브에 재조합 P1 또는 PAC을 가지고 있는 박테리아 콜로니 한 개를 접종한다. 다른 한 개의 튜브에는 벡터만 가지고 있는 콜로니 한 개를 접종한다. 37℃에서 12–16 시간 동안 배양하여 포화상태가 되도록 한다.

   P1 재조합체를 가지는 세포의 배양 시 1 mM IPTG를 첨가하여 lac 리프레서 (repressor)를 억제하고, P1 lytic replicon을 유도 할 수 있다. 그 결과 플라스미드의 카피수는 세포당 1 개에서 20 개 정도까지 증가하게 된다. IPTG를 처리하기 위해 세포는 25 μg/ml의 카나마이신이 함유된 LB 배지에서 OD_{600} 값이 0.8 정도 되도록 배양하고, 여기에 0.5–1.0 mM의 농도가 되도록 IPTG를 첨가하여 37℃에서 3시간 더 배양한다.

2. 15–ml 짜리 원심분리 튜브로 옮겨 4℃에서 3500g (Sorvall SS–34 이용 시에는 5400 rpm)의 속도로 5 분간 원심분리 한다. 세포의 침전을 3 ml의 멸균수로 혼탁한 후 다시 한번 원심분리 한다.
3. 세포 침전을 2 ml의 알칼리 용해용액 I으로 현탁하고 얼음에 놓아둔다.
4. 3 ml의 알칼리 용해용액 II를 넣고 튜브를 몇 번 뒤집어 조심스레 섞고 10분간 얼음에 놓아둔다.

   중요: 재조합 P1과 PAC 클론은 크기가 커서 깨지기 쉬우므로, DNA 정제 과정에서 기계적인 힘이나 교반 또는 파이펫팅등 흔들림이 가해지지 않도록 조심한다. DNA를 한 튜브에서 다른 튜브로 옮길 때는 그냥 부어 옮기고, 파이펫팅을 해야 할 경우에는 끝이 넓은 파이펫 팁을 사용해야 한다.

5. 차가운 3 ml의 알칼리 용해용액 III를 넣어 튜브를 몇 번 뒤집어 섞고 10분 동안 얼음에 놓아둔다.
6. 4℃에서 12000g (Sorvall SS–34 이용 시에는 10000rpm)의 속도로 10분간 원심분리 하여, 세포의 파편등을 모은다.
7. 30–ml 유리 원심분리 튜브 (Corex–tube)에 상층액을 옮기고, 동일한 양의 아이소프로필알콜을 넣는다. 튜브를 몇 번 뒤집어 섞고, 4℃에서 12000g (Sorvall SS–34 이용 시에는 10000 rpm)의 속도로 10 분간 원심분리 하여, 핵산 물질을 모은다.

8. 상층액을 조심스레 제거하고 페이퍼 타올 위에 튜브를 거꾸로 세워 용액을 모두 제거 한 후 0.4 ml의 0.3 M 염화아세트산 (sodium acetate) (pH 5.2)에 녹인다. 핵산의 용해를 용이하게 하기 위해 65℃에서 수분간 가열한다.
9. DNA 용액을 마이크로 튜브로 옮기고 동량의 페놀:클로로포름을 처리한다. 실온에서 5분간 최대속도로 원심분리하여 수용액과 유기용매 층을 분리하고 위층의 수용액을 새로운 튜브로 옮긴다.
10. 차가운 에탄올을 1 ml 첨가하고 잘 섞는다. 4℃에서 최대속도로 10 분간 원심분리하여 DNA 침전을 모은다. 70% 에탄올 0.5 ml을 가하여 씻어내고 2분간 원심분리한다.
11. 상층액을 조심스럽게 제거하고 에탄올이 모두 제거 될 때까지 튜브를 거꾸로 둔다. RNA 분해효소가 들어있는 TE 용액을 0.4 ml 넣어 37℃에 둔다. 15분간 주기적으로 튜브를 흔들어 DNA를 녹인 후 이후 2 시간동안 놓아 둔다.
12. 1 M $MgCl_2$ 4 μl와 40% PEG 200 μl를 첨가하고 잘 섞은 후 4℃에서 15분간 최대속도에서 원심분리한다.
13. 상층액을 조심스레 버리고, 0.5 ml의 0.5 M 암모니윰아세트산 (ammonium acetate)으로 침전을 녹인다. 1 ml의 에탄올을 넣고 침전을 씻어낸 후 4℃에서 15분간 최대속도로 원심분리한다.
14. 상층액을 버리고 침전을 0.5 ml의 차가운 70% 에탄올을 이용하여 두 번 씻는다. 에탄올이 완전히 제거 될 때까지 실온에서 튜브를 거꾸로 둔다. 완전히 마르지 않은 침전을 50 μl의 TE (pH 8.0) 용액에 녹인다.
15. 제한효소 반응을 위해 DNA 5-15 μl (1 μg 정도)를 이용하여 자르고, 0.5 % 한천겔전기영동하여 분석하거나, Pulse-field gel 전기영동하여 분석한다.

프로토콜 4.6

대장균 숙주 간 P1 클론의 전달
Transffering P1 clones between *E. coli* hosts

DNA 수득량이 적거나 또는 DNA가 깨끗하지 못한 문제가 있는 경우 Cre 재조합 효소 (recombinase)를 발현하지 않는 대장균으로 P1 또는 PAC 재조합 DNA를 옮겨 정제할 수 있다.

MATERIALS

CAUTION: 〈!〉표시된 물질의 적절한 사용법은 Appendix 4를 참조하세요.

Vectors and Hosts

Closed circular recombinant bacteriophage P1 DNA
  프로토콜 4.5에서 언급한 대로 제조한다.
E.coli (예를 들면, DH10B), electrocompetent
  프로토콜 1.26에서 언급한 대로 제조한다.

Media and Antibiotics

LB agar plates containing 25 μg/ml kanamycin
SOC medium, prewarmed to 37℃
TB containing 25 μg/ml kanamycin
TB containing 25 μg/ml kanamycin and 30% (v/v) glycerol

Enzymes and Buffers

Restriction enzymes and 10× buffers

Gels/Loading Buffers

0.6% Agarose gel, cast and poured in 0.5× TBE containing 0.5 μg/ml ethidium bromide 〈!〉

Centrigues/Rotors/Tubes

Sorvall SS-34 rotor (4℃)

Additional Items

Electroporation device and ice-cold cuvettes (0.1 cm)
9번 과정에서 필요한 시약 (프로토콜 4.5)
멸균된 13 × 17- 또는 17 × 100-mm 배양 튜브

METHOD

1. P1 플라스미드 DNA 2-3 μg을 60 ng/μl의 농도가 되도록 멸균수로 희석한다. P1 DNA가 없이 물 만 이용하여 대조군으로 준비한다.
2. 전기천공 (electroporation)용 세포 (competent cell)는 얼음에서 녹이고, 0.1-cm 큐벳을 미리 차갑게 한다.
3. 세포 20 μl과 P1 DNA 1 μl 를 큐벳에 넣는다.
4. 전기천공 장치를 1.8 kV, 200 Ohm, 그리고 25 μF로 세팅한다.
5. 세포에 전기 충격을 가한다. 이때 적당한 시간상수 (time constant)는 5 msec 정도 이다.

Adapted from Chapter 4, Protocol 6, p. 4.46 of MC3.

6. SOC 배지를 미리 37℃로 데워 놓았다가 전기천공이 끝난 즉시 0.5 ml 첨가 한다. 배양용 튜브로 옮겨 37℃에서 1시간 동안 약하게 흔들면서 배양한다.
7. 25 μg/ml의 카나마이신이 들어있는 LB 고체배지에 세포 배양액 100 μl씩을 덜어내어 도말한 다음 37℃에서 16 시간 이상 배양한다.

   P1 DNA를 넣지 않은 대조군 고체배지에서는 세포가 자라지 않아야 하며, P1 DNA를 넣은 배지에서는 수백개의 형질전환 콜로니가 자라야 한다.

8. 25 μg/ml의 카나마이신이 들어있는 TB 배지 11 ml에 10-12개의 콜로니를 접종하여 37℃에서 16시간 이상 격렬하게 흔들면서 배양한다.
9. 프로토콜 4.5에서 언급한대로 P1 DNA를 정제한다. 나머지 세포배양액은 60% (v/v) 글라이세롤을 함유한 TB/카나마이신을 동량 넣어 30% 로 만든후 -80℃에서 보관할 수 있다.
10. 제한효소를 이용하여 자른 후 원래의 재조합체의 잘린 양상과 새롭게 정제된 DNA의 잘린 양상을 전기영동하여 비교 분석한다.

프로토콜 4.7

박테리아 인위 염색체를 이용한 연구
Working with bacterial artificial chromosomes

이 프로토콜은 전기천공법에 의해 BAC DNA를 대장균에 형질전환 할 수 있는 방법이다.

MATERIALS

CAUTION: 〈!〉표시된 물질의 적절한 사용법은 Appendix 4를 참조하세요.

Reagents and Solutions

농축액, 완충액, 시료의 조성은 Appendix 1을 참조하라. 농축액은 적당한 농도로 희석하여 사용하라.

Chloramphenicol (34 mg/ml) in ethanol 〈!〉

Store at −20℃

Vectors and Hosts

BAC DNA

또는

BAC에 의해 형질전환된 *E.coli* 균주의 배양

E.coli (예를 들면, DH10B), electrocompetent

프로토콜 1.26에서 언급한 대로 제조한다. 정제된 DNA 상태의 BAC을 이용한다.

Media and Antibiotics

LB agar plates containing 12.5 μg/ml chloramphenicol 〈!〉

LB freezing buffer

LB medium containing 12.5 μg/ml chloramphenicol

Enzymes and Buffers

Restriction enzymes and 10× buffers

게놈 DNA 삽입체의 크기를 측정하기 위해 적절한 효소를 선택한다.

Gels/Loading Buffers

Pulse-field gel 전기영동 (PFGE) 기기와 PFGE 마커 (New England Biolabs, Bio-Rad 등)

MC3, 프로토콜 5.16을 참고.

Additional Items

Electroporation device와 ice-cold cuvettes (0.1 cm)

정제된 DNA 상태의 BAC을 이용한다.

4번 과정에서 필요한 시약 (프로토콜 5.8)

5번 과정에서 필요한 시약 (프로토콜 6.10 또는 8.12)

Additional Information

BAC 클로닝 벡터	MC3, pp. 4.48–4.49
Pulse-field gel 전기영동법	MC3, pp. 5.55–5.60과 프로토콜 5.14–5.20
BAC 라이브러리 스크리닝	MC3, pp. 4.50–4.51

Adapted from Chapter 4, Protocol 7, p. 4.48 of MC3.

METHOD

1. 새로운 BAC 형질전환체를 준비한다.

만일) BAC이 DNA 형태로 준비된 경우.

a. 전기천공법에 의하여 BAC DNA를 대장균 (DH10B 균주)에 형질전환 한다.

크기가 큰 BAC을 이용한 형질전환 효율을 높이기 위하여 13–25 kV/cm의 범위에서 다양한 조건에서 전기천공을 실시한 후 가장 좋은 조건을 선택한다.

b. 전기천공한 박테리아는 2.5, 25, 그리고 250 μl로 나누어 12.5 μg/ml의 클로람페니콜이 들어있는 LB 고체배지에 도말한 다음 37℃에서 16–24 시간 동안 배양한다.

만일) BAC이 형질전환된 박테리아의 상태로 준비된 경우.

a. 12.5 μg/ml의 클로람페니콜이 들어있는 LB 고체배지에 세포 배양액을 선형 도말한다.

b. 37℃에서 12–16 시간 동안 배양한다.

2. 12.5 μg/ml의 클로람페니콜이 들어있는 LB 배지 5 ml에 12개의 콜로니를 각각 접종한다.
3. 각각의 5–ml 배양액에서 소량을 덜어내어 LB–동결배지 접종하고, 세포가 자란 후 –20℃ 냉동고로 옮겨 보관한다.
4. 2번 과정의 5–ml 배양액 중 4.5 ml을 모아 BAC DNA를 정제한다 (프로토콜 4.8)
5. 다음과 같이 BAC DNA를 분석한다.

a. Southern 혼성법 (프로토콜 6.10 참고) 또는 PCR을 실시하여 원하는 염색체의 부위가 들어있는 BAC를 확인한다.

b. 제한효소를 처리하여 삽입 DNA를 잘라내어, Pulse–filed gel 전기영동으로 그 크기를 분석한다.

6. 위 결과들을 근거로, 한 개 또는 여러개의 BAC 클론을 선택하여 다음 연구에 이용할 수 있다.

프로토콜 4.8

소규모 배양으로부터 BAC DNA를 정제하는 방법
Isolation of BAC DNA from small-scale cultures

BAC DNA는 BAC 형질전환 세포를 5 ml 배양하여 표준 알칼리 용해법 (프로토콜 1.1)을 변형한 프로토콜에 따라 DNA를 정제할 수 있다. DNA의 수득량은 0.1–0.4 μg 정도이다.

MATERIALS

CAUTION: 〈!〉표시된 물질의 적절한 사용법은 Appendix 4를 참조하세요.

Reagents and Solutions

농축액, 완충액, 시료의 조성은 Appendix 1을 참조하라. 농축액은 적당한 농도로 희석하여 사용하라.

- Alkaline lysis solution I, ice cold
- Alkaline lysis solution II, freshly prepared (실온)
- Alkaline lysis solution III, ice cold
- Ethanol
- Ethanol (70%)
- Isopropanol
- Sodium acetate (3 M, pH 5.2)
- STE, ice cold
- TE (pH 8.0)

Vectors and Hosts

재조합 BAC을 함유한 *E.coli* 균주
　프로토콜 4.7을 참고.

Media and Antibiotics

LB containing 12.5 μg/ml chloramphenicol 〈!〉

Enzymes and Buffers

Restriction enzymes and 10× buffers

Nucleic acid/Oligonucleotides

Pulse-field gel 전기영동를 위한 DNA 마커 (New England Biolabs, Bio-Rad등)
　MC3, 프로토콜 5.16을 참고.

Additional Items

- Bacterial shaker (37℃)
- Chromatography resin, 예를 들면, QIAprep Spin Miniprep kit, Qiagen Inc.
- Microfuge (4℃)
- 멸균된 17 × 100-mm 튜브

Additional Information

Chromatography resins	MC3, pp. 1.62–1.64
Pulse-field gel 전기영동법	MC3, pp. 5.55–5.60과 프로토콜 5.14–5.20

METHOD

1. 12.5 μg/ml의 클로람페니콜이 들어있는 LB 배지 5 ml에 BAC-형질전환 대장균을 접종하고 37℃에서 16시간 이상 배양한다.
2. 4℃에서 2000g (Sorvall SS-34 이용 시에는 4100 rpm)의 속도로 5분간 원심분리하여 박테리아를 모은다. 상층액을 조심스럽게 제거하고 남은 액체를 흡입하여 제거한다.
3. 차가운 STE 5 ml을 이용하여 침전을 다시 현탁하고 2번 과정과 동일하게 다시 원심분리한다.
   이 단계에서 세포들을 차가운 STE를 이용하여 씻어내면, 좀 더 깨끗한 BAC DNA를 얻을 수 있다.
4. 200 μl의 차가운 알칼리 용해용액 I로 세포를 현탁하고 원심분리 튜브로 옮겨 얼음에 놓아둔다.
   세포의 현탁을 위해 약하게 교반 할 수 있다.
5. 쓰기 직전 바로 제조한 알칼리 용해용액 II을 400 μl 넣고 약하게 섞은 후 얼음에 둔다.
6. 차가운 알칼리 용해용액 III를 300 μl 넣고 약하게 섞은 후 얼음에 5분 동안 둔다.
7. 4℃에서 최대속도로 5분간 원심분리하여 세포 파편을 제거하고 상층액을 모아 실온에서 900 μl의 아이소프로필알콜을 넣고 잘 섞는다.
8. 실온에서 최대속도로 5분간 원심분리하여 핵산물질을 모으고, 1 ml의 70% 에탄올을 넣어 조심스럽게 씻어낸다. 실온에서 2분간 원심분리하여 에탄올을 완전히 제거한다. 뚜껑을 열고 공기 중에서 5-10분간 방치하였다가 완전히 마르지 않은 상태에서 50 μl의 TE (pH 8.0)를 넣어 녹인다.
9. 제한효소로 BAC DNA를 자른다.
   DNA가 잘 잘리지 않는 경우에는 Qiagen에서 판매하는 컬럼 크로마토그래피 키트를 이용하여 한번 더 정제하면 문제점을 해결 할 수 있다.
10. 적당한 양의 잘린 DNA를 Pulse-field gel 전기영동으로 분석하여 DNA 조각의 크기를 분석한다.

프로토콜 4.9

대규모 배양으로부터 BAC DNA를 정제하는 방법
Isolation of BAC DNA from large-scale cultures

BAC DNA의 정제를 위한 프로토콜은 500-ml 정도의 배양에 적합하도록 규모를 증가 시킬 수 있으며, 평균 20-25 μg의 DNA를 얻을 수 있다.

MATERIALS

CAUTION: 〈!〉표시된 물질의 적절한 사용법은 Appendix 4를 참조하세요.

Reagents and Solutions

농축액, 완충액, 시료의 조성은 Appendix 1을 참조하라. 농축액은 적당한 농도로 희석하여 사용하라.

- Alkaline lysis solution I, ice cold
- Alkaline lysis solution II, freshly prepared (실온)
- Alkaline lysis solution III, ice cold
- Ethanol
- Ethanol (70%)
- Isopropanol
- Phenol:chloroform (1:1, v/v) 〈!〉
- Sodium acetate (3 M, pH 5.2)
- STE, ice cold
- TE (pH 8.0)

Vectors and Hosts

- 재조합 BAC을 함유한 *E.coli* 균주
  - 프로토콜 4.7을 참고.

Media and Antibiotics

- LB containing 12.5 μg/ml chloramphenicol 〈!〉

Enzymes and Buffers

- Lysozyme
- Pancreative RNase (RNase A), free of DNase
- Restriction enzymes and 10× buffers

Nucleic acid/Oligonucleotides

- Pulse-field gel 전기영동를 위한 DNA 마커 (New England Biolabs, Bio-Rad등)

Gels/Loading Buffers

- Pulse-field gels (or 0.5% agarose gels)
  - Pulse-field gel 전기영동법에 대한 정보는 MC3의 p. 4.18과 chapter 5를 참고하시오.

Centrigues/Rotors/Tubes

- Sorvall SLC-1500 rotor과 Oak Ridge 튜브 (4℃) (NALGENE)

Additional Items

Bacterial shaker (37℃)
Chromatography resin, 예를 들면, QIAprep Spin Miniprep kit, Qiagen Inc. (13번 과정을 참고하시오)
Microfuge (4℃)
멸균된 17 × 100-mm 튜브

Additional Informations

Chromatography resins	MC3, pp. 1.62–1.64
Lysozyme	MC3, p. 1.153
Pulse-field gel 전기영동법	MC3, pp. 5.55–5.60과 프로토콜 5.14–5.20

METHOD

1. 12.5 μg/ml의 클로람페니콜이 들어있는 LB 배지 500 ml에 밤새 배양된 BAC-형질전환 대장균 50 μl를 접종한다. 37℃의 격렬한 교반 조건 (300 cycles/min)에서 12–16시간 이상 배양하여 포화상태까지 자라도록 한다.
2. 4℃에서 2500g (Sorvall SLC-1500 이용 시에는 3900 rpm)의 속도로 15분 동안 원심분리하여 세포를 모은다. 상층액을 제거하고 튜브의 뚜껑을 열어 거꾸로 세워 남아 있던 액체를 모두 제거한다.
3. 차가운 STE 100 ml를 넣어 박테리아 침전을 현탁하고 2번 과정에서와 같이 한 번 더 원심분리한다.
4. 24 ml의 알칼리 용해용액 I (100 μg/ml의 DNA free RNase 함유)으로 세포 침전을 현탁하고 1 mg/ml의 농도가 되도록 라이소자임 (lysozyme)을 넣는다.
   세포는 덩어리가 없도록 완전히 현탁 해야 한다.
5. 사용하기 직전 제조한 알칼리 용해용액 II를 24 ml 넣는다. 뚜껑을 닫고 약하게 흔들어 내용물을 섞은 후 얼음에 5분간 둔다.
6. 얼음에서 차갑게 식힌 알칼리 용해용액 III을 24 ml 넣고 내용물의 층이 나누어 지지 않고 섞일 때 까지 조심스레 흔들어 섞는다.
7. 4℃에서 15000g (Sorvall SLC-1500 이용 시에는 9600 rpm)의 속도로 10분간 원심분리 한다. 투명한 상층액을 폴리프로필렌 원심분리용 튜브로 옮기고 남아 있는 침전물을 버린다.
8. 동량의 페놀:클로로포름을 넣고 수용액과 유기용액의 층이 모두 섞일 때 까지 약하게 아래위로 흔들어 섞은 후 실온에서 3000g (Sorvall SLC-1500 이용 시에는 4300rpm)의 속도로 15분간 원심분리하여 층을 분리 한다.
9. 끝이 넓은 파이펫 팁을 이용하여 수용액 층을 새로운 원심분리 튜브로 옮기고, 동량의 아이소프로필알콜을 첨가한 후 잘 섞는다.
10. 튜브의 한 쪽 끝에 표시를 하고 원심분리기 회전자 (rotor)의 중앙에서 멀리 향하도록 넣는다. 이렇게 표시하는 이유는 핵산 침전의 위치를 알아보기 쉽게 하기 위함이다. 핵산 침전을 얻기 위해서 실온에서 15000g (Sorvall SLC-1500 이용 시에는 9600 rpm)의 속도로 15 분 동안 원심분리한다.
11. 상층액을 조심스레 제거하고 페이퍼 타올 위에 튜브를 거꾸로 세워두어 남아있는 액체를 모두 제거한다.

침전과 튜브의 벽을 20 ml의 70% 에탄올을 흘려 넣어 씻어낸다. 튜브를 거꾸로 세워 실온에서 수분동안 둠으로써 에탄올을 제거하고 증발시킨다.

12. 0.2 ml의 TE (pH 8.0)에 BAC DNA 침전을 녹인다. 잘 녹게 하기위해 튜브를 약하게 두드리는 것은 좋으나 기계적인 교반 (vortexing)은 피한다. 흡광도를 측정하여 DNA 농도를 결정한다 (MC3, 부록 8 참고).

13. 제한 효소를 처리하여 BAC DNA를 자른다.

    DNA가 잘 잘리지 않는 경우에는 Qiagen에서 판매하는 컬럼 크로마토그래피 키트를 이용하여 한번 더 정제하면 문제점을 해결 할 수 있다.

14. 잘린 BAC DNA는 적절한 크기의 DNA 마커와 함께 Pulse-filed gel 전기영동을 실시하여 분석한다.

프로토콜 4.10

효모 인위 염색체를 이용한 실험

Working with yeast artificial chromosomes

이 프로토콜은 효모 인위 염색체 (YACs)를 가지고 있는 효모 균주를 분석하고 이들을 보관하는 방법이다.

MATERIALS

Reagents and Solutions

농축액, 완충액, 시료의 조성은 Appendix 1을 참조하라. 농축액은 적당한 농도로 희석하여 사용하라.

Glycerol (30% v/v) in YPD medium

Vectors and Hosts

재조합 YAC 클론을 함유한 *S. cerevisiae* 균주

회사에서 구입하기도 한다. MC3, p. 4.86을 참고.

Media and Antibiotics

Selective medium

MC3, p. 4.65에 yeast media panel을 참고.

YPD agar plates

YPD medium

Gels/Loading Buffers

Pulse-field gels

Pulse-field gel 전기영동법에 대한 정보는 MC3의 p. 4.18과 chapter 5를 참고.

Additional Items

Bacterial shaker (30℃)

배양용 튜브 또는 Erlenmayer 플라스크 (25 ml)

Screw-capped freezing vials (2 ml), 예를 들면, NUNC CryoTube Vials

Additional Information

3번 과정에서 필요한 시약 (프로토콜 6.7)

4번 과정에서 필요한 시약 (프로토콜 5.17 또는 5.18)

5번 과정에서 필요한 시약 (프로토콜 6.10 또는 8.12)

METHOD

1. 실험실에 클론이 배달되면 즉시 선택적 최소배지에 세포액을 선형도말하여 30℃에서 48시간 동안 배양하여 콜로니가 보일 때 까지 둔다.

   효모 콜로니는 PCR에서 직접 이용할 수 있다 (프로토콜 4.13).

2. YPD 배지 10 ml에 6–12 개의 개별적인 콜로니를 접종하고 30℃에서 16 시간 이상 격렬하게 교반하면서 (300 cycles/min) 배양한다. 세포는 이 시간 동안 포화상태가 된다 ($O.D_{600}$=2.0–3.0, ~3×10^7 cells/ml).

Adapted from Chapter 4, Protocol 10, p. 4.58 of MC3.

3. 프로토콜 6.7에 따라 각 배양액 9 ml로부터 yeast DNA를 추출한다.
   사용하지 않고 남은 배양액은 4℃에 보관한다.
4. Pulse-field gel 전기영동법을 실시하여 YAC의 DNA 크기를 분석한다.
5. Southern 혼성법 또는 PCR 기법을 통하여 YAC DNA에 원하는 서열이 들어 있는지 확인한다.
6. 결과가 만족스러운 경우, 즉, 배양된 세포가 같은 크기의 YAC을 가지고 있거나, 불안정성 (instability) 또는 재배열 (rearrangement)의 양상이 보이지 않거나, 타겟 서열이 보존된 경우에는 장기간 보관을 위해 1개 또는 2개의 배양을 선택하여 동결한다.
7. YPD 배지에 멸균된 글라이세롤 (30% v/v)을 섞고, 0.5 ml을 2-ml 동결바이알에 옮긴다.
8. 효모 배양물을 0.5 ml을 넣고 잘 섞는다.
9. −70℃에 보관한다.
   효모는 YPD 고체배지에 얼린 상태의 세포를 소량 떨어뜨림으로써 다시 배양 할 수 있다

프로토콜 4.11

*S. cerevisiae*의 배양과 DNA의 정제
Growth of *S. cerevisiae* and preparation of DNA

이 프로토콜은 재조합 YAC을 가지고 있는 *S. cerevisiae*로부터 DNA을 정제하는 방법이다. 선형의 YAC DNA는 깨지기 쉬우므로 DNA를 다룰 때에는 끝이 넓은 파이펫 팁을 이용해야 한다. 이 방법을 통해 얻어진 YAC은 전기영동, southern 혼성법, 서브클로닝, 게놈 라이브러리 제조, PCR 등 온전한 고분자량의 DNA를 이용할 필요가 없는 실험에 이용할 수 있다. 10-ml 배양에서 얻을 수 있는 DNA는 2-4 μg 정도이다.

MATERIALS

CAUTION: 〈!〉표시된 물질의 적절한 사용법은 Appendix 4를 참조하세요.

Reagents and Solutions

농축액, 완충액, 시료의 조성은 Appendix 1을 참조하라. 농축액은 적당한 농도로 희석하여 사용하라.

- Ammonium acetate (10 M)
- Ethanol
- Ethanol (70%)
- Phenol:Chloroform (1:1, v/v) 〈!〉
- TE (pH 8.0)
- TE (pH 8.0) containing 20 μg/ml RNase A
- Triton/SDS 용액
  - 10 mM Tris (pH 8.0)
  - 2% (v/v) Triton X-100
  - 1% (w/v) SDS
  - 100 mM NaCl
  - 1 mM EDTA
  - 0.22-μm 필터로 통과하여 멸균한다.

Vectors and Hosts

재조합 YAC 클론을 함유한 S. cerevisiae 균주
회사에서 구입하기도 한다. MC3, p. 4.86을 참고.

Media and Antibiotics

YPD medium

Gels/Loading Buffers

Pulse-field gels
Pulse-field gel 전기영동법에 대한 정보는 MC3의 p. 4.18과 chapter 5를 참고한다.

Centrigues/Rotors/Tubes

Sorvall SS-34 rotor (4℃)

Additional Items

- Bacterial shaker (30℃)
- 배양용 튜브 또는 Erlenmayer 플라스크 (25 ml)
- Glass beads, acid washed (Sigma-Aldrich)

Adapted from Chapter 4, Protocol 11, p. 4.67 of MC3.

METHOD

1. 연구하고자 하는 YAC 클론을 가지고 있는 효모 콜로니 한 개를 10 ml의 YPD 배지에 접종하고, 30℃에서 16시간 이상 배양한다.

   세포는 이 시간 동안 포화상태 (O.D$_{600}$=2.0-3.0, ~ 3×10^{7} cells/ml)에 이르게 될 것이다. 만일 추출된 DNA를 Pulse-field gel 전기영동에 이용하려 한다면, 프로토콜 5.14를 참고하시오.

2. 4℃에서 2000g (Sorvall SS-34 이용 시에는 4100 rpm)의 속도로 5 분 동안 원심분리한다.
3. 배지를 제거하고 멸균수 1 ml에 세포를 현탁한다.
4. 2번 과정과 같이 세포를 모은다.
5. 상층액을 제거하고 0.5 ml의 멸균수에 세포를 현탁한 후 멸균된 1.5-ml 짜리 튜브로 옮긴다.
6. 실온에서 최대속도로 5초간 원심분리하여 세포를 모으고 상층액을 제거한다.
7. Triton/SDS 용액 0.2 ml을 넣고, 튜브의 측면을 두드려서 세포 침전을 현탁한다.
8. 0.2 ml의 페놀:클로로포름과 0.3 g의 유리구슬을 세포에 넣고 실온에서 2 분간 교반한다. 0.2 ml의 TE (pH 8.0)를 넣고 짧게 교반하여 용액을 섞는다.
9. 실온에서 최대속도로 5 분간 원심분리하여 수용액과 유기용매를 분리한다. 층 사이에 있는 이물질이 딸려오지 않도록 조심하면서 수용액 층을 새로운 튜브에 옮긴다.
10. 1 ml의 에탄올을 넣고 앞뒤로 흔들어 섞는다.
11. 4℃에서 최대속도로 2-5 분간 원심분리하여 DNA를 모은다. 상층액을 제거하고 다시 2 초간 원심분리하여 튜브 바닥에 있는 나머지 에탄올을 완전히 제거한다.
12. RNA 분해효소가 들어있는 4 ml의 TE (pH 8.0)에 핵산 물질을 녹인 후 37℃에서 5 분간 둔다.
13. 동량의 페놀:클로로포름을 넣고 아래 위로 약하게 흔들어 섞어 RNA 분해효소가 처리된 용액을 추출하고 최대속도로 5 분간 원심분리하여 수용액과 유기용매 층을 분리한다. 수용액을 새로운 튜브에 옮긴다.
14. 10 M 암모니윰아세트산 80 μl와 에탄올 1 ml 을 넣고 잘 섞고 실온에서 5 분간 둔다.
15. 5 분간 원심분리하여 DNA를 모은다. 상층액을 버리고 0.5 ml의 70% 에탄올을 넣어 핵산 침전을 씻어낸다. 2 분간 원심분리 한 후 남아있는 에탄올을 모두 제거 한 후 공기중에서 말리고 TE (pH 8.0)을 50 μl 넣어 녹인다.

    이 방법으로 얻을 수 있는 DNA의 양은 2-4 μg 정도 이다.

프로토콜 4.12

효모 DNA의 소규모 정제법
Small-scale preparations of yeast DNA

효모 DNA는 세포벽과 세포벽을 거의 다 제거한 균세포 (spheroplast)의 용해과정을 거쳐 얻어진다. 이 과정을 통하여 제한 효소 처리 및 PCR에 사용하기 충분한 양의 DNA를 얻을 수 있다.

MATERIALS

Reagents and Solutions

농축액, 완충액, 시료의 조성은 Appendix 1을 참조하라. 농축액은 적당한 농도로 희석하여 사용하라.

- Isopropanol
- Potassium acetate (5 M)
- SDS (10% w/v)
- Sodium acetate (3 M, pH 7.0)
- Sorbitol buffer
  - 1 M sorbitol
  - 0.1 M EDTA (pH 7.5)
- TE (pH 7.4)
- TE (pH 8.0) containing 20 μg/ml RNase A
- Yeast resuspension buffer
  - 50 mM Tris (pH 7.4)
  - 20 mM EDTA (pH 7.5)

Vectors and Hosts

- *S. cerevisiae* 균주

Media and Antibiotics

- YPD medium

Enzymes and Buffers

- Zymolase 100T

Gels/Loading Buffers

- Pulse-field gels
  - Pulse-field gel 전기영동법에 대한 정보는 MC3의 p. 4.18과 chapter 5를 참고하시오.

Centrigues/Rotors/Tubes

- Sorvall SS-34 rotor (4℃)

Additional Items

- Bacterial shaker (30℃)
- 17 × 100-mm 원심분리 튜브
- 배양용 튜브 또는 Erlenmayer 플라스크 (25 ml)
- 수조 (37℃와 65℃)
- Wide-bore yellow tips (dog toenail clippers를 이용하시오)

Adapted from Chapter 4, Protocol 12, p. 4.70 of MC3.

Additional Information

Alternative method for preparing yeast DNA 프로토콜 6.7

METHOD

1. YPD 배지 10 ml에 효모를 접종하여 30℃에서 16 시간 이상 배양한다.
2. 5 ml을 원심분리 튜브에 넣고 4℃에서 2000g (Sorvall SS-34 이용 시에는 4100 rpm)의 속도로 5 분 동안 원심분리 한다. 남아있는 배양액은 4℃에 보관한다.
3. 세포는 0.5 ml의 솔비톨 (sorbitol) 용액으로 현탁한 후 새로운 튜브로 옮긴다.
4. Zymolase 100T (솔비톨 용액에 녹여 2.5 mg/ml의 농도로 제조) 용액을 20 μl 넣고 37℃에서 1 시간 동안 반응한다.
5. 1 분간 원심분리 하여 세포를 모으고 상층액을 제거한다.
6. 세포를 0.5 ml의 효모 현탁 용액을 이용하여 현탁한다.
7. 10% SDS를 50 μl 넣고 튜브의 뚜껑을 닫고 빨리 흔들어 내용물을 섞은 후 65℃에서 30분 동안 배양한다.
8. 5 M 칼륨아세트산 (potassium acetate) 0.2 ml을 첨가하고 얼음에서 1 시간 동안 둔다.
9. 4℃에서 최대속도로 5분간 원심분리하여 세포의 파편을 모은다.
10. 끝이 넓은 파이펫 팁을 이용하여 상층액을 새로운 튜브로 옮긴다.
11. 실온에서 동량의 아이소프로필알콜을 넣어 핵산을 침전 시킨다. 상층액을 버리고 공기중에서 10분간 두어 침전을 건조한다.

    아이소프로필알콜을 이용한 침전 반응은 5 분 이상 진행하지 마시오.
12. 최대속도로 10분간 원심분리하여 핵산침전을 모은 후 상층액을 버리고 10 분간 공기 중에서 건조한다.
13. 20 μg/ml의 RNA 분해효소 A가 들어있는 TE (pH 8.0)를 300 μl 넣어 침전을 녹이고 37℃에서 30 분간 반응한다.
14. 3 M 소듐아세테이드 (sodium acetate)를 30 μl 넣고 용액을 섞은 다음, 0.2 ml의 아이소프로필알콜을 넣고 다시 잘 섞은 후 최대속도에서 20 초간 원심분리한다.
15. 상층액을 버리고 10 분동안 공기중에서 건조한 뒤 TE (pH 7.4) 150 μl에 녹인다.

프로토콜 4.13

PCR 기법을 이용한 효모 콜로니의 분석
Analyzing yeast colonies by PCR

효모 콜로니들을 PCR 반응용액에 현탁하여 thermal cycler로 옮겨 35 cycle PCR을 실시한다. 증폭산물은 전기영동으로 확인한다.

MATERIALS

CAUTION: 〈!〉표시된 물질의 적절한 사용법은 Appendix 4를 참조하세요.

Reagents and Solutions

농축액, 완충액, 시료의 조성은 Appendix 1을 참조하라. 농축액은 적당한 농도로 희석하여 사용하라.

- 10× Colony PCR buffer
  - 0.125 M Tris-Cl (pH 8.5)
  - 0.56 M KCl
- dNTP 용액 (containing all four dNTPs, 각각 10 mM) (pH 8.0, PCR grade)
- $MgCl_2$ (25 mM)

Vectors and Hosts

재조합 YAC 클론을 함유한 *S. cerevisiae* 콜로니

Media and Antibiotics

YPD medium

Enzymes and Buffers

Taq DNA polymerase

Nucleic acids/Oligonucleotides

- 전기영동의 마커로 사용 될 DNA
- Oligonucleotides 프라이머
  - 프라이머들은 20-24 누클레오타이드 길이를 가지고, 타겟 DNA 특이적인 서열이어야 하며, 2차구조를 형성하지 않아야하고, G와 C 염기가 10개보다 많거나 15개보다 적어야한다.

Gels/Loading Buffers

Agarose 또는 polyacrylamide gel 〈!〉

Centrigues/Rotors/Tubes

- Microfuge와 0.5-ml thin-walled microfuge tubes
- Sorvall SS-34 rotor (4℃)

Additional Items

Thermal cycler, equipped with a heated lid

Additional Information

Oligonucleotides의 melting 온도를 계산하는 방법	MC3, pp. 10.47-10.48
Taq DNA polymerase	MC3, pp. 8.108-8.109

Adapted from Chapter 4, Protocol 13, p. 4.72 of MC3.

METHOD

1. 멸균한 0.5-ml 짜리 튜브에 아래와 같은 순서로 시약을 섞는다.

10× colony PCR buffer	2 μl
25 mM $MgCl_2$	1.2 μl
10 mM dNTPs	0.4 μl
oligonucleotide primers	10 pmoles of each primer
Taq polymerase	5 units (0.2 μl)
H_2O	to 20 μl

2. 파이펫 팁으로 작은 효모 콜로니 (0.1–0.25 μl)를 떠서 반응 용액에 옮긴다.
   효모 세포벽의 성분이 PCR을 방해하기 때문에 효모 콜로니를 취할 때 너무 욕심을 내지 않도록 한다.

3. PCR 튜브를 thermal cycler로 옮기고 아래와 같은 조건으로 프로그램을 입력하여 PCR을 시작한다.

Cycle number	Denaturation	Annealing	Polymerization
1	4 min at 95℃		
2–35	1 min at 95℃	1 min at 55℃	1 min at 72℃
Last			10 min at 72℃

   위 조건은 thin-wall 타입의 0.5-ml 짜리 튜브를 이용하여 25–50 μl의 반응에 적합한 것이며, Perkin-Elmer 9600 또는 9700, Mastercycler (Eppendorf 사), 그리고 PTC-100 (MJ Research 사)등의 thermal cycler를 사용하였을 경우에 적용할 수 있는 조건이다. 시간과 온도는 기종에 따라, 반응 규모에 따라 최적화할 필요가 있다.

4. PCR 산물은 적당한 마커를 이용하여 전기영동으로 분석한다.
   증폭된 DNA가 양이 적거나 잘못된 DNA가 증폭되었을 경우 계산된 melting point 보다 2–3 도 가량 낮거나 높게 조정하여 반복 시행한다. PCR 결과가 계속 만족스럽지 않는 경우에는 PCR을 다시 시작하기 전에 효모세포의 세포벽을 자이몰레이즈 (zymolase 100T)을 처리하여 제거한 후 스페로플라스트 (spheroplast)를 만들어 이용한다. 이 과정은 약 1 시간 소요되지만, 문제점은 대부분 해결된다. 또 다른 방법으로는 10 ml의 YPD 배지에 효모를 배양하여 소규모의 정제과정을 거쳐 DNA를 준비하고 이를 PCR에 이용한다 (프로토콜 4.12 참고).

프로토콜 4.14

고효율 벡터에 클로닝된 게놈 DNA 조각의 말단의 동정: Vectorette polymerase chain reactions

Isolating the ends of genomic DNA fragments cloned in high-capacity vectors: Vectorette polymerase chain reactions

이 프로토콜은 Vectorette PCR 법과 single-site PCR 법을 이용하여 PACs과 YACs와 같이 고효율 백터에 클론된 게놈 DNA의 말단 서열을 증폭하여 분석하기 위한 절차이다.

MATERIALS

CAUTION: 〈!〉표시된 물질의 적절한 사용법은 Appendix 4를 참조하세요.

Reagents and Solutions

농축액, 완충액, 시료의 조성은 Appendix 1을 참조하라. 농축액은 적당한 농도로 희석하여 사용하라.

ATP (10 mM)

10× 접합 용액에 ATP가 들어있는 경우에는 사용하지 않는다.

dNTP 용액 (containing all four dNTPs, 각각 10 mM) (pH 8.0, PCR grade)

Ethanol

Ethanol (70%)

Phenol:Chloroform (1:1, v/v) 〈!〉

Sodium acetate (3 M, pH 5.2)

Enzymes and Buffers

Bacteriophage T4 DNA 접합효소와 10× 접합 용액

*Pst*I과 *Nsi*I 제한효소와 10× buffer

Taq DNA polymerase와 10× 증폭반응 용액

500 mM KCl

100 mM Tris (pH 8.3, 실온)

15 mM $MgCl_2$

Nucleic acids/Oligonucleotides

Oligonucleotide 카세트 (5.0 OD_{260}/ml [~8.5 μM]) in TE (pH 7.6)

5′CATGCTCGGTCGGGATAGGCACTGGTCTAGAGGGTTAGGTTCCTGCTACATCTCCAGCCTTGCA3′

64-누클레오타이드의 단일가닥 카세트는 *Pst*I 또는 *Nsi*I 말단을 가지는 타겟 DNA에 접합 되도록 디자인한다. 밑줄 친 3′-말단의 4 개의 누클레오타이드는 제한효소에 의해 형성된 DNA의 돌출 부위와 상보적인 부분이다. 다른 제한 효소를 이용한다면, 그 효소에 의해 형성된 부위에 맞도록 linker의 3′ 말단은 변형되어야 한다. 올리고누클레오타이드는 사용 전에 C18 크로마토그래피 또는 12% polyacrylamide gel 전기영동을 실시하여 정제한다. 올리고누클레오타이드의 5′ 말단은 인산화 되지 말아야 한다.

Oligonucleotide (linker) 프라이머 (5.0 OD_{260}/ml [~17 μM]) in TE (pH 7.6)

5′CATGCTCGGTCGGGATAGGCACTGGTCTAGAG3′

이 올리고누클레오타이드는 카세트의 5′ 말단의 32 누클레오타이드와 동일하며, PCR 반응에서 amplimer로 사용된다.

사용 전에 정제할 필요가 없으며, TE (pH 7.6)을 이용하여 5.0 OD_{260}/ml 용액 (~17 μM)의 농도로 녹인다.

서열-특이적 Oligonucleotide (vector) 프라이머 (5.0 OD_{260}/ml [~17 μM]) in TE (pH 7.6)

이 프라이머는 클론 된 부분의 말단 서열을 증폭하고자 할 때 벡터에 상보적이거나, 게놈 DNA의 인접 부분을 습득하고자 할 때 클론 DNA 서열에 상보적이다. 프라이머의 길이는 28-32 누클레오타이드가 되어야 하며, 예측되는 melting 온도가 32-누클레오타이드 프라이머와 동일하여야한다.

Adapted from Chapter 4, Protocol 14, p. 4.74 of MC3.

사용 전에 정제할 필요가 없으며, TE (pH 7.6)을 이용하여 5.0 OD_{260}/ml 용액 (~17 μM)의 농도로 녹인다.

주형 DNA

주형 DNA는 재조합 BAC, YAC, 또는 코스미드 DNA이다.

YAC은 agarose plug (100-μl plug에 2 μg) 또는 용액에 들어있게 된다. 효모균주가 한 개 이상의 YAC을 가지고 있지 않다면, vectorette 또는 single-site PCR에 이용하기 전에 PFGE에 의해 정제할 필요가 없다.

Gels/Loading Buffers

1.0% Agarose gel, cast and poured in 0.5× TBE containing 0.5 μg/ml ethidium bromide 〈!〉

Additional Items

Barrier tips for automatic pipettes
Heating-cooling block (15℃)
Microfuge tubes (0.5 ml, thin walled)
Thermal cycler, preferably with heated lid

Additional Information

Oligonucleotides의 melting 온도를 계산하는 방법	MC3, pp. 10.47-10.48
게놈 DNA 주형을 이용할 때 vectorette 반응의 향상	MC3, p. 4.81
Taq DNA polymerase	MC3, pp. 8.108-8.109

METHOD

1. 5 μg 정도의 주형 DNA를 *Pst*I 이나 *Nsi*I 제한효소로 자른 후 조금 덜어 전기영동하여 모든 DNA가 잘렸는지의 여부를 확인한다.

2. 반응 용액에 페놀:클로로포름을 넣어 추출하고, 표준 에탄올 침전법으로 DNA를 모은 후 70% 에탄올로 씻어낸다. 튜브를 페이퍼 타올에 거꾸로 세워놓아 남은 에탄올을 제거하고 증발 시킨 후 완전히 마르지 않은 DNA 침전을 50 μl의 물로 녹인다.

3. 멸균된 0.5-ml 짜리 튜브에 아래와 같은 순서로 반응용액을 만든다.

10× T4 DNA ligase buffer	10 μl
digested template DNA	20 μl
oligonucleotide cassette, 5.0 OD_{260}/ml	2 μl
T4 bacteriophage DNA ligase, 5 Weiss units/μl	2 μl
H_2O	to 100 μl

주형 DNA를 빼고 반응하는 대조군, 올리고누클레오타이드 카세트를 빼고 반응하는 대조군, 접합효소를 넣지 않은 대조군등 3 가지의 대조군 반응을 준비한다.

4. 테스트 반응과 대조군 반응 모두 15℃에서 12-16 시간 동안 반응시킨다.

5. 멸균된 0.5-ml 짜리 튜브에 아래와 같은 순서로 반응용액을 만든다.

10× amplification buffer	2 μl
1 mM solution of four dNTPs (pH 7.0)	2 μl
linker primer oligonucleotide, 5.0 OD_{260}/ml	1 μl
vector primer oligonucleotide, 5.0 OD_{260}/ml	1 μl
test DNA ligation reaction, from step 4	1 μl
thermostable DNA polymerase, 5.0 units/μl	0.5 μl
H_2O	to 20 μl

테스트 접합 반응 대신 세가지 대조군 접합 반응물 1 μl를 넣어 PCR을 실시한다.

6. Thermal cycler가 가열성 커버인 경우가 아니면, 가열과 냉각을 반복하는 동안 반응물의 증발을 방지하기위해 미네랄 오일 한방울을 넣는다. 다른 방법으로 hot start 법을 이용한다면, 튜브에 왁스구슬을 넣을 수도 있다.

7. PCR 튜브를 thermal cycler에 넣고 아래와 같은 조건으로 PCR을 시작한다.

Cycle number	Denaturation	Annealing	Polymerization
1	2 min at 95℃		
2–35	30 sec at 94℃	30 sec at 60℃	3 min at 72℃
Last			5 min at 72℃

8. 각 PCR 반응의 25%를 전기영동하여 분석한다.

   테스트 접합물을 주형으로 한 PCR 반응물을 전기영동한 후 EtBr 염색에 의해 눈에 띠는 DNA 밴드가 있어야하며, 이 DNA 밴드는 대조군 반응물의 전기영동 젤에서는 보이지 않아야 한다. PCR 산물의 크기는 벡터 프라이머와 클론된 삽입 DNA의 첫 번째 잘리는 부위 사이의 거리에 따라 달라진다. PstI과 NsiI으로 처리할 경우 증폭된 DNA는 0.5–2.0 kb의 길이이다.

   증폭된 DNA는 염기서열을 결정하는 데 바로 이용되거나, 클로닝 작업에 이용하거나, random hexamer priming이나 PCR에 의해 동위원소로 표지될 수 있다. 만일 박테리오파지 프로모터가 연결부위 (linker)에 포함되어 있거나 증폭된 벡터 DNA의 부분에 포함되어 있는 경우에는 전사를 위한 주형으로 이용할 수도 있다.

제 5 장

DNA의 젤 전기영동과 펄스 필드 아가로우즈 젤 전기영동

Gel Electrophoresis of DNA and Pulsed-field Agarose Gel Electrophoresis

프로토콜 5.1 아가로우즈 젤 전기영동, 188

프로토콜 5.2 아가로우즈 젤 상에서의 DNA 검출, 191

프로토콜 5.3 아가로우즈 젤으로부터 DNA의 회수: 전기영동에서 DEAE-Cellulose Membrane으로, 193

프로토콜 5.4 아가로우즈 젤과 폴리아크릴아마이드 젤으로부터의 DNA 회수: 투석 주머니로의 전기적 용리, 196

프로토콜 5.5 음이온 교환 크로마토그래피에 의한 아가로우즈 젤과 폴리아크릴아마이드 젤으로부터의 DNA 정제, 199

프로토콜 5.6 Low-melting-temperature 아가로우즈 젤으로부터 DNA 회수: 유기적 추출, 201

프로토콜 5.7 Low-melting-temperature 아가로우즈 젤으로부터 DNA 회수: 아가로우즈의 효소적 분해, 203

프로토콜 5.8 염기성의 아가로우즈 젤 전기영동, 205

프로토콜 5.9 중성의 폴리아크릴아마이드 젤 전기영동, 208

프로토콜 5.10 염색에 의한 폴리아크릴아마이드 젤에서의 DNA 검출, 212

프로토콜 5.11 방사선 사진 촬영에 의한 폴리아크릴아마이드 젤에서의 DNA 검출, 213

프로토콜 5.12 Crush and Soak 방법으로 폴리아크릴아마이드 젤에서 DNA 조각 추출하기, 215

프로토콜 5.13 펄스 필드 젤 전기영동을 위한 DNA 준비: 포유류 세포와 조직으로부터 DNA 추출, 217

프로토콜 5.14 고펄스 필드 젤 전기영동을 위한 DNA 준비: 효모로부터 DNA 추출, 220

프로토콜 5.15 Agarose Plug에서 DNA를 제한효소로 자르기, 222

프로토콜 5.16 펄스 필드 젤 전기영동을 위한 마커, 224

프로토콜 5.17 TAFE를 통한 펄스 필드 젤 전기영동, 226

프로토콜 5.18 CHEF를 통한 펄스 필드 젤 전기영동, 229

프로토콜 5.19 펄스 필드 젤으로부터 DNA 조각의 직접적인 회수, 232

프로토콜 5.20 펄스 필드 젤에 이은 DNA 농축으로부터의 DNA 조각의 회수, 234

BACKGROUND INFORMATION

다른 언급이 없으면 기본이 되는 정보는 Molecular Cloning: A Laboratory Manual, 3판 (이제부터 MC3)에 있다.

아가로우즈 젤	
이동속도에 영향을 미치는 요소들	MC3, pp. 5.4–5.9
아가로우즈의 분류	MC3, pp. 5.6–5.7
전기영동 버퍼	MC3, p. 5.8
젤 로딩 버퍼	MC3, p 5.9
염기성의 아가로우즈 젤	MC3, p 5.36
방사선 사진 촬영술	MC3, pp. A9.9–A9.15
폴리아크릴아마이드 젤	
폴리아크릴아마이드	MC3, pp. 5.40–5.42
Pulsed-field 전기영동	MC3, pp. 5.55–5.60

프로토콜 5.1

아가로우즈 젤 전기영동

Agarose Gel Electrophoresis

아가로우즈 젤을 붓고, 로딩하고, 내리는 방법

MATERIALS

CAUTION: 〈!〉표시된 물질의 적절한 사용법은 Appendix 4를 참조하세요.

Reagents and Solutions

농축액, 완충액, 시료의 조성은 Appendix 1을 참조하라. 농축액은 적당한 농도로 희석하여 사용하라.

Ethidium bromide (10 mg/ml) 〈!〉

or

SYBR Gold solution (supplied commercially as a 10,000× concentrate in DMSO)

Nucleic Acids/Oligonucleotides

DNA samples

In TE or other buffer of low ionic strength and neutral pH

DNA size standards

알고 있는 크기의 DNA 샘플은 전형적으로 알고 있는 서열의 plasmid나 박테리오파지 DNA의 제한 효소적 분해에 의해 만들어진다. 대안적으로, 알고 있는 크기의 monomeric DNA를 polymeric 형태의 ladder로 붙임으로써 만들 수 있다. 이 모든 타입의 standard는 상업적으로 이용가능하다.

Gels/Loading Buffers

Agarose solutions

Electrophoresis buffer

주로 0.5× TBE or 1× TAE

Gel-loading buffer (6x)

주로 gel-loading buffer IV

0.25% bromophenol blue

40% (w/v) sucrose in H_2O

Additional Items

Equipment for agarose gel electrophoresis

전형적으로 comb, glass plate, gel sealing tape (e.g., Time tape), 그리고 500 V와 200 mA까지 올릴 수 있는 전원 공급 장치와 수평의 전기영동 탱크가 포함된다.

Insulated gloves or tongs

Microwave oven or boiling-water bath

Transilluminator or other source of UV light

Water bath (50 ℃)

Additional Information

Agarose minigels	MC3, p. 5.13
SYBR Gold	MC3, pp. A9.7–A9.8, 5.15–5.16, and p.191 of this volume

Adapted from Chapter 5, Protocol 1, p. 5.4 of MC3.

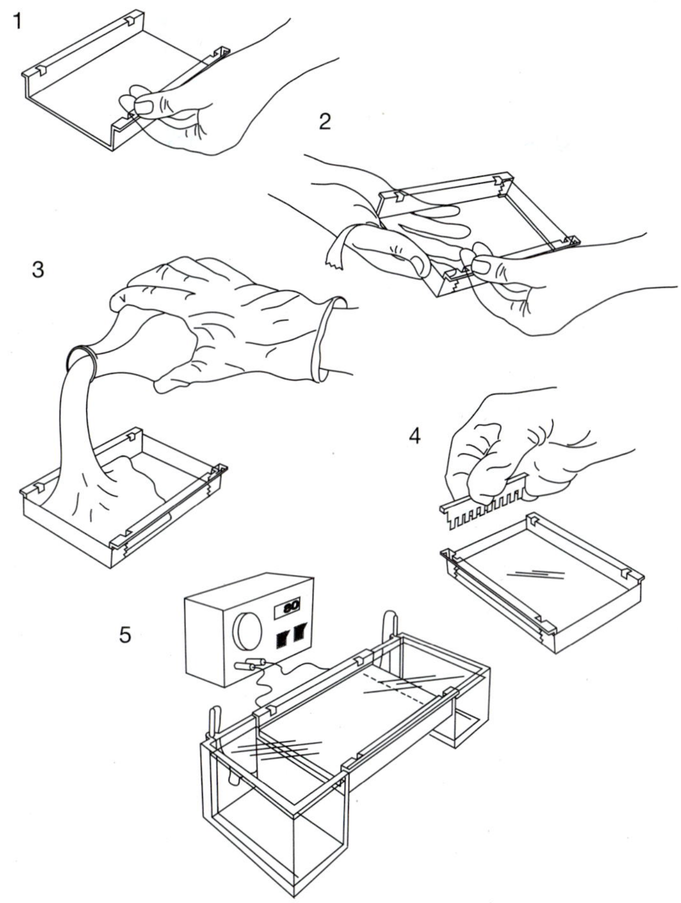

그림 5-1 Pouring a Horizontal Agarose Gel

METHOD

1. 틀 (그림 5-1 참조)을 만들기 위해 테이프로 깨끗하고, 건조된 유리 플레이트 (혹은 전기영동 기구를 보조하는 플라스틱 tray의 열린 끝)을 막는다. 틀을 정확히 수평으로 놓는다.

2. 전기영동 탱크에 적합하고 젤에 맞는 충분한 전기영동 버퍼를 준비한다.

   전기영동 탱크와 젤 모든 부분에 같은 전기영동 버퍼를 사용하는 것이 중요하다.

3. DNA 샘플에서 특수한 크기의 조각이라고 예상되는 것을 적절히 분리시키기 위한 농도에서 전기영동 버퍼안의 agarose solution (아가로우즈 용액)을 준비한다: Erlenmeyer flask 나 유리 병 안에 측정된 양의 전기영동 버퍼에 정확한 양의 가루형의 아가로우즈 (다음 장의 표 5-1 참조)를 넣는다.

   버퍼는 플라스크나 병의 부피의 50 %보다 적은 양을 차지해야 한다.

4. Kimwipe로 Erlenmeyer flask의 neck (목 부분)을 느슨하게 막는다. 만약 유리병을 사용한다면, 뚜껑이 느슨하게 하도록 한다. boiling water bath(끓고 있는 워터 배스)나 전자렌지 오븐에서 아가로우즈가 녹을 때까지 slurry (슬러리)를 가열시킨다.

   경고: agarose solution (아가로우즈 용액)은 전자렌지 오븐에서 매우 오랫동안 혹은 너무 빨리 가열될 수 있다. 모든 agarose (아가로우즈)가 다 녹을 수 있기에 적절한 최소의 시간에 slurry (슬러리)를 가열한다.

5. 플라스크/병을 50℃의 water bath (워터 배스)로 옮기기 위해 절연된 장갑이나 tong을 사용한다. molten gel (주조한 젤)이 식으면, 최종 농도가 0.5 μg/ml이 되도록 ethidium bromide를 첨가한다. 휘저어서 젤 용액이 완전히 섞이게 한다.

표 5-1 다른 양의 Standard Low-EEO Agarose를 함유하고 있는 젤의 분리 범위

젤의 아가로우즈 농도 (% [W/V])	선형 DNA 물질의 분리 범위 (KB)
0.6	1–20
0.7	0.8–10
0.9	0.5–7
1.2	0.4–6
1.5	0.2–3
2.0	0.1–2

중요: SYBR Gold는 molten gel (주조한 젤)용액에 첨가되어서는 안된다.

6. agarose solution (아가로우즈 용액)이 식는 동안, 젤에서 샘플이 로딩 될 홈을 만들기에 적절한 comb을 선택한다. agarose (아가로우즈)가 틀에 부어졌을 때 완벽한 홈이 생기게 하기 위해서 플레이트 위로 0.5–1.0 mm 위치한 지점에 comb을 꽂는다.

7. 따뜻한 agarose 용액을 틀에 붓는다.

   젤은 3에서 5 mm 두께여야 한다. comb 사이나 아래에 공기 방울이 없는지 확인한다. 젤 안에 생긴 공기 방울은 Kimwipe의 끝으로 찔러 줌으로써 쉽게 제거할 수 있다

8. 젤을 상온에서 30–45 분 동안 완전히 굳히고, 젤 위로 적은 양의 전기영동 버퍼를 부어준다. 젤으로부터 전기영동 버퍼를 따라 버리고 테이프를 조심스럽게 제거한다. 젤을 전기영동 tank에 설치한다.

9. 대략 1 mm의 깊이가 되게끔 충분한 전기영동 버퍼를 부어 젤을 덮는다.

10. 6× gel–loading buffer의 0.20 volume과 DNA 샘플을 섞는다.

    EtBr으로 염색되어 있는 젤의 사진으로써 감지될 수 있는 가장 적은 양의 DNA는 대략 0.5 cm wide band (홈의 대략적인 너비)에서 2 ng이다. SYBR Gold와 같은 더 민감한 염료는 하나의 밴드에서 20 pg과 같은 적은 양으로 감지할 수 있다. 1–2 μg보다 많은 양을 로딩 시킬 수 있는 표준 크기의 젤 홈이 넘치게 되면, 해상도가 떨어지고 흐린 DNA 밴드가 뜬다.

11. 일회용의 micropipette, 자동 micropipette, drawn–out pipette 또는 모세관 유리 튜브를 사용해서 가라앉아 있는 젤의 홈으로 샘플 혼합물을 천천히 로딩한다. 젤의 오른쪽과 왼쪽 모두의 홈에 size standard를 로딩한다.

    가능하다면, 새로운 파이펫 팁이나 모세관 유리 튜브를 각각의 샘플마다 사용한다.

12. 젤 tank의 뚜껑을 닫고 electrical lead를 붙이면 DNA가 양극 (빨간색 lead)으로 이동할 것이다. 1–5 V/m의 전압을 걸어준다 (양극과 음극 사이의 거리에 따라 측정됨). lead가 정확히 붙여졌다면, 양극과 음극에서 공기 방울이 생겨야만 한다 (전기 분해에 따른), 몇 분 안에, bromophenol blue는 well로부터 젤 몸체까지 이동되어야만 한다. bromophenol blue와 xylene cyanol FF가 젤 상에서 적절한 위치에 도달할 때까지 계속 내린다.

    EtBr은 전기영동 중의 어떤 단계에서든 UV 아래서 젤을 관찰할 수 있게 한다. 젤 tray는 제거되고 직접적으로 transilluminator로 옮겨진다. 대체적으로, UV의 hand–held source를 사용해서 젤은 관찰될 수 있다. 다른 경우에, 젤을 관찰하기 전에 전원 공급 장치를 끈다.

13. DNA 샘플 또는 염료가 젤 상에서 적절한 위치에 도달했을 때, 전류를 차단하고 lead를 제거한 후 gel tank로부터 뚜껑을 제거한다. EtBr이 젤과 전기영동 버퍼에 들어있다면, UV 빛 하에 관찰하고 프로토콜 5.2에 나와 있는 대로 젤의 사진을 찍는다. 혹은, 상온에서 30–45 분간 전기영동 버퍼나 EtBr (0.5 μg/ml)이 들어있는 H_2O 안에 젤을 담금으로써, 혹은 전기영동 버퍼 안에 1:10,000–fold dilution한 SYBR Gold stock 용액 안에 젤을 담금으로써 젤을 염색시킨다. 그 다음 프로토콜 5.2에 나와 있는 대로 젤의 사진을 찍는다.

프로토콜 5.2 아가로우즈 젤 상에서의 DNA 탐지

Detection of DNA in Agarose Gels

Agarose gel을 이용하여 전기영동을 하게 되는 핵산은 염색에 의해 감지되고 300 nm UV에서 보인다. 염색과 ethidium bromide 혹은 SYBR Gold를 이용하여 DNA를 보는 방법은 여기에 나타냈다.

Agarose gel 상에서 DNA가 보이는 가장 편리하고 많이 사용되는 방법은 형광 염료인 ethidium bromide (EtBr)로 염색하는 것이다. EtBr은 단일 가닥과 이중 가닥 핵산 (both DNA and RNA)을 감지하는 데 모두 쓰일 수 있다. 그러나, 단일 가닥 핵산에 대한 염료의 친화성은 상대적으로 낮고, 형광 yield는 비교적으로 좋지 않다. 사실상, 대부분의 단일 가닥 DNA나 RNA와 연관되어 있는 형광은 염료가 물질에서 짧은 intrastrand duplex에 붙는 것에서 기여한 것이다.

EtBr은 H_2O에서 10 mg/ml의 stock solution으로 준비되는데, 어두운 색깔의 병에서 상온에 보관되거나 혹은 알루미늄 호일으로 싸여진 병에서 보관된다. 염료는 대개 0.5 μg/ml의 농도에서 agarose gel과 전기영동 버퍼로 끼어 들어간다. 폴리아크릴아마이드 젤은 염료가 아크릴아마이드의 중합화를 억제하기 때문에 EtBr과 함께 쓰일 수 없다. 그러므로 아크릴아마이드 젤은 젤을 다 내린 후에 (프로토콜 5.10 참조) ethidium 용액으로 염색된다. 선형의 이중 가닥 DNA의 전기영동에서의 이동성이 염료의 존재 하에 대략 15 % 정도 감소한다고 하여도, 젤을 내리는 중에 혹은 다 내린 후에 UV 아래서 직접적으로 아가로우즈 젤을 examine하는 능력은 대단한 장점이다. 그러나, 전기영동이 EtBr이 없을 시 수행되었을 때 sharper DNA 밴드가 나타난다. 염색은 전기영동 버퍼나 EtBr (0.5 μg/ml)이 들어있는 H_2O 안에서 gel을 30–45 분간 상온에서 담굼으로써 된다. 탈염색화 과정은 대개 필요하지 않다. 그러나, 매우 적은 양 (〈10ng)의 DNA를 감지하는 것은 DNA에 붙지 않은 EtBr에 의해 나타나는 background 형광이 H_2O나 1 mM $MgSO_4$ 안에서 염색된 젤을 상온에서 20 분간 씻음으로 인해 감소하면서 간단해진다.

SYBR Gold는 DNA에 높은 친화성을 가지고 핵산에 붙었을 때 큰 형광의 증폭을 나타내는 ultrasensitive 염료의 trade name이다. SYBR Gold–DNA의 quantum yield는 동일한 ethidium bromide–DNA 복합체보다 더 크고, 형광 증가율은 〉1000 배나 크다. 결과적으로, 〈20 pg의 이중 가닥 DNA는 아가로우즈 젤에서 감지될 수 있다 (EtBr 처리 후에 보이는 양보다 25배 적은 양). 게다가, 이 염료로 아가로우즈나 폴리아크릴아마이드 젤을 염색하는 것은 밴드 안에서 단일 가닥 DNA 100 pg 정도의 적은 양을 나타낼 수도 있고 300 pg의 RNA를 나타낼 수도 있다. SYBR Gold는 495 nm에서 최대 excitation을 나타내고 두 번 째의 excitation peak는 300 nm이다. 형광 emission은 537 nm에서 일어난다.

SYBR Gold는 stock 염료 용액을 1:10,000로 희석한 것 안에서 DNA 조각의 분리 후 젤을 soaking함으로써 DNA를 염색하기 위해 사용된다. SYBR Gold는 전기영동 전에 molten 아가로우즈나 젤에 첨가되지 않아야 하는데, 이는 굳어진 젤에서의 SYBR Gold는 DNA와 RNA의 전기영동의 성질에 심각한 distortion을 유발할 수 있기 때문이다. 가장 큰 민감도는 gel이 300 nm의 UV 파장을 받았을 때 나타난다. 염료는 형광 빛에 민감하고, SYBR Gold (1:10,000 dilution of the stock solution supplied by molecular Probes)가 포함된 용액은 전기영동 버퍼에서 매일 새로이 만들어져야 하고 상온에 보관되어야 한다.

EtBr로 염색된 젤의 ***사진***은 transmitted or incident UV를 이용하여 만들어진다. 대개 상업적으로 고안된 장치 (transilluminators)는 302 nm (그림 5–2)에서 UV를 방출한다. EtBr–DNA 복합체의 형광 yield는 366 nm보다 이 파장에서 상당히 크고 짧은 파장 (254 nm)에서보다 약간 작다. 그러나, DNA의 nicking의 양은 254 nm보다 302 nm에서 더 적다.

Conventional photography의 민감도의 10–20배의 증가는 SYBR Gold로 DNA를 염색함으로써 얻어질 수 있다. 이 염료로 염색된 DNA의 감지는 카메라와 300 nm UV와 함께 노란색 혹은 녹색 젤라틴 또는 셀로판 필터 (S–7569, molecular Probe나 Kodak에서 취급)를 필요로 한다.

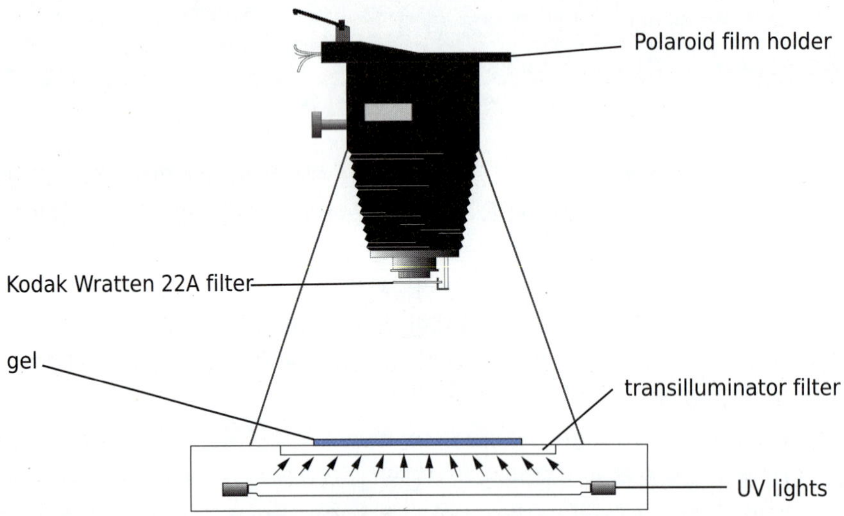

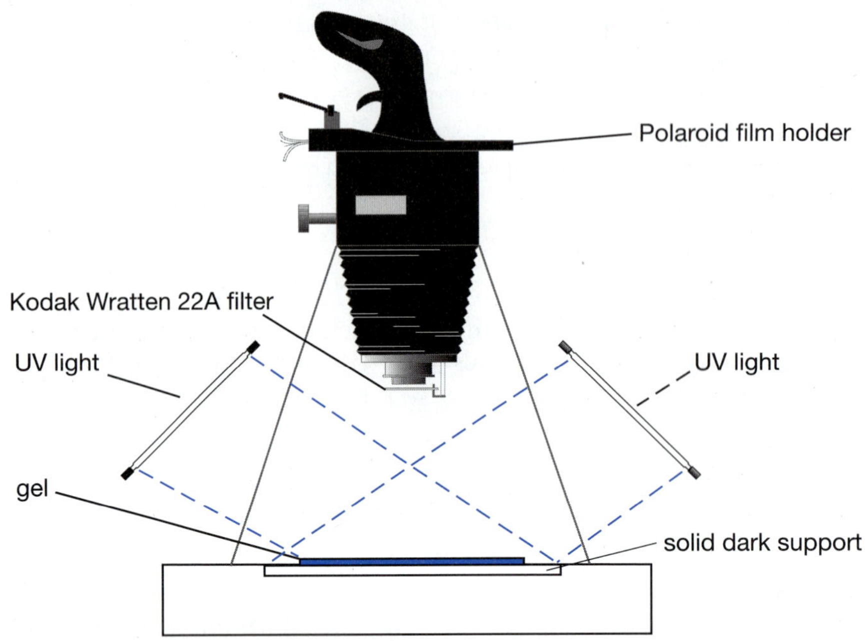

그림 5-2 자외선 조사에 의한 젤사진 찍기

위쪽 그림은 투과광원을 이용하여 사진을 찍기위한 자외선 광원, 젤, 카메라의 정렬상태를 보여주는 것이다. 아래쪽 그림은 위에서 비추는 입사광원을 이용하여 사진을 찍는 정렬상태를 나타낸다.

프로토콜 5.3

Agarose 겔에서 DNA의 회수: DEAE-Cellulose 막으로의 전기영동법

Recovery of DNA from Agarose Gels: Electrophoresis onto DEAE-Cellulose Membranes

Agarose 겔에서 DEAE-Cellulose 막의 은으로의 전기영동을 통한 DNA band의 회수 방법은 동시에 여러 sample을 수행할 수 있고, 500 bp에서 5 kb의 확실히 높은 수율의 DNA를 얻을 수 있다.

MATERIALS

CAUTION: 〈!〉표시된 물질의 적절한 사용법은 Appendix 4를 참조하세요.

Reagents and Solutions

농축액, 완충액, 시료의 조성은 Appendix 1을 참조하라. 농축액은 적당한 농도로 희석하여 사용하라.

- Ammonium acetate (10 M)
- DEAE high-salt elution buffer
  - 50 mM Tris-Cl (pH 8.0)
  - 1 M NaCl
  - 10 mM EDTA (pH 8.0)
- DEAE low-salt elution buffer
  - 50 mM Tris-Cl (pH 8.0)
  - 0.15 M NaCl
  - 10 mM EDTA (pH 8.0)
- EDTA (10 mM, pH 8.0)
- 에탄올
- 에탄올 (70%)
- NaOH (0.5 N) 〈!〉
- Phenol:chloroform (1:1, v/v) 〈!〉
- Sodium acetate (3 M, pH 5.2)
- TE (pH 8.0)

Enzymes and Buffers

- 제한 효소와 10× Buffer(s)

Nucleic Acids/Oligonucleotides

- DNA sample
- DNA standards
- Yeast tRNA (optional; step 10에서 carrier(운반체)로 사용된다.)

Gels/Loading Buffers

- Agarose gel, poured and run in 1X TAE containing ethidium bromide (0.5 μg/ml) 〈!〉
  - DEAE 막을 이용한 DNA의 회수는 0.5× TBE에서 보다 1× TAE에서 겔을 전기영동할 때 좀 더 효율적이다.
- Gel-loading buffer IV
- 1X TAE electrophoresis buffer (전기영동 버퍼)

Adapted from Chapter 5, Protocol 3, p. 5.18 of MC3.

Additional Items

Blunt-ended forceps (끝이 뭉뚝한 핀셋)
DEAE-Cellulose membranes
Schleicher & Schuell 또는 Whatman에서 얻을 수 있다.
Handheld UV lamp(소형 자외선 램프), 장파장 (302 nm) 〈!〉
Scalpel blade (칼)
Water bath 또는 heating block (65℃)

Additional Information

다른 프로토콜 (Agarose 겔로부터 유리 Bead(비드)를 이용한 DNA의 회수)	MC3, p.5.32
DNA 회수를 위한 다른 방법 (electroelution(전기용리법) 또는 음이온교환 크로마토그래피법)	각각 프로토콜 5.4와 5.5

METHOD

1. 흥미있는 DNA 절편이 적어도 100 ng이 되는 양의 DNA를 자른다. 0.5 μg/ml ethidium bromide를 포함하는 agarose 겔에서 전기영동하여 DNA 절편을 분리하고 소형 장파장 자외선 램프를 이용하여 흥미있는 band의 위치를 확인한다.
2. 날카로운 칼을 이용하여 band의 leading edge 바로 앞을 자르고 나머지 모서리는 2 mm 넓게 자른다.

   만약 DNA가 agarose 겔의 전체 lane에서 분리된다면 (예를 들어 mammalian genomic DNA를 제한 효소로 자른 경우), 흥미 있는 lane과 평행하게 겔의 절개부분을 만들고 하나의 긴 DEAE-Cellulose 막 (Step 3에서 준비됨)을 절개부분에 삽입한다. 겔의 방향을 돌려서 DNA가 겔에서 막으로 전기영동적으로 이동되도록 한다. 전기 영동 후에 막을 제거하고 그것을 조각으로 자른다. Step 7-11에서 설명된 대로 막의 적당한 부분으로부터 요구되는 크기의 DNA를 추출한다.
3. 장갑을 끼고 DEAE-Cellulose 막을 겔 절편과 같은 길이로 조금 깊게 (1 mm) 자른다. 자른 막을 10 mM EDTA (pH 8.0) 용액에 담가 상온에서 5 분간 둔다. 막을 활성화시키기 위해 용액을 0.5 N NaOH(수산화나트륨)이 포함된 EDTA로 교체하고 막을 담가 5분간 둔다. 막을 증류수로 6번 세척한다.
4. 끝이 뭉뚝한 핀셋을 이용하여 agarose 겔에서 절개부분을 벌리고 그 안에 막을 삽입한다. 공기 방울이 들어가지 않도록 주의하면서 핀셋을 제거하고 절개부분을 닫는다.

   다음과 같은 방법으로 원하지 않는 조각의 DNA가 오염될 기회를 최소화한다.

   - 흥미 있는 DNA 절편을 잘라내어 다른 DNA로부터 떨어진 겔의 다른 부분에 만든 적당한 크기의 구멍에 이동시킨다.

     또는

   - 두 번째 장의 막을 흥미 있는 DNA band의 위에 삽입하여 원하지 않는 DNA를 차단한다.
5. DNA band가 막으로 전이가 완료될 때 까지 전기영동 (5 V/cm)을 다시 진행한다. 소형 장파장 자외선 램프 (302 nm)를 이용하여 전기 영동의 진행을 눈으로 확인한다.

   전기영동은 DNA가 겔에서 막으로 전이되기 위해 필요한 최소한의 시간 동안 진행되어야 한다. 과도한 전기영동은 다른 DNA의 교차 오염이나 agarose로부터 불필요한 오염물의 축적을 야기할 수 있다.

6. 모든 DNA가 겔을 빠져나와서 막에 옮겨지면 전류를 멈춘다. 끝이 뭉뚝한 핀셋을 이용하여 막을 회수한다. 상온에서 5-10 ml DEAE low-salt wash buffer에 씻어내서 막으로부터 agarose 조각을 제거한다.

   막이 마르면 DNA가 막에 부착되어 떨어지지 않으므로 막을 마르지 않도록 한다.

7. 막을 microfuge tube로 옮긴다. 막이 완전히 잠길 정도로 충분한 양의 DEAE high-salt elution buffer를 첨가한다. 막은 가볍게 밀어 넣거나 접히게 하고 단단하게 pack되지 않게 한다. tube의 뚜껑을 닫고 65℃에서 30분 동안 incubate한다.

8. DNA가 막에서 분리되는 동안에 프로토콜 5.2에서 설명한대로 겔을 사진찍어서 DNA band가 분리된 것을 기록한다.

9. Step 7의 tube에서 용액을 새로운 microfuge tube로 옮긴다. 두 번째 DEAE high-salt elution buffer를 막에 첨가하고 65℃ 15분 동안 incubation한다. 두 번째 용액을 첫 번째 용액과 섞는다.

10. high-salt elute를 phonol:chloroform으로 추출한다. 수용액층을 새로운 microfuge tube로 옮기고 0.2배 부피의 10 M ammonium acetate를 첨가하고, 이어서 2배 부피의 4℃ ethanol을 첨가한다. 혼합액을 상온에서 10분 동안 두고 상온에서 microfuge를 이용하여 10분 동안 최고 속도로 원심분리해서 DNA를 회수한다. 조심스럽게 pellet을 70% ethanol로 씻어내고 tube의 뚜껑을 열어 둔 채로 몇 분 동안 bench에 두어 ethanol이 증발되도록 한다. 그리고 3-5㎕의 TE (pH 8.0) 버퍼를 넣어 녹인다.

    10㎍의 carrier RNA를 침전 전에 첨가하면 적은 양의 DNA의 회수율을 높일 수 있다. 그러나 RNA를 첨가하기 전에 RNA가 DNA를 기질 또는 주형으로 사용하여 효소 반응을 일으키지 않는 것을 확인해야 한다.

11. 만약 예외적으로 순수한 DNA가 요구되면(예를 들어 수정된 mouse egg에 microinjection(미세주사)하거나 cultured cell에 electroporation(전기천공)하는 경우), 다음의 설명을 따라 DNA를 ethanol로 재침전한다.

    a. 200㎕의 TE (pH8.0) 버퍼에 녹인 DNA에 25㎕의 3 M sodium acetate (pH 5.2)를 첨가하고 2배 부피의 4℃ ethanol로 1번 이상 침전시킨다.

    b. microfuge를 이용하여 4℃에서 최고속도로 5-15분 동안 원심분리하여 DNA를 회수한다.

    c. 조심스럽게 pellet을 70% ethanol로 씻어준다. tube의 뚜껑을 열어 둔 채로 몇 분 동안 bench에 두어 ethanol이 증발되도록 한다. 그리고 3-5㎕의 TE (pH 8.0) 버퍼를 넣어 녹인다.

12. DNA의 양과 질을 전기영동을 통해 확인한다. 적은 양의 최종 산물 (~10-50ng)과 10㎕의 TE (pH8.0) 버퍼를 섞은 다음 2㎕의 gel-loding 버퍼를 첨가한다. 적당한 농도의 agarose 겔에 sample을 loading(적재)하고 전기영동한다. 이때 marker로 양을 알고 있는 DNA를 제한 효소로 자른 것과 적당한 DNA 크기 표준을 사용한다. 구분된 DNA 절편은 효소로 자른 정확한 크기의 DNA 조각과 함께 이동한다. DNA의 오염이 존재한다는 것을 의미하는 희미한 형광 band가 존재하는 동안 겔을 조심스럽게 조사한다.

    DNA 절편과 marker의 상대적인 형광 강도로부터 최종산물에서 DNA의 양을 예측할 수 있다.

프로토콜 5.4

Agarose와 polyacrylamide 겔에서 DNA의 회수: dilaysis bags (투석 주머니)을 이용한 Electroelution (전기용리)법

Recovery of DNA from Agarose and Polyacrylamide Gels: Electroelution into Dialysis Bags

지저분하지만 확실한 기법으로 200 bp에서 50 kb 이상의 DNA 크기에서 잘 사용된다.

MATERIALS

CAUTION: 〈!〉표시된 물질의 적절한 사용법은 Appendix 4를 참조하세요.

Reagents and Solutions

농축액, 완충액, 시료의 조성은 Appendix 1을 참조하라. 농축액은 적당한 농도로 희석하여 사용하라.

- 에탄올
- 에탄올 (70%)
- Ethidium bromide (10mg/ml) 〈!〉
- *or*
- SYBR Gold solution (DMSO에 10,000×로 농축된 상태로 상업적으로 제공된다.)
- Phenol:chloroform (1:1, v/v) 〈!〉
- Sodium acetate (3 M, pH 5.2)

Enzymes and Buffers

- 제한효소와 10× buffers

Nucleic Acids/Oligonucleotides

- DNA samples (샘플)
- DNA size standard (기준)

Gels/Loading Buffers

홍미있는 DNA sample 조각을 적절하게 분리할 수 있는 Agarose 또는 polyacrylamide 겔 (겔을 준비하기 전에 Step 1을 참조)

- 0.25× TBE 전기영동 버퍼
- 0.5 μg/ml ethidium bromide를 포함하는 0.25× TBE 전기영동 버퍼 〈!〉

Additional Items

- Blunt-ended forceps(끝이 뭉뚝한 핀셋) 또는 얇은 spatula(시약스푼)
- Dialysis clip (투석용 클립)
- Dialysis tubing (투석용 튜브)
  - VWR에서 제공하는 분자생물학용 품질의 제품
- Handheld UV lamp, 장파장 (302 nm) 〈!〉
- Scalpel blade (칼)
- 프로토콜의 Step 3에서는 프로토콜 5.2에 나열된 reagent가 필요하다.
- 프로토콜의 Step 10에서는 프로토콜 5.5에 나열된 reagent가 필요하다.

Additional Information

다른 프로토콜 (Agarose 겔로부터 유리 비드를 이용한 DNA의 회수)	MC3, p.5.32
DNA 회수를 위한 다른 방법 (전기용리법 또는 음이온교환 크로마토그래피법)	각각 프로토콜 5.4와 5.5

Adapted from Chapter 5, Protocol 4, p. 5.23 of MC3.

METHOD

1. 흥미있는 DNA조각이 적어도 100 ng이 되는 양의 DNA를 자른다. 전기영동을 통해 적절한 농도의 agarose나 polyacrylamide에서 DNA 조각을 분리하고, 0.5 ㎍/ml ethidium bromide 또는 SYBR Gold를 이용하여 염색한 후 소형 장파장 자외선 램프로 흥미 있는 DNA band의 위치를 확인한다.

   Agarose 겔은 ethidium bromide를 첨가하여 만들거나 전기영동 후에 ethidium bromide 또는 SYBR Gold를 이용하여 염색할 수 있다.(프로토콜 5.2 참조) 만약 DNA를 acrylamide를 이용하여 분리하였다면 겔은 계속적으로 ethidium bromide 또는 SYBR Gold를 이용하여 염색한다. ethidium bromide와 DNA의 복합체의 excitation은 염료의 photobleaching(광표백)과 단일가닥 끊김을 야기할 수 있다. 254 nm 대신에 302 nm의 파장을 내는 광원을 이용하면 이 두 가지의 효과를 최소화할 수 있다.

2. 날카로운 칼을 이용하여 흥미 있는 DNA band를 포함하고 있는 agarose 또는 polyacrylamide 절편을 잘라낸다. 그리고 그것을 0.25× TBE 버퍼로 적신 parafilm 조각 위에 놓는다. 겔을 최대한 작게 잘라서 오염되는 DNA의 양을 줄이고, DNA가 겔 밖으로 이동하는데 필요한 거리를 최소화하고, 가지고 있는 투석용 tubing에 쉽게 맞도록 한다.
3. band를 자른 후에 프로토콜 5.2에서 설명한대로 겔을 사진찍어서 DNA band가 제거된 것을 기록한다.
4. 장갑을 끼고 투석용 tubing의 한 쪽 끝을 튼튼하게 매듭지어 봉한다. 투석용 주머니를 0.25× TBE 버퍼를 이용하여 넘치도록 채운다. bag의 neck 부분을 잡고 가볍게 tubing 끝을 비벼서 열고 얇은 spatula(시약용 숟가락)를 이용하여 겔 절편을 tubing 안으로 옮긴다.
5. 겔 절편을 bag의 아랫부분에 잠기도록 한다. 대부분의 버퍼를 짜내고 겔 절편이 직접적으로 버퍼와 접촉할 수 있는 정도의 양만 남긴다. (그림 5.3) 투석용 클립을 겔 절편의 바로 위에 꽂아서 bag을 봉한다. 공기방울이 들어가는 것과 겔 절편이 잘리는 것을 피하도록 한다. permanent felt-tipped 마커를 이용하여 투석용 클립에 DNA 절편의 이름을 표시한다.
6. 수평 전기영동 tank에 0.25× TBE 버퍼를 얕게 채우고 bag을 담근다. 유리막대나 pipette을 이용하여 투석용 bag이 떠오르는 것을 막고 겔 절편이 전극과 평행한 위치를 유지하도록 한다. bag을 통해서 7.5V/cm의 전류가 45-60분 동안 흐르도록 한다. 소형 장파장 자외선 램프를 이용하여 DNA 절편이 겔 조각 밖으로 이동하는 것을 확인한다.

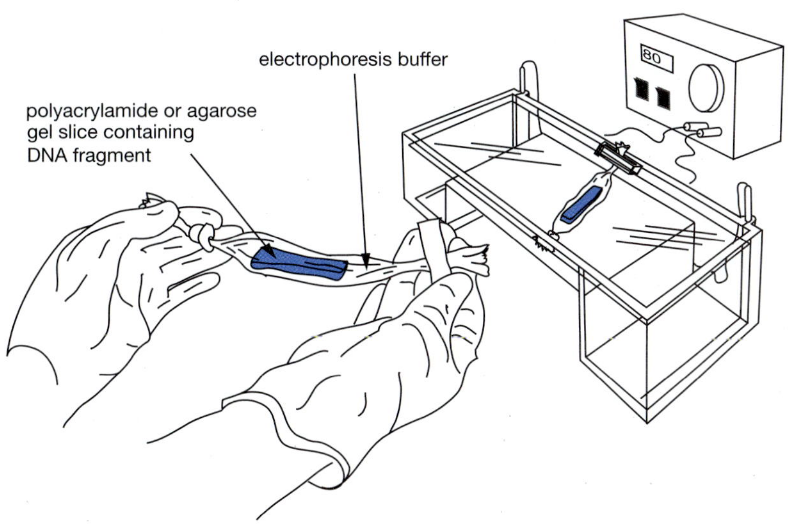

그림 5-3 Electroelution of DNA from the Gel Slice

일반적으로 0.25× TBE 버퍼에서 7.5 V/cm로 45–60분 동안 전류를 흐르도록 하면 대략 85%의 0.1–2.0 kb DNA가 electroelute(전기 용리)된다. 만약 전기영동을 오래 하게 되면 DNA가 투석 bag의 벽면에 달라붙게 된다. 다른 버퍼, 큰 DNA 조각, 고농도의 agarose 또는 polyacrylamide를 포함하는 겔의 경우에는 다른 전기영동 시간이 요구된다.

7. bag의 벽면으로부터 DNA를 떨어뜨리기 위해 20초 동안 전류의 극을 바꾸어 흘려보낸다. 전류를 끄고 전기영동 chamber에서 bag을 회수한다. bag을 부드럽게 massage(마사지) 해서 빠져 나온 DNA가 버퍼와 섞이도록 한다.
8. 역방향으로 전기영동한 후에 투석용 클립을 제거하고 겔 절편 주위의 버퍼를 plastic tube로 옮긴다. 겔 절편을 bag으로부터 꺼내서 Step 9에서 설명한 대로 염색한다. 처음의 버퍼를 옮긴 후에 pasteur pipette으로 적은 양의 0.25x TBE 버퍼를 이용하여 빈 bag을 세척하고 세척한 버퍼를 tube로 옮긴다.
9. 겔 절편을 ethidium bromide (0.5㎍/ml)를 포함하는 0.25× TBE 버퍼에 상온에서 30–45분 동안 담근다. 염색된 절편은 모든 DNA가 해리된 것을 확인하기 위해서 자외선 하에서 검사한다.
10. DNA를 DEAE-Sephacel (프로토콜 5.5 참조)을 통과하거나, 상업적으로 제공하는 resin을 이용하여 chromatography를 하거나, phenol:chloroform을 이용해서 추출하고 기본적인 ethanol 침전 방법을 이용하여 정제한다.

프로토콜 5.5

음이온 교환 chromatography(크로마토그래피)를 이용한 Agarose와 Polyacrylamide 겔에서 회수된 DNA의 정제

Purification of DNA Recovered from Agarose and Polyacrylamide Gels by Anion-exchange Chromatography

Agarose 겔에서 회수된 DNA 조각은 이어서 수행하는 enzymatic reaction (효소 반응)에서 종종 template(주형)이나 substrate(기질)로 사용하기에 좋지 않다. 이 문제는 DNA를 낮은 ionic strength(이온력)의 버퍼에서 DEAE-Sephadex나 DEAE-Sephacel과 같은 양이온으로 대전된 구조물에 붙이는 방법을 통해 해결할 수 있다. 구조물을 세척한 후 버퍼의 ionic strength(이온력)을 높이면 DNA는 구조물에서 용리된다.

MATERIALS

CAUTION: 〈!〉표시된 물질의 적절한 사용법은 Appendix 4를 참조하세요.

Reagents and Solutions

농축액, 완충액, 시료의 조성은 Appendix 1을 참조하라. 농축액은 적당한 농도로 희석하여 사용하라.

에탄올

에탄올 (70%)

Isopropanol (이소프로판올)

Phenol:chloroform (1:1, v/v) 〈!〉

0.1,0.2,0.3,0.6 M NaCl이 포함된 TE 용액 (pH 7.6)

이 버퍼는 autoclave나 filtration(필터)를 통해 멸균해야 한다.

TE (pH 7.6과 pH 8.0)

Enzymes and Buffers

제한 효소와 10× buffers

Nucleic Acids/Oligonucleotides

DNA samples (pH 7.6 TE buffer에 녹아있는 상태)

Additional Items

DEAE-Cellulose 또는 DEAE-Sephadex (preswollen (미리 버퍼에 담가 놓은 것))

Sigma-Aldrich에서 보통 항균제를 포함하는 버퍼에 담긴 채로 제공되고 resin을 사용하기 전에 이를 제거해야 한다.

Column (Bio-rad Dispo columns) 또는 2-cc 주사기의 원통 부분에 DEAE resin이 빠져나가지 않도록 작은 원형 거름종이를 넣은 것

이 프로토콜의 Step 10에서는 프로토콜 5.12에 나열된 reagent가 필요하다.

Additional Information

다른 프로토콜 (Agarose 겔로부터 유리 비드를 이용한 DNA의 회수)	MC3, p.5.32
DNA 회수를 위한 다른 방법 (전기용리법 또는 음이온교환 크로마토그래피법)	각각 프로토콜 5.2와 5.4

METHOD

1. DEAE resin을 20배 부피의 0.6 M NaCl이 첨가된 TE(pH 7.6) 버퍼에 넣는다. resin을 가라앉게 둔 다음 aspiration(흡인)을 통해 supernatant(상층액)을 제거한다. 20배 부피의 0.6 M NaCl이 첨가된 TE(pH 7.6) 버퍼를 한 번 더 resin에 넣고 가볍게 풀어준다. 다시 resin을 가라앉게 둔 다음 aspiration(흡인)을 통해 supernatant(상층액)을 제거한다. resin을 4℃에 보관한다.

2. 0.6 ml (20 μg의 DNA를 붙이는데 충분한 양) DEAE resin 현탁액을 작은 column(컬럼)이나 2-cc 주사기의 원통 부분에 채워 넣는다.
3. 다음과 같이 컬럼을 세척한다.

0.6 M NaCl을 포함하는 TE (pH 7.6)	3 ml
TE (pH 7.6)	3 ml
0.1 M NaCl을 포함하는 TE (pH 7.6)	3 ml

4. pH 7.6 TE에 녹아있는 DNA와 같은 부피의 0.2 M NaCl을 포함하는 TE (pH 7.6) 버퍼를 섞는다. 혼합물을 직접 컬럼에 넣는다. flow-through를 받아서 다시 컬럼에 넣는다.
5. 컬럼을 0.3 M NaCl을 포함하는 TE (pH 7.6) 1.5 ml을 이용하여 2번 세척한다.
6. 0.5 ml의 0.6 M NaCl을 포함하는 TE (pH 7.6)로 3번 세척하여 DNA를 분리한다.
7. phenol:chloroform을 이용하여 한 번 DNA를 추출한다.
8. 수용액층을 정확하게 반으로 나누어 microfuge tube에 넣고 각 tube에 동일한 부피의 isopropanol을 첨가한다. 혼합물을 15분 동안 상온에 보관하고, 4℃에서 최고 속도로 10분간 원심분리하여 DNA를 회수한다.
9. pellet을 70% ethanol(에탄올)로 조심스럽게 세척하고 tube의 뚜껑을 열어 bench에서 수 분 동안 ethanol을 증발시킨다. 그리고나서 DNA를 적은 부피의 (3-5㎕) TE (pH 7.6) 버퍼에 녹인다.
10. polyacrylamide 또는 고해상도 agarose 겔 전기영동을 이용하여 DNA 절편의 양과 특성을 확인한다.
    a. 적은 양의 최종 산물 (~20ng)과 10㎕의 TE (pH 8.0) 버퍼를 섞은 다음 2㎕의 gel-loding 버퍼를 첨가한다.
    b. 적당한 농도의 polyacrylamide 또는 고해상도 agarose 겔에 sample을 적재하고 전기영동한다. 이때 marker로 양을 알고 있는 DNA를 제한 효소로 자른 것을 사용한다. 구분된 DNA 절편은 효소로 자른 정확한 크기의 DNA 조각과 함께 이동한다.
    c. DNA의 오염이 존재한다는 것을 의미하는 희미한 형광 band가 존재하는 동안 겔을 조심스럽게 조사한다. DNA 절편과 marker의 상대적인 형광 강도로부터 최종산물에서 DNA의 양을 예측할 수 있다.

프로토콜 5.6

낮은 녹는점을 갖는 Agarose 겔에서의 DNA의 회수: 유기적 추출법

Recovery of DNA from Low-melting-temperature Agarose Gels: Organic Extraction

Low-melting-temperature Agarose(낮은 녹는점을 갖는 Agarose) 겔에서 전기영동으로 분리한 DNA 조각은 agarose를 녹이고 phenol:chloroform이 포함된 resulting 용액에서 추출하는 방법으로 회수된다. 이 프로토콜은 0.5에서 5 kb 범위의 DNA 조각의 회수에 가장 효과적이다.

MATERIALS

CAUTION: 〈!〉표시된 물질의 적절한 사용법은 Appendix 4를 참조하세요.

Reagents and Solutions

농축액, 완충액, 시료의 조성은 Appendix 1을 참조하라. 농축액은 적당한 농도로 희석하여 사용하라.

- Ammonium acetate (10 M)
- Chloroform(클로로포름) 〈!〉
- Ethanol (에탄올)
- Ethanol (에탄올) (70%)
- Ethidium bromide (10mg/ml) 〈!〉
- 또는
- SYBR Gold 용액 (DMSO에 10,000×로 농축된 상태로 상업적으로 제공된다.)
- LMT elution buffer
  - 2 mM Tris-Cl (pH8.0)
  - 1 mM EDTA (pH8.0)
- phenol(페놀), H_2O saturated and equilibrated to pH 8.0
- phenol:chloroform (1:1, v/v) 〈!〉
- TE (pH 8.0)

Enzymes and Buffers

- 제한효소와 10× buffers

Nucleic Acids/Oligonucleotides

- DNA sample

Gels/Loading Buffers

- Low-melting-temperature Agarose(낮은 녹는점을 갖는 Agarose) 겔, poured and run in 1X TAE
- Gel-loading buffer IV

Additional Items

- scalpel blade (칼)
- 이 프로토콜의 Step 4와 6에서는 프로토콜 5.2에 나열된 reagent가 필요하다.

Additional Information

다른 프로토콜 (Agarose 겔로부터 유리 비드를 이용한 DNA의 회수)	MC3, p.5.32
Low-melting-temperature Agarose(낮은 녹는점을 갖는 Agarose)	MC3, pp. 5.6-5.7

METHOD

1. 1× TAE 버퍼에서 적당한 농도의 Low-melting-temperature Agarose(낮은 녹는점을 갖는 Agarose)를 포함하는 겔을 준비한다.
2. 겔을 상온에 식히고 겔과 겔을 지지하는 유리판을 gel box에서 수평면으로 옮긴다.
3. DNA sample과 gel-loading buffer IV를 섞어서 겔의 홈에 적재하고 3-6 V/cm로 전기영동한다.
4. 필요하다면, agarose 겔을 프로토콜 5.2에서 설명한 대로 ethidium bromide나 SYBR Gold를 이용하여 염색하고, 흥미 있는 DNA band의 위치를 소형 장파장 (302 nm) 자외선 램프로 확인한다.
5. 날카로운 칼을 이용하여 흥미 있는 band를 포함하는 agarose 절편을 잘라내어 깨끗한 일회용 plastic tube로 옮긴다.
6. band를 자른 후에 프로토콜 5.2에서 설명한대로 겔을 사진찍어서 DNA band가 제거된 것을 기록한다.
7. 약 5배 부피의 LMT elution 버퍼를 agarose 절편에 넣고, tube의 뚜껑을 닫은 다음 65℃에서 5분간 incubation해서 겔을 녹인다.
8. 용액을 상온에서 식히고 같은 부피의 phenol(페놀)을 첨가한다. 20초 동안 vortex를 이용하여 용액을 섞어주고 20℃에서 4000 g(SS-34 rotor로 5800 rpm)로 10분 동안 원심분리 해서 수용액층을 회수한다. 표면의 하얀 물질은 agarose이다.
9. phenol:chloroform에서 한 번, chloroform에서 한 번 수용액층을 뽑아낸다.
10. 수용층을 새 원심분리 tube로 옮긴다. 0.2배 부피의 10 M ammonium acetate와 2배 부피의 4℃ 100% ethanol을 첨가한다. 혼합액을 10분 동안 상온에 두고 원심분리(예를 들어 4℃에서 5000 g (Sorvall SS-34 rotor로 6500 rpm)로 20분 동안 원심분리)를 통해 DNA를 회수한다.
11. DNA pellet을 70% ethanol로 세척하고 적당한 부피의 TE (pH 8.0) 버퍼로 녹인다.

    Low-melting-temperature Agarose Gel로부터 회수된 DNA 조각은 음이온교환 크로마토그래피를 이용하여 정제할 수 있다.

프로토콜 5.7

낮은 녹는점을 갖는 Agarose 겔에서의 DNA의 회수: Agarase를 이용한 효소 분해법

Recovery of DNA from Low-melting-temperature Agarose Gels: Enzymatic Digestion with Agarase

DNA band를 포함하는 겔 조각은 agarase가 겔을 중합체에서 이당체로 가수분해하면서 잘리고 분해된다. 겔에서 떨어져 나온 DNA는 phonol 추출과 ethanol 침전을 통해 정제된다. 이 방법은 5 kb보다 작거나 20 kb보다 큰 범위의 DNA의 회수에 효과적이다.

MATERIALS

CAUTION: 〈!〉표시된 물질의 적절한 사용법은 Appendix 4를 참조하세요.

Reagents and Solutions

농축액, 완충액, 시료의 조성은 Appendix 1을 참조하라. 농축액은 적당한 농도로 희석하여 사용하라.

- Ethanol (에탄올)
- Ethanol (에탄올) (70%)
- Ethidium bromide (10 mg/ml) 〈!〉
- 또는
- SYBR Gold 용액 (DMSO에 10,000×로 농축된 상태로 상업적으로 제공된다.)
- Gel equilibration buffer
  - 10 mM Bis Tris-Cl (pH 6.5) (a zwitterionic buffer (쌍성이온 버퍼), Sigma-Aldrich에서 상업적으로 제공된다.)
  - 5 mM EDTA (pH 8.0)
  - 0.1 M NaCl
- NaCl (5M)
- phenol(페놀), H_2O saturated and equilibrated to pH 8.0
- TE (pH 8.0)

Enzymes and Buffers

- Agarose (New England BioLabs, Calbiochem 등에서 상업적으로 제공)

Nucleic Acids/Oligonucleotides

- DNA sample

Centrifuges/Rotors/Tubes

- Microfuge (4℃)

Additional Items

- Dialysis clips (투석용 클립)
- Dialysis tubing (투석용 튜브)
  - VWR에서 제공하는 분자생물학용 품질의 제품
- Handheld UV lamp, 장파장 (302 nm) 〈!〉
- Scalpel blade (칼)
- 이 프로토콜의 Step 1에서는 프로토콜 5.6에 나열된 reagent가 필요하다.
- 이 프로토콜의 Step 3에서는 프로토콜 5.2에 나열된 reagent가 필요하다.
- Water bath (40℃ 와 76℃)

Adapted from Chapter 5, Protocol 7, p. 5.33 of MC3.

Additional Information

다른 프로토콜 (Agarose 겔로부터 유리 비드를 이용한 DNA의 회수)	MC3, p.5.32
Low-melting-temperature Agarose(낮은 녹는점을 갖는 Agarose)	MC3, pp. 5.6-5.7
큰 DNA 분자의 손상을 최소화 하는 방법	MC3, p. 2.110
Zwitterionic buffer (쌍성이온 버퍼)	MC3, pp. A1.3-A1.4

METHOD

1. Low-melting-temperature Agarose를 이용하여 gel cast를 만드는 방법과 DNA sample을 load 하는 방법, 전기영동법은 프로토콜 5.6, step 1-4에서 설명한 대로 수행한다.
2. 흥미있는 DNA가 포함된 겔 조각을 잘라내어 20배 부피의 equilibration buffer에 넣어 상온에 30분 동안 둔다.
3. band를 자른 후에 프로토콜 5.2에서 설명한대로 겔을 사진찍어서 DNA band가 제거된 것을 기록한다.
4. 겔 조각을 같은 부피의 equilibration buffer가 들어있는 새 tube에 옮긴다.
5. 65℃에서 10분 동안 incubation해서 겔을 녹인다. 용액을 40℃로 식히고 200㎕ 겔 절편당 1-2 unit의 DNase-free agarose를 첨가한다. 샘플을 40℃에서 1시간 동안 incubation한다.
6. DNA를 정제하고 농축한다.

작은 DNA 조각을 정제하기 위해서 (〈 20 kb)

a. equilibrated phenol을 이용하여 두 번 DNA 용액을 추출한다.
b. 두 번째 추출 후 수용액층을 새 tube에 옮기고 2배 부피의 TE (pH 8.0) 버퍼를 첨가한다.
c. 0.05배 부피의 5M NaCl을 첨가하고 2배 부피의 ethanol을 넣는다. (여기서, 1배는 Step b의 마지막에 얻어진 DNA의 부피와 같다.) tube를 0℃에서 15분 동안 incubation하고 4℃에서 최고속도로 15분 동안 원심분리하여 침전물을 모은다.
d. 조심스럽게 ethanol을 제거하고 0.5 ml의 실온 70% ethanol을 첨가한다. 혼합물을 vortex하고 Step c에서 설명한 대로 원심분리한다.
e. 상층액을 제거하고 ethanol이 증발되도록 tube의 뚜껑을 열어놓은 채로 상온에 몇 분 동안 둔다. DNA를 적당한 부피의 TE (pH 8.0) 버퍼에 녹인다.

큰 DNA 조각을 정제하기 위해서 (〉 20 kb)

a. agarase로 자른 sample을 투석주머니에 옮기고, 100 ml의 TE (pH 8.0) 버퍼가 들어있는 비커 또는 flask에 넣는다.
b. 샘플을 4℃에서 수 시간동안 투석한다.

프로토콜 5.8	알칼리성 Agarose 겔 전기영동
	Alkaline Agarose Gel Electrophoresis

이중나선의 DNA가 충분히 변성되는 pH에서 알칼리성 아가로우즈 겔은 진행된다. 변성된 DNA 가 single strand 상태로 계속 유지하며 알칼리성 겔 상에서 그 사이즈 대로 이동한다. 알칼리성 아가로우즈 겔은 주로 첫 번째 또는 두 번째 cDNA 사이즈를 알고자 할 때, 또는 nuclease로 DNA-RNA 하이브리드를 자른 후 그 사이즈를 분석할 때 사용된다.

MATERIALS

CAUTION: 〈!〉표시된 물질의 적절한 사용법은 Appendix 4를 참조하세요.

Reagents and Solutions

농축액, 완충액, 시료의 조성은 Appendix 1을 참조하라. 농축액은 적당한 농도로 희석하여 사용하라.

Agarose

10× Alkaline agarose gel electrophoresis buffer (알칼리성 agarose 겔 전기영동버퍼)

500 mM NaOH 〈!〉

10 mM EDTA

Step 3에서 사용하기 직전에 10× Alkaline agarose gel electrophoresis buffer (알칼리성 agarose 겔 전기영동버퍼)를 물로 희석하여 1× 용액으로 만든다. 같은 10×X stock 용액을 Alkaline agarose gel(알칼리성 아가로오즈 겔)을 만들 때에도 사용한다.

에탄올

에탄올 (70%)

Ethidium bromide (10mg/ml) 〈!〉

또는

SYBR Gold 용액 (DMSO에 10,000×로 농축된 상태로 상업적으로 제공된다.)

Alkaline agarose gel(알칼리성 아가로오즈 겔)을 위한 Neutralizing solution(중화용액)

1 M Tris-Cl (pH7.6)

1.5 M NaCl

Sodium acetate (3 M, pH 5.2)

TAE 전기영동버퍼

Nucleic Acids/Oligonucleotides

DNA samples (일반적으로 방사성 동위원소로 표지된 것)

Gels/Loading Buffers

Alkaline agarose gel(알칼리성 아가로오즈 겔)

6× Alkaline-gel loading buffer

300 mM NaOH 〈!〉

6 mM EDTA

18% (w/v) Ficoll (Type 400, Pfizer)

0.15% (w/v) bromocresol green

0.25% (w/v) xylene cyanol

Additional Items

끓는 water bath 또는 전자 오븐

겔을 충분히 덮을 만한 크기의 유리판

이 프로토콜의 Step 3에서는 프로토콜 5.1에 나열된 reagent가 필요하다.

Water bath (55℃)

Adapted from Chapter 5, Protocol 8, p. 5.36 of MC3.

Additional Information

부가적인 프로토콜 (알칼리성 agarose 겔의 방사능 사진 촬영)	MC3, p. 5.39
방사능 사진 촬영술과 phosphorimaging에 관한 부가적인 정보	MC3, pp. A9.11–A9.15

METHOD

1. 가루 agarose (프로토콜 5.1 참조)를 Erlenmeyer flask나 유리병에 들어 있는 측정된 양의 H_2O에 넣어서 agarose 용액을 준비한다.

2. Kimwipes를 이용하여 Erlenmeyer flask의 neck을 느슨하게 막는다. 유리병을 사용할 때는 뚜껑을 느슨하게 닫아야 한다. 혼합액을 agarose가 녹을 때까지 끓는 water-bath 또는 전자렌지에서 가열한다.

   모든 agarose grain(입자)가 녹는데 요구되는 최소 시간동안 혼합액을 가열한다. 끓는 동안 용액이 증발되어서 부피가 감소하지 않는지 용액의 부피를 확인하고 필요하다면 H_2O를 보충한다.

3. 맑아진 용액을 55℃까지 냉각한다. 0.1배 부피의 10× 알칼리성 agarose 겔 전기영동 버퍼를 첨가하고 곧바로 프로토콜 5.1에서 설명한대로 겔을 붓는다. 겔이 완전히 굳으면 전기영동 tank에 넣고 바로 만든 1× alkaline 전기영동 버퍼를 겔이 잠길때까지 붓는다.

   높은 pH에서는 dye가 DNA에 결합하지 않으므로, ethidium bromide를 첨가하지 않는다.

   뜨거운 agarose 용액에 NaOH를 추가하면 polysaccharide의 hydrolysis(가수분해)를 야기한다. 이런 이유로 agarose를 먼저 H_2O에 녹이고 나서 겔을 붓기 직전에 NaOH를 첨가하여 알칼리 상태를 만든다.

4. DNA sample을 에탄올을 이용한 기본적인 침전 방법으로 모은다. 축축한 상태의 DNA 침전물을 10–20 ㎕의 1× 겔 버퍼에 녹인다. 0.2배 부피의 6× 알칼리성 겔-loading 버퍼를 첨가한다.

   전기영동 sample이 알칼리 상태가 되기 전에 EDTA를 이용하여 모든 Mg^{2+}를 chelate하는 것이 중요하다. 높은 pH의 용액에서 Mg^{2+}는 DNA를 잡아들여서 불용성의 $Mg(OH)_2$ 침전을 형성한다. 전기영동 전에 염기를 이용하여 DNA를 denature(변성)시킬 필요성이 있는 것은 아니다. 겔에서 sample이 알칼리 상태에 노출되는 것으로 충분히 DNA 단일 가닥이 될 수 있다.

5. 6× 알칼리성 겔-loading 버퍼에 녹여진 DNA sample을 프로토콜 5.1에서 설명한대로 겔의 well에 load한다. 3.5V/cm미만으로 전기영동을 시작하고, bromocresol green이 대략 0.5–1 cm 이동했을 때 전원을 끈다. 그리고 유리판을 겔의 위에 올려놓는다. bromocresol green이 대략 겔의 길이의 3분의 2까지 이동할 때 까지 전기영동을 계속한다.

   알칼리성 겔은 비슷한 전압에서 중성 겔보다 전류가 더 많이 흐르고 전기영동하는 동안 열이 발생한다. 그러므로 염기성 agarose 전기영동은 3.5V/cm미만에서 수행되어야 한다. 전기영동이 시작된 후에 유리판을 겔 위에 올려놓는 것은 bromocresol green이 겔에서 확산되어 빠져나가는 것을 늦추고 겔이 떨어져서 버퍼에 떠오르는 것을 방지한다.

6. 겔을 아래의 설명 중 실험의 목적에 적합한 한가지 방법을 따라 다음 단계로 진행한다.

Southern hybridization

a. 겔을 상온에서 45분 동안 담그고, 프로토콜 6.8에서 설명한 대로 대전되지 않은 nitrocellulose 또는 nylon 막으로 DNA를 옮긴다.

   다른 방법은, 겔을 담그는 대신에 DNA를 직접 알칼리성 agarose 겔로부터 대전된 nylon 막으로 옮긴다. (프로토콜 6.8 참조)

b. 고정된 DNA에서 목적하는 sequence(서열)을 적절히 표지된 probe (탐침)과의 hybridization을 통해 검출한다.

Staining (염색)

a. 겔을 중화용액에 담가서 45분 동안 상온에 둔다.

b. 중화된 겔을 0.5㎍/ml ethidium bromide를 포함하는 1× TAE 또는 SYBR Gold를 이용하여 염색한다.

흥미 있는 band는 겔에서 잘라내어 프로토콜 5.3이나 5.4에서 설명한 방법을 이용하여 연속적으로 추출할 수 있다.

프로토콜 5.9

중성 Polycarylamide (폴리아크릴아미드) 겔 전기영동
Neutral Polyacrylamide Gel Electrophoresis

중성 Polycarylamide (폴리아크릴아미드) 겔을 만들고 사용하는 방법

MATERIALS

CAUTION: 〈!〉표시된 물질의 적절한 사용법은 Appendix 4를 참조하세요.

Reagents and Solutions

농축액, 완충액, 시료의 조성은 Appendix 1을 참조하라. 농축액은 적당한 농도로 희석하여 사용하라.

Acrylamide : bisacrylamide (29 : 1) (% w/v) 〈!〉
warning: 아크릴아마이드 겔은 꼭 장갑은 끼고 만진다.
Ammonium persulfate (10% w/v) (사용하기 직전에 준비) 〈!〉
에탄올
에탄올 (70%)
KOH(수산화칼륨)/methanol(메탄올) 용액 〈!〉
Siliconizing fluid (e.g., Sigmacote 또는 Acrylease)
TEMED 〈!〉
Sigma-Aldrich 등에서 제공

Nucleic Acids/Oligonucleotides

DNA samples

Gels/Loading Buffers

Gel-loading buffer IV
5× TBE electrophoresis buffer (전기영동 버퍼)

Additional Items

Binder 또는 "Bulldog" clip (겔마다 6-8개, 길이 5cm)
유리판, comb, spacer를 포함하는 Electrophoresis (전기영동) 기구
Gel-sealing tape
Time tape 또는 동등물
drawn-out plastic tip을 갖는 Micropipette (예를 들어 Research Products International) 또는 Hamilton syringe
Petroleum jelly
Scalpel blade (칼)
Side-arm flash (200 ml) (optional ; step 6에서 사용)
Syringe barrel (주사기의 원통 부분) (50 ml)

METHOD

1. 필요하다면, 유리판과 spacer를 KOH(수산화칼륨)/methanol(메탄올)을 이용하여 닦는다.
2. 따뜻한 세정액으로 유리판과 spacer를 세척하고 수돗물과 증류수를 이용하여 잘 헹군다. 유리판의 가장자리를 잡거나 장갑을 끼고 잡아서 손으로부터 기름이 유리판의 working surface (표면)에 묻지 않도록 한다. 유리판을 에탄올로 헹구고 말린다.

Adapted from Chapter 5, Protocol 9, p. 5.40 of MC3.

유리판에는 겔이 만들어질 때 공기 방울을 형성하는 것을 방지하기 위해 기름방울이 존재하지 않아야 한다.

3. (*Optional*) 두 장 중에 한 장의 유리판의 한쪽 표면에 siliconizing fluid를 처리한다. (예를 들어 Sigmacote 또는 Acrylease): chemical fume hood에서 종이 pad 위에 유리판을 올려놓고 적은 양의 siliconizing fluid를 표면에 붓는다. 유리판 표면에서 넘친 용액은 Kimwipes pad로 닦아내고, 증류수로 헹군다. 유리판을 paper towel을 이용하여 말린다.

   이 처리는 겔이 한 쪽 유리판에 단단하게 달라붙는 것을 방지하고, 전기영동 후에 판에서 떼어낼 때 겔이 찢어질 수 있는 가능성을 줄인다.

4. 유리판을 spacer와 함께 조립한다.

   a. 큰 (또는 금이 그어지지 않은) 유리판을 bench에 편평하게 놓고 spacer를 양 쪽의 모서리에 평행하게 배열한다.

   b. spacer가 다음 step을 진행하는 동안 제 위치에 고정되도록 하기 위해 petroleum jelly를 세심하게 붙인다.

   c. inner (금이 그어진) 판을 spacer bar 위에 올려놓는다.

   d. binder 또는 "Bulldog" paper clip을 이용하여 유리판을 함께 고정하고, 유리판의 양쪽 옆부분과 아래부분을 gel-sealing tape을 이용하여 방수가 되도록 감는다.

      유리판의 아래쪽 모서리 부분은 종종 새어나오기 때문에 꼼꼼하게 처리한다. 유리판의 아래쪽 부분에 tape을 더 많이 감으면 새어나오는 것을 방지할 수 있다.

      많은 종류의 전기영동 장치들을 상업적으로 이용할 수 있고, 유리판과 spacer의 배열은 제조사에 따라 조금씩 다르다. design이 어떻든지 그 목적은 유리판과 spacer사이를 방수가 되도록 봉해서 굳어지기 전의 겔 용액이 흘러나오지 않도록 하는 것이다. 몇몇 제조사는 precast polyacrylamide 겔도 판매하는데, 이것은 매우 간단하지만 비싸고 종종 같은 제조사의 겔 장치에서만 사용가능하다.

5. 유리판의 크기와 spacer의 두께를 고려하여 필요한 겔의 부피를 계산한다. 표 5-2에 따라 원하는 polyacrylamide percentage의 겔 용액을 준비한다. 표 5-2에서 각각의 component의 양은 100 ml를 만드는 데 필요한 양이다.

표 5-2 1x TBE[a]에서 표시된 농도의 polyacrylamide 겔 cast(주형)에 사용되는 reagent의 부피

POLYACRYLAMIDE GEL (%)	29% ACRYLAMIDE PLUS 1% N,N' -METHYLENEBISACRYLAMIDE[B] (ML)	H_2O (ML)	5× TBE (ML)	10% AMMONIUM PERSULFATE (ML)
3.5	11.6	67.7	20.0	0.7
5.0	16.6	62.7	20.0	0.7
8.0	26.6	52.7	20.0	0.7
12.0	40.0	39.3	20.0	0.7
20.0	66.6	12.7	20.0	0.7

[a] 어떤 연구자는 acrylamide 겔을 0.5× TBE에서 전기영동하는 것을 선호한다. 이러한 경우에는 5× TBE의 부피와 물의 부피를 조정하면 된다.

[b] 29:1 (% w/v) acrylamide:bisacrylamide와 다른 stock solution이 polyacrylamide 겔 cast(주형)에 사용될 수 있다. 그러나 그 경우에는 사용하는 stock solution의 적절한 양을 다시 계산해야 한다. 여기에서 추천하는 29:1 대신에 다른 acrylamide:bisacrylamide 비율, 19:1이나 37.5:1을 갖는 polyacrylamide 용액이 겔 cast에 사용될 수 있다. 그러한 겔에서 DNA와 dye의 이동능력은 이 프로토콜에서 제시된 것과는 다를 수 있다.

6. (*Optional*) 필요한 acrylamide:bis 용액을 깨끗한 side arm flask에 magnetic stir bar와 함께 넣는다. 먼저 vacuum을 이용하여 가볍게 용액에서 기포를 제거한다. 더 이상의 공기방울이 남아있지 않도록 기포를 제거하는 동안에 flask를 흔든다.

acrylamide 용액에서 기포를 제거하는 것은 필수적인 것은 아니다. 그러나 이 과정은 polymerization(중합화)되는데 필요한 시간을 줄일 뿐 아니라 겔을 두껍게 (>1 mm) 부었을 때 공기방울이 형성되는 가능성을 줄여준다.

7. 다음에 이어지는 조작은 tray (접시) 위에서 수행해서 넘친 acrylamide:bis 용액이 bench에 퍼지지 않도록 한다. 장갑을 착용한다. acrylamide의 중합이 일어나기 전에 빠르게 겔을 완성한다.

   a. 각 100 ml의 acrylamide:bis 용액에 35μl의 TEMED를 첨가하고 용액을 가볍게 흔들어서 섞는다.

      polymerization 효율을 증가시키기 위해 1 ml의 겔 용액당 1μl의 TEMED를 넣어 겔을 만든다.

   b. 50-cc 주사기를 이용하여 용액을 끌어올린다. 주사기를 거꾸로 들어서 주사기 내의 공기방울을 제거한다. 주사기의 nozzle (끝부분)을 유리판 사이의 공간에 대고 acrylamide 겔 용액을 방출하여 공간의 윗부분 끝까지 채운다.

      남은 acrylamide 용액을 4℃에 두어 polymerization(중합반응)이 일어나는 속도를 줄인다. 만약 유리판이 잘 닦이고 잘 밀봉되었으면 공기방울이 형성되거나 새지 않을 것이다. 만약 공기방울이 형성되면 가볍게 두드려서 공기방울이 위쪽으로 올라오도록 하거나 가느다란 polypropylene tubing으로 만든 갈고리를 이용하여 종종 제거할 수 있다. 만약 이러한 방법이 실패하면 겔의 주형을 비우고 다시 유리판을 닦아서 새로운 겔을 붓는다.

   c. 유리판을 benchtop과 약 10℃ 정도의 각을 형성하도록 시험관 rack에 기대어 놓는다.

8. 즉시 comb의 아랫부분에 공기방울이 생기지 않도록 주의하면서 겔에 적합한 comb을 꽂는다. comb의 윗부분은 유리판의 끝보다 살짝 높아야 한다. Bulldog paper clip을 이용하여 comb을 고정시킨다. 필요하다면 여분의 acrylamide 용액을 사용하여 겔의 틀에 완전하게 채운다. acrylamide 용액이 틀에서 새어나오지 않는지 확인한다.

9. acrylamide가 중합되도록 30-60분 동안 상온에 두고 만약 겔이 현저하게 수축하면 acrylamide:bis 용액을 더 첨가한다.

10. 중합 반응이 완전히 끝난 후에 1× TBE에 적신 paper towel을 이용하여 comb과 겔의 윗부분을 감싼다. 그리고 겔 전체를 Saran Wrap을 이용하여 밀봉하고 사용할 때까지 4℃에 보관한다.

11. 전기영동을 진행할 준비가 되면, comb의 주변과 윗부분에 1× TBE 버퍼를 뿌리고 조심스럽게 comb을 잡아당겨 겔에서 분리한다. 주사기를 이용하여 1× TBE로 well을 헹군다. 칼을 이용하여 겔의 아랫부분에서 겔을 sealing했던 tape을 제거한다.

12. 측면의 큰 Bulldog clip을 이용하거나 apparatus(구조물)에 있는 clamp를 이용하여 겔을 전기영동 tank에 붙인다. 선이 그어진 유리판은 buffer reservoir (버퍼가 담기는 수조) 안쪽을 향하게 한다.

13. 전기영동 tank의 reservoir (수조)에 겔을 만들때 사용했던 5× TBE를 이용하여 준비한 전기영동 버퍼를 채운다. 구부러진 pasteur pipette이나 주사기 바늘을 이용하여 겔의 아랫부분에서 공기방울을 제거한다.

    겔을 만들 때와 reservoir에 채우는 전기영동 버퍼를 만들 때 같은 batch이 TBE를 사용하는 것이 중요하다. ionic strength나 pH의 작은 차이로 인해 DNA의 이동이 크게 부정확해질 수 있다.

14. pasteur pipette이나 주사기를 이용하여 한 번 더 1× TBE로 well을 씻어낸다. DNA sample을 적당한 양의 6× gel-loading 버퍼와 섞는다. 혼합액을 Hamilton syringe 또는 긴 plastic tip이 장착된 mircopipette을 이용하여 well에 load한다.

    홈의 크기에 따라 다르지만 보통 약 20-100 μl의 DNA sample을 load한다. load할 때 사용하는 기구에서 모든 sample을 방출하려고 시도하지 않는다. 그러면 항상 공기방울이 형성되어 sample이 well 밖으로 넘치게 된다. 많은 경우에 여러 sample들을 같은 기구를 이용하여 load하게 되는데 각각을 load할 때마다 기구를 씻어주어야 한다. 그러나 well로부터 sample이 확산될 수 있으므로 loading을 완료하는 시간이 너무 오래 걸리지 않도록 하는 것이 중요하다.

15. 전극을 전원함에 연결하고 (양 전극은 reservoir의 아랫부분과 연결한다.) 전원을 켜고 전기영동을 시작한다.

    Nondenaturing polyacrylamide 겔은 보통 1에서 8 V/cm의 전압으로 전기영동한다. 만약 높은 전압으로 전기영동하면 겔의 가운데 부분에 다른 열이 가해져 DNA band가 휘어지거나 작은 DNA 조각의 가닥이 녹을 수 있다. 그러므로 높은 전압에서는 열을 고르게 분산시키기 위해서 금속판을 포함하는 겔 box를 사용하거나 더 큰 버퍼 chamber를 사용해야한다. 많은 종류의 겔 기구들은 전기영동하는 동안 겔의 온도를 감지하는 온도 센서가 장착되어 있다. 이것들은 하나의 겔과 다음에 전기영동하는 다른 겔 사이의 편차를 최소화해야 하는 경우 특히 유용하다. 부수적으로는 gel-temperature-monitoring strip을 사용한다.

16. marker dye가 원하는 위치에 이동할 때 까지 겔을 전기영동한다. 전원을 끄고 뚜껑을 분리하고 reservoir에서 전기영동버퍼를 제거한다.

17. 유리판을 떼어내고 칼을 이용하여 gel-sealing tape을 제거한다. 유리판을 bench에 눕혀놓는다. (siliconized plate가 위쪽에 오도록) spacer나 plastic wedge를 이용하여 유리판의 위쪽 모서리 부분을 들어올린다. 겔이 아래쪽 판에 붙어 있는지 확인한다. 위쪽 유리판을 떼어내고 spacer를 제거한다.

18. 프로토콜 5.10이나 5.11에서 설명한 방법 중 하나를 이용하여 polyacrylamide 겔에서 DNA band의 위치를 탐지한다.

프로토콜 5.10

Polyacrylamide 겔에서 염색을 통한 DNA의 검출
Detection of DNA in Polyacrylamide Gels by Staining

polyacrylamide 겔에서 ethidium bromide, SYBR Gold, methylene blue를 이용하여 DNA band를 염색한다.

MATERIALS

CAUTION: 〈!〉표시된 물질의 적절한 사용법은 Appendix 4를 참조하세요.

Reagents and Solutions

농축액, 완충액, 시료의 조성은 Appendix 1을 참조하라. 농축액은 적당한 농도로 희석하여 사용하라.

Ethidium bromide (0.5 μg/ml) 〈!〉
Methylene blue (0.001–0.0025% w/v in 1X TAE electrophoresis buffer (전기영동버퍼))

Gels/Loading Buffers

관심있는 DNA band를 포함한 polyacrylamide 겔

Additional Items

겔과 받침판을 담을 수 있는 크기의 유리 접시
UV transilluminator (자외선 투과기)

Additional Information

nucleic acid (핵산) 염색 MC3, pp. A9.3–A9.8

METHOD

1. 유리판에 붙은 겔을 적절한 염색액에 서서히 담근다. 겔이 염색액에 완전히 잠기도록 하고 30–45분 동안 상온에서 염색한다.
2. 유리판을 지지대로 해서 겔을 염색액에서 꺼낸 다음 물로 헹군다. 그리고 Kimwipes pad를 이용하여 겔 표면에 남은 물기를 조심스럽게 제거한다.
   Important(중요): 겔에 달라붙는 흡습지를 사용하지 말것.
3. Saran Wrap으로 겔을 덮는다. 그리고 slot comb의 넓은 끝부분이나 crumpled (쭈글쭈글한) Kimwipe를 이용하여 공기방울이나 Wrap의 접힌 부분을 조심스럽게 제거한다.
4. Saran Wrap을 자외선 투과기 위에 놓는다. 겔을 뒤집어서 자외선 투과기 위에 놓고 유리판을 제거하여 Saran Wrap 위에 겔만 남긴다.
5. 프로토콜 5.2에서 기술한 대로 겔을 사진 찍는다.

 Adapted from Chapter 5, Protocol 10, p. 5.47 of MC3.

프로토콜 5.11

Polyacrylamide 겔에서 방사능 사진 촬영술을 이용한 DNA의 검출

Detection of DNA in Polyacrylamide Gels by Autoradiography

폴리 아크릴아마이드 겔 상에서 방사성 동위원소를 가진 DNA 검출

MATERIALS

CAUTION: 〈!〉표시된 물질의 적절한 사용법은 Appendix 4를 참조하세요.

Buffers and Solutions

stock solution을 적정 농도로 희석하여 사용하시오. (stock solutions, buffers, reagents의 구성은 Appendix 1을 참조)

Acetic acid (7% v/v) 〈!〉

Gels/Loading Buffers

관심있는 DNA band를 포함한 polyacrylamide 겔

Additional Items

알루미늄 호일
셀로판 테입 (스카치 테입)
Gel dryer
겔을 지지하는 유리 받침판
겔과 받침판을 담을 수 있는 크기의 유리 접시
Chemiluminescent markers(화학 발광 마커) of radioactive ink (방사성 잉크) (MC3, Appendix 8 참조) 〈!〉
Whatman 3MM paper sheets
명암 강화 필터를 포함하는 X-ray film (필름) (Kodak XAR-5 또는 동등한 것) (optional; Step 6 참조)
또는 Phosphorimager (인광 촬영 장치)

Additional Information

Autoradiography (방사능 사진촬영술) MC3, pp. A9.9–A9.15

METHOD

1. 유리판에 붙어 있는 겔을 7% acetic acid (아세트산)에 5분 동안 담근다. 유리판을 조심스럽게 들어올려서 겔을 고정액에서 꺼낸다.
2. 겔을 deionized H_2O (증류수)로 살짝 헹군다. 그리고 Kimwipes pad를 이용하여 겔 표면에 남은 물기를 제거한다.

   Important (중요) : 겔에 달라붙는 흡습지를 사용하지 말것.

3. (*optional*) commercial gel dryer를 이용하여 겔을 Whatman 3MM paper 위에서 말린다.

   겔을 말리는 것은 일반적으로 겔이 ^{35}S 같은 약한 β-선방출 동위원소로 표지된 DNA를 포함하거나 적당한 방사능 사진을 얻기 위해서 오랜 시간 노출시켜야 하는 적은 양의 ^{32}P로 표지된 DNA를 포함하고 있는 경우 필요하다.

4. 겔을 유리 받침판과 함께 Saran Wrap으로 감싼다. 그리고 slot comb의 넓은 끝부분이나 crumpled (쭈글쭈글한) Kimwipe를 이용하여 공기방울이나 Wrap의 접힌 부분을 조심스럽게 제거한다.

   만약 분리된 DNA sample이 겔을 통해서 ^{35}S로 표지되었다면, plastic film이 β 입자를 막을 수 있기 때문에 Saran wrap을 사용하지 않는 편이 좋다. 겔이 step 3에서 많이 마르면 step 5로 진행한다.

5. 겔과 film (필름)을 정렬하기 위해서 방사성 잉크 또는 화학발광 마커를 이용하여 Saran Wrap 표면에 점표시를 붙인다. film holder (필름 받침)이나 Intensifying screen (명암 강화 필터)의 오염을 막기 위해 방사성 잉크 표지에 셀로판 테잎을 붙인다.

6. 겔을 뒤집어서 다음과 같은 방법으로 X-ray film에 노출시킨다. (예, Kodak XAR-5 또는 그와 동등한 것)

   a. 암실에서 유리판 크기로 자른 X-ray film 위에 Wrap으로 포장된 겔을 붙인다.

      판은 Saran wrap과 X-ray film 사이의 접촉을 확실하게 하기 위한 충분한 무게를 제공한다.

   b. 겔과 film을 빛이 통하지 않는 aluminum foil로 감싼다.

      금속 film cassette를 사용하지 않는다. 그것은 유리판을 부수고 겔을 압착할 수 있다. 만약 겔이 Whatman 3MM paper위에서 말라 있는 상태라면 금속 film cassette가 사용될 수 있다.

   c. film을 적절한 시간동안 상온이나 −70℃에서 Intensifying screen (명암 강화 필터)를 사용하거나 사용하지 않는 조건에서 노출시킨다.

   d. 제작자가 제시한 방법으로 X-ray film을 현상, 고정, 건조한다.

프로토콜 5.12

압착과 침투 방법을 이용한 polyacrylamid 겔로부터 DNA 조각의 분리
Isolation of DNA Fragments from Polyacrylamide Gels by the Crush and Soak Method

1kb 미만의 크기의 DNA에 가장 효과적인 Crush(압착)와 Soak(침투) 방법은 polyacrylamide 겔로부터 단일가닥 또는 이중가닥의 DNA를 회수하는데 모두 사용될 수 있다. 회수된 DNA의 효율은 30% 초과에서부터 90% 미만까지 다양한데 그것은 DNA 조각의 크기에 따라 결정된다.

MATERIALS

CAUTION: 〈!〉표시된 물질의 적절한 사용법은 Appendix 4를 참조하세요.

Reagents and Solutions

농축액, 완충액, 시료의 조성은 Appendix 1을 참조하라. 농축액은 적당한 농도로 희석하여 사용하라.

Acrylamide gel elution buffer
- 0.5 M ammonium acetate
- 10 mM magnesium acetate tetrahydrate
- 1 mM EDTA (pH8.0)
- 0.1% (w/v) SDS (적은 양의 DNA[〈20ng, 〉1kb in size]를 가지고 실험할 때 요구된다.)

chloroform (클로로포름) 〈!〉

에탄올

에탄올 (70%)

phenol:chloroform (1:1, v/v) 〈!〉 (optional; step 8에 사용)

Sodium acatate (3 M, pH 5.2)

TE (pH 8.0)

Gels/Loading Buffers

홍미있는 DNA를 포함하는 polyacrylamide 겔

Gel-loading buffer IV

Additional Reagents

Column(컬럼) (일회용 plastic), 예를들어 Quik-Sep column, Isolabs Inc. 또는 Whatman GF/C filter나 siliconized glass wool로 막힌 주사기의 원통부분(optional; step 8에 사용)

소형 장파장 자외선 램프 (302 nm)

rotating wheel (37℃)

Scalpel blade (칼)

프로토콜의 step1과 step12에서는 프로토콜 5.9과 5.10 또는 프로토콜 5.9과 5.11에서 나열된 reagent가 필요하다.

METHOD

1. 프로토콜 5.9에서 설명한대로 DNA sample과 marker의 polyacrylamide 겔 전기영동을 수행한다. 방사능 사진촬영술 또는 ethidium bromide나 SYBR Gold로 염색된 겔을 장파장(302nm)의 자외선에서 (프로토콜 5.10) 검사함으로써 홍미있는 DNA의 위치를 확인한다.
2. 깨끗하고 날카로운 칼을 이용하여 홍미있는 band를 포함하는 겔의 조각을 가능한 작은 크기의 polyacrylmide 겔 조각으로 잘라낸다. 이것은 다음의 방법으로 수행할 수 있다.
   - DNA를 자외선으로 비추고 있는 동안 겔과 Saran Wrap을 함께 잘라내고, DNA를 포함하는 작은 겔 조각을 Saran Wrap으로부터 떼어낸다.

- permanent felt-tip marker (예를 들어 Sharpie pen)을 이용하여 자외선 하에서 겔이 illuminate 되는 동안 유리판의 뒤쪽에 DNA band의 외곽선을 그린다. 겔을 뒤집어서 Saran Wrap을 제거하고, marker 외곽선을 따라 band를 잘라낸다.
- 방사능 사진촬영술로 확인이 가능한 DNA 조각의 경우 노출된 방사능 사진 필름을 Saran Wrap 위에 놓고 겔과 맞춘다. permanent marker를 이용하여 유리판의 뒤쪽에 DNA 조각의 위치를 그린다. 필름과 Saran Wrap을 제거하고 band를 잘라낸다.

3. 겔 조각을 microfuge tube나 polypropylene tube로 옮긴다. 일회용 pipette tip이나 innoculating needle(바늘)을 이용하여 polyacrylamide 겔을 tube 안으로 밀어넣는다.
4. 겔 조각의 대략적인 부피를 계산하고, 1-2배 부피의 acrylamide gel elution buffer를 microfuge tube에 첨가한다.
5. tube의 뚜껑을 닫고 rotating wheel이나 rotary platform을 이용하여 37℃에서 incubation한다.

   이 온도에서 작은 DNA 절편(<500bp)은 3-4 시간 안에 elute(용리)되고, 큰 절편은 12-16시간이 걸린다.
6. sample을 4℃에서 최고 속도로 1분 동안 원심분리한다. polyacrylamide 조각이 옮겨지지 않도록 극도로 주의하며 상층액을 새로운 microfuge tube로 옮긴다. (drawn-out(긴) pasteur pipette의 사용이 적합하다.)
7. 0.5배 부피의 acrylamide gel elution buffer를 다시 polyacrylamide pellet에 첨가하고, 살짝 vortex 한 다음 다시 원심분리한다. 상층액을 합한다.
8. (*Optional*) 상층액을 일회용 plastic column에 통과시켜 남아있는 polyacrylamide 조각을 제거한다.

   eluted DNA는 지속적인 DNA의 enzymatic manipulation에 방해가 되는 SDS를 제거하기 위해 phenol:chloroform과 chloroform을 이용하여 추출할 수 있다. 추출된 DNA는 Step 9에서 설명하는 대로 에탄올을 이용하여 침전시키고, 계속해서 나머지 프로토콜을 진행한다.
9. 2배 부피의 4℃ 에탄올을 용액에 첨가하고 얼음 속에 30분 동안 둔다. 용액을 4℃에서 최고속도로 10분 동안 원심분리하여 DNA를 회수한다.

   비록 적은 양의 DNA도 이 방법에서 에탄올을 이용하여 효율적으로 침전될 수 있다. 그러나 침전시키기 전에 10㎍의 carrier RNA를 첨가하면 적은 양의 DNA의 회수율을 증가시킬 수 있다. RNA를 첨가하기 전에 RNA가 이후의 DNA 반응에 영향을 주지 않는지를 확인해야 한다. (carrier RNA의 준비는 프로토콜 5.3 참조)
10. DNA를 200㎕의 TE (pH8.0) 버퍼에 녹이고 25㎕의 3 M sodium acetate (pH 5.2)를 첨가한다. 그리고 Step 9에서 설명한대로 다시 DNA를 2배 부피의 에탄올을 이용하여 침전시킨다.
11. 70% 에탄올을 이용하여 조심스럽게 pellet을 씻어내고 최종 부피가 10㎕가 되도록 TE (pH 8.0) 버퍼에 녹인다.
12. polyacrylamide 또는 고해상도 agarose 겔 전기영동을 이용하여 DNA 절편의 양과 특성을 확인한다.
    a. 적은 양의 최종 산물 (~20 ng)과 10㎕의 TE (pH 8.0) 버퍼를 섞은 다음 2㎕의 gel-loading 버퍼를 첨가한다.
    b. 적당한 농도의 polyacrylamide 또는 고해상도 agarose 겔에 sample을 적재하고 전기영동한다. 이때 marker로 양을 알고 있는 DNA를 제한 효소로 자른 것을 사용한다. 구분된 DNA 절편은 효소로 자른 정확한 크기의 DNA 조각과 함께 이동한다.
    c. DNA의 오염이 존재한다는 것을 의미하는 희미한 형광 band가 존재하는 동안 겔을 조심스럽게 조사한다. DNA 절편과 marker의 상대적인 형광 강도로부터 최종산물에서 DNA의 양을 예측할 수 있다.

프로토콜 5.13

Pulsed-field 겔 전기영동을 통한 DNA의 준비: 동물세포와 조직으로부터 DNA의 분리

Preparation of DNA for Pulsed-field Gel Electrophoresis: Isolation of DNA from Mammalian Cells and Tissues

동물세포의 Genomic DNA는 agarose plug에서 원래의 위치에 용해된 세포를 Pulsed-field 겔 전기영동하여 준비된다. 적절한 제한효소로 자른 후에 plug는 Pulsed-field 겔의 well에 직접 load되거나 load 전에 녹일 수 있다.

MATERIALS

CAUTION: 〈!〉표시된 물질의 적절한 사용법은 Appendix 4를 참조하세요.

Reagents and Solutions

농축액, 완충액, 시료의 조성은 Appendix 1을 참조하라. 농축액은 적당한 농도로 희석하여 사용하라.

- L buffer (4℃)
  - 0.1 M EDTA (pH8.0)
  - 0.01 M Tris-Cl (pH7.6)
  - 0.02 M NaCl
- 다음을 포함하는 L buffer (상온)
  - Sarkosyl (1%, w/v)
  - protease K (100㎍/ml), Step 6에서 사용되기 직전에 첨가
- PBS (상온 (백혈구용)과 4℃(다른 종류의 세포용))
- Red blood cell lysis buffer, 백혈구를 분리하기위해 사용
  - 155 mM NH_4Cl
  - 0.1 mM EDTA
  - 12 mM $NaHCO_3$
- TE (pH7.6)
- 40 μg/ml PMSF(phenylmethylsulfonyl fluoride)를 포함하는 TE (pH7.6)

Cells, Tissues / culture Media

세포 또는 조직 sample (이 프로토콜은 cultured cell line, fresh하거나 얼려진 조직 sample, 백혈구를 다루는 방법을 설명한다.)

Enzymes and Buffers

Proteinase K

Gels/Loading Buffers

Low-melting-temperature agarose (1%), 예를들어 SeaKem GTG

Centrifuges/ Rotors/ Tubes

Sorvall SS-34 rotor (4℃), 백혈구 실험에서만 사용됨

Additional Items

Cheesecloth, 조직 sample에서만 사용됨

꽉 맞는 pestle을 포함한 유리 homogenizer(0℃)

Hemocytometer, fresh한 조직 sample에서만 사용됨

LeucoPREP cell separation tube (Becton Dickinson), 백혈구를 분리하는데 만 사용됨

Mortar와 pestle (−70℃), 얼려진 조직의 실험에서만 사용됨
Preformed Plexiglas molds (10−100 ml, Bio−Rad) 또는 Tygon tubing (1/8−inch 또는 내부 직경 3.2−mm) 또는 plastic 주사기의 원통부분 (1 ml)
Scalpel Blade (칼)
Water bath (42℃와 50℃)

Additional Information

Low−melting−temperature agarose	MC3, pp. 5.6−5.7
phenylmethylsulfonyl fluoride (PMSF)	MC3, pp. A5.1 과 15.41

METHOD

1. 세포와 조직 sample을 준비한다.

For cultured cell

a. culture에서 자란 세포를 ice−cold PBS를 이용하여 3번 씻어준다.
b. 멸균된 고무 policeman을 이용하여 적은 부피의 ice−cold PBS에서 scraping(긁어모음)을 통해 세포를 harvest한다. 세포를 낮은 속도로 원심분리하여 모은다.
c. 세포를 대략 2×10^7 cells/ml의 농도가 되도록 ice−cold L buffer에 풀어준다.

For fresh tissue samples

a. petri dish에서 깨끗한 칼을 이용하여 조직을 잘라서 작은 입방체로 만들고 (1−2 mm^3), ice−cold PBS에서 조직의 조각을 냉각시킨 유리 homogenizer와 꽉 맞는 pestle을 이용하여 homogenize(균질화)한다.
b. connective tissue(결합조직)의 조각들을 두 겹의 cheesecloth를 이용하여 filtration(여과)해서 제거한다.
c. 풀어진 세포를 ice−cold PBS를 이용하여 3번 씻어주고 대략 2×10^7 cells/ml의 농도가 되도록 ice−cold L buffer에 풀어준다.

For frozen tissue samples

a. 얼려진 조직을 −70℃로 냉각시킨 mortar와 pestle을 이용하여 갈아서 미세한 가루로 만든다. 이 가루화 된 조직을 ice−cold PBS에 풀어준다.
b. connective tissue(결합조직)의 조각들을 두 겹의 cheesecloth를 이용하여 filtration(여과)해서 제거한다.
c. 풀어진 세포를 ice−cold PBS를 이용하여 3번 씻어주고 대략 2×10^7 cells/ml의 농도가 되도록 ice−cold L buffer에 풀어준다.

For white blood cells

a. 적혈구와 백혈구를 대충 분리하기 위해 5−10 ml의 혈액을 LeucoPREP cell separation tube에 넣어 원심분리하여 fractionate(분류)한다.
b. 백혈구층(buffy coat)에 4배 부피의 red blood cell lysis buffer를 넣고 tube를 두세번 inversion 해서 조심스럽게 섞는다.

c. buffer에서 세포를 상온에서 5분 동안 incubate하고 상온에서 3000g (5000 rpm in a Sorvall SS-34 rotor)에서 5분 동안 원심분리한다.

d. pellet을 상온에서 1 ml의 PBS에 풀어준다.

2. Step 1에서 준비된 세포의 부피와 같은 부피로 L buffer에 녹아있는 1% low-melting-temperature agarose를 준비한다. 녹은 agarose를 42℃까지 식힌다.

3. agarose를 42℃로 냉각할 때 세포의 현탁액 (step1) 을 같은 온도로 올린다. 녹은 agarose와 세포현탁액을 섞는다. Sealed pasteur pipette을 이용하여 혼합액을 휘저어서 세포가 agarose 내에 고루 퍼지도록 한다.

4. 녹은 혼합액을 Pipette을 이용하거나 부어서 preformed Plexiglas mold(50-100 ㎕)에 넣거나 적절한 길이의 Tygon tubing (1/8-inch 또는 내부 직경 3.2-mm) 또는 1ml plastic 주사기의 원통부분에 흘려 넣는다. mold를 상온에 15분 동안 두고 4℃로 옮겨서 15-30분 동안 둔다.

5. agarose가 굳으면 Plexiglas mold로부터 plug를 조심스럽게 모으거나 Tygon tubing이나 주사기의 원통부분에서 agarose를 조심스럽게 빼 내어 petri dish로 옮긴다. 원통모양의 plug를 1-cm 간격으로 자른다.

   각각의 1-cm 길이의 agarose (45 ㎕)는 대략 0.5×10^6 개의 세포를 포함하고, 대략 2-5 ㎍의 DNA를 산출한다. 고농도의 DNA를 가지고 Pulsed-gel 전기영동을 수행했을 때 큰 DNA 조각의 이동은 상당히 느려진다. 이러한 지연 현상은 각각의 DNA 조각의 크기를 더 크게 인식하게 한다.

6. plug를 0.1 mg/ml proteinase K와 1% (w/v) Sarkosyl이 포함된 3배 부피의 L buffer로 옮긴다. plug를 50℃에서 30분 동안 incubation한다. digestion mixture를 2배 부피의 새로운 digestion mixture로 교체하고 다시 50℃에서 12-16시간 동안 incubation한다.

   buffer를 교체할 때 agarose에 상처가 나지 않도록 주의한다.

7. plug를 상온에서 50배 부피의 TE (pH7.6)에 담가 3시간 간격으로 3번에서 5번 buffer를 교체해 주면서 incubation한다.

8. TE를 제거하고 40 ㎍/ml PMSF가 포함된 2배 부피의 TE (pH7.6)로 교체한다. 50℃에서 30분 동안 incubation한다.

9. plug를 상온에서 50배 부피의 TE (pH7.6)에 담가 3시간 간격으로 3번에서 5번 buffer를 교체해 주면서 incubation한다.

프로토콜 5.14	펄스 필드 전기영동을 위한 DNA의 준비: Yeast에서 DNA 분리하기 Preparation of DNA for Pulsed-field Gel Electrophoresis: Isolation of DNA from Yeast

Yeast cell의 세포벽을 깨기 위해서 Yeast cell에 첫 번째로는 enzyme을 처리한다. 그리고 low-melting-temperature agarose plugs에서 풀어준다. lysis buffer와 protease와 함께 플러그를 주입함에 따라 DNA는 유리된다. 이 방법은 전통적인 효모 염색체와 인공 효모 염색체를 준비하는데 이용되어 진다.

MATERIALS

Reagents and Solutions

농축액, 완충액, 시료의 조성은 Appendix 1을 참조하라. 농축액은 적당한 농도로 희석하여 사용한다.

- EDTA(0.05 M, pH 8.0)
- L Buffer (4 ℃)
  - 0.1 M EDTA (pH 8.0)
  - 0.01 M Tris-Cl (pH 7.6)
  - 0.02 M NaCl
- L Buffer (실온)에는 다음의 것이 포함되어 진다.
  - Sarkosyl (1 % w/v)
  - Proteinase K (100 μl/ml), 6 step 시작 전에 첨가.
- TE (pH 7.6) : 〈!〉 40 μl/ml PMSF (phenylmethylsulfonyl fluoride)가 포함.
- Yeast cell wash buffer (4 ℃)
  - 0.01 M Tris-Cl (pH 7.6)
  - 0.05 M EDTA (pH 8.0)
- Yeast lysis buffer (4 ℃)
  - 0.01 M Tris-Cl (pH 7.6)
  - 0.5 M EDTA (pH 8.0)
  - β-mercaptoethanol (1 % v/v) 〈!〉, 사용하기 전에 첨가.

Cells, Tissues/culture Media

Yeast suspension culture의 volume과 cell density는 끼워 넣어져 있는 DNA의 plug의 수에 따라 요구되어 진다.

Enzymes and Buffers

50 % glycerol (사용하기 전에 준비)이 포함되어 있는 0.01 M sodium phosphate에 2.0 mg/ml Zymolase 5000 (Kirin Brewery)을 녹인다.

or

50 % glycerol (사용하기 전에 준비)이 포함되어 있는 0.01 M sodium phosphate에 67 mg/ml (900 units/ml) Lyticase를 녹인다.

Gels/Loading Buffers

Low-melting-temperature agarose (1 %), 예, SeaKem GTG

Centrifuges/Rotors/Tubes

Sorvall SLC-1500 rotor (4 ℃)

Adapted from Chapter 5, Protocol 15, p. 5.68 of MC3.

Additional Items

형성된 Plexigas molds (10–100 ml; Bio-Rad) 또는 Tygon tubing의 길이 (내부 반지름: 1/8-inch 또는 3.2-mm) 또는 플라스틱 syringe barrel (1 ml)
Scalpel blade
Water baths (42 ℃ 그리고 50 ℃)

Additional Information

Yeast와 bacteria에서 chromosome size	MC3, p. 5.65
Low-melting-temperature agarose	MC3, pp. 5.6–5.7
Phenylmethysulfonyl fluoride (PMSF)	MC 3, pp. A5.1 그리고 15.41

METHOD

1. 4 ℃에서 5분간, 3000g (4300 rpm, Sorvall SLC-1500 로터)로 원심분리를 해서 부유해 있는 효모를 모은다. Cell pellet을 yeast cell wash buffer를 이용해서 두 번 씻는다.
2. 0 ℃에서 0.05 M EDTA (pH 8.0)을 이용해 3 × 10^9 cells/ml의 농도로 cell을 다시 resuspend해 준다.
3. L buffer에 같은 볼륨으로 1 % low-melting-temperautre agarose를 준비한다. 42 ℃에서 녹은 아가로즈를 식힌다.
4. 2 step의 cell suspension에 zymolyase 또는 lyticase solution을 75 µl 첨가한다. 그리고 잘 섞는다.
5. Cell suspension을 42 ℃에서 따뜻하게 해 준다. Suspend된 cell 5 ml과 녹은 agarose 5 ml을 섞는다. Agarose의 곳곳에 고루 cell이 잘 펴지기 위해서 봉인된 파스퇴르 파이펫을 통해서 잘 저어준다.
6. 형성된 Plexiglas molds에 녹은 mixture를 부어주거나 pipette을 이용해서 넣어 준다(50–100 µl). 또는 Tygon tubing (내부 지름; 3/32-inch)으로 mixture를 집어넣거나 1 ml 플라스틱 syringe barrel을 이용한다. 15 분간 실온에서 molds를 보관하고 다시 그 molds를 15–30 분간 4 ℃로 옮긴다.
7. Agarose가 준비가 되면, Plexiglas molds로부터 plugs를 모으거나 Tygon tubing 또는 syringe barrel로부터 petri dish로 부어준다. 원통형의 plug를 1-cm의 덩어리로 자른다.

   각 block (50 µl)은 약 5 µg의 yeast chromosomal DNA를 포함하고 있다.
8. Yeast lysis buffer의 3 volume으로 37 ℃에서 3 시간동안 chemical fume 후드에서 incubation한다.
9. 0.1 mg/ml proteinase K가 포함된 L buffer 3 volume과 1 % Sarkosyl을 깨끗한 petri dish에 첨가한다. block을 이 buffer로 옮기고 50 ℃에서 3 시간동안 incubation 시킨다. 원래의 digestion mixture를 fresh한 digestion mixture로 바꿔주고 계속해서 50 ℃에서 12–16시간 동안 incubation 한다.

   buffer solution을 바꿀 때 agrose plug이 부서지지 않도록 조심한다.
10. 40 µg/ml PMSF가 포함되어진 TE (pH 7.6) 50 volume에서 그 plug을 incubation 한다. 한 시간 뒤, 원래의 rinse buffer (PMSF 포함된 TE)를 동량의 깨끗한 rinse buffer로 바꿔주고 계속해서 50 ℃에서 여러 시간동안 incubation한다.
11. Rinse buffer (PMSF 포함된 TE)를 제거하고, 동량의 깨끗한 TE (pH 7.6) buffer로 바꿔주고 계속해서 실온에서 여러 시간동안 incubation한다.

프로토콜 5.15

아가로즈 플러그에서 DNA를 제한효소로 자르기
Restriction Endonuclease Digestion of DNA in Agarose Plugs

Mammaliam, yeast 또는 bacteria cell로부터 분리된 genomic DNA는 요구되는 enzyme이 존재하면서 DNA가 포함되어진 agarose plug를 incubating함에 따라 제한 효소로 자를 수 있다. Digestion 후에, DNA는 펄스 필드 전기영동에 의해서 세분화 될 수 있고 gel로부터 분리할 수 있다. 또는 Southern hybridization에 의해서 분리 될 수 있다.

MATERIALS

Reagents and Solutions

농축액, 완충액, 시료의 조성은 Appendix 1을 참조하라. 농축액은 적당한 농도로 희석하여 사용하라.

Spermidine (0.1 M), 사용하기 전에 물에 녹이기.

TE (pH 7.6)

Enzymes and Buffers

제한 효소와 10 × buffers

Nucleic Acids/Oligonucleotides

Low-melting-temperature agarose (Protocols 5.13과 5.14 참조)가 있는 plugs cast에 파묻혀 있는 genomic DNA

Gels/Loading Buffers

Pulsed-field gel, Protocol 5.17과 5.16에 기술된 것 같은 1 % agarose의 cast

Additional Information

PFGE를 위한 제한 효소의 선택 MC3, pp. 5.68–5.69

METHOD

1. 만약 plug가 TE(예를 들어, plug를 우편물을 통해 받았거나 plug가 0.5 M EDTA에 보관되어져 있었다면)에 보관되어 있지 않았다면, plug를 실온에서 30 분 동안 50 volume TE (pH 7.6)에서 incubation 한다. 만약 그렇지 않으면, 바로 step 2 실험을 한다.

2. plug를 각각의 microfuge 튜브에 옮기고 각 튜브에 적당한 1× 제한 효소 버퍼 10 volume을 첨가한다. 그 튜브는 실온에서 30 분 동안 incubation한다.

   각 버퍼들은 restriction digestion의 효율을 충분히 하기 위해서 spermidine이 첨가되어져 있다. High-salt 버퍼 (100–150 mM salt)들은 최종농도가 10 mM이 되도록 spermidine을, medium-salt 버퍼 (50–100 mM salt)들은 5 mM spermidne을, low-salt 버퍼 (<50 mM salt)에는 3 mM spermidine을 보충한다. 사용하기 전에 물에 녹아 있는 0.1 M spermidne을 버퍼에 첨가하는 것이 좋다.

3. 버퍼를 제거하고 plug에 깨끗한 1× 제한 효소 버퍼 2–3 volume 넣어준다. 각 튜브에 적당한 제한 효소 20–30 units을 첨가하고 그 튜브를 제한 효소를 위해서 적정 온도에서 incubation한다. : 만약 YAC DNA가 이용되어졌다면 3시간, 만약 mammalian DNA가 이용되어 졌다면 5–6시간 incubation한다.

Adapted from Chapter 5, Protocol 15, p. 5.68 of MC3.

4. 만약 DNA가 오직 한 제한 효소로 잘렸다면, 4 ℃에서 TE (pH 7.6) 20 volume에 plug를 적신다. 한 시간 후, step 7 실험한다. 만약 DNA가 하나 보다 좀 더 많은 효소로 잘렸다면, TE에 incubation하는 과정은 띄어 넘고 바로 step 5 실험을 하면 된다.

5. 만약 DNA가 하나 이상의 제한 효소로 자른다면, 두 번째 효소를 첨가하기 전에 버퍼에서 plug를 reequilibration시켜야 한다. Reequilibration을 위해서는, 각 튜브로부터 첫 번째 제한 효소 버퍼를 최대한 제거하기 위해서 자동 pipetting 기계를 사용해야 한다. 그리고 1 ml의 TE(pH 7.6)을 넣어 준다. TE를 제거하고 다시 깨끗한 TE 1 ml을 넣어준다. 실온에서 30–60분 동안 plug를 보관한다. 그리고 TE 버퍼를 천천히 제거한다.

6. 각 튜브에 적당한 두 번째 1× 제한 효소 버퍼 10 volume을 첨가한다. 실온에서 30 분 동안 tube를 incubation한다. Step 3에서 기술된 것처럼 restriction enzyme digestion을 반복한다. 마지막으로, 4 ℃에서 한 시간 동안 TE (pH 7.6) 20 volume에 plug를 적신다.

7. 그 block을 Pulsed–field gel의 홈에 바로 넣기 위해서 일회용 pipette tip을 사용한다. 그리고 전기 영동에 의해서 DNA fragment가 분리되어진다 (Protocol 5.17과 5.18).

프로토콜 5.16

펄스 필드 전기영동을 위한 마커
Markers for Pulsed-field Gel Electrophoresis

Pulsed-field 전기영동을 위한 marker는 bacteriophage λ DNA의 linear monomer의 ligation을 통해 concatemer의 nested series로 됨에 따라 만들어 질 수 있다. 이 순서는 bacteriophage DNA의 20까지 순차적으로 정렬된 copy를 포함한 concatemer의 시리즈를 만들어 낸다.

MATERIALS

CAUTION: ⟨!⟩표시된 물질의 적절한 사용법은 Appendix 4를 참조하세요.

Reagents and Solutions

농축액, 완충액, 시료의 조성은 Appendix 1을 참조하라. 농축액은 적당한 농도로 희석하여 사용하라.

- ATP (0.1 M)
- Dithiothreitol (1.0 M)
- EDTA (0.5 M, pH 8.0)
  - 1× Ligation buffer with PEG
  - 50 mM Tris-Cl (pH 7.6)
  - 1 mM ATP
  - 10 mM dithiothreitol
  - 10 mM $MgCl_2$
  - 2 % (w/v) PEG 8000 ⟨!⟩
- Low-melting-temperature (LMT) agarose buffer
  - 100 mM Tris-Cl (pH 7.6)
  - 20 mM $MgCl_2$
- $MgCl_2$ (1.0 mM)
- PEG 8000 (8 % w/v) ⟨!⟩
- TE (pH 7.6)

Enzymes and Buffers

Bacteriophage T4 DNA ligase

Nucleic Acids/Oligonucleotides

정제되어진 bacteriophage λ DNA (Protocol 2.11 그리고 2.12 보기)

Gels/Loading Buffers

Low-melting-temperature agarose, e.g., SeaKem GTG or equivalent

Additional Items

- Boiling-water bath 또는 전자레인지
- Tygon tubing (내부 지름 ; 3/32-inch)
- Water baths (37 ℃ 그리고 56 ℃)

Additional Information

Bacteriophage T4 ligase	MC3, p.A4.31
ligation 반응에서 농축되어진 시료의 사용	MC3, p.1.152

Adapted from Chapter 5, Protocol 16, p. 5.71 of MC3.

METHOD

1. 10 ml LMT 버퍼에 0.1 g 의 low-melting-temperature agarose를 boiling-water bath 또는 전자레인지에 넣어서 열을 가해 녹인다. solution을 37 ℃까지 식힌다.
2. TE (pH 7.6) 172.5 μl에 정제된 bacteriophage λ DNA 10 μg을 녹인다. 5 분 동안 56 ℃에서 열을 가한다.
3. 그 solution을 37 ℃까지 식히고 재빠르게 다음의 순서대로 다음의 reagent들을 첨가한다.

8 % PEG 8000	62.5 μl
20 mM $MgCl_2$	5.0 μl
0.1 M ATP	5.0 μl
1 M dithiothreitol	5.0 μl
bacteriophage T4 DNA ligase	0.5 Weiss unit
1 % LMT agarose solution (Step 1)	250 μl

Polyethylene glycol은 crowding agent로써 작용을 하기 때문에 ligation의 효율을 증가시킨다.

4. 그 mixture를 짧은 길이의 Tygon tubing에 부어 주고 agarose가 완벽히 굳을 때까지 얼음에서 그 tube를 차갑게 한다.
5. Agarose plug를 sterile(PEG가 있는 1× ligation buffer, 적어도 3 volume이 포함되어진 일회용 플라스틱 튜브)로 불어 준다.
6. 실온에서 24 시간동안 ligation buffer에서 plug를 incubation을 하고 그런 다음 그것을 20 mM EDTA (pH 8.0) 10 volume이 포함되어진 튜브로 옮겨준다.
7. 한 시간 동안 EDTA에 plug를 incubation한 다음, 그 plug를 깨끗한 20 mM EDTA (pH 8.0) 10 volume이 포함된 튜브로 옮긴다. 그리고 Protocol 5.17과 5.18에서 전기영동을 위해 필요할 때까지 4 ℃에서 보관한다.

프로토콜 5.17

Transverse Alternating Field 전기영동을 통한 펄스 필드 전기영동

Pulsed-field Gel Electrophoresis via Transverse Alternating Field Electrophoresis (TAFE)

Pulsed-field 전기영동의 이 형식에서, 전극은 gel 방향의 수직적으로 반대편에 위치하고 있다. DNA는 처음에는 한 전극을 향해 이동하고 그런 다음 다른 방향으로 이동해서 zigzag pattern을 형성한다. 이 진동의 vector는 loading well로부터 gel의 base까지 일직선이다. 2-6000 kb 이상의 DNA 범위에 따라 분리를 위해 전압과 Pulse time을 조절한다. 이 Protocol은 따라오는 blotting과 hybridization에 의해, TAFE에 의한 genomic DNA의 resolution을 기술한다.

MATERIALS

CAUTION: ⟨!⟩표시된 물질의 적절한 사용법은 Appendix 4를 참조하세요.

Reagents and Solutions

농축액, 완충액, 시료의 조성은 Appendix 1을 참조하라. 농축액은 적당한 농도로 희석하여 사용하라.

Denaturation solution

0.5 N NaOH ⟨!⟩

1.5 M NaCl

Ethidium bromide (10 mg/ml) ⟨!⟩

또는

SYBR Gold solution (DMSO에 녹여져서 10,000x 농도로 상업적으로 제공 되어 진다.)

TAFE gel electrophoresis buffer

20 mM Tris-acetate (pH 8.2)

0.5 M EDTA

이 버퍼는 gel 기구를 채우기 전에 14 ℃까지 차갑게 해야만 한다.

TE (pH 8.0)

Nucleic Acids/Oligonucleotides

DNA size standards

Protocol 5.14와 5.16에서 보이듯이, standards는 New England Bio-Rad 사 등에서 구입할 수 있다.

Genomic DNA of interest

Gels/Loading Buffers

Agarose

PFGE grade; e.g., SeaKem LE (BioWhittaker) 그리고 LMP (Invitrogen).

Additional Reagents

다양한 시간과 전류량의 전기적 Pulse를 사용 할 수 있는 power supply. 표 5-3 참조.

이 Protocol의 step 2에서는 Protocol 5.13 또는 5.14, 5.15 그리고 5.16에 표기된 reagents를 필요로 한다.

이 Protocol의 step 11에서는 Protocol 6.10에 표기된 reagents를 필요로 한다.

이 Protocol의 step 9와 10에서는 Protocol 6.8에 표기된 reagents를 필요로 한다.

TAFE gel 기구는 순환하는 water bath (14 ℃)에 붙인다.

Adapted from Chapter 5, Protocol 17, p. 5.74 of MC3.

Additional Information

대안 Protocol로 Southern hybridization과 autoradiography (Silver Staining PFGE gels)	MC3, p. 5.77
Staining agarose gels	MC3, pp. 5.14–5.15
Staining nucleic acids	MC3, pp. A9.3–A9.8
TAFE gels	MC3, pp. 5.55–5.59 그리고 5.74–5.75
TAFE gels의 문제점	MC3, p. 5.78

METHOD

1. Ethidium bromide가 없는 1× TAFE gel buffer에 1 % agarose gel을 넣는다. gel 기구를 채우기 위해 사용되어 지는 같은 버퍼 solution과 함께 gel을 붓는다.
2. 원하는 DNA가 포함된 agarose plug를 준비 한다 (mammalian DNA의 준비를 위해서는 Protocol 5.13을 참조. 또는 plug에 끼어 있는 yeast DNA의 준비를 위해서는 Protocol 5.14 참조). 그리고 Protocol 5.15에 기술되어져 있듯이 제한 효소를 이용해서 digestion을 수행한다.
3. 두 번의 버퍼 change를 하며 30분 동안 TE (pH 8.0) 10 volume에서 plug를 씻어 준다.
4. Gel 각각의 well에 digested되고 씻긴 DNA plug를 넣는다. 1× TAFE gel buffer에 있는 녹은 1 % agarose의 well에 있는 plug를 sealing한다.
5. 이전에 14 ℃로 차갑게 한 1× TAFE gel buffer를 TAFE 기계에 채우고, 이곳에 gel을 둔다.
6. 30분 동안 170–180 mA의 일정한 전류에서 4 초 Pulse를 주도록 setting되어진 적절한 power supply에 gel 기구를 연결한다. 이 setting은 DNA가 gel로 빠르게 들어가게끔 한다. 그 후에, 150 mA가 흐르도록 전류를 낮춰준다. DNA의 size 범위가 분리되기 위해 적절한 setting이 필요하며 Pulse time도 변화시킨다 (표 5–3 참조). 그리고 계속해서 12–18시간 동안 전기영동 한다.

   Tris–acetate/EDTA buffer에서, 15초의 Pulse time은 50–400–kb 크기의 범위에서 DNA 조각을 분리할 것이다. 이 같은 범위는 DNA 조각은 12시간 동안 350 mA에서 15 초 Pulse에 의해서, 또는 12시간 동안 8 초 Pulse 프로그램을 사용하는 Tris–borate/EDTA 버퍼 (0.045 M Tris–borate [pH 8.2], 0.01 M EDTA)에서도 분리되어 질 수 있다.

표 5-3 다양한 길이의 DNA를 분리하기위한 TAFE Gel의 조건

길이 범위 (KB)	PULSE 시간 (초)	시간 (시간)
5–50	1	10
20–100	3	10
50–250	10	14
100–400	20	14
200–1000	45	18
200–1600	70	20
큰 DNA들	본문 참조	본문 참조

7. Power supply를 분리하고, gel 기계 역시 분리하고, gel을 0.5 μg/ml ethidium bromide가 포함되어 있거나 SYBR Gold가 적절하게 희석되어진 1× TAFE 버퍼에서 염색시킨다. UV 빛을 통해 gel을 확인하고 사진찍기.

   PAGE에 의해 분리된 DNA의 발견을 위해 사용되어지는 표준 기법은 ethidium bromide 또는 SYBR Gold를 통한 염색이다(Protocol 5.2 참조). 작은 양의 DNA의 발견까지 용이하게 하기 위해서 ethidium bromide로 염색하고, 그 gel은 사진 찍기 전에 한 시간까지 물에서 탈색시킨다. 이 염색약을 이용하여 염색된 DNA의 사진 detection을 최대로 하기 위해 사용되어지는 좀 더 자세한 방법은 Protocol 5.2를 살펴본다.

8. 염색된 gel은 물로 두 번 씻어 준다. 두 번째 씻은 물은 버리고, denaturation solution으로 바꿔준다. 30 분 동안 천천히 흔들어 주면서 incubation한다. denaturation solution을 바꿔주고, 추가로 30 분 더 incubation한다.

   보통은, Protocol 6.8 그리고 6.9에 기술된 것과 같이, Southern blotting의 표준 방법은 TAFE gel에서 hybridizing gene sequences를 찾기 위해 이용되어진다. 몇몇 실험자들은 PAGE에 의해 분리된 매우 큰 DNA 조각들은 전형적으로, acid (산) 처리에 의해서 DNA가 일부 가수분해 된 이후에 좀 더 효율적으로 nylon membrane에 이동할 수 있다는 것을 알았다. 이 처리로 인해 부분적인 depurination이 일어나 길었던 DNA 조각이 nicking되면서 capillary 이동이 가능했다. Acid hydrolysis (산 가수분해) 단계를 포함하기 위해서, 전기영동이 끝난 후에, 8번 step에서 물로 gel을 두 번 씻어 주고, 두 번째 씻은 물은 버리고, 25 mM HCl로 바꿔 준다. 3-5분 동안 천천히 교반하며 gel을 적셔 준다. gel을 물로 씻고 계속해서 8 step의 denaturation을 한다.

   Protocol에서 acid (산) 처리가 사용되어질 때, DNA가 nylon membrane으로 이동되어진 후에 agarose gel을 염색하는 것이 중요하다. 근소하게 남은 DNA는 보여 질 수 있다. 만약에 남은 DNA가 발견되지 않는다면, acid (산) 처리가 너무 harsh했을 것이다 (예를 들면, 처리가 너무 길었거나 또는 너무 강했을 것). 너무 많은 depurination과 nicking은 DNA 이동을 증가시키지만, 그 다음의 hybridization 시그날의 강도를 감소시키는 경향이 있다.

9. Denaturation solution에서 capillary blotting에 의해 DNA를 nylon membrane으로 직접 이동시킨다. (좀 더 자세하게 알기 위해서는, Protocol 6.8을 참조)

   몇몇 실험자는 큰 DNA 조각의 이동은 표준 10× SSC solution에서 보다 capillary blotting에 6× SCC 버퍼가 이용되어 졌을 때 좀 더 효율이 있다는 것을 알았다.

10. Transfer 후, UV-cross-linking에 의해, 또는 전자파장에 의해서, 80 ℃에서 2 시간동안, baking함에 따라 DNA를 nylon membrane에 고정시킬 수 있다 (표 6-2, p. 261 참조)

11. Formamide를 포함하는 버퍼에서 labeled probe를 이용해서 prehybridization과 hybridization을 수행 한다 (좀 더 자세히 알기 위해서, Protocol 6.10을 참조)

   대체로, ^{32}P-radiolabeled single-stranded bacteriophage M13 probe는, mammalian genome 복합체에서 single-copy gene을 찾기 위해서, hybridization 버퍼에 5×10^6에서 6×10^6 cpm/ml의 농도로 이용되어진다. 이 방법에서 12-16 시간동안 hybridized된 membrane은 실온에서 15 분 동안 1 % (w/v) SDS가 포함된 2× SSC 500 ml로 씻어 준다. 스폰지로 천천히 문질러 주고, 68 ℃에서 2 시간 동안 1 % (w/v) SDS가 포함된 0.5 × SSC 1 liter로 씻어 준다. 그리고 autoradiography를 수행한다.

프로토콜 5.18

조여 주는 윤각의 균등한 전기적 필드 (CHEF)를 통한 펄스 필드 젤 전기영동
Pulsed-field Gel Electrophoresis via Contour-clamped Homogeneous Electric Fields (CHEF)

CHEF gel에서, 그 전기적 영역은 수평의 gel 근처 육각 모양의 네 면에 위치하는 많은 전극으로부터 만들어진다. 그리고 potential을 미리 결정하기 위해 조여진다. 낮은 영역 세기, agarose의 낮은 농도, 긴 스위치의 간격, 그리고 전기영동의 길어진 시간의 조합을 이용함에 따라 5000 kb까지의 DNA는 분리될 수 있다. 이 Protocol은 CHEF에 의해, 따르는 blotting 그리고 hybridization에 의해 genomic DNA의 분리를 서술한다.

MATERIALS

CAUTION: 〈!〉표시된 물질의 적절한 사용법은 Appendix 4를 참조하세요.

Reagents and Solutions

농축액, 완충액, 시료의 조성은 Appendix 1을 참조하라. 농축액은 적당한 농도로 희석하여 사용하라.

- Denaturation solution
  - 0.5 N NaOH〈!〉
  - 1.5 M NaCl
- 0.5× TBE gel 전기영동 버퍼
- Ethidium bromide (10 mg/ml)〈!〉
- 또는
- SYBR Gold solution (DMSO에 녹여져서 10,000× 농도로 상업적으로 제공되어 진다.)

Nucleic Acids/Oligonucleotides

- DNA size standards
  - Protocol 5.14와 5.16에서 보이듯이, standards는 New England BioLabs, Bio-Rad 그 외에서 구입할 수 있다.
- Genomic DNA of interest

Gels/Loading Buffers

- Agarose
  - PFGE grade, e.g., SeaKem GTG 또는 Seakem Gold (BioWhittaker), 그리고 Agarose-LE (Beckman), 다른 것들 중.

Additional Items

- 다양한 시간과 전류량의 전기적 Pulse를 사용 할 수 있는 power supply. (표 5-11 참조)
- 이 Protocol의 step 3에서는 Protocol 5.13 또는 5.14, 5.15 그리고 5.16에 표기된 reagents를 필요로 한다.
- 이 Protocol의 step 12에서는 Protocol 6.10에 표기된 reagents를 필요로 한다.
- 이 Protocol의 step10과 11에서는 Protocol 6.8에 표기된 reagents를 필요로 한다.
- TAFE gel 기구는 순환하는 water bath (14 ℃)에 붙인다.

Additional Information

대안 Protocol로 Southern hybridization과 autoradiography (Silver Staining PFGE gels)	MC3, p. 5.77
CHEF gels	MCE, pp. 5.55–5.59 그리고 5.79
Staining agarose gels	MC3, pp. 5.14–5.15
Staining nucleic acids	MC3, pp. A9.3–A9.8

Adapted from Chapter 5, Protocol 18, p. 5.79 of MC3.

METHOD

1. Protocol 5.1에 서술되어 있듯이, 0.5× TBE 버퍼에 사용하는 농도 (대체적으로는 0.6 %)의 agarose gel을 넣는다. 실험실 벤치에 casting tray를 완벽히 평평히 둠에 따라서, bubble 생기는 정도를 줄일 수 있다. 실온에서 한 시간 동안 gel이 굳도록 둔다.
2. CHEF 기계에 agarose gel을 올린다. gel을 덮도록 14 ℃에서 차갑게 보관한 0.5× TBE를 충분히 넣어준다.
3. 원하는 DNA가 포함된 agarose plug를 준비 한다 (mammalian DNA의 준비를 위해서는 Protocol 5.13을 참조. 또는 plug에 끼어 있는 yeast DNA의 준비를 위해서는 Protocol 5.14 참조). 그리고 Protocol 5.15에 기술되어져 있듯이 제한 효소를 이용해서 digestion을 수행한다. Protocol 5.14 또는 5.16에 서술되어 있듯이 사용되는 DNA 크기 standards를 준비한다.
4. 각 microfuge 튜브에 plug를 천천히 넣고, 각각에 0.5× TBE 200 μl를 첨가한다. 그 plug를 실온에서 15 분 동안 incubation한다.
5. Gel 각각의 well에 digested되고 씻긴 DNA를 넣는다. Gel을 붓기 위해 이용되는 녹은 agarose의 같은 solution과 함께 well에 있는 plug를 sealing한다.
6. 대략 5 분 동안 gel에서 sealing된 plug를 단단하게 한 다음, agarose gel을 충분히 덮을 정도로 기계에 0.5× TBE 버퍼 (이전에 14 ℃에서 시원하게 준비)를 추가적으로 넣어준다.
7. 버퍼 순환을 시작하고 표 5-4에 서술되어 있듯이 power supply를 세팅해서 전기영동을 시작한다.

표 5-4 CHEF Gel에서 다양한 길이의 DNA를 분리하기 위한 조건

% AGAROSE	크기 범위 (KB)	스위치 시간	V/CM	시간 (시간)
1 % 빠른 Lane	6–500	ramped, 3–80 초	6	18
	10–800	ramped, 6–80 초	6	20
	100–1000	60 초,	6	15
		그리고 90 초	6	9
0.8 % 빠른	150–2000	Laneramped, 30–180 초	5	24

모든 gel은 0.5× TBE에서 수행한다. 800–2000-kb 범위에서 높은 해상도가 필요하다면, 표에 나온 것 보다 낮은 전압, 긴 시간동안 겔을 진행시킨다. 겔을 SeaKem GTG 아가로우즈로 만든다면, 약 10% 정도 전기이동 시간을 늘인다.

8. 전기영동 후, 1 μg/ml ethidium bromide solution이나 SYBR Gold가 적당히 희석된 solution에 gel을 넣어 실온에서 30 분 동안 염색시킨다. 30 분 동안 물에 gel을 넣어 destain시킨 다음 UV를 이용해서 gel 사진을 찍는다.
9. 사진을 찍은 후, 30 분 동안 천천히 흔들리는 250 ml denaturation solution에 gel을 incubation한다. denaturation solution을 바꾸고 추가적으로 30 분 동안 incubation한다.
10. Denaturation solution에서 capillary blotting에 의해 DNA를 nylon membrane으로 직접 이동시킨다. (좀 더 자세하게 알기 위해서는, Protocol 6.8을 참조)

    큰 DNA 조각의 이동은 표준 10× SSC solution에서 보다 capillary blotting에 6× SCC 버퍼가 이용되어 졌을 때 좀 더 효율이 있다.

    보통은, Protocol 6.8 그리고 6.9에 기술된 것과 같이, Southern blotting의 표준 방법은 TAFE gel에서

hybridizing gene sequences를 찾기 위해 이용되어진다. 몇몇 실험자들은 PAGE에 의해 분리된 매우 큰 DNA 조각들은 전형적으로, acid (산) 처리에 의해서 DNA가 일부 가수분해 된 이후에 좀 더 효율적으로 nylon membrane에 이동할 수 있다는 것을 알았다. 이 처리로 인해 부분적인 depurination이 일어나 길었던 DNA 조각이 nicking되면서 capillary 이동이 가능했다. Acid hydrolysis (산 가수분해) 단계를 포함하기 위해서, 전기영동이 끝난 후에, 8번 step에서 물로 gel을 두 번 씻어 주고, 두 번째 씻은 물은 버리고, 25 mM HCl로 바꿔 준다. 3–5분 동안 천천히 교반하며 gel을 적셔 준다. gel을 물로 씻고 계속해서 8 step의 denaturation을 한다.

Protocol에서 acid (산) 처리가 사용되어질 때, DNA가 nylon membrane으로 이동되어진 후에 agarose gel을 염색하는 것이 중요하다. 근소하게 남은 DNA는 보여 질 수 있다. 만약에 남은 DNA가 발견되지 않는다면, acid (산) 처리가 너무 harsh했을 것이다 (예를 들면, 처리가 너무 길었거나 또는 너무 강했을 것). 너무 많은 depurination과 nicking은 DNA 이동을 증가시키지만, 그 다음의 hybridization 시그날의 강도를 감소시키는 경향이 있다.

11. Transfer 후, UV–cross–linking에 의해, 또는 전자파장에 의해서, 80 ℃에서 2 시간동안, baking함에 따라 DNA를 nylon membrane에 고정시킬 수 있다 (표 6–2, p. 261 참조)

12. Formamide를 포함하는 버퍼에서 labeled probe를 이용해서 prehybridization과 hybridization을 수행 한다 (좀 더 자세히 알기 위해서, Protocol 6.10을 참조)

    대체로, ^{32}P–radiolabeled single–stranded bacteriophage M13 probe는, mammalian genome 복합체에서 single–copy gene을 찾기 위해서, hybridization 버퍼에 5×10^6에서 6×10^6 cpm/ml의 농도로 이용되어진다. 이 방법에서 12–16 시간동안 hybridized된 membrane은 실온에서 15 분 동안 1 % (w/v) SDS가 포함된 2× SSC 500 ml로 씻어 준다. 스폰지로 천천히 문질러 주고, 68 ℃에서 2 시간 동안 1 % (w/v) SDS가 포함된 0.5 × SSC 1 liter로 씻어 준다. 그리고 autoradiography를 수행한다.

프로토콜 5.19

펄스 필드 젤로부터 DNA 조각을 회복시키기

Direct Retrieval of DNA Fragments from Pulsed-field Gels

Pulsed-field gel 전기영동에 의해 분리된 DNA의 조각이 포함된 gel slice는 agarose와 함께 처리되어진다. 분리된 DNA는 추가적인 정제과정 없이 ligation이나 restriction을 위한 기질로 이용될 수 있다.

MATERIALS

CAUTION: 〈!〉표시된 물질의 적절한 사용법은 Appendix 4를 참조하세요.

Reagents and Solutions

농축액, 완충액, 시료의 조성은 Appendix 1을 참조하라. 농축액은 적당한 농도로 희석하여 사용하라.

Denaturation solution

- 0.5 N NaOH〈!〉
- 1.5 M NaCl

Ethidium bromide (10 mg/ml)〈!〉

또는

SYBR Gold solution (DMSO에 녹여져서 10,000× 농도로 상업적으로 제공되어 진다.)

Isopropanol (옵션의; step 9 참조)

Phenol: chloroform (1:1, v/v)

Sodium acetate (0.3 M, pH 5.2)(옵션의; step 9 참조)

Enzymes and Buffers

Agarose, e.g., GELase (Epicentre Technologies) 또는 β-agarose I (New England BioLabs)

Agarase buffer

100 mM NaCl, 70 μM spermidine이 보충되어져 있으면서, 제조되어서 공급되는 buffer를 이용한다.

Nucleic Acids/Oligonucleotides

DNA size standards

Protocol 5.14와 5.16에서 보이듯이, standards는 New England BioLabs, Bio-Rad 그 외에서 구입할 수 있다.

Low-melting-temperature agarose plugs에 끼어진 genomic DNA (Protocol 5.13 또는 5.14)

Gels/Loading Buffers

Agarose, PFGE grade, e.g., SeaKem GTG 또는 Seakem Gold (BioWhittaker), 그리고 Agarose-LE (Beckman), 다른 것들 중.

Additional Reagents

Scalpel blades

이 Protocol의 step 1과 2는 Protocol 5.17 또는 5.18에서 적힌 reagents를 요구한다.

Water baths (65-68 ℃ 그리고 agarose digestion을 위해 제조업자가 추천하는 온도)

Additional Information

nucleic acids 염색 MC3, pp. A9.3-A9.8

Adapted from Chapter 5, Protocol 19, p. 5.83 of MC3.

METHOD

1. DNA 조각의 적절한 분리 또는 원하는 크기의 fraction을 제공할 예비의 low-melting-point agarose PFGE (Protocols 5.17 또는 5.18)를 준비한다.
2. DNA size standards와 예비의 홈의 side에 위치한 lane에 digested 된 genomic DNA의 single plug를 loading한다. 예비의 샘플을 예비의 홈에 loading한다. Protocol 5.17 (TAFE gel을 위해서) 또는 Protocol 5.18 (CHEF gel)에 서술되었듯이, 전기영동을 수행한다.
3. 전기영동 후, gel로부터 size standards와 single genomic DNA plug를 포함한 lanes을 자른다. 그리고 실온에서 30 분 동안 ethidium bromide 또는 SYBR Gold에서 염색한다. 만약에 필요하다면, 30 분 동안 물에서 gel slices를 destain한다. 예비의 lane은 염색하지 않는다.
4. UV illumination에 의해서 염색된 작은 조각을 확인하고, 원하는 DNA의 위치를 보이게 하는 marker의 위치를 표시하기 위해서 작은 조각에 흠을 만든다.
5. 염색된 size standards와 single plug를 포함하는 lane과 함께 gel을 다시 모은다. 그리고 원하는 DNA를 포함하는 염색하지 않은 예비의 lane 위치 근처에 둔다. Scalpel을 이용해서 이 부분을 조심스럽게 잘라내고 gel slice를 snap-cap polypropylene 튜브에 옮긴다.
6. Agarose 버퍼로 gel 조각을 덮고, 가끔의 교반과 함께 실온에서 한 시간 동안 incubation한다. 그 버퍼는 버리고 이 과정을 두 번 더 반복한다.
7. 버퍼를 완벽히 바꾼 후에, 65–68 ℃에서, 분별된 DNA를 포함하는 agarose slice를 녹인다. 녹이는 과정에서, 완벽히 녹이기 위해서 tube를 돌려준다.
8. 녹은 gel에 agarose의 사용량을 첨가하고, 제조업자가 추천하는 온도에서 gel을 digestion한다.

   Digestion은 대체적으로 37 ℃와 45 ℃ 사이의 온도에서 그리고 시간은 한 시간에서 overnight까지 광범위한 범위에서 일어난다.
9. Digestion 후에, heating(제조업자의 설명에 따라)에 따라 agarase를 inactivation시키거나, phenol:chloroform으로 추출함으로 인해 효소를 제거한다.

   Heat inactivation은 유기 용매로 추출하는 동안 가능한 DNA가 잘리는 것을 막기 위해서 더 잘 사용되어 진다. 추출된 DNA의 ligation이나 제한 효소 digestion은 agarase에 의해 생성되는 agarose monomer의 존재에 의해서 일어 날 수 있다. 다른 방도로, 그 DNA는 0.3 M sodium acetate (pH 5.2)와 2 volume의 isopropanol의 존재에서 침전될 수 있다.

프로토콜 5.20

펄스 필드 젤에 이은 DNA 농축으로부터의 DNA 조각의 회수
Retrieval of DNA Fragments from Pulsed-field Gels following DNA Concentration

Low-melting-agarose의 slice를 포함하는 DNA는 첫 번째로 높은 농도의 agarose gel로의 전기영동에 의해서 농축되어 진다. 그런 다음 agarase의 처리에 의해서 분리되어 진다. 그 결과 DNA 준비는 microdialysis에 의해 정제되어 진다.

MATERIALS

CAUTION: 〈!〉표시된 물질의 적절한 사용법은 Appendix 4를 참조하세요.

Reagents and Solutions

농축액, 완충액, 시료의 조성은 Appendix 1을 참조하라. 농축액은 적당한 농도로 희석하여 사용하라.

Ethidium bromide (10 mg/ml)〈!〉

또는

SYBR Gold solution (DMSO에 녹여져서 10,000× 농도로 상업적으로 제공 되어진다.)

Equilibration buffer

- 1× TBE
- 100 mM NaCl
- 30 mM spermine
- 70 μM spermidine

Injection/transfection buffer

- 10 mM Tris-Cl (pH 7.5)
- 0.1 mM EDTA (pH 8.0)
- 100 mM NaCl
- 30 μM spermine
- 70 μM spermidine

Enzymes and Buffers

Agarose, e.g., GELase (Epicentre Technologies) 또는 β-agarose I (New England BioLabs)

Agarose digestion buffer

100 mM NaCl, 70 μM spermidine이 보충되어져 있으면서, 제조되어서 공급되는 buffer를 이용한다.

Nucleic Acids/Oligonucleotides

DNA size standards

프로토콜 5.14와 5.16에서 보이듯이, standards는 New England BioLabs, Bio-Rad 그 외에서 구입할 수 있다.

Low-melting-temperature agarose plugs에 끼어진 genomic DNA (Protocol 5.13 또는 5.14)

Gels/Loading Buffers

Minigel, 5 % NuSieve GTG agarose (Cambrex 그리고 다른 공급자)를 사용하여 taped된 gel mold 그리고 comb이 없는 cast에 붓는다.

Additional Items

drop dialysis를 위한 membranes (0.05-μm pore size), Milipore로부터입수할 수 있다.

Scalpel blades

이 Protocol의 step 1과 2는 Protocol 5.17 또는 5.18에서 적힌 reagents를 요구한다.

Water baths (65-68 ℃ 그리고 agarose digestion을 위해 제조업자가 추천하는 온도)

Adapted from Chapter 5, Protocol 20, p. 5.86 of MC3.

METHOD

1. DNA 조각의 적절한 분리 또는 원하는 크기의 fraction을 제공할 예비의 low-melting-point agarose PFGE (Protocols 5.17 또는 5.18)를 준비한다.
2. DNA size standards와 예비의 홈의 side에 위치한 lane에 digested 된 genomic DNA의 single plug를 loading한다. 예비의 샘플을 예비의 홈에 loading한다. Protocol 5.17 (TAFE gel) 또는 Protocol 5.18 (CHEF gel)에 서술되었듯이, 전기영동을 수행한다.
3. 전기영동 후, gel로부터 size standards와 single genomic DNA plug를 포함한 lanes을 자른다. 그리고 실온에서 30 분 동안 ethidium bromide 또는 SYBR Gold에서 염색한다. 만약에 필요하다면, 30 분 동안 물에서 gel slices를 destain한다. 예비의 lane은 염색하지 않는다.
4. UV illumination에 의해서 염색된 작은 조각을 확인하고, 원하는 DNA의 위치를 보이게 하는 marker의 위치를 표시하기 위해서 작은 조각에 홈을 만든다.
5. 표준의 illumination 아래에서, 염색된 size standards와 single plug를 포함하는 lane과 함께 gel을 다시 모은다. 그리고 원하는 DNA를 포함하는 염색하지 않은 예비의 lane 위치 근처에 둔다. Scalpel을 이용해서 이 부분을 조심스럽게 잘라내고 gel slice를 snap-cap polypropylene 튜브에 옮긴다.
6. 실온에서 20–30 분 동안 40 ml PFGE equilibration buffer에서 size-fractionated DNA를 포함하는 gel slice를 equilibration시킨다. 이 시간 동안은 천천히 mixture를 교반시킨다.
7. Buffer를 버리고 65–68 ℃에서 gel slice를 녹인다. 완벽히 녹이기 위해서 튜브를 주기적으로 돌려 준다. 녹은 gel slice의 volume을 기록한다.
8. 5 % NuSieve GTG minigel이 여전히 taped된 casting tray에 있는 동안에, DNA를 포함하는 녹은 gel slice의 volume을 조절하기 위해서 gel의 윗부분을 충분히 자른다.
9. 녹은 gel 조각을 casting tray에 넣고 gel이 단단하게 굳도록 둔다. Low-melting-temperature gel의 12 mins/mm 동안 60 V를 적용함에 의해서 5 % gel에서 size fractionated된 DNA를 농축시킨다.
10. 전기영동이 끝났을 때, slice가 gel의 가운데로부터 아주 얇게 section을 형성한다. 그리고 gel을 ethidium bromide로 염색한다. 얼마나 멀리 DNA가 gel로 이동하는지 결정한다 (대부분 ~2mm).

    전기영동하는 동안 smiling 현상이 일어 날 수 있기 때문에 gel의 가운데로부터 silver stain을 하는 것이 중요하다.
11. Gel의 low-melting 부분을 제거한다. 그리고 농축된 DNA를 포함하는 5 % gel의 가능한 한 가장 작은 부분을 다듬는다.
12. 100 mM NaCl, 30 μM spermine 그리고 70 μM spermidine을 포함하는 1× agarase digestion buffer 12 ml에 DNA를 포함하는 gel 조각을 equilibration시킨다. 그 gel 조각을 20 분 동안 실온에서 천천히 교반시키면서 incubation한다.
13. buffer를 빼낸 다음, 그 gel 조각을 microfuge 튜브로 옮긴다. 그리고 65–68 ℃에서 DNA 조각을 녹인다. 녹은 gel을 agarase 반응 준비를 위해서 적절한 온도로 세팅되어진 water bath로 옮긴다(제조업자가 추천하는 온도).
14. 녹인 gel 조각을 15 분 동안 incubation하고, 5 % gel의 개시 volume을 자르기 위해서 적당한 양의 agarase를 첨가한다.
15. Digestion 후에, debris를 pellet으로 만들기 위해서 원심분리기를 통해 초대 속도에서 5 분 동안 원심분리한다. 그리고 supernatant는 새로운 microfuge 튜브로 옮긴다.

16. 0.05-μm pore size인 membrane을 이용해서 supernatant의 drop dialysis를 set up한다.

a. membrane의 가운데에 supernatant를 dropping 한다. Injection/transfection buffer의 100 ml에서 반짝이는 면을 띄운다.

b. 실온에서 한 시간 동안 투석한다. 이전의 buffer는 깨끗한 injection/transfection buffer로 갈아주고 한 시간을 추가적으로 투석한다.

c. DNA를 깨끗한 microfuge 튜브로 옮긴다.

Drop dialysis는 agarase를 제거하고 agarose로부터 분리된 carbohydrate를 digestion한다. Drop dialysis 이후에, DNA의 농축은 gel 전기영동에 의해서 예상되어 질 수 있다. DNA는 바로 inject되거나 culture되는 cell에 transfection하기 위해서 lipofection reagent와 함께 섞여 진다.

제 6 장

진핵 게놈 DNA의 정제와 분석

Preparation and analysis of eukaryotic genomic DNA

프로토콜 6.1	진핵세포에서 단백질분해효소 K와 페놀을 이용하여 고분자량 DNA를 분리하는 방법, 238
프로토콜 6.2	포름아마이드를 이용하여 포유동물세포에서 고분자량 DNA 정제하기, 244
프로토콜 6.3	스풀링에 의한 포유세포 DNA의 정제, 246
프로토콜 6.4	96-well microtiter plate에서 배양된 포유세포로부터 DNA 정제하기, 249
프로토콜 6.5	쥐꼬리를 비롯한 다른 작은 조직에서 게놈 DNA를 정제하는 방법, 251
프로토콜 6.6	쥐 조직 및 혈액에서 진핵 DNA의 빠른 분리, 254
프로토콜 6.7	효모 DNA의 빠른 분리, 256
프로토콜 6.8	Southern blotting: 모세관 원리로 DNA를 막으로 옮기는 방법, 258
프로토콜 6.9	Southern blotting: 하나의 한천 젤로부터 2 개의 막으로 DNA를 동시에 옮기는 방법, 263
프로토콜 6.10	방사성 동위원소로 표지 된 탐침체 (probe)와 막에 고정된 핵산의 southern 혼성법, 265

BACKGROUND INFORMATION

다른 언급이 없으면 기본이 되는 정보는 Molecular Cloning: A Laboratory Manual, 3판 (이제부터 MC3)에 있다.

Minimizing damage to large DNA molecules	MC3, p. 2.110
Phenol	MC3, pp. A1.23–A1.24
Southern blotting and hybridization	MC3, pp. 6.33–6.39
Spooling DNA	MC3, p. 6.61

프로토콜 6.1

진핵세포에서 단백질분해효소 K와 페놀을 이용하여 고분자량 DNA를 분리하는 방법

Isolation of high-molecular weight DNA from mammalian cells using proteinase K and phenol

이 실험방법은 southern blot (프로토콜 6.8-6.10) 또는 게놈라이브러리 제조시 필요한 많은 양의 진핵 DNA를 분리할 때 이용한다. 5 × 10^7개의 세포 (예를들면, HeLa cells)로부터 100-150 kb의 길이의 진핵 DNA를 약 200 μg 얻을 수 있고, 혈액 20 ml로 부터는 약 250 μg까지 정제 가능하다.

이 방법의 시작 단계는 이용한 세포의 형태에 따라 (단일층으로 자라는 세포, 부유상태로 자라는 세포, 바로 채혈된 혈액, 동결 혈액) 다르게 적용된다. 그렇기 때문에 이 프로토콜에서는 사용하는 시약 및 기구가 다른 4가지 버전의 1번 과정을 제시하고 있다.

MATERIALS

CAUTION: 〈!〉표시된 물질의 적절한 사용법은 Appendix 4를 참조하세요.

WARNING: 영장류의 조직이나 세포 배양 시에는 취급할 때 주의가 필요하다.

Reagents and Solutions

농축액, 완충액, 시료의 조성은 Appendix 1을 참조하라. 농축액은 적당한 농도로 희석하여 사용하라.

- Ammonium acetate (10 M) (9번 과정을 참고하시오)
- 투석용액 (9번 과정을 참고하시오)
  - 50 mM Tris-Cl (pH 8.0)
  - 10 mM EDTA (pH 8.0)
- Ethanol (9번 과정을 참고하시오)
- Phenol, equilibrated with 0.1 M Tris-Cl (pH 8.0) 〈!〉
- TE (pH 8.0)

Cells, Tissues/culture Media

단일층 또는 부유상태로 배양된 포유 세포, 조직, 또는 혈액

Enzymes and Buffers

Proteinase K (20 mg/ml)

Nucleic acids/Oligonucleotides

λ 박테리오파아지 DNA

또는

회사에서 구입한 DNA 마커 (50-200 kb)

Gel loading buffer IV

Gels/Loading Buffers

Pulse-field gel

또는

Conventional horizontal 0.6% agarose gel

Centrifuges/Rotors/Tubes

Sorvall SS-34와 H-1000B rotor (실온)

Adapted from Chapter 6, Protocol 1, p. 6.4 of MC3.

Additional Items

Dialysis tubing과 closures (9번 과정을 참고하시오)
Dog nail clippers
Tube mixer 또는 roller apparatus
Wide-bore pipettes (0.3-cm internal diameter orifice)

Additional Informations

Additional Protocol (Fluorometry에 의한 DNA 농도 측정법)	MC3, p. 6.12
Proteinase K	MC3, p. A4.50
형광염색에 의한 DNA의 정량법	MC3, pp. A8.19-A8.23
Spectrophotometry를 이용한 DNA 정량법	MC3, pp. A8.19-A8.21

METHOD

1A. 단일층으로 자라는 세포

시약 및 실험 기구

잘게 조각난 얼음
Erlenmayer 플라스크 (과정 f 참고)
용해용액
  10 mM Tris-Cl (pH8.0)
  0.1 M EDTA (pH8.0)
  0.5% (w/v) SDS
  20 mg/ml DNase-free RNase
Rubber policeman
Sorvall H-1000B rotor (4℃)
TE (pH 8.0)
차가운 Tris-buffered saline (TBS)

10-12 개의 세포배양접시를 모아 한 번에 이용하고, 나머지 세포는 이용하기 전까지 배양기 안에 보관한다.

a. 빈틈없이 자란 세포를 배양기에서 꺼내어 즉시 배지를 버리고 차갑게 냉각된 TBS로 2번 씻어낸다. 10 ml의 TBS를 세포에 넣고 접시를 흔들어 수 초간 둔 다음, 용액을 2 리터 비이커에 버리고 다시 10 ml의 TBS를 넣어 나머지 배양 접시가 모두 동일한 절차로 처리 될 때 까지 얼음 위에 올려둔다.

b. TBS를 2 리터 비이커에 버리고 나머지 용액을 모두 제거한다. 1 ml의 TBS를 넣고, 얼음 위에 둔다. 나머지 배양 접시들도 동일한 절차로 처리한다.

c. Rubber policeman으로 얼음 위에 두었던 배양 접시의 세포를 긁어 모은 후 파스퇴르 파이펫으로 원심분리 튜브로 옮긴다. 0.5 ml의 차가운 TBS로 접시를 헹구어 튜브에 모아 넣는다. 나머지 배양 접시도 모두 동일한 방법으로 처리한다.

d. 4℃에서 1500*g* (Sorvall H-1000B 이용 시에는 2700 rpm)의 속도로 10 분 동안 원심분리하여 세포를 모은다.

e. 5~10 배의 차가운 TBS로 세포를 현탁한 후 다시 원심분리한다.

f. TE (pH 8.0)를 이용하여 5 × 10^7개/ml의 농도가 되도록 세포를 현탁하고 Erlenmayer 플라스크로 옮긴다.

1 m의 세포용액 당 50-ml 짜리 플라스크를 이용한다; 2 ml의 경우 100-ml 짜리 플라스크를 이용한다.

g. 세포용액 ml 당 용해용액 10 ml을 첨가하고 37℃에서 1 시간동안 둔 다음, 즉시 2번 과정을 진행한다.

용해용액을 넣을 때 세포들이 Erlenmayer 플라스크의 내벽에 잘 퍼지도록 한다.

1B. 부유상태에서 배양되는 세포

시약 및 실험 기구

Erlenmayer 플라스크 (과정 c 참고)
용해용액
- 10 mM Tris-Cl (pH 8.0)
- 0.1 M EDTA (pH 8.0)
- 0.5% (w/v) SDS
- 20 mg/ml DNase-free RNase

Sorvall H-1000B rotor (4℃)
TE (pH 8.0)
차가운 Tris-buffered saline (TBS)

a. 원심분리 튜브에 세포를 옮기고 1500 *g*로 원심분리 한 다음 상층액을 제거한다.

b. 배양액 부피와 동일한 양의 차가운 TBS로 현탁한 후 원심분리하고, 다시 한 번 이 과정을 반복한다.

c. 상층액을 제거하고, TE (pH 8.0)를 이용하여 5 × 10^7개/ml의 농도가 되도록 세포를 현탁하여 Erlenmayer 플라스크로 옮긴다.

1 ml의 세포용액 당 50-ml 짜리 플라스크를 이용한다; 2 ml의 경우 100-ml 짜리 플라스크를 이용한다.

d. 세포용액 ml 당 용해용액 10 ml을 첨가하고 37℃에서 1 시간동안 둔 다음, 즉시 2번 과정을 진행한다.

용해용액을 넣을 때 세포들이 Erlenmayer 플라스크의 내벽에 잘 퍼지도록 한다.

1C. 조직 샘플

시약 및 실험 기구

액체질소
용해용액
- 10 mM Tris-Cl (pH8.0)
- 0.1 M EDTA (pH8.0)
- 0.5% (w/v) SDS
- 20 mg/ml DNase-free RNase

폴리프로필렌 튜브 (50-ml)
스테인리스 컨테이너가 장착된 믹서 (waring blender)
또는
액체질소로 차갑게 한 막자사발

a. 사용직전 잘라낸 조직 1 g을 액체질소가 들어있는 믹서 (waring blender)의 스테인리스 컨테이너에 넣고, 조직이 가루가 될 때 까지 최대속도로 부순다.

작은 크기의 조직인 경우에는 액체질소로 잠깐 얼린 후, 미리 액체질소로 차갑게 해 놓은 막자사발을 이용하여 가루로 만들 수 있다.

b. 액체 질소를 증발시키고, 10 배 (w/v)의 용해용액이 들어있는 비이커에 조직 가루를 조금씩 나누어 넣으면서 용액의 표면에 가루가 골고루 퍼지도록 한 후 비이커를 흔들어 가라앉도록 한다.

c. 모든 가루가 용액 내에 섞인 후 50-ml 짜리 원심분리 튜브로 옮기고, 37℃에서 1 시간동안 두었다가 2번 과정을 진행한다.

1D. 혈액 세포

혈액은 반드시 멸균 상태에서 훈련받은 채혈사 (phlebotomist)에 의해 채혈되어야 한다.

〈실험직전에 채혈된 혈액으로부터 세포를 모으기〉

시약 및 실험 기구

ACD 혈액튜브

채혈시에 일반적으로 이용되는 튜브로 구입가능하며, 항응고제로써 3.5 ml의 시트르산 포도당 (citrate dextrose) 용액이 들어있다. 항응고제로써 EDTA를 함유하고 있는 튜브도 구입가능한데, 정제과정에서 고분자량 DNA의 파괴가 발생할 우려가 있다.

용해용액

10 mM Tris-Cl (pH 8.0)
0.1 M EDTA (pH 8.0)
0.5% (w/v) SDS
20 mg/ml DNase-free RNase

Sorvall H-1000B rotor (4℃)

a. ACD (acid citrate dextrose solution B) 또는 EDTA 3.5 ml이 들어있는 튜브에 약 20 ml의 혈액을 모은다.

혈액은 0℃에서 수일간, 또는 -70℃에서 무기한 보관 할 수 있다. 혈액을 모을 때 PCR 반응을 저해할 수 있는 헤파린은 사용하지 않는다.

b. 혈액을 원심분리 튜브로 옮기고 4℃에서 1300 g (Sorvall H-1000B 이용 시에는 2500 rpm)의 속도로 15 분간 원심분리한다.

c. 상층액을 버리고 파스퇴르 파이펫을 이용하여 황갈색 층을 새로운 튜브로 조심스럽게 옮긴 후 다시 원심분리한다. 적혈구 침전을 제거한다.

황갈색 층은 다양한 밀도를 가지는 백혈구세포들의 층을 말한다.

d. 남아있는 용액을 모두 제거하고 15 ml의 용해용액으로 황갈색 층을 현탁하여 37℃에서 1 시간동안 둔 후 2번 과정을 진행한다.

〈동결 혈액으로부터 세포를 모으기〉

시약 및 실험 기구

ACD 혈액튜브

채혈시에 일반적으로 이용되는 튜브로 구입가능하며, 항응고제로써 3.5 ml의 시트르산 포도당 (citrate dextrose) 용액이 들어있다. 항응고제로써 EDTA를 함유하고 있는 튜브도 구입가능한데, 정제과정에서 고분자량 DNA의 파괴가 발생할 우려가 있다.

용해용액
10 mM Tris-Cl (pH 8.0)
0.1 M EDTA (pH 8.0)
0.5% (w/v) SDS
20 mg/ml DNase-free RNase
Sorvall SS-34 rotor (실온)
수조 (37℃)

a. ACD (acid citrate dextrose solution B) 또는 EDTA 3.5 ml이 들어있는 튜브에 약 20 ml의 혈액을 모은다.
   혈액은 0℃에서 수일간, 또는 -70℃에서 무기한 보관 할 수 있다.

b. 실온의 수조에서 혈액을 녹이고, 원심분리 튜브에 옮긴다. 동량의 PBS (phosphate-buffered saline)를 넣는다.

c. 실온에서 3500 g (Sorvall SS-34 이용 시에는 5400 rpm)의 속도로 15 분간 원심분리한다.

d. 용해된 적혈구가 들어있는 상층액을 제거하고 용해 용액 15 ml을 넣어 침전을 현탁한다. 37℃에서 1 시간 둔 후 2번 과정을 진행한다.

2. 용해물을 Sorvall SS-34 또는 유사한 원심분리기에 맞는 1개 이상의 원심분리 튜브에 나누어 넣는다. 이때 튜브는 1/3 이상 채워서는 안 된다.

3. 20 mg/ml의 단백질분해효소 K (proteinase K)를 100 μg/ml의 농도가 되도록 첨가하고 점도가 높은 세포 용해물과 잘 섞이도록 유리막대로 잘 저어준다.

4. 가끔씩 흔들어주면서 50℃의 수조에서 3시간 반응한다.

5. 실온으로 식힌 후 0.1 M Tris-Cl (pH 8.0)으로 평형을 맞춘 페놀을 동량 넣는다. 튜브믹서나 롤러 등을 이용하여 튜브를 천천히 돌려가면서 두층이 섞일 때 까지 10분간 둔다. 이 단계에서 두 층은 완전히 섞이지 않는다면, 1 시간 동안 롤러에서 돌리며 계속 둔다.

6. 실온에서 5000 g (Sorvall SS-34 이용 시에는 6500 rpm)의 속도로 15 분간 원심분리하여 두층을 분리한다.

7. 점도 높은 수용액층을 새로운 튜브로 옮기기 위해 끝이 넓은 파이펫 팁 (0.3-cm)을 이용한다.
   위층의 수용액을 옮길때 기계적인 마찰력을 최소화 하고, 중간층의 물질이 섞이지 않도록 매우 천천히 파이펫팅 한다.

8. 페놀을 이용하여 두 번 더 추출하고 수용액층을 모은다.

9. 다음에 제시하는 두 방법 중 한 가지를 선택하여 DNA를 정제 한다.

〈150-200 kb의 크기를 가진 DNA의 정제〉

a. 수용액층을 투석백으로 옮기고, 클립으로 끝을 막는다. 투석동안 샘플의 부피는 1.5-2배 증가하므로 이를 고려하여 투석백의 공간을 여유있게 준비한다.

b. 4℃의 투석용액 4 리터에서 투석을 실시한다. 6시간 간격으로 3 번정도 용액을 바꾸어 준다.
   DNA 용액에 끈적이므로, 투석은 일반적으로 24 시간 이상 진행해야한다.

〈100-150 kb의 크기를 가진 DNA의 정제〉

a. 페놀 추출을 3번 실시한 후 수용액층을 새로운 튜브로 옮기고, 10 M 암모니움아세테이트 (ammonium acetate)를 0.2배 넣는다. 실온에서 2배의 에탄올을 넣고 잘 섞는다.

b. DNA는 바로 침전을 만들게 된다. 세퍼드 고리 (sheperd's crook, 한쪽 끝이 막힌 파스퇴르 파이펫을 U자형으로 구부린 것; 프로토콜 6.3의 5-7번 과정을 참고하시오)로 DNA의 덩어리를 건져낸다. 이때 올리고뉴클레오타이드는 에탄올 층에 남아 있게 된다.

c. DNA 침전물이 조각난 경우에는 세퍼드 고리를 사용하지 말고, 실온에서 5000 *g* (Sorvall SS-34 이용 시에는 6500 rpm)의 속도로 5 분간 원심분리하여 침전물을 모은다.

d. DNA 침전물을 70% 에탄올을 이용하여 두 번 씻은 후 과정 c에서 언급한대로 원심분리한다.

e. 70% 에탄올을 가능한한 모두 제거하고 나머지 에탄올이 모두 증발할 때까지 실온에 놓아둔다.

   완전히 건조된 DNA는 녹이기가 매우 어렵기 때문에 침전물을 완전히 말려서는 안된다.

f. 0.1 ml의 세포용액 (1번 과정) 당 1 ml의 TE (pH 8.0)를 넣고 4℃에서 12-24 시간동안 rocking platform에서 흔들어준다. DNA가 완전히 녹으면 4℃에서 보관한다.

10. 260 nm 흡광도 또는 fluorometry를 이용하여 DNA의 농도를 측정한다.

    고분자량 DNA는 매우 점도가 높아 소량을 취하여 측정한 농도를 전체의 농도로 비례하여 적용하는 데에는 무리가 있어 $O.D_{260}$ 흡광도와 같은 일반적인 방법으로는 정확한 측정이 어렵다. 이런 경우, 끝이 넓은 파이펫 팁과 자동 파이펫을 사용하여 좀 더 많은 양 (10-20 μl)을 취하여 측정한다. DNA 샘플은 0.5 ml TE (pH 8.0)으로 희석하고 1-2 분간 격렬하게 교반 한 다음 흡광도를 측정한다.

11. Pulse-field gel 전기영동 (프로토콜 5.17 또는 5.18)이나 0.6% 한천 젤 전기영동 (프로토콜 5.1)에 의해 정제한 고분자량 DNA의 질을 확인한다. 마커로써 λ DNA의 단위 길이 또는 선형 콘카타머 (concatamers)를 이용한다. λ DNA의 선형 콘카타머를 제조하는 방법은 프로토콜 5.16을 참고하시오.

    250 kb 이상의 DNA 분자는 젤 안으로 통과하기 어렵기 때문에 전기영동 동안 홈에 남아 있을 수 있다. 이런 경우, 적은 양의 녹인 한천 (55℃)에 DNA를 넣고 만들어 놓았던 젤의 홈에 녹인 젤 용액을 옮겨 전기영동 함으로써 문제를 해결 할 수 있다.

프로토콜 6.2

포름아마이드를 이용하여 포유동물세포에서 고분자량 DNA 정제하기
Isolation of high-molecular weight DNA from mammalian cells using formamide

이 방법은 고효율 벡터 기반의 게놈라이브러리를 제조하거나 Pulse-field gel 전기영동 분석에 이용할 수 있는 큰 크기의 DNA (200 kb 정도)를 정제하기 위한 것이다. 그러나, 마지막 정제 결과 DNA 농도가 높지 않은 경향이 있으며 (~10 μg/ml), 수득률은 HeLa cell과 같은 aneuploid 세포 10^8개 당 약 1 mg의 DNA를 얻는 정도이다.

MATERIALS

CAUTION: 〈!〉표시된 물질의 적절한 사용법은 Appendix 4를 참조하세요.

Reagents and Solutions

농축액, 완충액, 시료의 조성은 Appendix 1을 참조하라. 농축액은 적당한 농도로 희석하여 사용하라.

투석용액 1 (4℃)
- 20 mM Tris-Cl (pH 8.0)
- 0.1 M NaCl
- 10 mM EDTA (pH 8.0)

투석용액 2 (4℃)
- 10 mM Tris-Cl (pH 8.0)
- 10 mM NaCl
- 0.5 mM EDTA (pH 8.0)

Formamide denaturation buffer
- 20 mM Tris-Cl (pH 8.0)
- 0.8 M NaCl
- 80% (v/v) formamide 〈!〉

TE (pH 8.0)

Cells, Tissues/culture Media

단일층 또는 부유상태로 배양된 포유 세포, 조직, 또는 혈액

Nucleic acids/Oligonucleotides

λ 박테리오파아지 DNA
또는
회사에서 구입한 DNA 마커 (50–200 kb)

Gels/Loading Buffers

Pulse-field gel (프로토콜 5.17과 5.18)
또는
Conventional horizontal 0.6% agarose gel (프로코톨 5.1)
Gel loading buffer IV

Additional Items

Collodion bags (in 20% ethanol, Sartorius 사에서 구입)
Dialysis tubing과 closures
Dog nail clippers (yellow tip의 끝을 자르는데 이용)

Adapted from Chapter 6, Protocol 2, p. 6.13 of MC3.

Glass rod
프로토콜 6.1의 1-4 번 과정에서 사용된 재료 및 장비
Tube mixer 또는 roller apparatus

Additional Information

Additional Protocol (Fluorometry에 의한 DNA 농도 측정법)	MC3, p. 6.12
형광염색에 의한 DNA의 정량법	MC3, pp. A8.19-A8.23
Spectrophotometry를 이용한 DNA 정량법	MC3, pp. A8.19-A8.21

METHOD

1. 프로토콜 6.1의 1-4 번 과정에 따라 세포 현탁액 (또는 동결세포가루)으로부터 세포 추출물을 만든다.
2. 세포 추출물을 15℃로 냉각한다. 세포 추출물 1 ml 당 1.25 ml의 포름아마이드 변성 용액을 넣고 유리 막대로 천천히 섞어준다. 이후 15℃에서 12 시간 동안 놓아둔다.
3. 투석용액 II를 이용하여 1 개 이상의 콜로디온 백 (collodion bag)을 헹구고 30분 동안 백을 담가둔다. 콜로디온 백에 점도가 높은 DNA 용액을 붓고 클립으로 끝을 막은 후 2 리터의 차가운 투석용액 I에서 45 분간 투석한다. 새로운 용액으로 바꾸어 4 시간 이상 투석 한 다음 다시 새로운 용액으로 바꾸어 4 시간 더 투석한다. 사용 직전에 제조한 2 리터의 투석용액 II에서 4 시간 씩 3 회 투석한다.

   첫 번째 투석은 45 분간 실시하며, 나머지 투석과정은 4 시간 이상 실시한다. 24 시간 동안 투석을 실시하는 것은 DNA에서 단백질을 효율적으로 제거하기 위해 꼭 필요하다.

4. 260 nm 흡광도 또는 fluorometry를 이용하여 DNA의 농도를 측정한다.

   고분자량 DNA는 매우 점도가 높아 소량을 취하여 측정한 농도를 전체의 농도로 비례하여 적용하는 데에는 무리가 있어 $O.D_{260}$ 흡광도와 같은 일반적인 방법으로는 정확한 측정이 어렵다. 이런 경우, 끝이 넓은 파이펫 팁과 자동 파이펫을 사용하여 좀 더 많은 양 (10-20 μl)을 취하여 측정한다. DNA 샘플은 0.5 ml TE (pH 8.0)으로 희석하고 1-2 분간 격렬하게 교반 한 다음 흡광도를 측정한다.

5. Pulse-field gel 전기영동 (프로토콜 5.17 또는 5.18)이나 0.6% 한천 젤 전기영동 (프로토콜 5.1)에 의해 정제한 고분자량 DNA의 질을 확인한다. 마커로써 λ DNA의 단위 길이 또는 선형 콘카타머 (concatamers)를 이용한다. 정제한 게놈 DNA는 200 kb 이상 되어야 한다.

   250 kb 이상의 DNA 분자는 젤 안으로 통과하기 어렵기 때문에 전기영동 동안 홈에 남아 있을 수 있다. 이런 경우, 적은 양의 녹인 한천 (55℃)에 DNA를 넣고 만들어 놓았던 젤의 홈에 녹인 젤 용액을 옮겨 전기영동 함으로써 문제를 해결 할 수 있다.

프로토콜 6.3

스풀링에 의한 포유세포 DNA의 정제
Isolation of DNA from mammalian cells by spooling

이 방법은 다른 형태의 샘플이나 조직에서 동시에 DNA를 얻어내기 위한 것이다. DNA의 크기는 게놈 DNA 라이브러리의 제조에 이용하기에는 너무 작지만 (~80 kb), southern 혼성법과 PCR에 이용하면 좋은 결과를 얻을 수 있으며, 배양된 aneuploid 포유세포 (예를 들면, HeLa 세포 5 × 10^7개) 1 ml 당 100 μg 정도의 DNA도 얻을 수 있다.

MATERIALS

CAUTION: 〈!〉표시된 물질의 적절한 사용법은 Appendix 4를 참조하세요.

Reagents and Solutions

농축액, 완충액, 시료의 조성은 Appendix 1을 참조하라. 농축액은 적당한 농도로 희석하여 사용하라.

- Ethanol (실온)
- Mammalian cell lysis solution
  - 6 M guanidinium hydrochloride 〈!〉
  - 0.1 M sodium acetate (pH 5.5)
- TE (pH8.0)

Cells, Tissues/culture Media

단일층 또는 부유상태로 배양된 포유 세포, 조직, 또는 혈액

Nucleic acids/Oligonucleotides

λ 박테리오파아지 DNA

또는

회사에서 구입한 DNA 마커 (30−100 kb)

Gels/Loading Buffers

Pulse−field gel (프로토콜 5.17과 5.18)

또는

Conventional horizontal 0.6% agarose gel (프로토콜 5.1)

Gel loading buffer IV

Additional Items

- 프로토콜 6.1의 1번 과정에서 사용된 재료 및 장비
- Rocking platform (4℃)
- Shepherd's crooks (끝이 막히고 굽은 파스퇴르 파이펫)
- Wide−bore pipettes (0.3−cm internal diameter orifice)

Additional Information

Additional Protocol (Fluorometry에 의한 DNA 농도 측정법)	MC3, p. 6.12
형광염색에 의한 DNA의 정량법	MC3, pp. A8.19−A8.23

Adapted from Chapter 6, Protocol 3, p. 6.16 of MC3.

Spectrophotometry를 이용한 DNA 정량법	MC3, pp. A8.19–A8.21
Spooling DNA	MC3, p. 6.61

METHOD

1. 프로토콜 6.1의 1번 과정에서와 같이 세포 현탁액 (또는 동결세포가루)을 준비한다.
2. 다음의 두 가지 방법 중 하나를 이용하여 세포를 용해한다.

   현탁액 중의 세포를 용해하는 법

   a. 세포 현탁액을 일회용 50-ml 짜리 원심분리용 폴리프로필렌 튜브에 옮긴다.
   b. 7.5 배의 포유세포 용해용액을 첨가한다.

   조직으로부터 얻어진 세포의 용해법

   a. 동결한 세포가루를 비이커에 담긴 7.5 배의 세포용해용액에 조금씩 가한다. 가루가 용해용액의 표면에 고루 퍼지도록 한 후 가라앉도록 흔들어 준다.
   b. 용액 안에 있는 모든 물질이 가라앉으면 50-ml 짜리 일회용 원심분리 튜브로 옮긴다.
3. 튜브의 뚜껑을 닫고, 실온의 Rocking platform 위에서 1 시간동안 흔들어 준다.
4. 몇 개의 50-ml 짜리 일회용 폴리프로필렌 원심분리 튜브에 실온의 에탄올을 18 ml 씩 나누어 넣는다. 끝이 넓은 파이펫 팁을 이용하여 에탄올 아래로 가도록 용해된 세포 추출물을 조심스럽게 넣는다.
5. 세포 추출물과 에탄올 사이의 중간층을 세퍼드 고리로 천천히 저으면서 DNA를 건져낸다.
6. DNA가 붙어있는 세퍼드 고리를 실온의 에탄올 5 ml이 담긴 폴리프로필렌 튜브로 옮긴 후 여러 튜브에서 DNA가 모두 준비될 때까지 담가 둔다.
7. DNA가 붙어있는 각각의 고리를 꺼내어 에탄올을 모두 제거 한다. 이 과정에서 DNA는 탈수된 상태로 수축된다. 페이퍼 타올에 고리의 U자 형 끝을 두드리면서 에탄올을 대부분 제거 할 수 있다. DNA에 있던 에탄올을 모두 증발시키기 전에 5 ml의 에탄올이 들어있는 새로운 튜브로 고리들을 옮긴다.
8. 7번 과정에 따라 에탄올을 제거한다.

   DNA를 완전히 건조하면 잘 녹지 않으므로 완전히 마르지 않도록 주의한다.
9. 새로운 폴리프로필렌 튜브에 TE (pH 8.0) 1 ml을 넣고, 각 고리를 옮긴다. DNA를 4℃에서 16 시간 이상 두어 DNA가 수화 되도록 한다.
10. 수화되는 동안 DNA는 쉽게 젤라틴화 되지만, 계속 고리의 끝에 붙어있게 된다. 붙어있는 DNA는 새로운 세퍼드 고리를 이용하여 긁어내어 DNA 침전물이 TE에서 떠다니도록 한다. 튜브를 닫고 4℃의 Rocking platform에서 침전이 완전히 녹을 때 까지 흔들어 준다 (24–48 시간 소요).

    만일 10^7개의 세포에 1.5 ml 이상의 용해용액을 이용하였다면 RNA의 오염은 무시할 수 있다. 그러나, DNA에 오염된 RNA는 RNA 분해효소 (RNase)를 1 μg/ml의 농도로 넣어 분해하여 없앨 수 있다.

11. 소량을 취해서 Pulse-field gel 전기영동 (프로토콜 5.17 또는 5.18)이나, 0.6 % 한천 젤 전기영동 (프로토콜 5.1)을 실시하여 DNA의 크기를 분석한다. DNA는 4℃에서 보관한다.

 DNA는 거의 80 kb 정도 되어야 하며, λ 박테리오파아지 DNA 단일체 보다 천천히 이동한다. 이 방법으로 정제된 DNA는 항상 적은 양의 RNA가 오염되어 있기 때문에 DNA의 농도를 정확히 측정하려면 fluorometry나 전기영동을 이용하여 분리 후 ethidium iodide로 염색한다 (프로토콜 5.2).

프로토콜 6.4	96-well microtiter plate에서 배양된 포유세포로부터 DNA 정제하기 Isolation of DNA from mammalian cells Grown in 96-well microtiter plate

96-well microtiter plate의 각 홈에서 자란 세포에서 얻은 게놈 DNA는 PCR 이나 southern 혼성법에서 한 번의 분석에 충분한 양이다.

MATERIALS

Reagents and Solutions

농축액, 완충액, 시료의 조성은 Appendix 1을 참조하라. 농축액은 적당한 농도로 희석하여 사용하라.

- Ethanol (실온)
- Ethanol (70%, 실온)
- Microtiter cell lysis solution
  - 10 mM Tris-Cl (pH 8.0)
  - 10 mM NaCl
  - 10 mM EDTA (pH 8.0)
  - 0.5% (w/v) Sarkosyl (일반적으로 물에 녹인 30% 용액으로 구입)
- NaCl/ethanol 용액
  - 10 ml의 순수 에탄올에 150 μl의 5 M NaCl을 넣고 -20℃에 보관한다.
- Phosphate-buffered saline (PBS)
- TE (pH 8.0)

Cells, Tissues/culture Media

96-well microtiter plate에서 배양된 포유 세포

Enzymes and Buffers

DNase-free pancreatic RNase (RNase A)
Restriction enzymes과 buffers

Nucleic acids/Oligonucleotides

λ 박테리오파아지 DNA
또는
회사에서 구입한 DNA 마커 (30-100 kb)

Gels/Loading Buffers

Pulse-field gel (프로토콜 5.17과 5.18)
또는
Conventional horizontal 0.6% agarose gel (프로토콜 5.1)
Gel loading buffer IV

Additional Items

프로토콜 6.1의 1번 과정에서 사용된 재료 및 장비
Multichannel pipettor, 8-12 channels
Oven (60℃와 37℃)
Rocking platform
Tupperware containers (60℃ 정도의 반응 온도에서 견딜 수 있는 내열성 재질)

Adapted from Chapter 6, Protocol 4, p. 6.19 of MC3.

Additional Informations

Additional Protocol (PCR에 할 수 있는 게놈 DNA 정제법) MC3, p. 6.22

METHOD

1. 96-well microtiter plate의 각 홈에 빈틈없이 세포를 배양하고, 배지를 제거한다.
2. 100 μl의 PBS를 넣어 세포층을 두 번 씻어낸다.
3. 멀티채널 파이펫으로 용해용액 50 μl 씩 넣는다. 폴리프로필렌 통 (예를 들면, Tupper ware)에 페이퍼 터올을 적시어 넣고 96-well microtiter plate을 올려놓은 후 밀폐한다.
4. 60℃의 오븐에서 12-16 시간 동안 둔다.
5. 오븐에서 꺼내어 실험대위에서 수분간 식힌 후 각 홈에 100 μl의 NaCl/에탄올 용액을 넣는다. 30분간 실온에서 섞지말고 놓어두면 실모양의 핵산 침전을 볼수 있다.
6. Plate를 천천히 뒤집어서 에탄올 용액을 버린다. 이때 핵산은 홈의 바닥에 붙어 남아있게 된다. 페이퍼 타올 위에 거꾸로 뒤집어서 에탄올을 제거한다.
7. 각 홈에 70% 에탄올을 150 μl 넣는다 이때 침전이 뜨지 않도록 조심스럽게 넣는다. 6번 과정과 같이 뒤집어 에탄올을 제거한다. 70% 에탄올로 2번 더 씻어준다.
8. 실온에서 에탄올이 모두 증발할 때까지 건조한다. 게놈 DNA를 PCR로 분석하려면 9번 과정을 진행하시오. Southern 혼성법에 이용하려면 10-12번 과정을 진행하시오.
9. 각 홈에 TE (pH 8.0)를 30-50 μl을 넣고 실온에서 12-16 시간동안 흔들면서 침전을 녹인다.

   80℃와 50℃에서 각각 1 분씩 10회 반복하도록 셋팅된 thermal cycler의 heating block 위에 plate를 올려놓으면 DNA를 빨리 용해할 수 있다. DNA는 PCR 반응의 주형으로 이용할 수 있다 (프로토콜 8.1).

10. DNA를 Southern 혼성법에 이용하려면 다음과 같은 순서로 제한효소 반응을 위한 혼합물을 만든다; 각 홈 당 40 μl의 혼합물이 필요하다.

H_2O	0.8 배
10× restriction enzyme buffer	0.1 배
DNase-free RNase	10 μg/ml

   사용직전에 제한 효소를 10 unit 넣는다.

11. 멀티채널 파이펫을 사용하여 각 홈에 제한효소 혼합물 40 μl를 넣고 거품이 생기지 않도록 조심하면서 파이펫팅하면서 내용물을 섞는다. 3번 과정에서와 같은 통안에서 제한효소 적정온도를 유지하면서 12-16 시간동안 반응한다.
12. 5-10 μl의 sucrose gel loading 용액을 넣어 반응을 멈춘 후, southern 혼성법에 의해 잘린 DNA를 분석한다 (프로토콜 6.8-6.10).

프로토콜 6.5 쥐꼬리를 비롯한 다른 작은 조직에서 게놈 DNA를 정제하는 방법
Preparation of genomic DNA from mouse tail and other small samples

여기 제시하는 간단한 프로토콜은 적은 수의 세포나 조각난 연조직 또는 경조직에서 DNA를 추출하는 방법이며, 주로 형질전환 또는 유전자 적중 쥐들의 유전자형분석 (genotype)에 이용된다. 6−10mm 크기의 쥐꼬리 조직에서 50−100 μg의 DNA를 얻을 수 있으며, 이 DNA는 변형된 유전자를 확인하기 위하여 dot 또는 slot blotting에 이용되거나, 20 kb 이하의 DNA 조각을 인식하기 위해 southern 혼성법에 이용되거나, PCR 반응의 주형으로 이용 될 수 있다.

MATERIALS

CAUTION: 〈!〉표시된 물질의 적절한 사용법은 Appendix 4를 참조하세요.

Reagents and Solutions

농축액, 완충액, 시료의 조성은 Appendix 1을 참조하라. 농축액은 적당한 농도로 희석하여 사용하라.

- Ethanol (70%)
- Isopropanol
- Phenol:Chloroform (1:1, v/v) 〈!〉
- Phosphate−buffered saline (PBS)
- SNET
  - 20 mM Tris−Cl (pH 8.0)
  - 5 mM EDTA (pH 8.0)
  - 400 mM NaCl
  - 1% SDS

Cells, Tissues/culture Media

포유 동물 세포 배양

100−mm의 배양접시에 빈틈이 없도록, 또는 반쯤 채워지도록 단일층으로 배양된 세포를 차가운 PBS 용액으로 두 번 씻어내고, 400 mg/ml의 proteinase K이 함유되어 있는 SNET 용액 1 ml을 넣어 세포를 용해한다 (1번 과정).

부유상태로 배양된 세포들은 원심분리하여 모은 후 PBS 용액으로 두 번 씻어내고, 5 × 10^7/ml의 농도가 되도록 TE로 현탁한다. 세포 현탁액을 0.2 ml 씩 나누어 17 × 100 mm의 폴리프로필렌 튜브에 넣고 400 μg/ml의 proteinase K이 함유되어 있는 SNET 용액을 넣어 세포를 용해 한다 (1번 과정).

쥐 꼬리

10일 된 어린 쥐 또는 젖을 뗀 쥐 (~3 주)에서 잘라낸 꼬리를 이용한다. 10일 된 어린 쥐에서 얻어낸 꼬리인 경우 끝의 1/3정도 잘라내어 microfuge 튜브에 넣는다. 3 주 정도 된 쥐에서 얻어낸 경우, 마취하여 6−10 mm 잘라내어 17 × 100−mm Falcon 폴리프로필렌 튜브로 옮긴다. 드문 경우 막 태어난 상태에서 전체 꼬리를 잘라내어 microfuge 튜브에 넣는다.

쥐 조직

쥐의 조직에서 DNA를 정제하기 위해, 조직 100 mg을 잘라내어 17 × 100−mm Falcon 폴리프로필렌 튜브로 옮긴다.

모든 실험은 실험용 쥐를 이용해야 하며, 실험 전에 미리 기관 내 정해진 윤리위원회에서 승인을 받도록 한다.

Enzymes and Buffers

Protainase K (20 mg/ml)

Centrifuges/Rotors/Tubes

Sorvall H-1000B와 SH-3000 rotor (실온과 4℃)

Additional Items

Rocking platform (55℃, 실온, 4℃)

Additional Information

Alternative Protocol (유기용매 사용하지 않고 쥐꼬리에서 DNA를 정제하는 방법, 쥐꼬리 DNA의 one-tube 정제법, 파라핀 블록에서 DNA를 추출하는 방법)	MC3, pp. 6.26-6.27
큰 크기의 DNA 분자에 손상을 최소화하는 방법	MC3, p. 2.110
Proteinase K	MC3, p. A4.50

METHOD

1. SNET 용액에 400 μg/ml의 농도가 되도록 단백질분해효소 K를 첨가하여 적당량의 용해용액을 제조한다 (표 6-1). 용해용액을 쥐꼬리나 다른 조직에 가한다.

   이 방법은 단일층으로 배양된 세포에서 DNA를 정제할 목적으로도 이용할 수 있다. 이 경우, 100 mm의 단일층 세포를 PBS로 두 번 씻어낸 후 400 μg/ml의 단백질분해효소 K가 함유된 SNET 용액을 1 ml을 넣어 rubber policeman을 사용하여 점도가 있는 세포물을 긁어내어 17×10 mm Falcon 폴리프로필렌 튜브로 옮긴다. 부유상태로 배양된 세포는 PBS로 두 번 씻어내고 TE로 현탁한 다음 400 μg/ml의 단백질분해효소 K가 함유된 SNET 용액을 넣어 용해한다 (10^9개 세포 당 1 ml).

표 6-1 SNET 용액의 부피

마우스 연령	조직	원심분리용 튜브	SNET 용액 부피 (ML)
신생	꼬리전체 (1 cm)	microfuge	0.5
생후 10일	말단 1/3	microfuge	0.5
이유기 (생후 3~4주)	6-10 mm	17x100-mm 폴리프로필렌 튜브	4.0
전 연령대의 개체	조직 100 mg	17x100-mm 폴리프로필렌 튜브	4.0

2. 튜브를 Rocking platform 위에 뉘어 놓거나 교반하면서 55℃에서 16 시간이상 둔다.
3. 동량의 페놀:클로로포름:아이소아밀알콜 혼합물을 넣고 실온에서 30 분 동안 Rocking platform에서 섞어준다.
4. 원심분리하여 수용액과 유기용매 층을 분리한다. 17×10-mm Falcon 폴리프로필렌 튜브 내의 내용물을 실온에서 666 *g* (Sorvall H-1000B swing bucket 또는 Sorvall SH-3000 이용 시에는 1600 rpm)의 속도로 5 분간 원심분리하거나, 좀 더 작은 양의 샘플인 경우 마이크로 원심분리기에서 최대속도로 5 분간 원심분리하여 수용액층을 새로운 튜브로 옮긴다.

5. 동량의 아이소프로필알콜을 넣어 DNA를 침전시킨다. 4℃에서 15 분간 13,250 *g* (Sorvall SH-3000 이용 시에는 8000 rpm, 또는 마이크로 원심분리기에서는 최대속도)의 속도로 원심분리하여 DNA 침전을 모은다.

6. 아이소프로필알콜을 조심스럽게 버리고 70% 에탄올을 1 ml을 넣어 침전을 씻는다. 에탄올을 버리고 실온에서 15-20 분 동안 말린다.

   DNA 침전을 완전히 말리면 녹이기가 매우 어려우므로 완전히 건조하지 않도록 주의한다.

7. 0.5 ml의 TE (pH 8.0)를 넣고 4℃에서 16시간 이상 흔들어주면서 침전을 녹인다.

8. 실온에서 보관한다.

   쥐꼬리 1 cm (~100mg)로부터 얻을 수 있는 게놈 DNA의 양은 100-250 μg 이다. 이 방법으로 정제한 DNA를 제한 효소 반응에 이용할 경우에는 100 μg/ml 농도의 bovine serum albumin을 넣어 반응의 효율을 높일 수 있다. 만일 제한 효소반응에서 완전히 잘리지 않는 문제가 지속되면 페놀:클로로포름으로 한번 더 추출하고 2 배의 에탄올을 넣어 DNA를 다시 침전하여 사용한다.

프로토콜 6.6

쥐 조직 및 혈액에서 진핵 DNA의 빠른 분리
Rapid isolation of mammalian DNA from mouse tissue and blood

이 방법을 통해 혈액이나 조직에서 정제한 진핵 DNA는 20–50 kb의 크기를 가지며, PCR 반응의 주형으로 이용할 수 있다. DNA의 수득량은 조직 1 mg 당 0.5–3.0 μg 이며, 혈액의 경우 300 μl 당 5–15 μg 정도이다.

MATERIALS

CAUTION: 〈!〉표시된 물질의 적절한 사용법은 Appendix 4를 참조하세요.

Reagents and Solutions

농축액, 완충액, 시료의 조성은 Appendix 1을 참조하라. 농축액은 적당한 농도로 희석하여 사용하라.

- Ethanol (70%)
- Isopropanol
- Potassium acetate 용액 (5 M) (실온 보관)
  - 60 ml of 5 M potassium acetate 용액
  - 11.5 ml of 빙초산 〈!〉
  - 28.5 ml of 물
  - 완성된 Potassium acetate 용액 내에는 potassium 이온 농도는 5 M, 아세테이트 이온 농도는 3 M이 포함 된다.
- Red blood cell lysis buffer
  - 20 mM Tris–Cl (pH 8.0)

Cells, Tissues/culture Media

쥐의 조직 (10–20 mg)
또는
60 μl of fresh whole blood

Enzymes and Buffers

DNase–free pancreatic RNase (RNase A)
Protainase K (20 mg/ml) (3번 과정을 참고하시오)

Centrifuges/Rotors/Tubes

Sorvall H–1000B와 SH–3000 rotor (실온과 4℃)

Additional Items

Microfuge 튜브에 맞는 크기의 pestle (Sigma–Aldrich)
Mortar과 pestle (–70℃)
수조 (55 ℃또는 65℃) (10번 과정의 note를 참고하시오)

Additional Information

Alternative Protocol (유기용매 사용하지 않고 쥐꼬리에서 DNA를 정제하는 방법, 쥐꼬리 DNA의 one–tube 정제법, 파라핀 블록에서 DNA를 추출하는 방법)	MC3, pp. 6.26–6.27
큰 크기의 DNA 분자에 손상을 최소화하는 방법	MC3, p. 2.110
Proteinase K	MC3, p. A4.50

Adapted from Chapter 6, Protocol 6, p. 6.28 of MC3.

METHOD

1. 게놈 DNA 정제에 이용할 조직이나 혈액을 준비한다.

   조직을 이용하는 경우

   a. 10–20 mg의 조직을 잘라낸다.

   b. 수술용 칼로 잘게 자르거나, 액체질소로 얼린 후 미리 냉각해 놓은 막자사발로 갈아 준비한다 (프로토콜 6.1).

   혈액을 이용하는 경우

   a. 2 개의 마이크로 튜브에 300 μl의 혈액을 담고, 20 mM Tris-Cl (pH 7.6)을 900 μl를 넣는다. 뚜껑을 닫고 내용물을 섞는다. 실온에서 가끔 섞어주면서 10 분간 둔다.

   b. 실온에서 20 초간 최대 속도로 원심분리한다.

   c. 상층액을 20 μl 만 남기고 제거한다.

   d. 남긴 소량의 상층액으로 침전을 현탁하고 한 개의 튜브로 모은다.

2. 잘게 자른 조직이나 현탁한 혈구세포를 차가운 SNET 용액 600 μl이 담겨있는 튜브로 옮긴다. Microfuge pestle을 이용하여 30–50 회의 속도로 균질화 (homogenize) 한다.

   SDS는 차가운 SNET 용액에서 침전을 형성하여 뿌연 상태가 될 수 있으나, DNA 정제 과정에는 영향을 미치지 않는다.

3. (*optional*) 3 μl의 단백질분해효소 K 용액을 넣어 게놈 DNA의 수득률을 높일 수 있다. 55℃에서 3 시간에서 최대 16 시간 까지 반응 시킨다.

4. 실온으로 식히고, 4 mg/ml의 DNase-free RNase A를 3 μl을 넣고 37℃에서 15–60 분간 반응한다.

5. 실온에서 포타슘 아세테이트 (potassium acetate) 용액을 200 μl 넣고 20 초 동안 격렬하게 교반하여 잘 섞는다.

6. 침전으로 가라 앉은 단백질/SDS 혼합물을 4℃에서 3 분간 최대속도로 원심분리하여 모은다.

   원심분리 후 튜브의 바닥에 단백질 침전이 보여야 한다. 만일 보이지 않으면 얼음에서 5 분간 두었다가 다시 원심분리 한다.

7. 600 μl의 아이소프로필알콜이 들어있는 새로운 튜브로 상층액을 옮기고 잘 섞는다. 실온에서 1 분간 최대 속도로 원심분리하여 DNA 침전을 모은다.

8. 상층액을 버리고 70 % 에탄올을 600 μl을 넣고 수회 흔들어 헹군 후 실온에서 1 분간 최대속도로 원심분리한다.

9. 상층액을 조심스럽게 버리고 공기 중에서 15 분간 DNA를 건조한다.

10. 100 μl의 TE (pH 7.6)으로 DNA를 녹인다.

    게놈 DNA 침전을 실온에서 16 시간 또는 65℃에서 1 시간 동안 두면 효과적으로 녹일 수 있다.

프로토콜 6.7

효모 DNA의 빠른 분리

Rapid isolation of yeast DNA

이 방법은 효모 게놈 DNA나 *S. cerevisiae*와 *E. coli* 모두에서 복제 할 수 있는 셔틀 플라스미드의 정제를 위한 것이다. 정제된 DNA는 PCR 반응의 주형과 형질전환을 위해 이용할 수 있다.

MATERIALS

CAUTION: 〈!〉표시된 물질의 적절한 사용법은 Appendix 4를 참조하세요.

Reagents and Solutions

농축액, 완충액, 시료의 조성은 Appendix 1을 참조하라. 농축액은 적당한 농도로 희석하여 사용하라.

- Ethanol
- Ethanol (70%)
- Phenol:Chloroform (1:1, v/v) 〈!〉
- Sodium acetate (3 M, pH 5.2)
- STES 용액
  - 200 mM Tris-Cl (pH 7.6)
  - 500 mM NaCl
  - 10 mM EDTA
  - 0.1% (w/v) SDS
- TE (pH 7.6)

Cells, Tissues/culture Media

콜로니 상태 또는 밤새 액체 상태로 배양된 효모 세포

Additional Items

Acid-washed glass beads (0.4 mm)

METHOD

1. 효모 세포를 준비한다.

고체배지 상에 자란 효모 콜로니를 이용하는 경우

멸균된 루프를 이용하여 1 개 이상의 크고 잘 자란 콜로니를 50 μl의 STES 용액이 들어있는 마이크로 튜브로 옮긴다.

액체배지에서 자란 효모를 이용하는 경우

a. 밤새 배양한 효모세포 1.5 ml를 튜브로 옮긴다.

b. 실온에서 1 분간 최대속도로 원심분리하여 세포를 모은다.

c. 배지를 제거하고 50 μl의 STES 용액으로 침전을 현탁한다.

Adapted from Chapter 6, Protocol 7, p. 6.31 of MC3.

2. 약 50 μl의 acid-washed glass bead와 20 μl의 TE (pH 7.6)를 넣는다.
3. 60 μl의 페놀:클로로포름을 넣고 1 분간 교반하여 유기용매와 수용액층을 잘 섞는다.
4. 실온에서 5 분간 최대속도로 원심분리한다.
5. 위의 상층액을 새로운 튜브로 옮기고 에탄올을 넣어 0℃에서 15 분간 두어 DNA를 침전 시킨다.
6. 4℃에서 10 분간 최대속도로 원심분리하여 침전을 모은다.
7. 상층액을 버리고 100 μl의 70% 에탄올로 침전을 씻어낸다. 1 분간 원심분리 한다.
8. 상층액을 버리고 공기중에서 15 분간 건조한 다음 40 μl의 TE (pH 7.6)로 침전을 녹인다.
   PCR 반응에 이용하기 위해서는 용액 1-10 μl에 녹인다. 또한 DNA 1 μl를 *E. coli*의 형질 전환에 이용하여 플라스미드를 증폭할 수 있다.

프로토콜 6.8

Southern blotting: 모세관 원리로 DNA를 막으로 옮기는 방법
Southern blotting: Capillary transfer of DNA to membranes

이 방법은 Southern blotting의 첫 단계이다: 게놈 DNA를 한 종류 이상의 제한 효소로 반응하여 잘린 조각을 한천 젤 전기영동으로 분리하고, 모세관 원리에 의해 변상된 DNA 조각을 막으로 옮기는 작업이다.

MATERIALS

CAUTION: 〈!〉표시된 물질의 적절한 사용법은 Appendix 4를 참조하세요.

Reagents and Solutions

농축액, 완충액, 시료의 조성은 Appendix 1을 참조하라. 농축액은 적당한 농도로 희석하여 사용하라.

- Ethidium bromide (10 mg/ml) 〈!〉
- 또는
- SYBR Gold 용액 (DMSO에 녹인 10000× 농도로 구입)
- Gel-loading buffer (6×)
  - 대부분 gel-loading buffer IV를 이용
    - 0.25% bromophenol blue
    - 40% (w/v) sucrose in 물
- 6× SSC
- TE (pH 8.0)

알칼리조건에서 DNA를 nylon 막으로 전달

- Alkaline transfer buffer
  - 0.4 N NaOH 〈!〉
  - 1 M NaCl
- Neutralization buffer II
  - 0.5 M Tris-Cl (pH 7.2)
  - 1 M NaCl
- HCl (0.2 N) (DNA의 전달 이전에 depurination 하기 위해 사용, 6번 과정의 note를 참고하시오) 〈!〉

중성 조건에서 DNA를 nitrocellulose나 nylon 막으로 전달

- Denaturation solution
  - 0.5 N NaOH 〈!〉
  - 1.5 M NaCl
- Neutral transfer buffer
  - 10× SSC 또는 10× SSPE
- Neutralization buffer I
  - 1 M Tris-Cl (pH 7.4)
  - 1.5 M NaCl

Enzymes and Buffers

적당한 restriction enzymes과 10× 반응 buffers

Nucleic acids/Oligonucleotides

DNA 마커, 예를 들면 1kb 마커 (New England BioLabs) 또는 λ 박테리오파아지 DNA를 HindIII로 자른 DNA 조각

포유세포로부터 얻은 게놈 DNA (~10 μg/gel slot)

Adapted from Chapter 6, Protocol 8, p. 6.39 of MC3.

Gels/Loading Buffers

0.7% Agarose gel, cast and run in 0.5× TBE 또는 1× TAE, ethidium bromide 또는 SYBR Gold를 넣지 않은 상태 (MC3, pp. A9.3–A9.7)

Additional Items

Blunt-ended forceps
막에 DNA를 고정하기 위한 cross-linking 기기 (표 6-2)
Dog nail clippers (Scientific)
Glass baking dishes, 젤을 담을 수 있을 만큼 커야함
Glass rod
Neoprene stoppers
nitrocellulose나 nylon 막 (MC3, pp. 6.37–6.38)
Plexiglas sheets 또는 유리판
Rotary platform shaker
Scalpel 또는 paper cutter
형광으로 표시되어 있는 투명 자
Weight (~400 g)
Whatman 3 MM 필터

Additional Information

DNA depurination 방법	MC3, pp. 6.34–6.35
Southern blot 또는 혼성법에 이용하는 막의 조건 및 선택	MC3, pp. 6.34–6.38
Southern 혼성법을 위한 제한효소의 반응조건	MC3, pp. 6.39–6.40

METHOD

1. 적당한 양의 게놈 DNA를 한 종류 이상의 제한 효소로 자른다.
   고분자량 DNA를 다룰 때는 끝이 넓은 파이펫 팁을 이용하도록 한다.

2. 일반적인 에탄올 침전법으로 잘린 DNA 조각을 농축하고, 25 μl의 TE (pH 8.0)로 녹인다.
   젤에 loading 하기 전에 DNA 용액에서 에탄올을 완전히 제거 해야 한다. 만일 일정량 이상의 에탄올이 남아 있다면, DNA는 젤의 홈에서 떠오를 것이다. 녹인 DNA 용액을 뚜껑을 열고 70℃로 가열하면 에탄올을 대부분 제거 할 수 있고, 잘린 DNA의 cohesive 밑단에 생길 수 있는 염기쌍을 해체하는 효과도 얻을 수 있다.

3. 잘린 DNA의 농도는 fluorometry나 ethidium bromide, SYBR Gold sopt 실험 (pA8.24에서의 MC3) 등을 이용하여 측정 할 수 있다. 0.15 배의 6x sucrose gel-loading 용액을 DNA에 섞어 loading하고, DNA를 천천히 이동하기 위해 낮은 전압 (1 V/cm 이하)의 조건에서 전기영동을 실시한다.
   잘린 DNA를 4℃에서 보관하고 있었다면, 젤에 loading 하기전에 56℃에서 2–3 분간 가열한다. 가열 하면, cohesive 말단에 생길 수 있는 염기쌍을 해체할 수 있다.

4. 전기영동이 끝나면, 젤을 EtBr이나 SYBR Gold로 염색하고 촬영한다 (프로토콜 5.2). 젤의 옆에 투명자를 놓고 각 DNA 조각의 위치를 사진에서 쉽게 읽을 수 있도록 한다.

5. DNA를 변성하고 아래에 제시하는 방법들을 따라 nitrocellulose나 중성 또는 전하를 띤 나일론 막으로 옮긴다.

DNA를 막으로 옮기기 위한 젤의 전처리 과정

6. 전기영동에서 DNA 조각들을 분리 한 후 구이용 넓은 유리 접시로 젤을 옮긴다. 칼로 홈의 위 부분을 비롯하여 젤의 필요 없는 부분을 정리한다. 이때 홈 부분은 그냥 남겨서 막으로 옮긴 후에 lane의 위치를 구별할 수 있도록 한다. 방향을 구별 할 수 있도록 젤의 왼쪽 구석을 잘라낸다.

   분자량 마커의 lane은 잘라낸다. 만일 연구하고자하는 DNA 조각이 15 kb 보다 크면, 변성 과정 전에 depurination 과정을 거쳐 DNA 상에 홈 (nick)을 만들어 막으로 잘 옮겨지도록 한다. 6번 과정이 끝난 후 젤 상의 bromophenol blue와 xylene cyanol의 색이 각각 노랑과 녹색으로 변 할 때까지 0.2 N HCl에 젤을 담가놓는다. 젤을 여러번 헹군다. 위의 depurination 과정은 DNA 조각이 20 kb 이하인 경우에는 생략하는 것이 좋다. 그러나 전기영동으로 분리된 고분자량 DNA를 이용하여 southern 분석을 할 경우에는 depurination/nicking 과정을 실시하는 것이 바람직하다.

7. 알칼리 변성용액에 담궈 젤 상의 DNA를 변성시킨다.

전하를 띠지 않는 막으로 옮기기

a. 젤 부피의 10배에 정도의 변성용액에 젤을 담궈 실온에서 일정하게 약하게 흔들면서 45분간 처리한다.

b. 젤을 물로 헹군 후, 젤 부피의 10 배에 정도의 중화용액 I에 젤을 담그어 실온에서 일정하게 약한 속도로 흔들면서 30 분간 처리한다. 용액을 바꾸고 15 분간 더 처리한다.

전하를 띤 나일론 막으로 옮기기

a. 젤 부피의 몇 배에 정도의 알칼리 변성용액에 젤을 담그어 실온에서 일정하게 약한 속도로 흔들면서 15 분간 처리한다.

b. 용액을 바꾸고 20 분간 더 처리한다.

   용액의 표면으로 젤이 떠오르는 경우에는 파스퇴르 파이펫을 여러개 올려 누른다.

8. 젤 보다 사방 1 mm 넓게 막을 자른다. 막의 크기와 같도록 두꺼운 blotting 종이를 두장 마련한다.

   중요: 기름진 손으로 막을 만지면 절대 젖지 않으므로 막을 다룰 때는 장갑과 끝이 뭉툭한 핀셋을 사용해야 한다.

9. 막을 물의 표면에 띄워 완전히 젖도록 한 다음, 5 분 이상 적절한 트랜스퍼 용액에 담근다. 깨끗한 칼로 젤의 가장자리의 표식에 겹치도록 막의 가장자리를 자른다.

10. DNA를 변성 하는 동안, 젤의 크기보다 넓고 긴 지지대를 만들기 위해 플렉시 유리나 유리 판위에 두꺼운 blotting 종이를 놓는다. Blotting 종이는 지지판의 가장자리에 늘어지도록 준비해야 한다. 구이용 넓은 접시 안에 네오프렌 고무마개 4개를 놓고 지지대를 그 위에 올린다.

11. 적절한 트랜스퍼 용액을 지지대 높이까지 채운다. 지지대 위에 놓인 blotting 종이가 완전히 젖을 때 유리막대나 유리 파이펫을 이용하여 공기 방울을 제거한다.

    중성 pH의 트랜스퍼 용액 (10× SSC 또는 10× SSPE)은 전하를 띠지 않는 막으로 DNA를 옮길 때 이용한다. 알칼리 트랜스퍼 용액 (1 M NaCl를 함유한 0.4 N NaOH)은 전하를 띤 나일론 막으로 DNA를 옮길 때 이용한다.

12. 7번 과정에서 처리된 젤을 뒤집어 blotting 종이의 중앙에 오도록 지지대 위에 놓는다.

젤과 종이 사이에 공기 방울이 없어야 한다.

13. 젤을 완전히 덮지 말고, 젤의 주위를 크린 랩이나 파라 필름으로 덮는다.
14. 적절한 트랜스퍼 용액을 젤 위에 뿌리고, 적신 막을 잘린 가장자리를 맞추어 젤 위에 올려 놓는다. 기포가 생기지 않도록 하기 위해 막의 한 쪽 끝을 젤에 대고 천천히 덮는다. 이때 막의 가장자리는 젤의 홈 부위를 충분히 덮을 수 있어야 한다.

    중요 : 일단 막이 젤의 표면에 닿으면, 막을 다시 떼거나 움직이지 말아야 한다. 또한 젤과 막 사이에 기포가 없도록 한다.

15. 두 장의 두꺼운 blotting 종이를 적절한 트랜스퍼 용액에 담갔다가 막 위에 올려 놓는다. 유리막대나 유리 파이펫을 굴려가며 공기 방울을 제거한다.
16. Blotting 종이의 크기보다 조금 작게 페이퍼 타올을 접거나 잘라서 5–8 cm의 높이로 올려놓는다. 유리판을 제일 위에 놓고 400 g 정도의 무게로 눌러준다.
17. 페이퍼 타올이 젖으면 교체하면서 8–24 시간 동안 DNA의 이동을 진행한다. 이때 페이퍼 타올이 완전히 젖지 않도록 계속 교체해 준다.
18. 페이퍼 타올과 blotting 종이를 차례로 제거한다. 젤과 막을 한꺼번에 뒤집어 마른 blotting 종이 위에 놓고 젤의 홈 위치를 연필이나 볼펜으로 막 위에 표시한다.
19. 막에서 젤을 벗겨내어 버린다.

    젤을 버리기 전에 ethidium bromide를 0.5–μg/ml의 농도로 물에 녹여 젤을 담가 45 분간 염색한 후 UV transilluminator에서 DNA가 성공적으로 옮겨 졌는지 확인한다.

20. 다음에 제시한 적절한 용액에 막을 담근다 (표 6–2).

    막 위에 DNA를 고정하는 방법은 막의 종류, 트랜스퍼의 방법에 따라 다르다. 알칼리 트랜스퍼 용액에 옮겨진 DNA는 양전하를 띤 나일론 막에 공유결합을 형성 하게 되므로, 혼성 과정을 실시하기 전에 DNA를 고정할 필요가 없다. 중성 트랜스퍼 용액을 이용하여 전하를 띠지 않는 나일론 막에 옮겨진 DNA는 진공 오븐에서 굽거나, 전자레인지에서 가열 하거나, UV–조사를 통하여 막에 결합 시킬 수 있다.

표 6-2 혼성화 과정을 위해 DNA를 막에 고정하는 방법

막의 종류	트랜스퍼의 조건	고정 방식	과정
나일론, (+)전하	알칼리 조건	알칼리 트랜스퍼	1. 막을 중화용액 I (neutralization buffer I)에 적신다. 2. prehybridization 과정을 진행한다.
나일론, 중성 또는 (+)전하	중성 조건	UV 조사 (21번 과정 참고)	1. 막을 6x SSC에 적신다. 2. UV조사과정을 통해 DNA를 고정한다.
나일론, 중성 또는 (+)전하	중성 조건	진공 오븐 또는 전자레인지를 이용하여 가열 (21번 과정 참고)	1. 막을 6x SSC에 적신다. 2. 막을 기열하여 굽는다. 3. prehybridization 과정을 진행한다.

중성 트랜스퍼 용액을 이용한 경우

실온에서 5 분 동안 6× SSC 용액에 담근다.

알칼리 트랜스퍼 용액을 이용한 경우

실온에서 15 분 동안 중화용액 II (1 M NaCl을 함유한 0.5 M Tris−Cl [pH 7.2])에 담근다.

이 헹굼과정은 막의 중화 효과 뿐아니라 막에 붙어있는 한천 젤 조각을 제거하는 효과도 있다.

21. 전하를 띠지 않는 막으로 옮겨진 DNA를 고정한다.

알칼리 트랜스퍼 용액에 옮겨진 DNA는 양전하를 띤 나일론 막에 공유결합을 형성 하게 되므로, 혼성 과정을 실시하기 전에 DNA를 고정할 필요가 없다.

진공 오븐을 사용하여 고정하기

a. 6× SSC 용액에서 막을 꺼내어 페이터 타올 위에 놓고 실온에서 적어도 30 분 이상 건조한다.

b. 두 장의 마른 blotting 종이 사이에 막을 놓고 진공 오븐을 이용, 80℃에서 30 분에서 2 시간 동안 굽는다.

이때 nitrocellulose 막의 경우 과도한 열 처리는 막의 파손을 유발 할 수 있다. 젤이 완전히 중화가 되지 않은 경우 막의 색이 노랑 또는 갈색으로 변색되거나 쉽게 부수어진다. 또한 비특이성 혼성이 증가하여 바탕이 지저분하게 된다.

UV 조사를 통하여 고정하기

a. 젖은 막을 마른 blotting 종이위에 놓는다.

b. DNA를 막에 결합하기 위해 254 nm의 파장을 조사한다.

UV 빛이 조사되는 방향으로 DNA가 있는 막의 위치를 노출한다. 일반적으로 젖은 막의 경우 총 1.5 J/cm^{2}의 조사량이 적당하며, 마른 막의 경우 0.15 J/cm^{2}의 양을 조사한다. 그러나, 최대의 혼성 signal을 얻는데 필요한 조사량을 결정하기 위해서는 몇 번의 예비실험을 할 것을 권고한다.

22. 탐침체 (probe)와 고정된 DNA의 혼성과정을 바로 진행한다 (프로토콜 6.10).

즉시 사용하지 않는 막 들은 완전히 마른 상태로 보관해야하므로, 알루미늄 호일이나 마른 blotting 종이에 느슨하게 싸서 두거나, 실온에서 진공상태로 보관한다.

프로토콜 6.9

Southern blotting: 하나의 한천 젤로부터 2 개의 막으로 DNA를 동시에 옮기는 방법

Southern blotting: Simultaneous transfer of DNA from a single agarose gel to two membrane

DNA는 하나의 젤의 각 반대편으로부터 두 개의 막으로 동시에 옮길 수 있다. 양방향 트랜스퍼는 초기에는 빠르게 시작되나 곧 젤이 탈수 되면서 느리게 진행 된다. 전달효율이 낮기 때문에 타겟 DNA가 고농도일 때, 예를들면 클론된 DNA 또는 복잡성이 낮은 게놈 DNA의 제한효소 분석에 적합한 방법이다. 이 프로토콜은 한천 젤에서 nitrocellulose나 전하를 띠지 않는 나일론 막으로 변성된 DNA가 양 방향으로 옮겨지는 절차를 설명하고 있다. 전하를 띤 나일론 막을 사용할 경우에도 쉽게 적용 할 수 있다.

MATERIALS

CAUTION: 〈!〉표시된 물질의 적절한 사용법은 Appendix 4를 참조하세요.

Reagents and Solutions

농축액, 완충액, 시료의 조성은 Appendix 1을 참조하라. 농축액은 적당한 농도로 희석하여 사용하라.

- Ethidium bromide (10 mg/ml) 〈!〉
- 또는
- SYBR Gold 용액 (DMSO에 녹인 10,000× 농도로 구입)
- Denaturation solution
  - 0.5 N NaOH 〈!〉
  - 1.5 M NaCl
- Gel-loading buffer (6×)
  - 대부분 gel-loading buffer IV를 이용
    - 0.25% bromophenol blue
    - 40% (w/v) sucrose in H_2O
- HCl (0.2 N) (DNA의 전달 이전에 depurination 하기 위해 사용, 6번 과정의 note를 참고하시오) 〈!〉
- Neutral transfer buffer
  - 10× SSC 또는 10× SSPE
- Neutralization buffer I
  - 1 M Tris-Cl (pH 7.4)
  - 1.5 M NaCl
- 6× SSC
- TE (pH 8.0)

Enzymes and Buffers

적당한 restriction enzymes과 10× 반응 buffers

Nucleic acids/Oligonucleotides

DNA 마커, 예를 들면 1 kb 마커 (New England BioLabs) 또는 λ 박테리오파아지 DNA를 *Hind*III로 자른 DNA 조각

포유동물세포 로부터 얻은 게놈 DNA (~10 μg/gel slot)

Gels/Loading Buffers

0.7% Agarose gel, cast and run in 0.5× TBE 또는 1× TAE, ethidium bromide 또는 SYBR Gold를 넣지 않은 상태 (MC3, pp. A9.3–A9.7)

Additional Items

Blunt-ended forceps
막에 DNA를 고정하기 위한 cross-linking 기기 (표 6-2, p. 261)
Dog nail clippers (Scientific)
Glass baking dishes, 젤을 담을 수 있을 만큼 커야함
Glass rod
Neoprene stoppers
nitrocellulose나 nylon 막 (MC3, pp. 6.37-6.38)
Plexiglas sheets 또는 유리판
Rotary platform shaker
Scalpel 또는 paper cutter
형광으로 표시되어 있는 투명 자
Weight (~400 g)
Whatman 3 MM 필터

Additional Information

DNA depurination 방법	MC3, pp. 6.34-6.35
Southern blot 또는 혼성법에 이용하는 막의 조건 및 선택	MC3, pp. 6.34-6.38
Southern 혼성법을 위한 제한효소의 반응조건	MC3, pp. 6.39-6.40

METHOD

1. 프로토콜 6.8의 1-3 번 과정을 따라 DNA를 자르고 전기영동하여 분리한다.
2. 전기영동이 끝나면, 젤을 EtBr이나 SYBR Gold로 염색하고 촬영한다 (프로토콜 5.2). 젤의 옆에 투명자를 놓고 각 DNA 조각의 위치를 사진에서 쉽게 읽을 수 있도록 한다. 중성 조건에서 DNA를 옮길 수 있도록 젤을 준비한다 (프로토콜 6.8, 6-7번 과정).
3. 젤보다 사방 1-2 mm 크게 나일론이나 nitrocellulose 막을 잘라 2 장을 준비하고 젤의 가장자리 표시에 맞게 가장자리를 오린다. 또한 두꺼운 blotting 종이도 막의 크기와 같이 잘라 4장 준비한다.

   중요: 기름진 손으로 막을 만지면 절대 젖지 않으므로 막을 다룰 때는 장갑과 끝이 뭉툭한 핀셋을 사용해야 한다.

   300 뉴클레오타이드 이하의 작은 크기의 DNA 조각을 유지하기 위해 0.2 μm 규격의 nitrocellulose나 나일론 막을 사용한다.
4. 막을 물에 띄워 완전히 젖도록 하고 10× SSC 용액에 5분 이상 담가서 가라앉도록 한다.
5. 막과 젤 사이에 기포가 들어가지 않도록 유리막개나 파이펫을 굴려 기포를 제거 한다. 적신 두 겹의 blotting 종이 위에 한 장의 막을 올려 놓고, 그 위에 가장자리의 표지에 맞추어 젤을 놓는다. 즉시 준비한 나머지 한 장의 막을 올려놓고, 그 위에 두 겹의 blotting 종이를 차례로 올려 놓는다.
6. 포개진 blotting 종이, 막, 그리고 젤 모두를 2-4 인치 높이의 페이퍼 타올 위에 놓고, 같은 높이의 페이퍼 타올을 위에 덮는다. 제일 위에 유리판을 놓고 400 g의 무게로 누른다.
7. 2-4 시간 후에 페이퍼 타올과 blotting 종이를 제거한다. 포개진 젤과 막을 마른 blotting 종이 위로 옮기고, 연필이나 볼펜으로 홈의 위치를 표시한다.
8. 프로토콜 6.8의 19-21번 과정에 따라 막에 DNA를 고정한다.
9. 탐침체 (probe)와 고정된 DNA를 혼성화 한다 (프로토콜 6.10).

프로토콜 6.10

방사성 동위원소로 표지 된 탐침체 (probe)와 막에 고정된 핵산의 southern 혼성법
Southern hybridization of radiolabeled probes probes to nucleic acids immobilized on membranes

이 프로토콜은 인산-SDS 완충용액을 이용하여 엄격한 조건 (high stringency)에서 southern 혼성 과정을 실시하는 방법이다. 다양한 형식이 있지만, 일반적으로 heat-sealable bag, roller bottles, 또는 플라스틱 통을 사용하여 혼성 과정을 진행 할 수 있다.

MATERIALS

CAUTION: 〈!〉표시된 물질의 적절한 사용법은 Appendix 4를 참조하세요.

Reagents and Solutions

농축액, 완충액, 시료의 조성은 Appendix 1을 참조하라. 농축액은 적당한 농도로 희석하여 사용하라.

Phosphate-SDS washing 용액 1
- 40 mM sodium phosphate buffer (pH 7.2)
- 1 mM EDTA (pH 8.0)
- 5% (w/v) SDS
- 0.5% (w/v) Fraction-V-grade bovine serum albumin

Phosphate-SDS washing 용액 2
- 40 mM sodium phosphate buffer (pH 7.2)
- 1 mM EDTA (pH 8.0)
- 1% (w/v) SDS

Prehybridization/hybridization 용액
- 수용액에서의 혼성을 위한 용액
  - 6× SSC (또는 6x SSPE)
  - 5× Denhardt's reagent
  - 0.5% (w/v) SDS
  - 1 μg/ml poly(A)
  - 100 μg/ml salmon sperm DNA
- 포름아마이드 용액에서의 혼성을 위한 용액
  - 6× SSC (또는 6x SSPE)
  - 5× Denhardt's reagent
  - 0.5% (w/v) SDS
  - 1 μg/ml poly(A)
  - 100 μg/ml salmon sperm DNA
  - 50% (w/v) formamide 〈!〉
  - 완전히 섞은 후 용액은 0.45 μm 일회용 Cellulose acetate 필터를 통과하여 멸균한다 (Schleicher & Schuell Uniflo syringe membrane 또는 이와 비슷한 필터)

Phosphate-SDS 용액에서의 혼성을 위한 용액
- 0.5 M sodium phosphate (pH 7.2)
- 1 mM EDTA (pH 8.0)
- 7% (w/v) SDS
- 1% (w/v) bovine serum albumin
- Bovine serum albumin은 전기영동 grade를 이용하시오. blocking agent 또는 혼성 촉진제는 필요하지 않다.

Sodium phosphate (1 M, pH 7.2)

0.1× SSC

0.1× SSC with 0.1% (w/v) SDS

2× SSC with 0.1% (w/v) SDS

Adapted from Chapter 6, Protocol 10, p. 6.50 of MC3.

2× SSC with 0.5% (w/v) SDS
6× SSC 또는 6× SSPE

Nucleic acids/Oligonucleotides

막에 고정된 DNA
Poly(A) RNA (10 mg/ml)
Poly(A) RNA는 물에 녹인 후 100 μl씩 나누어 보관한다.
방사성동위원소로 표지된 탐침체 (Radiolabeled probe) 〈!〉
포유 게놈 DNA의 southern 혼성을 위해, 젤 상의 각 lane은 10 μg의 DNA를 함유하게 되며, 10-20 ng/ml의 방사성동위원소로 표지된 탐침체 DNA 또는 RNA (sp. act. 10^9 cpm/μg)를 이용한다. 클론된 DNA 조각의 southern 혼성을 위해, 제한효소로 잘린 DNA 밴드는 10 ng 이상의 DNA를 함유하므로 훨씬 적은 양의 탐침체를 필요로 한다. 클론된 DNA를 분석하고자 할 때에는 혼성과정은 6-8 시간 동안 실시하며, 1-2 ng/ml의 방사성동위원소로 표지된 탐침체 (sp. act. 10^6에서 10^9 cpm/μg)를 이용한다. 표지과정은 9 장과 10 장의 내용을 참고한다.
Salmon sperm DNA (~10 mg/ml)
Salmon sperm DNA 용액의 제조법은 MC3의 p. 6.52를 참고하시오.

Additional Items

방사능 잉크 〈!〉로 표시된 adhesive dots 또는 판매용 phosphorescent adhesive labels (예를 들면, Glogos [Stratagene])
끓는 물이 담긴 수조
혼성용 통 (예를 들면, roller bottles, heat-sealable bags 등)
혼성과정에 적당한 온도로 고정 될 수 있는 배양기 또는 혼성 전용 기기

Additional Information

Background를 피하는 방법	MC3, p. 6.56
Low stringency로 혼성하는 방법	MC3, p. 6.58
Formamide와 이용 방법	MC3, pp. 6.59-6.60
Southern blot 또는 혼성법에 이용하는 막의 조건 및 선택	MC3, pp. 6.34-6.38
빠른 혼성과정에서 이용되는 용액	MC3, pp. 6.61-6.62
막에서 탐침체를 떼는 방법	MC3, p. 6.57

METHOD

1. 타겟 DNA가 고정 되어 있는 막을 6x SSC (또는 6x SSPE) 용액에서 완전히 젖을 때 까지 띄웠다가, 완전히 잠기게 하여 2 분 간 둔다.
2. 다음에 제시한 여러 방법 중 한 가지를 선택하여 혼성전과정 (prehybridization)을 실시한다.

Heat-sealable bag에서의 혼성

a. Heat-sealable bag (예를들면, Rival Seal-a-Meal 또는 이와 유사한 제품)으로 젖은 막을 넣고, 막의 넓이 1 cm^2 당 0.2 ml의 혼성 전 용액 (prehybridization solution)을 가한다. 백을 눌러서 기포를 가능한 한 모두 제거 한다.
b. Heat sealer로 백의 끝을 봉인하고, 다시 한번 다른 위치에 봉인한다. 백을 누르거나 힘을 가하여 완전히 밀폐되어 있는지 확인한다. 백을 적당한 온도의 수조에 가라앉혀서 1-2 시간 둔다. (수용액 이용시 68℃; 50% 포름아마이드 이용시 42℃; 인산-SDS 완충용액 이용시 65℃)

Roller bottles을 이용한 혼성

a. 실린더의 형태로 젖은 막을 둥글게 말아 같이 제공된 플라스틱 그물과 함께 병 안으로 밀어 넣는다. 막의 넓이 1 cm^2 당 0.1 ml의 혼성 전 용액을 가하고 병을 밀폐한다.

b. 병을 적당한 온도로 미리 가열해 놓은 혼성실험용 오븐에 둔다. (수용액 이용시 68℃; 50% 포름아마이드 이용시 42℃; 인산-SDS 완충용액 이용시 65℃)

플라스틱 통을 이용한 혼성

a. 젖은 막을 플라스틱 통 (예를 들면 Tupperware)에 넣고, 막의 넓이 1 cm^2 당 0.2 ml의 혼성전용액을 가한다.

b. 통을 밀폐하고 적당한 온도로 맞춘 배양기 안에 두었던 Rocking platform 위에서 약하게 흔들며 둔다.

3. 방사성 동위원소로 표지 된 탐침체가 이중 나선 DNA이면, 100℃에서 5 분간 가열하여 변성이 일어나도록 한다. 가열한 탐침체를 얼음물에서 빨리 냉각한다.

   3 N NaOH를 0.1 배 넣음으로써 DNA 탐침체의 변성을 유발할 수 있다. 실온에서 5 분간 둔 후, 얼음물에서 두어 0℃로 냉각한다. 0.05 배의 1 M Tris-Cl (pH 7.2)와 0.1 배의 3 N HCl을 넣고, 사용할 때 까지 얼음물에서 보관한다.

4. 게놈 DNA와 탐침체를 혼성 하는 경우, 다음의 방법을 따른다.

Heat-sealable bag에서의 혼성

a. 수조로부터 막이 들어있는 백을 꺼내어, 가위로 한 쪽 구석을 잘라 구멍을 만든 후 혼성전용액을 제거한다.

b. 적절한 양의 새로운 혼성전용액에 변성된 탐침체를 넣고 이 용액을 백으로 옮긴다. 백을 눌러 기포를 제거한다.

c. Heat sealer로 백을 다시 밀봉한다. 가능하면 기포가 없도록 한다. 수조에 방사성 동위원소가 오염되는 것을 피하기 위하여 막과 용액이 들어있는 백을 다른 백 속에 넣어 한 번 더 밀봉한다. 적당한 온도의 수조에 잠기게 하여 혼성을 진행한다.

Roller bottles을 이용한 혼성

a. 혼성 전 용액을 버리고, 탐침체가 들어있는 새로운 혼성 전 용액을 넣는다.

b. 병을 밀폐하여 오븐에 넣고 일정한 시간동안 혼성을 진행한다.

플라스틱 통을 이용한 혼성

a. 막을 플라스틱 통에서 꺼내어 heat-sealable bag 또는 roller bottles로 옮긴다.

b. 위에 설명한 절차에 따라 즉시 처리한다.

5. 혼성 과정 후, 막을 헹구어 낸다.

Heat-sealable bag에서의 혼성

a. 장갑을 끼고, 수조로부터 백을 꺼내어 바깥을 싸고 있는 백을 벗긴다. 안에 들어 있던 백의 한 쪽 끝을 자른 후 방사성 동위원소가 들어있는 혼성전용액을 폐기통에 모아 버린다. 백의 3 면을 따라 자른다.

b. 막을 꺼내어 수 백 ml의 2× SSC와 0.5% SDS가 섞인 용액에 넣고 (~1 ml/cm^2), 천천히 흔들어준다.

Roller bottles을 이용한 혼성

a. Roller bottles에서 막을 꺼내어 용액을 가능하면 모두 없앤다.

b. 수 백 ml의 2× SSC와 0.5% SDS가 섞인 용액에 넣고 (~1 ml/cm^2), 천천히 흔들어준다.

인산-SDS 용액에서 혼성과정을 진행 할 때, 5번 과정에서와 같이 막을 꺼내고, 수 백 ml의 인산-SDS washing 용액 I에 넣고 (~1 ml/cm^2), 65℃에서 천천히 흔들어준다. 한 번 더 헹구어 준다.

주의: 헹굼 과정을 진행하는 동안 막이 마르지 않도록 한다.

6. 5 분 후에 처음 헹군 용액을 폐기통에 버리고, 수 백 ml의 2× SSC와 0.1% SDS가 섞인 용액을 가하여 천천히 흔들면서 실온에서 15 분간 둔다.

   인산-SDS 용액에서 혼성과정을 진행 할 때, 수 백 ml의 인산-SDS washing 용액 II에서 65℃에서 5 분 씩 8번 헹군다. 8번 헹굼 과정 후에는 9번 과정을 생략한다.

7. 수 백 ml의 0.1× SSC와 0.1% SDS가 섞인 용액으로 교체하여 65℃에서 30 분에서 4 시간 동안 천천히 흔들면서 헹군다.

   헹굼 과정 동안 소형 방사능 모니터를 사용하여 방사성 동위원소의 양을 주기적으로 측정한다. 막에서 DNA가 없는 부분에서는 방사능이 검출 되지 않아야 한다. Single-copy의 탐침체와 혼성된 진핵 DNA의 경우 소형 방사능 모니터에서는 방사능의 검출을 기대할 수 없다.

8. 실온에서 0.1× SSC을 이용하여 간단히 헹군다.

9. 페이퍼 타올 위에 막을 올려 놓고 물기를 뺀 다음, 젖은 상태로 랩 위에 놓는다. 랩 위에 방사능 잉크를 이용하여 만든 레이블을 비대칭으로 붙이고 테이프로 덮는다. 이는 필름 홀더나 증폭 스크린의 오염을 방지하기 위함이다.

   공기중에서 막을 건조하고 3 MM 종이에 풀로 붙일 수 도 있다.

10. 랩으로 막을 덮고, 증폭 스크린을 덮은 후 −70℃에서 16−24 시간 동안 X-선 필름에 노출하여 autoradiograph 이미지를 얻는다.

    혼성과정과 헹굼과정을 마친 막을 랩으로 덮고, phosphoimager plate를 이용하여 노출할 수 도 있다. 진핵 게놈 DNA의 southern blot에서 single-copy 유전자를 식별하기위해서는 1-4 시간의 노출이 적당하다.

제 7 장

진핵세포 mRNA의 추출, 정제 그리고 분석

Extraction, Purification, and Analysis of mRNA from Eukaryotic Cells

프로토콜 7.1 산성 Phenol–Guanidium Thiocyanate–Chloroform 추출 방법을 이용한 조직, 세포로 부터 RNA 정제, 270

프로토콜 7.2 세포, 조직으로부터 DNA, RNA, 단백질을 동시에 준비하는 한–단계 방법, 273

프로토콜 7.3 Oligo(dT)–cellulose 크로마토그래피를 이용한 Poly(A)$^+$ RNA 분리, 276

프로토콜 7.4 Batch 크로마토그래피를 이용한 Poly(A)$^+$ RNA 분리, 279

프로토콜 7.5 크기에 의한 RNA의 분리: agarose–gel에서의 Glyoxylated RNA의 전기영동, 281

프로토콜 7.6 크기에 의한 RNA의 분리: Formaldehyde를 포함한 agarose–gel에서의 RNA의 전기영동, 283

프로토콜 7.7 변성된 RNA의 막으로의 이동 및 고정, 283

프로토콜 7.8 Northern Hybridization, 289

프로토콜 7.9 정제된 RNA의 dot, slot hybridization, 291

프로토콜 7.10 핵산 분해효소 Nuclease S1을 이용한 RNA의 지도 작성, 294

프로토콜 7.11 RNA 분해효소로 부터의 보호: ribonuclease와 방사선 표지 probe를 이용한 RNA 지도 작성, 300

프로토콜 7.12 프라이머 신장법을 이용한 RNA의 분석, 305

BACKGROUND INFORMATION

다른 언급이 없으면 기본이 되는 정보는 Molecular Cloning: A Laboratory Manual, 3판 (이제부터 MC3)에 있다.

Bacterial artificial chromosomes (BACs)	MC3, pp. 4.48–4.51
Diethylphyrocarbonate	MC3, p. 7.84
How to win the battle with RNase	MC3, p. 7.82
Inhibitors of RNases	MC3, p. 7.83
Yeast artificial chromosomes (YACs)	MC3, pp. 4.58–4.65

프로토콜 7.1

산성 Phenol–Guanidium Thiocyanate–Chloroform 추출 방법을 이용한 조직, 세포로 부터 RNA 정제

Purification of RNA from Cells and Tissues by Acid Pheno-Guanidium Thiocyanate-Chroroform Extraction

이 일 단계 기술은 세포를 guanidium thiocyanate 용액에서 homogenize (분쇄)하고, 낮은 산성도의 phenol:chloroform 으로 RNA를 분리하는 방법이다. 많은 시료를 동시에 빠르게 처리할 수 있다. 사용하는 조직이나 세포에 따라 다르긴 하지만, 이 방법에 의하면 대략 5–10 μg/ 10^6 개 세포 또는 4–7 μg/ml 조직정도의 RNA를 얻을 수 있다.

주의: 이 실험에 사용하는 모든 시약은 DEPC를 처리한 물로 준비하여야 한다.

MATERIALS

CAUTION: 〈!〉표시된 물질의 적절한 사용법은 Appendix 4를 참조하세요.

Reagents and Solutions

농축액, 완충액, 시료의 조성은 Appendix 1을 참조하라. 농축액은 적당한 농도로 희석하여 사용하라.

Chloroform:isoamyl alcohol (49:1, v/v) 〈!〉

Ethanol (75%)

Formamide, stabilized 〈!〉 (RNA의 보관에 사용하여도 무방함 [MC3, p.7.8을 참고 하시오).

Stabilized formamide는 Fisher Scientific사에서 Formazol이란 상품명으로 구입 가능하다.

Isopropanol

Liquid nitrogen 〈!〉 (조직에서 RNA를 분리할 경우 필요)

Phenol 〈!〉

Phosphate–buffered saline (PBS; 배양된 세포 사용 시 필요)

Sodium acetate (2 M, pH 4.0)

Solution D (denaturing solution)

4 M guanidium thiocyanate 〈!〉

25 mM sodium citrate · $2H_2O$

0.5% (w/v) sodium lauryl sarcosinate

0.1 M β–mercaptoethanol 〈!〉

250 g의 guanidium thiocyanate를 293 ml의 H_20, 0.75 M sodium citrate (pH 7.0) 용액 17.6 ml 그리고 10%(w/v) sodium lauryl sarcosinate 26.4 ml에 녹인다. 녹일 때 magnetic bar를 용액에 넣고 65℃의 heater–stirrer 위에서 모든 내용물이 다 녹을 때 까지 교반시킨다. Solution D는 실온에서 보관하고 사용직전에 50 ml의 solution D에 14.4 M 농도의 β–mercaptoethanol을 0.36 ml 첨가한다. Solution D는 실온에서 몇 개월 보관이 가능하나 빛에는 약하다. Ganidium 은 낮은 온도에서는 침전을 형성한다. 표 7–1에는 여러 종류의 시료에서 RNA를 추출할 때 필요한 solution D의 양이 명시되어 있다.

WARNING: Solution D는 부식성이 매우 강하다. 따라서 이 용액을 다룰 때에는 장갑, 실험복과 눈의 보호 장치를 착용하여야 한다.

Cells, Tissues/Culture Media

RNA를 추출할 세포, 조직 시료

Centrigues/Rotors/Tubes

Sorvall SS–34 그리고 H–1000B rotors (4℃)

Additional Items

Cuvettes, 260, 280 nm에서 흡광도를 측정할 때 필요함.

Mortar, pestle, DEPC–treated H_2O로 닦아서 사용 (MC3, p.7.84 참고)

 Adapted from Chapter 7, Protocol 1, p. 7.4 of MC3.

Spectrophotometer
Tissue homogenizer (Tissumizer[Tekmar-Dohrmann] 또는 Polytron [Brinkman] 등)
Water bath (65℃) (optional; see Step 10)

Additional Information

Chaotropic agents	MC3, p.15.60
Guanidium salts	MC3, p.7.85
핵산의 정량	MC3, pp. A8.19-A8.24
RNA의 보관	MC3, p. 7.8

METHOD

1. RNA를 분리해낼 세포나 조직을 준비한다. 표 7-1은 각 다른 종류의 시료에 필요한 solution D의 양을 보여준다.

표 7-1 세포, 조직에서 RNA 분리 시 필요한 Solution D의 양

AMOUNT OF TISSUE OF CELLS	AMOUNT OF SOLUTION D
100 mg of tissue	3 ml
T-75 flask of cells	3 ml
60-mm plate of cells	1 ml
90-mm plate of cells	2 ml

조직 시료

a. 원하는 조직을 절개한 후 즉시 liquid nitrogen (액체 질소)에 넣는다.
b. 약 100 mg의 냉동 조직을 액체질소를 담고 있는 막자사발에 옮기고, 막자로 분쇄한다. 분쇄하는 동안 액체질소를 보충하여 조직을 얼어 있는 상태로 유지한다.
c. 가루로 분쇄된 조직 가루를 3 ml의 solution D가 담겨있는 polypropylene snap-cap 시험관에 옮긴다.
d. Tissumizer 또는 Polytron homogenizer를 이용하여 15-30초 동안 실온에서 조직을 homogenize한다.

부유상태로 자란 포유동물의 세포 시료

a. 세포를 200-1900g (1000-3000 rpm in Sorvall RT600 using the H-1000B rotor)의 속도로 상온에서 5-10분간 bechtop 원심분리기에서 원심분리 하여 모은다.
b. 배양액을 aspiration (흡입)하여 제거한 후 세포를 1-2 ml의 멸균된 ice-cold (0℃)의 PBS에 다시 풀어놓는다.
c. 세포를 원심분리하여 모으고, PBS는 aspiration으로 완전히 제거한 후 Solution D를 2 ml/10^6세포가 되도록 첨가한다.
d. Tissumizer 또는 Polytron homogenizer를 이용하여 15-30초 동안 실온에서 조직을 분쇄한다.

단일 층으로 자란 포유동물 세포 시료

a. 배양액을 제거한 후 ice-cold (0℃) PBS 5-10 ml를 사용하여 세포를 닦아낸다.

b. PBS를 제거하고 90 mm 배양접시 당 2ml의 solution D를 사용하여 세포를 용해한다 (60 mm 배양접시에는 1 ml의 solution D를 사용한다).

c. 세포 lysate (용해액)을 polypropylene snap-cap 시험관에 옮긴다.

d. Lysate를 Tissumizer 또는 Polytron homogenizer를 이용하여 15-30초 동안 실온에서 분쇄한다.

2. Homogenate (분쇄액)을 새 polypropylene 시험관으로 옮기고, 각 1 ml의 solution D에 0.1 ml의 2 M sodium acetate (pH 4.0), 1 ml의 phenol, 그리고 0.2 ml의 Chloroform:isoamyl alcohol을 첨가한다. 모든 시약을 첨가한 후 시험관의 뚜껑을 잘 닫고, 시험관을 거꾸로 흔들어 내용물이 잘 섞이도록 한다.

3. Homogenate를 약 10초간 vortex (소용돌이 섞기)하고, 핵 단백질이 분리될 수 있도록 15분간 얼음 속에 시험관을 꽂아둔다.

4. 시험관을 4℃에서 10,000g(9000 rpm in a Sorvall SS-34 rotor)의 속도로 20분간 원심 분리한 후 추출된 RNA를 포함하고 있는 윗부분의 수용액 층을 새 시험관으로 옮긴다.

5. 추출된 RNA를 포함하고 있는 수용액에 동일한 양의 isopropanol을 넣는다. 용액을 잘 섞고 -20℃에서 한 시간 이상을 놓아두어 RNA가 침전 되도록 한다.

6. 4℃에서 10,000g(9000 rpm in a Sorvall SS-34 rotor)의 속도로 30분간 원심 분리하여 RNA를 모은다.

7. 조심스럽게 isopropanol을 따르고 RNA 침전을 solution D에 녹인다. 사용하는 solution D의 양은 1번 과정에서 사용한 1ml의 용액 당 0.3 ml를 사용한다.

   IMPORTANT: pellet은 쉽게 잃어버릴 수 있으므로 isopropanol을 따를 때 새 시험관에 따라내고, pellet이 확인 될 때까지 버리지 않는다.

8. 용액을 microfuge tube로 옮기고 잘 섞은 후, 동일한 양의 isopropanol로 -20℃에서 한 시간 동안 RNA를 침전 시킨다.

9. 침전된 RNA는 4℃ microfuge에서 최대 속도로 10분간 원심 분리하여 모은다. 침전된 RNA는 75% ethanol로 2번 씻어내고, 다시 원심 분리한 후, 일회용 피펫팁으로 남아 있는 ethanol을 제거한다. 시험관 뚜껑을 열어 실험대 위에 몇 분 간 방치하여 모든 ethanol이 날아가도록 한다. 하지만 RNA를 완전히 말리지는 않는다.

10. 50-100 µl의 DEPC-treated H_2O를 넣어 -70℃에 RNA 용액을 보관한다.

    0.5%의 농도가 되도록 SDS용액을 첨가하고, 65℃로 데우면 RNA의 용해가 용이하다.

11. 마지막 준비된 RNA 용액의 농도를 260 nm에서의 흡광도를 측정하여 판단한다.

프로토콜 7.2

세포, 조직으로부터 DNA, RNA, 단백질을 동시에 준비하는 한-단계 방법

A Single-step Method for the Simultaneous Preparation of DNA, RNA, and Protein from Cell and Tissues

이 프로토콜은 7.1 프로토콜은 변형 시킨 것으로 guanidium thiocyanate와 phenol 용액으로 세포를 용해하는 방법이다. Chloroform을 가하면 유기용매 층으로 DNA와 단백질이 추출되며, RNA는 상층의 수용액 층에 남게 된다. 사용하는 조직이나 세포에 따라 다르긴 하지만, 이 방법에 의하면 대략 4-7 μg/mg 조직, 10^6개의 세포로부터 5-10 μg의 RNA를 얻을 수 있다.

주의: 이 실험에 사용하는 모든 시약은 DEPC를 처리한 물로 준비하여야 한다.

MATERIALS

CAUTION: 〈!〉표시된 물질의 적절한 사용법은 Appendix 4를 참조하세요.

Reagents and Solutions

농축액, 완충액, 시료의 조성은 Appendix 1을 참조하라. 농축액은 적당한 농도로 희석하여 사용하라.

Chloroform 〈!〉

Ethanol (75%)

Formamide, stabilized 〈!〉 (RNA의 보관에 사용하여도 무방함 [MC3, p.7.8을 참고 하시오).

Stabilized formamide는 Fisher Scientific사에서 Formazol이란 상품명으로 구입 가능하다.

Isopropanol

Monophasic lysis reagents

이 시약은 phenol, guanidine salt, 또는 ammonium thiocyanate 같은 chaotropic 약품과, stabilizing agent 등을 함유하고 있고 제품으로 구입이 가능하다.

표 7-2 Monophasic Lysis Reagents

REAGENT	COMMERCIAL SUPPLIER
Trizol Reagent	Introgen www.introgen.com
TRI Reagent	Molecular Research Center www.mrcgene.com
Isogen	Nippon Gene, Toyama, Japan www.Nippongene.jp
RNA STAT-60	Tel-Test www.tel-test.com

RNA, DNA, 단백질을 분리할 때 제품화 되어 있는 시약을 사용한다면 제조회사의 지침을 따르기 바랍니다. 대부분의 경우 아래에 나오는 방법과 크게 다르지 않다

Phosphate-buffered saline (PBS; 배양된 세포 사용 시 필요)

RNA precipitation solution

1.2 M NaCl

0.8 M sodium citrate · $15H_2O$

Sodium acetate (2 M, pH 4.0; 3 M, pH5.2)

Cells, Tissues/Culture Media

RNA를 추출할 세포, 조직 시료

Centrifuges/Rotors/Tubes

Sorvall SS-34 그리고 H-1000B rotors (4℃)

Additional Items

Cuvettes, 260, 280 nm에서 흡광도를 측정할 때 필요함.
Liquid nitrogen 〈!〉, 조직을 사용할 때만 필요함
Mortar, pestle, DEPC-treated H_2O로 닦아서 사용 (MC3, p.7.84 참고)
Tissue homogenizer (Tissumizer[Tekmar-Dohrmann] 또는 Polytron [Brinkman] 등)
Water bath (65℃) (선택사항; 7 단계를 참조)

Additional Information

Chaotropic agents (위험한 물질)	MC3, p.15.60
Guanidium salts	MC3, p.7.85
핵산의 정량	MC3, pp. A8.19-A8.24
RNA의 보관	MC3, p. 7.8

METHOD

1. RNA를 추출할 세포나 조직을 준비한다.

조직 시료

a. 원하는 조직을 절개한 후 즉시 liquid nitrogen (액체 질소)에 넣는다.

b. 약 100 mg의 냉동된 조직을 액체질소를 담고 있는 막자사발에 옮기고, 막자로 분쇄한다. 분쇄하는 동안 액체질소를 보충하여 조직을 얼어 있는 상태로 유지한다.

c. 가루 상태로 분쇄된 조직을 1 ml의 ice-cold monophasic lysis reagent가 담겨있는 polypropylene snap-cap 시험관에 옮긴다.

d. Tissumizer 또는 Polytron homogenizer를 이용하여 15-30초 동안 실온에서 조직을 분쇄한다.

부유상태로 자란 포유동물의 세포 시료

a. 세포를 200-1900g (1000-3000 rpm in Sorvall RT600 using the H-1000B rotor)의 속도로 상온에서 5-10분간 bechtop 원심분리기에서 원심분리 하여 모은다.

b. 배양액을 aspiration (흡입)하여 제거한 후 세포를 1-2 ml의 멸균된 ice-cold (0℃) PBS에 재부유시킨다.

c. 세포를 원심분리하여 모으고, PBS는 aspiration하여 완전히 제거한 후, 10^6 세포당 1 ml monophasic lysis reagent를 첨가한다.

d. Tissumizer 또는 Polytron homogenizer를 이용하여 15-30초 동안 실온에서 조직을 분쇄한다.

단일 층으로 자란 포유동물 세포 시료

a. 배양액을 제거한 후 ice-cold (0℃) PBS 5-10 ml로 세포를 1회 씻어낸다.

b. PBS를 제거하고 90 mm 배양접시 당 1 ml의 monophasic lysis reagent를 사용하여 세포를 용해한다. (60 mm 배양접시에는 0.7 ml의 monophasic lysis reagent).

c. 세포 lysate (용해액)을 polypropylene snap-cap 시험관에 옮긴다.

d. Lysate를 Tissumizer 또는 Polytron homogenizer를 이용하여 15-30초 동안 실온에서 분쇄한다.

2. Homogenate (분쇄액)을 약 5분간 실온에 놓아두어 nucleoprotein (핵단백질) 복합체가 잘 분리되도록 한다.

3. 1 ml의 monophasic lysis reagent 당 약 0.2 ml의 chloroform을 가한다. Homogenate를 흔들거나 vortex 하여 섞는다.

   RNA, DNA 그리고 단백질을 동시에 추출할 때 사용하는 monophasic lysis reagent의 조성은 출판된 적이 없다. 그러나 표 7-2에 나와 있는 상품화된 제품들을 구입할 수 있다. 이 제품들은 모두 pheno/ guanidine, 또는 ammonium thiocyanate와 용해 시약으로 구성되어 있다.

4. 시험관을 4℃에서 10,000g (12,000 rpm in a Sorvall SS-34 rotor)의 속도로 15분간 원심 분리하여 두 층으로 나눈다. 윗부분의 수용액 층을 새 시험관으로 옮긴다.

5. RNA를 수용액 층으로 부터 침전시킨다: 추출 시작 시 첨가한 monophasic lysis reagent 1 ml 당 0.25 배의 isopropanol과 0.25 배의 RNA precipitation 용액을 넣는다. 용액을 잘 섞고 실온에서 10 분간 놓아둔다.

6. 4℃의 microfuge에서 최고 속도로 10분간 원심 분리하여 침전된 RNA를 모은다. RNA 침전을 75% ethanol로 두 번 닦아내고 원심 분리한다. 다시 원심 분리하여 일회용 피펫팁으로 남아 있는 ethanol을 제거한다. 시험관 뚜껑을 열어 실험대 위에 몇 분 간 방치하여 모든 ethanol이 날아가도록 한다. 하지만 침전을 완전히 말리지는 않도록 한다.

7. 50-100 μl의 DEPC-treated H_2O를 넣어 -70℃에 RNA 용액을 보관한다.

   0.5%의 농도가 되도록 SDS 용액을 첨가하고, 65℃로 데우면 RNA의 용해가 용이하다.

8. 마지막 준비된 RNA 용액의 농도를 260 nm에서의 흡광도를 측정하여 판단한다.

프로토콜 7.3

Oligo(dT)-cellulose 크로마토그래피를 이용한 Poly(A)$^+$ RNA 분리
Selection of Poly(A)$^+$ RNA by Oligo(dT)-Cellulose Chromatography

Oligo(dT) 컬럼을 이용한 크로마토그래피는 포유동물의 세포로부터 poly(A)$^+$ RNA를 대량(〉25 μg)으로 분리하는데 많이 사용하는 방법이다. 일반적으로 Oligo(dT) 컬럼을 통과시키는 RNA의 1-10% 정도가 poly(A)$^+$ RNA로 회수된다. 이 방법의 진행은 매우 느리므로 여러 시료로부터 poly(A)$^+$를 분리 할 때는 적합하지 않은 방법이다. 이 목적에는 아래의 batch elution이 적합하다.

주의: 이 실험에 사용하는 모든 시약은 DEPC를 처리한 물로 준비하여야 한다.

MATERIALS

CAUTION: 〈!〉표시된 물질의 적절한 사용법은 Appendix 4를 참조하세요.

Reagents and Solutions

농축액, 완충액, 시료의 조성은 Appendix 1을 참조하라. 농축액은 적당한 농도로 희석하여 사용하라.

Ethanol

Ethanol (75%)

NaCl (5 M)

NaOH (10 N) 〈!〉

Elution buffer

10 mM Tris-Cl (pH 7.6)

1 mM EDTA (pH 8.0)

0.05% SDS

Elution buffer를 만드는데 사용하는 Tris-Cl, EDTA의 농축용액은 사용 전에 가압멸균 (15psi 압력에서 15분간 액체 사이클로)한 후 DEPC를 처리한 물을 사용하여 적정 농도로 희석 한다. 그리고 DEPC를 처리한 물로 준비한 SDS 농축액 (10% 또는 20%)을 첨가한다.

IMPORTANT: Elution buffer는 가압멸균에 의해 거품이 형성되므로 autoclave 하지 말아야 한다.

2× Oligo(dT)-cellulose loading buffer

40 mM Tris-Cl (pH 7.6)

1 M NaCl

2 mM EDTA (pH 8.0)

0.2% (w/v) sodium lauryl sarcosinate

다음에 설명된 대로 준비하시오.

Autoclave한 DEPC 처리하고 한 물로 Tris-Cl(pH 7.6)용액을 만든다. NaCl과 EDTA도 0.1% DEPC 〈!〉용액으로 만든다. 적어도 12시간 이상 37℃에 놓아두고 섞은 용액은 15psi 압력에서 15분간 액체 사이클로 가압멸균 한다. 멸균된 loading buffer를 준비하려면 RNase-free, Tris-Cl, NaCl 그리고 EDTA 농축액을 RNase-free 병에서 섞는다. 준비된 용액은 65℃까지 식힌 다음 30 분간 65℃에서 덥힌 10% sodium lauryl sarcosinat stock 용액을 섞는다.

또는 Tris-Cl 대신 0.05 M sodium citrate를 넣고 sodium citrate/NaCl/EDTA 와 sodium lauryl sarcosinate를 DEPC로 처리한다 (프로토콜 7.1 참조). Loading buffer는 실온에 보관한다.

Sodium acetate (3 M, pH 5.2)

멸균된 DEPC-treated H_2O (MC3, p.7.84 참조)

Nucleic Acids/ Oligonucleotides

Total cellular RNA

프로토콜 7.1 또는 7.2에 의해 준비한다.

Adapted from Chapter 7, Protocol 3, p. 7.13 of MC3.

Centrigues/Rotors/Tubes

Sorvall SS-34 rotor (4℃)

Additional Items

Cuvettes, 260 nm에서 흡광도 측정이 가능한 것

Dispo column (Bio-Rad) 또는 유리섬유(glass wool)로 막은 pasteur pipette

사용 전에 Dispo column을 DEPC (MC3, p.7.84 참고)로 처리한다. 유리섬유 (glass wool)로 막은 pasteur pipette은 300℃에서 4 시간가량 굽는다.

Oligo(dT)-cellulose은 마른 가루상태로 구입 한다 (예로, Type VII oligo (dT)-cellulose [Pfizer]

oligo(dT)-cellulose 컬럼은 4℃에 보관하며 여러 번 사용할 수 있다. 재사용할 컬럼은 1-3 단계에 설명된 것처럼, 반드시 NaOH, H_2O, 그리고 loading buffer 순으로 차례로 닦아내어 재생하여야 한다. oligo(dT)-cellulose spun 컬럼은 여러 회사의 제품이 구입가능하다.

pH paper (pH test strips[Sigma-Aldrich])

Water bath (65℃)

Additional Information

Additional methods to select poly(A)+ RNA	Protocol 7.4와 MC3, p.7.20
Oligo(dT)-cellulose	MC3, p. 7.14
핵산의 정량	MC3, pp.A8.19-A8.24
RNA 저장	MC3, p. 7.8

METHOD

1. 약 0.5-1.0 g의 oligo(dT)-cellulose를 0.1 N NaOH 용액에 부유시킨다.
2. DEPC로 처리한 Dispo column (또는 유리섬유로 마개를 하고 300℃에서 4 시간가량 구운 pasteur pipette)에 Oligo(dT)-cellulose (채운 후의 부피가 0.5-1.0 ml이 되도록)를 부어 넣는다. 컬럼 부피의 3배 이상 되는 양의 DEPC-treated H_2O로 채워진 컬럼을 씻어낸다.
3. 1× Oligo(dT)-cellulose loading buffer (2× Oligo(dT)-cellulose loading buffer를 DEPC-treated H_2O로 희석하여 사용한다.)로 흘러나온 buffer의 pH가 8.0 이하로 떨어질 때까지 컬럼을 닦는다. 이때 pH paper를 사용하여 pH를 측정한다.
4. 살균한 H_2O에 RNA를 녹이고 65℃에서 5분간 덥힌다. 용액을 실온으로 재빨리 식힌 후 동일한 양의 2× Oligo(dT)-cellulose loading buffer를 첨가한다.
5. RNA 용액을 컬럼에 가하는 즉시 flow-through (흘러나오는 용액)을 멸균한 시험관에 모은다. 모든 RNA 용액이 컬럼에 들어간 다음 컬럼 부피와 동량의 1× Oligo(dT)-cellulose loading buffer로 컬럼을 닦는다. 이때 컬럼을 통과한 1× Oligo(dT)-cellulose loading buffer도 시험관에 모은다.
6. 모든 용액이 컬럼을 빠져나오면, 모아놓은 flow-through 용액을 65℃에서 5분간 덥힌 후 다시 컬럼에 가한다. flow-through 용액을 다시 모은다.
7. 컬럼을 5-10배가 되는 양의 1× Oligo(dT)-cellulose loading buffer로 씻어낸다. 컬럼을 통과한 액체는 microfuge tube 등을 이용하여 1 ml씩 나누어 모은다.
8. 수정 cuvette이나 일회용 methacrylate cuvette을 이용하여 각 tube의 액체를 1:20으로 희석하여 260 nm에서의 흡광도를 측정한다. 이때 blank로는 1× oligo(dT)-cellulose loading buffer를 사용한다.

9. OD_{260} 흡광도가 높은 분획에 2.5 배의 −20℃ Ethanol을 가하여 침전시킨다.

10. 2−3배의 RNase−free elution buffer를 부어 poly(A)$^+$ RNA를 oligo(dT)−cellulose column으로부터 뽑아낸다. 컬럼 부피의 1/3정도 되는 양을 하나의 분획으로 모은다.

11. 수정 cuvette이나 일회용 methacrylate cuvette을 이용하여 각 분획의 260 nm에서의 흡광도를 측정한다. 용출된 RNA를 포함하는 분획을 합한다.

12. poly(A)$^+$ RNA의 순도를 높이기 위하여 RNA를 65℃에서 3분간 덥힌 후 실온 으로 재빨리 식힌다. RNA 용액의 농도를 5 M NaCl을 이용하여 0.5 M로 맞춘 후 oligo(dT)−cellulose column을 재사용하여 두 번째 chromatography를 시행한다 (즉, 3 단계와 5−11단계를 반복한다)

    oligo(dT)−cellulose column을 한번 시행하면 polyadenylated RNA와 nonpolyadenylated RNA가 약 반 씩 섞여 있다. 따라서 polyadenylated RNA는 두 번의 chromatography에 의해 순도를 높일 수 있다.

13. Oligo(dT)−cellulose column으로부터 뽑아낸 poly(A)$^+$ RNA에 최종 농도가 0.3 M이 되도록 3 M sodium acetate (pH 5.2)를 가하고 잘 섞는다. 2.5배가 되는 양의 ice−cold ethanol을 가하고 섞은 후 적어도 30분 이상 얼음에 넣어둔다.

14. 4℃에서 10,000g (9000 rpm in a Sorvall SS−34 rotor)의 속도로 15분간 원심분리하여 poly(A)$^+$ RNA를 모은다. 조심스럽게 상층액을 따라내고, 침전은 70% ethanol로 닦는다 (이때 침전된 RNA는 잘 보이지 않는다). 다시 한번 짧게 원심분리한 후 상층액은 흡출기로 빨아내어 제거하고, tube를 뚜껑을 열어 몇 분간 거꾸로 세워 놓아 남아있는 ethanol이 날아가도록 한다. 하지만 RNA를 완전히 말리지는 않도록 한다.

15. 젖은 상태의 침전을 적은 양의 멸균된 DEPC−treated H_2O에 녹이고, 수정 cuvette이나 일회용 methacrylate cuvette을 이용하여 분획의 260 nm에서의 흡광도를 측정한다. RNA를 포함하는 분획을 합한다.

16. Poly(A)$^+$ RNA를 저장 한다 (MC3, p.7.8 참조).

프로토콜 7.4

Batch 크로마토그래피를 이용한 Poly(A)$^+$ RNA 분리
Selection of Poly(A)$^+$ RNA by Batch Chromatography

많은 RNA 시료를 준비해야 하거나 적은 양의 포유류 RNA(<50μg)를 다룰 때에 적당한 방법은 batch chromatography를 이용하는 것이다. 이번 프로토콜에 설명된 방법은 polyadenylated RNA의 최대 회수를 위하여 온도, ion의 차이를 이용한 방법이다.

주의: 이 실험에 사용하는 모든 시약은 DEPC를 처리한 물로 준비하여야 한다.

MATERIALS

CAUTION: 〈!〉표시된 물질의 적절한 사용법은 Appendix 4를 참조하세요.

Reagents and Solutions

농축액, 완충액, 시료의 조성은 Appendix 1을 참조하라. 농축액은 적당한 농도로 희석하여 사용하라.

- Absorption/Washing buffer
  - TES, containing 0.5 M NaCl
- Ammonium acetate (10M) 〈!〉
- Ethanol
- Ethanol (70%)
- NaCl (5M)
- TES
  - 10 mM Tris-Cl (pH 7.5)
  - 1 mM EDTA (pH 8.0)
  - 0.1% SDS
- Sterile, DEPC-treated H_2O (MC3, p.7.84 참조)

Nucleic Acids/Oligonucleotide

- Total cellular RNA
  - 프로토콜 7.1 또는 7.2에 설명된 방법으로 준비한다.

Additional Items

- Cuvettes, 260, 280 nm에서 흡광도를 측정할 때 필요함.
- Microguge, 여러 속도로 조절 가능한
- Oligo(dT)-cellulose은 마른 가루상태로 구입 한다 (예로, Type III oligo(dT)-cellulose [Pfizer] [binding capacity, 100 OD_{260}/g])
  - 사용하기 전에 absorption/washing buffer로 프로토콜 7.3의 1-3 과정에서와 같이 equilibrate 시킨다. oligo(dT)-cellulose는 4℃에 보관하며 여러 번 사용할 수 있다.
- Rotating wheel
- Water bath (65℃ and 55℃)

Additional Information

Poly(A^+) RNA를 분리하는 다른 방법	Protocol 7.3과 MC3, p.7.20
Oligo(dT)-cellulose	MC3, p. 7.14
핵산의 정량	MC3, pp.A8.19-A8.24
RNA 저장	MC3, p. 7.8

METHOD

1. 각 tube에 있는 total RNA (최대 1 mg)의 부피를 TES로 600 µl가 되도록 맞춘다. 뚜껑을 닫고 65℃에서 10분간 데운 후 재빨리 0℃로 식힌다. 5 M NaCl을 75 µl (0.1 배 부피)씩 각 tube에 가한다.
2. 준비된 oligo(dT)-cellulose 50 mg (500µl)을 각 tube에 가한 후 뚜껑을 닫고 실온에서 15분간 rotating wheel에서 incubation한다.
3. Microfuge로 600-800g (~1500-2500 rpm) 속도로 2분간 tube를 원심분리 한다.
4. 상층액을 새 tube에 옮겨 얼음에 놓아둔다.
5. oligo(dT)가 남아 있는 원래의 tube에 1 ml 씩의 ice-cold absorption/washing buffer를 가한다. 가볍게 vortex하여 oligo(dT) 침전을 부유시킨다. 뚜껑을 닫고 실온에서 2분간 회전 wheel에서 incubation 한다.
6. Microfuge로 600-800g (~1500-2500 rpm) 속도로 2분간 tube를 원심분리 한다. 상층액은 버리고 5, 6번 과정을 두 번 더 되풀이 한다.
7. Oligo(dT) 침전을 0.4 ml의 두 번 증류된 ice-cold 멸균 H_2O에 가볍게 vortex하여 부유시킨다. 부유시킨 즉시 microfuge를 이용하여 4℃에서 2분간 원심분리 한다.
8. 상층액을 흡출기로 빨아내어 제거한다.
9. 결합된 poly(A)$^+$ RNA는 oligo(dT)-cellulose 침전을 400 µl의 멸균 H_2O에 (두 번 증류된) 다시 풀어서 회수 한다. oligo(dT)-cellulose 부유액은 55℃에서 5분간 incubate 하고 4℃에서 2분간 원심분리 한다.
10. 상층액은 새 tube에 옮기고 9번 과정을 두 번 더 되풀이 한 후 상층액을 tube에 함께 모은다.
11. 상층액 부피의 0.2배 양의 10 M ammonium acetate와 2.5배되는 ethanol을 모아놓은 상층액에 가하고 -20℃에서 30 분간 incubation 한다.
12. 4℃에서 microfuge의 최대 속도로 15분간 원심 분리하여 poly(A)$^+$ RNA를 모은다. 조심스럽게 상층액을 따라내고, 침전은 70% ethanol로 닦는다 (이때 침전된 RNA는 잘 보이지 않는다). 다시한번 짧게 원심 분리한 후 상층액은 흡출기로 빨아내어 제거하고, tube를 뚜껑을 열어 몇 분간 거꾸로 세워 놓아 남아 있는 ethanol이 날아가도록 한다.
13. RNA를 적은 양의 멸균된 H_2O에 녹인다.
14. 260nm에서의 흡광도를 측정하여 RNA 농도를 계산한다.
15. 준비된 RNA를 저장한다 (MC3, p.7.8 참조).

프로토콜 7.5

크기에 따른 RNA의 분리: agarose-gel에서의 Glyoxylated RNA의 전기영동
Separation of RNA According to size: Electrophoresis of Glyoxylated RNA through Agarose Gels

크기에 따른 RNA의 분리는 northern blotting과 hybridization(혼성화)의 첫 관문이다. 이 프로토콜에 설명된 방법은 glyoxal에 의한 RNA의 변성, ethidium bromide에의한 발색, 그리고 agarose gel 전기영동에 의한 glyoxal–RNA–ethidium bromide 결합체의 분리이다.

주의: 이 실험에 사용하는 모든 시약은 DEPC를 처리한 물로 준비하여야 한다.

MATERIALS

CAUTION: 〈!〉표시된 물질의 적절한 사용법은 Appendix 4를 참조하세요.

Reagents and Solutions

농축액, 완충액, 시료의 조성은 Appendix 1을 참조하라. 농축액은 적당한 농도로 희석하여 사용하라.

Glyoxal reaction mixture

- 6 ml of DMSO 〈!〉, HPLC grade or better
- 2 ml of Glyoxal, deionized
- 1.2 ml of 10× BPTE electrophoresis buffer
- 0.6 ml of 80% glycerol in H_2O
- 0.2 ml of ethidium bromide (10 mg/ml in H_2O) 〈!〉

작은 양으로 분주하여 – 70℃에 보관한다.

Nucleic Acids/ Oligonucleotides

RNA 시료 (1–2 μl의 DEPC–treated H_2O 에 ~ 10 μg의 RNA가 포함 되도록)

RNA size marker

RNA ladders는 New England BioLabs 등 회사의 상품을 구할 수 있다.

Gel/loading Buffer

10× BPTE electrophoresis buffer (pH~6.5)

- 100 mM PIPES
- 300 mM Bis–Tris
- 10 mM EDTA (pH 8.0)

3 g의 PIPES(free acid), 6 g의 Bis–Tris (free base), 그리고 2 ml의 0.5 M EDTA를 90 ml의 증류수에 가한다. 그 용액을 37℃에서 0.1% DEPC로 1시간 처리한 후 가압 멸균 한다.

Horizontal agarose gel, 1× BPTE electrophoresis buffer에 cast된

1.5% gel은 0.5–8.0 kb 크기에 해당하는 RNA를 분리하는데 적당하다. 크기가 더 큰 RNA를 분리 하려면 10% 또는 1.2%의 gel을 사용한다.

RNA gel–loading buffer

- 95% (w/v) deionized formamide 〈!〉
- 0.025% (w/v) bromophenol blue
- 0.025% (w/v) xylene cyanol FF
- 5 mM EDTA (pH 8.0)
- 0.025% (w/v) SDS

Additional Items

Gel electrophoresis tank

특정 전기영동 장치를 RNA용으로만 사용하여야 한다. 사용할 때 마다 매번 tank와 comb을 세제로 닦고, H_2O로 헹군 후 ethanol로 말린다. 그리고 3% H_2O_2용액으로 10분간 처리한다. 마지막으로 tank와 comb을 0.1% DEPC

처리한 물로 헹군다.

Ruler, 투명한 자

UV transilluminator

Water bath (55℃)

Additional Information

준비하는 RNA의 질을 확인하는 방법	MC3, p. 7.30
Diethlypyrocarbonate (DEPC)	MC3, p. 7.84
Glyoxal	MC3, pp. 7.27–7.28
RNase를 어떻게 처리하느냐	MC3, p. 7.82
RNase inhibitor	MC3, p. 7.83
Markers: RNA 분리 gel에 사용하는	MC3, p. 7.23
크기에 따른 RNA 분리	MC3, pp. 7.21–7.22

METHOD

1. Glyoxal을 이용한 변성반응을 다음과 같이 준비한다. 멸균된 microfuge tube에 다음을 섞는다.

RNA (10 μg 이하)	1–2 μl
glyoxal reaction mixture	10 μl

gel의 각 lane마다 최대 10 μg의 RNA를 분석할 수 있다. 많이 발현되는 mRNA (전체 mRNA의 0.1% 또는 그 이상을 차지하는)는 10 μg의 total celluar RNA를 사용하면 northern 분석에 의해 충분히 확인할 수 있다. 적은양이 발현되는 RNA는 적어도 1.0 μg의 poly$(A)^+$ RNA를 사용하여야 확인가능하다. RNA size marker도 분석하는 시료와 같은 방법으로 glyoxal reaction mixture로 준비한다.

2. Micofuge tube의 뚜껑을 닫고 RNA 용액을 55℃에서 60분간 incubation 한다. 얼음에서 시료를 10분간 식힌 다음, tube 벽에 묻어 있는 액체를 약 5초 정도 원심분리하여 모은다.
3. 시료를 incubation하는 동안 horizontal electrophoresis box에 agarose gel을 준비한다. gel을 1mm 이상 덮을 만큼의 충분한 양의 1× BPTE electrophoresis buffer를 붓는다.
4. RNA gel-loading buffer 1–2 μl를 glyoxylated RNA 시료에 첨가한 후 즉시 gel의 well에 loading 한다. 이때 양 끝의 well은 남겨 놓았다가 RNA size marker를 loading한다.
5. Bromophenol blue가 약 8cm 정도 움직일 때까지 5 V/cm로 전기영동한다.
6. UV transilluminator 위에 크린랩을 깔고 그 위에 gel을 올려놓고 RNA를 확인한다. Gel 옆에 투명자를 배치한 후 UV illumination 아래에서 사진을 찍는다.
7. Gel 사진에서 RNA band의 이동 거리를 측정하다. RNA 크기의 $\log_{10}$ [$\log_{10}$크기]값과 이동 거리를 X, Y 축으로 하여 그래프를 그린다. 이 그래프를 이용하여 northern blot에서 확인한 RNA band의 크기를 계산한다.
8. Gel의 RNA는 프로토콜 7.7의 방법 (capillary transfer)에 의하여 고형지지물에 고정시키는 과정을 진행한다.

프로토콜 7.6

크기에 의한 RNA의 분리: Formaldehyde를 포함한 agarose-gel에서의 RNA의 전기영동

Separation of RNA According to Size: Electrophoresis of RNA through Agarose Gel Containing Formaldehyde

크기에 따른 RNA의 분리는 northern blotting과 hybridization의 첫 관문이다. 이 프로토콜에 설명된 방법은 RNA를 변성시키는데 formaldehyde를 사용하고, ethidium bromide로 염색 한 후 2.2 M formamide를 포함하는 agarose gel 전기영동에 의한 formaldehyde-RNA-ethidium bromide 결합체를 분리하는 방법이다.

주의: 이 실험에 사용하는 모든 시약은 DEPC를 처리한 물로 준비하여야 한다.

MATERIALS

CAUTION: 〈!〉표시된 물질의 적절한 사용법은 Appendix 4를 참조하세요.

Reagents and Solutions

농축액, 완충액, 시료의 조성은 Appendix 1을 참조하라. 농축액은 적당한 농도로 희석하여 사용하라.

Ethidium bromide (200 μg/ml in DEPC-treated H_2O)〈!〉

Formaldehyde (37-40%, w/v; 12.3 M) 〈!〉

만약 formaldehyde의 pH가 4.0 이하이거나, 노란색을 띄면, Bio-Rad AG-501-X8이나 Dowex HG8 resin이 섞인 resin을 이용하여 deionize한다.

Formamide (deionized) 〈!〉

Nucleic Acids/ Oligonucleotides

RNA 시료 (1-2 μl의 DEPC-treated H_2O 에 ~ 20 μg의 RNA가 포함 되도록)

RNA size marker

RNA ladders는 New England BioLabs 등 회사의 상품을 구할 수 있다.

Gel/loading Buffers

Agarose gel (1.5%) 2.2 M Formaldehyde 포함

1.5% gel은 0.5-8.0 kb 크기의 RNA를 분리하는데 적당하다. 더 큰 RNA는 1.0% 또는 1.2%의 gel을 사용하여 분리한다. 1.5 g의 agarose를 72 ml의 H_2O에 녹인다. agarose 용액을 55℃까지 식힌 후 10 ml의 10× MOPS electrophoresis buffer와 18 ml deionized formamide를 첨가한다. gel을 cast에 부은 후 1시간이상 실온에 놓아둔 후 시료를 loading할 때 까지 클린 랩으로 싸놓는다.

10× Formaldehyde gel-loading buffer

50% glycerol, diluted in DEPC-treated H_2O

10 mM EDTA (pH8.0)

0.25% (w/v) bromophenol blue

0.25% (w/v) xylene cyanol FF

10× MOPS electrophoresis buffer 〈!〉

0.2 M MOPS (pH 7.0) 〈!〉

20 mM sodium acetate

10 mM EDTA (pH8.0)

41.8 g의 MOPS (3-[N-morpholino]propanesulfonic acid)를 700 ml의 멸균된 DEPC-treated H_2O에 녹인다. 2 N NaOH 용액으로 pH 7.0이 되도록 맞춘다. 20 ml의 DEPC-treated 1 M sodium acetate와 20 ml의 DEPC-treated 0.5 M EDTA를 첨가한다. 전체 부피를 DEPC-treated H_2O로 1 L가 되도록 맞춘다. 이 용액을 0.45-μm 필터로 거른 후 빛을 차단하여 실온에 보관한다.

Additional Items

Gel electrophoresis tank

Adapted from Chapter 7, Protocol 6, p. 7.31 of MC3.

특정 전기영동 장치를 RNA용으로만 사용하여야 한다. 매번 사용할 때마다 tank와 comb을 세제로 닦고, H_2O로 헹군 후 ethanol로 말린다. 그리고 3% H_2O_2용액으로 10분간 처리한다. 마지막으로 tank와 comb을 0.1% DEPC 처리한 물로 헹군다.

Ruler, 투명한 자

UV transilluminator

Water bath (55℃ 또는 85℃)

Additional Information

준비하는 RNA의 질을 확인하는 방법	MC3, p. 7.30
Diethlypyrocarbonate (DEPC)	MC3, p. 7.84
Formaldehyde	MC3, p. 7.31
RNase를 어떻게 처리하느냐	MC3, p. 7.82
RNase inhibitor	MC3, p. 7.83
Markers: RNA 분리 gel에 사용하는	MC3, p. 7.23
크기에 따른 RNA 분리	MC3, pp. 7.21–7.22

METHOD

1. 변성화 반응을 다음과 같이 준비한다. 멸균된 microfuge tube에 섞는다:

RNA (최대 20 μg)	2.0 μl
10× MOPS electrophoresis buffer	2.0 μl
formaldehyde	4.0 μl
formamide	10.0 μl
ethidium bromide (200 μg/ml)	1.0 μl

gel의 각 lane 당 최대 20 μg의 RNA를 분석 할 수 있다. 많이 발현되는 mRNA (전체 mRNA의 0.1% 또는 그 이상을 차지하는)는 10 μg의 total celluar RNA를 사용한 northern 분석에 의해 충분히 확인할 수 있다. 적은 양이 발현되는 RNA는 적어도 1.0 μg의 poly$(A)^+$ RNA를 사용하여야 확인가능하다. RNA size marker도 분석하는 시료와 같은 방법으로 준비하여야 한다.

2. Micofuge tube의 뚜껑을 닫고 RNA 용액을 55℃에서 60분간 incubation 한다. 얼음에서 시료를 10분간 식힌 다음, tube 벽에 묻어 있는 액체를 약 5초 정도 원심분리하여 모은다.
3. Formaldehyde gel loading buffer (10×) 2 μl를 각 시료에 가하고, tube를 얼음에 꽂아 둔다.
4. Horizontal electrophoresis box에 agarose/formaldehyde gel을 준비한다. Gel을 1mm 정도 덮을 만큼의 1× MOPS electrophoresis buffer를 붓는다. 5V/cm로 5분간 gel을 전기영동한 다음 각 well에 시료를 loading 한다. 양끝의 well은 남겨 놓았다가 RNA size marker를 loading한다.
5. 1× MOPS electrophoresis buffer에 gel이 잠긴 채로 Bromophenol blue가 약 8cm 정도 움직일 때 (약 4–5 시간) 까지 4–5 V/cm로 전기영동한다.
6. UV transilluminator 위에 크린랩을 깔고 그 위에 gel을 올려놓고 RNA를 확인한다. Gel 옆에 투명자를 배치한 후 UV illumination 아래에서 사진을 찍는다.
7. Gel 사진에서 RNA band의 이동 거리를 측정하다. RNA의 크기의 $\log_{10}$ 값과 이동 거리를 X, Y 축으로 하여 그래프를 그린다. 이 그래프를 이용하여 northern blot에서 확인한 RNA band의 크기를 계산한다.
8. RNA는 프로토콜7.7의 방법에 의하여 고형지지물에 고정시키는 과정을 진행한다.

프로토콜 7.7

변성된 RNA의 막으로의 이동 및 고정
Transfer and Fixation of Denaturated RNA to Membrane

이 프로토콜에서는 모세관 현상을 이용하거나, 중성, 또는 알칼리성의 buffer를 이용하여 agarose의 RNA를 중성, 또는 양전기를 띈 nylon membrane 으로 옮기는 과정을 설명하고 있다. RNA는 양전기를 띈 nylon membrane과는 공유결합이 형성되어 고정 된다. 하지만 중성 membrane에 RNA를 고정하려면 UV를 쬐거나 열을 가해야한다.

주의: 이 실험에 사용하는 모든 시약은 DEPC를 처리한 물로 준비하여야 한다.

MATERIALS

CAUTION: 〈!〉표시된 물질의 적절한 사용법은 Appendix 4를 참조하세요.

Reagents and Solutions

농축액, 완충액, 시료의 조성은 Appendix 1을 참조하라. 농축액은 적당한 농도로 희석하여 사용하라.

- Ammonium acetate (0.1 M) with 0.5 μg /ml ethidium bromide 〈!〉
- Methylene blue (0.02% [w/v] in 0.3 M sodium acetate [pH 5.5])
- Soaking solution (극성을 띈 Nylon membrane을 사용할 때는 0.01 N NaOH를 3 M NaCl과 섞어 사용한다; 기타 극성을 띄지 않는 memebrane을 사용할 때는 0.05 N NaOH를 사용한다 〈!〉)
- 20× SSC
- 0.2× SSC with 1% (w/v) SDS
- Transfer buffer (전기를 띄는 membrane에 사용하는 alkaline transfer에는 0.01N NaOH 〈!〉를 3M NaCl과 섞어서; 기타 극성을 띄지 않는 membrane에 옮길때는 20× SSC를 사용한다.

Nucleic Acids/ Oligonucleotides

- Agarose gel로 분리된 RNA (프로토콜 7.5, 7.6)

Additional Items

- Blotting paper (예로 Sigma-Aldrich P9039)
- Cross-linking device (예로 Stratalinker [Stratagene]) 또는 microwave oven 또는 진공 오븐
- 유리로 된 baking dish
- Nylon memebrane (+ charge를 띈 것 혹은 극성이 없는 것)
- Platform shaker
- Plexiglas 또는 glass plate
- 해부 칼날
- 두꺼운 blotting paper (Whatman 3MM)
- 가시광선 범위의 light box
- 무게가 나가는 물건, 추와 같은 (~400 g)
- Yellow filter for photography

Additional Information

대체 가능한 프로토콜 (Capillary Transfer by Downward Flow)	MC3, p.7.41
Southern 또는 northern hybridization 의 background와 이를 줄이는 방법	MC3, p7.45, 표 7.5
준비하는 RNA의 질을 확인하는 방법	MC3, p. 7.30
RNase를 어떻게 처리하느냐	MC3, p. 7.82
RNase inhibitor	MC3, p. 7.83
Markers: RNA 분리 gel에 사용하는	MC3, p. 7.23
Northern hybridization에 사용하는 membrane	MC3, pp.7.23-7.25

METHOD

1. (선택가능) 다음 중 적당한 soaking solution을 선택하여, RNA가 분리되어 있는 gel을 담가 RNA를 부분 가수분해한다.

극성을 띄지 않는 nylon membrane에 transfer 할 때

   a. DEPC-treated H_2O 로 gel을 헹군다.
   b. Gel의 5 배 되는 양의 0.05 N NaOH에 gel을 20분간 담근다.
   c. Gel의 10 배 되는 양의 20x SSC로 gel을 옮겨 40분간 놓아둔다.
   d. capillary transfer에 의해 극성을 띄지 않는 nylon membrane에 옮길 때는 시간을 더 이상 지체하지 말고 2번 과정을 진행한다.

극성을 띄는 nylon membrane에 transfer 할 때

   a. DEPC-treated H_2O 로 gel을 헹군다.
   b. Gel의 5 배 되는 양의 0.01 N NaOH/3 M NaCl에 gel을 20 분간 담근다.
   c. capillary transfer에 의해 극성을 띄는 nylon membrane에 옮길 때는 시간을 더 이상 지체하지 말고 2번 과정을 진행한다.

2. 처리된 gel을 유리로 된 baking dish에 옮기고 해부 칼날을 이용하여 RNA을 포함하지 않아 사용하지 않아도 되는 gel을 잘라낸다. RNA를 transfer할 때 membrane의 꼭대기와 gel의 꼭대기가 일치하도록 gel의 홈 부분을 자른다. 왼쪽 아래 귀퉁이를 삼각형 모양으로 잘라 방향을 표시한다.
3. 유리로 된 plate나 plexiglas를 지지대로 설치한 후 그 위에 두꺼운 blotting paper 한 장을 깐다. 이때 유리 지지대는 준비된 gel 보다 길고 넓은 크기여야 한다. blotting paper의 끝자락이 지지대의 끝에서 충분히 늘어지게 하여야 한다. 준비된 지지대를 baking dish안에 넣는다. (그림 7-1을 보시오)
4. Baking dish에 사용할 transfer buffer를 채운다 (양전하를 띠고 있는 membrane을 사용할 때는 0.01 N NaOH/3 M NaCl을, 비극성 membrane을 사용할 때는 20x SSC를). Buffer는 거의 지지대 높이까지 채운다. Blotting paper가 충분히 젖으면 유리봉이나 pipette을 이용하여 지지대와 blotting paper 사이의 기포를 종이를 밀어서 제거한다.

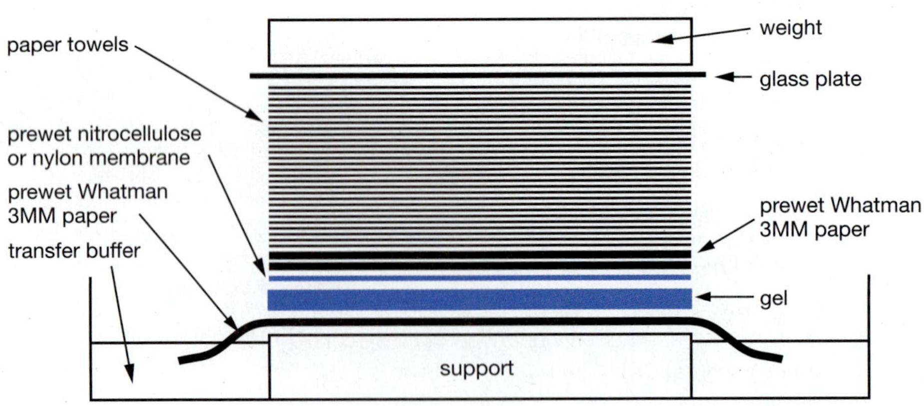

그림 7-1 Upward Capillary Transfer

Agarose gel에서 membrane으로 핵산을 capillary transfer는 바닥의 buffer tank에서 ge을 통과하여 위에 쌓아 놓은 paper towel로 이동하는 buffer에 의해 가능하다. 핵산은 buffer의 흐름을 따라 gel로부터 용출되어 nitrocellulose membrane 이나 nylon membrane에 남게 된다. Paper towel의 윗부분에 놓인 weight는 겹겹이 놓인 층 들 사이의 밀착에 필요하다.

양전하를 띄고 있는 membrane을 사용할 때는 alkaline transfer buffer (0.01 N NaOH/3 M NaCl)를, 비극성 membrane을 사용할 때는 neutral transfer buffer 20× SSC가 이용된다.

5. 사용하지 않았던 새 scalpel이나 종이칼을 이용하여 nylon membrane을 gel 보다 양방향 각각 1 mm 정도 더 큰 크기로 자른다.
6. Nylon membrane을 deionized H_2O가 담긴 접시에 띄워놓아 물이 충분히 스며들도록 한 후, 10× SSC에 5분 이상 담가둔다. Gel과 membrane의 방향을 맞추기 위해 깨끗한 scalpel로 membrane의 귀퉁이와 gel의 귀퉁이를 자른다.
7. 조심스럽게 뒤집어 gel을 blotting paper의 가운데에 올려놓는다.
8. Gel의 주위를 크린랩이나 parafilm으로 덮는다. (gel은 절대로 덮으면 안 된다.)
9. Gel의 윗면을 사용하려는 tanasfer buffer로 적신 후 적셔놓은 nylon membrane을 자른 귀퉁이를 서로 맞추어 gel 위에 위치시킨다. membrane의 한 모서리는 반드시 gel의 slot 윗 쪽으로 여유를 두고 위치시킨다.

   IMPORTANT: 일단 gel의 표면을 membrane으로 덮은 후에는 membrane을 움직이지 않도록 한다. Gel과 membrane 사이에 기포가 없는지도 확인한다.

10. 두 장의 blotting paper를 gel과 꼭 같은 크기로 잘라 사용하는 transfer buffer에 적신 후, nylon membrane 위에 덮는다. 유리봉을 이용하여 membrane 과 blotting paper 사이의 공기 방울을 밀어서 제거한다.
11. Blotting paper 보다 약간 작은 크기로 접거나 자른 paper towel을 5–8 cm 높이로 쌓는다. Paper towel 위에 유리판을 놓고 그 위에 400g 정도의 무게를 얹는다.
12. Neutral transfer buffer에서는 4시간 까지 (4시간을 넘지 않도록 한다). alkaline transfer buffer에서는 1시간 정도 있으면 RNA의 transfer가 이루어진다.
13. Capillary transfer system을 해체 한다. 볼펜으로 membrane에 slot의 위치를 표시한다. Membrane을 약 300 ml의 6× SSC (23℃)가 담긴 glass tray로 옮긴다. Glass tray를 platform shaker 위에 놓고 5분 정도 천천히 흔든다.
14. Membrane을 6x SSC 용액에서 꺼낸 후 마른 blotting paper 위에 몇 분간 놓아둔다. membrane의 RNA가 있는 부분이 위를 향하게 한다.
15. 만약 RNA를 UV로 고정시켜야하면 16번 과정을 먼저 진행한다; 아닌 경우에는 membrane을 염색한다.
    a. 젖은 membrane을 methylene blue 용액이 담긴 glass tray에 넣는다. membrane은 rRNA가 보일 정도의 시간동안 염색한다 (~ 3–5 분).

       염색과 고정의 순서는 transfer 방법, membrane의 종류, 고정 방법에 따라 결정된다. 왜냐면 alkaline transfer에 의하여 RNA가 (+) charge를 띈 nylon membrane에 공유 결합에 의해 붙게 되므로 염색과정 전의 고정단계가 불필요하다. 전기를 띄지 않는 nylon membrane에 neutral transfer로 옮겨진 RNA는 염색을 한 후, 진공 오븐에서 열을 가하거나 microwave oven에 의해 membrane에 고정시켜야 한다. 만약 RNA를 UV를 쬐여 membrane에 고정 시키려 한다면, 고정과정 후에 염색과정을 진행한다. (표 7–3 참조)

    b. 노란 필터를 낀 가시광선 등을 비추고 염색된 membrane의 사진을 찍는다.
    c. 사진을 찍은 후 0.2× SSC에 1%(w/v) SDS가 포함된 용액으로 실온에서 15분간 탈염색 한다.

       alkaline transfer에 의하여 (+) charge를 띈 nylon membrane에 옮겨진 RNA는 연이어 혼성화 과정 (protocol 7.8)을 진행 시킨다. membrane을 혼성화 과정에 바로 사용하지 않을 경우에는 잘 말린 후 알루미늄 포일 이나 blotting paper로 느슨하게 싼 후 실온에 보관한다. 진공상태에서의 보관이 바람직하다.

표 7-3 RNA의 염색과 membrane에의 고정과정 순서

MEMBRANE 종류	고정 방법	과정의 순서
positively charged nylon	alkaline transfer	1. methylene blue로 염색 2. prehybridization을 진행
uncharged nylon 또는 positively charged nylon (nonalkaline transfer)	UV irradiation (과정 16 참조)	1. UV로 RNA 고정 2. methylene blue로 염색 3. prehybridization을 진행
uncharged nylon 또는 positively charged nylon (nonalkaline transfer)	진공 오븐에서 baking 또는 microwave 오븐 (과정 16 참조)	1. methylene blue로 염색 2. membrane baking 3. prehybridization을 진행

16. uncharged nylon 또는 (+) charged nylon (nonalkaline transfer)에 RNA를 고정 시킨다.

Baking에 의한 고정

- membrane을 공기 중에서 마르도록 놓아두었다가 두 장의 blotting paper 사이에 membrane을 넣고 80℃의 진공 오븐에서 2시간 동안 baking 한다.

  또는

- 젖은 membrane을 두 장의 마른 blotting paper 사이에 끼워 microwave oven에서 최대 출력으로 2-3분간 가열한다. (750-900 W)

  바로 혼성화 과정(protocal 7.8)을 진행한다. membrane을 혼성화 과정에 바로 사용하지 않을 경우에는 잘 말린 후 알루미늄 포일 이나 blotting paper로 느슨하게 싼 후 실온에 보관한다. 진공상태에서의 보관이 바람직하다.

UV 조사에 의한 고정 (cross-link)

a. 염색하지 않은 젖은 membrane을 두 장의 마른 blotting paper 사이에 끼우고, cross-linking기계에 넣은 후 254 nm에서 1.5 J/cm^2 의 강도로 1분 45초 동안 조사한다.

b. UV를 조사한 후 과정 15에 나와 있는 방법으로 membrane을 methylene blue로 염색한다.

   바로 혼성화 과정(protocal 7.8)을 진행한다. membrane을 혼성화 과정에 바로 사용하지 않을 경우에는 잘 말린 후 알루미늄 포일 이나 blotting paper로 느슨하게 싼 후 실온에 보관한다. 진공상태에서의 보관이 바람직하다.

프로토콜 7.8

Northern Hybridization

이번 프로토콜에서는 phosphate-SDS buffer를 사용하는 높은 stringency 의 northern hybridization 방법을 설명하고 있다. 비록 여러 종류의 다양한 구성이 가능하나 혼성화 과정에는 밀봉 가능한 봉투, roller bottle, 플라스틱 상자 등이 이용된다.

주의: 이 실험에 사용하는 모든 시약은 DEPC를 처리한 물로 준비하여야 한다.

MATERIALS

CAUTION: 〈!〉표시된 물질의 적절한 사용법은 Appendix 4를 참조하세요.

Reagents and Solutions

농축액, 완충액, 시료의 조성은 Appendix 1을 참조하라. 농축액은 적당한 농도로 희석하여 사용하라.

- HCl (3 N) (선택적; 2 단계 참고)
- NaOH (3 N) 〈!〉 (선택적; 2 단계 참고)
- Prehybridization/hybridization solution
  - 0.5 M sodium phosphate (pH 7.2)
  - 7% (w/v) SDS
  - 1 mM EDTA (pH 8.0)
- SSC (0.5×, 1×, 그리고 2×)
- SSC (0.1×) with 0.1% (w/v) SDS (선택적; 4 단계 참고)
- Tris-Cl (1 M, pH 7.2) (선택적; 2 단계 참고)

Nucleic Acids/ Oligonucleotides

- Probe DNA 또는 RNA, in vitro에서 32P로 높은 specific activity (〉 2×10^8 cpm/μg)를 나타내도록 label 된 것.
  - 가장 높은 감지력을 나타내는 probe는 single-stranded probe이다. (이를 위한 준비는 9장의 protocol을 참조하시오)
- RNA, nylon membrane에 고정된 것 (protocol 7.7)

Radioactive Compound

- [α-^{32}P]dNTP 또는 rNTP (구입 가능한 가장 높은 specific activity 가진 것)〈!〉

Additional Items

- Blotting paper (예로 Whatman 3MM)
- Boiling-water bath
- Prehybridization, hybridization, 그리고 washing 과정에 사용할 용기 (예로, Seal-a-Meal bags, plastic 상자, rotating wheels)
- Autoradiography 또는 phosphoimaging에 필요한 물품
- Water bath (68℃)
- Water bath (hybridization 온도로 조절 가능한)

Additional Information

선택적 방법(Capillary Transfer by Downward Flow)	MC3, p.7.41
Autoradiography and phosphorimaging	MC3, pp.A9.11-9.15
Southern 또는 northern hybridization 의 background를 적게 하는 방법	MC3, p7.45, 표 7.5
준비하는 RNA의 질을 확인하는 방법	MC3, p. 7.30

Adapted from Chapter 7, Protocol 8, p. 7.42 of MC3.

RNase를 어떻게 처리하느냐	MC3, p. 7.82
RNase inhibitor	MC3, p. 7.83
Markers: RNA 분리 gel에 사용하는	MC3, p. 7.23
Northern hybridization에 사용하는 membrane	MC3, pp.7.23–7.25

METHOD

1. Membrane을 prehybridization 용액(68℃)에 2 시간 동안 incubation 한다.
2. 만약 double-strand probe을 사용한다면, ^{32}P로 label된 double-strand probe은 100℃에서 5분간 가열하여 변성화 시킨 후 즉시 얼음물에 담가 둔다.

   다른 방법으로 probe를 0.1 배 되는 양의 3 N NaOH를 첨가하여 변성화 시킨다. 5 분간 실온에 놓아두었다가 얼음물로 옮긴 후 0.05 배의 1 M Tris-Cl (pH 7.2)와 0.1 배의 3 N HCl을 가한다. 사용할 때까지 얼음물에 놓아둔다.

3. ^{32}P로 label된 변성화 시킨 probe 또는 single-strand probe을 prehybridization 용액에 직접 첨가한다. 적정 온도에서 12–16 시간 incubation 시킨다.

   적은 양이 발현되는 mRNA를 감지하기 위해서는, 2×10^8 cpm/μg 보다 높은 activity를 나타내는 probe이 적어도 0.1 μg이 필요하다. 감지하고자 하는 유전자와 동일한 염기 서열을 가지지 않는 probe를 이용하는 낮은 stringency hybridization을 행할 경우에는 혼성화 반응을 낮은 온도 (37–42℃)에서 실행한다. 이때의 hybridization buffer의 조성은 50% deionized formamide, 0.25 M sodium phosphate (pH 7.2), 0.25 M NaCl, 그리고 7 % SDS이다.

4. 혼성화 반응 후 membrane을 용기에서 꺼내어 재빨리 실온의 1× SSC, 0.1% SDS 용액 100–200 ml이 담긴 용기로 옮긴다. 뚜껑을 덮고 platform shaker에서 10 분간 가볍게 진탕한다.

   IMPORTANT: washing 과정중 절대로 membrane이 마르는 일이 없도록 한다. 만약 single-stane probe를 사용하였다면 용액의 SDS 농도를 1%로 증가시킨다. Formamide를 포함한 buffer에서 낮은 stringency로 hybridization을 하였다면, membrane을 23℃에서 2× SSC로 한번 헹군 후 이어서 2× SSC, 0.1% SDS를 포함한 0.5× SSC에 그리고 0.1% SDS를 포함한 0.1× SSC에 각각 15분간 23℃에서 헹군다. 마지막으로 1% SDS를 포함한 0.1× SSC로 50℃에서 헹군다.

5. Membrane을 0.5× SSC, 0.1% SDS 용액 100–200 ml (미리 68℃로 데워 놓은)이 담긴 새용기로 옮긴다. 이것을 68℃에서 10 분간 천천히 흔든다.
6. 5번 과정을 두 번 더 시행하여 68℃에서 3번의 washing을 한다.
7. Membrane을 blotting paper위에서 말리고, X-ray film (Kodak XAR-5 또는 사용 가능한)에 –70℃에서 24–48 시간 노출하여 autoradiograph를 얻는다. 이때 intensifying screen을 사용한다.

   Tungstate-based intensifying screen이 rare-earth screen 보다 효율이 좋다. 또는 phosphorimager를 이용하여 memebrane의 상을 얻을 수 있다.

프로토콜 7.9

정제된 RNA의 dot, slot hybridization
Dot and Slot Hybridization of Purified RNA

RNA의 dot blotting은 순수하게 정제된 RNA를 glyoxal 또는 formaldehyde로 변성화시킨 후 즉시 진공을 이용하여 nylon membrane에 loading하여 실행하면 좋은 결과를 얻을 수 있다.

주의: 이 실험에 사용하는 모든 시약은 DEPC를 처리한 물로 준비하여야 한다.

MATERIALS

CAUTION: 〈!〉표시된 물질의 적절한 사용법은 Appendix 4를 참조하세요.

Reagents and Solutions

농축액, 완충액, 시료의 조성은 Appendix 1을 참조하라. 농축액은 적당한 농도로 희석하여 사용하라.

- NaOH (10 N) 〈!〉
- Prehybridization/hybridization solution
  - 0.5 M sodium phosphate (pH 7.2)
  - 7% (w/v) SDS
  - 1 mM EDTA (pH 8.0)
- RNA denaturation solution
  - 660 μl의 formamide〈!〉 (deionized; 프로토콜 7.8참조)
  - 210 μl의 formaldehyde (37% w/v)〈!〉(deionized; 프로토콜 7.8 또는 p.707참조)
  - 130 μl의 10x MOPS electrophoresis buffer (pH7.0) 〈!〉 (deionized; 프로토콜 7.8 또는 p.706 참조)
- SSC (0.5×, 1×, 2× 그리고 20×)
- SSC (0.1×) 0.1% 또는 1.0% (w/v) SDS 포함

Nucleic Acids/ Oligonucleotides

Probe DNA 또는 RNA, in vitro에서 ^{32}P로 높은 specific activity (〉 2 × 10^8 cpm/μg)를 나타내도록 label 된 것.

가장 높은 감지력은 single-stranded probe을 사용하면 좋다. 아주 드물지 않은 (보통-많은 양 발현되는) mRNA는 한 slot에 5 μg의 total cellular RNA를 적재하였을 때 single-stranded probe으로 감지가능하다. 적은 양 발현되는 RNA (1-5 분자/세포)도 각 slot에 적어도 1 μg의 정제된 poly(A)$^+$ RNA를 loading하고 염기서열이 일치하는 probe를 사용하면 감지할 수 있다. (probe의 준비는 9장의 프로토콜을 참조)

RNA 시료, 스탠더드, 그리고 대조군 RNA

프로토콜 7.1-7.4에 설명된 방법으로 시료를 준비한다. Dot-blot 기구의 모든 slot은 10 μl의 DEPC-treated H_2O에 녹인 동일한 양의 RNA를 담고 있어야 한다. 스탠더드는 방사성 표지된 probe과 상보적인 염기 서열을 포함하지 않는 대조군RNA를 각각 방사성 표지되지 않은 sense-strand RNA와 다양한 비율로 혼합하여 준비한다.

Radioactive Compound

[α-^{32}P]dNTP 또는 rNTP (구입 가능한 가장 높은 specific activity 가진 것)〈!〉

Additional Items

- Blotting 기구/ dot 또는 slot blotting
- Blotting paper (예로 Whatman 3MM)
- Boiling water bath
- Prehybridization, hybridization, 그리고 washing 과정에 사용할 용기 (예로, Seal-a-Meal bags, plastic 상자, rotating wheels)
- Cross-linking device (예로 Stratalinker [Stratagene]) 또는 microwave oven 또는 진공 오븐
- Glass dish
- Autoradiography 또는 phosphoimaging에 필요한 물품

Nylon membrane (양 전기를 띄고 있는)
Plastic box (hybridization 후 washing에 필요함)
Water bath 또는 hybridization chamber (65℃와 50℃)

Additional Information

Autoradiography and phosphorimaging	MC3, pp.A9.11-9.15
Southern 또는 northern hybridization 의 background를 적게하는 방법	MC3, p7.45, 표 7.5
준비하는 RNA의 질을 확인하는 방법	MC3, p. 7.30
정제된 RNA의 dot/slot hybridization	MC3, pp. 7.46-7.47
RNase를 어떻게 처리하느냐	MC3, p. 7.82
RNase inhibitor	MC3, p. 7.83
Northern hybridization에 사용하는 membrane	MC3, pp.7.23-7.25

METHOD

1. 양 전기를 띄고 있는 Nylon membrane을 적당한 크기로 자른다. 연필이나 볼펜으로 membrane에 방향을 알아볼 수 있도록 표시한다. membrane을 H_2O에 가볍게 적신 후 20× SSC 용액에 실온에서 1시간 동안 적신다.
2. Membrane을 적시는 동안 blotting 기구를 0.1 N NaOH로 조심스럽게 닦고 멸균된 H_2O로 헹군다.
3. 두꺼운 blotting paper 2장을 20× SSC에 적신 후 blotting 기구의 진공이 가해질 기구의 파트위에 놓는다.
4. 적셔진 nylon membrane을 blotting 기구 위쪽 파트의 시료를 넣을 well의 아랫부분에 위치시킨 후 pipette을 굴려 nylon membrane과 기구의 위파트 사이의 공기를 제거한다.
5. Blotting 기구의 아래 파트와 위 파트를 클램프로 조이고, 진공기에 blotting 기구를 연결시킨다.
6. Slot/dot의 well을 10× SSC 용액으로 채우고, 액체가 nylon membrane을 통과할 때까지 진공을 걸어 천천히 빨아낸다. 진공관을 잠그고 다시 10× SSC로 slot을 채운다.
7. RNA 시료 (10 μl의 H_2O에 녹인)와 30 μl의 RNA denaturation 용액을 섞는다.
8. 섞인 용액을 65℃에서 5분간 incubation한 후 얼음에서 식힌다.
9. 같은 양의 20× SSC를 각각의 시료에 가한다.
10. Blotting 기구에 진공을 가하여 slot에 있는 10× SSC가 membrane을 통과할 때까지 놓아두었다가 진공을 끊는다.
11. 모든 시료를 slot에 적재한 후 진공으로 천천히 빨아낸다. 모든 시료가 membrane을 통과하고 나면, 1 ml의 10× SSC 용액으로 slot을 헹구어 낸다.
12. 두 번째 헹굼 액이 nylon membrane을 통과하고 나면 5분간 진공을 걸어 membrane을 말린다.
13. Membrane을 기구에서 꺼낸 후, 프로토콜 7.7의 16 단계에 설명된 대로 UV-조사, baking, 또는 microwave로 RNA를 고정 시킨다.

    prehybridization, hybridization을 진행하기 전에 protocol 7.8을 참조하시오.

14. Baking dish나 hybridization chamber에서 10-20 ml의 prehybridization 용액 (68℃)에 membrane을 2 시간 동안 incubation 한다.

15. 변성화 시킨 방사성 물질로 label된 probe를 prehybridization 용액에 직접 첨가한다. 적합한 온도에서 12–16 시간 incubation 한다.

    적은 양이 발현되는 mRNA를 감지하기 위해서는, 5×10^8 cpm/μg 보다 높은 activity를 나타내는 probe이 적어도 0.1 μg이 필요하다. 감지하고자 하는 유전자와 동일한 염기 서열을 가지지 않는 probe를 이용하는 낮은 stringency hybridization을 행할 경우에는 hybridization을 낮은 온도 (37–42℃)에서 실행한다. 이때의 hybridization buffer의 조성은 50% deionized formamide, 0.25 Msodium phosphate (pH 7.2), 0.25 M NaCl, 그리고 7 % SDS이다.

16. Hybridization 후 membrane을 용기에서 꺼내어 재빨리 실온의 1× SSC, 0.1% SDS 용액 100–200 ml가 담긴 용기로 옮긴다. 뚜껑을 덮고 platform shaker에서 10 분간 가볍게 진탕한다.

    IMPORTANT: washing 과정중 절대로 membrane이 마르는 일이 없도록 한다. 만약 single-strand probe을 사용하였다면 용액의 SDS 농도를 1%로 증가시킨다. Formamide를 포함한 buffer에서 낮은 stringency로 hybridization을 하였다면, membrane을 23℃에서 2× SSC로 한번 헹군 후 이어서 2× SSC와 0.1% SDS를 포함한 0.5× SSC에 그리고 0.1% SDS를 포함한 0.1× SSC에 각각 15분간, 23℃에서 씻어낸다. 마지막으로 1% SDS를 포함한 0.1× SSC로 50℃에서 헹군다.

17. Membrane을 68℃로 데운 0.5× SSC, 0.1% SDS 용액 100–200 ml이 담긴 새 용기로 옮긴다. 이것을 68℃에서 10 분간 천천히 흔든다.

18. 17번 과정을 두 번 더 시행하여 68℃에서 3번의 washing을 한다.

19. Membrane을 filter paper 위에서 말리고, X-ray film (Kodak XAR-5 또는 사용 가능한)에 –70℃에서 24–48 시간 노출하여 autoradiograph를 얻는다. 이때 intensifying screen을 사용한다.

    Tungstate-based intensifying screen이 rare-earth screen 보다 효율이 좋다. 또는 phosphorimager를 이용하여 memebrane의 상을 얻을 수 있다.

프로토콜 7.10 핵산 분해효소 Nuclease S1을 이용한 RNA의 지도 작성

Mapping RNA with Nuclease S1

분석하고자 하는 mRNA를 포함하는 RNA를 준비하여 상보 염기서열의 single-strand DNA probe와 hybridization 한다. 반응이 끝나면 nuclease S1을 이용하여 hybridization이 이루어 지지 않은 probe을 분해하고, 분해되지 않은 DNA-RNA hybrid를 전기영동을 하여 분리하고, autoradiography나 Southern hybridization으로 명시화 한다.이 방법은 RNA의 정량, 인트론의 위치, 클론닝된 DNA 주형의 mRNA가 가지고 있는 5′ 또는 3′ 말단을 확인하는데 쓰일 수 있다.

주의: 이 실험에 사용하는 모든 시약은 DEPC를 처리한 물로 준비하여야 한다.

MATERIALS

CAUTION: <!>표시된 물질의 적절한 사용법은 Appendix 4를 참조하세요.

Reagents and Solutions

농축액, 완충액, 시료의 조성은 Appendix 1을 참조하라. 농축액은 적당한 농도로 희석하여 사용하라.

- Acrylamide solution (40% w/v) (acrylamide:bisacrylamide 19:1)<!>
- Ammonium persulfate (10%)<!> (freshly made)
- 10× Annealing buffer
  - 100 mM Tris (pH 7.5)
  - 100 mM $MgCl_2$
  - 0.5 M NaCl
  - 100 mM dithiothreitol
- dNTP solution, 4 종류의 20 mM 농도의 dNTP를 포함
- Ethanol
- Ethanol(70%)
- Gel elution buffer
  - 0.5M ammonium acetate<!>
  - 1 mM EDTA
  - 0.1% SDS
- Hybridization buffer without formamide (RNA용)
  - 40 mM PIPES (pH 6.4)
  - 0.1 mM EDTA (pH 8.0)
  - 0.4 M NaCl
  - 2가 나트륨염 형태의 PIPES (piperazine-*N*,*N′*-bis[2-ethanolsulfonic acid])를 사용하고 1 N HCl로 pH 6.4를 맞춘다.
- Nuclease S1 stop mixture
  - 4 M ammonium acetate <!>
  - 50 mM EDTA
  - 50 μg/ml carrier RNA
- Phenol:chloroform (1:1, v/v) <!>
  - Sodium acetate (3 M, pH 5.2)
  - TE (pH 7.6)
  - TEMED (*N*,*N*,*N′*,*N′*-tetramethylethylene diamide)<!>
  - Trichloroacetic acid (TCA) (1%와 10%)<!>
  - Urea

Enzymes and Buffers

Bacteriophage T4 polynucleotide kinase and 10× buffer

Klenow fragment of E.coli DNA polymerase and 10× buffer

Nuclease S1

새로운 batch의 효소, probe, RNA는 적정 후 사용한다.

Nuclease S1 digestion buffer

0.28 M NaCl

0.05 M sodium acetate (pH 4.5)

4.5 mM $ZnSO_4 \cdot 7H_2O$

Restriction enzymes and 10× buffers

Nucleic acids/Oligonucleotides

Carrier RNA (yeast tRNA)

시판되는 yeast RNA를 0.1 M NaCl에 10 mg/ml의 농도로 녹인다. 이 용액을 phenol:chloroform 으로 두 번 그리고 chloroform으로 두 번 추출한다. RNA는 2.5배의 ethanol로 실온에서 침전시켜 모은 후, 멸균된 TE (pH 7.6)에 10 mg/ml의 농도가 되도록 녹인다. 적은 양으로 나누어 -20℃에 보관한다.

Probe DNA, in vitro에서 ^{32}P을 이용하여 높은 specific activity (>2 × 10^8 cpm/μg)를 가지도록 label 하고 이번 프로토콜의 1-15단계에 설명된 방법으로 준비한다.

RNA, 스탠더드로 사용할

분석할 DNA 염기서열과 bacteriophage 프로모터를 포함하는 재조합 플라즈미드를 이용하여 in vitro에서 합성한다 (프로토콜 9.6)

RNA 시료, 스탠더드 그리고 대조군

RNA 시료는 protocol 7.1-7.4에 설명된 방법 중 하나를 따라 준비한다. Dot-blot의 모든 slot에 사용되는 시료는 10 μl의 DEPC-treated H_2O에 녹인 동일한 양의 RNA를 담고 있어야 한다. 스탠더드는 방사성 표지된 probe과 상보적인 염기서열을 포함하지 않는 대조군 DNA에 방사성 표지되지 않은 sense-strand RNA를 다양한 비율로 혼합하여 준비한다.

Synthetic oligonucleotide (10 pmole/μl in H_2O)

Single-strand DNA 주형으로부터 probe를 합성할 때 시발체로 이용한다. oligonucleotide는 20-25 nucleotide 길이로 분석할 RNA와 상보적인 염기서열을 가져야한다. 이 oligonucleotide는 나중에 제한효소로 자르려고 하는 DNA 위치에서 3′ 쪽으로 250-500개의 염기만큼 떨어져 있는 염기서열에 결합할 수 있는 것이어야 한다.

Template DNA (1 μg/μl) (single strand)

분석할 RNA와 동일한 sense strand인 target DNA를 포함하는 재조합 bacteriophge M13 으로부터 준비한다.

Test RNA

poly$(A)^+$ 또는 total cellular RNA (프로토콜 7.1-7.4)

Radioactive Compounds

[γ-^{32}P]ATP (10 mCi/ml, 3000 Ci/mmole)<!>

Gels/loading buffers

Denaturing polyacrylamide gel containing 8 M urea, cast in 1× TBE electrophoresis buffer

대부분의 5′- 또는 3′- 말단 mapping 실험에 사용되는 denaturing gel은 5% 또는 6%의 polyacrylamide와 8 M urea를 포함하는데, 분해되지 않은 (protected) DNA 조각을 잘 분리해낼 수 있다. 주로 1.5 mm 두께의 gel이 쓰이나, 얇은 혹은 0.4-mm 두께의 sequencing gel도 사용할 수 있다. 만약 얇은 gel을 사용하여 DNA 조각을 분리하면, gel을 말리기 전에 trichloroacetic acid(TCA)에 고정(30-32 과정에 설명된)할 필요가 없다. 두꺼운 gel을 사용할 때 고정과정은 해상력을 높인다. 많은 경우 miniprotein gel 전기영동 기구 (예로, Bio-Rad Mini-Protean)(13 cm × 13 cm × 1 mm)를 방사성 표지된 single-strand DNA나 RNA probe를 준비할 때와, nuclease S1 digestion 결과를 분석할 때 사용할 수 있다. 표 7-4에는 여러 크기의 DNA 조각을 분리할 때 사용하는 polyacylamide 농도가 표시되어 있다; 표 7-5는 각 농도의 gel에서 추적 염료의 움직이는 거리가 나타나 있다. Polyacrylamide gel을 준비하는 방법은 이 프로토콜의 1단계에 설명되어 있다; 더 자세한 사항에 대해서는 프로토콜 12.8을 보라.

표 7-4 Percentage of Gel for purifying Various DNA Fragments

% POLYACRYLAMIDE/ UREA GEL	SIZE OF BAND (NT)
4	〉250
6	60–250
8	40–120
10	20–60
12	10–50

Formamide gel-loading buffer
- 80% (w/v) deionized formamide〈!〉
- 10 mM EDTA (pH 8.0)
- 0.25% (w/v) bromophenol blue
- 0.25% (w/v) xylene cyanol FF

RNA gel-loading buffer
- 95% (w/v) deionized formamide〈!〉
- 5 mM EDTA (pH 8.0)
- 0.25% (w/v) bromophenol blue
- 0.25% (w/v) xylene cyanol FF

Additional Items

Polyacrylamide gel electrophoresis 기구 (구입가능한)
Gel drier
Autoradiography/phosphorimaging에 필요한 물품
Polyacrylamide minigel 기구 (예, Bio-Rad Mini-Protean)
Water baths (37℃, 65℃, 85℃, 95℃, 효소분해에 적당한 온도[22 단계], 그리고 원하는 hybridization 온도[21 단계])
Whatman 3MM paper

Additional Information

Autoradiography와 phosphorimaging	MC3, pp.A9.11-A9.15
RNA 분리 gel에 사용하는 markers	MC3, P.7.23
Nuclease S1	MC3, pp.7.51-7.55, 7.61, 7.86

METHOD

1. 8 M urea를 함유하는 polyacrylamide minigel (13 cm × 15 cm × 1mm)(예, Bio-Rad Mini-Protean)을 준비한다.

   a. 다음의 시약을 섞는다.

      7.2 g Urea
      1.5 ml의 10 × TBE

      원하는 농도의 gel을 만들기 위하여 적정량의 40% polyacrylamide (acrylamide:bisacrylamide 19:1; 표 7-5 참조)를 더한다.

   b. 최종 부피가 15 ml이 되도록 H_2O를 더한다.

표 7-5 Volumes of polyacrylamide required to cast minigels of various percentage

% GEL	VOLUME OF 40% ACRYLAMIDE (ML)
4	1.5
5	1.875
6	2.25
8	3.0

c. 혼합물을 urea가 녹을 때까지 실온에서 magnetic stirrer로 섞는다. 그리고 다음을 첨가한다.
   120 μl의 10% ammonium persulfate
   16 μl의 TEMED

   용액을 재빨리 섞은 후 minigel 틀에 부어 넣는다.

2. Gel이 굳는 동안 다음 시약을 섞는다.
   10 pmol (1μl)의 label되지 않은 oligonucleotide
   10 μl의 [γ-^{32}P]ATP (3000 Ci/mmole, 10 mCi/ml)
   2 μl의 10× polynucleotide kinase buffer
   6 μl의 H_2O
   10 unit (1 μl) polynucleotide kinase

   섞인 반응액을 37℃에서 45분간 incubate 한 후, polynucleotide kinase를 불활성화시키기 위하여 96℃에 3분간 놓아둔다.

3. 위의 Kinase 반응액에 다음을 첨가한다.
   12 μl (2 μg)의 single-strand DNA 주형
   4 μl의 10× annealing buffer
   14 μl의 H_2O

   반응물을 65℃에 10분간 incubate하고 실온으로 식도록 놓아둔다.

4. 위 단계의 반응물에 다음을 첨가한다.
   4 μl의 dNTP mixture
   1 μl (10 unit)의 Klenow fragment of *E.coli* DNA polymerase I

   반응물을 실온에서 15분간 incubate 하고 65℃에서 3분간 DNA polymerase를 불활성화 시킨다.

5. 반응액의 이온 농도와 pH를 선택한 제한효소에 적당하게 맞춘다. 반응액에 20 unit의 제한 효소를 첨가하고 적합한 온도에서 2시간 동안 incubation 시킨다.

6. 제한효소 분해반응액에 다음을 첨가한다.
   2 μl의 carrier RNA
   5 μl의 3 M sodium acetate (pH 5.2)

   DNA probe를 ethanol로 침전시켜 모은다.

7. DNA를 20 μl의 formamide gel loading buffer에 녹인다. DNA를 변성시키기 위하여 95℃로 5분간 가열하고 재빨리 0℃로 식힌다.

8. DNA를 95℃에 incubation하는 동안 gel의 slot을 닦아 urea를 제거한다. 그리고 바로 DNA를 한 slot에 loading한다.

9. Bromophenol blue가 gel의 끝 부분에 다다를 때까지 전원을 작동 시킨다 (200mA로 30분 정도).

10. Gel casting 유리판 중, 아래 판에 gel이 붙은 상태로 위 유리판을 떼어낸다. 유리판과 붙어 있는 gel을 크린랩으로 싼다. Gel과 랩 사이에 기포가 없도록 한다.
11. Gel을 X-ray film에 노출시킨다. 방향을 알 수 있도록 Film의 한 귀퉁이와 gel의 모서리에 지워지지 않는 마커로 표시한다. 또한 bromophenol blue와 xylene cyanol의 위치도 표시한다.
12. 유리판에 film의 위치를 잘 맞추어 방사성 밴드가 나타난 gel의 부분을 칼로 자른다. 잘라내고 남은 gel은 다시 film에 노출시켜 정확한 크기의 밴드를 잘라 냈는지 확인한다.
13. 잘라낸 gel 조각은 멸균된 microfuge tube에 넣고 gel을 충분히 덮을 수 있는 양 (250−500 μl)의 gel elution buffer를 넣는다. Tube 뚜껑을 닫고 실온에서 밤 시간 동안 회전 진탕기에 놓아둔다.
14. Microfuge에서 최고 속도로 5 분간 원심분리한다.
15. polyacrylamide 찌꺼기가 들어가지 않게 조심하면서 상층액을 자동 pipett 등을 이용하여 새 microfuge tube로 옮긴다. Label된 probe는 liquid scintillation spectroscopy로 측정 하였을 때 대략 1×10^4 cpm/μl의 방사능을 보여야 한다.
16. Probe는 −70℃에 보관한다.
17. 0.5−150 μg의 RNA (test, standard)를 멸균된 microfuge tube에 분주한다. 각각의 tube에 충분한 양의 single-strand DNA probe (label된)를 넣는다.
18. Tube에 0.1배가 되는 양의 3 M sodium acetate (pH 5.2)와 2.5 배 되는 양의 ice-cold ethanol을 가하여 RNA와 DNA를 침전 시킨다. 30 분간 0℃에 방치한 후 4℃ microfuge에서 최대 속도로 15 분간 원심 분리하여 핵산을 모은다. 위 부분의 ethanol은 버리고 70% ethanol로 침전을 씻은 후 다시 원심분리한다. 조심스럽게 ethanol을 제거하고 남은 ethanol이 증발하도록 tube를 실온에 놓아둔다.
19. 핵산 침전물을 30 μl의 formamide가 들어있지 않은 hybridization buffer에 녹인다. Pipette으로 용액을 섞어 침전이 완전히 녹도록 한다.
20. 핵산을 변성시키기 위하여 tube의 뚜껑을 꼭 닫고 hybridization 반응액을 85℃ water bath에서 10분간 incubation 한다.
21. Tube를 재빨리 원하는 혼성화 온도 (대부분의 경우 65℃)에 맞춘 water bath에 옮겨 넣는다. 이 과정 중에 절대로 tube의 온도를 혼성화 온도보다 낮은 온도에 놓아두면 안 된다. 혼성화 시키고자하는 온도에서 12−16시간 incubation한다.
22. Tube가 물속에 잠겨있도록 주의하면서 뚜껑을 열다. 각 tube에 ice-cold nuclease S1 digestion buffer 300 μl를 첨가하고 tube를 water bath에서 꺼낸다. Vortex로 tube의 내용물을 재빠르게 섞은 후 nuclease S1 digestion 을 하려고 하는 온도의 water bath로 옮긴다. 분해하고자 하는 정도에 따라 1−2 시간 정도 incubation한다.
23. 반응물을 0℃로 식힌다. 80 μl의 nuclease S1 stop mixture를 가하고 vortex하여 섞는다.
24. 반응물을 phenol:chloroform 으로 한번 추출한다. 실온의 microfuge에서 최대 속도로 2 분간 원심 분리한 후 상층액을 새 tube로 옮긴다. 2배의 ethanol을 첨가하고 섞은 후 −20℃ 에 1시간 놓아둔다.
25. 4℃ microfuge에서 최대 속도로 15 분간 원심 분리하여 핵산을 모은다. 조심스럽게 상층액을 제거하고 남은 ethanol이 증발하도록 tube를 실온에 놓아둔다.
26. 침전물을 4 μl의 TE (pH7.6)에 녹인다. 6 μl의 formamide gel loading buffer를 넣고 잘 섞는다.
27. 핵산을 95℃에서 5분간 incubation 하고, 즉시 얼음으로 옮긴다. 바닥에 시료를 모으기 위하여 가볍게 원심분리 한다.

표 7-6 Expected Mobilities of Tracking Dyes

%POLYACRYLAMIDE/UREA GEL	XYLENE CYANOL (NT)	BROMOPHENOL BLUE (NT)
4	155	30
6	110	25
8	75	20
10	55	10

추적 염료는 변성화 polyacrylamide gel에서 크기 비교기준치로 사용될 수 있다. 표는 각기 다른 농도의 gel에서 추적 염료와 함께 움직이는 핵산의 크기를 나타낸다.

28. Polyacrylamide/8 M urea ge을 이용한 전기영동으로 방사성 표지된 DNA 분석한다.
29. 추적 염료가 적당한 거리만큼 이동한 후 (표 7-6 참조)에 전원 공급 장치를 끄고, 전기영동 장치를 해체한다. 큰 유리판의 한쪽 귀퉁이를 살짝 비틀며 들어 올려 gel에서 유리판을 떼어낸다. gel의 한 귀퉁이를 잘라 방향을 표시한다.
30. Gel이 붙어 있는 유리판을 충분한 양의 10% TCA 용액이 담긴 용기로 옮긴다. 용기를 실온에서 약 10분간 천천히 흔들어 준다.
31. 10% TCA 용액을 따라내고 새로운 1% TCA 용액을 붓는다. 실온에서 5분간 용기를 천천히 흔들어 준다.
32. 1% TCA 용액을 따라버리고 고정된 gel을 증류된 deionized H_2O로 가볍게 헹군다. 유리판에 붙은 gel을 그대로 꺼내어 평평한 실험대 위에 놓는다. 종이 타월이나 Kimwipes를 사용하여 물기를 제거한다.
33. 3MM filter paper를 gel 보다 사방으로 1 cm가 큰 크기로 자른다. Gel 위에 filter paper 얹고 유리판을 뒤집어 filter paper 위에 gel이 붙도록 한다.
34. 유리판을 제거하고 gel을 60℃ 건조기에서 1–1.5시간 동안 말린다.
35. 마른 gel의 방사선 사진을 얻는다. 방사선 사진을 densitometer로 분석하거나 인광이메이징(phosphorimaging) 또는 DNA 조각을 포함하고 있는 gel을 액체 섬광 계수기(liquid scintillation spectroscopy)로 측정한다.

프로토콜 7.11

RNA 분해효소로 부터의 보호: ribonuclease와 방사선 표지 probe를 이용한 RNA 지도 작성

Ribonuclease Protection: Mapping RNA with Ribonuclease and Radiolabeled RNA Probes

분석하고자 하는 mRNA를 포함하는 RNA를 방사성 표지된 single-strand RNA probe과 혼성화 한다. 혼성화 반응이 끝나면 RNase A와 RNase T1의 혼합효소를 첨가하여 probe의 혼성화되지 않은 부분을 분해하도록 한다. 분해되지 않고 남아있는 분자는 변성화 gel을 이용한 전기영동으로 분리하고, 방사선 사진을 통해 볼 수 있다. 이 방법은 RNA의 정량, intron의 위치 확인, 그리고 클론닝된 DNA 주형에 의해 합성된 mRNA의 3′와 5′ 말단 부위의 확인에 사용될 수 있다.

주의: 이 실험에 사용하는 모든 시약은 DEPC를 처리한 물로 준비하여야 한다.

MATERIALS

CAUTION: 〈!〉표시된 물질의 적절한 사용법은 Appendix 4를 참조하세요.

Reagents and Solutions

농축액, 완충액, 시료의 조성은 Appendix 1을 참조하라. 농축액은 적당한 농도로 희석하여 사용하라.

Acrylamide solution (40% w/v) (acrylamide:bisacrylamide 19:1)〈!〉
Ammonium acetate (10 M)〈!〉
Ammonium persulfate (10%)〈!〉 (새로 만들어 사용)
Dithiothreitol (200 mM)
Ethanol
Ethanol(70%)
Ethanol(75%)
Hybridization buffer without formamide (RNA용)
- 40 mM PIPES (pH 6.4)
- 0.1 mM EDTA (pH 8.0)
- 0.4 M NaCl
- 2가 나트륨염 형태의 PIPES (piperazine-N,N′-bis[2-ethanolsulfonic acid])를 사용하고 1 N HCl로 pH 6.4를 맞춘다.

Phenol:chloroform (1:1, v/v) 〈!〉
RNase digestion mixture
- 300 mM NaCl
- 10 mM Tris-Cl (pH 7.4)
- 5 mM EDTA (pH 7.5)
- 40 μg/ml RNase A
- 2 μg/ml T1 RNase
- 10 mg/ml ribonuclease A (bovine pancreatic RNase)를 10 mM Tris-Cl (pH 7.5), 15 mM NaCl 로 준비한다. ribonuclease T1도 같은 buffer로 준비한다. 두 종류의 RNase는 따로 준비하였다가 사용 직전에 함께 첨가한다.

SDS (10%)
Sodium acetate (3 M, pH 5.2)
TE (pH 7.6)
TEMED (N,N,N′,N′-tetramethylethylene diamide)〈!〉
Trichloroacetic acid (TCA) (1%와 10%)〈!〉
Urea

Enzymes and Buffers

Bacteriophage-encoded DNA-dependant-RNA polymerase와 제품과 함께 회사에서 제공한 10×

Adapted from Chapter 7, Protocol 11, p. 7.63 of MC3.

trascription buffer

Polymerase는 plasmid vector와 전사할 DNA 가닥이 어느 것이냐에 따라 선택한다.

DNase I (1 mg/ml), RNase-free (예, RQ1[Promega])

Protein inhibitor of RNase (여러 상품명으로 판매되고 있다: RNasin, Promega; Prime inhibitor, 5 prime→3 prime, 등 RNase inhibitor 참조 [MC3, p.7.83])

proteinase K (10 mg/ml)

Restriction enzymes and 10× buffers

Nucleic acids/Oligonucleotides

Carrier RNA (yeast tRNA)

시판되는 yeast RNA를 0.1 M NaCl에 10 mg/ml의 농도로 녹인다. 이 용액을 phenol:chloroform 으로 두 번 그리고 chloroform으로 두 번 추출한다. RNA는 2.5배의 ethanol로 실온에서 침전 시켜 모은 후, 멸균된 TE (pH7.6)에 10 mg/ml의 농도가 되도록 녹인다. 작은 양으로 나누어 -20℃에 보관한다.

Plasmid DNA 또는 선형화시킨 DNA (주형으로 사용할 것)

RNA, 스탠더드로 사용할

분석할 DNA 염기서열과 bacteriophage 프로모터를 포함하는 재조합 플라즈미드를 이용하여 in vitro에서 합성한다 (protocol 9.6)

rNTP 용액, GTP, CTP, 그리고 ATP를 각각 5 mM 농도 포함.

Test RNA

poly(A)$^+$ 또는 total cellular RNA(protocol 7.1-7.4)

UTP (100 μM)

Radioactive Compounds

[α-^{32}P]UTP (10 mCi/ml, 800 Ci/mmole)〈!〉

Gels/loading buffers

1% agarose minigel, 1× TE buffer를 사용하여 준비, 전기영동한다

Denaturing polyacrylamide gel containing 8M urea, 1× TBE electrophoresis buffer로 준비한다.

대부분의 5′- 또는 3′- 말단 mapping 실험에 사용되는 denaturing gel은 5% 또는 6%의 polyacrylamide와 8 M urea를 포함하는데 분해되지 않은 (protected) DNA 조각을 잘 분리해낼 수 있다. 주로 1.5 mm 두께의 gel이 쓰이나, 얇은 혹은 0.4-mm 두께의 sequencing gel도 사용할 수 있다. 만약 얇은 gel을 사용하여 DNA 조각을 분리하면, gel을 말리기 전에 trichloroacetic acid (TCA)에 고정(22-24 과정에 설명된)할 필요가 없다. 두꺼운 gel을 사용할 때 고정과정은 해상력을 높인다. 많은 경우 miniprotein gel 전기영동 기구 (예로, Bio-Rad Mini-Protean)(13 cm × 13 cm × 1 mm)를 방사성 표지된 single-strand DNA나 RNA probe를 준비할 때와, nuclease S1 digestion 결과를 분석할 때 사용할 수 있다. 표 7-4에 여러 크기의 DNA 조각을 분리할 때 사용하는 polyacylamide 농도가 표시되어 있다; 표 7-5는 각 농도의 gel에서 추적 염료의 움직이는 거리가 나타나 있다. Polyacrylamide gel을 준비하는 방법은 이 프로토콜의 1단계에 설명되어 있다; 더 자세한 사항에 대해서는 protocol 12.8을 보라.

RNA gel-loading buffer

95% (w/v) deionized formamide〈!〉

5 mM EDTA (pH 8.0)

0.025% (w/v) SDS

0.025% (w/v) bromophenol blue

0.025% (w/v) xylene cyanol FF

Additional Items

Polyacrylamide gel electrophoresis 기구 (구입가능한)

Gel dryer

Autoradiography/phosphorimaging에 필요한 물품

Polyacrylamide minigel 기구 (예, Bio-Rad Mini-Protean)

Water baths (30℃, 37℃, 85℃, 95℃)
Whatman 3MM paper

Additional Information

Autoradiography와 phosphorimaging	MC3, pp.A9.11–A9.15
Bacteriophage RNA polymerase	MC3, pp.A4.28–A4.29
RNA 분리 gel에 사용하는 markers	MC3, P.7.23
bacteriophage-encode RNA polymerase가 인식하는 프로모터 염기서열	MC3, p.7.87

METHOD

1. 선형화 시킨 주형 DNA를 준비한다.

플라즈미드 DNA로부터 주형을 준비할 때

a. 클론닝된 DNA 염기의 일부를 자르거나 혹은 크론닝된 DNA의 아래 부분을 자를 수 있는 제한효소를 5배 정도는 양을 사용하여 5–20 μg의 플라즈미드 DNA를 선형화한다. 새롭게 생겨난 끝 부분(잘린)은 적어도 200–400 bp만큼 프로모터로부터 떨어져 있어야한다. 프로모터와 분석할 염기서열 사이를 자르는 효소는 사용하면 안 된다. Bacteriophage-encoded RNA polymerase는 3′가 돌출된 끝부분에서 전사를 시작하기 때문에 blunt end 또는 5′ extension이 형성되는 제한 효소를 선택한다.

b. 효소 분해반응이 끝나면 적은 양 (~200 ng)의 반응 시료를 agarose gel에 전기영동하여 확인한다. 원형의 플라즈미드 DNA는 적은 양이라도 보이지 않아야 한다. 만약 필요하다면 제한 효소를 더 첨가하여 원형의 플라즈미드 DNA가 보이지 않을 때까지 분해를 계속한다.

c. 선형 DNA를 phenol:chloroform으로 두 번 추출한 후 ethanol을 이용한 방법으로 침전 시킨다. 침전물은 70% ethanol로 헹군 후, 1 μg/μl의 농도가 되도록 TE (pH 7.6)에 녹인다.

Target DNA를 증폭시켜 주형을 준비할 때

a. Double-strand DNA 주형 (100–400 bp 길이의)을 합성하기 위해 PCR을 행한다 (자세한 것은 프로토콜 8.1 참조).
주형은 선형화된 플라즈미드 DNA 이거나 DNA 조각을 사용한다. 5′ 말단에 bacteriophage 프로모터의 보존된 염기서열을 포함하는 하나 또는 한 쌍의 primer를 준비한다. PCR에 의한 증폭을 하면 한쪽 끝 또는 양 끝에 bacteriophage 프로모터를 포함하는 double strand DNA가 생성된다. Bacteriophage-encode RNA polymerase가 인식하는 프로모터 염기 서열은 MC3, p.7.87에 나와 있다.

b. Agarose gel 이나 polyacrylamide gel을 이용하여 PCR 생성물이 맞는 크기인지 확인한다.

c. 선형 DNA를 phenol:chloroform으로 두 번 추출한 후 ethanol을 이용한 방법으로 침전 시킨다. 침전물은 70% ethanol로 헹군 후, 1μg/μl의 농도가 되도록 TE (pH 7.6)에 녹인다.

2. 다음을 순서대로 섞는다. 모든 내용물은 특별히 언급하지 않으면 미리 실온으로 데워 놓는다.

0.5 μg의 선형의 주형 DNA (1 단계에서 준비된)
1 μl의 0.2 M dithiothreitol
2 μl의 ribonucleotide solution
1 μl의 100 μM UTP
50–100 μCi [α-^{32}P]UTP (10 mCi/ml, 800 Ci/mmole)

H_2O 전체 16 μl가 되도록
2 μl의 10x transcription buffer
24 unit의 protein inhibitor of RNase (on ice)
15–20 unit의 적합한 bacteriophage–encoded RNA polymerase (on ice)

위의 순서대로 실온의 시약을 넣어야만 transcription buffer에 있는 spermidine과 Mg^{++}에 의해 DNA가 침전되는 것과 높은 농도의 dithiothreitol에 의한 RNase inhibitor의 불활성화를 방지할 수 있다.

만약, 일반적으로 그러하지만, bacteriophage RNA polymerase가 고농도의 상태로 공급된다면 polymerase 희석 완충용액으로 적당히 희석하여 사용한다.

반응 혼합액을 37℃에서 60 분간 incubation 한다.

이 반응에서 합성되는 RNA의 specific activity는 $\sim10^9$ cpm/μg 정도로 높을 것이다. 왜냐하면 60–80%의 UTP가 합성에 사용되기 때문이다. 합성된 RNA는 대략 100 ng 정도가 되어야 한다.

3. 반응이 끝나는 시점에 약 1 μg에 해당하는 RNase–free DNase를 1 unit을 첨가하고 37℃에서 10 분간 더 incubation 한다.

4. 4번과 5번 단계를 동시에 수행한다. 반응액에 TE(pH 7.6)를 첨가하여 100 μl가 되도록 희석한 후 1 μl의 시료에 포함되어 있는 총 방사선 양과 TCA에 의해 침전되는 방사성의 양을 측정한다. TCA에 의해 침전되는 방사선 양을 총 방사선 양에 대한 비율로 산출하여 합성된 RNA probe의 총 무게와 specific activity를 계산한다.

5. 총 반응액에서 1 μl를 떠낸 나머지 반응액에 1 mg/ml carrier RNA 1 μl를 첨가한다. 이 반응액을 phenol:chloroform 으로 한번 추출한다. 위의 수액층을 새 microfuge tube에 옮기고 10 μl의 10 M ammonium acetate와 300 μl의 ethanol을 가하여 RNA를 침전 시킨다. 이 tube는 4번 과정이 끝날 때까지 –20℃에 보관한다.

   Carrier RNA (1mg/ml) 용액은 stock 용액을 DEPC로 처리된 물로 희석하여 준비한다.

6. 4℃ microfuge에서 최대 속도로 10 분간 원심 분리하여 RNA를 모은다. 침전된 RNA는 75% ethanol로 씻은 후 다시 원심 분리한다. 조심스럽게 ethanol을 제거하고 남은 ethanol이 증발하도록 tube를 실온에 놓아둔다. 만약 probe를 겔 전기영동 (7단계)으로 정제할 필요가 있다면 이 RNA를 20 μl의 RNA gel loading buffer에 녹인다. 만약 정제과정이 필요하지 않다면 RNA를 20 μl의 TE (pH 7.6)에 녹인다.

7. 프로토콜 7.10의 8–16 단계에 따라 polyacrylamide/8 M urea gel에서 전기영동하여 probe을 정제한다.

8. Test RNA와 스텐다드 RNA를 각 각 riboprobe (2×10^5–10×10^5 cpm, 0.1–0.5 ng)과 섞는다. 0.1배의 3 M ammonium acetate (pH 5.2)와 2.5배의 ice–cold ethanol을 첨가한다. –20℃ 에 10 분간 놓아두었다가 4℃ microfuge에서 최대 속도로 10 분간 원심 분리하여 핵산을 모은다. 침전된 RNA는 75% ethanol로 씻은 후 다시 원심 분리한다. 조심스럽게 ethanol을 제거하고 남은 ethanol이 증발하도록 tube를 실온에 놓아둔다. Ribonuclease Protection Assay의 hybridization의 준비는 MC3, p.7.22를 참조한다.

9. RNA를 30 μl의 hybridization buffer에 녹인다. 피펫으로 용액을 위 아래로 섞어 침전이 완전히 녹도록 한다.

10. 핵산을 변성시키기 위하여 tube의 뚜껑을 꼭 닫고 혼성화 반응액을 85℃ water bath에서 10분간 incubation 한다. 반응액을 재빨리 원하는 혼성화 온도에 맞춘 incubator나 water bath에 옮겨 넣고 8–12 시간 놓아 둔다.

11. 혼성화 반응액을 실온으로 식힌 후 300 μl의 RNase digestion 혼합액을 가한다. 혼성화 반응물을 30℃에서 60분간 분해한다.

12. 반응을 종료하기 위하여 20 μl의 10% SDS와 10 μl의 10 mg/ml proteinase K를 첨가한다. 37℃에서 30분간 놓아둔다.
13. Phenol:chloroform 400 μl를 가하고 30초간 vortex한다. 실온의 microfuge에서 최대 속도로 5분간 원심분리하여 유기용매와 수액층을 나눈다.
14. 위의 수액층을 유기용매층에 오염되지 않도록 주의하며 새 tube로 옮긴다.
15. 20 μg의 carrier RNA와 750 μl의 ice-cold ethanol을 가한다. 용액을 vortex하여 잘 섞은 후 −20℃에 30 분간 놓아둔다.
16. 4℃ microfuge에서 최대 속도로 15 분간 원심 분리하여 RNA를 모은다. Ethanol을 조심스럽게 제거하고, 침전된 RNA는 500 μl의 75% ethanol로 씻은 후 다시 원심 분리한다.
17. 조심스럽게 ethanol을 제거하고 남은 ethanol이 증발하도록 tube를 실온에 놓아둔다.
18. 침전물을 10 μl의 gel-loading buffer에 녹인다.
19. 핵산을 95℃에서 5분간 incubation하고, 즉시 얼음으로 옮긴다. 시료를 tube 바닥에 모으기 위하여 가볍게 원심분리 한다.
20. "얇은" polyacrylamide/8 M urea 겔에서 방사성 표지된 RNA를 분석한다.
21. Tracking dye가 겔을 통하여 적당한 거리까지 이동하였을 때, 전원공급 장치의 전원을 끄고 전기영동장치를 해체한다. 큰 유리판의 한 끝을 조심스럽게 들어올리고, 겔로부터 유리판을 조심스럽게 제거한다. 방향을 표시하기 위하여 겔의 한 모서리를 잘라낸다.
22. 10% TAC가 충분한 양이 들어있는 트레이에 겔이 붙어있는 유리판을 넣는다. 트레이를 실온에서 10분간 조심스럽게 회전하거나 흔들어 준다.
23. 10% TCA를 제거하고 다시 충분한 양의 1% TCA를 넣는다. 트레이를 실온에서 5분 조심스럽게 회전하거나 흔들어 준다.
24. 1% TCA를 버리고 멸균증류수로 고정된 겔를 간단히 세척한다. 겔과 유리판을 트레이로부터 들어 평평한 실험대에 옮긴다. 과량의 물을 제거하기 위해 종이나 kimwipes을 유리판 가장자리에 댄다.
25. 겔의 크기보다 사방이 1cm가 크도록 Whatman 3MM paper 절단한다. 페이퍼를 겔 위에 놓고 유리판을 뒤집어 겔을 페이퍼로 옮긴다.
26. 유리판을 제거하고 가열 가능한 vacuum-driven gel dryer을 이용하여 60℃ 에서 1−1.5시간 동안 말린다.
27. 마른 gel의 방사선 사진을 얻는다. 방사선 사진을 densitometer로 분석하거나 인광이메이징(phosphorimaging) 또는 DNA 조각을 포함하고 있는 gel을 액체 섬광 계수기(liquid scintillation spectroscopy)로 측정한다.

프로토콜 7.12 프라이머 신장법을 이용한 RNA의 분석
Analysis of RNA by Primer Extension

프라이머신장법(primer extension)은 mRNA의 5′−말단 서열을 분석하기위해 주로 이용된다. 먼저 poly A+−mRNA를 표적 RNA에 상보적이며, 5′−말단에 방사성동위 원소가 표지된 과량의 외가닥 올리고프라이머(single−stranded oligonucleotide primer)와 혼성화(hybridiazation)한다. 다음에 역전사효소를 이용하여 프라이머의 3′−말단을 연장시킨다. Denaturing polyacrylamide gel 전기영동에 의해 측정된 합성된 cDNA의 크기는 결합한 프라이머 올리고뉴클레오티드의 5′−말단 위치에서 표적 mRNA의 5′−말단사이의 거리와 같다.

주의: 이 실험에 사용하는 모든 시약은 DEPC를 처리한 물로 준비하여야 한다.

MATERIALS

CAUTION: 〈!〉표시된 물질의 적절한 사용법은 Appendix 4를 참조하세요.

Reagents and Solutions

농축액, 완충액, 시료의 조성은 Appendix 1을 참조하라. 농축액은 적당한 농도로 희석하여 사용하라.

- Acrylamide solution (40% w/v) (acrylamide:bisacrylamide 19:1)〈!〉
- Ammonium acetate (10 M)〈!〉
- Ammonium persulfate (10%)〈!〉 (freshly made)
- Chloroform 〈!〉
- Dithiothreitol (200 mM)
- Ethanol
- Ethanol (70%)
- Ethanol (75%)
- Hybridization buffer without formamide (RNA용)
  - 40 mM PIPES (pH 6.4)
  - 0.1 mM EDTA (pH 8.0)
  - 0.4 M NaCl
  - 2가 나트륨염 형태의 PIPES (piperazine−*N,N′*−bis[2−ethanesulfonic acid]) disodium salt을 사용하고 1N HCl로 pH를 6.4로 맞춘다.
- KCl (1.25 M)
- Phenol:chloroform (1:1, v/v) 〈!〉
- Primer extension mixture
  - 20 mM Tric−Cl (pH 8.4, 실온)
  - 10 mM $MgCl_2$
  - dNTP solution, 각 1.6 mM 농도의 4종류의 dNTP 모두 포함하는
  - 50 μg/ml actinomycine D
  - Actinomycine D는 methanol을 이용하여 5 mg/ml로 녹이고, 분주하여 빛이 차단된 용기에 넣어 −20℃ 보관한다.
- Sodium acetate (3 M, pH 5.2)
- TE (pH 7.6)
- TEMED (*N,N,N′,N′* tetramethylethylene diamide)〈!〉
- Trichloroacetic acid (TCA) (1%와 10%)〈!〉
- Urea

Enzymes and Buffers

- Polynucleotide kinase and 10× buffer

Protein inhibitor of RNase (다양한 이름으로 시판된다: 프로메가의 RNasin; 5 Prime→3 Prime의 PrimeInhibitor 등. MC3 p.7.83의 Inhibitor of RNase 참조)

Reverse transcriptiase

Moloney murine leukemia virus (MoMLV)의 역전사효소를 클로닝 한 것을 선택한다. 예, StrataScript (Stratagene).

Nucleic acids/Oligonucleotides

Carrier RNA (yeast tRNA)

시판되는 yeast RNA를 0.1 M NaCl에 10 mg/ml의 농도로 녹인다. 이 용액을 phenol:chloroform 으로 두 번 그리고 chloroform으로 두 번 추출한다. RNA는 2.5배의 ethanol로 실온에서 침전 시켜 모은 후, 멸균된 TE (pH7.6)에 10 mg/ml의 농도가 되도록 녹인다. 작은 양으로 나누어 −20℃에 보관한다.

DNA markers, 전기영동을 위한 〈!〉

Oligonucelotide primer

프라이머는 20−30 nucleotide 길이로 Sep-Pak chromatography와 전기영동 (프로토콜 10.1)에 의해 정제된다. 정제한 올리고뉴클레오티드는 TE (pH 7.6)로 60 ng/μl (5−7 μm/μl)농도로 준비한다.

Test RNA

poly(A)$^+$를 준비하는 것이 가장 좋다.

Radioactive Compounds

[γ−^{32}P]ATP (10 mCi/ml, 7000 Ci/mmole)〈!〉

Gels/loading buffers

Denaturing polyacrylamide gel containing 8M urea, cast in 1× TBE electrophoresis buffer

많은 경우 miniprotein gel 전기영동 기구 (예로, Bio-Rad Mini-Protean)가 방사성동위원소가 표지된 프라이머신장 산물을 분석하기 위해서 사용 된다 (표 7-4와 7-5를 보라. 그리고 폴리아크릴아마드 전기영동법은 프로토콜 7.10을 참조하라). Minidenaturing polyacrylamide gel의 준비는 프로토콜 7.10의 1단계에 기술하였다.

RNA gel−loading buffer

95% (w/v) deionized formamide〈!〉
5 mM EDTA (pH 8.0)
0.025% (w/v) SDS
0.025% (w/v) bromophenol blue
0.025% (w/v) xylene cyanol FF

Additional Items

Gel dryer
Autoradiography/phosphorimaging에 필요한 물품
Polyacrylamide minigel 기구 (예, Bio-Rad Mini-Protean)
Water baths (37℃, 42℃ 및 95℃)
Whatman 3MM paper

Additional information

Actinomycine D	MC3, p. 7.88
Autoradiography/phosphorimaging	MC3, pp. A9.11−A9.15
RNA 분리 gel에 사용하는 markers	MC3, P.7.23

METHOD

1. 다음 용액에 있는 올리고뉴클레오티드 프라이머를 인산화한다:

oligonucleotide primer (5–7 pmoles or 60 ng)	1 μl
distilled deionized H_2O	6.5 μl
10× kinase buffer	1.5 μl
polynucleotide kinase (~10 units)	1 μl
[γ–^{32}P]ATP (7000 Ci/mmole)	2 μl

   37℃에서 60분간 반응시킨다.

   방사성동위원소가 표지된 ATP의 최종농도는 약 30 nM이다.

2. 500 μl의 TE (pH 7.6)를 첨가하여 kinase 반응을 중지시킨다. Carrier RNA 25 μg을 첨가한다.
3. Equilibrated phenol (pH 8.0) 400 μl와 chloroform 400 μl를 가한 후 20초간 강하게 vortex한다. Microfuge로 2분간 원심분리하여 수액층과 유기용매층을 분리한다.
4. 수액층 (또는 상층액)을 새로운 멸균 microfuge tube로 옮기고 chloroform 800 μl를 넣는다. 20초간 강하게 vortex한다. Microfuge로 2분간 원심분리하여 수액층과 유기용매층을 분리한다. 다시 수액층을 새로운 멸균 microfuge tube로 옮긴다.
5. 단계4를 반복한다.
6. 단계 5에서 얻은 상층액에 3 M sodium acetate (pH 5.2) 55 μl와 ethanol 1 ml을 넣는다. Vortexing에 의해 잘 섞고 −70℃ 냉동고에서 적어도 1시간 둔다.
7. Microfuge로 4℃에서 15분간 최대속도로 원심분리하여 올리고뉴클레오티드 프라이머를 침전시켜 모은다. 방상성동위원소가 포함된 상층액을 제거한다. 침전물을 70% ethanol를 세척하고 다시 원심분리를 한다. 상층액을 버리고 침전물을 공기 중에서 건조시킨다. TE (pH 7.6) 500μl로 침전물을 녹인다.
8. 섬광용액 (scintillation fluid) 10 ml에 동위원소가 표지된 프라이머 2 μl를 넣고 액체섬광계수기 (liquid scintillation counter)로 측정한다. 회수율을 80%로 가정하고 방사성이 표지된 프라이머의 고유 활성도 (specific activity)를 계산한다. 프라이머의 고유활성도는 2×10^6 cpm/pmole이 되어야 한다.
9. 분석하고자하는 RNA 0.5–150 μg과 10^4–10^5 cpm (20–40 fmoles) DNA 프라이머를 혼합한다. 0.1배 부피의 3M sodium acetate (pH 5.2)와 2.5 배의 ethanol을 넣는다. −70℃에 1시간 놓아둔 후 microfuge로 4℃에서 10분간 최대속도로 원심분리하여 RNA를 회수한다. 침전물을 70% ethanol로 세척한 후 다시 원심분리한다. 조심스럽게 모든 ethanol을 제거하고 모든 ethanol이 증발할 때까지 침전물을 실온에 둔다.
10. 튜브 당 TE (pH 7.6) 8 μl로 침전물을 다시 녹인다. 침전물을 녹이기 위해 피펫으로 시료를 위 아래로 몇 번 피펫팅을 한다.
11. 1.25 M KCl 2.2 μl를 넣고, 시료를 약하게 vortexing한다. Microfuge로 2초간 원심분리하여 모든 용액을 튜브 아래로 모은다.
12. 적당한 annealing온도(예비실험 결과로 결정된 온도임)로 맞추어진 항온수조에 oligonucleotide/RNA 혼합액을 넣고, 15분간 반응시킨다.
13. Oligonucleotide와 RNA가 annealing되는 동안에 DDT와 역전사효소가 들어있는 프라이머신장 혼합액을 준비 한다: 얼음 위에서 300 μl로 분주된 프라이머신장 혼합액을 녹인다. 1M DDT 3 μl와 1–2 units/μl 농도로 역전사효소를 넣는다. RNase의 단백질 억제자(protein inhibitor) 0.1 unit/μl를 넣고 튜브를 아래 위로 여러 번 뒤집어(inverting) 조심스럽게 잘 섞고, 얼음에 보관한다.

14. Oligonucleotide와 RNA가 들어있는 튜브를 항온수조에서 꺼내어 microfuge로 2초간 원심분리하여 용액을 튜브 아래로 모은다.
15. 각각의 튜브에 위에서 준비한 프라이머신장 혼합액 24 μl를 넣는다. 조심스럽게 잘 섞고 원심분리에 의해 튜브아래로 모든 용액을 모은다.
16. 42℃에서 1시간 반응시켜 프라이머신장 반응이 일어나도록 한다.
17. TE (pH 7.6) 200 μl와 phenol: chloroform 200 μl를 넣어 프라이머 신장반응을 종료시킨다. 20초간 vortex한다. Microfuge로 실온에서 4분간 원심분리하여 수액층과 유기용액층을 분리한다. 수액층을 새로운 튜브로 옮긴다.
18. 10 M ammonium acetate 50 μl와 ethanol 700 μl를 넣어 핵산을 침전시킨다. Vortexing에 의해 잘 섞고 −70℃ 냉동고에서 적어도 1시간 두어 핵산을 침전시킨다.
19. Microfuge로 4℃에서 10분간 원심분리하여 침전된 핵산을 모은다. 70% ethanol 400 μl로 침전물을 조심스럽게 세척하고 4℃에서 5분간 다시 원심분리한다. 피펫으로 70% ethanol을 제거하고, ethanol이 모두 증발하도록 실온에서 튜브를 열어둔다.
20. 핵산 침전물을 formamide loading buffer 10 μl로 녹인다. 침전물을 잘녹이기 위해 피펫으로 시료를 위아래로 몇 번 피펫팅을 한다.
21. 시료를 95℃에서 8분간 가열한 후 즉시 얼음-항온수조(ice-water bath)에 넣는다. 즉시, 프라이머 신장 산물을 denatureing polyacrylamide gel를 통한 전기영동을 수행하여 분석한다.
22. Tracking dye가 gel을 통하여 적당한 거리까지 이동하였을 때, 전원공급장치의 전원을 끄고 전기영동장치를 해체한다. 큰 유리판의 한 끝을 조심스럽게 들어올리고, gel로부터 유리판을 조심스럽게 제거한다. 방향을 알기 위하여 gel의 한 모서리를 잘라낸다.
23. 만약 polyacrylamide gel이 1.0 mm 두께이면 TCA에 gel을 고정한다. 10% TAC가 충분한 양이 들어있는 트레이에 gel이 붙어있는 유리판을 넣는다. 트레이를 실온에서 10분 조심스럽게 회전하거나 흔들어 준다.

    만약 0.4 mm 두께의 gel을 이용하였다면 이 단계는 필요가 없다. 그 경우 곧바로 단계 26으로 진행한다.

24. 10% TCA를 제거하고 다시 충분한 양의 1% TCA를 넣는다. 트레이를 실온에서 5분 조심스럽게 회전하거나 흔들어 준다.
25. 1% TCA를 버리고 멸균증류수로 고정된 gel를 간단히 세척한다. gel과 유리판을 트레이로부터 들어올려 평평한 실험대에 옮긴다. 과량의 물을 제거하기 위해 종이나 kimwipes을 유리판 가장자리에 댄다.
26. gel의 크기보다 모든 면이 1cm 크도록 Whatman 3MM paper 절단한다. 페이퍼를 gel 위에 놓고 유리판을 뒤집어 gel을 페이퍼로 옮긴다.
27. 유리판을 제거하고 가열 가능한 vacuum-driven gel dryer을 이용하여 60℃에서 1-1.5시간 동안 말린다.
28. 방사성자동사진법(autoradiography) 또는 인광이메이징 (phosphorimaging)을 이용하여 gel의 상을 얻는다.

제 8 장

중합효소연쇄반응에 의한 시험관에서의 DNA 증폭

In vitro amplification of DNA by the polymerase chain reaction

프로토콜 8.1	기본적인 중합효소연쇄반응, 310
프로토콜 8.2	클로닝을 위한 PCR 산물의 정제, 313
프로토콜 8.3	한외여과법을 이용하여 증폭된 DNA에서 oligonucleotide와 과량의 dNTP를 제거하는 방법, 315
프로토콜 8.4	PCR 산물의 blunt-end 클로닝, 317
프로토콜 8.5	T 벡터로 PCR 산물을 클로닝하는 방법, 319
프로토콜 8.6	증폭 DNA 말단에 제한 효소 부위를 첨가하여 클로닝하는 방법, 321
프로토콜 8.7	PCR과 결부된 유전공학법, 324
프로토콜 8.8	mRNA의 역전사 과정에 의해 제조된 cDNA의 증폭, 327
프로토콜 8.9	5′ cDNA의 증폭, 330
프로토콜 8.10	3′ cDNA의 증폭, 334
프로토콜 8.11	혼합된 oligonucleotide primer를 이용하여 cDNA를 증폭하는 방법, 337
프로토콜 8.12	원핵생물 벡터에 클론 된 DNA의 빠른 분석방법, 340
프로토콜 8.13	긴 길이의 DNA를 증폭하는 PCR 반응, 342
프로토콜 8.14	역 PCR, 344
프로토콜 8.15	정량적 PCR, 347
프로토콜 8.16	Differential display, 351

BACKGROUND INFORMATION

다른 언급이 없으면 기본이 되는 정보는 Molecular Cloning: A Laboratory Manual, 3판 (이제부터 MC3)에 있다.

Oligonucleotide primers	MC3, pp. 8.13–8.16
Pharmeter that affect PCRs	MC3, pp. 8.4–8.6
PCR in theory	MC3, p. 8.12
Thermostable DNA polymerases	MC3, pp. 8.6–8.8 and 8.10–8.11

프로토콜 8.1

기본적인 중합효소연쇄반응
The basic polymerase chain reaction

이 방법은 내열성 DNA 중합효소에 의한 연쇄반응으로 이중 가닥의 DNA 조각을 어떻게 증폭할 수 있는가를 설명하고 있다. 여기에 제시된 중합효소연쇄반응 조건을 기본으로 하여 필요에 따라 다양한 변형이 가능하다.

MATERIALS

CAUTION: 〈!〉표시된 물질의 적절한 사용법은 Appendix 4를 참조하세요.

Reagents and Solutions

농축액, 완충액, 시료의 조성은 Appendix 1을 참조하라. 농축액은 적당한 농도로 희석하여 사용하라.

dNTP 용액 (pH 8.0), 네종류의 deoxynucleotide triphosphate들이 각각 20 mM 들어있음

Enzymes and Buffers

내열성 DNA 중합 효소와 10× 증폭 용액 (제조회사에서 공급 또는 실험실에서 제조)

500 mM KCl

100 mM Tris-Cl (pH 8.3, 실온)

15 mM $MgCl_2$

Nucleic acids/Oligonucleotides

DNA 마커

정방향 primer (20 μM in H_2O)

타겟 서열을 가지고 있는 양성 대조군 DNA 또는 타겟 서열을 가지고 있지 않는 음성 대조군 DNA

역방향 primer (20 μM in H_2O)

primer들은 표준 법칙에 따라 디자인 한다. 즉, 타겟 DNA의 반대 가닥 상의 100-400 nucleotide 떨어진 서열에 상보적이어야 한다. 20-25 nucleotide의 길이를 가지며, 네가지 염기가 거의 동일한 수로 구성되어야 하고, G와 C가 균형있게 분포 하도록 하고, 2차 구조가 만들어지지 않도록 디자인 한다.

주형 DNA

증폭 반응에서 필요한 타겟 서열의 약 1 fmole 이다. PCR에 첨가되는 주형 DNA의 양은 DNA의 복잡성에 의존한다. 주형으로써 이용되는 포유류의 게놈 DNA의 농도는 100 μg DNA/ml; 효모 게놈 DNA, 1 μg/ml; 박테리아 게놈 DNA, 0.1 μg/ml; 그리고 플라스미드 DNA, 1-5 ng/ml 이다.

Gels/Loading Buffers

Polyacrylamide 〈!〉 또는 agarose gel

Additional Items

Barriered tips with auomatic pipettor

Light mineral oil 또는 wax bead (2번 과정)

Microtiter plates 또는 microfuge 튜브 (0.5 ml, thin-walled)

Positive displacement pipette

4번 과정에서 필요한 시약 (프로토콜 6.10과 12.6)

원하는 증폭반응 조건이 입력되어 있는 thermal cycler

Adapted from Chapter 8, Protocol 1, p. 8.18 of MC3.

Additional Information

PCR 기기	MC3, pp. 8.18–8.20
오염을 최소화하는 방법	MC3, pp. 8.16–8.17
primer 디자인	MC3, pp. 8.13–8.16
문제 해결에 관한 내용	MC3, pp. 8.23–8.24

METHOD

1. 0.5-ml 짜리 멸균 튜브나 PCR용 튜브, 또는 microtiter plate의 홈에 다음과 같은 조성의 반응 혼합물을 섞는다.

10× 증폭 용액	5 μl
4 종류의 dNTP의 20 mM 용액	1 μl
20 μM 정방향 (forward) primer	2.5 μl
20 μM 역방향 (reverse) primer	2.5 μl
1–5 unit/μl 내열성 DNA 중합 효소	1–2 units
H_2O	28–33 μl
주형 DNA	5–10 μl
총 부피	50 μl

PCR을 위한 표준 반응 조건은 아래 표와 같다.

Mg^{++}	KCl	dNTPs	primer	DNA 중합효소	주형 DNA
1.5 mM	50 mM	200 μM	1 μM	1–5 units	1 pg – 1μg

주형 DNA의 양은 염기서열의 복잡성 (complexcity)에 따라 다양하게 변화할수 있다. 포유 DNA의 경우 반응 당 1.0 μg 까지 사용할 수 있고, 효모, 박테리아, 또는 플라스미드의 경우에는 반응 당 각각 10 ng, 1 ng, 또는 10 pg 정도 사용한다.

2. Thermal cycler의 덮개가 가열 판이 아닌 경우, 미네랄오일을 한 방울 (~50 μl)을 반응물 위에 떨어뜨린다. Hot start 방법에 따라 PCR을 진행하는 경우에는 튜브에 왁스구슬을 넣는다.

3. 아래 조건에 맞게 변성 (denaturation), 결합 (annealing), 중합 (polymerization) 반응의 시간과 온도를 정하여 핵산을 증폭한다.

cycle 수	변성과정	결합과정	중합과정
30 cycles	94℃에서 30 초	55℃에서 30 초	72℃에서 1 분
마지막 cycle	94℃에서 1 분	55℃에서 30 초	72℃에서 1 분

시간과 온도는 특정한 반응조건을 위해 정해져야 한다. 중합반응은 타겟 DNA가 1000 bp 씩 늘어 날 때 마다 1 분 씩 늘려 반응한다.

4. 테스트 반응과 4종류의 대조군 반응에서 일부 (5~10 μl)를 덜어내서 적당한 DNA marker와 함께 agarose gel 또는 polyacrylamide gel 전기영동 분석을 한 후, gel은 ethidium bromide 또는 SYBR Gold로 염색하여 관찰한다.

예상했던 것과 동일한 크기의 DNA 조각이 젤에서 쉽게 관찰 되어야한다.

DNA 밴드는 DNA 염기서열분석 (프로토콜 12.6), southern 혼성법 (프로토콜 6.10), 또는 제한 효소 지도의 작성 등에 의해 확인 할 수 있다.

모든 반응이 제대로 이루어 졌다면, 두가지 양성 대조군 (튜브 1 과 2) 샘플이 있는 lane과 주형 DNA가 있는 테스트 반응의 lane 모두에서 적절한 크기의 DNA 밴드가 진하게 나타나야 한다. 이 밴드는 음성 대조군 (튜브 3 과 4) 샘플이 있는 lane에서는 보이지 않는다.

5. 미네랄오일을 사용한 경우, 150 μl의 클로로포름을 넣어 추출하여 샘플로부터 오일을 제거 한다.

   중요: 플라스틱 재질은 유기용매에 약하므로 microtiter plate에서 PCR 한 경우에는 클로로포름 추출 과정을 실시하지 않는다.

프로토콜 8.2 클로닝을 위한 PCR 산물의 정제

Purification of PCR products in preparation for cloning

PCR 반응이 끝난 후에도 남아있는 내열성 DNA 중합효소의 활성은 다음 과정에서 이어지는 다른 효소 반응을 방해 할 수 도 있다. 이 프로토콜에서는 단백질 분해효소 K를 이용하여 내열성 DNA 중합효소를 제거하고, 클로닝에 사용 될 증폭 DNA를 정제하는 방법을 제시한다.

MATERIALS

CAUTION: 〈!〉표시된 물질의 적절한 사용법은 Appendix 4를 참조하세요.

Reagents and Solutions

농축액, 완충액, 시료의 조성은 Appendix 1을 참조하라. 농축액은 적당한 농도로 희석하여 사용하라.

- Ammonium acetate (10 M)
- Chloroform 〈!〉
- Ethanol
- Ethanol (70%)
- Phenol:Chloroform (1:1, v/v) 〈!〉
- TE (pH 8.0)

Enzymes and Buffers

- Protainase K (20 mg/ml)
- Protainase K buffer
  - 100 mM Tris-Cl (pH 8.0)
  - 50 mM EDTA (pH 8.0)
  - 500 mM NaCl

Nucleic Acids/Oligonucleotide

- DNA markers
- DNA(s), amplified by PCR

Gels/Loading Buffers

- Polyacrylamide 〈!〉 또는 agarose gel

Additional Items

- 1번 과정에서 필요한 시약 (프로토콜 5.6)
- 6번 과정에서 필요한 시약 (프로토콜 1.9)
- 수조 (37℃와 75℃)

Additional Information

Proteinase K MC3, p. A4.50

Adapted from Chapter 8, Protocol 2, p. 8.25 of MC3.

METHOD

1. 증폭된 DNA 1 μg 정도를 가지고 있는 8 개 튜브의 PCR 반응물 (400 μl)을 한군데 모은다.

   비특이적인 DNA가 증폭되어 그 양이 전기영동에서 확인될 정도로 많으면, low-melting-temperature 아가로오스를 이용하여 원하는 크기의 DNA를 정제한다 (프로토콜 5.6 참고).

   PCR 과정 동안 내용물의 증발을 막기위해 미네랄오일을 이용한 경우, 원심분리하여 아래층의 수용액을 새로운 튜브에 옮긴다.

2. 0.2 배의 5× 단백질분해효소 K 반응용액에 50 μg/ml의 농도가 되도록 단백질분해효소 K를 넣고, 37℃에서 60 분간 반응한다.
3. 75℃에서 20분간 가열하여 단백질분해효소 K의 활성을 없앤다.
4. 페놀:클로로포름과 클로로포름을 이용하여 반응물을 추출한다.
5. 0.2 배의 10 M 암모니움 아세트산 (ammonium acetate)과 2.5 배의 에탄올을 넣고, 잘 섞은 후 4℃에서 30 분간 둔다.
6. 4℃에서 5분간 최대속도로 원심분리하여 DNA를 모으고, 70% 에탄올로 침전물을 씻는다. 다시 원심분리하여 상층액을 버린 후 DNA를 건조 한다.

   DNA는 크로마토그래피 또는 전기영동을 실시하여 다시 정제 할 수 있다. 이 정제 과정은 증폭한 DNA의 발단에 제한 효소 부위를 첨가하기 위한 목적으로 제작된 primer를 이용하였을 경우 꼭 필요한 과정이다. 반응 후 남은 primer나 primer의 이합체들은 제한 효소 반응을 시작하기 전에 반드시 제거 되어야 하기 때문이다 (프로토콜 8.3).

7. TE (pH8.0)를 넣어 침전을 녹인다. 증폭된 DNA는 이 과정에서 20~50% 정도 소실 될 수 있으며, 이를 고려하여 25 μg/ml (25 ng/μl)의 농도가 되도록 녹인다.
8. 약 25 ng의 DNA를 한천 젤 또는 아크릴아마이드 젤 상에서 적절한 마커와 함께 전기영동하여, 25 ng의 DNA가 예상될 만한 형광 강도를 가지는지 확인한다.

프로토콜 8.3 한외여과법을 이용하여 증폭된 DNA에서 oligonucleotide와 과량의 dNTP를 제거하는 방법

Removal of oligonucleotides and excess dNTPs from amplified DNA by ultrafiltration

Centiacon이나 Microcon 농축기를 이용한 한외여과법은 증폭된 DNA로부터 반응에 사용되지 않고 남은 primer, primer 이합체, 그리고 NTPs를 제거하는데 이용된다.

MATERIALS

CAUTION: 〈!〉표시된 물질의 적절한 사용법은 Appendix 4를 참조하세요.

Reagents and Solutions

농축액, 완충액, 시료의 조성은 Appendix 1을 참조하라. 농축액은 적당한 농도로 희석하여 사용하라.

- Chloroform 〈!〉 (1번 과정을 참고하시오)
- Ethanol
- Ethanol (70%)
- Sodium acetate (3 M, pH 5.2)
- TE (pH 8.0)

Nucleic Acids/Oligonucleotide

DNA(s), amplified by PCR

Centrifuges/Rotors/Tubes

Centricon 또는 Microcon concentrator을 장착하기 위한 angle rotor

Additional Items

Concentrators, Centricon-100 또는 Microcon-100 (Milipore)

Additional Information

Oligonucleotide와 dNTPs를 제거하는 방법 MC3, p. 8.27

METHOD

1. 2 ml의 TE (pH 8.0)가 들어있는 Centricon-100에 미네랄오일 층으로부터 DNA용액을 조심스럽게 분리하여 넣는다.
2. 고정각 rotor가 장착된 원심분리기에 centricon unit를 놓는다. 이때 여과컵 부분 (투명한 부분)이 rotor의 바닥을 향하도록 한다.

   주의: 용액을 loading 시에 파이펫이나 파이펫 팁으로 막에 흠집이 나지 않도록 조심한다.
3. 4℃ ~ 25℃에서 25 분간 1000g 의 속도로 원심분리 한다.

4. Centricon unit를 꺼내어 여과 컵부분을 제거하고 거꾸로 뒤집어 다시 원심분리기에 놓는다. 이때 수집용 튜브가 rotor의 바닥을 향하도록 놓는다. 300~1600g의 속도로 2 분간 원심분리 한다.
5. 수집용 튜브에 있는 용액을 새로운 튜브로 옮긴다.
6. 0.1 배의 3 M sodium acetate와 2~3 배의 에탄올을 넣어 DNA를 침전 시킨다. 증폭된 DNA는 염기서열 분석이나 접합반응등의 다양한 후속 실험에 이용할 수 있다.

   한 번의 정제 만으로도 DNA는 대부분의 실험에 이용 가능하다. 극미량의 oligonucleotide primer를 제거하려면, 30분간의 원심분리 과정을 한 번 더 실시한다. 이를 위해, 4번 과정에서 투명한 여과 컵으로부터 얻은 용액에 2 ml의 TE (pH 8.0)을 넣고 2~4 번 과정을 반복한다.

프로토콜 8.4

PCR산물의 blunt-end 클로닝

Blunt-end cloning of PCR products

적절한 제한 효소를 과량 이용한 blunt-end 접합 반응은 재조합 플라스미드의 수득률을 증가 시킬 수 있다. 제한 효소의 역할은 blunt-end를 가지는 플라스미드가 자체적으로 접합되어 생기는 원형 및 연쇄 선형 구조 (concatamer)의 플라스미드의 제한효소 위치를 잘라 해체하는 것이다. 적당한 비율의 벡터를 이용하면 blunt-end의 PCR 산물과 벡터의 접합 효율이 증가한다.

MATERIALS

CAUTION: 〈!〉표시된 물질의 적절한 사용법은 Appendix 4를 참조하세요.

Reagents and Solutions

농축액, 완충액, 시료의 조성은 Appendix 1을 참조하라. 농축액은 적당한 농도로 희석하여 사용하라.

ATP (10 mM)

10× 접합반응용액에 들어있는 경우는 별도로 사용하지 않는다.

dNTP 용액 (pH 8.0), 네 종류의 deoxynucleotide triphosphate들이 각각 2 mM 들어있음

Vectors and Hosts

플라스미드 DNA (50 μg/ml), closed circular

Transformation-competent *E. coli*

Enzymes and Buffers

T4 박테리오파아지 DNA 접합효소와 10× 반응 용액

T4 박테리오파아지 DNA 중합효소와 10× universal KGB 반응 용액

1 M potassium acetate

250 mM Tris-acetate (pH 7.6)

100 mM magnesium acetate

5 mM β-mercaptoethanol 〈!〉

100 μg/ml bovine serum albumin

클로닝을 위한 제한효소

이 제한효소는 blunt end를 형성하게 되며, 벡터의 한 군데만을 자르게 되어 있고, 증폭 DNA에는 작용 부위가 없다.

분석을 위한 제한효소

Nucleic acids/Oligonucleotides

DNA 마커

PCR로 증폭한 타겟 DNA (25 μg/ml)

PCR-증폭 DNA는 접합반응을 위해 페놀:클로로포름을 이용하여 추출되거나 ultrafiltration (프로토콜 8.3)하여 정제한다. PCR 산물이 여러 개의 DNA 조각일 경우에는 전기영동을 거쳐 타겟 DNA를 정제한다.

Gels/Loading Buffers

Agarose gel

Additional Items

3번 과정에서 필요한 시약 (프로토콜 1.25, 1.26, 또는 1.27)
4번 과정에서 필요한 시약 (프로토콜 8.12)
6번 과정에서 필요한 시약 (프로토콜 6.10과 12.6)
수조 또는 heating/cooling block (22℃)

Additional Information

PCR 산물을 클로닝하는 방법 MC3, pp. 8.30–8.31

METHOD

1. 원심분리 튜브에 아래의 조성으로 반응물을 만든다.

50 μg/ml 원형 플라스미드 벡터	1 μl
25 μg/ml 증폭된 타겟 DNA	8 μl
10x universal KGB 용액	2 μl
물 (아래의 내용을 참고)	5 μl
10 mM ATP	1 μl
2 mM dNTAs	1 μl
클로닝을 위한 제한효소	2 units
T4 DNA 중합효소	1 unit
T4 DNA 접합효소	3 units

반응의 총 부피는 물을 채워 20 μl가 되도록 한다.

증폭된 DNA를 넣지 않은 대조군 반응을 준비한다.

2. 22℃에서 4 시간 동안 접합반응을 실시한다.
3. 두 접합 반응에서 각각 5 μl을 덜어 물 10 μl에 희석 한 후 항생제 내성 실험에 적합한 컴피턴트 대장균에 도입하여 형질전환 한다 (프로토콜 1.25–1.26). IPTG, X-gal, 그리고 적절한 항생제가 들어 있는 배지에 도말한다.
4. 각 접합 반응에서 얻어진 콜로니의 수를 센다. 타겟 DNA를 이용한 접합반응물로 형질 전환한 콜로니를 여러개 선택하여 다음에 제시한 방법으로 증폭된 DNA가 들어있는지의 여부를 확인한다. (i) 플라스미드를 정제하여 삽입 DNA의 양 옆에 있는 제한효소로 잘라내어 확인한다. (ii) 콜로니 PCR (프로토콜 8.12)를 실시한다.
5. DNA 마커와 함께 전기영동하여 잘린 DNA의 크기를 확인한다.
6. DNA 염기서열 분석, 제한효소 지도 작성, 또는 southern 혼성법등을 이용하여 클론된 DNA를 확인한다.

프로토콜 8.5 T 벡터로 PCR 산물을 클로닝하는 방법
Cloning PCR products into T vectors

이 방법은 *Taq*이나 다른 내열성 DNA 중합효소의 반응 결과 증폭된 DNA의 3′-말단에 붙어있게 되는 아데닌기를 이용한 클로닝 방법이다.

MATERIALS

Reagents and Solutions

ATP (10 mM)

10× 접합반응용액에 들어있는 경우는 별도로 사용하지 않는다.

Vectors and Hosts

T 벡터 (MC3, p. 8.35), 구매한 클로닝 키트에 포함되어 있음 (예를 들면, pGEM-T [Promega])

Transformation-competent *E. coli*

Enzymes and Buffers

T4 박테리오파아지 DNA 접합효소와 10× 반응 용액

Nucleic acids/Oligonucleotides

DNA 마커

PCR로 증폭한 타겟 DNA (25 μg/ml)

PCR-증폭 DNA는 접합반응을 위해 페놀:클로로포름을 이용하여 추출되거나 ultrafiltration (프로토콜 8.3)하여 정제한다. PCR 산물이 여러 개의 DNA 조각일 경우에는 전기영동을 거쳐 타겟 DNA를 정제한다.

Gels/Loading Buffers

Agarose gel

Additional Items

3번 과정에서 필요한 시약 (프로토콜 1.25, 1.26, 또는 1.27)

6번 과정에서 필요한 시약 (프로토콜 6.10과 12.6)

수조 또는 heating/cooling block (14℃)

Additional Information

PCR 산물을 클로닝하는 방법	MC3, pp. 8.30-8.31
T 벡터	MC3, p. 8.35

Adapted from Chapter 8, Protocol 5, p. 8.35 of MC3.

METHOD

1. 원심분리 튜브에 아래의 조성으로 반응물을 만든다.

25 μg/ml 증폭된 타겟 DNA	1 μl
T가 달린 플라스미드	20 ng
10x 접합반응 용액	1 μl
T4 DNA 접합효소	3 units
물	to 10 μl

ATP는 최종 1 mM의 농도로 첨가한다. 벡터:증폭 DNA는 1:5의 비율로 이용하는 것이 좋다.

증폭된 DNA를 넣지 않은 대조군 반응을 준비한다.

2. 14℃에서 4 시간 동안 접합반응을 실시한다.
3. 두 접합 반응에서 각각 5 μl을 덜어 물 10 μl에 희석 한 후 항생제 내성 실험에 적합한 컴피턴트 대장균에 도입하여 형질전환 한다 (프로토콜 1.25–1.26). IPTG, X-gal, 그리고 적절한 항생제가 들어 있는 배지에 도말한다.
4. 각 접합 반응에서 얻어진 콜로니의 수를 센다. Target DNA를 이용한 접합반응물로 형질 전환한 흰색 콜로니를 여러개 선택하여 다음에 제시한 방법으로 증폭된 DNA가 들어있는지의 여부를 확인한다. (i) 플라스미드를 정제하여 삽입 DNA의 양 옆에 있는 제한효소로 잘라내어 확인한다. (ii) 콜로니 PCR (프로토콜 8.12)를 실시한다.

   청색 콜로니: 백색 콜로니의 비율이 1:5에서 2:1 정도가 될 것이다.
5. DNA 마커와 함께 전기영동하여 잘린 DNA의 크기를 확인한다.
6. DNA 염기서열 분석, 제한효소 지도 작성, 또는 southern 혼성법등을 이용하여 클론된 DNA를 확인한다.

프로토콜 8.6

증폭 DNA 말단에 제한 효소 부위를 첨가하여 클로닝하는 방법
Cloning PCR products by addition of restriction sites to the termini of amplified DNA

이 방법에서는 PCR에서 사용되는 oligonucleotide primer들의 5′-말단에 제한효소반응 부위를 넣어 디자인한다. 대부분의 경우 두 primer에 각각 다른 제한 효소의 부위를 넣어, 증폭 과정을 통해 플라스미드 벡터에 방향성 있는 클로닝을 할 수 있도록 서로 다른 제한효소 반응 부위를 가진 타겟 DNA가 만들어진다. 정제된 DNA 조각과 벡터를 적절한 제한효소로 자르고, 접합반응을 거쳐, 대장균으로 형질전환 한다.

MATERIALS

CAUTION: 〈!〉표시된 물질의 적절한 사용법은 Appendix 4를 참조하세요.

Reagents and Solutions

농축액, 완충액, 시료의 조성은 Appendix 1을 참조하라. 농축액은 적당한 농도로 희석하여 사용하라.

ATP (10 mM)

10× 접합반응용액에 들어있는 경우는 별도로 사용하지 않는다.

Chloroform 〈!〉

EDTA (0.5 M, pH 7.5)

Ethanol

Ethanol (70%)

Phenol:chloroform (1:1, v/v) 〈!〉

Sodium acetate (3 M, pH 5.2)

TE (pH 7.5)

Vectors and Hosts

적절한 제한효소로 자른 플라스미드 DNA

선형의 플라스미드 DNA가 서로 상보적인 부위에서 접합될 염려가 있을 때는 alkaline phosphatase를 처리하여 5′-인산을 제거한다 (프로토콜 1.20).

Trnasformation-competent *E. coli*

Enzymes and Buffers

T4 박테리오파아지 DNA 접합효소와 10× 반응 용액

제한 효소와 10× 반응 용액

Nucleic Acids/Oligonucleotide

DNA 마커

정방향과 역방향 primer, 각각 물에 녹여 20 μM의 농도로 만든다.

PCR로 증폭한 타겟 DNA (25 μg/ml)

PCR-증폭 DNA는 접합반응을 위해 페놀:클로로포름을 이용하여 추출되거나 ultrafiltration (프로토콜 8.3)하여 정제한다. PCR 산물이 여러 개의 DNA 조각일 경우에는 전기영동을 거쳐 타겟 DNA를 정제한다.

Gels/Loading Buffers

Agarose gel

Additional Items

1번 과정에서 필요한 시약 (프로토콜 8.1)
10번 과정에서 필요한 시약 (프로토콜 1.25, 1.26, 또는 1.27)
11번 과정에서 필요한 시약 (프로토콜 8.12)
13번 과정에서 필요한 시약 (프로토콜 6.10 또는 12.6)
수조 또는 heating/cooling block (16℃)
수조 (제한효소반응의 적정온도)

Additional Information

PCR 산물의 클로닝 방법	MC3, pp. 8.30–8.31
제한효소 부위를 가지는 primer 디자인	MC3, pp. 8.37–8.38

METHOD

1. 적절한 oligonucleotide primer를 디자인하여 합성한다. 정방향, 역방향 primer를 이용하여 4개의 tube에서 동일한 증폭반응 (50-μl)을 실시한 후 (프로토콜 8.1), PCR 반응물을 1개의 튜브로 모은다. 이때 증폭한 DNA는 200~500 ng 정도 되어야 한다.

   정방향, 역방향 primer는 적절한 제한 효소를 가지도록 디자인 한다. 각 primer의 3'-말단은 타겟 DNA와 적어도 15개의 염기 정도의 상보성이 있어야 한다. 각 primer의 5'-말단은 제한효소가 붙는 부위로써 증폭된 DNA의 말단을 같이 잡아주는 클램프로써 작용하여야 하므로 적어도 3~10 개의 염기가 되어야 한다. primer의 중간부분은 제한효소의 인식 부위가 된다. 따라서 각 primer는 24~31 개의 누클레오타이드로 구성되며, 4 종류의 염기가 같은 수로 있도록 하고, G 와 C가 고르게 분포해야 하며, 2차 구조를 형성하지 않도록 디자인하여야 한다.

2. PCR 산물이 1 개 이상의 DNA 조각으로 나타날 경우 agarose gel을 이용하여 전기영동 한 후 타겟 DNA를 정제한다. 전기영동을 하지 않는 경우, 페놀:클로로포름으로 추출하고 Centricon-100 한외여과를 실시하여 정제 할 수 있다 (프로토콜 8.3). TE (pH 7.5)를 넣어 25 μg/ml의 농도로 DNA를 녹인다.
3. 정제된 PCR 산물 100 ng에 1.0~2.0 unit의 제한효소를 넣어 전체 20 μl로 만든 후 작정 제한효소의 온도에서 1시간 동안 반응한다.
4. 반응이 끝난후 물을 넣어 100 μl로 만들고, 0.5 M EDTA를 5 mM의 농도가 되도록 넣고, 페놀:클로로포름과 클로로포름을 이용하여 추출한다.
5. 수용액 층을 새로운 튜브에 옮기고, 3 M sodium acetate (pH 5.2)를 0.3 M의 농도가 되도록 첨가한다. 2 배의 에탄올을 넣은 후 0℃에서 30 분 동안 둔다.
6. 4℃에서 5 분간 최대속도로 원심분리하여 DNA를 모은다. 상층액을 버리고 70% 에탄올을 넣어 DNA 침전을 씻는다. 다시 원심분리 하여 상층액을 버리고 DNA 침전물을 건조한다.
7. 10 μl의 물을 넣어 DNA를 녹인다.
8. 원심분리 튜브에 아래의 조성으로 접합반응물을 만든다.

25 μg/ml 증폭된 타겟 DNA	1 μl
플라스미드 DNA	20 ng
10× 접합반응 용액	1 μl
T4 DNA 접합효소	3 units
H_2O	to 10 μl

ATP는 1 mM이 되도록 넣는다. 방향성 클로닝을 위하여 정제된 target DNA와 플라스미드 벡터의 비율을 1:1이 되도록 혼합하는 것이 바람직하다.

증폭된 DNA를 넣지 않은 대조군 반응을 준비한다.

9. 16℃에서 4시간 동안 반응한다.

10. 두 접합 반응에서 각각 5 μl을 덜어 물 10 μl에 희석 한 후 항생제 내성 실험에 적합한 컴피턴트 대장균에 도입하여 형질전환 한다 (프로토콜 1.25-1.26). IPTG, X-gal, 그리고 적절한 항생제가 들어 있는 배지에 도말한다.

11. 각 접합 반응에서 얻어진 콜로니의 수를 센다. target DNA를 이용한 접합반응물로 형질 전환한 흰색 콜로니를 여러 개 선택하여 다음에 제시한 방법으로 증폭된 DNA가 들어있는지의 여부를 확인한다. (i) 플라스미드를 정제하여 삽입 DNA의 양 옆에 있는 제한효소로 잘라내어 확인한다. (ii) 콜로니 PCR (프로토콜 8.12)를 실시한다.

    청색 콜로니: 백색 콜로니의 비율이 1:5에서 2:1 정도가 될 것이다.

12. DNA 마커와 함께 전기영동하여 잘린 DNA의 크기를 확인한다.

13. DNA 염기서열 분석, 제한효소 지도 작성, 또는 southern 혼성법등을 이용하여 클론된 DNA를 확인한다.

프로토콜 8.7

PCR과 결부된 유전공학법

Genetic engineering with PCR

이 프로토콜은 제한효소 작용 부위 및 다른 특성을 도입하여 PCR 산물의 말단을 변형시키는 방법이다.

MATERIALS

CAUTION: 〈!〉표시된 물질의 적절한 사용법은 Appendix 4를 참조하세요.

Reagents and Solutions

농축액, 완충액, 시료의 조성은 Appendix 1을 참조하라. 농축액은 적당한 농도로 희석하여 사용하라.

ATP (10 mM)

10× 접합반응용액에 들어있는 경우는 별도로 사용하지 않는다.

Chloroform 〈!〉 (6번 과정을 참고하시오)

dNTP 용액 (pH 8.0), 네 종류의 deoxynucleotide triphosphate들이 각각 20 mM 들어있음

Vectors and Hosts

적절한 제한효소로 자른 플라스미드 DNA

선형의 플라스미드 DNA가 서로 상보적인 부위에서 접합될 염려가 있을 때는 alkaline phosphatase를 처리하여 5′-인산을 제거한다 (프로토콜 1.20).

Transformation-competent *E. coli*

Enzymes and Buffers

T4 박테리오파아지 DNA 접합효소와 10× 반응 용액

제한 효소

내열성 DNA 중합효소와 제조회사에서 제공하는 10× 증폭 반응용액

500 mM KCl

100 mM Tris-Cl (pH 8.3, 실온)

15 mM $MgCl_2$

Nucleic Acids/Oligonucleotide

DNA 마커

oligonucleotide primer 1과 2, 각각 물에 녹여 10 μM의 농도로 만든다.

타겟 서열을 가진 양성 대조군 DNA

PCR로 증폭한 타겟 DNA (25 μg/ml)

PCR-증폭 DNA는 접합반응을 위해 페놀:클로로포름을 이용하여 추출되거나 ultrafiltration (프로토콜 8.3)하여 정제한다. PCR 산물이 여러 개의 DNA 조각일 경우에는 전기영동을 거쳐 타겟 DNA를 정제한다 (프로토콜 5.6).

Gels/Loading Buffers

Agarose gel 또는 polyacrylamide gel 〈!〉

Additional Items

Automatic pipettor를 위한 barrier tips

Light mineral oil 또는 wax bead (3번 과정)

Adapted from Chapter 8, Protocol 7, p. 8.42 of MC3.

Microtiter plates 또는 microfuge 튜브 (0.5-ml과 thin walled)
positive displacenment pipette
5번 과정에서 필요한 시약 (프로토콜 6.10 또는 12.6)
6번 과정에서 필요한 시약 (프로토콜 8.3)
7번 과정에서 필요한 시약 (프로토콜 8.3)
9번 과정에서 필요한 시약 (프로토콜 8.6)
Thermal cycler (원하는 증폭 반응 조건이 입력됨)
수조 (제한효소반응의 적정온도)

Additional Information

PCR 산물의 클로닝 방법	MC3, pp. 8.30-8.31
제한효소 부위를 가지는 primer 디자인	MC3, pp. 8.37-8.38

METHOD

1. polynucleotide의 말단을 변형하여 적절한 primer를 디자인하고 합성한다.

   예를 들면, 주형 cDNA의 5′-염기서열 (5′ dATCATATGGCTCTGGATGAACTGTGCCTGCTGGACATG CT 3′)과 3′-염기서열 (5′ dATAAGCTTTTATTAAGACAGACTCAGCTCATGGGAGGCAA 3′) 로부터 유래된 2가의 primer에는 cDNA의 5′ 말단에 NdeI (CATATG) 부위가 도입 되었고, 대장균에서 발현할 수 있도록 몇 개의 코돈을 변형하였다. 밑줄 친 누클레오타이드는 primer와 주형 cDNA 사이에 다른 부분이다. primer의 3' 말단에서 완전히 일치하는 누클레오타이드의 수가 8-10개 정도가 되어야 증폭에 성공할 수 있다.

2. 멸균된 0.5 ml 짜리 튜브, PCR용 튜브, 또는 microtiter plate에 다음과 같은 조성으로 반응물을 만든다.

100 ng 주형 DNA	10 μl
10x 증폭반응 용액	5 μl
20 mM 4 종류의 dNTP 용액	5 μl
10 mM primer 1 (50 pmoles)	5 μl
10 mM primer 2 (50 pmoles)	5 μl
1-2 units 내열성 DNA 중합효소	1 μl
H_2O	to 50 μl

두 종류의 대조군 반응을 준비한다. 주형 DNA를 넣지않은 반응과 이전에 좋은 결과를 얻었던 주형 DNA를 이용한 반응을 함께 진행한다.

3. Thermal cycler의 덮개가 가열 판이 아닌 경우, 미네랄오일을 한 방울 (~50 μl) 반응물 위에 얹는다. Hot start 방법에 따라 PCR을 진행하는 경우에는 튜브에 왁스구슬을 넣는다.

4. 아래 조건에 맞게 변성 (denaturation), 결합 (annealing), 중합 (polymerization) 반응의 시간과 온도를 정하여 핵산을 증폭한다.

cycle 수	변성과정	결합과정/ 중합과정
20 cycles	94℃에서 1 분	68℃에서 3분
마지막 cycle	94℃에서 1 분	68℃에서 15분

시간과 온도는 특정한 반응조건을 위해 정해져야 한다.

5. 테스트 반응과 4종류의 대조군 반응에서 일부 (5~10%)를 취하여 전기영동 분석을 하고, 젤은 EtBr 또는 SYBR Gold로 염색하여 관찰한다.

   성공적인 증폭반응의 결과는 예상했던 것과 동일한 크기의 DNA 조각이 젤에서 쉽게 관찰 되어야한다.

   DNA 밴드는 DNA 염기서열분석 (프로토콜 12.6), southern 혼성법 (프로토콜 6.10), 또는 제한 효소 지도의 작성 등에 의해 확인 할 수 있다. 모든 반응이 제대로 이루어 졌다면, 두가지 양성 대조군 (튜브 1 과 2) 샘플이 있는 lane과 주형 DNA가 있는 테스트 반응의 lane 모두에서 적절한 크기의 DNA 밴드가 진하게 나타나야한다. 이 밴드는 음성 대조군 (튜브 3 과 4) 샘플이 있는 lane에서는 보이지 않는다.

6. 미네랄오일을 사용한 경우 (3번 과정), 150 μl의 클로로포름을 넣어 추출하여 샘플로부터 오일을 제거 한다.

   증폭된 DNA를 함유하는 수용액 층은 표면이 매니스커스에 가까운 micelle을 형성할 것이다. Micelle은 자동 마이크로 파이펫을 이용하여 새로운 튜브로 옮긴다.

   주의 : 플라스틱 재질의 plate는 열에 안정하지 않으므로 microtiter plate를 이용한는 경우에는 클로로포름 추출을 하지 않는다.

7. 클로닝을 계속 진행하기 위해 primer의 5′ 말단에 있는 제한 효소 부위 (위의 실험에서는 *Nde*I과 *Hind*III)를 이용하여 DNA 조각을 잘라낸다. DNA 조각은 젤 전기영동 또는 한외여과 (프로토콜 8.3)를 실시하여 정제 한다.

8. 적절한 벡터 DNA를 이용하여 접합 반응을 실시한다. 삽입 DNA와 벡터 간에 몰 비율은 3:1로 한다.

   내열성 DNA 중합효소는 작용시 오류의 확률이 높으므로 발현 벡터에 클로닝한 경우에는 반드시 증폭된 DNA의 염기서열을 분석해야 한다.

9. 프로토콜 8.6의 10~13번 과정에 따라 접합반응물을 대장균에 형질전환 한다.

프로토콜 8.8 mRNA의 역전사 과정에 의해 제조된 cDNA의 증폭

Amplification of cDNA generated by reverse transcription of mRNA

이 프로토콜에서 mRNA와 혼성된 oligonucleotide primer는 RNA-의존성 DNA 중합효소에 의해 계속 합성되어 PCR에 의해 증폭 될 수 있는 cDNA가 된다. 실험목적에 따라 첫 가닥의 cDNA 합성을 위한 primer는 특별한 타겟 유전자에 혼성되도록 디자인하는데, 드물게는 모든 포유류의 mRNA에서 cDNA 합성을 유도 할 수 있는 oligo(dT)와 같은 공통 primer를 이용하기도 한다. 이어지는 증폭 반응에서 이용 될 역방향 primer는 유전자 특이적인 primer 이거나 공통 primer (예를들면, random hexamers) 이다.

MATERIALS

CAUTION: ⟨!⟩표시된 물질의 적절한 사용법은 Appendix 4를 참조하세요.

Reagents and Solutions

농축액, 완충액, 시료의 조성은 Appendix 1을 참조하라. 농축액은 적당한 농도로 희석하여 사용하라.

- Chloroform ⟨!⟩
- dNTP 용액 (pH 8.0), 네 종류의 deoxynucleotide triphosphate들이 각각 20 mM 들어있음
- Ethanol
- Ethanol (70%)
- $MgCl_2$ (1 M)
- Phenol:chloroform (1:1, v/v) ⟨!⟩
- Placental RNase inhibitor (20 units/μl)
- Sodium acetate (3 M, pH 5.2)
- TE (pH 7.6)

Enzymes and Buffers

역전사효소 (RNA-dependent DNA plymerase)와 10x 역전사 반응 용액 (제조회사에서 제공)

- 750 mM KCl
- 500 mM Tris-Cl (pH 8.3)
- 30 mM $MgCl_2$

내열성 DNA 중합효소와 제조회사에서 제공하는 10x 증폭 반응용액

- 500 mM KCl
- 100 mM Tris-Cl (pH 8.3, 실온)
- 15 mM $MgCl_2$

Nucleic Acids/Oligonucleotide

전기영동을 위한 DNA 마커

유전자 특이적 oligonucleotide primer (10 μM), target RNA에서 알려진 서열에 상보적이며, cDNA 합성을 시작하는데 이용한다.

실험에 따라 random hexanucleotides 또는 oligo$(dT)_{12-18}$를 유전자 특이적인 primer 대신 이용할 수 있다. (MC3, pp. 8.46-8.49)

cDNA 증폭을 위한 sense와 antisense primer (20 μM)

cDNA를 제조하기 위해 이용되는 primer는 역전사 과정에서 antisense primer로 이용될 수 있다. 그러나 타겟 transcript의 upstream 서열에 결합하는 antisense primer를 이용하여 증폭 반응의 특이성을 증가 시킬 수 있

Adapted from Chapter 8, Protocol 8, p. 8.46 of MC3.

다. Sense와 antisense primer는 유전자 특이적인 합성 oligonucleotide들로, 20–30 누클레오타이드의 길이에 네가지 염기가 거의 동일한 수로 구성되어야 하고, G와 C가 균형있게 분포 하도록 하며, 2차 구조가 만들어지지 않도록 디자인 한다. (MC3, pp. 8.13–8.16)

주형 mRNA

주형 mRNA는 전체 RNA (100 μg/ml)이나 poly(A)$^+$ RNA (10 μg/ml)를 사용할 수 있다. 후자의 경우는 타겟 mRNA가 낮은 빈도수로 발현 할 때 적당하다.

Gels/Loading Buffers

Agarose gel 또는 polyacrylamide gel 〈!〉

Additional Items

Automatic pipettor를 위한 barrier tips
Concentrators, Microcon– 또는 Centricon–100 (Milipore) (4번 과정)
Light mineral oil 또는 wax bead (3번 과정)
Microtiter plates 또는 microfuge 튜브 (0.5–ml과 thin walled)
positive displacement pipette
8번 과정에서 필요한 시약 (프로토콜 5.2, 6.10 또는 12.6)
10번 과정에서 필요한 시약 (프로토콜 8.3과 8.4, 8.5 또는 8.6)
Thermal cycler (원하는 증폭 반응 조건이 입력됨)
수조 (75℃, 37℃, 그리고 95℃)

Additional Information

oligonucleotide primer의 디자인	MC3, pp. 8.13–8.16
RNase의 저해제	MC3, p. 7.83
역전사 효소	MC3, pp. A4.24–A4.26
RT–PCR에 사용되는 역전사 효소들	MC3, p. 8.48
Terminal transferase	MC3, pp. A1.11, A4.27, 8.111
RT–PCR에서 발생하는 문제 해결	MC3, p. 8.53

METHOD

1. 1 pg ~ 100 ng의 poly(A)$^+$ mRNA 또는 10 pg ~ 1 μg의 전체 RNA를 새로운 튜브에 옮긴다. 물을 넣어 10 μl로 희석한 다음, 75℃에서 5분간 가열하여 RNA를 변성하고 얼음위에서 보관한다.
2. 변성된 RNA에 다음과 같은 조성으로 반응물을 만든다.

10× 증폭반응 용액	2 μl
20 mM 4 종류의 dNTP 용액	1 μl
유전자 특이적 oligonucleotide primer (10 mM)	1 μl
약 20 units/μl placental RNAase 저해제	1 μl
50 mM $MgCl_2$	1 μl
100–200 units/μl 역전사 효소	1 μl
H_2O	to 20 μl

37℃에서 60 분간 반응한다.

실험에 따라, oligo(dT)$_{12-18}$, random hexamer, 또는 유전자 특이적인 anti–sense 올리고 누클레오타이드를 첫 가닥의 cDNA 합성시 primer로 이용할 수 있다. primer와 주형의 적정 비율은 RNA 정제 과정 동안 실험을 통하여 결정되어야 한다. 최적화의 첫단계로 20–μl 반응물에 다음과 같이 다양한 양의 primer를 이용하여 반응한다.

타겟 RNA와 상보적인 합성 oligonucleotide	5–20 pmoles
oligo(dT)$_{12-18}$	0.1–0.5 μg
random hexanucleotides	1–5 μg

세 종류의 음성 대조군 반응을 준비한다. 즉, 주형 RNA를 넣지 않은 반응, 역전사 효소를 넣지 않은 반응, primer를 넣지 않은 반응을 동시에 진행 하도록 한다.

3. 95℃에서 5 분간 가열하거나 페놀 추출을 실시하여 역전사 효소의 활성을 없애고, 주형과 cDNA 사이의 결합을 파괴하여 단일가닥으로 변성시킨다.
4. Sense 와 anti-sense primer가 각각 20 pmole 들어있도록 반응물을 보정한다.
5. 다음과 같은 조성으로 반응물을 만든다.

1× 증폭반응 용액 (반응혼합물을 99 μl로 만들기 위해 필요한 양)	77 μl
1–2 units 내열성 DNA 중합효소	1 μl

6. Thermal cycler의 덮개가 가열 판이 아닌 경우, 미네랄오일을 한 방울 (~50 μl) 반응물 위에 얹는다. Hot start 방법에 따라 PCR을 진행하는 경우에는 튜브에 왁스구슬을 넣는다.
7. 아래 조건에 맞게 변성 (denaturation), 결합 (annealing), 중합 (polymerization) 반응의 시간과 온도를 정하여 핵산을 증폭한다.

cycle 수	변성과정	결합과정	중합과정
35 cycles	94℃에서 45 초	55℃에서 45 초	72℃에서 1 분 15초
마지막 cycle	94℃에서 1 분	55℃에서 45 초	72℃에서 1 분 15초

시간과 온도는 특별한 반응요건에 적합하도록 변형 될 수 있다. 중합 반응은 타겟 DNA 1000bp당 1 분 동안 실시한다.

8. 본 반응과 대조군 반응으로부터 5~10 μl를 덜어내어 적당한 DNA 마커와 함께 agarose gel 또는 Polyacrylamide Gel 전기영동한 후, DNA가 보일 때까지 ethidium bromide 또는 SYBR Gold로 염색한다.

   성공적인 증폭반응의 결과는 예상했던 것과 동일한 크기의 DNA 조각이 젤에서 쉽게 관찰 되어야한다. DNA 밴드는 DNA 염기서열분석 (프로토콜 12.6), southern 혼성법 (프로토콜 6.10), 또는 제한 효소 지도의 작성 등에 의해 확인 할 수 있다.

   30 cycle 동안 증폭한 후 DNA가 보이지 않을 경우에는 새로운 내열성 DNA 중합효소를 더 넣고, 15~20 cycle 동안 반응을 좀 더 시킨다.

9. 미네랄오일을 사용한 경우 (6번 과정), 150 μl의 클로로포름을 넣고 추출하여 샘플로부터 오일을 제거 한다.

   증폭된 DNA를 함유하는 수용액 층은 표면이 매니스커스에 가까운 micelle을 형성할 것이다. Micelle은 자동 마이크로 파이펫을 이용하여 새로운 튜브로 옮긴다.

   주의 : 플라스틱 재질의 plate는 열에 안정하지 않으므로 microtiter plate를 이용한는 경우에는 클로로포름 추출을 하지 않는다.

10. 프로토콜 8.4, 8.5, 또는 8.6의 방법에 따라 준비된 벡터로 증폭된 DNA를 클로닝한다. 클로닝 전에, 증폭한 DNA에서 남아있던 내열성 DNA 중합효소와 dNTP를 분리한다 (프로토콜 8.3). DNA는 blunt-ended 또는 T-벡터에 접합 하거나 상보적인 말단을 가지는 벡터에 접합하기 위해 제한효소 반응을 진행할 수 있다.

프로토콜 8.9 5' cDNA의 증폭

Amplification of 5' cDNA (5'-RACE)

이 방법은 mRNA의 5′ 염기서열을 증폭하여 부분적인 cDNA 클론을 합성, 확장하기 위해 이용한다. 이를 위하여 부분적인 cDNA 클론 내에 있는 일부의 염기서열에 대한 정보가 필요하다. PCR 반응 동안, 내열성 DNA 중합효소는 이미 알고 있는 부위의 서열로부터 디자인 된 하나의 primer에 의해 적절한 타겟 RNA를 증폭한다; 두 번째 primer는 타겟에 상보적인 서열이다 (5′-RACE의 경우, mRNA로부터 전사된 cDNA의 3′ 말단에 붙어있는 homopolymeric tail에 상보적인 primer임). 이렇게 합성된 tail은 타겟 mRNA의 알지 못하는 5′ 서열 앞에 primer 결합 부위를 제공한다. 증폭된 DNA는 염기서열 분석과 같은 다음 단계의 실험을 위해 플라스미드 벡터에 클로닝 한다.

MATERIALS

CAUTION: 〈!〉표시된 물질의 적절한 사용법은 Appendix 4를 참조하세요.

Reagents and Solutions

농축액, 완충액, 시료의 조성은 Appendix 1을 참조하라. 농축액은 적당한 농도로 희석하여 사용하라.

- Chloroform 〈!〉
- dATP (1 mM) disodium salt
- dNTP 용액 (pH 8.0), 네 종류의 deoxynucleotide triphosphate들이 각각 20 mM 들어있음
- Ethanol
- Ethanol (70%)
- Phenol:chloroform (1:1, v/v) 〈!〉
- Placental RNase inhibitor (20 units/μl)
- Sodium acetate (3 M, pH 5.2)
- TE (pH 7.6)
- Trichloroacetic acid (10%) (2번 과정을 참고하시오)

Enzymes and Buffers

- 역전사효소 (RNA-depecdent DNA plymerase)와 10x 역전사 반응 용액 (제조회사에서 제공)
  - 750 mM KCl
  - 500 mM Tris-Cl (pH 8.3, 실온)
  - 30 mM $MgCl_2$
- Terminal transferase와 5x terminal transferase 반응용액
  - 500 mM potassium cacodylate
  - 10 mM $CoCl_2$
  - 1 mM dithiothreitol
  - 이 용액을 제조 시 주의할 점은 MC3, p. A1.11을 보시오.
- 내열성 DNA 중합효소와 제조회사에서 제공하는 10× 증폭 반응용액
  - 500 mM KCl
  - 100 mM Tris-Cl (pH 8.3, 실온)
  - 15 mM $MgCl_2$

Nucleic Acids/Oligonucleotide

- Adapter-primer (10 μM) (5′ GACTCGAGTCGACATCG 3′)
  - 타겟 DNA를 증폭 하기위해 유전자 특이적 sense primer와 연결하여 사용한다.
- 전기영동을 위한 DNA 마커

 Adapted from Chapter 8, Protocol 9, p. 8.54 of MC3.

$(dT)_{17}$ Adapter-primer (10 μM) (5′ GACTCGAGTCGACATCGA$(T)_{17}$ 3′)

Adapter-primer는 terminal transferase에 의해 cDNA의 3′ 말단에 첨가된 $poly(A)^+$ 부위에 결합한다. 이 프로토콜에서, 3′ 말단은 *Xho*I, *Sal*I, *Acc*I, *Hinc*II, 그리고 *Cla*I의 인식 부위에 첨가함으로써 변형된다. 타겟 DNA를 증폭 하기위해 유전자 특이적 sense primer와 연결하여 사용한다.

유전자 특이적 oligonucleotide primer (10 μM)

알려진 타겟 RNA 서열에 상보적이며, cDNA 합성을 시작하는데 이용한다. 유전자 특이적 primer는 네가지 염기가 거의 동일한 수로 구성되어야 하고, G와 C가 균형있게 분포 하도록 하며, 2차 구조가 만들어지지 않도록 디자인 한다. (MC3, pp. 8.13–8.16)

실험에 따라 random hexanucleotides (1 mg/ml)를 유전자 특이적인 primer 대신 이용할 수 있다. (MC3, p. 8.57)

주형 RNA

주형 mRNA는 전체 RNA (100 μg/ml)이나 $poly(A)^+$ RNA (10 μg/ml)를 사용할 수 있다. 후자의 경우는 타겟 mRNA가 낮은 빈도수로 발현 할 때 적당하다.

Radiolabeled Compounds

[α-^{32}P]dCTP (sp. act. 3000 Ci/mmoles) 〈!〉 (2번 과정을 참고하시오)

Gels/Loading Buffers

Agarose gel 또는 polyacrylamide gel 〈!〉

Centrifuges/Rotors/Tubes

Microcon 또는 Centricon을 장착할 수 있도록 angle rotor을 이용.
Sorvall SS-34 rotor

Additional Items

Automatic pipettor를 위한 barrier tips
Concentrators, Microcon- 또는 Centricon-100 (Milipore) (4번 과정)
Light mineral oil 또는 wax bead (6번 과정)
Microtiter plates 또는 microfuge 튜브 (0.5-ml과 thin walled)
positive displacement pipette
Rotary evaporator (3번 과정)
9번 과정에서 필요한 시약 (프로토콜 5.2, 6.10 또는 12.6)
11번 과정에서 필요한 시약 (프로토콜 8.3과 8.4, 8.5 또는 8.6)
Thermal cycler (원하는 증폭 반응 조건이 입력됨)
수조 (75℃, 37℃, 그리고 80℃)

Additional Information

oligonucleotide primer의 디자인	MC3, pp. 8.13–8.16
RNase의 저해제	MC3, p. 7.83
역전사 효소	MC3, pp. A4.24–A4.26
RT-PCR에 사용되는 역전사 효소들	MC3, p. 8.48
Terminal transferase	MC3, pp. A1.11, A4.27, 8.111
5′ RACE에서 발생하는 문제 해결	MC3, p. 8.60

METHOD

1. 1 pg ~ 100 ng의 $poly(A)^+$ mRNA 또는 10 pg ~ 1 μg의 전체 RNA를 새로운 튜브에 옮긴다. 물을 넣어 9 μl로 희석한 다음, 75℃에서 5분간 가열하여 RNA를 변성하고 얼음위에서 보관한다.

2. 변성된 RNA에 다음과 같은 조성으로 반응물을 만든다.

5× 역전사 효소 반응 용액	4 μl
20 mM 4 종류의 dNTP 용액 (pH 8.0)	1 μl
10 μM 유전자 특이적 anti-sense primer 1	4 μl
약 20 units/μl placental RNAase 저해제	1 μl
100–200 units/μl 역전사 효소	1 μl
H_2O	to 20 μl

37℃에서 60 분간 반응한다. 세 종류의 음성 대조군 반응을 준비한다. 즉, 주형 RNA를 넣지 않은 반응, 역전사 효소를 넣지 않은 반응, primer를 넣지 않은 반응을 동시에 진행 하도록 한다.

cDNA 합성의 정도는 10–20 μCi의 [^{32}P]dCTP (specific activity 3000Ci/mol)를 첨가하여 역전사 반응을 진행한 후 트라이클로로아세테이트 (TCA) 침전에서 측정되는 방사능 양에 비례하여 측정할 수 있다. oligonucleotide primer를 넣지 않는 대조군 반응을 잊지말고 준비해야 한다.

5′–RACE의 성공과 실패는 이 단계에서 결정된다. 만일 역전사 과정이 충분히 진행 되었다면, 타겟 mRNA의 5′ 말단 서열을 보존하고 있는 클론을 얻을 기회가 높아진다. 다시 말하면, 이 단계 이후의 실험 과정에서는 제대로 진행 되지 못한 역전사 과정을 회복할 수 없다는 것이다. 그러므로, 각 RNA를 정제하는 동안 primer와 주형 RNA의 적정 비율을 결정하고, 반응에 필요한 Mg^{++}의 농도를 정하는 준비 실험을 통하여 역전사 반응의 최적화 과정에 시간을 투자하는 것이 바람직 하다.

3. 역전사 반응용액에 물을 넣어 2 ml로 희석하고, centricon–100을 이용하여 반응하지 않은 과량의 primer를 제거한다(프로토콜 8.3). 4~25℃에서 20 분 동안 500~1100g (Sorvall SS–34에서는 2000~3000 rpm)에서 원심분리 한다. 새로운 0.5–ml 짜리 튜브에 여과된 용액을 옮기고, rotary vacuum evaporator에서 10 μl 정도가 되도록 농축한다.

다른 방법으로는, 2.5 M 암모니움 아세테이트와 3배의 에탄올을 넣어 cDNA를 침전시킴으로써 dNTP와 남은 primer를 제거 할 수 도 있다.

4. 10 μl의 cDNA에 다음과 같은 조성으로 반응물을 만든다.

5× 말단 전이효소 (terminal transferase) 반응용액	4 μl
1 mM dATP 용액	4 μl
말단 전이효소 (terminal transferase)	10–25 units

37℃에서 15 분간 반응한다.

후미 반응 (tailing reaction)은 100~200 nucleotide 길이의 대조군 DNA 조각 50 ng 정도를 이용한 가상반응을 실시하여 최적화 할 수 있다. 반응 후, 1%의 중성 argarose gel에서 전기영동하여 20~100 nucleotide 정도 DNA의 길이가 길어진 것을 확인할 수 있다.

5. 80℃에서 3 분간 가열하여 말단 전이효소 (terminal transferase)의 활성을 없앤다. dA–tailed cDNA에 TE (pH 7.6)를 넣어 1 ml로 희석한다.

6. 멸균된 0.5–ml 튜브, PCR용 튜브, 또는 microtiter plate에 다음과 같은 조성으로 반응물을 만든다.

희석한 cDNA	0–20 μl
10× 증폭반응 용액	5 μl
20 mM 4 종류의 dNTP 용액	5 μl
10 μM $(dT)_{17}$ adapter–primer (16 pmoles)	1.6 μl
10 μM adapter–primer (32 pmoles)	3.2 μl
10 μM 유전자 특이적 primer (32 pmoles)	3.2 μl
1~2 units 내열성 DNA 중합효소	1 μl
H_2O	to 50 μl

5′-말단을 가장 많이 만들 수 있는 tailed cDNA의 양을 결정하기 위하여 다양한 조건의 증폭 반응을 준비해야 한다. 주형 cDNA를 넣지 않은 대조군 반응을 준비하여 오염 여부를 확인할 수 있다.

7. Thermal cycler의 덮개가 가열 판이 아닌 경우, 미네랄오일을 한 방울 (~50 μl) 반응물 위에 얹는다. Hot start 방법에 따라 PCR을 진행하는 경우에는 튜브에 왁스구슬을 넣는다.

8. 아래 조건에 맞게 변성 (denaturation), 결합 (annealing), 중합 (polymerization) 반응의 시간과 온도를 정하여 핵산을 증폭한다.

cycle 수	변성과정	결합과정	중합과정
첫 번째 cycle	94℃에서 5 분	50~58℃에서 5 분	72℃에서 40 분
30 cycles	94℃에서 40 초	50~58℃에서 1 분	72℃에서 3 분
마지막 cycle	94℃에서 40 초	50~58℃에서 1 분	72℃에서 15 분

시간과 온도는 특별한 반응요건에 적합하도록 변형 될 수 있다.

9. 본 반응과 대조군 반응으로부터 5~10 μl를 덜어내어 적당한 DNA 마커와 함께 전기영동한 후, DNA가 보일 때까지 ethidium bromide 또는 SYBR Gold로 염색한다. 성공적인 증폭반응의 결과는 예상했던 것과 동일한 크기의 DNA 조각이 젤에서 쉽게 관찰 되어야한다.

DNA 밴드는 DNA 염기서열분석(프로토콜 12.6), southern 혼성법(프로토콜 6.10), 또는 제한 효소 지도의 작성 등에 의해 확인 할 수 있다. 30 cycle 동안 증폭한 후 DNA가 보이지 않을 경우에는 새로운 내열성 DNA 중합효소를 더 넣고, 15–20 cycle 동안 반응을 좀 더 시킨다.

10. 미네랄오일을 사용한 경우 (7번 과정), 150 μl의 클로로포름을 넣어 추출하여 샘플로부터 오일을 제거 한다.

증폭된 DNA를 함유하는 수용액 층은 표면이 매니스커스에 가까운 micelle을 형성할 것이다. Micelle은 자동 마이크로 파이펫을 이용하여 새로운 튜브로 옮긴다.

주의 : 플라스틱 재질의 plate는 열에 안정하지 않으므로 microtiter plate를 이용한는 경우에는 클로로포름 추출을 하지 않는다.

11. 증폭된 DNA로부터 남아있는 내열성 DNA 중합효소와 dNTP를 제거한다 (프로토콜 8.3).

DNA는 blunt-ended 또는 T-벡터에 접합되거나, 제한 효소로 자른 후 적합한 말단을 가진 벡터에 접합 될 수 있다 (프로토콜 8.4–8.6).

프로토콜 8.10

3′ cDNA의 증폭
Amplification of 3′ cDNA (3′-RACE)

3′-RACE 반응은 모르는 3′ 염기서열을 분석하거나 유전자 서열상의 mRNA의 3′ 말단을 분석하기 위해 이용하는 방법이다. 3′-RACE를 위해 타겟 RNA나 부분적으로 클로닝된 cDNA 내에 있는 일부 염기서열에 대한 정보가 필요하다. mRNA는 poly(T)의 3′ 말단과 5′ 말단에 있는 임의의 30–40 개의 누클레오타이드로 구성된 adaptor primer를 이용하여 cDNA로 전사된다. 역전사 과정은 일반적으로 두 번의 PCR 과정에 의해 진행 된다. 첫 번째 PCR은 유전자 특이적인 sense oligonucleotide와 (dT) adaptor primer 내의 임의의 서열에 상보적인 anti-sense primer를 이용한다. 이 PCR 반응의 산물은 두 번째 nested PCR을 위한 주형으로 이용한다. Nested PCR은 처음에 유전자 특이적인 내부 sense oligonucleotide를 이용하고, 다음은 (dT) adaptor primer의 중간 부위에 상보적인 anti-sense oligonucleotide에 의해 진행된다. 두 번째 PCR에서 증폭된 DNA는 한천젤 상에서 정제되어 클로닝이나 분석에 이용한다.

MATERIALS

CAUTION: 〈!〉표시된 물질의 적절한 사용법은 Appendix 4를 참조하세요.

Reagents and Solutions

농축액, 완충액, 시료의 조성은 Appendix 1을 참조하라. 농축액은 적당한 농도로 희석하여 사용하라.

- Chloroform 〈!〉
- dNTP 용액 (pH 8.0), 네 종류의 deoxynucleotide triphosphate들이 각각 20 mM 들어있음
- Ethanol
- Ethanol (70%)
- Phenol:chloroform (1:1, v/v) 〈!〉
- Placental RNase inhibitor (20 units/μl)
- Sodium acetate (3 M, pH 5.2)
- TE (pH 7.6)
- Trichloroacetic acid (10%) (2번 과정을 참고하시오)

Enzymes and Buffers

역전사효소 (RNA-dependent DNA plymerase)와 10× 역전사 반응 용액 (제조회사에서 제공)

- 750 mM KCl
- 500 mM Tris-Cl (pH 8.3)
- 30 mM $MgCl_2$

내열성 DNA 중합효소와 제조회사에서 제공하는 10× 증폭 반응용액

- 500 mM KCl
- 100 mM Tris-Cl (pH 8.3, 실온)
- 15 mM $MgCl_2$

Nucleic Acids/Oligonucleotide

Adapter-primer (10 μM) (5′ GACTCGAGTCGACATCG 3′)

타겟 DNA를 증폭 하기위해 유전자 특이적 sense primer와 연결하여 사용한다.

전기영동을 위한 DNA 마커

$(dT)_{17}$ Adapter-primer (10 μM) (5′ GACTCGAGTCGACATCGA$(T)_{17}$ 3′)

Adapter-primer의 oligo(dT) 부분은 cDNA의 3′ 말단에 첨가된 poly$(A)^+$ 부위에 결합한다. 이 프로토콜에서, 3′ 말단은 *Xho*I, *Sal*I, *Acc*I, *Hinc*II, 그리고 *Cla*I의 인식 부위에 첨가함으로써 변형된다. 타겟 DNA를 증폭 하기위

Adapted from Chapter 8, Protocol 10, p. 8.61 of MC3.

해 유전자 특이적 sense primer와 연결하여 사용한다.

유전자 특이적 oligonucleotide primer (10 μM)

이중가닥의 cDNA 합성을 시작하는데 이용된다. 유전자 특이적 primer는 네가지 염기가 거의 동일한 수로 구성되어야 하고, G와 C가 균형있게 분포 하도록 하며, 2차 구조가 만들어지지 않도록 디자인 한다. (MC3, pp. 8.13–8.16)

실험에 따라 random hexanucleotides (1 mg/ml)를 유전자 특이적인 primer 대신 이용할 수 있다. (MC3, p. 8.57)

주형 RNA

주형 mRNA는 전체 RNA (100 μg/ml)이나 poly(A)$^+$ RNA (10 μg/ml)를 사용할 수 있다. 후자의 경우는 타겟 mRNA가 낮은 빈도수로 발현 할 때 적당하다.

Radiolabeled Compounds

[α-^{32}P]dCTP (sp. act. 3000 Ci/mmole) 〈!〉 (2번 과정을 참고하시오)

Gels/Loading Buffers

Agarose gel 또는 polyacrylamide gel 〈!〉

Additional Items

Automatic pipettor를 위한 barrier tips
Concentrators, Microcon- 또는 Centricon-100 (Milipore) (4번 과정)
Light mineral oil 또는 wax bead (3번 과정)
Microtiter plates 또는 microfuge 튜브 (0.5-ml과 thin walled)
positive displacement pipette
6번 과정에서 필요한 시약 (프로토콜 5.2, 6.10 또는 12.6)
8번 과정에서 필요한 시약 (프로토콜 8.3과 8.4, 8.5 또는 8.6)
Thermal cycler (원하는 증폭 반응 조건이 입력됨)
수조 (75℃, 37℃, 그리고 80℃)

Additional Information

3′-RACE의 이론 MC3, p. 8.61

METHOD

1. 1 pg~100 ng의 poly(A)$^+$ mRNA 또는 10 pg~1 μg의 전체 RNA를 새로운 튜브에 옮긴다. 물을 넣어 10 μl로 희석한 다음, 75℃에서 5분간 가열하여 RNA를 변성하고 얼음 위에서 보관한다.
2. 변성된 RNA에 다음과 같은 조성으로 반응물을 만든다.

5x 역전사 효소 반응 용액	10 μl
20 mM 4 종류의 dNTP 용액 (pH 8.0)	1.5 μl
10 μM (dT)$_{17}$ adaptor-primer (80 pmoles)	8.0 μl
약 20 units/μl placental RNAase 저해제	1 μl
100~200 units/μl 역전사 효소	1 μl
H_2O	to 50 μl

37℃에서 60 분간 반응한다. 세 종류의 음성 대조군 반응을 준비한다. 즉, 주형 RNA를 넣지 않은 반응, 역전사 효소를 넣지 않은 반응, primer를 넣지 않은 반응을 동시에 진행 하도록 한다.

cDNA 합성의 정도는 10~20 μCi의 [^{32}P]dCTP (specific activity 3000Ci/mol)를 첨가하여 역전사 반응을 진행한 후 트라이클로로아세테이트 (TCA) 침전에서 측정되는 방사능 양에 비례하여 측정할 수 있다. (dT)$_{17}$

adaptor antisense primer를 넣지 않는 대조군 반응을 잊지 말고 준비해야 한다.

3′-RACE의 성공과 실패는 이 단계에서 결정된다. 만일 역전사 과정이 충분히 진행 되었다면, 타겟 mRNA의 3′ 말단 서열을 보존하고 있는 클론을 얻을 기회가 높아진다. 다시 말하면, 이 단계 이후의 실험 과정에서는 제대로 진행 되지 못한 역전사 과정을 회복할 수 없다는 것이다. 그러므로 각 RNA를 정제하는 동안 primer와 주형 RNA의 적정 비율을 결정하고, 반응에 필요한 Mg^{++}의 농도를 정하는 준비 실험을 통하여 역전사 반응의 최적화 과정에 시간을 투자하는 것이 바람직 하다.

3. TE (pH 7.6)를 이용하여 역전사 반응 산물 (cDNA)을 1 ml로 희석한다.
   cDNA로부터 과량의 oligonucleotide와 random hexamer primer를 제거한후 증폭반응에서 sense와 anti-sense primer의 농도를 최적화한다 (프로토콜 8.9, 3번 과정)

4. 멸균된 0.5-ml 짜리 튜브, PCR용 튜브, 또는 microtiter plate에 다음과 같은 조성으로 반응물을 만든다.

희석한 cDNA	0~20 µl
10× 증폭반응 용액	5 µl
20 mM 4 종류의 dNTP 용액	5 µl
10 µM $(dT)_{17}$ adapter-primer (16 pmoles)	1.6 µl
10 µM adapter-primer (32 pmoles)	3.2 µl
10 µM 유전자 특이적 primer (32 pmoles)	3.2 µl
1~2 units 내열성 DNA 중합효소	1 µl
H_2O	to 50 µl

   3′-말단을 가장 많이 만들 수 있는 tailed cDNA의 양을 결정하기 위하여 다양한 조건의 증폭 반응을 준비해야 한다. 주형 cDNA를 넣지 않은 대조군 반응을 준비하여 오염 여부를 확인할 수 있다.

5. Thermal cycler의 덮개가 가열 판이 아닌 경우, 미네랄오일을 한 방울 (~50 µl) 반응물 위에 얹는다. Hot start 방법에 따라 PCR을 진행하는 경우에는 튜브에 왁스구슬을 넣는다. 아래 조건에 맞게 변성(denaturation), 결합(annealing), 중합(polymerization) 반응의 시간과 온도를 정하여 핵산을 증폭한다.

cycle 수	변성과정	결합과정	중합과정
첫 번째 cycle	94℃에서 5 분	50-58℃에서 5 분	72℃에서 40 분
20 cycles	94℃에서 40 초	50-58℃에서 1 분	72℃에서 3 분
마지막 cycle	94℃에서 40 초	50-58℃에서 1 분	72℃에서 15 분

   시간과 온도는 특별한 반응요건에 적합하도록 변형 될 수 있다.

6. 본 반응과 대조군 반응으로부터 5-10 µl를 덜어내어 적당한 DNA 마커와 함께 전기영동한 후, DNA가 보일 때까지 ethidium bromide 또는 SYBR Gold로 염색한다.
   성공적인 증폭반응의 결과는 예상했던 것과 동일한 크기의 DNA 조각이 젤에서 쉽게 관찰 되어야한다. DNA 밴드는 DNA 염기서열분석 (프로토콜 12.6), southern 혼성법 (프로토콜 6.10), 또는 제한 효소 지도의 작성 등에 의해 확인 할 수 있다.

7. 미네랄오일을 사용한 경우, 150 µl의 클로로포름을 넣어 추출하여 샘플로부터 오일을 제거한다.
   증폭된 DNA를 함유하는 수용액 층은 표면이 매니스커스에 가까운 micelle을 형성할 것이다. Micelle은 자동 마이크로 파이펫을 이용하여 새로운 튜브로 옮긴다.

   주의 : 플라스틱 재질의 plate는 열에 안정하지 않으므로 microtiter plate를 이용한는 경우에는 클로로포름 추출을 하지 않는다.

8. 증폭된 DNA로부터 남아있는 내열성 DNA 중합효소와 dNTP를 제거한다 (프로토콜 8.3).
   DNA는 blunt-ended 또는 T-벡터에 접합되거나, 제한 효소로 자른 후 적합한 말단을 가진 벡터에 접합 될 수 있다 (프로토콜 8.4-8.6).

프로토콜 8.11 혼합된 oligonucleotide primer를 이용하여 cDNA를 증폭하는 방법

Mixed oligonucleotide-primed amplification of cDNA (MOPAC)

MOPAC 반응에서는 펩타이드의 아미노 말단과 카르복실 말단 아미노산 서열은 각각의 말단을 암호화하는 oligonucleotide를 디자인하는데 이용된다. 각 말단의 두 primer는 단백질이 발현되고 있는 조직으로부터 역전사 PCR 과정에 의해 cDNA를 제조하고, 이를 증폭하는 데 이용하게 되거나, 게놈 또는 cDNA 라이브러리에서 cDNA 조각을 증폭하는데 이용할 수 있다. 펩타이드의 길이는 이미 알고 있으므로, PCR 산물의 길이도 정확하게 예측할 수 있다. 전기영동으로 확인한 후 올바른 크기의 DNA를 정제하며 클로닝하고, 염기서열을 분석한다. 클론들은 처음 이용했던 펩타이드 서열과 일치하는 정확한 길이의 DNA를 가지고 있어야 한다. 클론 전체의 DNA를 이용하거나 두 primer 사이의 DNA 조각만을 잘라내어 cDNA 라이브러리를 스크리닝하기 위한 탐침으로 이용할 수 있다.

MATERIALS

CAUTION: 〈!〉표시된 물질의 적절한 사용법은 Appendix 4를 참조하세요.

Reagents and Solutions

농축액, 완충액, 시료의 조성은 Appendix 1을 참조하라. 농축액은 적당한 농도로 희석하여 사용하라.

dNTP 용액 (pH 8.0), 네 종류의 deoxynucleotide triphosphate들이 각각 20 mM 들어있음

TE (pH 7.6)

Enzymes and Buffers

내열성 DNA 중합효소와 제조회사에서 제공하는 10× 증폭 반응용액

500 mM KCl

100 mM Tris-Cl (pH 8.3, 실온)

15 mM $MgCl_2$

Nucleic Acids/Oligonucleotide

전기영동을 위한 DNA 마커

Families of degenerate sense and antisense oligonucleotide primers (10 μM in TE [pH 8.0]) (MC3, pp. 8.66–8.69)

주형 DNA (100 μg/ml) in TE (pH 8.0)

주형 mRNA는 클론 되지 않은 cDNA, 게놈 DNA, 또는 타겟 서열을 가진 cDNA 라이브러리로 대신 이용할 수 있다. MOPAC 과정을 시작하기 전에는 클론 되지 않은 주형 cDNA에 대한 primer 합성물로 사용되었던 oligo(dT)와 같은 모든 클론 되지 않은제거해야한다(프로토콜 8.3).

Gels/Loading Buffers

Polyacrylamide gel 〈!〉

Additional Items

Automatic pipettor를 위한 barrier tips

Light mineral oil 또는 wax bead (5번 과정)

Microtiter plates 또는 microfuge 튜브 (0.5-ml과 thin walled)

positive displacement pipette

4번 과정에서 필요한 시약 (프로토콜 5.2, 6.10 또는 12.6)

Thermal cycler (원하는 증폭 반응 조건이 입력됨)

Additional Information

Band-stab PCR	MC3, p. 8.71
Degenerate oligonucleotide primer 디자인	MC3, pp. 8.13–8.16
MOPAC 반응의 이론	MC3, pp. 8.66–8.68

METHOD

1. 멸균된 0.5-ml 튜브, PCR용 튜브, 또는 microtiter plate에 다음과 같은 조성으로 반응물을 만든다.

0.5 μg 주형 DNA	5 μl
10x 증폭반응 용액	5 μl
20 mM 4 종류의 dNTP 용액	5 μl
10 μM sense primer 군 (70 pmoles)	7 μl
10 μM antisense primer 군 (70 pmoles)	7 μl
1~2 units 내열성 DNA 중합효소	1 μl
H_2O	to 50 μl

대조군 반응으로써 주형 DNA를 제외하거나, 각각의 primer를 제외한 반응을 준비한다.

2. Thermal cycler의 덮개가 가열 판이 아닌 경우, 미네랄오일을 한 방울 (~50 μl) 반응물 위에 얹는다. Hot start 방법에 따라 PCR을 진행하는 경우에는 튜브에 왁스구슬을 넣는다.

3. 아래 조건에 맞게 변성(denaturation), 결합(annealing), 중합(polymerization) 반응의 시간과 온도를 정하여 핵산을 증폭한다.

cycle 수	변성과정	결합과정	중합과정
첫 번째 cycle	94℃에서 5 분	40℃에서 2.5 분	50℃에서 5 분
35 cycles	94℃에서 1.5 분	40℃에서 2.5 분	50℃에서 5 분

시간과 온도는 특별한 반응요건에 적합하도록 변형 될 수 있다.

위에서 제시한 PCR 조건은 17~20개의 염기로 이루어진 oligonucleotide의 32-member degenerate 군들을 이용하였을 경우를 기준으로 한 것이다. 길고 덜 복잡한 oligonucleotide를 혼합하여 이용하는 경우 결합 및 중합 반응의 온도를 좀더 높일 수 있다.

MOPAC 반응의 특이성을 증가 시키려면, (i) 같은 cycle 내에서 온도를 점차 변화 시킬 수 있는 thermal cycler를 사용하거나 (ii) 터치다운 PCR법을 이용한다.

4. 본 반응과 대조군 반응으로부터 5~10 μl를 덜어내어 적당한 DNA 마커와 함께 중성 폴리아크릴아마이드 젤 상에서 전기영동한 후, DNA가 보일 때까지 ethidium bromide 또는 SYBR Gold로 염색한다 (MC3, p.8.71, band-stab PCR을 참고하시오).

한 부분의 인접 아미노산서열이 sense 와 antisense primer를 디자인하기 위해 이용되었다면, 증폭 산물의 길이를 정확히 알 수 있다. 대부분의 경우 얇은 폴리아크릴아마이드 젤 (≤ 6%)을 이용하여 nucleotide 크기의 해상도로 DNA를 분리할 수 있고 회수도 가능하다. 정제 DNA 산물은 말단표지 (end-labeled) (프로토콜 9.4)하거나, 염기서열분석 (프로토콜 12.7)을 진행함으로써 두 primer에 인접해 있는 특이 염기서열을 분석 할 수 있다. 분석된 특이 부위는 다시 합성 되어 좀 더 확장된 cDNA를 얻어내기 위하여 탐침으로써 이용된다. MOPAC 과정의 산물들은 PCR 과정의 두 번째 라운드를 진행하는 동안 방사성동위원소로 표지될 수 있고, 탐침으로 이용된다.

5. 미네랄오일을 사용한 경우 (2번 과정), 150 μl의 클로로포름을 넣어 추출하여 샘플로부터 오일을 제거 한다.

   증폭된 DNA를 함유하는 수용액 층은 표면이 매니스커스에 가까운 micelle을 형성할 것이다. Micelle은 자동 마이크로 파이펫을 이용하여 새로운 튜브로 옮긴다.

   주의 : 플라스틱 재질의 plate는 열에 안정하지 않으므로 microtiter plate를 이용한는 경우에는 클로로포름 추출을 하지 않는다.

프로토콜 8.12

원핵생물 벡터에 클론 된 DNA의 빠른 분석방법
Rapid characterization of DNAs cloned in prokaryotic vectors

이 프로토콜에서 박테리오파아지나 플라스미드 벡터에 클론된 염기서열은 클론 부위에 인접한 벡터의 서열에 근거해 만들어진 primer에 의해 증폭할 수 있다. 증폭된 DNA 서열은 전기영동하거나 DNA 염기서열 분석을 실시하거나 제한 효소 지도 작성을 위해 이용된다. 이때, 많은 수의 콜로니 또는 플라그를 동시에 분석 할 수 있다.

MATERIALS

CAUTION: 〈!〉표시된 물질의 적절한 사용법은 Appendix 4를 참조하세요.

Reagents and Solutions

농축액, 완충액, 시료의 조성은 Appendix 1을 참조하라. 농축액은 적당한 농도로 희석하여 사용하라.

dNTP 용액 (pH 8.0), 네 종류의 deoxynucleotide triphosphate들이 각각 20 mM 들어있음

Tris-Cl (10 mM, pH 7.6)

Vectors and Hosts

박테리아 콜로니 또는 λ 박테리오파아지 플라그

Enzymes and Buffers

내열성 DNA 중합효소와 제조회사에서 제공하는 10x 증폭 반응용액

500 mM KCl

100 mM Tris-Cl (pH 8.3, 실온)

15 mM $MgCl_2$

Nucleic Acids/Oligonucleotide

전기영동을 위한 DNA 마커

정방향 및 역방향 primer (각 20 μM)

벡터에 클로닝된 DNA 조각의 5′ 또는 3′말단 부분의 서열을 분석하고자 한다면, oligonucleotide primer를 구입하여 사용 할 수 도 있다. 이 oligonucleotide는 PCR 반응에서 필요한 primer로 이용하기도 한다 (MC3, pp. 8.113-8.114를 참고하시오)

주형 DNA

이 방법은 λ 박테리오파아지 입자나 형질전환된 박테리아, 또는 효모를 파괴하여 얻은 정제되지 않은 상태의 DNA를 사용한다.

Gels/Loading Buffers

Agarose gel

Additional Items

Automatic pipettor를 위한 barrier tips

끓는 물이 들어있는 수조

Light mineral oil 또는 wax bead (8번 과정)

Microtiter plates 또는 microfuge 튜브 (0.5-ml과 thin walled)

positive displacement pipette

9번 과정에서 필요한 시약 (프로토콜 5.2, 6.10)

Adapted from Chapter 8, Protocol 12, p. 8.72 of MC3.

Additional Information

PCR에 의한 박테리아 라이브러리 스크리닝 MC3, p. 8.76
PCR에 의한 효모 콜로니 스크리닝 MC3, p. 8.75
문제점 및 해결 MC3, p. 8.75

METHOD

1. 스크리닝 해야 할 박테리아 콜로니 및 λ 박테리오파아지 플라그의 수를 계산하고, 적당한 양의 반응용액을 준비한다; 각 콜로니 및 플라그를 분석하기 위해서 반응용액 25 µl를 이용한다. 반응용액 1 ml 에는 다음과 같은 반응물이 함유되어 있다:

10× 증폭반응 용액	100 µl
20 mM 4 종류의 dNTP 용액	50 µl
정방향 primer	1 nmole
역방향 primer	1 nmole
H_2O	to 1 ml

2. 증폭용 튜브를 몇 개를 준비하여 반응용액을 25-µl씩 나누어 넣는다.
3. 멸균된 200-µl 파이펫 팁 (이쑤시게는 안됨)을 이용하여 박테리아 콜로니 또는 파아지 플라그를 찍어 반응용액 25 µl 안에 씻는다.
4. 튜브의 뚜껑을 닫고 끓는 물에서 10 분 (박테리아 콜로니의 경우) 또는 2 분 (λ 박테리오파아지 플라그의 경우) 동안 놓아둔다.
5. 10 mM Tris (pH 7.6)으로 내열성 DNA 중합효소를 1 unit/µl로 희석한다.
6. 4 번 과정에서 준비한 시료들을 실온으로 식힌 후 잠깐 원심분리하고 각 튜브에 희석한 DNA 중합효소를 1-µl 씩 넣는다.
7. 두 종류의 대조군 반응을 준비한다: 주형 DNA를 제외한 반응과 예전에 성공적인 결과를 얻었던 재조합 λ 박테리오파아지나 형질전환 된 박테리아의 추출액을 주형 대신 이용한 반응.
8. Thermal cycler의 덮개가 가열 판이 아닌 경우, 미네랄오일을 한 방울 (~50 µl) 반응물 위에 얹는다. Thermal cycler에 튜브나 plate를 놓고, 아래 조건에 맞게 변성(denaturation), 결합(annealing), 중합(polymerization) 반응의 시간과 온도를 정하여 핵산을 증폭한다.

cycle 수	변성과정	결합과정	중합과정
30 cycles	94℃에서 1 분	50℃에서 2 분	72℃에서 2 분

시간과 온도는 특별한 반응요건에 적합하도록 변형 할 수 있다.

9. 본 반응과 대조군 반응으로부터 5-10 µl를 덜어내어 적당한 DNA 마커와 함께 전기영동한 후, DNA가 보일 때까지 ethidium bromide 또는 SYBR Gold로 염색한다.

   성공적인 증폭반응의 결과로 DNA 조각이 젤에서 쉽게 관찰 되어야한다.

   비재조합체인 PCR 산물들은 클로닝 벡터에서 두 primer의 5′ 말단위치 사이의 DNA 길이와 같을 것이다. 재조합 PCR 산물은 (i) 삽입 DNA의 길이와 (ii) 벡터에서 두 primer의 5′ 말단위치 사이의 DNA 길이의 합이 된다. DNA 밴드는 제한효소 지도를 작성하거나 southern 혼성법을 실시하여 확인할 수 있다.

프로토콜 8.13

긴 길이의 DNA를 증폭하는 PCR 반응

Long PCR

일반적인 PCR 반응은 1~2 kb 길이의 DNA를 증폭할 수 있는 반면, 25 kb 이상의 긴 길이를 가진 DNA를 증폭하기 위해서는 내열성 DNA 중합효소들을 섞어서 이용하는 프로토콜을 이용해야 한다.

MATERIALS

CAUTION: 〈!〉표시된 물질의 적절한 사용법은 Appendix 4를 참조하세요.

Reagents and Solutions

농축액, 완충액, 시료의 조성은 Appendix 1을 참조하라. 농축액은 적당한 농도로 희석하여 사용하라.

Chloroform 〈!〉

dNTP 용액 (pH 8.0), 네 종류의 deoxynucleotide triphosphate들이 각각 20 mM 들어있음

Enzymes and Buffers

10× Long PCR 반응 용액

160 mM Ammonium sulfate

500 mM Tris-Cl (pH 9.0, 실온)

25 mM $MgCl_2$

1.5 mg/ml bovine serum albumin

내열성 DNA 중합효소 혼합물

이 프로토콜에서는 효율적이나 에러율이 높은 DNA 중합 효소인 KlenTaq1 (Ab Peptides)와 열에 안정한 3′-5′ exonuclease 작용이 있어 mismatch 부위를 고칠 수 있는 *Pfu* (Stratagene)를 섞어 이용한다. 일반적으로 총 1.2 μl의 부피에 *Pfu*는 0.187 unit, KlenTaq1은 33.7 unit를 넣는다. 다른 효소 혼합물도 구매가능하다. 예를 들면, TaqPlus Long PCR system (Stratagene).

Nucleic Acids/Oligonucleotide

전기영동을 위한 DNA 마커

정방향 및 역방향 primer (각 20 μM)

Long PCR에서 이용되는 primer들은 다소 긴 길이 (25~30 nucleotide)를 가진다. oligonucleotide를 디자인 할 때 정방향 및 역방향 primer의 melting point의 차이가 1 ℃ 이상 되지 않도록 해야 한다.

주형 DNA

Long PCR은 게놈 DNA 뿐 아니라 재조합 PAC, BAC, 코스미드, 그리고 λ 박테리오파아지 클론 등의 다양한 주형들을 이용할 수 있다. DNA의 질이 좋아야하며, 적어도 원하는 PCR product 길이의 3 배 이상 되어야 한다. 타겟 서열의 복잡성 정도에 따라 100 pg에서 2 μg 까지 이용할 수 있다.

Gels/Loading Buffers

Agarose gel

Additional Items

Automatic pipettor를 위한 barrier tips

Light mineral oil 또는 wax bead (2번 과정)

Microtiter plates 또는 microfuge 튜브 (0.5-ml과 thin walled)

Adapted from Chapter 8, Protocol 13, p. 8.77 of MC3.

positive displacement pipette
4번 과정에서 필요한 시약 (프로토콜 5.2, 6.10)
Thermal cycler (원하는 증폭 반응 조건이 입력됨)

Additional Information

변형된 내열성 DNA 중합효소	MC3, pp. 12.46–12.47
왜 long PCR인가	MC3, p. 8.77

METHOD

1. 얇은 재질의 증폭용 튜브에 다음의 조성에 따라 반응물을 제조한다:

10× 증폭반응 용액	5 μl
20 mM 4 종류의 dNTP 용액	5 μl
20 mM 정방향 primer	1 μl
20 mM 역방향 primer	1 μl
내열성 DNA 중합효소 혼합물	0.2 μl
주형 DNA	100 pg에서 2 μg
H_2O	to 50 μl

λ 박테리오파아지, 코스미드, p1 박테리오파아지, PAC, 그리고 BAC 벡터에 만들어진 각각의 재조합클론에서 DNA를 정제한 후 100 pg에서 300 pg 정도 사용한다. 전체 게놈 DNA의 경우 100 ng에서 1 μg 정도의 많은 양을 사용한다. 주형 DNA의 적정 양 및 primer: 주형의 적정비율은 DNA를 새로 정제할 때마다 실험적으로 결정해야 한다.

2. Thermal cycler의 덮개가 가열 판이 아닌 경우, 미네랄오일을 한 방울 (~50 μl) 반응물 위에 얹는다. Hot start 방법에 따라 PCR을 진행하는 경우에는 튜브에 왁스구슬을 넣는다. Thermal cycler에 튜브나 plate를 놓고, 아래 조건에 맞게 변성 (denaturation), 결합 (annealing), 중합 (polymerization) 반응의 시간과 온도를 정하여 핵산을 증폭한다.

cycle 수	변성과정	결합과정	중합과정
24 cycles	94℃에서 1 분	60~67℃에서 1 분	68℃에서 5–20 분

시간과 온도는 특별한 반응요건에 적합하도록 변형 될 수 있다.

결합반응의 온도는 oligonucleotide primer의 녹는점 (melting point)에 따라 달라진다. 긴 PCR에 이용되는 primer들은 일반적으로 27~30 개의 염기로 이루어지므로, 결합반응의 온도는보통의 PCR 반응에서 보다 높게 정한다.

3. 미네랄오일을 사용한 경우 (2번 과정), 150 μl의 클로로포름을 넣어 추출하여 샘플로부터 오일을 제거 한다.
증폭된 DNA를 함유하는 수용액 층은 표면이 매니스커스에 가까운 micelle을 형성할 것이다. Micelle은 자동 마이크로 파이펫을 이용하여 새로운 튜브로 옮긴다.

주의 : 플라스틱 재질의 plate는 열에 안정하지 않으므로 microtiter plate를 이용하는 경우에는 클로로포름 추출을 하지 않는다.

4. 수용액 층을 덜어내어 적절한 크기의 DNA 마커와 함께 전기영동 한다. 대부분 증폭된 산물의 양이 너무 작아서 ethidium bromide를 이용한 보통의 염색법으로는 DNA를 관찰하기가 어렵다. 이런 경우, 젤 상의 DNA를 SYBR Gold로 염색하거나 나일론 또는 nitrocellulose 필터에 옮기고 southern 혼성법에 의하여 관찰 할 수 있다 (프로토콜 6.10).

프로토콜 8.14

역 PCR
Inverse PCR

역 PCR 반응은 primer에 대한 정보가 없어 primer를 이용할 수 없는 경우, 즉 이미 알고 있는 DNA 서열의 말단에 인접해 있는 미지의 DNA를 증폭하고 클로닝하기 위해 이용하는 방법이다. 우선 알려진 DNA 서열과 그 인접 부위로 구성되어 있는 DNA를 제한 효소로 잘라내는 과정을 진행한다. 제한 효소 처리로 만든 개별 DNA 조각 (포유류의 게놈 DNA의 경우 수천개 정도 됨)들은 자체 접합에 의해 원형으로 변형하고, 이들을 주형 DNA로 이용한다. 미지의 서열 부위는 알려진 서열에 특이적으로 결합할 수 있는 반대방향의 두 primer에 의해 증폭할 수 있다. 증폭 산물은 앞에서 DNA를 자르는데 이용되었던 제한효소의 작용 부위를 한 군데 가지고 있는 선형 DNA이다. 역 PCR과정은 염색체 워킹 (chromosome walking)을 위해 필요한 말단-특이적 탐침체를 제조하기 위해 주로 이용되는 방법이다.

MATERIALS

CAUTION: 〈!〉표시된 물질의 적절한 사용법은 Appendix 4를 참조하세요.

Reagents and Solutions

농축액, 완충액, 시료의 조성은 Appendix 1을 참조하라. 농축액은 적당한 농도로 희석하여 사용하라.

ATP (10 mM)

10× 접합반응용액에 들어있는 경우는 별도로 사용하지 않는다.

Chloroform 〈!〉

dNTP 용액 (pH 8.0), 네 종류의 deoxynucleotide triphosphate들이 각각 20 mM 들어있음

Ethanol

Ethanol (70%)

Phenol:chloroform (1:1, v/v) 〈!〉

Sodium acetate (3 M, pH 5.2)

TE (pH 8.0)

Tris-Cl (10 mM, pH 7.6)

Enzymes and Buffers

T4 박테리오파아지 접합 효소와 10× 반응용액

제한 효소와 10× 반응용액

내열성 DNA 중합효소와 제조회사에서 제공하는 10× 증폭 반응용액

500 mM KCl

100 mM Tris-Cl (pH 8.3, 실온)

15 mM $MgCl_2$

Nucleic Acids/Oligonucleotide

전기영동을 위한 DNA 마커

oligonucleotide primer 1과 2 (각 20 μM)

역 PCR 반응은 원형 DNA를 주형으로 이용한다는 것 이외에는 다른 PCR과 크게 다를 것은 없다. primer의 디자인은 MC3, pp. 8.13-8.16의 내용을 참고하시오.

주형 DNA (10 mM Tris-Cl, pH 7.6)

역 PCR 반응에서는 주형으로써 원형 DNA를 이용한다. 1-4번 과정은 선형 DNA를 어떻게 원형으로 변형되는가를 설명하고 있다. 이용될 DNA의 양은 복잡성 정도에 따라 다르다. 역 PCR 반응에서 포유류의 DNA의 총 게놈을 이용할 경우 100 μl의 부피에 2-5 μg이 필요하다.

Adapted from Chapter 8, Protocol 14, p. 8.81 of MC3.

Gels/Loading Buffers

Agarose gel 또는 polyacrylamide gel <!>

Additional Items

Automatic pipettor를 위한 barrier tips
Light mineral oil 또는 wax bead (6번 과정)
Microtiter plates 또는 microfuge 튜브 (0.5-ml과 thin walled)
positive displacement pipette
7번 과정에서 필요한 시약 (프로토콜 5.2, 6.10 또는 12.6)
Thermal cycler (원하는 증폭 반응 조건이 입력됨)
수조 또는 heating/cooling block (16℃)

Additional Information

기본 PCR 과정을 위한 primer의 디자인	MC3, pp. 8.13–8.16
Inverse PCR의 단계별 도식도	MC3, pp. 8.81–8.82

METHOD

1. 이미 알고 있는 DNA 서열을 근거로 oligonucleotide primer 1과 2를 디자인하고 합성한다.
2. 상보적인 cohesive 말단을 만들 수 있는 적절한 제한 효소를 이용하여 주형 DNA (서열 복잡성 $<10^9$ bp) 2~5 μg 을 자른다. 페놀:클로로포름과 클로로포름을 이용하여 DNA를 추출한 후 0.1 배의 3 M sodium acetate와 2.5 배의 에탄올을 넣고 DNA 침전을 만든다. 원심분리를 실시한 후 모아진 침전을 TE (pH 8.0)에 녹여 100 μg/ml의 농도로 만든다.

   잘라진 DNA는 제한효소의 활성을 없애기 위해 65℃에서 15-20 분 동안 가열한다.
3. 멸균된 0.5-ml 튜브, PCR 용 튜브, 또는 microtiter plate에 아래의 조성으로 접합반응물을 만든다.

주형 DNA	10–100 ng
10× 접합반응 용액	10 μl
T4 박테리오파아지 DNA 접합효소	4 units
10 mM ATP	10 μl
H_2O	to 100 μl

   16℃에서 12-16시간 동안 반응한다.
4. 페놀:클로로포름과 클로로포름을 이용하여 DNA를 추출한 후 0.1배의 3 M sodium acetate와 2.5 배의 에탄올을 넣고 DNA 침전을 만든다. 원심분리를 실시한 후 모아진 침전을 TE (pH 8.0)에 녹여 100 μg/ml의 농도로 만든다.
5. 얇은 재질의 증폭용 튜브에 다음의 조성에 따라 반응물을 제조한다:

10× 증폭반응 용액	5 μl
20 mM 4 종류의 dNTP 용액	1 μl
20 μM oligonucleotide primer 1	2.5 μl
20 μM oligonucleotide primer 2	2.5 μl
1-5 units/μl 내열성 DNA 중합효소	1 μl

H_2O	28–33 μl
접합된 주형 DNA	5–10 μl
total volume	50 μl

두 종류의 대조군 반응을 준비한다: 주형 DNA만 제외한 반응과 주형 DNA 대신 oligonucleotide primer를 제조 할 때 근거로 했던 삽입 DNA를 가진 플라스미드를 주형으로 이용한 반응이다. 대조군 반응은 다음 과정부터 본 반응과 동시에 진행한다.

6. Thermal cycler의 덮개가 가열 판이 아닌 경우, 미네랄오일을 한 방울 (~50 μl) 반응물 위에 얹는다. Hot start 방법에 따라 PCR을 진행하는 경우에는 튜브에 왁스구슬을 넣는다. Thermal cycler에 튜브나 plate를 놓고, 아래 조건에 맞게 변성(denaturation), 결합(annealing), 중합(polymerization) 반응의 시간과 온도를 정하여 핵산을 증폭한다.

cycle 수	변성과정	결합과정	중합과정
30 cycles	94℃에서 30 초	60℃에서 30 초	72℃에서 2.5 분
마지막 cycles	94℃에서 30 초	60℃에서 30 초	72℃에서 10 분

시간과 온도는 특별한 반응요건에 적합하도록 변형 될 수 있다.

결합과정의 온도는 증폭반응에서 사용된 primer에 따라 실험적으로 결정된다. 중합과정의 반응시간은 타겟 DNA가 길면 (〉4 kb) 오래 반응할 수 있다 (cycle 당 10 분까지). 좀더 긴 주형을 제조하기 위해 3′-외부핵산분해효소 (3′-exonuclease)이 활성이 낮은 돌연변이 내열성 DNA 중합효소를 이용할 수도 있다 (프로토콜 8.13).

7. 본 반응과 대조군 반응으로부터 5~10 μl를 덜어내어 적당한 DNA 마커와 함께 전기영동한 후, DNA가 보일 때까지 ethidium bromide 또는 SYBR Gold로 염색한다.

성공적인 증폭반응의 결과로 DNA 조각이 젤에서 쉽게 관찰 되어야한다.

DNA 밴드는 DNA 염기서열분석 (프로토콜 12.6), 제한 효소 지도를 작성 하거나, 또는 알고 있는 DNA 서열과 상동의 탐침체를 이용하여 southern 혼성법(프로토콜 6.10)을 실시하여 확인 할 수 있다. 수득률이 낮은 경우 또는 증폭반응 결과 다수의 DNA 조각들이 제조된 경우에는 PCR 과정 중 두 번째 라운드에 nested PCR을 실시한다.

프로토콜 8.15

정량적 PCR
Quantitative PCR

정량적 PCR은 두가지 주형을 동시에 증폭하는 방법이다: 원하는 타겟 서열을 가지고 있는 DNA를 일정량 주형으로 이용하고, 참고 주형 (reference template)의 농도는 다양하게 변화하여 반응에 이용한다. 증폭 후, 타겟 서열의 농도는 표준곡선에서 결정된다. PCR에 의해 핵산을 정량할 때는 real-time PCR 기법을 이용하기도하지만 (MC3, pp. 8.94–8.95), 방사성 동위원소를 사용하여 PCR 산물을 정량하는 방법도 많이 쓰인다. 이 방법은 fluorometry와 같은 정량법에 쉽게 적용 할 수 있다.

MATERIALS

CAUTION: 〈!〉표시된 물질의 적절한 사용법은 Appendix 4를 참조하세요.

Reagents and Solutions

농축액, 완충액, 시료의 조성은 Appendix 1을 참조하라. 농축액은 적당한 농도로 희석하여 사용하라.

- Chloroform 〈!〉
- dNTP 용액 (pH 8.0), 네 종류의 deoxynucleotide triphosphate들이 각각 20 mM 들어있음
- $MgCl_2$ (1 M)
- Placental RNase inhibitor (20 units/μl)

Enzymes and Buffers

- 적절한 제한 효소와 10× 반응용액
- T4 박테리오파아지 DNA 접합효소와 10x 반응 용액
- 역전사효소 (주형으로 RNA가 이용될 경우에만 필요)
- 내열성 DNA 중합효소와 제조회사에서 제공하는 10× 증폭 반응용액
  - 500 mM KCl
  - 100 mM Tris–Cl (pH 8.3, 실온)
  - 15 mM $MgCl_2$

Nucleic Acids/Oligonucleotide

- 전기영동을 위한 DNA 마커
- 외부에서 첨가한 알려진 농도의 reference (DNA 또는 RNA)

  DNA 서열의 농도를 측정하기위해 DNA reference를 이용한다. RNA 타겟에 대해서는 RNA reference를 이용한다. Reference RNA를 제조하는 방법은 프로토콜 15.2를 참고하시오.
- Sense와 antisense primer (각 20 μM)

  역 PCR 반응은 원형 DNA를 주형으로 이용한다는 것 이외에는 다른 PCR과 크게 다를 것은 없다. primer의 디자인은 MC3, pp. 8.13–8.16의 내용을 참고하시오.
- 타겟 nucleic acid

  DNA 또는 RNA (전체 또는 poly(A)$^+$)를 모두 타겟으로 할 수 있다. 전체 RNA는 0.5–1 mg/ml의 농도로, poly(A)$^+$는 10–100 μg/ml의 농도로 물에 녹인다. DNA는 10 mM Tris–Cl (pH7.6)으로 녹여 다음의 농도로 사용한다: 포유 게놈 DNA, 100 μg/ml; 효모 게놈 DNA, 1 μg/ml; 박테리아 게놈 DNA, 0.1 μg/ml; 플라스미드 DNA, 1–5 ng/ml.

Radiolabeled Compounds

- [α–^{32}P]dCTP (sp. act. 3000 Ci/mmoles) 〈!〉

Gels/Loading Buffers

Agarose gel 또는 polyacrylamide gel 〈!〉

Additional Items

Automatic pipettor를 위한 barrier tips
Fluorometer (1번 과정과 MC3, pp. A8.22–A8.24)
Light mineral oil 또는 wax bead (5번 과정)
Microtiter plates 또는 microfuge 튜브 (0.5-ml과 thin walled)
positive displacement pipette
Thermal cycler (원하는 증폭 반응 조건이 입력됨)
수조 (94℃와 RNA 주형만을 위한 75℃)

Additional Information

RNase의 저해제	MC3, p. 7.83
PCR 이론	MC3, p. 8.12
Real-time PCR	MC3, pp. 8.94–8.95
RT-PCR에서 사용되는 역전사 효소들	MC3, p. 8.48
정량적 PCR의 이론	MC3, pp. 8.86–8.89

METHOD

1. 목적에 따라 참고 주형을 디자인 하고, 준비한다. 참고 주형의 농도를 fluorometry와 같은 방법을 이용하여 가능하면 정확하게 측정한다. 전기영동 하여 젤을 ethidium bromide로 염색하여 정량하기도 한다.
2. 참고 주형의 농도가 10^{-6}에서 10^{-12} M의 구간이 되도록 물을 넣어 10 배씩 희석한다. 희석한 DNA를 3번 과정에서 이용하고 난 후에는 다음을 위해 −70℃에서 보관한다.
3. RNA를 이용하여 증폭하는 경우에는 75℃에서 5 분간 가열하여 타겟 RNA를 변성한 후 얼음물에 빠르게 냉각한다. 0.5-ml 멸균된 튜브에 참고 주형의 농도를 점차 증가시켜 넣은 후 여기에 역전사 반응물을 제조한다.

10× 증폭반응 용액	2 μl
20 mM 4 종류의 dNTP 용액 (pH 8.0)	1 μl
20 μM antisense primer	2.5 μl
20 units/μl placental RNase 억제제	1 μl
50 mM $MgCl_2$	1 μl
변성된 타겟 RNA	10 pg에서 1.0 μg
100~200 units/μl 역전사 효소	1 μl
10 배 희석한 참고 주형	1 μl
H_2O	to 20 μl

37℃에서 60 분간 반응한 후 95℃에서 20 분간 가열하여 역전사 효소 활성을 없앤다.

4. 멸균된 0.5-ml 튜브, PCR 용 튜브, 또는 microtiter plate에 3번 과정의 일련 반응과 함께 아래의 조성으로 증폭반응물을 만든다.

역전사 반응물 (3번 과정) 또는 타겟 DNA	5 μl

20 μM sense primer	1.5 μl
20 μM antisense primer	1.25 μl
10× 증폭반응 용액	5 μl
[α-^{32}P]dCTP (3000 Ci/mmoles)	10 μCi
20 mM 4 종류의 dNTP 용액	1 μl
내열성 DNA 중합효소	2 units
H_2O	to 50 μl

주의: 전구체의 specific activity를 증가시키기 위해 반응 혼합물에 들어있는 dCTP의 농도를 줄이지 마시오. nucleotide의 양이 증폭과정의 후반부에서 부족할 수 있어 위험하다.

5. Thermal cycler의 덮개가 가열 판이 아닌 경우, 미네랄오일을 한 방울 (~50 μl) 반응물 위에 얹는다. Hot start 방법에 따라 PCR을 진행하는 경우에는 튜브에 왁스구슬을 넣는다. Thermal cycler에 튜브나 plate를 놓는다.

6. 아래 조건에 맞게 변성(denaturation), 결합(annealing), 중합(polymerization) 반응의 시간과 온도를 정하여 핵산을 증폭한다.

cycle 수	변성과정	결합과정	중합과정
30 cycles	95℃에서 30 초	55℃에서 30 초	72℃에서 1 분
마지막 cycles	94℃에서 1 분	55℃에서 30 초	72℃에서 1 분

시간과 온도는 특별한 반응요건에 적합하도록 변형 될 수 있다.

7. 증폭된 DNA 산물을 분석하고 정량한다.

타겟 서열의 길이와 다른 크기의 참고 주형을 이용하는 경우

a. 각 반응에서 20-μl 씩 덜어내어 전기영동과 방사선사진촬영법을 실시하여 증폭산물의 크기를 분석한다.

b. 젤에서 대조군 주형과 타겟 서열이 증폭산물을 오려내어 액체 섬광 측정기 (liquid scintillation counter)를 이용하여 방사능량을 측정한다. 또는 적절한 검출기 (예를 들면, GE Healthcare scanner 또는 phosphoimager)을 사용하여 젤을 스캐닝 할 수 있다.

c. 방사성동위원소로 표지된 두 종류의 DNA의 상대적인 양을 계산한다.
두 종류의 표지된 DNA의 분자량 차이를 고려하여 방사능량을 보정한다.

새로운 제한효소작용 부위가 있거나 자연적으로 생긴 부위가 없는 참고 주형을 이용하는 경우

a. 증폭이 끝난 후 94℃에서 5 분간 가열한다.

b. 샘플을 실온에서 천천히 식히고 20-μl 씩 덜어내어 적당한 제한 효소로 자른다.

c. 증폭된 DNA 조각의 크기를 전기영동 하여 분리하고 방사선사진촬영법이나 phosphoimaging 과정을 통해 분석한다.

d. 젤에서 대조군 주형과 타겟 서열이 증폭산물을 오려내어 액체 섬광 측정기 (liquid scintillation counter)를 이용하여 방사능량을 측정한다. 또는 적절한 검출기 (예를 들면, GE Healthcare scanner 또는 phosphoimager)를 사용하여 젤을 스캐닝 할 수 있다.

e. 방사성동위원소로 표지된 두 종류의 DNA의 상대적인 양을 계산한다.
두 종류의 표지된 DNA의 분자량 차이를 고려하여 방사능량을 보정한다.

8. 타겟과 같은 양의 증폭산물을 내는 참고 주형의 농도를 결정하기 위하여 결과를 검토 한다. 두 번째 증폭 반응 (4번 과정)은 참고 주형의 농도 범위를 좁혀서 실행한다.

   참고 주형을 10 배 희석한 후, 이것으로부터 다시 다양한 농도의 희석물들을 제조하는 것이 바람직하다 (2번 과정).

9. 5–7 번 과정을 반복한다. 각 증폭 반응에서 타겟 서열의 증폭 량에 대한 참고 주형의 증폭량의 비율을 측정한다. 측정한 비율의 수치를 각 증폭 반응에 첨가된 참고 주형의 양에 대한 그래프를 그리고, 이 그래프의 당량점 (반응에서 타겟 서열과 같은 양의 증폭 산물을 만들 수 있는 참고 주형의 양)을 결정한다. 원 샘플에서 타겟 서열의 농도를 계산한다.

프로토콜 8.16

Differential display

이 방법은 널리 이용되는 실용적인 방법이라기보다는 방법을 소개하는 의미로 이 책에 수록 하였다. Differential display PCR (DD-PCR)은 1990년대 중반에 전성기를 맞아 연구자들 사이에 많이 이용되어 2001년에 발간된 molecular cloning, 제 3판에 수록되었다. 최근에는 세포나 조직에서 발현되는 모든 mRNA를 모아 연구하고자하는 연구자라면 DD-PCR 보다는 DNA microarray 기법을 이용하는 추세이다. 이름에서 알 수 있듯이 DD-PCR은 특정 세포나 조직의 mRNA로부터 유래된 많은 종류의 cDNA를 증폭하고 이를 분석하기 위해 이용하는 방법이다. 이 방법에서는 두 가지 다른 형태의 합성 oligonucleotide를 이용한다: 고정 antisense primer와 임의 sense primer이다. 전형적인 고정 프라이머는 mRNA의 poly(A) 후미 부분과 전사된 서열의 인접한 두 누클레오타이드로 이루어진 13 nucleotide와 상보성이 있다. 따라서 고정 primer는 poly(A) 후미 부분과 주형 mRNA의 3′-비전이부위 (3′-untranslated region)사이에 결합한다. 이후 약 10 nucleotide 길이의 임의 염기 서열로 이루어진 두 번째 primer를 반응에 첨가하여 낮은 stringency로 진행하는 보통의 PCR 과정을 통하여 cDNA을 제조한다. 증폭 산물은 아크릴아마이드 젤을 통하여 전기영동 하고, 방사선사진촬영법에 의해 관찰한다. 두가지의 다른 세포 종류로부터, 또는 다른 조건에서 배양된 같은 종류의 세포들로부터 만들어진 cDNA의 밴드들을 비교하여 발현에서 차이가 나는 유전자를 동정해 낼 수 있다. 흥미 있는 밴드들을 젤에서 회수하여 좀 더 증폭 한 후 클로닝 하거나, northern blot 또는 cDNA 라이브러리 스크리닝 등을 위한 탐침체로 이용할 수 있다.

MATERIALS

CAUTION: 〈!〉표시된 물질의 적절한 사용법은 Appendix 4를 참조하세요.

Reagents and Solutions

농축액, 완충액, 시료의 조성은 Appendix 1을 참조하라. 농축액은 적당한 농도로 희석하여 사용하라.

- Chloroform 〈!〉 (21번 과정)
- Dithiothreitol (100 mM)
- dNTP 용액 (pH 8.0), 네 종류의 deoxynucleotide triphosphate들이 각각 20 mM 들어있음
- Placental RNase inhibitor (20 units/μl)

Enzymes and Buffers

- RNase-free DNase I (3번 과정)
- RNase H의 작용이 없는 역전사효소 (예를 들면, SuperScript [Stratagene])와 5× DD-PCR 역전사 반응용액
  - 375 mM KCl
  - 250 mM Tris-Cl (pH 8.3)
  - 15 mM $MgCl_2$
- 내열성 DNA 중합효소와 제조회사에서 제공하는 10x 증폭 반응용액
  - 500 mM KCl
  - 100 mM Tris-Cl (pH 8.3, 실온)
  - 15 mM $MgCl_2$적절한 제한 효소와 10x 반응용액

Nucleic Acids/Oligonucleotide

- 고정된 3′-oligonucleotide primer (300 μg/ml in TE)

고정된 3′-oligonucleotide primer는 5′-d(T)$_{12}$VN-3′ (V는 C, A 또는 G이고, N은 C, T, A, 또는 G)의 구조를 가진 12 개 primer의 모임이다.

임의의 5′-oligonucleotide primer (50 μg/ml in TE)

각 누클레오타이드 10개의 길이를 가진 16 종의 고정된 3′-oligonucleotide primer가 사용된다. 각 primer의 염기 서열은 무작위로 택해지며, G와 C의 고른 분포와 2차구조를 형성하지 않도록 디자인 된다.

전체 RNA (100 μg/ml), chaotropic 시약 (프로토콜 7.1)을 이용하여 세포로부터 추출

Radiolabeled Compounds

[α-^{33}P 또는 α-^{35}S]ATP (sp. act. 3000 Ci/mmoles at 10 mCi/ml)) <!>

Gels/Loading Buffers

1% Agarose gel

Electrolyte gradient DNA0sequencing gel과 5× 프름아마이드 loading 용액 (프로토콜 12.10을 보시오)

Additional Items

Automatic pipettor를 위한 barrier tips
Light mineral oil 또는 wax bead (7번 과정)
Autoradiography 또는 phosphoimaging에 필요한 재료들
Microtiter plates 또는 microfuge 튜브 (0.5-ml과 thin walled)
positive displacement pipette
Razor blades
Small-gauge hypodermic needle
22번 과정에서 필요한 시약 (프로토콜 8.5)
23번 과정에서 필요한 시약 (프로토콜 8.12)
24번 과정에서 필요한 시약 (프로토콜 7.8 또는 7.11, 그리고 8.15)
10과 11번 과정에서 필요한 시약 (프로토콜 12.10과 12.11)
Thermal cycler (원하는 증폭 반응 조건이 입력됨)
수조 (94℃, 65℃, 그리고 37℃)
Whatman 3MM paper

Additional Information

Differential display	MC3, pp. 8.96-8.100
RT-PCR에서 사용되는 역전사 효소들	MC3, p. 8.48

METHOD

1. 멸균된 0.5-ml 원심분리 튜브에 "대조군" 과 "본 반응" RNA의 적정 농도를 결정하기 위한 시험 반응을 준비한다. 시험 증폭 반응의 결과물은 전기영동과 방사선사진촬영법을 통해 분석하며 100~300 개의 증폭된 cDNA 밴드로 나타날 것이다. 1에서 100 μg/ml의 농도 구간이 되도록 RNA를 H_2O로 5 배 연속 희석한다.

2. 고정 3′ oligonucleotide의 콜렉션으로부터 1 개 이상의 primer를 선택하고, 희석한 주형 RNA의 양을 다르게 넣은 결합 반응을 준비한다.

주형 RNA	8 μl
고정 3′ oligonucleotide primer	2 μl

65℃에서 10 분간 가열하고 37℃ 수조로 옮긴다.

결합 반응에서 RNA의 총량은 8~800 ng을 넘지 않아야 한다.

3. 다음과 같은 조성으로 결합 반응물을 준비한다:

5× DD-PCR 역전사 효소반응 용액	4 μl
100 mM dithiothreitol	2 μl
200 μM 4 종류의 dNTP 용액	2 μl
25 units/μl placental RNase 억제제	0.25 μl
200 units/μl 역전사 효소	0.25 μl
H_2O	to 20 μl

37℃에서 1 시간 동안 반응한다.

게놈 DNA의 오염 여부를 확인하기 위해 역전사 효소대조군 반응을 준비하여 10 번 과정을 진행한다. RNA 정제 과정에서 별도로, 또는 후에 cDNA 합성과정 까지 이용될 동일한 튜브에 RNase-free DNase I을 처리할 수 있다.

4. 94℃에서 10 분간 가열하여 역전사 효소의 활성을 제거한다

3번과 4번 과정은 37℃에서 1 시간, 94℃에서 10 분, 그리고 4℃에서 계속 유지 하도록 thermal cycler의 프로그램에 따라 진행 될 수 도 있다.

5. 0.5-ml PCR용 튜브를 8 개씩 2 시리즈 준비한다. 각 튜브에는 다음과 같은 조성의 반응 용액을 만든다,

10× 증폭반응용액	2 μl
고정된 3′-oligonucleotide primer	2 μl
20 mM 4 종류의 dNTP 용액 (pH 8.0)	1 μl
[α-^{33}P]dATP 또는 [α-^{35}S]dATP (3000 Ci/mmoles)	1 μl
H_2O	9 μl
5 units/μl 내열성 DNA 중합효소	1 unit

각 튜브에 임의의 5′ primer 2 μl를 넣고 튜브의 옆을 가볍게 두드려 섞는다.

가급적이면, DNA 중합효소의 제조회사에서 제공하는 10x 증폭반응용액을 이용하도록 한다.

6. 8개의 튜브에 본 반응 RNA가 들어있는 역전사 효소 반응물을 3 μl 씩 나누어 넣는다. 다른 8개의 튜브에 대조군 RNA가 들어있는 역전사 효소 반응물을 3 μl 씩 나누어 넣는다. 뚜껑을 닫고 내용물을 약하게 섞는다.

7. Thermal cycler의 덮개가 정확히 맞지 않는다면, 미네랄오일을 한 방울 (~50 μl) 반응물 위에 얹는다. Thermal cycler에 튜브나 plate를 놓는다.

8. 아래 조건에 맞게 변성(denaturation), 결합(annealing), 중합(polymerization) 반응의 시간과 온도를 정하여 핵산을 증폭한다.

cycle 수	변성과정	결합과정	중합과정
30 cycles	94℃에서 15 초	42℃에서 30 초	72℃에서 15 초
마지막 cycles	94℃에서 15 초	42℃에서 30 초	72℃에서 2 분

시간과 온도는 특별한 반응요건에 적합하도록 변형 될 수 있다.

9. 반응이 끝나면, thermal cycler에서 튜브들을 꺼내어 5 μl의 5× 포름아마이드 로딩 용액 (formamide loading buffer)을 넣는다.

10. DNA 염기서열 분석에 이용되는 형태의 전해질 구배 폴리아크릴아마이드 젤 (electrolyte gradient polyacrylamide gel)에서 방사성동위원소로 표지된 산물을 분리한다. Xylene cyanol 추적염색액이 젤 길이의 2/3까지 이동할 때까지 일정한 양의 전기를 가하여 전기영동을 실시한다 (프로토콜 12.10과 12.11). 젤을 말리고 방사선사진촬영용 필름 또는 phosphoimager에 노출한다.

11. 다양한 농도의 대조군 및 본 반응 RNA를 넣은 반응에서 얻어진 DNA 밴드를 검토한다. 성공적인 differential display의 결과 100–250 개의 잘 분리된 밴드를 볼 수 있다. 좋은 결과를 나타낸 본 반응 및 대조군 RNA의 농도를 선택한다.

12. 적절한 primer 쌍과 적정량의 주형 RNA를 이용하여 결합반응, 역전사 반응, 그리고 증폭반응을 반복한다. Thermal cycler 용 96–well microtiter plate에 반응물을 준비한다.

13. 폴리아크릴아마이드 젤 이용 전기영동을 실시하여 증폭산물을 분리한다(step 9 and 10).
   전기영동 시 각 primer 쌍을 이용하여 증폭한 반응물은 근접한 lane에 로딩한다. 즉, 같은 primer A+B의 조합을 이용하지만 서로 다른 RNA의 반응물은 비교를 위해 바로 옆에 로딩한다.

14. 서로 다른 RNA 반응에서 얻은 밴드의 차이를 비교 분석한다.
   밴드의 차이가 있다면, 다시 한 번 실험을 반복하여 재현성이 있는 가 확인해야 한다. 따로 정제된 RNA batch를 이용하여 반복 실험을 하는 것이 바람직하다.

15. 건조시킨 젤에서 타겟 밴드를 회수한다. 젤의 위에 방사선사진촬영 필름을 올려놓고 연필로 방사선사진촬영 필름 상의 밴드 위치를 표시한다. 칼날로 방사선사진촬영 필름을 누르면서 잘라내면, 각각의 타겟 밴드와 젤에 붙어있던 Whatman 3 MM 종이 까지 동시에 잘리게 된다. 0.5–ml 튜브에 50 µl의 멸균수를 담고, 젤과 종이를 모두 넣어 실온에서 밤새 잠기도록 둔다.

16. 각 튜브의 바닥에 주사바늘로 구멍을 만들고, 1.5–ml 짜리 튜브 안에 각 튜브를 포개어 넣는다. 20 초 동안 원심분리한 후 젤과 종이가 들어있는 작은 튜브를 제거한다.

17. 젤에서 우려낸 DNA를 증폭하기 위해 다음과 같은 조성의 반응물을 제조 한다:

10× 증폭반응 용액	2 µl
젤에서 우려낸 DNA	3 µl
임의 5′–oligonucleotide primer	2 µl
고정 3′–oligonucleotide primer	2 µl
20 mM 4 종류의 dNTP 용액 (pH 8.0)	1 µl
H_2O	9.5 µl
2 units/µl 내열성 DNA 중합효소	2 units

   가급적이면, DNA 중합효소의 제조회사에서 제공하는 10x 증폭반응용액을 이용하도록 한다.

18. Thermal cycler의 덮개가 정확히 맞지 않는다면, 미네랄오일을 한 방울 (~50 µl)을 반응 튜브 위에 얹는다. Thermal cycler에 튜브나 plate를 놓는다.

19. 아래 조건에 맞게 변성 (denaturation), 결합 (annealing), 중합 (polymerization) 반응의 시간과 온도를 정하여 핵산을 증폭한다.

cycle 수	변성과정	결합과정	중합과정
30 cycles	94℃에서 15 초	42℃에서 30 초	72℃에서 15 초
마지막 cycles	94℃에서 15 초	55℃에서 30 초	72℃에서 2 분

   중합반응시간은 타겟 DNA의 길이가 1000 bp 늘어날 때마다 1 분씩 길어진다.

20. 반응산물의 5~10%를 덜어내어 1% (W/V) agarose gel 전기영동을 통해 재 증폭된 DNA 조각의 농도를 측정한다.

21. 미네랄오일을 사용한 경우 (18번 과정), 150 μl의 클로로포름을 넣어 추출하여 샘플로부터 오일을 제거한다.

    증폭된 DNA를 함유하는 수용액 층은 표면이 메니스커스에 가까운 micelle을 형성할 것이다. Micelle은 자동 마이크로 파이펫을 이용하여 새로운 튜브로 옮긴다.

    주의 : 플라스틱 재질의 plate는 organ solvent에 안정하지 않으므로 microtiter plate를 이용하는 경우에는 클로로포름 추출을 하지 않는다.

22. 말단에 dT가 붙어있는 벡터 (예를들면 Promega 사의 pGEM T 벡터)에 DNA를 접합 (프로토콜 8.5)하고, 접합 반응물의 일부를 대장균에 형질전환 시킨다.

23. 6개 이상의 재조합 균주로부터 플라스미드 DNA를 정제하고 제한효소반응을 통해 삽입 DNA를 잘라내어 크기를 분석한다.

    삽입 DNA의 서열은 백터의 인접부위에 결합하는 universal primer를 이용하여 분석한다. 이 oligonucleotide는 PCR에 의해 삽입 DNA의 크기를 분석할 때에도 이용할 수 있다 (프로토콜 8.12).

    접합 반응에서 1개 이상의 재조합 플라스미드를 정제하고 그 서열을 분석해야 한다. 각 cDNA의 크기와 서열을 서로 비교하고, 다양한 데이터베이스에서 얻은 정보와도 비교 한다.

24. 발현에 차이가 나는 cDNA/mRNA를 확인하기 위해 northern 혼성법 (프로토콜 7.8), RNase protection (프로토콜 7.11), 또는 정량적 PCR (프로토콜 8.15)등 가능한 한 많은 실험 방법을 실시해야 한다. In situ mRNA 혼성법은 질병이 있거나 발생단계의 조직에서 전사체 (transcript)의 위치를 파악하는데 이용할 수 있는 방법이다.

제 9 장

방사성 표지된 DNA와 RNA 탐침의 준비
Preparation of Radiolabeled DNA and RNA Probes

프로토콜 9.1 무작위 priming: 무작위 서열 올리고뉴클레오티드의 연장반응에 의한 정제된 DNA 조각의 방사성 표지, 358

프로토콜 9.2 무작위 priming: 녹은 아가로스에서 무작위 서열 올리고뉴클레오티드의 연장반응에 의한 정제된 DNA 조각의 방사성 표지, 360

프로토콜 9.3 중합효소 연쇄반응에 의한 DNA 탐침의 방사성 표지, 362

프로토콜 9.4 박테리오파지 M13 주형에서 정해진 길이의 한가닥 DNA 탐침의 합성, 365

프로토콜 9.5 박테리오파지 M13 주형에서 다양한 길이의 한가닥 DNA 탐침의 합성, 368

프로토콜 9.6 In vitro 전사에 의한 한가닥 RNA 탐침의 합성, 371

프로토콜 9.7 무작위서열 올리고뉴클레오티드 primer를 이용한 mRNA에서 cDNA 탐침의 합성, 374

프로토콜 9.8 올리고(dT)를 primer로 사용한 방사성 표지된 subtracted cDNA 탐침의 합성, 377

프로토콜 9.9 무작위서열 올리고뉴클레오티드의 연장반응을 이용한 subtracted cDNA 탐침의 방사성 표지, 381

프로토콜 9.10 대장균 DNA 중합효소 I의 Klenow 효소를 이용한 두가닥 DNA의 3′ 말단 표지, 385

프로토콜 9.11 박테리오파지 T4 DNA 중합효소를 이용한 두가닥 DNA의 3′ 말단 표지, 387

프로토콜 9.12 [α–^{32}P]코디세핀 5′삼인산 또는 [α–^{32}P]DideoxyATP를 이용한 두가닥 DNA의 protruding 3′ 말단의 표지, 389

프로토콜 9.13 염기성 탈인사효소에 의한 DNA 조각의 탈인산화, 391

프로토콜 9.14 5′ protruding 수산기 말단을 가진 DNA 분자의 인산화, 394

프로토콜 9.15 탈인산된 blunt 말단이나 recessed 5′ 말단을 가진 DNA 분자의 인산화, 396

프로토콜 9.16 교환반응을 이용한 protruding 5′ 말단을 가진 DNA 분자의 인산화, 398

BACKGROUND INFORMATION

다른 언급이 없으면 기본이 되는 정보는 Molecular Cloning: A Laboratory Manual, 3판 (이제부터 MC3)에 있다.

in vivo에서 핵산을 방사성 표지하는데 사용되는 방법들의 비교 MC3, p. 9.3

프로토콜 9.1

무작위 priming: 무작위 서열 올리고뉴클레오티드의 연장반응에 의한 정제된 DNA 조각의 방사성 표지

Random priming: Radiprabeling of Purified DNA Fragments by Extension of Random Oligonucleotide

Random 염기서열을 가진 짧은 올리고뉴클레오티드는 한가닥 DNA 주형의 여러 위치에서 DNA 합성을 시작하는 primer로 작용할 수 있다. 새로 합성되는 DNA는 [α–^{32}P]dNTP와 표지되지 않은 세가지 dNTP를 전구체로 사용하여 specific activity가 5 × 10^8에서 5 × 10^9 dpm/μg정도의 표지된 탐침이 된다.

MATERIALS

CAUTION: 〈!〉표시된 물질의 적절한 사용법은 Appendix 4를 참조하세요.

Reagents and Solutions

농축액, 완충액, 시료의 조성은 Appendix 1을 참조하라. 농축액은 적당한 농도로 희석하여 사용하라.

- 초산암모늄 (10 M) (optional; 단계 5를 보시오)
- DTT (1 M), 새로 만든 것
- dNTP 용액 (pH 8.0), 각 5 mM 농도의 표지되지 않은 세 dNTP가 포함된 것
  - 이 용액의 조성은 방사성 표지 반응에 사용될 [α–^{32}P]dNTP에 따라서 다르다.
  - 예를 들면, 방사성 표지된 dATP를 사용하면, dNTP 용액은 dCTP, dTTP, dGTP의 혼합물이 된다.
- 에탄올 (optional; 단계 5를 보시오)
- NA 정지/보관 완충용액 (pH 7.5)
  - 50 mM Tris–Cl (pH 7.5)
  - 50 mM NaCl
  - 5 mM EDTA (pH 8.0)
  - 0.5% (w/v) SDS
- Trichloroacetic acid (10%) (optional; 단계 4를 보시오)

Enzymes and Buffers

- 대장균 DNA 중합효소 I의 Klenow 효소와 5× 무작위 priming 완충용액
  - 250 mM Tris–Cl (pH 8.0)
  - 25 mM $MgCl_2$
  - 100 mM NaCl
  - 10 mM DTT (새로 만든 1 M stock에서 희석한다)
  - 1 M HEPES (4 M NaOH를 사용해서 pH를 6.6으로 맞춘다)

Nucleic Acids/Oligonucleotides

- 6–7 염기의 무작위서열 올리고뉴클레오티드 primers (예, Roche Applied Science)
- 주형 DNA (5–25 ng/ml in TE [pH 7.6])
  - Chapter 5의 방법들 중 하나로 정제된 것. 프로토콜 9.1은 반응 당 25 ng의 주형 DNA를 사용할 때 최적이다.
  - DNA 주형의 양이 많으면 specific activity가 낮은 탐침이 만들어진다. 주형이 적으면 반응 시간을 늘인다.

Radioactive Compounds

- [α–^{32}P]dNTP (sp. act. 3000 Ci/mmole at 10 mCi/ml) 〈!〉

Gels/Loading Buffers

- 염기성 아가로스 겔 또는 변성 폴리아크릴아미드 겔 〈!〉

Adapted from Chapter 9, Protocol 1, p. 9.4 of MC3.

Additional Items

Sephadex G-50 spun 컬럼, TE (pH 7.6)로 평형화 시킨 것
Water bath 또는 heating block (100℃)

Additional Information

Spun 컬럼 크로마토그래피 MC3, pp. A8.30-A8.31

METHOD

1. 0.5-ml microfuge 튜브에 30 μl의 주형 DNA (25 ng)와 1 μl의 무작위서열 DNA primer (~125 ng)을 섞는다. 뚜껑을 닫고 95-100℃ 온도의 bath에서 2분간 가열한다.
2. 튜브를 얼음속으로 옮겨서 1분간 둔다. Microfuge에서 4℃에서 10초간 원심분리한다. 튜브를 얼음속으로 옮긴다.
3. 이 튜브에 다음 물질들을 첨가한다.

5 mM dNTP 용액	1 μl
5× 무작위서열 primer 완충용액	10 μl
10 mCi/ml [α-^{32}P]dNTP (sp. act. 3000 Ci/mmole)	5 μl
H_2O	50 μl 까지

4. 5 unit (~1 μl)의 Klenow 효소를 첨가하고 부드럽게 섞는다. Microfuge에서 최대속도로 1-2초간 돌리고 실온에서 60분간 반응시킨다.

   다량의 DNA를 표지할때는 단계 3과 4의 반응물들을 합쳐서 60분간 반응시킨다. 소량의 DNA를 표지할때는 주형 DNA의 양에 따라서 내용물의 양에 따라서 반비례로 줄여서 반응시킨다.

   반응을 확인할때는 반응물을 TCA 침전시켜서 반응에 들어간 방사성 dNTP의 비를 측정하거나 DE81 filter에 결합시켜서 측정한다 (Appendix 3, p. 745).

   이 반응조건에서는 염기성 아가로스 겔에 전기영동하거나(프로토콜 5.8) 변성 폴리아크릴아미드 겔을 통해 확인해보면(프로토콜 12.8) 방사성 표지된 산물이 400-600 뉴클레오티드 정도 된다 .

5. 10 μl의 NA 정지/보관 완충용액을 첨가하고 다음 둘 중의 하나의 과정을 한다
   - 혼성화에 사용할때까지 -20℃에 방사성 표지된 탐침을 보관하거나, 또는,
   - Spun 컬럼 크로마토그래피나 초산암모늄과 에탄올을 이용한 침전법으로 방사성 표지된 탐침을 분리한다 (MC3, Appendix 8). 50% 이상의 방사성 dNTP가 사용되었으면 이 단계는 불필요하다.

프로토콜 9.2

무작위 priming: 녹은 아가로스에서 무작위 서열 올리고뉴클레오티드의 연장반응에 의한 정제된 DNA 조각의 방사성 표지

Random Priming: Radiolabeling of Purified DNA Fragments by Extension of Random Oligonucleotide in the Presence of Melted Agarose

프로토콜 9.1에 설명된 기법을 변형해서 방사성 표지된 DNA를 저온용해 아가로스 겔에서 추출할 수 있다.

MATERIALS

CAUTION: 〈!〉표시된 물질의 적절한 사용법은 Appendix 4를 참조하세요.

Reagents and Solutions

농축액, 완충액, 시료의 조성은 Appendix 1을 참조하라. 농축액은 적당한 농도로 희석하여 사용하라.

초산암모늄 (10 M) (optional; 단계 5를 보시오)

Bovine serum albumin (10 mg/ml)

DTT (1 M), 새로 만든 것

dNTP 용액 (pH 8.0), 각 20 mM 농도의 표지되지 않은 세 dNTP가 포함된 것

이 용액의 조성은 사용될 [α-^{32}P]dNTP에 따라서 다르다.

예를 들면, 방사성 표지된 dATP를 사용하면, dNTP 용액은 dCTP, dTTP, dGTP의 혼합물이 된다.

에탄올 (optional; 단계 5를 보시오)

Ethidium bromide (10 mg/ml)〈!〉

NA 정지/보관 완충용액 (pH 7.5)

50 mM Tris-Cl (pH 7.5)

50 mM NaCl

5 mM EDTA (pH 8.0)

0.5% (w/v) SDS

Trichloroacetic acid (10%) (optional; 단계 4를 보시오)

Enzymes and Buffers

대장균 DNA 중합효소 I의 Klenow 효소와 5× random priming 완충용액

250 mM Tris-Cl (pH 8.0)

25 mM $MgCl_2$

100 mM NaCl

10 mM DTT (새로 만든 1 M stock에서 희석한다)

1 M HEPES (4 M NaOH를 사용해서 pH를 6.6으로 맞춘다)

Nucleic Acids/Oligonucleotides

6-7 염기 길이의 무작위서열 올리고뉴클레오티드 primers (예, Roche Applied Science)

주형 DNA (5-25 ng/ml in TE [pH 7.6])

표지할 DNA는 1× TAE 전기영동 완충용액을 만든 저온용해 아가로스 겔에 전기영동하여 정제한다. 프로토콜 9.2는 반응 당 25 ng의 주형 DNA를 사용할 때 최적이다. DNA 주형의 양이 많으면 specific activity가 낮은 탐침이 만들어지며 주형이 적으면 반응 시간을 늘인다.

Radioactive Compounds

[α-^{32}P]dNTP (sp. act. 3000 Ci/mmole at 10 mCi/ml) 〈!〉

Gels/Loading Buffers

염기성 아가로스겔 또는 변성 폴리아크릴아미드 겔 〈!〉

Adapted from Chapter 9, Protocol 2, p. 9.9 of MC3.

저온용해 아가로스 겔

Additional Items

Sephadex G-50 spun 컬럼, TE (pH 7.6으로 평형화 시킨 것)
Water bath 또는 heating block (100℃, 37℃)

Additional Information

Spun 컬럼 크로마토그래피 MC3, pp. A8.30-A8.31

METHOD

1. 전기영동 후에, 겔을 ethidium bromide (최종농도 0.5 μg/ml) 또는 SYBR Gold로 염색하고 원하는 밴드를 잘라내고, 가능하면 DNA 가 없는 부분은 제거한다.

2. 잘라낸 밴드를 microfuge 튜브에 넣고 아가로스 겔 조각의 무게를 잰다. 아가로스 겔의 1 그램 당 3 ml의 비율로 H_2O를 넣는다.

3. 튜브를 boiling water bath에서 7분간 가열해서 겔을 녹이고 DNA를 변성시킨다.

   즉시 방사성 표지를 한다면 튜브를 37℃에 보관하고 그렇지 않으면 -20℃에 보관한다. 다시 사용할 때는 튜브를 -20℃에서 꺼내서 100℃로 3-5분 가열한 후 방사성 표지 반응을 시작할 때까지 37℃로 보관한다.

4. 새로운 microfuge 튜브를 37℃ water bath나 heating block에 놓고 다음의 물질들을 순서대로 넣는다.

5× 올리고뉴클레오티드 표지 완충용액	10 μl
10 mg/ml bovine serum albumin 용액	2 μl
32 μl 이하의 DNA	20-50 ng
10 mCi/ml [α-^{32}P]dNTP (sp. act. 3000 Ci/mmole)	5 μl
Klenow 효소 (5 units)	1 μl
H_2O	50 μl 까지

내용물을 micropipettor를 사용하여 완전히 섞는다. 반응물을 실온에서 2-3시간 또는 37℃에서 60분간 반응시킨다.

   다량의 DNA를 표지할때는 반응부피를 비율대로 증가시키고 60분간 반응시킨다. 소량의 DNA를 표지할때는 주형 DNA의 양에 따라서 내용물의 양을 반비례로 줄여서 반응시킨다.

   반응을 확인할때는 반응물을 TCA 침전시켜서 반응에 들어간 방사성 dNTP의 비를 측정하거나 DE81 filter에 결합시켜서 측정한다 (Appendix 3, p. 745).

   이 반응조건에서는 염기성 아가로스 겔에 전기영동 하거나(프로토콜 5.8) 변성 폴리아크릴아미드 겔을 통해 확인해보면 방사성 표지된 산물의 길이가 400-600 뉴클레오티드 정도 된다 (프로토콜 12.8).

5. 50 μl의 NA 정지/보관 완충용액을 첨가하고 다음 둘 중의 하나의 과정을 한다

   - 혼성화에 사용할때까지 -20℃에 방사성 표지된 탐침을 보관하거나,

   또는,

   - Spun 컬럼 크로마토그래피나 초산암모늄과 에탄올을 이용한 침전법으로 방사성 표지된 탐침을 분리한다 (MC3, Appendix 8). 50% 이상의 방사성 dNTP가 사용되었으면 이 단계는 불필요하다.

프로토콜 9.3

중합효소 연쇄반응에 의한 DNA 탐침의 방사성 표지
Radiolabeling of DNA Probes by the Polymerae Chain Reaction

이 프로토콜에서는, 열안정성 DNA 중합효소의 K_m을 초과하는 농도의 표지되지 않은 세종류의 dNTP들과, K_m 보다 조금 높은 농도(2–3 μM)의 방사성 표지된 하나의 dNTP를 사용하는 일반적인 PCR 반응을 통하여 두가닥 DNA 탐침의 양 가닥을 다 표지한다.

MATERIALS

CAUTION: 〈!〉표시된 물질의 적절한 사용법은 Appendix 4를 참조하세요.

Reagents and Solutions

농축액, 완충액, 시료의 조성은 Appendix 1을 참조하라. 농축액은 적당한 농도로 희석하여 사용하라.

초산암모늄 (10 M)

Carrier (글리코겐 [50 mg/ml 수용액] 또는 효모 tRNA [10 mg/ml 수용액])

에탄올 침전 시 효율을 증가시키기 위하여 사용한다 (MC3, p.A8.13을 보시오)

클로로폼 〈!〉

dCTP 용액 (0.1 mM)

1 부피의 10 mM dCTP를 99 부피의 10 mM Tris-Cl (pH 8.0)으로 희석한 것

dNTP 용액, 각 10 mM 농도의 표지되지 않은 세 dNTP (dATP, dGTP, dTTP)의 혼합물

에탄올

TE (pH 7.6)

Enzymes and Buffers

열안정성 DNA 중합효소와 회사에서 제공됐거나 직접 만든 10× 증폭 완충용액

500 mM KCl

100 mM Tris-Cl (pH 8.3, 실온)

15 mM $MgCl_2$

Nucleic Acids/Oligonucleotides

Forward and reverse primers, 각각 20 μM 수용액

Primer들은 기본 규칙에 따라서 디자인 해야한다. 즉, 두 primer들은 주형 DNA의 양쪽 가닥에서 상보적으로 100–400 염기가 떨어진 곳에서 디자인한다. Primer들은 20–25 염기 길이로 디자인 하며 네 염기의 수는 대략 같게 하며 G와 C가 적절히 분포하도록 하고 이차구조를 이루지 않도록 한다.

주형 DNA

이 프로토콜은 조잡하게 분리된 플라스미드나 박테리오파지 λ, 겔에서 정제된 DNA 조각, 또는 게놈 DNA 등 다양한 주형에 사용할 수 있다. 효율적으로 표지할 수 있는 주형의 최소량은 1 fmole 이다.

PCR 반응에 첨가할 수 잇는 주형 DNA의 양은 주형 DNA의 복잡성에 따라 다르다. 포유류 게놈 DNA는 100 μg/ml; 효모의 게놈 DNA는 1 μg/ml; 세균 게놈 DNA는 0.1 μg/ml; 그리고 플라스미드는 1–5 ng/ml을 사용한다.

Radioactive Compounds

[α-^{32}P]dCTP (sp. act. 3000 Ci/mmole at 10 mCi/ml) 〈!〉

Adapted from Chapter 9, Protocol 3, p. 9.14 of MC3.

Additional Items

자동 pipettor에 사용하는 솜으로 오염방지 되는 팁
미네랄 오일 또는 왁스 비드 (optional; 단계 2 참조)
Microtiter plates 또는 0.5 ml 부피의 얇은 microfuge 튜브
Positive displacement pipette
TE (pH 7.6)에 평형화시킨 Sephdex G-75가 채워진 spun 컬럼
Thermal cycler, PCR 프로그램이 가능한 것

Additional Information

비대칭 탐침의 제조	MC3, p. 9.18
Spun 컬럼 크로마토그래피	MC3, pp. A8.30-A8.31

METHOD

1. 0.5-ml PCR 튜브에 다음의 물질이 들어있는 증폭/방사성표지 반응을 준비한다

10× 증폭 완충용액	5.0 μl
10 mM dNTP 용액 (dATP, dGTP, dTTP)	1.0 μl
0.1 mM dCTP	1.0 μl
20 μM forward 올리고뉴클레오티드 primer	2.5 μl
20 μM reverse 올리고뉴클레오티드 primer	2.5 μl
주형 DNA (2-10 ng 또는 1 fmole)	5-10 μl
10 mCi/ml [α-^{32}P]dCTP (sp. act. 3000 Ci/mmole)	5.0 μl
H_2O	to 48 μl

2.5 units의 열안정성 DNA 중합효소를 첨가하고 튜브를 가볍게 쳐서 내용물을 섞는다.

만일 여러 DNA 조각을 같은 primer 쌍으로 표지할 경우, DNA 수만큼 모든 내용물을 (주형을 제외하고) 배수로 증가시켜 master mix를 만들어서 각 튜브에 분주한다. 표지할 DNA는 효소를 넣기 직전에 첨가하고 반응을 시작한다.

2. thermal cycler에 가열되는 덮개가 없을 경우 튜브에 1 방울 (50 μl)의 미네랄 오일이나 파라핀 왁스를 넣어서 반응시킨다. 튜브를 thermal cycler에 넣는다.

cycle 수	변성과정	결합과정	중합과정
30 cycles	94℃에서 30-45초	55-60℃에서 30-45초	72℃에서 1-2분
마지막 cycles	94℃에서 1분	55℃에서 30 초	72℃에서 1 분

3. 아래와 같은 시간 조건으로 변성, 결합, 중합 과정으로 증폭시킨다.
   시간과 온도는 반응조건에 따라서 변형시킨다, 중합반응은 합성할 DNA 1000 염기 당 1분이 되어야 한다.

4. 반응이 끝나면 튜브를 꺼내서 micropipettor로 미네랄 오일을 최대한 제거하고 반응물을 50 μl의 클로로포름으로 추출한다. microfuge에서 실온으로 1분간 원심분리해서 수층과 유기용매층을 분리한다.

5. 상부의 수층을 새 튜브로 옮겨서 carrier tRNA (10–100 μg) 또는 글리코겐 (5 μg)을 넣고 동일 부피의 4 M 초산암모늄과 2.5 부피의 에탄올을 넣어서 DNA를 침전시킨다. 튜브를 −20℃에 1–2시간, 또는 −70℃에 10–20분 둔다. 4℃에서 5–10분간 최대속도로 원심분리해서 DNA를 침전시킨다.
6. 침전된 DNA를 20 μl의 TE (pH 7.6)에 녹이고 반응하지 않고 남아있는 dNTP와 올리고뉴클레오티드 pirimer는 Sephadex G–75 가 들어있는 spun 컬럼 크로마토그래피로 제거한다.
7. Liquid scintillation counter로 1.0 μl의 시료의 방사능을 측정한다. 방사성 표지된 DNA는 사용하기 전까지 −20℃에 보관한다.

프로토콜 9.4

박테리오파지 M13 주형에서 정해진 길이의 한가닥 DNA 탐침의 합성

Synthesis of Single-strande DNA Probes of Defined Length from Bacteriophage M13 Templates

박테리오파지 M13이나 파지미드 주형에서 만든 한 가닥 DNA에 결합하는 올리고뉴클레오티드는 방사성 표지된 상보적인 DNA를 합성하는데 사용된다. 합성은 한 가닥 주형 DNA에 붙은 primer에서 따라서 다양한 길이를 합성할 수 있는 Klenow 효소가 촉매한다. 길이도 다양하고 방사성 dNTP가 들어간 양도 다른 다양한 합성 산물은 제한효소로 잘라서 길이가 일정한 두 가닥 DNA로 만들고 아가로스 겔 전기영동으로 정제한다.

올리고뉴클레오티드 primer는 보통 박테리오파지 M13 벡터 mp 시리즈의 lacZ 유전자 바로 다음의 3′ 위치에 상보적이다. 여러 회사에서 구입할 수 있는 이 "공통" primer는 벡터의 polylinker의 어느 제한효소 자리에라도 클로닝된 어떤 유전자라도 상보적인 탐침으로 만들 수 있는 장점이 있다. 하지만, 크로닝된 유전자 서열에 상보적인으로 직접 디자인한 올리고뉴클레오티드는 클로닝된 유전자에만 사용할 수 있다.

MATERIALS

CAUTION: 〈!〉표시된 물질의 적절한 사용법은 Appendix 4를 참조하세요.

Reagents and Solutions

농축액, 완충액, 시료의 조성은 Appendix 1을 참조하라. 농축액은 적당한 농도로 희석하여 사용하라.

- 초산암모늄 (10 M) (optional; 단계 12 참조)
- dATP (40 μM과 20 mM)
- DTT (1 M), 새로 만든 것
- dNTP 용액 (pH 8.0), 각 20 mM 농도의 표지되지 않은 세 dNTP가 포함된 것
  - 이 조성은 방사성 [α-^{32}P]dNTP에 따라서 달라진다. 방사성 dATP를 사용할 경우, 용액은 dCTP, dGTP, dTTP를 포함한다.
- EDTA (0.5 M, pH 8.0)
- 에탄올
- NaCl (5 M)
- 페놀:클로로폼 (1:1)〈!〉
- 5× TBE (optional; 단계 16을 보시오)
- Trichloroacetic acid 또는 DE81 filter
- Tris-Cl (1 M, pH 7.6) (optional; 단계 16을 보시오)

Enzymes and Buffers

- 대장균 DNA 중합효소의 Klenow 효소와 klenow 기본 완충용액
  - 500 mM Tris-Cl (pH 8.0)
  - 100 mM $MgSO_4$
- 제한효소들
  - 표지된 DNA를 자르는 제한효소는 벡터의 prime가 결합된 자리에서 0.2-1 kb 하위쪽을 잘라야 한다.

Nucleic Acids/Oligonucleotides

올리고뉴클레오티드 primer

박테리오파지 M13 공통 primer와 같은 일반 primer를 사용하거나 (MC3, p. 8.113 참조) 유전자의 특정 염기서열에 특이적인 primer를 디자인해서 사용한다.

주형 DNA (~100 μg/ml in TE [pH 7.6])

정제된 한 가닥 박테리오파지 M13 또는 파지미드 DNA (프로토콜 3.4 또는 3.8)

Radioactive Compounds

[α-^{32}P]dNTP (sp. act. 3000 Ci/mmole at 10 mCi/ml) 〈!〉

Gels/Loading Buffers

염기성 아가로스 겔 또는 변성 폴리아크릴아미드 겔 〈!〉 (optional; 단계 13을 보시오)

Additional Items

Autoradiogram이나 phosphoimaging에 필요한 재료들
TE (pH 7.6)로 평형화시킨 Sephadex G-50이 포함된 spun 컬럼
이 프로토콜의 단계 17에는 프로토콜 5.4 또는 5.12에 있는 시약들이 필요하다.
Thermal cycler
Water bath 또는 heating blocks (68 ℃와 제한효소 처리에 맞는 온도로 사용)

Additional Information

대장균 DNA 중합효소 I의 klenow 효소	MC3, pp. 9.82-9.86
Spun 컬럼 크로마토그래피	MC3, pp. A8.30-A8.31
문제해결	MC3, p. 9.24
공통 primers	MC3, pp. 8.113-8.117

METHOD

1. 0.5-ml PCR 튜브에 다음의 물질들을 섞는다.

한 가닥 주형 (박테리오파지 M13 또는 파지미드 DNA)(~0.5 pmole)	1 μg
올리고뉴클레오티드 primer	5 pmole
10× klenow 기본 완충용액	3 μl
H_2O	20 μl 까지

2. Heating block에서 85℃로 5분간 가열하고 37 ℃까지 서서히 식힌다.

   서서히 식히는 것은 thermal cycler를 85℃에서 5분 가열하고 37℃까지 30분간 온도를 낮추도록 프로그래밍하거나 250-ml 비이커에 85℃의 물을 가득 채운다음 튜브를 물에 뜨는 플라스틱랙에 띠워서 37℃까지 온도를 식힐 수 있다(약 30분 소요).

3. 튜브에 다음의 물질들을 넣는다.

0.1 M DTT	2 μl
10 mCi/ml [α-^{32}P]dATP (sp. act. 3000 Ci/mmole)	5 μl
40 μM dATP	1 μl
dTTP, dCTP, dGTP, 각 20 mM 용액	1 μl

손가락으로 부드럽게 쳐서 튜브 내용물을 섞고 mictofuge에서 최고 속도로 1-2초간 원심분리하여 내용물이 바닥으로 모이게 한다.

4. 0.5 μl의 내용물을 microfuge 튜브에 옮기고 15 μl의 20 mM EDTA (pH 8.0)을 넣은 후 얼음속에 보관한다.
5. 1 μl (5 units)의 Klenow 효소를 나머지 반응액에 첨가한다. 튜브를 손가락으로 가볍게 쳐서 섞고 실온에서 30분간 반응시킨다.

   5 units의 Klenow 효소가 각 표지반응에 필요하다.

6. 0.5 μl의 내용물을 microfuge 튜브에 옮기고 20 μl의 0.5 M EDTA (pH 8.0)을 넣은 후 얼음속에 보관한다.
7. 남은 반응액에 1 μl의 20 mM 표지 안된 dATP를 넣는다. 손가락으로 가볍게 쳐서 내용물을 섞는다. Microfuge에서 최고 속도로 1-2초 동안 돌려서 내용물이 바닥으로 모이게 한다. 실온에서 20분간 반응시킨다.
8. 20분 반응시키는 동안 단계 4와 6에서 보관했던 시료에서 TCA 침전되거나 DE81 filter에 붙은 반응물의 방사능을 측정한다 (MC3, pp. A8.25-A8.26 참조).
9. 68℃에서 10분간 가열해서 Klenow 효소를 불활화시킨다.
10. NaCl 농도를 조정해서 제한효소가 최적으로 작용하는 NaCl의 농도가 되도록 만든다.

    Primer-연장의 NaCl 농도는 50 mM이다. 제한효소가 NaCl이 없을때 작용하거나 특별한 조건을 요구할 때는 (고농도의 Tris나 계면활성제가 필요할 때) 방사성 표지된 DNA를 정절한 완충용액으로 옮긴다.

11. 선택한 제한효소 20 units를 넣고 최적온도에서 1시간 반응시킨다.
12. 페놀:클로로폼으로 DNA를 추출해서 정제하고 spun 컬럼 크로마토그래피나 2.5 M 초산암모늄과 에탄올로 DNA를 선별침전시켜서 반응하지 않은 dNTP를 제거한다. 0.5 M EDTA (pH 8.0)를 최종농도가 10 mM 이 되도록 첨가한다.

    중요: 다음 단계에서 DNA가 알칼리에 노출될 때 마그네슘 이온은 없어야 한다. 그렇지 않으면 DNA가 $Mg(OH)_2$와 함께 불용성 침전물을 만든다.

13. 방사성 표지된 DNA를 변성 폴리아크릴아미드 겔 (포로토콜 12.8을 보시오)이나 염기성 아가로스 겔(프로토콜 5.8을 보시오)에서 전기영동해서 분리한다.
14. 전기영동 후, 겔을 phosphoimaging이나 autoradiography를 하도록 준비한다. 겔을 엑스레이 필름에 5-10분 노출한다.
15. 현상된 필름을 phosphorescent dot (Glogos [Stratagene]) 또는 방사성 잉크 반점을 이용해서 겔에 맞춘다. 필름을 겔 위에 테이프로 붙이고 방사성 DNA 조각의 위치를 겔판의 뒷면에 표시한다. 필름을 제거하고 겔에 표시된 방사성 표지된 DNA의 위치를 잘라낸다.
16. 주형에서 DNA 조각을 분리할 때 폴리아크릴아미드 겔을 사용한 경우, 단계 17을 수행한다. 염기성 아가로스 겔을 사용했을 경우, 겔을 0.5 M Tris-Cl (pH 7.6)로 45분간 중화시키고 방사성 표지된 DNA를 추출하기 전에 0.5x TBE에 넣어서 45분간 흔들어 준다.
17. DNA를 겔에서 전기추출하거나 겔 조각을 부수고 폴라아크릴아미드 겔을 적절한 완충용액에 담근다. (각각, 프로토콜 5.4와 5.12 참조).

    휴대형 minimonitor로 추출 효율을 체크한다. 추출된 DNA는 변성시키지 않고 즉시 탐침으로 사용할 수 있다.

프로토콜 9.5

박테리오파지 M13 주형에서 다양한 길이의 한가닥 DNA 탐침의 합성

Synthesis of Single-stranded DNA Probes of Heterogeneous Length from Bacteriophage M13 Templates

이 프로토콜은 길이가 200-300 염기정도의 짧고 다양한 길이의 분자들이 혼합된 방사성 표지된 분자들을 만든다. 이 탐침들은 프로토콜 9.4에서 설명된 대로 한 가닥 DNA 주형에서 올리고뉴클레오티드를 연장하며 합성한다. 방사성 표지된 탐침은 변성 겔에 전기영동해서 주형으로부터 분리하고 혼성화 완충용액에 직접 추출한다. 이 방법은 복잡한 게놈에서 단일 copy 유전자들을 Southern 분석하거나 적은 copy의 mRNA를 Northen 분석 하기위한 높은 특이도의 한 가닥 DNA 탐침을 합성하는데 유용하다.

MATERIALS

CAUTION: 〈!〉표시된 물질의 적절한 사용법은 Appendix 4를 참조하세요.

Reagents and Solutions

농축액, 완충액, 시료의 조성은 Appendix 1을 참조하라. 농축액은 적당한 농도로 희석하여 사용하라.

- EDTA (0.5 M, pH 8.0)
- 추출 완충용액 (0.5% SDS가 포함된 1x SSPE)
- $MgCl_2$ (1 M)
- NaOH (10 N) 〈!〉
- 3x 탐침 합성 완충용액
  - 각각 62 μM의 dATP, dGTP, dTTP
  - 0.5 mg/ml bovine serum albumin (Fraction V [Sigma-Aldrich])
  - 625 μM DTT
  - 32 mM TrisOCl (pH 7.5)
  - 6.5 mM $MgSO_4$

Enzymes and Buffers

- 대장균 DNA 중합효소 I의 Klenow 효소

Nucleic Acids/Oligonucleotides

- 올리고뉴클레오티드 primer, 5 pmole/μl
  - 박테리오파지 M13 공통 primer와 같은 일반 primer를 사용하거나 (MC3, p. 8.113 참조) 유전자의 특정 염기서열에 특이적인 primer를 디자인해서 사용한다.
- 주형 DNA (~0.1 μg/ml)
  - 정제된 한 가닥 박테리오파지 M13 또는 파지미드 DNA (프로토콜 3.4 또는 3.8)

Radioactive Compounds

- [α-^{32}P]dCTP (sp. act. 800-3000 Ci/mmole at 10 mCi/ml) 〈!〉

Gels/Loading Buffers

- 변성 폴리아크릴아미드 겔 〈!〉 (1x TBE에 7 M 요소를 포함하는 7% 폴리아크릴아미드, 프로토콜 12.8 참조)
- 포름아미드 로딩 완충용액
  - 80% 탈이온시킨 formamide
  - 1 mg/ml bromophenol blue
  - 1 mg/ml xylene cyanol
  - 5 mM EDTA
  - 0.025% SDS

Adapted from Chapter 9, Protocol 5, p. 9.25 of MC3.

Centrifuges/Rotors/Tubes

탁상용 임상 원심분리기
플라스틱 snap-top 튜브 (12 × 17 mm)

Additional Items

배양기 또는 shaking water bath (50℃)
Boiling water bath
Fritted 컬럼 (e.g., Quik-sep 컬럼 [Isolab])
Heating blocks (57℃와 37℃)
Autoradiogram이나 phosphoimaging에 필요한 재료들
면도날

Additional Information

대장균 DNA 중합효소 I의 Klenow 효소	MC3, pp. 9.82–9.86
문제해결	MC3, p. 9.24
공통 primers	MC3, pp. 8.113–8.117

METHOD

1. 0.5-ml PCR 튜브에 다음을 섞는다.

한 가닥 주형 (박테리오파지 M13 또는 파지미드 DNA) (~0.15 pmole, ~0.1 μg/μl)	0.3 μg
올리고뉴클레오티드 primer (5 pmoles/μℓ)	1 μl
25 mM $MgCl_2$	1 μl

가능하면, 각 실험마다 대조구 DNA와 예전에 잘 되었던 올리고뉴클레오티드를 포함하는 양성 대조구를 같이 한다.

2. 튜브 뚜껑을 닫고 Heating block에서 57℃로 5–10분간 반응시킨다.

3. 튜브를 얼음에 옮기고 다음을 첨가한다.

3x 탐침 합성 완충용액	4 μl
10 mCi/ml [α-^{32}P]dCTP (sp. act. 800–3000 Ci/mmole)	3 μl
Klenow 효소 (~2.5 units)	0.5μl

튜브를 손가락으로 가볍게 쳐서 내용물을 섞고 microfuge에서 최고속도로 1–2초간 돌려준다. 37℃에서 40분간 반응시킨다.

4. 반응을 시키는 동안, 1x TBE 완충용액에 7 M 요소가 포함된 5% 폴리아크릴아미드 겔을 붓는다 (프로토콜 12.8 참조). 겔은 1.5-mm 두께와 최소한 15 cm 길이가 되어야 하며 2.5-cm 슬랏을 가져야 한다. 겔을 20–25 V/cm로 15분간 전개해서 well에서 암모늄 퍼설페이트를 제거한다.

5. 25 μl의 포름아미드 로딩 완충용액을 넣고 boiling water bath에서 3–5분간 처리해서 튜브의 반응을 멈추게 한다. 튜브를 얼음에 옮기고 1 μl의 1 N NaOH를 넣는다.

6. 1× TBE를 넣은 주사기로 well에 있는 요소와 겔 조각들을 제거하고 즉시 DNA 시료를 well에 로딩한다. 20–25 V/cm로 30분 간 전기영동 한다.

   폴리아크릴아미드 겔에 DNA size standard를 함께 사용하는 것이 좋다. 왜냐하면 xylene cyanol이 125 염기 길이의 DNA 조각과 같이 이동하기 때문이다.

7. 30분 후, 겔판을 분리해서 겔을 Saran 랩으로 싸고 방사성 DNA의 위치를 autoradioraphy로 확인한다. 겔을 엑스레이 필름으로 약 1분간 노출시킨다.

   대부분의 방사성 표지된 DNA는 xylene cyanol(초록색)보다 조금 천천히 이동한다. 표지된 DNA가 연속된 smear로 나타날 것으로 예상하지만 경험적으로는, 2–3 cm 거리에 3–10개의 구분되는 밴드 형태로 나타난다. 그것은 주형으로 사용되는 한 가닥 DNA의 2차구조 때문일 것이다.

8. 깨끗한 면도날을 이용해서 겔에서 밴드를 잘라낸다. 잘라낸 겔 조각을 12 × 17-mm 플라스틱 snap-cap 튜브의 바닥에 넣고 일회용 접종 stick으로 부순다. 1–2 ml의 추출 완충용액을 넣고 50℃에서 3시간 이상 흔든다.

   넓은 범위의 겔을 잘라냈을 때 보다 각 밴드를 따로 잘라냈을 때가 방사성 표지된 탐침의 추출 효율이 더 좋다.

9. 추출물을 fritted 컬럼에 넣고, 컬럼을 12 × 17-mm 플라스틱 snap-cap 튜브안에 넣고 탁상용 임상 원심분리기에서 1–2분간 원심분리한다. Liquid scintillation spectroscopy로 1 μl의 탐침의 방사능을 측정한다.

프로토콜 9.6 In vitro 전사에 의한 한가닥 RNA 탐침의 합성
Synthesis of Single-stranded RNA probes by In Vitro Transcription

이 프로토콜은 박테리오파지 RNA 중합효소에 대한 프로모터를 가지는 선형 이중나선 DNA에서 높은 specific activuty (1 × 10^9 dpm/mg)의 RNA 탐침을 합성하는 방법이다.

MATERIALS

CAUTION: 〈!〉표시된 물질의 적절한 사용법은 Appendix 4를 참조하세요.

Reagents and Solutions

농축액, 완충액, 시료의 조성은 Appendix 1을 참조하라. 농축액은 적당한 농도로 희석하여 사용하라.

초산암모늄 (10 M) (optional; 단계 8 참조)
Bovine serum albumin (2 mg/ml; Fraction V [Sigma-Aldrich])
DTT (1 M), 새로 만든 것
에탄올
페놀:클로로폼 (1:1, v/v) 〈!〉
태반 RNase 저해제 (20 units/μl), 예, RNasin (Promega)
rGTP (0.5 mM) (optional; 단계 5 참조)
RNase-free H_2O (MC3, p. 7.84)
rNTP 용액, 각각 5 mM 농도의 rATP, rCTP, rUTP를 포함
초산나트륨 (3M, pH 5.2)

Vectors and Hosts

polycloning 자리 양쪽에 세균의 프로모터가 있는 구입 가능한 벡터 (예, pGEM [Promega] 또는 pBlueScript [Stratagene])
Chapter 1의 방법대로 초환형 플라스미드를 정제한다

Enzymes and Buffers

in vitro 전사를 위해서 플라스미드 DNA를 선형으로 절단할 적절한 제한효소
박테리오파지 T4 DNA 중합효소 (optional; 단계 2 참조)
박테리오파지 T3, T7, 또는 SP6의 DNA-의존 RNA 중합효소 (구입 가능)
보통 10-20 units/μl 농도로 10× 전사 완충용액과 함께 판매한다.
Pancreatic DNase I, RNase-free (예, RQ1 [Promega])

Nucleic Acids/Oligonucleotides

주형 DNA
전사의 주형으로 사용할 유전자는 polyclonal 자리의 양옆에 세균의 프로모터를 가지는 구입가능한 플라스미드들 (예, pGEM [Promega] 또는 pBlueScript [Stratagene]) 중의 하나에 클로닝 되어야한다.

Radioactive Compounds

[α-^{32}P]rGTP (sp. act. 800-3000 Ci/mmole at 10 mCi/ml) 〈!〉

Adapted from Chapter 9, Protocol 6, p. 9.29 of MC3.

Gels/Loading Buffers

0.8% 아가로스 겔, 1× TBE로 만든다.

6% 중성 폴리아크릴아미드 겔 〈!〉 (optional; 단계 8 참조)

아크릴아미드 겔 전기영동은 프로토콜 5.9를 보시오.

Additional Items

10 mM Tris-Cl (pH 7.5)에 담근 Sephadex G-50이 들어 있는 spun 컬럼

단계 8에서 사용하기 전 고압멸균을 해야한다.

Water bath (37℃와 40℃)

Additional Information

추가 프로토콜 (박테리오파지 RNA 중합효소의 프로모터를 DNA 조각에 붙일 때 PCR을 사용하는법)	MC3, pp. 9.36
박테리오파지 RNA 중합효소	MC3, pp. A4.28-A4.29
RNase를 극복하는 방법	MC3, p. 7.82
In vitro 전사 시스템	MC3, pp. 9.87-9.88
in vitro 전사에 사용하는 벡터	MC3, p. 9.29
박테리오파지 RNA 중합효소가 인지하는 프로모터 염기서열	MC3, p. 9.87
Spun 컬럼 크로마토그래피	MC3, pp. 8.30-8.31
문제해결	MC3, p. 9.36

METHOD

1. 적당한 제한효소로 초환형 플라스미드 DNA를 완전히 절단해서 선형의 주형 DNA 5 pmoles를 준비한다. 100 ng의 절단한 DNA를 아가로스 겔 전기영동으로 확인한다.

   플라스미드는 완전히 절단되서 미량의 환형 플라스미드가 남아있지 않게 한다.

2. *Pst*I 이나 *Sst*I 같은 3′ 말단이 protruding 되는 제한효소를 사용해야한다면 dNTP와 박테리오파지 T4 DNA 중합효소를 처리해서 protruding 된 부분을 제거한다 (프로토콜 9.11 참조).

3. 주형 DNA를 페놀:클로로폼으로 추출하고 에탄올로 침전시켜서 정제한다. DNA를 물에 녹여서 100 nM 농도로 만든다 (즉, 3 kb 플라스미드 200 μg/ml).

4. 아래의 물질들 중 앞의 6개를 실온으로 따뜻하게 하고 멸균된 0.5-ml microfuge 튜브에 아래 순서대로 실온에서 섞는다.

주형 DNA	0.2 pmole (3kb-플라스미드400 ng)
RNase-free H_2O	6 μl 까지
5 mM rNTP 용액	2 μl
100 mM DTT	2 μl
10× 전사 완충용액 (구입한 것)	2 μl
2 mg/ml bovine serum albumin	1 μl
10 mCi/ml의 [α-^{32}P]rGTP (sp. act. 800-3000 Ci/mmole at)	5 μl

튜브를 손가락으로 가볍게 쳐서 내용물을 섞고 아래의 내용물을 첨가한다.

태반 RNase 저해제 (10units)	1 μl
박테리오파지 DNA-의존 RNA 중합효소 (~10 units)	1 μl

튜브를 손가락으로 가볍게 쳐서 내용물을 섞고 모든 내용물이 바닥으로 가도록 튜브를 1-2초간 원심분리한다. 튜브를 37℃에서 1-2시간 동안 (박테리오파지 T3와 T7 DNA-의존 RNA 중합효소), 또는 40℃ (박테리오파지 SP6 DNA-의존 RNA 중합효소)에서 반응시킨다.

반응은 시약들이 더 희석되도록 20-50 µl로 할 수 있다.

위에 설명한 대로 반응을 시키면 80-90%의 방사성 물질이 RNA에 표지된다. [α-^{32}P]rGTP의 specific activity가 3000 Ci/mmole 짜리를 사용하면 RNA 수율은 대략 20 ng (sp. act. 4.7×10^9 dpm/µg)이 되고, 800 Ci/mmole 짜리를 사용하면 RNA 수율은 대략 75 ng (sp. act. 1.0×10^8 dpm/µg)이 된다.

5. (*optional*) 전체 길이의 전사체를 원하면 2 µl의 0.5 mM rGTP를 첨가하고 반응물을 중합효소에 적당한 온도로 60분 더 반응시킨다.
6. 1 µl의 1 mg/ml 농도의 RNase-free pancreatic DNase I을 첨가하여 반응을 종결시킨다. 튜브를 손가락으로 가볍게 치고 37℃에서 15 분간 반응시킨다.
7. 100 µl의 RNase-free H_2O를 첨가하고 페놀:클로로폼으로 RNA를 추출한다.

   RNA protection 등 RNA의 길이가 중요한 실험에 탐침을 사용할 경우 폴리아크릴아미드 겔에서 방사성 표지된 RNA를 추출한다 (프로토콜 5.9 참조).
8. 수층을 새 microfuge 튜브로 옮기고 방사성 표지된 탐침을 아래의 세 가지 방법 중 하나로 작은 RNA와 rNTP을 제거한다.

RNA를 에탄올 침전으로 정제

a. 수층에 30 µl의 10 M 초산암모늄과 250 µl의 차가운 에탄올을 넣는다. 얼음속에 30분 보관하고 RNA를 microfuge에서 4℃로 10분간 최대속도로 원심분리하여 정제한다.
b. 에탄올을 최대한 제거하고 튜브 뚜껑을 열고 실험대 위에 몇 분 간 방치해서 남아있는 에탄올을 증발시킨다. RNA를 100 µl의 RNase-free H_2O에 녹인다.
c. 두배 부피의 차가운 에탄올을 넣고 사용 전까지 -70℃에 보관한다.

   RNA를 회수할때는 RNA가 있는 에탄올 일부를 새 튜브에 덜어내고 0.25 부피의 10 M 초산암모늄을 넣어서 섞고, -20℃에 최소한 15분 이상 둔다. microfuge에서 4℃로 10분간 최대속도로 원심분리한다. 에탄올을 제거하고 적당한 부피의 RNase-free 완충용액에 녹인다

RNA를 spun 컬럼 크로마토그래피로 정제

a. 10 mM Tris-Cl (pH 7.5)에 현탁시키고 고압멸균한 Sephadex G-50가 들어 있는 spun 컬럼을 준비한다.
b. Spun 컬럼 크로마토그래피로 RNA를 정제한다.
c. 사용 전까지 -70℃에 보관한다.

RNA를 겔 전기영동으로 정제

a. 프로토콜 5.9의 방법대로 중성 폴리아크릴아미드 겔을 준비한다
b. 적당한 겔 로딩 완충용액을 수층에 첨가하고 겔 전기영동으로 RNA를 정제한다
c. 프로토콜 5.11 대로 autoradiography로 RNA의 위치를 확인한다.
d. 프로토콜 5.12대로 겔 조각을 부수고 완충용액에 담가서 추출하는 방법으로 RNA를 정제한다.
e. RNA는 사용전까지 -70℃에 보관한다.

프로토콜 9.7 무작위서열 올리고뉴클레오티드 primer를 이용한 mRNA에서 cDNA 탐침의 합성
Synthesis of cDNA Probes from mRNA Using Random Oligonucleotide Primers

이 프로토콜은 무작위서열 올리고뉴클레오티드 primers를 이용하여 poly(A)$^+$ mRNA에서 cDNA 탐침을 만드는 방법을 설명한다.

MATERIALS

CAUTION: 〈!〉표시된 물질의 적절한 사용법은 Appendix 4를 참조하세요.

Reagents and Solutions

농축액, 완충액, 시료의 조성은 Appendix 1을 참조하라. 농축액은 적당한 농도로 희석하여 사용하라.

- 초산암모늄 (10 M) (optional; 단계 7 참조)
- DTT (1 M), 새로 만든 것
- dCTP (125 μM)
- dNTP 용액, 각각 20 mM 농도의 dATP, dGTP, dTTP 함유
- EDTA (0.5 M, pH 8.0)
- 에탄올
- HCl (2.5 N)〈!〉
- NaOH (3 N)〈!〉
- 페놀:클로로폼 (1:1, v/v) 〈!〉
- 태반 RNase 저해제 (20 units/μl), e.g., RNasin (Promega)
- RNase-free H_2O (MC3, p. 7.84)
- SDS (10%, w/v)
- Trichloroacetic acid (10%) 또는 DE81 filters (MC3, pp. A8.25-A8.26)
- Tris-Cl (1 M, pH 7.4)

Enzymes and Buffers

역전사효소 (RNA-의존 DNA 중합효소)와 구입하거나 직접 만든 10x 역전사효소 완충용액
- 500 mM Tris-Cl (pH 8.3)
- 750 mM KCl
- 30 mM $MgCl_2$
- StrataScript (Stratagene) 또는는 SuperScript II (Invitrogen)와 같은 Mo-MLV의 역전사효소 유전자를 클로닝해서 생산된 효소를 사용한다. MC3, p.8.48 참조.

Nucleic Acids/Oligonucleotides

무작위서열 올리고뉴클레오티드 primers, 6-7 염기 길이 (예, Roche Applied Science)
- 0.125 μg/μl 농도로 H_2O에 녹인다.

주형 poly(A)$^+$ mRNA
- 프로토콜 7.3 또는 7.4의 방법대로 준비하고 250 μg/ml 농도로 RNase-free H_2O에 녹인다.

Radioactive Compounds

[α-^{32}P]dCTP (sp. act. 3000 Ci/mmole at 10 mCi/ml) 〈!〉

Gels/Loading Buffers

0.8% 아가로스 겔, 1× TBE로 만든다.

Adapted from Chapter 9, Protocol 7, p. 9.38 of MC3.

6% 중성 폴리아크릴아미드 겔 〈!〉
아크릴아미드 겔 전기영동은 프로토콜 5.9 참조

Additional Items

pH 시험지
10 mM Tris-Cl (pH 7.5)에 담근 Sephadex G-50이 들어 있는 spun 컬럼 (단계 7 참조)
단계 7에서 사용하기 전 고압멸균을 해야한다.
Water bath (45℃, 68℃와 70℃)

Additional Information

RNase를 극복하는 방법	MC3, p. 7.82
Spun 컬럼 크로마토그래피	MC3, pp. 8.30–8.31

METHOD

1. 멸균된 microfuge 튜브에 1 μg의 poly(A)$^+$ mRNA를 넣는다. RNase-free H_2O로 부피를 4 $\mu\ell$로 맞춘다. 튜브 뚜껑을 닫고 70℃에서 5 분간 가열하고 얼음물에 옮긴다.

2. 여기에 다음의 내용물을 넣는다.

10 mM DTT	2.5 μl
태반 RNase 억제제	20 units
무작위서열 데옥시뉴클레오티드 primers	5 μl
10× 역전사효소 완충용액	2.5 μl
20 mM 농도의 dATP, dGTP, dTTP 용액	1 μl
125 μM dCTP 용액	1 μl
10 mCi/ml [α-^{32}P]dCTP (sp. act. 3000 Ci/mmole)	10 μl
RNase-free H_2O	24 μl 까지
역전사효소 (200 units)	1 μl

중요: 역전사효소는 제일 나중에 첨가한다.

역전사효소는 unit당 activity가 다양하게 여러 회사에서 판매된다. 처음 구입한 제품을 사용할때는 poly(A)$^+$ mRNA와 올리고뉴클레오티드 primer의 농도는 같게하고 효소의 농도를 달리하는 여러 시리즈의 반응을 시켜본다. 가능하면 poly(A)$^+$ mRNA 시료 중에 중간정도의 발현량을 보이는 mRNA의 primer를 사용한다. 반응 산물은 이 프로토콜에 설명하는 겔 전기영동법으로 확인한다. 최대 산물을 생성하는 최소량의 효소를 사용한다. 이 프로토콜에서는 대부분의 StraScript와 SuperScript II에서 잘 작용한다.

손가락으로 가볍게 튜브를 쳐서 내용물을 섞고 microfuge에서 가볍게 원심분리해서 기포를 제거한다. 45℃에서 1시간 반응시킨다.

다른 방법으로, specific activity가 800 Ci/mmole인 [α-^{32}P]dCTP도 사용할 수 있으며 이 경우 125 μM dCTP 용액은 넣지 않는다. (sp. act. 3000 Ci/mmole)

3. 아래의 시약을 첨가해서 반응을 멈추게 한다.

0.5 M EDTA (pH 8.0)	1 μl
10% (w/v) SDS	1 μl

튜브의 내용물을 완전히 섞는다.

4. 3 µl의 3 N NaOH를 튜브에 첨가하고 68℃에서 30 분간 반응시킨다.
5. 반응물을 실온까지 식힌다. 10 µl의 1 M Tris-Cl (pH 7.4)를 첨가해서 반응을 중화시키고, 잘 섞은 후 3 µl의 2.5 N HCl을 첨가한다. pH 시험지에 미량의 반응물을 찍어서 pH를 확인한다.
6. 페놀/클로로폼 추출로 cDNA를 정제한다.
7. Spun 컬럼 크로마토그래피나 2.5 M 초산암모늄을 넣은 에탄올 침전으로 방사성 표지된 탐침을 분리한다.
8. TCA 침전이나 DE81 filter에 흡착시켜서 cDNA에 결합된 방사성 dNTP의 비율을 측정한다.

    다량의 방사성 표지된 cDNA가 필요할 때는 반응에 사용되는 모든 구성물들의 첨가 부피를 비율에 따라 증가시킨다. 최대 수율을 위해서는 사용된 mRNA µg 당 역전사효소 200 units를 유지시키는 것이 중요하다.

    방사성 표지된 cDNA는 변성시키지 않고 곧바로 hydridization에 사용할 수 있다. 각 150-mm filter 당 5×10^7 dpm, 또는 90-mm filter 당 $5 \times 10^6 - 1 \times 10^7$ dpm의 방사성 표지된 cDNA가 사용된다.

프로토콜 9.8

올리고(dT)를 primer로 사용한 방사성 표지된 subtracted cDNA 탐침의 합성
Synthesis of Radiolabeled, Subtracted cDNA Probes Using Oligo(dT) as Primer

이 프로토콜은 mRNA driver에 혼성화시켜 subtraction된 cDNA를 만들고 방사성 표지된 한 가닥 cDNA를 히드록시아파타이트 크로마토그래피로 정제하는 방법을 설명한다. 추가적인 정보는 MC3, p.9.89를 참조한다. 탐침을 준비하기 전에 스크리닝할 cDNA library를 미리 준비하는 것이 좋다.

MATERIALS

CAUTION: ⟨!⟩표시된 물질의 적절한 사용법은 Appendix 4를 참조하세요.

Reagents and Solutions

농축액, 완충액, 시료의 조성은 Appendix 1을 참조하라. 농축액은 적당한 농도로 희석하여 사용하라.

- 초산암모늄 (10 M)
- DTT (1 M), 새로 만든 것
- dCTP (125 μM)
- dNTP 용액, 각각 20 mM 농도의 dATP, dGTP, dTTP 함유
- EDTA (0.5 M, pH 8.0)
- 에탄올
- HCl (2.5 N)⟨!⟩
- 이소부탄올
- NaOH (3 N)⟨!⟩
- 페놀:클로로폼 (1:1, v/v)⟨!⟩
- 태반 RNase 저해제 (20 units/μl), e.g., RNasin (Promega)
- RNase-free H_2O (MC3, p. 7.84 참조)
- SDS (10%, w/v)
- SDS/EDTA 용액
  - 30 mM EDTA (pH 8.0)
  - 1.2% (w/v) SDS
- 인산 나트륨 완충용액 (2 M, pH 6.8)
- SPS 완충용액
  - 0.12 M 인산나트륨 완충용액 (pH 6.8)
  - 0.1% (w.v) SDS
- Trichloroacetic acid (10%) 또는 DE81 filters (MC3, pp. A8.25-A8.26 참조)
- Tris-Cl (1 M, pH 7.4)

Enzymes and Buffers

- 역전사효소 (RNA-의존 DNA 중합효소)와 함께 구입하거나 직접 만든 10× 역전사효소 완충용액
  - 500 mM Tris-Cl (pH 8.3)
  - 750 mM KCl
  - 30 mM $MgCl_2$
  - StrataScript (Stratagene) 또는는 SuperScript II (Invitrogen)와 같은 Mo-MLV의 역전사효소 유전자를 클로닝해서 생산된 효소를 사용한다. MC3, p.8.48 참조.

Nucleic Acids/Oligonucleotides

- Driver mRNA
- 올리고$(dT)_{12-18}$ (1 mg/ml in TE [pH 7.6])

무작위서열 올리고뉴클레오티드 primer는 cDNA 합성 반응에서 교체될 수 있다 (프로토콜 9.7 참조). Pimer의 선택은 스크린하는데 사용할 cDNA library를 만드는 방법에 따라 달라진다. cDNA 합성을 올리고(dT)로 했다면 이 프로토콜에서 올리고(dT)를 사용한다. 다른 방법으로 cDNA를 합성했다면 무작위서열 primer를 사용한다.

주형 poly(A)$^+$ mRNA

프로토콜 7.3 또는 7.4의 방법대로 준비하고 250 μg/ml 농도로 RNase-free H_2O에 녹인다.

Radioactive Compounds

[α-^{32}P]dCTP (sp. act. 3000 Ci/mmole at 10 mCi/ml)<!>

Additional Items

60℃에서 히드록시아파타이트 크로마토그래피로 한 가닥과 두 가닥 핵산을 분리하는데 사용할 기구들 (MC3, pp. A8.32-8.35 참조)

Boiling water bath

실리콘 코팅된 유리 모세관 (20 μl)

얼음물 bath

실리콘 코팅된 Microfuge 튜브

pH 시험지

TE (pH 8.0)로 평형화시킨 Sephadex G-50 컬럼 (5 ml)

spun 컬럼, 10 mM Tris-Cl (pH 7.5), 0.1% (w/v) SDS에 담근 Sephadex G-50이 들어 있는 것.

Water bath (45℃, 68℃와 70℃)

Additional Information

RNase를 극복하는 방법	MC3, p. 7.82
하이드록시아파타이트 컬럼	MC3, pp. A8.32-A8.34
Sargrnt T.D. 1987. Isolation of differentially expressed genes. *Meth. Enzymol.* **152**: 423-432	
Spun 컬럼 크로마토그래피	MC3, pp. 8.30-8.31
TCA와 DE81 filters	MC3, pp. A8.25-A8.26

METHOD

1. 멸균된 microfuge 튜브에 5-10 μg의 poly(A)$^+$ mRNA를 넣는다. RNase-free H_2O로 부피를 40 μl로 맞춘다. 튜브 뚜껑을 닫고 70℃에서 5 분간 가열하고 얼음물에 옮긴다.

2. 여기에 다음의 내용물을 넣는다.

0.1 M DTT	2.5 μl
태반 RNase 억제제	200 units
올리고$(dT)_{12-18}$	10 μl
10× 역전사효소 완충용액	25 μl
20 mM 농도의 dATP, dGTP, dTTP 용액	10 μl
125 μM dCTP 용액	10 μl
10 mCi/ml [α-^{32}P]dCTP (sp. act. 3000 Ci/mmole)	100 μl
RNase-free H_2O	240 μl 까지
역전사효소 (2000 units)	10 μl

중요: 역전사효소는 제일 나중에 첨가한다.

손가락으로 가볍게 튜브를 쳐서 내용물을 섞고 microfuge에서 가볍게 원심분리해서 내용물을 튜브 바닥에 모은다. 45℃에서 1시간 반응시킨다.

3. 아래의 시약을 첨가해서 반응을 멈추게 한다.

0.5 M EDTA (pH 8.0)	10 μl
10% (w/v) SDS	10 μl

튜브의 내용물을 완전히 섞는다.

4. 30 μl의 3 N NaOH를 튜브에 첨가하고 68℃에서 30 분간 반응시킨다.
5. 반응물을 실온까지 식힌다. 100 μl의 1 M Tris-Cl (pH 7.4)를 첨가해서 반응을 중화시키고, 잘 섞은 후 30 μl의 2.5 N HCl을 첨가한다. pH 시험지에 1 μl 이하 미량의 반응물을 찍어서 pH를 확인한다.
6. 페놀/클로로폼 추출로 cDNA를 정제한다.
7. TCA 침전이나 DE81 filter에 흡착시켜서 cDNA에 결합된 방사성 dNTP의 비율을 측정한다.

   반응에서 1.5 nmoles의 제한된 dNTP의 양은 다음과 같이 계산한다:

   (cDNA에 결합된 cpm/ 총 cpm) × 1.5 nmoles dCTP × 330 ng/nmole × 160 = 합성된 cDNA ng

8. 5-ml 부피의 Sephdex G-50 컬럼 크로마토그래피로 방사성 표지된 탐침을 분리한다.

   중요: 이 단계부터는 실리콘코팅 튜브를 사용한다.

9. 방사성 표지된 cDNA에 cDNA 탐침을 subtraction시킬 driver RNA를 무게비로 열배 첨가한다. 0.2 부피의 10 M 초산암모늄과 2.5 부피의 차가운 에탄올을 첨가한다. 튜브를 0℃에서 10-15분간 반응시키고 microfuge로 4℃에서 5 분간 최대속도로 원심분리해서 핵산을 회수한다.
10. 에탄올을 제거하고 튜브 뚜껑을 열고 몇 분 간 남은 에탄올을 휘발시킨다. 튜브에 침전된 핵산을 6 μl의 RNase-free H_2O에 녹인다.
11. 녹인 핵산에 다음의 내용물을 넣는다.

2 M 인산 나트륨 (pH 6.8)	2 μl
SDS/EDTA 용액	2 μl

12. 반응물을 실리콘 코팅된 20-μl 유리 모세관 튜브에 넣고 양 끝을 분젠버너의 불꽃으로 봉한다.
13. microfuge 튜브, 또는 모세관 튜브를 boiling water bath에 5분간 담갔다가 68℃로 옮겨서 핵산이 $C_{ro}t$ = 1000 moles second/liter로 혼성화되게 한다.

    $C_{ro}t$ 에 도달하는 시간은 다음 식을 t 에 관해 풀어서 계산한다.

    $$D/D_0 = e^{-kC_{ro}t}$$

    D는 시간 t에서 남아있는 한 가닥 cDNA, D_0는 반응에 넣어준 총 cDNA이며, e 는 자연로그, k 는 mRNA 집단의 복잡성에 기인하는 RNA-DNA 혼성물 형성의 속도상수이며 약 6.7 × 10^{-3} liters/mol-sec 정도 된다. C_{r0}는 RNA driver의 초기 농도(혼성화 반응 중에 변하지 않는다).

14. microfuge 튜브나 모세관 튜브를 water bath에서 꺼내서 pipette tip으로 microfuge 튜브의 혼성화된 용액을 꺼내거나, 다이아몬드 펜으로 모세관을 자르고 혼성화시킨 용액을 꺼내서 1 ml의 SPS 완충용액이 들어 있는 튜브에 옮겨 넣는다.
15. 히드록시아파타이트 크로마토그래피로 60℃에서 한 가닥과 두가닥 핵산을 분리한다.

    각 분획의 방사능을 liquid acintillation counter로 측정한다. 최소한 90%의 [^{32}P]cDNA가 mRNA에 hybridiza되어 있어야 하며 0.36 M 이상 농도의 인산나트륨 세척액에 있어야 한다.

16. 한 가닥 cDNA 분획을 모두 모아서 아래 설명하는 방법대로 이소부탄올 추출을 반복하여 농축한다: 동일 부피의 이소부탄올을 넣는다. 내용물을 볼텍스로 강하게 섞고 microfuge로 실온에서 최대속도로 2분간 원심분리한다. 상층의 유기용매를 버리고 다시 새로운 이소부탄올을 첨가해서 수층이 100 μl 이하로 농축될때까지 같은 과정을 반복한다.

17. 0.1% SDS가 포함된 TE (pH 8.0)으로 평형화된 Sephadex G-50이 들어 있는 spun 컬럼으로 cDNA의 염을 제거한다.

    중요: 인산 이온이 있으면 침전이 방해되므로 cDNA를 에탄올 침전하지 않는다. cDNA는 투석막에 달라붙으므로 cDNA를 투석하지 않는다.

18. 시료의 방사능을 측정하고 DNA의 양을 계산한다.

19. 9-18 단계를 반복한다.

    10%-30% 사이의 cDNA가 두 번째 혼성화 동안 driver RNA와 혼성화된다.

    탐침을 곧바로 스크리닝에 사용할 경우 마지막 cDNA 준비에서는 농축이나 염제거를 할 필요가 없다. 표지된 탐침은 변성시키지 않고 혼성화에 이용할 수 있다. Substrctive 혼성화는 경험적으로 빨리 수행하며, 탐침은 보관하지 않고 곧바로 사용해야한다. 150-mm filter 당 5×10^7 dpm, 90-mm filter 당 5×10^6에서 1×10^7 dpm의 방사성 표지된 cDNA를 사용한다.

    게놈 DNA library를 스크린할 경우 올리고(dA)를 전 혼성화에 첨가한다. 1 μg/ml의 올리고(dA)는 cDNA의 올리고(dT) 꼬리와 게놈 DNA의 올리고(dA) 서열과의 비특이적 결합을 방지해준다.

프로토콜 9.9

무작위서열 올리고뉴클레오티드의 연장반응을 이용한 subtracted cDNA 탐침의 방사성 표지

Radiolabeling of Subtracted cDNA Probes by Random Oligonucleotide Extension

이 프로토콜에서는 포화농도의 dNTP 4종과 미량의 방사성 표지된 dNTP를 사용한 cDNA 합성법을 설명한다. Subtraction 혼성화 이후에 농축된 한 가닥 cDNA는 Klenow 효소를 이용한 두 번째 합성반응에서 높은 specific activity로 방사성 표지된다. 왜냐하면 첫 번째 반응에서 dNTP는 무제한이어서 표준방법에 비해서 합성되는 cDNA의 길이와 양이 월등히 크기 때문이다.

MATERIALS

CAUTION: 〈!〉표시된 물질의 적절한 사용법은 Appendix 4를 참조하세요.

Reagents and Solutions

농축액, 완충액, 시료의 조성은 Appendix 1을 참조하라. 농축액은 적당한 농도로 희석하여 사용하라.

- DTT (1 M), 새로 만든 것
- dNTP 용액, 각각 5 mM 농도로 네종류의 dNTP를 포함한 것
- dNTP 용액, 각각 5 M 농도로 dCTP, dGTP, dTTP를 포함한 것
- EDTA (0.5 M, pH 8.0)
- 에탄올
- HCl (2.5 N)〈!〉
- 이소부탄올
- 페놀:클로로폼 (1:1, v/v)〈!〉
- 태반 RNase 저해제 (20 units/μl), e.g., RNasin (Promega)
- RNase-free H_2O (MC3, p. 7.84 참조)
- SDS (20%, w/v)
- 초산나트륨 (3 M, pH 5.2)
- Trichloroacetic acid (10%) 또는 DE81 filters (MC3, pp. A8.25-A8.26 참조)
- Tris-Cl (1 M, pH 7.4)

Enzymes and Buffers

- 대장균 DNA 중합효소 I의 Klenow 효소와 5× 무작위 priming 완충용액
  - 250 mM Tris-Cl (pH 8.0)
  - 25 mM $MgCl_2$
  - 100 mM NaCl
  - 10 mM DTT
  - 1 M HEPES (4 M NaOH로 pH를 6.6으로 보정한다)
- 역전사효소 (RNA-의존 DNA 중합효소)와 구입하거나 직접 만든 10× 역전사효소 완충용액
  - 500 mM Tris-Cl (pH 8.3)
  - 750 mM KCl
  - 30 mM $MgCl_2$
  - StrataScript (Stratagene) 또는는 SuperScript II (Invitrogen)와 같은 Mo-MLV의 역전사효소 유전자를 클로닝해서 생산된 효소를 사용한다. MC3, p.8.48 참조.

Nucleic Acids/Oligonucleotides

Driver mRNA
올리고$(dT)_{12-18}$ (1 mg/ml in TE [pH 7.6])
무작위서열 올리고뉴클레오티드 primer, 6–7 염기 길이 (0.125 μg/μl 수용액)
주형 $poly(A)^+$ mRNA
두 세트의 주형 RNA를 준비한다:
(1) $poly(A)^+$ mRNA, 원하는 유전자가 발현되는 세포나 조직에서 준비
(2) $poly(A)^+$ mRNA, 원하는 유전자가 발현되지 않는 세포나 조직에서 준비
두 시료 모두 올리고(dT) 컬럼을 두 번 사용해서 $poly(A)^+$ mRNA가 농축되어야 한다 (프로토콜 7.3 참조).

Radioactive Compounds

[α-^{32}P]dATP (10 mCi/ml, sp. act. 3000 Ci/mmole)<!>
[α-^{32}P]dCTP (10 mCi/ml, sp. act. 800–3000 Ci/mmole)<!>

Additional Items

60℃에서 히드록시아파타이트 크로마토그래피로 한 가닥과 이중가닥 핵산을 분리하는데 사용할 기구들 (MC3, pp. A8.32–8.35 참조)
Boiling water bath
실리콘코팅된 유리 모세관 (20 μl)
얼음물 bath
실리콘 코팅된 Microfuge 튜브
pH 시험지
TE (pH 8.0)로 평형화시킨 Sephadex G-50 컬럼 (5 ml)
10 mM Tris-Cl (pH 7.5), 0.1% (w/v) SDS에 담근 Sephadex G-50이 들어 있는 spun 컬럼
Water bath (45℃, 60℃와 68℃)
이 프로토콜 8과 9단계에는 프로토콜 9.8에 있는 시약들이 필요하다.

Additional Information

RNase를 극복하는 방법	MC3, p. 7.82
Spun 컬럼 크로마토그래피	MC3, pp. 8.30–8.31
TCA와 DE81 filters	MC3, pp. A8.25–A8.26

METHOD

1. 첫 번째 가닥 cDNA 합성에는 멸균된 microfuge 튜브에 4℃에서 다음의 내용물을 넣어서 섞는다.

주형 RNA (1 mg/ml)	10 μl
올리고$(dT)_{12-18}$ (1 mg/ml)	10 μl
5 mM dNTP 용액 (4종의 dNTP 포함)	10 μl
50 mM DTT	1 μl
10× 역전사효소 완충용액	5 μl
10 mCi/ml [α-^{32}P]dCTP (sp. act. 3000 Ci/mmole)	5 μl
태반 RNase 억제제	25 units
RNase-free H_2O	46 μl 까지
역전사효소 (~800 units)	4 μl

중요: 역전사효소는 제일 나중에 첨가한다.

손가락으로 가볍게 튜브를 쳐서 내용물을 섞고 microfuge에서 가볍게 원심분리해서 내용물을 튜브 바닥에 모은다. 45℃에서 1시간 반응시킨다.

[α-^{32}P]dCTP는 첫 번째 가닥 cDNA 합성을 측정하는 추적자로 사용한다.

2. TCA 침전이나 DE81 filter 흡착법으로 cDNA에 결합된 방사성 dNTP의 비율을 측정한다. cDNA 수율은 다음의 식으로 계산한다.

   반응이 각각 50 nmole의 dNTP를 사용해서:

   (DNA에 결합된 cpm / 전체 cpm) × 200 nmoles dNTP × 330 ng/nmole

   = 합성된 cDNA의 ng

3. 아래의 시약을 첨가해서 반응을 멈추게 한다.

0.5 M EDTA (pH 8.0)	2 µl
20% (w/v) SDS	2 µl

튜브의 내용물을 완전히 섞는다.

방사성 표지된 한 가닥 cDNA는 유리표면, filter, 플라스틱에 달라붙으므로 단계 3에서 최소 0.05% (w/v)의 SDS를, 혼성화 완충용액에는 0.1-1% SDS를 유지하는 것이 중요하다.

4. 5 µl의 3 N NaOH를 튜브에 첨가하고 68℃에서 30 분간 반응시킨다.
5. 반응물을 실온까지 식힌다. 10 µl의 1 M Tris-Cl (pH 7.4)를 첨가해서 반응을 중화시키고, 잘 섞은 후, 5 µl의 2.5 N HCl을 첨가한다. pH 시험지에 1 µl 이하 미량의 반응물을 찍어서 pH를 확인한다.
6. 페놀/클로로폼 추출로 cDNA를 정제한다.
7. Sephdex G-50 spun 컬럼 크로마토그래피로 방사성 표지된 탐침을 분리한다.

   중요: 이 단계부터는 실리콘코팅 튜브를 사용한다.
8. 프로토콜 9.8 단계 9-19에 설명한 subtractive 혼성화를 두 번 반복한다.
9. 연속적인 이소부탄올 추출로 최종 cDNA를 농축시키고 프로토콜 9.8 단계 16과 17의 방법대로 Sephadex G-50 크로마토그래피로 염을 제거한다.
10. 에탄올을 이용한 침전법으로 cDNA를 회수한다. cDNA는 15 ng/µl가 되도록 물에 녹인다.

    중요: spun 컬럼 크로마토그래피로 인산 이온을 제거하기 전에 에탄올 침전을 하지 말라. 단계 10에서 준비된 cDNA는 두가닥 DNA로 변환되고 (프로토콜 11.1, 단계 2 참조) 박테리오파아지나 파지미드에 클로닝되어 subtracted cDNA library를 만든다.
11. Subtracted cDNA를 높은 specific activity로 방사성표지 할때는 0.5-ml microfuge 튜브에 다음 내용물을 섞는다.

subtracted cDNA	5 µl
무작위서열 데옥시뉴클레오티드 primers (125 µg/ml)	5 µl

12. 65℃에서 5분간 가열하고 4℃로 식힌다.
13. primer:cDNA 주형 혼합물에 다음을 섞는다.

5× 무작위서열 primer 완충용액	10 µl
5 mM dNTP 용액, dCTP, dGTP, dTTP 포함	5 µl
10 mCi/ml [α-^{32}P]dATP (sp. act. 3000 Ci/mmole)	25 µl
Klenow 효소 (12.5 units)	2.5 µl
H_2O	50 µl 까지

실온에서 4–6시간 반응시킨다.

10–15 units의 Klenow 효소가 각 무작위서열 priming 반응에 필요하다.

14. 아래의 시약을 첨가해서 반응을 멈추게 한다.

0.5 M EDTA (pH 8.0)	1 µl
20% (w/v) SDS	2.5 µl

15. Sephadex G–50 spun 컬럼 크로마토그래피로 방사성 표지된 cDNA를 분리한다.

방사성 표지된 cDNA는 혼성화 실험에 사용하기 전에 100℃에서 5분간 가열한다. 138–mm filter 당 5 × 10^7 dpm, 82–mm filter 당 5 × 10^6에서 1 × 10^7 dpm의 방사성 표지된 cDNA를 사용한다. 방사성 표지된 cDNA는 방사능이 줄어들기 전에 즉시 사용해야 한다.

프로토콜 9.10

대장균 DNA 중합효소 I의 Klenow 효소를 이용한 두가닥 DNA의 3′ 말단 표지

Labeling 3′ Termini of Double-stranded DNA Using the Klenow Fragment of *E. coli* DNA polymerase I

말단 표지를 위한 주형은 DNA를 recessed 3′ 말단을 만드는 제한효소로 잘라서 준비한다. Klenow 효소는 recessed 3′ 말단에 하나 또는 그 이상의 [α-^{32}P]dNTP를 붙여주는 말단충진 반응을 시킨다. Klenow 효소는 다양한 조건에서 잘 반응하므로 완충용액 교체나 제한효소 처리후 정제 등의 과정을 할 필요가 없다.

[α-^{32}P]dNTP의 선택은 반응시킬 DNA의 5′ prutruding 말단의 염기서열에 따라 달라진다. 선형 DNA의 하나 또는 두 말단이 말단의 특성과 표지되지 안은 dNTP의 특성에 따라서 표지된다. 대부분의 경우, 반응에 표지되지 않은 dNTP를 넣어주는게 좋다. 표지되지 않은 dNTP는 recessed 3′ 말단을 완전히 채워주며, 더욱이 표지된 dNTP의 다음에 삽입된 표지안된 dNTP가 Klenow 효소의 3′→5′ exonuclease로부터 표지된 dNTP의 제거를 막아준다. 추가적인 말단충진에 대한 정보는 MC3, p. 9.52를 참조하시오.

MATERIALS

CAUTION: 〈!〉표시된 물질의 적절한 사용법은 Appendix 4를 참조하세요.

Reagents and Solutions

농축액, 완충액, 시료의 조성은 Appendix 1을 참조하라. 농축액은 적당한 농도로 희석하여 사용하라.

초산암모늄 (10 M) (optional; 단계 4 참조)
dNTP 용액, 적절한 dNTP가 각각 1 mM 농도로 포함된 용액
에탄올 (optional; 단계 4 참조)

Enzymes and Buffers

대장균 DNA 중합효소 I의 Klenow 효소

Nucleic Acids/Oligonucleotides

주형 DNA (0.1–5 μg), 최소한 한쪽 말단이 recessed 인것

Radioactive Compounds

[α-^{32}P]dNTP (10 mCi/ml, sp. act. 800–3000 Ci/mmole)〈!〉

Additional Items

TE로 평형화된 Sephadex G-50 spun 컬럼
Water bath (75℃)

Additional Information

대장균 DNA 중합효소 I의 Klenow 효소	MC3, pp. 9.82–9.86
DNA 말단의 표지법	MC3, pp. 9.55–9.56
Spun 컬럼 크로마토그래피	MC3, pp. A8.30–A8.31

METHOD

1. 0.1–5 μg의 주형 DNA를 25–50 μl부피로 적절한 완충용액과 함께 원하는 제한효소로 절단한다.

   DNA 절단 직후 표지 반응을 하며 완충용액의 교환은 불필요하다.

2. DNA를 완전히 절단한 후 다음 내용물을 첨가한다.

10 mCi/ml [α–^{32}P]dNTP (sp. act. 800–3000 Ci/mmole)	2–50 μCi
표지안된 dNTPs	최종농도가 100 μM 까지
Klenow 효소	1–5 units

   실온에서 15분간 반응시킨다.

   주형 DNA 1 μg 당 약 0.5 unit의 Klenow 효소가 필요하다 (1 μg의 1000–bp DNA는 약 3.1 pmole의 두가닥 DNA의 말단에 해당한다).

   이 프로토콜은 역전사효소 (1–2 units)를 Klenow 효소 대신 사용할 수 있다. 하지만 역전사효소는 Klenow 효소에 비해서 정해진 완충용액을 요구한다. 그래서 주로 일반적인 역전사효소 완충용액을 사용해서 정제된 DNA를 표지하는데 사용한다.

   표지된 DNA를 Maxam–Gilbert 방법으로 씨퀀싱하거나 (프로토콜 12.7 참조) nuclease S1을 사용하는 mRNA를 mapping을 할때는 (프로토콜 7.10 참조), 표지된 dNTP 농도를 경험상 가능한 최고 수준으로 증가시킨다. 실온에서 15분간 반응을 시킨 후 4종의 표지되지 않은 dNTP를 최종농도가 각각 0.2 mM이 되도록 첨가하고 실온에서 5분 더 반응시킨다.

3. 75℃에서 10 분간 가열하여 반응을 멈추게 한다.

4. 방사성 표지된 DNA는 Sephadex G–50 spun 컬럼 크로마토그래피로 분리하거나 2.5 M 초산암모늄을 넣고 에탄올 침전을 두 번 시켜서 분리한다.

프로토콜 9.11 박테리오파지 T4 DNA 중합효소를 이용한 두가닥 DNA의 3′ 말단 표지
Labeling 3′ Termini of Double-stranded DNA with Bacteriophage T4 DNA polymerase

박테리오파지 T4 DNA 중합효소는 Klenow 효소와는 달리 3′ prutruding 말단을 빠르게 제거하고 이어서 두가닥 DNA의 3′ 뉴클레오티드를 천천히 제거한다. 결과적으로, dNTP가 없으면 이 효소는 두가닥 DNA를 반 길이의 한가닥 DNA로 분해한다. 하지만 고농도의 dNTP가 있으면 exonuclease 기능으로 만들어진 3′ 말단이 primer로 작용해서 5′→3′ 중합반응으로 dNTP를 첨가한다. 박테리오파지 T4 DNA 중합효소의 합성능력이 exonuclease 활성보다 더 크므로 DNA 말단을 blunt 말단으로 만든다. 그래서 이 효소의 반응은 3′ 말단이 recessive하거나 blunt일 때 뉴클레오티드를 제거하고 치환하는 반응으로 계속 일어난다. dNTP 중 하나가 방사성이면 blunt 말단 두가닥 DNA의 말단은 표지된다.

MATERIALS

CAUTION: 〈!〉표시된 물질의 적절한 사용법은 Appendix 4를 참조하세요.

Reagents and Solutions

농축액, 완충액, 시료의 조성은 Appendix 1을 참조하라. 농축액은 적당한 농도로 희석하여 사용하라.

- 초산암모늄 (10 M) (optional; 단계 6 참조)
- dNTP 용액, 하나의 표지되지 않은 dNTP를 2 mM 농도로 포함
  - 이 용액에 사용되는 dNTP는 같은 종류의 [α-^{32}P]dNTP를 함유해야 한다.
- dNTP 용액, 각각 2 M 농도의 표지되지 않은 세가지 dNTP 함유
  - 세종류의 dNTP는 제한효소 절단자리의 염기서열과 표지반응에 사용되는 [α-^{32}P]dNTP에 따라 다르다.
- 에탄올 (optional; 단계 1과 6 참조)
- 페놀:클로로폼 (1:1, v/v)〈!〉 (optional; 단계 1 참조)

Enzymes and Buffers

- 적절한 제한효소(들)
- 박테리오파지 T4 DNA 중합효소와 10× 완충용액
  - 300 mM Tris acetate (pH 8.0)
  - 600 mM 초산칼륨
  - 100 mM 초산마그네슘
  - 5 mM DTT
  - 1 mg/ml bovine serum albumin (Fraction V [Sigma-Aldrich])

Nucleic Acids/Oligonucleotides

- 주형 DNA (0.1–5 μg, blunt 말단이나 protruding 3′ 말단을 가진 DNA

Radioactive Compounds

- [α-^{32}P]dNTP (10 mCi/ml, sp. act. 800–3000 Ci/mmole)〈!〉

Additional Items

- TE (pH 7.6)로 평형화시킨 Sephadex G-50 spun 컬럼 (optional; 단계 6 참조)
- Water bath 또는 heating block (37℃, 70℃)

Additional Information

박테리오파지 T4 DNA 중합효소	MC3, pp. A4.18–A4.21
DNA 말단의 표지법	MC3, pp. 9.55–9.56
Spun 컬럼 크로마토그래피	MC3, pp. A8.30–A8.31

METHOD

1. 0.1–5 μg의 주형 DNA를 제한효소로 절단하여 blunt 말단이나 3′–protruding 말단을 만든다.

   많은 경우 제한효소 절단이 T4 DNA 중합효소 완충용액에서 가능하며, 제한효소 절단과 표지반응을 페놀:클로로폼 추출과 에탄올 침전과정 없이 순차적으로 진행할 수 있다.

2. 필요하면 페놀:클로로폼 추출과 2.5 M 초산암모늄을 넣은 에탄올 침전으로 DNA를 정제한다.

3. DNA 침전물을 다음에 녹인다.

10× 박테리오파지 T4 DNA 중합효소 완충용액	2 μl
2 mM의 세 dNTP 용액	1 μl
10 mCi/ml [α–^{32}P]dNTP (sp. act. 800–3000 Ci/mmole)	1 μl
박테리오파지 T4 DNA 중합효소	1 μl
H_2O	20 μl 까지

   37℃에서 5분간 반응시킨다.

4. 2 mM 농도의 표지 안된 4종의 dNTP 용액 1 μl를 첨가한다. 10 분간 더 반응 시킨다.

5. 70℃에서 5 분간 처리하여 반응을 정지 시킨다.

6. 방사성 표지된 DNA는 Sephadex G–50 spun 컬럼 크로마토그래피로 분리하거나 2.5 M 초산암모늄을 넣고 에탄올 침전을 두 번 시켜서 분리한다.

프로토콜 9.12

[α-^{32}P]Cordycepin 5′ 삼인산 또는 [α-^{32}P]ddATP를 이용한 두가닥 DNA의 3′ protruding 말단표지

End-labeling Protuding 3′ Termini of Double-stranded DNA with [α-^{32}P]Cordycepin 5′ Triphosphate or [α-^{32}P]DideoxyATP

*Pst*I 이나 *Sac*I 같은 효소의 절단으로 만들어진 3′-protruding 말단은 [α-^{32}P]ddATP 또는 [α-^{32}P] Cordycepin 5′ 삼인산을 붙여주는 calf thymus 말단 전달효소를 사용해서 표지할 수 있다. 이들 뉴클레오티드 아날로그들에는 3′ 수산기가 없어서 이들이 3′ 말단에 붙으면 더 이상의 뉴클레오티드의 첨가는 일어나지 않는다.

MATERIALS

CAUTION: 〈!〉표시된 물질의 적절한 사용법은 Appendix 4를 참조하세요.

Reagents and Solutions

농축액, 완충액, 시료의 조성은 Appendix 1을 참조하라. 농축액은 적당한 농도로 희석하여 사용하라.

- 초산암모늄 (10 M) (optional; 단계 6 참조)
- 에탄올 (optional; 단계 1과 6 참조)
- 페놀:클로로폼 (1:1, v/v)〈!〉

Enzymes and Buffers

- 적절한 제한효소(들)
- calf thymus 말단 전달효소와 5× 완충용액
  - 500 mM potassium cacodylate
  - 10 mM $CoCl_2 \cdot 6H_2O$
  - 1 mM DTT
  - 이 완충용액 조합에 관한 내용은 MC3, p. A1.11 참조

Nucleic Acids/Oligonucleotides

- 주형 DNA (0.1–5 μg, blunt 말단이나 prutruding 3′ 말단을 가진 DNA

Radioactive Compounds

- [α-^{32}P]ddATP dNTP (10 mCi/ml, sp. act. 3000 Ci/mmole)〈!〉 또는
- [α-^{32}P]Cordycepin dNTP (10 mCi/ml, sp. act. 5000 Ci/mmole)〈!〉

Additional Items

- TE (pH 7.6)로 평형화시킨 Sephadex G-50 spun 컬럼 (optional; 단계 6 참조)
- Water bath 또는 heating block (37℃)

Additional Information

Calf thymus 데옥시뉴클레오티딜 말단 전달효소	MC3, pp. A1.11, A4.27
Cordycepin (3′ 아데노신), *Cordyceps militaris* (곤봉형 버섯)의 배양액에서 분리한 항생물질	
DNA 말단의 표지법	MC3, pp. 9.55–9.56
Spun 컬럼 크로마토그래피	MC3, pp. A8.30–A8.31

METHOD

1. 0.1–5 μg의 주형 DNA를 제한효소로 절단한다.
2. 페놀:클로로폼 추출과 에탄올 침전으로 DNA를 정제한다.
3. DNA 침전물을 10 μl의 5× 말단전달효소 완충용액과 34 μl의 H_2O에 녹인다.
4. 5 μl의 10 mCi/ml [α–^{32}P]cordycepin 5′–삼인산 (5000 Ci/mmole) 또는 [α–^{32}P]ddATP (3000 Ci/mmole)과 1 μl의 calf thymus 말단 전이효소 (~20 units)를 첨가한다.

   20 units의 calf thymus 말단 전이효소는 10 pmoles의 3′ protruding 말단을 방사성 표지하는데 필요한 양이다.
5. 37℃에서 1 시간 반응시킨다.
6. 방사성 표지된 DNA는 Sephadex G–50 spun 컬럼 크로마토그래피로 분리하거나 2.5 M 초산암모늄을 넣고 에탄올 침전을 두 번 시켜서 분리한다.

프로토콜 9.13

염기성 탈인산효소에 의한 DNA 조각의 탈인산화

Dephosphorylation of DNA Fragments with Alkaline Phosphatase

본질적으로 어떤 염기성 탈인산효소도 (예, 세균 염기성 탈인산효소 [BAP], 송아지 장 염기성 탈인산효소 [CIP], 태반 염기성 탈인산효소, 그리고 새우 염기성 탈인산효소 [SAP]) 핵산 주형의 5′ 인산기를 제거한다. CIP나 BAP는 모두 쉽게 불활성화시킬 수 있으며 클로닝에서 가장 흔히 사용되는 탈인산효소이다. 비록 CIP가 활성 unit 당 값이 싸지만, SAP은 chelator가 있을 때 쉽게 불활성화 된다.

MATERIALS

CAUTION: 〈!〉표시된 물질의 적절한 사용법은 Appendix 4를 참조하세요.

Reagents and Solutions

농축액, 완충액, 시료의 조성은 Appendix 1을 참조하라. 농축액은 적당한 농도로 희석하여 사용하라.

- 클로로폼〈!〉
- Carrier (글리코겐 [50 mg/ml 수용액] 또는 선형 폴리아크릴아미드 [1 mg/ml 수용액]) (optional; 단계 2e 참조)
- EDTA (0.5 M, pH 8.0)
- EGTA (0.5 M, pH 8.0) (optional; 단계 2d 참조)
- 에탄올
- 페놀:클로로폼 (1:1, v/v)〈!〉
- SDS (10% w/v) (CIP를 사용할 경우)
- 초산나트륨 (3 M, pH 7.0 [CIP를 사용할 경우], 그리고 pH 5.2 [SAP를 사용할 경우]
- TE (pH 7.6)
- Tris-Cl (1 M, pH 8.5)

Enzymes and Buffers

- 염기성 탈인산효소 (CIP 또는 SAP)과 10× 완충용액.적절한 제한효소(들)
  - 10× 탈인산화 완충용액 (CIP)
    - 100 mM Tris-Cl (pH 8.3)
    - 10 mM $MgCl_2$
    - 10 mM $ZnCl_2$
  - 10× 탈인산화 완충용액 (SAP)
    - 100 mM Tris-Cl (pH 8.8)
    - 10 mM $MgCl_2$
    - 10 mM $ZnCl_2$
- 단백분해효소 K
- 제한효소들과 10× 완충용액

Nucleic Acids/Oligonucleotides

- 기질 DNA (0.1–5 μg, [10–100 pmoles])

Additional Items

- Water bath 또는 heating block (37℃, 56℃, 65℃, 75℃, 그리고 70℃)

Additional Information

염기성 탈인산효소	MC3, pp. 9.92–9.93
DNA의 5′ 말단의 수 계산법	MC3, p. 9.63
DNA 침전시 사용하는 carriers	MC3, p. A8.13
단백분해효소 K	MC3, p. A4.50

METHOD

1. 1–10 μg (10–100 pmoles)의 DNA를 제한효소로 완전히 절단한다.

   CIP와 SAP의 탈인산 효율은 10× CIP 또는 10× SAP 완충용액으로 pH가 8.5로 보정된 제한효소 완충용액에서는 조금 감소한다. 다른 방법으로, 잘려진 DNA를 페놀:클로로폼으로 추출하고 에탄올로 침전시킨 후 최소 부피의 10 mM Tris-Cl (pH 8.5)에 녹인다.

2. CIP나 SAP으로 잘린 DNA의 5′ 말단을 탈인산화 시킨다.

CIP을 사용하는 탈인산화법:

a. DNA에 아래 내용물을 첨가한다.

10× CIP 탈인산 완충용액	5 μl
H_2O	48 μl 까지

b. 적당량의 CIP를 첨가한다.

   1 unit의 CIP는 약 1 pmole의 5′ 말단을 (5′ recessed 또는 blunt 말단 DNA), 또는 50 pmoles의 5′ protruding 말단을 탈인산화 시킨다. 이 양은 제조사별로 약간씩 달라질 수 있다.

c. 37℃에서 30 분간 반응시키고 두 번째 CIP를 첨가하고 30분 더 반응시킨다.

d. 반응이 끝난 후 CIP를 불활성화 시킬때는, SDS와 EDTA (pH 8.0)를 최종농도가 각각 0.5%와 5 mM이 되도록 첨가한다. 내용물을 잘 섞고 단백분해효소 k를 최종농도가 100 μg/ml이 되도록 첨가하고 56℃에서 30분간 반응시킨다.

   다른 방법으로, CIP는 10 mM EGTA를 넣고 65℃로 30분, 또는 75℃로 10분간 가열해서 불활성화 시킨다.

   중요: EDTA가 아니라 EGTA를 사용한다.

e. 내용물을 실온으로 식힌 후 페놀:클로로폼으로 두 번 추출하고 클로로폼으로 한 번 추출해서 정제한다.

   CIP를 불활성화 시키고 분해하는 단백분해효소 K와 SDS는 다음 효소반응 (폴리뉴클레오티드 키나아제나 ligation 등)을 하기전에 페놀:클로로폼으로 완전히 제거해야한다.

   DNA의 양이 적을 때는 (100 ng 이하) 페놀:클로로폼 추출 전에 글리코겐이나 선형 polyacrylamide 등의 carrier를 넣어준다. tRNA나 연어 정자 DNA등의 핵상 carrier는 사용하면 안된다. 왜냐하면 다음에 수행할 키나아제 반응 등을 하는 동안 방사성 표지된 ATP를 DNA에 표지하는 반응을 방해한다.

SAP을 사용하는 탈인산화법:

a. DNA에 아래 내용물을 첨가한다.

10× SAP 탈인산 완충용액	5 μl
H_2O	48 μl 까지

b. 적당량의 SAP를 첨가한다.

1 unit의 CIP는 약 1 pmole의 5′ 말단을 (3′ recessed 또는 5′-recessed 말단 DNA), 또는 0.2 pmoles의 blunt 말단을 탈인산화 시킨다. 이 양은 제조사별로 약간씩 달라질 수 있다.

c. 37℃에서 1 시간 반응시킨다.

d. SAP을 불활성화 시킬때는, 70℃에서 20분간 반응시키고 실온으로 식힌다.

3. 페놀:클로로폼 추출 후, 수층을 새 튜브로 옮기고 SAP을 사용했을때는 0.1 부피의 3 M 초산나트륨 (pH 5.2)을 넣고 에탄올 침전으로 DNA를 회수한다. CIP을 사용했을때는 0.1 부피의 3 M 초산나트륨 (pH 7.0)을 사용한다.

4. DNA 침전을 실온에서 건조시키고 DNA 농도가 2 nmole/ml보다 높게 H_2O에 녹인다.

프로토콜 9.14

5′ protruding 수산기 말단을 가진 DNA 분자의 인산화

Phosphorylation of DNA Molecules with Protruding 5′ Hydroxyl Termini

박테리오파지 T4 폴리뉴클레오티드 키나아제는 한가닥 또는 두가닥 핵산의 5′ 수산기에 [γ-^{32}P]ATP를 전달한다. [γ-^{32}P]ATP가 높은 specific activity (3000-7000 Ci/mole)의 기질로 사용되면 40-50%의 protruding 5′ 말단이 방사성 표지된다.

MATERIALS

CAUTION: 〈!〉표시된 물질의 적절한 사용법은 Appendix 4를 참조하세요.

Reagents and Solutions

농축액, 완충액, 시료의 조성은 Appendix 1을 참조하라. 농축액은 적당한 농도로 희석하여 사용하라.

- 초산암모늄 (10 M) (optional; 단계 3 참조)
- EDTA (0.5 M, pH 8.0)
- 에탄올 (optional; 단계 3 참조)

Enzymes and Buffers

- 3′-탈인산화 활성이 제거된 Bactriophage T4 폴리뉴클레오티드 키나아제 (예, Roche Applied Science)
- 10× 폴리뉴클레오티드 키나아제 완충용액
  - 700 mM Tris-Cl (pH 7.4)
  - 100 mM $MgCl_2$
  - 50 DTT

Nucleic Acids/Oligonucleotides

- 탈인산화된 기질 DNA (10-50 pmoles)

Radioactive Compounds

- [γ-^{32}P]ATP (10 mCi/ml, sp. act. 3000-7000 Ci/mmole)〈!〉

Additional Items

- Liquid scintillation spectrometer, Cerenkov radiation으로 ^{32}P를 정량화할 수 있는 기기
- TE (pH 7.6)로 평형화시킨 Sephadex G-50 1 ml spun 컬럼 (optional; 단계 3 참조)
- Water bath 또는 heating block (37℃)

Additional Information

박테리오파지 T4 폴리뉴클레오티드 키나아제	MC3, pp. A4.30과 A4.35-A4.36
DNA의 5′ 말단의 수 계산법	MC3, p. 9.63
박테리오파지 T4 폴리뉴클레오티드 키나아제를 사용하는 5′ 말단의 표지	MC3, p. 9.67
DNA 말단을 표지하는 방법들	MC3, pp. 9.55-9.56
Spun 컬럼 크로마토그래피	MC, pp. A8.30-A8.31

Adapted from Chapter 9, Protocol 14, p. 9.66 of MC3.

METHOD

1. Microfuge 튜브에 다음의 내용물을 넣는다

탈인산화된 DNA	10–50 pmoles
10× 박테리오파지 T4 폴리뉴클레오티드 키나아제 완충용액 (10–20 units)	5 μl
10 mCi/ml [γ-^{32}P]ATP (sp. act. 3000–7000 Ci/mmole)	50 pmoles
박테리오파지 T4 폴리뉴클레오티드 키나아제	10 units
H_2O	50 μl 까지

37℃에서 1 시간 반응시킨다.

이상적으로, ATP는 몰비로 DNA 5' 말단의 5배를 넣어줘야 하며, DNA 말단의 농도는 0.4 μM 보다 높아야 한다. 이 반응의 ATP 농도는 2 μM보다 커야하지만 거의 달성하기는 힘들다. DNA의 방사성 표지의 specific activity를 높이기 위해서는 [γ-^{32}P]ATP의 사용량을 늘인다. H_2O의 양을 줄여서 반응 부피를 50 μl에 맞춘다.

2. 0.5 M EDTA (pH 8.0) 2 μl를 첨가해서 반응을 종결시킨다. Liquid scintillation counter의 Cerenkov counting으로 반응물의 방사능을 측정한다.
3. 방사성 표지된 탐침을 반응하지 않은 dNTP에서부터 아래의 방법으로 분리한다.
   - Sephadex G-50 spun 컬럼 크로마토그래피

   또는
   - TE로 평형화시킨 Sephadex G-50 1-ml 컬럼을 이용한 전통적인 size-exclusion 크로마토그래피

   또는
   - 초산암모늄과 에탄올을 이용한 두차례의 에탄올 침전
4. Cerenkov counting으로 분리된 반응물의 방사능을 측정한다. 탐침의 방사능을 전체 반응물의 방사능 (단계 2)으로 나눠서 5′ 말단의 방사성 표지된 효율을 계산한다.

프로토콜 9.15

탈인산된 blunt 말단이나 recessed 5′ 말단을 가진 DNA 분자의 인산화

Phosphorylation of DNA Molecules with Dephosphorylated Blunt Ends or Recessed 5' Termini

T4 DNA 키나아제에 의한 DNA blunt 말단 또는 recessed 5′ 말단의 표지는 protruding 5′ 말단에 비해서 효율이 낮다. 300 염기쌍 보다 긴 DNA의 blunt 말단 인산화 효율은 반응물의 폴리에틸렌 글리콜 등 시약의 농도를 높여서 증가시킬 수 있다.

MATERIALS

CAUTION: 〈!〉표시된 물질의 적절한 사용법은 Appendix 4를 참조하세요.

Reagents and Solutions

농축액, 완충액, 시료의 조성은 Appendix 1을 참조하라. 농축액은 적당한 농도로 희석하여 사용하라.

- 초산암모늄 (10 M) (optional; 단계 5 참조)
- EDTA (0.5 M, pH 8.0)
- 에탄올 (optional; 단계 3 참조)

Enzymes and Buffers

- 3′-탈인산화 활성이 제거된 Bactriophage T4 폴리뉴클레오티드 키나아제 (예, Roche Applied Science)
- 10x 이미다졸 완충용액
  - 500 mM 염산이미다졸 (pH 6.4)
  - 180 mM $MgCl_2$
  - 50 mM DTT
  - 1 mM 염산스퍼미딘
  - 1 mM EDTA
- 폴리에틸렌 글리콜 (24% [w/v] PEG 8000) in H_2O

Nucleic Acids/Oligonucleotides

- 탈인산화된 기질 DNA (10–50 pmoles), 프로토콜 9.13에서 설명

Radioactive Compounds

- [γ-^{32}P]ATP (10 mCi/ml, sp. act. 3000 Ci/mmole)〈!〉

Additional Items

- Liquid scintillation spectrometer, Cerenkov radiation으로 ^{32}P를 정량화할 수 있는 기기
- TE (pH 7.6)로 평형화시킨 Sephadex G-50 spun 컬럼 (optional; 단계 3 참조) 또는
- TE (pH 7.6)로 평형화시킨 Sephadex G-50 1 ml 컬럼 (optional; 단계 3 참조)
- Water bath 또는 heating block (37℃)

Additional Information

박테리오파지 T4 폴리뉴클레오티드 키나아제	MC3, pp. A4.30과 A4.35–A4.36
DNA의 5′ 말단의 수 계산법	MC3, p. 9.63

Adapted from Chapter 9, Protocol 15, p. 9.70 of MC3.

농축시키는 시약들	MC3, p. 1.152
박테리오파지 T4 폴리뉴클레오티드 키나제로 DNA 5′ 말단의 표지	MC3, p. 9.67
DNA 말단의 표지 방법	MC3, pp. 9.55–9.56
폴리에틸렌글리콜	MC3, p. A1.28
Spun 컬럼 크로마토 그래피	MC3, pp. A8.30–A8.31

METHOD

1. Microfuge 튜브에 다음의 내용물을 순서대로 섞는다.

탈인산화된 DNA	10–50 pmoles
10× 이미다졸 완충용액	4 μl
H_2O	15 μl 까지
24% (w/v) PEG	10 μl

2. 40 pmoles의 [γ–^{32}P]ATP (10 mCi/ml, sp. act. 3000 Ci/mmole)을 첨가하고 부피를 H_2O로 40 μl로 맞춘다.

   이상적으로, ATP는 몰비로 DNA 5′ 말단의 5배를 넣어줘야 하며, DNA 말단의 농도는 0.4 μM 보다 높아야 한다. 이 반응의 ATP 농도는 2 μM보다 커야하지만 거의 달성하기는 힘들다. DNA의 방사성 표지의 specific activity를 높이기 위해서는 [γ–^{32}P]ATP의 사용량을 늘인다. H_2O의 양을 줄여서 반응 부피를 40 μl에 맞춘다.

3. 40 units의 T4 폴리뉴클레오티드 키나아제를 첨가하고 손가락으로 튜브를 가볍게 쳐서 섞는다. 37℃에서 30분 반응시킨다.
4. 0.5 M EDTA (pH 8.0)를 2 μl 첨가해서 반응을 종결시킨다. Liquid scintillation counter를 사용해서 Cerenkov counting으로 반응물의 방사능을 측정한다.
5. 방사성 표지된 탐침을 반응하지 않은 dNTP에서부터 아래의 방법으로 분리한다.
   - Sephadex G–50 spun 컬럼 크로마토그래피

     또는
   - TE로 평형화시킨 Sephadex G–50 1–ml 컬럼을 이용한 전통적인 size–exclusion 크로마토그래피

     또는
   - 초산암모늄과 에탄올을 이용한 두차례의 에탄올 침전
6. Cerenkov counting으로 분리된 반응물의 방사능을 측정한다. 탐침의 방사능을 전체 반응물의 방사능(단계 4)으로 나눠서 5′ 말단의 방사성 표지된 효율을 계산한다.

프로토콜 9.16

교환반응을 이용한 protruding 5′ 말단을 가진 DNA 분자의 인산화

16 Phosphorylation of DNA Molecules with Protruding 5′ Termini by the Exchange Reaction

교환반응에서는, 과량의 ADP가 있으면 T4 폴리뉴클레오티드 키나아제는 DNA의 말단 5′ 인산기를 ADP로 옮겨주고 [γ-^{32}P]ATP의 방사성 표지된 γ 인산기로 DNA 말단을 다시 인산화시킨다. T4 폴리뉴클레오티드 키나아제에 의한 교환반응은 DNA 기질의 5′ 말단이 탈인산화되어 있을 필요가 없으며 폴리에틸렌 글리콜 등의 농축시켜주는 시약이 없으면 효율이 매우 낮다.

MATERIALS

CAUTION: 〈!〉표시된 물질의 적절한 사용법은 Appendix 4를 참조하세요.

Reagents and Solutions

농축액, 완충액, 시료의 조성은 Appendix 1을 참조하라. 농축액은 적당한 농도로 희석하여 사용하라.

- ADP (1 mM in 25 mM Tris-Cl [pH 8.0])
- 초산암모늄 (10 M) (optional; 단계 3 참조)
- ATP (10 mM in 25 mM Tris-Cl [pH 8.0])
- EDTA (0.5 M, pH 8.0)
- 에탄올 (optional; 단계 3 참조)

Enzymes and Buffers

- 3′-탈인산화 활성이 제거된 Bactriophage T4 폴리뉴클레오티드 키나아제 (예, Roche Applied Science)
- 10× 이미다졸 완충용액
  - 500 mM 염산이미다졸 (pH 6.4)
  - 180 mM MgCl2
  - 50 DTT
  - 1 mM 염산스퍼미딘
  - 1 mM EDTA
- 폴리에틸렌 글리콜 (24% [w/v] PEG 8000) in H_2O

Nucleic Acids/Oligonucleotides

- 탈인산화된 기질 DNA (10-50 pmoles), 11 µl 미만의 부피

Radioactive Compounds

- [γ-^{32}P]ATP (10 mCi/ml, sp. act. 3000-7000 Ci/mmole)〈!〉

Additional Items

- Liquid scintillation spectrometer, Cerenkov radiation으로 ^{32}P를 정량화할 수 있는 기기
- TE (pH 7.6)로 평형화시킨 Sephadex G-50 spun 컬럼 (optional; 단계 3 참조) 또는
- TE (pH 7.6)로 평형화시킨 Sephadex G-50 1 ml 컬럼 (optional; 단계 3 참조)
- Water bath 또는 heating block (37℃)

Additional Information

박테리오파지 T4 폴리뉴클레오티드 키나아제	MC3, pp. A4.30과 A4.35-A4.36

Adapted from Chapter 9, Protocol 16, p. 9.73 of MC3.

DNA 시료의 5′ 말단의 수 계산법	MC3, p. 9.63
농축시키는 시약들	MC3, p. 1.152
박테리오파지 T4 폴리뉴클레오티드 키나아제를 사용하는 5′ 말단의 표지	MC3, p. 9.67
DNA 말단을 표지하는 방법들	MC3, pp. 9.55–9.56
폴리에틸렌 글리콜	MC3, p. A1.28
Spun 컬럼 크로마토그래피	MC, pp. A8.30–A8.31

METHOD

1. Microfuge 튜브에 다음의 내용물을 순서대로 섞는다.

5′ 말단에 인산기가 붙어있는 DNA	10–50 pmoles
10× 이미다졸 완충용액	5 μl
1 mM ADP	5 μl
50 nM ATP	1 μl
[γ-^{32}P]ATP (10 mCi/ml, sp. act. 3000–7000 Ci/mmole)	20–100 pmoles
H_2O	40 μl 까지
24% (w/v) PEG	10 μl
박테리오파지 T4 폴리뉴클레오티드 키나아제 (20 units)	1 μl

   손가락으로 튜브를 가볍게 쳐서 내용물을 섞고 37℃에서 30분 반응시킨다.

2. 0.5 M EDTA (pH 8.0)를 2 μl 첨가해서 반응을 종결시킨다. Liquid scintillation counter를 사용해서 Cerenkov counting으로 반응물의 방사능을 측정한다.
3. 방사성 표지된 탐침을 반응하지 않은 dNTP에서부터 아래의 방법으로 분리한다.
   - Sephadex G-50 spun 컬럼 크로마토그래피

     또는
   - TE로 평형화시킨 Sephadex G-50 1-ml 컬럼을 이용한 전통적인 size-exclusion 크로마토그래피

     또는
   - 초산암모늄과 에탄올을 이용한 두차례의 에탄올 침전
4. Cerenkov counting으로 분리된 반응물의 방사능을 측정한다. 탐침의 방사능을 전체 반응물의 방사능(단계 2)으로 나눠서 5′ 말단의 방사성 표지된 효율을 계산한다.

제10장

합성 올리고뉴클레오타이드 탐침제 (Probe)

Working with Synthetic Oligonucleotide Probes

프로토콜 10.1 폴리아크릴아마이드 젤 전기영동을 이용한 합성 올리고뉴클레오타이드의 정제, 402
프로토콜 10.2 올리고뉴클레오타이드 5′ 말단의 인산화, 406
프로토콜 10.3 에탄올 침전을 이용한 방사선 표지 올리고뉴클레오타이드의 정제, 408
프로토콜 10.4 cetyopyrimidinum bromide 침전을 이용한 방사선 동위원소 표지 올리고뉴클레오타이드의 정제, 410
프로토콜 10.5 크기-배제 크로마토그래피를 이용한 방사선 동위원소 표지 올리고뉴클레오타이드의 정제, 412
프로토콜 10.6 Sep-Pak C_{18} 컬럼 크로마토그래피를 이용한 방사선 동위원소 표지 올리고뉴클레오타이드의 정제, 415
프로토콜 10.7 대장균 DNA 폴리머레이즈 I의 Klenow fragment를 이용한 합성된 올리고뉴클레오타이드의 표지, 417
프로토콜 10.8 수용액에서 올리고뉴클레오타이드 탐침체의 혼성법 (hybridization): quaternary alkylammonium salts를 포함하는 완충용액에서 세척, 420
프로토콜 10.9 Melting 온도의 실험적인 측정, 423

BACKGROUND INFORMATION

다른 언급이 없으면 기본이 되는 정보는 *Molecular Cloning: A Laboratory Manual*, 3판 (이제부터 MC3)에 있다.

합성한 올리고뉴클레오타이드 정제 방법	MC3, pp. 10.48–10.49
올리고뉴클레오타이드 합성	MC3, pp. 10.42–10.46
합성한 올리고뉴클레오타이드 탐침체의 사용	MC3, pp. 10.1–10.10

프로토콜 10.1

폴리아크릴아마이드 젤 전기영동을 이용한 합성 올리고뉴클레오타이드의 정제
Purification of Synthetic Oligonucleotides by Polyacylamide Gel Electrophoresis

일반적으로, 길이가 25개 뉴클레오타이드 이상인 올리고뉴클레오타이드는 폴리아크릴아마이드 젤 전기영동으로 정제하여야한다. 올리고뉴클레오타이드는 젤로부터 용리하여 Sep-Pak C_{18}컬럼을 이용한 역상 크로마토그래피로 농축한다.

MATERIALS

CAUTION: 〈!〉표시된 물질의 적절한 사용법은 Appendix 4를 참조하세요.

Reagents and Solutions

농축액, 완충액, 시료의 조성은 Appendix 1을 참조하라. 농축액은 적당한 농도로 희석하여 사용하라.

Acetonitrile (HPLC grade) 〈!〉

Ammonium acetate (10M)

n-Butanol 〈!〉

Methanol:H_2O solution 〈!〉

- 6 ml methanol
- 4 ml filter-sterilized deionized H_2O

올리고뉴클레오타이드 용리 완충용액

- 0.5 M ammonium acetate
- 10 mM magnesium acetate

일부 연구자들은 올리고뉴클레오타이드 용리 완충용액에 0.1 % SDS를 첨가하기도 한다. 올리고뉴클레오타이드를 Sep-Pak C_{18} 크로마토그래피로 정제하는 것을 권장할 만한 방법이 아니다.

TE (pH 8.0)

Nucleic Acids/Oligonucleotides

정제되지 않은 합성 올리고뉴클레오타이드는 보통 보호그룹 (protecting group)을 제거한 후 동결 건조된 분말형태로 공급된다.

올리고뉴클레오타이드 튜브를 처음 열 때, 튜브를 열어 암모니아가스가 천천히 배출되도록 해야한다 (화합물 후드 안에서). 그렇지 않으면 많은 양의 올리고뉴클레오타이드가 밖으로 분사된다.

만일 올리고뉴클레오타이드가 암모니아수에 공급된다면, 마이크로퓨즈 튜브에 0.5-1.0 ml 분주하고 원심농축기 (centrifugal evaporator)로 암모니아수를 증발시켜 건조시킨다.

Gels/Loading Buffers

변성 폴리아크릴아마이드 젤 (Denaturing polyacrylamide gel) 〈!〉, 1× TBE로 만들고 전기 영동한다.

아크릴아마이드 용액의 퍼센트는 젤을 만드는데 사용되고 이 퍼센트 조건은 올리고뉴클레오타이드의 크기에 따라 달라진다. 404페이지의 표 10-1에 유용한 지침이 적혀있다.

Formamide loading buffer without tracking dyes 〈!〉

- Deionized formamide 〈!〉
- 10 mM EDTA

염색약 (Dye) (bromophenol blue와 xylene cyanol FF)들은 젤에서 올리고뉴클레오타이드와 동일한 속도로 이동하고 UV 광선 흡수에 의한 분석을 방해하기 때문에 적재 완충용액 (loading buffer)에서 제외된다. 원한다면, 0.2 % orange G를 적재 완충용액 (loading buffer)에 첨가할 수 있다. 이 염색약(Dye)은 완충용액의 전면에서 이동하고 올리고뉴클레오타이드의 분석을 방해하지 않는다.

Formamide-tracking dye mixture

- 5 ml deionized formamide 〈!〉
- 2.5 ml 0.05 % xylene cyanol FF

Adapted from Chapter 10, Protocol 1, p. 10.11 of MC3.

2.5 ml 0.05 % bromophenol blue

혼합액에서 이 염색약(Dye)은 크기 표준 (size standard)로 사용되고 올리고뉴클레오타이드를 포함하는 젤의 인접한 부분 (well)에서 전기 영동한다.

Additional Items

원심농축기 (Savant Ehsms 유사한 제품)

Millex HV filter (Millipore, 0.45 μm pore size)

파라필름

또는

Fluorescent thin-layer chromatographic plate (F_{254}, 20x20 cm) (Brinkmann 또는 Merck)

면도칼

Saran Wrap 그리고 plastic-backed bench paper

Sep-Pak C_{18} classic olumns, shortbody (Millipore의 Waters Division)

이 컬럼은 360 mg의 비친수성 역상 크로마토그래피 수지 (hydrophobic reversed-phase chromatography resin)를 포함한다. 올리고뉴클레오타이드는 용매의 극성이 높을 때 컬럼에 결합하고 극성이 감소될 때 분리된다. 폴리아크릴아마이드 젤에 적재된 10 OD_{260}unit 올리고뉴클레오타이드당 하나의 컬럼이 필요하다.

Shaker incubator (37℃)

Step 7-9에는 프로토콜 12.8과 12.11에 적힌 시약이 필요하다.

주사기 (5-10 cc), 폴리프로필렌

ultraviolet lamp (260 nm, handheld)〈!〉

Water bath 또는 heating block (55℃)

Additional Information

합성올리고뉴클레오타이드 정제에 사용되는 실험 방법	MC3, pp. 10.48-10.49
올리고뉴클레오타이드합성	MC3, pp. 10.42-10.46
폴리아크릴아마이드 젤에서 올리고뉴클레오타이드 보기	MC3, pp. 10.16

METHOD

1. 멸균된 마이크로퓨즈 튜브에, 멸균, 여과된 물 (Milli-Q 또는 유사한 제품)에 녹아있는 10 μM의 정제되지 않은 올리고뉴클레오타이드 용액을 준비한다. 이 용액을 완전히 교반한다(vortex).

   이 용액은 올리고뉴클레오타이드의 합성 동안에 발생한 불용성의 benzamide이 포함되어있기 때문에 약간 혼탁하다.

2. 실온의 마이크로퓨즈에서 최대속도로 5분간 튜브를 원심 분리한다. 상층액을 멸균된 새로운 튜브에 옮긴다.
3. 400 μl의 n-butanol로 연달아 세 번 용액을 추출한다. 각 추출 후에 상층액 (유기용매층)을 제거한다.
4. 원심농축기 (Savant SpeedVac 또는 유사한 제품)에서 용액을 증발시켜 건조시킨다. 튜브에는 노란색 침전물과 아이보리색 (creamy-white)의 분말이 관찰되어져야 한다.
5. 멸균되고 여과된 물 (Milli-Q 또는 유사한 제품) 200 μl에 침전물과 분말을 녹인다.
6. 다음과 같은 방법으로 올리고뉴클레오타이드의 양을 추정한다: 1ml의 물에 1μl의 위 용액을 첨가한다. 용액을 잘 섞고 OD_{260}에서 흡광을 측정한다. 다음과 같은 방법으로 올리고뉴클레오타이드의 농도를 계산한다.

   다음과 같은 방정식을 이용하여 올리고뉴클레오타이드의 분자흡광계수 (ε, millimolar extinction coefficient)를 계산한다.

   $$\varepsilon = A(15.2)+G(12.01)+C(7.05)+T(8.4)$$

   A, G, C 그리고 T는 올리고뉴클레오타이드에 나타나있는 각 뉴클레오타이드의 횟수이다. 괄호안의 숫자는 pH

8.0에서 각 데옥시뉴클레오타이드의 분자흡광계수 (molar extinction coefficient)이다.

예를 들어, 5개의 dA잔기, 4개의 dG잔기, 4개의 dC잔기 그리고 6개의 dT잔기를 가지는 19mer는 (5 ×15.2)+(4×12.01)+(4×7.05)+(6×8.4)=202.64mM^{-1}cm^{-1}의 분자흡광계수 (molar extinction coefficient)를 가진다.

다음의 방정식으로부터 희석되지 않은 올리고뉴클레오타이드의 농도(c)를 계산한다:

$$c = (OD_{260})(1000)/\varepsilon$$

7. 적당한 농도의 변성(denaturing) 폴리아크릴아마이드 젤(프로토콜 12.8에 설명된)을 붓는다. 젤에서 loading slot의 길이는 약 1cm가 되어야한다.

표 10-1 아크릴아마이드 농도에 따른 젤의 분해 범위

ACRYLAMIDE (%)	올리고뉴클레오타이드의 크기 (염기수)
20–30	2–8
15–20	8–25
13–15	15–35
10–13	35–45
8–10	45–70
6–8	70–300

8. 약 45분동안 일정한 와트수 (wattage, 50–70W)로 젤을 전기영동하거나 젤의 온도가 45–50℃에 이를 때까지 젤을 전기영동한 후 전력공급장치 (power supply)의 전원을 끄고 전극을 분리한다.

   이러한 방법으로 젤을 사전 전기영동하는 (prerunning) 것은 웰(well)에서 과황산암모늄 (ammonium Persulfate)을 제거하고 젤을 DNA 전기영동에 적합한 온도로 맞추기 위해서이다.

9. 사전 전기영동 후 즉시 다음과 같이 하나 또는 그 이상의 홈 (slot)에 약 2 OD_{260} units의 올리고뉴클레오타이드(최대 해상도보다 작거나 10μl)를 다음과 같이 적재한다 :

   a. 올리고뉴클레오타이드 용액에 동일한 부피의 염색약(dye)이 없는 foramide 적재 완충용액을 첨가한다. 교반하여 용액을 잘 섞은 후 55℃에서 5분 동안 가열하여 올리고뉴클레오타이드의 2차구조를 파괴한다.

   b. TBE로 웰 (well)에 존재하는 urea를 제거한다.

   c. 홈(slot)안으로 열을 가한 올리고머를 적재한다. 사용하지 않는 홈 (slot)에는 formamide-tracking dye 혼합액 5μl를 적재한다. 폴리아크릴아마이드 젤 적재에 대한 자세한 설명은 프로토콜 12.11.을 보시오.

10. 올리고뉴클레오타이드가 젤 길이의 약 2/3로 이동할때까지 1500V에서 젤을 전기영동한다.

    올리고뉴클레오타이드의 위치는 표 10–2에 설명된 tracking dye의 위치로부터 추정될수 있다. 5′말단에 수산잔기를 가지는 합성 올리고뉴클레오타이드는 동일한 길이의 인산화된 올리고뉴클레오타이드보다 변성 폴리아크릴아마이드 젤에서 이동이 느리다. 더욱이, 올리고뉴클레오타이드의 이동 정도는 염기의 구성과 서열에 따라 달라진다. 따라서 폴리아크릴아마이드 젤에서 올리고뉴클레오타이드의 예상된 위치와 관찰되어지는 위치는 정확하게 일치하지 않을 수 있다.

표 10-2 올리고뉴클레오타이드의 길이와 tracking dye의 비교

POLYACRYLAMIDE (%)	XYLENE CYANOL FF	BROMOPHENOL BLUE
20	22	6
15	30	9–10
12	40	–15

11. 짧은 (홈이 파인) 판이 위로 오도록 젤 판을 plastic-backed protective bench paper위에 눕힌 후 37℃이하로 젤을 식힌다.

12. 젤 플레이트로부터 전기 테이프(Electrical Tape)를 모두 제거한다. Spacer나 젤 판을 분리하는 도구를

사용하여 천천히 그리고 조심스럽게 젤 플레이트를 제거한다. 젤은 긴(실리콘이 코팅되어 있지 않은) 유리판에 더 오래 붙어있어야 한다.

만약, 젤이 양쪽 판에 부착되었다면, 젤 판을 뒤집어서 다시 시도한다.

13. 젤 위에 Saran Wrap을 놓고, 유리판을 뒤집어서 Saran Wrap에 젤을 옮긴다. 올리고뉴클레오타이드를 위치할 것이라 추측되는 부위 아래 파라필름이나 fluorescent thin-layer chromatographic plate를 놓는다.
14. 소형 UV 램프를 이용하여 260nm 이상으로 gel을 조사한다.

    젤에서 DNA는 UV를 흡수하고 파라필름 또는 chromatographic plate에 의해 나타나는 균일한 형광 배경에 대해 어두운 파란색 밴드로 나타난다. 만약, DNA가 눈으로 보기 힘들다면, 어두운 방으로 젤을 옮기고 소형 UV 램프로 젤을 조사한다.
15. 날카롭고 깨끗한 외과용 메스나 면도칼(razor blade)로 원하는 올리고뉴클레오타이드, 즉 가장 느리게 이동하는 밴드 (예, 젤의 윗부분에서 가장 가까운)를 잘라낸다. 원하는 올리고뉴클레오타이드보다 길이가 짧은 밴드는 자르지 않는다.
16. 세 개 또는 네 개의 마이크로퓨즈 튜브에 젤 조각을 옮긴다. 각 튜브에 1ml의 올리고뉴클레오타이드 용리(elution) 완충용액을 첨가한다. 회전운동을 이용하거나 튜브의 측면을 이용하여 젤 조각을 눌러서 일회용 파이펫 팁으로 젤 조각을 부순다. 튜브를 잘 밀봉한 후 37℃ 진탕배양기 (shaker incubator)에서 12시간동안 튜브를 반응시킨다.
17. 실온의 마이크로퓨즈에서 최고속도로 5분 동안 원심분리한다. 상층액을 합치고, 5 cc 일회용 주사기로 옮긴 후 Millex-HV 필터를 통과시킨다. 15ml 폴리프로필렌 튜브에 유출액을 모은다.
18. 다음과 같이 Sep-Pak C_{18} 역상컬럼을 준비한다:
    a. Sep-Pak C_{18} 컬럼의 끝에 일회용 10cc 폴리프로필렌 주사기를 부착한다.
    b. 주사기에 10ml 아세토나이트릴을 넣고 주사기의 피스톤 (plunger)을 천천히 밀어 컬럼을 통과시킨다.
    c. Sep-Pak 컬럼으로부터 주사기를 떼어낸 후 피스톤 (plunger)를 분리함으로서 컬럼 안으로 공기가 들어가는 것을 방지한다. 결럼에 다시 주사기를 부착한다.
    d. 여과되고 멸균된 물(Mill-Q 또는 유사한 제품) 10ml을 주사기에 넣고 피스톤 (plunger)를 천천히 밀어 컬럼을 통과시킨 후 3)의 과정을 반복한다.
    e. 2ml의 10mM ammonium acetate를 주사기에 넣고 천천히 컬럼을 통과시킨다. 3)의 과정을 반복한다. 이 컬럼은 사용할 준비가 되었다.
19. 젤에서 분리한 올리고뉴클레오타이드가 첨가된 용액(step 17의)을 주사기에 넣고 주사기의 피스톤 (plunger)을 천천히 밀어 컬럼을 통과시킨다. 멸균된 50 ml 폴리프로필렌 튜브에 유출액을 모은다. Step 18c) 과정을 반복한다.
20. 10 ml의 물을 주사기에 넣고 주사기의 피스톤 (plunger)을 천천히 밀어 컬럼을 통과시킨다. 이 세척과정을 두 번 더 반복한다.
21. 1 ml의 메탄올:물 용액 세 번으로 Sep-Pak 컬럼에 결합된 올리고뉴클레오타이드를 용리(elution)한다. 각 용리 후에 Step 18c) 과정을 반복한다. 분리된 마이크로퓨즈 튜브에 각각의 유출액을 모은다. 메탄올:물 용액을 blank로 사용하여 세 개의 마이크로퓨즈 용액의 OD_{260}을 측정한다. 컬럼에 적재된 올리고뉴클레오타이드의 90%이상이 첫번째 분획에서 용리되어야한다.
22. 원심 농축기로 올리고뉴클레오타이드가 포함된 용액을 증발시켜 건조시킨다.
23. 올리고뉴클레오타이드를 200 μl의 물이나 TE(pH 8.0)에 녹인다.
24. 995 μl의 물이 들어있는 큐벳에 올리고뉴클레오타이드 용액 5 μl를 옮긴다. 큐벳의 내용물을 잘 섞고 희석된 샘플의 OD_{260}을 측정한다. 이 프로토콜의 step6의 설명대로 원래 용액 (step 23)의 올리고뉴클레오타이드의 양을 계산한다.

프로토콜 10.2 올리고뉴클레오타이드 5′ 말단의 인산화
Phosphorylating the 5′ Termini of Oligonucleotides

5′ 말단에 인산 그룹이 결여된 합성 올리고뉴클레오타이드는 박테리오파아지 T4 폴리뉴클레오타이드 카이네이즈에 의해 촉매되는 반응에서 [γ-^{32}P]ATP로부터 γ-^{32}P의 이동을 통해 방사선 동위원소로 쉽게 표지된다. 아래에 설명된 반응은 10 pmole의 올리고뉴클레오타이드가 높은 특이적 활성으로 표지되도록 도안되었다. 다양한 양의 올리고뉴클레오타이드 표지는 모든 구성요소의 농도를 유지하는 동안 반응의 크기를 늘이거나 줄임으로써 쉽게 얻을 수 있다. 반응이 효율적으로 수행되었을 때 50% 이상의 올리고뉴클레오타이드 분자가 방사선 동위원소로 표지된다. 유사한 반응 조건은 합성 올리고뉴클레오타이드의 위치특이 돌연변이유발을 일으킬 때 합성 올리고뉴클레오타이드의 5′ 말단에 방사선 동위원소로 표지되지 않은 인산염을 첨가에 사용할 수 있다.

MATERIALS

CAUTION: 〈!〉표시된 물질의 적절한 사용법은 Appendix 4를 참조하세요.

Reagents and Solutions

농축액, 완충액, 시료의 조성은 Appendix 1을 참조하라. 농축액은 적당한 농도로 희석하여 사용하라.

Tris-Cl (1M, pH 8.0)

Enzymes and Buffers

3′ 포스파타아제 활성이 결여된 박테리오파아지 T4 폴리뉴클레오타이드 카이네이즈 (예, Roche Applied Science)

10× 폴리뉴클레오타이드 카이네이즈 완충용액

700 mM Tris-Cl (pH 7.4)

100 mM $MgCl_2$

50 mM dithiothreitol

Nucleic Acids/Oligonucleotides

프로토콜 10.1의 설명대로 정제된 합성 올리고뉴클레오타이드

정제되지않은 올리고뉴클레오타이드는 낮은 효율로 표지된다. 만약 정제되지 않은 올리고뉴클레오타이드를 사용한다면, 합성의 마지막 단계에서 trityl-off로 설정되었는지 확인한다. 남아 있는 dimethyltrityl 그룹은 폴리뉴클레오타이드 카이네이즈에 의한 인산화로부터 올리고뉴클레오타이드의 5′-수산그룹을 효율적으로 보호한다.

Radioactive Compounds

[γ-^{32}P]ATP (10mCi/ml, sp. act. 3000-7000 Ci/mmole) 〈!〉

10 pmole의 [γ-^{32}P]ATP는 10 pmole의 올리고뉴클레오타이드의 5′-수산기 말단을 표지하는데 필요하다.

Additional Items

DE81 필터

또는

Sephadex G-15 또는 Biogel P-60 컬럼

Step 4는 프로토콜 10.5 또는 13.7에 적힌 시약을 필요로 한다.

Water bath 또는 heating block (37℃ 또는 68℃)

Additional Information

박테리오파아지 T4 폴리뉴클레오타이드 카이네이즈	MC3, pp. A4.30, A.4.35, 그리고 A4.36
DNA 샘플의 5′ 말단의 양을 계산	MC3, p.9.63
박테리오파아지 T4 폴리뉴클레오타이드 카이네이즈를 이용한 DNA의 5′ 말단의 표지	MC3, p.9.67

DNA 말단의 표지방법	MC3, pp. 9.55–9.56

METHOD

1. 다음을 포함하는 반응혼합액을 0.5 ml 마이크로퓨즈 튜브에 만든다:

합성올리고뉴클레오타이드 (10 pmoles/ μl)	1 μl
10× 박테리오파아지 T4 폴리뉴클레오타이드 완충용액	2 μl
[γ–^{32}P]ATP (10 pmoles, sp. act. 3000–7000 Ci/mmole)	5 μl
H_2O	11.4 μl

튜브의 바깥 측면을 부드럽지만 지속적이지 않게 가볍게 두드려 용액을 잘 섞어준다. 10 μl의 10 mM Tris–Cl (pH 8.0)이 들어있는 튜브에 반응혼합액 0.5 μl를 넣고 단계 4에서 사용하기위하여 튜브를 따로 준비한다.

최고의 특이 활성을 가지는 올리고뉴클레오타이드 표지를 위해,

- 반응에서 [γ–^{32}P]ATP의 농도를 3배 증가시킨다 (예, 15 μl의 방사선 동위원소를 사용하고 H_2O의 양을 1.4 μl로 감소시킨다)
- 올리고뉴클레오타이드의 양을 3 pmoles로 감소시킨다.

이러한 상황에서, 방사선 동위원소의 약 10%만이 이동하지만, 높은 비율의 올리고뉴클레오타이드가 방사선동위원소로 표지된다.

2. 남아있는 반응용액에 박테리오파아지 T4 폴리뉴클레오타이드 카이네이즈 10 units (~1 μl)를 첨가한다. 반응용액을 잘 섞은 후에 37℃에서 1시간동안 반응시킨다.

3. 반응시간이 끝난 후, 10μl의 10mM Tris–Cl (pH8.0)이 들어있는 두 번째 튜브에 반응용액의 0.5μl를 넣는다. 68℃에서 10분 동안 반응용액의 잔여물에 열을 가하여 폴리뉴클레오타이드 카이네이즈를 불활성화시킨다. 열을 가한 반응 혼합물이 들어있는 튜브를 얼음에 꽂아둔다.

4. 진행하기 전에, 반응 혼합액의 작은 샘플에서 올리고뉴클레오타이드로 옮겨진 방사선 동위원소의 양을 측정하여 표지반응이 잘 일어나고 있는지 확인한다. 반응용액의 샘플 (정확하게 0.5 μl)을 10 μl의 10 mM Tris–Cl (pH 8.0)이 들어있는 새로운 튜브에 넣는다. 이 샘플(step 1과 3의 2 개의 샘플과 함께)을 아래의 방법 중 하나를 이용하여 ATP로부터 γ–^{32}P의 이동 효율을 측정한다:

- DE81 필터에 결합하는 방사선 동위원소의 양을 측정한다. 올리고뉴클레오타이드는 양전기로 하전된 필터 (positively charged filter)에 강하게 결합하지만 [γ–^{32}P]ATP는 그렇지 않다. 이 방법에 대한 자세한 설명은 프로토콜 13.7을 보시오.

또는

- Sephadex G–15또는 Biogel P–60 크기–배제 크로마토그래피(size–exclusion chromatography)를 이용하여 올리고뉴클레오타이드와 함께 이동하는 방사선의 양을 추정함으로서 표지반응의 효율을 측정한다. 이 방법에 대한 자세한 설명은 프로토콜 10.5를 보시오. 여러 방법 중에서, 크로마토그래피동안에 소형모니터로 올리고뉴클레오타이드에 표지된 방사선의 양과 표지 되지 않은 방사선의 상대적인 양을 추정할 수 있기 때문에 이 두 방법이 더 쉽다.

5. 올리고뉴클레오타이드의 특이 활성이 만족스럽다면, 프로토콜 10.3, 10.4, 10.5 또는 10.6의 설명처럼 방사선동위원소로 표지된 올리고뉴클레오타이드를 정제한다.

만약 특이 활성이 매우 낮다면, 폴리뉴클레오타이드 8 unit을 더 첨가하고, 37℃에서 30분 더 반응시키고 (전체적으로 90분), 68℃에서 10분동안 반응용액에 열을 가하여 효소를 불활성화시키고, Step 4의 설명대로 반응의 결과물을 다시 분석한다.

프로토콜 10.3 에탄올 침전을 이용한 방사선 표지 올리고뉴클레오타이드의 정제
Purification of Radiolabeled Oligonucleotides by Precipitation with Ethanol

방사선 동위원소로 표지된 올리고뉴클레오타이드가 혼성(hybridization) 실험에서 탐침체(probe)로 사용된다면 표지되지 않은 방사선 동위원소의 완전한 제거는 일반적으로 필수적이지 않다. 그러나, 배경(background)을 줄이기 위해, 항상 올리고뉴클레오타이드로부터 표지되지 않은 방사선의 대부분을 분리하는 것이 좋다. 초기(precursors) 방사선 잔여물의 대부분은 길이가 18 뉴클레오타이드 이상인 올리고뉴클레오타이드를 에탄올로 침전시키거나 (이 프로토콜) 길이에 관계없이 cetyopyrimidinum bromide를 이용하여 침전시키는(프로토콜 10.4) 차별적인 침전으로 제거될 수 있다. 표지되지 않은 방사선 동위원소의 완벽한 제거가 필요하다면(예, 방사선 동위원소로 표지된 올리고뉴클레오타이드가 프라이머 확장 반응에 사용될 때), 크로마토그래피 방법(프로토콜 10.5와 10.6) 또는 젤 전기영동 방법(프로토콜 10.1에 설명된)을 사용하여야 한다.

MATERIALS

CAUTION: 〈!〉표시된 물질의 적절한 사용법은 Appendix 4를 참조하세요.

Reagents and Solutions

농축액, 완충액, 시료의 조성은 Appendix 1을 참조하라. 농축액은 적당한 농도로 희석하여 사용하라.

- Ammonium acetate (10 M)
- 에탄올 (100%와 80%, v/v)
- TE (pH 7.6)

Nucleic Acids/Oligonucleotides

방사선동위원소로 표지된 올리고뉴클레오타이드 〈!〉

이 프로토콜의 시작 재료는 프로토콜 10.2 (Step 2 또는 3)에서 형성되고 열을 가하여 박테리오파아지 T4 폴리뉴클레오타이드를 비활성화시킨 반응용액(~20 μl)이다.

METHOD

1. 방사선 동위원소로 표지된 올리고뉴클레오타이드(~20 μl)가 들어있는 튜브에 40 μl의 물을 첨가한다. 섞은 후에, 5M ammonium acetate 240 μl를 첨가한다. 반응용액을 다시 잘 섞어준 후 차가운 (ice-cold) 에탄올 750 μl를 첨가한다. 반응용액을 한 번 더 잘 섞어준 후 0℃에 30분 동안 보관한다.
2. 4℃ 마이크로퓨즈에서 최대속도로 20분 동안 원심 분리하여 방사선 동위원소로 표지된 올리고뉴클레오타이드를 회수한다.
3. 일회용 팁이 꽂힌 마이크로파이펫을 이용하여 튜브의 상층액을 조심스럽게 모두 제거한다.
4. 튜브에 80% 에탄올 500 μl를 첨가하고, 튜브의 측면을 가볍게 두드려 핵산 침전물을 헹구어주고, 튜브를 4℃ 마이크로퓨즈에서 최대속도로 5분 동안 다시 원심 분리한다.
5. 1회용 팁이 꽂힌 마이크로파이펫을 이용하여 튜브의 상층액(상당한 양의 방사선을 포함하는)을 조심스럽게 제거한다. 남아있는 에탄올이 증발될 때까지 Plexiglas screen뒤에 뚜껑을 열어서 튜브를 세워둔다.

Adapted from Chapter 10, Protocol 3, p. 10.20 of MC3.

6. 방사선동위원소로 표지된 올리고뉴클레오타이드를 100 μl의 TE (pH 7.6)에 녹인다.

   방사선동위원소로 표지된 올리고뉴클레오타이드는 −20℃에서 몇 일 동안 보관할 수 있다. 그러나, 장기간 보관 시, ^{32}P의 자연붕괴는 방사 화학 손상의 원인이 되어 표적 서열에 혼성 (hybridization)되는 올리고뉴클레오타이드의 능력을 감소시킬 수 있다.

프로토콜 10.4

Cetyopyrimidinum bromide 침전을 이용한 방사선 동위원소 표지 올리고뉴클레오타이드의 정제

Purification of Radiolabeled Oligonucleotides by Precipitation with Cetylpyridinium Bromide

올리고뉴클레오타이드를 포함한 방사선 동위원소로 표지된 핵산은 양이온 세정제(detergent)인 cetyopyrimidinum bromide (CPB)를 이용한 차별화 침전법에 의해 표지되지 않은 방사능 물질과 분리될 수 있다. 우선 핵산을 CPB를 이용하여 수용액으로부터 침전시킨다. 이 세정제(detergent)는 침전물로부터 에탄올에 (핵산은 에탄올에 불용성) 의해 제거되고 핵산은 선택한 완충용액에 녹인다.

MATERIALS

CAUTION: 〈!〉표시된 물질의 적절한 사용법은 Appendix 4를 참조하세요.

Reagents and Solutions

농축액, 완충액, 시료의 조성은 Appendix 1을 참조하라. 농축액은 적당한 농도로 희석하여 사용하라.

Cetylpyridinium bromide (CPB) (1%, w/v) 〈!〉

100 ml의 물에 CPB (Sigma-Aldrich) 1g을 녹인다. 빠르게 녹이기 위해, 뜨거운 magnetic stirring plate에서 용액에 열을 가한다. CBP를 녹인 후, 용액을 실온으로 식히고 니트로셀룰로오스 필터 (0.45 μm)로 여과한다.

EDTA-Tris (0.5 M, pH 6.0)

0.1 mole의 EDTA를 60ml의 물에 첨가한다. 용액이 섞이는 동안, 용액의 pH가 6.0에 이를 때까지 Tris base (powder)를 천천히 첨가한다. 이 단계에서 Tris의 농도는 대략 1.2 M이 될 것이다. 물로 용액의 부피를 200 ml로 맞춘다.

EDTA-Tris-DNA 용액

운반(carrier) DNA (예, salmon sperm DNA)를 50mM EDTA-Tris (pH 6.0)에 50 μg/ml로 녹인다 (0.5 M EDTA-Tris 용액을 1:10으로 희석한다).

Ethanol-sodium acetate 용액

80% (v/v) 에탄올

20% (v/v) sodium acetate (0.1 M, pH 5.2)

TE (pH 7.6) 또는 적당한 전혼성(prehybridization) 용액

Nucleic Acids/Oligonucleotides

방사선 동위원소로 표지된 올리고뉴클레오타이드 〈!〉

이 프로토콜의 시작 재료는 프로토콜 10.2 (step 2 또는 5)로 생성된 반응 혼합물 (20 μl)로, 열을 가하여 박테리오파아지 T4 폴리뉴클레오타이드 카이네이즈를 비활성화 시킨 후 사용한다.

Additional Items

Dry-ice/ethanol bath 〈!〉

METHOD

1. 방사선 동위원소로 표지된 올리고뉴클레오타이드 용액을 포함한 마이크로퓨즈 튜브에 5-10배 부피의 EDTA-Tris-DNA 용액을 넣는다. 잘 섞이도록 섞어준다.
2. 1번 튜브 혼합액에 세정제(detergent)의 농도가 0.1%되도록 1% CPB를 넣어주고 잘 섞어준다.

Adapted from Chapter 10, Protocol 4, p. 10.22 of MC3.

3. 혼합액이 얼 때까지 dry-ice/ethanol bath안에 튜브를 놓아둔다. 혼합물이 얼면 bath로부터 튜브를 꺼내서 실온에서 녹인다.
4. 3번의 용액을 4℃ 마이크로퓨즈에서 최고 속도로 5분간 원심분리한다. 원심분리가 끝나면 블루팁을 가진 마이크로 파이펫이나 파스테르 파이펫을 사용하여 튜브에서 상층액을 완전히 제거한다.
5. 튜브에 증류수 500 μl를 넣고 20초간 교반 한 후 4번과 같이 원심 분리한다.
6. 튜브로부터 상층액을 제거한다. ethanol-sodium acetate 용액을 500 μl 넣어준 후 15초간 교반하고 실온에서 마이크로퓨즈로 2분간 최고 속도로 원심 분리한다.
7. step 6을 반복한다.
8. 조심스럽게 상층액을 제거하고 에탄올이 모두 증발할 때가지 튜브뚜껑을 연채로 bench에 놓아둔다. 침전된 올리고뉴클레오타이드에 TE (pH 7.6) 20-50 μl를 넣고 녹이거나 탐침제로 사용될 방사선 동위원소로 표지된 올리고뉴클레오타이드의 경우 적은 부피의 전혼성 (prehybridization) 용액에 녹인다.

프로토콜 10.5

크기-배제 크로마토그래피를 이용한 방사선 동위원소 표지 올리고뉴클레오타이드의 정제
Purification of Radiolabeled Oligonucleotides by Size-exclusion Chromatography

방사선 동위원소로 표지된 올리고뉴클레오타이드가 프라이머 확장과 같은 효소들이 참여하는 반응(Enzymatic reactions)에 사용될 때, 표지되지 않은 방사선 동위원소는 올리고뉴클레오타이드로부터 제거되어야한다. Chromatographic 방법 (프로토콜 10.5와 10.6) 또는 젤 전기영동 (본질적으로 프로토콜 10.1에 설명된)은 CPB 또는 에탄올을 이용한 올리고뉴클레오타이드의 차등적인 침전에 비해 표지되지 않은 방사선 동위원소를 잘 제거할 수 있다.

MATERIALS

CAUTION: 〈!〉표시된 물질의 적절한 사용법은 Appendix 4를 참조하세요.

Reagents and Solutions

농축액, 완충액, 시료의 조성은 Appendix 1을 참조하라. 농축액은 적당한 농도로 희석하여 사용하라.

- 클로로포름 (Chloroform) 〈!〉 (선택가능, Step 7을 보시오)
- EDTA(0.5 M, pH8.0)
- 에탄올 (100%와 80%)
- 페놀:클로로포름 〈!〉 (선택가능, Step 7을 보시오)
- Sodium acetate (3M, pH 5.2) (선택가능, Step 7을 보시오)
- TE (pH 7.6)
- Tris-Cl (1 M, pH 8.0) (선택가능, Step 7을 보시오)
- Tris-SDS 크로마토그래피 완충용액
  - 10 mM Tris-Cl (pH 8.0)
  - 0.1% SDS

Nucleic Acids/Oligonucleotides

방사선 동위원소로 표지된 올리고뉴클레오타이드 〈!〉

이 프로토콜의 시작 재료는 프로토콜 10.2 (step 2 또는 5)로 생성된 반응 혼합물 (20 μl)로, 열을 가하여 박테리오파아지 T4 폴리뉴클레오타이드 카이네이즈를 비활성화 시킨 후 사용한다.

Additional Items

- 원심 농축기(Centrifugal Evaporator, Savant SpeedVac) (선택가능, Step 2 참고를 참조하시오)
- DE81 filter (선택가능, Step 6을 보시오)
- 젤 여과 수지 (Biogel P-60 fine grade, preswollen 젤은 Bio-Rad로부터 구매 가능, 혹은 Sephadex G-15, 사용하기 전에 swollen과 equilibration이 필요함)
- 멸균기 (autoclave)로 멸균된 Glass wool
- Cerenkov counting Handled monitor로 ^{32}P를 정량할 수 있는 Liquid scintillation spectroscope

Adapted from Chapter 10, Protocol 5, p. 10.25 of MC3.

METHOD

1. 방사선 동위원소로 표지된 올리고뉴클레오타이드가 들어있는 튜브에 20 mM EDTA (pH 8.0) 30 μl를 첨가한다. 크기 배제 크로마토그래피(Size Exclusion chromatography) 수지 (resin)를 준비하는 동안 용액을 0℃에 보관한다.

   이 프로토콜에서는 Biogel P-60을 사용하였지만 이 실험방법은 Sephadex G-15에서도 동일하게 적용된다.

2. 멸균된 파스퇴르 파이펫에 Biogel P-60 컬럼을 준비한다.

   a. 제조사로부터 공급된 Biogel P-60 현탁액을 10배 부피의 Tris-SDS 크로마토그래피 버퍼로 equilibrate한다.

      만약 소형 원심 농축기(Centrifugal Evaporator, Savant SpeedVac 또는 유사한 제품) 사용이 가능하다면, Biogel P-60 컬럼을 0.1% ammonium bicarbonate 용액에서 흘려주고 작동한다. 방사선동위원소로 표지된(radilabeled) 올리고뉴클레오타이드(단계 6을 보시오)가 포함 되어있는 분획들을 원심 농축기(Centrifugal Evaporator)로 건조함으로서 유기용매와 에탄올을 이용하여 올리고뉴클레요타이드를 추출하는 과정을 제거할 수 있다.

   b. 멸균된 파스퇴르 파이펫의 밑 부분을 멸균된 glass wool로 막는다.

      유리모세관 튜브는 막는 장치로 잘 사용된다.

   c. 작은 양의 Tris-SDS 크로마토그래피 완충용액을 컬럼에 흘려주고 완충용액이 적당한 속도로 흐르는지 확인한다 (매수 초마다 한 방울씩).

   d. Biogel P-60 현탁액을 파이펫으로 채운다. 젤 메트릭스는 중력에의해 컬럼의 아래로 빠르게 쌓이고 파이펫으로부터 완충용액이 떨어진다. 컬럼이 가득 찰때까지 현탁액을 첨가한다.

   e. Tris-SDS 크로마토그래피 완충용액 3 ml로 컬럼을 씻어준다.

   중요: 컬럼을 건조시키지 마시오. 만약 필요하다면, 파이펫의 바닥을 파라필름으로 싸서 컬럼을 봉한다.

3. 파이펫을 이용하여 컬럼의 윗부분에 초과된 완충용액을 제거하고 즉시 컬럼 안으로 방사선 동위원소로 포지된 올리고뉴클레오타이드(100 μl 또는 그 이하)를 흘려준다.

4. 샘플을 컬럼에 넣어준 후에 즉시 100 μl의 Tris-SDS chromatography buffer를 컬럼의 윗부분에 첨가한다. 완충용액이 컬럼에 들어가면 곧 완충용액으로 파이펫을 가득 채운다. 컬럼으로부터 지속적으로 액체 방울이 떨어지기 때문에 필요한 만큼 완충용액을 보충해준다. 컬럼이 마르지 않게 유지한다.

5. 소형 검출기를 이용하여 방사선 동위원소로 표지된 올리고뉴클레오타이드의 진행을 추적한다. 컬럼에서 방사선이 처음으로 용리되기 시작할 때, 마이크로퓨즈 튜브에 두 방울 씩 분획을 모으기 시작한다.

6. 방사선이 컬럼으로부터 모두 용리되었을 때 액체섬광계수기(liquid scintillation counter)를 이용하여 Cerenkov counting으로 각 분획의 방사선을 측정한다. 느리게 이동하는 표지되지 않은 [γ-^{32}P] ATP 피크(peak)로부터 더 빠르게 이동하는 피크(peak) (방사선동위원소로 표지된 올리고뉴클레오타이드)의 분리가 깨끗하다면, 방사선 동위원소를 포함하는 샘플들을 모은다. 만약 피크(peak)들이 잘 분리되지 않는다면, 각 분획의 약 0.5 μl를 DE81 필터(프로토콜 13.7, step3을 보시오)에 흡수하거나 얇은 층 크로마토그래피(Thin Layer Chromatography)를 하여 분석한다. 감지할 수 있는 양의 표지되지 않은 [γ-^{32}P] ATP를 포함하지 않고 방사선 동위원소로 표지된 올리고뉴클레오타이드만을 포함하는 분획들을 모은다.

7. 만약 방사선 동위원소로 표지된 올리고뉴클레오타이드가 효소반응에 사용된다면 다음을 진행한다. 그렇지 않다면, step 8으로 진행한다.

a. 동일한 양의 페놀:클로로포름으로 모아 놓은 분획을 추출한다.

b. 50 μl의 10mM Tris-Cl (pH 8.0)로 유기상을 역추출 (back-extract)하고 2개의 수성상을 합친다.

c. 동일한 양의 클로로포름으로 합친 수성상을 추출해낸다.

d. 0.1배의 3M sodium acetate (pH 5.2)를 넣고 잘 섞어주고 3배의 에탄올을 첨가한다. 0℃에서 30분간 샘플을 반응시키고 4℃의 마이크로퓨즈의 최대속도에서 20분 동안 원심 분리한다. 멸균된 팁이 꽂혀있는 micropipettor를 이용하여 튜브의 에탄올(매우 작은 방사능을 띄는)을 제거한다.

8. 튜브에 80% 에탄올 500 μl를 넣고 잠깐 vortex해주고 마이크로퓨즈의 최대속도로 다시 원심 분리한다.

9. 멸균된 팁이 꽂혀있는 micropipettor를 이용하여 튜브의 에탄올을 제거한다. 뚜껑이 열린 튜브를 남은 에탄올이 증발될 때까지 Plexiglas screen뒤에 세워둔다.

10. 침전된 올리고뉴클레오타이드를 20 μl의 TE(pH 7.6)에 녹이고 -20℃에 보관한다.

프로토콜 10.6

Sep-Pak C_{18} 컬럼 크로마토그래피를 이용한 방사선 동위원소 표지 올리고뉴클레오타이드의 정제

Purification of Radiolabeled Oligonucleotides by Chromatography on a Sep-Pak C_{18} Column

방사선 동위원소로 표지된 올리고뉴클레오타이드는 실리카 젤 수지 크로마토그래피로 표지되지 않은 동위원소와 분리할 수 있다. 이 프로토콜은 5′-인산염 그룹을 가지는 올리고뉴클레오타이드의 정제에 적합한 방법이다. 자유 5′-수산기를 가지는 올리고뉴클레오타이드의 정제프로토콜 10.1에 서술된 실험방법을 이용하여 정제한다.

MATERIALS

CAUTION: 〈!〉표시된 물질의 적절한 사용법은 Appendix 4를 참조하세요.

Reagents and Solutions

농축액, 완충액, 시료의 조성은 Appendix 1을 참조하라. 농축액은 적당한 농도로 희석하여 사용하라.

Acetonitrile HPLC grade (5%, 30%, and 100% in H_2O, freshly prepared) 〈!〉

Ammonium bicarbonate (25 mM, pH 8.0)

Ammonium bicarbonate (25 mM, pH 8.0), 5% (v/v) acetonitrile이 포함된

TE(pH 7.6)

Nucleic Acids/Oligonucleotides

방사선 동위원소로 표지된 올리고뉴클레오타이드 〈!〉

이 프로토콜의 시작 재료는 프로토콜 10.2 (step 2 또는 5)로 생성된 반응 혼합물 (20 μl)로, 열을 가하여 박테리오파아지 T4 폴리뉴클레오타이드 카이네이즈를 비활성화 시킨 후 사용한다.

Additional Items

원심 농축기 (예, Savant SpeedVac)

Sep-Pak C_{18} classic columns, short body (Waters Division of Milipore)

이 컬럼에는 소수성 역상 크로마토그래피 (hydrophobic reversed-phase chromatography) 수지 360 mg이 들어있다. 올리고뉴클레오타이드는 용매의 극성이 높을 때 컬럼에 결합하고 극성이 감소되었을 때 분리된다. 이 분리 컬럼은 각 인산화반응에 필요하다.

주시기 (10 cc), 폴리프로필렌

METHOD

1. Sep-Pak C_{18} 역상 컬럼을 아래와 같이 준비한다.
   a. 10mℓ의 acetonitrile (100%)이 들어있는 폴리프로필렌 주사기를 Sep-Pak C_{18} 컬럼에 부착한다.
   b. Sep-Pak 컬럼으로 acetonitrile을 천천히 통과시킨다.
   c. Sep-Pak 컬럼으로부터 주사기를 떼어낸 후 피스톤 (plunger)를 분리함으로서 컬럼 안으로 공기가 들어가는 것을 방지한다. 컬럼에 다시 주사기를 부착한다.
   d. 10mℓ씩 분주된 2 개의 멸균된 물로 유기용매를 씻어준다. 씻어준 후에 c의 과정을 반복한다.

2. 멸균된 물 1.5 mℓ에 방사선 동위원소로 표지된 올리고뉴클레오타이드를 희석하고 모든 샘플을 주사기를 이용해 컬럼으로 통과시킨다.
3. 다음의 4 개의 용액으로 Sep-Pak 컬럼을 씻어준다. 각각의 용액으로 씻어준 후 1c의 과정을 반복한다.
   10 ml의 25 mM ammonium bicarbonate (pH 8.0)

   10 ml의 25 mM ammonium bicarbonate/5% acetonitrile

   10 ml의 5% acetonitrile

   10 ml의 5% acetonitrile
4. 1mℓ씩 분주되어 있는 30% acetonitrile 3개를 이용하여 방사선 동위원소로 표지된 올리고뉴클레오타이드를 분리한다. 1.5mℓ 마이크로퓨즈 튜브에 각각의 분획을 모은다. 매 용출 후에 3) 과정을 반복한다.
5. 원심 농축기 (Savant SpeedVac 또는 유사한 제품)로 용출액 (eluate)을 건조시켜 올리고뉴클레오타이드를 다시 수득한다.
6. 방사선 동위원소로 표지된 올리고뉴클레오타이드를 소량 (10 μl)의 TE에 녹인다.

프로토콜 10.7

대장균 DNA 폴리머레이즈 I의 Klenow fragment를 이용한 합성된 올리고뉴클레오타이드의 표지

Labeling of Synthetic Oligonucleotides Using the Klenow Fragment of E.coli DNA Polymerase I

높은 특이 활성을 가지는 탐침체 (probe)는 대장균 DNA 폴리머레이즈 I의 Klenow fragment를 이용하여 합성 올리고뉴클레오타이드에 상보적인 DNA가닥을 합성함으로서 얻을 수 있다. 짧은 프라이머를 방사선 동위원소로 표지하려고 했던 탐침체 (probe)에 상보적인 서열을 가진 올리고뉴클레오타이드 주형에 붙힌다. 이 프라이머는 주형에 상보적으로 DNA 폴리머레이즈 I의 Klenow fragment를 이용하여 연장함으로서 [α-^{32}P] dNTPs를 끼워넣을 수 있다. 기질의 농도를 높게 유지하려면, 반응용액을 가능한 작은 양으로 시작한다. 여기에는 수성완충 용매보다 에탄올/물에 녹아있는 방사선 동위원소로 표지된 dNTPs를 사용하는 방법이 더 좋다. 적당량의 에탄올에 녹아있는 (ethanolic) 방사선 동위원소로 표지된 dNTPs를 섞고 마이크로퓨즈 튜브에서 증발시킨 후 반응에 사용할 수 있다. 반응 후에, 주형과 산물은 변성과 변성조건(denaturing condition)에서 폴리아크릴아마이드 젤을 이용한 전기영동으로 분리한다. 이 방법으로 올리고뉴클레오타이드 분자 여러 개의 방사성의 원자를 가지는 즉 2×10^{10} cpm/㎍ 정도의 높은 특이 활성을 가지는 올리고뉴클레오타이드 탐침체 (probe)를 만들 수 있다.

MATERIALS

CAUTION: 〈!〉표시된 물질의 적절한 사용법은 Appendix 4를 참조하세요.

Reagents and Solutions

농축액, 완충액, 시료의 조성은 Appendix 1을 참조하라. 농축액은 적당한 농도로 희석하여 사용하라.

10% (w/v) Trichloroacetic acid (optional; 4단계를 보시오)

Enzymes and Buffers

E.coli DNA 중합효소 I의 Klenow 조각 그리고 10× Klenow basic 완충용액

500 mM Tris-Cl (pH 8.0)

100 mM $MgSO_4$

Nucleic Acids/Oligonucleotides

올리고뉴클레오타이드 프라이머, 프로토콜 10.1에 설명된 방법으로 정제한다.

효과적인 표지를 위해, 표지반응에서 프라이머는 주형 올리고뉴클레오타이드의 3배에서 10배 몰라 (molar)로 사용한다.

주형 올리고뉴클레오타이드는 프로토콜 10.1에 설명된 방법으로 정제한다.

Radioactive Compounds

[α-^{32}P] dNTPs (sp. act. 3000Ci/mmole at 10 mCi/㎖) 〈!〉

Gels/Loading Buffers

Denaturing 폴리아크릴아마이드 젤 〈!〉, 1× TBE로 만들고 실행

젤을 만들기 위해 아크릴아마이드 용액을 사용하고 올리고뉴클레오타이드의 크기에 따라 다양한 조건에서 한다. 다음 페이지의 표 10-3에서 가이드의 지침 (guidlines)이 제공된다.

Formamide loading buffer

80% (w/v) deionized formamide

10 mM EDTA (pH 8.0)

1 mg/㎖ xylene cyanol FF

1 mg/㎖ bromophenol blue

Adapted from Chapter 10, Protocol 7, p. 10.30 of MC3.

Additional Items

Heating/cooling block (14℃)
autoradiography 또는 phosphorimaging을 위한 재료
scotch tape
이 프로토콜 9단계에는 프로토콜 5.12에 나열되어있는 시약들이 필요하다.
Water bath or heating block (80℃)

Additional Information

E.coli DNA 중합효소 I과 the Klenow 조각 MC3, PP. 9.82–9.86

METHOD

1. 원하는 특이 활성 달성에 필요하고 모든 주형에 대한 완전한 합성을 할 수 있는 [α-^{32}P] dNTP의 양을 계산하여 마이크로퓨즈 튜브에 옮긴다.

   dNTPs의 농도는 반응동안 어떤 단계에서도 1 μM 아래로 떨어지지 않아야 한다. 기질농도를 높게 유지하기위해, 연장 (extension) 반응을 가능한 작은 부피에서 수행한다.

2. 적당양의 올리고뉴클레오타이드 프라이머와 주형 올리고뉴클레오타이드를 튜브에 넣어준다.

   효과적인 표지를 위해 반응용액에서 프라이머는 주형 DNA의 3배에서 10배 몰라(molar)로 사용한다.

3. 튜브에 0.1배의 10× Klenow basic 완충용액을 넣는다. 이 시약을 잘 섞어준다.

4. 반응부피 5 μl당 2–4units의 Klenow fragment를 첨가한다. 잘 섞어준다. 14℃에서 2–3시간동안 반응시킨다.

   만약 원한다면, 작은 양(0.1 μl)을 옮기고 10% trichloroacetic acid (TCA)로 침전시켜 방사성의 비율을 측정함으로서 반응의 진행상황을 모니터링 할 수 있다.

5. 적당한 농도 (표 10–3을 보시오)의 변성 폴리아크릴아마이드 젤 (프로토콜 12.8에 설명된)을 준비한다. 동일한 양의 formamide–loading buffer로 반응용액을 희석하고, 3분동안 80℃에서 열을 가하고, 샘플을 젤에 적재한다.

표 10-3 올리고뉴클레오타이드 분리에 필요한 폴리아크릴아마이드 퍼센트

올리고뉴클레오타이드 길이	폴리아크릴아마이드 (%)
12–15	20
25–35	15
35–45	12
45–70	10

6. 전기영동 후에, 전기영동 기구를 분리하고, 유리판의 한쪽에 붙어있는 폴리아크릴아마이드 젤을 떼어낸다 (자세한 것은 프로토콜 12.11을 보시오).

7. 젤과 젤판을 Saran Wrap으로 감싼다. Tracking dye의 위치를 표시하고 소형 모니터를 이용하여 방사성을 측정함으로서 뉴클레오타이드를 포함하고 있는 젤의 위치를 확인한다. 접착성이 있는 dot label을 붙이고, 매우 높은 방사능 활성의 잉크나 인광을 발하는(phosphorescent) spots을 Saran Wrap의 샘플의 언저리 주위에 표시한다. radioactive ink에 필름 홀더나 증감지가 오염되는 것을 방지하기위해 스카치 테잎(Scotch tape)으로 방사능의 점(dot)을 덮는다.

8. 방사선 필름에 젤을 노출시킨다.

   보통, 탐침체에 혼합(incorporation) 되어있는 방사능 활성의 양은 많아서 필름에서 image를 얻는데 수초이상의 시간을 필요로 하지 않는다.

9. 필름을 현상한 후에, 방사성의 라벨 표시와 함께 방사능 잉크 이미지를 정렬시키고(align) 젤에서 탐침체의 위치를 표시한다. 밴드를 잘라내고 프로토콜 5.12에 서술된 방법으로 방사성 올리고뉴클레오타이드를 수득한다.

프로토콜 10.8

수용액에서 올리고뉴클레오타이드 탐침체의 혼성법 (hybridization): quaternary alkylammonium salts를 포함하는 완충용액에서 세척

Hybridization of Oligonucleotide Probes in Aqueous Solutions: Washing in Buffers Containing Quaternary Alkylammonium Salts

표적(target) 서열에 높은 특이성이 있는 합성 올리고뉴클레오타이드 혼성 조건을 찾는 것은 까다로울 수 있다. 이중가닥의 형성과 안정성에 영향을 미치는 변수에는 올리고뉴클레오타이드의 길이, 염기구성, 염기서열 그리고 혼성반응과 혼성 후 세척에 사용되는 용매와 온도등이 포함된다. 단일 올리고뉴클레오타이드를 탐침체로 사용할 때, 혼성에 적합한 조건은 보통 실험에 의해 확립되어지고, 표적과 탐침체 사이의 완벽한 혼성체 형성에 필요한 계산된 melting 온도에 의해 유도된다 (MC3, pp. 10.2-10.4.를 보시오). 염기의 구성과 내용이 다양한 올리고뉴클레오타이드의 변성된 pool을 사용했을 때 문제가 발생한다. 이 경우에, 혼성은 올리고뉴클레오타이드의 melting 온도에서 G+C의 양의 효과를 크게 개선하는 quaternary alkylammonium salts가 존재하는 조건에서 이루어진다. 다음과 같은 프로토콜에서, 혼성은 예상된 melting 온도보다 낮은 온도의 일반적인 수성용매에서 이루어진다. 비특이적인 혼성은 quaternary salts가 들어있는 완충용액에서 매우 엄격한 세척에 의해서 제거된다. Tetramethylammonium chloride (TMACI)는 길이가 14-50 뉴클레오타이드인 탐침체에서 사용되는 반면에 tetraethylammonium chloride (TEACI)는 더 긴 올리고뉴클레오타이드에 사용된다.

그림 10-1의 그래프는 다른 길이의 올리고뉴클레오타이드를 포함하는 혼성에대한 TMACI 완충용액의 세척 온도를 추정하는데 사용된다. TEACI 완충용액을 사용할 때, 그림 10-1으로부터 얻은 값에서 33℃를 뺀다.

MATERIALS

CAUTION: 〈!〉표시된 물질의 적절한 사용법은 Appendix 4를 참조하세요.

Reagents and Solutions

농축액, 완충액, 시료의 조성은 Appendix 1을 참조하라. 농축액은 적당한 농도로 희석하여 사용하라.

올리고뉴클레오타이드 혼성 용액

- 6× SSC (또는 SSPE)
- 0.05 M sodium phosphate (pH 6.8)
- 1 mM EDTA (pH 8.0)
- 5× Denhardt's solution
- 100 μg/㎖ 변성되고 (denatured), 잘려진 (fragmented) salmon sperm DNA (Pfizer)
- 100 μg/㎖ dextran sulphate

올리고뉴클레오타이드 전혼성 용액

위와 같이, dextran sulphate를 생략한다.

Quaternary alkylammonium salts (3M) (Sigma-Aldrich)

물에 녹인 3M TEACI 용액이나 5 M TMACI 용액을 준비한다. TMACI는 길이가 14-50 뉴클레오타이드인 올리고뉴클레오타이드가 탐침체로 사용되었을 때 혼성 후 (posthybridization) 세척에 사용된다. TEACI이나 TMACI 용액에 마지막 농도가 10%가 될 수 있도록 활성 숯(charcoal)을 첨가한다. 20-30분 동안 용액을 섞어준다(stir). 숯(charcoal)을 가라앉히고 Whatman No.1 필터로 용액을 걸러준다. Nitrocellulose filter(0.45 μm)로 여과하여 용액을 멸균한다. 용액의 굴절률을 측정하고 $C=(n-1.331/0.018)$이라는 식을 통해서 quaternary ammonium salts의 정확한 농도를 계산한다. 이때 C는 quaternary ammonium salts의 몰 농도이고 n은 굴절률이다.

TEACI 세척 용액

- 2.4 M TEACI
- 50 mM Tris-Cl (pH 8.0)
- 0.2 mM EDTA (pH 8.0)

Adapted from Chapter 10, Protocol 8, p. 10.35 of MC3.

1 mg/ml SDS

이 혼성 후 (posthybridization) 세척 용액은 길이가 50-200 뉴클레오타이드인 탐침체에 사용한다. 사용하기 전에 용액 분주를 사용하려는 온도로 따뜻하게 하는 것은 필수적이다.

TMACI 세척 용액

3.0 M TMACI (pH 8.0)

50 mM Tris-Cl (pH 8.0)

0.2 mM EDTA (pH 8.0)

1 mg/ml SDS

이 혼성 후 (posthybridization) 세척 용액은 길이가 14-50 뉴클레오타이드인 탐침체에 사용한다. 사용하기 전에 용액의 분획을 사용하려는 온도로 따뜻하게 하는 것은 필수적이다.

Nucleic Acids/Oligonucleotides

관심있는 표적 핵산이 고정되어있는 (immobilized) 니트로셀룰로스 또는 나일론 막

Radioactive Compounds

방사선 동위원소로 표지된 탐침체 <!>

프로토콜 10.2 또는 10.7에 설명된 대로 준비하고 cetylpyridinium bromide로 침전시켜 정제한다(프로토콜 10.4).

Additional Items

autoradiography 또는 phosphorimaging의 재료

Seal-a-Meal bags (Rival) 또는 꼭 맞는 뚜껑과 플라스틱 박스

Additional Information

Denhardt's 용액	MC3, pp.A1.14-A1.15
Dextran sulphate as a crowding reagent	MC3, p.6.58
혼성온도	MC3, pp.10.2-10.4
Melting 온도	MC3, pp.10.47-10.48
phosphate 완충용액준비	MC3, p.A1.5
Quaternary alkylammonium salts	MC3, p.10.6

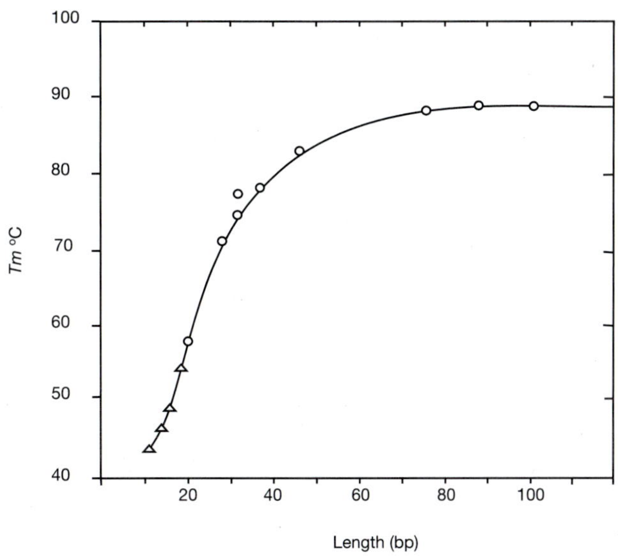

그림 10-1 3.0 M TMACI 완충용액에서 T_m 추정

그래프는 탐침제의 길이에 따른 T_m의 증가를 설명하고 있다. (Adapted, with permission, from Wood et al. 1985 [*Proc. Natl. Acad. Sci.* **82**: 1585-1588].)

METHOD

1. 37℃의 올리고뉴클레오타이드 전혼성 용액에서 4-16 시간동안 막 또는 필터를 전혼성한다.

   원형의 필터의 전혼성, 혼성과 세척은 꼭 맞는 뚜껑이 있는 플라스틱 박스나 Rival Seal-a-Meal bag에서 수행하는 것이 좋다. 서던 블랏 또는 노던 블랏에서, 봉인가능한 유리튜브가 장착된 혼성 장치를 사용할 수 있다.

2. 전혼성 용액을 제거하고 방사선 동위원소로 표지된 올리고뉴클레오타이드 탐침체가 180 pM으로 들어있는 올리고뉴클레오타이드 혼성용액을 넣어준다.

   몇 개의 올리고뉴클레오타이드를 동시에 혼성시킬 때, 각 탐침체는 180 pM의 농도로 존재하고 방사선 동위원소로 표지된 탐침체는 5×10^5에서 1.5×10^6 cpm/pmole의 특이활성을 가져야 한다.

3. 37℃에서 12-16 시간동안 필터를 반응시킨다.
4. 일회용용기에 방사선 동위원소가 들어있는 혼성용액을 버린다. 필터를 얼음같이 찬 6×SSC 또는 6× SSPE로 4℃에서 세 번 헹구어 대부분의 dextran sulfate를 제거한다.
5. 필터를 얼음같이 찬 6×SSC 또는 6× SSPE로 4℃에서 30분씩 두 번 씻어준다.
6. 필터를 37℃에서 TMACI 또는 TEACI 세척 용액으로 두 번 헹구어준다.

   이 단계의 목적은 SSPE와 SSC를 quaternary alkylammonium salts 용액으로 대체하는 것이다. 이 단계를 충분히 해주지 않으면, TEACI 또는 TMACI 이용의 모든 장점이 실현되지 못한다.

7. 그림 10-1에서 나타낸 T_m값보다 2-4℃ 낮은 온도에서 TMACI 또는 TEACI 세척 용액으로 20분씩 두 번 씻어준다.

   혼성의 T_m값은 TMACI를 포함하는 완충용액보다 TEACI를 포함하는 완충용액이 33℃ 낮다. 완충용액이 원하는 온도로 데워졌는지와 온도의 변동이 ±1℃보다 작은지 확인한다.

8. 세척용액으로부터 필터를 옮긴다. 필터를 실온에서 말리고 autoradiogradiography 또는 phosphorimaging으로 확인한다.

프로토콜 10.9

Melting 온도의 실험적인 측정
Empirical Measurement of Melting Temperature

올리고뉴클레오타이드의 melting 온도(T_m)는 이중나선 DNA가 비가역적으로 분리되는 온도(T_i)를 측정하여 실험적으로 결정된다. 이 과정은 올리고뉴클레오타이드 탐침에 상보적인(실험에 따라 완전히 상보적이거나 불완전 상보적인) 클로닝된 표적 서열을 필요로 한다. 만약 표적 서열을 천연의 재료로부터 이용할 수 없다면 PCR이나 화학적으로 합성할 수 있다. 이 실험은 표적에서 방출된 탐침체의 재혼성이 허가되지 않는 비평형 조건에서 수행된다.

MATERIALS

CAUTION: 〈!〉표시된 물질의 적절한 사용법은 Appendix 4를 참조하세요.

Reagents and Solutions

농축액, 완충액, 시료의 조성은 Appendix 1을 참조하라. 농축액은 적당한 농도로 희석하여 사용하라.

변성 용액 (Denaturation solution) (이중가닥의 DNA 표적일 때 필요하다)
- 1.5 M NaCl
- 0.5 N NaOH〈!〉

에탄올

중화용액 (Neutralizing solution) (이중가닥의 DNA 표적일 때 필요하다)
- 0.5 M Tris-Cl (pH 7.4)
- 1.5 M NaCl

올리고뉴클레오타이드 혼성 용액
- 6× SSC (또는 SSPE)
- 0.05 M sodium phosphate(pH 6.8)
- 1 mM EDTA (pH 6.8)
- 5× Denhardt's 용액
- 100 μg/㎖ 변성되고 (denatured), 잘려진 (fragmented) salmon sperm DNA (Pfizer)
- 0.5% (w/v) SD

페놀:클로로포름 (1:1, v/v)〈!〉(이중가닥의 DNA 표적일 때 필요하다)

Sodium acetate (3 M, pH 5.2) (이중가닥의 DNA 표적일 때 필요하다)

2×SSC

Enzymes and Buffers

표적 DNA를 자르는 제한효소 (선택가능(optional), 3단계를 보시오)

Nucleic Acids/Oligonucleotides

대조군 DNA
- 표적 DNA와 관계가 없는 서열을 가진 단일 또는 두 가닥 DNA

표적 DNA
- 박테리오파아지 M13 벡터에 클로닝 되었고 단일 가닥 DNA로 분리될 수 있는 서열이 이상적이다. 그러나 이중가닥의 DNA 플라스미드 또는 PCR 결과물(product) 또한 변성 후에 사용될 수 있다.

Radioactive Compounds

방사선 동위원소로 표지된 올리고뉴클레오타이드 탐침체 〈!〉, 프로토콜 10.2 또는 10.7에 설명된 것처럼 준비하고 cetylpyridinium bromide (CPB)로 침전하여 분리한다(프로토콜 10.4).

Additional Items

끝이 뭉툭한 핀셋 (Blunt-ended forceps)
Boiling-water bath
교차 결합 기구 (Cross-linking device) (예, Stratagene [Stratagene] 또는 microwave oven 또는 vacuum oven)
소형 모니터
액체섬광계수기를 위한 재료
니트로셀룰로오스 또는 나일론 막
Paper-hole punch
이 프로토콜의 step 1에는 프로토콜 10.2와 10.4에 적힌 시약이 필요하다.
Thick blotting paper (예, Whatman 3MM)
Water bath, circulating, with precise temperature control

Additional Information

혼성온도	MC3, pp. 10.2–10.4
Melting 온도	MC3, pp. 10.47–10.48

METHOD

1. 인산화(프로토콜 10.2)에 의해 방사선 동위원소로 표지된 1-10 pmole의 올리고뉴클레오타이드는 탐침체로 사용되고 혼성되지 않은 [γ-^{32}P]ATP의 여분은 CPB를 이용한 침전(프로토콜 10.4)으로 제거된다.
2. Paper hole punch를 이용해서 혼성을 위한 니트로셀룰로오스 또는 나일론 막을 4개의 작은 원형(지름 3-4mm)으로 잘라내고 이를 파라필름 위에 올려놓는다. Soft-lead pencil로 두 원형 막에 표시한다.
3. 다음과 같이 원형막에 대조군 DNA와 표적 DNA를 적재한다.

단일 가닥 표적 DNA

a. 각 표시된 막들에 1-3 μl의 2× SSC에 녹아있는 약 100ng의 표적 DNA를 적재한다.
b. 표시되지 않은 막들에 동일한 양의 벡터 DNA (예, 삽입된 유전자(insert)가 없는 단일 가닥 박테리오파아지 M13 DNA)를 적재한다.
c. 액체를 말린 후에, 끝이 뭉툭한 핀셋을 이용하여 두 세트의 막을 파라필름으로부터 옮겨 두꺼운 blotting paper사이에 둔다.
d. 80℃의 vaccum oven에서 1-2시간동안 열을 가하여(baking) 막에 DNA를 고정시킨다.다른 방법으로, blotting paper위에 막을 두고 UV 빛을 이용하여 교차결합시켜 DNA를 고정한다.

이중가닥 표적 DNA

a. 표적 DNA가 플라스미드안에 클로닝되어있다면, 표적 서열안을 쪼개지 않는 제한효소로 절단하여 벡터와 재조합 플라스미드를 선형화한다.
b. 페놀:클로로포름을 이용한 추출과 에탄올을 이용한 표준 침전으로 이중가닥 DNA 또는 PCR 결과물을 정제한다. DNA를 50-100 ng/μl의 농도로 2× SSC에 녹인다.
c. 위에 설명한 대로 준비된 막에, 대조군 DNA 뿐 아니라, 표적 DNA 용액을 적재한다. 끝이 뭉툭한 핀셋을 이용하여 막을 변성용액에 흠뻑 젖은 두꺼운 blotting paper 위에 올린다. 실온에서 5-10분 동안 막을 반응시킨다.

d. 막을 중화용액에 흠뻑 젖은 새로운 두꺼운 blotting paper 위로 옮긴다. 실온에서 10분 동안 막을 반응시킨다.

e. 막을 마른 두꺼운 blotting paper 위로 옮기고 모든 용액이 증발될 때까지 실온에 둔다. 80℃의 vaccum oven에서 1-2시간동안 열을 가하거나(baking) UV 빛을 이용하여 교차결합시켜 DNA를 막에 고정한다.

4. 끝이 뭉툭한 핀셋을 이용하여 모든 막을 2ml의 올리고뉴클레오타이드 전혼성 용액이 들어있는 폴리에틸렌 튜브로 옮긴다. 튜브를 밀봉하고 사용되는 용매의 T_m보다 25℃ 낮을 것으로 추정되는 온도에서 가끔 흔들어주면서 반응시킨다.

   위 프로토콜의 혼성용액에서는 sodium salt를 사용하지만 이 solvent의 T_i를 결정하기위해 필요하다면 TMACI 또는 TEACI와 같은 다른 용질로 대체할 수 있다.

5. 2시간 후에, 전혼성 용액에 방사선 동위원소로표지된 올리고뉴클레오타이드를 첨가한다. 올리고뉴클레오타이드의 최종농도는 약 1 pmole/ml 이어야한다. T_m보다 25℃ 낮은 온도에서 가끔 흔들어주면서 2-4시간 더 반응시킨다.

6. 혼성용액으로부터 막을 옮기고 실온의 2× SSC에 즉시 담근다. 액체를 지속적으로 흔든다. 막의 방사선양이 일정해질 때까지 매 5분마다 액체를 교체한다(소형 검출기로 측정한다).

7. 순환 water bath의 온도를 T_m보다 25℃ 아래로 맞춘다. 20개의 유리 테스트 튜브(17×100mm)에 2× SSC를 5ml씩 분주하고 온도계로 하나의 튜브에 들어있는 액체의 온도를 관찰한다. 2× SSC의 온도가 T_m보다 25℃ 낮은 온도가 될 때까지 튜브를 water bath에서 놓아둔다.

8. 막을 4개의 빈 유리튜브로 각각 옮기고 각 막에 1ml의 2× SSC(T_m보다 25℃ 낮게 미리 데워진 step 7에서 준비된 튜브중의 하나로부터)를 첨가한다. 튜브를 5분 동안 water bath에 둔다.

9. Water bath로부터 막이 들어있는 튜브를 옮기고, 액체를 섬광계수기 병으로 옮기고, 막과 튜브를 실온의 2×SSC 1ml로 세척한다. 적당한 섬광계수기 병에 세척용액을 넣는다.

10. Water bath의 온도를 3℃ 증가시키고 step 7에서 준비된 튜브에 들어있는 2× SSC의 온도가 water bath의 온도와 평형에 이를 때까지 기다린다.

11. 막이 들어있는 4 개의 튜브에 높은 온도의 2× SSC를 1ml씩 각각 첨가한다. 튜브를 5분 동안 water bath에 둔다.

12. T_m보다 30℃ 높은 온도가 될 때까지 연속적으로 높은 온도에서 step 9-11을 반복한다.

13. 1 ml의 2× SSC가 들어있는 각 유리 튜브에 막을 넣고 잔여 방사선의 제거를 위해 5분 동안 끓인다. 얼음에서 용액들을 식히고 그것들을 섬광계수기 병으로 옮긴다. 1 ml의 2× SSC로 끓이기 위해 사용된 막과 튜브를 세척하고 세척 용액을 적당한 섬광계수기 병에 세척용액을 넣는다.

14. 액체섬광계수기(liquid scintillation counter)를 이용하여 모든 병(vial)의 방사성(Cerenkov counting으로)을 측정한다. 각 온도에서 용리(elute)한 전체 방사성의 양을 계산한다.

   계산에 대한 자세한 설명은 MC3, p. 10.41, step 14를 보시오.

   실험이 잘되었다면, 매우 작은 방사성만이 벡터 DNA를 포함하는 막에 붙어있을 것이다. 이 경우, 방사선의 대부분은 추정된 T_m보다 매우 낮은 온도에서 막으로부터 완전히 분리된다. 다른 한편으로는 상당히 많은 방사선이 타겟 DNA 포함하는 막에 붙어있을 것이다; 이 방사선의 용리는 예리한 온도 의존을 보여주어야 한다. 매우 낮은 방사선이 결정적인 온도에 이를 때까지 막으로부터 분리되어야하고 그리고 그 후에 약 90%의 방사선이 연속되는 6-9℃의 온도상승 동안에 분리되어야 한다.

제11장

cDNA 라이브러리 준비와 유전자 동정

Preparation of cDNA Libraries and Gene Identification

프로토콜 11.1 cDNA 라이브러리의 제작

Stage 1: 역전사효소에 의해 촉매된 First-strand cDNA의 합성, 428

Stage 2: Second-strand cDNA 합성, 431

Stage 3: cDNA의 메틸화, 434

Stage 4: Linkers 또는 Adapters의 부착, 436

Stage 5: Sepharose CL-4B를 이용한 젤여과에 의한 cDNA의 분리, 439

Stage 6: 박테리오파아지 λ Arms에 cDNA의 접합, 441

프로토콜 11.2 진핵 발현 라이브러리의 제작과 선별

Stage 1: 진핵세포 발현벡터에서 cDNA 라이브러리의 제작과 선별, 443

Stage 2: 진핵 발현 벡터에 클로닝되어있는 cDNA 라이브러리의 선별, 445

프로토콜 11.3 엑손 포착과 증폭

Stage 1: 라이브러리의 제작, 449

Stage 2: COS-7 세포주로의 라이브러리의 전기 천공법, 452

Stage 3: mRNA 모음, 454

Stage 4: 역전사중합효소연쇄반응, 456

Stage 5: 클론들의 분석, 460

프로토콜 11.4 큰 genomic 클론들에서 cDNA의 직접적인 선택, 462

BACKGROUND INFORMATION

다른 언급이 없으면 기본이 되는 정보는 *Molecular Cloning: A Laboratory Manual*, 3판 (이제부터 MC3)에 있다.

cDNA 합성에 사용되는 전략의 개요 MC3, pp. 11.2–11.35

프로토콜 11.1 (1)

cDNA 라이브러리의 제작
Construction of cDNA Libraries
Stage 1: 역전사효소에 의해 촉매된 First-strand cDNA의 합성
Synthesis of First-strand cDNA Catalyzed by Reverse Transcriptase

이 전통적인 실험 방법은 Gubler-Hoffman (1983. Gene 25: 263-269)에 의해 설명된 실험방법에 기초하고 있으며 여섯 단계로 나누어진다.

- 단계 1: 역전사효소에 의해 촉매되는 1차 가닥 (First-strand) cDNA의 합성
- 단계 2: 2차 가닥 (Second-strand) cDNA 합성
- 단계 3: cDNA의 메틸화
- 단계 4: Linkers 또는 Adapters의 부착
- 단계 5: Sepharose CL-4B 젤 여과 크로마토그래피에 의한 cDNA 분리
- 단계 6: λ 박테리오파아지 Arm에 cDNA 접합

프로토콜 11.1 단계 1은 oligo(dT), random hexamers, 또는 primer-adapter에 의해 시작되고 쥐의 RNase H^- 역전사효소에 의해 촉매 되는 반응에서 $poly(A)^+$ mRNA가 First-strand cDNA으로 변환되는 과정을 설명한다. 다른 효소들에 의한 First-strand 합성반응조건은 MC3, p. 11.38, 표 11-3에서 주어진다.

MATERIALS

CAUTION: 〈!〉표시된 물질의 적절한 사용법은 Appendix 4를 참조하세요.

Reagents and Solutions

농축액, 완충액, 시료의 조성은 Appendix 1을 참조하라. 농축액은 적당한 농도로 희석하여 사용하라.

Actinomycin D (5 mg/ml in H_2O), 야생형의 Mo-MLV 역전사효소 (즉, RNase 활성을 가지는 효소)를 이용하는 경우에만 필요. 빛으로부터 용액의 원액을 보호한다.

Dithiothreitol (1 M)

dNTP 용액, 각 농도가 5mM인 4 개의 dNTP를 포함

EDTA (0.5 M, pH 8.0)

KCl (1 M)

$MgCl_2$ (1 M)

Trichloroacetic acid (10%)

Tris-Cl (1M, 실온에서 pH 8.3)

Enzymes and Buffers

역전사효소 (Mo-MLV H- RT), RNase H 활성이 결여된 변이체, 예, SuperScript (Invitrogen) 또는 StrataScript (Stratagene)

RNase 저해제 (예, RNasin [Promega])

Nucleic Acids/Oligonucleotides

alkaline 젤을 위한 DNA 마커 (선택가능, step 5를 보시오)

cDNA 합성을 위한 올리고뉴클레오타이드 프라이머 (1 mg/ml in H_2O)

1차 가닥 (first-strand) cDNA의 합성은 일반적으로 random hexamers, $oligo(dT)_{12-18}$, 2 개의 혼합액 또는 보통 구조가 5′P(dX)-d(R)-d(T)X-OH3′인 primer-adapter에 의해 시작된다. X는 4 개의 올리고뉴클레오타이드로 이루어진 clamp이다 (일반적으로 GAGA), R은 제한효소 인식위치이다, 그리고 $d(T)_X$는 15개의(dT)로 단일폴리머(homopolymer)이다. 추가적인 정보는 MC3, p.11.39를 보시오.

Adapted from Chapter 11, Protocol 1 Stage 1, p. 11.38 of MC3.

Poly(A)+ RNA (100ug/ml)

약 5-10 μg의 Poly(A)+가 큰 cDNA 라이브러리 제작을 위한 충분한 cDNA 합성에 필요하다.

Radioactive Compounds

[α-^{32}P]dCTP (10 mCi/ml, 400 Ci/mmole) 〈!〉

Stratagene에서 판매되는 DNA합성 kit는 dCTP 외의 다른 표지의 사용을 추천한다. 이 kit는 벡터와 cDNA의 접합에서 cohesive 말단을 만들기 위해서 사용된 *Xho*I에 의한 내부의 절단을 방지하기위해 기질로 5-methyl dCTP를 포함한다. 이 kit를 이용하지 않는다면, dCTP는 표지로 사용할 수 있다.

Gels/Loading Buffers

Alkaline agarose gel (선택가능, step 5를 보시오)

Additional Items

Step 5 (선택가능)는 프로토콜 5.8에 적힌 시약을 필요로 한다.

Water baths (37℃와 70℃)

Additional Information

Actiomycin D	MC3, p. 7.88
라이브러리 제작과 cDNA 합성을 위한 상업용 kit	MC3, pp. 11.107-11.108
RNase 저해제	MC3, p. 7.83
1차-가닥 (frist-strand) cDNA합성에 사용되는 실험방법	MC3, pp. 11.11-11.15
Mo-MLV 역전사효소	MC3, pp. 11.109-11.110
역전사효소	MC3, p. 8.48
문제해결	MC3, p. 11.42

METHOD

1. 1차-가닥 (frist-strand) cDNA합성을 위해 얼음에 꽂힌 멸균된 마이크로퓨즈 튜브에 아래와 같이 섞는다.

1 ug/μl poly(A)+ RNA	10 μl
1 ug/μl 올리고뉴클레오타이드 프라이머	1 μl
1 M Tris-Cl (37℃에서 pH 8.0)	2.5 μl
1 M KCl	3.5 μl
250 mM $MgCl_2$	2 μl
각 농도가 5 mM인 4 개의 dNTP 용액	10 μl
0.1 M dithiothreitol	2 μl
RNase 저해제 (선택가능)	25 units
H_2O	to 48 μl

제조사에서 추천한 양의 Mo-MLV H- RT를 반응용액에 첨가한다. 부드럽게 교반해서 반응용액을 잘 섞어준다.

Mo-MLV RT는 온도에 민감하기 때문에 사용하기 전까지 -20℃에 보관한다.

중요: Mo-MLV H- 이외에 다른 RT를 사용한다면 반응조건을 위해서 MC3, p. 11.38, 표 11-3을 보시오.

2. 0℃에서 모든 구성요소를 섞은 후에 반응용액의 2.5 μl를 새로운 0.5 ml 마이크로퓨즈 튜브에 옮긴다. 0.1 μl의 [α-^{32}P]dCTP (400Ci/mmolr, 10mCi/ml)을 작은-규모의 반응에 첨가한다.

3. 37℃에서 작은 규모의 반응과 큰 규모의 반응을 1시간동안 반응시킨다.

   일부 돌연변이 Mo-MLV RT는 더 높은 온도 (55℃ 까지)에서 사용할 수 있다.

4. 반응이 끝난 후에, 방사선 동위원소를 포함하는 작은-규모의 반응에 1 μl의 0.25 M EDTA를 첨가한다. 작은 규모의 반응 용액을 얼음으로 옮긴다. 70℃에서 10분 동안 큰 규모의 반응용액에 열을 가한 후 얼음으로 옮긴다.

5. 방사선의 총량과 MC3, Appendix 8에 설명된 대로 0.5 μl의 작은 규모반응에서 전체 방사선 총량과 trichloroacetic acid (TCA)로 침전되는 방사선의 양을 측정한다. 또한 적당한 DNA마커를 이용한 alkaline agarose gel (프로토콜 5.8을 보시오)을 통해서 작은 규모반응을 분석하는 것이 유용하다.

   작은 규모의 반응의 잔여물은 −20℃에 저장될 수 있다.

6. 다음처럼 합성된 1차-가닥 (first-strand) cDNA의 양을 계산한다:

   a. 각 농도가 5 mM인 4 개의 dNTP 용액 10 μl가 사용되었기 때문에 (즉, 20mmoles/ml인 총 dNTP의 10 μl), 큰 규모의 반응은 20 nmoles/μl dNTP × 10 μl=200nmole의 dNTP를 포함해야한다.

   b. DNA에 안으로 혼합된 각 dNTP의 분자량을 약 330 g/mole이기 때문에, 반응용액은 총 200 nmoles × 330 ng/nmole = 66 μg의 DNA 생성이 가능하다.

   c. 따라서 작은 규모의 반응의 결과로부터, cpm incorporated/total cpm × 66 μg = μg의 cDNA 첫 번째 가닥이 합성된다.

7. 가능한 빨리 cDNA 합성의 다음 단계로 진행한다.

프로토콜 11.1 (2)

cDNA 라이브러리의 제작
Construction of cDNA Libraries
Stage 2: Second-strand cDNA 합성
Stage 2: Second-strand cDNA Synthesis

Stage 1에서 합성된 DNA-RNA 하이브리드 (hybrids, 잡종)는 이중가닥 전장 (full-length) cDNA안으로 바뀔 수 있다. 2차-가닥 (secod strand) cDNA의 합성을 위한 프라이머들은 cDNA-mRNA 하이브리드 (hybrids, 잡종)의 mRNA 일부 안으로 균열 (nick)을 유발하는 RNase H에의해 만들어진다. *E.coli* DNA 중합효소 I은 first strand cDNA를 주형으로 이용해 3′-수산기 말단을 새롭게 연장하고 새롭게 합성된 2차-가닥 cDNA는 cDNA-mRNA 하이브리드 (hybrids, 잡종)에서 mRNA 조각을 대체한다. 남은 틈들은 *E.coli* DNA 라이게이즈에의해 회복되고 풀린 이중가닥 cDNA의 말단은 박테리오파아지 T4 DNA 중합효소 또는 *pfu*와 같은 중합효소에 의해 매끄럽게 된다. 마지막으로 박테리오파아지 T4 폴리뉴클레오타이드 카이네이즈는 linker 또는 adapter (프로토콜 11.1 Stage 4)의 접합을 위한 준비에서 cDNA 말단의 5′-hydroxyl group (수산기)의 인산화를 촉매하는데 사용된다.

MATERIALS

CAUTION: 〈!〉표시된 물질의 적절한 사용법은 Appendix 4를 참조하세요.

Reagents and Solutions

농축액, 완충액, 시료의 조성은 Appendix 1을 참조하라. 농축액은 적당한 농도로 희석하여 사용하라.

- 클로로포름 〈!〉
- dNTP 용액, 각 농도가 10 mM인 네 개의 dNTP를 포함
- EDTA (0.5 M, pH 8.0)
- 에탄올
- 에탄올 (70%)
- $MgCl_2$ (1 M)
- $(NH_4)_2SO_4$ (1 M)
- β-Nicotinamide adenine dinucleotide (β-NAD) (50 mM)
- 페놀:클로로포름 (1:1, v./v) 〈!〉
- Sodium acetate (3 M, pH 5.2)
- TE (pH 7.6)
- Trichloroacetic acid (10%)
- Tris-Cl (2 M, pH 7.4)

Enzymes and Buffers

- 박테리오파아지 T4 DNA 중합효소 (2.5 units/μl)
- 박테리오파아지 T4 폴리뉴클레오타이드 카이네이즈 (30 units/μl) 와 10× 완충용액
  - 700mM Tris-Cl (pH 7.4)
  - 100mM $MgCl_2$
  - 50mM dithiothreitol
  - *E.coli* DNA 라이게이즈
- *E.coli* DNA 중합효소 I (10,000 units/ml)
- RNase H (~1,000 units/ml)

Nucleic Acids/Oligonucleotides

- alkaline gel을 위한 DNA 마커, 예를 들면, 박테리오파아지 λ DNA의 end-labeled *Hind*III 조각

첫 번째 가닥 cDNA (프로토콜 11.1 stage 1)

Radioactive Compounds

[α−^{32}P]dCTP (10 mCi/ml, 400 Ci/mmole) <!>

Gels/Loading Buffers

Alkaline agarose gel (선택가능, step 5를 보시오)

Additional Items

Step 5 (선택가능)는 프로토콜 5.8에 적힌 시약을 필요로 한다.
Water baths 또는 heating.cooling block (16℃)
Whatman GF/C 필터 (25mm)

Additional Information

박테리오파아지 T4 DNA 중합효소	MC3, pp. A4.18−A4.21
박테리오파아지 T4 폴리뉴클레오타이드 카이네이즈	MC3, pp. A4.35−A4.36
E.coli DNA 라이게이즈	MC3, p. A4.33
E.coli DNA 중합효소 I	MC3, pp. A4.12−A4.14
두 번째 가닥 cDNA 합성의 개요	MC3, pp. 11.14−11.20
RNase H	MC3, p. A4.38
문제해결	MC3, p. 11.47

METHOD

1. 큰 규모의 반응용액(프로토콜 11.1 Stage 1, Step 4)에 다음의 시약을 첨가한다:

10mM $MgCl_2$	70 μl
2M Tris−Cl (pH 7.4)	5 μl
10mCi/ml [α−^{32}P]dCTP (400 Ci/mmole)	10 μl
1M $(NH_4)_2$ SO_4	1.5 μl
RNase H (1000units/ml)	1 μl
E.coli DNA 중합효소 I (10,000 units/ml)	4.5 μl

부드럽게 교반하여 반응용액을 섞고 마이크로퓨즈에서 잠깐 원심분리하여 기포를 제거한다. 16℃에서 2−4시간동안 반응용액을 반응시킨다.

RNase H와 DNA 중합효소 I에의해 촉매되는 2차−가닥 합성으로 mRNA 주형의 5′ 말단 서열(~20 뉴클레오타이드)이 소실된다. step1의 대안 (다음 단락을 보시오)으로 cDNA 클론들의 5′ 말단 위치의 소실의 위험을 감소시킨다. 불행히도, 대안의 결과 이중가닥 cDNA의 효율이 감소되므로 대부분의 연구자들이 표준 step 1 방법을 선택할 것이다.

RNase H가 없는 조건의 16℃에서 2시간동안 2차−가닥 합성반응용액 (위의)을 반응시킨다. 페놀:클로로포름으로 추출하고 0.3 M sodium acetate (pH 5.2)의 존재 하에서 에탄올로 침전시켜 이중가닥 cDNA를 정제한다. 20 μl의 20 mM Tris−Cl (pH 7.6), 20mM KCl, 0.1 mM EDTA (pH 8.0), 0.1 mM dithiothreitol에 침전된 DNA를 녹인다. RNase H(0.5 units)으로 37℃에서 20분동안 DNA를 절단한다. step 2로 진행한다.

2. 반응의 끝에 반응 혼합액에 다음의 시약을 첨가한다:

β−NAD (50 mM)	1 μl
E.coli DNA 라이게이즈 (1000−4000 units/ml)	1 μl

실온에서 15분 동안 반응용액을 반응시킨다.

3. 반응의 끝에 각각의 농도가 10 mM인 4 개의 dNTP를 포함하는 혼합액 1 μl와 2 μl (5 units)의 박테리오파아지 T4 DNA 중합효소를 첨가한다. 실온에서 15분 동안 반응용액을 반응시킨다.
4. 반응용액의 작은 aliquot (3 μl)를 옮긴다. Step 7과 8에 적힌대로 분획에서 2차-가닥 cDNA의 양을 측정한다.
5. 반응용액의 잔여물에 0.5 M EDTA(pH 8.0) 5 μl를 첨가한다. 페놀클로로포름:클로로포름과 클로로포름으로 각각 한 번씩 추출한다. 0.3 M sodium acetate (pH 5.2)의 존재 하에서 에탄올로 침전시켜 DNA를 회수한다. 90 μl의 TE (pH 7.6)에 DNA를 녹인다.
6. DNA에 다음을 첨가한다:

10× T4 폴리뉴클레오타이드 카이네이즈 완충용액	10 μl
T4 폴리뉴클레오타이드 카이네이즈	1 μl

실온에서 15분동안 반응용액을 반응시킨다.

7. Step 4의 작은 분획을 이용하여 MC3, Appendix 8의 설명대로 1 μl 의 2차-가닥 합성 반응물로 2차-가닥의 전체 방사선 양과 TCA로 침전되는 방사선의 양을 측정한다.
8. 아래의 식을 이용하여 2차-가닥 반응동안 합성된 cDNA의 양을 계산한다. 1차-가닥에 끼어들어간 dNTP의 양을 고려하여 계산하면

   두 번째 가닥 반응에서 혼합된 cpm/전체 cpm × (66 μg − x μg)

   = ug의 2차-가닥cDNA가 합성되었다.

   x 는 cDNA 첫 번째 가닥의 무게이다. 합성된 2차-가닥 cDNA의 양은 보통 첫 번째 가닥 질량의 70-80%이다.
9. 동일한 부피의 페놀:클로로포름으로 인산화된 cDNA(step 6)를 포함하는 반응용액을 추출한다.
10. 10 mM NaCl을 포함하는 TE (pH 7.6)로 평형된 Sephadex G-50을 이용한 회전 (spun) 컬럼 크로마토그래피로 cDNA에 끼어들어가지 못한 dNTP를 분리한다.
11. 0.1배의 3M sodium acetate (pH 5.2)와 2배의 에탄올을 첨가하여 분리된 cDNA를 침전시킨다. 적어도 15분 동안 얼음에 샘플을 보관한다. 4℃ 마이크로퓨즈에서 최대속도로 15분 동안 원심분리하여 침전된 DNA를 회수한다. 소형 검출기를 이용하여 침전된 방사선을 확인한다.
12. 70% 에탄올로 침전물을 세척하고 다시 원심 분리한다.
13. 조심스럽게 모든 액체를 흡인하고(흡입된 액체 안에 방사선이 없다는 것을 확인한다) 침전물을 공기 건조한다.
14. 만약 *Eco*RI methylase(프로토콜 11.1 stage 3을 보시오)로 메틸화하고자 하면 80 μl의 TE (pH 7.6)에 cDNA를 녹인다. 대신에, *Not*I이나 *Sal*I linker 또는 adapter 올리고뉴클레오타이드 (프로토콜 11.1 stage 4를 보시오)에 직접 접합하고자 하면 29 μl의 TE (pH 7.6)에 cDNA를 녹인다.

프로토콜 11.1 (3)

cDNA 라이브러리의 제작
Construction of cDNA Libraries
Stage 3: cDNA의 메틸화
Methylation of cDNA

이 단계의 목적은 이중가닥 cDNA에 자연적으로 발생하는 EcoRI 작용부위를 변형시키거나 보호하는 메틸그룹을 붙이는 것이다. 만약 합성 linker를 이용하여 cDNA를 벡터에 부착하려 한다면 단계3은 필수적이다. 그러나, adapter를 사용한다면 이 단계를 생략한다.

MATERIALS

CAUTION: 〈!〉표시된 물질의 적절한 사용법은 Appendix 4를 참조하세요.

Reagents and Solutions

농축액, 완충액, 시료의 조성은 Appendix 1을 참조하라. 농축액은 적당한 농도로 희석하여 사용하라.

- 클로로포름 〈!〉
- EDTA (pH 8.0)
- 에탄올
- 에탄올 (70%)
- $MgCl_2$ (1 M)
- NaCl (5 M)
- 페놀:클로로포름 (1:1, v/v) 〈!〉
- S-Adenosylmethionine (5 mM H_2SO_4/10% 에탄올에 20mM로)
- Sodium acetate (3 M, pH 5.2)
- TE (pH 8.0)
- Tris-Cl (2 M, pH 8.0)

Enzymes and Buffers

- *Eco*RI과 10× *Eco*RI 완충용액 (효소 제조사로부터 공급된)
- *Eco*RI methylase

Nucleic Acids/Oligonucleotides

- 프로토콜 11.1 단계 2의 이중가닥 cDNA
- 선형화된 플라스미드 또는 박테리오파아지 λ DNA (*Eco*RI 작용부위의 메틸화 효율을 확인하는데 사용)
  DNA는 3'과 5' 말단 사이에 적어도 하나의 *Eco*RI 작용부위를 포함하고 있다.

Gels/Loading Buffers

- 1% 아가로즈 젤, 0.5× TBE로 만들고 실행한다
- 10× Loading buffer

Additional Items

- 소형모니터
- Water bath 또는 heating/cooling block (37℃ and 68℃)

Additional Information

*Eco*RI methylase	MC3, p. 11.48

METHOD

1. cDNA (프로토콜 11.1 단계 2, 단계 14)에 다음을 첨가한다.

2 M Tris–Cl (pH 8.0)	5 μl
5 M NaCl	2 μl
0.5 M EDTA (pH 8.0)	2 μl
20 mM S–adenosylmethionine	1 μl
H_2O	to 96 μl

2. 2 μl씩 취하여 2 개의 0.5ml 마이크로퓨즈 튜브에 각각 넣는다. 튜브에 1과 2로 표기하고 얼음에 꽂아둔다.
3. 남아 있는 반응용액에 2 μl의 *Eco*RI methylase (80,000 units/㎖)를 첨가하고 4번째 단계가 완료될 때까지 0℃에 보관한다.
4. 대용량반응 용액 2 μl씩을 추가로 취하여 0.5 ml 마이크로퓨즈 튜브에 각각 넣는다. 튜브에 3과 4로 표기한다.
5. 4 개의 aliquots (단계 2와 4) 테스트 DNA(100 ng의 선형화된 플라스미드 또는 500 ng의 박테리오파아지 λ DNA)를 각각 넣는다. 이 메틸화되지 않은 DNA들은 메틸화 효율을 분석하는 시험반응(pilot reaction)에 기질로 사용된다.

   중요: 어떤 DNA도 대용량반응 용액에 첨가하지 마시오.
6. 4 개의 시험반응(pilot reaction)과 대용량반응 용액을 37℃에서 1시간동안 반응시킨다.
7. 5 개의 반응용액을 68℃에서 15분 동안 가열한다. 대용량 반응용액을 페놀:클로로포름과 클로로포름으로 한 번씩 추출한다.
8. 대용량 반응용액에 0.1 배의 3 M soium acetate(pH 5.2)와 2 배의 에탄올을 첨가한다. 반응용액을 잘 섞어준 후 시험반응(pilot reaction)의 결과를 이용할 수 있을 때까지 −20℃에 보관한다.
9. 다음과 같이 4 개의 시험반응(pilot reaction)을 분석한다
   a. 각 대조군 반응에 첨가한다:

0.1 M $MgCl_2$	2 μl
10× *Eco*RI 완충용액	2 μl
H_2O	to 20 μl

   b. 반응 2와 4에 *Eco*RI 20unit을 첨가한다.
   c. 37℃에서 1시간 동안 4 개의 반응용액을 반응시키고 1% 아가로즈 젤로 전기영동하여 분석한다.
10. 4℃ 마이크로퓨즈에서 15분 동안 최고속도로 원심 분리하여 침전된 cDNA(8번째 단계)를 회수한다. 상층액을 제거하고 침전물에 70% 에탄올 200 μl를 첨가하고 다시 원심 분리한다.
11. 소형 모니터를 이용하여 침전물에 회수된 방사능 활성을 확인한다. 조심스럽게 흡인하여 에탄올을 제거하고 침전물을 공기건조하고 29 μl의 10mM TE (pH 8.0)에 녹인다.
12. 가능한 빨리 cDNA 합성의 다음 단계로 진행한다.

프로토콜 11.1 (4)

cDNA 라이브러리의 제작
Construction of cDNA Libraries
Stage 4: Linkers 또는 Adapters의 부착
Attachment of Linkers or Adapters

이 단계는 4 개의 목적을 달성한다: 이중가닥 DNA말단의 마무리, 합성 linker 또는 adapter의 접착, 점착성 말단을 만들기 위한 부착된 linker의 절단, 그리고 클로닝을 위한 cDNA 준비

MATERIALS

CAUTION: 〈!〉표시된 물질의 적절한 사용법은 Appendix 4를 참조하세요.

Reagents and Solutions

농축액, 완충액, 시료의 조성은 Appendix 1을 참조하라. 농축액은 적당한 농도로 희석하여 사용하라.

- ATP (10 mM)
- Bromophenol blue (0.25% w/v) in 50% 글리세롤
- EDTA (0.5 M, pH 8.0)
- 에탄올
- 에탄올 (70%)
- 페놀:클로로포름 (1:1, v/v) 〈!〉
- Sodium acetate (3 M, pH 5.2)
- TE (pH 8.0)
- Tris-Cl (1 M, pH 8.0)

Enzymes and Buffers

- 박테리오파아지 T4 DNA 라이게이즈
- 박테리오파아지 T4 DNA 중합효소와 10× repair 완충용액
  - 90 mM $(NH_4)_2SO_4$
  - 330 mM Tris-Cl (pH 8.3)
  - 50 mMβ-mercaptoethanol 〈!〉
- 제한효소
  - 선택된 linker의 종류에 의존적, *EcoRI*, *NotI*, *SalI*, 또는 필요한 다른 제한효소 (MC3, p. 11.20을 보시오).

Nucleic Acids/Oligonucleotides

- 대조군 DNA, 선형 DNA (예, 선형화된 플라스미드, linker 부착 후에 절단 효율을 확인하는데 이용할 수 있는 제한효소 작용부위를 포함)
- 이중가닥 cDNA, 메틸화되거나 메틸화되지 않은 cDNA (프로토콜 11.1. Stage 2, Step 14 또는 Stage 3, Step 11)
- 마커 DNAs
- 인산화된 synthetic linkers 또는 adapters
  - 포유류 DNA에서 드물게 생기는 제한효소 작용부위를 포함하는 linker 또는 adapter를 선택한다: MC3, p.A6.4, 표 A6-3을 보시오. 이러한 많은 adapter와 linkers들은 상용 공급 업체로부터 구할 수 있다.

Gels/Loading Buffers

1% 아가로즈 젤, 0.5× TBE로 만들고 실행한다.

Adapted from Chapter 11, Protocol 1 Stage 4, p. 11.51 of MC3.

Additional Items

소형모니터(Handheld minimonitor)
Sephadex G-50 spun 컬럼
Water bath 또는 heating/cooling block (68℃, 37℃, and 16℃)

Additional Information

Adapters	MC3, p. 1.160
회전 (spun) 컬럼 크로마토그래피	MC3, pp. A8.30-A8.31
cDNA 클로닝에서 linker와 adapter의 이용	MC3, pp. 11.20-11.21 그리고 11.51-11.52

METHOD

1. cDNA (프로토콜 11.1 Stage 3)를 68℃에서 5분 동안 반응시킨다.
2. cDNA를 37℃로 식히고, 다음의 시약을 튜브에 첨가한다.

5× 박테리오파아지 T4 DNA 중합효소 교정 완충용액	10 μl
5 mM dNTP 용액	5 μl
H_2O	to 50 μl

3. 박테리오파아지 T4 DNA 중합효소 (500 units/㎖) 1-2 unit을 첨가하고 37℃에서 15분 동안 반응시킨다.
4. 0.5 M EDTA (pH 8.0) 1 μl를 첨가하여 반응을 중지시킨다.
5. 페놀:클로로포름으로 샘플을 추출하고 Sephadex G-50을 이용한 회전 (spun) 컬럼 크로마토그래피로 중합되지 않은 dNTP를 제거한다 (MC3, Appendix 8을 보시오).
6. 컬럼을 통과한 용액에 0.1배의 3 M sodium acetate (pH 5.2)와 2배의 에탄올을 첨가한다. 샘플을 적어도 15분 이상 4℃에 보관한다.
7. 4℃의 마이크로퓨즈에서 최고속도로 15분 동안 원심 분리하여 침전된 cDNA를 회수한다. 침전물 (pellet)을 공기건조하고 13 μl의 10 mM Tris-Cl (pH 7.6)에 녹인다.
8. 회수된 (repaired) DNA에 다음 시약을 첨가한다.

10× T4 DNA ligase 완충용액	2 μl
800-1000ng의 인산화된 linkers 또는 adapters	2 μl
10^5 Weiss units/ml 박테리오파아지 T4 DNA 라이게이즈	1 μl
10 mM ATP	2 μl

섞어준후 16℃에서 8-12 동안 반응시킨다.

cDNA의 말단이 서로 접합되는 것을 방지하고 linker를 결합시키기 위하여 많은 몰(mol)의 linker (〉100배) 사용이 필수적이다.

9. 반응용액으로부터 0.5 μl를 취하여 4℃에 보관한다. 68℃에서 15분 동안 열을 가하여 반응 용액의 잔여물에 있는 라이게이즈를 비활성화시킨다.

만약 제한효소 반응이 벡터에 cDNA를 접합하는데 필요하다면 10-12 과정을 진행하시오. 그러나 특정 adapter 분자를 이용하는 경우에는 제한효소 반응이 필요하지 않다. 이러한 경우에는 13 단계로 건너뛴다.

10. 접합반응용액에 다음을 첨가한다.

10× 제한효소 완충용액	20 μl
H_2O	150 μl
제한효소	200 units

0℃에서 반응용액을 섞어준다.

대조군(control)으로, 반응용액 2 μl를 0.5 ml 마이크로퓨즈 튜브에 옮긴다. 2 μl의 aliquot에 100 ng(0.5 μl 이하)의 대조군 DNA 즉, 선형화된 프라스미드 또는 특별한 제한효소 작용부위를 포함하는 잘려진 박테리오파아지 λ DNA를 첨가한다.

11. 대용량 반응용액과 대조군 반응용액을 37℃에서 2시간 동안 반응시킨다.
12. 대조군 샘플과 9에서 취한 0.5 μl의 DNA를 1% 아가로즈 젤 전기영동으로 분석한다. 젤의 하나 또는 두 개의 칸 (lanes)에 플라스미드 또는 박테리오파아지 λ DNA 마커를 loading한다.
13. 페놀/클로로포름으로 추출하고 에탄올로 침전시켜 cDNA를 정제한다. 20 μl의 TE (pH 8.0)에 cDNA를 녹인다.
14. 50% 글리세롤에 녹아있는 0.25% bromophenol blue 용액 2.5 μl를 첨가한다. 이것은 Sepharose CL-4B (프로토콜 11.1. Stage 5) 크로마토그래피를 이용한 cDNA 크기에 따른 분리 단계를 단순화 할 수 있다.

프로토콜 11.1 (5)

cDNA 라이브러리의 제작
Construction of cDNA Libraries

Stage 5: Sepharose CL-4B를 이용한 젤여과에 의한 cDNA의 분리
Fractionation of cDNA by Gel Filtration through Sepharose CL-4B

Step 4에서 linker의 절단에 의해 생성되는 적은 분자량의 결과물, 사용되지 않은 linker와 adapter-linkers를 크기-배제 크로마토그래피로 제거한다.

MATERIALS

Reagents and Solutions

농축액, 완충액, 시료의 조성은 Appendix 1을 참조하라. 농축액은 적당한 농도로 희석하여 사용하라.

에탄올

Sodium acetate (3 M, pH 5.2)

TE (pH 7.6)

0.1M NaCl이 들어있는 TE (pH 7.6)

Tris-Cl (1 M, pH 7.6)

Nucleic Acids/Oligonucleotides

cDNA

프로토콜 11.1 Stage 4, Step 13과 14처럼 준비한다.

마커 DNAs

마커 DNA는 크기가 200bp에서 5kb사이로 DNA 조각이 ^{32}P end-labeled되어야 한다.

Gels/Loading Buffers

1% 아가로즈 젤, 0.5× TBE로 만들고 실행한다.

Additional Items

멸균된 플라스틱 파이펫 (1ml)

젤 건조기

소형 모니터

Hemostat 또는 유사한 hose clamp

Hypodermic needle, with bent tip

Liquid scintillation spectroscope (액체섬광계수기), 방사선 활성(Cerenkov counting)으로 ^{32}P을 정량할수 있는 autoradiography 또는 phosphorimaging를 위한 재료

polyvinyl chloride tubing, 일반적으로 polystaltic pump에서 이용되는 유형의

Sepharose CL-4B

제조사로부터 공급된 젤을 0.1M NaCl을 포함하는 멸균된 TE (pH 7.6)으로 여러 번 세척하고 step 1-3의 설명대로 진행한다. 다른 방법으로, GE Healthcare의 미리 packed된 Sepharose CL-4B 컬럼(SizeSep 400 Spun Columns)을 사용한다.

Vinyl bubble tubing

Whatman 3 MM paper

METHOD

1. 목화가제 (cotton wool pledget)을 멸균된 일회용 파이펫의 끝에서 눌러 넣고 느슨하게 된 부분을 멸균된 가위로 잘라낸다. 정화된 압축공기를 이용하여 가제를 파이펫의 좁은 끝으로 보낸다.

2. 파이펫의 좁은 부분 끝에 멸균된 polyvinyl chloride 튜브를 끼운다. 0.1 M NaCl이 함유된 TE (pH 7.6) 용액에 피펫의 넓은 끝 부분을 담근다. 진공선과 연결 된 삼각플라스크에 튜브를 부착한다. 파이펫에 완충용액으로 채워질 때 까지 부드럽게 흡인한 후 hemostat으로 튜브를 잠근다.

3. 파이펫의 넓은 끝에 vinyl bubble 튜브를 끼운다. 0.1 M NaCl이 함유된 TE (pH 7.6)으로 평형이 유지된 Sepharose CL-4B로 bubble 튜브를 채운다. 현탁액이 침전되도록 몇 분 동안 놓아 둔 후 hemostat를 연다. 컬럼은 피펫으로부터 완충용액 방울들을 만들어낼 것이다. 만약 필요하다면, 파이펫이 매트릭스로 거의 채워질때까지 Sepharose CL-4B를 더 첨가한다.

   채워진 컬럼의 부피는 27×0.3 cm 정도이어야 한다.

4. 컬럼 부피의 여러 배의 0.1 M NaCl이 들어있는 TE (pH 7.6)로 파이펫 안의 Sepharose CL-4B를 세척한다. 세척이 끝난 후에 컬럼의 아래쪽의 tubing를 닫기 위해 hemostat를 사용한다.

5. Sepharose CL-4B위의 액체를 제거하기위해 파스퇴르 파이펫을 사용한다. 컬럼에 cDNA (50 μl 또는 그보다 작은 부피)를 넣는다. hemostat를 풀어서 cDNA가 젤 매트릭스 안으로 들어가도록 한다. 50 μl의 TE (pH 7.6)로 cDNA 보관을 위해 사용되었던 마이크로퓨즈 튜브를 세척하고 이것을 컬럼에 넣는다. 0.1 M NaCl이 들어있는 TE (pH 7.6)로 bubble tubing을 채운다.

   중요: 어떤 과정에서도 컬럼이 마르게 두지 않는다.

6. 소형 모니터를 이용하여 컬럼을 통한 cDNA의 이동을 관찰한다. 컬럼에서 모든 방사선이 나올 때까지 분획을 계속 모은다.

7. 각 분획의 방사선 활성을 Cerenkov counting으로 측정한다.

8. 1% 아가로즈젤 전기영동으로 각 분획의 작은 양 (~5 μl)을 분석한다. 이 때 크기가 알려진 (200 bp에서 5 kb) 끝이 방사선으로 표지된 DNA 조각을 마커로 사용한다. 나머지 분획들은 아가로즈 젤의 autoradiography가 가능할 때 까지 −20℃에 보관한다.

9. 전기영동이 끝난 후에, Whatman 3MM paper의 조각으로 젤을 옮긴다. Saran Wrap으로 젤을 덮고 상용 젤 건조기로 젤을 말린다. 건조하는 동안 처음 20−30분간 젤에 50℃의 열을 가하고 열을 끈다. 계속해서 1−2시간동안 진공에서 젤을 말린다.

10. 증감지 (intensifying screen)와 함께 70℃에서 X-ray 필름에 말린 젤을 노출시킨다.

11. 길이가 ≥500bp인 cDNA 분자를 포함하는 분획에 2배 부피의 에탄올과 0.1배의 3M Sodium acetate (pH 5.2)를 첨가한다. 4℃에서 15분 동안 cDNA를 침전시킨다. 4℃ 마이크로퓨즈에서 15분 동안 최대 속도로 원심 분리하여 DNA를 회수한다.

12. 20 μl의 10 mM Tris-Cl (pH 7.6)으로 DNA를 녹인다.

13. 작은 분획의 방사선의 양을 측정하고 선택된 분획에서 이용할 수 있는 전체 cpm의 양을 계산한다. 박테리오파아지 λ arm에 접합에 사용할 수 있는 전체 cDNA의 양을 계산한다. cpm의 양을 계산한다(2차-가닥 cDNA data의 계산을 위해 MC3, Protocol 11.1 Stage 2, Step 8을 보시오).

   이용 가능한 cpm /2차 가닥에 혼합된 cpm × 2 × μg 합성된 2차-가닥 cDNA
   = 접합에 이용 가능한 cDNA의 μg

   모든 것이 잘되었다면, 10 μg의 poly(A)$^+$ RNA로부터 길이가 500 bp 보다 긴 cDNA를 적게는 250−400ng 그리고 많게는 3 μg을 얻을 수 있다.

프로토콜 11.1 (6)

cDNA 라이브러리의 제작
Construction of cDNA Libraries
Stage 6: 박테리오파아지 λ Arms에 cDNA의 접합
Ligation of cDNA to Bacteriophage λ Arms

cDNA 제작의 마지막 단계는 박테리오파아지 λ Arm에 크기로 분류된 cDNA의 접합 최적화와 뒤이은 packaging과 재조합 박테리오파아지의 도말을 포함한다.

MATERIALS

Reagents and Solutions

농축액, 완충액, 시료의 조성은 Appendix 1을 참조하라. 농축액은 적당한 농도로 희석하여 사용하라.

ATP (10mM)

만약, 10× 접합완충용액에 ATP가 포함되어있다면 필요하지 않다.

SM

Vectors and Hosts

박테리오파아지 λ Arm, 프로토콜 2.16의 설명대로 만들거나 상업 제조사로부터 구매함

E.coli, 적당한 균주(MC3, p.11.66, 표 11-4를 보시오)를 16시간이상 배양한 신선한 대장균

Packaging 추출물, 구매 가능함

Enzymes and Buffers

박테리오파아지 T4 DNA 라이게이즈 (100 Weiss units/λ)와 10× 완충용액

제한효소

Nucleic Acids/Oligonucleotides

박테리오파아지 λ DNA, packaging extract의 효율을 결정하는데 사용됨

이 DNA는 보통 구매 가능한 포장 키트로 공급된다.

cDNA

프로토콜 11.1 stage 5, step 12의 설명대로 준비한다.

마커 DNAs

마커 DNA는 크기가 200 bp에서 5 kb인 DNA 조각이어야 한다.

Gels/Loading Buffers

1% 아가로즈 젤, 0.5× TBE로 만들고 실행한다.

Additional Items

이 프로토콜의 Step 7에는 프로토콜 2.23에 적힌 시약이 필요하다.

Water bath 또는 heating/cooling block (16℃)

Additional Information

추가적인 프로토콜 (cDNA라이브러리의 증폭)	MC3, p.11.64
다른 (대안) 프로토콜 (플라스미드 벡터에 cDNA의 접합)	MC3, p.11.63
박테리오파아지 λ 벡터에서 cDNA 라이브러리 증폭에 사용되는 대장균균주	MC3, p. 11.66
In vitro packaging	MC3, pp. 11.113-11.114
박테리오파아지 λ Arm에 cDNA의 접합	MC3, pp. 11.59-11.60
박테리오파아지 λ를 가지는 대장균의 도말	MC3, p.11.62
문제해결	MC3, p.11.64

METHOD

1. 다음과 같은 4 개의 접합/packaging 반응용액을 만든다.

접합	A	B	C	D
λ 벡터 DNA (0.5μg/μl)	1.0 μl	1.0 μl	1.0 μl	1.0 μl
10X T4 DNA 라이게이즈 완충용액	1.0 μl	1.0 μl	1.0 μl	1.0 μl
cDNA	0 ng	5 ng	10 ng	50 ng
박테리오파아지 T4 DNA 라이게이즈 (100 Weiss units/μl)	0.1 μl	0.1 μl	0.1 μl	0.1 μl
10mM ATP (필요하다면)	1.0 μl	1.0 μl	1.0 μl	1.0 μl
H_2O to a final volume of	10 μl	10 μl	10 μl	10 μl

접합 혼합액을 16℃에서 4−16시간동안 반응시킨다. 사용하지 않는 cDNA를 −20℃에 보관한다.

2. packaging 추출물의 제조사로부터 제공되는 지침을 따라 각 접합반응용액의 5 μl를 박테리오파아지 λ 입자안으로 package한다.
3. packaging 반응이 끝난 후에 각 혼합용액에 0.5 ml의 SM을 첨가한다.
4. 적당한 대장균 균주를 신선하게 16시간이상 배양한 것을 이용하여 각 packaging 혼합용액을 10^{-2}으로 희석하여 10 μl와 100 μl씩 도말한다 (Protocol 2.1을 보시오). 벡터/숙주 결합에 필요한 온도에서 8−12 시간동안 플레이트(plate)를 배양한다.
5. 재조합 플라크의 수와 비재조합 플라크의 수를 센다. 접합 A는 제조합 플라크를 형성하지 못하는데 반해 접합 B, C와 D는 재조합 플라크의 수가 증가될 것이다.
6. 재조합 플라크의 수로부터 cDNA 클로닝의 효율(pfu/ng cDNA)을 계산한다. 모든 것이 잘 되었을 경우에, 효율은 적어도 2×10^4 pfu/ng cDNA일 것이다. poly$(A)^+$ RNA 5μg으로부터의 재조합체의 총 효율은 5×10^6을 넘을 것이다.
7. 12개의 재조합 박테리오파아지 λ 플라크를 접종하고, 세포 용해물을 키우고, 적당한 제한 효소로 절단하기위한 DNA를 준비한다.
8. 길이가 DNA 500 bp에서 5 kb인 마커를 이용하여 1% 아가로즈 젤에서 전기영동 하여 삽입된 cDNA의 크기를 분석한다.

프로토콜 11.2 (1)

진핵 발현 라이브러리의 제작과 선별
Construction and Screening of Eukaryotic Expression Libraries
Stage 1: 진핵세포 발현벡터에서 cDNA 라이브러리의 제작과 선별
Construction and Screening of cDNA Libraries in Eukaryotic Expression Vectors

이 프로토콜은 상업적인 kit를 이용하여 어떻게 포유류 벡터에서 cDNA 라이브러리를 제작하는지를 요약한 것이다.

MATERIALS

Reagents and Solutions

농축액, 완충액, 시료의 조성은 Appendix 1을 참조하라. 농축액은 적당한 농도로 희석하여 사용하라.

cDNA 합성 kit (cDNA의 합성과 라이브러리의 제작에 대한 상업적인 kit는 MC3, pp. 11.107–11.108 그리고 11.71을 보시오)

Vectors and Hosts

박테리오파아지 λ arm과 packaging extract, 상업적인 제조사로부터

전기천공용 대장균, 플라스미드 벡터를 위한

또는

대장균, 박테리오파아지 λ의 증식에 적당한 균주를 16시간이상 배양한 신선한 상태 (MC3, p.11.66, 표 11-4를 보시오)

Enzymes and Buffers

제한효소와 10× 공용 KGB 완충용액

Nucleic Acids/Oligonucleotides

발현벡터

플라스미드 벡터와 박테리오파아지 λ 벡터 사이의 선택은 발현에 사용되는 숙주 시스템에 의해 결정된다. 만약, Xenopus 난모세포를 사용한다면, 발현 벡터는 T3, T7 또는 SP6 RNA 중합효소에 대한 프로모터를 가지고 있는 플라스미드 혹은 박테리오파아지 λ를 사용한다. 만약 배양된 세포주를 이용한다면, 플라즈미드 발현벡터는 강력한 특이적 프로모터 (pan-specific promoter)와 강한 전사 종결인자를 포함하는 벡터를 사용해야 한다. 예로는 pCMV 시리즈(Stratagene)의 플라즈미드와 pcDNA4 (Invitrogen)가 있다.

박테리오파아지 λ 벡터의 packaging extracts, 상업적으로 구입가능

Poly(A)$^{+}$ RNA, oligo(dT)-Cellulose 크로마토그래피의 두 단계에 의해 정제

Additional Items

이 프로토콜의 Step 2에는 프로토콜 11.1 Stage 5에 적힌 시약이 필요하다.

이 프로토콜의 Step 8에는 프로토콜 1.26에 적힌 시약이 필요하다.

이 프로토콜의 Step 4와 5에는 프로토콜 11.1 Stage 6에 적힌 시약이 필요하다.

Additional Information

추가 프로토콜 (cDNA 라이브러리의 증폭)	MC3, p. 11.64
대안 프로토콜 (플라스미드 벡터에 cDNA의 접합	MC3, p. 11.63
배경 정보	MC3, pp. 11.68–11.70
박테리오파아지 λ 벡터들에서 cDNA 증폭에 사용되는 대장균 균주	MC3, p. 11.66
In vitro packaging	MC3, pp. 11.113–11.114
박테리오파아지 λ arm에 cDNA의 접합	MC3, pp. 11.59–11.60
E.coli 균주에 박테리오파지 λ 도말	MC3, p. 11.62

METHOD

1. 상용 kit를 이용하여 둔단 (blunt-ended)의 이중가닥 cDNA를 합성하고 말단에 적당한 linker 또는 adapter를 부착한다.

2. 젤 여과 크로마토그래피를 이용하여 이중가닥 cDNA를 크기에 따라 분류한다. 자세한 내용은, 프로토콜 11.1 Stage 5를 보시오.

   만약, 표적 mRNA의 크기를 알고 있다면, 표적 mRNA보다 1Kb 작은 크기에서부터 1kb 큰 크기의 이중가닥 cDNA들을 포함하는 컬럼 분획을 섞는다. 만약 표적 mRNA의 크기를 모른다면, 크기가 다른 cDNA를 포함하는 3 개의 그룹으로 이중가닥 cDNA를 분류한다: 500–1500, 1500–3000 그리고 >3000bp.

3. cDNA의 5′과 3′ 말단에 위치한 linker-adapters에 생기는 서열을 인식하는 두 제한효소로 10–25μg의 플라스미드 또는 박테리오파아지 λ 발현 벡터를 절단한다.

   중요: 두 제한효소가 벡터 DNA를 완전히 절단한 것을 확인하시오. 동시에 자르는 것보다는 순서대로 제한효소 반응을 수행한다; 페놀/클로로포름으로 추출하여 DNA를 정제하고 각 제한요소 반응 후 에탄올로 침전시키며 가능하다면, 젤 전기영동을 이용하여 각 제한효소반응이 완전히 일어났는지 확인한다. cDNA를 클로닝하기전에 발현벡터의 절단이 완전한지 확인하기위해 일부 연구자들은 ploylinker의 SalI과 NotI(또는 다른 제한효소 조합)사이에 200–300bp의 짧은 "stuffer" 조각을 삽입한다.

4. 박테리오파아지 λ arms 또는 플라스미드 DNA에 다른 비율의 cDNA를 이용하여 접합시킨다.

5. 박테리오파아지 λ 조각 안으로 각각의 접합반응의 결과물을 넣는다. 각 반응용액에서 발생된 감염성 입자 (infectious particle)의 적정농도를 결정한다. 혹은, 각 접합반응용액과 함께 전기천공법을 수행하여 대장균을 형질전환 시킨다.

6. 적절한 크기의 cDNA 삽입되었는지를 확인하기 위하여 6 개의 박테리오파아지 λ 또는 플라스미드 재조합체를 테스트하고 가장 많은 수의 재조합체 클론들을 발생시키는 벡터 DNA와 cDNA의 비율을 결정한다. 벡터에 대한 cDNA의 최적 비율을 포함하는 접합반응으로부터 생성될 수 있는 라이브러리의 크기를 계산한다.

7. 최적의 벡터와 cDNA 삽입체의 비율을 이용하여 박테리오파아지 λ 또는 플라스미드 DNA에 가능한 많은 양의 cDNA를 접합시킨다.

   일반적으로 하나의 큰 반응보다는 여러 개로 나누어 접합 반응을 수행하는 것이 적절하다.

8. 아래의 실험방법중 하나를 이용하여 재조합체를 준비하고 분석한다.

   만약 박테리오파아지 λ 벡터를 이용한다면

   packaging extract의 제조업자로부터 제공되는 지침에 따라 박테리오파아지 λ 조각안으로 cDNA를 접합시키고, 바이러스 원액의 적정농도를 측정하며, 원액을 4℃ 보관한다.

   만약 플라스미드 벡터를 이용한다면

   접합반응용액의 작은 양들을 대장균 세포로 전기천공하여 접합반응에서 잠재적인 재조합체의 수를 측정한다(프로토콜 1.26을 보시오).

9. 가능한 빨리 진핵 발현 라이브러리의 선별을 진행한다.

프로토콜 11.2 (2)

진핵 발현 라이브러리의 제작과 선별
Construction and Screening of Eukaryotic Expression Libraries
Stage 2: 진핵 발현 벡터에 클로닝되어있는 cDNA 라이브러리의 선별
Screening cDNA Libraries Constructed in Eukaryotic Expression Vectors

이 실험방법은 관심있는 유전자에 의해 암호화된 단백질에 대한 민감하고 특이적인 생물학적인 분석을 필요로한다(MC3, p. 11.74를 보시오). 발현 라이브러리의 선별에 관련된 일의 양을 최소화하기위해 cDNA 라이브러리는 각각 한정된 수의 cDNA 클론들을 포함하는 그룹(pool)로 나눈다. 하나의 선별 그룹에서 단일 표적 cDNA로 암호화되는 생물학적인 활성의 확인은 분석의 감도와 그룹에서 클론들의 수와 선형함수 (linear function)관계이다. 전체 라이브러리를 선별하기 전에 관련성이 없는 cDNA 클론의 수가 증가하는 경우에 클로닝된 cDNA가 암호화하는 생물학적인 활성을 측정하는 복구(reconstruction) 실험방법을 확립하는 것이 필수적이다. 복구(reconstruction)의 결과는 cDNA 그룹의 최적의 크기를 결정하는데 사용될 수 있다.

MATERIALS

Reagents and Solutions

농축액, 완충액, 시료의 조성은 Appendix 1을 참조하라. 농축액은 적당한 농도로 희석하여 사용하라.

SM

Media and Antibiotics

플라스미드 벡터에 적당한 항생제를 포함한 TB 한천 plate

플라스미드 벡터에 적당한 항생제를 포함하는 Terrific 액체배지 (또는 다른 rich medium)

박테리오파아지 λ의 증식을 위한 Terrific 액체배지 (또는 다른 rich medium)

Enzymes and Buffers

제한효소와 10× 완충용액

Nucleic Acids/Oligonucleotides

cDNA 라이브러리

프로토콜 11.2 Stage 2에 설명된대로 준비한다.

형질전이/주입 대조군들

가능하다면, 원하는 표적 cDNA와 유사한 생물학적 활성을 나타내는 양성 대조군 cDNA를 선택한다. 대조군 cDNA는 (1) 최적의 그룹 크기를 확립하는데 그리고 (2) 주어진 실험의 예상되는 효율을 확인하는데 양성 대조군으로 사용된다. 양성 대조군 cDNA는 적당한 대장균 균주(만약, plasmid-based cDNA library를 선별한다면) 안으로 형질전환되거나 박테리오파아지 λ particle로 package되어야한다.

음성대조군의 두 종류는 Xenopus 난모세포를 이용한 선별 실험에 포함되어야한다: 플라스미드 벡터와 cDNA의 첨가없이 in vitro에서 전사반응 혼합액. 게다가 Step 1은 박테리오파아지 λ 조각안으로 package된 빈 박테리오파아지 λ 발현벡터 또는 빈 플라스미드 발현 벡터로 형질 전환된 대장균을 필요로 한다.

Additional Items

이 프로토콜의 Step 1에는 프로토콜 2.1 또는 2.5 그리고 프로토콜 2.23 또는 2.24에 적힌 시약이 필요하다.

이 프로토콜의 Step 1에는 양성 대조군 cDNA에 의해 암호화되는 생물학적인 활성을 분석하는데 필수적인 시약이 필요하다.

이 프로토콜의 Step 2에는 프로토콜 1.26 그리고 2.1과 2.23 또는 2.24에 적힌 시약이 필요하다.
이 프로토콜의 Step 4에는 표적 cDNA에 의해 암호화되는 생물학적인 활성을 분석하는데 필수적인 시약이 필요하다.
이 프로토콜의 Step 1과 2에는 시판용 플라스미드 정제 키트가 필요하다.
이 프로토콜의 Step 1과 3에는 Chapter 16의 형질전이 프로토콜 중 하나의 시약, 프로토콜 9.6에 적힌 시약 그리고 *Xenopus* 난모세포안으로 분자를 주입하는데 필수적인 시약을 필요하다.

METHOD

1. 유전자 라이브러리에서 원하는 유전자 클론을 탐색하는데 사용될 유전자 도입과 발현 시스템을 가장 효과적으로 활용 하기위해 예비 실험 시리즈들을 준비한다. 생물학적 활성을 조사하기위해 사용가능하고 확실한 분석법이 존재하는 유전자클론을 사용하는 것이 가장 좋다.

만약 진핵세포에서 플라스미드를 발현 시킬 수 있는 벡터와 배양된 세포숙주를 사용할 경우.

a. 대조군으로 사용할 cDNA를 포함하는 플라스미드를 가진 대장균의 단일 콜로니를 10ml의 배양액(rich medium) (예를 들어, 선택적인 항생제를 포함하는 액체배지)에 접종하고 이와 동시에 전기천공법으로 빈 벡터를 도입한 대장균 10, 100, 1000, 10,000 또는 100,000 콜로니들을 함께 접종한다. 다음 37℃ 배양기에서 교반하면서 세포가 포화상태가 되도록 밤새 배양한다.

b. 배양된 포유동물 세포의 효과적인 형질전이를 위해 충분한 순도의 플라스미드 DNA를 준비하기 위해 시판용 유전자 분리 도구를 사용하라(프로토콜 1.9를 보시오)

c. 배양된 진핵세포로 다양한 플라스미드를 형질전이하고 양성 대조군 cDNA에 의해 암호화되어 있는 생물학적 활성을 분석하기 위해 16장에서 기술된 방법들 중 한 가지 또는 그 이상을 사용한다.

   cDNA 라이브러리를 선별할 때, 최대의 생물학적 활성 신호와 만족할 만큼 낮은 바탕신호를 만들어 낼 수 있는 유전자 형질전이 방법을 사용한다.

***Xenopus* 난모세포에 유전자 주입방법으로 도입된 플라스미드 발현 벡터로부터 cDNA를 전사시킬 때 박테리오파아지 RNA 중합효소 (예를들어, T3, T7, or SP6)를 사용하는 경우**

a. 위의 step 1a 와 1b를 따라 유전자를 분리한다.

b. 그룹(pooled)의 정제된 플라스미드 DNA들을 cDNA의 3′ 말단에 위치한 드문 제한효소를 이용하여 이 위치에서 선형화하고, 이것을 주형으로 전사하여 mRNA를 만든다(프로토콜 9.6을 보시오).

c. cDNA들의 그룹으로부터 준비한 mRNA를 Xenopus 난모세포에 주입하고 적당한 생물학적 활성을 분석하거나 적당한 세포주에 mRNA를 형질전이한다.

박테리오파아지가 암호화 하는 RNA 중합효소 프로모터를 포함하는 박테리오파아지 λ(람다) 벡터를 발현 벡터로 선택하는 경우

a. 대조군 cDNA를 가지고 있는 재조합 박테리오파아지 λ(람다)에 비어있는 박테리오파아지 람다 벡터를 다른 비율들로 (10:1, 100:1, 1000:1 등) 혼합하여 박테리오파아지 현탁액의 세트를 만든다. 그리고 액체배양액에서 자라고 있는 대장균 세포가 완전히 용해되거나 세균층의 near confluent 용해가 일어나도록 다양한 박테리오파지의 입자를 적절한 대장균 균주에 감염시킨다 (프로토콜 2.1 또는 2.5를 보시오).

b. 세포배양 접시 또는 (프로토콜 2.23을 보시오) 액체배양액으로부터 (프로토콜 2.24를 보시오) 박테리오파아지 λ DNA를 준비한다.

c. cDNA의 3′ 말단에 위치한 드문 제한효소를 이용하여 이 위치에서 선형화하고 드문 제한효소 작용위치에서 선형화하고, cDNA를 mRNA로 전사한다.

d. *Xenopus* 난모세포에 준비된 mRNA를 주입한 다음, 양성대조군으로 사용된 cDNA의 생물학적 활성을 암호화 하고 있는 mRNA들의 활성을 측정한다.

2. step 1에서 얻은 결과를 대략적인 지표로 사용하여, 발현 라이브러리 그룹을 스크리닝에 적당한 크기로 나누고 이를 대장균에 형질전환 또는 형질전이 한다. 표적 cDNA가 존재하는 그룹(pool)을 선별하는데 사용하기위한 플라스미스나 박테리오파아지 λ DNA를 준비한다.

발현 라이브러리가 플라스미드 벡터에 제작되어있고, 그룹(pool)이 고체배지위에서 자라는 경우.

a. 접합 혼합물 (프로토콜 11.2 stage 1, step 8)을 분주하고 (50–100 분주, 각각의 분획 (aliquot)이 1000개의 재조합체를 만들 수 있는) 각 분주를 전기천공법을 사용하여 대장균 안으로 도입한다. 적당한 항생제를 포함하는 한천 배지 플에이트에 하나에 각 전기천공 큐벳의 전체 내용물을 도말하고 37℃ 배양기에서 밤새 배양한다.

b. 각 플레이트에 생긴 콜로니들의 개수를 계산한다. 각 플레이트로부터 5ml의 배양액 (rich medium)에 (예를 들어, 선택가능한 항생제를 포함하는 Terrific 액체배지) 콜로니들을 긁어 넣어준다. 세균현탁액이 포화상태가 되도록 배양한 다음 선별을 위해 플라스미드 DNA를 정제한다.

발현 라이브러리가 플라스미드 벡터로 제작되어지고, 집합체가 액체배지에서 자라는 경우.

이 과정의 장점은 도말 과정이 생략되어 시간과 노력이 절약되고 기계적인 손상이나 고체배지위에 빈약하게 자라서 각각의 cDNA를 잃어버릴 가능성이 작다.

a. 접합 혼합물 (프로토콜 11.2 stage 1, step 8)에서 분주하고 (50–100 분주, 각각의 분주 (aliquot)가 1000개의 재조합체를 만들 수 있는) 각 분주를 전기천공법을 사용하여 대장균 안으로 도입한다. 형질전환체의 수는 각 배양에서 원하는 집합체 크기와 동일해야한다.

b. 전기천공법이 끝난 후 각 세균배양액에 항생제가 첨가되지 않은 rich medium (예를들어, Terrific 액체배지) 1ml을 즉시 첨가한다. 부드럽게 교반하면서 37℃에서 1시간동안 배양액을 배양한다.

c. 각 5ml의 배양액에 접종하기위해서 각 세균 배양액의 분획 (aliquot)을 사용한다. 세균 현탁액이 포화상태로 자란 후에 선별을 위해 정제된 플라스미드 DNA를 준비한다.

발현 라이브러리가 박테리오파아지 λ 벡터로 제작되어지고 그룹(pool)이 10,000에서 100,000개의 cDNA들을 포함하는 경우

a. 재조합 박테리오파아지 플라크의 반정도 찬 (semiconfluent) 층을 형성하기위해 적당한 부피의 packaging 혼합액을 프레이트에 도말한다. 다른 방법으로는 액체 배양된 대장균의 완전한 용해하기위한 충분한 양의 packaging 혼합액을 사용한다.

b. 플레이트 용해 방법 또는 액체배양방법(프로토콜 2.23 또는 2.24)으로 박테리오파아지 λ DNA를 분리한다.

발현 라이브러리가 박테리오파아지 λ 벡터로 제작되어지고 그룹(pool)이 10,000개 또는 그보다 작은 cDNA들을 포함하는 경우

a. 100mm dish당 1000 pfu의 밀도로 각 그룹(pool)의 재조합 박테리오파아지를 도말한다.

b. 플라크 형성이 끝난 후에 낮은 역가의 플레이트 용해물을 얻기 위해 2-3ml의 SM으로 dish를 덮는다.

c. 낮은 역가의 플레이트 용해물로부터 액체배양의 높은 역가의 원액을 만든다.

d. 액체배양과정(프로토콜 2.24를 보시오)으로 박테리오파아지 λ DNA를 정제한다.

3. 발현 분석을 위해 적당한 배경 (background)으로 정제된 클론을 옮긴다:

클론이 정제된 플라스미드인 경우

배양된 포유류 세포 안으로 형질전이하거나 주형으로 사용하여 박테리오파아지 RNA 중합효소를 이용하여 in vitro에서 RNA를 합성한 후 *Xenopus* 난모세포안으로 주입한다.

클론이 정제된 박테리오파아지 λ DNA인 경우

DNA를 선형화하고 이것을 in vitro에서의 RNA 합성을 위한 주형으로 사용하여 *Xenopus* 난모세포안으로 주입한다.

4. 표적 cDNA에 의해 암호화되어있는 생물학적 활성을 분석한다.

5. cDNA의 양성 그룹 (pool)을 확인한 후에, 확인된 표적 활성을 암호화하는 단일 cDNA를 확인할 때까지 세분화하고 선별하는 작업을 되풀이 한다. 다음과 같은 방법으로 재조합체의 양성그룹의 박테리오파아지 λ DNA 또는 정제된 플라스미드로부터 단일 cDNA를 얻는다.

a. 플라스미드나 박테리오파아지 λ DNA의 양성그룹 (첫번째)을 첫 번째의 그룹의 1/10정도의 형질전환 콜로니나 플라크를 형성할 수 있도록 분주한다.

b. 위의 step 3과4를 반복한다. 재선별 분석에 원래의 양성그룹을 양성대조군으로 사용한다.

c. 원하는 활성을 암호화하는 단일 재조합체를 얻을 때까지 세분과정을 반복한다. 최종 스크리닝에는 잘 분리된 단일 플라크 또는 세균 콜로니로부터 얻은 박테리오파아지 또는 플라스미드 DNA을 사용한다.

6. DNA 서열분석 (12 장), 발현 (15 또는 16 장)그리고 노던 블라팅 (northern blotting) (7 장)으로 표적 활성을 암호화하는 단일 플라크 또는 세균 콜로니를 확인한다.

프로토콜 11.3 (1)

엑손 포착과 증폭
Exon Trapping and Amplification
Stage 1: 라이브러리의 제작
Construction of the Library

이 프로토콜은 형질전환된 포유류 세포에서 클로닝된 엑손이 발현되는 플라스미드 벡터에서 genomic DNA 라이브러리를 어떻게 제작하고 증폭시키는지를 설명한다. 플라스미드 벡터는 Invitrogen에서 구입가능한 pPSL3를 예로 사용하였다.

MATERIALS

CAUTION: 〈!〉표시된 물질의 적절한 사용법은 Appendix 4를 참조하세요.

Reagents and Solutions

농축액, 완충액, 시료의 조성은 Appendix 1을 참조하라. 농축액은 적당한 농도로 희석하여 사용하라.

- ATP (10mM)
  - 만약 10X ligase 완충용액이 ATP를 포함하고 있으면 필요하지 않다.
- 에탄올
- 페놀:클로로포름 (1:1, v/v)〈!〉
- Sodium acetate (3M, pH 5.2)
- TE (pH 8.0)

Vectors and Hosts

- *E.coli* strain HB101, competent for transformation (프로토콜 2.23-2.25를 보시오)
- pSPL3 (Invitrogen) (그림 11-1을 보시오)

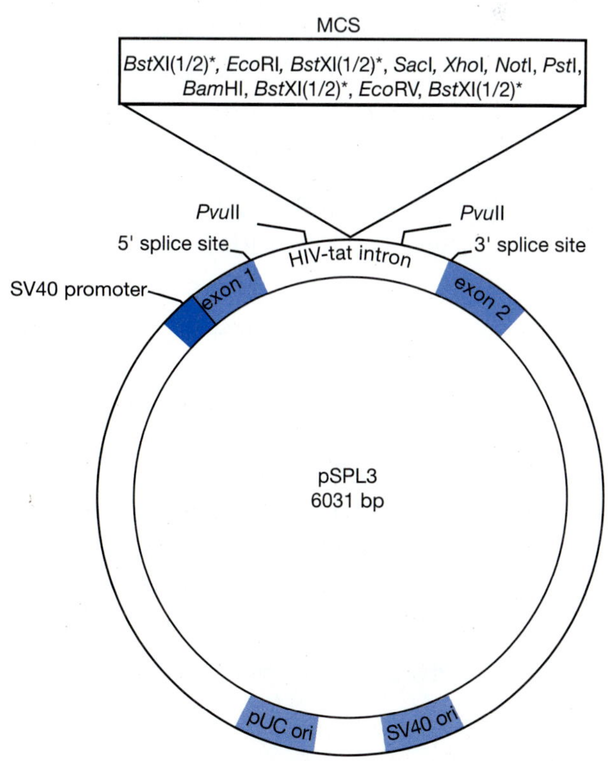

그림 11-1 pSPL3
SV40 프로모터에 의해 이형 작은 유전자가 전사된다. 2 개의 엑손이 HIV-tat 유전자로부터 기원된 인트론에 의해 나누어져 있다. 벡터는 pUC (pUC ori)와 SV40 (SV40 ori)의 복제 시작점 (replication origin)을 가지고 있다.

Adapted from Chapter 11, Protocol 3 Stage 1, p. 11.81 of MC3.

Media and Antibiotics

50 μg/mℓ ampicillin 이 들어있는 LB agar plates
50 μg/mℓ ampicillin 이 들어있는 LB 액체배지
SOC 배지

Enzymes and Buffers

*Pvu*II와 10× 완충용액
제한효소와 적당한 10× 완충용액

Nucleic Acids/Oligonucleotides

4장의 설명대로 정제된 genomic DNA의 표적부위를 포함하는 Cosmid, BAC 또는 PAC 재조합 클론들 또는
6장의 설명대로 정제된 genomic DNA

Gels/Loading Buffers

0.9% 아가로즈 젤, 0.5× TBE로 만들고 실행한다.

Additional Items

이 프로토콜의 Step 1에는 프로토콜 1.20에 적힌 시약이 필요하다.
이 프로토콜의 Step 6에는 프로토콜 1.23-1.25에 적힌 시약이 필요하다.
이 프로토콜의 Step 10과 12에는 프로토콜 1.1 또는 1.9에 적힌 시약이 필요하다.
Water bath 또는 heating/cooling blocks (65℃, 15℃, 그리고 37℃)

Additional Information

엑손 포착의 개요 MC3, p. 11.79

METHOD

1. 게놈(genomic) DNA의 삽입에 이용될 제한효소로 pSPL3을 절단한다. 선형화된 벡터의 말단을 탈인산화시키고 전기영동으로 벡터를 정제한다.
2. 1-2μg의 게놈 DNA 또는 게놈 표적 DNA를 포함하는 재조합 벡터를 step1의 pSPL3 절단에 사용된 효소와 호환 가능한 제한효소로 절단한다.
3. 10%의 절단된 게놈 DNA를 TAE를 이용해 만들고 실행(run)하는 0.9% 아가로즈 젤에서 절단된 genomic DNA의 10%를 분석한다.
4. 65℃에서 15분 동안 반응용액에 열을 가하여 절단된 게놈 DNA로부터 제한효소를 비활성화시킨다. 페놀:클로포름으로 반응용액을 추출하고 에탄올 침전으로 DNA를 회수한다. TE(pH 8.0)에 100μg/ml의 농도로 DNA를 다시 녹인다.
5. 아래의 방법으로 벡터에 게놈 DNA를 접합시킨다:

절단된 genomic DNA	150 ng
절단되고 탈인산화된 pSPL3 벡터	50 ng
10× 접합 완충용액	1 μl
박테리오파아지 T4 DNA라이게이즈	10 Weiss units
H_2O	to 10 μl

반응용액을 15℃에서 16시간이상 (overnight) 반응시키거나 실온에서 2-3시간 반응시킨다.

반드시 벡터만 들어있는 대조군이 포함되어야 한다. 이 대조군은 라이브러리의 질을 평가하는데 중요하다.

6. 40 μl의 competent HB101 균주를 접합반응용액으로 형질전환 시킨다.

   효율을 평가하는 양성(벡터 DNA만 포함된)과 음성(DNA가 들어있지 않은) 형질전환 대조군을 반드시 포함해야 한다.

   중요: 다른 대장균 균주에서는 pSPL3이 불안정하기 때문에 벡터와 라이브러리의 증식에 HB101의 사용은 필수적이다.

7. 형질전환 후에 균주에 800 μl의 SOC배지를 첨가하고 플라스미드에 암호화된 항생제 저항 마커가 발현되도록 37℃에서 30-45분 동안 배양한다.
8. Ampicillin을 넣고 37℃에서 16시간이상 균주를 성장시켜 라이브러리를 증폭한다.

   만일 단일 코스미드를 이용한다면,

   50 μg/ml의 ampicillin이 들어있는 LB 한천 배지 플레이트에 형질전환 혼합액 100 μl를 평판도말한다. 50 μg/ml의 ampicillin이 들어있는 2 m의 LB 액체 배지에 나머지 형질전환 잔여물을 키운다.

   만일 BAC, PAC 또는 코스미드 그룹을 이용하였다면

   50μg/ml의 ampicillin이 들어있는 분리된 150mm LB 한천 배지 플레이트에 형질전환 혼합액 전체를 평판도말한다.

9. 재조합 클론의 수와 비재조합(예, pSPL3만을 포함하는 접합 혼합액을 HB101에 형질전환하여 형성된 콜로니) 클론의 수를 비교하여 접합의 효율을 추정한다.
10. 150mm LB 한천 배지 플레이트에 라이브러리가 증폭되었다면, step 11로 진행한다. 액체배지에 게놈 라이브러리가 증폭되었다면 standard alkaline lysis 방법(프로토콜 1.1을 보시오) 또는 상업적인 플라스미드 정제 kit를 이용하여 대장균으로부터 플라스미드 DNA를 분리한다. step 13으로 진행한다.
11. 큰 LB agar 배지 플레이트 위에 전체 라이브러리가 배양되었다면 (덮여있다면), 10 ml의 LB 액체 배지를 배양접시에 채우고 한천표면으로부터 콜로니들을 부드럽게 긁어낸다. 긁혀 LB 액체 배지 안으로 들어오는 한천의 양을 최소화한다.
12. 표준의 alkaline lysis minipreparation (프로토콜 1.1)의 변형된 방법으로 플라스미드 DNA를 분리한다: alkaline lysis solution I (300 μl), II (600 μl), 그리고 III (450 μl)의 세 가지 양을 대장균 침전물에 첨가한다. 과정을 단순화하면, alkaline lysis solution I을 첨가한 후에 대장균 현탁액(slush)을 2 ml 마이크로퓨즈튜브로 옮긴다. 나머지 과정은 2 ml 튜브 안에서 수행할 수 있다. alkaline lysis solution III를 첨가한 후에 원심분리하고, 회수된 정제되지 않은 핵산 수용액을 2 개의 1.5 ml 튜브에 나눈다. 페놀:클로로포름과 클로로포름으로 수용액을 추출한다. 아이소프로판올로 수용액을 침전시키고 두개의 용해되어있는 DNA 침전물을 모은다. 다른 방법으로, 상업적인 플라스미드 정제 kit를 이용한다(프로토콜 1.9).
13. *Pvu*II로 정제된 DNA의 분획(aliquote)을 절단하여 라이브러리의 질을 평가한다.

프로토콜 11.3 (2)

엑손 포착과 증폭
Exon Trapping and Amplification
Stage 2: COS-7 세포주로의 라이브러리의 전기 천공법
Construction of the Library

이 단계에서 COS-7 세포주는 관심 있는 게놈 DNA를 포함하는 플라스미드 라이브러리로 형질전이 된다.

MATERIALS

Cells, Tissues/culture Media

COS-7 세포주

COS-7 세포주는 Dulbecco's Modified Eagle's Medium (DMEM, 10% 열로 비활성화시킨 송아지 혈청이 포함된) +1% 송아지 혈청에서 세포밀도가 75-85%에 이를때까지 키운다.

Ca^{++}와 Mg^{++}가 없는 Phosphate-buffered saline (PBS)

Trypsin-EDTA

Nucleic Acids/Oligonucleotides

전기천공법을 위한 플라스미드 DNA 라이브러리 (이온들이 결여된 PBS에 ~20 μg/ml)

프로토콜 11.3 stage1에 설명된 대로 준비한다.

대조군 플라스미드

Centrifuges/Rotors/Tubes

Sorvall H-1000B rotor (4℃)

Additional Items

전기천공법 장치와 분리된 0.4 cm 전극(electrodes 0.4cm apart)에 맞는 큐벳

조직 배양장비

Additional Information

전기천공법	MC3, pp. 16.33-16.34와 16.54-16.57
엑손 포착의 개요	MC3, p. 11.79

METHOD

1. 2가의 이온들이 결여된 PBS로 배양접시에 반쯤 찬 COS-7 세포주위 단층을 세척한다. Trypsin-EDTA를 처리하여 배양접시의 표면으로부터 세포주를 떼어낸다. 4℃에서 10분동안 250g(Sorvall rotor에서 1100rpm)로 원심분리하여 세포주를 모은다.

   중요: 진행하는 동안 세포주를 차갑게 유지한다.

2. 형질전이에 사용될 DNA 샘플의 부피를 2가의 이온들이 결여된 PBS를 첨가하여 100 μl로 맞춘다.
3. 2가의 이온들이 결여된 PBS 700 μl에 4×10^6 COS-7 세포주를 다시 현탁시킨다. 차가운 전기천공법용 큐벳(0.4cm chamber)에서 DNA와 세포주를 섞는다. 혼합액을 얼음에서 10분동안 반응시킨다.
4. 세포주를 조심스럽게 다시 현탁시키고 1.2kV (3kV/cm)와 25 μF에서 전기천공법을 사용하여 세포주안으로 DNA를 도입시킨다. 즉시 큐벳을 다시 얼음에 꽂고 10분 동안 둔다.

 Adapted from Chapter 11, Protocol 3 Stage 2, p. 11.85 of MC3.

5. 파이펫을 이용하여 전기천공된 세포주의 1×10^6을 열로 비활성화시킨 송아지 혈청이 10% 포함된 DMEM (37℃로 데워져 있는) 10 ml이 들어있는 일련의 조직배양 접시로 옮긴다. 5–7%가 CO_2인 공기가 공급되는 배양기의 37℃에서 48–72 시간동안 배양한다.

프로토콜 11.3 (3)

엑손 포착과 증폭

Exon Trapping and Amplification

Stage 3: mRNA 모음

Harvesting the mRNA

여기에 사용된 표준기술은 관심 있는 게놈 DNA가 들어있는 재조합 플라스미드 라이브러리로 형질 전환된 COS 세포주로부터 세포질 RNA를 분리하기 위한 것이다.

MATERIALS

CAUTION: 〈!〉표시된 물질의 적절한 사용법은 Appendix 4를 참조하세요.

Reagents and Solutions

농축액, 완충액, 시료의 조성은 Appendix 1을 참조하라. 농축액은 적당한 농도로 희석하여 사용하라.

- DEPC가 처리된 H_2O 〈!〉
- 에탄올
- 에탄올 (70%)
- NaCl (5 M)
- 페놀, equilibrated and H_2O saturated 〈!〉
- 페놀:클로로포름 (1:1, v/v) 〈!〉
- SDS (5% w/v)
- TKM 완충용액
  - 10 mM Tris-Cl (pH 7.5)
  - 10 mM KCl
  - 1 mM $MgCl_2$
- Triton X-100 (10% v/v) 또는 Nonidet P-40 (4% v/v)

Cells, Tissue/culture Media

- pSPL3 (프로토콜 11.3 Stage 2를 보시오)의 재조합형과 비재조합형으로 형질전환 COS-7세포주
- Ca^{++}와 Mg^{++}가 첨가되지 않은 Phosphate-buffered saline (PBS)

Centrifuges/Rotors/Tubes

- Sorvall H-1000B rotor (4℃)

Additional Items

- 조직 배양 장비 (Tissue-culture paraphernalia)

Additional Information

어떻게 RNase와의 전쟁에서 승리하는가 MC3, p.7.82
RNase의 저해제 MC3, p.7.83

METHOD

1. 형질전환된 COS7 세포주의 세포배양접시를 칼슘이온과 마그네슘이온이 결여된 얼음같이 찬 PBS로 세 번 헹구어준다. 헹구는 동안 세포배양접시를 얼음위에 둔다.

Adapted from Chapter 11, Protocol 3 Stage 3, p. 11.87 of MC3.

2. 각 배양접시에 얼음같이 찬 PBS 10 ml을 첨가한다. 배양접시를 얼음위에 두고 조심스럽게 세포를 긁어 낸다.
3. 세포 현탁액을 냉각된 15 ml 폴리스티렌 튜브로 옮긴다.
4. 4℃에서 8분 동안 300g (Sorvall H-1000B rotor에서 1200 rpm)로 원심 분리하여 세포를 모은다.
5. 가능한 많은 양의 상층액을 따라버린다. 파이펫으로 남은 상층액을 제거한다.
6. 1× 10^6에서 2×10^6 사이의 COS 세포 침전물을 300 μl의 TKM 완충용액으로 다시 현탁시키고 현탁액을 얼음에 5 분간 둔다.
7. 10% Triton X-100 또는 4% Nonidet P-40 15 μl를 첨가하고 세포 현탁액을 얼음에 5 분간 더 둔다.
8. 4℃에서 5분동안 500g (Sorvall H-1000B rotor에서 1500 rpm)로 원심 분리하여 핵들을 모은다.
9. 상층액을 냉각된 1.5㎖ 마이크로퓨즈 튜브로 옮긴다.

   중요: 상층액을 옮길 때 극도로 조심해야 한다. 핵 침전물을 건드리지 마시오. 만약 핵막이 파열된다면, genomic DNA로 오염되기 때문에 샘플은 점성을 띨 것이다.

10. 20 μl의 5% SDS와 300 μl의 페놀을 첨가한다. 혼합용액을 강력하게 교반하고 마이크로퓨즈로 4℃에서 5분 동안 최고속도로 원심 분리하여 유기용매층 (organic phases)과 수용액층(aqueous phases)으로 분리한다.
11. 300 μl의 페놀:클로로포름이 들어있는 1.5ml 마이크로퓨즈 튜브에 수용액층(위)을 옮긴다. 현탁액을 강하게 교반하고 마이크로퓨즈로 실온에서 3분 동안 최고속도로 원심분리하여 유기용매층 (organic phases)과 수용액층(aqueous phases)으로 분리한다.
12. 상층액을 12 μl의 5M NaCl과 750 μl의 에탄올이 들어있는 냉각된 1.5 ml 마이크로퓨즈 튜브로 옮긴다. -20℃에서 2-3시간 또는 -80℃에서 30분동안 두어 RNA를 침전시킨다.
13. 마이크로퓨즈로 4℃에서 10분 동안 최고속도로 원심분리하여 RNA를 침전시킨다.
14. 상층액을 제거하고 70% 에탄올로 침전물을 세척한다. 침전물 (pellet)을 공기건조하고 20 μl의 DEPC가 처리된 물에 침전물을 녹인다.

프로토콜 11.3 (4)

엑손 포착과 증폭
Exon Trapping and Amplification
Stage 4: 역전사중합효소연쇄반응
Reverse Transcriptase-PCR

프로토콜의 이 단계에서, 프로토콜 11.3 Stage 3에서 분리된 RNA로부터 생성된 cDNA 분자를 PCR로 증폭한다. 기능을 가진 3′과 5′ 스플라이스 부위를 포함하는 증폭된 cDNA들은 *Bst*XI로 절단하여 선별되고 Bluescript 벡터로 클로닝된다.

MATERIALS

CAUTION: 〈!〉표시된 물질의 적절한 사용법은 Appendix 4를 참조하세요.

Reagents and Solutions

농축액, 완충액, 시료의 조성은 Appendix 1을 참조하라. 농축액은 적당한 농도로 희석하여 사용하라.

- Chloroform 〈!〉
- DEPC-treated H_2O 〈!〉
- Dithiothreitol (1 M)
- 각각의 농도가 1.25 mM인 4개의 dNTP를 포함하는 dNTP 용액
- 페놀, equilibrated and H_2O saturated 〈!〉
- RNasin 또는 other placental RNase 저해제

Vectors and Bacterial Strains

- *E.coli* strain DH5α
- pBlueScript II (pBSII) (KS 또는 SK) (Stratagene)

Media and Antibiotics

- 50 μg/mℓ ampicillin 이 들어있는 LB agar plates

Enzymes and Buffers

- Mo-MLV 역전사효소
- 제한효소 *Bst*XI과 *Eco*RV, 그리고 10× 완충용액
- 내열성의 DNA 중합효소 그리고 10× 증폭완충용액
  - 500 mM KCl
  - 100 mM Tris-Cl (pH 8.3, 실온)
  - 15 mM $MgCl_2$
- 우라실-DNA 글리코실레이즈 (1 unit/μl)

Nucleic Acids/Oligonucleotides

올리고뉴클레오타이드 프라이머 (20mM in TE [pH 8.0])

SA2	5′ ATC TCA GTG GTA TTT GTG AGC 3′
SD6	5′ TCT GAG TCA CCT GGA CCA CC 3′
SDDU	5′ AUA AGC UUG AUC UCA CAA GCT GCA CGC TCT AG 3′
SADU	5′ UUC GAG UAG UAC UTT CTA TTC CTT CGG GCC TGT 3′
BSD-U	5′ GAU CAA GCU UAU CGA TAC CGT CGA CCT 3′
BSA-U	5′ AGU ACU ACU CGA AUT CCT GCA GCC 3′

올리고뉴클레오타이드 SDDU, SADU, BSD-U와 BSA-U의 5′ 위치에는 접합 비의존적 클로닝(ligation-independent cloning)을 촉진하는 우라실 잔기를 포함한다 (MC3 PP. 11.121-11.124를 보시오). 올리고뉴클레오타이드 SADU와 SDDU는 내부 프라이머 (nested primers)이다.

Adapted from Chapter 11, Protocol 3 Stage 4, p. 11.89 of MC3.

RNA는 대조군과 재조합 벡터로 형질전환된 COS-7 세포주로부터 분리된다 (프로토콜 11.3 Stage 3).

Gels/Loading Buffers

1.5% 아가로즈 젤, 0.5× TBE로 만들고 실행한다.

Additional Items

Barrier tips for automatic pipettor
경미네랄 오일 또는 왁스 구슬 (선택가능, Step 3과 10을 보시오)
Microtiter plates 또는 0.5㎖이고 얇은 벽이 있는 마이크로퓨즈 튜브
Positive displacement pipette
이 프로토콜의 step 14에는 프로토콜 1.25에 적힌 시약이 필요하다.
Thermal cycler, (원하는 증폭 프로토콜로 설정된)
Water bath/heating/cooling blocks (42℃, 55℃, 그리고 65℃)

Additional Information

어떻게 RNase와의 전쟁에서 승리하는가	MC3, p.7.82
RNase의 저해제	MC3, p.7.83

METHOD

1. 첫 번째 가닥 cDNA는 이전단계 (Stage 3)에서 분리한 세포질 RNAs로부터 SA2 올리고뉴클레오타이드를 프라이머로 이용하여 형성한다. RNase-free 0.5㎖ 튜브에 다음을 넣는다.

RNA	3 μl
10× 증폭완충용액 (amplification buffer)	2.5 μl
dNTP 용액 (각각 1.25 mM)	4 μl
0.1M dithiothreitol	1 μl
3′ oligo (SA2, 20 μM)	1.25 μl
DEPC가 처리된 물	11.25 μl

65℃에서 5분 동안 반응용액에 열을 가한다.

중요: RNA의 2 차 구조의 형성을 줄이기 위해, 반응용액을 얼음에 두지 마시오.

다음을 추가:

RNase 저해제	1 μl
Mo-MLV 역전사효소 (200 unit)	1 μl

42℃에서 90분 동안 반응용액을 반응시킨다.

2. 제한된 두 번째 가닥 합성에 SA2 올리고뉴클레오타이드 프라이머와 SD6 올리고뉴클레오타이드 프라이머 둘 다를 사용한다. 멸균된 얇은 벽을 가진 증폭 튜브에 다음을 첨가한다:

역전사 반응 (Step 1)	12.5 μl
10× 증폭완충용액 (amplification buffer)	4 μl
dNTP 용액 (각각 1.25 mM)	6 μl
SA2 올리고뉴클레오타이드 프라이머 (20 μM)	2 μl
SD6 올리고뉴클레오타이드 프라이머 (20 μM)	2.5 μl
Taq DNA 완충용액	1–2 units
DEPC가 처리된 물	to 40 μl

vector-only 대조군을 같은 방법으로 진행한다. 이것은 PCR 분석 동안에 중요한 대조군이 될 것이다.

3. Thermal cycler의 가열성 커버가 꼭 맞지 않으면, 경미네랄 오일(light mineral oil) 한방울(~50μl)로 반응용액을 덮는다. 다른 방법으로 hot start 법을 이용한다면, 튜브에 파라핀 왁스구슬을 넣을 수도 있다. 튜브를 thermal cycler에 넣는다.

4. 테이블에 적혀있는 온도와 변성, 결합 그리고 중합 시간을 이용하여 핵산을 증폭한다.

Cycle Number	Denaturation	Annealing	Polymerization
1cycle	5min at 94℃		
5–6cycle	30sec at 94℃	30 sec at 62℃	3min at 72℃
Last cycle			5min at 72℃

시간과 온도는 특정 반응 조건에 맞추어야한다.

이 PCR의 목적은 *Bst*XI 절단을 위한 이중가닥 재료를 생성하는 것이다.

3분 동안의 중합반응은 처음 PCR에서 더 긴 cDNA 결과물의 획득 효율성을 증가하기 위하여 이용된다. 주기 횟수를 조절함으로서 PCR의 잘못. 결과의 생성을 최소화하기 위하여 사용된다. 벡터 DNA만으로 형질전이 된 COS-7 세포주로부터 증폭된 재료도 지속적으로 같이 진행한다 (프로토콜 11.3 stage 2).

5. PCR 결과물에 30 unit의 *Bst*XI을 첨가한다. 경미네랄 오일로 반응혼합액을 덮고 55℃에서 혼합용액을 밤새도록 반응시킨다.

6. 20 unit의 *Bst*XI을 PCR 결과물에 추가로 첨가하고 반응용액을 55℃에서 2–3 시간 더 반응시킨다.

7. 그 동안, 1μg의 pBSII(KS 또는 SK)를 *Eco*RV로 완전히 절단한다. 페놀로 추출하고 에탄올로 침전시켜 DNA를 정제한다. 물에 절단된 DNA를 2 ng/μl의 농도로 녹인다.

8. 0.5ml 증폭튜브에 다음을 섞는다:

*Bst*XI으로 절단된 RT-PCR 결과물 (Step 6)	5–10 μl
10× 증폭 완충용액	4.5 μl
dNTP 용액 (1.25 mM)	7.5 μl
SADU 올리고뉴클레오타이드(20 μM)	2.5 μl
SDDU 올리고뉴클레오타이드(20 μM)	2.5 μl
Taq DNA중합효소	10–20 units
H_2O	to 45 μl

9. 다른 0.5 ml 증폭튜브에 다음을 섞는다:

*Eco*RV으로 절단된 pBSII (KS 또는 SK)(2ng/μl)	10 μl
10× 증폭 완충용액	10 μl
dNTP 용액 (1.25 mM)	16 μl
BSD-U 올리고뉴클레오타이드(20 μM)	5 μl
BSA-U 올리고뉴클레오타이드(20 μM)	5 μl
Taq DNA중합효소	2–4 units
H_2O	to 100 μl

10. 만약 Thermal cycler의 가열성 커버가 꼭 맞지 않으면, 경미네랄 오일(light mineral oil) 한 방울(~50 μl)로 반응용액 (step 8과9)을 덮는다. 다른 방법으로 hot start 방법을 이용한다면, 튜브에 파라핀 왁스 구슬을 넣을 수도 있다. 튜브를 thermal cycler에 넣는다.

11. 테이블에 적혀있는 온도와 변성, 결합 그리고 중합 시간을 이용하여 핵산을 증폭한다.

Cycle Number	Denaturation	Annealing	Polymerization
1cycle	5min at 94℃		
25–30cycle	30sec at 94℃	30 sec at 62℃	3min at 72℃
Last cycle			5min at 72℃

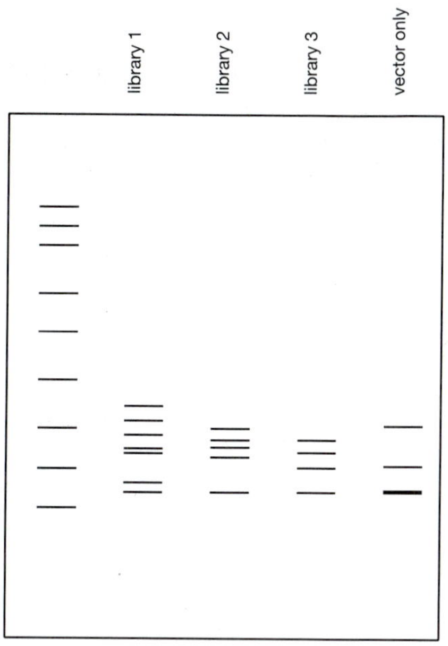

그림 11-2 클로닝하기 전 엑손포착결과물을 SADU와 SDDU로 증폭시킨 후 발생 가능한 결과를 보여주는 대표적인 젤

비재조합 pSPL3를 증폭한것은 오른쪽 line(vector만)에 보인다. 가장 낮은 밴드는 벡터의 splice 결과를 나타내지만 다른 두 밴드는 벡터에있는 다른위치로부터 유래한 것이다. 다른 세 lane(라이브러리 1, 2, 3)은 대표적인 3개의 전형적인 증폭반응을 나타낸다. 벡터-only 밴드는 모든 lane에 존재하지만 밴드의 강도는 감소된다. (변형되고 허가된, D.M. Church와 A.J. Butler로부터, *Methods Enzymol.* **303**: 83-99.)

시간과 온도는 특정 반응 조건에 맞추어야한다.

두 번째 라운드 PCR 증폭에는 dTTP 보다 dUTP를 포함하고 있는 5′ 말단 프라이머를 사용한다. 이것은 접합 비의존적 클로닝 (ligation-independent cloning)을 쉽게 만든다. BSD-U와 BSA-U의 5′말단은 SADU와 SDDU의 5′ 말단에 상보적이다.

증폭을 수행한 날과 같은 날 우라실 DNA 글리코실레이즈 반응(step 13)을 수행하는 것이 가장 좋다. 그것이 불가능하다면, 페놀:클로로포름으로 추출하고 에탄올로 침전하여 증폭반응용액을 정제하고 사용하기 전까지 −20℃에 보관한다. dU−증폭된 벡터는 −20℃에서 수 주 동안 보관할 수 있다.

12. PCR 결과물의 일부를 TBE 1.5% 아가로즈 젤에서 전기영동 하여 반응의 질을 평가한다. 몇 개의 증폭 결과물은 밴드가 늘어져서(smear) 나올 수 있다. (그림 11.2를 보시오)

13. 0.5ml 마이크로퓨즈 튜브에 다음을 섞는다:

Step 11에서 증폭된 *Bst*XI으로 절단된 cDNA (Step 8)	3μl
Step 11에서 증폭된 *Eco*RV으로 절단된 pBSII DNA (Step 9)	1μl
10× 증폭 완충용액	1μl
우라실 DNA 글리코실레이즈 (UDG; 1 unit/μl)	1μl
H_2O	to 100μl

반응 혼합용액을 37℃에서 적어도 30분 동안 반응시킨다.

중요: 이 반응 동안에, dU잔기를 포함하는 DNA는 우라실 DNA 글리코실레이즈에 의해 절단된다. 게다가, 플라스미드의 상보적인 말단과 증폭된 cDNA가 서로 붙어서 재조합분자를 형성한다. 벡터와 PCR 결과물의 비특이적으로 붙는 것을 방지하기위해 37℃에서 반응이 끝난 후에 반응용액을 얼음에 꽂아두지 않는다. 만약 step 14와 15를 즉시 수행하지 않는다면, 37℃에 반응용액을 남겨두거나 −20℃에 보관한다.

14. $CaCl_2$ 형질전환 과정(프로토콜 1.25를 보시오)을 이용하여 UDG 반응용액 전체를 30−50 μl의 DH5α 대장균균주에 형질전환 한다.

15. 50 μg/ml의 ampicillin이 들어있는 LB 한천 배지 플레이트에 형질전환 반응용액 100−500 μl를 평판도말하고 37℃에서 밤새 배양한다.

프로토콜 11.3 (5)

엑손 포착과 증폭
Exon Trapping and Amplification
Stage 5: 클론들의 분석
Analysis of Clones

이 프로토콜의 최종단계는 엑손포착 결과물의 증폭과 서열 확인을 포함하고 있다.

MATERIALS

Reagents and Solutions

농축액, 완충액, 시료의 조성은 Appendix 1을 참조하라. 농축액은 적당한 농도로 희석하여 사용하라.

10× 증폭 완충용액 (Amplication buffer)

dNTP 용액, 각각의 농도가 1.25 Mm 인 4 개의 dNTP를 포함하는

Media and Antibiotics

50 μg/mℓ ampicillin 이 들어있는 LB 배지

30 % (v/v) 글리세롤이 들어있는 LB 배지

Enzymes and Buffers

내열성의 DNA 폴리머레이즈와 10X 증폭 완충용액

500 mM KCl

100 mM Tris-Cl (pH 8.3, 실온)

15 mM $MgCl_2$

Nucleic Acids/Oligonucleotides

엑손포착 결과물이 BstII 벡터로 클로닝되었다(프로토콜 11.3 Stage 4를 보시오)

올리고뉴클레오타이드 프라이머들 (20mM TE [pH 8.0])

T3	5′ AAT TAA CCC TCA CTA AAG GG 3′
T7	5′ GTA ATA CGA CTC ACT ATA GGG C 3′
-20	5′ GTA AAA CGA CGG CCA GT 3′
REV	5′ AGC GGA TAA CAA TTT CAC ACA GG 3′

Gels/Loading Buffers

1.5% 아가로즈 젤, 0.5× TBE로 만들고 실행한다.

Additional Items

Barrier tips for automatic pipettor

경미네랄 오일 또는 왁스 구슬 (선택가능, Step 4를 보시오)

Microtiter plates(96 well)

Multichennel pipette

Positive displacement pipette

Replicating device (96 prong)

이 프로토콜의 Step 8에는 프로토콜 12.3-12.5에 적힌 시약이 필요하다.

Thermal cycler, 원하는 증폭 프로토콜로 설정된

Additional Information

세균 배양액의 저장 MC3, p. A8.5

METHOD

1. 50 μg/ml의 ampicillin이 들어있는 LB 액체배지를 96 well microtiter plate의 각 well에 100μl씩 넣는다. 형질전환된 콜로니(프로토콜 11.3 Stage 4, Step 15)를 각 well에 하나씩 옮긴다. 파라필름으로 plate를 덮고 37℃에서 3-4시간동안 콜로니를 키운다. plate를 흔들지 않아도 된다.
2. 다음의 조성을 넣어 PCR의 master mix (100 well에 충분한 양)를 준비한다.

10× 증폭완충용액	250 μl
1.25mM dNTP 용액	400 μl
-20 올리고뉴클레오타이드 프라이머 (20μM)	125 μl
REV 올리고뉴클레오타이드 프라이머	125 μl
H_2O	1475 μl
Taq DNA 중합효소	75 units

새로운 96well plate의 각 well에 master mix를 24 μl씩 넣는다.

3. 96-prong replicating device를 이용하여 Step 1의 plate의 박테리아 배양액을 PCR master mix가 들어있는 plate로 옮긴다.
4. 만약 Thermal cycler의 가열성 커버가 꼭 맞지 않으면, 경미네랄 오일(light mineral oil) 한방울(~50 μl)로 반응용액을 덮는다. 다른 방법으로 hot start 방법을 이용한다면, 튜브에 파라핀 왁스구슬을 넣을 수도 있다. 96well plate를 thermal cycler에 넣는다.
5. 테이블에 적혀있는 온도와 변성, 결합 그리고 중합 시간을 이용하여 핵산을 증폭한다.

Cycle Number	Denaturation	Annealing	Polymerization
1cycle	5 min at 94℃		
25-30cycle	30 sec at 94℃	30 sec at 62℃	3 sec at 72℃
Last cycle	30 sec at 94℃	30 sec at 62℃	5 min at 72℃

시간과 온도는 특정 반응 조건에 맞추어야한다.

6. 멀티채널 파이펫을 이용하여 박테리아 콜로니들을 포함하는 96well plate(Step1의)의 복사본을 만들고 37℃에서 16시간이상 배양한다. 다음날, 각 well에 30% 글리세롤이 들어있는 LB 배지 100 μl를 첨가한다. 파라필름으로 배양접시를 밀봉하고 -80℃에 보관한다.
7. 1.5% 아가로즈 젤에서 전기영동하여 Step 5의 증폭 결과물을 분석한다.
8. 각 엑손포착 결과물의 서열을 확인한다(프로토콜 12.3-12.5를 보시오).
   만약 pBSIISK-를 클로닝에 사용하였다면, 서열분석 프라이머인 T7은 엑손포착 결과물의 5′ 말단부터 서열을 밝힌다. 엑손포착 결과물은 pSPL3에서 유래된 다음의 서열 사이에 위치한다:

   5′ GTCGACCCAGCA 엑손포착 결과물 서열 ACCTGGAGATCC 3′

프로토콜 11.4

큰 genomic 클론들에서 cDNA의 직접적인 선택
Direct Selection of cDNAs with Large Genomic Clones

이 실험방법의 목적은 게놈 DNA의 클로닝된 조각으로부터 전사활성을 가진 유전자를 확인하는 것이다. 이 프로토콜에서는 혼성과 친화정제를 이용하여 BAC 벡터에 클로닝된 사람 DNA의 500-kb 조각에 결합하는 cDNA들을 찾는다. 그러나 이 방법은 고효율벡터에 클로닝된 게놈 DNA의 다른 클론들에도 쉽게 적용된다.

MATERIALS

CAUTION: 〈!〉표시된 물질의 적절한 사용법은 Appendix 4를 참조하세요.

Reagents and Solutions

농축액, 완충액, 시료의 조성은 Appendix 1을 참조하라. 농축액은 적당한 농도로 희석하여 사용하라.

- ATP (10 mM)
  - 만약 10× 라이게이즈 완충용액에 ATP가 포함되어있다면 필요하지 않다.
- Biotin-16-dUTP (0.04 mmole)
- 클로로포름 〈!〉
- dNTP 용액, 각각의 농도가 0.4 mM인 4개의 dNTP를 포함
- dNTP 용액, 각각의 농도가 2.5 mM인 4개의 dNTP를 포함
- 에탄올
- 2× 혼성용액
  - 1.5 M NaCl
  - 40 mM Na phosphate buffer (pH 7.2)
  - 10 mM EDTA (pH 8.0)
  - 10× Denhardt's solution
  - 0.2% SDS
- NaOH (0.1 M) 〈!〉
- 페놀, equilibrated (pH 8.0) and H_2O saturated
- 페놀: 클로로포름 (1:1, v/v) 〈!〉
- SDS (10% w/v)
- Sodium acetate (3 M, pH 5.2)
- 20× SSC
- Streptavidin bead-binding buffer
  - 10mM Tris-Cl (pH 7.5)
  - 1mM EDTA (pH 8.0)
  - 1M NaCl
- Tris-Cl (1 M, pH 7.5)

Enzymes and Buffers

- 박테리오파아지 T4 DNA 라이게이즈 그리고 제조사로부터 제공된 10× 접합 환충용액
- 10× Nick-translation buffer
  - 500 mM Tris-Cl (pH 7.5)
  - 100 mM $MgCl_2$
  - 50 mM dithiothreitol
- Nick-translation mixture
  - *E.coli* DNA 중합효소 I (0.5 units/μl) +pancreatic DNase I (0.007 units/μl) (from BioNick [Invitrogen] 또는 homemade)
- 제한효소와 10× 완충용액
- 내열성의 DNA 중합효소 그리고 10× 증폭 완충용액 +gelatin

Adapted from Chapter 11, Protocol 4, p. 11.98 of MC3.

150 mM KCl
100 mM Tris-Cl (pH 8.3, 실온)
15 mM $MgCl_2$
0.01% (w/v) gelatin

Nucleic Acids/Oligonucleotides

BAC DNA는 프로토콜 4.8 또는 4.9의 설명대로 정제된 표적부위(target region)를 포함한다.
둔단(Blunt-ended), random-primed cDNAs (프로토콜 11.1 Stage 1을 보시오)
C_0t1 게놈 DNA, Invitrogen에서 구입가능
세포질 poly(A)$^+$ RNA, 곤충의 조직이나 세포주로부터 분리
젤 전기영동의 DNA 마커
올리고뉴클레오타이드의 프라이머 (10mM in TE[pH8.0])

Oligo3	5′ CTC GAG AAT TCT GGA TCC TC 3′
Oligo4	5′ GAG GAT CCA GAA TTC TCG AGT T 3′

양성대조군 DNA

양성대조군 DNA는 시작하는 게놈 DNA 조각안에 이미 존재하고 있다고 알려진 유전자의 일부 혹은 expressed sequence tag (EST)을 사용하여야한다. 만약 알려진 유전자가 없다면, single-copy control DNA를 표지하기 전에 genomic 표적에 1:1 몰라 비율로 섞는다. DNA 샘플표지는 9장의 프로토콜 중 하나를 이용한다. 표지 프로토콜의 선택은 실험 목적에 따라 결정된다.

Radioactive Compounds

[α-^{32}P]dCTP (3000 Ci/mmole) 〈!〉

Gels/Loading Buffers

1.0% 아가로즈 젤, 0.5× TBE로 만들고 실행한다.

Additional Items

Barrier tips for automatic pipettor
소형모니터
Hybridization oven with rotating spindle or shaking water bath
경미네랄오일 또는 왁스 구슬 (선택가능, Step 16을 보시오)
Magnetic separator for removing streptavidin-coated beads (Dynal Biotech)
마이크로퓨즈 튜브, 증폭을 위한 얇은 벽을 가진 튜브
Positive displacement pipette
Sephadex G-50 spun column, equilibrated in TE buffer (pH 7.6)
이 프로토콜의 Step 1에는 프로토콜 10.2에 적힌 시약이 필요하고, 프로토콜 9.3, 9.5, 9.6에 적힌 표지를 위한 시약이 필요하다.
이 프로토콜의 Step 2는 (1) random-primed, blunt-ended cDNAs (프로토콜 11.1 Stage 1과 2) 또는 (2) blunt-ended PCR-amplified inserts from a cDNA library의 합성을 위한 시약이 필요하다.
Step 19와 20에는 프로토콜 6.8과 6.10에 적힌 시약이 필요하다.
Steptavidin-coated magnetic beads
Thermal cycler, (원하는 증폭 프로토콜로 설정된)
Water baths 또는 heating/cooling black (100℃, 14℃, 65℃ 그리고 4℃)

Additional Information

Magnetic beads	MC3, pp. 11.118-11.120
Nick translation	MC3, pp. 9.12-9.13
Overview of direct selection of cDNAs	MC3, pp. 11.98-11.100
Phosphate buffers	MC3, p. A1.5
문제해결	MC3, p. 11.106

METHOD

1. 올리고뉴클레오타이드 3과 4를 각각 프로토콜 10.2에 설명된 것과 같이 폴리뉴클레오타이드 카이네이즈를 이용하여 5′ 말단의 인산화에 의해 방사선 동위원소로 표지한다. 방사선 동위원소로 표지된 상보적인 올리고뉴클레오타이드를 동일한 몰 비율(각각 2 μg)로 섞고, 100℃에서 10분 동안 변성시키고 실온으로 천천히 식힌다. 이 과정동안 올리고뉴클레오타이드는 결합하여 adapter를 형성한다. adapter의 농도를 1 μg/ml로 맞춘다.
2. Random priming을 이용하여 세포질 polyadenylated RNA로부터 적어도 2 μg의 이중가닥 cDNA를 준비한다 (프로토콜 11.1을 보시오).
3. 멸균된 0.5 ml 마이크로퓨즈 튜브에 다음의 접합 용액을 준비한다:

double-stranded blunt-ended cDNA (step 2)	2 μg
올리고뉴클레오타이드 증폭 cassette 혼합액 (1 μg/μl, step 1)	3 μl
10× T4 DNA라이게이즈 완충용액	3 μl
10mM ATP (필요하다면)	3 μl
T4 DNA 라이게이즈 (1 unit/μl)	3 μl
H_2O	to 30 μl

14℃에서 16시간동안 접합반응용액을 반응시킨다. 65℃에서 10분 동안 열을 가하여 T4 DNA 라이게이즈를 비활성화시킨다.

4. 페놀:클로로포름 추출, Sephadex G-50을 이용한 회전 (spun) 컬럼 크로마토그래피, 그리고 표준 에탄올 침전법으로 접합반응의 결과물을 정제한다. 침전물을 건조시키고 10 μl의 TE(pH7.6)에 다시 녹인다.
5. nick translation을 이용하여 BAC 게놈 DNA클론 안으로 biotinylated 잔기를 혼합한다. 멸균된 0.5 ml 마이크로퓨즈 튜브에 아래의 nick translation 반응을 준비한다 (각 BAC DNA는 방사선 동위원소로 표지한다).:

정제된 BAC DNA (0.1 mg/ml)	1 μl
바이오틴-16-dUTP (0.04 mM)	1 μl
10× nick translation 완충용액	2 μl
nick translation을 위한 dNTP 혼합액 (0.4 mM)	1 μl
[α-^{32}P]dCTP (3000 Ci/mmole)	1 μl
DNA 중합효소/DNA 분해효소 (5 units/μl)	1 μl
H_2O	to 20 μl

4℃에서 2시간동안 반응용액을 반응시킨다.

6. Sephadex G-50을 이용한 회전 (spun) 컬럼 크로마토그래피와 표준 에탄올 침전법으로 nick translation 반응의 바이오틴과 방사선 동위원소로 표지된 결과물을 정제한다. 침전물을 10 μl의 TE (pH 7.6)에 다시 녹이고 -20℃에 보관한다.
7. 멸균된 1.5 ml 마이크로퓨즈 튜브에, Streptavidin bead 3 mg (300 μl)을 500 μl의 Streptavidin bead 결합 완충용액 (binding buffer)으로 세 번 씻어준다. 각 세척 후에, 자기분리기(magnetic separator)를 이용하여 결합 완충용액로부터 bead를 분리시킨다. bead를 10 mg/ml의 농도로 Streptavidin bead-binding buffer에 다시 현탁시킨다.
8. 각 표지반응(step 6) 분획(aliquote)이 Streptavidin bead에 결합하는 능력을 시험한다. 멸균된 1.5 ml 마이크로퓨즈 튜브에 다음의 결합반응을 준비한다:

washed Streptavidin-coated beads (step 7)	20 μl
방사선 동위원소로 표지된 게놈 DNA (step 6)	1 μl
Streptavidin bead-binding buffer	29 μl

가끔 조심스럽게 섞어주며 실온에서 15분 동안 반응용액을 반응시킨다. 자기분리기(magnetic separator)를 이용하여 결합 완충용액 (binding buffer)로부터 bead를 제거하고 상층액을 새로운 멸균된 0.5 ml 마이크로퓨즈 튜브로 옮긴다. 소형검출장치를 이용하여 상층액과 bead에 존재하는 방사성을 측정한다. 결합된 cpm과 결합되지 않은 cpm의 비율이 〉8:1 이면 선별을 진행한다.

만약 결합된 cpm과 결합되지 않은 cpm의 비율이 〈 8:1이면, DNA가 step5에서 적당하게 표지되지 않았을 가능성이 높다. 표지하기 전에, 여러번 페놀:클로로포름과 Sephadex G-50 회전 컬럼을 수행하여 BAC DNA가 더 정제되도록 시도한다.

9. 다음과 같이 C_0t1 DNA를 이용하여 cDNA의 그룹에서 반복적인 서열을 막는다 (block).
   a. 멸균된 0.5 ml 마이크로퓨즈 튜브에 다음의 결합반응을 준비한다:

linker를 가지고있는 cDNA (step 4)	5 μl (1 μg)
인간 게놈 C_0t1 DNA	5 μl (1 μg)

   b. 경미네랄 오일(~50 μl)로 반응용액을 덮어 증발되는 것을 방지하고 100℃에서 10분 동안 열을 가하여 DNA를 변성시킨다. 65℃로 반응용액을 식히고 오일아래에 10 μl의 2× 혼성용액을 넣는다. 구성요소들을 조심스럽게 섞는다. 반응용액을 65℃에서 4시간동안 반응시킨다.

10. C_0t1 DNA에 섞인 cDNA의 혼성이 끝난 후에, 첫 번째 직접적인 선별을 시작한다. Step 6의 바이오틴으로 표지된 BAC DNA 5 μl(50 ng)을 새로운 마이크로퓨즈 튜브로 옮기고 미네랄 오일(~50 μl)로 반응용액을 덮어 증발되는 것을 방지한다. 100℃에서 10분 동안 열을 가하여 BAC DNA를 변성시킨다. 반응용액을 65℃로 식힌다.

11. 멸균된 0.5 ml 마이크로퓨즈 튜브에 다음의 결합반응을 준비한다:

Step 10의 바이오틴으로 표지된 BAC DNA	5 μl (50 ng)
Step 9의 blocked cDNA (1μg cDNA +1μg C_0t1 DNA)	20 μl
2× 혼성용액	5 μl

반응용액을 잘 섞고 65℃ shaking water bath 또는 rotating hybridization oven에서 54시간이상 반응용액을 반응시킨다.

12. 혼성된 cDNA들과 게놈 DNA를 세척하고 분리하기위해 멸균된 1.5 ml 마이크로퓨즈 튜브에 다음을 준비한다:

washed Streptavidin-coated beads	100 μl
step 11의 결합반응	30 μl
Streptavidin bead-binding buffer	100 μl

가끔 조심스럽게 섞어주며 실온에서 15분 동안 반응용액을 반응시킨다. 자기분리기 (magnetic separator)를 이용하여 binding buffer로부터 bead를 제거하고 상층액을 제거한다. 실온에서 1ml의 1×SSC/0.1% SDS로 15분씩 두 번 bead를 세척하고 뒤이어 65℃에서 1 ml의 0.1%SSC/0.1%SDS로 15분씩 세 번 세척한다. 마지막 세척이 끝난 후에 bead를 새로운 튜브로 옮긴다.

13. Step 12의 bead로부터 혼성 cDNA의 분리한다:
   a. 100 μl의 0.1M NaOH를 첨가하고 실온에서 10분동안 혼합액을 반응시킨다.
   b. 100 μl의 1M Tris-Cl(pH 7.5)를 첨가한다.

c. Sephadex G-50 spun을 이용한 회전 컬럼 크로마토그래피로 혼합액의 염을 제거한다.

14. 분리된 cDNA(step 13) 200 μl로부터 3 개의 분주(각각 1, 5, 그리고 10μl)를 멸균된 증폭튜브에 옮긴다.

15. 각 튜브에 다음을 첨가한다:

프라이머 올리고 3 (10 mM)	5 μl
10× 증폭완충용액	2.5 μl
PCR을 위한 dNTP 혼합액 (2.5 mM)	2.5 μl
내열성의 DNA 중합효소 (5 units/μl)	0.2 μl
H_2O	to 25 μl

위의 시험 반응과 동시에 두 대조군 반응을 시작한다. 음성대조군은 주형 cDNA를 제외 한 위에 적힌 모든 구성요소를 포함한다. 두 번째 대조군은 starting cDNA(step 4) 10 ng을 포함한다.

16. Thermal cycler의 가열성 커버가 꼭 맞지 않으면, 경미네랄 오일(light mineral oil) 한 방울(~50 μl)로 반응용액을 덮어 증발을 방지한다. 다른 방법으로 hot start 법을 이용한다면, 튜브에 파라핀 왁스구슬을 넣을 수도 있다. 튜브를 thermal cycler에 넣는다.

17. 아래에 적혀있는 온도와 변성, 결합 그리고 중합 시간을 이용하여 핵산을 증폭한다.

Cycle Number	Denaturation	Annealing	Polymerization
30 cycle	30 sec at 94℃	30 sec at 55℃	1 min at 72℃

시간과 온도는 특정 반응 조건에 맞추어야한다.

18. 각 증폭반응의 10%를 0.5× TBE로 만들고 실행하는 1% 아가로즈 젤에서 적당한 크기의 DNA마커를 이용하여 분석한다. DNA를 눈으로 보기위해 젤을 ethidium bromide 또는 SYBR Gold로 염색하여 증폭된 DNA의 농도를 추정하고 가장 높은 효율의 cDNA를 생산하는 투입된 cDNA의 농도를 결정한다.

19. 두 번째 1% 젤에 적당한 크기의 마커와 각 PCR의 증폭된 결과물을 동일량(lane 당 ~0.5μg) 적재한다. 또한 step 4의 randomly primed cDNA 0.5 μg도 적재한다.

20. 분리된 DNA를 서던 블라팅(프로토콜 6.8)을 이용하여 막(membrane)으로 옮기고 방사선 동위원소로 표지된 양성 대조군 cDNA로 혼성시킨다.

21. 양성대조군 축적 (enrichment) 확인되면 최적의 증폭반응으로 적어도 1.5 μg의 선별된 cDNA를 만든다. 페놀:클로로포름으로 혼합된 반응용액을 추출하고 표준 에탄올 침전법으로 DNA를 회수한다. 건조시킨 cDNA 침전물을 7.5 μl의 TE (200 μg/ml)에 다시 녹인다.

처음 선별된 cDNA 1 μg과 50 ng의 표적 DNA를 이용하여 첫 번째 선별과 동일한 조건에서 두 번째 선별을 실행하는 것을 진행한다 (이 예에서 총길이가 500 kb).

22. Step 9의 설명대로 처음 선별된 cDNA의 반복적인 서열을 막는다 (1 μg의 cDNA를 사용하고 0.5 μg의 cDNA가 나중 분석을 위해 보관한다).

23. Step 9-13의 설명대로 두 번째 선별을 시작한다.

24. Step18과 같이 1% 아가로즈 젤에 0.5 μl의 starting cDNA와 0.5 μg의 첫 번째 cDNA (남겨둔)를 같이 전기영동하여 두 번째 증폭의 결과물을 분석한다.

25. 서든 블라팅과 step 20에 묘사된 것처럼 방사선 동위원소로 표지된 표지 탐침체로 혼성하여 젤을 분석한다.

26. 대조군의 축적이 확인되면 적당한 벡터 안으로 선별된 cDNA들을 클로닝한다. 증폭 cassette에 있는 제한효소 작용위치를 이용하면 두 번째 선별된 cDNA의 박테리오파아지 또는 플라스미드 벡터로의 클로닝이 쉽다.

제12장

DNA 염기서열결정

DNA Sequencing

프로토콜 12.1 무작위로 겹치는 DNA 인서트를 가진 library의 제조, 468

프로토콜 12.2 Dideoxy-매개 합성 종료에 의한 씨퀀싱을 위한 변성된 DNA 주형의 준비, 474

프로토콜 12.3 박테리오파지 T7 DNA 중합효소 (Sequenase)를 이용한 dideoxy-매개 씨퀀싱, 476

프로토콜 12.4 Klenow fragment와 한가닥 DNA 주형을 이용한 박테리오파지 T7 DNA 중합효소 (Sequenase)를 이용한 dideoxy-매개 씨퀀싱 반응, 480

프로토콜 12.5 *Taq* DNA 중합효소를 이용한 씨퀀싱, 483

프로토콜 12.6 Cycle 씨퀀싱: PCR과 말단-표지된 primer를 이용한 dideoxy-매개 씨퀀싱 반응, 486

프로토콜 12.7 화학적 씨퀀싱, 489

프로토콜 12.8 변성 폴리아크릴아마이드 겔 준비, 493

프로토콜 12.9 포름아마이드가 포함된 변성 폴리아크릴아마이드 겔 준비, 497

프로토콜 12.10 전해질 농도구배 겔 준비, 499

프로토콜 12.11 DNA 씨퀀싱 젤에 로딩하고 전기영동, 500

프로토콜 12.12 씨퀀싱 젤의 autoradiography와 읽기, 503

BACKGROUND INFORMATION

다른 언급이 없으면 기본이 되는 정보는 *Molecular Cloning: A Laboratory Manual*, 3판 (이제부터 MC3)에 있다.

DNA 씨퀀싱에 사용되는 전략 MC3, pp. 12.3–12.9

프로토콜 12.1	무작위로 겹치는 DNA 인서트를 가진 library의 제조 Generation of a Library of randomly Overlapping DNA Insert

큰 DNA 조각의 샷건 씨퀀싱은 DNA를 무작위로 조각내서 좀 더 작은 DNA 조각들로 만들고 박테리오파지 M13 벡터에 클로닝하는 과정을 포함한다. 이런 과정의 목적은 대상 DNA 전체 길이를 5겹 이상 반복되게 겹쳐지는 클론들로 구성된 library를 만드는데 있다.

이 프로토콜에서는 대상 DNA를 초음파 파쇄나 nebularization으로 절단한다. 잘린 DNA 말단을 수리하고, 인산화시키고, 겔 전기영동으로 크기별로 분획한다. 0.8–1.5 kb 크기의 DNA 조각들을 회수해서 선형의 탈인산화된 박테리오파지 M13벡터에 클로닝한다.

MATERIALS

CAUTION: 〈!〉표시된 물질의 적절한 사용법은 Appendix 4를 참조하세요.

Reagents and Solutions

농축액, 완충액, 시료의 조성은 Appendix 1을 참조하라. 농축액은 적당한 농도로 희석하여 사용하라.

- 초산 암모늄 (10 M)
- ATP (20 mM)
- dNTP 용액, 4 종류의 dNTP가 각각 2 mM 농도로 포함된 것 (MC3, p. 12.107 참조)
- 에탄올
- 에탄올 (70%)
- 글리세롤 (멸균된 것)
- $MgCl_2$ (1 M)
- $MgSO_4$ (1 M)
- NaCl (5 M)
- 페놀, pH 7.6로 평형화시키고 H_2O로 포화시킨 것〈!〉
- 페놀:클로로폼 (1:1, v/v)〈!〉
- 폴리에틸렌 글리콜 (30% [w/v] PEG 8000)〈!〉 (optional; 단계 1 참조)
- 폴리에틸렌 글리콜 (20% [w/v] PEG 8000)〈!〉 in 2.5 M NaCl
- TE (pH 7.6)
- 10× TM 완충용액
  - 0.5 M Tris-Cl (pH 8.0)
  - 150 mM $MgCl_2$
- TTE 완충용액
  - 0.5% (v/v) Triton X-100 in TE (pH 8.0)

Vectors and Hosts

박테리오파지 M13벡터 DNA, 청-백색 스크리닝을 할 수 있고, 선형화의 blunt 말단을 가진, 탈인산화 시킨것

이 타입의 벡터 DNA는 여러 회사에서 제품으로 살 수 있고, 또는 MC3, p. 12.14에 설명된 대로 준비할 수 있다.

대장균, male, 화학적 형질전환이나 전기형질전환을 할 수 있는 것 (예, XLF′-Blue 또는 DH5α-F′)

구입하거나 프로토콜 1.23–1.26에 설명된 대로 준비할 수 있다.

Media and Antibiotics

- LB 또는 2YT 배지, 5 mM $MgCl_2$ 포함된 것
- IPTG와 X-gal이 포함된 Top 한천
- YT 한천 배지

Adapted from Chapter 12, Protocol 1, p. 12.10 of MC3.

Enzymes and Buffers

박테리오파지 T4 DNA ligase와 10× 완충용액
박테리오파지 T4 DNA 중합효소와 10× 완충용액
박테리오파지 T4 DNA 폴리뉴클레오티드 카나아제와 완충용액
대장균 DNA 중합효소의 Klenow 효소

Nucleic Acids/Oligonucleotides

박테리오파지 λ 또는 ϕX174 DNA, *Alu*I (50 μg/ml in TE, pH 8.0)으로 완전히 자른 것.
DNA size marker, 123-bp ladder (Invitrogen)
대상 DNAi, 일반적으로, 벡터에 들어 있는 대상 DNA를, 벡터와 대상 DNA 사이만 자르는 제한효소로 잘라서 준비된다.

가능하면, cohesive 말단을 만드는 제한효소를 사용한다. 이것은 대상 DNA를 concatemer로 쉽게 ligation 시켜 준다. DNA가 벡터에서 분리되면 겔 전기영동으로 정제하고 다시 TE (pH 7.6)에 1 mg/ml이 되도록 녹인다.

Gels/Loading Buffers

표준 0.7% 아가로스 겔, 0.5× TBE로 만든 것
표준 1.0% 아가로스 겔, 0.5× TBE로 만든 것
저온용해 0.8% 아가로스겔, 0.5× TBE로 만든 것
중성 폴리아크릴아미드 겔 (5%)

Centrifuges/Rotors/Tubes

Deep-well microplate와 일반 microplate를 돌릴 수 있는 원심분리기. 예, Microplus carrier가 딸린 Beckman GPR 원심분리기

Additional Items

Cup-horn 초음파파쇄기 (Misonix XL2000 Microson), micro cup-horn이 딸린 것 또는
Nebulizer (IPI Medical Products, 모델 4270)
Deep-well microplates, 뚜껑과 caps, 약 1.2-ml 용량, 예, 뚜껑과 캡이 같이 있는 Beckman 96-튜브 박스.

Two lids와 one cap은 96 M13 DNA 주형을 준비하는데 사용한다.

Microtiter plates (96 well, lid와 함께 사용하는것)
다채널 피펫터 (8 또는 12 채널)
멀티튜브 볼텍스 믹서
은박 호일 테이프 (3M), 96-튜브 박스를 sealing할 때 사용
이쑤시개
Water bath (16℃, 37, 68, 그리고 80℃)

Additional Information

추가 프로토콜 (샷건 클로닝에 사용할 탈인산화시킨 blunt 말단 박테리오파지 벡터 DNA)	MC3, p.12.24
대장균 DNA 중합효소의 Klenow 효소	MC3, pp. 12.101-12.102
샷건 씨퀀싱에 사용하는 DNA 조각 사용법	MC3, pp. 12.10-12.12
농축시키는 시약으로서의 폴리에틸렌 글리콜	MC3, p. 1.152
DNA 씨퀀싱에 사용하는 dNTP와 ddNTP 보관용액 준비	MC3, p. 12.107
DNA 씨퀀싱에서 microtiter plate의 사용	MC3, p. 12.100

METHOD

Self-ligation은 대상 DNA 말단의 염기서열이 library를 만드는 DNA 조각들에서 충분히 잘 만들어졌는지 확인데 필요하다.

1. 5–10 μg의 정제된 대상 DNA (Materials 참조)를 새 튜브로 옮기고 다음을 첨가한다.

10× 박테리오파지 T4 DNA ligase 완충용액	2.5 μl
5 mM ATP	2.5 μl
30% (w/v) PEG 8000 (optional)	5.0 μl
박테리오파지 T4 DNA ligase	0.5–2.0 Weiss units
H_2O	25 μl 까지

내용물을 16℃에서 4시간 동안 반응시키고 68℃에서 15분간 처리하여 ligase를 불활성화 시킨다.

대상 DNA가 blunt 말단이라면 PEG를 첨가해서 ligation 효율을 올린다. cohesive 말단에는 0.5 Weiss unit를, blunt 말단에는 2.0 Weiss unit를 사용한다.

10× ligase 완충용액에 이미 ATP가 첨가되어 있다면 따로 넣어줄 필요 없다.

2. 175 μl의 TE (pH 7.6)를 넣고 페놀:클로로폼 추출로 DNA를 정제한다. 2.0 M 초산암모늄을 넣고 3 부피의 에탄올로 DNA를 침전시켜서 회수한다. Microfuge로 최대속도로 5분간 원심분리하고 침전물을 0.5 ml의 70% 에탄올로 실온에서 씻은 후 다시 원심분리한다.
3. 에탄올을 최대한 제거하고 남은 에탄올은 실온에서 휘발시킨다. DNA를 25 μl의 TE (pH 7.6)에 녹인다.
4. 대상 DNA를 초음파파쇄나 nebulization으로 0.8–1.5 kb 크기가 되도록 절단한다.

초음파 파쇄로 DNA 절단하기

a. 초음파 파쇄기의 cup-horn에 얼음물을 넣는다. 초음파 파쇄기의 파워스위치는 on으로 시간은 hold로, 파워세팅은 10으로 한다. 두 번의 40초 펄스를 주고 초음파 파쇄기를 예열한다.
b. Cup horn의 얼음물속에 DNA가 들어있는 튜브를 넣고 튜브 바닥이 1–2 mm 정도 cup-horn probe의 중앙 구멍위에 위치하게 하고 DNA를 초음파 파쇄한다.
c. 튜브를 잠깐 원심분리해서 시료는 튜브 바닥으로 모이게 하고 얼음속에 보관한다.
d. 1 μl의 시료와 적당한 DNA 분자량 marker와 함께 0.7% 아가로스 겔에 전기영동해서 분석한다. 나머지 시료는 분석하는 동안 얼음 속에 보관한다.

Nebulization으로 DNA 절단하기

a. 다음의 DNA용액을 준비하고 Nebulizer 컵에 놓는다.

DNA 시료 (단계 3에서 준비한 것)	5–10 μg
10× TM 완충용액 (pH 8.0)	200 μl
멸균된 100% glycerol	1 ml
멸균된 H_2O	최종 부피가 2 ml이 되도록

b. DNA 시료를 얼음물 bath에 넣고 경험적으로 결정한 최적 조건으로 nebulize 한다.
c. Nebulizer를 원심분리 로터에 스티로폼 조각을 바닥에 쿠션으로 깔고 넣는다. Nebulizer cup의 바닥에 DNA 시료가 모이도록 4℃에서 2000g로 원심분리한다 (microplate adapter가 장비된 원심분리기에서 1000 rpm).
d. DNA 시료를 4개의 튜브에 같은 양으로 나눠 담고 에탄올 침전하고 DNA 침전물을 진공으로 건조시킨다.

e. 각 DNA 침전물을 35 μl의 TE (pH 7.6)에 녹여서 1 μl의 시료와 적당한 DNA 분자량 marker와 함께 0.7% 아가로스 겔에 전기영동해서 분석한다. 나머지 시료는 분석하는 동안 4℃에 보관한다.

5. DNA 시료 (~25 μl)에 다음의 내용물을 넣는다.

10× 박테리오파지 T4 DNA 중합효소 완충용액	4.0 μl
2.0 mM 농도의 dNTP의 4 종용액	4.0 μl
박테리오파지 T4 DN A중합효소	5 units
H_2O	40 μl 까지

실온에서 15분간 반응시키고 약 5 units의 Klenow fragment를 첨가한다. 실온에서 15분간 더 반응시킨다. DNA 중합효소들을 조합하여 사용하면 효율적으로 DNA 말단을 blunt 말단으로 정리할 수 있다.

nebularization이나 초음파 파쇄를 하면 DNA 조각의 말단은 인산기가 있거나 없이 blunt이거나 한가닥이 나와 있는 것들이 다양하게 혼합되어 있다. 조각난 DNA의 일부만이 DNA 중합효소에 의해서 수리되므로 M13 벡터로 클로닝되는 효율이 일반적으로 낮다. 초음파 파쇄하고 수선하고 크기를 선별한 5-10 μg의 DNA를 클로닝하면 일반적으로 수천개의 재조합 클론이 얻어진다.

6. DNA를 페놀:클로로폼으로 정제한다. 상층의 수용액을 새 튜브로 옮기고 0.1 M NaCl로 맞춘 후 2배 부피의 에탄올을 첨가해서 DNA를 침전시킨다. 침전된 DNA는 70% 에탄올로 씻는다.

7. DNA 침전물을 25 μl의 TE (pH 7.6)에 녹인다.

8. 튜브에 다음의 내용물들을 첨가한다.

조각난 DNA	23 μl
10× 폴리뉴클레오티드 키나아제 완충용액	3 μl
20 mM ATP	3 μl
박테리오파지 T4 폴리뉴클레오티드 키나아제	1 units

박테리오파지 T4 폴리뉴클레오티드 키나아제는 DNA의 5′ blunt 말단을 인산화 시킨다. 이 단계는 필수는 아니지만, 대부분의 경우, 벡터에 보다 효율적으로 클로닝 되게 한다.

9. 37℃에서 30분간 반응시킨다.

10. 0.8% 저온용해 아가로스나 5% 중성 폴리아크릴아미드 겔에 전기영동해서 원하는 크기 (0.8-1.5 kb)의 DNA 조각을 정제한다 (5장 참조).

11. 5장에서 설명한 방법대로 대상 DNA를 회수해서 25 μl의 TE (pH 7.6)에 녹인다.

12. 1 μl의 정제된 DNA를 1% 아가로스 겔에서 전기영동하여 DNA가 완전히 효율적으로 잘 정제되었는지 확인한다.

13. 50 ng (~0.01 pmole)의 탈인산화된 선형 벡터 DNA와 여러 농도의 DNA 조각으로 ligation 테스트 한다 (표 12-1 참조).

14. 테스트 ligation한 DNA 일부를 대장균 competent cell에 전기형질전환이나 화학 형질전환 시킨다 (프로토콜 1.23-1.26 참조). IPTG와 X-gal이 포함된 배지에 세균을 도말하고 37℃에서 배양한다.

15. 다음날, 푸른색과 무색 플라크의 수를 센다.

16. 씨퀀싱을 완료할 만큼의 충분한 재조합 클론을 얻기에 충분하고 대장균 형질전환시킬 정도의 최소한의 조각낸 DNA를 사용하는 대용량의 ligation 반응을 시킨다. 형질 전환 후 배지를 37℃에서 하룻밤동안 배양한다.

17. 다음날, 배지들을 모아서 형질전환체들을 사용전까지 적당한 조건에 보관한다. 프로토콜 3.4의 방법대로 각 무색의 플라크에서 주형 DNA를 준비한다.

표 12-1 탈인산화된 벡터 DNA의 테스트 ligation 반응

튜브	DNA 타입[a] A	B	C	H_2O (μl)	10x Ligation 완충용액 (μl)	ATP (5 mM) (μl)[b]	T4 DNA ligase (Weiss units)	30% PEG (optional)[c] (μl)
1	+			5.0	1.0	1.0	2.0	1.6
2	+			6.0	1.0	1.0	–	1.6
3	+	+		3.0	1.0	1.0	2.0	1.6
4	+		+	3.0	1.0	1.0	2.0	1.6
5	+		+	3.0	1.0	1.0	2.0	1.6
6	+		+	3.0	1.0	1.0	2.0	1.6
7	+		+	3.0	1.0	1.0	2.0	1.6

[a]A = 50 ng의 탈인산화시킨 선형 벡터 (2 μl의 부피); B = *Alu*I으로 완전히 절단한 20 ng의 박테리오파지 λ DNA 또는 ϕ*X* 174 RF DNA (2 μl의 부피); C = 절단하고 blunt 말단으로 만든 인산화된 대상 DNA. 튜브 4, 5, 그리고 7은 각각 10, 20, 50 그리고 100 ng의 크기 선별된 조각난 대상 DNA (100 ng의 크기 선별된 조각난 DNA = ~ 0.1 pmole).

[b]일부 구입하는 ligase 완충용액은 ATP를 포함한다. 이런 완충용액을 사용할때는 반응에서 ATP를 뺀다.

[c]Ligation 효율을 높일때는 ligation 반응에 PEG 8000 (30% w/v)을 최종농도 5%가 되도록 첨가한다 (프로토콜 1.19 참조). PEG 8000을 반응에 첨가할때는 실온으로 덥히고 반응에는 마지막에 첨가하는 것이 중요하다. PEG 8000이 포함된 용액의 DNA는 저온에서 침전된다.

18. 각 96 클론 세트에 대해서, 500-ml 플라스크에 100 ml LB 배지 또는 2× YT 배지를 넣고 멸균한 후 대장균 F′ 균주 (예, XL1-Blue, XL1-Blue MRF′ 또는 DH5αF′)의 콜로니 하나를 접종한다. 37℃에서 6-8시간동안 세균이 초기 대수기가 될 때까지 300 rpm으로 흔들면서 배양한다.
19. $MgSO_4$를 최종농도 5 mM이 되도록 첨가한다.
20. Multichannel 피펫터로 0.8-ml의 세포 배양을 96-튜브박스의 각 튜브에 분주한다.
21. 글로브를 손에 끼고, 멸균된 이쑤시개로 각 무색의 플라크를 찍어서 96-튜브에 접종한다. 이쑤시개를 플라크의 중앙을 찍어서 튜브에 넣는다.
22. 혼동을 막기 위해서 모든 튜브에 다 접종이 끝날 때까지 이쑤시개를 튜브에 둔다.
23. 모든 튜브에 접종이 되면 모든 이쑤시개를 제거하고 튜브를 봉한다. 박스에 표시를 하고 250-300 rpm으로 흔드는 오비탈 shaker에 올려 놓은 후 37℃에서 배양한다. 필요하면 20, 21 단계를 반복한다. 감염시킨 세균을 8-12 시간 배양한다.
24. 배양이 끝나면 박스를 꺼내서 2400*g* (microplate adapter가 장치된 원심분리기로 3000-3250 rpm)로 20분간 원심분리한다.
25. Multichannel 피펫터로 120 μl의 2.5 M NaCl이 포함된 20% PEG 8000을 새로운 96-튜브박스의 각 튜브에 첨가한다.
26. 원심분리기에서 튜브를 조심스럽게 꺼낸다; Multichannel 피펫터로 0.6 ml의 상층액을 PEG/NaCl가 들어 있는 튜브에 옮긴다.

    중요: 이 단계에서는 세포 침전물이 흔들리지 않게 조심한다. 세균이 섞여 들어가면 씨퀀싱할 DNA의 질이 크게 떨어진다.

27. 박테리오파지와 PEG/NaCl이 들어 있는 튜브의 뚜껑을 닫는다. 뚜껑이 단단히 닫힌 것을 확인하고 튜브를 여러번 뒤집으면서 내용물을 잘 섞는다. 실온에서 30분간 반응시키고 얼음 속에서 30-60분 더 반응시킨다.

28. 튜브박스를 2400g (microplate adapter가 장치된 원심분리기로 3000–3250 rpm)로 30분간 원심분리해서 박테리오파지를 회수한다. 각 열의 튜브를 들어서 상층액을 부어서 버린다. 작고 흰 침전물이 튜브 바닥에 보여야 한다. 튜브를 박스에 다시 돌려 놓는다.
29. 모든 튜브가 비워지면 종이타월에 박스를 뒤집어서 몇 분 간 남아있는 상층액을 제거한다. 튜브를 뒤집은 채 새 종이타월로 옮기고, 튜브를 타월과 함께 뒤집힌 채로 원심분리기로 옮겨서 3–5분간 300 rpm으로 PEG/NaCl를 완전히 제거한다.
30. 원심분리기에서 박스를 빼서 아직 침전물이 튜브 바닥에 그대로 있는지 확인하고, 각 튜브에 20 μl의 TTE를 첨가한다.
31. 각 튜브를 3M 은박 테이프로 봉하고 multitube vortex로 15–30분간 심하게 흔든다.
32. 박스를 잠시 원심분리하여 내용물이 바닥에 모이게 한다. 각 96–튜브박스에서 아래바닥을 들어올려서 80℃ water bath에 10분간 둔다.
33. 튜브를 water bath에서 꺼내서 실온까지 식힌다. 박스를 잠시 원심분리해서 내용물이 바닥에 모이도록 한다.
34. 96–well microtiter plate의 각 well에 Multichannel 피펫터로 70 μl의 멸균된 H_2O를 넣는다. 단계 33에서 얻은 박테리오파지 lysate를 각 well에 옮긴다. 두 용액을 피펫팅으로 잘 섞는다. 씨퀀싱을 24–48시간 안에 할 경우, 3M 은박 테이프나 plate lid로 덮어서 봉한다. 각 plate를 표시하고 –20℃에 보관한다.

    사용한 배양액에서 단일가닥 M13 DNA 생산 효율은 2.5–5 μg이 되어야 한다.

35. 무작위로 몇 개의 DNA를 5 μl씩 1% 아가로스겔 전기영동으로 확인한다.

    cycle 씨퀀싱에 각 DNA 2~7.5 μl를 사용한다 (프로토콜 12.6 참조).

프로토콜 12.2

Dideoxy-매개 합성 종료에 의한 씨퀀싱을 위한 변성된 DNA 주형의 준비
Preparing Denatured Double-stranded DNA Templates for Sequencing by Dideoxy-mediated Chain Termination

이 프로토콜에서는, Sequencase에 의한 dideoxy 씨퀀싱을 준비할 때, 두 가닥 플라스미드 DNA를 알칼리로 변성시키고 적당한 올리고뉴클레오티드 primer로 환성킨다. (프로토콜 12.3에서 설명).

MATERIALS

CAUTION: 〈!〉표시된 물질의 적절한 사용법은 Appendix 4를 참조하세요.

Reagents and Solutions

농축액, 완충액, 시료의 조성은 Appendix 1을 참조하라. 농축액은 적당한 농도로 희석하여 사용하라.

초산암모늄 (5 M)

클로로폼:아이소아밀알콜 (24:1, v/v)〈!〉

에탄올

에탄올 (70%)

NaOH (2 N)/EDTA (2 mM)〈!〉

10 N 보관용액을 사용하기 직전에 희석한다

페놀, pH 7.6을 평형화시키고 H_2O로 포화시킨 것〈!〉

5× Sequencase 반응 완충용액

200 mM Tris-Cl (pH 7.5)

100 mM $MgCl_2$

125 mM NaCl

Nucleic Acids/Oligonucleotides

올리고뉴클레오티드 primers

변성시킨 두가닥 DNA를 주형으로 씨퀀싱할 때 사용하는 올리고뉴클레오티드 primers는 한가닥 DNA를 주형으로 씨퀀싱할 때 보다 종종 더 길게 사용한다 (20-30 뉴클레오티드). 길이가 긴 primer는 두가닥 DNA 주형으로 씨퀀싱할 때 잘못된 밴드가 나오는 것을 줄여준다.

대상 유전자가 클로닝 된 벡터의 상위 부위에 결합하는 "유니버설" primer에 대해서는 MC3, pp. 8.113-8.117을 참고하시오. DN 염기서열 결정을 위한 올리고뉴클레오티드의 준비에 관한 정보는 MC3, p. 12.103을 참조하시오.

환형의 두가닥 플라스미드 DNA

플라스미드 DNA는 단원 1에서 설명된 방법이나 MC3, p. 12.31의 다른 프로토콜 (소량의 배양에서 PEG로 침전시키는 플라스미드 정제)을 사용하여 준비한다. 각 4 개의 씨퀀싱 반응 (ddA, ddC, ddG, ddT) 세트를 하기 위해서 5 μg의 DNA가 필요하다 (프로토콜 12.3 참조)

Additional Items

드라이 아이스/에탄올 bath

Water bath (65℃)

Additional Information

추가 프로토콜 (소량의 배양에서 PEG로 침전시키는 플라스미드 정제)	MC3, p. 12.31
추가 프로토콜 (두가닥 DNA의 빠른 변성)	MC3, p. 12.30
DNA 씨퀀싱을 위한 박테리오파지 λ 주형	MC3, p. 12.29
문제해결	MC3, p. 12.29

Adapted from Chapter 12, Protocol 2, p. 12.26 of MC3.

METHOD

1. 새 1.5-ml 튜브에 약 5 μg의 정제된 플라스미드를 넣는다. H_2O로 부피를 50 μl로 맞춘다. 새로 만든 2 N NaOH/2 mM EDTA용액 10 μl를 첨가하고 실온에서 5 분 간 반응시킨다.
2. 5 M 초산암모늄 30 μl를 첨가하고 vortexing으로 내용물을 섞는다.
3. 포화시킨 페놀 45 μl를 첨가하고 vortexing으로 내용물을 섞는다.
4. 135 μl의 클로로폼:아이소아밀알콜을 첨가하고 vortexing으로 내용물을 섞는다. Microfuge로 튜브를 실온에서 15분간 최대속도로 원심분리한다.
5. 상층의 수용액을 새튜브로 조심스럽게 옮기고 330 μl의 차가운 에탄올을 첨가해서 DNA를 침전시킨다. 내용물을 잘 섞고 드라이 아이스-에탄올에 15분간 보관한다.
6. Microfuge에서 4℃로 15분간 최대속도로 원심분리해서 변성된 DNA를 회수한다.
7. 튜브 바닥에 안보일지도 모르는 DNA 침전이 떨어지지 않도록 조심스럽게 상층액을 따라서 버린다.
8. 다시 2초간 원심분리하고 DNA 친전물이 함께 제거되지 않도록 조심하면서 남아있는 미량의 에탄올을 피펫 팁으로 제거한다.
9. 실온에서 DNA 침전물을 건조시키고 DNA 농도가 1 μg/μl이 되도록 H_2O를 넣어서 녹인다.
10. 4개의 DNA 씨퀀싱 세트를 위해서 5 μg (5 μl)의 알칼리 변성시킨 플라스미드 DNA에 primer를 환성 시킨다 (즉, 각 1.25 μg의 변성 DNA를 ddA 반응, ddC 반응, ddG 반응, ddT 반응에 각각 사용). 환성 반응을 아래와 같이 한다.

알칼리 변성 DNA	5.0 μg (in 5 μl H_2O)
DMSO (optional)	2.0 μl
Sequenase 반응 완충용액	2.0 μl
씨퀀싱 primer	1.0 μl (10 ng)
H_2O	11.0 μl 까지

    65℃에서 2분간 반응시킨 후 천천히 실온으로 식힌다. 환성시킨 시료를 연장/종료 반응이 준비될 때까지 얼음에 보관한다.
11. 프로토콜 12.3의 단계 3으로 진행한다.

프로토콜 12.3 박테리오파지 T7 DNA 중합효소 (Sequenase)를 이용한 dideoxy-매개 씨퀀싱

Dideoxy-mediated Sequencing Reaction Using Bqcteriophage T7 DNA polymerase

이 프로토콜은 Sequenase (version 2.0)로 한가닥 DNA 주형의 씨퀀싱에 대하여 설명한다. Sequenase version 2.0을 사용하는 씨퀀싱에 필요한 모든 시약들과 자세한 프로토콜은 USB에서 구입하는 키트에 다 포함되어 있다. 이 키트는 처음 하는 사람이거나 늘 씨퀀싱을 하는 사람들에게 가치가 있으나 가격이 비싸다. 실험 경험을 쌓고 나면 Sequenase version 2.0을 대량으로 싸게 구입하고 나머지 시약들도 다른 곳에서 구해서 사용할 수 있다.

MATERIALS

CAUTION: 〈!〉표시된 물질의 적절한 사용법은 Appendix 4를 참조하세요.

Reagents and Solutions

농축액, 완충액, 시료의 조성은 Appendix 1을 참조하라. 농축액은 적당한 농도로 희석하여 사용하라.

- DTT (100 mM)
- dNTP와 ddNTP, 네가지 dNTP와 ddNTP 각각의 보관용액 (0.5 mM)
- TE (pH 7.6)

Enzymes and Buffers

- 5× 표지 혼합물과 ddNTP 연장/종료 혼합물, 표 12-2의 시약들을 부피대로 섞은것
- 5× Sequenase 희석 완충용액
  - 10 mM Tris-Cl (pH 7.5)
  - 5 mM DTT
  - 0.5 mg/ml bovine serum albumin

표 12-2 Sequenase 반응을 위한 5x 표지 혼합물과 ddNTP 연장/종결 혼합물

	dNTP와 ddNTP 보관용액 (부피는 μl)								다른 시약들	
반응 혼합물	dCTP 0.5 mM	dTTP 0.5 mM	dATP 0.5 mM	dGTP 0.5 mM	ddCTP 0.5 mM	ddTTP 0.5 mM	ddATP 0.5 mM	ddGTP 0.5 mM	5M NaCl	H_2O
표지	15	15	–	15	–	–	–	–	–	955
ddCTP	160	160	160	160	16	–	–	–	10	334
ddTTP	160	160	160	160	–	16	–	–	10	334
ddATP	160	160	160	160	–	–	16	–	10	334
ddGTP	160	160	160	160	–	–	–	16	10	334

5x 표지 혼합물은 표지되지 않은 각각 7.5 mM의 dGTP, dCTP, dTTP을 포함한다. 방사성 표지된 dATP는 단계 7에서 최종농도가 30 μM이 되도록 첨가한다. 각 ddNTP 연장/종료 혼합물은 160 μM농도의 4종의 dNTP와 0.16 μM 농도의 하나의 ddNTP를 포함한다. 5x 표지 혼합물과 연장/종료 혼합물은 50 μl씩 나눠서 −20℃에 보관한다.

DNA 시료에 GC 구조가 많다면 dGTP 대신에 7-디아자-2′-dGTP 또는 dITP등의 염기 유사체 를 사용한다. 7-디아자-dGTP를 사용할때는 ddNTP 연장/종료 혼합물의 GTP 대신 7-디아자-dGTP를 같은 몰농도로 넣어준다.

dITP를 사용할때는, 5x 표지용액의 dGTP 대신에 0.5 mM 보관용액 30 μl을 넣어주고 H_2O를 940 μl으로 줄여서 넣어준다. ddCTP, ddTTP, ddATP가 들어 있는 ddNTP 연장/종료 혼합물에 0.5 mM dITP 저장용액 160 μl를 dGTP 대신 치환한다. ddGTP가 들어 있는 연장/종료 혼합물에는 0.5 mM dITP 보관용액 320 μl을 치환해서 넣어주고 ddGTP를 3.2 μl로 줄이고 H_2O를 187 μl으로 줄여서 넣어준다.

Adapted from Chapter 12, Protocol 3, p. 12.32 of MC3.

5× $MgCl_2$가 포함된 Sequenase 반응 완충용액
200 mM Tris–Cl (pH 7.5)
100 mM $MgCl_2$
125 mM NaCl

5× $MnCl_2$가 포함된 Sequenase 반응 완충용액
200 mM Tris–Cl (pH 7.5)
25 mM $MnCl_2$
125 mM NaCl

Mn^{2+}는 Sequenase의 ddNTP 사용 효율을 증가시켜서 올리고뉴클레오티드 primer에 가까운 부위의 밴드의 강도를 크게 증가시킨다. Mn^{2+}을 이용할때는 Sequenase를 첨가하기 전에 ddNTP 연장/종결 반응에 Mn^{2+}이 포함된 sequenase 반응 완충용액 1 μl를 첨가한다.

Sequenase version 2.0 (USB) (MC3, pp. 12.104–12.105 참조)

효모 무기 탈피로인산효소 (GE Healthcare) (optional; 단계 6 참조)
효모 탈피로인산효소를 반응에 첨가하면 연장/종결 반응 동안 피로인산의 형성을 막아서 읽는 길이를 증가시킨다. 탈피로인산효소는 sequenase 3 units 당 1 unit의 비율로 섞는다. 두 효소를 적당히 희석해서 같은 부피로 섞는 것이 가장 좋다.

Nucleic Acids/Oligonucleotides

올리고뉴클레오티드 primers (1 μg/ml in H_2O)
변성시킨 두가닥 DNA 주형으로 씨퀀싱할 때 사용하는 올리고뉴클레오티드 primers는 한가닥 DNA 주형으로 씨퀀싱할 때보다 종종 더 길게 사용한다 (20–30 뉴클레오티드). 길이가 긴 primer는 두가닥 DNA 주형으로 씨퀀싱할 때 잘못된 밴드가 나오는 것을 줄여준다.
대상 유전자가 클로닝 된 벡터의 상위 부위에 결합하는 "유니버셜" primer에 대해서는 MC3, pp. 8.113–8.117을 참고하시오. DN 연기서열 결정을 위한 올리고뉴클레오티드의 준비에 관한 정보는 MC3, p. 12.103을 참조하시오.

주형 DNA (1 mg/ml in TE [pH 7.6])〈!〉
한가닥 DNA나 두가닥 변성된 플라스미드 DNA를 사용한다.

Radioactive Compounds

[α–^{35}S]dATP (1000 Ci/mmole, 10 mCi/ml)〈!〉 또는
[α–^{33}P]dATP (1000–3000 Ci/mmole, 20 mCi/ml)〈!〉 또는
[α–^{32}P]dATP (1000 Ci/mmole, 10 mCi/ml)〈!〉
[α–^{32}P]dATP를 사용한 내부 표지 대신에 5′ ^{32}P–표지된 올리고뉴클레오티드를 primer로 사용한다. 이 경우, 2 ml (~5 × 10^5 cpm)의 방사성 표지된 primers와 2 ml의 H_2O를 표지 안된 primer와 [^{32}P]dATP에 섞는다. 올리고뉴클레오티드의 5′ 말단은 프로토콜 10.2의 방법대로 표지한다.

Gels/Loading Buffers

포름아마이드 겔 로딩 완충용액〈!〉
80% (w/v) 탈이온된 포름아마이드
10 mM EDTA (pH 8.0)
0.25% bromophenol blue
0.25% xylene cyanol FF

Centrifuges/Rotors/Tubes

swing–out 로터와 microplate를 사용할 수 있는 holder

Additional Items

드라이아이스 〈!〉/에탄올 bath

Heating block 또는 water bath (37℃)
96 U-자형 바닥 well을 가진 microtiter plates
water bath (65℃)

Additional Information

추가 프로토콜 (소량의 배양에서 PEG로 침전시키는 플라스미드 정제)	MC3, p. 12.31
추가 프로토콜 (두가닥 DNA의 빠른 변성)	MC3, p. 12.30
DNA 씨퀀싱을 위한 박테리오파지 λ 주형	MC3, p. 12.29
7-디아자-dGTP	MC3, p. 12.111
sequenase를 이용한 씨퀀싱의 설명	MC3, p. 12.32
겔에서 밴드가 압착되서 나오는걸 막아주는 이노신	MC3, p. 12.109
씨퀀싱을 위한 dNTP와 ddNTP의 보관용액 준비	MC3, p. 12.107
Sequenase	MC3, pp.12.104-12.105
문제해결	MC3, p. 12.29 그리고 12.38-12.39

METHOD

1. 새 0.5-ml 튜브또는 microtitier plate의 well에 아래 내용물을 넣는다.

한가닥 주형 DNA (~1 μg/μl)	1 μl
올리고뉴클레오티드 primers (~1 ng/μl)	3 μl
$MgCl_2$나 $MnCl_2$가 포함된 5× Sequenase 반응 완충용액	2 μl
H_2O	10 μl 까지

중요: 이미 변성과정과 primer 환성과정을 거친 두가닥 플라스미드 DNA를 사용할 땐 첫 두 단계는 필요없으며 단계 3부터 시작한다.

2. 뚜껑이 잘 닫혀진 튜브를 65℃에서 2 분간 반응시키고 water bath에서 꺼내서 3-5분정도 걸리도록 온도를 실온으로 서서히 식힌다.

3. primer와 주형이 식는동안 5× 표지 혼합물과 ddNTP 연장/종료 혼합물, 그리고 방사성 dATP를 녹여서 얼음에 보관한다.

4. 각 ddNTP 연장/종료 혼합물 2.5 μl를 각 0.5-ml microfuge 튜브나 각기 다른 색깔로 C, T, A, G라고 표시된 microtiter plate의 각 well에 옮긴다.

5. 5× 표지 혼합물을 차갑게 식힌 H_2O로 5배 희석한다. 씨퀀싱 할 각 주형에 희석한 표지 혼합물 2 μl씩을 사용한다.

6. 효모 탈피로인산효소가 첨가되거나 첨가되지 않은 차가운 sequenase 희석 완충용액으로 sequenase를 희석한다.

   2.0 μl에는 약 3.0 units의 sequenase 효소가 들어 있으며 각 주형을 씨퀀싱할 수 있다. 희석한 효소는 항상 얼음속에 보관한다.

7. 표지 반응을 하기 위해서, 단계 2의 10-μl 환성 반응물에 다음의 내용물을 넣는다.

희석된 표지 혼합물 (단계 5에서 준비한 것)	2 μl
0.1 M DTT	1 μl
[α−^{33}P]dATP, [α−^{32}P]dATP 또는 [α−^{35}S]dATP	0.5 μl
희석한 sequenase (~1.6 units/μl)	2.0 μl

튜브나 microtiter plate를 손가락으로 가볍게 치며 내용물을 섞고 20℃에서 2−5분간 반응 시킨다.

희석된 sequenase는 얼음에 보관한다; 이 효소는 실온으로 온도가 올라가지 않게 한다. 구입한 보관 효소는 −20℃에 보관한다. 보관 효소를 얼음속에 한 시간 이상 두면 활성을 잃는다.

8. 표지 반응이 끝날 때 즈음, G, A, T, C가 표시된 튜브나 microtiter plate를 37℃로 미리 온도를 높여서 종료반응을 준비한다. 이 단계는 중요하다! 적절한 dideoxy 종료 혼합물 (단계 4)이 담긴 표시된 미리 덥힌 튜브의 벽이나 microtiter plate well의 옆면에 3.5 μl의 표지 반응물을 옮긴다.
9. 튜브를 실온의 microfuge에 놓거나 (0.5−ml 튜브에 맞는 적당한 로터나 어댑터를 사용하거나 뚜껑을 자른 1.5−ml 튜브를 사용한다) 또는 적당한 어댑터가 장비된 실온의 원심분리기에 microplate를 놓는다. C, T, A, G가 표시된 튜브나 microtiter plate를 몇초간 원심분리하여 내용물을 섞이게 한다. 즉시, 튜브를 heating block이나 water bath에 넣고 37℃에서 3−5분간 반응시킨다.
10. 포름아마이드 로딩 완충용액 4 μl를 넣고 반응을 중단시킨다.
11. 반응이 끝나면 −20℃에 5일 이상 보관하거나 변성 겔 전기영동으로 분석한다 (프로토콜 12.8 또는 12.9). 열변성 (100℃로 2분간)이 끝나면 재빨리 얼음속에 넣고, 각 3 μl의 C, T, A, G 반응물을 씨퀀싱 겔의 well에 하나씩 로딩한다.

프로토콜 12.4

Klenow fragment와 한가닥 DNA 주형을 이용한 박테리오파지 T7 DNA 중합효소(Sequenase)를 이용한 dideoxy-매개 씨퀀싱 반응

Dideoxy-mediated Sequencing Reactions Using the Klenow Fragment of E. coli DNA Polymerase I and Single-stranded DNA templates

이 프로토콜은 초기 dideoxy-DNA 씨퀀싱을 했던 1970년대 Sanger 연구실에서 고안한 방법을 기초로 한다.

MATERIALS

CAUTION: 〈!〉표시된 물질의 적절한 사용법은 Appendix 4를 참조하세요.

Reagents and Solutions

농축액, 완충액, 시료의 조성은 Appendix 1을 참조하라. 농축액은 적당한 농도로 희석하여 사용하라.

- dATP (0.1 mM) (optional; 단계 4 참조)
- ddNTPs, 4종의 ddNTP 중 하나씩을 가지는 4종류의 용액 (5 mM)
- dNTP 용액, 4종의 dNTP 중 하나씩을 가지는 4종류의 용액 (1 mM)
- EDTA (10 mM, pH 8.0)
- TM 완충용액
  - 100 mM Tris-Cl (pH 8.5)
  - 50 mM $MgCl_2$
- Tris-Cl (1 M, pH 8.0)

Enzymes and Buffers

대장균 DNA 중합효소 I의 Klenow 효소 (~5 units/μl)

대략 2.5 units의 효소가 4 씨퀀싱 반응 세트에 필요하다.

연장/종료 혼합물과 chase 혼합물, 표 12-3처럼 dNTP와 ddNTP 용액을 부피대로 (μl 단위로) 섞은 것

Nucleic Acids/Oligonucleotides

올리고뉴클레오티드 primers, 약 0.5 pmole/μl농도로 H_2O에 녹인 것. 약 1 mg/ml에 해당

대상 유전자가 클로닝 된 벡터의 상위 부위에 결합하는 "유니버셜" primer에 대해서는 MC3, pp. 8.113-8.117을 참고하시오. DNA 씨퀀싱을 위한 올리고뉴클레오티드의 준비에 관한 정보는 MC3, p. 12.103을 참조하시오.

표 12-3 Klenow를 이용한 씨퀀싱에 사용되는 ddNTP 연장/종결 혼합물과 chase 혼합물

반응 혼합물	dNTP 보관용액 (1 mM) (부피는 μl)				ddNTP 보관용액 (5 mM) (부피는 μl)				다른 시약들		
	dCTP	dTTP	dATP	dGTP	ddCTP	ddTTP	ddATP	ddGTP	Tris-Cl (1 M, pH 8.0)	EDTA (10 mM, pH 8.0)	H_2O
ddCTP	5	100	–	100	30	–	–	–	10	10	745
ddTTP	100	5	–	160	–	25	–	–	10	10	675
ddATP	100	100	–	160	–	–	5	–	10	10	580
ddGTP	100	100	–	5	–	–	–	25	10	10	750
Chase	245	245	245	245	–	–	–	–	10	10	–
dATP	–	–	100	–	–	–	–	–	10	10	880

연장/종료 혼합물의 ddNTP:dNTP의 비율은 dCTP, dTTP, 그리고 dGTP에서 각각 30:1, 25:1 그리고 25:1이다. 이 assembled 씨퀀싱 반응에서 ddATP: dATP의 비율은 약 45:1이다.

혼합물은 50-μl 씩 분주해서 -20℃에 보관한다.

Adapted from Chapter 12, Protocol 4, p. 12.40 of MC3.

주형 DNA (~0.05 pmole/μl), 한가닥 DNA 이며, 0.15 μg/μl의 박테리오파지 M13 한가닥 DNA에 해당한다.

Radioactive Compounds

[α-^{32}P]dATP (1000 Ci/mmole, 10 mCi/ml)〈!〉 또는
[α-^{33}P]dATP (1000-3000 Ci/mmole, 20 mCi/ml)〈!〉 또는
[α-^{35}S]dATP (1000 Ci/mmole, 10 mCi/ml)〈!〉

[α-^{32}P]dATP를 사용한 내부 표지 대신에 5′ ^{32}P-표지된 올리고뉴클레오티드를 primer로 사용한다. 이 경우, 2 ml (~5 × 10^5 cpm)의 방사성 표지된 primers와 2 ml의 H_2O를 표지 안된 primer와 [^{32}P]dATP에 섞는다. 올리고뉴클레오티드의 5′ 말단은 프로토콜 10.2의 방법대로 표지한다.

Gels/Loading Buffers

포름아마이드 겔 로딩 완충용액〈!〉
- 80% (w/v) 탈이온된 포름아마이드
- 10 mM EDTA (pH 8.0)
- 0.25% bromophenol blue
- 0.25% xylene cyanol FF

Centrifuges/Rotors/Tubes

swing-out 로터와 microplate를 사용할 수 있는 holder

Additional Items

96 U-자형 바닥 well을 가진 microtiter plates
water bath (55℃와 37℃)

Additional Information

Klenow-매개 씨퀀싱의 설명	MC3, p. 12.40
대장균 DNA 중합효소 I의 Klenow 효소	MC3, pp. 12.101-12.102
씨퀀싱을 위한 dNTP와 ddNTP의 보관용액 준비	MC3, p. 12.107
문제해결	MC3, p. 12.44

METHOD

1. 새 0.5-ml 튜브 또는 microtitier plate의 well에 아래 내용물을 넣는다.

한가닥 주형 DNA (0.1 μg/μl)	5 μl
올리고뉴클레오티드 primers (1 μg/ml, ~160 pmoles/ml)	4 μl
TM 완충용액	1 μl

2. 튜브의 뚜껑을 닫거나 microtiter plate를 씰링하고 55℃에서 5-10 분간 반응시켜서 주형 DNA와 primer가 환성시킨다.

   필요하면 환성시킨 주형/primer를 -20℃에 몇 달간 보관할 수 있다.

3. microfuge 튜브나 96-well microtiter plate의 연속된 4개의 well에 C, T, A, G라고 표시한다; 각 튜브에 4 μl의 적당한 ddNTP 연장/종료 혼합물을 넣는다 (즉, 4 μl의 ddCTP 혼합물을 C 튜브에, 4 μl의 ddTTP 혼합물을 T 튜브에, 등)

4. 단계 2에서 만든 환성된 primer-주형 용액을 얼음에 두고 다음을 첨가한다.

[α-^{32}P]dATP 또는 [α-^{33}P]dATP 또는 [α-^{35}S]dATP	1 μl
Klenow 효소 (~2.5 units)	1 μl
0.1 mM dATP ([α-^{32}P] 또는 [α-^{33}P]를 사용할 경우)	1 μl 또는
H_2O ([α-^{35}S]를 사용할 경우)	1 μl

Klenow 효소 보관용액은 -20℃에 보관한다; 실온의 환경에 둬서 온도가 올라가게 하면 안된다. 얼음에 한 시간 정도 보관하면 활성을 잃을 수도 있다.

5. 단계 4의 혼합물 3 μl을 각 C, T, G, A로 표시한 튜브의 벽에 또는 microtiter plate well의 벽면에 옮긴다. 방사성 표지된 혼합물이 ddNTP 연장/종료 혼합물에 접촉하게 하면 안된다.

6. Microfuge에 튜브를 넣거나 (적당한 로터를 사용하거나 0.5-ml 튜브에 맞는 어댑터를 사용하거나 뚜껑을 제거한 1.5-ml 튜브를 놓는다) 또는 적당한 어댑터가 설치된 원심분리기에 microtiter plate를 놓는다. 2000 rpm에서 몇초간 원심분리해서 모든 내용물이 섞여서 연장/종료반응을 시작한다. 37℃에서 10-12분 동안 반응시킨다.

   Klenow 효소에 의해 일어나는 연장/종료와 chase 반응은 실온에서 37℃사이의 온도에서 균등하게 잘 일어난다.

7. 9-11분 배양 후, 1 μl의 chase 혼합물을 각 튜브의 벽에 옮긴다. 중합반응이 진행되고 있는 튜브 바닥으로 용액이 흘러 내려 섞이지 않게 한다. 총 10-12 분이 경과하면 chase 용액이 연장/종료 반응에 섞이도록 2초간 원심분리한다. 실온에서 10-12분 더 반응시킨다.

8. 9-11분 동안 두 번째 반응을 한 후에, 포름아마이드 로딩 완충용액 6 μl를 각 튜브의 벽에 첨가한다. 완충용액이 well의 바닥으로 흘러 섞이지 않도록 조심한다. 반응 후, 원심분리로 씨퀀싱 반응을 종료시킨다.

9. DNA-씨퀀싱 반응물은 -20℃에 5일 까지 보관하거나 변성 겔 전기영동으로 분석한다 (프로토콜 12.8 또는 12.9). 열변성 (100℃로 2분 간)이 끝나면 재빨리 얼음속에 넣고, 각 3 μl의 C, T, A, G 반응물을 씨퀀싱 겔의 well에 하나씩 로딩한다.

프로토콜 12.5

Taq DNA 중합효소를 이용한 dideoxy-매개 씨퀀싱

Dideoxy-mediated Sequencing Reactions Using *Taq* DNA Polymerase

*Taq*과 같은 열안정성 DNA 중합효소는 고온에서 씨퀀싱에 사용하므로, 2차구조가 많은 주형에 primer가 부적합한 환성으로 생기는 문제들이 크게 완화된다.

MATERIALS

CAUTION: 〈!〉표시된 물질의 적절한 사용법은 Appendix 4를 참조하세요.

Reagents and Solutions

농축액, 완충액, 시료의 조성은 Appendix 1을 참조하라. 농축액은 적당한 농도로 희석하여 사용하라.

dATP (0.1 mM) (optional; 단계 4 참조)

ddNTPs, 각각 네종의 ddNTP 중 하나씩을 가지는 4개의 용액 (5 mM)

4종의 dNTP 용액, 각각 네 종의 dNTP 중 하나씩을 가지는 4개의 용액 (1 mM)

Enzymes and Buffers

AmpliTaq CS (5 units/μl) (Perkin-Elmer) 또는 다른 exonuclease가 결핍된 *Taq* DNA 중합효소

*T. aquaticus*와는 다른 생물에서 정제된 열안정성 효소들은 조금 다른 반응 조건과 희석 완충용액을 요구한다. 판매회사에서 제공하는 설명서를 참조하시오.

Taq 희석 완충용액

25 mM Tris-Cl (pH 8.8)

0.01 mM EDTA (pH 8.0)

0.15% Tween-20

0.15% Nonidet P-40

10× 표지 혼합물과 연장/종료 혼합물, 표 12-4처럼 dNTP들과 ddNTP들 용액을 부피(μl)대로 섞은 것

DNA 주형이 2차구조를 많이 만들면, 10× 표지 혼합물과 연장/종료 혼합물의 dCTP를 동일 양의 7-디아자-2′-dGTP로 바꾼다 (MC3, p. 12.111 참조)

5× 반응 완충용액

200 mM Tris-Cl (pH 8.8, 실온)

25 mM $MgCl_2$

Nucleic Acids/Oligonucleotides

올리고뉴클레오티드 primers, 약 1.0 pmole/μl농도의 수용액으로 약 6.5 μg/ml에 해당한다.

대상 유전자가 클로닝 된 벡터의 상위 부위에 결합하는 "유니버셜" primer에 대해서는 MC3, pp. 8.113-8.117을 참고하시오. DN 씨퀀싱을 위한 올리고뉴클레오티드의 준비에 관한 정보는 MC3, p. 12.103을 참조하시오.

한가닥 주형 DNA (100 μg/ml in TE) (pH 7.6)

4개의 씨퀀싱 반응의 각 세트에 한가닥 DNA (500 ng) 또는 1.0 μg의 변성된 두가닥 플라스미드 DNA가 필요하다. 플라스미드 DNA와 분자비로 20배 과량으로 섞은 primer를 끓는 water-bath에서 2분간 가열하고 얼음물에 옮겨서 주형과 primer를 환성시키고 즉시 실험에 사용한다.

표 12-4 *Taq* DNA 중합효소를 사용하는 일반적인 DNA-씨퀀싱에서 사용하는 10x 표지 혼합물과 ddNTP 사슬 연장/종료 혼합물

	dNTP와 ddNTP 보관용액 (부피는 μl)								다른 시약들		
반응 혼합물	dCTP 1 mM	dTTP 1 mM	dATP 1 mM	dGTP 1 mM	ddCTP 5 mM	ddTTP 5 mM	ddATP 5 mM	ddGTP 5 mM	Tris-Cl (1 M, pH 8.0)	EDTA (10 mM, pH 8.0)	H_2O
표지	1.5	1.5	–	1.5	–	–	–	–	10	10	975
ddCTP	15	15	15	15	90	–	–	–	10	10	830
ddTTP	15	15	15	15	–	240	–	–	10	10	680
ddATP	15	15	7.5	15	–	–	120	–	10	10	800
ddGTP	15	15	15	15	–	–	–	9	10	10	911

10x 표지혼합물은 각각 1.5 μM 농도의 dGTP, dCTP, dTTP를 포함한다.
연장/종료 혼합물의 ddNTP:dNTP의 비율은 dCTP, dTTP, 그리고 dGTP에서 각각 30:1, 80:1 그리고 3:1이다. 이 10x 표지혼합물과 ddNTP 연장/종료 혼합물은 50-μl 씩 분주해서 −20℃에 보관한다.

Radioactive Compounds

[α-^{32}P]dATP (1000 Ci/mmole, 10 mCi/ml)〈!〉 또는
[α-^{33}P]dATP (1000–3000 Ci/mmole, 20 mCi/ml)〈!〉 또는
[α-^{35}S]dATP (1000 Ci/mmole, 10 mCi/ml)〈!〉

[α-^{32}P]dATP를 사용한 내부 표지 대신에 5′ ^{32}P-표지된 올리고뉴클레오티드를 primer로 사용한다. 이 경우, 2 ml (~5 × 10^5 cpm)의 방사성 표지된 primers와 2 ml의 H_2O를 표지 안된 primer와 [^{32}P]dATP에 섞는다. 올리고뉴클레오티드의 5′ 말단은 프로토콜 10.2의 방법대로 표지한다.

Gels/Loading Buffers

포름아마이드 겔 로딩 완충용액〈!〉
- 80% (w/v) 탈이온된 포름아마이드
- 10 mM EDTA (pH 8.0)
- 0.25% bromophenol blue
- 0.25% xylene cyanol FF

Centrifuges/Rotors/Tubes

swing-out 로터와 microplate를 사용할 수 있는 holder

Additional Items

96 U-자형 바닥 well을 가진 microtiter plates
water bath (65℃, 45℃와 72℃)

Additional Information

7-디아자-dGTP MC3, p. 12.111
씨퀀싱을 위한 dNTP와 ddNTP의 보관용액 준비 MC3, p. 12.107
씨퀀싱에 사용하는 열안정성 DNA 중합효소 MC3, pp. 12.45–12.47
문제해결 MC3, pp. 12.56–12.59

METHOD

1. 새 0.5-ml 튜브 또는 microtitier plate의 well에 아래 내용물을 넣는다.

한가닥 주형 DNA (250 fmoles) (100 ng/μl)	5.0 μl
올리고뉴클레오티드 primers (0.5 pmole) (~3.3 ng/μl)	3.0 μl
5× dideoxy 반응 완충용액	2.0 μl

2. 튜브의 뚜껑을 닫고 65℃에서 2분간 반응시킨다. 튜브를 water bath에서 꺼내서 3-5분정도 걸리도록 온도를 실온으로 서서히 식힌다.
3. 그동안 10× 표지 완충용액과 ddNTP 연장/종료 혼합물 그리고 방사성 dATP를 녹이고 얼음에 보관한다.
4. 각 환성 반응을 위해서, 색깔로 표시된 0.5-ml 튜브나 C, T, A, G로 표시된 microtiter plate의 각 well에 각 ddNTP 종료/연장 혼합물을 4 μl씩 넣고 (즉, 4 μl의 ddCTP 혼합물을 C 표시된 튜브에, 4 μl의 ddTTP 혼합물을 T 표시된 튜브에, 등) 얼음 속에 보관한다.
5. 충분한 양의 열안정성 DNA 중합효소를 모든 씨퀀싱할 주형에 대해서 1:8로 희석한다. 예를 들면,

Taq DNA 중합효소 (5-10 units/μl)	1 μl
Taq 희석 완충용액	7 μl

4개의 씨퀀싱 세트에 2 μl (2 units)의 희석된 효소가 필요하다. 효소의 최종 농도는 약 1 unit/μl가 되어야 한다. 희석한 효소는 항상 얼음 속에 보관한다.

6. 다음의 내용물을 각 환성반응 (위의 단계 2)에 첨가한다:

10× 표지 혼합물	2 μl
방사성표지된 dATP	0.5 μl
희석된 열안정성 DNA 중합효소 (~1 unit/μl)	8 μl

vortexing으로 내용물을 섞고 45℃에서 5 분간 반응시킨다.

7. 표지 혼합물 4 μl를 적당한 dideoxy 종료 혼합물이 들어있는 각 C, T, G, A로 표시한 튜브의 벽에 또는 microtiter plate well의 벽면에 옮긴다.
8. Microfuge에 튜브를 올려놓거나 (적당한 로터나 0.5-ml 튜브에 맞는 어댑터를 사용하거나 뚜껑을 제거한 1.5-ml 튜브를 사용한다) 또는 적당한 어댑터가 설치된 원심분리기에 microtiter plate를 놓는다. 2000 rpm에서 몇 초간 원심분리하고 72℃에서 5분 동안 반응시킨다.

   튜브/plate를 효율적인 heating block 또는 가열된 H_2O, 오일 등에 담가서 반응 시킨다. 튜브/plate를 air incubator에서 단시간 반응시키면 *Taq* DNA 중합효소의 반응에 필요한 최적 온도에 이르지 못한다.

9. 포름아마이드 로딩 완충용액 4 μl를 첨가해서 반응을 종료시킨다.
10. 반응물은 -20℃에 5일 이내로 보관하거나 변성 겔 전기영동으로 분석한다 (프로토콜 12.8 또는 12.9). 열변성 (100℃로 2분 간)이 끝나면 재빨리 얼음속에 넣고, 각 3 μl의 C, T, A, G 반응물을 씨퀀싱 겔의 well에 하나씩 로딩한다.

프로토콜 12.6

Cycle 씨퀀싱: PCR과 말단-표지된 primer를 이용한 dideoxy-매개 씨퀀싱 반응

Cycle Sequencing: Dideoxy-mediated Sequencing Reactions Using PCR and End-labeled Primers

이 프로토콜에서는 dideoxy-씨퀀싱을 위한 한가닥 DNA 주형을 만드는 비대칭 PCR이 사용된다.

MATERIALS

CAUTION: 〈!〉표시된 물질의 적절한 사용법은 Appendix 4를 참조하세요.

Reagents and Solutions

농축액, 완충액, 시료의 조성은 Appendix 1을 참조하라. 농축액은 적당한 농도로 희석하여 사용하라.

ddNTPs, 각각 네 종의 ddNTP 중 하나씩을 가지는 4개의 용액 (5 mM)

4종의 dNTP 용액, 각각 네종의 dNTP 중 하나씩을 가지는 4개의 용액 (1 mM)

EDTA (0.05 M, pH 8.0)

Enzymes and Buffers

AmpliTaq CS (5 units/μl) (Perkin-Elmer) 또는 다른 exonuclease가 결핍된 *Taq* DNA 중합효소

*T. aquaticus*와는 다른 생물에서 정제된 열안정성 효소들은 조금 다른 반응 조건과 희석 완충용액을 요구한다. 판매회사에서 제공하는 설명서를 참조하시오. 사용 효소들에 관한 조언은 MC3, pp. 12.45-12.47 참조하시오.

5× Cycle-씨퀀싱 완충용액

200 mM Tris-Cl (pH 8.8, 실온)

25 mM $MgCl_2$

10× 표지 혼합물과 연장/종료 혼합물, 표 12-5처럼 dNTP들과 ddNTP들 용액을 섞은 것

DNA 주형이 이차구조를 많이 만들면, 10× 표지 혼합물과 연장/종료 혼합물의 dCTP를 동일 양의 7-디아자-2′-dGTP로 바꾼다 (MC3, p. 12.111 참조)

Nucleic Acids/Oligonucleotides

올리고뉴클레오티드 primers, 5′ 말단에 ^{32}P, 또는 ^{33}P (프로토콜 10.2 참조)로 방사성 표지된 것 〈!〉

주형 DNA

플라스미드, 코스미드, 박테리오파지 λ, 그리고 박테리오파지 M13 DNA, 단원 1-4에서 설명된 방법 중 하나로 정제된 것을 주형으로 사용할 수 있다.

표 12-6은 요구되는 각 타입 주형의 양을 보여준다.

표 12-5 Cycle 씨퀀싱에 사용되는 ddNTP 연장/종결 혼합물

ddNTP 반응 혼합물	dNTP (1 mM)와 ddNTP (5 mM) 보관용액 (부피는 μl)								다른 시약들		
	dCTP	dTTP	dATP	dGTP	ddCTP	ddTTP	ddATP	ddGTP	Tris-Cl (1 M, pH 8.0)	EDTA (10 mM, pH 8.0)	H_2O
ddCTP	20	20	20	20	80	–	–	–	10	10	820
ddTTP	20	20	20	20	–	160	–	–	10	10	740
ddATP	20	20	20	20	–	–	120	–	10	10	780
ddGTP	20	20	20	20	–	–	–	40	10	10	860

50 μl씩 나눠서 -20℃에 보관한다.

4 연장/종료 혼합물의 ddNTP:dNTP 비율은 C, T, G 그리고 A에 대해서 각각 20:1, 40:1, 30:1 그리고 10:1이다. 이 비율은 AmpliTaq CS DNA 중합효소 반응에 최적화 되어 있다. 다른 종류의 열안정성 DNA 중합효소를 사용할 때는 비율을 최적화 시켜야 한다.

Adapted from Chapter 12, Protocol 6, p. 12.51 of MC3.

표 12-6 Cycle 씨퀀싱에 요구되는 다양한 타입의 주형이 양

주형의 타입	4종의 dideoxy 씨퀀싱 반응의 각 세트에 필요한 정제된 DNA의 양 (fmoles)
두가닥 플라스미드 DNA	20–200
한가닥 박테리오파지 M13 DNA	1–50
두가닥 박테리오파지 I DNA	20–200
두가닥 코스미드 DNA	50–200

Gels/Loading Buffers

포름아마이드 겔 로딩 완충용액〈!〉

80% (w/v) 탈이온된 포름아마이드

10 mM EDTA (pH 8.0)

0.25% bromophenol blue

0.25% xylene cyanol FF

Centrifuges/Rotors/Tubes

microplate 어댑터가 장비된 원심분리기

Additional Items

미네랄 오일 또는 왁스 비드 (optional; 단계 4 참조)

96 U-자 형 바닥 well을 가진 microtiter plates

Thermal cycler, 원하는 증폭을 할 수 있게 프로그램 된 것

water bath (65℃, 45℃와 72℃)

Additional Information

추가 프로토콜 (PCR과 [α-^{32}P]dNTP 내부 표지를 이용하는 cycle 씨퀀싱)	MC3, p. 12.60
Cycle 씨퀀싱	MC3, pp. 12.51–12.52
7-디아자-dGTP	MC3, p. 12.111
씨퀀싱을 위한 dNTP와 ddNTP의 보관용액 준비	MC3, p. 12.107
씨퀀싱에 사용하는 열안정성 DNA 중합효소	MC3, pp. 12.45–12.47
문제해결	MC3, p. 12.55 와 12.56–12.59

METHOD

1. 새 0.5-ml 색깔-표시된 튜브 또는 C, T, A 그리고 G 표시가 되어 있는 열안정성 microtitier plate의 각 well에 4 μl의 적당한 ddNTP 연장/종료 혼합물을 넣고 (즉, 4 μl의 ddCTP 혼합물을 C 표시된 튜브에, 4 μl의 ddTTP 혼합물을 T 표시된 튜브에, 등) 얼음속에 보관한다. (표 12-5 참조).
2. 각 튜브 또는 well의 벽에 다음을 첨가한다.

두가닥 주형 DNA	10–100 fmoles
1.5 pmole의 5′ ^{32}P 말단 표지된 primers	1.0 μl
5× cycle 씨퀀싱 완충용액	2.0 μl
H_2O	5.0 μl 까지

* ^{33}P 말단 표지된 primer를 사용할 경우: 1.5 μl의 ^{33}P-표지된 올리고뉴클레오티드 표준 준비물은 5.0 pmoles의 primer를 포함한다. 씨퀀싱 반응의 내용물들을 화학양론적으로 유지하려면 전체 반응의 부피는 증가시키지 않고 주형 DNA의 양만 세배 정도 증가시킨다 (30–300 fmoles).

3. AmpliTaq CS DNA 중합효소 일부를 1× cycle 씨퀀싱 완충용액으로 최종농도가 0.5–1.0 unit/μl가 되도록 희석한다. 1 μl의 희석된 효소를 각 튜브 또는 well의 벽면에 첨가한다.
4. 손가락으로 튜브나 microtiter를 부드럽게 쳐서 내용물을 섞는다. 필요하면, 반응물 위에 미네랄 오일 한 방울을 떨어뜨리고, 뚜껑을 닫고, 2000 rpm에서 2초간 원심분리한다.
5. 튜브나 microtiter plate를 95℃로 예열된 thermocycler에 놓고 아래에 표시된 프로그램에 따라서 반응을 시작한다.

   주의: 프로그램 시작을 늦추지 않는다. 로딩/예열 단계 동안 시료를 95℃에 3분 이상 노출시키지 않는다. DNA 중합효소가 불활성화 될 수 있다.

cycle 수	변성	Annealing	중합
예열	95℃에서 60초		
20–25 cycle	95℃에서 30초	55℃에서 30초	72℃에서 60초
10 cycle	95℃에서 30초	72℃에서 60초	72℃에서 60초

   시간과 온도는 특정 반응 조건에 맞게 바꾼다.

6. Thermocycler에서 튜브/plate를 제거하고 5 μl의 포름아마이드 로딩 완충용액을 각 반응에 첨가한다.
7. 반응물은 −20℃에 5일 이내로 보관하거나 변성 겔 전기영동으로 분석한다 (프로토콜 12.8 또는 12.9). 열변성 (100℃로 2분 간)이 끝나면 재빨리 얼음속에 넣고, 각 3 μl의 C, T, A, G 반응물을 씨퀀싱 겔의 well에 하나씩 로딩한다.

프로토콜 12.7

화학적 씨퀀싱 Chemical Sequencing

이 프로토콜은 고전적인 Maxam–Gilbert의 특정 염기를 자르는 DNA 씨퀀싱법에 기초로 한다.

MATERIALS

CAUTION: 〈!〉표시된 물질의 적절한 사용법은 Appendix 4를 참조하세요.

Reagents and Solutions

농축액, 완충액, 시료의 조성은 Appendix 1을 참조하라. 농축액은 적당한 농도로 희석하여 사용하라.

- 초산 (1 M), 빙초산 (17.4 M)에서 새로 희석한 것〈!〉
- 디메틸설페이트 (DMS), 골드 라벨, 99%〈!〉 (Sigma–Aldrich)
- 에탄올에 희석한 DMS (10% v/v)〈!〉
- DMS 완충용액
  - 50 mM 카코딜산 나트륨 (pH 7.0)〈!〉
  - 1 mM EDTA (pH 8.0)
- DMS 정지 용액
  - 1.5 M 초산 나트륨 (pH 7.0)
  - 1 M β–메캅토에탄올〈!〉
  - 250 μg/ml 효모 tRNA
- EDTA (0.5 M, pH 8.0)
- 에탄올, –20℃로 냉각된 것
- 포름아마이드〈!〉
- 히드라진 (95% [Eastman Kodak])〈!〉
  - 잘 닫힌 튜브에 소량씩 –20℃에 보관한다.
- 히드라진 정지 용액
  - 0.3 M 초산 나트륨 (pH 7.0)
  - 0.1 mM EDTA (pH 8.0)
  - 100 μg/ml 효모 tRNA
- NaCl (5 M)
- NaOH (1.2 N), 1 mM EDTA를 포함〈!〉
- 피페리딘 (1 M 수용액)〈!〉, 1 부피의 피페리딘 (10 M [Fisher Scientific])과 9 부피의 H_2O를 새로 섞은 것
- 포름산 피페리딘 (1 M), 4% (v/v) 포름산 수용액을 10M 피페리딘을 이용해서 pH 2.0으로 조정한 것
- 초산 나트륨 (3 M, pH 5.2)

Nucleic Acids/Oligonucleotides

- 연어 정자 DNA, 물리절단한 것 (Sigma–Aldrich) (1 mg/ml 수용액)
- 방사성 표지된 주형 DNA〈!〉
  - 최소한 5 × 10^5 cpm의 DNA로, 비대칭적으로 ^{32}P로 방사성 표지되고 H_2O에 약 5000 cpm/μl 농도에 녹인 수용액으로 준비한다 (MC3, p. 12.73). DNA는 반드시 salt가 제거되야 한다.
- 효모 tRNA (1 mg/ml 수용액)

Gels/Loading Buffers

- 포름아마이드 겔 로딩 완충용액〈!〉
  - 80% (w/v) 탈이온된 포름아마이드
  - 10 mM EDTA (pH 8.0)

0.25% bromophenol blue
0.25% xylene cyanol FF
폴리아크릴아마이드 DNA-씨퀀싱 겔 <!> (프로토콜 12.8)

Additional Items

드라이 아이스/에탄올 bath
휴대형 minimonitor 또는 Cerenkov counting을 위한 liquid scintillation spectrometer
5가지 다른 색의 microfuge 튜브 (각 색깔 마다 각 염기-특이 절단 반응하는데 사용)
rotary 진공 증발기 (Savant SpeedVac)
screw-down pressure plate가 있는 Round bath rack (Research products International) (optional: 단계 4 참조)

Additional Information

추가 프로토콜 (화학 씨퀀싱을 위한 말단표지된 DNA의 준비)	MC3, p. 12.73
대체 프로토콜 (신속 Maxam-Gilbert 법)	MC3, p. 12.70
화학적 씨퀀싱	MC3, pp. 12.61-12.63
문제해결	MC3, p. 12.67-12.69

METHOD

1. 표 12-7의 순서도에 요약된 것처럼 염기-변형 과정에 방사성 표지된 DNA를 사용한다.
2. 각 4-5개의 염기-변형된 DNA가 들어있는 동결건조된 DNA 시료를 100 μl의 1 M 피페리딘과 함께 넣어서 vortexing으로 녹인다.
3. 뚜껑을 잘 닫는다. vortexing으로 내용물을 잘 섞는다. 필요하면 원심분리 (2000 rpm)로 튜브의 내용물을 바닥으로 모은다.
4. 튜브를 90℃에서 30분간 반응시킨다. 가열하는 동안 뚜껑이 열리지 않도록 튜브위에 무거운 것을 올리거나 플라스틱 테이프로 봉한다. 다른 방법으로, screw-down pressure plate가 있는 round bath rack을 사용한다 (Research products International).
5. 튜브를 실온으로 식힌다. 튜브 뚜껑을 열고 파라필름으로 봉한다. 21-게이지 주사바늘로 파라필름에 몇 개의 구멍을 내서 rotary 진공 증발기 (예, Savant SpeedVac)에 넣어 내용물을 증발되게 한다. 증발기의 성능에 따라서 이 과정은 1-4시간이 소요된다.
6. 튜브를 증발기에서 꺼내서 파라필름을 제거하고 각 튜브에 20 μl의 H_2O를 넣는다. 튜브의 뚜껑을 닫고 30초 vortexing으로 DNA를 녹인다, 튜브를 원심분리기로 잠깐 돌려서 내용물을 바닥으로 모은다. 휴대형 미니모니터로 모든 방사성 표지된 DNA가 H_2O에 의해 튜브의 well에서 잘 씻기고 내용물로 다 녹았는지 확인한다.
7. rotary 진공 증발기 (위의 단계 5 참조)에서 다시 내용물을 증발시킨다. 이 단계는 기기의 효율에 따라서 15-30분이 소요된다.
8. 단계 6과 7을 반복한다.
9. Cerenkov counting으로 각 튜브에 남아 있는 방사능을 측정하고, 각 변형/절단 반응물을 씨퀀싱 겔 로딩 완충용액에 녹인다. Kodak XAR-5 필름에 하룻밤 노출에는 한 염기 (즉, C와 G 반응)를 자른 DNA 반응에 약 25,000 cpm이 필요하며 두 염기 (C+T, A+G 그리고 A>C)를 자른 반응에서는 50,000 cpm

표 12-7 Maxam-Gilbert 씨퀀싱

G	A+G	C+T	C	A〉C
190 μl의 DMS 완충용액, 4 μl의 초음파파쇄한 DNA, 그리고 5 μl의 ^{32}P-표지된 DNA를 섞는다	10 μl의 H_2O, 4 μl의 초음파파쇄한 DNA, 그리고 10 μl의 ^{32}P-표지된 DNA를 섞는다	10 μl의 H_2O, 4 μl의 초음파파쇄한 DNA, 그리고 10 μl의 ^{32}P-표지된 DNA를 섞는다	15 μl의 5 M NaCl, 4 μl의 초음파파쇄한 DNA, 그리고 5 μl의 ^{32}P-표지된 DNA를 섞는다	100 μl의 1.2 N NaOH, 1 mM EDTA, 4 μl의 초음파파쇄한 DNA, 5 μl의 ^{32}P-표지된 DNA을 섞는다
0℃로 식힌다.	0℃로 식힌다.	0℃로 식힌다.	0℃로 식힌다.	튜브를 단단히 닫고 플라스틱 테이프로 다시 감는다.
5 μl의 10% DMS를 넣고 섞는다.	4 μl의 포름산 피페리딘 (pH 2.0)을 넣고 섞는다.	30 μl의 히드라진을 넣고 부드럽게 섞는다.	30 μl의 히드라진을 넣고 부드럽게 섞는다.	
20℃에서 5분 반응한다.	37℃에서 15분 반응한다.	20℃에서 7분 반응한다.	20℃에서 5분 반응한다.	90℃에서 7분 반응시킨다. 0℃로 냉각한다.
50 μl의 DMS 종료용액을 넣고(0℃) 섞는다.	240 μl의 히드라진 종료용액을 넣고 (0℃) 섞는다.	200 μl의 히드라진 종료용액을 넣고 (0℃) 섞는다.	200 μl의 히드라진 종료용액을 넣고 (0℃) 섞는다.	150 μl의 1 M 초산과 5 μl의 tRNA (1 mg/ml)을 넣고 섞는다.
750 μl의 에탄올 (−20℃)을 넣고 섞는다.	750 μl의 에탄올 (−20℃)을 넣고 섞는다.	750 μl의 에탄올 (−20℃)을 넣고 섞는다.	750 μl의 에탄올 (−20℃)을 넣고 섞는다.	750 μl의 에탄올 (−20℃)을 넣고 섞는다.
−70℃에 5분간 보관한다.	−70℃에 5분간 보관한다.	−70℃에 5분간 보관한다.	−70℃에 5분간 보관한다.	−70℃에 5분간 보관한다.
4℃에서 12,000 rpm으로 5분간 원심분리	4℃에서 12,000 rpm으로 5분간 원심분리	4℃에서 12,000 rpm으로 5분간 원심분리	4℃에서 12,000 rpm으로 5분간 원심분리	4℃에서 12,000 rpm으로 5분간 원심분리
상층액을 조심스럽게 따라서 폐기물통에 버린다.	상층액을 버린다.	상층액을 조심스럽게 따라서 폐기물통에 버린다.	상층액을 조심스럽게 따라서 폐기물통에 버린다.	상층액을 따라서 버린다.

300 μl의 0℃ 0.3 M 초산 나트륨 (pH 5.2)를 넣고 vortexing으로 섞는다.
900 μl의 −20℃ 에탄올을 넣고 섞는다.
−70 ℃에 5분간 보관한다
12,000g에서 4℃로 5분간 원심분리한다.
상층액을 조심스럽게 버린다.
1 ml의 −20℃ 에탄올을 섞는다.
12,000g에서 4℃로 5분간 원심분리한다.
상층액을 조심스럽게 버린다.
DNA를 동결 건조한다.
100 μl의 1 M 피페리딘을 첨가한다. 튜브를 플라스틱 테이프로 봉하고 내용물을 섞는다.
90℃에서 30분간 반응시킨다.
동결 건조 한다.
20 μl의 H_2O를 넣고 30초간 vortexing한다.
실온에서 10초간 원심분리한다.
동결건조시킨다.
20 μl의 H_2O를 넣고 30초간 vortexing한다.
실온에서 10초간 원심분리한다.
동결건조시킨다.
씨퀀싱 겔 로딩 완충용액 10 μl를 넣고 20초간 vortexing한다.
실온에서 10초간 원심분리한다.
튜브를 덮고, 90℃에서 1분간 가열한다.
씨퀀싱 겔의 각 well에 각각 3 μl의 시료를 로딩한다.

이 필요하다. 그래서, 변형/절단 DNA는 씨퀀싱 겔 로딩 완충용액에 녹여서 C와 G 반응은 약 25,000 cpm/3 μl를 포함해야 하고 C+T, A+G 그리고 A>C 반응은 약 50,000 cpm/3 μl을 포함해야 한다. DNA를 vortex 해서 완전히 녹여야 한다. 원심분리기로 튜브의 내용물들이 바닥에 모이게 한다. 씨퀀싱 겔이 준비되는 동안, 필요하다면, 시료를 −20℃에 몇 시간 동안 보관한다.

10. 튜브를 90℃에서 1분간 가열해서 변성시키고 즉시 얼음에 넣는다. 프로토콜 12.8 또는 12.9에서 설명한 대로 변성 폴리아크릴 아마이드 겔에서 분석한다.

프로토콜 12.8

변성 폴리아크릴아마이드 겔 준비
Preparation of Denaturing Polyacrylamide Gels

1978년, Fred Sanger와 Alan Coulson이 현재도 DNA 씨퀀싱 반응산물을 전개하는데 사용하고 있는 얇은 폴리아크릴아미드 겔을 붓고 전개하는 방법을 고안했다.

MATERIALS

CAUTION: 〈!〉표시된 물질의 적절한 사용법은 Appendix 4를 참조하세요.

Reagents and Solutions

농축액, 완충액, 시료의 조성은 Appendix 1을 참조하라. 농축액은 적당한 농도로 희석하여 사용하라.

아크릴아미드 용액 (45% w/v)〈!〉

아크릴아미드 (씨퀀싱 등급)	434 g
N,N′-메틸렌비스아크릴아미드	16 g
H_2O	600 ml 까지

용액을 37℃까지 가열해서 물질들을 다 녹이고 H_2O로 부피를 1 리터로 맞춘다. 용액을 0.45-μm NC 필터로 거르고 실온에서 빛이 차단되는 병에 보관한다. 보관하는 동안, 아크릴아미드와 메틸렌비스아크릴아미드는 서서히 탈아미노화 된다. 사용하기 전에 pH가 7.0 이하인지 확인한다.

암모늄 퍼설페이트 (1.6% w/v 수용액)〈!〉

식기용 세척비누

에탄올

수산화칼륨/메탄올 용액〈!〉

수산화칼륨 5 g을 100 ml의 메탄올에 녹인다. 뚜껑을 잘 막은 유리병에 보관한다.

실란액〈!〉 예, Gel Slick (FMC Bioproducts), Acrylase (Stratagene), 그리고 RainX (Unelko)

TEMED (N,N,N′,N′-테트라메텔에틸렌 디아민)〈!〉, 전기영동 등급 (Sigma-Aldrich 또는 Bio-Rad)

아크릴아미드 중합반응에서 암모늄 퍼설페이트의 보조촉매

요소 (고체)

Gels/Loading Buffers

10× TBE 전기영동 완충용액

TBE는 1×의 working strength (89 mM Tris-borate, 2 mM EDTA)를 폴리아크릴아미드 겔에 사용한다. 이것은 아가로스 겔 전기영동용 보다 2배 강하다.

Additional Items

불독 바인더 클립 (5-cm 길이, 겔 하나당 5-7개)

겔 건조 rack

겔-sealing 테이프, 예를 들면, 3M 스카치 신축성 테이프, 3M 스카치 노란색 전기용 테이프 #56, 또는 3M 스카치 폴리테트라플로로에틸렌 압출성형 필름 테이프.

유리 씨퀀싱 겔판 (맞는 쌍으로), 구입 가능함

탈크 없는 장갑

석유 젤리 (optional; 단계 4 참조)

상어이빨 comb (겔 전개 기구에 맞도록 32, 64, 또는 96개 이를 가진 0.4 mm 두께)

가지달린 플라스크 (250 ml)

스페이서, 겔 당 2 개씩, 두께가 일정하고 가장자리가 날카롭게 되어 있고 테프론으로 제작된 것.

주사기 (60 cc)
water bath (55℃)

Additional Information

아크릴아미드	MC3, p. A8.41
암모늄 퍼설페이트	MC3, p. 12.75
DNA-씨퀀싱에서 밴드가 압축되는 현상	MC3, pp. 12.82, 12.109, 12.110
문제해결 (겔 내의 공기 방울)	MC3, p. 12.79
문제해결 (겔이 새는 현상)	MC3, p. 12.80

METHOD

1. 필요하다면 유리판에 묻은 오래된 실란 시약을 수산화칼륨/메탄올 용액으로 닦아서 제거한다.

   중요: 피부 지방에 의한 유리판의 오염을 방지하기 위해서는 유리판을 다루는 동안 탈크가 없는 장갑을 끼고 유리판의 가장자리만 잡고 다룬다.

2. 유리판과 spaser를 희석한 따뜻한 주방세제로 씻고 물로 헹구고, 탈이온된 H_2O로 헹군다. 100% 에탄올로 유리판을 헹구고 말린다.

3. 작은 유리판의 안쪽면을 실란액으로 처리한다. 후드 안에서 종이타월을 몇 장 깔고 그 위에 유리판의 안쪽면을 위로 가도록 놓고, 소량의 실란액을 붓거나 스프레이로 뿌린다. 킴와이프스로 실란액이 표면 전체에 발라지도록 문지르고 1-2분 동안 건조시킨다. 유리판을 탈이온된 H_2O로 한번 헹구고 다시 에탄올로 씻은 후 충분히 말린다.

4. 실험대 위에 시험관 랙을 놓고 긴 유리판을 깨끗한 면이 위로 가도록 올려 놓는다. 스페이서를 유리판의

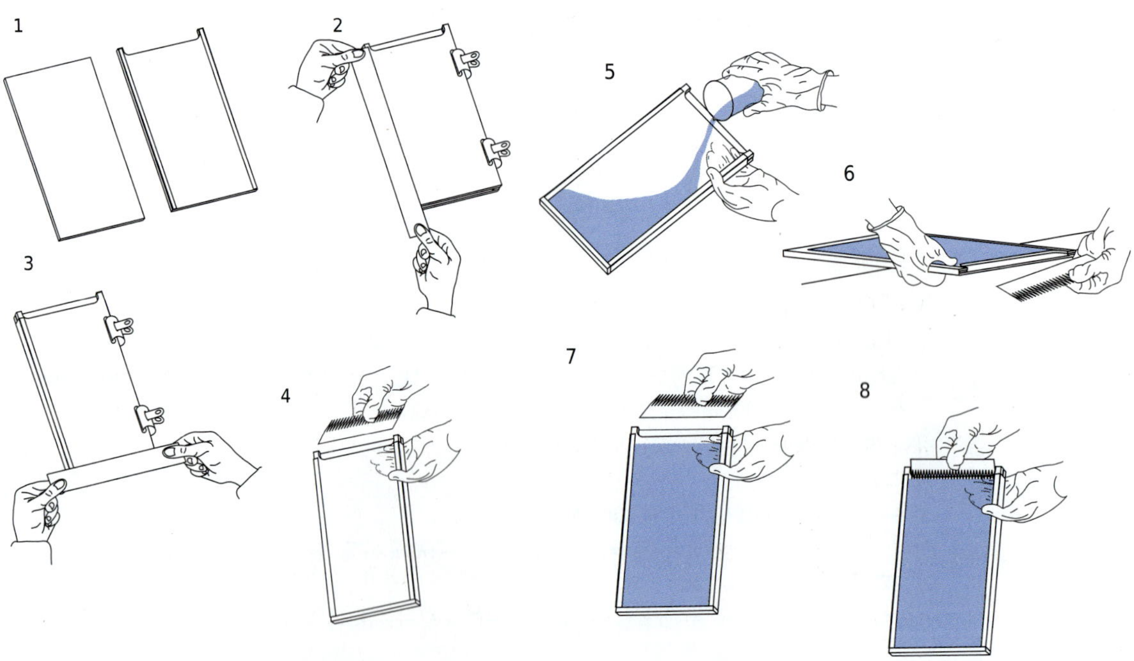

그림 12-1 Preparation of a Sequencing Gel

표 12-8 변성 겔을 만들기 위한 아크릴아마이드 용액

	Gel			
	4%	6%	8%	10%
아크릴아마이드:비스 용액(45%)	8.9 ml	13.3 ml	17.8 ml	22.2 ml
10x TBE 완충용액	10 ml	10 ml	10 ml	10 ml
H_2O	45.8 ml	41.4 ml	36.9 ml	32.5 ml
요소	42 g	42 g	42 g	42 g

양쪽 가장자리에 놓고 스페이서의 끝과 유리판의 아래쪽을 맞춘다 (그림 12-1).

소량의 석유젤리를 스페이서와 큰 유리판 사이에 칠해두면 다음 단계에서도 스페이서가 움직이지 않게 할 수 있다.

5. 큰 유리판위에, 실란액이 묻은 면이 아래로 가도록 작은 유리판을 올려놓는다. 스페이서가 두 유리판 사이에서 가장자리에 잘 위치하는지 확인한다.
6. 유리판의 한쪽에 2-3개의 5-cm 길이의 큰 불독 바인더 클립으로 잡는다. 다른 쪽 가장자리 전체와 아랫변을 겔-실링 테이프로 물이 새지 않도록 붙인다.
7. 불독 클립을 제거하고 클립이 있던 면도 테이프로 봉한다.
8. 상어이빨 콤의 평편한 쪽을 겔을 부을 쪽으로 집어 넣어서 부드럽게 들어가도록 한다. 콤을 빼고 봉한 유리판(겔 몰드)을 시험관 랙 위에 올려 놓는다.
9. 실험대 위를 한면에 뒷면이 플라스틱-코팅된 종이로 깔아 놓는다.
10. 250-ml 부피의 가지달린 플라스크에 표 12-8에 있는 것처럼 원하는 농도로 섞인 용액을 준비한다. 표에 주어진 부피는 40 × 40-cm 넓이의 씨퀀싱 겔 하나를 만들기에 충분한 양이며 다른 크기의 겔을 만들때는 크기에 따라 비율대로 양을 조절한다.

    중요: 이 단계부터는 중간에 쉬는 단계 없이 겔을 완성해야 한다.
11. 모든 내용물을 섞고 요소가 다 녹을 때까지 water bath에서 55℃로 3분간 가열한다.
12. 실온으로 플라스크를 꺼내서 실온으로 될 때까지 15분 정도 식힌다. 때때로 플라스크를 부드럽게 돌리며 흔들어 준다.
13. 플라스크의 가지에 진공 호스에 연결해서 가스를 제거한다.
14. 250-ml 유리 비이커에 용액을 옮기고 3.3 ml의 새로 만든 1.6% 암모늄 퍼설페이트를 넣고 비이커를 부드럽게 돌리며 내용물을 섞는다.
15. 50 μl의 TEMED를 첨가하고 부드럽게 비이커를 돌리면서 내용물을 섞는다. 겔 용액을 유리판 사이로 흘려 넣는다. 다른 방법으로, 60-ml 주사기로 겔 용액을 빨아들인다. 이때, 기포는 빨아들이지 않는다.

    단백질을 전개하는 폴리아크릴아마이드 겔에 비해서 씨퀀싱 겔은 TEMED를 많이 사용한다. 다량의 TEMED는 넓은 표면적의 겔을 빠르고 균질하게 굳게 해준다. 아크릴아미드의 중합반응은 온도에 의존적이며 온도를 낮추면 겔을 천천히 만들 수 있다. 겔을 붓는데 경험이 많은 사람은 종종 한번 겔을 준비하고 겔을 식혀서 40 × 40-cm 겔을 두 장 이상 부을 수 있다.

    겔이 빠르게 굳기 시작하므로 이 단계부터는 가능한 빨리 진행한다.
16. 유리판을 실험대에서 45° 로 기울여 들고 비이커나 주사기를 사용해서 유리판의 위쪽 구석에 겔이 가는 줄기로 흘러 들어가도록 천천히 붓는다.
17. 유리판을 시험관 랙에 올려 놓는다 (그림 12-1 참조).

18. 즉시 상어이빨 콤의 평편한 쪽을 유리판 사이의 겔용액 안으로 0.5-cm 깊이로 들어가도록 집어 넣는다. 콤의 양쪽끝이 같은 깊이로 넣어서 유리판을 세웠을 때 평행이 되도록 한다.
19. 불독 클립으로 콤이 움직이지 않게 고정한다. 남은 아크릴아미드 용액을 주사기에 넣어서 유리판의 겔의 상부에 방울이 만들어 지도록 넣는다. 실온에서 15분간 겔을 굳힌다.
20. 주사기를 씻어서 남아있는 아크릴아미드가 굳지 않게 한다.
21. 겔을 15분간 굳힌 후, 콤의 바로 아래 부분에 Sclieren 선이 만들어 졌는지 확인한다. 이것은 겔이 잘 굳고 있다는 표시이다. 젤이 다 굳으면 (아크릴아미드 용액을 부은지 약 1시간 후), 불독 클립을 제거한다.
22. 겔은 즉시 사용하거나 (프로토콜 12.11 참조) 실온에서 24시간 또는 4℃에서 48시간 보관할 수 있다. 보관하는 동안 탈수를 방지하려면, 유리판에 붙여둔 테이프를 제거하지 않고 겔 상부에 1X TBE를 적신 종이를 얹어 놓고 그 위를 Saran 랩으로 싼다. 이때 콤은 제거하지 않는다.

프로토콜 12.9 포름아마이드가 포함된 변성 폴리아크릴아마이드 겔 준비
Preparation of Denaturing Polyacrylamide Gels Containing Formamide

씨퀀싱 겔에 포름아미드가 포함되면 전기영동하는 동안 DNA의 2차구조 형성을 막아준다. 포름아미드 겔은 G/C 함량이 55% 이상인 DNA 주형의 씨퀀싱에 특히 유용하고 필요하다.

MATERIALS

CAUTION: 〈!〉표시된 물질의 적절한 사용법은 Appendix 4를 참조하세요.

Reagents and Solutions

이 프로토콜은 프로토콜 12.8의 목록에 있는 모든 시약이 필요하다.

포름아미드 (100%)〈!〉

Additional Information

아크릴아미드	MC3, p. A8.41
DNA-씨퀀싱에서 밴드가 압축되는 현상	MC3, pp. 12.82, 12.109, 12.110
문제해결 (겔 내의 공기 방울)	MC3, p. 12.79
문제해결 (겔이 새는 현상)	MC3, p. 12.80

METHOD

1. 프로토콜 12.8 단계 1-8에 설명된 겔 몰드를 만들 유리판을 씻고 조립한다.
2. 실험대 위를 한면에 플라스틱 코팅된 종이로 깔아 놓는다.
3. 250-ml 부피의 가지달린 플라스크에 표 12-9에 있는 것처럼 원하는 농도로 섞인 용액을 준비한다. 표 12-9에 주어진 부피는 40 × 40-cm 넓이의 씨퀀싱 겔 하나를 만들기에 충분한 양이며 크기가 다른 겔을 만들땐 겔의 크기에 따라 비율대로 양을 조절한다.

   중요: 이 단계부터는 중간에 쉬는 단계 없이 겔을 만들어야 한다.
4. 모든 내용물을 섞고 요소가 다 녹을 때까지 water bath에서 55℃로 3분간 가열한다.
5. 플라스크를 꺼내서 온도가 실온으로 떨어지도록 15분 정도 식힌다. 때때로 플라스크를 부드럽게 돌리며 흔들어 준다. 최종부피가 100 ml이 되도록 H_2O를 첨가한다.

표 12-9 포름아미드가 포함된 변성 겔을 만들기 위한 아크릴아미드 용액

	Gel			
	4%	6%	8%	10%
아크릴아마이드:비스 용액(45%)	8.9 ml	13.3 ml	17.8 ml	22.2 ml
10x TBE 완충용액	10 ml	10 ml	10 ml	10 ml
H_2O	20.8 ml	16.4 ml	11.9 ml	7.5 ml
포름아미드	25 ml	25 ml	25 ml	25 ml
요소	42 g	42 g	42 g	42 g

Adapted from Chapter 12, Protocol 9, p. 12.81 of MC3.

6. 플라스크의 가지에 진공 호스를 연결해서 가스를 제거한다.
7. 250-ml 유리 비이커에 용액을 옮기고 3.3 ml의 새로 만든 1.6% 암모늄퍼설페이트를 넣고 비이커를 부드럽게 돌리며 내용물을 섞는다.
8. 50 μl의 TEMED를 첨가하고 부드럽게 비이커를 돌리면서 내용물을 섞는다. 60-cc 주사기로 겔 용액 40 ml을 빨아들인다.
9. 겔 용액을 프로토콜 12.8, 단계 16-22에 설명된 대로 몰드에 흘려 넣는다.

   중요: 포름아미드가 들어간 겔은 천천히 굳으므로 2-3시간동안 굳힌다.

프로토콜 12.10

전해질 농도구배 겔 준비
Preparation of Electrolyte Gradient Gels

전해질 농도구배는 전기영동 기구의 상층 챔버(저농도 전해질)와 하층 챔버(고농도 전해질)에 농도가 다른 완충용액을 사용할 경우에 형성된다. DNA 조각들은 이온강도가 점차 높아질수록 양극으로 천천히 이동한다. 그래서 DNA 밴드간의 간격은 아래로 갈수록 줄어들고 위쪽일수록 늘어난다. 결과적으로, 염기서열을 약 30%정도 더 많이 읽을 수 있다.

MATERIALS

CAUTION: 〈!〉표시된 물질의 적절한 사용법은 Appendix 4를 참조하세요.

Reagents and Solutions

이 프로토콜은 프로토콜 12.8의 목록에 있는 모든 시약이 필요하다.

포름아미드〈!〉(optional)

전해질 농도구배 겔은 1× TBE 완충용액으로 만들며 밴드압축을 해결하기 위해서 포름아미드가 있거나 없는 상태에서 전개할 수 있다.

초산 나트륨 (3M, pH 7.0)

Additional Information

아크릴아미드	MC3, p. A8.41
DNA-씨퀀싱에서 밴드가 압축되는 현상	MC3, pp. 12.82, 12.109, 12.110
문제해결 (겔 내의 공기 방울)	MC3, p. 12.79
문제해결 (겔이 새는 현상)	MC3, p. 12.80

METHOD

1. 프로토콜 12.8 단계 1-8에 설명된 겔 몰드를 만들 유리판을 씻고 조립한다.
2. 실험대 위를 한면에 플라스틱 코팅된 종이로 깔아 놓는다.
3. 프로토콜 12.8 또는 12.9의 설명대로 변성 폴리아크릴아미드 겔을 준비한다.
4. 겔을 전기영동 기기에 클램프로 고정한다. 상층 챔버에 0.5× TBE 완충용액을 채우고 하층 챔버에 1x TBE와 3M 초산나트륨을 2:1로 섞은 완충용액을 채운다. 씨퀀싱 반응물을 로딩하고 프로토콜 12.11에 설명된대로 전기영동 한다.

프로토콜 12.11 DNA 씨퀀싱 젤에 로딩하고 전기영동

Loading and Running DNA-sequencing Gels

DNA 씨퀀싱 방법으로 만들어진 DNA 조각들은 얇은 변성 폴리아크릴아미드 겔에서 전기영동한다. **경고:** DNA-씨퀀싱 겔에는 고전압이 고전류로 흐른다. 씨퀀싱 겔에는 심각한 화상이나 심실 세동, 중추 호흡마비, 호흡근의 마비에 의한 질식사 등을 유발하기에 충분히 강한 전류가 흐른다. 전기영동에 사용하는 겔 기기는 분리된 장소에 위치하고, 완충용액 챔버는 뚜껑이 덮여 있어야 하며, 물기가 없고 안정된 실험대에서 설치해야 한다. 시료를 로딩하거나 겔을 전기영동 기기에서 분리할 때는 항상 전원을 꺼야 한다.

MATERIALS

CAUTION: 〈!〉표시된 물질의 적절한 사용법은 Appendix 4를 참조하세요.

Nucleic Acids/Oligonucleotides

DNA 씨퀀싱 반응물〈!〉 (프로토콜 12.3–12.7)

Gels/Loading Buffers

변성 폴리아크릴아미드 겔 (프로토콜 12.8 또는 12.9)

포름아미드 겔 로딩 완충용액〈!〉

- 80% (w/v) 탈이온된 포름아미드
- 10 mM EDTA (pH 8.0)
- 0.25% bromophenol blue
- 0.25% xylene cyanol FF

0.5× 그리고/또는 1.0× TBE

Additional Items

자동 pipettor (20 ml), 납작 모세관 팁이 장비된 것 (예, Multiflex tip [Research Products International]) 또는 다른 로딩 기구 (MC, p. 12.88 참조)

불독 바인더 클립 (5-cm 길이, 겔 당 5–7개)

겔 온도확인 스트립, 온도가 오르면 색깔이 변하는 온도변성 액체결정 지시기 (BioWhittaker와 다른 회사의 제품을 구입할 수 있다)

플라스틱 코팅된 금속 클램프 (optional; 단계 2 참조)

파워 팩, 7 kV까지 일정 파워로 75 W 이상을 사용할 수 있는 것

일회용 날을 가진 의과용 메스

씨퀀싱 겔 탱크, 열-분산 금속판이 장비된 것이 좋다.

상어이빨 콤 (겔 전기영동 기기의 용량에 맞게 32, 64 또는 96개의 이를 가진 0.4-mm 두께의 콤)

겔을 만들 때 사용한 것을 사용

주사기 (10 cc)와 22-게이지 피하주사용 바늘

water bath (85℃) 또는 heating block (100℃)

Additional Information

씨퀀싱 겔에 시료 로딩 MC3, p. 12.88

 Adapted from Chapter 12, Protocol 11, p. 12.85 of MC3.

METHOD

1. 젖은 종이타월이나 젖은 스펀지로 겔 몰드의 바깥쪽의 굳은 폴리아크릴아미드 겔 조작들을 닦아낸다. 1×TBE 몇 ml을 작은 유리판의 위쪽에 붓고 콤을 천천히 제거한다. 칼로 유리판 아래의 테이프와 겔 스트립을 제거한다.

   주의: 유리판 옆면의 테이프는 제거하지 않는다.

2. 불독 클립, 플라스틱 코팅된 실험실용 클립 또는 전기영동 기기에 붙어 있는 나사로 조이는 클램프로 겔 몰드를 전기영동 기기에 고정한다. 작은 유리판쪽이 전기영동 기구에 붙도록 고정한다. 큰 유리판은 실험자를 향하게 고정해야 한다.
3. 상층과 하층의 챔버에 적당한 완충용액을 채운다.

   표준형 또는 포름아미드 겔

   a. 상층과 하층의 챔버에 1× TBE를 채운다. 하층 챔버의 완충용액은 유리판 바닥보다 높아야 한다. 상층 챔버에는 작은 판의 위쪽보다 높게 완충용액을 부어서 완충용액과 겔이 직접 닿게 한다.

   b. 1x TBE로 채워진 10-ml 주사기로 겔의 상부를 씻어낸다. 폴리아크릴아미드 겔과 요소가 겔 상부에서 완전히 제거되야 한다. 필요하다면, 유리판에 묻은 겔을 주사바늘로 긁어낸다. 파스퇴르 피펫으로 하층 챔버의 유리판 아래쪽 기포를 제거한다.

   c. 전기영동 기기와 전원을 연결한다. 음극(검은선)은 상층 챔버에 연결시키고 양극(빨간선)은 하층 챔버에 연결시켜야 한다. 기기에 붙어 있는 온도 센서 또는 온도 확인 스트립을 붙인다. 일정 전력(50–70 W)으로 45분간 또는 겔의 온도가 45–50℃가 될 때까지 전기영동 한다. 전원을 끄고 전극을 분리한다.

   전해질 농도구배 겔

   a. 상층 챔버에 0.5× TBE를 채우고 하층 챔버에는 1× TBE와 3 M 초산나트륨이 2:1 비율의 용액을 채운다 (프로토콜 12.10 참조).

   b. well을 위에 설명한 대로 0.5× TBE로 씻어서 폴리아크릴아미드/요소를 제거한다. 농도구배 겔은 시료를 로딩하기 전 예열가동을 하지 않는다.

4. 필요하면, 5 μl의 포름아마이드 겔 로딩 완충용액을 각 시료에 첨가한다. 그리고 씨퀀싱 반응물이 담긴 튜브를 100℃에서 2분간 가열한다. 만일 씨퀀싱 반응을 microtiter plate에서 했다면, 커버를 떼어 내고 85℃ water bath에 5분간 띄운다.
5. 튜브나 plate를 반응시키는 동안, 22-게이지 바늘을 꽂은 10-cc 주사기에 필요에 따라 0.5x 또는 1x TBE를 채운다. 완충용액에 잠긴 로딩할 부분에 주사기로 TBE를 강하게 뿜어서 겔이나 요소를 완전히 제거한다. 로딩할 부분에 더 이상의 요소가 보이지 않을 때까지 TBE를 뿜어준다.
6. 상어이빨 콤을 (콤이 아래쪽으로) 시료를 로딩할 부분에 삽입한다. 각 이빨이 겔에 살짝 들어갈 만큼 콤을 누른다.
7. 튜브나 plate를 얼음속에 옮긴다. 겔에 로딩할 때까지 시료를 0℃로 유지한다.

8. 1–5 μl (프로토콜 12.3에서 추천하는 부피를 참조)의 시료를 겔의 well에 하나씩 넣는다.

9. 모든 시료가 로딩되면, 전극을 전원과 씨퀀싱 기기에 연결한다: 음극(검은 선)은 상층 챔버에, 양극(빨간 선)은 하층 챔버에 연결한다. 일정 전력으로 온도가 45–50℃ 까지 올라갈 때까지 전기영동한다.

Gel 크기 (cm)	전력 (W)	전압 (V)
20 × 40	35–40	~1700
40 × 40	55–75	~2–3000
40 × 40 (전해질 농도구배 겔)	75	~2100

관심 염기서열의 최적 해상도를 달성하는데 필요한 시간은 경험적으로 정해야 한다. 전기영동을 하는 동안 포름아미드 겔 로딩 완충용액에 들어 있는 표적 색소의 이동을 보면서 진행을 모니터한다.

표 12-10 변성 폴리아크릴아미드 겔에서 표적 색소의 이동속도

폴리아크릴아미드 겔	Bromophenol Blue[a]	Xylene Cyanola FF[a]
5%	35	130
6%	29	106
8%	26	76
10%	12	55
20%	8	28

전해질 농도구배 겔에서는, bromophenol blue가 양극으로 이동하는 동안 속도가 점점 느려진다. 색소가 바닥에 다다를 때 즈음에는 색소의 이동이 거의 멈춘다. xylene cyanol의 이동도 비슷하다. 전형적으로, 전기영동은 xylene cyanol이 겔의 바닥에서 5–10 cm 위까지, bromophenol blue는 바닥까지 내려왔을때 까지 계속한다.

[a]숫자는 표준 DNA-씨퀀싱 겔에서 표적 색소와 함께 이동하는 DNA의 대략적인 크기(뉴클레오티드 수)를 나타낸다.

10. 표준 또는 포름아미드 변성 겔에서는, 관심있는 염기서열과 올리고뉴클레오티드 primer의 거리에 따라서 첫 번째 시료의 bromophenol blue가 겔의 바닥까지 이동하고(1.5–2 시간) 약 15분 후에 두 번째 로딩을 한다. 두 번째 로딩에서 읽을 수 있는 염기서열은 primer와 가까운 곳이며, 첫 번째 로딩에서 읽을 수 있는 염기서열은 primer에서 더 멀리 떨어진 곳이다. 읽을 수 있는 염기서열은 첫 번째 로딩 후 2시간 후에 새로 로딩한 시료에서 35% 정도 증가한다.
   a. 전원을 끄고 씨퀀싱 기기에서 전선을 분리시킨다.
   b. 상층과 하층의 완충용액을 버리고 새 완충용액으로 교체한다.
   c. 단계 4의 방법대로 시료를 변성시킨다.
   d. 시료를 로딩한다.
   e. 씨퀀싱 기기와 전원을 연결한다.
   f. 앞과 같이 일정 전력으로 온도가 45–50℃까지 올라갈 때까지 다시 전기영동을 한다.

11. 전기영동이 끝나면, 프로토콜 12.12의 설명대로 겔을 유리판에서 떼어내고 autoradiography를 수행한다.

프로토콜 12.12

씨퀀싱 젤의 autoradiography와 읽기
Autoradiography and Reading of Sequencing Gels

MATERIALS

CAUTION: 〈!〉표시된 물질의 적절한 사용법은 Appendix 4를 참조하세요.

Reagents and Solutions

농축액, 완충액, 시료의 조성은 Appendix 1을 참조하라. 농축액은 적당한 농도로 희석하여 사용하라.

젤 고정용액 (아래의 순서대로 섞는다.)

- 300 mM 메탄올〈!〉
- 2.4 리터 H_2O
- 300 ml 빙초산 (17.4 M) 〈!〉

Gels/Loading Buffers

DNA-씨퀴싱 겔, 프로토콜 12.8-12.11에 설명된 방법으로 만들고 전개된 것

Additional Items

Autoradiography 카세트, 스프링 누름장치가 되어있는 금속제 카세트 (35.6 × 43.2 cm)

화학형광 마커 (예, Glogos [Stratagene] 또는 방사성 잉크 〈!〉

방사성 잉크의 사용법은 MC3, p. A1.21 참조

Intensifying 스크린, 예, Lightning Plus (Dupont) (optional; 단계 15 참조)

겔 건조기 (80℃)

탈크가 함유되지 않은 장갑

금속 시약수저

Mylar sheet (겔보다 길이와 넓이가 겔보다 약 5cm 넓은)

겔 고정에 사용하는 트레이

Whatman 3MM CHR 페이퍼

Whatman 3MM 페이퍼

엑스레이 필름, blue sensitive (35 × 43 cm), 예, X-Omat AR (Eastman Kodak)

엑스레이 필름 프로세서

Additional Information

autoradiography와 phosphoimaging	MC3, pp. A9.11-A9.15
intensifying 스크린	MC3, p. A9.11
autoradiogaph 읽기	MC3, p. 12.113

METHOD

1. 전기영동이 종료할 때 (프로토콜 12.11), 전원을 씨퀀싱 기기에서 제거한다. 전기영동 완충용액을 버리고 기기에서 겔 몰드를 떼어낸다.
2. 플라스틱 코팅된 실험대 종이위에 작은 유리판이 위로 가도록 겔 몰드를 올려 놓는다. 다음 단계를 진행하기 전에 겔을 37℃ 이하로 식힌다.
3. 겔을 봉했던 테이프를 완전히 제거한다. 금속 시약 수저의 끝을 지렛대로 사용해서 작은 유리판을 천천히 조심스럽게 제거한다. 겔은 긴 유리판에 붙은 채로 남는다.

4. 작은 유리판이 제거되면 시료를 처음 로딩한 쪽의 아래나 위쪽 구석을 조금 잘라낸다. 이 표시는 겔을 다루는 동안 겔의 방향을 알려준다.
5. 씨퀀싱 겔-고정 용액 (메탄올/초산)에 담궈서 고정시킨다.
6. 겔이 유리판에 붙은 채로 메탄올:초산 고정용액이 담겨 있는 얕은 트레이로 옮겨서 실온에서 30분간 고정시킨다. 겔을 고정시키는 동안 흔들지 않는다.
7. 30분 후, 우리판을 매우 천천히 고정용액에서 들어낸다. 고정용액을 트레이에서 제거하는 동안 유리판의 수평상태를 유지시킨다. 페이퍼 타월을 몇 겹 놓고 그 위에 겔이 묻은 면이 위로 가도록 유리판을 올려 놓는다. 킴와이프스로 겔 유리판의 고정용액을 찍어낸다. 킴와이프스가 겔 표면에 닿지 않게 한다. 겔 표면의 주름이나 흠집을 글러브를 낀 손가락으로 부드럽게 문지르면서 제거한다.
8. 겔보다 길이와 넓이가 각각 2-3 cm 긴 3MM CHR 페이퍼를 준비한다. 페이퍼를 가운데가 낮게 쳐지도록 들어서 페이퍼의 가운데가 겔의 중앙에 먼저 닿게 한다. 페이퍼가 겔 위에 부드럽게 내려가도록 하고 페이퍼의 까칠까칠한 면이 겔 표면에 단단히 붙도록 부드럽게 눌러준다.
9. 한손으로 페이퍼를 덮고 다른 손으로는 유리판을 잡고 실험대 위에 뒤집어서 유리판이 위로 오도록 놓는다. 유리판을 들어서 3MM CHR 페이퍼에서 제거한다. 유리판을 들어서 제거하는 동안 겔은 3MM CHR 페이퍼에 붙어 있다.
10. 겔이 묻은 3MM CHR 페이퍼를 같은 크기의 3MM 페이퍼 두장을 겹쳐 놓은 위에 (겔이 위로 오도록) 올려 놓는다. Saran 랩을 겔보다 조금 길고 넓게 잘라서 겔 위에 주름이나 기포가 생기지 않도록 덮는다. 이 단계는 다른 사람의 도움이 있으면 보다 편하게 할 수 있다. Saran 랩의 네 귀퉁이를 잡고 바깥쪽으로 당겨서 단단하게 늘어나도록 한다. 늘어난 Saran 랩을 겔 표면에 내려놓는다. 겔에 덮힌 랩을 제거하려면 겔이 찢어질 수 있으므로 한번 Saran 랩이 겔에 묻으면 다시 제거하지 않는다. 아가로스 겔 콤, 킴와이프스 또는 플라스틱 카드를 이용해서 겔과 랩 사이의 기포를 제거한다.
11. 가위로 Saran 랩과 세장의 Whatman 페이퍼를 겔과 같은 크기가 되도록 자른다.
12. 페이퍼, 겔, 랩 샌드위치를 플라스틱 랩으로 덮고 겔 건조기에 놓는다. 겔을 건조시키는 동안 Mylar sheet를 한 장을 덮어서 샌드위치가 평편하게 되도록 한다.
13. 겔 건조기의 설명대로, 진공에서 80℃로 30-60분 간 겔을 건조시킨다.
14. 겔을 건조기에서 꺼내서 Saran 랩을 제거한다. 건조된 겔은 만지면 부드럽고 끈적이지 않아야 한다. 끈적임이 남아 있다면, 안쪽에 파우더가 묻은 라텍스 장갑을 뒤집어서 겔에 탤컴 파우더를 겔에 묻게한다. 겔의 방향 표시를 위해서, 겔의 한쪽 구석을 잘라내서 생긴 3MM 페이퍼의 구석에 화학형광이나 방사성 잉크로 표시한 작은 라벨을 붙인다 (단계 4)
15. 암실에서, 스프링이 놓여진 금속 카세트 안에 (필요하다면) intensifying 스크린을 놓고 그 위에 말린 겔을 (겔이 위로 가도록) 놓는다. 겔 위에 엑스레이 필름 한 장을 덮는다. -80℃에서 16-24시간 동안 필름을 노출시켜서 autoradiography를 만든다.
16. 엑스레이 필름 제조사가 추천하는 방법대로 autoradiograph를 현상하고 DNA 염기서열을 읽는다.

제 13 장

돌연변이 유발

Mutagenesis

프로토콜 13.1 우라실을 포함하는 단일 가닥 박테리오파아지 M13 DNA의 준비, 506
프로토콜 13.2 단일 가닥 DNA의 올리고뉴클레오티드 유도 돌연변이생성, 509
프로토콜 13.3 이중가닥 DNA 주형을 이용한 시험관에서의 돌연변이 유발: *Dpn*I을 이용한 돌연변이체 선별 , 512
프로토콜 13.4 고유한 제한효소 위치제거에 의한 Oligonucleotide-directed Mutagenesis, 516
프로토콜 13.5 단일 튜브 메가프라이머 PCR 방법에의한 빠르고 효과적인 위치 특이 돌연변이 유발, 519
프로토콜 13.6 중복연장(Overlap Extension)에 의한 위치특이 돌연변이 유발 (site directed mutagenesis) , 522
프로토콜 13.7 방사선 동위원소로 표지된 올리고뉴클레오타이드를 이용한 혼성에 의한 위치특이 돌연변이체의 재조합 클론의 선별, 526
프로토콜 13.8 단일가닥구조다형성법에 의한 돌연변이의 검출, 531
프로토콜 13.9 엑소뉴클레이즈III에 의한 중복 결실 돌연변이체 세트의 생성, 535
프로토콜 13.10 BAL 31 Nuclease를 이용한 결실돌연변이체 세트의 생성, 538

BACKGROUND INFORMATION

다른 언급이 없으면 기본이 되는 정보는 *Molecular Cloning: A Laboratory Manual*, 3판 (이제부터 MC3)에 있다.

Strategies used in DNA sequencing	MC3, pp. 13.2–13.10
위치 특이 돌연변이 유발을 위한 상용 kit	MC3, p. 13.89

프로토콜 13.1

우라실을 포함하는 단일 가닥 박테리오파아지 M13 DNA의 준비

Preparation of Uracil-containing Single-stranded Bacteriophage M13 DNA

이 돌연변이유발 실험방법은 올리고뉴클레오타이드 매개 위치특이 돌연변이 클론의 비율을 높이기 위한 유전학적 전략을 사용한다. 우라실 DNA 글리코실레이즈가 결여되어있는 대장균 균주에서 만들어진 박테리오파아지 M13의 단일가닥주형은 티민 대신에 20에서 30개의 우라실잔기를 가진다. 이 DNA를 이용하여 전형적인 in vitro 돌연변이 과정을 유발하면, 우라실을 포함하는 야생형 가닥과 in vitro에서 합성된 티민을 포함하는 가닥을 가진 이질이중사가 만들어진다. 이 DNA를 야상형 대장균 균주 (*ung*$^+$)로의 형질전이 할 경우 우라실 잔기 제거, 주형가닥의 파괴, 야생형 박테리오파아지의 성장 억제를 초래한다. 따라서 우리실을 포함하고 있지 않은 가닥으로부터 복제된 박테리오파아지의 비율이 높아진다. 이 가닥의 합성은 돌연변이 올리고뉴클레오타이드에 의해 in vitro에서 시작되기 때문에 박테리오파아지 자손의 많은 비율은 원하는 돌연변이를 가진다. 이 프로토콜은 이후의 올리고뉴클레오티드 유도 돌연변이생성(프로토콜 13.2)에 사용하기위한 우라실을 포함하는 단일 가닥 박테리오파아지 M13 DNA를 어떻게 생성하는지를 설명한다.

MATERIALS

CAUTION: 〈!〉표시된 물질의 적절한 사용법은 Appendix 4를 참조하세요.

Reagents and Solutions

농축액, 완충액, 시료의 조성은 Appendix 1을 참조하라. 농축액은 적당한 농도로 희석하여 사용하라.

- 에탄올
- 에탄올 (70%)
- NaCl (2.5M), 15%(w/v) polyethylene glycol이 첨가된 (PEG 8000) 〈!〉
- 페놀:클로로포름 (1:1, v/v) 〈!〉
- 페놀, equilibrated to pH 8.0 and saturated with H_2O 〈!〉
- Sodium acetate (3M, pH 5.2)
- TE (pH 7.6)

Vectors and Bacterial Strains

- 박테리오파아지 M13 벡터, 예를 들면 M13mp18 또는 mp19 (MC3, 그림3-4와 Appendix 3을 보시오)
- 대장균 균주 CJ236(*dut*$^-$ *ung*$^-$F′)의 16시간이상 배양
- 대장균 균주 TG1, JM109 또는 유사한 균주의 16시간이상 배양

Media and Antibiotics

- 2× YT 배지
- 0.25 μg/ml uridine을 포함하는 2× YT 배지

Enzymes and Buffers

- 0.5× TBE로 만들고 실행하는 0.8%와 0.9% 아가로즈 젤(w/v)
- 마커 DNA, 단일가닥 박테리오파아지 M13 DNA

Nucleic Acids/Oligonucleotides

- DNA 조각 (~500bp), 돌연변이유발을 위한 표적 서열을 운반함

Adapted from Chapter 13, Protocol 1, p. 13.11 of MC3.

Centrifuges/Rotors/Tubes

Centrifuge bottle (250 ml)
Corex glass tubes (15와 30 ml)
Sorvall SLC-1500과 SC-34 rotors (4℃)

Additional Items

Rotary shaker/배양기 (37℃)
Sephacyl S-400 (또는 유사한 resin)의 spun column
이 프로토콜의 step 1에는 프로토콜 3.3, 3.4 그리고 3.6에 적힌 시약이 필요하다.
이 프로토콜의 step 6에는 프로토콜 3.1에 적힌 시약이 필요하다.
Water bath (60℃)

Additional Information

위치특이 돌연변이유발의 상용 kit	MC3, p. 13.89
*dut*와 *ung*	MC3, p. 13.85
위치특이 돌연변이유발에서 야생형 DNA에 대항하여 선별	MC3, pp. 13.84-13.87
Spun-column chromatography	MC3, pp. A8.30-A8.31

METHOD

1. 돌연변이 유발을 준비한다
   a. M13mp18 또는 mp19와 같은 적당한 박테리오파아지 M13 벡터안으로 타겟 서열을 포함하는 작은 조각의 DNA (〈500bp)를 클로닝한다.
   b. 재조합 박테리오파아지에 의해 형성되는 새롭게 자란 플라크로부터 복제 가능한 형태의 이중가닥 DNA와 단일가닥 주형 DNA를 분리한다.
   c. 단일 가닥 DNA의 DNA 서열분석 혹은 DNA의 제한효소 지도 작성 (restriction mapping)에 의해 재조합 클론의 정확성을 확인한다.
2. 멸균된 파스퇴르 파이펫을 사용하여 박테리오파아지 M13 재조합체에 의해 형성된 단일 플라크를 1ml의 2× YT 배지가 들어있는 마이크로퓨즈 튜브로 옮긴다.
3. 세균(bacteria) 세포를 죽이기 위해 60℃에서 5분동안 튜브를 반응시킨다. top agar로부터 박테리오파아지를 얻기 위해 30초 동안 강하게 교반한다. 4℃ 마이크로퓨즈에서 2분 동안 최대속도로 튜브를 원심분리하여 한전 조각과 죽은 세균(bacteria) 세포를 제거한다.
4. 50 μl의 상층액을 0.25 μg/ml의 uridine이 첨가되어있는 2× YT 배지 50ml이 들어있는 500ml 플라스크로 옮긴다. mid-log-phase로 배양된 대장균 균주 CJ236 (*dut*$^-$ *ung*$^-$F′) 5ml을 첨가한다. 37℃에서 6시간동안 강하게 교반(rotary shaker에서 300 cycles/분)하면서 배양한다.
5. 4℃에서 30분동안 5000g(Sorvall SS-34 rotor에서 6470 rpm)로 원심분리하여 세포를 침전시킨다. 상층액을 Sorvall SLC-1500 rotor 또는 유사한 rotor에 맞는 새로운 250ml centrifuge bottle로 옮긴다.
6. JM 109 또는 TG1(프로토콜 3.1을 보시오)과 같은 균주와 대장균 균주 CJ236 (*dut*$^-$ *ung*$^-$F′)에 현탁된 박테리오파아지의 상대적인 역가를 결정한다. 균주 CJ236에서 역가는 대장균의 *dut*$^+$ *ung*$^+$ 균주보다 4

에서 5 등급 더 커야 한다.

7. 박테리오파아지 현탁액의 부피를 측정하고 15% (w/v)의 PEG 8000이 들어있는 2.5M NaCl을 0.25배 첨가한다. 돌려서(swirling) 원심분리 병의 내용물을 섞고 병을 1시간동안 얼음에 보관한다.
8. 4℃에서 20분동안 5000g(Sorvall SLC-1500 rotor에서 5500rpm)로 원심 분리하여 침전된 박테리오파아지 조각을 회수한다. 흡인으로 상층액을 제거하고 상층액이 배출되도록 병을 뒤집어둔다. 병의 벽에 붙어있는 용액을 제거하기위해 진공선 (vacuum line)이 붙어있는 파이펫을 사용한다.
9. 4ml의 TE (pH 7.6)에 박테리오파아지 침전물을 다시 현탁시킨다. 15ml Corex 원심분리 튜브로 현탁액을 옮기고 2ml의 다른 TE (pH 7.6)로 원심분리 bottle의 벽을 세척한다. Corex 튜브로 세척액을 옮긴다. 30초동안 강하게 현탁액을 교반하고 튜브를 1시간동안 얼음에 보관한다.
10. 30초동안 강하게 현탁액을 교반하고 4℃에서 20분동안 5000g(Sorvall SS-34 rotor에서 6470 rpm)로 원심분리하여 세균의 잔해를 침전시킨다.
11. 세균잔해의 침전물을 어지럽히지 않도록 조심하여 상층액을 15ml 폴리프로필렌 튜브로 옮긴다. 두 번의 페놀(pH 8.0)과 한번의 페놀:클로로포름으로 현탁액을 추출한다. 실온에서 5분 동안 4000g (Sorvall SS-34 rotor에서 5800 rpm)로 원심 분리하여 층을 분리한다. 경계면으로부터 물질을 옮기는 것을 피한다.
12. 마지막 추출의 수성층을 유리 원심분리 튜브(예, 30ml Corex 튜브)로 옮긴다. 용액의 부피를 측정하고 0.1배의 3M sodium acetate (pH 5.2)와 0℃의 에탄올을 2배 부피로 첨가한다. 튜브의 내용물을 완전히 섞은 후 튜브를 얼음에 30분동안 보관한다.
13. 4℃에서 20분 동안 5000g(Sorvall SS-34 rotor에서 6470 rpm)로 원심 분리하여 DNA를 회수한다. 조심스럽게 상층액을 제거한다. 실온의 70% 에탄올 10ml을 첨가하고, 잠시 용액을 교반한 후 다시 원심분리한다.
14. 흡인하여 조심스럽게 상층액을 제거하고 에탄올이 모두 증발될 때까지 튜브를 뒤집어둔다. 200 μl의 TE (pH 7.6)에 DNA를 녹인다.
15. 큰 DNA들(〉 100 뉴클레오타이드)을 제거하는 수지 회전 컬럼 크로마토그래피로 재현탁된 단일가닥의 우라실을 포함하는 박테리오파아지 M13 DNA를 정제한다.
16. 260nm에서 DNA를 분광학적 (spectrophotometrically)으로 측정한다 (1 OD_{260}=40 μg/ml). 원래의 박테리오파아지 M13 제조합체의 단일 가닥 DNA(step 1)를 사이즈 마커처럼 이용한 젤 전기영동으로 DNA의 분주 (0.5 μg)의 크기를 분석한다.
17. 프로토콜 13.2에 설명된대로 올리고뉴클레오티드 유도 돌연변이생성을 수행한다.

프로토콜 13.2 단일 가닥 DNA의 올리고뉴클레오티드 유도 돌연변이생성
Oligonucleotide-directed Mutagenesis of Single-stranded DNA

프로토콜 13.1에서 생성된 우라실을 포함하는 박테리오파아지 M13 DNA는 우라실을 포함하고 있는 주형가닥과 in vitro 반응에서 합성된 티민을 가지고 있는 가닥으로 이질이중사 분자를 형성하기위해 올리고뉴클레오티드 유도 돌연변이생성의 전통적인 double-primer 실험방법에서 사용된다. 이 DNA의 대장균의 *ung*$^{+}$ 균주로의 형질전환으로 주형가닥이 파괴되어 야생형 박테리오파아지의 생성이 억제된다. 플라크의 최대 80%가 우라실을 포함하지 않는 가닥의 증폭에 의해 생성된다. 이 가닥의 합성은 돌연변이 유발 올리고뉴클레오타이드에 의해 시작되기 때문에 후손 박테리오파아지의 많은 비율이 원하는 돌연변이를 가진다.

MATERIALS

CAUTION: 〈!〉표시된 물질의 적절한 사용법은 Appendix 4를 참조하세요.

Reagents and Solutions

농축액, 완충액, 시료의 조성은 Appendix 1을 참조하라. 농축액은 적당한 농도로 희석하여 사용하라.

- ATP (10mM)
- dNTP 용액, 각각의 농도가 2mM인 4 개의 dNTP를 포함
- 10× PE1 완충용액
  - 200 mM Tris-Cl (pH 7.5)
  - 100 mM$MgCl_2$
  - 500 mM NaCl
  - 10 mM dithiothreitol
- 10× PE2 완충용액
  - 200 mM Tris-Cl (pH 7.5)
  - 100 mM$MgCl_2$
  - 10 mM dithiothreitol

Vectors and Bacterial Strains

- 대장균균주의 16시간이상 배양, male, 형질전이에 적당한 (예, TG1; MC3, Appendix 3을 보시오)
- TG1 또는 적당한 균주, 형질전환 또는 전기천공법을 할 능력있는 (프로토콜 1.25 또는 1.26)

Media and Antibiotics

- 2× YT agar plate와 top agar

Enzymes and Buffers

- 박테리오파아지 T4 DNA라이게이즈
- 박테리오파아지 T4 폴리뉴클레오타이드 카이네이즈와 10× 완충용액
  - 700 mM Tris-Cl (pH 7.6)
  - 100 mM $MgCl_2$
  - 50 mM dithiothreitol
- T4 DNA중합효소

  이것은 돌연변이 유발 올리고뉴클레오타이드에 의해 시작된 in vitro 반응을 촉매하는데 사용될수 있는 몇 개의 DNA 중합효소(예, Sequenase 또는 대장균 DNA 중합효소의 Klenow fragment)중 하나이다.

  Sequenase와 T4 DNA 중합효소는 주형에서 돌연변이 유발 올리고뉴클레오타이드로 대체시키지 못한다는 독특한 장점이 있기 때문에 선호된다.

Nucleic Acids/Oligonucleotides

박테리오파아지 M13 공통 서열 분석 프라이머 (MC3, p. 8.115를 보시오)

박테리오파아지 M13 재조합 DNA, 돌연변이 유발을 위한 표적서열을 포함 (2-3μl의 H_2O에 1μg의 DNA)

돌연변이 유발 올리고뉴클레오타이드 프라이머, MC3, pp. 13-82-13.83의 설명대로 설계되고 Sep-Pak C18 컬럼 크로마토그래피를 이용해 정제(프로토콜 10.6)

Additional Items

이 프로토콜의 단계 1은 프로토콜 13.1에 적혀있는 시약을 필요로 한다.

이 프로토콜의 단계 7은 프로토콜 12.3 또는 12.4 그리고 13.7에 적혀있는 시약을 필요로 한다.

Water bath/heating/cooling block (16℃, 42℃, 47℃, 그리고 68℃)

Additional Information

박테리오파아지 T4 DNA 중합효소	MC3, pp. A4.18-A4.21
melting 온도 계산	MC3, pp. 10.47-10.48
위치특이 돌연변이 유발을 위한 상용 kit	MC3, p. 13.89
*dut*와 *ung*	MC3, p. 13.85
대장균 DNA 중합효소 I의 Klenow fragment	MC3, pp. A4.15-A4.17
위치특이 돌연변이유발에서 야생형 DNA에 반대되는 선별	MC3, pp. 13.84-13.87
Sequenase	MC3, p. 12.104
위치특이 돌연변이 유발에서 사용되는 전략	MC3, pp. 13.2-13.10
문제해결	MC3, p. 13.18

METHOD

1. 프로토콜 13.1의 설명대로 단일가닥 박테리오파아지 M13 주형을 준비한다.
2. 돌연변이를 유발시키는 올리고뉴클레오타이드와 공통 서열분석 프라이머를 박테리오파아지 T4 폴리뉴클레오타이드 카이네이즈로 인산화시킨다. 각각의 마이크로퓨즈 튜브에 섞는다:

합성 올리고뉴클레오타이드	100-200 pmoles
10× 박테리오파아지 T4 폴리뉴클레오타이드 카이네이즈 완충용액	2 μl
10 mM ATP	1 μl
T4 폴리뉴클레오타이드 카이네이즈	4 units
H_2O	to 20 μl

37℃에서 1시간동안 반응시킨 후 68℃에서 10분 동안 반응시켜 폴리뉴클레오타이드 카이네이즈를 비활성화시킨다.

3. 인산화 된 돌연변이 유발 뉴클레오타이드와 공통 (universal) 서열분석 프라이머를 표적 서열을 가진 단일 가닥 박테리오파아지 M13 DNA에 붙인다. 다음을 섞는다:

단일 가닥 주형 DNA (~1 μg)	0.5 pmole
인산화된 돌연변이 유발 올리고뉴클레오타이드	10 pmoles
인산화된 공통 (universal) 프라이머	10 pmoles
10× PE1 완충용액	1 μl
H_2O	to 10 μl

반응 용액(mixture)을 이론적인 돌연변이 유발 뉴클레오타이드에 의해 형성된 완전한 혼성의 이론적인 T_m값보다 20℃ 높은 온도에서 5분간 열을 가한다. T_m값은 Tm=4(G+C) +2(A+T) 공식으로부터 계산되어지며 이때 (G+C)는 올리고뉴클레오타이드에서 G와 C잔기의 합이고 (A+T)는 올리고뉴클레오타이드에서 A와 T잔기의 합이다. 반응 용액이 들어있는 튜브를 T_m 값보다 20℃ 높은 물이 들어있는 비커로 옮긴다. 실험테이블 (bench)에 비커를 올려놓고 천천히 실온에서 식힌다 (~20분). 마이크로퓨즈(microfuge)에서 잠깐(5초) 원심분리하여 튜브 벽에 응결된 액체를 모은다.

4. 결합 반응 용액이 실온에서 식는 동안 새로운 0.5ml 마이크로퓨즈 튜브에 아래의 시약들을 넣으시오:

10× PE2 완충용액	1.0 μl
2 mM dNTP 용액	1.0 μl
10 mM ATP	1.0 μl
박테리오파아지 T4 DNA 라이게이즈	5 Weiss units
Klenow 단편 (fragment) 또는 다른 DNA 중합효소	2.5 units
H_2O	to 10 μl

반응 용액은 사용할 때 까지 얼음에 꽂아둔다.

5. 결합된 올리고뉴클레오타이드(3 단계)와 단일가닥 DNA가 들어있는 반응용액에 단계 4의 차가워진 반응용액을 10 μl씩 넣는다. 이 최종 반응 용액을 16℃에서 6–15 시간동안 반응시킨다.

   Sequenase 또는 박테리오파아지 T4 DNA 중합효소를 이용할 때 4개의 dNTP농도를 각각 500 μM로 증가시키고 0℃에서 5분, 실온에서 5분, 37℃에서 2시간동안 반응하여 중합 (polymerization)/증폭 (extension)반응을 시킨다. 낮은 온도에서의 반응은 3′ 말단으로부터의 DNA합성을 최적화하고 그 후의 높은 dNTP 농도로 37℃에서 반응시켜 확장반응의 효율을 증가시키고 박테리오파아지 T4 DNA 중합효소의 강한 3′–엑소뉴클레이즈 활성을 억제한다.

6. 다음과 같이 형질전이가 준비된 (competent) 대장균 (즉, TG1)에 형질전이 한다:
   a. 10mM Tris–Cl (pH 7.6)으로 희석(1:10, 1:100 그리고 1:500)된 반응혼합액들을 준비한다.
   b. 차가워진 (0℃) Falcon 2059 튜브에 반응 혼합액 원액(i)과 각 희석액(ii) 1 μl와 5 μl를 옮긴다. 각 튜브에 준비된 형질전이가 준비된 TG1 세포 200 μl를 첨가한다.
   c. 얼음에 혼합액을 30분간 꽂아둔 후 42℃로 맞춰진 water bath에서 정확히 2분 동안 반응시킨다.
   d. water bath로부터 형질전이된 혼합액을 꺼내고 표준 프로토콜에 따라 16시간이상 배양된 TG1 세포 100 μl를 첨가한다. 세포의 첨가는 세균 세포(bacterial cell)의 층에서 박테리오파아지 M13 플라크들을 보기 쉽게 한다.
   e. 각 튜브에 2× YT top agar 2.5ml을 첨가하고 각각의 2× YT agar 플레이트에 혼합액을 붓는다. 플라크를 형성하기위해 37℃에서 12–16시간동안 플레이트를 배양한다.

   만약 전기천공법이 사용된다면, 중합/확장 반응은 H_2O로 1:100, 1:500, 1:1000 그리고 1:10,000으로 희석되어야한다. 각 희석액의 1과 10 ml 사이의 희석액을 전기천공법에 사용한다.

7. 단일 가닥 박테리오파아지 DNA(프로토콜 12.3 또는 12.4를 보시오)의 서열분석으로 플라크를 선별한다. 필요하다면, 낮은 효율로 발생하는 돌연변이체(프로토콜 13.7)를 검출하기위해 방사선 동위원소로 표지된 탐침체를 이용한 혼성으로 플라크를 선별할 수 있다.

프로토콜 13.3

이중가닥 DNA 주형을 이용한 시험관에서의 돌연변이 유발: *Dpn*I을 이용한 돌연변이체 선별

In Vitro Mutagenesis Using Double-stranded DNA Templates: Selection of Mutants with *Dpn*I

원형 돌연변이 유발이라고도 불리는 이 유형에서, 두 올리고뉴클레오타이는 변성된 플라스미드를 주형으로 하는 고효율 (high fidelity) 내열성의 폴리머레이즈에 의해 촉매되는 최초의 DNA 합성에 사용된다. 2개의 올리고뉴클레오타이드는 원하는 돌연변이를 포함하고 있고 플라스미드 DNA 양 가닥의 같은 시작지점과 종결 지점에 위치한다. 열을 가하는 순환이 진행되는 동안, 플라스미드의 두 가닥은 양쪽 가닥의 틈 (nick)을 포함하는 돌연 변이된 플라스미드를 형성하는 선형으로 연장된다.

선형 증폭 반응의 결과물에 메틸화된 G^{Me6}ATC 서열을 특이적으로 절단하는 제한 효소인 *Dpn*I을 처리한다. *Dpn*I은 증폭에 주형으로 사용된 박테리아의 DNA는 절단하지만 시험관에서의 반응으로 형성된 DNA는 절단하지 못한다. 원하는 돌연변이체가 풍부한 *Dpn*I에 저항성을 가진 분자들은 항생제에 저항성이 있는 대장균으로의 형질전환으로 회수할 수 있다.

MATERIALS

CAUTION: 〈!〉표시된 물질의 적절한 사용법은 Appendix 4를 참조하세요.

Reagents and Solutions

농축액, 완충액, 시료의 조성은 Appendix 1을 참조하라. 농축액은 적당한 농도로 희석하여 사용하라.

- ATP (10mM)
- 각각의 농도가 5 mM인 4개의 dNTP를 모두 포함하는 dNTP 용액
- 에탄올
- 에탄올 (70%)
- 페놀:클로로포름 (1:1, v/v) 〈!〉
- EDTA (1 mM)가 들어있는 NaOH (1M) 〈!〉
- Sodium acetate (3M, pH 4.8)
- TE (pH 8.0)

Vectors and Bacterial Strains

hsdR17 유전형을 가지는 대장균 균주의 transformation–competent preparation (예, XL1–Blue, XL1–Blue MRF', 또는 DH5α)

Media and Antibiotics

적당한 항생제를 포함하는 LB agar plate

Enzymes and Buffers

- 박테리오파아지 T4 DNA 라이게이즈와 10× 완충용액
- 박테리오파아지 T4 폴리뉴클레오타이드 카이네이즈 그리고 10× 완충용액
- *Dpn*I 제한효소와 10× 완충용액
- 10× Long PCR 완충용액 (내열성 DNA 중합효소 혼합물에 의한 반응에 이용)
  - 500 mM Tris–Cl (pH 9.0, 실온)
  - 160 mM ammonium sulfate
  - 25 mM $MgCl_2$
  - 1.5 mg/ml bovine serum albumin

Adapted from Chapter 13, Protocol 3, p. 13.19 of MC3.

10× Mutagenesis (*pfu*와 같은 DNA 중합효소를 이용할 때)

100 mM KCl

100 mM ammonium sulfate

200 mM Tris (pH 8.9, 실온)

20 mM $MgSO_4$

1% Triton X-100

1 mg/ml nuclease-free bovine serum albumin

내열성의 DNA 중합효소 (예, *pfu* DNA 중합효소)

이 프로토콜에 설명된 조건들은 *pfu*Turbo DNA 중합효소 (Stratagene)에 최적화되어있다. 그러나, 중합효소들의 혼합물이나 다른 내열성의 DNA 중합_효소 사용에 적용하는 것은 쉽다. 효과적인 교정(proofreading) 활성, *Taq*은 기준을 준수하지 못하지만 *pfu*와 많은 다른 DNA 중합효소는 가능하다 (MC3, p.13.20을 보시오).

Nucleic Acids/Oligonucleotides

관심있는 유전자 또는 서열이 클로닝된 원형의 플라스미드 (100-200 μg/ml)

일반적으로, 작은 플라스미드가 더 좋다.

Mutagenic 오리고뉴클레오타이드 프라이머 (MC3의 pp.13.19-13.20과 13.82-13.83에 설명된 것처럼 제작)

간략하게, mutagenic oligonucleotide

올리고뉴클레오타이드의 인산화는 필요하지 않지만 젤 전기영동이나 Sep-Pak C_{18} 컬럼 크로마토그래피를 이용해 정제한다.

Gels/Loading Buffers

아가로즈 젤 (1%) (ethidium bromide (0.5 μg/ml) <!>가 들어있는 0.5× TBE로 만들고 실행한다)

DNA 마커 (1-kb ladders)

Additional Items

Barrier tips for antomatic pipettor

경미네랄오일 또는 왁스 구슬 (선택가능, 단계 5를 보시오)

PCR을 위한 마이크로퓨즈 튜브, 벽이 얇은 0.5 ml

이 프로토콜의 단계 14는 프로토콜 1.23에 적혀있는 시약을 필요로 한다.

이 프로토콜의 단계 15는 프로토콜 1.1에 적혀있는 시약을 필요로 한다.

이 프로토콜의 단계 16은 프로토콜 12.3, 12.4 또는 12.5에 적혀있는 시약을 필요로 한다.

Thermal cycler, (원하는 증폭 프로토콜로 설정된)

Water bath/heating/cooling blocks (16℃, 42℃, 47℃ and 68℃)

Additional Information

QuikChange (Stratagene)을 포함한 circular mutagenesis에 대한 상업적으로 구입가능한 kit.

DpnI	MC3, pp. 13.84 and A4.5-A4.6
hsdR17	MC3, pp. 3.10-3.13
위치특이 돌연변이유발에서 야생형 DNA에 반대되는 선별	MC3, pp. 13.84-13.87
위치특이 돌연변이 유발에서 사용되는 전략	MC3, pp. 13.2-13.10
문제해결	MC3, pp. 13.25

METHOD

1. 10 μl의 1M NaOH/1mM EDTA와 40 μl의 물에 플라스미드 DNA 1-10 μg이 포함되어있는 반응용액의 플라스미드 DNA 주형을 변성시킨다. 변성용액에 있는 DNA를 37℃에서 15분동안 반응시킨다.
2. 반응용액을 중화하는 3M sodium acetate (pH 4.8) 5 μl를 첨가한다. 얼음과 같이 찬 에탄올 150 μl로 DNA를 침전시킨다.
3. 4℃ 마이크로퓨즈에서 10분 동안 원심분리하여 변성된 플라스미드 DNA를 모은다. 에탄올이 섞여있는 상층액을 조심스럽게 따르고 70% 에탄올 150 μl로 침전물을 헹군다. 다시 2분 동안 원심분리한 후, 상층액을 따르고, 실온에서 에탄올을 모두 증발시킨다. 20 μl의 물에 DNA를 다시 녹인다.
4. 멸균된 0.5 ml 마이크로퓨즈 튜브에 각각의 양이 일정한 2개의 올리고뉴클레오타이드 프라이머들과 다른 양(예, 5, 10, 25 그리고 50 ng)의 플라스미드를 포함하는 반응용액 세트를 만든다.

10× 돌연변이 유발 완충용액 (mutagenesis buffer)	5 μl
주형 플라스미드 DNA	5-50 ng
올리고뉴클레오타이드 프라이머 1 (20 mM)	2.5 μl
올리고뉴클레오타이드 프라이머 2 (20 mM)	2.5 μl
dNTP 혼합액	2.5 μl
H_2O	to 50 μl

순서대로 표시된 시약을 추가하는 것이 중요하다.

2.5 unit의 *Pfu*Torbo DNA 중합효소를 첨가한다.

5. Thermal cycler의 가열성 커버가 꼭 맞지 않으면, 경미네랄 오일(light mineral oil) 한방울(~50 μl)로 반응용액을 덮거나 가열과 냉각의 순환이 반복되는 동안 샘플의 증발을 방지하기위해 파라핀 왁스구슬을 넣을 수도 있다. 튜브를 thermal cycler에 넣는다.
6. 아래에 적혀있는 온도와 변성, 결합 그리고 중합 시간을 이용하여 핵산을 증폭한다.

Cycle Number	Denaturation	Annealing	Polymerization
1 cycle	1 min at 95℃		
2-18 cyclea	30 sec at 95℃	1 min at 55℃	2 min/kb of plasmid DNA at 68℃
Last cycle	1 min at 94℃	1 min at 55℃	10 min at 72℃

시간과 온도는 특정 반응 조건에 맞추어야한다.

[a]단일 염기 치환을 위하여, 12 cycle의 선형 증폭을 이용한다; 다른 아미노산으로 치환하기 위해(보통 2개 또는 3개의 연속되는 염기를 치환), 16 cycle을 이용한다; 삽입과 결실을 위해서, 18 cycle을 이용한다.

DNA 합성의 비율은 *Taq*에 의해 촉매되는 반응보다 *Pfu*에의해 촉매되는 증폭 반응에서 1.5-2.0배 느리다.

7. DNA의 증폭 후에, 반응용액을 얼음에 꽂아둔다.
8. 0.5 μg/ml의 ethidium bromide가 들어있는 1% 아가로즈 젤을 이용한 전기영동으로 각 반응용액의 10 μl를 분석하여 표적 DNA가 증폭된 것을 확인한다. 표준으로서, 증폭되지 않은 선형화된 플라스미드 50 ng과 1kb DNA 마커를 젤의 바깥쪽에 적재한다.
9. 페놀:클로로포름 두 번으로 증폭된 DNA를 추출하고 에탄올로 침전시킨다.

   Step 9-12는 일반적으로 돌연변이 유발 효율이 낮을 것으로 예상될 때 사용된다(예, 삽입과 결실을 제작할 때).

10. 다음에 DNA 침전물을 다시 현탁시킨다:

10× 박테리오파아지 T4 폴리뉴클레오타이드 카이네이즈 완충용액	5 µl
10mM ATP	5 µl
박테리오파아지 T4 폴리뉴클레오타이드 카이네이즈	5 units
H_2O	to 50 µl

혼합물을 37℃에서 1시간 동안 반응시킨다. 68℃에서 10분동안 열을 가하여 카이네이즈 효소를 비활성화시킨다. 두 번의 페놀:클로로포름으로 인산화된 DNA들을 추출하고 에탄올로 침전시켜 DNA를 모은다.

11. 90 µl의 TE에 인산화된 DNA(각 ~0.9 µg)의 침전물을 다시 녹인다. 0.1에서 1 µg/ml에 이르는 농도의 인산화된 DNA를 포함하는 접합반응의 세트를 만든다.

인산화된 DNA	(10 to 100 ng)
10× 박테리오파아지 T4 DNA 라이게이즈 완충용액	10 µl
10mM ATP	10 µl
박테리오파아지 T4 DNA 라이게이즈	4 units
H_2O	to 100 µl

16℃에서 12–16시간동안 접합반응용액을 반응시킨다.

12. 두 번의 페놀:클로로포름으로 인산화된 DNA들을 추출하고 에탄올로 침전시켜 DNA를 모은다. 각 침전물을 물 45 µl에 다시 녹인다. 각 튜브에 10× *Dpn*I 완충용액 5 µl를 첨가한다.

13. 증폭 반응물 (Step 7) 또는 인산화되고 접합된 DNA(Step 12)를 직접적으로 절단하는 *Dpn*I 10 unit을 첨가하여 증폭된 DNA를 절단한다. 여러번 용액을 아래위로 파이펫팅하여 반응용액을 섞어주고 마이크로퓨즈에서 5초 동안 튜브를 원심분리한후 37℃에서 1시간동안 반응시킨다.

14. 프로토콜 1.23에 설명된 과정을 따라 절단된 DNA 1, 2 그리고 5 µl를 competent 대장균에 형질전환한다.

15. 적어도 12개의 독립적인 형질전환체로부터 플라스미드 DNA를 준비한다. DNA 서열분석, 올리고뉴크레오타이드 혼성 (프로토콜 13.7을 보시오) 또는 주형에 도입된 삽입이나 결실 또는 돌연변이의 도입에 의해 생성되거나 파괴된 플라스미드 내 위치를 인식하는 제한효소를 이용한 절단을 통해 돌연변이된 DNA를 선별한다.

16. 증폭동안에 생성된 가짜 돌연변이가 아닌 원하는 돌연변이가 발생된 것을 입증하기위해 전체 표적 DNA의 염기서열을 확인한다. (프로토콜 12.3, 12.4 또는 12.5를 보시오).

프로토콜 13.4 고유한 제한효소 위치제거에 의한 Oligonucleotide-directed Mutagenesis

Oligonucleotide-directed Mutagenesis by Elimination of a Unique Restriction Site (USE Mutagenesis)

두 올리고뉴클레오타이드 프라이머들은 변성된 이중가닥 재조합 플라스미드의 동일가닥에 혼성된다. 하나의 프라이머 (돌연변이 유발 프라이머)는 표적 서열 안으로 원하는 돌연변이를 도입하고 두 번째 프라이머는 고유한 제한 효소 위치를 파괴하는 돌연변이를 전달한다. 두 프라이머들은 박테리오파아지 T4 또는 T7 DNA 폴리머레이즈에의해 촉매되는 반응에서 연장된다. 새로이 합성된 DNA가닥의 틈(nick)은 박테리오파아지 T4 DNA 라이게이즈에의해 봉합된다. 이 실험방법의 첫 번째 결과물은 야생형 부모 가닥과 원하는 돌연변이를 가자고 있지만 고유한 제한효소 작용위치를 포함하지 않는 새로운 가닥의 이형이중가닥(heteroduplex) 플라즈미드이다. 야생형 플라스미드의 잔여물은 적당한 제한효소의 절단에 의해 선형화된 후에, 원형 이형이중가닥 DNA와 선형화된 야생형 DNA의 혼합물은 불일치된 DNA 염기를 복구하는 기능이 결여된 대장균 균주로 형질전환 한다. 선형 DNA는 원형 DNA보다 10에서 1000배 낮은 효율로 형질전환되기 때문에, 야생형 DNA는 대장균균주에서 스스로 복제되는 것이 불가능하다. 그러나 원형 이형이중가닥은 복제하기 시작한다. 불일치된 DNA 염기가 복구되지 않기 때문에, 복제의 첫 번째 단계에서는 원래의 제한효소 작용위치를 가진 야생형플라스미드와 그렇지 않은 돌연변이된 플라스미드를 형성한다. 형질전환체의 첫 번째 집합체의 DNA는 야생형 DNA를 선형화하는 제한효소로 한번 더 절단한 후 다시 대장균 균주로 형질전환한다. 생화학적인 선별은 높은 비율의 원하는 돌연변이를 가지는 형질전환체를 확보하는데 충분히 유용한 방법이다.

MATERIALS

CAUTION: 〈!〉표시된 물질의 적절한 사용법은 Appendix 4를 참조하세요.

Reagents and Solutions

농축액, 완충액, 시료의 조성은 Appendix 1을 참조하라. 농축액은 적당한 농도로 희석하여 사용하라.

10× 결합 완충용액
- 200 mM Tris-Cl (pH 7.5)
- 100 mM $MgCl_2$
- 500 mM NaCl

10× 합성 완충용액
- 100 mM Tris-Cl (pH 7.5)
- dTTP, dATP, dCTP 그리고 dGTP, 각각의 농도는 4 mM
- 10 mM ATP
- 20 mM dithiothreitol

Vectors and Bacterial Strains

mut$^+$ 유전형을 가진 대장균 균주의 transformation-competent preparation
mutS 유전형을 가진 대장균 균주의 transformation-competent preparation (예, BMH 71-18)

Media and Antibiotics

적당한 항생물질을 포함하는 LB agar plate
적당한 항생물질을 포함하는 LB 배지

Enzymes and Buffers

박테리오파아지 T4 DNA 라이게이즈 그리고 10× 완충용액
박테리오파아지 T4 DNA 중합효소 또는 Sequenase
플라스미드 내에있는 고유한 위치를 절단하는 제한 효소

Adapted from Chapter 13, Protocol 4, p. 13.26 of MC3.

Nucleic Acids/Oligonucleotides

원형 플라스미드 (100–200 μg/mℓ), 관심있는 유전자 서열 또는 유전자의 복사본이 클로닝되어있고 프로토콜 1.2 또는 1.9 의 설명대로 정제됨

일반적으로, 작은 플라스미드가 좋다.

돌연변이 유발 프라이머와 선별 프라이머, H_2O에 10 pmoles/μl의 농도로 녹아있고 MC3, pp. 13.82–13.83의 설명대로 디자인되었음.

간단히, 프라이머들은 중앙에 조작된(engineered) 돌연변이를 포함해야하고 주형 DNA와 완벽하게 일치하는 10–15 base가 각 측면에 위치해야한다. 또한, 선별 프라이머와 돌연변이 유발 프라이머는 플라스미드 DNA의 동일 가닥에 상보적이어야 한다. 두 올리고뉴클레오타이드들은 인산화되어야하고 폴리아크릴아마이드 젤 전기영동 또는 FPLC에 의해 정제된다(프로토콜 10.1 또는 10.5).

몇몇 회사들은(예, BD bioscience/CLONTECH)선별 프라이머을 팔고 또한 주형의 서브클로닝없이 순차적인 돌연변이를 일으키고 제한효소의 순방향(forward)과 역방향(reverse) 변환에 사용되는 toggle 프라이머 쌍을 판매한다.

Gels/Loading Buffers

1% 아가로즈 젤, ethidium bromide (0.5 μg/ml) 〈!〉가 들어있는 0.5× TBE로 만들고 실행한다

Additional Items

진탕배양기 (37℃)

이 프로토콜 step 17에 필요한 시약들은 프로토콜 12.3, 12.4 또는 12.5에 적혀있다.

이 프로토콜의 step 7과 14에 필요한 시약들은 대장균의 형질전환에 대한 프로토콜 1.23, 1.24 또는 1.26에 적혀있다.

이 프로토콜의 step 10과 16에 필요한 시약들은 플라스미드 DNA의 minipreparation에 대한 프로토콜 1.1에 적혀있다.

Water bath/heating blocks (70℃와 제한효소의 절단에 적당한 온도)

Additional Information

USE 돌연변이 유발의 상업적인 kit는 BD Biosciences/CLONTECH과 Stratagene을 포함한 몇몇 제조사로부터 구입할 수 있다.

위치특이 돌연변이유발에서 야생형 DNA에 반대되는 선별	MC3, pp. 13.84–13.87
문제해결	MC3, p. 13.30
USE 돌연변이 유발	MC3, p. 13.85

METHOD

1. 마이크로퓨즈 튜브에 다음의 조성을 섞으시오.

10× annealing 완충용액	2 μl
플라스미드 DNA	0.025~0.25 pmole
선별(selection) 프라이머	25 pmole
돌연변이 유발 프라이머	25 pmole
H_2O	to 20 μl

끓는 water bath에서 5분간 튜브를 반응시킨다.

2. 즉시 얼음에서 5분 동안 튜브를 식힌다. 마이크로퓨즈에서 5초 동안 튜브를 원심 분리하여 액체를 아래로 모은다.

3. 결합된 프라이머와 플라스미드가 들어있는 튜브에 아래의 시약을 첨가한다.

10× 합성(synthesis) 완충요액	3 μl
박테리오파아지 T4 DNA 중합효소 (2–4 unit/μl)	1 μl

박테리오파아지 T4 DNA 라이게이즈 (4–6 unit/μl)	1 μl
H_2O	5 μl

부드럽게 아래 위로 파이펫팅 (pipetting) 하여 시약을 잘 섞어준다. 마이크로퓨즈에서 5초 동안 튜브를 원심 분리하여 액체를 아래로 모은다. 37℃에서 1–2시간동안 반응시킨다.

4. 37℃에서 적어도 5분 동안 열을 가하여 (heating) 효소를 비활성화시켜 반응을 정지시킨다. 튜브를 벤치에 두어 실온으로 식힌다.
5. 제한효소의 특이적인 작용위치를 선별에 최적수준으로 NaCl농도를 맞춘다. 10× 결합 완충요액, NaCl원액 (stock), 또는 제한효소에 첨가된 10× 완충용액을 이용한다.
6. 선택적인 제한효소 20 units를 반응물에 첨가한다. 적당한 절단 (digestion) 온도에서 적어도 1시간이상 반응한다.

   중요: 반응용액에 첨가된 제한효소의 부피는 (중합효소와 라이게이즈를 포함하여) 전체반응 용액의 10%를 넘지 않아야한다. 반응용액의 부피는 적절히 맞춘다.
7. 프로토콜 1.23–1.26에 설명된 형질전환 방법 중의 하나를 이용하여 플라스미드 DNA가 들어있는 형질전환 용액을 BMH 71–18과 같은 대장균균주에 형질전환한다.
8. 적당한 항생물질이 들어있는 LB 한천 플레이트에 형질전환 혼합물을 10, 50 그리고 250 μl씩 도말(spread)한다. 플레이트를 37℃에서 16시간이상(overnight)배양한다. 플레이트를 배양하는 동안 step9를 수행한다.
9. 적당한 항생물질이 들어있는 3 ml의 LB 배지에 형질전환 혼합물의 잔여물을 첨가하여 플라스미드를 증폭한다. 37℃에서 16시간이상(overnight) 교반 배양한다.
10. 다음날, LB 배지에서 16시간이상 배양한 용액의 약 2.5 ml로부터 플라스미드 DNA를 분리한다(프로토콜 1.1을 보시오).
11. 선택적인 제한효소로 step10에서 분리한 플라스미드 DNA를 절단한다.

플라스미드 DNA	~500 ng
10× 제한효소 완충용액	2 μl
고유한 절단위치를 가지는 제한효소	20 units
H_2O	to 20 μl

적당한 온도에서 2시간동안 반응용액을 반응시킨다.

12. 10 units의 제한효소를 첨가하고 적어도 1시간이상 더 반응시킨다.
13. 0.5 μg/ml의 ethidium bromide가 들어있는 1% 아가로즈 젤에 플라스미드 DNA 5–10 μl를 전기영동하여 절단의 정도를 평가한다.
14. 화학적으로 처리된 competent 박테리아에 형질전환을 하는 경우에는 절단된 플라스미드 DNA(~50–100 ng) 2–4 μl를 사용하고 전기천공에 의한 형질전환을 위해서는 증류된 물로 5배 희석된 플라스미드 DNA(~5 ng) 1 μl 로 competent mutS+대장균에 형질전환한다 (프로토콜 1.23–1.26을 보시오).
15. 적당한 항생물질이 들어있는 LB agar plate에 형질전환 혼합물을 10, 50 그리고 250 μl씩 도말(spread)한다. plate를 37℃에서 16시간이상(overnight)배양한다.
16. 다음날, 적어도 12개 이상의 형질전환체로부터 플라스미드 DNA를 소량 분리하여 준비한다. 제한효소반응으로 가려내는 것을 준비하고 아가로즈 젤 전기영동으로 선택적인 제한효소에 의한 절단에 저항력이 있는 플라스미드를 확인한다.
17. DNA 서열분석으로 원하는 돌연변이를 가지는 플라스미드를 확인한다(프로토콜 12.3, 12.4 또는 12.5를 보시오).

프로토콜 13.5	단일 튜브 메가프라이머 PCR 방법에의한 빠르고 효과적인 위치 특이 돌연변이 유발

프로토콜 13.5 단일 튜브 메가프라이머 PCR 방법에의한 빠르고 효과적인 위치 특이 돌연변이 유발
Rapid and Efficient Site-directed Mutagenesis by the single-tube Megaprimer PCR Method

위치 특이 돌연변이 유발의 메가프라이머 방법은 세 개의 올리고뉴클레오타이드 프라이머와 두 단계의 PCR을 사용한다. 올리고뉴클레오타이드중 하나는 돌연변이를 유발하고 두른 2 개는 돌연변이 유발 올리고뉴클레오타이드 결합위치의 각각 위쪽 (upstream)과 아래쪽 (downstream)에 위치하는 전방향과 역방향의 프라이머이다. 돌연변이 유발 프라이머와 가까운 외부 프라이머들은 돌연변이된 DNA 조각을 형성하고 증폭하기위한 첫 번째 PCR에 사용된다. 이 증폭된 조각–메가 프라이머–은 원하는 돌연변이를 가지는 주형 DNA의 더 긴 부위를 증폭하기위하여 남아있는 외부 프라이머와 함께 두 번째 PCR에서 사용된다.

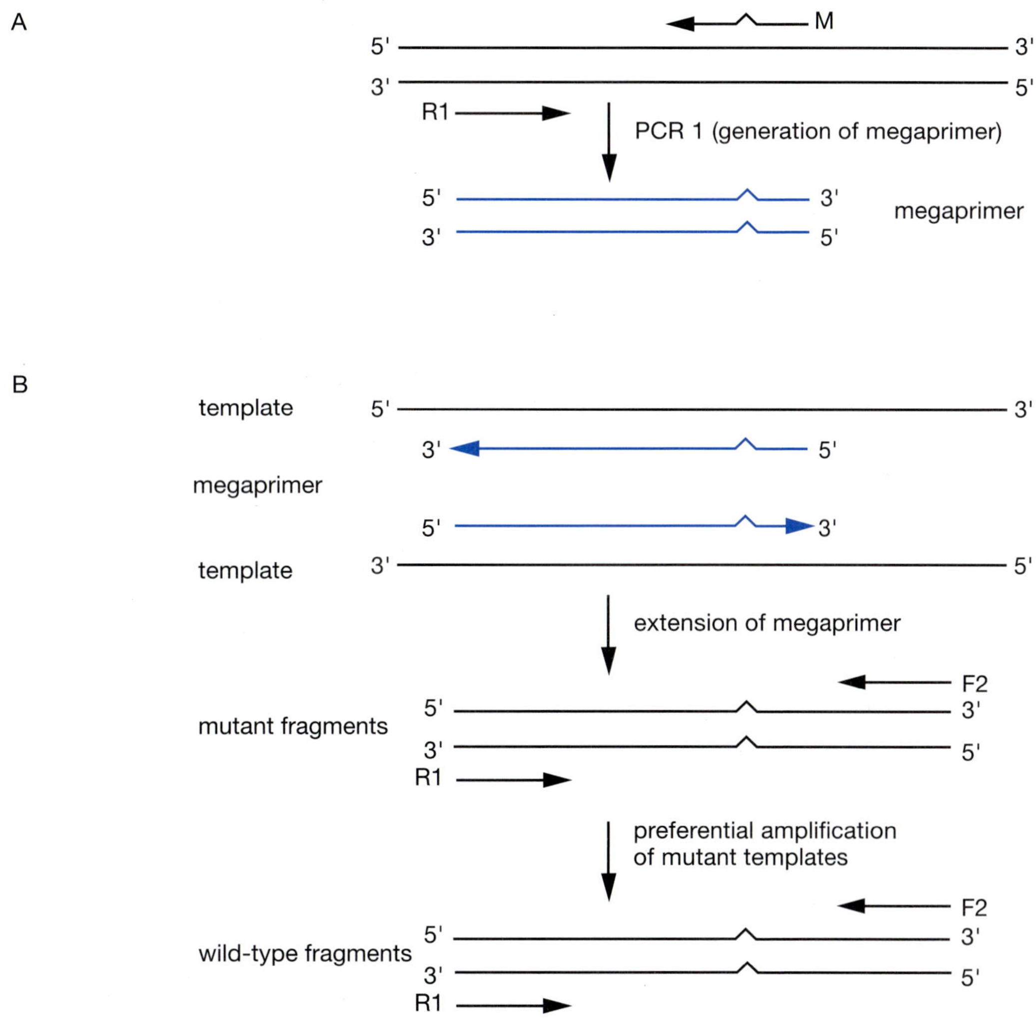

그림 13-1 The Megaprimer Method

이 프로토콜은 현저히 다른 melting 온도 (T_m)을 가지는 전방향과 역방향의 외부의 프라이머들을 사용한다. 이는 두 단계의 PCR 사이에 주형 DNA 정제의 필요성을 제거한다.

MATERIALS

CAUTION: ⟨!⟩표시된 물질의 적절한 사용법은 Appendix 4를 참조하세요.

Reagents and Solutions

농축액, 완충액, 시료의 조성은 Appendix 1을 참조하라. 농축액은 적당한 농도로 희석하여 사용하라.

dNTP 용액, 각각의 농도가 2.5 mM인 4 개의 dNTP를 포함

Enzymes and Buffers

10× 증폭 완충용액

500 mM KCl

100 mM Tris-Cl (pH 8.3, 실온)

15 mM $MgCl_2$

내열성의 DNA 중합효소

이 프로토콜은 Hot Tub DNA중합효소를 이용하지만 다른 내열성의 DNA 중합효소를 이용할 때에도 적용시킬 수 있다.

Nucleic Acids/Oligonucleotides

폐쇄된 원형 플라스미드 (10 μg/ml), 관심있는 서열 또는 유전자의 복사본이 클로닝되어있고 프로토콜 1.1의 설명대로 정제됨.

올리고뉴클레오타이드 프라이머들

이 실험방법에서는 심하게 다른 melting 온도를 가지는 전방향과 역방향의 외부 프라이머들을 사용한다. 메가프라이머는 돌연변이 유발 프라이머(M)와 낮은 결합 온도와 낮은 T_m(42–46℃)을 가지는 외부 프라이머(R1)를 이용하는 첫 번째 증폭반응에서 합성된다. R1과 M1은 각각의 길이가 16–25 뉴클레오타이드로 주형의 상보가닥에 25–30 뉴클레오타이드의 간격을 두어야한다. M1은 중앙에 원하는 돌연변이를 가지고 있다. 각 프라이머는 이차 구조를 형성하는 경향이 낮고 G와 C 잔기의 분포가 균형을 이루고 있어 대략 같은 수의 4 개의 염기를 포함한다. 첫 번째 반응과 동일한 튜브에서 수행되는 두 번째 PCR은 low-T_m 프라이머(R1)의 잔여물에 의한 시작을 방지하기에 충분히 높은 결합 온도와 높은 T_m을 가지는 외부프라이머(F2)이며 첫 번째 반응에서 만들어진 메가프라이머를 사용한다. F2는 계산된 T_m이 72℃에서 85℃사이인 길이가 25–30 염기이어야 한다. 클로닝에서 편의를 위해, 올리고뉴클레오타이드 M과 F2의 5′ 위치안으로 적당한 제한효소 작용위치를 만들 수 있다.

Gels/Loading Buffers

1% Agarose gel, ethidium bromide (0.5 μg/ml) ⟨!⟩가 들어있는 0.5× TBE로 만들고 실행한다

Additional Items

automatic pipettor의 Barrier tips

경미네랄 오일 또는 왁스 구슬 (선택가능, step 2를 보시오)

PCR을 위한 마이크로퓨즈 튜브, 0.5 ml 또는 벽이 얇은

이 프로토콜의 step 6은 프로토콜 1.17 또는 1.19에 적힌 시약을 필요로한다.

Thermal cycler, 원하는 증폭 프로토콜로 설정된

Additional Information

올리고뉴클레오타이드 프라이머의 설계 MC3, pp. 8.13–8.16

Ke S.H.와 Madison E.L. 1997. Rapid and efficient site-directed mutagenesis by the single-tube "megaprimer" PCR method. *Nucleic Acids Res.* **25**: 3371–3372.

돌연변이 유발 올리고뉴클레오타이드 MC3, pp. 13.82–13.83

METHOD

1. 멸균된 0.5ml 마이크로퓨즈 튜브 또는 증폭 튜브에(얼음에서), 첫 번째 증폭반응을 위하여 다음 시약을 섞는다:

10× 증폭 완충용액	10 µl
플라스미드 주형 DNA	200–400 pg
2.5 mM dNTP 용액	8 µl
돌연변이 유발 프라이머 (M)	10 pmoles
low T_m flanking primer (R1)	100 pmoles
Hot Tub DNA중합효소	0.5 µl (2.5 units)
H_2O	to 100 µl

2. Thermal cycler의 가열성 커버가 없다면, 경미네랄 오일(light mineral oil) 한방울(~50 µl)로 PCR 반응용액을 덮는다. 튜브를 thermal cycler에 넣는다.

3. 아래에 적혀있는 온도와 변성, 결합 그리고 중합 시간을 이용하여 핵산을 증폭한다.

Cycle Number	Denaturation	Annealing	Polymerization
1st cycle	4 min at 94℃	1 min at 42–46℃	1 min at 72℃
24 cycles	40 sec at 94℃	1 min at 42–46℃	1 min at 72℃
Last cycle	40 sec at 94℃	1 min at 42–46℃	5 min at 72℃

시간과 온도는 특정 반응 조건에 맞게 맞추어야한다.

중합은 표적 DNA 길이의 매 1000bp당 1분씩 수행하여야한다.

4. 첫 번째 PCR의 완료 후에, 반응 튜브에 첨가한다:

high T_m flanking primer (F2)	100 pmoles
Hot *Tub* DNA중합효소	0.5 µl (2.5 units)
2.5 mM dNTP 용액	3 µl

반응용액을 아래위로 여러 번 파이펫팅하여 섞어준다. 필요하면, 시약을 바닥으로 모으기 위해 튜브를 잠시 동안 원심 분리한다.

5. 다음의 두 단계의 온도에서 25 (cycle) 주기로 이루어진 두 번째 증폭반응을 수행한다:

   94℃에서 40초

   72℃에서 90초와 마지막 확장 단계에서 72℃에서 5분

6. 두 번째 증폭 결과물의 5%를 아가로즈 또는 아크릴아마이드 젤로 분석하고 증폭된 표적 DNA의 농도를 추정한다.

   F2와 메가프라이머의 5′ 서열에 위치하는 제한효소 인식 위치를 이용하여 증폭된 DNA를 적당한 제한효소로 절단한 후 적절한 벡터(프로토콜을 위하여 1장을 보시오)로 클로닝할 수 있다. 이 프로토콜은 약 80%의 효율로 돌연변이체를 만들어내기 때문에, 일반적으로 클로닝된 조각에서 원하는 돌연변이의 존재를 입증하고 다른 돌연변이가 없다는 것을 확증하기위해서 DNA 서열분석으로 몇 개의 클론들을 선별하는 것이 필수적이다.

프로토콜 13.6 중복연장에 의한 위치특이 돌연변이 유발
Site-specific Mutagenesis by Overlap Extension

4 개의 프라이머가 중복연장에 의한 특정 부위에 돌연변이를 일으킨 유전자의 제조에 필요하다.

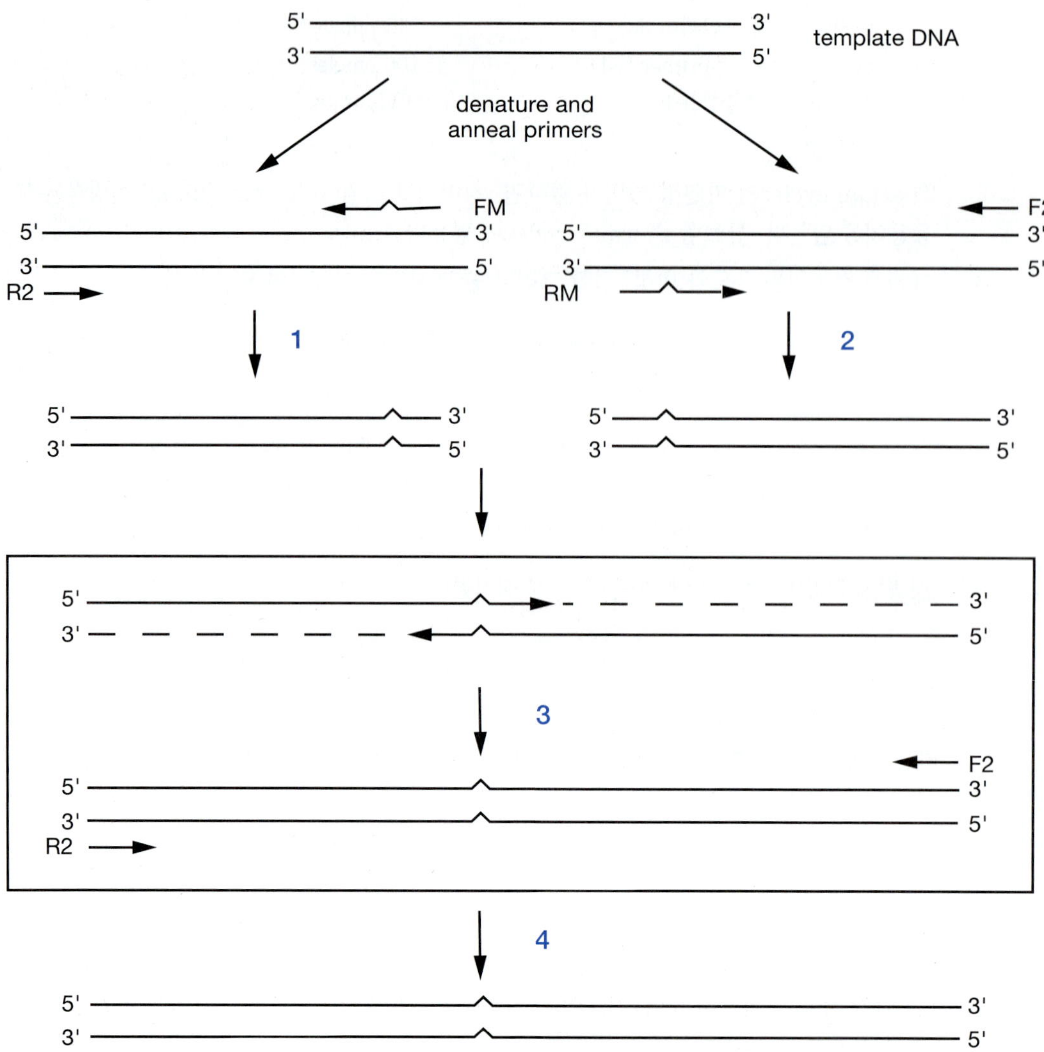

그림 13-2 중복연장에의한 특정 부위에 돌연변이를 일으킨 유전자의 제조

1과 2의 분리된 증폭에서 두 조각의 표적 유전자가 증폭된다. PCR 1은 FM과 R2 프라이머를 이용하고 PCR 2는 RM과 F2 프라이머를 이용한다. 그림의 박스부분은 PCR3 과정동안 형성되는 중간단계를 설명한다. 변성된 FMR2와 RMF2가 중복되는 위치에서 접합하고 점선에서 보이는 것과 같이 돌연변이 DNA가 형성된다. PCR4에서 전체-길이의 돌연변이된 DNA는 R2와 F2 프라이머를 이용하여 증폭된다 (변형되고 허가된, Ho et al.으로부터 1989. 중합 효소 연쇄 반응을 이용한 중복연장에 의한 특정 부위에 돌연변이를 일으킨 유전자의 제조. *Gene* 77: 51-59 [© Elsevier Science]).

두 세트의 프라이머가 2 개의 분리된 증폭반응에 사용된다(그림 13-2의 반응 1과 2). 관심있는 돌연변이는 중복된 위치에 존재하고 따라서 증폭된 조각의 양 세트에 존재한다. 이 조각들이 혼합, 변성, 그리고 결합을 통하여 3번째 PCR에서 전체-길이의 DNA로 증폭된다.

MATERIALS

CAUTION: 〈!〉표시된 물질의 적절한 사용법은 Appendix 4를 참조하세요.

Reagents and Solutions

농축액, 완충액, 시료의 조성은 Appendix 1을 참조하라. 농축액은 적당한 농도로 희석하여 사용하라.

dNTP 용액, 각각의 농도가 20 mM인 4 개의 dNTP를 포함

Enzymes and Buffers

10× 증폭 완충용액

500 mM KCl

100 mM Tris-Cl (pH 8.3, 실온)

15 mM $MgCl_2$

내열성의 DNA 중합효소

잘못된 염기가 삽입되는 것을 피하려면, 이 프로토콜에는 3′-5′ 엑소뉴클레이즈 교정 능력을 가진 고도의 내열성의 DNA 중합효소가 필요하다. 게다가 이에 사용되는 효고는 *Taq*과 달리 주형에 없는 아데닌 잔기의 첨가를 촉매하지 않아야한다. 적당한 특성을 가지는 내열성 중합효소는 *pwo* DNA중합효소 (Roche Applied Science), *pfu* DNA 중합효소 (Stratagene), *VentR* DNA중합효소 (New England BioLabs), 그리고 *rTth* DNA중합효소 XL (Perkin-Elmer)을 포함한다.

Nucleic Acids/Oligonucleotides

폐쇄된 원형 플라스미드 (10 μg/ml), 관심있는 서열 또는 유전자의 복사본이 클로닝 되어있고 프로토콜 1.1의 설명대로 정제됨.

올리고뉴클레오타이드 프라이머들

각 프라이머들은 길이가 16-25 뉴클레오타이드이고 이차구조를 형성하는 경향이 낮고 G와 C 잔기의 분포가 분포가 균형을 이루고 있어 대략 같은 수의 네 개의 염기를 포함한다. 돌연변이 유발 올리고뉴클레오타이드 프라이머 FM과 RM (그림 13-2)은 적어도 15bp를 공유해야하고 이들 프라이머 내부의 부적당한 (mismatch) 염기쌍은 올리고뉴클레오타이드의 중앙에 위치해야한다. 프라이머 R2와 F2의 5′ 서열은 이후의 클로닝을 쉽게하기 위해 제한효소 위치 (site)를 포함할 수 있다.

Gels/Loading Buffers

1% 아가로즈 젤, ethidium bromide (0.5 μg/ml) 〈!〉가 들어있는 0.5× TBE로 만들고 실행한다

Additional Items

automatic pipettor의 Barrier tips

경미네랄 오일 또는 왁스 (선택가능, step 4와 9를 보시오)

PCR 마이크로퓨즈 튜브, 0.5 ml 또는 벽이 얇은

이 프로토콜의 step 11은 프로토콜 1.17 또는 1.19에 적힌 시약을 필요로한다.

이 프로토콜의 step 12는 프로토콜 12.3, 12.4 또는 12.5에 적힌 시약을 필요로한다.

Thermal cycler, (원하는 증폭 프로토콜로 설정된)

Additional Information

올리고뉴클레오타이드 프라이머의 설계	MC3, pp. 8.13-8.16
돌연변이유발 올리고뉴클레오타이드	MC3, pp. 13.82-13.83

METHOD

1. DNA의 알려진 서열에 기초하여 올리고뉴클레오타이드 FM, RM, R2 그리고 F2를 설계하고 합성한다.

2. 멸균된 0.5 ml 마이크로퓨즈 튜브 또는 증폭튜브에 다음의 시약을 혼합하여 PCR1을 시작한다:

주형 DNA	~100 ng
10× 증폭 완충용액	10 μl
4 개의 dNTP의 20 mM 혼합용액	1.0 μl
5 μM 프라이머 FM (30 pmoles)	6.0 μl
5 μM 프라이머 R2 (30 pmoles)	6.0 μl
내열성의 DNA 중합효소	1–2 units
H_2O	to 100 μl

3. 두 번째 멸균된 0.5 ml 마이크로퓨즈 튜브 또는 증폭튜브에 다음의 시약을 혼합하여 PCR2를 시작한다:

주형 DNA	~100 ng
10× 증폭 완충용액	10 μl
4 개의 dNTP의 20 mM 혼합용액	1.0 μl
5 μM 프라이머 RM (30 pmoles)	6.0 μl
5 μM 프라이머 F2 (30 pmoles)	6.0 μl
내열성의 DNA 중합효소	1–2 units
H_2O	to 100 μl

4. Thermal cycler의 가열성 커버가 없다면, 경미네랄 오일(light mineral oil) 한방울(~50 μl)로 PCR 반응용액을 덮는다. 튜브를 thermal cycler에 넣는다.
5. 아래에 적혀있는 온도와 변성, 결합 그리고 중합 시간을 이용하여 핵산을 증폭한다.

Cycle Number	Denaturation	Annealing	Polymerization
20 cycle	1 min at 94℃	1 min at 50℃	1–3 min at 72℃
Last cycle	1 min at 94℃	10 min at 72℃	

시간과 온도는 특정 반응 조건에 맞게 맞추어야한다.

증폭단계의 길이는 증폭되는 DNA 주형의 길이와 사용된 내열성의 DNA 중합효소의 증폭 비율로부터 계산된다.

접합반응의 온도는 돌연변이 유발 프라이머의 서열에 따라 조정해야한다.

6. 두 PCR 결과물의 5%를 아가로즈 또는 아크릴아마이드 젤로 분석하고 증폭된 표적 DNA의 농도를 추정한다.
7. (선택가능) 5장에 설명된 프로토콜 중의 하나를 이용하여 2 개의 PCR 결과물을 정제한다. 이 정제단계는 종종 프로토콜의 step 8에서 원하는 증폭결과물의 효율을 증가시키고 잘못된 증폭결과물의 배경을 감소시킨다.
8. 멸균된 0.5 ml 마이크로퓨즈 튜브 또는 증폭튜브에 표적 유전자의 5′과 3′ 말단에 결합하는 증폭반응에 다음의 시약을 혼합한다:

PCR1 증폭 결과물 (step 2)	~50 ng
PCR2 증폭 결과물 (step 3)	~50 ng
10× 증폭 완충용액	10 μl
5 μM 프라이머 F2 (30 pmoles)	6.0 μl
5 μM 프라이머 R2 (30 pmoles)	6.0 μl
내열성의 DNA 중합효소	1–2 units
H_2O	to 100 μl

9. Thermal cycler의 가열성 커버가 없다면, 경미네랄 오일(light mineral oil) 한방울(~50 μl)로 PCR 반응용액을 덮는다. 튜브를 thermal cycler에 넣는다.
10. 위의 step 5에 적힌 온도와 변성, 결합 그리고 중합 시간을 이용하여 핵산을 증폭한다.
11. PCR 결과물의 5%를 아가로즈 또는 아크릴아마이드 젤로 분석하고 증폭된 표적 DNA의 농도를 추정한다.
12. 프라이머 FM과 RM의 조작을 하는 동안 나타나는 돌연변이 이외의 다른 돌연변이가 없도록 클로닝후에 증폭된 DNA 조각의 전체 서열을 증명한다.

프로토콜 13.7	방사선 동위원소로 표지된 올리고뉴클레오타이드를 이용한 혼성에 의한 위치특이 돌연변이체의 재조합 클론의 선별

Screening Recombinant Clones for Site-directed Mutants by Hybridization to Radiolabeled Oligonucleotides

특정 돌연변이를 가지는 플라스미드에 의해 형질전환된 대장균 콜로니들 또는 M13 박테리오파아지에 의해 형성된 플라크는 돌연변이 서열과 완벽한 이중사 (duplex)를 형성하는 방사선동위원소로 표지된 올리고뉴클레오타이드를 이용하여 검출할 수 있다. 혼성은 방사선동위원소로 표지된 올리고뉴클레오타이드가 돌연변이체와 야생형 DNA 둘 다에 결합하는 것을 허용하는 구속(stringency)이 낮은 조건 하에서 실행된다. 야생형 서열과 방사선동위원소로 표지된 올리고뉴클레오타이드 사이의 잡종은 하나 또는 그 이상의 잘못 짝지워진 염기쌍을 포함하지만 올리고뉴클레오타이드 탐침체와 새롭게 생성된 돌연변이체 사이에 만들어지는 잡종은 완벽하게 일치한다. 잘못 짝지워진 잡종은 완벽하게 일치하는 돌연변이보다 낮은 온도에서 분리되어 이 두가지 종류의 잡종은 보통 열에 대한 안정성이 다르다. 점차 높은 온도에서 여러 단계의 세척 후에 탐침체와 계속적으로 혼성되는 플라크나 콜로니들은 원하는 돌연변이를 가지는 재조합체를 포함할 가능성이 높다. 다음의 프로토콜은 박테리오파아지 M13 재조합체의 선별을 설명한다. 그러나 이 기술은 대장균 클론들의 선별에 쉽게 적용될 수 있다(MC3, p. 13. 47).

MATERIALS

CAUTION: 〈!〉표시된 물질의 적절한 사용법은 Appendix 4를 참조하세요.

Reagents and Solutions

농축액, 완충액, 시료의 조성은 Appendix 1을 참조하라. 농축액은 적당한 농도로 희석하여 사용하라.

- Ammonium formate (0.2M) 〈!〉
- 올리고뉴클레오타이드 혼성용액
  - 6x SSC
  - 5x Denhardt's reagent
  - 10^6–10^7 dpm/ml 방사선동위원소로 표지된 올리고뉴클레오타이드 (프로토콜 10.2를 보시오)
- 올리고뉴클레오타이드 혼성용액
  - 6x SSC
  - 5x Denhardt's reagent
  - 0.1% (w/v) SDS
- 6x SSC
- TE (pH 7.6)

Vectors and Bacterial Strains

(1) 관심있는 돌연변이를 가진것으로 추정되는 박테리오파아지 M13 재조합체와 (2) 음성 대조군으로 사용된 야생형 박테리오파아지 M13에 의해 형성된 플라크를 포함하는 대장균 TG-1의 세균층

대장균 균주 TG-1의 16시간이상 배양

Media and Antibiotics

- YT agar plates
- 2x YT top agar

Adapted from Chapter 13, Protocol 7, p. 13.40 of MC3.

Enzymes and Buffers

박테리오파아지 T4 폴리뉴클레오타이드 카이네이즈와 10× T4 폴리뉴클레오타이드 카이네이즈 완충용액

700 mM Tris-Cl (pH 7.6)

100 mM $MgCl_2$

50 mM dithiothreitol

제한효소와 10× 완충용액

Nucleic Acids/Oligonucleotides

올리고뉴클레오타이드 (H_2O에 10 pmoles/µl)

탐침체로 사용된 올리고뉴클레오타이드는 일반적으로 길이가 20-24 뉴클레오타이드로 원하는 위치특이 돌연변이가 포함된 서열에 정확하게 상보적이다. 대부분의 경우에, 올리고뉴클레오타이드 탐침체는 표적서열 안으로 돌연변이를 유도하는데 원래 사용되는 돌연변이 유발 올리고뉴클레오타이드로부터 만든다.

Radioactive Compounds

[γ-^{32}P] ATP (〉5000 Ci/mmole, 10 mCi/mℓ) 〈!〉

Gels/Loading Buffers

1% 아가로즈 젤, ethidium bromide (0.5 µg/ml) 〈!〉가 들어있는 0.5× TBE로 만들고 실행한다.

박테리오파아지 M13 벡터안으로 클로닝된 표적서열이 작다면(〈300bp), 박테리오파아지 M13으로부터 돌연변이 된 조각을 회수하기위해 아가로즈 젤보다 아크릴아마이드 젤을 사용하는 것이 더 낫다.

Additional Items

Blunt-ended forceps (예를들어, Millipore)

피하 주사침 (18 gauge)와 India ink

또는

Chemiluminescent stickers, autoradiographs 정렬과 표시를 위하여, 예를들어, Glogos (Stratagene)

배양기 또는 혼성 chamber, 혼성을 위한 적당한 온도로 설정된

autoradiography 또는 phosphorimaging를 위한 재료 (MC3, pp. A9.11-A9.14)

전자레인지, vacuum baking oven (80℃로 미리 설정된), 또는 UV cross-linking 장비

나이트로셀룰로스 (예를들어, Millipore HATF) 또는 나일론 필터 (82 mm)

플라스틱 박스 (혼성 후에 필터 세척을 위하여)

Rotating shaker

이 프로토콜의 step 4는 프로토콜 10.4에 적힌 시약을 필요로한다.

이 프로토콜의 step 14는 프로토콜 3.4에 적힌 시약을 필요로한다.

이 프로토콜의 step 17은 프로토콜 3.3에 적힌 시약을 필요로한다.

이 프로토콜의 step 20은 프로토콜 6.8과 6.10에 적힌 시약을 필요로한다.

이 프로토콜의 step 15와 16은 프로토콜 12.3, 12.4 또는 12.5에 적힌 시약을 필요로 한다.

Water baths (65℃와 올리고뉴클레오타이드:표적 혼성의 계산된 T_m 보다 10℃ 아래

Whatman DEAE paper (DE81)

Additional Information

다른 프로토콜 (PCR에 의한 정의된 돌연변이체의(defined Mutants) 검출)	MC3, p. 13.48
Denhardt's reagent	MC3, p. A1.15
기본 PCR을 위한 올리고뉴클레오타이드 프라이머의 설계	MC3, pp. 8.13-8.16
돌연변이 유발 올리고뉴클레오타이드	MC3, p. 13.82-13.83

METHOD

1. 멸균된 마이크로퓨즈 튜브에 다음을 섞는다:

탐침체로 사용될 올리고뉴클레오타이드 (10 pmoles/μl)	1 μl
10× 박테리오파아지 T4 폴리뉴클레오타이드 카이네이즈 완충용액	1 μl
10 mCi/ml [γ-^{32}P] ATP (10-50 pmoles)	1 μl
H_2O	6 μl
5-10units/μl 박테리오파아지 T4 폴리뉴클레오타이드 카이네이즈	1 μl

37℃에서 30분동안 반응용액을 반응시킨다.

2. 90 μl의 TE (pH 7.6)을 첨가하여 100 μl로 반응용액을 희석하고 68℃에서 10분 동안 열을 가하여 폴리뉴클레오타이드 카이네이즈를 비활성화시킨다.

3. 올리고뉴클레오타이드로의 ^{32}P의 이동 효율을 측정하고 다음과 같이 DE81 종이 크로마토그래피로 특이 활성을 측정한다:

   a. 폭이 1cm이고 길이가 7-10 cm가 되도록 Whatman DE81 paper를 자른다. soft-lead 연필로 한쪽 끝에서 strip을 가로질러 약 1.5 cm의 섬세한 선을 긋는다. 이 선은 크로마토그램의 시작을 나타낸다.

   b. 시작점에 희석된 인산화 반응용액 1 μl로 점을 찍는다. 약 25-50 ml의 0.2M ammonium formate를 이용하여 약 0.5 cm 깊이로 250 ml 비커를 채운다. DE81 strip을 비커에서 수직으로 두어서 시작점에서 방사선의 샘플은 완충용액의 바로 위에 있다. 유리 plate 또는 알루미늄 호일로 비커를 덮어 용매 선이 비커의 정상에 가까이 이동할 때까지 크로마토그래피가 전개되도록 둔다.

   c. Saran Wrap으로 DE81 paper의 strip을 감싸고 autoradiography의 매우 짧은 시간동안 둔다. 방사성을 가진 위치인 solvent의 앞과 시작점 그리고 방사성을 나타내는 다른 위치를 자르기 위한 지침으로 현상된 X-ray 필름을 사용한다. 섬광계수기로 각 부분에서 방사성의 양을 측정한다.

4. (선택가능) 프로토콜 10.4의 설명대로 cetylpyridinium bromide로 침전시켜 올리고뉴클레오타이드로부터 혼합되지 않은 방사선동위원소를 제거한다.

   이 step은 혼성의 배경이 계속적으로 문제일 때에만 필요하다. 보통 상황에서 분획되지 않은 반응 혼합물을 탐침체로 사용될 수 있다.

5. 다음과 같이 방사선 동위원소로 표지된 올리고뉴클레오타이드로 선별될 박테리오파아지 M13 플라크들의 사본을 준비한다:

   a. 100-500개의 플라크를 포함하는 플레이트를 4℃로 옮기고 적어도 30분 동안 둔다.

      원래의 야생형 재조합 박테리오파아지 M13의 플라크를 포함하는 플레이트를 적어도 하나 포함한다. 이 플레이트는 혼성과 세척과정에서 음성대조군으로 사용된다.

   b. 플레이트가 완전히 차가워지면, 저온실에서 꺼내고 즉시 각 플레이트의 한천 표면에 번호가 매겨지고 마른 나일론 필터 또는 나이트로셀룰로스를 놓는다. 각 필터와 아래에 놓인 한천에 여러 개의 구멍을 만들기 위해서 18게이지의 피하주사침를 사용한다. 이 구멍들은 나중에 플레이트와 필터를 대조하는데 중요한 역할을 할 것이다.

   c. 30초에서 4분후에, 끝이 뭉특한 핀셋을 사용하여 플레이트로부터 각각의 필터를 조심스럽게 벗겨낸다. Paper towel 위에 모든 필터(플라크들이 위쪽으로)들을 펼쳐놓는다. Saran Wrap으로 플레이

트들을 감싸고 필요할 때까지 4℃에 보관할 수 있다.

d. 필터들이 마르면(실온에서 30분정도), 80℃ vaccum oven에서 1시간동안 굽는다.

6. 열로 밀봉가능한 플라스틱 백(예를 들어, Seal-a-Meal), 적당한 지름의 증발용 접시 또는 혼성 roller bottle로 모든 필터를 옮긴다. 올리고뉴클레오타이드 전혼성 용액을 첨가한다(백 또는 접시의 82 mm 필터에 약 10 ml, bottle안의 82 mm 필터에 5 ml). 백을 밀봉하거나 Saran Wrap으로 증발용 접시를 덮거나 roller bottle의 뚜껑을 덮고 65℃에서 1-2시간동안 필터를 반응시킨다.

7. 전혼성용액을 제거하고 올리고뉴클레오타이드 혼성용액(82mm 필터에 약 5ml)을 넣는다. 백을 다시 밀봉하거나 Saran Wrap으로 다시 증발용 접시를 덮거나 roller bottle의 뚜껑을 다시 덮고 적당한 온도에서 4-6시간동안 혼성반응을 시킨다.

   다음의 공식으로 계산된 T_m보다 5-10℃ 낮은 온도에서 방사선 동위원소로 표지된 올리고뉴클레오타이드로 혼성을 수행한다:

   $$T_m=4(G+C)+2(A+T)$$

   $(G+C)$는 올리고뉴클레오타이드에서 G와C 잔기의 합이고 $(A+T)$는 올리고뉴클레오타이드에서 A와T 잔기의 합이다.

8. 혼성 시간이 끝난후에 재빨리 필터를 실온의 6× SSC 200-300ml이 들어있는 tray로 옮긴다. Saran Wrap으로 트레이를 덮고 15분 동안 rotating shaker에 둔다. 매 5분마다 세척용액을 교체한다. 그동안 백, 접시 또는 roller bottle로부터 방사성의 혼성용액의 잔여물을 일회용의 플라스틱 튜브로 옮긴다. 튜브를 단단히 잠그고 재선별 양성 플라크를 위해 필요할 때까지 -20℃에 방사성 용액을 보관한다(Step 13).

9. 세척이 끝난 후, 재빨리 실험테이블위에 펼쳐져있는 Saran Wrap의 조각으로 필터를 옮긴다. 다른 Saran Wrap 조각으로 필터를 덮는다. 단단히 밀봉하기위해 두 조각의 Saran Wrap의 가장자리를 함께 접는다. 방사성이나 화학발광의 잉크를 사용하여 포장된 필터의 바깥쪽에 점을 표시하고 증감지(intensifying screen)를 이용하여 -70℃에서 1-2시간동안 X-ray 필름에 포장된 필터를 노출시켜 방사선 사진(autoradiograph)을 형성한다.

   중요: Saran Wrap에서 필터가 마르지 않도록 한다.

10. 플라크의 분포와 혼성의 경향을 비교한다. 이 과정에서, 보통 탐침체에 혼성된 모든 플라크들이 찾아진다. 그러나 전형적으로 일부 플라크들은 다른 플라크들보다 강하게 혼성되고 그것들은 종종 원하는 돌연변이를 가진 플라크로 판명된다.

11. 올리고뉴클레오타이드의 계산된 T_m보다 10℃아래로 데워진 6× SSC 100-200ml이 들어있는 플라스틱 박스로 필터를 옮긴다. 용액에서 필터를 2분 동안 흔들고(agitate) step 9의 설명대로 Saran Wrap의 조각으로 옮긴다. 다른 방사선 사진(autoradiograph)을 만든다. 이 과정에서 종종 두 가지 종류의 플라크의 확인이 가능하다: 방사선 신호의 세기가 감소되는 플라크와 세기에 변화가 없는 플라크

12. 매주기마다 세척 용액의 온도를 2-10℃ 증가시키면서 세척과 autoradiography의 주기를 반복한다. 그 목적은 잘못 짝지워진 잡종 (hybrid) (돌연변이 유발 올리고뉴클레오타이드와 원래의 야생형 서열 사이에서 형성된 것과 같은)을 분리할 수 있지만 완벽한 잡종 (hybrid)에는 영향을 미치지 않는 온도를 찾는 것이다.

13. 양성 혼성 플라크(positively hybridizing plaque)들은 보통 돌연변이 서열과 야생형 서열 둘 다 섞여있다. 따라서 다음과 같이 양성 혼성 플라크로부터 박테리오파아지를 플라크-정제(plaque-purify)를 하는 것이 필수적이다:

   a. 멸균된 일회용 이쑤시개의 뭉툭한 끝으로 양성 혼성 플라크의 표면을 건드린다(touch).

   b. 멸균된 TE (pH 7.6) 1ml이 들어있는 멸균된 튜브 안으로 이쑤시개를 떨어뜨린다. 박테리오파아지

조각들이 분리되도록 때때로 흔들면서 튜브를 실온에서 10–15분동안 보관한다.

c. TE (pH 7.6)으로 만든 박테리오파아지 현탁액을 10배씩 희석한 시리즈를 만든다. 10^{-3}, 10^{-4} 그리고 10^{-5} 희석액의 10 μl를 16시간이상 배양한 적당한 대장균 균주(예를 들어, TG1)의 100 μl 분획(aliquot)과 섞는다.

d. 각 배양액에 2.5ml의 2× YT top agar (용해되고 45℃로 식힌)를 첨가하고 하나의 YT 한천 플레이트를 전체 혼합액으로 덮는다. 플라크가 형성되도록 37℃에서 16시간 동안 플레이트를 배양한다.

e. Step 5–12의 설명대로 방사선 동위원소로 표지된 올리고뉴클레오타이드로 플라크를 재선별한다. 이 두 번째 선별에서는 점차적으로 세척 용액의 온도를 증가시키는 것이 필요하지 않다. 대신에, 필터들은 실온의 세척 용액(step 8)으로부터 step 12에서 실험적으로 찾아진 차별적인 온도로 미리 데워진 6× SSC로 직접적으로 옮겨질 수 있다.

14. 3 개의 독립적인 추정 돌연변이체로부터 각각 2 개의 플라크를 찍어낸다. 프로토콜 3.4에 설명된대로 각 플라크로부터 분리된 박테리오파아지에 감염된 작은 규모의 배양액으로부터 단일 가닥 DNA를 준비한다.

15. 표적 서열을 가진 부위를 dideoxy–mediated chain termination method (프로토콜 12.3 또는 12.4를 보시오)로 DNA 서열분석을 수행한다. 다른 상용 서열 분석 프라이머와 돌연변이 위치의 50–100 뉴클레오타이드 위에 결합하는 주문 제작된 프라이머를 사용한다.

16. 돌연변이의 존재가 확인되면, 박테리오파아지 M13 재조합체의 증식동안 의도하지 않은 돌연변이가 생성되지 않았다는 것을 입증하기위해 박테리오파아지 M13 백터안으로 클로닝된 표적 DNA 전체의 서열을 확인한다. 200–400bp 간격을 둔 표적 DNA의 조각에 상보적인 주문 제작된 서열 분석 프라이머가 종종 필요하다.

17. 표적부위의 서열에 다른 변화가 없다는 것을 보여주고 원하는 돌연변이를 가지는 정제된 플라크의 재조합체 박테리오파아지(step14)로 감염된 배양액으로부터 복제 가능한 박테리오파아지 M13 DNA를 분리한다. 복제 가능한 박테리오파아지 M13 DNA를 분리하고 정제하기위한 실험방법은 프로토콜 3.3을 보시오.

18. 적당한 제한효소로 복제 가능한 박테리오파아지 M13 DNA를 절단하고 준비된 젤 전기영동으로 돌연변이 된 표적 서열을 얻는다. 원하는 벡터안으로 표적 DNA를 클로닝한다.

19. 원래의 표적 서열(돌연변이 되지 않은) 또는 돌연변이 된 표적 서열을 가지는 재조합체를 절단하기 위해 여러 개의 다른 제한효소를 사용한다.

20. 젤 전기영동으로 절단한 결과물을 분리하고 프로토콜 6.8의 설명대로 고체의 지지체(예를 들어, 니트로셀룰로스 또는 나일론 막)로 그것들을 옮긴다. ^{32}P로 표지된 올리고뉴클레오타이드를 탐침체로 사용하여 T_m 보다 10℃ 아래에서 서든 블랏을 수행한다. 차별적인 조건에서 필터를 세척하고 방사선 사진을 만든다.

마지막 방사선 사진은 돌연변이된 표적 DNA에 관련된 조각에만 혼성되는 것을 보여줄 것이다.

프로토콜 13.8

단일가닥구조다형성법에 의한 돌연변이의 검출
Detection of Mutations by Single-stranded Conformational Polymorphism (SSCP) Analysis

SSCP는 다음의 3단계를 포함한다:

- 표적위치의 PCR에 의한 증폭
- PCR 결과물의 변성
- 중성 pH에서 젤을 이용한 단일 가닥 DNA의 전기영동

단일가닥 DNA분자는 가닥 내 염기쌍 (intra-strand base pairing)의 결과로 복잡한 3차원 구조로 접힌다. 동일한 길이의 단일 가닥은 가닥 내 염기쌍에 의한 구부러짐과 압축의 결과로 전기이동성이 상당히 변화할 수 있다. 단일 염기만큼 작은 서열의 변화로 인해 이차 구조가 다른 모양으로 만들어지고 이는 중성 pH에서 전기이동성을 변화를 초래할 수 있다.

단일 가닥 conformer의 이동성은 온도와 이온강도에 따라 상당히 변화하기 때문에 보통 2개 또는 그 이상의 세트의 조건으로 샘플을 분석하는 것이 필수적이다. 만약 SSCP가 완충용액과 온도의 범위(예, 4℃에서 0.5× TBE 그리고 15℃, 또는 수산기가 풍부한 글리세롤과 같은 화합물이 첨가된 0.5× TBE와 첨가되지 않은 0.5× TBE)에서 수행된다면 100%에 가깝게 표적 DNA에서 돌연변이를 검출할 수 있다. 전기영동 동안 온도의 정확한 통제는 젤 메트릭스의 구조의 일관성과 같이 결과의 재현성을 위해 필수적이다.

MATERIALS

CAUTION: ⟨!⟩표시된 물질의 적절한 사용법은 Appendix 4를 참조하세요.

Reagents and Solutions

농축액, 완충액, 시료의 조성은 Appendix 1을 참조하라. 농축액은 적당한 농도로 희석하여 사용하라.

Ammonium Persulfate (10% w/v), 신선하게 만듬

10× 증폭완충용액

dNTP 용액, 각각의 농도가 1 mM인 4 개의 dNTP를 포함

글리세롤 (예, 초고순도 [Invitrogen])

TEMED (N, N, N′, N′-tetramethylethylene diamine), electrophoresis grade (Sigma-Aldrich 또는 Bio-Rad) ⟨!⟩

Enzymes and Buffers

제한효소와 10× 완충용액 (선택가능, step 8을 보시오)

내열성의 DNA 중합효소

*Taq*과 달리 주형에 없는 아데닌 잔기의 첨가를 촉진하지 않는 *pfu* DNA중합효소와 같은 효소를 사용한다. 제조사로부터 제공된 10× 증폭완충용액을 사용한다.

Nucleic Acids/Oligonucleotides

대조군 DNA

올리고뉴클레오타이드 프라이머

전방향 프라이머와 역방향 프라이머는 일반적인 규칙(MC3, pp. 8.13–8.16)에 따라 설계되어야하고 표적 DNA의 상보가닥에 150–200 bp의 간격을 두어야한다.

돌연변이를 위해 선별될 표적 DNA

요구되는 DNA의 양은 그것의 복합성에 따라 변화한다. 이 프로토콜은 전체 인간 게놈 DNA에서 특정 돌연변이를 검출하는 SSCP의 사용을 설명한다. 덜 복잡한 타겟을 분석할 때에는 적은 양의 DNA를 사용할 수 있다.

Radioactive Compounds

[α-^{32}P] dNTPs (3000 Ci/mmole, 10 mCi/mℓ) 〈!〉

Gels/Loading Buffers

아크릴아마이드:비스아크릴아마이드 (29:1,w/w) 〈!〉

많은 연구자들이 미리 만들어진 아크릴아마이드와 비스아크릴아마이드 상용 용액을 이용한다(예를 들어, Acrylogel, BDH). 다른 사람들은 FMC BioProduct에서 MDE라는 상품명으로 판매되는 젤 메트릭스의 Hydrolink 시리즈를 사용하는 것을 선호한다.

Formamide loading 완충용액 〈!〉

80% (w/v) 이온이 제거된 formamide

10 mM EDTA (pH 8.0)

0.25% bromophenol blue

0.25% xylene cyanol FF

Sucrose gel-loading 완충용액 (Type 1)

0.25% bromophenol blue

0.25% xylene cyanol FF

40% (w/v) sucrose in H_2O

10× TBE 전기영동 완충용액

젤과 전기영동 (running) 완충용액를 준비하기위해 같은 10× TBE 원액을 사용한다.

Additional Items

자동 피펫을 위한 Barrier tip

Gel-drying 기구

Hamilton syringe

경미네랄오일 또는 왁스 구슬 (선택가능, step 2를 보시오)

autoradiography 또는 phosphorimaging을 위해 필요한 재료 (MC3, pp. A9.9-A9.15)

아크릴아마이드 젤을 준비하고 적재하는데 필요한 재료(glass plates, electrical tape, gel-loading tape, 등) (프로토콜 12.8을 보시오)

PCR을 위한 마이크로퓨즈 튜브, 0.5 ml이고 벽이 얇은

Thermal cycler, (원하는 증폭 프로토콜로 설정된)

Water bath/heating blocks (100℃와 제한효소로 DNA를 절단하는데 필요한 온도)

Whatman 3MM paper

Additional Information

Autoradiography	MC3, pp. A9.9-A9.15
돌연변이 검출의 배경 정보	MC3, pp. 13.91-13.96
SSCP에대한 배경 지식	MC3, pp. 13.49-13.52
글리세롤	MC3, p. 13.90
문제해결	MC3, pp. 13.55와 13.56

METHOD

1. 0.5 ml 마이크로퓨즈튜브에 다음을 섞는다:

1mM dNTP 용액	1 μl
10× 증폭 완충용액	2 μl
35 μM 5′-올리고뉴클레오타이드 용액	1 μl (35 pmoles)

35 μM 3′-올리고뉴클레오타이드 용액	1 μl
10 μCi/μl [α-^{32}P] dCTP	1 μl
인간 genomic DNA	10 μl (100ng)
내열성의 DNA 중합효소	1-3 units
H_2O	to 20 μl

2. 만약 Thermal cycler의 가열성 커버가 꼭 맞지 않으면, 경미네랄 오일(light mineral oil) 한방울(~50 μl)로 반응용액을 덮어 가열과 냉각 주기가 반복되는 동안 샘플의 증발을 방지한다. 다른 방법으로 hot start 방법을 이용한다면, 튜브에 파라핀 왁스구슬을 넣을 수도 있다. 튜브를 thermal cycler에 넣는다.
3. 아래에 적혀있는 온도와 변성, 결합 그리고 중합 시간을 이용하여 핵산을 증폭한다. Thermal cycler 프로그램에 대한 정보를 위해 프로토콜 8.1을 보시오.

Cycle Number	Denaturation	Annealing/Polymerization
30 cycles	5-30 sec at 94℃	0.5-1 min at 68℃
Last cycle	1 min at 94℃	5-10 min at 68℃

시간과 온도는 특정 반응 조건에 맞추어야한다.

4. Thermal cycler 프로그램이 진행되는 동안 1× TBE 젤 완충용액으로 10% (v/v) 글리세롤을 포함하는 5.5% 아크릴아마이드 젤을 준비한다.

10× TBE 젤 완충용액	10 ml
29:1% 아크릴아마이드:비스아크릴아마이드 용액	18 ml
10% ammonium Persulfate	0.5 ml
글리세롤	10 ml
H_2O	61.5 ml

부드럽게 돌리거나(swirling) 교반 (stirring)하여 용액을 섞어준다.

이 부피의 젤 용액은 표준크기(40×40cm plate와 0.4mm spacer)의 아크릴아마이드 젤 1개에 충분하다. 젤 용액의 부피는 젤의 크기를 위해 필요에 따라 증가시키거나 감소시킬 수 있다.

동일한 원액의 10× TBE를 사용하여 전기영동 기구의 탱크를 채우기 위하여 충분한 1× TBE 젤 완충용액을 준비한다.

5. 0.4mm spacer와 두 장의 40×40cm 유리 전기영동 plate를 같이 모으고 묶는다.

   단일가닥 DNA 형성자 (conformer)의 최대의 분리를 얻기 위해서는 두께가 0.4mm이하의 얇은 젤 spacer를 사용하는 것이 중요하다.
6. 젤 용액에 100 μl의 TEMED를 첨가한다. 플라스크를 부드럽게 swirling하여 용액을 섞고 젤을 붓는다.

   아크릴아마이드 용액은 빠르게 중합되기 때문에 신속하게 붓는다. 얇은 젤에 붓는 것에 대한 설명을 위해, 프로토콜 12.8을 보시오.
7. 실온에서 전기영동 기구 안에 굳은(중합된) 젤을 조립한다. 젤 용액과 동일한 원액으로 만든 1× TBE 젤 완충용액으로 탱크를 채운다.
8. (선택가능) 증폭된 DNA 조각이 제한효소로 절단되어야한다면, 증폭이 끝난 후 thermal cycler로부터 PCR 튜브를 옮겨 얼음에 둔다. 다음의 제한효소 절단 반응을 시작한다:

PCR 용액	5 μl
10× 제한효소 완충용액	4 μl
제한효소 (2-50 units)	2 μl

H_2O 29 μl

제한효소를 위한 적당한 온도에서 1-2시간동안 반응시킨다.

9. 1.5 μl의 PCR 원액(step 3) 또는 5 μl의 제한효소로 절단된 PCR 결과물(step 8)을 sucrose gel-loading buffer 20 μl에 희석한다. 유사한 분주(aliquot)를 20 μl의 formamide dye mix에 희석한다.
10. 100℃에서 6분 동안 formamide가 들어있는 샘플에 열을 가한 후 튜브를 얼음에 직접 꽂아둔다.
11. 파스퇴르 파이펫 또는 Hamilton syringe를 이용하여 1× TBE 젤 완충용액으로 폴리아크릴아마이드 젤의 well을 씻어낸다. drawn-out glass capillary tube 또는 gel loading tip이 꽂힌 micropipettor로 폴리아크릴아마이드 젤에 각 샘플의 2 μl를 적재한다.
12. 약 14시간동안 젤에 6-7V (40×40cm 젤에 ~250V[그리고 15mA])를 가한다.
13. 전기영동이 끝난 후 유리 plate를 분리하고 Whatman 3MM 필터로 젤을 옮긴다. vacuum dryer에서 30-60분 동안 젤을 말린다.
14. 증감지 (intensifying screen)없이 실온에서 4-16시간동안 말린 젤을 필름에 노출시킨다 (autoradiography). 변성되지 않은 PCR 샘플(즉, sucrose gel-loading buffer에 희석된 것)은 이중가닥분자처럼 젤을 통해서 이동할 것이다. 대조적으로, 변성된 샘플은 보통 이중가닥(빠르게 이동) 분자와 단일가닥(느리게 이동) 분자의 혼합물처럼 이동할 것이다. 만약 DNA 상보가닥이 전기영동 조건하에서 분리되지 않는 conformer로 접힌다면 단일가닥 species로 검출될 것이다. 만약 상보가닥이 분리할 수 있는 conformer로 접힌다면 두 개의 단일가닥 conformer로 검출될 것이다. 이배체 생물의 이형접합체 유전자의 결과물은 최소한 4개의 밴드를 형성한다: 2개의 밴드의 이동성은 야생형 밴드와 동일하고 2개는 돌연변이의 특징을 나타낸다. 그러나 종종 2가지의 밴드보다 더 많이 생기기도 하는데 그것은 다형성 때문이거나 상보적인 DNA가닥이 1 개 이상의 conformer로 접혔기 때문이다. 이 모호한 것은 DNA 서열분석으로 분석할 수 있다.

프로토콜 13.9 엑소뉴클레이즈III에 의한 중복 결실 돌연변이체 세트의 생성
Generation of Sets of Nested Deletion Mutants with Exonuclease III

표적 DNA의 한쪽 끝 또는 다른 부분으로부터 뉴클레오타이드가 점차적으로 결여되는 중복된 결실은 기능적 cis-acting control elements의 경계의 결정에 사용된다. 이 방법은 예상가능한 경향으로 DNA를 절단하는 엑소뉴클레이즈III와 BAL 31과 같은 뉴클레이즈에 의존한다. 이 프로토콜에서 재조합 플라스미드의 이중가닥 DNA, 페이지미드 또는 복제 가능한 박테리오파아지 M13은 공용 프라이머의 결합위치와 표적 DNA의 한쪽 끝을 자르는 2 개의 제한효소에 의해 절단된다. 표적 서열의 근처를 절단하는 효소는 뭉특한 말단이나 오목한 3′ 말단을 형성한다: 다른 효소는 4 개의 뉴클레오타이드가 튀어나오는 3′ 말단을 형성한다. 선형화된 DNA의 결과로 뭉특하거나 오목한 3′ 말단은 엑소뉴클레이즈III에 민감하기 때문에 절단은 잘려진 부분으로부터 표적 DNA로의 한 방향으로만 진행된다. 노출된 단일 가닥은 뉴클레이즈 S1 또는 mung bean 뉴클레이즈에 의한 절단으로 제거되어지고 DNA는 다시 원형화된다. 원한다면, 합성 linker를 재원형화된 위치에 삽입할 수 있다. 일부 사용 kit는 이러한 방법을 통한 결실의 제작이 가능하다.

MATERIALS

CAUTION: 〈!〉표시된 물질의 적절한 사용법은 Appendix 4를 참조하세요.

Reagents and Solutions

농축액, 완충액, 시료의 조성은 Appendix 1을 참조하라. 농축액은 적당한 농도로 희석하여 사용하라.

- dNTP 용액, 각각의 농도가 0.5mM인 4 개의 dNTP를 포함
- Ethanol
- Ethanol (70%)
- Phenol:chloroform (1:1, v/v) 〈!〉
- Sodium acetate (3 M, pH 5.2)

Enzymes and Buffers

엑소뉴클레이즈 III 와 10× 엑소뉴클레이즈 III 완충용액
- 660 mM Tris-Cl (pH8.0)
- 66 mM $MgCl_2$
- 100 mM b-mecaptoethanol 〈!〉

Klenow 혼합액, 30 샘플을 위해 충분한 (11 단계 바로 전에 준비)

H_2O	20 μl
1 M $MgCl_2$	6 μl
0.1 M Tris-Cl (pH 7.6)	3 μl
Klenow fragment	3 units

Ligase 혼합액, 24 샘플을 위해 충분한 (13 단계 바로 전에 준비)

H_2O	20 μl
10× ligase buffer	100 μl
5 mM ATP	100 μl
PEG 8000 (30% W/V)	250 μl
Bacteriophase T4 DNA ligase	5 Weisss units

Nuclease S1 and 10× S1 완충용액
- 0.28 M Nacl
- 0.05 M sodium acetate (pH 5.6)
- 4.5 mM $ZnSO_4$

Nuclease S1 반응 혼합액 (7 단계 바로 전에 준비)

H_2O	172 µl
10× S1 완충용액	27 µl
nuclease S1	60 units

Nuclease S1 stop buffer

0.3 M Tris base

50 mM EDTA (pH 8.0)

제한효소 (two)

Nucleic Acids/Oligonucleotides

표적 DNA

표적 DNA에 적당한 제한효소 위치가 존재하는지를 염기서열 결정을 통하여 분석한다. 엑소뉴클레이즈 III에 의해 절단되어진 DNA 절편을 프라즈미드나 박테리오파아지 벡터로 클로닝하고 재조합 DNA를 정제한다. (이 프로토콜에 사용되는 DNA는 90% 이상이 superhelical 분자이어야 한다)

Additional Items

마이크로퓨즈 튜브(얇은 벽을 가진 0.5 ml) 또는 U 모양의 well을 가진 96 well microtiter plate

이 프로토콜의 step 4는 선택가능하고 프로토몰 10.4에 적힌 시약들을 사용한다.

이 프로토콜의 step 14에는 프로토콜 1.24, 1.25 또는 1.26에 적힌 시약들이 필요하다(형질전환을 위하여)

이 프로토콜 step16에는 프로토콜 12.2, 12.3 또는 12.5에 적힌 시약들이 필요하다.

Water baths/heating blocks (30℃, 37℃ 그리고 70℃)

Additional Information

엑소뉴클레이즈 III 절단에 대한 배경 정보	MC3, pp.13.57–13.58 그리고 13.72–13.75
뉴클레이즈 S1	MC3, pp. 7.86 그리고 A4.46

METHOD

1. 표적 DNA와 벡터의 프라이머 결합위치 사이의 polycloning 위치를 절단하는 2 개의 제한효소로 10µg의 표적 DNA (DNA를 증폭하는 재조합 박테리오파아지 M13, 파지미드 DNA, 또는 플라스미드 DNA)를 절단한다.
2. 페놀:클로로포름으로 추출하여 DNA를 분리하고 에탄올로 침전시킨다. 조심스럽게 상층액을 제거하고 70% 에탄올 0.5ml을 침전물에 첨가한다.

   에탄올로 침전물을 씻어주는 것은 나트륨이온이 엑소뉴클레이즈III를 저해하기 때문에 중요하다.
3. 4℃ 마이크로퓨즈에서 최대속도로 2분 동안 원심분리한 후 조심스럽게 상층액을 제거하여 세척된 DNA 침전물을 회수한다. 벤치위에 튜브를 열어두어 에탄올을 증발시키고 60µl의 1× 엑소뉴클레이즈III 완충용액에 DNA를 녹인다. 용해된 DNA를 얼음에 꽂아둔다.
4. 25개의 0.5ml 마이크로퓨즈 또는 U 모양의 well을 가진 96 well microtiter plate의 25 well에 뉴클레이즈 S1 반응혼합액을 7.5µl씩 넣는다. 마이크로퓨즈 또는 microtiter plate를 얼음에 보관한다.
5. Step 3에서 준비된 DNA 용액을 37℃에서 5분 동안 반응시킨다. 반응용액의 2.5µl를 뉴클레이즈 S1 반응혼합액을 포함하는 첫 번째 마이크로퓨즈 튜브 또는 microtiter plate의 well에 넣는다.

6. 남아있는 DNA 용액에, 3′-말단의 pmole당 150units의 엑소뉴클레이즈III를 첨가한다 (1 unit의 엑소뉴클레이즈III는 37℃에서 30분 동안 1 nmole의 acid soluble nucleotide를 생성시킬 것이다). 튜브를 가볍게 두드려 내용물을 잘 섞어주고 즉시 튜브를 37℃ water bath에 다시 넣는다.
7. 30초 간격으로 DNA 용액의 2.5μl를 덜어 뉴클레이즈 S1 반응혼합액을 포함하는 마이크로퓨즈 튜브 또는 microtiter plate의 well에 계속적으로 넣는다.
8. 모든 샘플이 모이면, 뉴클레이즈 S1와 절단된 플라즈미드 DNA를 포함하는 마이크로퓨즈 튜브 또는 microtiter plate를 30℃에서 30분 동안 반응시킨다.
9. 각 마이크로퓨즈 튜브 또는 well에 뉴클레이즈 S1 stop 혼합액 1μl를 첨가하고 70℃에서 10분 동안 혼합액을 반응시킨다.
10. 마이크로퓨즈 튜브 또는 microtiter plate를 얼음위로 옮기고 아가로즈 젤 전기영동으로 각 샘플의 분주(aliquote)를 분석한다.
11. 원하는 크기의 DNA 조각들을 포함하는 샘플들을 합친다. 혼합된 샘플의 각 10 μl에 1 μl의 Klenow 혼합액을 첨가하고 반응용액을 37℃에서 5분 동안 반응시킨다.
12. 혼합된 샘플의 각 10 μl에 0.5 mM dNTP 1 μl를 첨가한다. 실온에서 15분 동안 반응시킨다.
13. 혼합된 샘플의 각 10 μl에 40 μl의 T4 박테리오파아지 접합 혼합액을 첨가한다. 섞어준 후 실온에서 2시간 동안 반응시킨다.
14. 접합된 DNA의 분주(aliquot)를 적당한 대장균에 형질전환 시킨다.
15. 적어도 24개의 무작위적으로 고른 콜로니들 또는 플라크들로부터 DNA를 증폭하는 재조합 박테리오파아지 M13, 플라스미드 또는 파지미드 DNA를 소량 분리한다.
16. 적당한 제한효소로 절단하여 DNA를 선형화하고 1% 아가로즈 젤 전기영동으로 크기를 분석한다. 원래의 플라스미드 또는 박테리오파아지 DNA는 마커처럼 제한효소 절단으로 선형화된다. 서열분석 (12장) 또는 추가적인 제한효소 mapping에 적당한 크기의 클론들을 선택한다.

프로토콜 13.10

BAL 31 Nuclease를 이용한 결실돌연변이체 세트의 생성

Generation of Sets of Deletion Mutants with BAL 31 Nuclease

이 실험방법에서, nuclease BAL 31은 클로닝 된 DNA의 조각에서 양방향 (bidirectional) 또는 단일방향 (unidirectional)의 결실을 만드는데 사용된다. BAL 31은 효소 복합체로 비동시적인 경향에서 이중가닥의 표적 DNA를 절단하는 특성을 가지고 있다. BAL 31에 의해 발생된 결실은 엑소뉴클레이즈 III와 같은 진행 효소 (Processive enzyme)에 의해 생성된 것보다 크기에 있어서 더 다양한 양상을 보인다.

MATERIALS

CAUTION: 〈!〉표시된 물질의 적절한 사용법은 Appendix 4를 참조하세요.

Reagents and Solutions

농축액, 완충액, 시료의 조성은 Appendix 1을 참조하라. 농축액은 적당한 농도로 희석하여 사용하라.

dNTP 용액, 각각의 농도가 0.5mM인 네 개의 dNTPs를 포함하는

EGTA (0.5M, pH 8.0)

에탄올 (70%)

페놀:클로로포름(1:1, v/v) 〈!〉

Sodium acetate (3M, pH 5.2)

TE

Enzymes and Buffers

박테리오파아지 T4 DNA 중합효소와 10× 완충용액

BAL 31 뉴클레이즈와 5× BAL 31 완충용액

- 2.5 M NaCl
- 62.5 mM $CaCl_2$
- 62.5 mM $MgCl_2$
- 100 mM Tris-Cl (pH 8.0)

대장균 DNA 중합효소 I의 Klenow 절편과 10× 완충용액

제한효소와 10× 완충용액

Nucleic Acids/Oligonucleotides

표적 DNA

젤 전기영동을위한 DNA 마커

Gels/Loading Buffers

아가로즈 젤

0.8% 아가로즈 젤, ethidium bromide (0.5 μg/ml) 〈!〉가 들어있는 0.5× TBE로 만들고 실행한다.

Preparative 아가로즈 젤

Additional Items

이 프로토콜의 Step 1에는 프로토콜 1.17, 1.18 그리고 1.19 또는 프로토콜 3.6에 적힌 시약이 필요하다.

이 프로토콜의 Step 2에는 프로토콜 1.9에 적힌 시약이 필요하다.

이 프로토콜의 Step 27에는 프로토콜 5.4, 5.5, 5.6 또는 5.7에 적힌 시약이 필요하다.

이 프로토콜의 Step 30에는 프로토콜 1.24, 1.25 또는 1.26 또는 프로토콜 3.6 또는 3.8에 적힌 시약이 필요하다.

Adapted from Chapter 13, Protocol 10, p. 13.62 of MC3.

이 프로토콜의 Step 31에는 프로토콜 3.3에 적힌 시약이 필요하다.
이 프로토콜의 Step 34에는 프로토콜 12.3, 12.4 또는 12.5에 적힌 시약이 필요하다.
stopwatch
Water baths/heating blocks (30℃, 65℃, 그리고 제한효소의 절단에 적당한 온도)

Additional Information

BAL 31 — MC3, pp. 13.68–13.72

METHOD

1. 적당한 플라스미드 또는 박테리오파아지 M13 벡터 안으로 표적 단편을 클로닝한다.

   만약 결실돌연변이체를 표적 DNA의 양 말단으로부터 제작하려한다면, 적당한 벡터의 polycloning site에 양쪽 방향으로 표적 DNA를 클로닝하는 것이 필요할 것이다.

2. 원형 재조합 DNA를 에탄올로 침전시키고 Qiagen 컬럼 (또는 유사한 제품)을 이용한 컬럼 크로마토그래피를 통하여 정제한다. 작은 양의 Tris/EDTA로 DNA를 다시 녹인다.

   반응용액의 최종 농도에서 대장균 염색체 DNA의 작은 단편과 RNA에 의한 오염을 최소화 하고 BAL 31에 의해 분해되는 닉이 있는 원형 분자를 제거하기 위해 고도로 정제된 닫힌 원형 DNA (closed circular DNA)를 사용하여야 한다.

3. 표적 DNA의 한쪽 끝을 절단하는 제한효소로 30 μg의 원형 DNA를 절단한다. 이 위치는 결실이 시작되는 일반적인 지점을 나타낸다. 제한효소에 의한 절단이 완료되면 아가로즈 젤 전기영동을 이용하여 확인한다.

4. 동일한 부피의 페놀:클로포름으로 추출하여 DNA를 정제한다. 0℃ 마이크로퓨즈에서 3분 동안 최대속도로 원심 분리하여 수용액층과 유기용매층으로 분리하고 수성층을 새로운 마이크로퓨즈 튜브에 옮긴다.

5. 0.1배의 3M sodium acetate (pH 5.2)와 2배의 얼음과 같이 찬 에탄올을 첨가한다. 튜브를 10분 동안 0℃에 넣어둔 후 4℃ 마이크로퓨즈에서 10분 동안 최대속도로 원심 분리하여 DNA를 회수한다.

6. 상층액을 제거하고 DNA 침전물에 실온의 70% 에탄올로 조심스럽게 세척한다. 침전물을 실온에서 말리고 1 μg/μl의 농도로 TE (pH 7.6)에 녹인다. DNA를 −20℃에 보관한다.

7. 마이크로퓨즈 튜브에 다음을 섞는다:

선형화된 DNA (1 μg/μl)	4 μl
H_2O	48 μl
5× BAL 31 완충용액	13 μl

   7개의 마이크로퓨즈 튜브에 9 μl씩 넣는다.

   BAL 31의 느린형과 빠른 형의 비율이 준비할 때마다 다르기 때문에 일반적으로 결실에 사용되는 효소 그룹의 활성 측정은 필수적이다.

8. 1× BAL 31 완충용액으로 BAL 31 (MC3, p. 13.68을 보시오)을 2배씩 순차적으로 희석한 것을 7개 만든다. 효소 희석은 cold block 이나 얼음위에 놓여있는 파라필름의 표면에 7개의 1× BAL 31 완충용액 분획 (2 μl)을 배치하여 수행한다. 멸균된 마이크로파이펫 팁을 사용하여 준비된 BAL 31 2 μl를 첫 번째 방울과 섞어 테스트한다. 새로운 팁을 사용하여 혼합액의 2 μl를 다음 방울로 옮기고 다시 섞는다. 이러한 과정을 효소가 모든 방울에 첨가될 때까지 계속한다. 신속하게, 6개의 희석물 1 μl씩을 6개의 마이크로퓨즈 튜브에 첨가한다. 7번째 튜브에 효소를 첨가하지 않는다.

9. 모든 마이크로퓨즈 튜브(효소를 넣지 않은 튜브를 포함하여)를 30℃에서 30분 동안 반응시킨다.
10. 200mM EGTA (pH 8.0) 1 μl를 각 튜브에 첨가하고 65℃에서 5분 동안 열을 가한다.
11. 각 샘플에 3 μl의 아가로즈 젤 loading buffer를 섞고 0.5 μg/ml의 ethidium bromide가 들어있는 0.8% 아가로즈 젤을 이용한 전기영동으로 DNA들의 크기를 분석한다.
12. 자외선 조사법으로 젤을 관찰하고 DNA가 작은 조각 (200bp)들 혹은 젤에 도말된 형태 (smear)로 분해되는 정도의 효소 희석율을 결정한다. BAL 31의 이 희석율은 대용량의 절단에 사용된다(Step 15).
13. 혼합한다:

선형화된 DNA (1 μg/μl)	20 μl
H_2O	240 μl
5× BAL 31 완충용액	65 μl

30℃ water bath에서 반응용액을 반응시킨다.

14. 반응용액이 30℃에서 따뜻해지는 동안, 200mM EGTA (pH 8.0)이 5 μl씩 들어있는 8개의 마이크로퓨즈 튜브를 준비한다. 튜브에 1.5분, 3.0분 4.5분등으로 표지한다.
15. Step 13에서 준비된 반응용액에 BAL 31의 적당한 희석용액(Step 12를 보시오) 36 μl를 첨가한다. 튜브의 측면을 두드려 효소를 빠르게 섞은 후, 30℃로 설정된 water bath에 튜브를 다시 넣고, 시간을 측정한다.
16. 1.5분간격으로, 적당하게 표지된 마이크로퓨즈 튜브에 반응용액을 45씩 옮긴다. 모든 샘플을 모을 때까지 튜브를 얼음에 꽂아둔다.
17. 65℃에서 5분 동안 튜브에 열을 가하여 BAL 31을 비활성화 시킨다.
18. 각 튜브에 3M sodium acetate (pH 5.2)를 5 μl와 얼음같이 찬 에탄올 100 μl를 첨가한다. 교반법(vortex)으로 반응용액을 섞어주고 튜브를 얼음에 20-30분 동안 꽂아둔다.
19. 4℃에서 10분동안 최고속도로 원심 분리하여 DNA를 회수한다. 상층액을 제거하고 얼음과같이 찬 70% 에탄올 200 μl로 침전물을 세척한다. 추가로 2분 동안 원심 분리한다.
20. 조심스럽게 상층액을 제거하고 에탄올이 모두 증발될 때까지 뚜껑이 열린 튜브를 실온에 세워둔다.
21. 각각의 DNA에 다음을 첨가한다:

0.5mM dNTP 용액	3 μl
10× 중합효소 완충용액	3 μl
박테리오파아지 T4 DNA 중합효소 (~5 μl)	1 μl

실온에서 15분 동안 반응용액을 반응시키고 대략 1 μl(~5unit)의 Klenow fragment를 첨가한다. 계속해서 실온에서 추가로 15분을 더 반응시킨다.

22. 페놀:클로로포름으로 추출하여 DNA를 정제하고 Step 18-20에 설명된대로 에탄올로 DNA를 침전시킨다. 각 DNA를 16 μl의 TE (pH 7.6)에 녹인다.
23. 각 DNA에, 벡터로부터 표적 DNA를 분리하는 제한효소 8 unit과 적당한 10× 제한효소 완충용액 2 μl를 첨가한다. 적당한 온도에서 1시간 동안 반응용액을 반응시킨다.
24. 반응이 끝난후에, 각 샘플의 분획 (aliquot) (3μl)을 새로운 마이크로퓨즈 튜브에 옮긴다. Step 27에서 필

요할 때까지 반응의 잔여물을 얼음에 꽂아둔다.

25. 각각의 3 μl 분획(aliquot)에 sucrose 젤 적제 완충용액 (gel-loading buffer) 1 μl를 첨가하고 각 튜브의 내용물을 0.5 μg/ml의 ethidium bromide가 들어있는 0.5× TBE로 만들어진 아가로즈 젤의 well에 적재한다. 젤의 측면 well에는 적당한 사이즈의 마커가 포함되어야한다.

26. 전기영동으로 벡터 DNA로부터 표적 DNA를 분리한다. 자외선 조사법(UV illumination)으로 젤을 관찰하고 BAL 31에 의해 적당한 크기로 절단된 샘플을 결정한다.

27. 적당한 크기의 표적 DNA를 포함하는 샘플 (Step 24)을 섞고 준비된 전기영동으로 표적조각을 분리한다. 프로토콜 5.4, 5.5 또는 5.7에 설명된 방법 중에 하나를 이용하여 젤로부터 표적 DNA를 회수한다.

28. Ethidium bromide에 매개되는 형광의 강도로부터 정제된 표적 DNA의 양을 평가한다.

29. 결실된 표적 조각을 Step 23에 사용된 제한효소 위치를 이용하여 플라즈미드, 페이지미드 또는 박테리오파아지 M13벡터에 접합시킨다.

30. 접합 혼합물의 소량이나 희석물을 적당한 competent 대장균의 적당한 균주에 형질전환 (플라스미드 또는 페이지미드)하거나 형질전이(DNA form으로 증식하는 박테리오파아지 M13)시킨다. 다음날, 무작위적으로 고른 12개의 형질전환 된 콜로니들 또는 박테리오파아지 M13 플라크 (plaques)를 소량으로 배양한다.

31. 1 또는 3장에 설명된 실험방법중의 하나를 이용하여 12개의 배양액으로부터 플라스미드, 페이지미드 또는 DNA form으로 증식하는 박테리오파아지 M13을 정제한다. 벡터로부터 표적 조각을 분리하는 제한효소로 DNA를 절단한다.

32. 적당한 크기의 사이즈 마커를 이용한 아가로즈 젤 전기영동으로 DNA로부터 분리된 표적 조각들의 크기를 분석한다.

33. 만약 결과가 만족스럽다면(예, 원하는 크기 범위안에 표적 조각들이 존재한다면), 개개의 형질전환된 콜로니들 또는 플라크 (plaques)의 많은 수를 배양하고 위에 설명된 대로 삽입된 DNA의 크기를 결정한다. 원하는 크기의 재조합체를 가지는 배양액을 보관한다.

34. DNA 서열분석을 통하여 각 돌연변이체들의 결실의 정확한 지점을 확인한다(프로토콜 12.3, 12.4 또는 12.5를 보시오).

제 14 장

발현 library의 탐색
Screening Expression Libraries

프로토콜 14.1 박테리오파지 λ 벡터에 만들어진 발현 library의 탐색, 544
프로토콜 14.2 Plasmid 벡터에 만들어진 발현 library의 탐색, 550
프로토콜 14.3 Antiserum에서 교차반응하는 항체의 제거: Pseudoscreeing, 556
프로토콜 14.4 Antiserum에서 교차반응하는 항체의 제거: 대장균의 lysate와 배양, 558
프로토콜 14.5 Antiserum에서 교차반응하는 항체의 제거: 친화 크로마토그래피, 560
프로토콜 14.6 박테리오파지 λ 발현 library에서 DNA-결합 단백의 동정, 562
프로토콜 14.7 박테리오파지 λ 라이소젠에 암호화된 융합단백질이 포함된 Lysate의 준비: 세균 집락의 용해, 566
프로토콜 14.8 박테리오파지 λ 라이소젠에 암호화된 융합단백질이 포함된 Lysate의 준비: 한천배지에서 lytic infection, 569
프로토콜 14.9 박테리오파지 λ 라이소젠에 암호화된 융합단백질이 포함된 Lysate의 준비: 액체 배지에서 Lytic infection, 571

BACKGROUND INFORMATION

다른 언급이 없으면 기본이 되는 정보는 *Molecular Cloning: A Laboratory Manual*, 3판 (이제부터 MC3)에 있다.

발현 라이브러리 탐색에 사용되는 탐침의 종류	MC3, pp. 14.1–14.3
플라스미드와 박테리오파지 λ 발현 벡터	MC3, pp. 14.47–14.49
면역학적 탐색에서 항체의 이용	MC3, pp. 14.50–14.51

프로토콜 14.1 박테리오파지 λ 벡터에 만들어진 발현 라이브러리의 탐색
Screening Expression Libraries Constructed in Bacteriophage λ Vector

λZAP, λZAPII, λZiplox, 또는 이것들의 유도체 등 박테리오파지 λ 벡터에 만들어진 발현 라이브러리에서 cDNA는 β-갈락토시다제 절편의 α-complementation을 위한 *lacZ* 유전자 부분에 삽입된다. cDNA 염기서열이 정확한 방향으로 reading frame에 삽입되면 β-galactosidase와 cDNA의 폴리펩티드 서열이 연결된 유도형 융합 단백이 만들어진다. 항원 에피톱으로 나타나도록 타겟 폴리펩티드로 발현되는 재조합단백은 특별한 항체 탐침으로 탐색해서 검출된다.

발현 library를 만드는데 사용되는 박테리오파지 λ 벡터는 보통 온도민감성 억제자를 암호화하는 λ 억제자 유전자 (*cIts*857)의 돌연변이를 가지고 있다: 많은 벡터의 경우, cDNA insert를 플라스미드의 형태로 얻어낼 수 있도록 조작되어 있다. 가장 일반적인 박테리오파지 λ 발현벡터의 특징은 MC3(pp. 11.22–11.26, 14.47)에 자세히 설명되어 있다. 이 벡터의 적합한 대장균 숙주들에 대한 정보는 MC3, p.11.66에 있다.

이 프로토콜에서 설명하는 탐색 실험에서는, 박테리오파지 λ 벡터에 만들어진 library를 isopropyl-β-D-thiogalactoside (IPTG)가 없는 상태에서 적당한 대장균 숙주가 있는 한천배지에 도말한다. 2–4시간 후에 배지를 온도에 민감한 융합단백을 안정화시키기 위해 42℃에서 37℃로 옮긴다. IPTG를 적신 filter를 플라크가 형성된 배지위에 얹어서 융합단백이 묻도록 한다. 좀 더 배양하고 나서 filter를 떼어내서 대상 단백에 특이적인 항체로 확인한다. 결합한 항체를 검출하는 방사화학적 탐색, 발색반응 탐색, 그리고 화학형광 탐색 등 세 가지 방법이 설명되어 있다. 이 방법들의 장단점이 MC3, pp 14.1–14.3에 설명되어 있다.

MATERIALS

CAUTION: 〈!〉표시된 물질의 적절한 사용법은 Appendix 4를 참조하세요.

Reagents and Solutions

농축액, 완충액, 시료의 조성은 Appendix 1을 참조하라. 농축액은 적당한 농도로 희석하여 사용하라.

Blocking 완충용액
- 10 mM Tris-Cl (pH 8.0)
- 150 mM NaCl
- 0.05% (v/v) Tween-20
- 20% (v/v) fetal bovine serum

backgroud 가 너무 높을 때는 5% (w/v) 탈지분유 또는 1% (w/v) 젤라틴과 3% (w/v) bovine serum albumin이 포함된 TNT 완충용액을 blocking 완충용액으로 사용한다. blocking 완충용액은 4℃에 보관하며 여러 번 사용할 수 있다. 이 경우, sodium azide를 최종농도가 0.05% (w/v)가 되도록 첨가하여 미생물의 성장을 방지한다.

클로로포름〈!〉

IPTG (10 mM) (단계 4 직전에 만들어서 사용한다)

항원-항체 복합체 검출시약들

1. 염기성 탈인산화 효소(AP)가 연결된 항체를 이용한 발색반응 탐색
   - 염기성 탈인산화 효소가 연결된 anti-IgG 항체
   - AP 완충용액
     - 100 mM Tris-Cl (pH 9.5)
     - 100 mM NaCl
     - 5 mM $MgCl_2$
   - 5-bromo-4-chloro-3-indolyl phosphate (BCIP) (50 mg/ml in 100% dimethylformamide)〈!〉
     - 어두운 곳에 보관하시오

Adapted from Chapter 14, Protocol 1, p. 14.4 of MC3.

Nitro blue tetrazolium (50 mg/ml in 70% dimethylformamide)〈!〉

어두운 곳에 보관하시오

2. 양고추냉이 퍼옥시다제(HRP)가 연결된 항체를 이용한 발색반응 탐색

4-chloro-1-naphthol (60 mg을 20 ml의 차가운 메탄올에 녹임)

H_2O_2 (30%)〈!〉

HRP-연결된 항-IgG 항체

NaCl (5 M)

Tris-Cl (1 M, pH 7.5)

Tris-Cl (10 mM, pH 7.5) containing 150 mM NaCl

3. 화학 형광 탐색을 위한 시약

AP- 또는 HRP-연결된 항-IgG 항체

화학 형광 기질 (Tropix 등에서 구입)

4. ^{125}I-표지된 단백 A 또는 ^{125}I-표지 항-IgG 항체 (구입 가능)

2차 항체는 MC3, p. 14.5에 설명된 것처럼 표지할 수 있음

이 시약들은 방사화학적 탐색에만 사용됨

SM

TNT 완충용액

10 mM Tris-Cl (pH 8.0)

150 mM NaCl

0.05% (v/v) Tween-20

열 장의 filter에 약 1리터의 TNT가 필요함

Washing 완충용액

0.1% (w/v)의 bovine serum albumin이 포함된 TNT 완충용액 또는

0.1% (w/v)의 bovine serum albumin과 0.1% (v/v) Nonidet P-40이 포함된 TNT 완충용액.

Vectors and Bacterial Strains

박테리오파지 λ cDNA 발현 library

이 library들은 상업적으로 구입하거나 11장에서 설명된 대로 제작할 수 있다.

대장균(적절한 균주들에 관한 정보는 MC3, A.11.66 참조)

Media and Antibiotics

LB 한천 배지

새로 만든 한천배지는 니트로셀룰로스 filter에 의해 top agar가 벗겨질 수 있기 때문에 사용하지 않는다. 만든 지 이틀이 지난 배지가 가장 좋다. F′ 에피좀에 *tet*^{r} 마커를 가지고 있는 대장균 B44 또는 XL1-Blue 균주를 사용할 경우 배지에 테트라사이클린이 12.5 μg/ml 농도로 포함된 배지를 사용한다.

LB top agarose

Radioactive Compounds

^{125}I-표지된 단백 A 또는 ^{125}I-표지된 항-IgG 항체〈!〉

^{125}I-표지된 2차 항체〈!〉

이 시약들은 방사화학적 탐색에만 사용된다. ^{125}I-표지된 단백 A와 ^{125}I-표지된 항-IgG 항체는 상업적으로 구입할 수 있다. 이차항체는 MC3, p 14.5에 설명된 대로 ^{125}I를 표지할 수 있다.

Additional Items

배양기 (42℃ and 37℃)

filter를 다룰 때 사용하는 끝이 뭉툭한 집게 (예, Millipore)

큰 유리 페트리 접시, 결정화 접시, 또는 파이렉스 baking dishes (단계 10의 설명 참조)

autoradiography 또는 phosphoimaging 시약들 (MC3, Appendix A9 참조)

주사바늘 (18 gauge) 와 인디아 잉크가 든 주사기
Triton X-100이 없는 니트로셀룰로스 filters (82 또는 138 mm), e.g., Millipore HATF
대상 단백에 대한 1차항체
1차, 2차 항체를 직접 정제하는 경우 MC3, pp14.50-14.51 참조
사란 랩 또는 Mylan sheets
이 프로토콜의 단계 1에는 프로토콜 2.1에 나열된 시약들이 필요하다.
이 프로토콜의 단계 17에는 프로토콜 2.2에 나열된 시약들이 필요하다.

Additional Information

항체	MC3, pp. A9.25-A9.34
autoradiography/phosphoimaging	MC3, pp. A9.9-A9.15
BCIP	MC3, pp. A9.41-A9.42
형광	MC3, pp. A9.16-A9.20
효소가 연결된 항체	MC3, p. A9.34
HRP	MC3, p. A9.35
표지된 항체를 검출하는 방법들	MC3, pp. A8.54-A8.55
단백 A	MC3, p. A9.46
항체의 방사선 표지	MC3, p. A9.30
문제해결	MC3, p. 14.13
면역학적 탐색으로 분리된 클론의 평가	MC3, p. 14.12

METHOD

1. 적당한 대장균 균주의 단일 콜로니를 접종하여 프로토콜 2.1에 설명된 대로 한천배지에 대장균을 도말한다.
2. 90-mm 한천배지 당 0.5×10^4에서 2×10^4의 플라크, 또는 150-mm 한천배지 당 0.5×10^4에서 5×10^4의 플라크가 나올 것으로 보고 library 탐색에 필요한 한천배지 수를 계산한다. 멸균된 튜브 (13 × 100 mm)를 튜브 랙에 준비한다; 각 한천배지마다 새 튜브를 사용한다. 각 튜브에, 0.1 ml의 세균과 0.1 ml의 SM에 들어 있는 원하는 pfu의 박테리오파지 λ 발현 library를 넣고 37℃에서 20분 간 반응시킨다.
3. 각 튜브에 2.5 ml (90-mm 한천배지용) 또는 7.5 ml (150-mm 한천배지용)의 용해된 top agar를 넣고, 즉시 LB 한천 배지에 붓는다. 한천배지를 42℃에서 3.5시간 배양한다.
4. 니트로셀룰로스 filter에 연필 또는 볼펜으로 번호를 적는다. 피부의 지방이 filter에 단백이 옮겨붙는 것을 방해하므로 filter를 다룰 때는 장갑을 사용한다. filter를 10 mM IPTG 용액에 몇 분 간 적신다. 끝이 뭉툭한 집게로 filter를 들어서 Kimwipes위에 얹어서 실온에서 건조시킨다.
5. 배양기에서 한천배지를 한 번에 한 장씩 꺼내서 즉시 IPTG에 적신 니트로셀룰로스 filter를 덮는다. 한번 filter를 덮으면 filter는 이동시키지 않는다. 한천배지를 37℃ 배양기에 옮기고 나머지 한천배지도 모두 같은 과정을 반복한다.

   한천배지에 filter를 덮는 과정은 한 번에 하나씩 해서 한천배지의 온도가 37℃ 이하로 떨어지지 않게 하는 것이 중요하다. 박테리오파지의 성장은 30℃ 이하에서는 심각하게 저하된다.
6. 한천배지를 37℃에서 최소한 4시간 배양한다.
7. 한천배지의 덮개를 열고 37℃에서 20분 더 배양한다. 이 단계는 soft agar와 한천 배지를 단단하게 붙게 한다.
8. 한천배지를 몇 개씩 실온으로 꺼내서 방수성 검은색 잉크가 들어 있는 주사기의 18-gauge 주사바늘로

각 filter의 가장자리에 비대칭으로 한천배지 바닥까지 찔러서 최소한 3 개의 구멍표시를 한다.

9. 끝이 뭉툭한 집게로 filter를 떼어내서 즉시 TNT 완충용액에 담근다. Shaker위에서 완충용액에 filter를 넣고 흔들어 주면서 filter에 묻은 한천조각을 씻어낸다. Shaker의 속도는 각 flter가 서로 달라붙지 않을 정도로 충분히 빠르게 한다.

   니트로셀룰로스 filter의 많은 부분이 top agar에 붙어 있다면 filter를 한천배지에서 떼어내기 전에 4℃에서 30분 또는 −20℃에서 5분간 냉각한다.

10. 모든 filter를 TNT 완충용액으로 옮긴 후 한천배지는 모두 플라스틱 film으로 싸서 면역학적 탐색 결과가 나올 때 까지 4℃에 보관한다.

   중요: filter는 이후 단계 동안 건조하지 않게 유지한다. 항체는 젖은 filter에는 비특이적으로 결합했다가 제거되지만 filter가 한번 마르면 항체는 영원히 붙어버린다. Filter들 끼리도 여러 완충용액이나 항체용액에 담글 때 서로 달라붙지 않도록 한다. 이 문제는 filter를 몇 장 씩 나눠서 (예, filter를 5장씩 나눠서 진행)하고 각 batch도 큰 페트리접시나 결정화 접시를 사용하여 최소화할 수 있다. 페트리접시들은 Shaker위에 차곡차곡 쌓아서 천천히 shaking 할 수 있다.

11. 모든 filter를 씻은 후 새로운 TNT 완충용액에 한 장씩 옮기고 실온에서 30분간 더 흔들어 준다.

12. 끝이 뭉툭한 집게로 blocking 완충용액 (각 82−mm filter 당 7.5 ml; 각 138−mm filter 당 15 ml)이 있는 유리 dish로 한 장씩 옮긴다. 모든 filter가 잠기면 rotatory platform위에 놓고 실온에서 30분간 더 흔들어 준다.

13. 끝이 뭉툭한 집게로 blocking 완충용액에 희석한 일차항체 (각 82−mm filter 당 7.5 ml; 각 138−mm filter 당 15 ml)가 들어 있는 유리 페트리접시로 한 장씩 옮긴다. 항체는 50−100 pg의 변성된 항원을 검출할 수 있으며 최소한의 backgroud를 허용하는 정도로 최대로 희석해서 사용한다 (MC3, p.14.50 참조). 모든 filter가 잠기면 rotatory platform을 실온에서 2−4시간동안 흔들어 준다.

14. Filter를 아래의 완충용액 순서대로 10분씩 씻는다. filter는 한 완충용액에서 다음 완충용액으로 한 장씩 옮긴다. 각 82−mm filter 당 각 7.5 ml의 완충용액를, 각 138−mm filter 당 각 15 ml의 완충용액을 사용한다.

   0.1% bovine serum albumin이 포함된 TNT 완충용액

   0.1% bovine serum albumin과 0.1% Nonidet P−40이 포함된 TNT 완충용액

   0.1% bovine serum albumin이 포함된 TNT 완충용액

15. 방사화학적, 발색, 또는 화학형광 중 하나를 선택해서 항원−항체 복합체를 검출한다. 방사성 탐색에는 filter 한 장 당 1 μCi의 ^{125}I−표지된 단백 A 또는 ^{125}I−표지된 IgG를 사용한다. 방사성 표지된 단백 A는 구입해서 사용할 수 있다(sp. act. 2−100 μCi/μg). 방사성 요오드 표지된 이차항체는 구입하거나 직접 만들 수 있다 (MC3, p. A9.30). 발색 탐색에서는 HRP나 AP에 연결되고 일차항체의 에피톱에 종특이적으로 반응하는 항체들을 상업적으로 구입해서 제조회사의 방법대로 희석해서 사용한다. 보통 각 82−mm filter 당 7.5 ml의 sodium azide가 포함되지 않은 blocking 완충용액에 5 μl의 혈청을 사용한다. 화학형광법은 면역학적으로 반응하는 플라크를 검출하는 가장 민감한 방법이다. 형광검출법은 빠르며, 엑스레이 필름이나 phosphoimage를 사용하여 탐색에 사용한 filter에 직접 기록을 만들며, 플라크에서 1−10 pg의 항원을 검출할 정도로 민감하다.

방사화학적 탐색

a. 82−mm filter당 7.5 ml 또는 138−mm filter 당 15 ml의 blocking 완충용액에 방사성 표지한 항체를 희석한다.

b. filter를 1시간동안 실온에서 반응시키고 autoradiography하기전까지 TNT 완충용액으로 여러번

씻는다.

단계 16으로 간다.

AP-연결된 항체를 이용한 발색 탐색

a. filter를 Ap-연결된 항체 용액에 넣고 실온에서 1.5-2시간동안 흔든다.
b. 단계 14에서 설명한대로 filter를 씻는다.
c. BCIP 보관 용액 (50 mg/ml in 100% dimethylformamide)과 NBT 보관 용액 (50 mg/ml in 70% dimethylformaide)을 준비한다. 이들 용액은 빛이 없는 곳에 보관하면 안정하다.
d. BCIP/NBT 현상 용액을 사용 전에 다음과 같이 만든다.
   i. 5 ml의 AP 완충용액에 33 μl의 NBT 용액을 넣고 잘 섞는다.
   ii. 16.5 μl의 BCIP 보관용액을 넣고 잘 섞는다. 강한 빛을 막고 1시간 내에 사용한다.
e. 종이 towel 위에 filter를 놓고 물기를 제거한다.
f. BCIP 현상용액 (각 82-mm filter 당 7.5 ml; 각 138-mm filter 당 15 ml)에 filter (단계 d)를 넣어서 실온에서 여러 시간 동안 반응시킨다.
g. filter를 물로 두 번 조심스럽게 헹군다. 항원-항체 반응이 일어난 자리에서 짙은 보라색이 나타난다.

단계 16으로 간다.

HRP-연결된 항체를 이용한 발색 탐색

a. filter를 HRP-연결된 항체 용액에 넣고 실온에서 1.5-2시간동안 흔든다.
b. 단계 14에서 설명한대로 filter를 씻는다.
c. 현상 용액은 20 ml의 차가운 메탄올에 60 mg의 4-chloro-1-naphthol을 녹여서 만든다. 사용하기 직전에 60 μl의 30% H_2O_2가 포함된 100 ml의 10 mM Tris-Cl (pH 7.5), 150 mM NaCl 용액을 섞는다.
d. 씻은 filter를 종이 towel 위에 filter를 올려서 물기를 제거하고 150 mM NaCl이 포함된 10 mM Tris-Cl (pH 7.5)용액으로 조심스럽게 씻는다.
e. Filter를 4-chloro-1-naphthol developing 용액 (각 82-mm filter 당 10 ml; 각 138-mm filter 당 25 ml)에 넣어서 실온에서 15-20분 동안 반응시킨다.
f. filter를 물로 두 번 조심스럽게 헹군다. 항원-항체 반응이 일어난 자리에서 짙은 보라색이 나타난다.

단계 16으로 간다.

화학발광 탐색

a. filter를 Ap- 또는 HRP가 연결된 항체 용액에 넣고 실온에서 1.5-2시간동안 흔든다.
b. 단계 14에서 설명한대로 filter를 씻는다.
c. 화학발광 기질 (MC3, pp. A9.16-A9.20)을 제조사의 방법대로 준비한다.
d. filter를 화학발광 기질에 넣어서 1-5분 동안 반응시킨다 (제조사의 방법에서 최적 노출시간을 계산한다).

e. Filter에서 용액을 흘려 버리고 즉시 사란 랩으로 싼다. Filter를 마르게 해서는 안된다.
f. 필름을 덮어서 감광시킨다. 보통 초기 노출 시간은 1분이며 적절한 노출시간에 대한 정보를 얻을 수 있다.

단계 16으로 간다.

16. 시그날이 나온 위치를 확인하거나, 또는, 같은 filter를 더 만들었으면 같은 위치에 나온 시그날들을 찾는다. 방사성 표지한, 또는 화학발광 탐침을 사용한 탐색의 경우, light box위에서 엑스레이 필름과 한천배지를 함께 올려놓고 시그날의 위치를 비교한다. 발색 시약으로 스크린한 경우, filter 위에 시그날이 남아 있으므로 다음과 같은 과정을 수행한다.
    a. filter위에 사란 랩이나 Mylar film을 덮는다.
    b. 사란 랩위에 filter의 구멍 위치와 시그날의 위치를 서로 다른 색깔의 방수 마커로 표시한다. 각 사란 랩에 어느 한천배지에서 나온 것인지를 표시한다.
    c. 사란 랩을 light box위에 펴고 그 위에 원래 박테리오파지 λ 플라크가 있는 한천배지를 겹쳐 놓는다.
    d. 시그날 위치의 플라크 부분에서 주둥이가 넓은 파스퇴르 피펫으로 top agar의 plug를 떼어낸다. Plug를 2방울의 chloroform이 포함된 1 ml의 SM에 옮긴다.
    e. 시그날이 나온 플라크가 표시된 사란 랩은 보관한다. filter에 표시된 점은 빠르게 사라진다.
17. Agar plug에서 박테리오파지 입자들이 빠져나오도록 4℃에서 여러 시간동안 방치한다. 박테리오파지 입자의 titer를 결정하고, 대장균에 접종하여 90-mm 한천배지에 약 3000 플라크가 생기도록 한천배지에 top agar를 사용해서 도말한다. 위에서 설명한대로 (단계 4 이후) 탐색 과정을 반복하고 모든 플라크가 면역반응으로 양성이 나올 때 까지 plating한다.

프로토콜 14.2

Plasmid 벡터에 만들어진 발현 library의 탐색
Screening Expression Libraries Constructed in Plasmid Vector

대부분의 플라스미드 발현 벡터에 만들어진 발현 library들에는 cDNA가 β-갈락토시다제 절편의 α-complementation을 위한 *lacZ* 유전자 부분에 삽입되어 있다. cDNA 염기서열이 정확한 방향과 reading frame에 삽입되면 β-galactosidase와 cDNA의 polypeptide 서열과 연결된 유도성 융합 단백이 만들어진다. 항원 에피톱으로 나타나도록 타겟 폴리펩티드로 발현되는 재조합단백은 특별한 항체 탐침으로 탐색해서 검출된다.

이 프로토콜에서 설명하는 탐색 실험에서는, 플라스미드 발현 벡터에 만들어진 library를 한천배지에 도말하고, 자란 콜로니를 filter에 옮긴 후 다시 IPTG가 포함된 한천배지에 옮긴다. 2-4시간 발현을 유도한 후 클로로폼으로 lysis시키고 대상 단백에 특이적인 항체에 노출시킨다. 결합한 항체를 검출하는 방사화학적 탐색, 발색반응 탐색, 그리고 화학형광 탐색 등 세 가지 방법이 설명되어 있다. 이 방법들의 장단점이 MC3, pp 14.1-14.3에 설명되어 있다.

MATERIALS

CAUTION: 〈!〉표시된 물질의 적절한 사용법은 Appendix 4를 참조하세요.

Reagents and Solutions

농축액, 완충액, 시료의 조성은 Appendix 1을 참조하라. 농축액은 적당한 농도로 희석하여 사용하라.

Blocking 완충용액

- 10 mM Tris-Cl(pH 8.0)
- 150 mM NaCl
- 0.05% (v/v) Tween-20
- 20% (v/v) fetal bovine serum

backgroud 가 너무 높을 때는 5% (w/v) 탈지분유 또는 1% (w/v) 젤라틴과 3% (w/v) bovine serum albumin이 포함된 TNT 완충용액을 blocking 완충용액으로 사용한다. blocking 완충용액은 4℃에 보관하며 여러 번 사용할 수 있다. 이 경우, sodium azide를 최종농도가 0.05% (w/v)가 되도록 첨가하여 미생물의 성장을 방지한다.

클로로포름〈!〉

Lysis 완충용액

- 100 mM Tris-Cl(pH 7.8)
- 150 mM NaCl
- 5 mM $MgCl_2$
- 1.5% (w/v) bovine serum albumin
- 1 μg/ml pancreatic DNase I
- 40 μg/ml lysozyme

DNase I 과 lysozyme은 단계 11의 바로 전에 첨가한다.

항원-항체 복합체 검출시약

1. 염기성 탈인산화 효소(AP)가 연결된 항체를 이용한 발색반응 탐색

   염기성 탈인산화 효소가 연결된 anti-IgG 항체

   AP 완충용액

   - 100 mM Tris-Cl (pH 9.5)
   - 100 mM NaCl
   - 5 mM $MgCl_2$

   5-bromo-4-chloro-3-indolyl phosphate (BCIP) (50 mg/ml in 100% dimethylformamide)〈!〉

   어두운 곳에 보관하시오

Adapted from Chapter 14, Protocol 2, p. 14.14 of MC3.

Nitro blue tetrazolium (50 mg/ml in 70% dimethylformamide)

어두운 곳에 보관하시오

2. 양고추냉이 퍼옥시다제(HRP)가 연결된 항체를 이용한 발색반응 탐색

4-chloro-1-naphthol (60 mg을 20 ml의 차가운 메탄올에 녹임)

H_2O_2 (30%)

HRP-연결된 항-IgG 항체

NaCl (5 M)

Tris-Cl (1 M, pH 7.5)

Tris-Cl (10 mM, pH 7.5) containing 150 mM NaCl

3. 화학 형광 탐색을 위한 시약

AP- 또는 HRP-연결된 항-IgG 항체

화학 형광 기질 (Tropix 등에서 구입)

4. ^{125}I-표지된 단백 A 또는 ^{125}I-표지 항-IgG 항체 (구입 가능)

2차 항체는 MC3, p. 14.5에 설명된 것처럼 표지할 수 있음

이 시약들은 방사화학적 탐색에만 사용됨

SM

TNT 완충용액

10mM Tris-Cl (pH 8.0)

150 mM NaCl

0.05% (v/v) Tween-20

열장의 filter에 약 1리터의 TNT가 필요함

Washing 완충용액

0.1% (w/v)의 bovine serum albumin이 포함된 TNT 완충용액 또는

0.1% (w/v)의 bovine serum albumin과 0.1% (v/v) Nonidet P-40이 포함된 TNT 완충용액.

Vectors and Bacterial Strains

적당한 발현벡터에 만들어진 플라스미드 발현 library (예, pUC, pUR, 그리고 pEX 계열; pBlueScript 등의 플라스미드)

플라스미드 library들은 상업적으로 구입하거나 chapter 11에서 설명된 대로 제작할 수 있다.

Media and Antibiotics

적절한 항생제가 포함된 LB 또는 SOB 한천 배지

1 mM IPTG가 포함된 LB 또는 SOB 한천 배지

Radioactive Compounds

^{125}I-표지된 단백 A 또는 ^{125}I-표지된 항-IgG 항체〈!〉

^{125}I-표지된 2차 항체〈!〉

이 시약들은 방사화학적 탐색에만 사용된다. ^{125}I-표지된 단백 A와 ^{125}I-표지된 항-IgG 항체는 상업적으로 구입할 수 있다. 이차항체는 MC3, p 14.5에 설명된 대로 ^{125}I를 표지할 수 있다.

Additional Items

배양기 (37℃, 30℃, 42℃) λ_{PR} 프로모터를 가진 벡터에 필요

filter를 다룰 때 사용하는 끝이 뭉툭한 집게 (예, Millipore)

큰 유리 페트리 접시, 결정화 접시, 또는 파이렉스 baking dishes (단계 10의 설명 참조)

autoradiography 또는 phosphoimaging 시약들 (MC3, Appendix A9 참조)

주사바늘 (18 gauge)과 인디아 잉크가 든 주사기

Triton X-100이 없는 니트로셀룰로스 filters (82 또는 138 mm), e.g., Millipore HATF

대상 단백에 대한 1차항체

1차, 2차 항체를 직접 정제하는 경우 MC3, pp14.50-14.51 참조

사란 랩 또는 Mylan sheets
이 프로토콜의 단계 19에는 프로토콜 14.1에 나열된 시약들이 필요하다.
멸균된 굽은 유리봉
Whatman 3MM filters (90 또는 140 mm)

Additional Information

항체	MC3, pp. A9.25–A9.34
autoradiography/phosphoimaging	MC3, pp. A9.9–A9.15
BCIP	MC3, pp. A9.41–A9.42
화학형광	MC3, pp. A9.16–A9.20
효소가 연결된 항체	MC3, p. A9.34
HRP	MC3, p. A9.35
표지된 항체를 검출하는 방법들	MC3, pp. A8.54–A8.55
단백 A	MC3, p. A9.46
항체의 방사선 표지	MC3, p. A9.30
문제해결	MC3, p. 14.13
면역학적 탐색으로 분리된 클론의 평가	MC3, p. 14.12

METHOD

1. 1. 멸균된 끝이 뭉툭한 집게(예, Millipore)로 멸균된 니트로셀룰로스 filter를 번호가 아래로 가도록 LB 또는 SOB 한천배지에 올려 놓는다. 배지에서 filter를 떼어내고, 뒤집고, 번호가 위로 가도록 배지위에 덮는다.
2. filter위에 소량의 세균 배양액을 놓는다 (138-mm filter에 20,000 bacteria 정도의 0.5 ml 미만; 82-mm filter에 10,000 bacteria 정도의 0.2 ml 미만). 멸균된 굽은 유리봉으로 배양액을 filter위에 골고루 퍼지도록 도말한다. filter의 가장자리에서 2–3 mm 정도는 남기고 배양액을 편다. 표면의 물기가 다 없어질 때까지 실온에 둔다.
3. 한천배지를 뒤집어서 작은 (지름 0.1-mm) 콜로니가 나올때까지 배양한다 (8–10 시간).

   lac promoter를 가진 발현 벡터를 포함하는 콜로니는 37℃에서 배양한다. λ_{PR} promoter를 가진 발현벡터를 포함하는 콜로니는 30℃에서 배양해서 융합 단백이 발현되는 것을 막는다.
4. 적당한 항생제가 포한된 한천배지에 표시된 숫자가 위로 가도록 멸균된 니트로셀룰로스 filter를 얹어서 적신다. Filter는 한천 배지에 얹은 채 둔다. 이 replica filter의 숫자는 master filter와 일치시켜야 한다.
5. 끝이 뭉툭한 집게로 한천 배지 (단계 3)에서 master filter를 제거해서 멸균된 3MM paper위에 콜로니가 묻은 면이 위로 가도록 올려 놓는다.
6. 두 번째 filter를 번호가 아래로 가도록 master filter 위에 올려놓고 서로 움직이지 않도록 조심한다. 겹쳐진 filter들 위에 둥근 3MM paper를 올려 놓는다. 그 위에 빈 petri dish 아래짝을 올려 놓고 손으로 누른다.
7. Filter 쌓은 것을 풀기 전에 18-guage 주사바늘로 구멍을 뚫어서 표시한다. Replica filter는 한천 배지에 옮긴다 (단계 4). Master filter는 항생제가 포함된 한천 배지에 콜로니가 묻은 면이 위로 가도록 올려 놓는다.

   필요하면 master filter에서 여러 장의 replica filter를 만든다. master filter로 두 장 이상의 replica를 만들

때는 콜로니가 더 자라도록 몇 시간 더 배양한다. 보통 replica는 콜로니가 퍼지지 않도록 두 장 만 만드는 것이 가장 좋다.

8. 모든 master filter의 replica를 만들때 까지 4–7의 단계를 반복한다.
9. *lac* promoter를 가진 발현벡터의 유전자 클론의 발현은 다음과 같이 유도한다.
   a. Master와 replica의 한천 배지를 1–2 mm 지름의 콜로니가 자랄 때 까지 37℃에서 배양한다. Master에서 자라는 콜로니는 일반적으로 더 빨리 자란다.
   b. Master plate는 실온으로 식힌 후 palstic film 으로 싸고 면역학적 탐색이 완료될 때까지 4℃에 보관한다.
   c. replica filter는 최종농도가 1 mM이 되도록 IPTG를 첨가해서 37℃에 보관했던 한천 배지에 번호가 위로 가도록 올린다. 배지를 2–4시간 더 배양한다.
   d. 박테리오파지 λ_{PR} promoter를 가진 발현벡터 (예, pEX 벡터)를 가진 발현 벡터를 발현유도 시킬 때는 미리 따뜻하게 유지시킨 한천 배지에 filter를 놓고 42℃에서 2–4시간 더 배양한다.
10. 끝이 뭉툭한 집게로 배지의 니트로셀룰로스 filter를 떼어서 chemical fume hood에서 paper towel 위에 올려 놓는다. Plastic box를 뒤집어서 filter를 덮는다. 클로로폼이 들어 있는 유리 페트리 접시를 box 안에 넣고 filter위의 콜로니를 클로로폼 증기에 15분간 노출시킨다.
11. filter 몇 장씩을 lysis 완충용액이 들어 있는 페트리 접시에 옮겨 놓는다 (82–mm filter 당 6 ml; 138–mm filter 당 12 ml). 모든 filter를 lysis 완충용액에 담그면 페트리 접시를 쌓아 rotatory platform위에 올리고 천천히 흔들어 준다. Lysis는 실온에서 12–16시간동안 진행한다.
12. Filter를 TNT 완충용액이 들어 있는 페트리 접시 또는 유리 트레이로 옮긴다. 실온에서 30분간 반응 시킨다.
13. 새 TNT 완충용액으로 단계 12를 반복한다.
14. TNT 완충용액이 들어 있는 유리 트레이로 filter를 한 장씩 옮긴다. filter 표면의 콜로니 잔유물은 Kimwipes로 제거한다.

    중요: filter는 이후 단계동안 건조하지 않게 유지한다. 항체는 젖은 filter에는 비특이적으로 결합했다가 제거되지만 filter가 한번 마르면 항체는 영원히 붙어버린다. Filter들 끼리도 여러 완충용액나 항체용액에 담글 때 서로 달라붙지 않도록 하는 것도 중요하다. 이 문제는 filter를 몇 장씩 나눠서 (예, 5장의 filters) 하고 각 batch도 큰 페트리 접시나 결정화 접시를 사용하여 최소화할 수 있다. 페트리 접시들은 Shaker위에 차곡차곡 쌓아서 천천히 shaking 한다.

15. 모든 filter는 씻고 나면 새로운 TNT 완충용액에 한 장씩 옮기고 실온에서 30분간 더 흔들어 준다.
16. 끝이 뭉툭한 집게로 blocking 완충용액 (각 82–mm filter 당 7.5 ml; 각 138–mm filter 당 15 ml)이 있는 유리 접시로 한 장씩 옮긴다. 모든 filter가 잠기면 rotatory platform위에 놓고 실온에서 30분간 더 흔들어 준다.
17. 끝이 뭉툭한 집게로 blocking 완충용액에 희석한 일차항체 (각 82–mm filter 당 7.5 ml; 각 138–mm filter 당 15 ml)가 들어 있는 유리 접시로 한 장씩 옮긴다. 항체는 50–100 pg의 변성된 항원 (MC3, p.14.50 참조)을 검출할 수 있으며 최소한의 backgroud를 허용하는 정도의 최대 희석을 사용한다. 모든 filter가 잠기면 rotatory platform을 실온에서 2–4시간동안 흔들어 준다.
18. Filter를 아래의 완충용액 순서대로 10분씩 씻는다. filter는 한 완충용액에서 다음 완충용액으로 한 장씩 옮긴다. 각 82–mm filter 당 각 7.5 ml의 완충용액를, 각 138–mm filter 당 각 15 ml의 완충용액을 사용한다.

0.1% bovine serum albumin이 포함된 TNT 완충용액

0.1% bovine serum albumin과 0.1% Nonidet P-40이 포함된 TNT 완충용액

0.1% bovine serum albumin이 포함된 TNT 완충용액

19. 방사화학적, 발색, 또는 화학형광 중 하나를 선택해서 항원-항체 복합체를 검출한다. 방사성 탐색에는 filter 한 장 당 1 μCi의 ^{125}I-표지된 단백 A 또는 ^{125}I-표지된 IgG를 사용한다. 방사성 표지된 단백 A는 구입해서 사용할 수 있다(sp. act. 2-100 μCi/μg). 방사성 요오드 표지된 이차항체는 구입하거나 직접 만들 수 있다 (MC3, p. A9.30). 발색 탐색에서는 HRP나 AP에 연결되고 1차항체의 에피톱에 종특이적으로 반응하는 항체들을 상업적으로 구입해서 제조회사의 방법대로 희석해서 사용한다. 보통 각 82-mm filter 당 7.5 ml의 sodium azide가 포함되지 않은 blocking 완충용액에 5 μl의 혈청을 사용한다. 화학형광법은 면역학적으로 반응하는 플라크를 검출하는 가장 민감한 방법이다. 형광검출법은 빠르며, 엑스레이 필름이나 phosphoimage를 사용하여 탐색에 사용한 filter에 직접 기록을 만들며, 플라크에서 1-10 pg의 항원을 검출할 정도로 민감하다.

방사화학적 탐색

a. 82-mm filter당 7.5 ml 또는 138-mm filter 당 15 ml의 blocking 완충용액에 방사성 표지한 항체를 희석한다.

b. filter를 1시간동안 실온에서 반응시키고 autoradiography하기 전까지 TNT 완충용액으로 여러번 씻는다.

단계 20으로 간다.

AP-연결된 항체를 이용한 발색 탐색

a. filter를 AP-연결된 항체 용액에 넣고 실온에서 1.5-2시간동안 흔든다.

b. 단계 18에서 설명한대로 filter를 씻는다.

c. BCIP 보관 용액 (50 mg/ml in 100% dimethylformamide)과 NBT 보관 용액 (50 mg/ml in 70% dimethylformaide)을 준비한다. 이들 용액은 빛이 없는 곳에 보관하면 안정하다.

d. BCIP/NBT 현상 용액을 사용 전에 다음과 같이 만든다.

    i. 5 ml의 AP 완충용액에 33 μl의 NBT 용액을 넣고 잘 섞는다.

    ii. 16.5 μl의 BCIP 보관용액을 넣고 잘 섞는다. 강한 빛을 막고 1시간 내에 사용한다.

e. 종이 towel 위에 filter를 놓고 물기를 제거한다.

f. BCIP 현상용액 (각 82-mm filter 당 7.5 ml; 각 138-mm filter 당 15 ml)에 filter (단계 d)를 넣어서 실온에서 여러 시간 동안 반응시킨다.

g. filter를 물로 두 번 조심스럽게 헹군다. 항원-항체 반응이 일어난 자리에서 짙은 보라색이 나타난다.

단계 20으로 간다.

HRP-연결된 항체를 이용한 발색 탐색

a. filter를 HRP-연결된 항체 용액에 넣고 실온에서 1.5-2시간동안 흔든다.

b. 단계 18에서 설명한대로 filter를 씻는다.

c. 현상 용액은, 20 ml의 차가운 메탄올에 60 mg의 4-chloro-1-naphthol을 녹여서 만든다. 사용하기 직전에 60 μl의 30% H_2O_2가 포함된 100 ml의 10 mM Tris-Cl (pH 7.5), 150 mM NaCl 용액을 섞는다.

d. 씻은 filter를 종이 towel 위에 filter를 올려서 물기를 제거하고 150 mM NaCl이 포함된 10 mM Tris-Cl (pH 7.5)용액으로 조심스럽게 씻는다.

e. Filter를 4-chloro-1-naphthol 현상 용액 (각 82-mm filter 당 10 ml; 각 138-mm filter 당 25 ml)에 넣어서 실온에서 15-20분 동안 반응시킨다.

f. filter를 물로 두 번 조심스럽게 헹군다. 항원-항체 반응이 일어난 자리에서 짙은 보라색이 나타난다.

단계 20으로 간다.

화학발광 탐색

a. filter를 Ap- 또는 HRP가 연결된 항체 용액에 넣고 실온에서 1.5-2시간동안 흔든다.

b. 단계 18에서 설명한대로 filter를 씻는다.

c. 화학발광 기질 (MC3, pp. A9.16-A9.20)을 제조사의 방법대로 준비한다.

d. filter를 화학발광 기질에 넣어서 1-5분 동안 반응시킨다 (제조사의 방법에서 최적 노출시간을 계산한다).

e. Filter에서 용액을 흘려 버리고 즉시 사란 랩으로 싼다. Filter를 마르게 해서는 안된다.

f. 필름을 덮어서 감광시킨다. 보통 초기 노출 시간은 1분이며 적절한 노출시간에 대한 정보를 얻을 수 있다.

단계 20으로 간다.

20. 시그날이 나온 콜로니의 위치를 확인하거나, 또는, 같은 filter를 더 만들었으면 같은 위치에 나온 시그날들을 찾는다. 방사성 표지한, 또는 화학발광 탐침을 사용한 탐색의 경우, light box위에서 엑스레이 필름과 한천배지를 함께 올려놓고 시그날의 위치를 비교한다. 발색 시약으로 스크린한 경우, filter 위에 시그날이 남아있으므로 다음과 같은 과정을 수행한다.

   a. filter위에 사란 랩이나 Mylar film을 덮는다.

   b. 사란 랩위에 filter의 구멍 위치와 시그날의 위치를 서로 다른 색깔의 방수 마커로 표시한다. 각 사란 랩에 어느 한천배지에서 나온 것인지를 표시한다.

   c. 사란 랩을 light boxd위에 펴고 그 위에 원래 세균의 콜로니가 있는 한천배지를 겹쳐 놓는다.

   d. 시그날을 보이는 콜로니의 위치를 확인하고 그 부위의 콜로니 몇 개를 항생제가 포함된 1 ml의 LB 배지에 접종하고 12-16시간 배양한다.

   e. 시그날을 보이는 콜로니가 표시된 사란 랩은 보관한다. filter에 표시된 점은 빠르게 사라진다.

21. 모든 colonies가 면역반응으로 양성이 나올 때까지 plating과 탐색을 반복한다.

프로토콜 14.3

Antiserum에서 교차반응하는 항체의 제거: Pseudoscreening
Removing of Cross-reacting Antibodies from Antiserum: Pseudoscreening

다클론 항혈청은 종종 세균이나 벡터에 암호화된 단백과 교차반응하는 면역글로불린을 포함한다. 몇 가지 방법이 대상 단백을 만드는 재조합체의 검출을 방해하는 이들 항체를 제거하는데 사용된다:

- 비재조합 박테리오파지의 플라크를 가진 니트로셀룰로스 filter와 항혈청을 반응시키는 방법 (이 프로토콜)
- 탐색 (프로토콜 14.4) 전에 대장균 숙주세포의 lysate와 항혈청을 반응시키는 방법, 그리고
- 대장균 단백이 공유결합으로 결합되어 있는 레진으로 친화크로마토그래피를 하는 방법 (프로토콜 14.5)

필요하다면, 교차반응을 적정 수준으로 줄이기 위해서 한 가지 이상의 방법을 사용할 수도 있다.

MATERIALS

CAUTION: 〈!〉표시된 물질의 적절한 사용법은 Appendix 4를 참조하세요.

Reagents and Solutions

농축액, 완충액, 시료의 조성은 Appendix 1을 참조하라. 농축액은 적당한 농도로 희석하여 사용하라.

Blocking 완충용액
- 10 mM Tris-Cl (pH 8.0)
- 150 mM NaCl
- 0.05% (v/v) Tween-20
- blocking 완충용액
  - 1% (w/v) gelatin
  - 또는 3% (w/v) bovine serum albumin
  - 또는 5% (w/v) nonfat dried milk

blocking 완충용액은 4℃에 보관하며 여러번 사용할 수 있다. 이 경우, sodium azide〈!〉를 최종농도가 0.05%(w/v)가 되도록 첨가하여 미생물의 성장을 막아준다.

Vectors and Bacterial Strains

비재조합 박테리오파지 λ와 대장균 숙주
cDNA library를 만들때 사용했던 동일한 벡터/숙주 조합을 사용한다.

Media and Antibiotics

LB 한천 배지, 2일전에 만든것
LB top agarose

Additional Items

탐색에 사용할 항체
Triton X-100이 없는 니트로셀룰로스 filters (82 또는 138 mm), 예, Millipore HATF
이 프로토콜의 단계 1에는 프로토콜 2.1에 나열된 시약들이 필요하다.
이 프로토콜의 단계 2에는 프로토콜 14.1에 나열된 시약들이 필요하다.

Adapted from Chapter 14, Protocol 3, p. 14.23 of MC3.

Additional Information

다른 프로토콜	
(박테리오파지 감염됨 대장균의 lysate로 항체 흡수하는 방법)	MC3, p. 14.25
항체	MC3, pp A9.25–A9.34

METHOD

1. 10장의 LB 한천 배지에 비재조합 박테리오파지 λ를 감염시킨 대장균을 도말하여 세균의 플라크가 겹쳐서 나오게 한다 (프로토콜 2.1).
2. 프로토콜 14.1, 단계 5.12의 설명대로 IPTG 처리 없이 플라크를 filter에 옮긴다.
3. 항체를 1:10으로 사용하도록 blocking 완충용액으로 희석한다.
4. 각 filter를 shaking platform위에서 2–3 ml의 희석된 항체와 실온에서 6시간동안 반응시킨다.
5. 처리한 항체를 회수하고 면역 탐색에 사용하기 전까지 0.05% (w/v) sodium azide를 첨가하여 4℃에 보관한다.

   이 방법은 세균 콜로니의 pseudoscreening으로 항–대장균 항체를 제거하는 방법으로 쉽게 적용시킬 수 있다. 니트로셀룰로스 filter에 유전자가 클로닝되지 않은 벡터를 가지는 세균 콜로니를 붙인다(프로토콜 14.2). 프로토콜 14.2, 단계 10–16에 설명된 cell lysis 와 세척 과정을 따라간다. 마지막으로 위의 단계 3–5에 설명된 대로 항혈청을 처리한다.

프로토콜 14.4

Antiserum에서 교차반응하는 항체의 제거: 대장균의 lysate와 배양

Removing of Cross-reacting Antibodies from Antiserum: Incubating with *E. coli* lysate

이 프로토콜은 세균이 만드는 단백에 반응하는 항체가 어떻게 세균 lysate와 반응해서 다클론 항혈청에서 제거되는지를 설명한다.

MATERIALS

CAUTION: 〈!〉표시된 물질의 적절한 사용법은 Appendix 4를 참조하세요.

Reagents and Solutions

농축액, 완충액, 시료의 조성은 Appendix 1을 참조하라. 농축액은 적당한 농도로 희석하여 사용하라.

Blocking 완충용액
- 10 mM Tris-Cl (pH 8.0)
- 150 mM NaCl
- 0.05% (v/v) Tween-20
- blocking 완충용액
  - 1% (w/v) gelatin
  - 또는 3% (w/v) bovine serum albumin
  - 또는 5% (w/v) nonfat dried milk

blocking 완충용액은 4℃에 보관하며 여러번 사용할 수 있다. 이 경우, sodium azide〈!〉를 최종농도가 0.05%(w/v)가 되도록 첨가하여 미생물의 성장을 막아준다.

세포 재부유 완충용액
- 50 mM Tris-Cl (pH 8.0)
- 10 mM EDTA (pH 8.0)

Vectors and Bacterial Strains

대장균 균주 Y1090*hsdR*

Media and Antibiotics

LB 배지 (100 ml)

Centrifuges/Rotors/Tubes

Sorvall SLC-1500 로터 (4℃)

Additional Items

탐색에 사용할 항체

세균을 파괴할때 사용하는 probe sonicator

rotating wheel

Additional Information

다른 프로토콜

(박테리오파지 감염됨 대장균의 lysate로 항체 흡수하는 방법) MC3, p. 14.25

항체 MC3, pp A9.25-A9.34

Adapted from Chapter 14, Protocol 4, p. 14.26 of MC3.

METHOD

1. 100 ml의 LB 배지에 대장균 Y1090*hsd*R를 포화상태가 될 때까지 배양한다.
2. 세균을 4℃에서 10분간 5000g로 (Sorvall SLC-1500 로터로 5500 rpm) 원심분리하여 모은다.
3. 세균을 3 ml의 세포 재부유 완충용액에 재부유한다. 부유액을 여러 번 얼렸다 녹였다를 반복하고 0℃에서 20초씩 full power로 6회 초음파 파쇄한다.
   부유액은 항상 4℃ 이하로 유지시킨다.
4. 추출액을 microfuge에서 4℃로 10분간 최고 속도로 원심분리한다. 상층액을 새 튜브로 옮기고 -20℃에 보관한다.
5. Lysate를 사용하기 직전에 항체를 blocking 완충용액에 1:10희석하여 탐색에 사용하도록 준비한다.
6. 각 1 ml의 준비된 항체에 0.5 ml의 lysate를 첨가한다. 저속의 rotating wheel에서 실온에서 4시간 반응시킨다. 처리한 항체는 면역학적 탐색에 사용할 때까지 0.05% (w/v)의 sodium azide를 첨가하여 4℃에 보관한다.

프로토콜 14.5 Antiserum에서 교차반응하는 항체의 제거: 친화 크로마토그래피
Removal of Cross-reacting Antibodies from Antiserum: Affinity Chromatography

이 프로토콜은 세균 단백을 고정화시킨 컬럼에 항체를 통과시켜서 세균 단백에 반응하는 항체를 제거하는 방법을 설명한다.

MATERIALS

CAUTION: ⟨!⟩표시된 물질의 적절한 사용법은 Appendix 4를 참조하세요.

Reagents and Solutions

농축액, 완충액, 시료의 조성은 Appendix 1을 참조하라. 농축액은 적당한 농도로 희석하여 사용하라.

- Cell lysis 완충용액 (멸균된 것)
  - 0.1 M sodium borate (pH 8.0)
  - 1 M NaCl
  - 1리터의 세균배양에 약 100 ml의 cell lysate 완충용액이 필요하다.
- NaOH (1 N)⟨!⟩
- 0.2% (w/v) sodium azide ⟨!⟩를 포함하는 TBS
- Tris-buffered saline (TBS)
- Triton X-100

Vectors and Bacterial Strains

- 발현 library를 증식시키는 대장균

Media and Antibiotics

- LB 배지 (1 리터)

Enzymes and Buffers

- 라이소자임, molecular biology grade
- Pancreatic DNase I

Centrifuges/Rotors/Tubes

- Sorvall SLC-1500, SS-34 로터 (4℃)

Additional Items

- 탐색에 사용할 항체
  - 이 방법은 단백 A-세파로스로 전체 항혈청을 분획해서 얻은 IgG 분획을 사용할 때 가장 좋다.
- 크로마토그래피 컬럼(유리섬유로 막은 5-ml 플라스틱 주사기 또는 Bio-Rad Poly-Prep 컬럼)
- CNBr로 활성화 시킨 세파로스 4B (GE Healthcare), 또는 Affi-Gel 10 (Bio-Rad)

Additional Information

항체 MC3, pp A9.25-A9.34

Adapted from Chapter 14, Protocol 5, p. 14.28 of MC3.

METHOD

1. 1리터의 배지에 적당한 대장균 균주 (예, Y1090*hsdR*, XL1-Blue 또는 DH1)을 정지기까지 배양한다.
2. 세균을 4℃에서 20분간 4000g로 (Sorvall SLC-1500 로터로 5000 rpm) 원심분리하여 모은다.
3. 배지를 버리고 원심분리 튜브를 거꾸로 세워서 배지를 최대한 제거한다.
4. 침전물을 100 ml의 cell lysis 완충용액에 재부유시킨다.
5. 200 mg의 lysozyme을 첨가하고 실온에서 20분간 반응시킨다.
6. 1 mg의 pancreatic DNase I과 200 μl의 Triton X-100을 첨가한다
7. 부유액이 투명해지고 점도가 떨어질 때까지 4℃에서 1시간 반응시킨다.
8. 세균 lysate를 4℃에서 20분간 8000g로 (Sorvall SS-34 로터로 8200 rpm) 원심분리한다. 상층액을 새 플라스크에 모은다.
9. 상청액의 pH를 1 N NaOH를 이용하여 9.0으로 조절한다.
10. Lowry법, Bradford법, 또는 다른 방법으로 상청액의 단백 농도를 구한다.
11. 상청액을 0℃로 냉각하고 제조사의 방법에 따라서 CNBr로 활성화시킨 세파로즈 4B 또는 Affi-Gel 10 레진에 결합시킨다.
12. 대장균 단백을 붙인 Sepharose 4B 또는 Affi-Gel 10을 사용하기 직전에 0.2% (w/v) sodium azide 가 포함된 TBS로 평형화 시킨다,
13. IgG 1 mg당 가라앉은 레진 1 ml을 친화 크로마토그래피에 사용한다. IgG와 레진을 혼합하고 rotating wheel로 실온에서 12-18시간 반응시킨다.
14. 레진을 크로마토그래피 컬럼에 충진한다. TBS로 세척하여 항체를 회수한다. OD_{280}이 0이 될 때까지 0.2 컬럼부피 만큼씩 분획을 받는다. 항체를 포함한 분획을 모아서 면역탐색에 사용될때까지 -20℃에 보관한다.

프로토콜 14.6

박테리오파지 λ 발현 library에서 DNA-결합 단백의 동정
Identifying DNA-binding Proteins in Bacteriophage λ Expression Libraries

이 프로토콜은 어떻게 특정 DNA 서열에 결합하는 단백을 암호화하는 클론을 확인하는가를 설명한다. 사용하는 방법들은 니트로셀룰로스 filter에 단백을 고정하고 항체대신 ^{32}P로 표지된 이중나선 DNA로 탐색하는 것을 제외하고는 발현 library를 면역 탐색하는 것과 매우 유사하다.

MATERIALS

CAUTION: 〈!〉표시된 물질의 적절한 사용법은 Appendix 4를 참조하세요.

Reagents and Solutions

농축액, 완충액, 시료의 조성은 Appendix 1을 참조하라. 농축액은 적당한 농도로 희석하여 사용하라.

- 25 mM Tris-Cl (pH 8.0)에 녹인 ATP (10 mM)
- 25 mM Tris-Cl (pH 8.0)에 녹인 ATP (50 mM)
- 1× 결합 완충용액, 1 mM DTT를 포함 (필요한 양의 계산은 단계 11-13 참조)
- 1× 결합 완충용액, 1 mM DTT와 0.25% (w/v) 탈지분유를 포함 (82-mm filter에는 약 75 ml이 필요, 138-mm filter에는 약 180 ml이 필요)
- 1× 결합 완충용액, 5% (w/v) 탈지분유를 포함 (82-mm filter에는 약 10 ml이 필요, 138-mm filter에는 약 25 ml이 필요)
- 1× 결합 완충용액, 0.25% (w/v) 탈지분유를 포함 (82-mm filter에는 약 10 ml이 필요, 138-mm filter에는 약 25 ml이 필요)
- 10× 결합 완충용액
  - 250 mM HEPES (pH 7.9)
  - 30 mM $MgCl_2$
  - 40 mM KCl
- 새로 만든 변성 완충용액
  - 10× 결합 완충용액을 5 부피의 증류수에 희석한다. 여기에 (2× 결합 완충용액)에 최종농도가 6 M이 되도록 염산구아니딘 〈!〉을 넣는다. Guanidine HCl이 완전히 녹으면 1× 가 되도록 증류수를 첨가하고 DTT를 최종농도가 1 mM이 되도록 첨가한다. 약 15 ml의 변성 완충용액이 82-mm filter에 필요하고 138-mm filter에는 25 ml이 필요하다.
- DTT (1 M)
- EDTA (0.5 M, pH 8.0)
- 에탄올
- 페놀:클로로폼 (1:1, v/v) 〈!〉
- 탐색 완충용액
  - 1× 결합 완충용액
  - 0.25% (w/v) 탈지분유
  - 1 mM DTT
  - 10 μg/ml 변성된 연어 또는 청어 정자 DNA
- SDS (20%, w/v)
- 초산나트륨 (3M, pH 5.2)
- TE (pH 8.0)

Adapted from Chapter 14, Protocol 6, p. 14.31 of MC3.

Vectors and Bacterial Strains

박테리오파지 λ 발현 library (프로토콜 14.1 참조)

Enzymes and Buffers

박테리오파지 T4 DNA 리가제
박테리오파지 T4 폴리뉴클레오티드 키나제
10× 키나제/리가제 완충용액
600 mM Tris-Cl (pH 7.6)
100 mM $MgCl_2$

Nucleic Acids/Oligonucleotides

합성 올리고뉴클레오티드

20-25 뉴클레오티드 길이의 서로 상보적인 한 가닥 올리고뉴클레오티드를 겔 전기영동과 Sep-Pak 크로마토그래피 (프로토콜 10.1)로 정제하고 최종농도가 0.2 mg/ml이 되도록 TE에 따로 녹인다. 두 올리고뉴클레오티드가 혼성화가 잘되는 조건에서 만나면 두 가닥이 돼서 겔 retardation assay나 Southern 블랏팅 등으로 확인되는 대상 단백이 결합하는 단량체가 된다. 최소한 한 쌍의, 돌연변이를 가지는 상보적인 올리고뉴클레오티드가 두 번째 탐색과정을 위해서 필요하다. 두 가닥 돌연변이 올리고뉴클레오티드의 중앙에는 대상단백이 결합하지 못한다. 정상적인 것과 돌연변이 타입 올리고뉴클레오티드 이중나선을 순차적으로 이용해서 발현 library를 탐색하면 대부분의 위양성을 제거할 수 있다. 두 올리고뉴클레오티드가 두 가닥이 되면 protruding cohesive end가 되도록 디자인해서 ligation 시켰을 때 결합자리가 여러 개 반복되는 탐침이 되도록 한다.

Radioactive Compounds

[γ-^{32}P]ATP (10 mCi/ml, 5000Ci/mmole) <!>

Gels/Loading Buffers

비변성 폴리아크릴아미드 겔 <!>

Additional Items

붙이는 형광 라벨, 예, Glogos (Stratagene)
Baking 접시
끝이 뭉툭한 집게, 예, Millipore
결정화 접시
autoradiography 또는 phosphoimaging을 위한 재료들 (Appendix 9 참조)
Triton X-100이 없는 니트로셀룰로스 filters (82 또는 138 mm), 예, Millipore HATF
TE (pH 7.6)에 들어 있는 Sephadex G-75가 충진된 Spun 컬럼
이 프로토콜의 단계 8-10에는 프로토콜 14.1에 나열된 시약들이 필요하다.
단계 2에 설명된 것 같은 프로그램되는 Thermal cycler
Water bath 또는 heating/cooling block (16℃)
Whatman 3MM 종이

Additional Information

올리고뉴클레오티드 탐침으로 발현 library 탐색 MC3, pp 14.31-14.32

METHOD

1. 합성 올리고뉴클레오티드가 하나씩 들어 있는 각각 인산화시킬 2 개의 반응을 준비한다.

올리고뉴클레오티드	200 ng
10× 키나제/리가제 완충용액	2.5 μl
100 mM DTT	2.5 μl
[γ-^{32}P]ATP	100 μCi
H_2O	to 23 μl
박테리오파지 T4 폴리뉴클레오티드 키나제(8–10 units/μl)	2 μl

37℃에서 1시간 반응시킨다.

2. 두 반응물을 섞는다. thermal cycler에서 올리고뉴클레오티드 혼합물이 환성되도록 다음과 같은 일반적으로 사용되는 조건으로 반응시킨다.

   85℃에서 2분

   65℃에서 15분

   37℃에서 15분

   22℃에서 15분

   4℃에서 15분

3. 4 μl의 박테리오파지 T4 DNA 리가제 (1 Weiss unit/μl)와 1 μl의 50 mM ATP를 넣는다. 16℃에서 12 시간 반응시킨다.
4. 5 M EDTA (pH 8.0)를 최종농도가 5 mM이 되도록 첨가한다.
5. 세파덱스 G-75가 들어 있는 spun 컬럼 크로마토그래피로 반응하지 않은 [γ-^{32}P]ATP, 한 가닥 올리고뉴클레오티드, ligation되지 않은 두 가닥 올리고뉴클레오티드에서 표지된 올리고뉴클레오티드를 분리한다.
6. 최종 probe의 specific activity를 결정한다.

   specific activity는 2×10^6 cpm/pmole 이상이 되어야 한다.

7. 비변성 폴리아크릴아미드 겔 전기영동과 autoradiography로 표지된 DNA의 크기를 분석한다. 환성반응과 방사성 동위원소 표지가 잘되면 이중나선 올리고뉴클레오티드의 중합체들이 ladder로 나타난다.
8. 박테리오파지 λ 발현 library의 플라크가 형성된 한천 배지와 프로토콜 14.1 단계 1–8에 설명된 번호가 적힌 니트로셀룰로스 filter를 준비한다.
9. 끝이 뭉툭한 집게 (예, Millipore)로 플라크 위에서 번호 적힌 filter를 떼서 Whatman 3MM 종이위에 플라크가 묻은 면이 위로 가도록 올려놓는다. 실온에서 15분간 filter를 건조시킨다.
10. IPTG를 묻힌 두 번째 filter를 한천배지 (프로토콜 14.1, 단계 4 참조)에 올려놓는다. 18-guage 주사바늘로 첫 번째 filter와 같은 위치에 각 filter위에 표시한다. 37℃에서 두 시간을 더 배양한 후 filter를 떼어낸다. 앞에서 설명한 것 같이 filter를 실온에서 건조시킨다.

    중요: 다음 과정부터는 4℃에서 수행한다. 첫 번째 filter set는 염산구아니딘으로 변성시킨 탐침으로 직접 탐색하고 (단계 11–13을 안한다) 두 번째 filter set는 단계 11–14를 수행한다.

11. 두 번째 filter set는 4℃의 변성 용액이 들어 있는 12 × 8 인치 baking 접시에 놓는다. Shaker에 올려놓고 4℃에서 5분간 흔들어 준다. 변성 용액을 갈아주고 다시 한 번 더 4℃에서 5분간 흔들어 준다.
12. 두 번째 변성 용액을 눈금있는 실린더에 붓는다. DTT가 포함된 동일 부피의 1x 결합 완충용액으로 희석한다. 이 용액을 새 유리 dish에 옮기고 filter를 용액에 잘 젖도록 한 장씩 넣는다.
13. denaturating 용액을 2배씩 희석하면서 단계 12를 4번 더 수행한다. 용액의 염산 구아니딘의 농도는 3 M (단계 11), 1.5 M, 0.75 M, 0.375 M, 그리고 0.094 M이 된다. 마지막으로 filter를 DTT가 포함된 1x 결합 완충용액으로 두 번 씻는다.
14. 두 set의 filter들 (변성된 것과 변성되지 않은 것)을 5% 탈지면이 포함된 1x 결합 완충용액에 담근다. 4℃에서 30분간 filter를 흔든다.
15. 0.25% 탈지면이 포함된 1x 결합 완충용액으로 헹군다.
16. 결정화 접시에 단계 5에서 준비한 ^{32}P 가 표지된 농축된 DNA 탐침을 탐색 완충용액에 첨가하여 혼성화 용액을 만든다 (82-mm filter에는 약 10 ml, 138-mm filter에는 약 25 ml).
17. Filter를 넣는다. Filter를 rotating platform에 올려놓고 4℃에서 2-12시간 부드럽게 흔들면서 반응시킨다.
18. Filter를 1 mM DTT와 0.25% 탈지면이 포함된 다량의 결합 완충용액으로 4℃에서 5분간 씻는다 (82-mm filter에는 약 25 ml, 138-mm filter에는 약 60 ml).
19. 단계 18을 두 번 반복한다.
20. 마지막 세척 완충용액을 따라내고 사란 랩 위에 filter를 배열한다. 사란 랩으로 위를 덮는다. 사란 랩 위에 방사성 잉크나 형광 마커로 몇군데 표시한다.

    방사성 라벨위에 스카치 테이프를 붙여서 film holder나 intensifying screen이 오염되지 않게 한다.

21. Autoradiography를 수행한다
22. 양성의 플라크를 골라내서 DNA-결합 단백질-특이 탐침과 비특이 탐침으로 다시 탐색한다 (MC3, pp. 14.41-14.32).

프로토콜 14.7

박테리오파지 λ 라이소젠에 암호화된 융합단백이 포함된 Lysate의 준비: 세균 집락의 용해

Preparing Lysates Containing Fusion Proteins Encoded by Bacteriophage λ Lysogens: Lysis of Bacterial Colonies

이 프로토콜에서는, 세균 라이소젠은 융합단백을 암호화하는 재조합 박테리오파지 λ에서 만들어진다. 만들어진 라이소젠 콜로니는 융합단백의 합성을 유도하고 분리된 후 기능적인 그리고 생화학적인 분석 준비를 위해 분리된다.

MATERIALS

CAUTION: 〈!〉표시된 물질의 적절한 사용법은 Appendix 4를 참조하세요.

Reagents and Solutions

농축액, 완충액, 시료의 조성은 Appendix 1을 참조하라. 농축액은 적당한 농도로 희석하여 사용하라.

IPTG (1 M) (각 라이소젠을 유도하는데 ~40 μl가 필요하다)

라이소젠 추출 완충용액

50 mM Tris-Cl (pH 7.5)

1 mM EDTA (pH 8.0)

5 mM DTT

50 μg/ml phenylmethylsulfonyl fluoride (PMSF) 〈!〉

PMSF는 단계 13과 18에서 사용하기 직전에 라이소젠 추출 완충용액에 첨가한다. 각 라이소젠을 유도하는데 약 5 ml의 라이소젠 추출 완충용액이 필요하다

NaCl (5 M)

Vectors and Bacterial Strains

대장균 Y1090*hsd*R 그리고 Y1089

암피실린이 포함된 LB 한천 배지에서 유지되는 이들 균주들은 ATP-의존 protease를 암호화하는 *lon* 유전자에 돌연변이를 가지고 있다. 이들 균주에서 발현되는 융합단백은 다른 균주에서 발현될 때보다 안정하다. Y1089 균주는 라이소젠이 되는 빈도를 크게 증가시키는 *hflA* 유전자 돌연변이를 가지고 있다. 더욱이, Y1089는 억제 tRNA 유전자가 없어서 많은 다른 발현벡터에 있는 박테리오파지 λ S (lysis) 유전자의 amber 돌연변이를 억제하지 못한다. 라이소젠이 유도된 후에도 세균용해가 일어나지 않으면 다량의 재조합 융합 단백이 축적된다.

박테리오파지 λ 발현벡터 (예, λgt11, λgt18-23, λZAP, 또는 λZipLox)에서 증식된 재조합 cDNA

이 프로토콜은 융합 단백을 발현하는 박테리오파지 재조합 λgt11에 최적화되어 있다. 이 프로토콜은 라이소젠을 만드는 많은 다른 박테리오파지 λ 발현벡터에 의해 증식된 재조합체에 쉽게 적용될 수 있다.

Media and Antibiotics

암피실린 50 μg/ml이 포함된 LB 한천 배지

LB 배지

암피실린 50 μg/ml이 포함된 LB 배지

10 mM $MgSO_4$가 포함된 LB 배지

10 mM $MgSO_4$, 0.2% (w/v)의 maltose와 50 μg/ml의 암피실린이 포함된 LB 배지

Enzymes and Buffers

10 mM Tris (pH 8.0)에 녹인 라이소자임 (10 mg/ml) (단계 15에 사용하기 위해 새로 준비한다).

Adapted from Chapter 14, Protocol 7, p. 14.37 of MC3.

Additional Items

배양기 (32℃와 42℃)

액체 질소〈!〉

Millipore filters

둥근 (138 mm) Millipore, type VS filters, 0.025-mm pore size, lysate를 투석할 때 사용한다. filter 당 20 lysate를 투석할 수 있다.

Rotary shaking 배양기 (32℃)

Shaking water bath (44℃)

이 프로토콜의 단계 1은 프로토콜 2.2와 2.3의 목록에 있는 시약들이 필요하다.

이쑤시개

Additional Information

라이소젠	MC3, pp. 2.9–2.11 그리고 2.15–2.18
플라스미드와 박테리오파지 λ 발현 벡터	MC3, pp. 14.47–14.49

METHOD

1. 각 관심있는 재조합 박테리오파지(s)의 보관용 한천배지를 프로토콜 2.2와 2.3에 설명된 대로 만든다. 보관용의 타이터는 대장균 Y1090*hsd*R에서 10^{10} pfu/ml 이상이 되게 한다.
2. 대장균 Y1090*hsd*R를 10 mM의 $MgSO_4$, 0.2% maltose, 그리고 50 μg/ml의 암피실린이 함유된 2 ml의 LB 배지에서 포화될 때까지 배양한다.
3. 포화된 배양액 50 μl를 10 mM의 $MgSO_4$가 함유된 2 ml의 새 LB 배지에 희석한다. 100 μl씩 4 개를 새 culture 튜브로 옮긴다.
4. 세 튜브에는 박테리오파지 stock을 각각 1×10^7, 5×10^7, 2×10^8의 pfu만큼씩 넣는다. 네 번째 튜브에는 아무것도 넣지 않는다. 모든 튜브를 37℃에서 20분간 배양해서 박테리오파지가 대장균에 붙도록 한다.
5. 네 배양액에서 각각 10 μl를 10 ml의 LB 배지에 희석한다. 4 개의 희석한 것에서 각각 100 μl를 각각 50 μg/ml의 암피실린이 함유된 LB 한천 배지에 즉시 옮긴다. 32℃에서 18–24시간 배양한다
6. 멸균된 이쑤시개로 각 콜로니들을 새로운 2 개의 50 μg/ml의 암피실린이 함유된 LB 한천 배지에 옮긴다. 한 한천배지는 32℃에서, 다른 한천배지는 42℃에서 12–16시간 배양한다. 32℃에서 자란 콜로니들은 재조합 박테리오파지 λgt11의 라이소젠이다, 보통 10–70%의 colonies들이 라이소젠이다.
7. 50 μg/ml의 암피실린이 함유된 2 ml의 LB 배지에서 각 박테리오파지 λgt11 라이소젠을 접종한다. 12–16시간동안 32℃에서 심하게 agitation하며 배양한다 (300 회전/분).
8. 각 배양액 50 μl을 50 μg/ml의 암피실린이 함유된 4 ml의 미리 덥힌 (32℃) LB 배지에 옮기고 다시 32℃에서 심하게 agitation하며 배양한다.
9. OD_{600}=0.45가 될 때까지 (약 3시간 동안) 배양한다.

   중요: 라이소젠을 유도하기 전에 OD_{600} 값이 0.5 (~2×10^8 세균/ml)를 넘으면 안된다.

10. 배양액을 44℃로 맞춘 shaking water bath로 옮겨서 44℃로 15분간 배양한다.
11. IPTG를 최종농도가 10 mM이 되도록 첨가하고 37℃에서 1시간 동안 심하게 흔들며 배양한다.
12. IPTG로 유도된 각 라이소젠 배양액 1.5 ml씩을 2 개의 microfuge 튜브에 옮긴다. 즉시 4℃에서 30초간 최고 속도로 원심분리한다.
13. 배지를 aspiration으로 제거하고 침전된 세균을 100 μl의 라이소젠 추출 완충용액에 재부유시킨다.
14. 튜브의 뚜껑을 닫고 액체질소에 담근다.
15. 2분 후 튜브를 꺼내서 녹을때까지 손에 쥐었다가 20 μl의 10 mg/ml 농도의 라이소자임을 첨가한다. 튜브를 얼음속에 15분 동안 보관한다.
16. 250 μl의 5 M NaCl을 각 튜브에 넣고 손가락으로 튜브를 톡톡 치며 내용물을 잘 섞는다. 튜브를 rotating wheel에 끼우고 4℃에서 30분간 반응시킨다.
17. 4℃에서 30초간 최고 속도로 원심분리한다.
18. 4℃의 라이소젠 추출 완충용액이 채워진 150 mm 페트리 접시에 Millipore filter (Type VS, 0.025-μm pore size)를 띄운다.
19. 원심분리한 상층액을 filter의 윗면에 옮긴다. 20개 이상의 시료를 같은 filter 위에 놓을 수 있다.
20. 4℃에서 1-2시간 동안 반응시킨 후 투석시킨 시료들을 새 microfuge 튜브로 옮기고 사용할 때까지 -70℃에 보관한다.
21. methylation protection 실험이나 DNase I footprinting, 또는 in gel electrophoresis DNA-binding assay (electrophoretic mobility-shift assay)등의 방법으로 Lysate에서 DNA 결합 단백이 있는지 직접 분석한다(17장 참조).

    융합단백은 친화 크로마토그래피 kit (예, ProtoSorb lacZ 면역친화 absorbent [Promega]) 또는 MC3, 15장에서 설명한대로 정제할 수 있다.

프로토콜 14.8

박테리오파지 λ 라이오소젠에 암호화된 융합단백질이 포함된 Lysate의 준비: 한천배지에서 lytic infection

Preparing Lysate Containing Fusion Proteins Encoded by Bacteriophage λ Lysogens: Lytic Infection on Agar Plates

재조합 박테리오파지에 의한 lytic infection은 soft agar에서 한다. 발현 유도 후에, 감염된 세포에서 재조합 융합단백이 회수된다.

MATERIALS

CAUTION: 〈!〉표시된 물질의 적절한 사용법은 Appendix 4를 참조하세요.

Reagents and Solutions

농축액, 완충액, 시료의 조성은 Appendix 1을 참조하라. 농축액은 적당한 농도로 희석하여 사용하라.

Control overlay solution (멸균된 것)
- 10 mM $MgSO_4$
- 0.5× LB 배지

IPTG (1 M) (각 라이오소젠을 유도하는데 ~40 μl가 필요하다)

IPTG overlay solution〈!〉
- 5 mM IPTG가 포함된 control overlay solution
- 각 150-mm 한천 배지 당 12 ml의 IPTG overlay solution이 필요하다.

$MgSO_4$ (1 M)

NaCl (5 M)

SM

Vectors and Bacterial Strains

박테리오파지 λgt11 재조합체

Titer를 알고 있는 재조합 박테리오파지 λ stock은 플라크 하나를 2시간 동안 약 100 μl의 SM에 넣어서 준비하거나 한천배지 lysate를 만들어서 준비한다 (MC3, 프로토콜 2.3 참조). 이 프로토콜은 융합 단백을 발현하는 박테리오파지 λgt11에 최적화되어 있다. 이 프로토콜은 라이소젠을 만드는 다른 박테리오파지 λ 발현벡터에 의해 증식된 재조합체에 쉽게 적용될 수 있다.

대장균 Y1090*hsd*R

이 균주는 암피실린이 포함된 LB 한천 배지에서 증식된다.

Media and Antibiotics

새로 만든 LB 한천 배지 (150 mm)

암피실린 50 μg/ml이 포함된 LB 한천 배지

암피실린 50 μg/ml과 10 mM $MgSO_4$가 포함된 LB 한천 배지

암피실린 50 μg/ml과 10 mM $MgSO_4$가 포함된 LB top agar

Enzymes and Buffers

10 mM Tris (pH 8.0)에 녹인 라이소자임 (10 mg/ml) (단계 15에 사용하기위해 새로 준비한다).

Centrifuges/Rotors/Tubes

Sorvall SS-34 로터 (실온)

Additional Items

배양기 (42℃)

Additional Information

라이소젠	MC3, pp. 2.9–2.11 그리고 2.15–2.18
플라스미드와 박테리오파지 λ 발현 벡터	MC3, pp. 14.47–14.49

METHOD

1. 50 μg/ml의 암피실린을 포함하는 LB 배지 50 ml에 대장균 Y1090*hsd*R 콜로니 하나를 접종한다. 배양액을 37℃에서 너무 빠르지 않게 흔들면서 하룻밤 동안 배양한다 (rotaty shaker에서 분당 250 회전).
2. 배양액을 원심분리 튜브에 옮기고 4000g (Sorvall SS-34 로터로 5800 rpm)로 실온에서 10분간 원심분리한다.
3. 상층액을 버리고 침전된 세균을 20 ml의 10 mM $MgSO_4$에 재부유 시킨다. 100배 희석한 재부유 세균의 OD_{600}을 측정하고 10 mM $MgSO_4$로 ml 당 OD_{600}이 2.0이 되도록 희석해서 plating stock을 만든다.
4. 3 개의 0.2-ml plating stock을 새 튜브에 옮긴다. 두 튜브에는 2×10^5에서 5×10^6 pfu의 재조합 박테리오파지 λgt11을 넣는다. 세 번째 튜브는 감염되지 않은 대조구로 사용한다. 튜브를 37℃에서 20분간 배양해서 박테리오파지가 세균에 붙도록 한다.
5. 한 튜브에 10 mM $MgSO_4$와 50 μg/ml이 포함된 녹은 LB top agar 7.5 ml씩 넣는다. 내용물을 잘 섞고 150 mm LB 한천 배지위에 붓는다.
6. 남은 튜브도 단계 5와 같이 반복한다.
7. 배지를 42℃에서 4시간동안 배양한다.
8. 배양기에서 배지를 빼낸다. 감염시킨 대장균 배지 하나에는 6 ml의 대조구 overlay solution을 붓고 다른 두 배지에는 12 ml의 IPTG overlay solution을 부은다.
9. 배지를 다시 42℃ 배양기로 옮겨서 3–5시간동안 더 배양한다.
10. 배양기에서 배지를 빼서 overlay solution을 각각 멸균된 새 튜브에 옮긴다.
11. 프로토콜 14.6에서 설명한 것처럼 박테리오파지가 분리되었다면 면역블랏 이나 DNA-결합검사 등의 방법으로 overlay solution의 융합 단백을 검출한다.
12. β-갈락토시다제 융합 단백은 상업적으로 구입할 수 있는 키트 (예, Promega ProtoSorb)를 이용한 친화크로마토그래피로 정제하거나 프로토콜 15.1의 방법대로 정제한다. Overlay solution은 단백 정제하기 전에 IPTG를 없애기 위해 투석을 한다.

프로토콜 14.9

박테리오파지 λ 라이오소젠에 암호화된 융합단백질이 포함된 Lysate의 준비: 액체 배지에서 Lytic infection

Preparing Lysate Containing Fusion Proteins Encoded by Bacteriophage λ Lysogens: Lytic Infection in Liquid Medium

이 빠른 방법은 면역학적으로 검출 가능한 융합단백을 생산하기 위한 박테리오파지 λgt11 클론을 탐색하는데 사용된다. 감염과 유도를 최적화한 후, 정제할 만한 양의 융합단백을 만드는데 이용할 수 있다.

MATERIALS

CAUTION: 〈!〉표시된 물질의 적절한 사용법은 Appendix 4를 참조하세요.

Reagents and Solutions

농축액, 완충액, 시료의 조성은 Appendix 1을 참조하라. 농축액은 적당한 농도로 희석하여 사용하라.

세포용해 완충용액

- 50 mM Tris-Cl (pH 6.8)
- 100 mM DTT
- 2% (w/v) SDS
- 0.1% (w/v) bromophenol blue
- 10% (v/v) glycerol

IPTG (1 M) (각 플라크를 분석하는데 ~70 μl가 필요하다)

$MgSO_4$ (1 M)

phenylmethylsulfonyl fluoride (PMSF) (100 mM)〈!〉

SM

Vectors and Bacterial Strains

박테리오파지 λgt11 재조합체

Titer를 알고 있는 재조합 박테리오파지 λ stock은 2시간 동안 플라크 1 개를 약 100 μl의 SM에 넣어서 준비하거나 한천배지 lysate를 만들어서 준비한다 (MC3, 프로토콜 2.3을 보시오). 이 프로토콜은 융합 단백을 발현하는 박테리오파지 λgt11에 최적화되어 있다. 이 프로토콜은 라이소젠을 만드는 다른 박테리오파지 λ 발현벡터에 의해 증식된 재조합체에 쉽게 적용될 수 있다.

대장균 Y1090*hsdR*

이 균주는 암피실린이 포함된 LB 한천 배지에서 증식된다.

Media and Antibiotics

암피실린 50 μg/ml이 포함된 LB 배지

Enzymes and Buffers

10 mM Tris (pH 8.0)에 녹인 Lysozyme (10 mg/ml) (단계 15에 사용하기위해 새로 준비한다).

Gels/Loading Buffers

SDS-폴리아크릴아미드 겔〈!〉 (MC3, pp. A8.40-A8.51 참조).

Centrifuges/Rotors/Tubes

Sorvall SS-34 로터 (실온)

Additional Items

Boiling water bath
액체 질소〈!〉
Rotatry shaking incubator

Additional Information

라이소젠	MC3, pp. 2.9–2.11 그리고 2.15–2.18
플라스미드와 박테리오파지 λ 발현 벡터	MC3, pp. 14.47–14.49
SDS–폴리아크릴아미드 겔	MC3, pp.A8.40–A8.51

METHOD

1. 50 μg/ml의 암피실린을 포함하는 LB 배지 50 ml에 대장균 Y1090*hsd*R 콜로니 하나를 접종한다. 배양액을 37℃에서 너무 빠르지 않게 흔들면서 하룻밤 동안 배양한다 (250 cycles/minute in a rotaty shaker).
2. 배양액을 원심분리 튜브에 옮기고 4000g (Sorvall SS–34 로터로 5800 rpm)에서 10분간 실온에서 원심분리한다.
3. 상층액을 버리고 침전된 세균을 25 ml의 10 mM $MgSO_4$에 재부유 시킨다. 세균 부유액은 사용할 때까지 얼음에 보관한다.
4. 멸균된 15–ml 튜브에 8 ml의 암피실린 50 μg/ml이 포함된 LB 배지와 400 μl의 세균 부유액, 그리고 100 μl의 박테리오파지 lysate를 넣고 섞는다.
5. 튜브를 37℃ shaking water bath에서 2 시간동안 둔다.
6. 각 감염된 배양액 1 ml을 멸균된 microfuge 튜브에 옮긴다. 튜브의 뚜껑을 닫고 액체 질소에 보관한다. 남은 배양액에 70 μl의 1 M IPTG를 넣고 37℃에서 계속 배양한다.
7. 1시간에 한 번 씩 각 감염된 배양액에서 1ml 씩 덜어내서 microfuge 튜브에 옮긴다. 튜브의 뚜껑을 닫고 액체질소에 보관한다. 4시간동안 이 방법으로 aliquots를 모은다.
8. 남은 배양액은 37℃에서 12시간 더 배양한다. 각 배양액에서 마지막 1 ml 시료를 덜어서 튜브의 뚜껑을 닫고 액체질소에 30분간 보관한다.
9. 모든 시료를 녹이고 Microfuge로 실온에서 최대속도로 1분간 원심분리한다. 배지는 따라서 버린다.
10. 침전된 세균에 100 μl의 세포용해 완충용액을 각 튜브에 첨가하고 voltexing으로 즉시 재부유시킨다.
11. 모든 시료를 boiling water bath에 3 분간 둔다. 튜브를 실온으로 옮긴 다음 1 μl의 100 mM PMSF를 첨가하고 내용물을 voltexing으로 잘 섞는다.
12. 시료들을 SDS–폴리아크릴아미드 겔 전기영동과 면역블랏으로 분석한다. 전기영동을 하기 직전에 microfuge에서 최대속도로 1분간 원심분리한다. 원심분리한 각 시료 25 μl를 SDS–폴리아크릴아미드 겔에 로딩 한다.

제15장

클로닝한 유전자를 대장균에서 발현하기

Expression of Cloned Genes in *Escherichia coli*

프로토콜 15.1 IPTG로 유도 가능한 프로모터를 이용하여 클로닝한 유전자를 대장균에서 발현하기, 574

프로토콜 15.2 박테리오파지 T7 프로모터를 이용하여 클로닝한 유전자를 대장균에서 발현하기, 577

프로토콜 15.3 박테리오파지 λ_{pL} 프로모터를 이용하여 클로닝한 유전자를 대장균에서 발현하기, 580

프로토콜 15.4 알칼라인 포스파타아제(*phoA*) 프로모터와 신호서열을 이용하여 분비되는 외래단백질을 발현하기, 583

프로토콜 15.5 글루타치온 아가로우즈로 친화도 크로마토그래피에 의해 융합단백질을 정제하기, 586

프로토콜 15.6 아밀로즈 레진으로 친화도 크로마토그래피에 의해 말토우즈-결합 융합단백질을 정제하기, 589

프로토콜 15.7 고정 Ni^{++} 흡착 크로마토그래피에 의해 히스티딘 꼬리가 붙은 단백질을 정제하기, 592

프로토콜 15.8 인클루전 바디에서 발현단백질을 정제하기, 595

BACKGROUND INFORMATION

다른 언급이 없으면 기본이 되는 정보는 *Molecular Cloning: A Laboratory Manual*, 3판 (이제부터 MC3)에 있다.

발현시스템의 선택	MC3, pp. 15.2–15.4
클로닝한 유전자의 발현	MC3, pp. 15.55–15.59
융합단백질	MC3, pp. 15.4–15.8

프로토콜 15.1

IPTG로 유도 가능한 프로모터를 이용하여 클로닝한 유전자를 대장균에서 발현하기
Expression of cloned genes in *E. coli* using IPTG-inducible promoters

이 프로토콜은 (1) IPTG로 유도 가능한 프로모터를 가진 플라스미드 내에 open reading frame (열린 해독틀)을 코딩하는 서열을 클로닝하는 방법, (2) 이러한 재조합 플라스미드를 가진 형질전환 개체에서 표적단백질의 발현을 최적화하는 방법, 그리고 (3) 외래 단백질의 생산 규모를 높이는 방법을 기술하고 있다.

MATERIALS

CAUTION: 〈!〉표시된 물질의 적절한 사용법은 Appendix 4를 참조하세요.

Reagents and Solutions

농축액, 완충액, 시료의 조성은 Appendix 1을 참조하라. 농축액은 적당한 농도로 희석하여 사용하라.

Coomassie Brilliant Blue 또는 silver stain (Appendix 3, 756–763 페이지 참조)

IPTG (isopropyl-β-D-thiogalactosidase) (1 M) 〈!〉

Vectors and Bacterial Strains

lacI^q 또는 *lacI*^{q1} allele을 갖고 있고 형질전환에 적당한 *E. coli* strain

일부 IPTG로 유도 가능한 발현벡터(예, pMAL 및 pGEX)는 *lacI*^{q} allele을 갖고 있다. 이들 플라스미드는 거의 모든 실험실용 *E. coli* strain에서 단백질을 발현시키는 용도로 사용할 수 있다.

IPTG로 유도 가능한 발현벡터

예를 들면, pGEM-3Z (Promega사), pGEX (GE Healthcare사), pMAL (New England BioLabs사)이 있다.

양성 대조군 플라스미드(예, 정해진 크기의 LacZ 단백질 발현을 이미 알고 있는, IPTG로 유도 가능한 재조합 플라스미드)

Media and Antibiotics

50 μg/ml ampicillin을 가진 LB agar 플레이트

50 μg/ml ampicillin을 가진 LB 배지

Nucleic Acids/Oligonucleotides

관심 있는 코딩서열

Gels/Loading Buffers

SDS를 포함한 10% Polyacrylamide gel 〈!〉 (Appendix 3, 761–763 페이지 참조)

1× SDS-gel loading buffer

50 mM Tris-Cl (pH 6.8)

2% (w/v) SDS, electrophoresis grade

0.1% (w/v) bromophenol blue

10% glycerol

단계 10에서 이 buffer를 사용하기 직전에 1 M 농도의 dithiothreitol을 최종 농도가 100 mM이 되도록 여기에 첨가한다

Centrifuges/Rotors/Tubes

Sorvall SLC-1500 rotor (4℃)

Adapted from Chapter 15, Protocol 1, p. 15.14 of MC3.

Additional Items

Boiling-water bath
Shaking incubators
이 프로토콜의 단계 1에서는 프로토콜 8.7에 나열한 시약이 필요하다.
이 프로토콜의 단계 2에서는 프로토콜 1.17 또는 1.19에 나열한 시약이 필요하다.
이 프로토콜의 단계 3에서는 프로토콜 1.23에서 1.26까지에 나열한 시약이 필요하다.
이 프로토콜의 단계 4에서는 프로토콜 12.3에 나열한 시약이 필요하다.

Additional Information

SDS-polyacrylamide gel electrophoresis	Appendix 3, pp. 756-763
유도 가능한 프로모터를 이용한 단백질 발현의 Troubleshooting (문제 해결)	MC3, pp. 15.18-15.19

METHOD

1. IPTG-유도 가능 벡터에 대응하는 5′ 및 3′ 제한효소 부위를 가진 코딩 DNA 절편을 PCR (프로토콜 8.7)로 변형하거나 또는 제한효소 처리로 분리한다.

   PCR로 생성한 구조물은 증폭반응 동안 유사돌연변이가 도입되지 않았음을 확인하기 위해서 염기서열을 검증하여야 한다.

2. 관심 폴리펩티드를 코딩하는 DNA 절편을 발현벡터에 붙인다(프로토콜 1.17 또는 1.19).

3. 이 재조합 플라스미드를 *lacI*^{q} 대립유전자를 갖고 있는 *E. coli* 종에 형질전환한다. 만일 플라스미드 벡터 자체가 *lacI* 유전자를 갖고 있다면, 아무 적당한 *E. coli* 종이나 사용할 수 있다. 이 형질전환 반응을 분주하여 50 μg/ml 농도의 ampicillin을 가진 LB agar에 플레이팅한다. 이들을 37℃에서 밤샘 배양한다.

4. 콜로니 잡종화 반응 및 소량 플라스미드 준비물의 제한효소 분석, 올리고뉴클레오티드 잡종화반응, 또는 직접 DNA 염기서열 분석(프로토콜 12.3 참조) 등을 이용하여 형질전환 개체를 선별한다.

5. 발현벡터 자체, 양성 대조군 벡터, 재조합한 발현벡터를 가진 1~2 개의 콜로니를 각각 1 ml 배양액(50 μg/ml 농도의 ampicillin을 가진 LB 배지)에 접종한다. 이들을 적당한 온도(20-37℃ 사이)에서 밤샘 배양한다.

   낮은 온도에서 배양하면 불용성의 inclusion body 형성을 막는데 때로 도움이 되기도 한다. 불용성 단백질의 처리 관련하여 MC3, 15.9-15.11 페이지를 참조하라.

6. 이들 밤샘 배양액 50 μl을 50 μg/ml 농도의 ampicillin을 가진 LB 배지 5 ml에 각각 접종한다. 세포들이 지수 성장기 중기(A_{550}이 0.5에서 1.0에 이를때)에 이를 때까지 두 시간 이상 shaking incubator(흔들 배양기)에 20-37℃ 사이에서 키운다.

   성장배지에 접종한 세균의 수, 유도 전까지의 세포성장 시간 및 유도 후 세포가 자란 밀도를 모니터링함이 중요하다.

7. 유도 전 배양액 각 1 ml (zero-time aliquot)을 미세원심분리 튜브에 옮긴다. 이들을 단계 9와 10에 기술한 대로 바로 진행하라.

8. 배양액 나머지는 IPTG를 최종 농도 1 mM이 되도록 첨가하여 발현을 유도하고 20–37℃ 사이에서 흔들어주며 계속 키운다.

   발현시킨 폴리펩티드의 수율과 용해도에 IPTG의 농도 및 배양시간(유도 전과 후 둘 다)이 매우 큰 영향을 줄 수 있다. 만일 자연단백질의 수율이 고려사항이라면, 온도 범위(15–42℃ 사이)와 IPTG의 농도 범위(0.01–5.0 mM)를 먼저 결정해야 한다.

9. 유도 기간 동안의 여러 시점(예, 1, 2, 4, 6시간)에서, 배양액 각 1 ml을 미세원심분리 튜브에 옮기고, spectrophotometer (분광광도기)로 A_{550} 을 측정한 다음 튜브들을 상온에서 1분 동안 최대 속도로 원심분리한다. 상층액을 흡인하여 제거한다.

10. 각 침전물은 1× SDS–gel loading 완충액 100 μl에 다시 풀고, 이들 시료를 100℃에서 3분 동안 가열한다. 이 튜브를 상온에서 1분 동안 최대 속도로 원심분리하고 모든 시료를 전부 수거하여 젤에 전개할 준비가 될 때까지 얼음에 보관한다.

11. 이들 시료를 다시 상온으로 데우고 (원래 배양액의) 0.15 OD_{550} 값 또는 각 현탁액 40 μg 씩을 10% SDS–polyacrylamide 젤에 넣는다.

12. bromophenol blue 염색약이 resolving gel (전개 젤)의 바닥에 이를 때까지 8–15 V/cm 로 젤을 전개한다.

13. 유도한 단백질을 확인하기 위하여 젤을 Coomassie Brilliant Blue 또는 silver로 염색하거나 또는 면역블럿을 수행한다(부록 3, 756–763 페이지 참조).

14. 표적단백질을 대량발현 및 정제하기 위한 목적이라면, 재조합 플라스미드를 가진 *E. coli* 콜로니 하나를 250 ml 크기 플라스크에 든, 50 μg/ml 농도의 ampicillin을 가진 LB 배지 50 ml에 접종한다. 이를 20–37℃ 사이에서 밤새 배양한다.

15. 이 밤새 배양한 *E. coli* 배양액 5–50 ml을 2 리터 크기 플라스크에 든, 50 μg/ml 농도의 ampicillin을 가진 LB 배지 450–500 ml에 접종한다. 배양액이 지수 성장기 중기(A_{550} = 0.5–1.0)에 이를 때까지 20–37℃ 사이에서 흔들어주며 키운다.

16. 앞에서 미리 결정한 최적값의 IPTG 농도, 배양시간, 배양온도에 근거하여 표적 단백질의 발현을 유도한다.

17. 유도한 세포를 적당 시간동안 키운 후, 5000 g (Sorvall SLC–1500 rotor를 사용 시 5500 rpm)로 4℃에서 15분 동안 원심분리하여 수거하고 정제 프로토콜을 수행한다:

   - 만일 발현 단백질이 glutathione S–transferase와 융합되어 있다면, 프로토콜 15.5 수행
   - 만약 발현 단백질이 maltose–binding protein과 융합되어 있다면, 프로토콜 15.6 수행
   - 만일 발현 단백질이 polyhistidine tag을 갖고 있다면, 프로토콜 15.7 수행

프로토콜 15.2

박테리오파지 T7 프로모터를 이용하여 클로닝한 유전자를 대장균에서 발현하기
Expression of cloned genes in *E. coli* using the bacteriophage T7 promoter

이 프로토콜은 (1) 박테리오파지 T7 프로모터를 가진 플라스미드 내에 open reading frame (열린 해독틀)을 코딩하는 서열을 클로닝하는 방법, (2) 이러한 재조합 플라스미드를 가진 형질전환 개체에서 표적단백질의 발현을 최적화하는 방법, 그리고 (3) 외래 단백질의 생산 규모를 높이는 방법을 기술하고 있다.

MATERIALS

CAUTION: 〈!〉표시된 물질의 적절한 사용법은 Appendix 4를 참조하세요.

Reagents and Solutions

농축액, 완충액, 시료의 조성은 Appendix 1을 참조하라. 농축액은 적당한 농도로 희석하여 사용하라.

Coomassie Brilliant Blue 또는 silver stain (Appendix 3, 756–763 페이지 참조)

IPTG (isopropyl-β-D-thiogalactosidase) (1 M) 〈!〉

Vectors and Bacterial Strains

E. coli strain HMS174 (DE3) 또는 BL21 (DE3)

이들 종은, 한 카피의 박테리오파지 T7 RNA 중합효소를 코딩하는 유전자를, 삽입된 박테리오파지 DE3 ("Origami"라는 별칭이 있음) 상에 갖고 있다(MC3, 페이지 A3.6의 표 A3-2 참조).

pET 벡터

여러 변형된 형태의 이들 플라스미드에 대한 정보는 www.emdbiosciences.com에서 얻을 수 있는 Novagen사의 pET System manual을 참조하라.

양성 대조군 플라스미드(예, 박테리오파지 T7 프로모터에 의해 그 발현이 조절되는, 알고 있는 크기의 외래 단백질을 코딩하는 플라스미드)

Media and Antibiotics

50 μg/ml ampicillin을 가진 NZCYM agar 플레이트

50 μg/ml ampicillin을 가진 NZCYM 배지

Nucleic Acids/Oligonucleotides

관심 있는 코딩서열

Gels/Loading Buffers

SDS를 포함한 10% Polyacrylamide gel 〈!〉 (Appendix 3, 761–763 페이지 참조)

1× SDS-gel loading buffer

50 mM Tris-Cl (pH 6.8)

2% (w/v) SDS, electrophoresis grade

0.1% (w/v) bromophenol blue

10% glycerol

단계 10에서 이 buffer를 사용하기 직전에 1 M 농도의 dithiothreitol을 최종 농도가 100 mM이 되도록 여기에 첨가한다.

Centrifuges/Rotors/Tubes

Sorvall SLC-1500 rotor (4℃)

Additional Items

Boiling-water bath
Shaking incubators
이 프로토콜의 단계 1에서는 프로토콜 8.7에 나열한 시약이 필요하다.
이 프로토콜의 단계 2에서는 프로토콜 1.17 또는 1.19에 나열한 시약이 필요하다.
이 프로토콜의 단계 3에서는 프로토콜 1.23에서 1.26까지에 나열한 시약이 필요하다.
이 프로토콜의 단계 4에서는 프로토콜 12.3에 나열한 시약이 필요하다.

Additional Information

pET 시스템으로 외래단백질을 발현하기	MC3, pp. 15.20-15.21
T7 프로모터의 활성 조절	MC3, p. 15.24
SDS-polyacrylamide gel electrophoresis	Appendix 3, pp. 756-763
유도 가능한 프로모터를 이용한 단백질 발현의 Troubleshooting (문제 해결)	MC3, pp. 15.18-15.19

METHOD

1. 박테리오파지 T7 프로모터 발현 플라스미드(예, pET 벡터)에 대응하는 5′ 및 3′ 제한효소 부위를 가진 코딩 DNA 절편을 PCR (프로토콜 8.7)로 변형하거나 또는 제한효소 처리로 분리한다.

   PCR로 생성한 구조물은 증폭반응 동안 유사돌연변이가 도입되지 않았음을 확인하기 위해서 염기서열을 검증하여야 한다.

2. 관심 cDNA/유전자를 코딩하는 DNA 절편을 발현벡터에 붙인다(프로토콜 1.17 또는 1.19).

3. *E. coli* 종 BL21 (DE3) 또는 HMS174 (DE3)를 이 연결반응의 분주액으로 형질전환한다. 이 형질전환 반응을 분주하고 50 μg/ml 농도의 ampicillin을 가진 NZCYM agar에 플레이팅하여 ampicillin-내성 형질전환 개체를 선택한다. 플레이트를 37℃에서 밤샘 배양한다.

4. 콜로니 잡종화 반응 및 소량 플라스미드 준비물의 제한효소 분석, 올리고뉴클레오티드 잡종화반응, 또는 직접 DNA 염기서열 분석(프로토콜 12.3 참조) 등을 이용하여 형질전환 개체를 선별한다.

5. 양성 대조군 벡터, 음성 대조군 벡터, 재조합한 발현벡터를 가진 한 개의 형질전환한 콜로니를 각각 1 ml 배양액(50 μg/ml 농도의 ampicillin을 가진 NZCYM 배지)에 접종한다. 이들을 37℃에서 밤새 키워 포화 배양액을 얻는다.

   낮은 온도에서 배양하면 불용성의 inclusion body 형성을 막는데 때로 도움이 되기도 한다. 불용성 단백질의 처리 관련하여 MC3, 15.9-15.11 페이지를 참조하라.

6. 이들 포화 배양액 50 μl을, 50 ml 크기 플라스크에 든, 50 μg/ml 농도의 ampicillin을 가진 NZCYM 배지 5 ml에 각각 접종한다. 이들을 37℃에서 두 시간 동안 키운다.

   성장배지에 접종한 세균의 수, 유도 전까지의 세포성장 시간 및 유도 후 세포가 자란 밀도를 모니터링함이 중요하다.

7. 배양액 각 1 ml (zero-time aliquot)을 미세원심분리 튜브에 옮긴다. 이들을 단계 9와 10에 기술한 대로 바로 진행하라.

8. 배양액 나머지는 IPTG를 최종 농도 1.0 mM이 되도록 첨가하여 발현을 유도하고 20-37℃ 사이에서 흔들어주며 계속 키운다.

발현시킨 폴리펩티드의 수율과 용해도에 IPTG의 농도 및 배양시간(유도 전과 후 둘 다)이 매우 큰 영향을 줄 수 있다. 만일 자연단백질의 수율이 고려사항이라면, 온도 범위(15-42℃ 사이)와 IPTG의 농도 범위(0.01-5.0 mM)를 먼저 결정해야 한다.

9. 유도 후 0.5, 1, 2, 3시간 경과 시점에, 배양액 각 1 ml을 미세원심분리 튜브에 옮기고, spectrophotometer (분광광도기)로 A_{550} 을 측정하고, 튜브들을 상온에서 1분 동안 최대 속도로 원심분리한다. 상층액은 흡인하여 제거한다.

10. 각 침전물은 1× SDS gel-loading 완충액 100 μl에 다시 풀고, 이들 시료를 100℃에서 3분 동안 가열한다. 이 튜브를 상온에서 1분 동안 최대 속도로 원심분리하고 모든 시료를 전부 수거하여 젤에 전개할 준비가 될 때까지 얼음에 보관한다.

11. 이들 시료를 다시 상온으로 데우고 (원래 배양액의) 0.15 OD_{550} 값 또는 각 현탁액 40 μg 씩을 10% SDS-polyacrylamide 젤에 넣는다.

12. bromophenol blue 염색약이 resolving gel (전개 젤)의 바닥에 이를 때까지 8-15 V/cm 로 젤을 전개한다.

13. 유도한 단백질을 확인하기 위하여 젤을 Coomassie Brilliant Blue 또는 silver로 염색하거나 또는 면역블럿을 수행한다.

14. 표적단백질을 대량발현 및 정제하기 위한 목적이라면, 재조합 및 대조군 플라스미드를 가진 각각의 *E. coli* 콜로니를, 250 ml 크기 플라스크에 든, 50 μg/ml 농도의 ampicillin을 가진 NZCYM 배지 50 ml에 접종한다. 이를 20-37℃ 사이에서 밤샘 배양한다.

15. 이 밤샘 배양한 재조합 플라스미드를 갖고 있는 *E. coli* 배양액 5-50 ml을, 2 리터 크기 플라스크에 든, 50 μg/ml 농도의 ampicillin을 가진 NZCYM 배지 450-500 ml에 접종한다. 배양액이 지수 성장기 중기(A_{550} = 0.5-1.0)에 이를 때까지 20-37℃ 사이에서 흔들어주며 키운다.

16. 앞에서 미리 결정한 최적값의 IPTG 농도, 배양시간, 배양온도에 근거하여 표적 단백질의 발현을 유도한다.

17. 유도한 세포를 적당 시간동안 키운 후, 5000 g (Sorvall SLC-1500 rotor를 사용 시 5500 rpm)로 4℃에서 15분 동안 원심분리하여 수거하고 정제 프로토콜을 수행한다:
    - 만일 발현 단백질이 glutathione S-transferase와 융합되어 있다면, 프로토콜 15.5 수행
    - 만약 발현 단백질이 maltose-binding protein과 융합되어 있다면, 프로토콜 15.6 수행
    - 만일 발현 단백질이 polyhistidine tag을 갖고 있다면, 프로토콜 15.7 수행

프로토콜 15.3

박테리오파지 λ_{pL} 프로모터를 이용하여 클로닝한 유전자를 대장균에서 발현하기
Expression of cloned genes in *E. coli* using the bacteriophage λ_{pL} promoter

이 프로토콜은 (1) 박테리오파지 λ_{pL} 프로모터를 가진 플라스미드 내에 open reading frame (열린 해독틀)을 코딩하는 서열을 클로닝하는 방법, (2) 이러한 재조합 플라스미드를 가진 형질전환 개체에서 표적단백질의 발현을 최적화하는 방법, 그리고 (3) 외래 단백질의 생산 규모를 높이는 방법을 기술하고 있다.

MATERIALS

CAUTION: 〈!〉표시된 물질의 적절한 사용법은 Appendix 4를 참조하세요.

Reagents and Solutions

농축액, 완충액, 시료의 조성은 Appendix 1을 참조하라. 농축액은 적당한 농도로 희석하여 사용하라.

Coomassie Brilliant Blue 또는 silver stain (Appendix 3, 756–763 페이지 참조)

IPTG (isopropyl-β-D-thiogalactosidase) (1 M) 〈!〉

Vectors and Bacterial Strains

박테리오파지 λ cI 유전자의 cI*ts*857(예, strain M5219, 이 종에서는 cIts857 단백질을 열 충격에 의해 불활성화 할 수 있음) 또는 wild-type allele (예, strain G1724 [MC3, A3.6 페이지의 표 A3–2 참조])을 갖고 있는 *E. coli*

*p*L 발현 벡터(예, pAL–781, pAS1, pHUB, pPLc, 또는 pTrxFus)

양성 대조군(예, 정해진 크기의 융합단백질을 코딩하는 pL 발현벡터)

Media and Antibiotics

LB agar

LB 배지

LB 배지, 65℃로 열처리한(조건부; 단계 13 참조)

L–tryptophan (10 mg/ml)

0.5% (w/v) glucose, 0.2% (w/v) casamino acids, 항생제(필요한 경우)가 보충된 M9 최소배지

이 배지는 트립토판으로 유도 가능한 cI–유전자 기반의 발현벡터를 사용할 때에 필요하다.

Nucleic Acids/Oligonucleotides

관심 있는 코딩서열

Gels/Loading Buffers

SDS를 포함한 10% Polyacrylamide gel 〈!〉 (Appendix 3, 761–763 페이지 참조)

1× SDS–gel loading buffer

- 50 mM Tris–Cl (pH 6.8)
- 2% (w/v) SDS, electrophoresis grade
- 0.1% (w/v) bromophenol blue
- 10% glycerol

단계 7에서 이 buffer를 사용하기 직전에 1 M 농도의 dithiothreitol을 최종 농도가 100 mM이 되도록 여기에 첨가한다

Centrifuges/Rotors/Tubes

Sorvall SLC–1500 rotor (4℃)

Additional Items

Boiling–water bath

Adapted from Chapter 15, Protocol 3, p. 15.25 of MC3.

Shaking incubators (30℃ 와 42℃)
이 프로토콜의 단계 1에서는 프로토콜 8.7에 나열한 시약이 필요하다.
이 프로토콜의 단계 2에서는 프로토콜 1.17 또는 1.19에 나열한 시약이 필요하다.
이 프로토콜의 단계 3에서는 프로토콜 1.23에서 1.26까지에 나열한 시약이 필요하다.
이 프로토콜의 단계 4에서는 프로토콜 12.3에 나열한 시약이 필요하다.

Additional Information

SDS-polyacrylamide gel electrophoresis	Appendix 3, pp. 756-763
유도 가능한 프로모터를 이용한 단백질 발현의 Troubleshooting (문제 해결)	MC3, pp. 15.18-15.19
트립토판에 의해 유도 가능한 발현 시스템	MC3, p. 15.26

METHOD

1. pL 발현 벡터에 대응하는 5′ 및 3′ 제한효소 부위를 가진 DNA 절편을 PCR (프로토콜 8.7)로 변형하거나 또는 제한효소 처리로 분리한다.

   PCR로 생성한 구조물은 증폭반응 동안 유사돌연변이가 도입되지 않았음을 확인하기 위해서 염기서열을 검증하여야 한다.

2. 관심 cDNA/유전자를 코딩하는 DNA 절편을 발현벡터에 붙인다(프로토콜 1.17 또는 1.19).
3. cI 유전자의 cI*ts*857 또는 wild-type allele을 갖고 있는 *E. coli* 종을 이 연결반응의 분주액으로 형질전환한다. 이 형질전환 반응을 분주하고 적당한 선택 항생제(보통 50 μg/ml 농도의 ampicillin)를 가진 LB 배지에 플레이팅하고 30℃(cI*ts*857 allele을 갖고 있는 종) 또는 37℃(트립토판으로 유도 가능한 wild-type cI 유전자를 갖고 있는 종)에서 밤샘 배양한다.

   음성 대조군으로, 발현벡터 그 자체도 같은 *E. coli* 종의 여유 세포들에게 형질전환하라.

4. 콜로니 잡종화 반응 및 소량 플라스미드 준비물의 제한효소 분석, 올리고뉴클레오티드 잡종화반응, 또는 직접 DNA 염기서열 분석(프로토콜 12.3 참조) 등을 이용하여 형질전환 개체를 선별한다.
5. 온도를 올리거나 트립토판을 주어 억제단백질 cI을 하향 조절하여, 표적단백질의 발현유도를 위한 최적 조건을 결정한다.

   성장배지에 접종한 세균의 수, 유도 전까지의 세포성장 시간 및 유도 후 세포가 자란 밀도를 모니터링함이 중요하다.

온도로 유도 가능한 시스템을 사용할 때

a. 발현벡터 자체만을 갖고 있거나(cI*ts*857 allele을 가짐) 재조합된 발현벡터를 갖고 있는 한 두 콜로니의 대장균을, 적당한 항생제를 가진 LB 배지 1 ml에 각각 접종한다. 이들을 30℃에서 밤샘 배양한다.

   양성 대조군으로는, 알고 있는 크기의 단백질을 코딩하는 발현벡터를 포함시킨다.

b. 밤샘 배양액 중 50 μl를, 50 ml 크기 플라스크에 든, 항생제가 있는 LB 배지 10 ml에 접종한다. 이를 지수 성장기 중기(A_{550} = 0.5-1.0)에 이를 때까지 30℃에서 키운다.
c. 유도 전 배양액 각 1 ml (zero-time aliquot)을 미세원심분리 튜브에 옮긴다. 이들을 단계 6과 7에 기술한 대로 바로 진행하라.
d. 나머지 배양액들은 40℃로 배양온도를 올려주어 발현을 유도한다. 단계 6으로 진행하라.

트립토판으로 유도 가능한 시스템을 사용할 때

a. 발현벡터 자체만을 갖고 있거나(cI wild-type allele을 가짐) 재조합된 발현벡터를 갖고 있는 한 두 콜로니의 대장균을, 추가성분이 보충된 M9 배지 1 ml에 각각 접종한다. 이들을 37℃에서 밤샘 배양한다.

양성 대조군으로는, 알고 있는 크기의 단백질을 코딩하는 발현벡터를 포함시킨다.

b. 밤샘 배양액 중 50 μl를, 50 ml 크기 플라스크에 든, 추가성분이 보충된 M9 배지 10 ml에 접종한다. 이를 지수 성장기 중기(A_{550} = 0.5–1.0)에 이를 때까지 37℃에서 키운다.

c. 유도 전 배양액 각 1 ml (zero-time aliquot)을 미세원심분리 튜브에 옮긴다. 이들을 단계 6과 7에 기술한 대로 바로 진행하라.

d. 나머지 배양액들에는 트립토판을 최종농도 100 μg/ml이 되도록 첨가해주어 발현을 유도하며 37℃에서 계속 키운다.

6. 유도 기간 동안의 여러 시점(예, 1, 2, 4, 6시간)에서, 배양액 각 1 ml을 미세원심분리 튜브에 옮기고, spectrophotometer (분광광도기)로 A_{550} 을 측정한 다음 튜브들을 상온에서 1분 동안 최대 속도로 원심분리한다. 상층액은 흡인하여 제거한다.

7. 각 침전물은 1× SDS-gel loading 완충액 100 μl에 다시 풀고, 이들 시료를 100℃에서 3분 동안 가열한다. 이 튜브를 상온에서 1분 동안 최대 속도로 원심분리하고 모든 시료를 전부 수거하여 젤에 전개할 준비가 될 때까지 얼음에 보관한다.

8. 이들 시료를 다시 상온으로 데우고 (원래 배양액의) 0.15 OD_{550} 값 또는 각 현탁액 40 μg 씩을 10% SDS-polyacrylamide 젤에 넣는다.

9. bromophenol blue 염색약이 resolving gel (전개 젤)의 바닥에 이를 때까지 8–15 V/cm 로 젤을 전개한다.

10. 유도한 단백질을 확인하기 위하여 젤을 Coomassie Brilliant Blue 또는 silver로 염색하거나 또는 면역블럿을 수행한다.

11. 표적단백질을 대량발현 및 정제하기 위한 목적이라면, 재조합 플라스미드를 가진 *E. coli* 콜로니 하나를 250 ml 크기 플라스크에 든, 항생제를 가진 LB 배지나 또는 추가성분이 보충된 M9 배지 50 ml에 접종한다. 이를 30℃ 또는 37℃에서 각각 밤샘 배양한다.

12. 이 밤샘 배양한 재조합 플라스미드를 가진 *E. coli* 배양액 50 ml을, 2 리터 크기 플라스크에 든, 항생제를 가진 LB 배지나 또는 추가성분이 보충된 M9 배지 450 ml에 접종한다. 배양액이 지수 성장기 중기 (A_{550} = 0.5–1.0)에 이를 때까지 30℃ 또는 37℃에서 각각 흔들어주며 키운다. 이들을 단계 13이나 14에 따라 발현을 유도한다.

13. cI*ts*857 allele을 갖고 있는 *E. coli* 배양액에 65℃로 데운 LB 배지 500 ml을 첨가하여 발현을 유도한다. 앞에서 미리 결정한 최적배양시간 동안 40℃에서 배양한다.

14. cI allele을 갖고 있는 *E. coli* 배양액에 트립토판을 농도 100 μg/ml이 되도록 첨가하여 발현을 유도한다. 앞에서 미리 결정한 최적배양시간 동안 37℃에서 배양한다.

15. 유도한 세포를 적당 시간동안 키운 후, 5000 g (Sorvall SLC-1500 rotor를 사용 시 5500 rpm)로 4℃에서 15분 동안 원심분리하여 수거하고 정제 프로토콜을 수행한다:

- 만일 발현 단백질이 glutathione S-transferase와 융합되어 있다면, 프로토콜 15.5 수행
- 만약 발현 단백질이 maltose-binding protein과 융합되어 있다면, 프로토콜 15.6 수행
- 만일 발현 단백질이 polyhistidine tag을 갖고 있다면, 프로토콜 15.7 수행

프로토콜 15.4

알칼라인 포스파타아제(*phoA*) 프로모터와 신호서열을 이용하여 분비되는 외래단백질을 발현하기

Expression of secreted foreign proteins using the alkaline phosphatase promoter (*phoA*) and signal sequence

외래 단백질의 코딩서열을 *phoA* 신호펩티드를 코딩하는 DNA조각 아래 붙이면 이 단백질을 대장균의 periplasmic space (원형질막 주위공간)으로 분비시킬 수 있다. 외래단백질이 세포질에서 방출되면 신호펩티드는 신호펩티다아제의 촉매작용으로 제거한다.

MATERIALS

CAUTION: 〈!〉표시된 물질의 적절한 사용법은 Appendix 4를 참조하세요.

Reagents and Solutions

농축액, 완충액, 시료의 조성은 Appendix 1을 참조하라. 농축액은 적당한 농도로 희석하여 사용하라.

Coomassie Brilliant Blue 또는 silver stain (Appendix 3, 756–763 페이지 참조)

Vectors and Hosts

E. coli strain

사실상 아무 대장균 종이나 phoA 벡터에 클로닝한 유전자를 발현시키는데 사용할 수 있다. 다만, 모든 세균 발현 시스템 사용 시와 마찬가지로, 여러 온도조건 하에서 한 종 이상의 대장균으로 발현을 시도해보는 것이 필요하다.

pTA1529 (Oka et al. 1985. *Proc. Natl. Acad. Sci.* **82**:7212) 또는 pBAce (UC San Francisco, Department of Pharmaceutical Chemistry 소속의 C. C. Wang으로부터 얻을 수 있음)

양성 대조군(예, 정해진 크기의 융합단백질을 코딩하는 *phoA* 발현벡터)

Media and Antibiotics

Induction medium (유도 배지)

- 1× MOPS salts (제조법은 아래 참조)
- 0.2% (w/v) glucose
- 0.2% casamino acids
- 10 μg/ml adenine
- 0.5 μg/ml thiamine
- 0.1 M neutral phosphate buffer (제조법은 아래 참조)

각 구성요소를 최종부피 1 리터의 물에 섞는다. 여과하여 멸균하고 4℃에 보관하라.

50 μg/ml ampicillin을 가진 LB agar 플레이트

50 μg/ml ampicillin을 가진 LB 배지

Micronutrients (10× MOPS buffer에 사용하는 미량 영양소)

- 37 mg $(NH_4)6Mo_7O_{24} \cdot 4H_2O$
- 84 mg $Cocl_2$
- 158 mg $MnCl_2 \cdot 4H_2O$
- 247 mg H_3BO_3
- 25 mg $CuSO_4$
- 18 mg $ZnSO_4$

최종 부피 10 ml의 물에 녹인다. 여과하여 멸균하고 4℃에 보관하라.

10× MOPS salts (유도 배지에 사용함)

Adapted from Chapter 15, Protocol 4, p. 15.30 of MC3.

400 mM 3-(N-morpholino)propane sulfonic acid (pH 7.4) (MOPS) 〈!〉
40 mM tricine (pH 7.4)
0.1 mM $FeSO_4 \cdot 7H_2O$
95 mM NH_4Cl
2.8 mM K_2SO_4
5 μM $CaCl_2 \cdot 2H_2O$
5.3 mM $MgCl_2 \cdot 6H_2O$
0.5 M NaCl
최종부피 1 리터의 물에 녹인다. 여과하여 멸균하고 4℃에 보관하라. 사용 전에 micronutrients 10 ml을 첨가하라.

Neutral phosphate buffer (1 M, 유도 배지에 사용함)
1 M Na_2HPO_4와 1 M NaH_2PO_4를 같은 몰농도 비율로 섞은 혼합액

Nucleic Acids/Oligonucleotides

관심 있는 코딩서열

Gels/Loading Buffers

SDS를 포함한 10% Polyacrylamide gel 〈!〉 (Appendix 3, 761-763 페이지 참조)
1× SDS-gel loading buffer
50 mM Tris-Cl (pH 6.8)
2% (w/v) SDS, electrophoresis grade
0.1% (w/v) bromophenol blue
10% glycerol
단계 8에서 이 buffer를 사용하기 직전에 1 M 농도의 dithiothreitol을 최종 농도가 100 mM이 되도록 여기에 첨가한다

Centrifuges/Rotors/Tubes

Sorvall SLC-1500 및 SS-34 rotor (4℃)

Additional Items

Boiling-water bath
Shaking incubators
이 프로토콜의 단계 1에서는 프로토콜 8.7에 나열한 시약이 필요하다.
이 프로토콜의 단계 2에서는 프로토콜 1.17 또는 1.19에 나열한 시약이 필요하다.
이 프로토콜의 단계 3에서는 프로토콜 1.23에서 1.26까지에 나열한 시약이 필요하다.
이 프로토콜의 단계 4에서는 프로토콜 12.3에 나열한 시약이 필요하다.

Additional Information

추가 프로토콜(Subcellular Localization of PhoA Fusion Proteins)	MC3, p. 15.35
SDS-polyacrylamide gel electrophoresis	Appendix 3, pp. 756-763

METHOD

1. pTA1529 또는 pBAce의 폴리클로닝 부위에 대응하는 5′ 및 3′ 제한효소 부위를 가진 코딩 DNA 절편을 PCR (프로토콜 8.7)로 변형하거나 또는 제한효소 처리로 분리한다.

   PCR로 생성한 구조물은 증폭반응 동안 유사돌연변이가 도입되지 않았음을 확인하기 위해서 염기서열을 검증하여야 한다.

2. 관심 cDNA/유전자를 코딩하는 DNA 절편을 발현벡터에 붙인다(프로토콜 1.17 또는 1.19).
3. 적당한 *E. coli* 종을 골라 이 연결반응의 분주액으로 형질전환한다. 이 형질전환 반응을 분주하고 50 μg/ml 농도의 ampicillin을 가진 LB 아가에 플레이팅하고 37℃에서 밤샘 배양한다.

   음성 대조군으로, 발현벡터 그 자체도 같은 *E. coli* 종의 여유 세포들에게 형질전환하라.
4. 콜로니 잡종화 반응 및 소량 플라스미드 준비물의 제한효소 분석, 올리고뉴클레오티드 잡종화반응, 또는 직접 DNA 염기서열 분석(프로토콜 12.3 참조) 등을 이용하여 형질전환 개체를 선별한다.
5. 발현벡터 자체, 대조군 플라스미드, 재조합한 플라스미드를 가진 1~2 개의 콜로니를 각각 50 μg/ml 농도의 ampicillin을 가진 LB 배지 1 ml에 접종한다. 이들을 37℃에서 밤샘 배양한다.

   양성 대조군으로는, 알고 있는 크기의 단백질을 코딩하는 발현벡터를 포함시킨다.
6. 이들 밤샘 배양액 50 μl을, 50 μg/ml 농도의 ampicillin을 가진 LB 배지 5 ml에 각각 접종한다. 배양액을 20–37℃ 사이에서 흔들어주며 계속 키운다.

   성장배지에 접종한 세균의 수, 유도 전까지의 세포성장 시간 및 유도 후 세포가 자란 밀도를 모니터링함이 중요하다.
7. 접종 후 여러 시점(예, 0, 6, 12, 18, 24시간)에서, 배양액 각 1 ml을 미세원심분리 튜브에 옮기고, spectrophotometer (분광광도기)로 A_{550} 을 측정한 다음 튜브들을 상온에서 1분 동안 최대 속도로 원심분리한다. 상층액을 흡인하여 제거한다.
8. 각 침전물은 1× SDS–gel loading 완충액 100 μl에 다시 풀고, 이들 시료를 100℃에서 3분 동안 가열한다. 이 튜브를 상온에서 1분 동안 최대 속도로 원심분리하고 모든 시료를 전부 수거하여 젤에 전개할 준비가 될 때까지 얼음에 보관한다.
9. 이들 시료를 다시 상온으로 데우고 (원래 배양액의) 0.15 OD_{550} 값 또는 각 현탁액 40 μg 씩을 10% SDS–polyacrylamide 젤에 넣는다.
10. bromophenol blue 염색약이 resolving gel (전개 젤)의 바닥에 이를 때까지 8–15 V/cm 로 젤을 전개한다.
11. 유도한 단백질을 확인하기 위하여 젤을 Coomassie Brilliant Blue 또는 silver로 염색하거나 또는 면역블럿을 수행한다.
12. 표적단백질을 대량발현 및 정제하기 위한 목적이라면, 재조합 *phoA* 플라스미드를 가진 *E. coli* 콜로니 하나를, 125 ml 크기 플라스크에 든, 50 μg/ml 농도의 ampicillin을 가진 LB 배지 25 ml에 접종한다. 이를 37℃에서 흔들어주며 밤샘 배양한다.
13. 세포를 5000 g (Sorvall SS–34 rotor를 사용 시 6500 rpm)로 15분 동안 원심분리하여 수거한다. 각 세포 침전물을 25 ml의 유도 배지에 풀어 주고 원심분리하여 다시 수거한다.
14. 이 씻어준 세포들을 2.5 ml의 새 유도 배지에 풀고, 이들을 2 리터 크기 플라스크에 든, 500 ml의 유도 배지에 접종한다. 이 대량 배양액을 앞에서 미리 결정한 최적 배양온도에서 최적 배양시간 키운다.
15. 유도한 세포를 적당 시간동안 키운 후, 4000 g (Sorvall SLC–1500 rotor를 사용 시 5000 rpm)로 4℃에서 15분 동안 원심분리하여 수거한다.

프로토콜 15.5 글루타치온 아가로우즈로 친화도 크로마토그래피에 의해 융합단백질을 정제하기

Purification of fusion proteins by affinity chromatography on glutathione agarose

pGEX 벡터로 발현한 재조합 단백질은 glutathione-S-transferase (GST)와 융합되어 있으며 글루타치온 아가로우즈 비드 상에서 친화도 크로마토그래피에 의해 거의 균질하게 정제할 수 있다.

MATERIALS

CAUTION: 〈!〉표시된 물질의 적절한 사용법은 Appendix 4를 참조하세요.

Reagents and Solutions

농축액, 완충액, 시료의 조성은 Appendix 1을 참조하라. 농축액은 적당한 농도로 희석하여 사용하라.

- Coomassie Brilliant Blue 또는 silver stain (Appendix 3, 756–763 페이지 참조)
- Dithiothreitol (DTT) (1 M)
- Glutathione elution buffer
  - 10 mM reduced glutathione
  - 50 mM Tris-HCl (pH 8.0)
- Phosphate-buffered saline (PBS)
- Triton X-100 (0.2% v/v)

Vectors and Hosts

- pGEX 벡터로부터 GST-융합단백질을 발현하는 *E. coli* 세포들

Enzymes and Buffers

- DNase I (5 mg/ml in 20 mM Tris-Cl [pH 7.8])
- Lysozyme
- Pancreatic RNase (5 mg/ml in H_2O)
- 융합단백질을 절단하기에 적합한 단백질 가수분해효소(예, thrombin, enterokinase, 또는 Factor Xa [조건부; 단계 14 참조])

Gels/Loading Buffers

- SDS를 포함한 10% Polyacrylamide gel 〈!〉 (Appendix 3, 761–763 페이지 참조)

Centrifuges/Rotors/Tubes

- Sorvall SS-34 rotor (4℃)

Additional Items

- Boiling-water bath
- Glutathione-agarose beads (Sigma-Aldrich사 및 기타 제조사에서 구입 가능)
  - 대장균 배양액 1리터 당 약 1 ml의 packed beads가 필요하다(MC3, 15.36 페이지 참조).
- 피하 주사기(18, 22, 및 25 게이지)
- Rocking platform (흔들판)
- Shaking incubators
- 이 프로토콜의 단계 1에서는 프로토콜 8.7에 나열한 시약이 필요하다.

Adapted from Chapter 15, Protocol 5, p. 15.36 of MC3.

이 프로토콜의 단계 2에서는 프로토콜 1.17 또는 1.19에 나열한 시약이 필요하다.
이 프로토콜의 단계 3에서는 프로토콜 1.23에서 1.26까지에 나열한 시약이 필요하다.
이 프로토콜의 단계 4에서는 프로토콜 12.3에 나열한 시약이 필요하다.

Additional Information

융합단백질의 절단	MC3, pp. 15.6-15.8
융합단백질의 정제	MC3, pp. 15.4-15.6
SDS-polyacrylamide gel electrophoresis	Appendix 3, pp. 756-763

METHOD

1. slurry (슬러리, 현탁액)가 섞이도록 글루타치온 아가로우즈 비드가 들어있는 용기를 살살 뒤집어 준다.
2. 슬러리 분주액을 15 ml 폴리프로필렌 튜브에 옮긴다(원래 세균 배양액 100 ml 당 대략 0.5-1.0 ml의 슬러리가 필요하다).
3. 이 튜브를 500 g (Sorvall SS-34 rotor를 사용 시 2100 rpm)로 4℃에서 5분 동안 원심분리한다. 조심스럽게 꺼내어 상층액을 버린다.
4. 차가운 PBS 10 bed volume을 비드에 첨가하고 튜브를 수차례 뒤집어 주어 이 슬러리를 섞는다. 이 튜브를 500 g (Sorvall SS-34 rotor를 사용 시 2100 rpm)로 4℃에서 5분 동안 원심분리한다. 조심스럽게 꺼내어 상층액을 버린다.
5. 레진 1 ml당 차가운 PBS 1 ml을 넣어 50% 슬러리를 만든다. 튜브를 수차례 뒤집어 주어 이 슬러리를 섞는다. 세포추출물이 준비될 때까지 이 현탁액을 얼음에 보관한다.
6. 세포 배양액 100 ml 당 4 ml의 PBS를 넣어 세포 침전물을 풀어준다(예, 프로토콜 15.1의 단계 17).
7. 리소자임을 최종 농도 1 mg/ml로 첨가한 다음 세포 현탁액을 얼음에서 30분 동안 배양한다.
8. 0.2% Triton X-100 10ml을 넣는다. 점성이 있는 세포 용해액에 용액을 강하게 주입하기 위해 주사기를 사용하라. 튜브를 수차례 세게 흔들어 이들 detergent(세제, 용제)와 세포용해액이 섞이도록 한다. 튜브에 DNase와 RNase를 각각 최종 농도 5 μg/ml로 넣고 4℃에서 흔들어주면서 10분 동안 더 배양한다. 3000 g (Sorvall SS-34 rotor를 사용 시 5000 rpm)로 4℃에서 30분 동안 원심분리하여 불용성 찌꺼기를 제거한다. 상층액(세포 용해액)을 새 튜브로 옮긴다. DTT를 최종 농도 1 mM이 되도록 첨가한다.

   GST-융합 단백질을 정제하는 과정에서 레진이 막히지 않도록 상층액을 0.45-μm 필터에 통과시켜 미리 걸러주는 것이 필요할 수 있다.
9. 세포 용해액과, PBS에 50% 슬러리 상태로 있는 글루타치온 아가로우즈 비드 적당량을 섞는다. 단백질 추출물을 만들기 위해 사용한 세균 배양액 100 ml 당 0.3-1.0 ml의 슬러리를 사용하라. 이 혼합액을 상온에서 30분 동안 천천히 섞어준다.
10. 이 혼합액을 500 g (Sorvall SS-34 rotor를 사용 시 2100 rpm)로 4℃에서 5분 동안 원심분리한다. 조심스럽게 상층액을 버린다. SDS-polyacrylamide 젤 전기영동으로 분석하기 위해 소량의 상층액은 따로 남겨둔다.
11. 침전물에는 PBS 10 bed volume을 첨가한 다음 튜브를 수차례 뒤집어 섞어주며 레진에 결합 안한 단백질들을 씻어낸다.
12. 500 g (Sorvall SS-34 rotor를 사용 시 2100 rpm)로 4℃에서 5분 동안 원심분리한다. 조심스럽게 상층액을 버린다. SDS-polyacrylamide 젤 전기영동으로 분석하기 위해 소량의 상층액은 따로 남겨둔다.

13. 단계 11과 12를 두 번 더 반복한다.

14. 결합한 GST-융합 단백질은 글루타치온 elution buffer (용출 완충액)으로 용출한다. 다른 방법으로는, GST-융합 단백질이 레진에 여전히 결합되어 있는 상태에서, thrombin, enterokinase, 또는 Factor Xa와 같은 적당한 단백질가수분해효소를 사용하여 이들 관심단백질만을 GST 부분과 분리할 수도 있다.

글루타치온을 사용하여 융합단백질을 용출하기

a. 침전물에 글루타치온 용출 완충액 1 bed volume을 첨가하여 비드에 결합한 단백질들을 용출한다. 튜브를 상온에서 10분 동안 살살 흔들어주며 배양한다.

b. 튜브를 단계 12에서와 같이 원심분리한다. 상층액(용출된 융합단백질이 들어있음)을 새 튜브에 옮긴다.

c. 단계 a와 b를 두 번 더 반복하고, 이들 세 번의 상층액을 모두 합한다.

   정제하는 특정한 융합단백질에 따라, 용출단계 이후에도 상당량의 단백질이 레진에 여전히 붙은 상태로 남아있을 수 있다. 사용해야 할 용출 완충액의 양 및 용출시간이 융합단백질마다 다양할 수도 있다. 추가로 용출을 해야 할 경우도 있다. SDS-polyacrylamide 젤 전기영동으로 GST 단백질 용출액을 모니터링하라.

표적단백질과 GST 부분을 단백질가수분해로 분리하기

a. thrombin, enterokinase, 또는 Factor Xa와 같은 단백질가수분해효소(융합단백질 내에 있는 절단부위에 맞춤)를 비드에 더한다. 레진 부피 각 ml에 대해, 1 ml의 PBS에 들어있는, 적당한 단백질가수분해효소를 50 units 씩 사용하라. 튜브를 수차례 뒤집어 주어 용액을 섞고 이 혼합액을 상온에서 2-16시간 동안 흔들어주며 배양한다. 정확한 배양시간은 일련의 소규모 시험반응을 하여 경험적으로 결정해야한다.

b. 튜브를 500 g (Sorvall SS-34 rotor를 사용 시 2100 rpm)로 4℃에서 5분 동안 원심분리한다. 조심스럽게 상층액을 새 튜브로 옮긴다.

15. 각 단계(세포 추출물, 세척, 및 용출)의 단백질 프로필을 10% SDS-polyacrylamide 젤로 분석하라.

프로토콜 15.6

아밀로즈 레진으로 친화도 크로마토그래피에 의해 말토우즈-결합 융합단백질을 정제하기

Purification of maltose-binding fusion proteins by affinity chromatography on amylose resin

말토우즈-결합단백질과 융합된 외래단백질은 아밀로즈와 같은 교차 연결된 다당류를 갖고 있는 레진 상에서 친화도 크로마토그래피에 의해 거의 균질하게 신속히 정제할 수 있다.

MATERIALS

CAUTION: 〈!〉표시된 물질의 적절한 사용법은 Appendix 4를 참조하세요.

Reagents and Solutions

농축액, 완충액, 시료의 조성은 Appendix 1을 참조하라. 농축액은 적당한 농도로 희석하여 사용하라.

- Cell lysis buffer
  - 30 mM Tris-Cl (pH 7.1)
  - 0.1 mM EDTA (pH 8.0)
  - 20% (w/v) sucrose
- Cell wash buffer
  - 10 mM Tris-Cl (pH 7.1)
  - 30 mM NaCl
- Column elution buffer
  - 10 mM Tris-Cl (pH 7.5)
  - 10 mM maltose
- Column wash buffer
  - 10 mM Tris-Cl (pH 7.1)
  - 1 M NaCl
- Dithiothreitol (1 M)
- $MgCl_2$ (0.1 mM)
- PMSF (phenylmethylsulfonyl fluoride) (17.4 mg/ml in isopropanol at -20℃) 〈!〉
  - PMSF의 대용품인 Pefabloc SC (Roche Applied Science사)는 무독성이며 완충 수용액에서 안정하다.
- Tris-Cl (1 M, pH 7.1)

Vectors and Hosts

pMAL-c2 또는 pMAL-p2와 같은 벡터에서 말토우즈-결합단백질(MBP) 융합단백질을 발현하는 *E. coli* 세포들

Enzymes and Buffers

- DNase I (5 mg/ml in 20 mM Tris-Cl [pH 7.8])
- Lysozyme
- Pancreatic RNase (5 mg/ml in H_2O)
- 융합단백질을 절단하기에 적합한 단백질 가수분해효소(예, thrombin, enterokinase, 또는 Factor Xa [조건부; 단계 7 참조])

Gels/Loading Buffers

SDS를 포함한 10% Polyacrylamide gel 〈!〉 (Appendix 3, 761-763 페이지 참조)

Centrifuges/Rotors/Tubes

Beckman Ti 60 rotor (4℃)
Sorvall SS-34 및 SLC-1500 rotor (4℃)

Additional Items

친화도 크로마토그래피에 사용할 Amylose-agarose beads (New England BioLabs사 및 기타 제조사에서 구입 가능)
비드의 결합 용량은 대략 ml 당 3 mg의 말토우즈-결합단백질이다.
Nalgene filters, 일회용, 100-ml 용량, 0.45-μm pore size
Rocking platform (흔들판)
microtip (미세 팁)이 장착된 초음파분쇄기 (조건부; 단계 3 참조)
이 프로토콜의 단계 1에서는 프로토콜 8.7에 나열한 시약이 필요하다.
이 프로토콜의 단계 2에서는 프로토콜 1.17 또는 1.19에 나열한 시약이 필요하다.
이 프로토콜의 단계 3에서는 프로토콜 1.23에서 1.26까지에 나열한 시약이 필요하다.
이 프로토콜의 단계 4에서는 프로토콜 12.3에 나열한 시약이 필요하다.

Additional Information

융합단백질의 절단	MC3, pp. 15.6-15.8
말토우즈-결합단백질	MC3, p. 15.40
대장균의 원형질막 주위공간으로 분비되는 단백질	MC3, p. 15.43
융합단백질의 정제	MC3, pp. 15.4-15.6
SDS-polyacrylamide gel electrophoresis	Appendix 3, pp. 756-763

METHOD

1. 아밀로즈 아가로우즈를 3 × 6-cm 컬럼에 붓고 10 mM Tris-Cl (pH 7.1)로 평형화시킨다.
2. 원래 배양 부피(보통 50 ml)의 1/10에 해당하는, 냉각한 cell wash buffer에 세포 침전물을 풀어준다. 이들을 5000 g (Sorvall SLC-1500 rotor를 사용 시 5500 rpm)로 4℃에서 15분 동안 원심분리하여 수거하고 세포 침전물을 다시 원래 배양 부피(보통 50 ml)의 1/10에 해당하는, 냉각한 cell wash buffer에 풀어준다.
3. 세포 용해액을 준비한다.

신호서열이 없는 MBP 벡터(pMAL-c2)를 사용한 경우

a. 미세 팁 초음파분쇄기로, 10초씩 세 번 초음파 충격을 주어, 세포를 분쇄한다. 대략 30 W의 출력 세팅을 사용하고 초음파 분쇄하는 동안 세포를 차갑게(0℃) 유지한다.
b. PMSF를 최종 농도 1 mM이 되도록 첨가하고 87,000 g (Beckman Ti 60 rotor를 사용 시 35,000 rpm)로 4℃에서 30분 동안 원심분리하여 용액을 투명하게 한다.
아밀로즈-아가로우즈 크로마토그래피를 이용하여 이 상층액에서 융합단백질을 정제하기 위해 단계 4에 기술한 바와 같이 진행하라.

신호서열이 있는 MBP 벡터(pMAL-p2)를 사용한 경우

a. 세포를 5000 g (Sorvall SLC-1500 rotor를 사용 시 5500 rpm)로 4℃에서 15분 동안 원심분리하여 수거하고 세포 침전물을 원래 배양 부피(보통 25 ml)의 1/20에 해당하는, 냉각한 cell wash buffer에 풀어준다.

b. PMSF를 농도 1 mM이 되도록 첨가한다. 세포현탁액을 상온에서 15분 동안 흔들어준다. 이를 17,200 g (Sorvall SS-34 rotor를 사용 시 12,000 rpm)로 4℃에서 10분 동안 원심분리하여 수거한다.

c. 세포 침전물을 원심분리 튜브 벽쪽 주위로 퍼지게 한다. 냉각한 0.1 mM $MgCl_2$ 용액(원래 배양 부피 1리터 당 100 ml)을 첨가하고 이 현탁액을 4℃에서 10분 동안 흔들어준다.

d. 이 충격을 준 세포들을 17,200 g (Sorvall SS-34 rotor를 사용 시 12,000 rpm)로 4℃에서 10분 동안 원심분리한다. 상층액의 pH가 7.1이 될 때까지 10 mM Tris-Cl (pH 7.1)을 첨가한다.

e. 이 상층액을 100-ml 용량의 일회용 Nalgene 필터(0.45-μm 니트로셀룰로즈 막)에 통과시켜 여과한 다음 여과액을 4℃에서 100 volume의 10 mM Tris-Cl (pH 7.1)로 투석한다.

아밀로즈-아가로우즈 크로마토그래피를 이용하여 이 상층액에서 융합단백질을 정제하기 위해 단계 4에 기술한 바와 같이 진행하라.

4. 단계 3의 상층액을 컬럼에 붓는다. 컬럼을 100 ml의 10 mM Tris-Cl (pH 7.1)로 린스한다. 100 ml의 column wash buffer를 컬럼에 통과시킨다.

5. 결합한 융합 단백질을 50 ml의 column elution buffer로 용출하고 분획을 1-ml 씩 모은다.

6. 일련의 용출 분획들 중 융합단백질이 어느 분획에 있는지 확인하기 위해 수집한 분획의 분주액들을 SDS-polyacrylamide 젤 전기영동으로 분석한다. 융합단백질을 갖고 있는 분획들을 합하여 영하 70℃에 보관한다.

7. 융합단백질을 MBP 부위로부터 분리 절단하기 위해 적당한 단백질 가수분해효소를 사용한다.

a. thrombin, enterokinase, 또는 Factor Xa와 같은 단백질가수분해효소(융합단백질 내에 있는 절단부위에 맞춤)를 비드에 더한다. 레진 부피 각 ml에 대해, 1 ml의 PBS에 들어있는, 적당한 단백질 가수분해효소를 50 units 씩 사용하라. 튜브를 수차례 뒤집어 주어 용액을 섞고 이 혼합액을 상온에서 2-16시간 동안 흔들어주며 배양한다.

b. 튜브를 500 g (Sorvall SS-34 rotor를 사용 시 2100 rpm)로 4℃에서 5분 동안 원심분리한다. 조심스럽게 상층액을 새 튜브로 옮긴다.

일반 크로마토그래피 또는 SDS-polyacrylamide 젤 전기영동에 의해 관심 단백질을 이들 단백질 가수분해효소로부터 분리할 수 있다.

프로토콜 15.7

고정 Ni^{++} 흡착 크로마토그래피에 의해 히스티딘 꼬리가 붙은 단백질을 정제하기

Purification of histidine-tagged proteins by immobilized Ni^{++} absorption chromatography

카르복실 또는 아미노 말단에 여러 개의 히스티딘 꼬리를 갖도록 만든 재조합단백질은, 킬레이트된 니켈이온을 가진 레진으로 친화도 크로마토그래피하여 단일 단계로 쉽게 정제할 수 있다.

MATERIALS

CAUTION: 〈!〉표시된 물질의 적절한 사용법은 Appendix 4를 참조하세요.

Reagents and Solutions

농축액, 완충액, 시료의 조성은 Appendix 1을 참조하라. 농축액은 적당한 농도로 희석하여 사용하라.

Binding buffer (pH 7.8)

- 20 mM sodium phosphate (pH 6.0) (Appendix 1, 695 페이지 참조)
- 500 mM NaCl

Imidazole elution buffer (pH 6.0)

- 20 mM sodium phosphate (pH 6.0) (Appendix 1, 695 페이지 참조)
- 500 mM NaCl
- 적당량의 3 M imidazole을 wash buffer에 첨가하여 각각 10, 50, 100, 150 mM 농도의 imidazole을 가진 네 가지 elution buffer들을 준비하라.

PMSF (phenylmethylsulfonyl fluoride) (17.4 mg/ml in isopropanol at −20℃) 〈!〉

- PMSF의 대용품인 Pefabloc SC (Roche Applied Science사)는 무독성이며 완충 수용액에서 안정하다.

Triton X-100 (10% v/v)

Wash buffer (pH 6.0)

- 20 mM sodium phosphate (pH 6.0) (Appendix 1, 695 페이지 참조)
- 500 mM NaCl

Vectors and Hosts

일련의 pET 벡터들, 예, pET-14에서 pET-16 또는 pET-19에서 pET-44(Novagen사) 중 하나에서 히스티딘 꼬리가 붙은 단백질을 발현하는 *E. coli* 세포들

Enzymes and Buffers

DNase I (5 mg/ml in 20 mM Tris-Cl [pH 7.8])

Lysozyme

Pancreatic RNase (5 mg/ml in H_2O)

Gels/Loading Buffers

SDS를 포함한 10% Polyacrylamide gel 〈!〉 (Appendix 3, 761–763 페이지 참조)

Centrifuges/Rotors/Tubes

Sorvall SS-34 rotor (4℃)

Additional Items

크로마토그래피 컬럼, 유리 또는 폴리프로필렌

Adapted from Chapter 15, Protocol 7, p. 15.44 of MC3.

Metal-chelate affinity support, 예로, ProBond (Invitrogen사)를 들 수 있는데, 이는 iminodiacetic acid (IDA)가, 매우 교차 연결된 6% agarose resin에 결합되어 있는 구조물이다.

레진은 Ni^{++}이 붙은 상태로 제공되며 개별 품목이나 키트 형태 둘 다 구매 가능하다. ProBond는 레진 ml 당 약 5 mg의 재조합단백질이 결합할 수 있다. 이와 유사한 레진들을 기타 제조사에서도 구입할 수 있다.

Nalgene filters, 일회용, 100-ml 용량, 0.45-μm pore size (조건부; 단계 8 참조)

Rocking platform (흔들판) (4℃)

Additional Information

추가 프로토콜(Regeneration of NTA-Ni^{2+}-Agarose)	MC3, p. 15.48
대체 프로토콜(Elution of Polyhistidine-tagged Proteins from Metal Affinity Columns Using Decreasing pH)	MC3, p. 15.47
Ni^{++} absorption chromatography	MC3, pp. 15.44-15.45
융합단백질의 정제	MC3, pp. 15.4-15.6
SDS-polyacrylamide gel electrophoresis	Appendix 3, pp. 756-763

METHOD

1. slurry (슬러리, 현탁액)가 잘 섞이도록 Ni^{++}이 붙은 크로마토그래피 레진 병을 살살 뒤집어 준 다음 이 중 2 ml을 폴리프로필렌 또는 유리 컬럼으로 옮긴다. 레진이 중력에 의해 가라앉아 패킹되도록 놓아둔다.
2. 레진을 3 column volume의 멸균수로 씻어준다.
3. 레진을 3 column volume의 binding buffer (pH 7.8)로 평형화시킨다. 컬럼이 이제 단계 9에서 사용하도록 준비되었다.
4. 세포 배양액 100 ml 당 4 ml의 binding buffer (pH 7.8)를 넣어 세균 침전물을 풀어준다.
5. 리소자임을 최종 농도 1 mg/ml로 첨가한 다음 세포 현탁액을 얼음에서 30분 동안 배양한다.

   중요: PMSF나 Prefabloc SC와 같은 단백질 가수분해효소 억제제는 첨가해도 되지만, EDTA나 기타 킬레이터는, 친화도 레진에서 Ni^{++}을 제거해버려 히스티딘과의 결합능을 손상할 수 있으므로, 첨가하지 않는다.
6. 이 혼합액을 4℃에서 10분 동안 흔들판 위에서 반응시킨다.
7. 튜브에 Triton X-100, DNase 및 RNase를 최종 농도 1%, 5 μg/ml 및 5 μg/ml로 각각 넣고 4℃에서 흔들어주며 10분 더 반응시킨다.
8. 3000 g (Sorvall SS-34 rotor를 사용 시 5000 rpm)로 4℃에서 30분 동안 원심분리하여 불용성 찌꺼기를 제거한다. 상층액(세포 용해액)을 새 튜브에 수거한다.

   융합 단백질을 정제하는 과정에서 레진이 막히지 않도록 상층액을 0.45-μm 필터에 통과시켜 미리 걸러주는 것이 필요할 수 있다.
9. 레진 위쪽에 있는 binding buffer가 컬럼 끝부분에 닿을 때까지 서서히 배출시킨다.
10. 세포 용해액(단계 8)을 컬럼에 곧바로 넣는다. 유속은 시간 당 10 column volume으로 맞춘다.

    Ni^{++} 친화도 레진은 일반적으로 레진 ml 당 대략 8-12 mg의 단백질이 결합할 것이다. 대장균이 생산하는 히스티딘 꼬리 부착 단백질의 양은 표적단백질에 따라 다양하지만, 대개 세포 배양액 100 ml 당 1-10 mg 정도의 단백질이 생산된다.
11. 컬럼을 6 column volume의 binding buffer (pH 7.8)로 씻어준다.
12. 컬럼을 4 column volume의 wash buffer (pH 6.0)로 씻어준다. 컬럼 통과용액의 A_{280} 이 0.01 아래로

떨어질 때까지 컬럼을 계속 씻어준다.

13. 결합한 단백질을 6 volume의 10 mM imidazole elution buffer로 용출한다. 컬럼에서 분획을 1-ml 씩 수집하고 각 분획의 A_{280}을 모니터링한다.

14. 더 높은 농도의 imidazole (즉, 50, 100, 150 mM)을 가진 imidazole elution buffer들로 단계 13을 반복한다.

    대체 방법으로, 10에서 100 mM까지의 imidazole 연속 농도구배를 사용하여 단백질을 용출하라. 대다수의 히스티딘 꼬리 부착 단백질은 50 과 100 mM imidazole 농도사이에서 용출될 것이다.

15. 관심 단백질이 어느 분획에 있는지 확인하기 위해 수집한 분획의 분주액 20μl 씩을 10% SDS-polyacrylamide 젤에 전기영동하여 분석한다.

    여러 제조사들이 His(6) 서열에 특이적인 항혈청을 판매하고 있다. His 꼬리를 가진 단백질을 확인하기 위한 웨스턴 블럿 실험에 이들 혈청을 사용할 수 있다.

프로토콜 15.8

인클루전 바디에서 발현단백질을 정제하기

Purification of expressed proteins from inclusion bodies

대장균에서 외래단백질을 다량으로 발현시키면 때로 발현단백질의 불용성 응집물로 이루어진 인클루전 바디가 생겨나기도 한다. 세균 용해액을 원심분리하여 인클루전 바디를 회수한 다음 이를 Triton X-100과 EDTA로 씻어주어 응집한 외래단백질로부터 가능한 한 많은 양의 세균 본래의 단백질들을 제거한다.

수용성 단백질을 얻을려면, 씻어준 인클루전 바디를 먼저 변성 시약에 녹인 후 희석이나 투석으로 변성시약을 서서히 제거해주어 인클루전 바디에서 방출된 단백질을 재생한다. 인클루전 바디를 용해하기 위하여 여기 기술한 과정을 사용하겠지만, 각 단백질마다, 경험적으로 결정해야만 하는, 다소 다른 과정이 필요할 수도 있다.

MATERIALS

CAUTION: 〈!〉표시된 물질의 적절한 사용법은 Appendix 4를 참조하세요.

Reagents and Solutions

농축액, 완충액, 시료의 조성은 Appendix 1을 참조하라. 농축액은 적당한 농도로 희석하여 사용하라.

Cell lysis buffer I
- 50 mM Tris-Cl (pH 8.0)
- 1 mM EDTA (pH 8.0)
- 100 mM NaCl

Cell lysis buffer II
- 50 mM Tris-Cl (pH 8.0)
- 10 mM EDTA (pH 8.0)
- 100 mM NaCl
- 0.5% (v/v) Triton X-100

Deoxycholic acid, protein grade

HCl (12 M) (concentrated HCl) 〈!〉

Inclusion body solubilization buffer I (사용 직전에 준비함)
- 50 mM Tris-Cl (pH 8.0)
- 1 mM EDTA (pH 8.0)
- 100 mM NaCl
- 8 M urea
- 0.1 M PMSF 또는 Pefabloc SC

Inclusion body solubilization buffer II
- 50 mM KH_2PO_4 (pH 10.7)
- 1 mM EDTA (pH 8.0)
- 50 mM NaCl

KOH (10 N) 〈!〉

PMSF (phenylmethylsulfonyl fluoride) (17.4 mg/ml in isopropanol at −20℃)

PMSF의 대용품인 Pefabloc SC (Roche Applied Science사)는 무독성이며 완충 수용액에서 안정하다.

Tris-Cl (0.1 M, pH 8.5) with urea

단계 7의 방법 2에 사용함. 다른 요소 농도를 가진(즉, 0.5, 1, 2, 5 M) 0.1 M Tris-Cl (pH 8.5)을 준비한다. 요소는 수용액에서 분해되기 때문에, 용액은 고체 요소로 매번 새로 만들고 곧바로 사용하라.

Vectors and Bacterial Strains

관심단백질을 인클루전 바디 형태로 발현하는 *E. coli* 세포들(1리터 배양액)

Enzymes and Buffers

DNase I (1 mg/ml in 20 mM Tris–Cl [pH 7.8])
Lysozyme

Gels/Loading Buffers

SDS를 포함한 10% Polyacrylamide gel 〈!〉 (Appendix 3, 761–763 페이지 참조)
1× SDS–gel loading buffer
- 50 mM Tris–Cl (pH 6.8)
- 2% (w/v) SDS, electrophoresis grade
- 0.1% (w/v) bromophenol blue
- 10% glycerol

단계 13에서 이 buffer를 사용하기 직전에 1 M 농도의 dithiothreitol을 최종 농도가 100 mM이 되도록 여기에 첨가한다.

2× SDS–gel loading buffer
- 100 mM Tris–Cl (pH 6.8)
- 4% (w/v) SDS, electrophoresis grade
- 0.2% (w/v) bromophenol blue
- 20% glycerol

단계 7과 14에서 이 buffer를 사용하기 직전에 1 M 농도의 dithiothreitol을 최종 농도가 100 mM이 되도록 여기에 첨가한다.

Centrifuges/Rotors/Tubes

Sorvall SLC–1500 rotor (4℃)

Additional Items

유리막대(매끄럽게 연마해 놓은)
pH paper

Additional Information

추가 프로토콜(Refolding Solubilized Proteins Recovered from Inclusion Bodies) MC3, p. 15.53
Chaotropic reagents MC3, p. 15.60
융합단백질의 정제 MC3, pp. 15.4–15.7

METHOD

1. 관심단백질을 발현하는 대장균 세포 배양액 1리터를, 5000 g (Sorvall SLC–1500 rotor를 사용 시 5500 rpm)로 4℃에서 15분 동안 원심분리하여, 미리 무게를 재둔 원심분리 병에 수거한다.

   중요: 단계 2에서 4까지는 4℃에서 수행하라.

2. 상층액을 제거하고 대장균 침전물의 무게를 잰다. 대장균 그램(wet weight) 당 3 ml의 cell lysis buffer I을 첨가한다. 가볍게 볼텍스하거나 매끄러운 유리막대로 저어 세포침전물을 다시 풀어준다.
3. 대장균 그램 당 4 µl의 100 mM PMSF나 Pefabloc SC를 첨가하고, 80 µl의 10 mg/ml 리소자임을 넣는다. 이 현탁액을 20분 동안 흔들어 준다.
4. 계속 흔들어 주며, 대장균 그램 당 4 mg의 deoxycholic acid를 첨가한다.
5. 이 현탁액을 37℃에 보관하고 가끔 유리막대로 저어준다. 세포 용해액이 끈적거리면, 대장균 그램 당 20 µl의 1 mg/ml DNase I을 넣는다.

6. 세포 용해액이 더 이상 끈적거리지 않을 때까지(~ 30분) 상온에 보관한다.
7. 다음 두 방법 중 하나를 이용하여 인클루전 바디를 정제하고 씻어준다.

방법 1: Triton X-100을 사용하여 인클루전 바디를 복구하기

a. 세포 용해액을 미세원심분리기에서 최대속도로 4℃에서 15분 동안 원심분리한다.
b. 상층액을 제거한다. 세포침전물을 9 volume의 cell lysis buffer II에 4℃에서 다시 풀어준다.
c. 이 현탁액을 상온에 5분 동안 보관한다.
d. 튜브를 미세원심분리기에서 최대속도로 4℃에서 15분 동안 원심분리한다.
e. 상층액을 제거하고 다음 단계에 사용하기 위해 따로 놓아둔다. 세포침전물을 100 μl의 물에 다시 푼다.
f. 상층액 및 다시 풀어놓은 세포침전물 10 μl를 각각 분리한다. 관심 단백질이 어느 분획에 있는지 확인하기 위하여 이들 각 시료와 10 μl의 2× SDS-gel loading buffer를 섞고 SDS-polyacrylamide 젤 전기영동으로 분석한다.
g. 필요하다면, 인클루전 바디를 용해하기 위하여 단계 8을 수행하라.

방법 2: urea를 사용하여 인클루전 바디를 복구하기

a. 세포 용해액을 미세원심분리기에서 최대속도로 4℃에서 15분 동안 원심분리한다.
   중요: 단계 b, d와 f는 4℃에서 수행하라.
   다음은 다른 요소 농도의 완충액으로 인클루전 바디를 세척하고 용해하는 단계들이다.
b. 상층액을 제거한다. 세포침전물을 대장균 그램 당 1 ml의 물에 다시 풀어준다. 네 개의 미세원심분리 튜브에 각각 100 μl 씩 분주하고 나머지 현탁액은 4℃에 보관한다.
c. 100 μl 분주액을 미세원심분리기에서 최대속도로 4℃에서 15분 동안 원심분리한다.
d. 상층액을 제거한다. 각 침전물을, 다른 요소 농도를 가진(즉, 0.5, 1, 2, 5 M) 0.1 M Tris-Cl (pH 8.5) 100 μl에, 다시 풀어준다.
e. 튜브를 미세원심분리기에서 최대속도로 4℃에서 15분 동안 원심분리한다.
f. 상층액을 제거하고 다음 단계에 사용하기 위해 따로 놓아둔다. 각 침전물을 100 μl의 물에 다시 푼다.
g. 상층액 및 다시 풀어놓은 침전물 10 μl를 각각 분리한다. 어떤 요소 농도에서 인클루전 바디가 가장 잘 복구되는지 확인하기 위하여 이들 각 시료와 10 μl의 2× SDS-gel loading buffer를 섞고 SDS-polyacrylamide 젤 전기영동으로 분석한다.
h. 단계 g에서 결정한, 적당한 요소 농도를 사용하여, 이 방법에서 기술한 대로 나머지 침전물(단계 b)을 씻어주라.
i. 필요하다면, 인클루전 바디를 용해하기 위하여 단계 8을 수행하라.

8. 단계 7에서 적당하게 풀어놓은 침전물을 미세원심분리기에서 최대속도로 4℃에서 15분 동안 원심분리한 다음, 0.1 mM PMSF나 Pefabloc SC (새로 첨가함)를 가진 Inclusion body solubilization buffer II 100 μl에 풀어준다.
9. 이 용액을 상온에서 1시간 동안 보관한다.
10. 이 용액에 9 volume의 Inclusion body solubilization buffer II를 첨가하고 이 혼합액을 상온에서 30분 동안 반응시킨다. 소량의 분주액을 pH paper에 찍어보아 pH가 10.7로 유지되는지 확인한다. 필요하다면, 10 N KOH로 pH를 10.7로 조정하라.

11. 12 M HCl을 사용하여 용액의 pH를 8.0으로 맞추고 이를 상온에서 적어도 30분 동안 보관한다.
12. 용액을 미세원심분리기에서 최대속도로 상온에서 15분 동안 원심분리한다.
13. 상층액을 제거하고 다음 단계에 사용하기 위해 따로 놓아둔다. 침전물을 100 μl의 1× SDS gel-loading buffer에 다시 푼다.
14. 상층액 및 다시 풀어놓은 침전물 10 μl를 각각 분리한다. 상층액 시료를 10 μl의 2× SDS gel-loading buffer와 섞는다. 용해정도를 확인하기 위하여 두 시료를 SDS-polyacrylamide 젤 전기영동으로 분석한다.

제16장

클로닝한 유전자를 배양중인 포유류 세포 내로 도입하기

Introducing Cloned Genes into cultured Mammalian Cells

Introduction, 599
표 16-1, 600
프로토콜 16.1 Lipofection을 매개로 하여 DNA 형질전환하기, 601
프로토콜 16.2 칼슘 인산염을 매개로 하여 플라스미드 DNA를 진핵세포 내로 형질전환하기, 604
프로토콜 16.3 칼슘 인산염을 매개로 하여 고분자량의 Genomic DNA를 진핵세포 내로 형질전환하기, 608
프로토콜 16.4 DEAE-Dextran을 매개로 하여 형질전환하기: 고효율 방법, 611
프로토콜 16.5 Electroporation에 의해 DNA 형질전환하기, 613
프로토콜 16.6 Biolistics에 의해 DNA 형질전환하기, 616
프로토콜 16.7 Polybrene을 사용하여 DNA 형질전환하기, 619

BACKGROUND INFORMATION

다른 언급이 없으면 기본이 되는 정보는 *Molecular Cloning: A Laboratory Manual*, 3판 (이제부터 MC3)에 있다.

형질전환에 필요한 판매용 키트 및 시약	MC3, p. 16.5
형질전환 방법의 개요	MC3, pp. 16.2–16.6

INTRODUCTION

클로닝한 DNA를 배양중인 진핵세포에 도입할 수 있는 방법들이 지난 10여년 동안 크게 발전하였다. 전통적인 생화학적 방법인 칼슘인산염 침전법으로 여러 다양한 세포타입을 효율적으로 형질전환할 수 있게 되었고, 다양하게 성능이 개선된 리포좀 제제들이 사용 가능하게 되었으며, electroporation (전기천공법)과 biolistic particle delivery (미세 발사체 배송)와 같은 물리적인 방법들도 그동안 다른 방법에 의해서는 형질전환이 어려웠던 여러 세포주들에 대해 성공적으로 사용되어 왔다. 그렇지만, 모든 경우에 모든 배양세포 타입에 완벽하게 작용하는 단일한 방법은 없다. 그러므로 이 장에서 논하는 프로토콜들은 화학적 및 물리적 제제를 매개로 한 형질전환방법을 체계적으로 최적화하기 위한 출발점으로 보아야 한다. 표준 reporter gene (보고유전자)를 가진 플라스미드를 도입하여 일단 긍정적인 신호를 얻었다면 초기 세포밀도, DNA의 양 및 순도, 배양배지 및 혈청, 형질전환조건에 사용된 시간 및 노출정도 등 여러 변수들을 체계적으로 변화시켜 시험하여 이 형질도입에 필요한 최적의 조건을 확립할 수 있을 것이다. 16장에서 기술한, 가장 흔히 사용 중인 7가지 형질전환 방법의 특징 및 용도를 요약하여 표 16-1에 나타내었다.

표 16-1 형질전환 방법들

방법	발현: 일시적	발현: 안정적	세포 독성	세포 타입	설명
지질 매개 프로토콜 1	예	아니오	다양함	부착세포, 1차 세포주, 현탁배양세포	양이온 지질은 DNA분자와 결합하는 인공 막주머니(리포좀)를 만든다. 이 결과 생겨난 안정적인 양이온 결합체는 음전기를 띈 세포막에 붙고 융합한다.
칼슘인산염 매개 프로토콜 2와 3	예	예	없음	부착세포(CHO, 293), 현탁배양세포	칼슘인산염은 DNA와 불용성 침전물을 형성하는데 이는 세포표면에 붙고 내세포작용(endocytosis)에 의해 흡입된다.
DEAE-dextran 매개 프로토콜 4	예	아니오	있음	BSC-, CV-1, COS	양전하의 DEAE-dextran과 음전하의 DNA 인산기가 붙고, 이 결합체는 음전하의 세포막과 결합한다. 세포 내 흡입은 삼투압 충격에 의해 강화된, 내세포작용에 의해 일어나리라 생각된다.
Electroporation 프로토콜 5	예	예	없음	다수	다수의 포유류 및 식물세포에 순간 고전압 전기충격을 주면 이들 세포의 막에 나노미터 크기의 구멍이 생긴다. DNA는 이들 구멍을 통하거나 또는, 구멍폐쇄를 동반하는 막 구성물의 재배열 결과로 세포질내로 직접 도입된다. electroporation은 매우 효율이 높으며 일시적이거나 안정적인 형질전환 둘 다에 사용 가능한 방법이다.
Biolistics 프로토콜 6	예	예	없음	1차 세포주; 조직, 기관, 식물세포	입자가속시스템에 의해 세포, 조직, 또는 세포 소기관에 DNA를 운반할 목적으로 텅스텐이나 금 소립자들을 DNA와 결합시킨다. 이 과정을 미세발사체 폭격(microprojectile bombardment)방법, 유전자 총(gene gun)방법, 입자가속(particle acceleration)방법 등의 여러 이름으로 불러왔다. Biolistics는 다른 방법으로는 형질전환시키기가 불가능하거나 매우 어려운 세포주를 형질전환시키는데 주로 사용된다.
Polybrene 프로토콜 7	예	예	다양함	CHO, Keratinocyte	다가 양이온 polybrene은 저분자량 DNA (예, 플라스미드 DNA)를 다른 방법들로는 형질전환이 쉽지않은 세포주에 효율적이며 안정적으로 도입할 수 있게 한다. DNA의 흡수는 세포막을 투과 가능케 변화시키는 삼투압 충격과, DMSO에 의해 증진된다.

프로토콜 16.1

Lipofection을 매개로 하여 DNA 형질전환하기

DNA Transfection Mediated by Lipofection

매우 다양한 lipofecting agents가 시판중인데, 모든 조건에 전부 작용하는 것은 없다. 우선 일련의 지질 또는 지질조합을 포함하는 최적화 키트, 예로 PerFect Lipid Transfection Kit (Invitrogen사), Transfection Optimization Kit (Invitrogen사), 또는 Tfx Reagents Transfection Trio (Promega사), 를 구매하여 시도해 볼 만하다. 이 프로토콜은 가장 흔히 사용되는 두 가지 lipofecting agent: 단일 양이온 지질 DOTMA (Lipofectin, Invitrogen사)와 다중 양이온 지질 DOGS (Transfectam, Promega사)의 사용법을 기술하고 있다. 여러 변수들이 이들 및 기타 제제를 이용한 lipofection의 효율에 영향을 주기 때문에, 아래 프로토콜을, 최대의 시그널 대비 배경 비율을 얻고 반복실험 간 편차를 최소화하기 위한 체계적인 최적화 기준으로 사용하도록 한다(Lipofection, MC3, 16.50–16.51 페이지 참조).

MATERIALS

Reagents and Solutions

농축액, 완충액, 시료의 조성은 Appendix 1을 참조하라. 농축액은 적당한 농도로 희석하여 사용하라.

Lipofection reagent (표 16–2 참조)

Lipofectin은 보통 DOPE와 같은 보조지질과 혼합되어 제공된다.

Lipofectin은 지질성분이 폴리프로필렌(예, 일반 미세원심분리 튜브)에 결합하므로 폴리스티렌 튜브를 사용해야만 한다.

또는

Transfectam, 이 프로토콜에서 Lipofectin을 대신하여 사용 가능하다.

Transfectam과 같은 폴리아민은 폴리프로필렌 튜브를 사용하지 않아도 된다.

NaCl (5 M)

Sodium citrate (20 mM, pH 5.5), 150 mM NaCl을 포함 (조건부).

Transfectam을 lipofection reagent로 사용 시 이 완충액을 플라스미드 DNA의 희석액으로 사용하라.

Vectors and Hosts

플라스미드 DNA (1 μg/ml in H_2O [Lipofectin] or in Sodium citrate buffer [Transfectam]).

lipofection을 처음 시도하거나 익숙치 않은 세포주를 사용 시에는 대장균의 β–갈락토시다제나 녹색형광단백질을 인코딩하는 발현 플라스미드를 준비하라. 이는 여러 제조사(pCMV–SPORT β–gal [Invitrogen사] 또는 pEGFP–F [Clontech사])에서 구매 가능하다. 폐쇄원형 플라스미드 DNA는 1장에서 기술한 바와 같이 컬럼 크로마토그래피방법에 의해 정제하여야 한다.

Cells, Tissues/Culture Media

지수적으로 자라는 포유류 배양세포

이 프로토콜은 60–mm 배양접시에서 자라는 세포를 위해 디자인되었다. 만약 다수 웰 플레이트나 플라스크, 또는 다른 직경의 접시를 사용한다면 세포 수와 배양배지와 제제의 양을 알맞게 조정해야 한다.

세포배양용 성장배지, 완전, 무 혈청, 그리고 (조건부) 선택배지

Additional Items

플라스틱웨어(Lipofectin은 폴리스티렌 튜브만 사용해야한다).

이 프로토콜의 단계 9에서는 프로토콜 17.7의 시약이 필요하다.

Additional Information

추가 프로토콜(단층세포의 β-갈락토시다제에 대한 조직화학적 염색법)	MC3, p. 16.13
Lipofection	MC3, pp. 16.50-16.51

METHOD

1. lipofection을 하기 24시간 전에, 지수적으로 자라고 있는 포유류 세포를 트립신 처리로 수거하고 60-mm 조직배양 접시에 10^5 세포/접시(또는 5 × 10^4 세포/35-mm 접시)의 밀도로 재접종한다. 성장배지 5 ml (또는 35-mm 접시에는 3 ml)을 첨가하여, 이를 습기가 있는 배양기에서 37℃, 5-7% 농도의 CO_2 조건으로 20-24시간 동안 키운다.

   세포는 lipofection 시에 75% 밀집(confluent) 정도여야 한다.

2. 형질전환할 배양세포 60-mm 접시 당, 100 μl의 멸균, 탈이온 증류수(Lipofectin 사용 시), 또는 150 mM NaCl (pH 5.5)을 함유한 20 mM sodium citrate (Transfectam 사용 시)가 들어있는 폴리스티렌 또는 폴리프로필렌 튜브에 플라스미드 DNA 1-10 μg을 희석한다.

   중요: Lipofectin으로 형질전환 시에는 폴리스티렌 튜브를 사용한다; 왜냐하면 양이온 지질 DOTMA는 폴리프로필렌 튜브에 비특이적으로 결합할 수 있기 때문에 폴리프로필렌 튜브를 사용해서는 안된다. 다른 양이온 지질의 경우에는 제조사가 추천하는 튜브를 사용하도록 한다.

3. 튜브들을 상온에서 10분 동안 배양한다.

4. 지질용액을 DNA에 첨가하고 상하로 여러번 피펫팅하여 섞어준다. 이 혼합용액을 상온에서 10분 동안 배양한다.

5. DNA-지질용액을 배양하는 동안, 형질전환할 세포들을 무혈청배지로 3회 씻어준다. 세 번째 린스 후, 각각의 60-mm 접시에 무혈청배지 0.5 ml을 첨가하고, 씻은 세포들은 5-7% CO_2 농도의 대기, 37℃ 배양기에 다시 넣어둔다.

   세포에 lipid-DNA 리포좀을 첨가하기 전에 혈청이 안 들어있는 배양액으로 이들을 린스해주는 것이 매우 중요하다.

6. DNA-지질용액을 10분 동안 배양 후, 각 튜브에 900 μl의 무혈청배지를 첨가한다. 이 용액을 피펫을 수차례 상하로 섞어준다. 튜브를 실온에서 10분간 배양한다.

7. DNA-지질-배양액을 60-mm 세포배양접시에 옮겨준다. 이 세포들을 5-7% CO_2 농도의 대기, 37℃ 배양기에서 1-24시간동안 배양한다.

8. 세포들을 적정시간동안 DNA에 노출시킨 후, 이들을 무혈청배지로 3회 씻어준다. 이제 세포들에게 완전배지를 첨가하고 배양기에서 계속 키운다.

9. 만일 안정적으로 형질전환된 세포를 얻을 목적이라면 단계 10을 진행한다. lipofection후 24-96시간이 경과한 세포들을 다음 분석법 중 하나로 조사한다.

   - 대장균 β-갈락토시다제를 발현하는 플라스미드 DNA를 사용하였다면, 세포용해액에서 이 효소활성을 측정하기 위해 프로토콜 17.7에 기술한 단계를 수행한다.
   - 만약 녹색형광단백질 발현벡터를 사용하였다면, 450-490 nm 파장범위의 빛을 조사하여 현미경으로 세포를 관찰한다.
   - 다른 유전자발현산물의 경우, 새로 합성된 단백질을 in vivo 대사표지(metabolic labeling), 또는 세포추출물 내 효소활성분석에 이어 방사면역분석법(radioimmunoassay), 면역블럿팅(immunoblotting), 면역침강법(immunoprecipitation)으로 분석할 수 있다.

안정적 형질전환세포(stable transfectants)를 분리하기 위하여

10. 세포를 완전배지에서 48–72시간동안 배양한 후 트립신처리를 한 다음 적당한 선택배지에 재분주하여 키운다. 죽은 세포의 잔재를 제거하고 내성세포의 콜로니만 자랄 수 있도록 이 선택배지를 2–3주 동안에 걸쳐 매 2–4일마다 새로 바꿔준다. 이후 각각의 생존한 콜로니를 선별하고 각각 증식시켜 분석에 사용한다.

표 16-2 Lipofection에 사용하는 지질들의 예

약어	IUPAC 명칭	종류	제품명	형질전환 시 주로 사용하는 세포주
DOTMA	*N*–[1–(2, 3–dioleoyloxy)propyl]–*N*,*N*,*N*–trimethylammonium chloride	monocationic	Lipofectin	AS52 H187 mouse L cells NIH–3T3 HeLa
DOTAP	*N*–[1–(2,3–dioleoyloxy)propyl]–*N*,*N*,*N*–trimethylammonium methyl sulfate	monocationic	DOTAP	HeLa
DMRIE	1,2–dimyristyloxypropyl–3–dimethyl–hydroxyethylammonium bromide	monocationic	DMRIE–C	Jurkat CHO–K1 COS–7 BHK–21
DDAB	dimethyl dioctadecylammonium bromide	monocationic	LipofectACE	COS–7 CHO–K1 BHK–21 mouse L cells
Amidine	*N*–*t*–butyl–*N*′– tetradecyl– 3–tetradecyl–aminopropionamide	monocationic	CLONfectin	A–431 HEK293 BHK–21 HeLa L6 CV–1
DC–Cholesterol	3β[*N*–(*N*′, *N*′–dimethylaminoethane) carbamoyl]–cholesterol	monocationic	DC–Cholesterol	
DOSPER	1,3–dioleoyloxy–2–(6–carboxyspermyl) propylamide	dicationic	Tfx	CHO HeLa NIH–3T3
DOGS	spermine–5–carboxy–glycine dioctadecyl–amide	polycationic	Transfectam	293 HeLa HepG2 HC11 NIH–3T3
DOSPA	2, 3–dioleoyloxy–*N*–[2(sperm inecarboxy–amido)ethyl]–*N*,*N*–dimethyl–1–propan–aminium trifluoroacetate	polycationic	LipofectAMINE	HT–29 BHK–21 keratinocytes MDCK NIH–3T3
TM–TP5	*N*,*N*′,*N*″,*N*‴–tetramethyl–*N*,*N*′,*N*″,*N*‴–tetrapalmitylspermine	polycationic	CellFECTIN	CHO–K1 COS–7 BHK–21 Jurkat

프로토콜 16.2

칼슘 인산염을 매개로 하여 플라스미드 DNA를 진핵세포 내로 형질전환하기

Calcium-phosphate-mediated Transfection of Eukaryotic Cells with Plasmid DNAs

칼슘인산염과 DNA는 불용성침전물을 이루는데 이는 세포표면에 붙고 내세포작용으로 세포안으로 도입된다. 이 프로토콜은 CHO세포와 인간배아기 신장세포주 293 라인에 최적화된 칼슘인산염 매개 형질전환방법을 기술하고 있다. 그렇지만, 이 프로토콜은 다른 배양세포들, 부착성 또는 비부착성 둘 다, 의 안정화 라인에도 적용하여 사용할 수 있다.

MATERIALS

CAUTION: 〈!〉표시된 물질의 적절한 사용법은 Appendix 4를 참조하세요.

Reagents and Solutions

농축액, 완충액, 시료의 조성은 Appendix 1을 참조하라. 농축액은 적당한 농도로 희석하여 사용하라.

$CaCl_2$ (2.5 M)

Chloroquine (100 mM) (조건부; 단계 5 참고)

Chloroquine diphosphate 52 mg을 1 ml의 탈이온수에 녹인다. 이 용액을 0.22-μm 필터에 통과시켜 멸균처리하고 호일로 싼 튜브에 넣어 영하 20℃에 보관한다.

Giemsa 염색액(10% w/v), PBS 또는 물에 매번 새로 준비한 후, 사용 전에 Whatman No. 1 여과지로 걸러 사용한다.

Glycerol (15% w/v), 1× HEPES-완충 식염수에 준비한다(조건부; 단계 5 참조).

고압멸균처리한 글리세롤을, 사용 바로 전에, 멸균한 HEPES-완충 식염수에 첨가하여 사용한다.

2× HEPES-buffered saline

42 mM HEPES

14 mM Na_2HPO_4

274 mM NaCl

10 mM KCl

12 mM dextrose

용액의 pH를 7.10으로 맞춘다. 용액을 여과하여 멸균하고 50-100 ml씩 분주하여 저장한다. 사용전에 용액의 pH가 변하였는지 점검한다.

Methanol 〈!〉

Phosphate-buffered saline (PBS)

Sodium butyrate (500 mM) (조건부; 단계 5 참조)

화학 흄 후드(chemical fume hood)안에서, 뷰틸산 농축액을 농도에 맞게 분주하고 10 N NaOH로 pH를 7.0으로 조정한다. 이 용액을 0.22-μm 필터에 통과시켜 멸균한다; 용액을 1 ml씩 분주하여 영하 20℃에 보관한다.

TE (pH 7.6)

Vectors and Hosts

플라스미드 DNA (25 μg/ml in 0.1× TE [pH 7.6])

진핵세포의 칼슘인산염 매개 형질전환에 사용할 폐쇄원형 플라스미드 DNA는, 1장에서 기술한 바와 같이, 컬럼크로마토그래피법 또는 EtBr-CsCl 농도구배평형 원심분리방법으로 정제해야한다. 만일 플라스미드 DNA의 양이 제한적이면, salmon sperm DNA 또는 포유세포 DNA와 같은, 운반자 DNA (carrier DNA)를 첨가하여 최종농도를 25 μg/ml로 조정한다. 운반자 DNA는 사용전에 에탄올 침강 또는 클로로포름 추출법으로 정제한다. 만일 형질전환을 처음 수행하거나 익숙치 않은 세포주를 사용한다면 대장균 β-갈락토시다제나 녹색형광단백질을 생산하는 발현벡터(pCMV-SPORT-β-gal [Invitrogen사] 또는 pEGFP-F [Clontech사])를 확보한다.

Adapted from Chapter 16, Protocol 2, p. 16.14 of MC3.

Cells, Tissues/Culture Media

세포주 성장배지, 완전, 무혈청 및 (조건부) 선택배지

지수적으로 성장 중인 포유류세포

이 프로토콜은 60-mm 배양접시에서 자라는 세포를 대상으로 디자인되어 있다. 만일 다수-웰 플레이트나 플라스크, 또는 다른 직경의 배양접시를 사용한다면, 성장배양액의 양 및 시약을 적절히 조정하여 사용하여야 한다.

Additional Items

플라스틱웨어

이 프로토콜의 단계 6에서는 MC3, 프로토콜 6.10과 7.8에 나열한 시약이 필요하다.

Additional Information

대체 프로토콜(고효율의 칼슘인산염 매개 플라스미드 DNA의 진핵세포 내 형질전환방법)	MC3, pp. 16.19–16.20
Chloroquine diphosphate	MC3, p. 16.53
안정화 형질전환에 필요한 선택시약	MC3, pp. 16.48–16.49
칼슘인산염-DNA 공동 침전물에 의한 포유류세포의 형질전환	MC3, pp. 16.52–16.53

METHOD

1. 형질전환 24시간 전에, 지수 함수적으로 자라고 있는 세포를 트립신 처리하여 수거한 다음 1×10^5 에서 4×10^5 cells/cm^2 정도의 밀도로 재분주하여 60-mm 배양접시나 12-웰 플레이트에서 적합한 완전배지를 주며 배양한다. 이 세포들을 5–7% CO_2 농도의 대기, 37℃, 습기가 유지되는 배양기에서 20–24시간동안 배양한다. 형질전환 한 시간 전에 배양액을 교환한다.

   지수 함수적으로 자라고 있는 세포를 사용하는 것이 중요하다.

2. 칼슘인산염-DNA 공통침전물을 다음과 같이 준비한다: 2.5 M $CaCl_2$ 100 μl와 25 μg의 플라스미드 DNA를 멸균한 5-ml 플라스틱 튜브에 섞고, 만약 필요하면, 0.1 × TE (pH 7.6)로 최종 부피를 1 ml로 맞춘다. 이 2× 칼슘-DNA 용액 1 부피와 같은 부피의 2× HEPES-완충 식염수를 상온에서 섞는다. 튜브의 옆을 가볍게 쳐서 용액 성분들을 섞은 다음 이를 1분 정도 그대로 둔다.

3. 곧이어 이 칼슘인산염-DNA 현탁액을 배양중인 세포 단층 위 배지에 옮긴다. 각 웰 또는 60-mm 접시 내 배지 1 ml 당 0.1 ml의 현탁액을 사용한다. 플레이트를 가볍게 흔들어 배지를 섞어주는데, 이때 배지는 노랑-주황색으로 불투명하게 보인다. 이 단계는 가능한 한 신속하게 수행하여야 하는데 왜냐하면 일단 DNA 침전물이 생기면 형질전환 효율이 급격히 떨어지기 때문이다. 만일 세포에 Chloroquine, 글리세롤, Sodium butyrate와 같은 형질전환 촉진제를 처리하였다면 단계 5로 바로 진행하라.

4. 형질전환 촉진제를 처리하지 않고 형질전환한 세포들은 5–7% CO_2 농도의 대기, 37℃, 습기가 유지되는 배양기에서 배양하여야 한다. 2–6시간 배양 후, 배지와 DNA 침전물을 흡인하여 제거한다. 5 ml의 미리 데운(37℃) 완전생장배지를 첨가해주고 다시 배양기에 넣어 1–6일 동안 배양한다. 형질전환된 DNA의 일시적 발현여부를 분석하려면 단계 6을 수행하거나 만일 안정적 형질전환세포를 얻을 목적이면 단계 7을 바로 진행한다.

5. DNA의 함입정도는, 배양세포에 칼슘인산염-DNA 공통침전물이 있는 상태로 Chloroquine을 처리하거나, 또는 먼저 이 침전물용액을 배지에서 제거한 다음 글리세롤과 Sodium butyrate를 처리하면 증진될 수 있다.

세포에 Chloroquine을 처리하기

a. 배양세포에 칼슘인산염-DNA 공통침전물을 첨가하기 전 또는 첨가한 후에 100 mM 농도의 Chloroquine diphosphate를 1:1000 비율로 배지에 직접 희석한다.

   배양배지에 넣는 Chloroquine의 농도와 처리 시간은 이 약의 독성효과에 대한 배양세포의 민감성 정도에 의해 결정한다. 세포 타입별 Chloroquine의 최적농도는 경험적으로 결정하여야 한다.

b. 이 세포들을 5-7% CO_2 농도의 대기, 37℃, 습기가 유지되는 배양기에서 3-5시간동안 배양한다.

c. DNA와 Chloroquine 처리 후, 배지를 제거하고, 세포를 PBS로 씻어주고, 5 ml의 미리 데운 완전생장배지를 첨가한다. 이 세포를 다시 배양기에 넣어 1-6일 동안 배양한다. 형질전환된 DNA의 일시적 발현여부를 분석하려면 단계 6을 수행하거나 만일 안정적 형질전환세포를 얻을 목적이면 단계 7을 바로 진행한다.

세포에 글리세롤을 처리하기

a. 세포를 생장배지에서 칼슘인산염-DNA 공통침전물 (± Chloroquine)에 2-6시간 노출시킨 다음, 배지를 흡인하여 제거하고 세포 단층을 PBS로 한번 씻어준다.

   이 과정은 Chloroquine 처리에 이어 사용할 수 있다. 세포들은 글리세롤의 독성효과에 대한 민감성이 매우 다양하기 때문에, 각 세포 타입을 미리 시험하여 처리의 최적 시간(30초 내지 3분)을 결정하여야 한다.

b. 1× HEPES-완충 식염수에 희석한 15% 농도의 글리세롤 1.5 ml을 각 세포층에 첨가하고 미리 결정한 최적 처리시간 동안 37℃에서 배양한다.

c. 글리세롤을 흡인하여 제거하고 세포 단층을 PBS로 한번 씻어준다.

d. 5 ml의 미리 데운 완전생장배지를 첨가하고 이 세포를 1-6일 동안 배양한다. 형질전환된 DNA의 일시적 발현여부를 분석하려면 단계 6을 수행하거나 만일 안정적 형질전환세포를 얻을 목적이면 단계 7을 바로 진행한다.

세포에 Sodium butyrate를 처리하기

a. 글리세롤 충격을 준 데 이어, 500 mM Sodium butyrate를 생장배지에 직접 희석한다(단계 d, 세포에 글리세롤을 처리하기). 세포 타입에 따라 다른 농도의 Sodium butyrate를 사용한다. 예를 들면:

CV-1	10 mM
NIH-3T3	7 mM
HeLa	5 mM
CHO	2 mM

   형질전환할 기타 세포주에 대한 정확한 양은 경험적으로 결정하여야 한다.

b. 이들 세포를 1-6일 동안 배양한다. 형질전환된 DNA의 일시적 발현여부를 분석하려면 단계 6을 수행하거나 만일 안정적 형질전환세포를 얻을 목적이면 단계 7을 바로 진행한다.

6. 형질전환 세포에 도입한 DNA의 일시적 발현여부를 분석하려면, 형질전환 후 1-6일 지난 세포를 수거한다. 잡종화반응을 이용하여 RNA나 DNA를 분석한다. 새로 합성된 단백질을 in vivo 대사표지, 또는 세포추출물 내 효소활성분석에 이어 방사면역분석법, 면역블럿팅, 면역침강법으로 분석할 수 있다.

안정적 형질전환세포를 분리하기

7. a. 전달된 유전자(들)가 발현될 시간을 주기위하여 비선택배지에서 세포를 24–48시간 동안 배양한다.
   b. 트립신처리 후 세포를 적당한 선택배지에 재분주한 다음 키우거나 혹은 세포에 별도의 처리없이 직접 선택배지를 첨가하여 키운다.
   c. 죽은 세포 잔재를 제거하고 내성 세포의 콜로니가 자랄 수 있도록 2–3 주 동안 매 2–4일 간격으로 선택배지를 바꿔준다.
   d. 개별 콜로니를 골라 적절한 분석방법으로 증식한다.
   e. 나머지 세포들은 얼음온도의 차가운 메탄올로 15분 동안 고정하고 상온에서 10% 김사(Giemsa)로 염색한 다음 수돗물에 린스하여 콜로니들의 숫자를 영구 기록 보존한다.

프로토콜 16.3

칼슘 인산염을 매개로 하여 고분자량의 Genomic DNA를 진핵세포 내로 형질전환하기

Calcium-phosphate-mediated Transfection of Eukaryotic Cells with High-molecular weight Genomic DNA

이 프로토콜은 형질전환 DNA가 염색체 내에 삽입된 안정적인 세포주를 만드는데 주로 사용된다.

MATERIALS

Reagents and Solutions

농축액, 완충액, 시료의 조성은 Appendix 1을 참조하라. 농축액은 적당한 농도로 희석하여 사용하라.

$CaCl_2$ (2 M), 멸균처리

Giemsa 염색액(10% w/v), PBS 또는 물에 매번 새로 준비한 후, 사용 전에 Whatman No. 1 여과지로 걸러 사용한다.

Glycerol (15% w/v), 1x HEPES-완충 식염수에 준비한다(조건부; 단계 10 참조).

고압멸균처리한 글리세롤을, 사용 바로 전에, 멸균한 HEPES-완충 식염수에 첨가하여 사용한다.

1x HEPES-buffered saline, 멸균처리

21 mM HEPES

0.7 mM Na_2HPO_4

137 mM NaCl

5 mM KCl

6 mM dextrose

용액의 pH를 7.10으로 맞춘다. 용액을 여과하여 멸균하고 50-100 ml씩 분주하여 저장한다. 사용 전에 용액의 pH가 변하였는지 점검한다.

Isopropanol

NaCl (3 M), 멸균처리

Vectors and Hosts

Genomic DNA (100 μg/ml in 0.1x TE [pH 7.6])

프로토콜 6.3에서 기술한 대로, 포유류 세포로부터 고분자량의 genomic DNA를 준비한다. 형질전환에 사용할 genomic DNA는 45-60 kb 범위의 크기로 절단(shearing)하여 준비해야 한다. 절단에 필요한 최적 조건은 다음과 같은 예비실험을 수행하여 결정한다: DNA 분주액을 여러 다양한 횟수로(예를 들어 3, 5, 6, 7, 8회 등) 22-게이지 주사바늘에 통과시킨다. DNA를 0.7% 아가로즈 젤에 전기영동하고 ethidium bromide나 SYBR Gold로 염색하여 확인한다. DNA 크기 표지자로는 단량체 또는 이량체 형태의 선형 박테리오파지 λ DNA를 사용한다.

선택가능한 마커를 갖고 있는 플라스미드(조건부; 단계 3과 12의 설명, MC3의 16.48-16.49 페이지 참조).

Cells, Tissues/Culture Media

세포주 성장배지, 완전, 무혈청 및 (조건부) 선택배지

지수적으로 성장 중인 포유류세포

이 프로토콜은 60-mm 배양접시에서 자라는 세포를 대상으로 디자인되어 있다. 만일 다수-웰 플레이트나 플라스크, 또는 다른 직경의 배양접시를 사용한다면, 성장배양액의 양 및 시약을 적절히 조정하여 사용하여야 한다.

Additional Items

폴리에틸렌 튜브(12 ml)

양치기의 지팡이(Shepherd's crook) 모양 막대

이 프로토콜의 단계 6에서는 MC3, 프로토콜 6.10과 7.8에 나열한 시약이 필요하다.

Adapted from Chapter 16, Protocol 3, p. 16.21 of MC3.

Additional Information

대체 프로토콜(부착세포의 칼슘인산염 매개 형질전환방법)	MC3, p. 16.25
대체 프로토콜(현탁배양세포의 칼슘인산염 매개 형질전환방법)	MC3, p. 16.26
대체 프로토콜(고효율의 칼슘인산염 매개 플라스미드 DNA의 진핵세포 내 형질전환방법)	MC3, pp. 16.19–16.20
Chloroquine diphosphate	MC3, p. 16.53
공동형질전환(cotransformation)	MC3, p. 16.47
안정화 형질전환에 필요한 선택시약	MC3, pp. 16.48–16.49
칼슘인산염-DNA 공동 침전물에 의한 포유류세포의 형질전환	MC3, pp. 16.52–16.53

METHOD

1. 형질전환실험 제 1일에, 지수적으로 자라고 있는 세포(예, CHO 세포)를 90-mm 배양접시 당 5×10^5 세포 밀도로 혈청을 포함한 적합한 성장배지에 분주한다. 이 세포들을 5% CO_2 농도의 대기, 37℃, 습기가 유지되는 배양기에서 약 16시간동안 배양한다.

2. 제 2일에, 적당량의 고분자량 DNA를 미리 결정한 횟수만큼 22-게이지 주사바늘에 통과시켜 45-60 kb 범위의 크기로 절단하여 준비한다.

   세포는 90-mm 배양접시 당 20-25 μg의 genomic DNA로 형질전환해야 한다.

3. 절단한 DNA에 0.1 부피의 3 M NaCl과 1 부피의 isopropanol을 넣어 침전시킨다. 양치기의 지팡이모양 막대로 DNA를 수거한다. 이 침전물을 튜브 벽쪽으로 흘려 HEPES 완충 식염수(12-15 μg의 DNA 당 1 ml)를 가진 다른 튜브에 옮긴다. 37℃에서 2시간동안 서서히 회전하며 DNA를 다시 녹인다. DNA를 완전히 녹인 후 다음 단계를 진행해야함을 명심하라.

   선택가능한 마커 플라스미드와 함께 형질전환하는 경우, 최종농도 0.5 μg/ml이 되도록 적당한 플라스미드 멸균용액을 genomic DNA에 섞어 준다.

4. 절단한 genomic DNA 분주액 3 ml을 12 ml 폴리에틸렌 튜브로 옮긴다(형질전환할 두 배양접시 당 하나의 분주액).

5. 칼슘인산염-DNA 공통침전물을 만들기 위하여, 절단한 genomic DNA 한 분주액에 120 μl의 2 M $CaCl_2$를 방울방울 떨어뜨리며 천천히 섞어준다. 튜브를 상온에서 15-20분 동안 놓아둔다.

   용액이 뿌옇게 변해야 하는데, 다만 육안으로 확인가능한 침전물 덩어리가 생기면 안된다.

6. 두 세포접시(단계 1에서 준비한)에서 배지를 흡인하여 제거하고 각 접시에 1.5 ml의 칼슘인산염-DNA 공통침전물을 천천히 첨가한다. 접시를 조심스럽게 흔들어서 세포 단층위로 배지가 섞이고 침전물이 퍼지도록 한다. 세포를, 배양 동안 접시를 한번 흔들어 주며, 상온에서 20분 동안 배양한다.

7. 각 배양접시에 10 ml의 미리 데운(37℃) 성장배지를 첨가해주고 5% CO_2 농도의 대기, 37℃, 습기가 유지되는 배양기에서 6시간동안 배양한다.

8. 모든 세포배양접시가 칼슘인산염-DNA 침전물을 포함하도록 단계 5-7을 반복한다.

9. 6시간 배양 후, 각 배양접시를 광학현미경하에서 조사한다. "후추 모양의" 침전물이 세포들에 부착되어 있는 것이 보여야한다. 침전물은 너무 미세하거나 혹은 너무 덩어리처럼 커서는 곤란하다.

10. 대부분의 경우에, 이 단계에서 글리세롤을 처리하면 형질전환 빈도를 증가시킬 수 있을 것이다. 세포에 글리세롤 충격을 주려면:

   a. 칼슘인산염-DNA 공통침전물을 포함하고 있는 배지를 흡인하여 제거한다.

   b. 각 세포배양 접시에, 미리 37℃로 데운 1× HEPES-완충 식염수에 희석한 15% 농도의 글리세롤 3 ml을 첨가한다. 상온에서 3분 이하로 배양한다.

      HEPES-완충 식염수에 희석한 글리세롤과 세포를 너무 오랫동안 접촉하도록 내버려두어서는 안 된다. 최적 처리기간은 대개 좁은 범위이며 세포 주마다, 실험실마다 다양하다. 이러한 이유로, 한 번에 몇 개의 배양접시에만 처리해 보고나서 글리세롤을 흡인하여 제거할 시간을 고려하도록 하라. 최적 처리기간을 초과해서는 안 된다. 수초의 차이도 중요할 수 있다!

   c. 글리세롤을 흡인하여 제거한 다음 곧바로 10 ml의 미리 데운 성장배지로 배양접시를 두 번 씻어준다.

   d. 10 ml의 미리 데운 성장배지를 첨가하고 5% CO_2 농도의 대기, 37℃, 습기가 유지되는 배양기에서 12-15시간동안 배양한다.

11. 배지를 10 ml의 신선한 성장배지로 바꿔준다. 5% CO_2 농도의 대기, 37℃, 습기가 유지되는 배양기에서 밤샘 배양한다.

12. 이 시점(제 4일)에서 세포를 현미경으로 관찰하면 정상적인 형태로 존재해야 한다. 제 4일에, 이들 세포를 트립신처리하여 선택배지에 재분주할 수 있다. 형질이 보충되었거나 약물 내성을 가진 콜로니들이 생장할 수 있도록 2-3주 동안 배양을 계속한다. 매 2-3일 마다 배지를 교환해준다.

    선택기간의 길이, 재분주 시 세포 밀도, 선택의 조건 모두 새로 보충되거나 선택되는 유전자에 의해 결정된다. 단계 12에서 최적의 세포 밀도는 대개 90-mm 배양접시 당 2.5×10^5 에서 1×10^6 범위로 다양하다.

13. 그 후, 개별 콜로니를 골라 적절한 분석방법으로 증식한다.

프로토콜 16.4

DEAE-Dextran을 매개로 하여 형질전환하기: 고효율 방법

Transfection Mediated by DEAE-Dextran: High-efficieny Method

DEAE-dextran에 의한 형질전환방법은 세 가지 중요한 점에서 칼슘인산염 공통침전 방법과 차이가 있다. 첫째, 이는 클로닝한 유전자를 일시적으로 순간 발현시킬 목적이지 안정적인 형질전환세포를 얻기 위함이 아니다. 둘째, 이는 BSC-1, COS, CV-1과 같은 유인원 유래세포들에 매우 효율적으로 작용하지만 여러 다른 세포주에는 만족스럽지 않게 작용한다. 셋째, DEAE-dextran에 의한 형질전환 시 칼슘인산염 공통침전 방법에서 보다 더 소량의 DNA가 사용된다. 10^5 유인원 세포의 최대 형질전환 효율을 0.1–1.0 μg의 수퍼코일된 플라스미드 DNA로 얻을 수 있다; 이보다 많은 양의 DNA는 오히려 역효과가 날 수 있다. 마지막으로, 공통침전물 형성을 촉진하기 위해 고농도의 DNA가 필요한 칼슘인산염 공통침전 방법과 달리, DEAE-dextran에 의한 형질전환 시에는 운반자 DNA를 거의 쓰이지 않는다.

본 기술의 여러 변형방법들이 알려져 있다; 이들 모두 고분자량의, 양전하를 띤 폴리머에 노출되는 세포들의 세포독성효과를 최소화하려고 시도한다. 이 프로토콜에서, 세포들은 고농도의 DEAE-dextran에 잠시 노출되고 이후 Chloroquine diphosphate–형질전환 촉진제–에 노출된다.

MATERIALS

Reagents and Solutions

농축액, 완충액, 시료의 조성은 Appendix 1을 참조하라. 농축액은 적당한 농도로 희석하여 사용하라.

Chloroquine (100 mM)

Chloroquine diphosphate 52 mg을 1 ml의 탈이온수에 녹인다. 이 용액을 0.22-μm 필터에 통과시켜 멸균처리하고 호일로 싼 튜브에 넣어 영하 20℃에 보관한다.

DEAE-dextran (50 mg/ml)

DEAE-dextran (분자량 = 500,000 [Pfizer])을 2 ml의 증류수에 녹인다. 이 용액을 액체 멸균주기로 15 psi (1.05 kg/cm^2)에서 20분 동안 오토클래이브한다. 여러 제조사에서 DEAE-dextran 매개에 의한 형질전환용 키트를 판매하고 있다(예, Promega사의 키트, ProFection Mammalian Transfection).

Phosphate-buffered saline (PBS)

Tris-buffered saline with dextrose (TBS-D 용액)

사용하기 바로 전에, 멸균한 dextrose 수용액(20% w/v 농도)을 최종농도가 0.1%가 되도록 TBS에 첨가한다.

Cells, Tissues/Culture Media

세포주 성장배지, 혈청 함유 및 무혈청 배지

지수적으로 성장 중인 유인원 세포(예를 들면, BSC-1, COS, 또는 CV-1)

이 프로토콜은 60-mm 배양접시에서 자라는 세포를 대상으로 디자인되어 있지만, 플라스크나 다수-웰 플레이트에서 자라는 세포 단층에도 쉽게 조정하여 사용할 수 있다.

Nucleic Acids/Oligonucleotides

플라스미드 DNA

진핵세포의 DEAE-dextran 매개 형질전환에 사용할 폐쇄원형 플라스미드 DNA는, 1장에서 기술한 바와 같이, 컬럼 크로마토그래피법 또는 EtBr-CsCl 농도구배평형 원심분리방법으로 정제해야한다.

Additional Items

이 프로토콜의 단계 8에서는 MC3, 프로토콜 6.1과 7.8에 나열한 시약이 필요하다.

Additional Information

대체 프로토콜(DEAE-dextran 매개 형질전환방법: 높아진 세포 생존율)	MC3, p. 16.32
Chloroquine diphosphate	MC3, p. 16.53

METHOD

1. 형질전환 24시간 전에, 지수 함수적으로 자라고 있는 세포를 트립신 처리하여 수거한 다음 접시 당 10^5 세포 밀도(또는 35-mm 접시면 5 × 10^4 세포/접시)로 60-mm 배양접시로 옮긴다. 5 ml (또는 35-mm 접시면 3 ml)의 완전성장배지를 넣고 이들을 5-7% CO_2 농도의 대기, 37℃, 습기가 유지되는 배양기에서 20-24시간동안 배양한다.

   세포는 형질전환 시 75% 밀집도 상태여야 한다.

2. 0.1-4 μg의 수퍼코일 또는 폐쇄원형 DNA를 TBS-D 내에 1 mg/ml 농도로 녹인 DEAE-dextran에 섞어 DNA/DEAE-dextran/TBS-D 용액을 준비한다.

   각 60-mm 배양접시 당 0.25 ml의 용액이 필요하다; 각 35-mm 배양접시 당 0.15 ml의 용액이 필요하다.

3. 세포배양접시에서 배지를 흡인하여 제거하고 세포 단층을 미리 데운(37℃) PBS로 두 번, 그리고 미리 데운 TBS-D로 한 번 씻어준다.

4. DNA/DEAE-dextran/TBS-D 용액(60-mm 접시 당 250 μl; 35-mm 접시 당 150 μl)을 첨가한다. 접시를 조심스럽게 흔들어서 세포 단층위로 용액이 골고루 섞이도록 한다. 세포를 배양기에 넣고 30-90분 동안(시간은 DNA/DEAE-dextran/TBS-D 용액에 대한 각 세포들의 민감도에 의해 결정될 것이다) 배양한다. 15-20분 간격으로, 접시를 배양기에서 꺼내 살살 흔들어주고, 세포의 형태를 현미경으로 관찰한다. 만일 세포들이 바닥층에 단단히 붙어 있으면 계속 배양한다. 세포가 수축되기 시작하고 둥글어지면 배양을 멈춘다.

5. DNA/DEAE-dextran/TBS-D 용액을 흡인하여 제거한다. 형질전환한 세포가 제자리에서 떨어지지 않도록 조심하며, 미리 데운 TBS로, 그리고 미리 데운 PBS로 각각 한 번씩 씻어준다.

6. 5 ml (60-mm 접시 당) 또는 3 ml (35-mm 접시 당)의 미리 데운, 혈청과 chloroquine (최종 농도 100 μM)을 함유한 성장배지를 첨가한 후 5-7% CO_2 농도의 대기, 37℃, 습기가 유지되는 배양기에서 3-5시간동안 배양한다.

7. 배지를 흡인하여 제거하고 세포 단층을 무혈청 배지로 세 번 씻어준다. 이들 세포에 5 ml (60-mm 접시 당) 또는 3 ml (35-mm 접시 당)의 혈청을 함유한 성장배지를 첨가하고 5-7% CO_2 농도의 대기, 37℃, 습기가 유지되는 배양기에서 36-60시간동안 배양한 후 형질전환 DNA의 일시적 발현여부를 분석한다.

   배양시간은 특정 조건별로 최적화해야 한다.

8. 형질전환 세포에 도입한 DNA의 일시적 발현여부를 분석하려면, 형질전환 후 36-60시간 지난 세포를 수거한다. 잡종화반응을 이용하여 RNA나 DNA를 분석한다. 새로 합성된 단백질을 in vivo 대사표지, 또는 세포추출물 내 효소활성분석에 이어 방사면역분석법, 면역블럿팅, 면역침강법으로 분석할 수 있다.

프로토콜 16.5

Electroporation에 의해 DNA 형질전환하기

DNA Transfection by Electroporation

전기장 파동을 이용하면 DNA를 여러 다양한 종류의 동물세포에 도입할 수 있다. 전기천공법은, 칼슘인산염-DNA 공통침전방법같은, 여타 기술들이 잘 듣지 않는 세포주들에 대해 잘 작동한다. 하지만, 다른 형질전환방법과 마찬가지로, 아직 시도해보지 않은 세포주에 전기천공법으로 DNA를 도입하기 위한 최적의 조건을 알려면 실험적으로 결정해야만 한다.

MATERIALS

CAUTION: 〈!〉표시된 물질의 적절한 사용법은 Appendix 4를 참조하세요.

Reagents and Solutions

농축액, 완충액, 시료의 조성은 Appendix 1을 참조하라. 농축액은 적당한 농도로 희석하여 사용하라.

Giemsa 염색액(10% w/v), (조건부; 단계 11 참조) PBS 또는 물에 매번 새로 준비한 후, 사용 전에 Whatman No. 1 여과지로 걸러 사용한다.

Methanol 〈!〉

Phosphate-buffered saline (PBS)

Sodium butyrate (500 mM) (조건부; 단계 8 참조)

세부적인 내용은, 프로토콜 16.2, 단계 5를 참조하라.

Cells, Tissues/Culture Media

세포주 성장배지, 혈청 함유 및 무혈청 배지

지수적으로 성장 중인 세포주

이 프로토콜은 35-mm 직경의 플라스틱 배양접시에서 자라는 세포를 대상으로 디자인되어 있지만, 다수-웰 플레이트에서 자라는 세포에도 쉽게 조정하여 사용할 수 있다.

Nucleic Acids/Oligonucleotides

운반자 DNA (10 mg/ml), 예, sonicated salmon sperm DNA (조건부; 단계 6 참조)

선형 또는 원형의 플라스미드 DNA (탈이온수에 1 μg/μl 농도)

진핵세포의 전기천공법에 사용할 플라스미드 DNA는, 1장에서 기술한 바와 같이, 컬럼 크로마토그래피법 또는 EtBr-CsCl 농도구배평형 원심분리방법으로 정제해야한다.

Centrifuges/Rotors/Tubes

Sorvall H-1000B rotor (4℃)

Additional Items

전기천공장치 및 큐벳, 예, Gene Pulser II (Bio-Rad사)

Hemocytometer 또는 기타 세포계수기

고무 스크래이퍼(Rubber policeman)

이 프로토콜의 단계 10에서는 프로토콜 17.7에 나열한 시약이 필요하다.

Additional Information

전기천공법: 기전 및 최적화 조건	MC3, pp. 16.54-16.57
전기천공법에 의한 형질전환의 효율에 영향을 주는 요인들	MC3, pp. 16.33-16.34
Sodium butyrate	MC3, pp. 16.17-16.18

Adapted from Chapter 16, Protocol 5, p. 16.33 of MC3.

METHOD

1. 지수 중기나 후기 성장기에 있는 세포를 수거한다. 고무 스크래이퍼를 사용하거나 트립신을 처리하여 부착세포들을 떼어낸다. 500 g (Sorvall H-1000B rotor를 사용 시 1500 rpm)로 4℃에서 5분 동안 원심분리한다.
2. 침전 세포들을 0.5× 부피의 원래 성장배지에 다시 현탁하고 세포계수기로 세포 수를 센다.
3. 단계 1에서와 같은 방법으로 세포를 수거하고 이들을 상온의 성장배지나 PBS에 2.5 × 10^6 에서 2.5 × 10^7 cells/ml 농도로 다시 현탁한다.
4. 400 µl 씩 세포 현탁액(10^6 ~ 10^7 cells)을 분주하여 필요한 수 만큼 표지한 전기천공큐벳에 옮긴다. 세포 분주액을 넣은 큐벳들은 얼음에 보관한다.
5. 전기천공장치의 파라미터들을 설정한다. 일반적인 전하량은 1050 µF이다. 볼트는, 세포 타입에 따라, 200에서 350 V 범위인데, 대개 평균 260 V를 사용한다. 무한의 내부 저항값을 사용한다. 세포의 전기천공을 시작하기 전 적어도 두 번 정도 PBS만 넣은 큐벳을 방전해본다.
6. 40 µl 이내의 부피에 든 10-30 µg의 플라스미드 DNA를 형질전환할 세포가 있는 각 큐벳에 첨가한다(어떤 연구자들은 전체 DNA의 양을 120 µg으로 높이고자 운반자 DNA [예, salmon sperm DNA]를 넣기도 한다). 세포와 DNA가 섞이도록 용액을 피펫으로 상하운동하여 섞는다. 지체없이 단계 7로 진행하라.

   중요: 혼합단계에서 현탁액에 공기방울이 생기지 않도록 한다.
7. 큐벳을 전기천공장치에 옮긴 직후 곧바로 방전한다. 1-2분 후에, 큐벳을 제거하여 얼음에 넣고, 다음 단계로 바로 진행한다.
8. 전기천공한 세포를 멸균 팁이 장착된 미세피펫을 사용하여 35-mm 배양접시로 옮긴다. 큐벳을 신선한 성장 배지 분주액으로 린스하고 이 린스액을 배양접시에 더해준다. 배양접시를 5-7% CO_2 농도의 대기, 37℃, 습기가 유지되는 배양기로 옮긴다.

   sodium butyrate 충격을 주기 위해서는(프로토콜 15.2, 단계 5를 참조하라), 큐벳을 (예비 조건실험에서 미리 결정한) 최적 농도의 sodium butyrate를 가진 성장배지로 린스하고 이 린스액을 배양접시 내의 전기천공한 세포에 더한다. 이 배양접시를 배양기에 옮긴다. 24시간 동안 배양한 후, sodium butyrate를 포함한 배지는 제거하고 정상적인 성장배지로 대체한다.
9. 큐벳 내 DNA 세포시료들을 모두 충격 처리하기 위해 단계 6-8을 반복한다. 실험 간 비교가 용이하도록 각 큐벳의 실제 펄스 시간을 기록해 둔다.
10. 만일 안정적 형질전환세포를 얻을 목적이면, 단계 11을 바로 진행한다. 일시적 발현목적이면, 전기천공 후 24-96시간이 경과한 세포들을 다음 분석법 중 하나로 조사한다:
    - 대장균 β-갈락토시다제를 발현하는 플라스미드 DNA를 사용하였다면, 세포용해액에서 이 효소활성을 측정하기 위해 프로토콜 17.7에 기술한 단계를 수행한다.
    - 만약 녹색형광단백질 발현벡터를 사용하였다면, 450-490 nm 파장범위의 빛을 조사하여 현미경으로 세포를 관찰한다.
    - 다른 유전자발현산물의 경우, 새로 합성된 단백질을 in vivo 대사표지, 또는 세포추출물 내 효소활성 분석에 이어 방사면역분석법, 면역블럿팅, 면역침강법으로 분석할 수 있다.

안정적 형질전환세포를 분리하기

11. 완전배지에서 48–72시간 동안 배양한 후, 세포를 트립신처리하고 적당한 선택배지에 재분주한다. 죽은 세포 잔재를 제거하고 내성 세포의 콜로니가 자랄 수 있도록 2–3주 동안 매 2–4일 간격으로 선택배지를 바꿔줘야 한다. 그 후, 개별 콜로니를 골라 적절한 분석방법으로 증식한다.

    콜로니 숫자들의 영구 기록을 얻을려면, 나머지 세포들을 얼음온도의 차가운 메탄올로 15분 동안 고정하고, 상온에서 10% 김사(새로 만든)로 15분 염색한 다음 수돗물로 린스하거나 공기중에 말린다.

프로토콜 16.6

Biolistics에 의해 DNA 형질전환하기
DNA Transfection by Biolistics

biolistics방법은, DNA를 작은 금속 입자들과 섞어주고 이를 매우 빠른 속도로 숙주세포에 쏴 넣어주는 것이다. biolistic 총의 개념은 코넬대학교 Nanofabrication Facility의 Edward Wolf와 Nelson Allen, 그리고 두 식물학자인 John Sanford와 Theodore Klein 사이의 협동연구를 통해 생겨났다. 그들의 최초의 biolistic 총은 못을 콘크리트에 박는데 사용한 도구를 변형하여 텅스텐 입자를 쏠 수 있도록 바꾼 것이었다. 오늘날의 총은 헬륨 추진체를 사용하고 훨씬 정교한 배송기구인데, 세균, 식물, 효모와 같은 두꺼운 벽을 가진 개체내로, 그리고, 신선한 포유류 조직 절편과 부착세포 배양액 내로, 클로닝한 DNA를 높은 효율로 도입할 수 있게 해준다.

MATERIALS

Reagents and Solutions

농축액, 완충액, 시료의 조성은 Appendix 1을 참조하라. 농축액은 적당한 농도로 희석하여 사용하라.

$CaCl_2$ (2.5 M)

Ethanol

이전에 개봉한 적이 없는 새 에탄올 병을 사용하라. 에탄올은 흡습성이 있기 때문에, 공기중의 소량의 습기라도 흡수하는데, 이는 biolistic방법에 의한 형질전환의 효율을 낮춘다.

Ethanol (70%)

Glycerol (50% v/v, in water)

Spermidine (0.1 M)

적당량의 spermidine (free-base 형태)을 탈이온수에 녹이고 0.22-μm 니트로셀룰로우즈 필터에 여과시켜 멸균한다. 이 용액을 소량씩 분주하여 영하 20℃에서 한달 가량 보관할 수 있다.

Cells, Tissues/Culture Media

형질전환할 세포 또는 조직

부착세포는 20-80%의 밀집도에서 발사주입되어야 한다. 현탁배양중인 식물세포는 Buchner funnel을 이용하여 Whatman No. 1 여과지(7-cm 직경)로 멸균여과에 의해 수거하고 높은 삼투성을 가진 배지로 적신 멸균여과지 상에 놓아야 한다.

새로 적출한 포유류 조직은 약 400 μm 두께로 절단하여 배양접시에 유지해야 한다.

세균과 효모는 발사주입하기 전에, 지수 중기나 후기 성장기에서 원심분리하여 수거하고, 소량의 높은 삼투성을 가진 배지에 다시 푼 다음, 페트리 접시에 놓은 한 장의 여과지 상의 얇은 아가 층에 (1×10^8 에서 2×10^9 cells) 플레이팅하여야 한다.

발사주입될 종과 세포 타입에 적합한 성장배지

Nucleic Acids/Oligonucleotides

선형 또는 원형의 플라스미드 DNA (탈이온수에 1 μg/μl 농도)

유전자총으로 처음 실험하거나 익숙하지 않은 조직이나 세포 타입을 사용 시에는, 대장균 β-갈락토시다제, 녹색형광단백질, β-Glucuronidase (식물 세포의 경우), 또는 네오마이신 내성을 코딩하는 발현벡터를 얻으라. 이들 플라스미드는, 시스템을 최적화하는데 사용할 수 있는데, 제조회사로부터 구입할 수 있다. 세포의 biolistic 발사주입법에 사용할 플라스미드 DNA는, 1장에서 기술한 바와 같이, EtBr-CsCl 농도구배평형 원심분리방법으로 정제해야한다.

Adapted from Chapter 16, Protocol 6, p. 16.37 of MC3.

Additional Items

Biolistic gun

Bio-Rad사에서 판매하는 biolistic 총은 진공과 헬륨관이 각기 따로 연결된 하나의 발사주입 챔버가 있다.

Helium gas

벤치에 안전하게 장착된, 고압(2400-2600 psi)탱크의 헬륨 기체(99.999% 이상의 순도)를 사용한다.

Lens paper

이 프로토콜의 단계 8에서는 프로토콜 17.7에 나열한 시약이 필요하다.

Tungsten or gold particles

DNA는, 직경이 0.6에서 5 μm로 다양한(Bio-Rad와 Sylvania) 텅스텐이나 금 입자상에서 세포내로 도입된다. 각 세포나 조직 타입마다 최적의 발사입자 직경을 경험적으로 결정해야 한다.

Additional Information

추가 프로토콜(세포 단층이나 조직에서 β-Glucuronidase의 조직화학적 염색방법)	MC3, p. 16.42
Biolistics: 기작	MC3, pp. 16.37-16.38

METHOD

1. 텅스텐이나 금 입자를 준비한다.
   a. 금이나 텅스텐 입자 60 mg을 무게달아 1.5-ml 튜브에 넣는다.
   b. 70% 에탄올 1 ml을 입자에 넣고 상온에서 5분 동안 계속 볼텍스하여 섞는다. 이 튜브를 벤치위에 15분 동안 놓아둔다.
   c. 소형원심분리기로 최대속도에서 5초간 원심분리하여 입자들을 수거한다.
   d. 상층액을 조심스레 제거한다. 금속입자를 1 ml의 멸균수에 다시 풀고 이를 1분 동안 볼텍스한다. 이 튜브를 벤치위에 1분 동안 놓아둔다.
   e. 소형원심분리기로 최대속도에서 5초간 원심분리하여 입자들을 수거한다.
   f. 멸균수 세척(단계 d와 e)을 3회 더 반복한다.
   g. 네 번째 멸균수 세척 후 상층액을 제거한다. 입자를 1 ml의 멸균한 50% 글리세롤에 다시 푼다.

      세척된 입자는 60 mg/ml 농도라고 간주하며 상온에서 최대 2 주 동안 보관 가능하다.

2. 발사주입할 매 여섯 개의 세포배양접시 또는 조직 절편 당, DNA를 입힌 입자들 분주액을 다음과 같이 준비한다:
   a. 미세운반입자 농축액을 계속 볼텍스하면서, 50-μl 분주액(~ 3 mg)을 분리한다.
   b. 이 분주액을 새 튜브에 옮기고, 계속 볼텍스하면서, 다음을 튜브에 첨가한다:

플라스미드 DNA (~ 2.5 μg)	2.5 μl
2.5 M $CaCl_2$	50 μl
0.1 M spermidine	20 μl

모든 성분을 다 더한 후, 추가로 3분 동안 계속 볼텍스한다.

이 과정에서 입자에 플라스미드 DNA가 균등하게 입힐 수 있도록 튜브를 계속 볼텍스하는 것이 매우 중요하다.

c. 이 튜브를 벤치위에 1분 동안 놓아 입자들이 가라앉게 하고 그리고는 소형원심분리기로 최대속도에서 2초간 원심분리하여 이들을 수거한다.

d. 상층액을 제거하고 가라앉은 입자위로 조심스럽게 140 μl의 70% 에탄올을 첨가한다. 가라앉은 입자를 흔들지 않도록 주의하며 70% 에탄올을 제거하고 140 μl의 절대 에탄올을 첨가한다. 상층액을 제거하고 50 μl의 에탄올을 대신 넣는다.

e. 튜브 옆을 톡톡치고, 2-3초간 천천히 볼텍스하여 가라앉은 입자를 다시 풀어낸다.

3. 제조사에 의해 제공된 장착도구를 사용하여 유전자 총 장치의 금속 홀더에 macrocarrier를 위치시킨다. 층판을 6-μl의 에탄올 분주액으로 두 번 세척해 준다. 세척 사이에, 층판을 렌즈 페이퍼로 건조시킨다.

4. 단계 2e의 시료를 1분 동안 볼텍스한다. 볼텍스하면서, 펠렛 입자 중 6 μl (~ 500 μg의 입자)을 꺼내고 이를 , 가능한 한 빨리, macrocarrier의 중앙 1 cm 이내에 펼쳐 분주한다.

5. 원하는 수만큼의 macrocarrier가 준비될 때까지 단계 3과 4를 반복한다. DNA 입힌 입자를 가진 에탄올 용액이 macrocarrier 상에서 마르도록 내버려둔다.

6. macrocarrier를 유전자 총에 장착하고, 제조사의 지령에 따라, 세포판이나 조직 절편을 쏴준다.

7. 진공을 대기압상태로 되돌린 후에, 상처난 세포나 조직은 제거하고 적당한 배양조건에서 키운다. 파손된 macrocarrier를 제거하고 모든 판을 다 쓸 때까지 단계 6과 7을 반복한다.

8. 만일 안정적 형질전환세포를 얻을 목적이면, 단계 9로 바로 진행한다. 일시적 발현목적이면, 발사주입 후 24-96시간이 경과한 세포들을 다음 분석법 중 하나로 조사한다.

- 대장균 β-갈락토시다제를 발현하는 플라스미드 DNA를 사용하였다면, 세포용해액에서 이 효소활성을 측정하기 위해 프로토콜 17.7에 기술한 단계를 수행한다. 교대로, MC3, 16.13 페이지의 추가 프로토콜(세포 단층에서 β-갈락토시다제의 조직화학적 염색방법)에 자세히 기술한 대로 조직화학적 염색을 수행한다.
- 만약 녹색형광단백질 발현벡터를 사용하였다면, 450-490 nm 파장범위의 빛을 조사하여 현미경으로 세포를 관찰한다.
- 만약 β-Glucuronidase를 발현하는 플라스미드 벡터를 사용하였다면, β-Glucuronidase 효소활성을 분석한다.
- 다른 유전자발현산물의 경우, 새로 합성된 단백질을 in vivo 대사표지, 또는 세포추출물 내 효소활성 분석에 이어 방사면역분석법, 면역블럿팅, 면역침강법으로 분석할 수 있다.

9. 안정적 형질전환체를 분리하기 위해서는, 세포를 완전배지에서 48-72시간 동안 배양한 후, 발사주입된 세포를 선택배지에 옮겨준다. 선택시약의 농도와 배양조건은 세포 타입에 따라 다양할 것이다.

프로토콜 16.7 Polybrene을 사용하여 DNA 형질전환하기

DNA Transfection Using Polybrene

Polybrene은 다가 양이온으로, DMSO가 있는 상태에서, 배양중인 포유류세포를 플라스미드 DNA로 안정적으로 형질전환하는데 사용된다. 형질전환의 효율에 영향을 주는 변수들로는 두 촉진제의 상대 및 절대농도, DNA의 양, 그 분자량, 그리고 Polybrene/DMSO 혼합액에 대한 세포의 노출시간 등을 들 수 있다. 어떤 세포주에 대해 Polybrene/DMSO를 처음 사용하려한다면, 쉽게 점수화가 가능한 표지마커를 가진 플라스미드를 써서 이들 변수의 최적 조합을 예비실험을 통해 미리 파악해야 한다.

MATERIALS

CAUTION: 〈!〉표시된 물질의 적절한 사용법은 Appendix 4를 참조하세요.

Reagents and Solutions

농축액, 완충액, 시료의 조성은 Appendix 1을 참조하라. 농축액은 적당한 농도로 희석하여 사용하라.

Dimethylsulfoside (DMSO) (30% v/v)

HPLC 등급의 DMSO를, 단계 3에 사용하기 직전에, 혈청을 포함한 배지에 희석한다.

Methanol 〈!〉

Polybrene (10 mg/ml)

Polybrene (Sigma-Aldrich)을 10 mg/ml의 농도로 물에 녹이고 이 용액을 0.22-μm 필터에 통과시켜 멸균한다. 이 용액을 소량씩 분주하여 영하 20℃에 보관한다.

Sodium butyrate (500 mM) (조건부; 단계 5 참조)

화학 흄 후드 안에서, 뷰틸산 농축액을 농도에 맞게 분주하고 10 N NaOH로 pH를 7.0으로 조정한다. 이 용액을 0.22-μm 필터에 통과시켜 멸균한다; 용액을 1 ml씩 분주하여 영하 20℃에 보관한다.

Cells, Tissues/Culture Media

지수적으로 성장 중인 배양 세포

이 프로토콜은 90-mm 배양접시에서 자라는 CHO세포를 대상으로 디자인되어 있지만 다른 크기의 플레이트, 배양접시나 웰 그리고 다른 세포 타입에도 쉽게 조정하여 사용할 수 있다.

배지, 예, 10% fetal bovine serum을 포함하거나 안한 MEM-α, 선택시약 유무

Nucleic Acids/Oligonucleotides

선형 또는 원형의 플라스미드 DNA (탈이온수에 1 μg/μl 농도)

유전자총으로 처음 실험하거나 익숙하지 않은 조직이나 세포 타입을 사용 시에는, 대장균 β-갈락토시다제, 녹색형광단백질, β-Glucuronidase (식물 세포의 경우), 또는 네오마이신 내성을 코딩하는 발현벡터를 얻으라. 이들 플라스미드는, 시스템을 최적화하는데 사용할 수 있는데, 제조회사로부터 구입할 수 있다. 세포의 biolistic 발사주입법에 사용할 플라스미드 DNA는, 1장에서 기술한 바와 같이, EtBr-CsCl 농도구배평형 원심분리방법으로 정제해야한다.

Additional Items

이 프로토콜의 단계 6에서는 프로토콜 17.7에 나열한 시약이 필요하다.

Additional Information

Polybrene: 배경 정보	MC3, p. 16.43
안정화 형질전환에 필요한 선택시약	MC3, pp. 16.48-16.49

METHOD

1. 지수 함수적으로 자라고 있는 세포를 트립신 처리하여 수거한 다음 90-mm 배양접시 당 5 × 10^5 세포 밀도로 10% fetal calf serum을 포함한 MEM-α 10 ml에 재분주한다. 이들을 5-7% CO_2 농도의 대기, 37℃, 습기가 유지되는 배양기에서 18-20시간동안 배양한다.
2. 배양액을 혈청, DNA (5 ng 내지 40 μg; no carrier DNA), 그리고 30 μg의 Polybrene을 포함한, 미리 데운(37℃) 배지로 교체한다. 10 mg/ml 농도의 Polybrene을 첨가하기 전에 먼저 DNA와 배지를 섞는다. 세포를 배양기에서 다시 넣고 6-16시간 동안 배양한다. 이 배양 초기에 매 90분 마다 접시를 천천히 흔들어 주어 세포들이 DNA-Polybrene 혼합액에 골고루 노출되도록 한다.
3. DNA와 Polybrene을 포함한 배지를 흡인하여 제거한다. 혈청을 포함한 배지에 30% DMSO를 5 ml을 첨가한다. 접시 둘레로 DMSO 배지를 돌려주어 세포들을 이 용매에 골고루 접촉시키고 접시를 배양기에 넣는다.
4. 4분 동안 배양한 후, 배양기에서 접시를 꺼내고 곧바로 DMSO 용액을 흡인하여 제거한다. 세포를 미리 데운(37℃) 무혈청 배지로 한 두 번 씻어준 다음 10% fetal calf serum을 포함한 완전배지 10 ml을 첨가한다. 만일 Sodium butyrate 촉진제를 사용하고자 하면, 단계 5로 진행한다. 그렇지 않다면, 5-7% CO_2 농도의 대기, 37℃, 습기가 유지되는 배양기에서 48시간동안 배양한 다음 단계 6(일시적 발현여부를 분석하기 위해) 또는 단계 7(안정적 형질전환체를 얻고자) 바로 진행한다.
5. (*조건부*) DMSO와 Polybrene을 처리한 세포들의 형질전환을 촉진하기 위하여:
   a. 500 mM sodium butyrate를 최종 농도 2.5-10 mM이 되도록 성장배지에 직접 첨가한다.
   b. 세포를 5-7% CO_2 농도의 대기, 37℃, 습기가 유지되는 배양기에서 20-24시간 동안 배양한다.
   c. sodium butyrate가 포함된 배지를 제거하고 butyrate가 없이 10% fetal bovine serum을 포함한 배지로 교체해 준다. 배양기에 세포를 다시 넣고 키운다.
6. 만일 안정적 형질전환세포를 얻을 목적이면, 단계 7로 바로 진행한다. 일시적 발현목적이면, 형질전환 후 1-2일이 경과한 세포들을 다음 분석법 중 하나로 조사한다:
   - 대장균 β-갈락토시다제를 발현하는 플라스미드 DNA를 사용하였다면, 세포용해액에서 이 효소활성을 측정하기 위해 프로토콜 17.7에 기술한 단계를 수행한다. 교대로, MC3, 16.13 페이지의 추가 프로토콜(세포 단층에서 β-갈락토시다제의 조직화학적 염색방법)에 자세히 기술한 대로 조직화학적 염색을 수행한다.
   - 만약 녹색형광단백질 발현벡터를 사용하였다면, 450-490 nm 파장범위의 빛을 조사하여 현미경으로 세포를 관찰한다.
   - 다른 유전자발현산물의 경우, 새로 합성된 단백질을 in vivo 대사표지, 또는 세포추출물 내 효소활성 분석에 이어 방사면역분석법, 면역블럿팅, 면역침강법으로 분석한다.

안정적 형질전환세포를 분리하기

7. 세포를 비선택배지에서 48-72시간 동안 배양한 후(도입한 유전자의 발현이 일어나도록[단계 4]), 트립신 처리하여 적당한 선택배지에 세포를 재분주하거나 또는 세포에 별도의 처리없이 직접 선택배지를 첨가하여 키운다. 죽은 세포 잔재를 제거하고 내성 세포의 콜로니가 자랄 수 있도록 2-3주 동안 매 2-4일 간격으로 선택배지를 바꿔준다.
8. 그 후, 특정 실험목적을 위해 형질전환된 세포들 각 콜로니들을 골라 적절한 방법으로 증식한다.

제17장

포유동물세포에서의 유전자발현 분석

Analysis of Gene Expression in Mammalian Cells

프로토콜 17.1 DNase I footprinting(풋프린팅)을 이용하여 DNA의 단백질결합부위를 설정하기, 622

프로토콜 17.2 DNA 결합 단백질을 위한 gel retardation 분석법, 627

프로토콜 17.3 DNase I 고감응 위치 지도만들기, 629

프로토콜 17.4 Run-on 전사측정, 632

프로토콜 17.5 포유동물세포 추출물에서 Chloramphenicol Acetyltransferase 활성측정, 637

프로토콜 17.6 포유동물세포 추출물에서 luciferase 활성측정, 640

프로토콜 17.7 포유동물세포 추출물에서 β-galactosidase 활성측정, 642

프로토콜 17.8 포유동물세포에서 유전자발현을 유도하는 조절자로서의 Tetracycline

Stage 1: pTet-tTAI로 fibroblast에 안정적으로 형질도입, 644

Stage 2: tTA의 발현이 유도가능한 NIH-3T3 세포에 tetracycline에 의해 조절되는 표적 유전자를 안정한 형질도입, 648

Stage 3: 형질도입된 세포에서 단백질 발현의 분석, 651

프로토콜 17.9 포유동물세포에서 유전자발현 유도의 조절자로서의 Ecdysone, 653

BACKGROUND INFORMATION

다른 언급이 없으면 기본이 되는 정보는 *Molecular Cloning: A Laboratory Manual*, 3판 (이제부터 MC3)에 있다.

Footprinting DNA	MC3, pp. 17.75–17.78
Gel retardation assays	MC3, pp. 17.78–17.80
Report genes	MC3, pp. 17.30–17.32

프로토콜 17.1

DNase I footprinting(풋프린팅)을 이용하여 DNA의 단백질결합부위를 설정하기
Mapping Protein-binding Sites of DNA by DNase I Footprinting

이 프로토콜에서 DNase I은 핵 추출액이 있을 때와 없을 때에 방사성동위원소로 표지된 대상 DNA를 조각내는데 사용한다. 풋프린트는 단백질이 DNA에 결합하여 DNase I의 활성으로부터 특정 DNA부분을 보호할 때 생겨난다. DNase I에 의해 조각난 산물의 전기영동상의 이동거리를 같은 DNA 조각으로부터 유도된 염기서열 ladder와 비교함으로서 DNA 결합단백질이 인식하는 DNA 염기서열의 위치를 결정할 수 있다.

MATERIALS

CAUTION: 〈!〉표시된 물질의 적절한 사용법은 Appendix 4를 참조하세요.

Reagents and Solutions

농축액, 완충액, 시료의 조성은 Appendix 1을 참조하라. 농축액은 적당한 농도로 희석하여 사용하라.

- 단백질 농도를 정량하기 위한 Bradford reagent
- Cell homogenization buffer
  - 10 mM HEPES-KOH (pH 7.9) 〈!〉
  - 1.5 mM $MgCl_2$
  - 10 mM KCl
  - 0.5 mM dithiothreitol
  - 0.5 mM phenylmethylsulfonyl fluoride (PMSF) 〈!〉
  - PMSF의 대체품으로 Pefabloc SC (Roche Applied Science)가 비독성이고 수용액상태에서 안정하다
- Cell homogenization buffer, 0.05% (v/v) Nonidet P-40을 포함한 것
- Cell resuspension buffer
  - 40 mM HEPES-KOH (pH 7.9)
  - 0.4 M KCl
  - 1 mM dithiothreitol
  - 10% (v/v) glycerol
  - 0.1 mM PMSF 〈!〉
  - 0.1% (w/v) aprotinin (a protease inhibitor)
  - PMSF의 대체품으로 Pefabloc SC (Roche Applied Science)가 비독성이고 수용액상태에서 안정하다
- Cell rinse buffer
  - 40 mM Tris-Cl (pH 7.4)
  - 1 mM EDTA
  - 0.15 M NaCl
- Ethanol
- Ethanol (70%)
- Ficoll 400 (멸균한 H_2O에 20%[w/v])
- $MgCl_2$-$CaCl_2$ 용액, 멸균한 것
  - 10 mM $MgCl_2$
  - 5 mM $CaCl_2$
- NaCl (5 M)
- Phenol:chloroform (1:1, v/v) 〈!〉
- Phosphate-buffered saline (PBS), 칼슘과 마그네슘이 없는 것
- Polyvinyl alcohol (H_2O에 10%[w/v]로 녹임)
- Stop mix
  - 20 mM EDTA (pH 8.0)
  - 1% (w/v) SDS

Adapted from Chapter 17, Protocol 1, p. 17.4 of MC3.

0.2 M NaCl

125 μg/ml yeast tRNA

Tissue homogenization buffer

10 mM HEPES-KOH (pH 7.9)

25 mM KCl

0.15 mM spermine

0.5 mM spermidine

1 mM EDTA (pH 8.0)

2 M sucrose

10% (v/v) glycerol

이 버퍼는 차갑게 사용하여야 한다. 단백질분해효소 저해제 (예로 0.5 mM PMSF, Pefabloc, 1 μg/ml leupeptin, 1 μg/ml pepstatin, 혹은 다른 필요한 것)는 사용하기 바로 직전에 첨가한다(MC3, p. A5.1 참조).

Tissue resuspension buffer

5 mM HEPES-KOH (pH 7.9)

1.5 mM $MgCl_2$

0.5 mM dithiothreitol

0.5 mM PMSF 혹은 Pefabloc

26% (v/v) glycerol

Trypan Blue dye (칼슘과 마그네슘이 없는 PBS에 0.4% [w/v]로 녹임)

Cells, Tissues/Culture Media

Fresh tissue (신선한 조직세포), 배양세포, 또는 이로부터 추출된 단백질

Enzymes and Buffers

DNase I (10 mM Tris-Cl, pH 8.0에 1 mg/ml의 농도로 녹임)

Nucleic Acids/Oligonucleotides

poly(dI-dC)(1 mg/ml in H_2O)

copolymer는 단백질이 방사선표지된 DNA 조각에 비특이적으로 결합하는 것을 억제하기 위해 사용한다. copolymer의 최적 농도 (보통 0 - 100 μg/ml)는 실험적으로 결정하여야 한다. sheared genomic DNA (대장균, salmon sperm, poly[dA-dT] 등)과 같은 다른 경쟁적저해제와 비교한다.

Radioactive Compounds

^{32}P-labeled DNA (200-500 bp in length, sp. act. $\geq 2.5 \times 10^7$ cpm/μg [즉, ≥5000 cpm/fmole) 〈!〉

End-labeling 방법을 위해서는 프로토콜 9.13-9.16 혹은 10.2, 10.7, 9.10, 9.11, 8.1을 참조. 이상적으로는 target (타겟) 단백질이 결합하는 위치가 DNA의 표지된 끝에서 최소 30 bp는 떨어져 있어야 한다. 위치가 이보다 말단에 가까우면 DNA-결합단백질에 의해 인식되지 않을 수도 있다.

Gels/Loading Buffers

Denaturing 6%나 8% polyacrylamide DNA-sequencing gel, 1× TBE를 사용하여 만들고 전기영동함 (Protocol 12.8 참조)〈!〉

Formamide dye mix

10 ml formamide

10 mg xylene cyanol FF

10 mg bromophenol blue

Radiolabeled DNA size standards, 예로 5′ 말단이 시험하는 DNA의 방사선표지된 말단과 동일한 DNA를 dideoxysequencing 반응을 시켜 얻은 산물

Centrifuges/Rotors/Tubes

Beckman SW 28 rotor나 동등품 (4℃)
Sorvall H-1000B rotor나 동등품 (4℃)

Additional Items

끓는 물 수조
Dounce homogenizer와 type-B pestle
Gel dryer
액체질소 〈!〉
autoradiography나 phosphorimaging을 위한 준비물
Rubber policeman
이 Protocol의 step 7-10에는 Protocol 12.8과 12.11, 12.12에 나열된 reagent를 필요로 한다.

Additional Information

대체가능한 프로토콜 (Mapping Protein-binding protein Sites on DNA by Hydroxyl Radical Footprinting)	MC3, p. 17.12
Poly(dI-dC)	MC3, p. 17.14
문제해결과 DNase I footprinting의 최적화	MC3, p. 17.11

METHOD

1. 다음의 3가지 방법 중 하나로 핵 추출물을 준비한다. 혹은 세포 단백질의 추출에서 나온 분획을 직접 Step 2에 사용할 수도 있다.

Preparation of nucleic extracts from tissue

a. 10-15 g의 조직을 절개하고 잘게 썬다. 잘게 썬 조직에 tissue homogenization buffer를 넣어 부피를 30 ml가 되도록 맞춘다. 현미경으로 관측하였을 때 80-90% 이상의 세포가 부서졌을 때까지 tight-fitting Dounce homogenizer로 균질화시킨다.

b. 세포가 용해되었는지를 10 μl의 세포 상등액에 같은 부피의 0.4% Trypan Blue dye를 섞고 20배율의 현미경으로 관측하여 확인한다. 용해된 세포는 푸르게 염색되고 온전한 세포는 염색약을 배제시켜 투명하게 관측된다. 80-90%의 세포가 부서질 때까지 계속 조직을 균질화시킨다.

c. homogenate (호모제네이트)를 차가운 tissue homogenization buffer로 희석하여 85 ml이 되도록 만든다. ultraclear나 polyallomer swinging-bucket centrifuge tube에 차가운 tissue homogenization buffer를 10 ml 씩 넣고 그 위에 27 ml 분주해서 얹는다. tube를 103,900 *g* (Beckman SW28 rotor의 경우 4,000 rpm)로 4℃에서 40분동안 원심분리한다.

d. 상등액을 버리고 1-2분간 tube를 뒤집어 놓아 용액이 다 빠져나오도록 한다. tube는 얼음에 보관한다.

   (*선택사항*) 면도날을 이용하여 tube의 위쪽 2/3을 잘라내고 핵을 갖는 아래쪽 1/3을 얼음에 놓는다.

e. 핵 침전물을 2 ml의 차가운 tissue resuspension buffer에 재현탁한다. 재현탁된 핵의 정확한 부피를 측정하고 5 M의 차가운 NaCl을 최종농도가 300 mM이 되도록 첨가한다. 현탁액을 부드럽게 섞어주고 얼음 속에서 30분간 반응시킨다.

f. 핵을 4℃에서 20분간 103,900 g (Beckman SW 28 rotor의 경우 24,000 rpm)에서 원심분리하여 회수한다. 차갑게 냉각한 새 tube에 상등액을 조심스럽게 옮기고 100 – 200 μl 씩 상등액을 분주해 놓는다. 분주액은 단백질정량을 위해 보관한다. 나머지 분주액은 액체질소를 이용하여 급속냉동시키고 액체질소 속에서 보관한다.

g. 상등액의 단백질 농도는 Bradford 방법으로 결정한다.

배양한 포유동물세포로부터 핵추출액 준비

a. 배양 플라스크나 접시, well에서부터 0.5×10^8에서 1×10^8개의 세포를 수확한다. 상온에서 250 g (Sorvall H-1000B rotor의 경우 1100 rpm)으로 10분간 원심분리하여 세포를 획득한다. 칼슘과 마그네슘이 없는 PBS를 이용하여 여러 번 세포를 씻는다.

b. 5배 부피의 차가운 homogenization 버퍼에 재현탁하고 10분간 얼음속에서 방치한 후 동일한 방법으로 원심분리하여 세포를 모은다.

c. 세포침전물을 3배 부피의 0.05% (v/v) Nonidet P-40을 함유한 차가운 cell homogenization buffer에 재현탁시키고 tight-fitting Dounce homogenizer에 넣고 20번 움직여 세포를 균질화시킨다. homogenizer 장치는 균질화 과정동안 얼음에 박아야 한다. 이 과정동안 부픈 세포가 용해되고 손상되지 않은 핵이 방출된다.

d. 핵은 4℃에서 10분간 250 g (Sorvall H-1000B rotor의 경우 1100 rpm)에서 원심분리하여 모은다. 상등액은 버리고 핵 침전물은 1 ml의 cell resuspension buffer에 녹인다. 재현탁된 핵의 정확한 부피를 측정하고 5 M NaCl을 최종농도가 300 mM이 되도록 첨가한다. 현탁액을 부드럽게 섞어주고 얼음속에서 30분간 반응시킨다.

e. 핵을 4℃에서 20분간 103,900 g (Beckman SW 28 rotor의 경우 24,000 rpm)에서 원심분리하여 회수한다. 차갑게 냉각한 새 tube에 상등액을 조심스럽게 옮기고 100 – 200 μl 씩 상등액을 분주해 놓는다. 액체질소를 이용하여 분주액을 급속냉동시키고 액체질소에서 보관한다. 상등액의 단백질의 농도는 Bradford 방법으로 결정한다.

적은 수의 배양한 포유동물세포로부터 핵추출액 준비

a. 세포를 cell rinse buffer를 바꾸어가며 여러 번 씻는 다음 각 dish에 1 ml의 cell rinse buffer를 넣고 rubber policeman을 이용하여 버퍼로 세포를 끌어 모은다.

   이 과정은 전사인자를 암호화하는 cDNA를 갖는 플라스미드로 형질전환된 세포에 적합하다.

b. 세포현탁액을 1.5 ml microfuge tube에 옮기고 microfuge를 이용하여 상온에서 2분간 최고속도로 원심분리하여 세포를 침전시킨다.

c. 세포침전물을 세포를 배양에 사용한 150-mm 접시 당 300 μl의 cell resuspension buffer에 재현탁한다. 재현탁된 세포는 얼렸다가 녹이기를 세 번 반복 실시한다.

d. microfuge로 4℃에서 5분간 최고속도로 tube를 원심분리하여 세포조각을 제거한다. 상등액 (즉, cell lysate (세포용해액))를 적은 양으로 분주하여 -70℃에서 보관한다.

2. 적절한 개수의 1.5-ml microfuge tube에 아래 시약을 첨가한다.

nuclear extract (핵 추출물)나 단백질 분획 (5-10 μg)	1-23 μl
^{32}P end-labeled DNA	1-10 fmoles
1 mg/ml poly(dI-dC)	1 μl
H_2O	to 25 μl
optional additions	
20% Ficoll 400	12 μl
혹은	
10% polyvinyl alcohol	10 μl

microfuge로 4℃에서 5 초간 tube를 원심분리하여 반응물을 tube의 바닥에 모이게 한 다음 얼음에서 10-30분간 반응물을 반응시킨다.

활성측정할 각 DNA 조각이나 분획에 대해 2개의 대조군 반응을 준비한다. 하나는 nuclear extract (핵추출물)가 없는 것과 Step 3의 DNase I을 첨가하지 않은 것.

3. 상온에서 50 μl의 $MgCl_2$−$CaCl_2$ 용액을 넣고 부드럽게 섞는다. 상온에서 1분간 반응을 시킨다. 각 microfuge tube에 희석한 DNase I 용액을 1 − 8 μl 첨가하고 부드럽게 섞은후 상온에서 1분간 반응시킨다.

4. 75 μl의 stop mix를 첨가하여 반응을 중지시킨다. 잽싸게 vortex 하고 동량을 phenol:chloroform으로 반응액을 추출한다.

5. 새 microfuge tube에 수용액 부분을 옮기고 2.5 배 부피의 에탄올을 넣어 핵산을 침전시킨다. 에탄올이 들어간 용액을 −70℃에서 15분간 차갑게 하고 microfuge로 4℃에서 10분간 최고속도로 원심분리하여 침전물을 얻는다. 1 ml의 70% 에탄올로 침전물을 행구고 원심분리를 다시 실시한다. 에탄올이 완전히 없어지도록 공기 중에서 말린다.

6. DNA pellet은 5−10 μl의 formamide dye mix에 격렬한 vortex을 통해 녹인다. 3−5분간 끓임으로 DNA용액을 denature시킨다.

7. Denaturing 6%나 8% polyacrylamide sequencing gel을 준비하고 DNA 샘플을 얹기 전 최소한 30분 정도 gel에 전류를 흘려준다.

8. DNA 샘플은 아래 순서로 얹는다.

    sequence ladder

    control DNA, 핵 추출액이 없는 상태에서 DNase I으로 자른 것

    target DNA, 핵 추출액이 존재할 때 DNase I으로 자른 것

    target DNA, DNase I 없이 핵 추출액과 반응시킨 것

9. 온도를 45−50℃에 유지한 채 충분한 일정한 출력으로 전기영동을 한다.

    관심대상 염기서열의 최적해상도를 얻기 위해 필요한 시간은 경험적으로 결정해야 된다.

10. 전기영동이 완료되면 유리판을 떼어내고 젤을 한 장의 두꺼운 blotting paper로 옮긴다. 1 시간정도 진공으로 젤을 말리고 intensifying screen없이 −20℃에서 12−16시간 x−선 필름에 감광시킨다. 다른 방법으로는 말린 젤을 1−3시간동안 phosphorimage analysis를 실시한다.

프로토콜 17.2

DNA 결합 단백질을 위한 gel retardation 분석법
Gel Retardation Assay for DNA-binding proteins

이 실험방법은 nondenaturing polyacrylamide gel상에서의 전기영동상할 때 표적 DNA의 이동과 DNA-단백질 복합체의 느린 이동간의 나타나는 이동거리 차이를 이용한다.

MATERIALS

CAUTION: 〈!〉표시된 물질의 적절한 사용법은 Appendix 4를 참조하세요.

Reagents and Solutions

농축액, 완충액, 시료의 조성은 Appendix 1을 참조하라. 농축액은 적당한 농도로 희석하여 사용하라.

단백질 농도를 정량하기 위한 Bradford reagent

Ficoll 400 (멸균한 H_2O에 20%[w/v])

polyvinyl alcohol (H_2O에 10%[w/v])

Cells, Tissues/Culture Media

표적 세포와 대조군 세포로부터 준비한 핵 추출물이나 단백질 분획

프로토콜 17.1에 설명된 방법 중 하나로 핵 추출물을 준비한다.

Nucleic Acids/Oligonucleotides

poly(dI-dC)(1 mg/ml in H_2O)

copolymer는 단백질의 방사선표지된 DNA 조각에 비특이적으로 결합하는 것을 억제하기 위해 사용한다. copolymer의 최적 농도는 (보통 0 - 100 μg/ml)는 실험적으로 결정하여야 한다.

Radioactive Compounds

^{32}P-labeled control DNA〈!〉

^{32}P-labeled target DNA (길이는 20 bp 이상 sp. act.는 2.5 × 10^7 cpm/μg (즉, 5000 cpm/fmole 이상)〈!〉

DNA 조각의 표지화는 인산화 (Protocol 9.10과 10.2)나 end filling (Protocol 9.10) 또는 PCR (Protocol 8.1)로 수행할 수 있다.

Gels/Loading Buffers

Neutral (nondenaturing) 4-7% polyacrylamide gel, 대략 1.5 mm 두께, 0.5× TBE (Protocol 12.8 참조)를 이용하여 만들고 전기영동한다〈!〉

Sucrose dye solution

- 0.25% (w/v) bromophenol blue
- 0.25% (w/v) xylene cyanol
- 40% (w/v) sucrose

Additional Items

Gel dryer

autoradiography나 phosphorimaging을 위한 준비물

Additional Information

Additional Protocol (Competition Assays)	MC3, p. 17.17
Additional Protocol (Supershift Assays)	MC3, p. 17.17
Alternative Protocol (Mapping Protein-binding Sites on DNA by Hydroxyl Radical Footprinting)	MC3, p. 17.12
Gel retardation assays	MC3, pp. 17.78-17.80
Poly(dI-dC)	MC3, p. 17.14
문제해결과 최적화	MC3, p. 17.16

METHOD

1. 멸균된 1.5-ml microfuge tube에 아래물질을 첨가

^{32}P-labeled target DNA	1 ng (1-10 fmoles)
1 mg/ml poly(dI-dC)	1 μl
nuclear extract (5-10 μg)	10 μl 이하
또는	
단백질분획	10 μl 이하
20% Ficoll 400	5 μl
혹은	
10% polyvinyl alcohol	4 μl
H_2O로 최종부피를	20 μl로 맞춤

   모든 실험에 대조군 반응을 포함한다. 양성-대조군 반응은 핵 추출물 (혹은 단백질 분획)과 DNA-결합단백질에 의해 인식이 가능한 염기서열을 갖는 방사선표지된 DNA 조각을 포함한다. DNA-결합단백질은 추출물에 풍부하고 DNA 염기서열과 높은 친화도를 가져야 한다. 예를 들면 Sp1, C/EBP, 혹은 NF-1 자리를 갖는 DNA 조각과 포유동물 세포추출물, 혹은 *lacI* 인식자리와 *lacI*^{q} 대장균종의 추출물이다. 음성-대조군 반응은 방사선표지된 DNA 조각을 포함하나 핵 추출물은 포함하지 않는다.

2. 반응시킨 tube를 microfuge에서 수 초간 원심분리하여 tube의 밑쪽에 반응혼합물이 모이도록 한 다음 얼음에서 10-30 분간 반응시킨다.

3. 각 tube에 3 μl의 sucrose dye solution을 첨가한다. 각 샘플을 neutral 4-7% polyacrylamide gel의 slot에 얹는다.

4. 0.5× Tris-glycine buffer나 0.5× TBE buffer를 사용하여 200-250 V에 20 mA로 약 2시간가량 전기영동한다.

   결합단백질의 특성과 결합반응의 친화도에 따라 젤을 4℃에서 전기영동해야 할 수도 있다.

5. 전기영동이 완료된 후 gel plate를 떼어내고 젤을 sturdy blotting paper로 옮긴 다음 gel dryer에서 약 1시간동안 젤을 말린다.

6. 방사선표지된 DNA 조각을 확인하기 위해 말린 젤을 -20℃에서 1시간이상 X-선 필름에 감광시킨다. 적은 양의 DNA-단백질 복합체의 경우는 phosphorimager상에서 1-3시간 후에 확인될 수 있다.

프로토콜 17.3

DNaseI 고감응 위치 지도만들기
Mapping DNase I hypersensitive sites

이 프로토콜에서 포유동물세포에서 추출한 핵을 다양한 양의 DNase I으로 처리한다. 이를 위해 genomic DNA를 핵으로부터 추출하고 제한효소로 자른 다음 젤 전기영동으로 분석하고 Southern hybridization을 probe한다. 만일 탐침이 유전자의 5′-end에 해당하면 이 부분에서 DNase I으로 처리하지 않는 대조군 핵으로부터 추출한 DNA에서 유래된 온전한 제한효소로 잘린 조각이 검출될 것이다. 만일 탐침에 의해 인식되는 하나이상의 조각에 DNaseI hypersensitive sites가 있다면 짧은 DNA가 Southern blot에서 확인될 것이다.

MATERIALS

CAUTION: 〈!〉표시된 물질의 적절한 사용법은 Appendix 4를 참조하세요.

Reagents and Solutions

농축액, 완충액, 시료의 조성은 Appendix 1을 참조하라. 농축액은 적당한 농도로 희석하여 사용하라.

- 단백질 농도를 정량하기 위한 Bradford reagent
- Buffer A (4℃)
  - 50 mM Tris-Cl (pH 7.9)
  - 100 mM NaCl
  - 3 mM $MgCl_2$
  - 1 mM dithiothreitol
  - 0.2 mM phenylmethylsulfonyl fluoride (PMSF) 〈!〉 혹은 Pefabloc
  - PMSF와 dithiothreitol은 buffer를 사용하기 바로 직전에 첨가한다.
- EDTA (0.5 M, pH 8.0)
- Ethanol
- Lysis buffer (4℃)
  - 50 mM Tris-Cl (pH 7.9)
  - 100 mM KCl
  - 5 mM $MgCl_2$
  - 0.05% (v/v) saponin
  - 50% (v/v) glycerol
  - 200 mM β-mercaptoethanol 〈!〉
  - β-mercaptoethanol은 buffer를 사용하기 바로 직전에 첨가한다.
- Phenol:chloroform 〈!〉
- Phosphate-buffered saline (PBS) calcium과 magnesium이 없는 것, ice cold
- SDS buffer
  - 20 mM Tris-Cl (pH 7.9)
  - 100 mM NaCl
  - 70 mM EDTA (pH 8.0)
  - 2% (w/v) SDS
- TE (pH 7.9)
- Trypan Blue dye (0.4% w/v)

Cells, Tissues/Culture Media

대략 10^8개의 세포가 DNase I hypersensitivity 실험에 필요한다.

Adapted from Chapter 17, Protocol 3, p. 17.18 of MC3.

Enzymes and Buffers

DNase I, RNase-free (10 units/ml) in DNase I dilution buffer
10 mM HEPES-KOH (pH 7.9) 〈!〉
30 mM $CaCl_2$
30 mM $MgCl_2$
50% (v/v) glycerol
희석된 효소는 -20℃에서 보관한다.
Protease K (0.2 mg/ml), 100 mM NaCl가 포함된 50 mM Tris-Cl (pH 7.9)에 녹임
희석된 효소는 -20℃에서 보관한다.
RNase A, DNase-free (0.5 mg/ml), in TE (pH 8.0)

Centrifuges/Rotors/Tubes

Sorvall H-1000B rotor (4℃)

Additional Items

Gel dryer
autoradiography나 phosphorimaging을 위한 준비물
Shaking 수조 (37℃, 50℃, 55℃)
이 Protocol의 step 18에는 Protocol 6.8과 6.10에 나열된 reagent를 필요로 한다.

Additional Information

Controls for DNase I hypersensitivity mapping	MC3, p. 17.22
Hybridization probes for DNase I hypersensitivity mapping	MC3, p. 17.21

METHOD

1. 대략 10^8개의 세포를 spinner culture나 flask, dish로부터 획득하고 칼슘과 마그네슘이 없는 차가운 PBS를 25 ml 씩 사용하여 세포를 두 번 씻는다.
   혹은 신선한 조직에서 시작할 경우 핵을 Protocol 17.1, Step 1과 같이 핵을 분리한다.
2. 차가운 lysis buffer 1.5 ml에 최종적으로 씻은 세포침전물을 재현탁한다. 세포가 용해되도록 얼음에서 10분 동안 반응시킨다.
3. 세포용해액 10 μl을 덜어 동량의 0.4 % Trypan blue dye와 섞고 20배 대물렌즈가 장착된 현미경을 이용하여 용액을 관찰한다. 용해된 세포와 핵은 염색약을 흡수하여 푸르게 보이는 반면 용해되지 않은 세포는 염색약이 침투되지 않아 투명하게 보인다. 80%이상의 세포가 용해될 때까지 얼음에서 반응을 계속시킨다.
4. 현탁액을 1300 g에서 (Sorvall H-1000B rotor의 경우 2500 rpm) 15분간 4℃에서 원심분리하여 용해된 세포로부터 핵을 회수한다.
5. 조심스럽게 상등액을 제거하고 핵 침전물을 1.5-ml의 차가운 buffer A에 현탁시킨다. Step 4에 설명한 것과 같이 원심분리를 통해 핵을 모은다.
6. 4 ml의 차가운 buffer A로 핵침전물을 재현탁시킨다.
7. 일련으로 희석한 DNase I 용액을 준비한다 (1/40, 1/80, 1/160, 1/320, 1/640. 1/1280, 1/2560가 되도록 DNase dilution buffer에 희석). 희석액은 얼음에 보관한다.

8. 일련의 tube에 1–9까지 번호를 먹인다고 각 tube에 Step 6에서 준비한 현탁된 핵을 180 μl 씩 첨가한다.

9. Tube 1에 DNase I이 첨가되지 않은 DNase I 희석용액 20 μl를 넣고 아래 Step 12번 때까지 얼음에 보관한다. Tube 2에도 DNase I이 첨가되지 않은 DNase I 희석용액 20 μl를 넣고 아래 Step 11번 때까지 얼음에 보관한다. Tube 1과 tube 2는 대조군이다.

10. Tube 3에서 tube 9에는 점진적으로 희석한 용액을 각각 20 μl씩 넣는다. 즉 tube 3에 20 μl의 1/2560 희석액을 넣고 tube 4에는 20 μl의 1/1280 희석액을 넣는다.

11. Tube 2에서 tube 9를 37℃에서 20분간 반응시킨다.

12. 반응을 종료시키기 위해 각 tube에 16.6 μl의 0.5 M EDTA를 세 번 넣는다. 한번 첨가할 때마다 vortex 한다. 모든 tube에 처리가 완료되면 각 tube에 12 μl의 RNase 용액을 첨가한다. nuclear RNA의 분해를 위해 37℃에서 30분간 반응을 진행시킨다.

13. 각 tube에 40 μl의 protease K 용액을 첨가하여 핵단백질을 분해한다. pipetting up and down으로 용액을 부드럽게 섞는다. 각 tube에 100 μl의 SDS buffer를 넣고 한번 더 섞어준다. tube를 50℃에서 16시간동안 돌리거나 흔들면서 반응시킨다.

14. 100 μl의 protease K 용액을 더 첨가하고 50℃에서 2–3시간 더 분해를 계속한다.

15. phenol:chloroform으로 digestion mixture를 세 번 부드럽게 추출한다. DNA는 3배 부피의 차가운 에탄올을 넣고 얼음에 30분 반응 후 원심분리를 통해 DNA를 침전시킨다. 원심분리는 1200 g에서 (Sorvall H–1000B rotor의 경우 2400 rpm) 실시한다. 상등액을 버리고 paper towel 위에서 tube내의 모든 에탄올 빼낸다.

16. 각 tube에 200 μl의 TE를 첨가하고 55℃에서 돌리거나 흔들면서 DNA를 녹인다.

    중요: DNase–treated DNA의 완전한 용해와 회수를 위해는 좀 더 반응을 할 필요가 있다.

17. 녹인 DNA의 A_{260}을 측정하여 농도를 평가한다.

18. 제한효소로 DNA를 절단하고 Protocol 6.8과 6.10에 설명된 대로 Southern blotting과 hybridization을 실시한다. agarose gel 상에서 lane당 제한효소로 자른 genomic DNA 15–30 μg을 얹는다.

    high–specific–activity radioactive probe를 사용하는 것은 hypersensitive sites를 위치를 알아내는데 중요하다. 탐침의 specific activity는 5×10^8 cpm/μg 이상이 되어야 한다. Bacteriophage M13 templates (Protocol 3.4)에서 유도된 단일가닥 DNA 탐침은 high–resolution hypersensitivity mapping 실험에 최적이다.

프로토콜 17.4

Run-on 전사측정
Transcriptional Run-on Assays

이 프로토콜에서는 관심대상인 유전자를 발현하는 세포에서 추출된 핵을 방사선표지된 UTP와 배양한다. UTP는 세포를 수확하는 시점에서 왕성히 전사하는 RNA polymerase에 의해 초기의 RNA 전사체로 도입된다. 아주 적은 양의 RNA 합성의 de novo initiation이 추출된 핵에서 일어나기 때문에 대상 유전자의 전사는 방사선표지된 RNA와 nitrocellulose나 nylon membrane에 고정된 과량의 표적 유전자간의 hybridization에 의해 측정이 가능하다. 고정된 DNA에 hybridization한 RNA의 분획은 세포내 전체 전사활동량에 대한 표적 유전자가 공헌한 부분을 반영한다. 모든 test tube와 용액은 RNase-free 하게 준비되어야 한다.

MATERIALS

CAUTION: 〈!〉표시된 물질의 적절한 사용법은 Appendix 4를 참조하세요.

Reagents and Solutions

농축액, 완충액, 시료의 조성은 Appendix 1을 참조하라. 농축액은 적당한 농도로 희석하여 사용하라.

- Chloroform 〈!〉
- Chloroform:isoamyl alcohol (24:1, v/v) 〈!〉
- DNA denaturing solution
  - 2 M NaCl
  - 0.1 M NaOH
- Ethanol
- Ethanol (70%)
- Glycerol storage buffer
  - 50 mM Tris-Cl (pH 8.3)
  - 5 mM $MgCl_2$
  - 0.1 mM EDTA (pH 8.0)
  - 40% (v/v) glycerol
  - 4℃에 보관
- HSB buffer
  - 10 mM Tris-Cl (pH 7.4)
  - 50 mM $MgCl_2$
  - 2 mM $CaCl_2$
  - 0.5 M NaCl
  - 상온에 보관
- Labeling buffer
  - 20 mM Tris-Cl (pH 8.0 at 4℃)
  - 140 mM KCl
  - 10 mM $MgCl_2$
  - 1 mM $MoCl_2$
  - 20% (v/v) glycerol
  - 용액은 4℃에 보관한다. 사용하기 바로직전에 아래의 다섯 시약을 최종농도가 되게 첨가한다.
    - 14 mM β-mercaptoethanol 〈!〉
    - 1 mM 각각 ATP, GTP, CTP
    - 10 mM phosphocreatine
    - 100 μg/ml phosphocreatine kinase
    - 0.1 μM [α-^{32}P]UTP (sp. act. 500-5000 Ci/mmole) 〈!〉
- LiCl (5 M)

Adapted from Chapter 17, Protocol 4, p. 17.23 of MC3.

Lysis buffer
- 10 mM Tris-Cl (pH 8.4 at 4℃)
- 1.5 mM $MgCl_2$
- 0.14 M NaCl
- 버퍼는 4℃에서 보관한다.

NaCl (2 M)

NaOH (0.1 M) 〈!〉

Nonidet P-40 (5% v/v)

Nuclei wash buffer
- 20 mM Tris-Cl (pH 8.0 at 4℃)
- 140 mM KCl
- 10 mM $MgCl_2$
- 1 mM $MoCl_2$
- 20% (v/v) glycerol
- 4℃에 보관한다. 사용하기 바로 직전에 β-mercaptoethanol를 최종농도가 14 mM이 되도록 첨가한다.

Phenol 〈!〉, water saturated and eqμlibrated to pH 7.2

Phosphate-buffered saline (PBS)

Prehybridization/hybridization buffer 〈!〉
- 50% (v/v) formamide
- 6× SSC
- 5 mM sodium pyrophosphate
- 2× Denhardt's solution
- 0.5% (w/v) SDS
- 10 μg/ml poly(A)
- 100 μg/ml salmon sperm DNA (프로토콜 6.10 참조)

2× reaction buffer
- 10 mM Tris-Cl (pH 8.0 at 4℃)
- 5 mM $MgCl_2$
- 0.3 M KCl
- 4℃에 보관, 사용하기 바로전에 아래 시약을 1 ml의 2× reaction buffer에 첨가한다.
  - 5 μl dithiothreitol (1 M)
  - 100 μl 100-mM ATP
  - 10 μl 100-mM CTP
  - 10 μl 100-mM GTP

SDS (0.5% w/v)

6× SSC

Stop buffer
- 50 mM Tris-Cl (pH 7.5)
- 20 mM EDTA (pH 8.0)
- 0.8% (w/v) SDS

Tissue homogenization buffer
- 10 mM HEPES-KOH (pH 7.6)
- 25 mM KCl
- 0.15 mM spermine
- 0.5 mM spermidine
- 1 mM EDTA (pH 8.0)
- 2 M sucrose
- 10% (v/v) glycerol

4℃에 보관한다. 사용하기 바로 직전에 최종농도 1 mM로 dithiothreitol와 protease inhibitor (예로 PMSF나 Pefabloc는 0.5 mM; 1 ug/ml leupeptin 과/또는 pepstatin은 1 μg/ml)를 첨가한다.

Trypan Blue dye (0.4% w/v) in PBS, calcium과 magnesium salt가 없는 것

Vectors and Hosts

nonrecombinant plasmid vector

관심 유전자가 삽입된 recombinant plasmid

Cells, Tissues/Culture Media

10^7 – 10^8개의 배양된 동물세포나 10–15 g의 신선한 조직

Enzymes and Buffers

DNase I, RNase–free (2 mg/ml) in 0.0025 N HCl, 50% (v/v) glycerol

희석된 효소는 –20℃에서 보관한다.

Protease K (선택사항; Step 4 참조)

효소를 100 mM NaCl을 함유한 50 mM Tris–Cl (pH 7.9)에 농도가 1 mg/ml이 되도록 희석한다. 희석된 효소는 –20℃에서 보관한다.

RNasin 또는 동일한 RNase inhibitor (MC3, p. 7.83 참조)

제한효소와 10× buffer

Radioactive Compounds

[α–^{32}P]UTP (sp. act. 500–5000 Ci/mmole) 〈!〉

핵의 각 sample 당 100 μCi를 사용

Centrifuges/Rotors/Tubes

Beckman SW 28 rotor (4℃)

Sorvall H–1000B와 SS–34 rotor (4℃)

Additional Items

끓는 물 수조

Dounce homogenizer와 type–B pestle

Gel dryer

autoradiography나 phosphorimaging을 위한 준비물

radiolabeled RNA의 TCA 침전을 위한 준비물 (Appendix 3, p. 745 참조)

면도날

Rubber policeman

Shaking 수조 (30℃)

Slot–blotting을 위한 장치

이 Protocol의 step 11에는 Protocol 7.9에 나열된 시약과 장비가 필요로 한다.

이 Protocol의 step 13에는 Protocol 6.8에 나열된 reagent를 필요로 한다.

이 Protocol의 step 14–16에는 Protocol 6.8과 6.10에 나열된 reagent를 필요로 한다.

수조 (4℃와 65℃)

Additional Information

대조군과 문제해결 MC3, p. 17.29

METHOD

1. 배양된 세포나 신선한 조직에서 핵을 분리한다

배양된 세포로부터 핵을 분리

a. rubber policeman을 이용하여 배양접시에서 세포를 긁어모으고 얼음에 식힌 PBS로 두 번 씻어준다. 1 ml의 차가운 lysis buffer에 1 × 10^7에서 1 × 10^8개의 세포를 재현탁한다. 5% Nonidet P-40을 2-4 μl 넣고 얼음에서 10분간 현탁액을 배양한다.

b. 10 μl의 현탁액에 동량의 0.4% Trypan Blue dye를 섞고 20배의 대물렌즈를 갖는 현미경으로 용액을 관찰한다. 용해된 세포는 염색약이 침투해 푸르게 보이는 반면 용해되지 않은 세포는 염색약이 침투하지 않아 투명하게 보인다. 80%이상의 세포가 용해될 때까지 5% Nonidet P-40의 2-μl 분주액을 계속 첨가한다.

c. benchtop centrifuge로 1분간 1300 g로 (Sorvall H-1000B rotor로 2500 rpm) 원심분리하여 핵을 모은다. 상등액을 제거하고 핵침전물을 1 ml의 차가운 nuclei wash buffer로 씻는다. Step 2로 진행한다.

신선한 조직으로부터 핵을 분리

a. 조직 10-15 g을 잘게 썬다. 잘게 썬 조직에 부피가 30 ml가 되도록 차가운 tissue homogenization buffer를 넣고 tight-fitting Dounce homogenizer로 균질환시킨다.

b. 용해되는 것을 확인하기 위해 동량의 0.4% Trypan Blue dye를 섞고 20배의 대물렌즈를 갖는 현미경으로 용액을 관찰한다. 용해된 세포는 염색약이 침투해 푸르게 보이는 반면 용해되지 않은 세포는 염색약이 침투하지 않아 투명하게 보인다. 80-90%이상의 세포가 부서질 때까지 계속 조직을 homogenize한다.

c. homogenate를 차가운 tissue homogenization buffer를 넣어 부피를 85 ml가 되게 희석한다. ultraclear나 polyallomer swinging-bucket 원심분리 tube에 10 ml의 차가운 homogenization buffer를 쿠션으로 넣고 그 위에 27 ml의 분주액을 놓는다. tube를 4℃에서 40분간 103,900 g로 (Beckman SW 28 rotor로 24,000 rpm) 원심분리한다.

d. 상등액을 버리고 1-2 분간 tube를 뒤집어 용액이 빠져나오도록 한다. 각 침전물을 2 ml의 glycerol storage buffer를 넣고 위아래로 pipetting하여 재현탁한다.

e. 10 μl의 재현탁한 핵과 990 μl의 0.5% SDS를 섞는다. UV spectrophotomer로 OD_{260}을 측정하고 glycerol storage buffer로 재현탁된 핵을 농도가 50 OD_{260}/ml가 되도록 희석한다. 핵준비물을 1.5-ml microfuge tube에 200 μl씩 분주하고 액체질소에서 순간냉동시킨다음 -70℃에 보관한다. Step 2로 진행한다.

2. 분리한 핵에 존재하는 발생초기의 전사체에 방사선표지

배양된 세포에서 분리한 핵에 존재하는 전사체에 방사선표지

a. 마지막 씻기 과정(Step 1c)에서 가능한 많이 상등액을 제거하고 핵을 50-100 μl의 nuclei labeling buffer에 재현탁한다. 핵을 30℃에서 15-20분간 수조에서 흔들면서 배양한다.

b. 핵을 benchtop centrifuge로 5분간 800 g (Sorvall H-1000B rotor로 1960 rpm)로 원심분리하여 침전시킨 다음 조심스럽게 상등액을 방사선폐기물로 버린다. Step 3을 진행한다.

조직에서 분리한 핵에 존재하는 전사체에 방사선표지

a. 적당한 개수의 분주한 핵준비물을 −70℃에서 얼음통으로 옮긴다. 분주액이 녹으면 400 unit의 RNasin을 각 tube에 넣는다. 각 tube에 nucleotide와 dithiothreitol이 첨가된 2× reaction buffer를 200 μl 넣는다. 100 μCi의 [α−^{32}P]UTP를 넣는다.

b. 핵은 30℃ shaking water bacth에서 20분간 반응시킨다. 1−2 분간 2000 rpm으로 원심분리하여 핵을 회수한다. 조심스럽게 상등액을 방사능폐기물로 버리고 Step 3을 진행한다.

3. 핵침전물을 차가운 HSB buffer 1 ml에 재현탁하고 10 μl의 DNase 용액을 넣는다. pipette으로 핵현탁액을 용액의 점도가 감소되도록 1−5분정도 위아래로 섞는다. 그 다음 stop buffer를 2 ml 넣는다.

4. (선택사항) 방사선표지된 RNA의 수율을 높이기 위해 DNase 단계가 끝난 후 proteinase K를 첨가한다. 그 후 2 ml의 stop buffer를 넣고 proteinase K를 최종농도가 100 μg/ml이 되도록 첨가한다. 용액을 42℃에서 30분간 반응시키고 Step 5를 진행한다.

5. phenol을 3 ml 넣고 혼합물을 5분마다 vortex하면서 65℃에서 15분간 반응시킨다. 3 ml의 chloroform:isoamyl alcohol을 넣고 vortex하고 유기용매층과 수용액층을 1900 g에서 (Sorvall H−1000B rotor로 3000 rpm) 원심분리하여 나눈다. 수용액층을 3 ml의 chloroform으로 다시 추출하고 원심분리하여 새로운 tube로 옮긴다.

6. 0.3 ml의 5 M NiCl와 2.5배 부피의 에탄올을 넣고 잘 섞는다. 핵산침전물을 12,000 g (Sorvall SS−34 rotor로 10,000 rpm)로 10분간 원심분리하여 모은다.

7. 침전물을 0.4 ml의 물로 재현탁하고 1.5 ml microfuge tube로 옮긴다. 40 μl의 5 M LiCl와 2.5배 부피의 에탄올을 첨가한다. microfuge에서 최고속도로 10분간 용액을 원심분리한다.

8. 침전물을 100 μl의 H_2O에 재현탁하고 liquid scintillation counter로 cpm/μl를 측정한다.

9. cDNA 나 관심있는 유전자를 갖는 플라스미드 재조합 DNA을 10 μg을 선형화시키고 벡터의 염기서열에 자리가 있는 제한효소를 이용하여 10 μl의 플라스미드 벡터를 자른다.

10. 잘린 DNA를 표준 에탄올 침전법으로 회수하고 각 침전물을 20 μl의 DNA denaturation 용액에 각각 재현탁한다. 재현탁된 DNA는 2분간 끓인 후 각 tube에 180 μl의 6× SSC를 넣는다.

11. nylon이나 nitrocellulose membrane 조각을 dot blot이나 slot blot하기 적당한 크기로 자른다. membrane을 물에 적시고 6× SSC에 5−10 분간 담근다. 젖은 membrane을 blotting 장치에 정착시키고 vacuum line을 연결하고 장치에 흡입한다. (프로토콜 7.9 참조)

12. denature된 DNA를 분리된 slot을 넣고 filter를 통과시키고 각 filter를 200 μl의 6× SSC로 씻는다.

13. 장치를 해체하고 membrane을 공기 중에서 말린 다음, 굽거나 자외선 조사법으로 DNA를 membrane에 고정시킨다.

14. membrane을 prehybridization 용액에 담구고 적절한 온도에서 (예를 들면, 50% formamide를 갖는 용매에서는 42℃) 최소 16시간동안 방치한다.

15. 방사선 표지된 탐침 (단계 8에서 준비한 2× 10^6에서 4× 10^6 cpm/ml의 ^{32}P−labeled RNA)을 prehybridization용액에 직접 첨가하고 filter를 추가적으로 72시간 더 반응시킨다.

16. membrane을 높은 강도로 씻고 X−선 필름이나 phosphorimager plate에 노출시킨다. 일반적인 노출시간은 X−선 필름의 경우 24−72시간이고 phosphorimager plate의 경우 4−24시간 정도이다.

프로토콜 17.5

포유동물세포 추출물에서 Chloramphenicol Acetyltransferase 활성측정

Measurement of Chloramphenicol Acetyltransferase in Extracts of Mammalian Cells

이 프로토콜에서는 chloramphenicol acetyltransferase (CAT) reporter plasmid로 형질도입된 세포로부터 준비한 추출물을 방사선표지된 chloramphenicol과 반응시킨다. CAT의 작용으로 만들어진 acetyl화된 산물은 thin-layer chromatography로 변형되지 않은 약물로부터 분리하고 spot을 thin-layer plates로부터 긁어모아 scintillation spectroscopy로 정량한다.

MATERIALS

CAUTION: 〈!〉표시된 물질의 적절한 사용법은 Appendix 4를 참조하세요.

Reagents and Solutions

농축액, 완충액, 시료의 조성은 Appendix 1을 참조하라. 농축액은 적당한 농도로 희석하여 사용하라.

단백질 농도를 정량하기 위한 Bradford reagent

CAT lysis buffer (선택사항; Step 4 참조)

- 0.1 M Tris-Cl (pH 7.8)
- 0.5% (v/v) Triton X-100

Trion X-100은 고순도로 정제된 것을 사용하는 것이 중요하다. 낮은 순도는 CAT 활성을 저해할 수 있다. 문제가 생기면 Nonidet P-40 (0.125% v/v)로 lysis buffer의 Triton X-100을 대체한다.

동일한 lysis buffer가 β-galactosidase activity를 측정하기 위한 세포 추출물을 만드는데 사용될 수 있다 (Protocol 17.7 참조)

CAT reaction mixture 1

- 50 μl 1 M Tris-Cl (pH 7.8)
- 10 μl [^{14}C]chloramphenicol (60 mCi/mmole), 0.1 mCi/ml이 되도록 H_2O로 희석 〈!〉
- 20 μl acteyl-coA (H_2O에 → CoA (H_2O에 3.5 mg/ml 농도가 되도록 새로 준비)

활성측정할 세포용해액 50 μl 당 80 μl의 CAT reaction mixture 1을 준비한다.

Ethyl acetate 〈!〉

chloramphenicol의 acetylated와 nonacetylated 형태를 분리하는데 사용

Phosphate-buffered saline (PBS), 칼슘과 마그네슘이 없는 것

Thin-layer chromatography (TLC) solvent

- 190 ml chloroform 〈!〉
- 10 mM methanol

표준 TLC tank당 200 ml를 준비. tank당 2개의 TLC plate를 전개할 수 있다.

Tris-Cl (1 M, pH 7.8)

Cells, Tissues/Culture Media

관심대상의 유전자를 갖는 pCAT vector (pCAT3 시리즈와 같은)로 형질도입된 포유동물세포를 배양된 것

90-mm 접시에서 자란 세포는 pCAT reporter construct와 CAT assay 결과를 normalizing하기 적절한 reporter gene (예로 pCMV-SPORT-beta-gal)을 갖는 플라스미드로 형질도입되어야 한다.

Radioactive Compounds

[^{14}C]chloramphenicol (60 mCi/ml) 〈!〉

Additional Items

Dry-ice/ethanol 수조 (선택사항; Step 4참조) 〈!〉

헤어드라이어

Liquid scintillation spectroscope
Luminescent adhesive labels (TLC plate로 autoradiograph할 때 방향을 잡기위해 Step 13에서 사용)
마커펜, ethanol-insoluble 잉크
autoradiography나 phosphorimaging을 위한 준비물
rotary vacuum evaporatpr (Savant SpeedVac 이나 동등품)
Rubber policeman
Soft-lead pencil
Thin-layer chromatography plate
Thin-layer chromatography tank (27.5 × 27.5 × 7.5 cm)
수조 (65℃)

Additional Information

대체가능한 프로토콜 (반응산물의 Scintillation Fluid로 확산을 통한 CAT 측정)	MC3, p. 17.41
대체가능한 프로토콜 (유기용매로 extraction으로 CAT 측정)	MC3, p. 17.40
Chloramphenicol acetyltransferase	MC3, pp. 17.94-17.95

METHOD

1. 90-mm 접시에서 자란 단층의 형질도입된 세포로부터 배지를 부드럽게 aspiration하여 제거한다. 세포 단층을 칼슘과 마그네슘이 없는 5 ml의 PBS로 세 번 씻는다.
2. 접시를 기울려 남은 PBS가 한쪽으로 빠져나오도록 2-3분간 세워둔다. 나머지 PBS는 aspiration으로 제거한다. 각 접시에 PBS를 1 ml씩 넣고 rubber policeman으로 세포를 긁어내어 microfuge tube로 옮긴다. 모든 접시의 세포를 모을 때까지 tube는 얼음에 보관한다.
3. 상온에서 microfuge로 최고속도에서 10초간 원심분리하여 세포를 모은다. 세포침전물을 1 ml의 차가운 PBS에 현탁하고 원심분리로 세포를 다시 회수한다. 세포침전물이나 tube의 벽면이나 작은 양의 남은 PBS를 제거한다. 세포침전물은 나중에 분석하기 위해 -20℃에서 보관하거나 Step 4의 방법 중 하나로 세포추출물을 만든다.
4. 세포를 얼렸다-녹였다가를 반복하거나 detergent-containing buffer에서 세포를 반응시켜 용해시킨다. 후자의 방법이 96-cell microtiter plate 형태에 적용하여 CAT, β-galactosidase 혹은 다른 marker 유전자의 활성측정을 위해 세포를 용해시키는데 더 빠르고 편한 방법이다 (프로토콜 17.6).

얼렸다녹이기 반복으로 세포 용해

a. 90-mm 접시 하나에서 나온 세포침전물을 100 μl의 0.25 M Tris-Cl (pH 7.8)에 재현탁시킨다. 세포 덩어리를 부수기 위해 재현탁액에 대해 vortex를 세차게 한다.
b. 드라이아이스/에탄올 수조에서 얼리기와 37℃에서 녹이기를 세 번의 반복으로 세포를 파괴시킨다. tube를 에탄올에 지워지지 않는 잉크로 표시하여야 한다.
c. 부서진 세포의 현탁액을 4℃에서 microfuge로 최고속도로 5분간 원심분리한다. 상등액을 새 microfuge tube로 옮긴다. CAT assay를 위해 이 상등액 50 μl를 남겨두고 나머지는 -20℃에 보관한다.

세제를 포함하는 버퍼를 이용하여 반복으로 세포 용해

a. 세제로 세포를 용해시키기 위해 Step 3에서 온 세포 침전물을 500 μl의 CAT lysis buffer에 녹이고 37℃에서 15분간 혼합물을 반응시킨다.

세포추출물을 얻기 위해 35-mm 접시에서 키운 세포로부터 얻은 세포침전물 당 lysis buffer 100 μl를 사용한다.

b. microfuge에서 최고속도로 10분간 원심분리하여 세포조각을 제거하고 상등액을 회수한다. 이 프로토콜에 기술된 방법 중 하나로 CAT 활성 assay를 실시한다. 남은 투명해진 세포추출물은 액체질소에서 순간냉동하여 −70℃에 보관한다.

5. endogenous deacetylase를 불활성화시키기 위해 50 μl로 분주한 세포추출물을 65℃에서 10분간 반응한다. 만일 추출물이 이 단계에서 뿌혔거나 불투명하면 microfuge로 4℃에서 2분간 최고속도로 원심분리하여 침전물을 제거한다.
6. 각 sample을 80 μl의 CAT reaction buffer 1과 섞고 37℃에서 반응시킨다. 반응시간은 세포추출물의 CAT 농도에 의해 좌우된다. 다시 말해 프로모터의 강도와 관측하는 세포 종류에 의존한다. 대부분의 경우 30분에서 2시간의 반응이면 충분하다.
7. 각 샘플에 1 ml의 ethyl acetate를 넣고 용액을 10초간 vortex를 하기를 세 번하여 용액을 완전히 섞는다. 상온에서 microfuge의 최고속도로 5분간 원심분리한다.
8. 정확히 900 μl의 상층액을 pipette을 사용하여 아래층과 경계면을 피해 조심스럽게 새 tube로 옮긴다. 아래층이 남은 tube는 방사성폐기물로 버린다.
9. tube를 rotary evaporator (Savant SpeedVac 같은)에 넣고 약 1시간 동안 vacuum하에서 ethyl acetate를 증발시킨다.
10. 각 tube에 25 μl의 ethyl acetate를 넣고 부드럽게 vortex하여 반응물이 녹도록 한다.
11. 녹인 반응물을 25-mm silica gel TLC plate의 origin에 10−15 μl의 녹인 반응물을 적용한다. plate의 origin에는 연필로 표시할 수 있다. 한번에 5 μl 씩 적용하여 헤어드라이기로 샘플을 증발시켜 말린다.
12. 200 ml의 TLC 용액을 담은 TLC tank를 준비한다. TLC plate를 tank안에 넣고 chamber를 닫는다. 용매가 대략 plate의 위쪽 끝의 75% 정도까지 이동하도록 한다.
13. TLC plate를 tank에서 꺼내서 상온에서 말린다. TLC plate에 필름과 plate의 위치를 맞추기 위한 adhesive luminescent label를 위치시키고 plate를 X-선 필름에 감광시킨다. 혹은 phosphorimaging cassette에 plate를 넣고 cassette를 상온에서 적당한 시간 동안 보관한다.

    Saran Wrap은 ^{14}C isotope에서 나오는 비교적 약한 방사선을 막기 때문에 TLC plate를 Saran Wrap으로 덮지 말 것.

14. X-선 필름을 현상하고 plate에 위치를 맞춘다. 또는 phosphorimager 장치의 imager plate에 chromatogram을 노출시키거나 plate를 스캐닝한다.
15. CAT 활성을 정량하기 위해서 TLC plate에서 방사선을 띄는 지점을 자르고 액체 scintillation counter에서 방사선량을 측정한다. 다른 세포추출물 분획 (Step 3에서 만든 것)을 사용하여 추출물안의 단백질 농도를 Bradford assay와 같은 빠른 colorimetric assay로 결정한다. 단백질의 농도를 측정할 때 Triton X-100에 의한 방해를 받지 않도록 농도를 0.1% 이하가 되도록 희석한다. CAT 활성은 mg의 세포추출단백질당 단위시간당 형성되는 acetylated 산물의 pmole로 표현한다.

프로토콜 17.6

포유동물세포 추출물에서 luciferase 활성측정
Assay for Luciferase in Extracts of Mammalian Cells

이 프로토콜에서는 luciferase reporter 플라스미드로 형질도입된 세포를 세제가 함유된 버퍼로 용해시킨다. 추출물에 들어 있는 luciferase는 산화반응을 촉매하며 이 반응에서 D-luciferin은 oxyluciferin으로 전환되면서 556 nm 파장에서 빛을 내는데 이 양을 luminometer로 측정한다.

MATERIALS

CAUTION: 〈!〉표시된 물질의 적절한 사용법은 Appendix 4를 참조하세요.

Reagents and Solutions

농축액, 완충액, 시료의 조성은 Appendix 1을 참조하라. 농축액은 적당한 농도로 희석하여 사용하라.

단백질 농도를 정량하기 위한 Bradford reagent

Luciferase assay buffer

15 mM potassium phosphate (pH 7.8)

25 mM glycylglycine

15 mM $MgSO_4$

4 mM EGTA

2 mM ATP

사용하기 바로 전에 1 M dithiothreitol stock 용액을 최종농도가 1 mM이 되도록 첨가한다. luminometer assay tube 당 대략 400 μl의 luciferase enzyme assay buffer가 필요하다.

Luciferase cell lysis buffer

25 mM glycylglycine (pH 8.0)

15 mM $MgSO_4$

4 mM EGTA

Triton X-100 (1% v/v)

사용하기 바로 전에 1 M dithiothreitol stock 용액을 최종농도가 1 mM이 되도록 첨가한다. 90-mm 접시의 세포당 대략 1 ml의 luciferase lysis solution이 필요하다.

Luciferin solution

25 mM glycylclycine

15 mM $MgSO_4$

4 mM EGTA (pH 8.0)

0.2 mM luciferin

사용하기 바로 전에 1 M dithiothreitol stock 용액을 최종농도가 1 mM이 되도록 첨가한다. luminometer assay tube 당 대략 200 μl의 luciferin solution이 필요하다. Step 5에서 luciferin solution을 사용하기 전에 acetyl CoA를 1–2 μM이 되도록 첨가하면 더 확장되고 지속되는 빛이 발생한다.

Luciferin은 luciferase 효소에 의해 촉매되는 반응에서 빛을 발생시키는 많은 종류의 물질에 대한 일반적인 이름이다. 분자생물학에서 가장 보편적으로 사용되는 효소는 firefly에서 유래된 것이고 특정 luciferin 기질에 대해 작동한다. 다른 기원의 luciferase는 화학적으로 다른 기질을 사용한다. 활성측정에 사용되는 기질이 reporter 플라스미드에서 발현되는 효소와 일치하는지 확실히 해야 한다.

Phosphate-buffered saline (PBS), 칼슘과 마그네슘이 없는 것

Cells, Tissues/Culture Media

관심있는 DNA 염기서열을 갖는 luciferase reporter 재조합체로 형질도입된 포유동물세포

90-mm 접시에서 자라는 세포는 luciferase reporter recombinant (예로 pGL3 series 벡터 [MC3, p. 17.43 참조]에 건설)와 luciferase assay을 표준화하기에 적합한 reporter gene (예로 pCMV-SPORT-β-gal)을 갖는 플라스미드로 형질도입되어야 한다.

Adapted from Chapter 17, Protocol 6, p. 17.42 of MC3.

Additional Items

Luminometer (예, BD Monolight™, model 3010C)와 luminometer tube
Rubber policeman

Additional Information

대체가능한 프로토콜 (96-well plate에서 자라는 세포에서 luciferase 활성측정)	MC3, p. 17.47
대체가능한 프로토콜 (Scintillation Counter를 사용하여 luciferase 측정)	MC3, p. 17.46
Luciferase	MC3, p. 17.96
Luciferase 활성측정의 최적화	MC3, p. 17.45

METHOD

1. 형질도입 후 24시간에서 72시간 사이에 세포를 상온에서 칼슘과 마그네슘이 없는 PBS로 세 번 씻는다. 어떤 포유동물세포는 (예로 human embryonic kidney 293 cell) 거친 pipetting에 의해 접시에서 쉽게 떨어지기 때문에 PBS를 첨가하거나 제거할 때는 부드럽게 실시한다.

2. 차가운 luciferase cell lysis buffer를 형질도입된 세포 100-mm 접시 당 1 ml을 넣는다. 버퍼를 부드럽게 휘젓고 rubber policeman을 이용하여 접시에서 용해된 세포를 긁어 세포용해액을 1.5-ml microfuge tube에 옮긴다.

3. 세포용해액을 microfuge에서 5분간 최고속도로 4℃에서 원심분리한다. 조심스럽게 상등액을 새로운 1.5-ml microfuge tube로 옮긴다.

4. Bradford assay와 같은 발색을 이용한 빠른 분석법으로 용해액에 있는 단백질의 양을 결정한다. 단백질 농도를 측정하기 전에 Triton-X100의 assay에 대한 간섭을 막기 위해 농도를 0.1% 이하가 되도록 희석한다.

   세포용해액은 이 단계에서 -70℃에 보관할 수 있다. Luciferase는 표준 lysis buffer에서는 4℃나 -20℃에 보관할 때 불안정하다. 그러나 효소활성은 15% (v/v) glycerol과 1% (v/v) bovine serum albumin이 첨가된 lysis buffer에 보관할 때는 안정한다.

5. 용해액이 들어 있는 tube의 옆면을 톡톡 쳐서 내용물을 부드럽게 섞는다. 상온에서 360 μl의 luciferase assay buffer가 들어 있는 luminometer tube 각각에 분주한 세포용해액 5-200-μl 씩 넣는다. Tube를 luminometer에 위치시키다.

6. 활성측정을 시작하기 위해 200 μl의 luciferin solution을 luminometer tube에 주입한 다음 2-60초의 기간동안 발생하는 빛을 상온에서 측정한다.

   빛을 측정하는 최적의 시간은 실험적으로 결정해야한다.

7. 각 tube에서 발생한 상대적인 빛의 단위를 측정하고 활성의 선형구간을 결정하다. 계속되는 활성측정에서는 선형구간에서 중간정도의 반응을 발생하는 세포용해액의 양을 사용한다. 이 양은 프로모터의 강도에 따라 다르고 적게는 개개의 실험에서 형질도입되는 효율에도 좌우된다. Luciferase 활성은 세포용해액의 단백질 mg당 상대적인 단위 빛의 양으로 표현한다.

프로토콜 17.7 포유동물세포 추출물에서 β-galactosidase 활성측정
Assay for β-galactosidase in Extracts of Mammalian Cells

이 β-galactosidasse 활성측정법은 효소가 ONPG (o-nitrophenyl-β-D-galactopyranoside)를 420 nm의 빛을 흡수하는 특성의 o-nitrophenol로 hydrolysis 시키는 효소의 능력을 바탕으로 한다. 이 프로토콜에서 β-galactosidase report 플라스미드로 transfection된 세포의 추출물은 ONPG와 반응한다. 만일 기질이 과량이면 반응용액의 OD_{420}은 시간에 따라 증가할 것이고 이것은 효소의 농도에 비례한다.

MATERIALS

CAUTION: 〈!〉표시된 물질의 적절한 사용법은 Appendix 4를 참조하세요.

Reagents and Solutions

농축액, 완충액, 시료의 조성은 Appendix 1을 참조하라. 농축액은 적당한 농도로 희석하여 사용하라.

- 100× Mg^{2+} 용액
  - 0.1 M $MgCl_2$
  - 4.5 M β-mercaptoethanol 〈!〉, Step 2에서 buffer를 사용하기 직전에 첨가
- Na_2SO_4 (1 M)
- 1× ONPG (4 ml/ml in 0.1 M sodium phosphate [pH 7.5])
- sodium phosphate (0.1 M, pH 7.5)
  - 41 ml의 0.2 M Na_2HPO_4와 9 ml의 NaH_2PO_4, 50 ml의 H_2O를 섞음
- Tris-Cl (1 M, pH 7.8)

Cells, Tissues/Culture Media

배양된 포유동물세포, β-galactosidase reporter recombinant 관심 DNA 염기서열을 갖는 것
세포 (90-cm 접시에서 배양)를 reporter recombinant (예로 pβ-gal 시리즈의 벡터에 건설 [MC3, p. 17.49 참조])로 형질도입시켜야 한다.

Enzymes and Buffers

E. coli β-galactosidase (Sigma-Aldrich)

Additional Items

Spectrophotometer와 cuvette (420 nm)
수조(50℃) (선택사항; Step 1 참조)

Additional Information

β-galactosidase	MC3, p. 17-97-17.99
β-galactosidase substrate	MC3, p. 17.50
β-galactosidase units of activity	MC3, p. 17.51
ONPG	MC3, p. 17.50
phosphate buffers	p. 695, 이번 volume

Adapted from Chapter 17, Protocol 7, p. 17.48 of MC3.

METHOD

1. 프로토콜 17.5, Step 1-4에 설명된대로 형질도입된 세포에서 추출물을 준비한다. 대략 30 μl의 추출물을 β-galactosidase assay를 위해 덜어 놓는다. 정확한 양의 추출물은 β-galactosidase 유전자를 발현하는 promoter의 강도, 형질도입되는 효율, 그리고 활성측정하는 반응시간에 따라 다르다. 만일 endogenous β-galactosidase를 불활성화시키기 위해 열처리를 하다면 추출물을 45-60분간 50℃에서 효소활성측정 전에 반응시킨다. Luciferase 또한 pre-heating으로 불활성화시킨다. 만일 preheating 단계가 사용되면luciferase와 β-galactosidase의 활성측정은 별도로 분리된 분주를 이용한다.

2. 각 transfected 세포추출물 sample에 대해 활성측정을 위해 아래를 혼합

100× Mg^{2+} 용액	3 μl
1× ONPG	66 μl
세포추출물	30 μl
0.1 M sodium phosphate (pH 7.5)	201 μl

   양성과 음성 대조군을 포함하는 것은 필수적이다. 이들 통해 endogenous inhibitor와 β-galactosidase의 존재유무를 각각 확인한다. 모든 대조군은 30 μl의 mock-transfected cell의 세포추출물을 함유한다. 또한 양성 대조군은 1 μl의 상업적으로 준비된 *E. coli*-β-galactosidase (50 units/ml)를 포함한다. 구입한 효소 준비물은 3000 units/ml의 농도로 0.1 M sodium phosphate (pH 7.5)에 녹인다. 사용하기 바로 직전 β-galactosidase stock 용액 1 μl를 60 μl의 0.1 M sodium phosphate (pH 7.5)에 옮겨 50 units/ml 활성의 효소의 working stock을 만든다. 대장균 β-galactosidase 활성 1 unit은 37℃에서 1 분간 1 μmole의 ONPG 기질을 hydrolyze하는 효소의 양이다.

3. 37℃에서 30분간 반응을 시키거나 연한 노란색이 생길 때까지 반응시킨다. 대부분의 세포 종류에서 background endogenous β-galactosidase 활성은 반응시간을 4-6시간이 필요할 정도로 매우 낮다.

4. 각 tube에 500 μl의 1 M Na_2CO을 첨가하여 반응을 중단시킨다. 용액의 optical density를 420 nm의 파장에서 spectrophotometer를 이용하여 측정한다.

프로토콜 17.8 (1)

포유동물세포에서 유전자발현을 유도하는 조절자로서의 Tetracycline

Tetracycline as a Regulator of Inducible Gene Expression in Mammalian Cells

Stage 1: pTet-tTAl로 fibroblast에 안정적으로 형질도입

Stable Transfection of Fibroblast with pTet-tTAk

아래의 프로토콜은 autoregulatory system을 사용한다. 여기서 transcriptional *trans*-activator tTA는 자체의 발현과 표적 유전자의 발현을 유도한다. 이 프로토콜의 첫 스테이지는 tTA 혼자 혹은 tTA와 tetracycline-regulated 표적 유전자를 발현하는 안정화된 NIH-3T3 세포라인을 만드는 방법을 설명한다.

MATERIALS

Reagents and Solutions

농축액, 완충액, 시료의 조성은 Appendix 1을 참조하라. 농축액은 적당한 농도로 희석하여 사용하라.

- $CaCl_2$ (2 M), 필터로 멸균
- Glycerol (15% v/v), HEPES-buffered saline에 녹임
- HEPES-buffered saline
- Phosphate-buffered saline (PBS)

Vectors and Bacterial Strains

이 프로토콜에 사용되는 플라스미드에 대한 설명은 MC3, pp. 17.52-17.59를 참조

이 프로토콜에 사용되는 플라스미드는 CsCl-ethidium bromide equilibrium centrifugation (프로토콜 1.10)이나 column chromatography (프로토콜 1.9)로 정제하여야 한다.

- pSV2-His (MC3, p. 17.61 참조)
  - 이 프로토콜에서 *neo*[r]이나 *hyg*[r]과 같은 선택마커를 갖는 벡터를 pSV2-His 대신 적절한 선택배지와 함께 사용할 수 있다.
- pTet-tTAk (Invirogen)

Cells, Tissues/Culture Media

- 배양된 NIH-3T3 세포, 60- 이나 90-mm 접시에서 키운 것
  - 이 프로토콜은 적은 양의 배양이나 다른 종류의 세포에 대해서도 쉽게 적용하여 사용할 수 있다.
- DMEM complete, 0.5 μg/ml tetracycline-HCl를 함유한 것
  - tetracycline-HCl stock 용액을 만들기 위해서는 10 mg의 항생제를 1 ml의 70% 에탄올에 녹인다. 용액은 -70℃에 보관하며 tetracycline을 포함하는 조직배양 배지는 빛을 차단한 채 4℃에서 1달까지 보관할 수 있다.
- Dulbecco's modified Eagle's complete medium (DMEM)
  - 100 units/ml penicillin
  - 100 μg/ml streptomycin
  - 2 mM glutamine
  - 10% bovine calf serum
- Selection medium, L-histidinol과 0.5 μg/ml tetracycline-HCl을 함유한 것
  - histidine-free DMEM (Irvine Scientific)
  - 100 units/ml penicillin
  - 100 μg/ml streptomycin
  - 2 mM glutamine
  - 10% donor bovine calf serum
  - 125, 250, 혹은 500 μM L-histidinol

Adapted from Chapter 17, Protocol 8 Stage 1, p. 17.60 of MC3.

0.5 μg/ml tetracycline-HCl

stock soltions of L-histidinol (125 μM로 H_2O에 녹임)는 -20℃에 보관하여야 한다.

Trypsin-EDTA

Enzymes and Buffers

적절한 제한효소와 버퍼

Additional Items

플라스틱 클로닝 링

클로닝 링은 바닥으로 얇은 층의 vacuum grease가 묻히도록 수직으로 세워서 고압습온멸균한다.

Additional Information

대체할 프로토콜 (Tetracycline-regulated induction of gene expression in transiently transfected cell using autoregulatory tTA system)	MC3, p. 17.70
Chloroquine diphosphate	MC3, pp. 16.52-16.53
Teteacycline	MC3, pp. 17.52-17.53
Tetracycline을 포유동물세포에서 유전자 발현 조절자로 사용	MC3, pp. 17.53-17.59
문제해결	MC3, p. 17.59

METHOD

1. complete DMEM에서 adherent 세포를 키운다. 형질도입 다음날 세포를 0.5 μg/ml tetracycline-HCl (tetracycline)이 포함된 complete DMEM으로 옮긴다. 형질도입하는 날 세포는 33% confluent하도록 9-cm 접시 당 충분한 세포를 적용한다.

   중요: 이 시점부터 다른 언급이 없으면 세포를 0.5 μg/ml tetracycline-HCl이 있는 상태에서 37℃에서 5% CO_2의 대기압에서 유지한다.

2. 플라스미드를 적절한 제한효소로 잘라 선형화시키고 각 플라스미드는 DNA 농도가 0.5 mg/ml 이상이 되도록 조정한다. 투명한 4-ml polystyrene tube에서 10-20 μg의 pTet-tTAk 플라스미드와 1-2 μg의 pSV2-His를 섞고 (Tet 플라스미드 대 선택마커 플라스미드의 몰수비가 ~10:1) 500 μl의 HEPES-buffered saline을 넣는다.

   HEPES-buffered saline에 DNA가 없는 mock 형질도입을 위한 대조군을 준비한다. 모든 mock-형질도입된 세포는 L-histidinol을 함유한 histidine-free DMEM에서 죽는다.

3. DNA 혼합물에 2 M $CaCl_2$를 32.5 μl 넣는다. 부드럽게 vortex하여 용액을 즉시 섞는다. 용액을 상온에서 보관하며 때때로 섞는다. 뿌연 침전물이 15-30분의 시간동안에 생긴다.

4. Step 1에서 준비한 세포의 그릇으로부터 배지를 모두 제거한다.

5. $CaCl_2$-DNA 침전물을 수초동안 pasteur pipette으로 pipetting하여 섞는다. 혼합물을 한 방울씩 적용하고 단층의 세포 위에 골고루 퍼지도록 적용한다.

6. 세포를 37℃에서 30분간 5% CO_2의 대기하에서 흔들면서 배양한다. 15분후에 DNA 침전물이 골고루 퍼졌는지 확인한다.

7. 각 세포의 그릇에 tetracycline을 함유한 10 ml의 complete DMEM을 넣는다. 세포를 37℃에서 4-5시간 5% CO_2의 대기속에서 배양한다.

8. 부드럽게 세포로부터 배지를 제거한다. 세포위에 가라앉은 침전물을 방해하지 않는다.
9. HEPES-buffered saline에 녹인 15% glycerol 37℃로 데우고 세포에 2.5 ml을 넣어 glycerol 충격을 준다. 세포를 상온에서 2.5분간 보관한다. glycerol은 배양액에 한 방울씩 넣는다.
10. 정확히 2.5분후에 glycerol 용액을 제거한다. glycerol은 세포에 매우 독성이 강함으로 빨리 제거하여야 한다.
11. 즉시, tetracycline이 들어 있는 10 ml의 complete DMEM을 더하여 부드럽지만 빨리 세포를 씻어 준다. 배지를 aspiration로 즉시 제거하고 씻기를 반복한다.

    중요: 세포는 glycerol shock 후 접시에서 쉽게 떨어지려는 경향이 있기 때문에 모든 배지는 접시의 한 지점에 넣어야 한다.

12. tetracycline을 함유한 complete DMEM을 10 ml을 세포에 넣고 37℃에서 밤새 배양한다.
13. 형질도입한 다음 대략 16–24시간 후 배지를 제거하고 tetracycline이 함유된 complete DMEM 10 ml로 바꾼다. 형질도입 후 모두 48시간동안 37℃에서 배양한다. (즉, Step 12와 13에서의 배양시간의 합)
14. 형질도입 48시간 후 세포를 125 μM의 L-histidinol과 0.5 μg/ml의 tetracycline-HCl을 함유한 몇 배 희석배수의 DMEM 선택배지로 passage한다. 세포의 밀도는 10-cm 접시당 대략 1 × 10^6에서 3 × 10^4 세포의 범위내이어야 한다. 대략 1 × 10^5개의 세포를 갖는 여러 개의 접시가 포함된다.
15. DMEM selection medium에서 4일 동안 배양한 다음, 3–4 ml의 125 μM의 L-histidinol과 0.5 μg/ml의 tetracycline-HCl을 함유한 DMEM selection 배지를 더 넣는다.
16. 콜로니가 형성되면 (보통 선택 후 ~10 – 12일), 배지를 250 μM의 L-histidinol과 0.5 μg/ml의 tetracycline-HCl을 함유한 DMEM selection 배지로 갈아준다.
17. 콜로니가 잘 형성되면 (선택 후 12 – 15일 정도), 각 콜로니 주위의 배양접시 바닥에 원을 그리면서 가장자리의 윤곽선을 그린다. 배지를 접시로부터 제거하고 각 클론을 둘러싸게 접시위에 멸균한 플라스틱 cloning ring을 위치시킨다. 이 과정을 선택한 콜로니에 대해 각각 반복한다. 각 콜로니가 잘 떨어져서 쉽게 구분이 될 수 있도록 접시에서 세포를 고른다.

    중요: pTet-tTAk로 안정한 형질도입 후, 세포가 0.5 μg/ml의 tetracycline을 함유한 배지에서 유지된다고 추측할 수 있다. tetracycline은 tTA 발현이나 높은 수준으로 tTA를 발현하는 클론에 대해 연속되는 선택에 의한 독성 효과를 막기 위해 사용된다.

18. 클론은 대략 100 μl의 PBS로 재빨리 씻는다. 세포를 방출하기 위해 두 방울의 1× trypsin-EDTA (~100 μl)을 넣고 30–60 초간 배양한다. 세포를 pasteur pipette으로 위아래로 pipetting하여 느슨하게 한다. 각 콜로니를 250 μM L-histidinol과 tetracycline이 함유된 1 ml의 선택배지가 들어있는 24-well 조직배양접시의 한 well로 옮긴다.
19. 세포가 well에서 80% confluency로 자라면 세포를 500 μM의 L-histidinol과 tetracycline이 들어 있는 DMEM 선택배지가 담긴 6-cm 조직배양접시로 옮긴다.
20. 500 μM L-histidinol과 tetracycline이 함유된 DMEM 선택배지에서 세포를 확장한다 (전형적으로 1:5 혹은 1:10의 희석배율을 사용한다).
21. 단층의 세포층이 다시 대략 80% confluent로 회복하면 각 클론의 일부분을 회복하고 액체질소에 분주하여 보관한다. 단백질의 발현 유도를 검사하기 위하여 남은 세포는 충분히 확장될 때까지 passage한다.
22. 세포가 tTA와 대상 플라스미드 모두 같이 형질도입한 경우 대상유전자의 산물을 프로토콜 17.8 Stage 3에 기술된 것처럼 직접 분석한다. 세포가 pTet-tTAK로만 형질도입된 경우 세포는 아래와 같이 발현유도를 위한 검사를 준비한다.
    a. 유도하기전날 밤에 500 μM의 L-histidinol과 0.5 μg/ml의 tetracycline이 들어 있는 DMEM 선택배지에 적정한 농도로 세포를 위치시켜 수확할 때 subconfluent하게 만든다.

b. 다음날, 세포를 PBS로 세 번 씻는다. 매번 접시를 부드럽게 흔들어 휘젓는다.

c. 세 번째 씻기 후 즉시 500 μM L-histidinol을 함유하지만 tetracycline은 없는 선택배지를 넣는다. 세포는 tetracycline이 있는 조건과 없는 조건에서 6-48시간 배양한다.

23. 세포의 tTA 발현유도를 northern 분석이나 immunoblotting으로 검사한다. tTA를 발현하는 세포라인은 프로토콜 17.8 stage 2에 설명한 대로 표적 플라스미드로 형질도입될 수 있다.

    500 μM L-histidinol과 0.5 μg/ml tetracycline을 포함한 선택배지에서 유지되는 대조군을 포함하는 것은 필수적이다.

프로토콜 17.8 (2)

포유동물세포에서 유전자발현을 유도하는 조절자로서의 Tetracycline

Tetracycline as a Regulator of Inducible Gene Expression in Mammalian Cells

Stage 2: tTA의 발현이 유도가능한 NIH-3T3 세포에 tetracycline에 의해 조절되는 표적 유전자를 안정한 형질도입

Stable Transfection of Inducible tTA-expressing NIH-3T3 Cells with Tetracycline-regulated Target Genes

이 프로토콜의 스테이지 2는 이미 tTA가 유도가능한 세포라인에 대한 표적 유전자의 형질도입을 포함한다. 여기에 예로 puromycin 내성을 선택마커로 갖는 플라스미드에 타겟유전자가 형질도입되었다.

MATERIALS

CAUTION: 〈!〉표시된 물질의 적절한 사용법은 Appendix 4를 참조하세요.

Reagents and Solutions

농축액, 완충액, 시료의 조성은 Appendix 1을 참조하라. 농축액은 적당한 농도로 희석하여 사용하라.

- Calf serum (10%)
- HEPES–buffered saline
- Phosphate–buffered saline (PBS)
- Trypsin–EDTA

Vectors and Bacterial Strains

이 프로토콜에 사용되는 플라스미드는 CsCl–ethidium bromide equilibrium centrifugation (프로토콜 1.10)이나 column chromatography (프로토콜 1.9)로 정제하여야 한다.

pPGKPuro

pPGKPuro는 puromycin *N*–acetyltransferase를 코딩하는 puromycine 내성유전자를 pBlueScript SK+(Stragagene)에 가진 것이다. 형질전환된 포유동물의 세포에서 *N*–acetyltransferase의 전사는 upstream (phosphoglycerate kinase [PGK] 프로모터)과 downstream (PGK polyadenylation 염기서열) element에 의해 조절된다. pPGKPuro는 Southern California 대학의 P.W. Laird로부터 얻을 수 있다. 이 프로토콜에서 pPGKPuro대신 *neo*^{r}이나 *hyg*^{r}과 같은 다른 선택마커을 갖는 벡터를 적절한 선택조건과 조합하여 사용하여도 무방하다.

pTet–Splice (Invirogen)에 pUHC13–3 같은 reporter 유전자가 들어 있는 것 (선택사항)

pTet–Splice에 타겟 유전자의 open reading frame이 들어 있는 것

Cells, Tissues/Culture Media

선택배지, 500 μM L–histidinol이 포함된 histidine–free DMEM (Irving Scientic) (L–histidinol stock 용액 [H_2O에 125 μM 농도로 녹임]은 –20℃에 보관하여야한다)

- 100 units/ml penicillin
- 100 μg/ml streptomycin
- 2 mM glutamine
- 10% donor bovine calf serum
- 3 μg/ml puromycin
- 0.5 mg/ml tetracycline–HCl

tetracycline을 포함하는 조직배양 배지는 빛을 차단한 채 4℃에서 1달까지 보관할 수 있다.

autoregulatory tTA이 유도발현되는 안전화된 세포라인 (프로토콜 17.8 stage 1)

Adapted from Chapter 17, Protocol 8 Stage 2, p. 17.65 of MC3.

Enzymes and Buffers

적절한 제한효소와 버퍼

Additional Items

액체질소와 세포 클론을 얼리고 보관할 수 있는 물질

플라스틱 클로닝 링

클로닝 링은 바닥으로 얇은 층의 vacuum grease가 묻히도록 수직으로 세워서 고압습온멸균한다.

이 프로토콜의 Step 3에는 프로토콜 17.8 Stage 1에 나열된 시약이 필요하다.

Additional Information

대체할 프로토콜 (Tetracycline-regulated induction of gene expression in transiently transfected cell using autoregulatory tTA system)	MC3, p. 17.70
Teteacycline	MC3, pp. 17.52-17.53
Tetracycline을 포유동물세포에서 유전자 발현 조절자로 사용	MC3, pp. 17.53-17.59
문제해결	MC3, p. 17.59

METHOD

1. autoregulatory tTA를 유도발현하는 안정화된 세포라인 (프로토콜 17.8 stage 1에서 준비)을 500 μM L-histidinol과 0.5 μg/ml tetracycline-HCl을 함유한 complete 선택배지에서 배양한다. 형질도입하기전날 complete 선택배지가 담긴 10-cm 조직배양접시로 세포를 passage한다. 형질도입하는 날 세포의 단층이 33% confluent 하도록 충분한 양의 세포를 접시로 옮긴다.

   중요: 이 시점부터 다른 언급이 없으면 세포를 0.5 μg/ml tetracycline-HCl이 있는 상태에서 37℃에서 5% CO_2의 대기압에서 유지한다.

2. transfection에 사용될 플라스미드를 적절한 제한효소로 잘라 선형화시키고 각 플라스미드는 DNA 농도가 0.5 mg/ml 이상이 되도록 조정한다. 10-20 μg의 각 표적 유전자 플라스미드와 1-2 μg의 pPGKPuro (각 tetracylcine 플라스미드 대 선택마커 플라스미드의 몰수비가 10:1)를 500 μl의 HEPES-buffered saline이 들어 있는 투명한 4-ml polystyrene tube에서 섞는다.

   HEPES-buffered saline에 DNA가 없는 mock 형질도입을 위한 대조군을 준비한다. 모든 mock-형질도입된 세포는 puromycin을 함유한 배지에서 배양하면 죽는다. Step 4의 note를 참조

3. 프로토콜 17.8 Stage 1의 Step 3-13을 수행한다.

   중요: Stage 1에서 tetracyclone을 함유한 complete DMEM을 이야기할 때마다 형질도입에서는 500 μM L-histidinol과 0.5 μg/ml tetracyclin-HCl을 갖는 선택배지로 바꾸는 것을 확실하게 한다.

4. 형질도입 한 48시간 후 세포를 500 μM L-histidinol, 3 μg/ml puromycin, 0.5 μg/ml tetracyclin을 함유한 DMEM 배지에 passage한다. 대략 10-cm 접시 당 1 × 10^6에서 3 × 10^4 세포가 되도록 여러 번 희석한다. 대략 1 × 10^5개의 세포가 든 여러 개의 접시를 포함한다.

   형질도입실험 전에 형질도입되지 않은 세포를 몇 일내에 모두 죽이는 puromycin의 가장 낮은 농도를 경험적으로 결정하여야 하는데 이것은 세포종류에 따라 다르다. 3 μg/ml 농도의 puromycin은 형질도입된 NIH-3T3 세포를 고르는데 충분하다. puromycin는 농도가 0.1에서 10 μg/ml의 범위에서 대부분의 세포를 효과적으로 죽일 수 있다.

5. DMEM 선택배지에서 4일 동안 배양 후 3–4 ml의 500 μM L–histidinol, 3 μg/ml puromycin, 0.5 μg/ml tetracyclin을 함유한 DMEM 선택배지를 추가적으로 넣는다.

6. 콜로니가 잘 형성되면 (선택 후 12–14일) 각 콜로니 주위의 배양접시 바닥에 원을 그리면서 경계면의 윤곽을 그린다. 배지를 접시로부터 제거하고 각 클론을 둘러싸게 접시위에 멸균한 플라스틱 클로닝 링을 위치시킨다. 이 과정을 선택한 콜로니에 대해 각각 반복한다. 각 콜로니가 잘 떨어져서 쉽게 구분이 될 수 있게 접시에서 세포를 고른다.

7. 대략 100 μl의 PBS로 클론을 재빨리 씻는다. 세포를 방출하기 위해 두 방울의 1× trypsin–EDTA (~100 μl)을 넣고 30–60 초간 배양한다. 세포를 pasteur pipette으로 위아래로 pipetting하여 느슨하게 한다. 각 콜로니를 500 μM L–histidinol과 3 μg/ml의 puromycin, 0.5 μg/ml의 tetracycline이 함유된 1 ml의 선택배지가 들어있는 24–well 조직배양접시의 한 well로 옮긴다.

   세포 표준 과정으로 연속적인 passage를 수행한다. 예로 (i) 빠른 PBS 씻기 (ii) 10% calf serum (3 ml)을 trypsin의 활성의 희석/중단에 사용하는 trysin–EDTA로 1–3분간 반응 (confluent한 10–cm 접시 당 2 ml)

8. 세포가 well에서 80% confluency로 자라면 세포를 500 μM L–histidinol, 3 μg/ml puromycin, 0.5 μg/ml tetracyclin을 함유한 DMEM 선택배지가 든 6–cm 접시로 옮긴다.

   NIH–3T3 세포는 대략 4–7일후에 80% confluent 하게 되지만 세포라인에 따라 심하게는 클론에 따라 80% confluent 해지는데 필요한 시간은 다르다.

9. 세포를 500 μM L–histidinol, 3 μg/ml puromycin, 0.5 μg/ml tetracyclin을 함유한 DMEM 선택배지에 확장한다 (보통 세포를 1:5 에서 1:10로 희석을 한다).

10. 한 층의 세포가 다시 대략 80% confluent 해지면 각 클론의 세포 일부를 회수하고 액체질소에서 분주하여 보관한다. 세포의 나머지는 프로토콜 17.8 Stage 3에 기술된 것 같이 표적 유전자 산물의 유도발현을 검사를 하기 위해 충분히 확장될 때까지 passage한다.

   얼린 세포를 나중에 사용할 때 세포는 되살리고 500 μM L–histidinol, 3 μg/ml puromycin, 0.5 μg/ml tetracyclin을 함유한 DMEM 선택배지에서 키워야 한다.

프로토콜 17.8 (3)

포유동물세포에서 유전자발현을 유도하는 조절자로서의 Tetracycline
Tetracycline as a Regulator of Inducible Gene Expression in Mammalian Cells
Stage 3: 형질도입된 세포에서 단백질 발현의 분석
Analysis of Protein Expression in Transfected Cells

이 프로토콜의 처음 두 스테이지에서 만들어진 안정하게 형질도입된 세포에서 표적 유전자의 발현을 유도한다. 세포를 수확하고 용해시킨 다음 세포용해액을 SDS-PAGE와 immunoblotting으로 분석한다.

MATERIALS

CAUTION: 〈!〉표시된 물질의 적절한 사용법은 Appendix 4를 참조하세요.

Reagents and Solutions

농축액, 완충액, 시료의 조성은 Appendix 1을 참조하라. 농축액은 적당한 농도로 희석하여 사용하라.

Phosphate-buffered saline (PBS)

Cells, Tissues/Culture Media

선택배지, 500 μM L-histidinol이 포함된 histidine-free DMEM (Irving Scientic) (L-histidinol stock 용액 [H_2O에 125 μM 농도로 녹임]은 -20℃에 보관하여야 한다)

100 units/ml penicillin

100 μg/ml streptomycin

2 mM glutamine

10% donor bovine calf serum

3 μg/ml puromycin

0.5 mg/ml tetracycline-HCl

tetracycline을 포함하는 조직배양 배지는 빛을 차단한 채 4℃에서 1달까지 보관할 수 있다.

안정화된 세포라인, autoregulatory tTA의 발현이 유도되는 (프로토콜 17.8 stage 1) 관심있는 DNA를 갖는 플라스미드가 들어있는 것

Enzymes and Buffers

적절한 제한효소와 버퍼

Gels/Loading Buffers

Tris-glycine SDS-polyacrylamide gel

타겟단백질의 분자량에 적절한 acrylamide의 농도를 갖는 젤을 만든다 (pp. 756-763 참조)

Additional Items

끓는 물 수조

액체질소 〈!〉와 세포 클론을 얼리고 보관할 수 있는 물질

western blotting을 위한 polyvinylidene difluoride (PVDF) membrane

이 프로토콜의 Step 13에는 SDS-gel 전기영동과 immunoblotting에 필요한 시약과 장비가 필요하다 (pp. 756-763 참조)

Additional Information

대체할 프로토콜 (Tetracycline-regulated induction of gene expression in transiently transfected cell using autoregulatory tTA system)	MC3, p. 17.70

Teteacycline	MC3, pp. 17.52–17.53
Tetracycline을 포유동물세포에서 유전자 발현 조절자로 사용	MC3, pp. 17.53–17.59
문제해결	MC3, p. 17.59

METHOD

1. 발현유도하기전날 밤, 500 μM L–histidinol과 3 μg/ml puromycin, 0.5 μg/ml tetracycline을 함유한 DMEM 선택배지에 세포를 수확할 때 subconfluent하게 적절한 농도로 세포를 위치시킨다.
2. 다음날 세포를 PBS로 세 번 씻는다. 매번 배양접시를 부드럽게 휘젓는다.
3. 세 번째 씻기 다음 tetracycline은 없는 500 μM L–histidinol과 3 μg/ml puromycin을 함유한 DMEM 선택배지를 즉시 넣는다. tetracylcine이 있는 조건과 없는 조건에서 세포를 6–48시간 배양한다.

   500 μM L–histidinol과 3 μg/ml의 puromycine, 0.5 μg/ml tetracycline을 포함한 선택배지에서 유지되는 대조군을 포함하는 것은 필수적이다.
4. 적당한 시간동안 세포를 키운 다음 재빨리 수확하고 얼음통에 tube를 위치시킨다.
5. 각 클론과 대조군에 대해 0.5 × 10^6 세포를 microfuge tube로 옮기고 4℃에서 5분간 3000 rpm (low to moderate speed)으로 모든 tube를 원심분리한다.
6. 세포 침전물을 차가운 PBS 1ml로 씻고 세포를 Step 5에서처럼 침전시킨다. 상등액은 세포침전물을 건들지 않고 부드럽게 버린다.
7. 세포침전물을 –70℃에서 얼리기 전에 얼음속에서 계속 유지시키고 microfuge rack의 구멍으로 부드럽지만 빨리 tube를 움직여 세포침전물을 느슨하게 흐트러뜨린다.
8. 각 세포침전물을 30 μl의 단백질 샘플 버퍼에 세포를 부드럽게 pipetting한 다음 tube를 vortex하여 재현탁한다.
9. 단백질 샘플 버퍼에 있는 세포를 10분간 끓인다.
10. 세포조각을 microfuge에서 최고속도로 2분간 원심분리하여 회수한다.
11. 10 μl의 세포 추출물을 Tris–glycine SDS–polyacrylamide gel에 얹는다.
12. 적당한 시간동안 젤을 전기영동한다.
13. SDS–polyacrylamide gel에 있는 단백질을 PVDF membrane으로 electrotransfer를 하고 적절한 항체로 membrane을 검사한다.

프로토콜 17.9 포유동물세포에서 유전자발현 유도의 조절자로서의 Ecdysone

Ecdysone as a Regulator of Inducible Gene Expression in Mammalian Cells

이 프로토콜은 Invitrogen 사에서 제공하는 ecdysone-inducible mammalian expression system의 일부에 대한 내용에서 변형된 것이다.

MATERIALS

Reagents and Solutions

농축액, 완충액, 시료의 조성은 Appendix 1을 참조하라. 농축액은 적당한 농도로 희석하여 사용하라.

Kit에 ecdysone-inducible expression-system을 위한 재료가 포함된다 (Stratagene과 Invirogen)

Neomycin은 단백질합성을 저해하는 광범위 항생제이다.

Ponasterone A나 muristerone A (Sigma-Aldrich), ecdysteroid family members

Zeocin (InvivoGen)은 bleomycin family에 속하는 glycopeptide antibiotic

Media and Antibiotics

형질도입된 세포의 생장에 적합한 배지, Neomycin Ponasterone A나 Muristerone A와 Zeocin

Vectors and Bacterial Strains

pVgRXR (Invitrogen)

Cells, Tissues/Culture Media

배양된 포유동물세포

Additional Items

이 Protocol의 step 4에는 Protocol 17.6에 나열된 reagent를 필요로 한다.

이 Protocol의 step 6에는 Protocol 6.8, 7.8 혹은 Appendix 3에 나열된 reagent를 필요로 한다.

이 Protocol의 step 1, 2, 6에는 16장에 있는 적절한 transfection Protocol에 나열된 reagent를 필요로 한다.

Additional Information

전사조절자로서의 Ecdysone MC3, pp. 17.71-17.72

METHOD

1. 연구대상인 세포에 적절한 형질도입방법을 이용하여 pVgRXR을 안정적으로 형질도입한 세포 (형질도입 프로토콜은 16장 참조)

   세포에 DNA를 넣지 않은 대조군인 mock 형질도입을 수행한다. 모든 mock-형질도입된 세포는 Zeocin가 첨가되면 죽는다.

2. Ecdysone이나 유사물의 존재 하에 유전자 발현을 선택적으로 유도할 수 있는 클론을 고르기 위해 Step 1에서 획득한 Zeocin- 내성 콜로니를 대상으로 luciferase reporter 유전자를 갖는 ecdysone-유도 발현 플라스미드로 일시적으로 형질도입한다. (형질도입 프로토콜은 16장 참조)

3. 형질도입 후 24시간에서 96시간에 배지를 Zeocin, neomycin, 5 μM ponasterone A를 함유한 새로운 배지로 교체하여 luciferase의 발현을 유도한다. 세포를 37℃에서 20시간 5-7% CO_2 농도의 humidified incubator에서 배양한다.

   Ponosterone A에 노출되지 않은 대조군 배양을 준비하는 것은 필수적이다. 이 대조군 배양은 Zeocin과 neomycin 만 함유한 배지에서 실시한다.

4. 프로토콜 17.6에 따라 luciferase 활성을 측정한다.
5. 원하는 수준의 ecdysone-induced luciferase 활성을 보이는 클론을 이용한다. Zeocin과 neomycin을 함유한 배지에서 세포 배양을 확장한다.
6. 관심 유전자와 hygromycin 내성 마커를 갖는 ecdysone-유도 플라스미드를 가지고 Step 5에서 나온 세포에 안정적으로 형질도입시킨다. 형질도입방법은 연구하는 세포에 적절한 방법을 사용한다. (형질도입 프로토콜의 선택은 16장 참조)
7. 두 가지 항생제 hygromycin과 neomycin에 내성을 갖는 세포의 콜로니 선택으로 확장한다.
8. Immunoblotting, northern hybridizatin 등 다른 적절한 측정방법으로 표적 유전자의 발현을 분석한다.

제 18 장

단백질 상호작용 기술

Protein Interaction Technologies

프로토콜 18.1 2-hybrid와 두 개의 콤포넌트(component) 시스템
- Stage 1: Bait-LexA 융합 단백질의 특징, 656
- Stage 2: Interactor의 선택, 660
- Stage 3: Positive 상호작용의 두 번째 확립, 665

프로토콜 18.2 GST 융합된 Far Western을 이용하여 단백질-단백질 상호작용의 검출, 670

프로토콜 18.3 GST 단백질 Pulldown 기술을 이용한 단백질-단백질 상호작용의 검출, 673

프로토콜 18.4 Coimmunoprecipitation에 의한 관련된 단백질의 동정, 675

프로토콜 18.5 GFP와 형광 공명 에너지 전송(FRET)을 이용한 단백질의 상호작용 probing
- Stage 1: 형광 염색약을 이용한 단백질의 labeling, 678
- Stage 2: FLIM-FRET 분석을 위한 준비, 681
- Stage 3: FLIM-FRET 측정, 683

프로토콜 18.6 BIAcore를 이용한 표면 플라즈몬 공명 기술(SPRS)을 이용한 상호작용하는 단백질의 분석
- Stage 1: 표면 캡쳐와 binding test의 준비, 686
- Stage 2: 항체-항원 상호작용의 kinetic 분석, 688

BACKGROUND INFORMATION

다른 언급이 없으면 기본이 되는 정보는 *Molecular Cloning: A Laboratory Manual*, 3판 (이제부터 MC3)에 있다.

Genomics와 상호작용 trap	MC3, pp. 18.123–18.124
상호작용 trap과 연관된 기술들	MC3, pp. 18.125–18.127
단백질 상호작용에 대한 소개	MC3, pp. 18.2–18.5

프로토콜 18.1 (1)	2-hybrid와 두 개의 콤포넌트(component) 시스템

2-hybrid와 두 개의 콤포넌트(component) 시스템
Two-hybrid and Other Two-component Systems
Stage 1: Bait-LexA 융합 단백질의 특징
Characterization of a Bait-LexA Fusion Protein

이 프로토콜은 미생물의 LexA 단백질이 융합된 목적 단백질을 발현시키는 플라스미드 구조물 (pBAIT) 만드는 방법을 기술하고 있다. 효모를 pBAIT과 *lexA* 오퍼레이터의 조건 아래에서 발현하는 미생물의 *lacZ* 유전자를 포함하는 *lexAop-lacZ* 리포터 플라스미드, 이 두개를 함께 넣어서 형질전환 시킨다. 두 개의 플라스미드를 받아들이는 효모 strain은 역시, *lexA* 오퍼레이터의 조건에서 발현하는 염색체에 포함되어진 *leu2* 리포터 유전자를 포함하고 있다. 형질전환체에서 *lexA* 오퍼레이터-리포터 유전자 어느 것도 독립적으로 전사를 활성화 시키지 않으면서, bait 단백질이 알맞은 크기의 안정한 핵 단백질처럼 발현되는지를 알기 위한 분석에 pBAIT이 사용된다.

MATERIALS

CAUTION: ⟨!⟩표시된 물질의 적절한 사용법은 Appendix 4를 참조하세요.

Vectors and Hosts

Selection을 위한 *S. cerevisiae stain*과 vectors (MC3, 표 18-6 참조)의 준비

*LexA*를 옮기는 vectors, 도메인 융합 시퀀싱의 활성, 그리고 *LacZ* 리포터 플라즈미드 (http://www.fccc.edu/research/labs/golemis/com_sources1.html 또는 MC3, 표 18-1, 18-2, 그리고 18-5를 참조)

Media and Antibodies

효모 배지의 구성분을 위해서는 appendix 2를 참조. 꼭 필요한 선택 배지를 준비하기 위해서 표 18-1을 참조.

Complete minimal (CM) 선택 배지 (표 18-1 참조)

LexA에 대한 monoclonal antibody(CLONTECH), LexA에 대한 polyclonal antibody(Invitrogen), 또는 목적 단백질에 융합된 도메인에 대한 특이적인 antibody(만약, 가능하다면)

효모 선택적인 X-gal 배지

i. 표 18-1을 토대로 물 900 ml에 기본 배지를 준비한다. 기본 배지를 습윤 멸균하고 그것을 55℃까지 식힌다.

표 18-1 2-하이브리드 분석을 위한 효모 complete minimal (CM) 선택 배지

성분	CM(GLU) -U-H 배지	CM(GLU) -U 아가	CM(GLU) -U-H 아가	CM(GLU) -U-H-L 아가	CM(GLU, X-GAL)-U 아가	CM(GAL) -U-H-L 아가	CM(GEL, X-GAL)-U-H-L 아가[A]
YNB[b]	6.7 g	6.7 g	6.7 g	6.7 g	6.7 g	6.7 g	6.7 g
Glucose	20 g	20 g	20 g	20 g	20 g		
Galactose					20 g	20 g	
Dropout mix	2 g	2 g	2 g	2 g	2 g	2 g	2 g
Leucine	15 ml	15 ml	15 ml		15 ml		
Tryptophan	10 ml	10 ml	10 ml	10 ml	10 ml	10 ml	10 ml
Histidine		5 ml			5 ml		
Agar	20 g	20 g	20 g	20 g	20 g	20 g	

[a]X-gal을 포함한 배지를 만들기 위해서, 물 900 ml에 적당한 기본 배지를 준비한다. 효모 선택 X-gal 배지를 위한 방법으로 이 기본 배지를 사용한다.

[b]Ammonium sulfate를 포함하는 yeast nitrogen base (YNB) 형식을 이용.

액체나 아가 배지를 준비하기 위해서, 물 1 L를 최종 부피로 해서 구성분을 섞는다. 20 분 동안 습윤 멸균 시킨다. 플레이트에 붓기 전에 아가 배지를 55℃까지 식힌다. : Leucine stock=4 mg/ml; tryptophan stock=4 mg/ml; histidine stock=4 mg/ml.

Adapted from Chapter 18, Protocol 1 Stage 1, p. 18.17 of MC3.

ii. 분리된 bottle에서, 각 D.I.W 100 ml 에 7g dibasic sodium phosphate와 3g monobasic sodium phosphate를 습윤 멸균한다.

iii. 2 개의 solution을 서로 섞고 X-gal (*N,N*-dimethylformamide〈!〉에 100 mg/ml 농도) 0.8 ml 첨가한다. 플레이트에 붓기.

YPD 배지

20 g 펩톤

10 g 효모 추출물

20 g glucose

20 g 아가 (만약 플레이트를 만들 것이라면)

D.I.W 1 L에 위의 것을 첨가하고 그 배지를 20 분 동안 습윤 멸균한다. 플레이트에 붓기 전에 그 배지를 55℃까지 식힌다.

Nucleic Acids/Oligonucleotides

목적 단백질 (bait)을 코딩하는 목적 DNA

Gels/Loading Buffers

2× SDS gel-loading 버퍼

100 mM Tris-Cl (pH 6.8)

200 mM dithiothreitol

4 % SDS (w/v), 전기영동 grade

0.2 % bromophenol blue

20 % 글리세롤

실온에서 dithiothreitol을 제거한 채로 보관한다. 사용 직전에 1 M stock으로부터 dithiothreitol을 첨가한다.

SDS-polyacrylamide gel〈!〉

단백질 분리에 사용되는 SDS-gel의 준비를 위해서는 appendix 3을 참조.

Additional Items

Dry-ice/ethanol bath〈!〉

Heating block, thermal cycler, 또는 water bath (100℃)

Shaking 또는 orbital incubator (30℃)

이 프로토콜의 단계 1에는 프로토콜 1.17에 나열된 subcloning을 위한 reagent를 필요로 한다.

이 프로토콜의 단계 2는 효모의 형질전환을 위한 reagent를 필요로 한다 (Spector et al., 1988. *Cells: A Laboratory Manual*, Chapter 21, Cold Spring Harbor Laboratory Press, Cold Spring Harbor, New York).

이 프로토콜의 단계 17은 appendix 3에서 immunoblotting을 위한 reagent를 필요로 한다.

멸균된 이쑤시개

Additional Information

대체적인 프로토콜 (Chloroform overlay에 의한 β-Galactosidase 활성 분석)	MC3, p. 18.28
2-하이브리드와 다른 두 콤포넌트 시스템 재검토	MC3, pp. 18.6-18.16
문제점과 변경	MC3, p. 18.27

METHOD

1. LexA로 frame fusion을 합성하기 위해서 LexA 융합 vector(예, pMW101 또는 pMW103)의 polylinker로의 bait으로 사용되는 단백질을 코딩하는 목적 DNA를 cloning한다. 번역의 stop codon은

요구되는 bait 시퀀싱의 C-ter에 존재하도록 한다. 그 결과 플라즈미드는 pBait이 된다.

2. 다음과 같은 LexA fusion과 *lexAop-lacZ* 리포터 플라스미드의 조합을 이용해서 yeast strain을 선택하는 EGY48 *lexAop-LEU2*의 형질전환체 시리즈를 셋업 한다.
   a. pBait + pMW112 (활성을 위한 테스트)
   b. pSH17-4 + pMW112 (활성을 위한 양성 대조군)
   c. pRFHM1 + pMW112 (활성을 위한 음성 대조군)
   d. pBait + pJK101 (DNA binding에서 repression을 위한 테스트)
   e. pRFHM1 + pJK101 (repression을 위한 양성 대조군)
   f. pJK101 만 (repression을 위한 음성 대조군)
3. 선택 dropout 플레이트에 각각의 형질전환 mixture를 평판 배양 한다: 적절한 CM(Glu)-Ura-His (a-e 플라즈미드 조합을 위해) 또는 CM(Glu)-Ura(플라즈미드 조합 f를 위해)를 사용한다. 그 플레이트를 플라즈미드가 포함된 형질전환 효모 콜로니를 선택하기 위해서 30℃에서 2-3 일 동안 배양한다.
4. 5-9 단계에서 기술된 것과 같이 *lacZ*와 *LEU2* 리포터의 활성 표현형을 위해서 분석된 특별한 콜로니로부터 형질전환체의 마스터 플레이트로 만든다.

   5-9 단계는 bait-LexA 융합 단백질의 전사 효율을 위한 테스트로, bait의 융합이 LexA DNA-binding 활성에 영향을 주지 않는 것을 증명하기 위해서 이용되어진다. 몇 개의 독립적인 콜로니는 2 단계에서 형질전환용 플라즈미드의 각 조합을 위해서 분석되어진다.

5. 각 형질전환체 a-f (2 단계로부터)로부터, 멸균된 이쑤시개를 이용해서 대략 8 콜로니를 찍는다. cell을 고르기 위해 깨끗한 이쑤시개로 colony를 찍고, 그것들을 깨끗한 CM(Glu)-Ura-His 또는 CM(Glu)-Ura 플레이트에 격자 모양으로 1-cm 길이로 streaking을 한다. 60-80 streak과 같이 가능한 많이 한 플레이트에서 키울 수 있다. 그 플레이트를 30℃에서 밤샘 배양한다.
6. 두 번째 날에는, 다음과 같은 각각으로부터 두 마스터 플레이트로부터 restreaking을 해 준다.

   a-f 형질전환 : CM(Glu, X-gal)-Ura, 그리고 CM(Gal, X-gal)-Ura에 streak한다.

   a-c 형질전환 : CM(Glu)-Ura-His-Leu와 CM(Gal)-Ura-His-Leu에 streak한다.

   d 그리고 e와 함께 오직 형질전환 (f)와 JK101 플라즈미드의 나란한 비교에 따라서, 오직 uracil은 X-gal 플레이트로부터 (histidine이 존재할 때) 제거되어진다. LexA가 융합된 플라즈미드를 위한 선택의 결핍은 이 어세이의 과정동안에는 전사 활성에 명백하게 영향을 끼치지 않는다.

7. 그 플레이트를 30℃에서 4일 동안 배양한다.
8. repression과 activation 활성도 어세이
   a. repression을 위해, streaking 후 거의 12-24 시간 후에 X-gal 표현형을 관찰한다.
   b. activation을 위해, streaking 후 18 시간에서 72 시간 사이에서 X-gal 표현형을 관찰 한다.
   c. 48 그리고 96 시간사이에 Leu2 표현형을 관찰한다. 잘 만들어진 bait의 예상되는 결과는 아래와 같다.
      - 최선으로, CM(Gal, X-gal)-Ura에 streaking 되고 12-24 시간이 되었을 때, d + e 형질전환체들은 f 보다 밝은 색깔로 식별이 가능하다.
      - CM(Glu, X-gal)-Ura에 streaking된 지 48시간이 되었을 때, d 형질전환체는 밝은 푸른색이며, c는 밝은 흰색이며, a는 흰색이거나 매우 옅은 푸른색일 것이다.
      - streaking 후 48 시간이 되었을 때, b 형질전환체는 CM(Glu)-Ura-His-Leu 또는 CM(Glu)-Ura-His 마스터 플레이트에서는 잘 자라며, 반면에 a와 c는 자라지 못한다.

- 당연히, a 형질전환체는 streaking 이후 96 시간에 또렷한 성장을 보이지 않는다.

9. Repression과 activation 어세이의 결과를 토대로, 적당한 콜로니를 선택한다.
10. 마스터 플레이트에서, 단백질 발현을 위해 분석된 콜로니를 표시한다. 라이브러리의 형질전환을 위한 배양액을 성장시키는 founder처럼 적당히 bait을 발현하는 것을 보여준 콜로니를 이용한다(프로토콜 18.1 2단계).
11. bait construct를 얻기 위해서 적어도 처음 두 형질전환체를 분석한다. 단백질 발현 (예, pRFHM1)을 위해 양성 대조군으로써 두 형질전환체를 포함한다.
    a. CM(Glu)–Ura–His 마스터 플레이트로부터 CM(Glu)–Ura–His 액체 배지로 넣어 줄 콜로니를 찍을 때는 멸균된 이쑤시개를 이용한다.
    b. 30℃에서 roller drum 또는 다른 shaker에서 밤샘 배양한다.
    c. 아침에, CM(Glu)–Ura–His 3–5 ml을 포함하고 있는 깨끗한 튜브에 시작 OD_{600} 밀도가 대략 0.15가 되도록 포화상태가 된 배양액을 희석해서 넣어 준다. optical density가 대략 2배 (OD_{600} ~0.45–0.7)가 될 때까지 30℃에서 4–6시간 동안 배양한다.
12. 각 배양액을 microfuge 튜브로 옮기고, 그 셀을 원심분리기를 이용해서 최고 속도, 3–5분 동안 원심 분리하여 모은다. 보이는 침전물의 부피는 2–5 μl가 되어야 한다. 상등액은 제거한다.
13. 튜브에 2× SDS 젤 로딩 버퍼 50 μl를 첨가하고 침전물을 재현탁하기 위해서 튜브를 빨리 vortex해 준다. 즉시 각 튜브를 dry ice 또는 dry–ice/ethanol bath에 둔다.
14. dry ice 또는 –70℃에서 샘플을 바로 100℃로 옮겨 주고 5 분 동안 샘플을 끓여 준다.
15. 얼음에서 샘플을 차갑게 한 다음 많은 세포 debris를 얻기 위해서 원심분리기에서 5–30 초 동안 최대 속도로 원심 분리한다. SDS–polyacrylamide 젤의 각 lane에 20–50 μl를 로딩한다.
16. 겔을 러닝시키고, 예상된 사이즈의 bait 단백질이 적당한 레벨에서 잘 발현되었는지 결정하기 위해서 생산물을 분석한다.
17. 예측되고 앞선 potential 문제를 위해서 appendix 3에 서술되어 있듯이 immunoblotting에 의해서 LexA– 혼합된 Baits가 포함된 효모의 lysates를 분석한다.

프로토콜 18.1 (2)

2-hybrid와 두 개의 콤포넌트(component) 시스템
Two-hybrid and Other Two-component Systems

Stage 2: Interactor의 선택
Selecting an Interactor

이 프로토콜의 2 단계에서는, pJG4-5와 같이 발현 플라스미드에서 구성된 동물 cDNA library를 pBAIT 그리고 *lexAop-LacZ* 리포터 플라스미드를 포함하는 효모 strain으로 형질전환한다. pJG4-5는 효모 GAL1 프로모터의 조건 아래에서 전사 활성 도메인을 포함하는 카세트로부터 클로닝된 cDNA를 발현한다. 이 효모 형질전환체는 적당히 제거된 메디아에서 유도되지 않은 조건 그리고 유도된 조건에서 플레이팅한다. 플라스미드는 류신이 없는 곳에서 자란 (1) 추정의 목적 단백질을 코딩한다. 그리고 *lacZ*의 발현 때문에 선별 분석 할 수 있다(2).

MATERIALS

CAUTION: 〈!〉표시된 물질의 적절한 사용법은 Appendix 4를 참조하세요.

Reagents and Solutions

농축액, 완충액, 시료의 조성은 Appendix 1을 참조하라. 농축액은 적당한 농도로 희석하여 사용하라.

- Dimethylsulfoxide (DMSO)〈!〉
- Ethanol (옵션의; 9 단계 참조)
- 0.1 M lithium acetate를 포함하는 TE (pH 7.5)
- 40 %(w/v) PEG 4000과 0.1 M lithium acetate를 포함하는 TE (pH 7.5)
- TE (pH 7.5), 멸균하기

Vectors and Hosts

- 상호작용을 위해 스크린되는 Library
  - *LacZ* 리포터 플라즈미드와 반응하는 trap libraries는 상업적으로 얻을 수 있다. (http://www.fccc.edu/research/labs/golemis/lib_sources1.html을 참조)
- bait과 *lexAop-lacZ* 리포터를 발현하는 *S. cerevisiae* strain (프로토콜 18.1 단계1로부터)

Media and Antibodies

효모 배지의 구성분을 위해서는 appendix 2를 참조.

- Complete minimal (CM) 선택 배지 (표 18-1 참조)
- Freezing 형질전환체를 만들기 위한 멸균된 글리세롤 솔루션
  - 65 % (v/v) 글리세롤, 멸균
  - 0.1 M $MgSO_4$
  - 25 mM Tris-HCl (pH 8.0)
- 효모 선택적인 X-gal 배지
  - i. 표 18-1을 토대로 물 900 ml에 기본 배지를 준비한다. 기본 배지를 습윤 멸균하고 그것을 55℃까지 식힌다.
  - ii. 분리된 병에서, 각 D.I.W 100 ml 에 7g dibasic sodium phosphate와 3g monobasic sodium phosphate를 습윤 멸균한다.
  - iii. 2개의 용액을 서로 섞고 X-gal (*N,N*-dimethylformamide〈!〉에 100 mg/ml 농도) 0.8 ml 을 첨가 한다. 플레이트에 붓기.

Nucleic Acids/Oligonucleotides

- 캐리어로써 사용하기 위해, 잘려진 salmon sperm DNA
  - 매우 높은 질을 가지는 이 DNA는 프로토콜 6.10에 기술된 것처럼 준비되어 지거나 상업적으로 구입할 수 있다.

Adapted from Chapter 18, Protocol 1 Stage 2, p. 18.30 of MC3.

Poor-quality carrier DNA는 형질전환체 빈도수를 감소시킬 수 있다.

Centrifuges/Rotors/Tubes

Sorvall SLC-1500 rotor 그리고 H-1000B rotor (실온)

Additional Items

선택 배지를 위한 culture plates (24 × 24 cm)
Glass beads (0.45-mm 지름), sterile (Sigma-Aldrich) (옵션의; 단계 9)
Heating block, thermal cycler, 또는 water bath (42℃)
Microtiter plates (96 well)(옵션의; 단계 21)
Multichannel pipettor 또는 inoculating manifold/frogger (e.g., DanKar)(옵션의; 단계 21)
Shaking 또는 orbital incubators (30℃)

Additional Information

2 하이브리드와 다른 두 콤포넌트 시스템의 재검토	MC, pp. 18.6-18.16
문제점	MC, pp. 18.35 그리고 18.37

METHOD

1. 효모 콜로니를 선택하고, bait과 *lexAop-lacZ* 리포터를 발현시키는 것은 처음의 대조군 실험인 프로토콜 18.1 단계 1에서 모두 서술하였다. 이 콜로니를 CM(Glu)-Ura-His liquid dropout 배지 20 ml에 접종하고, roller drum에서 30℃, 밤샘 배양한다.

   중요 : library를 재형질전환하기 전, bait과 *lexAop-lacZ* 리포터 플라스미드는 7-10일 동안 효모로 형질전환시킨다. 모든 과정을 무균상태로 유지하는 것이 중요하다.

2. 20-ml 밤샘 배양액을 CM(Glu)-Ura-His liquid dropout medium 300 ml로 OD_{600}에서 대략 0.10-0.15가 되도록 희석해서 넣어준다. 배양은 1.5 정도 doubling 되도록, OD_{600}에서 대략 0.50이 될 때까지 30℃로 셋팅된 orbital shaker에서 배양시킨다.

3. 배양액을 멸균된 250 ml 원심분리기 병으로 옮기고 1000-1500 g(2500-3000 rpm, Sorvall SLC-1500 rotor), 실온에서 5 분 동안 원심 분리한다. 상등액을 제거하고 침전물에 멸균된 물 30 ml을 첨가한다. 병을 천천히 돌려서 침전물을 재현탁시킨다. 그 현탁액을 무균의 50 ml Falcon tube로 옮긴다.

4. 그 세포를 5분 동안 1000-1500g(2500-3000 rpm, Sorvall SLC-1500 rotor)에서 원심 분리한다. 물을 버리고 그 효모 세포는 0.1 M lithium acetate를 포함하는 TE (pH 7.5) 1.5 ml로 재현탁한다.

5. 1 μg의 library DNA와 50 μg의 깨끗한 denatured carrier DNA를 각 30 개의 1.5-ml microfuge 튜브에 첨가한다. 즉시 각 30 개의 튜브에 50 μl의 효모 현탁액 (단계 4로부터)을 첨가한다.

   좋은 형질전환은 대략 10^5 transformants/μg의 library 효율이다. 적절한 효율을 위해서, 하나의 큰 스케일보다 몇몇의 작은 스케일의 형질전환 반응을 셋업하고 적은 양의 DNA를 이용(〈10 μl/transformation tube)하는 것이 좋다.

6. 세포 현탁액이 들어 있는 각각의 튜브에 40 % PEG 4000과 0.1 M lithium acetate를 포함하는 멸균된 TE (pH 7.5) 300 μl를 첨가한다. 그 튜브를 여러 번 천천히 inverting해서 잘 섞는다(vortex 하지 않는다). 그 튜브를 30℃에서 30-60 분 동안 배양한다.

7. 각각의 튜브에 DMSO 40 μl를 첨가하고 inversion에 의해서 그 현탁액을 섞는다. 그런 다음 그 튜브를 heating block에 10분 동안 42℃에 둔다.

8. 형질전환 mixtures를 다음과 같이 플레이팅 한다.

스스로 형질전환을 형성하는데 이용되어지는 28개의 튜브

a. 각 튜브의 내용물을 24 × 24-cm CM(Glu)-Ura-His-Trip dropout 플레이트에 피펫팅한다.

b. 그 세포를 고르게 스프레딩하고, 플레이트를 30℃에서 콜로니가 나타날 때까지 배양한다.

각 24 × 24-cm 플레이트는 250-300 ml의 아가 배지(사용하기 전에 1-2일 동안 말려진)가 필요하다.

형질전환 효율 알아보기 위해서 남겨진 2 개의 튜브가 이용되어 진다.

a. 각 튜브로부터 350 μl를 24 × 24-cm CM(Glu)-Ura-His-Trp dropout 플레이트에 피펫팅한다.

b. 그 세포를 고르게 스프레딩하고, 플레이트를 30 ℃에서 콜로니가 나타날 때까지 배양한다.

c. 각 튜브로부터 남아 있는 40 μl를 이용해서 멸균된 TE (pH 7.5) 또는 물에 1:10 희석률의 시리즈 (적어도 3개)를 만든다.

d. 100-mm CM(Glu)-Ura-His-Trp dropout 플레이트에 각 희석 100 μl를 플레이팅하고, 콜로니가 나타날 때까지 그 플레이트를 30℃에서 배양한다.

실험 시작전에, MC3, p. 18.33 에 있는 주요 형질전환체를 선별하여 모으는 방법에 관한 내용을 읽고 진행한다.

9. 다음과 같은 방법들 중 하나를 이용해서 library 회수

9 단계에서, 첫 번째 기술은 (교반에 의해) 수행하기가 좀 더 빠르고 library의 유도가 가능하며, 같은 날 수행한 선택 배지에서 스크리닝이 가능하다. 그것은 또한 플레이트 개봉 시간을 최소로 한다. 효모 부유액 약 1/3은 플레이트에서 왼쪽에 있을 것이다; 하지만, 대부분은, 모인 부유액의 2 % 이상이 이용되어지지 않는다. 따라서 그것은 대략 동등의 효율인 플레이트로부터 콜로니를 씻어서 확보하는 것이 중요하다. 9 단계에서 두 번째 기술은 (스크랩에 의해) 물질에 관해서 좀 더 경제적이며, molds로부터의 플레이트 사용이 좀 더 용이하며, 오염을 없앤다.

교반에 의한 library의 회수

a. 형질전환체를 포함하는 5 개의 24 × 24-cm의 각각에 30 개의 멸균한 glass bead와 멸균된 물 10 ml을 부어 준다.

b. 5 개의 플레이트를 윗 쪽으로 쌓은 다음, 플레이트를 꽉 잡고 콜로니가 재현탁될때 까지 1-2 분 동안 흔들어 준다.

c. 각 플레이트(플레이트를 경사주어서)로부터 효모 부유액 5 ml을 멸균된 pipette을 통해서 모은다. 이렇게 모은 부유액은 무균의 50 ml conical 튜브로 옮긴다.

d. 다음 5 개의 플레이트도 실행하고 단계 a-c를 반복한다. 모든 30 플레이트로부터 계속해서 효모 세포를 모은다. 그 결과 3개 50 ml 튜브에서 전체 150 ml의 액체가 만들어 진다.

스크랩에 의한 library 회수하기

a. 장갑을 끼고, 형질전환체를 포함하는 30 개의 24 x 24 플레이트의 아가를 단단하게 하기 위해서 4℃에 보관 한다 (대부분, 2시간에서 밤샘시간이면 가능).

b. 유리 현미경 슬라이드는 ethanol을 이용해 화염 멸균시켜 무균화 시킨다. 형질전환된 플레이트로부터 50 ml conical 튜브로 옮길 때 효모 세포를 스크랩하는데 이 슬라이드가 이용된다. 매 5-10개의 플레이트마다 다시 화염 멸균하거나, 이런 간격으로 새 슬라이드를 이용한다.

10. 만약 필요하다면, 효모가 포함된 각각의 conical 튜브에, 멸균된 TE(pH 7.5) 또는 물 40-45 ml을 채워 준다. Vortex하거나 세포를 부유하기 위해서 튜브를 inverting한다.

11. 실온에서 5 분 동안 1000–1500g(2200–2700 rpm, Sorvall H–1000B rotor), 원심 분리기를 이용해서 원심 분리하기. 그리고 상등액은 제거한다.
12. 단계 10과 11을 반복한다.
13. 모아진 세포침전물을 1 volume의 멸균된 yeast glycerol 용액에 현탁시킨다. 서로 다른 일회용 플라스틱 튜브의 내용물을 합쳐 완전히 섞는다.
14. 1 ml 의 분주액을 멸균된 microfuge 튜브에 나누어 담고 –70℃에 얼린다 (세포는 약 1년간 안정하게 유지된다).

    만약 선택된 배양액에 직접 도말 할 계획이라면 (이것은 완성되는데 5 시간이 필요하다) 분주액 중 하나는 얼리지 말고 남겨둔 후 다음 단계를 수행한다. 얼리지 않은 세포배양액의 viability는 100% 라고 가정한다.

    진행하기 전에, 상호작용하는 단백질의 스크리닝에 필요한 물질들에 대해서, 그리고 문제해결에 관해 MC3, p. 18.33을 읽어보시오.

15. 라이브러리가 형질전환된 효모의 분주액 하나(단계 14 로부터의)를 녹여서, CM (Gal/Raff)–Ura–His–Trp dropout 배양액으로 1:10으로 희석한다. 라이브러리의 GAL1 프로모터로부터 전사가 시작되도록 하기 위하여, 효모를 4시간동안 30℃에서 진탕배양한다.

    형질전환된 라이브러리의 분주액은 *LEU2* 전사촉진이 불가능한지 확인하기 위하여 –Leu 선택배지에 도말한다.

16. 적당한 갯수의 100 mm CM(Gal/Raff)–Ura–His–Trp–Leu dropout plates에 10^6 cell (또는 OD_{600} = 1.0에서 50 μl 의 culture)을 도말한다.

    중요 : 플레이트 당 10^6 세포라는 숫자는 일반적으로 효율적으로 사용되는 플레이팅 농도로는 가장 많은 수이다. 더 높은 농도(예: 3×10^6)로 플레이팅 하는 것은 효모 세포 간에 교차–먹이주기가 이루어져 결국 백그라운드 성장정도가 높아지게 된다.

17. 플레이트를 5일 동안 30℃에서 배양한다.
18. 플레이트의 성장정도를 관찰하고, 콜로니가 나타날 때마다 표시한다.
19. 5일째 되는 날, 생성된 날에 따라 그룹화된 콜로니들의 마스터 플레이트 (CM[Glu]–Ura–His–Trp)를 만든다.
20. 패치들/콜로니들이 형성될 때까지 플레이트를 30℃에서 배양한다.
21. 전사 활성을 분석한다.

    단계 21과 22은 *lexAop–LEU2* 와 *lexAop–lacZ* 리포터 모두의 갈락토오스–유도성 전사 활성에 대한 테스트이다. 두 리포터들의 갈락토오즈–특이적인 매너로 일어나는 simultaneous activation (동시 촉진)은 보통 효모 호스트의 돌연변이 때문이 아니라, 전사 표현형이 라이브러리가 인코딩하고 있는 단백질의 발현 때문이라는 것을 나타낸다. 글루코오즈와 루이신을 포함하고 있는 마스터 플레이트는 test colonies를 위한 source로 사용된다.

직접적인 streaking 으로 분석하기

a. 다음의 4개의 플레이트 각각에, 끝이 평평한 이쑤시개를 사용하여 마스터 플레이트와 똑같이 격자를 그린다. 같은 이쑤시개를 사용하여 개별적인 콜로니를 4개의 플레이트에 걸쳐 streak 한다. X–gal이 포함된 플레이트에는 효모를 두껍게 streak 하고, 루이신이 결핍된 플레이트에는 효모를 얇게 streak 한다.

CM(Glu/X–gal)–Ura–His–Trp	1 plate
CM(Gal/Raff/X–gal)–Ura–His–Trp	1 plate
CM(Glu)–Ura–His–Trp–Leu	1 plate

CM(Gal/Raf)–Ura–His–Trp–Leu	1 plate

b. 플레이트들을 3–4일 동안 30℃에서 배양한다.

manifold/frogger를 이용하여 분석하기

a. 25–30 μl 의 멸균된 H_2O를 96–well microtiter 플레이트의 48 well에 옮긴다.

b. frogger를 사용하여 패치들을 미리 격자화된 마스터 플레이트에서 microtiter 플레이트의 well로 동시에 옮긴다. 플레이트를 조심스럽게 흔든다.

c. frogger를 사용하여 microtiter 플레이트에서 다음 각 플레이트로 효모를 옮긴다. 이 방법을 사용하면 각 플레이트에 옮길 때 거의 동일한 양의 세포를 필요로 하게 된다.

CM(Glu)–Ura–His–Trp	2 plates
CM(Gal)–Ura–His–Trp	1 plate
CM(Glu)–Ura–His–Trp–Leu	1 plate
CM(Gal/Raff)–Ura–His–Trp–Leu	1 plate

d. 플레이트들을 3–4일 동안 30℃에서 배양한다. 배양 1일 후에, CM(Glu)–Ura–His–Trp 플레이트 하나와 CM(Gal)–Ura–His–Trp 플레이트 하나를 *lacZ* 프로모터가 촉진되었는지 분석하기 위하여 사용하는데, 클로로포름–덮어씌우기 분석방법을 이용하여 분석한다. 대체할 수 있는 프로토콜로는 Assay of β–Galactosidase Activity by Chloroform Overlay, in MC3, p .18.28 에 있는 패널을 참고한다.

e. 생장을 계속적으로 모니터 한다: 루이신에 대한 생장의 차이는 보통 48–72 시간사이에 –Leu 플레이트에서 나타난다. 두 번째의 CM(Glu)–Ura–His–Trp 플레이트를 새로운 신선한 마스터 플레이트로 사용한다.

22. 결과를 분석한다. 콜로니들과 그것들이 가지고 있는 라이브러리 플라스미드는 다음과 같은 경우에 1차 양성(first–round positive)로 지정된다.

- CM(Gal)–Ura–His–Trp 플레이트에 배양한 이후에 X–gal이 파란색을 나타낸 경우
- CM(Glu)–Ura–His–Trp 플레이트에 배양한 이후에 X–gal이 흰색 또는 희미한 파랑색을 나타낸 경우
- CM(Gal/Raff)–Ura–His–Trp–Leu 플레이트에서 콜로니들이 잘 자라는 경우
- CM(Glu)–Ura–His–Trp–Leu 플레이트에서 콜로니들이 잘 자라지 못하거나 전혀 자라지 않는 경우

프로토콜 18.1 (3)

2-hybrid와 두 개의 콤포넌트(component) 시스템
Two-hybrid and Other Two-component Systems
Stage 3: Positive 상호작용의 두 번째 확립
Second Confirmation of Positive Interactions

(1) 루이신이 없어도 형질전환체의 성장을 가능하게 하고 (2) *lacZ*의 발현을 야기하는 추정목적단백질을 암호화하고 있는 플라즈미드는 *E. coli*의 세대를 거치면서 recovered 되고, 분석을 통해 특징 분석되며, 추정목적단백질과 pBAIT과의 상호작용의 특이성을 확인하기 위하여 "virgin" 균주는 *lexAop-LEU2/lexAop-lacZ/pBAIT* 효모로 retransform (재형질전환)된다.

MATERIALS

CAUTION: 〈!〉표시된 물질의 적절한 사용법은 Appendix 4를 참조하세요.

Reagents and Solutions

농축액, 완충액, 시료의 조성은 Appendix 1을 참조하라. 농축액은 적당한 농도로 희석하여 사용하라.

- Ammonium acetate (7.5 M)
- Chloroform 〈!〉
- Ethanol
- Ethanol (70%)
- Isopropanol
- Phenol, water saturated and equilibrated to pH 8.0 〈!〉
- SDS (10% w/v)
- STES lysis solution
  - 100 mM NaCl
  - 10 mM Tris-Hcl (pH 8.0)
  - 1 mM EDTA
  - 0.1% (w/v) SDS
- TE (pH 8.0)
- Yeast lysis solution
  - 2-5 mg/ml in rescue buffer에 녹인 Zymolyase 100T
  - *or*
  - yeast rescue buffer로 1:50으로 희석된 β-glucuronidase (100,000 units/ml) (Sigma-Aldrich)
- Yeast rescue buffer (freshly prepared)
  - 50 mM Tris-HCl (pH 7.5)
  - 10 mM EDTA
  - 0.3% (v/v) β-mercaptoethanol 〈!〉

Vectors and Hosts

- *E. coli* strain DH5α 또는 strain KC8 (CLONTECH), competent for elecrotransformation (프로토콜 1.26을 보시오)
- Nonspecific bait plasmid
  - 만약 처음 스크리닝에 사용된 pBait가 전사를 활성화할 수 있다면, 대조군으로써 전사를 약하게 활성화 시킬 수 있는 비특이적인 bait를 사용하는 것을 권장한다. 보통, 전사를 잘 활성화 못 시키는 baits는 false positive(거짓 양성)인 background와 구별하기 어렵다.
- pBait (프로토콜 18.1 단계 1 로부터의)
- Plasmids pMW112, pRFHM1
- CM(Glu)-Ura-His-Trp 마스터 플레이트에서 자라고 있는 적절한 표현형을 가진 콜로니들 (프로토콜 18.1 Stage 2, 단계 21으로부터)
- Yeast strain EGY48

Media

yeast media의 구성물질에 대해서는 Appendix 2를 보시오.

complete minimal (CM) selective medium (표 18–1을 보시오)

Minimal (–trp) medium for bacteria

1. 다음의 용액을 준비한다 (멸균):
   - i. 20% (w/v) $MgSO_4$
   - ii. 4 mg/ml uracil
   - iii. 4 mg/ml histidine
   - iv. 4 mg/ml leucine
   - v. 20% (w/v) glucose
   - vi. 50 mg/ml ampicillin
   - vii. 1% (w/v) thiamine hydrochloride
2. 다음 두 가지 용액을 따로 고온멸균 시킨다.
   - viii. 15 g agar in 800 ml distilled H_2O
   - ix. 10.5 g K_2HPO_4
     4.5 g KH_2HPO_4
     1 g $(NH_4)_2SO_4$
     0.5 g sodium citrate
     160 ml distilled H_2O

   viii 과 ix 용액을 50℃ 까지 식힌다; 2개를 섞는다. 1 ml의 i 용액, 10 ml의 ii 용액, 10 ml의 iii 용액, 10 ml의 iii 용액, 10 ml의 iv 용액, 10 ml의 v 용액, 1 ml의 vi 용액, 0.5 ml의 vii 용액을 재빨리 첨가한다. 최종 용액을 잘 섞고 플레이트에 빨리 붓는다.

형질전환체들을 냉동시키기 위한 멸균된 글리세롤 용액

65% (v/v) glycerol, sterile

0.1 M $MgSO_4$

25 mM Tris–Cl (pH 8.0)

효모용 선택 X–gal 배양액

- i. 표 18–2에 따라 900 ml 의 H_2O에 base medium을 준비하고, base medium을 고온멸균하고 55℃까지 식힌다.
- ii. 다른 병을 준비하고, 7 g의 dibasic sodium phosphate 와 3 g 의 monobasic sodium phosphate를 100 ml 의 distilled H_2O에 녹인 후 고온멸균한다.
- iii. 두 용액을 한 데 섞고 0.8 ml 의 X–gal을 첨가한다. (*N,N*–dimethylformamide에 녹인 X–gal)

Enzymes and Buffers

Restriction enzymes *Eco*RI, *Xho*I, *Hae*III, and 10× buffers

Zymolyase 또는 β–glucoronidase (위의 Reagents and Solutions를 보시오)

Centrifuges/Rotors/Tubes

Sorvall H–1000B MPC and H–6000A MPC rotors, for centrifuging microtiter plates

Sorvall SLC–1500 rotor (room temperature)

Additional Items

Glass beads (0.45–mm diameter), sterile (Sigma–Aldrich)

Microtiter plate (24 or 96 well)

repeating pipettor (선택사항; 단계 1을 보시오)

Shaking incubator (30℃)

이 프로토콜의 단계 2는 프로토콜 1.26에 열거된 시약들이 필요함.

이 프로토콜의 단계 10은 프로토콜 4.13에 열거된 시약들이 필요함.

이 프로토콜의 단계 3과 4는 프로토콜 1.1에 열거된 시약들이 필요함.

Additional Information

대체할 수 있는 프로토콜 (Rapid Screen for Interaction Trap Positives)	MC3, pp. 18.46–18.47
two–hybrid와 다른 two–component systems에 대한 리뷰	MC3, pp. 18.6–18.16
Subsequence characterization of positives	MC3, p. 18.45
문제해결	MC3, pp. 18.35 and 18.37

표 18-2 2-하이브리드 분석을 위한 효모 complete minimal (CM) 선택 배지

INGREDIENTS	CM (GLU) -T MEDIUM	CM (GLU) -U-H AGAR	CM (GLU) -U-H-T AGAR	CM (GLU) -U-H-T-L AGAR	CM (GLU, X-GAL) -U-H-T AGAR[A]	CM (GAL, RAFF, X-GAL) -U-H-T AGAR[A]	CM (GAL, RAFF) -U-H-T-L AGAR
YNB[b]	6.7 g	6.7 g	6.7 g	6.7 g	6.7 g	6.7 g	6.7 g
Glucose	20 g	20 g	20 g	20 g	20 g		
Galactose						20 g	20 g
Raffinose						10 g	10 g
Dropout mix	2 g	2 g	2 g	2 g	2 g	2 g	2 g
Leucine	15 ml	15 ml	15 ml		15 ml	15 ml	
Tryptophan		10 ml					
Histidine	5 ml						
Uracil	5 ml						
Agar		20 g	20 g	20 g	20 g	20 g	20 g

[a] X-gal이 포함되어 있는 배양액을 위해서, H_2O 900 ml에 녹인 적절한 base medium 을 준비하고, yeast selective X-gal 배양액을 위한 recipe에서 사용한다.

[b] ammonium sulfate가 들어있는 yeast nitrogen base (YNB) 의 형태를 사용한다.

액체 배양용액 또는 아가 배지를 준비하기 위하여, 최종 1 리터의 H_2O에 구성성분을 섞는다. 20분간 고온멸균한다. 플레이트에 붓기 전에 배양액을 50℃까지 식힌다; Leucine stock = 4 mg/ml; tryptophan stock = 4 mg; histidine stock = 4 mg/ml; uracil stock; 4 mg/ml.

METHOD

1. 양성 콜로니들로부터 세포 용해액을 준비한다.

   개별적인 라이브러리 플라스미드를 분리하기 위해 두 가지 방법이 주어져 있다. 적은 수의 콜로니 (24-36 콜로니)에서 분리하기 위해서는, 세포를 SDS에 용해시킨다. 많은 수의 콜로니의 분리를 위해서는, 세포는 Zymolyase에 용해시킨다.

적은 수의 콜로니의 분리를 위해서

a. CM(Glu)-Ura-His-Trp master plate (프로토콜 18.1 Stage 2, 단계 21)에서 시작하여, 적절한 표현형을 보이는 콜로니들을 selective 플레이트에서 선택하여 5 ml의 -Trp 글루코오즈 배양액에 찍어 넣는다. 세포배양액을 O/N동안 30℃에서 키운다.

b. 1 ml의 각 세포배양액을 microfuge 튜브 안에 넣고 최대 속도로 1분간 실온에서 원심분리한다. pellet을 200 μl 의 STES lysis 용액에 재혼탁 시키고 100 μl의 0.45-mm-직경의 멸균된 유리 비드를 첨가한다. 튜브를 1분간 심하게 vortex 한다.

c. 200 μl의 평형화된 페놀을 각 튜브에 넣고 1분간 더 심하게 vortex 한다.

d. 에멀전을 microfuge 튜브 안에서 최대 속도에서 2분간 상온에서 원심분리한다. 그리고 각 수용액 층을 깨끗한 microfuge 튜브로 옮긴다.

e. 200 μl의 평형화된 페놀과 100 μl의 클로로포름을 각 수용액 층에 첨가한다; 30 초간 vortex 한다. microfuge 튜브 안의 에멀전을 최대 속도로 2분간 상온에서 원심분리한 후 각 수용액 층을 깨끗한 튜브로 옮긴다.

f. 2 volumes (400 μl)의 에탄올을 각 수용액 층에 첨가하고, 살짝 앞뒤로 흔들어 섞은 후, 튜브를 20분간 -20℃에서 차갑게 한다. 최대속도에서 15분간 4℃에서 원심분리하여 핵산을 회복시킨다.

g. 상층액을 따라낸다. 차갑게 해 둔 70% 에탄올로 wash 하고, 침전물을 진공상태에서 살짝 말린다. 각 침전물을 5-10 μl의 TE (pH 8.0)에 녹인다. 단계 2로 진행한다.

많은 양의 콜로니의 분리를 위해서

a. 2 ml의 2× CM(Glu)-Trp 배양액을 24-well microtiter 플레이트의 각 well로 옮긴다. 이쑤시개를 사용하여 양성으로 추정되는 콜로니를 찍어 마스터 플레이트들로부터 각 well로 찍어 옮긴다. (프로토콜 18.1 스테이지 2, 단계 21). 세포배양액을 O/N 동안 30℃에서 진탕 배양한다.

b. 플레이트들을 마이크로플레이트 거치대가 끼워진 원심분리기에서 4℃, 1500 g (3000 rpm in a Sorvall H-1000B MPC rotor)에서 5분간 원심분리한다. 손목을 탁 쳐서 상층액을 털어내고 플레이트를 수직으로 똑바르게 돌려 넣어놓는다. 플레이트를 빙빙 돌리거나 살짝 vortex하여 남아있는 용액으로 각 세포 침전물을 혼탁한다. 1 ml 의 H_2O를 각 well에 넣고 플레이트를 조심스럽게 빙빙 돌린다.

c. 단계 b에서처럼 원심분리하고, 상층액을 털어내고, 남아있는 상층액에 있는 cell을 재혼탁하고, 회수 완충액 1 ml 을 첨가한다.

d. 단계 b에서처럼 원심분리하고, 상층액을 털어내고, 플레이트에 남아있는 적은 양의 용액으로 세포를 재혼탁한다. 각 well에 25 μl의 용해용액을 첨가한다. 플레이트를 빙빙 돌리거나 vortex 한다. 덮개를 덮은 상태의 플레이트를 회전 셰이커에 놓고 약 1시간 동안 37℃에서 반응시킨다.

e. 25 μl 의 10% SDS 를 각 well에 첨가한다. 플레이트를 빙빙 돌림으로써 침전물을 완전히 분산시킨다. 플레이트를 벤치에서 1분간 상온에 가만히 둔다. 1분 후에, wells에는 투명하고 다소 점성이 있는 용액이 남아있게 된다.

f. 각 well에다가 100 μl의 7.5 M 암모늄 아세테이트를 첨가한다. 플레이트를 조심스럽게 살살 돌리고 15분간 −70℃에서 또는 −20℃에서 용해물이 얼 때까지 보관한다.

g. 냉동장치에서 플레이트를 꺼낸다. 플레이트가 녹기 시작하면, 플레이트를 3000 g (3800 rpm in a Sorvall H-6000A MPC rotor) 로 15분간 4℃에서 원심분리한다. 100−150 μl의 최종적인 투명한 상층액을 깨끗한 24-well 플레이트에 옮긴다.

중요: 보통, 침전시킨 물질이 상층액에 어느 정도 딸려 들어가 오염되는 것을 완전히 피할 수는 없다. 하지만 순도를 유지하기 위해 산출량을 포기하는 편이 낫다.

h. 각 well에 약 0.7 volume의 이소프로판올을 첨가한다. 핵산이 침전될 수 있도록 2분간 상온에서 용액을 빙빙 돌리면서 섞어준다. 단계 g. 에서처럼 원심분리한다. 손목을 툭 쳐서 상층액을 제거한다.

i. 각 well에 1 ml의 차가운 70% 에탄올을 첨가한다. 플레이트를 빙빙 돌린 후, 3000 g (3800 rpm in a Sorvall H-6000A MPC rotor) 로 5분간 4℃에서 원심분리한다. 손목을 툭 쳐서 상층액을 제거한 후, 플레이트를 뒤집어 종이 타올에 잘 찍는다. 플레이트를 공기중에 말린다.

j. 각 well에 100 μl의 TE (pH 8.0)을 첨가한다. 플레이트를 빙빙 돌린 후, 수 분간 벤치에 그대로 두어 pellet이 완전히 녹게 한다. 준비된 물질을 microfuge 튜브 또는 96-well 플레이트의 well에 옮긴 후 −20℃에 보관한다. 단계 2를 진행한다.

1−5 μl 의 각 최종 표본산물은 전기천공법으로 competent *E. coli* 로 형질전환할 때 사용될 수 있다. 만약 얻은 콜로니의 수가 불충분하다면, DNA를 재침전 시킬 때 DNA stock의 농축을 위해 100 μl의 TE에 녹이지 말고 20 μl의 TE에 녹인다.

2. 1−5 μl의 각 플라스미드 DNA 표본산물을 전기천공법으로 competent *E. coli* strain DH5α 또는 strain KC8 (*pyrF leuB600 trpC hisB463*) 에 삽입한다 (프로토콜 1.26을 보시오). 50 μg/ml의 엠피실린이 포함된 LB 아가에 박테리아를 플레이팅하고 플레이트를 37℃에서 O/N동안 배양한다.

만약 bait가 엠피실린 저항 마커를 가지고 있는 특성화된 LexA-fusion 플라스미드의 하나로 클론 되었다면, *E. coli* DH5α 형질전환체 중의 일부는 라이브러리 플라스미드를 가지고 있지 않을 것이다. 이 문제를 해결하기 위한 한가지 방법은 준비된 각 DNA 표본산물로부터 생성된 여러개의 형질전환체를 분석하는 것이다. 또는 다른 방법으로, *trpC* 돌연변이를 가지는 *E. coli* strain을 통해 플라스미드를 전파시키고, 효모 *TRP1* 유전자가 *E. coli trpC* 돌연변이에 대해 complement한 능력에 의해 라이브러리 플라스미드를 선택하는 방법도 가능하다.

3. 만약 플라스미드 DNA가 DH5α로 도입되었다면, 단계 4를 진행한다. 만약 플라스미드 DNA가 KC8 로 도입되었다면,

a. 다시 스트리킹 하거나 또는 복제 플레이팅을 하여 LB/ampicillin 플레이트들로부터 박테리아용 minimal (−*trp*) 배양액으로 콜로니들을 transfer 한다. 박테리아를 O/N 동안 37℃에서 배양한다.

b. 분리된 콜로니로부터 미니프렙한 DNA를 준비하여 단계 2에서 설명한 것처럼 DNA를 DH5α 세포로 도입하여 형질전환 시킨다.

4. 라이브러리 플라스미드를 가지고 있는 DH5α 세포로부터 미니프렙 된 DNA를 준비한다.

중요: original positive interactor로부터 만들어진 2–3개의 서로 다른 bacterial 콜로니들로부터 분리된 DNA를 준비하는 것도 좋은 방법이다. 박테리아와는 반대로 효모는 동일한 선택 마커를 가진 여러 개의 2μ 플라스미드에 내성이 있다. 만약 하나의 효모 세포가 2–3개의 서로 다른 라이브러리 플라스미드를 가지고 있다면, 그리고 그 중의 하나만이 단백질과 상호작용 한다면, 해당하는 cDNA 클론이 플라즈미드 분리 과정 중에 소실될 수 있다. 보통 이것은 주된 문제점이 아니다; 아마도 평균적으로 10%의 효모 세포가 2개 또는 그 이상의 라이브러리 플라스미드를 가지고 있을 것이다.

5. 각 positive로부터 준비된 복제된 샘플이 실제로 동일한 insert를 가지는지 제한효소 절단을 하여 확인한다. 또한/또는 적은 수의 cDNAs가 계속적으로 분리될 수 있는지 결정한다.

중요: 어떤 실험자들은 이 단계에서 시퀀싱을 하기도 한다. 하지만 비특이적인 interactor를 시퀀싱 하게 되었다면 그것은 돈 낭비이다. 그러므로, 아래에 서술하는 것처럼, 시퀀싱 이전에 효모로의 형질전환 및 specificity 테스트를 끝내는 것을 강력히 추천한다.

6. 효모 균주 EGY48에 다음과 같은 플라스미드의 세트를 도입하고 콜로니들을 CM(Glu)–Ura–His 플레이트에서 selection 한다.

상호작용하는 단백질의 specificity에 대한 최종 테스트는, *E. coli* 로부터 "virgin" *lexAop–LEU2/lexAop–lacZ*/pBait–containing 균주로 라이브러리 플라스미드를 재형질전환 하는 것이다. 이것의 목적은 상호작용–의존적인 표현형이 여전히 관찰되며 starting pbait에 대해 특이적이라는 것을 증명하기 위한 것이다. 이 테스트는 false positives와, LexA DNA–결합 도메인과 상호작용하는 library–encoded cDNAs, 그리고 "sticky" 하고 여러개의 pBaits와 불규칙하게 마구잡이로 상호작용하는 library–encoded 단백질들을 제거할 것이다.

a. pMW112 + pBait
b. pMW112 + pRFHM1
c. pMW112 + a nonspecific bait

만약 애초에 스크리닝에 이용되었던 pBait가 아주 약간의 전사조차 활성화시키지 못한다면, 약하게 전사를 활성화 시킬 수 있는 nonspecific control bait를 대조군으로써 포함시키는 것을 강력히 추천한다. 보통, 아주 약하게 전사를 활성화 시키는 baits는 false positive인 background와의 구별이 어렵다. 몇몇의 false positive는 약하게 activating 하는 LexA–fused protein과 상호작용한다.

7. 2–3일 후에, 단계 6으로부터 형질전환된 효모가 만들어진다. 전기천공법을 이용하여 *E.coli* KC8 또는 DH5α로부터 만들어진 라이브러리 플라스미드를 각각의 형질전환체 a–c 안으로 삽입한다. 각 형질전환 혼합물을 CM(Glu)–Ura–His–Trp dropout 플레이트에 플레이팅 하고 30℃에서 콜로니가 자랄 때까지 (2–3일) 배양한다.

중요: 음성 대조군으로써, 형질전환체 a–c 와 pJG4–5 라이브러리 벡터를 함께 전기천공법을 시행한다.

8. 테스트를 행할 각 라이브러리 플라스미드에 대하여 CM(Glu)–Ura–His–Trp master dropout 플레이트를 만든다. 비특이적 상호작용의 검출을 빠르게 하기 위하여, 각 라이브러리 플라스미드에 대한 형질전환체 a–c 를 플레이트 위에 아주 가깝게 스트릭 하는 것이 효과적이다.

중요: 각 플레이트는 pJG4–5 음성 대조군과 함께 형질전환 된 a–c 시리즈를 포함하고 있어야 한다.

9. 프로토콜 18.1 Stage 2, 단계 21에서 설명한 것과 똑같은 방법으로 베타–갈락토시다아제 활성과 루이신 영양요구성을 테스트한다.

10. 이러한 specificity 테스트의 결과를 분석하고 양성 분리체의 시퀀스를 분석한다 (프로토콜 4.13을 보시오).

프로토콜 18.2 GST 융합된 Far Western을 이용하여 단백질-단백질 상호작용의 검출

Detection of Protein-Protein Interactions Using Far Western with GST Fusion

파-웨스턴 분석은 GST 융합-^{32}P 표지 목적 단백질과 상호작용하는 클론을 cDNA expression libraries로부터 스크리닝 하기 위하여 개발된 방법이다. GST가 융합된 목적 단백질은 bacteria를 이용하여 합성시키고, 글루타치온-아가로즈 비드를 이용한 친화 크로마토그래피로 정제한 후 프로테인 키나아제의 효소작용에 의한 표지를 in vitro 로 반응시킨다. 융합단백질의 GST 부분을 프로테아제로 잘라낸 후 얻어진 ^{32}P가 표지된 목적 단백질을 probe로 이용하여 expression library를 스크리닝해보거나, SDS-PAGE로 분리된 상호작용-추정되는 단백질이 붙은 멤브레인과 반응시켜본다.

MATERIALS

CAUTION: 〈!〉표시된 물질의 적절한 사용법은 Appendix 4를 참조하세요.

Reagents and Solutions

농축액, 완충액, 시료의 조성은 Appendix 1을 참조하라. 농축액은 적당한 농도로 희석하여 사용하라.

- GST basic buffer
  - 20 mM HEPES (pH 7.5)
  - 50 mM KCl
  - 10 mM $MgCl_2$
  - 1 mM dithiothreitol, 완충액을 사용하기 직전에 넣어준다.
  - 0.1 % Nonidet P-40
- GST blocking buffer
  - 5% nonfat dry milk in GST basic buffer
- GST fusion protein attached to glutathione-agarose beads
  - 이 프로토콜에서 설명하고 있는 스크리닝 방법은 융합단백질 안에 단백질 키나아제 A 인산화 잔기를 가지고 있는 단백질에 대한 프로토콜이다. 그러므로 다른 스크리닝 방법을 사용한다면 그것에 맞게 이 프로토콜을 변형하여 사용할 수 있다.
- GST interaction buffer
  - 1% nonfat dry milk in GST basic buffer
- GST wash buffer 1
  - Phosphate-buffered saline (PBS) containing 0.2% (v/v) Triton X-100
- GST wash buffer 2
  - PBS containing 0.2% (v/v) Triton X-100 and 100 mM KCl

Enzymes and Buffers

- 2× PK buffer
  - 100 mM KPO_4
  - 20 mM $MgCl_4$
  - 10 mM NaF 〈!〉
  - 9 mM dithiothreitol, 완충액을 사용하기 직전에 넣어준다.
- Protease (선택사항; 단계 3 을 보시오)
- Protein kinase A
  - 제조회사의 설명서에 따라 사용할 때마다 fresh 하게 준비한다.

Radioactive Compounds

[γ-^{32}P]ATP (6000 Ci/mmole) 〈!〉

Adapted from Chapter 18, Protocol 2, p. 18.48 of MC3.

Additional Items

Materials for autoradiography or phosphoimaging
nitrocellulose of PVDF membranes for western blotting (MC3, pp. A8.52–A8.53)
Sephadex D–50 spun column, 1× PK buffer 로 평형화 된 것 (선택사항; 단계 4를 보시오)
이 프로토콜의 단계 3에서는, 프로토콜 15.5에서 열거하고 있는 것처럼, 융합 단백질이 그것의 담체로부터 또는 글루타치온–아가로즈 비드로부터 분리되는데 필요한 시약이 필요하다.
이 프로토콜의 단계 5는 probed 될 단백질을 포함하고 있는 SDS–폴리아크릴아미드 젤 또는 cDNA expression library (프로토콜 14.2)를 포함하는 플레이트, 그리고 면역염색법을 위한 시약 (Appendix 3)이 필요하다.

목적 단백질과 함께 음성 대조군으로써 GST 자체 또는 비특이적 단백질도 SDS–폴리아크릴아미드 젤에 로딩되어야 한다.

Additional Information

추가적 프로토콜 (막–결합 단백질의 refolding)	MC3, p. 18.53
대체 프로토콜 (항–GST 항체)를 이용한 단백질–단백질 상호작용의 검출)	MC3, p. 18.54
GST 융합에 적용된 far–western 방법에 대한 리뷰	MC3, pp. 18.48–18.50
문제해결	MC3, p. 18.53

METHOD

1. 다음의 반응 혼합물을 microfuge 튜브 안에 섞어 준비한다:

[γ–^{32}P]ATP (6000 Ci/mmole)	5 μl
protein kinase A	1 unit/μl
GST fusion protein on glutathione–agarose beads	1–3 μg
2× PK buffer	12.5 μl
H_2O	to 25 μl

37℃에서 30분간 반응혼합물을 반응시킨다.

표지화 반응이 일어나기 전에 프로테아제에 의해 융합단백질이 잘릴 수도 있다 (MC3, pp. 15.6–15.8). 이런 경우, 표지화 반응에 사용되는 글루타치온–아가로즈 비드에 붙은 단백질 대신에 잘려진 단백질로 교체하여 37℃에서 30분간 반응시킨 후 단계 4 를 행한다.

만약 GST 부분이 융합 단백질에 그대로 남아있다면, 음성 대조군으로써 GST (글루타치온–아가로즈 비드에 붙은 상태의 GST)만 가지고 같은 실험을 반복해보아야 한다. Library screen 결과를 신뢰할 수 없는 경우, GST 자체가 붙은 것이 아닌지 양성 플라크들을 테스트 해보는 것이 중요하다. 이 대조군은 보통 정제 이후나 클론의 성질분석 이전에 수행한다.

2. 표지화 반응이 끝나면, 200 μl의 1× PK 완충액을 튜브에 첨가하여 비드를 wash한 후, 최대 속도로 1분간 원심분리한다. 유리방사능 표지 뉴클레오타이드가 포함된 상층액을 버린다. wash 과정을 1회 더 반복한다.

3. 표지화된 단백질을 프로테아제로 자르거나, 표지된 GST 융합 단백질을 50 mM Tris (pH 8.0), 20 mM 환원 글루타치온 완충액으로 비드를 wash 한다(프로토콜 15.5를 보시오). 방사능표지된 단백질 탐침을 얼음 속에 보관하였다가 만들어진 당일 사용한다.

4. 만약 표지된 단백질이 표지화 반응 이전에 GST 부분으로부터 잘려졌다면 (단계 1의 주의사항을 보시오), 유리방사능 표지 뉴클레오타이드를 제거하기 위하여, 방사능표지 단백질을 1× PK 완충액으로 평형화된

Sephadex G-50 spun column에 로드한다. 탐침 단백질이 자유 뉴클레오티드로부터 분리되고 나면, 사용할 준비가 다 된 것이다. 방사능표지된 단백질 탐침을 얼음에 보관하였다가 만들어진 당일 사용한다.

Probing the membranes

5. Probed 될 멤브레인을 준비하기 위하여, 통상적인 웨스턴 블럿팅 기술을 이용하여 단백질을 멤브레인에 트랜스퍼한다.
6. GST basic 완충액으로 멤브레인을 완전히 덮도록 처리한 후 4℃에서 10분간 살살 흔들어 wash 한다.
7. GST basic 완충액을 버린다. 멤브레인을 GST blocking 완충액으로 완전히 덮고 살살 흔들면서 4℃에서 4시간~O/N동안 반응시킨다.
8. 1-3 μg 의 stock probe (단계 3 또는 4에서 준비된)를 최종 농도가 1-5 nM이 되도록 충분한 GST interaction buffer에 첨가하여 표지화된 단백질 용액을 준비한다. 희석된 탐침이 들어있는 접시에 멤브레인을 옮긴다. 이때 probe solution 이 멤브레인 전체에 골고루 덮이는지 확인한다. 멤브레인을 4℃에서 4-5시간 동안 살살 흔들면서 반응시킨다.
9. Radioactive probe 용액을 적절한 방법으로 제거한다. 멤브레인을 완전히 덮도록 GST 완충액 1을 처리한 후 4℃에서 10분간 살살 흔들어 반응시킨다. 이러한 wash 과정을 3번 더 반복한다.
10. 멤브레인을 GST wash 완충액 2로 완전히 덮도록 처리한 후 4℃에서 10분간 살살 흔들어 wash 한다. 이 과정을 한 번 더 반복한다.
11. 멤브레인을 조심스럽게 플라스틱 랩으로 감싼 후 X-ray 필름에 감광시킨다.

프로토콜 18.3	GST 단백질 Pulldown 기술을 이용한 단백질-단백질 상호작용의 검출 Detection of Protein-Protein Interactions Using the GST Protein Pulldown Technique

GST 풀다운 실험의 목적은 탐침 단백질과 모르는 목적 단백질 사이의 새로운 상호작용을 동정하기 위하여 또는 탐침과 알고 있는 단백질 사이의 상호작용이 실제로 일어나는지 확인하기 위한 것이다. 두 가지 경우 모두, 탐침 단백질은 GST가 융합된 것이며, 박테리아에서 발현시킨 후 글루타치온 비드를 이용한 친화 크로마토그래피로 정제된 것을 사용한다. 목적 단백질은 보통 세포 용해물을 사용하는데, 목적 단백질과 탐침사이에 상호작용을 분석하는데 사용되는 방법이 무엇인가에 따라서 [^{35}S]methionine으로 표지화시켜서 사용하거나 표지화하지 않고 사용할 수도 있다. 세포 용해물과 GST 융합 단백질 탐침은 글루타치온-아가로즈 비드와 함께 섞어 반응시키고, 모아서 wash 한다. 비드로부터 회수된 혼합체들은 SDS-PAGE에서 분리하고 웨스턴 블럿팅, autoradiography 또는 염색 등의 방법으로 이후의 분석을 진행하도록 한다.

MATERIALS

CAUTION: 〈!〉표시된 물질의 적절한 사용법은 Appendix 4를 참조하세요.

Reagents and Solutions

농축액, 완충액, 시료의 조성은 Appendix 1을 참조하라. 농축액은 적당한 농도로 희석하여 사용하라.

Lysis buffer
- 20 mM Tris-Cl (pH 8.0)
- 200 mM NaCl
- 1 mM EDTA (pH 8.0)
- 0.5% (v/v) Nonidet P-40
- 사용하기 직전에 프로테아제 저해물질을 다음과 같은 최종농도로 첨가한다: 2 μg/μl aprotinin, 1 μg/μl leupeptin, 0.7 μg/ml pepstatin, and 25 μg/ml Phenylmethysulfonyl fluoride (PMSF) 〈!〉

Reduced glutathione (20 mM) in 50 mM Tris-Cl (pH 8.0) (선택사항; 단계 8을 보시오)

Cells, Tissues/Culture Media

*in vivo*에서 ^{35}S-methionine로 표지화 된 단백질을 포함하고 있는 세포 용해물
- 실험의 목적과 원하는 검출 방법에 따라서 비표지화된 세포 용해물도 사용할 수 있다(MC3, pp18.55~18.56을 보시오).

Probes

"bait" 또는 탐침 시퀀스를 포함하고 있는 GST 융합 단백질 (프로토콜 15.1을 보시오)

GST 단백질

Gels/Loading Buffers

2× SDS-PAGE gel-loading buffer
- 100 mM Tris-Cl (pH 6.8)
- 4% (w/v) SDS (electrophoresis grade), 0.2% (w/v) bromophenol blue
- 20% (v/v) glycerol
- 200 mM dithiothreitol or β-mercaptoethanol added just before use 〈!〉

SDS-polyacrylamide gel 〈!〉 (Appendix 3을 보시오)

Additional Items

Boiling-water bath

End-over-end sample rotator

Glutathione-agarose beads (prepared as a 50% slurry in lysis buffer)

이 프로토콜의 단계 11은 SDS-폴리아크릴아미드 젤 전기영동으로 분리된 단백질을 면역염색하는데 필요한 시약 및 염색하는데 필요한 시약들이 필요하다 (Appendix 3).

Adapted from Chapter 18, Protocol 3, p. 18.55 of MC3.

Additional Information	
Review of GST Pulldown	MC3, pp. 18.55–18.57
Troubleshooting	MC3, p. 18.59

METHOD

1. 50 μl의 50% 글루타치온-아가로즈 비드, 25 μg의 GST, 세포 용해물을 섞고 빙글빙글 회전시키면서 4℃에서 2시간 동안 반응시킨다. 단백질-단백질 상호작용 검출을 위해 필요한 용해물의 양은 상황에 따라 편차가 있다. 용해물의 양을 $1 \times 10^6 \sim 1 \times 10^7$ 개의 세포정도부터 시작해본다.

   그 이유는 이 실험의 목적은 GST와 GST 융합 단백질을 비교하는 것이기 때문에, 각 반응에 필요한 충분한 사전에 보증된 용해물이 필요하다. 시약들을 효율적으로 섞는 것이 성공하기 위해 가장 중요한 열쇠이다. 처음에 500–1000 μl 정도의 양으로 반응을 시작해보는 것이 좋은 결과를 얻을 수 있다.

2. 혼합물을 4℃에서 최대속도로 2분간 원심분리한다.
3. 상층액 (i.e., 보증된 세포 용해물)을 깨끗한 microfuge 튜브로 옮긴다.
4. 보증된 세포 용해물과 50 μl의 글루타치온-아가로즈 비드가 같은 양 만큼 담긴 두 개의 microfuge 튜브를 준비한다. 하나의 튜브에는 10 μg의 GST 단백질을, 다른 튜브에는 약 10 μg의 GST 융합 탐침 단백질을 넣는다. 두 반응에 첨가되는 탐침의 양과 대조군 단백질의 양이 같은 몰 수 이어야 한다 (즉, GST의 최종 몰 농도와 GST 융합 탐침 단백질의 최종 몰 농도가 똑같아야 한다). 튜브를 4℃에서 2시간 동안 빙글빙글 돌리면서 섞어 반응시킨다.

   중요: 만약에 샘플을 끓임으로써 비드에 붙은 단백질이 비드로부터 떨어진다면 (단계 10), 글루타치온-아가로즈 비드와 세포 용해물만 담긴 대조군 튜브를 실험해보는 것이 중요하다. 이 실험으로 비드에 비선택적으로 붙은 단백질들을 검출할 수 있다.

5. 샘플을 최대 속도로 2분간 원심분리한다.
6. 상층액을 깨끗한 microfuge 튜브에 넣어 4℃에 보관한다. 이 샘플들은 단계 10에서 SDS-폴리아크릴아미드 젤 전기영동을 통해 분석될 것이다.
7. 1 ml의 차가운 GST lysis buffer로 비드를 wash 한다. 튜브를 최대 속도로 1분간 원심분리한다. 상층액을 버린다. 3번 더 wash를 반복한다.
8. (*선택사항*) 50 μl의 20 mM 환원 글루타치온 in 50 mM Tris-Cl (pH 8.0) 을 첨가하여 GST 융합 단백질 및 여기에 붙은 모든 단백질을 비드로부터 용출시킨다.
9. 비드 (단계 7에서 얻어진) 또는 용출된 단백질(단계 8에서 얻어진)을 동일한 부피의 2× SDS-PAGE gel-loading buffer와 섞는다.
10. 샘플을 4분간 끓이고 SDS-폴리아크릴아미드 젤 전기영동으로 분석한다.
11. GST 융합 단백질과 결합하는 단백질을 검출 하는 방법은 세포 용해물이 방사성동위원소 표지가 되어있는지 아닌지에 따라서, 그리고 실험의 목적에 따라서 달라진다.
    - 만약 융합 단백질과 결합한 모든 ^{35}S-표지 단백질을 검출하는 것이 목적이라면, 젤 드라이어를 이용하여 젤을 말리고 엑스레이 필름에 노출시켜 autoradiography 를 수행한다.
    - 만약 융합 단백질과 결합한 단백질들 중 특정 단백질을 검출하는 것이 목적이라면, 단백질을 SDS-폴리아크릴아미드 젤로부터 멤브레인으로 옮기고 면역염색법을 수행한다.
    - 만약 비방사성 용해물로부터 검출된 융합 단백질과 결합된 단백질들의 크기와 그 존재량을 결정하는 것이 목적이라면, 젤을 쿠마시 블루 또는 실버 나이트레이트로 젤을 염색한다.

프로토콜 18.4 Coimmunoprecipitation에 의한 관련된 단백질의 동정

Identification of associated Proteins by Coimmunoprecipitation

단백질 동시면역침강법은 관심있는 두 단백질이 in vivo에서 서로 상호작용하는지 테스트해보기 위해 가장 보편적으로 사용되는 방법이다. 또한 목적 단백질과 상호작용하는 알려지지 않은 새로운 짝단백질을 동정하기 위하여 사용될 수도 있다. 두 가지 경우 모두 단백질-단백질 상호작용이 유지되는 조건 하에서 세포 (또는 미리 [^{35}S]methionine으로 표지화시킨 cell)을 모으고, 그 후 세포를 용해시킨다. 목적 단백질은 따로 세포추출물로부터 면역침강 시키고 면역침강물은 SDS-PAGE로 분리시킨다. 동시면역침강된 단백질은 autoradiography로 검출하거나 단백질에 대한 직접적인 항체를 이용한 웨스턴 블럿팅으로 검출하거나 또는 두 가지 방법을 모두 이용한다. 상호작용하는 단백질의 동정은 trypsin으로 처리하여 잘려진 peptide들을 에드만 분해방법으로 확인하고 확실히 할 수 있다. 이 프로토콜은 본래 pVHL-결합 단백질을 동정하기 위해 사용하였으나 다른 단백질의 분석에도 쉽게 응용하여 쓸 수 있다.

MATERIALS

CAUTION: 〈!〉표시된 물질의 적절한 사용법은 Appendix 4를 참조하세요.

Reagents and Solutions

농축액, 완충액, 시료의 조성은 Appendix 1을 참조하라. 농축액은 적당한 농도로 희석하여 사용하라.

- Acetonitrile (50%) 〈!〉
- Coomassie Blue R-250 staining solution (p. 712를 보시오)
- EBC lysis buffer
  - 50 mM Tris-HCl (pH 8.0)
  - 120 mM NaCl
  - 0.5% (v/v) Nonidet P-40
  - 0.2 mM sodium orthovanadate
  - 100 mM NaF 〈!〉
  - 사용하기 직전에 프로테아제 저해물질을 다음과 같은 최종농도로 첨가한다; 10 μg/ml aprotinin, 5 μg/ml leupeptin, 50 μg/ml Phenylmethysulfonyl fluoride (PMSF) 〈!〉
- NETN
  - 20 mM Tris-Cl (pH 8.0)
  - 1 mM EDTA (pH 8.0)
  - 100 mM NaCl
  - 0.5% (v/v) Nonidet P-40
- NETN containing 900 mM NaCl
- Phosphate-buffered saline (PBS)
- Trifluoroacetic acid (TFA) (0.1% w/v), sequencing grade 〈!〉

Cells, Tissues/Culture Media

Appropriate cell lines growing in culture (이 프로토콜을 위해서는 6×10^7 to 8×10^7 cells이 필요하다)

Enzymes and Buffers

- Trypsin digestion buffer
  - 0.02% (v/v) Tween-20
  - 200 mM ammonium bicarbonate (pH 8.9)
- Trypsin (sequencing grade [Roche Applied Science]), 250 μg/ml in 200 mM ammonium bicarbonate (pH 8.9)

Antibodies

control antibody
목적 단백질의 침전을 가능하게 하는 다클론성 또는 단일클론성 항체

Radioactive Compounds

[γ–^{32}P]ATP (6000 Ci/mmole) 〈!〉

Gels/Loading Buffers

Discontinuous SDS–PAGE gradient gel 〈!〉

Separating gel (7.5–15% at pH 8.8) 은 20–30 cm 길이여야 하며, stacking gel (5% at pH 6.8)은 10 cm 길이여야 한다. 그리고 loading well 은 1–2 cm 깊이이어야 한다. stacking gel 을 multiwell comb 없는 채로 붓고, 유리 플레이트 사이로 스페이서를 수직으로 삽입하여 샘플을 넣을 수 있을 정도의 크기의 well 을 생성시킨다.

1× SDS–PAGE gel–loading buffer

50 mM Tris–Cl (pH 6.8)
2% (w/v) SDS (elecrophoresis grade)
0.1% (w/v) bromophenol blue)
10% (v/v) glycerol
100 mM dithiothreitol or β–mercaptoethanol added just before use 〈!〉

Additional Items

Boiling–water bath
Protein A–Sepharose (1:1 slurry in NETN buffer)
Razer blades
Rocking platform

Additional Information

Detailed description of coimmunoprecipitation MC3, pp. 18.60–18.66

이 프로토콜의 단계 10 과 11은 지도화, 정제 그리고 시퀀싱에 필요한 시약과 도구가 필요하다. Spector et al. 1998. *Cells: A Laboratory Manual*, Chapters 62 and 63. Cold Spring Harbor Laboratory Press, Cold Spring Harbor, New York. 을 보시오.

METHOD

1. 적절한 세포 (a total of ~6 × 10^7 cells)의 30 10–cm 플레이트를 PBS로 wash 한다. 각 플레이트의 세포를 1 ml 의 차가운 EBC lysis 완충액에 긁어모은다.
2. 각 밀리미터의 세포혼탁액을 microfuge 튜브에 모으고, 최고속도로 15분간 4℃에서 원심분리한다.
3. 상층액(~30 ml) 을 따라버리고, 30 μg 의 적절한 항체를 첨가한다. 면역침강물을 4℃에서 1시간 동안 살살 흔들어 반응시킨다.
4. 0.9 ml의 프로테인 A–세파로오즈 슬러리를 첨가한다. 면역침강물을 4℃에서 30분간 더 살살 흔들어 반응시킨다.
5. 프로테인 A–세파로오즈 혼합물을 900 mM NaCl 이 포함된 NETN로 wash 한다. 이 wash 과정을 5번 더 반복한다. 최종적으로 NETN에 혼합물을 한 번 더 wash 한다.
6. 혼합물에서 용액 부분을 흡입시켜 제거한다. 비즈에 800 μl의 1× SDS gel–loading buffer를 첨가하고 4분간 끓인다.

7. 샘플을 불연속 SDS-PAGE 그레디언트 젤에 로딩하고 10 mA 의 일정한 전류로 O/N 동안 running 시킨다.
8. 단백질 밴드를 쿠마시 블루로 염색하여 시각화시킨다 (p. 761을 보시오).
9. 레이저 블레이드를 이용하여, gel 에서 원하는 부분을 잘라낸 후 microfuge 튜브에 넣고, 1 ml의 50% 아세토니트릴로 3분간, 2번 wash 한다.
10. 단백질이 gel 안에 있는 상태에서 단백질을 트립신으로 자르고, 펩타이드를 전기적 용출 한다.
    a. gel 조각을 깨끗한 표면 위로 옮긴 후, 부분적으로 마르도록 가만히 둔다.
    b. 5 μl의 트립신 소화 완충액과 2 μl의 트립신용액을 첨가한다.
    c. gel이 트립신 용액을 흡수하고 나서, gel 조각이 원래 크기로 돌아올 때까지 5 μl의 트립신 버퍼 균등액을 첨가한다.
    d. gel 조각을 microfuge 튜브에 넣고, 트립신 소화 완충액을 넣어 잠기게 한 후, 30℃에서 4시간 동안 반응시킨다. 1.5 μl의 0.1% trifluoroacetic acid를 첨가함으로써 반응을 종결시킨다.
11. 협공 고성능 액체 크로마토그래피를 이용하여 펩타이드를 fractionation 한다. 모아진 펩타이드를 자동화 된 Edman degradation으로 시퀀싱한다.

프로토콜 18.5 (1)

GFP와 형광 공명 에너지 전송(FRET)을 이용한 단백질의 상호작용 probing

Probing Protein Interaction Using GFP and Fluorescence Resonance Energy Transfer

Stage 1: 형광 염색약을 이용한 단백질의 labelling

Labelling Proteins with Fluorescent Dyes

이 프로토콜이 설명하고 있는 첫 번째 과정은, 세포안으로 도입될 components (주로 항체의 Fab)들이 어떻게 fluorescent sulfoindocyanine dyes로 표지될 것인지에 대한 것이다. 여기서 제시하고 있는 예는 PKCα에 대한 직접적인 항체를 표지하는 것이다. 하지만 이 프로토콜은 다른 탐침들을 사용할 경우에도 쉽게 응용하여 사용할 수 있다.

MATERIALS

CAUTION: 〈!〉표시된 물질의 적절한 사용법은 Appendix 4를 참조하세요.

Reagents and Solutions

농축액, 완충액, 시료의 조성은 Appendix 1을 참조하라. 농축액은 적당한 농도로 희석하여 사용하라.

Bicine (0.1 M, pH 7.5)

Bicine (1 M, pH 9.0–9.5)

Bradford reagent for quantifying protein concentration

N,N–dimethulforamide (DMF) 〈!〉

표지화 반응 시 H_2O와 free dye가 서로 경쟁하기 때문에, DMF가 저장된 용기에 1/3 정도의 부피가 되게끔 hygroscopic resin (예를 들어, AG 501–X8 mixed bed resin (Bio–Rad)) 을 첨가하여 DMF를 건조하게 유지해야 한다. 이렇게 하면 stock bottle에 있는 DMF를 영구적으로 보관할 수 있다.

Phosphate–buffered saline (PBS)

Sodium phosphate (20 mM) with 10 mM EDTA (pH 7.0)

TE (pH 7.0)

Enzymes and Buffers

Papain immobilized to agarose beads (50% slurry in digestion buffer [Sigma–Aldrich])

Antibodies

정제된 단일클론성 or 다클론성 항체, 또는 표지화될 단백질

표지화 반응은 아민 기가 없는 완충액 안에서 수행되어야 한다. 회사에서 구입한 항체는 보통 아민 기가 풍부한 완충액에 보관된 상태로 공급된다. 하지만 요구할 경우, PBS에 보관된 상태로 항체를 공급해주는 회사도 있다.

Labeled Compounds

Cy3 and Cy5 multifunctional sulfoindocyamine succinimide esters (GE Healthcare)

이 염색약들은 동결건조된 상태로 공급되므로 항상 건조한 환경에서 보관하여 건조하게 유지시켜야 한다.

Gels/Loading Buffers

2× SDS–PAGE gel–loading buffer

190 mM Tris–Cl (pH 6.8)

4% (w/v) SDS (electrophoresis grade)

0.2% (w/v) bromophenol blue

20% (v/v) glycerol

200 mM dithiothreitol or β–mercaptoenthanol added just before use 〈!〉

SDS–polyacrylamide gel 〈!〉 (Appendix 3를 보시오)

Adapted from Chapter 18, Protocol 5 Stage 1, p. 18.80 of MC3.

Additional Items

Boiling-water Bath
Centricon concentrators YM-10, Y-30, and YM-100 (Millipore)
Gel-filtration/size exclusion chromatography columns (prepacked Econo-Pac disposable [Bio-Rad])
Protein A-Sepharose column (Econo-Pac, 2 ml [Bio-Rad])

Additional Information

Detailed description of FLIM-FRET	MC3, pp. 18.69-18.79
GFP	MC3, pp. 17.85-17.89

METHOD

1. 항체를 20 mM sodium phosphate, 10 mM EDTA (pH 7.0) 으로 15-20 mg/ml이 되도록 농축한다. 농축은 Centricon YM-100 과 같은 일회용 농축기를 이용하여 원심분리 한다.
2. 250 μl 의 농축된 항체 (~4-5 mg) 준비를 위하여, 500 μl의 Ab digestion buffer와 500 μl의 papain이 고정화된 아가로즈 비드의 50% slurry (in digestion buffer)를 첨가한다. 37℃에서 6-10 시간동안 shaking (shaking incubator에서 300-400 rpm)하면서 digestion 시킨다.

   중요: Digestion 을 너무 오래하면 (즉, 16시간 이상) Fab 조각이 더 작은 폴리펩타이드로 잘리는 결과를 초래한다. 그러므로 1시간 간격으로 소량의 소화된 샘플 (~5 μl)을 채취하여 환원 SDS-폴리아크릴아미드 젤 전기영동을 수행하여 분석하는 예비 실험을 해보는 것을 권장한다. 환원 조건 하에서, IgG의 heavy chain 과 light chain은 각각 50 kD과 25 kD polypeptide 위치까지 이동한다. papain-digested antibody는 약 25 kD까지 이동한다.

3. 프로테인 A-세파로오즈 컬럼을 통과시킴으로써, Fc 부분과 소화 되지 않은 항체로부터 Fab 조각을 정제해낸다. digestion 혼합물을 평형화된 컬럼에 로딩하고 flowthrough의 1 ml fraction을 즉시 받아낸다.
4. 어떤 fraction에 정제된 Fab 조각이 있는지 알아보기 위하여, OD_{280}에서 각 fraction을 측정한다. 가장 높은 Fab 농도를 보이는 3~4개의 fraction을 한 데 모은다.
5. 한 데 모은 fraction을 Centricon YM-10 (10-kD cutoff [Millipore])에 넣고 원심분리하여 부피가 〈0.5 ml 가 될 때까지 농축시킨다.
6. PBS로 평형화된 low-molecular-mass (6-kD exclusion) 젤-여과 크로마토그래피에 샘플을 로딩한다. PBS로 Fab 조각을 용출시킨다 (제조사의 사용설명서에 따라).
7. 용출에 이어서, 센트리콘 농축기를 이용하여 Fab 조각을 농축하고, Bradford 시약을 이용하여 단백질의 농도를 결정한다. 1/10 부피의 1 M bicine (pH 9.0)을 첨가한다.
8. 1개의 vial의 동결건조 염색약 내용물을 20 μl의 건조된 *N,N*-dimethylformamide (*N,N*-다이메틸포름아미드)에 섞어 풀어주어, 약 10 mM의 농축된 Cy solution을 만든다.
9. 염색약 준비를 위하여, 1 μl의 염색약 혼합물을 PBS에 1:10,000으로 희석하고 visible peak absorption으로부터 염색약 농도를 계산한다.

   Cy3의 흡수계수는 554 nm에서 150,000 mM^{-1}이며, Cy5는 650 nm에서 250,000 mM^{-1}이다.

10. 단백질을 표지화하기 위하여, 단백질을 free amino group이 함유되어 있지 않은 완충액에 녹인다. 만약 단백질 용액이 적절한 완충액에 녹아있지 않다면, 단계 6과 7을 수행한다.

11. 단백질 샘플 (antibody, Fab fragment, 또는 protein) 을 몰 수가 10배~40배 초과되는 양의 Cy3와 실온에서 30분간 반응시킨다(단계 8과 9에서 설명한 것처럼 준비된). 파이펫 팁을 이용하여 stirring 되고 있는 용액에 천천히 dye를 첨가한다 (dye와 microfuge tube가 서로 직접적으로 닿지 않도록 조심하면서).

    DMF에 의한 단백질 denaturation 을 막기 위하여, 첨가하는 Cy3/DMF 부피가 전체 부피의 10%를 초과하지 않도록 해야 한다.

12. 최종농도 10 mM의 Tris 와 같은 free-amine-containing buffer 를 첨가하여 표지화 반응을 종결시킨다.

13. 반응에 참가하지 않은 초과량의 염색약은, 젤-여과 컬럼 크로마토그래피(Bio-Rad)를 이용하여 완충액을 교환함으로써 제거한다. 그리고 PBS에 단백질을 용출시킨다.
    a. 3 bed volume 의 PBS 또는 적절한 다른 buffer (~30 ml) 로 column을 평형화시킨다.
    b. 최대한 분리시키기 위해서 labeling 반응혼합물을 resin에 바로 로딩하고 가능한 한 적은 부피로 로딩 되도록 주의한다.
    c. 2.5 ml buffer (void volume은 ~3.3 ml이다)로 column을 wash 하여 버린다.
    d. 2 ml buffer를 더 첨가하고 보이는 단백질의 fraction을 받아내고, 나머지는 버린다. labeled (표지화)된 산물은 눈에 보여야 하고 컬럼에서 먼저 이동하며, free dye 는 더 느리게 이동한다.

14. 표지된 단백질을 센트리콘 농축액 (적절한 molecular-mass cutoff 의)을 사용하여 한 번 더 농축한다.

15. 단백질에 공유결합을 통한 표지화가 성공적으로 이루어졌는지 확인하기 위하여, 표지된 산물을 SDS-아크릴아미드 젤을 이용하여 전기영동하여 분석한다. 전기영동을 한 이후에, gel을 UV transilluminator (302 nm) 위에 놓고 표지화된 산물을 시각화 시켜서 확인한다.

16. 표지화 반응 이후에, 다음 공식을 이용하여 표지화 비율을 계산한다.

$$A_{\lambda} \times M/[(A_{280} - f \times A_{\lambda}) \times \varepsilon_{\lambda}]$$

A_{λ} 은 dye의 최대흡수파장에서의 흡광도, A_{280}은 280 nm에서 단백질의 흡광도, *M*은 kD으로 나타낸 단백질의 분자량, ε_{λ}은 dye의 특정 파장에서 몰흡광계수로써 단위는 $mM^{-1}cm^{-1}$이다. 이 등식은 dye의 280 nm에서의 흡광도에 대해서 보정해주어야 한다. 이 factor *f*는 280 nm 에서의 dye의 흡수 정도와 파장 λ에서 maximal visible absorption (최대 가시선 흡광도)사이의 비율이다. 예를 들어, Cy3-labeled antibody (Cy3-표지화 항체) 에 대한 labeling ratio formula 는

$$A_{554} \times 170/[A_{280} - 0.05 \times A_{554}) \times 150]$$

dye coupling이 Fab, whole antibody 또는 단백질의 생물학적 기능에는 영향을 미치지 않았다는 것을 증명하기 위해, 표지화 산물과 unlabeled counterpart (비표지화 상대산물)의 specific activity를 서로 비교해야 한다.

프로토콜 18.5 (2)

GFP와 형광 공명 에너지 전송(FRET)을 이용한 단백질의 상호작용 probing

Probing Protein Interaction Using GFP and Fluorescence Resonance Energy Transfer

Stage 2: FLIM-FRET 분석을 위한 준비

Preparation for FLIM-FRET Analysis

FLIM-FRET 분석을 위한 준비에서, 적절한 donor와 acceptor component가 살아있는 세포나 고정된 세포 안으로 삽입되어야 한다. 삽입 방법은 component의 성질이나 세포의 상태에 따라 달라진다. 예를 들어, 다양한 종류의 GFP에 융합되어있는 관심있는 단백질을 암호화하고 있는 플라즈미드 DNA는 트랜스펙션이나 마이크로인젝션 방법으로 살아있는 세포 안으로 삽입될 수 있으며, 표지화된 항체는 마이크로인젝션으로 들어갈 수 있다. 플라즈미드 DNA를 고정된 세포로 삽입될 때에는 트랜스펙션이나 마이크로인젝션을 이용하며 플라즈미드 DNA가 삽입된 세포는 표지화 된 단백질이나 표지화된 항체로 염색되기 이전에 파라포름알데히드로 또 한 번 고정된다. 이 프로토콜은 플라즈미드 DNA가 살아있는 세포로 트랜스펙션으로 삽입되는 방법에 대해 설명하고 있다.

MATERIALS

Reagents and Solutions

농축액, 완충액, 시료의 조성은 Appendix 1을 참조하라. 농축액은 적당한 농도로 희석하여 사용하라.

Gelatin solution (0.1%) (선택사항; 단계 1을 보시오)

Phosphate-buffered saline (PBS)

Poly-L-lysine (선택사항; 단계 1을 보시오; Sigma-Aldrich에서 0.1% solution in H_2O를 판매함; H_2O로 1:10으로 희석하여 사용하시오)

Vectors and Hosts

Recombinant plasmid DNA, (예, 관심있는 단백질을 암호화한 시퀀스를 가지고 있는 GFP 융합 vector

Media and Antibodies

CO_2-independent imaging medium (Invitrogen)

Cells, Tissues/Culture Media

transfection 시킬 세포주

Antibodies

정제된 단일클론성 또는 다클론성 항체, 또는 표지될 단백질

표지화 반응은 아민 기가 없는 완충액에서 수행되어야 한다. 회사에서 구입한 항체는 주로 아민 기가 많이 들어있는 완충액에 들어있는 상태로 공급된다. 하지만 요청하면 PBS에 들어있는 상태의 항체를 공급하는 회사도 있다.

Labeled Compounds

Cy3 and Cy5 multifunctional sulfoindiocyanine succinimide esters (GE Healthcare)

이 염색약들은 동결건조된 상태로 공급되므로 항상 건조한 환경에서 보관하여 건조하게 유지시켜야 한다.

Additional Items

Glass-bottomed tissue-culture dishes (35 mm [MatTek Corporation])

or

Glass or coverglass chamber slides (Labtek; Nunc)

Tissue-culture plates (6 or 12 well) (Nunc)

이 프로토콜의 단계 2는 트랜스펙션을 위한 시약이 필요하다 (16장 프로토콜을 보시오).

Additional Information

Alternative 프로토콜 (Microinjection of Live cells)	MC3, pp. 18.88–18.89
Alternative 프로토콜 (Preparation of Fixed cells for FLIM-FRET Analysis)	MC3, pp. 18.87–18.88
Detailed description of FLIM-FRET	MC3, pp. 18.69–18.79
GFP	MC3, pp. 17.85–17.89

METHOD

1. 현미경 관찰을 위해 적당한 표면 위에 세포를 seed 한다.

   살아있는 세포의 처리를 위해;

   유리바닥으로 된 접시 또는 커버글래스 챔버 슬라이드 위에 seed 한다.

   Transfection 이후 고정된 세포의 처리를 위해;

   6- 또는 12-well 조직배양 접시에 놓인 유리 커버슬립 위에 세포를 seed 한다.

   부유세포의 경우 gelatin (0.1% [w/v] in PBS; autoclaved) 혹은 poly-L-lysine (0.01% [w/v] in H_2O)가 함유된 media를 사용하면 고정이 빨라질 수 있다. 두 경우 모두 약 30분간 적당한 medium으로 well을 커버슬립이나 커버글래스 슬라이드로 표면을 덮은 후 나머지는 흡입시킨다. 그런 다음 coated 표면 위에 세포를 바로 seed 한다.

2. 세포 안으로 GFP가 융합된 관심있는 단백질을 암호화하고 있는 플라즈미드를 트랜스펙션 시킨다. 16장에서 설명하고 있는 트랜스펙션 방법 중 어떤 것을 이용해도 좋다.
3. 관심있는 단백질이 세포 안에서 발현될 수 있도록 트랜스펙션된 세포를 16–24 시간 동안 적절한 조건에서 반응시킨다.
4. 관심있는 단백질을 발현하고 있는 세포를 동정한다.
5. (*선택사항*) 만약 실험 계획에 적합하다면, 다른 탐침 (e.g., 표지화 된 단백질)을 다음의 단계 6: micro-injection (for live cells) 또는 고정화 및 staining (for fixed cells)에서 설명하고 있는 방법 중 하나를 이용하여 삽입한다.
6. 현미경에서 실험을 수행하기 직전에, CO_2-independent imaging medium (commercial medium or Dulbecco's Modified Eagle's medium)으로 배양용액을 교체한다.

프로토콜 18.5 (3)

GFP와 형광 공명 에너지 전송(FRET)을 이용한 단백질의 상호작용 probing

Probing Protein Interaction Using GFP and Fluorescence Resonance Energy Transfer

Stage 3: FLIM-FRET 측정

FLIM-FRET Measurements

이 단계에서는 fluorescent lifetime imaging microscopy (FLIM) 을 이용하여 일련의 이미지를 포착하는 데 있어서 기본적인 계획에 대해 설명한다. 이 프로토콜은 GFP의 다른 형태인 EGFP나 오레곤 그린을 donor fluorophore로 이용하여 데이터를 얻는 방법에 대해 설명하고 있다. 그러나 이 프로토콜은 표 18-3에서 설명하는 것처럼 다른 발색단을 이용한 이미지 획득에 응용하여 사용될 수 있다.

표 18-3 선택된 donor와 acceptor 쌍을 사용하는 FLIM-FRET 에 대한 필터에 대한 사항

FRET PAIR	DONOR FILTER SET			ACCEPTOR FILTER SET		
DONOR AND ACCEPTOR	EXCITATION	DICHROIC	EMISSION	EXCITATION	DICHROIC	EMISSION
ECFP and EYFP	laser line 457.9 nm	455DRLP (Omega)	480DF30 (Omega)	HQ500/40 (Chroma)	Q525LP (Chroma)	HQ555/50 (Chroma)
EGFP and DsRed	laser line 488 nm	Q495LP (Chroma)	HQ510/20 (Chroma)	HQ545/30 (Chroma)	HQ565LP (Chroma)	HQ610/75 (Chroma)
Cy3 and Cy5	laser line 514.5 nm	Q565LP (Chroma)	HQ610/75 (Chroma)	HQ620/60 (Chroma)	HQ660LP (Chroma)	HQ700/75 (Chroma)
EGFP and Cy3	laser line 488 nm	Q495LP (Chroma)	HQ510/20 (Chroma)	HQ545/30 (Chroma)	HQ565LP (Chroma)	HQ610/75 (Chroma)

MATERIALS

CAUTION: 〈!〉표시된 물질의 적절한 사용법은 Appendix 4를 참조하세요.

Cells and Tissues

프로토콜 18.5 단계 2에서 설명된 대로 준비된 관심있는 단백질이 발현된 살아있는 세포 혹은 고정된 세포

Additional Items

Amplifier (ENI [Electronic Navigation Industries] 403LA or IntraAction PA-4)
Argon laser (Innova 70C [Coherent]) 〈!〉
Broadband dielectric mirrors (two) (Newport Corporation)
Circulation water bath (Boekel Scientific)
Detectors
- MCP : Hamamatsu Photonics C5825
- CCD : Photometrics Quantix with Kodak KAF 1400 chip

Filters
- GFP, OG (Q495LP, HQ510/20) (Chroma)
- Cy3 (HQ545/30, Q565LP, HQ610/75) (Chroma)

Flexure mirror mounts (two), lens holders (two), posts (five), and postholders (five) (Newport)
Inverted microscope (Zeiss 135 TV)
IPLab spectrum (Signal Analytics)
Iris diaphragm (Edmund Optics)

Lenses(12- and 7.6-cm focal length and 2.5- and 3.8-cm focal length, respectively) (Newport)
Mercury arc lamp (100 W) (Zeiss; HBO AttoArc)
Multimode filter (step-indexed, 1-mm core) (Newport)
Oil objective (100x/1.4 NA) (Zeiss)
Optical breadboard (2 × 1 m) (TMC)
Power meter and head (Ophir)
Power PC (Apple) equipped with PCI-GPRIB card (National Instruments)
Shutter (high speed) (Uniblitz VS25 [Vincent Associates])
Shutter driver (Vincent Associates)
Standing wave acousto-optic modulator (AOM) (80 mHz [IntraAction])
Two-frequency synthesizers (IFR 2023)
Variable density filter wheel (Laser Components)

Additional Information

GFP	MC3, pp. 17.85-17.89
Theoretical and experimental details of FLIM-FRET	MC3, pp. 18.69-18.80

METHOD

1. wavelength selector prism 을 조절함으로써 argon laser를 488-nm excitation wavelength로 맞춘다. laser의 뒤에 있는 control knob 을 이용하여 high-reflector mirror의 위치를 세밀하게 조절함으로써 output power를 최적화한다.
2. AOM을 작동시키기 위하여 약 40 MHz정도의 resonance frequency에서 frequency synthesizer 를 맞춘다. (여기서 설명하고 있는 실험에서는 40.112 MHz 의 driving frequency가 사용되었다). 이것은 driving frequency의 2배 (80.224 MHz)가 되는 laser light bean의 intensity oscillation을 일으킨다.
3. AOM에서 diffraction을 최적화시키고, incidence의 각을 조절함으로써 그리고 power meter로 undiffracted zero-order beam 의 강도를 모니터링 함으로써 modulation depth를 최적화시킨다.
4. MCP와 CCD를 켠다. photocathode voltage의 bias를 −2 V 로 맞추고 CCD 위의 full dynamic range와 매치시키기 위해 gain을 조절한다. 이것은 샘플의 형광의 세기에 따라 달라지므로 실험적으로 결정되어야 한다. 이상적으로는, 노이즈를 줄이기 위해서 gain을 가능한 최소로 낮게 유지하여야 한다. 일반적으로, gain은 Hamamatsu C5825의 경우 1로 맞추어져 있으며 Photometrics Quantix CCD의 gain은 3 에 맞추어져 있다. CCD의 readout을 2 × 2 binning으로 맞춘다.
5. MCP를 작동시키는 master frequency synthesizer의 값을 AOM을 작동시키는 master frequency synthesizer의 값의 정확히 두 배가 되도록 맞춘다 (위의 예에서: 80.224 MHz).
6. 실험에 가장 적합한 objective를 고른다. 이 예에서는, Zeiss Fluar 100x/1.4 NA oil objective를 사용하였다.
7. Zero lifetime reference 이미지를 얻기 위하여, 16 cycle 의 phase-dependent 이미지를 찍는다. 각 이미지는 strong scatterer로부터 22.5° 떨어지게끔 하여 찍는다. (e.g., 커버슬립 또는 glass-bottom dish의 imaging 표면 위에 올려진 작은 알루미늄 호일 조각)
   a. fluorescence filter set를 half-slivered mirror로 교체하고, incident beam의 세기를 다양한 density filter wheel을 사용하여 최소한으로 줄인다. 호일 표면의 초점을 맞춘다.
      중요: 호일 이미지를 셋팅할 때, incident laser source가 최소한으로 조절되기 전까지는 현미경 접안렌즈를 직접 쳐다보지 않도록 매우 유의해야 한다.

b. 알루미늄 호일의 싱글 이미지를 100 msec 정도의 노출 시간으로 찍는다. 이 이미지는 ROI를 선택하고 요구되는 적절한 노출 시간을 계량하기 위하여 필요하다. master frequency synthesizer 의 phase가 maximum이 아니기 때문에, 그리고 detector의 saturation을 피하기 위해서, 약 1000 counts를 발생시키는 노출 시간을 선택한다.

c. 16 phage 이미지의 1 cycle을 찍는다. 각 이미지는 22.5° 떨어지게끔 한다. image series에 최대 intensity가 도달했을 때의 phase 셋팅을 결정한다. phase를 master frequency synthesizer에서 zero degree로 다시 세트한다.

d. zero lifetime reference로 저장하기 위하여 또 다른 cycle의 16 phase image를 foil로부터 얻는다.

lifetime 이미징을 하는 동안, phase stability를 시간에 따라 모니터 하는 것을 추천한다. 우리의 셋업에서는, phase 가 1 시간의 기간 동안 0.3° 이내에서 안정하였으며, reference foil sequence를 매 시간마다 측정하고 저장하였다.

8. incident excitation source 를 최대치로 돌려놓는다. (다양한 종류의 density filter wheel을 사용하여); 이제 이 시스템은 세포의 이미징 데이터의 축적을 위한 준비가 완료되었다.

9. GFP filter set (dichroic : Q495LP, emission: HQ510/20) 을 이용하여 donor 이미지를 얻는다. CCD (3000 counts for a 12-bit CCD) 의 dynamic range 의 75% 정도가 채워질 정도의 노출시간을 선택한다. fluorescence lifetime을 측정할 이미지에서 관심있는 원하는 부위를 선택한다.

10. donor fluorescence lifetime map을 만든다.

a. 두 번의 연속적인 16 phase-dependent 이미지 (45° phase-stepped)의 시리즈를 찍는다 . photobleaching을 보정하기 위하여 한번은 forward cycle로, 다른 한번은 reverse cycle로 찍는다. 단계 9에서처럼 각 이미지 phase에 대한 set exposure time을 최적화한다.

b. 샘플에 빛을 주지 않은 상태에서 또 한번 이미지를 찍는다. 이 background offset 이미지는 이 시리즈의 모든 phase 이미지로부터 빼질 것이다. forward 와 reverse cycle의 phase 이미지의 각 쌍은 donor의 bleaching에 대한 보정을 위하여 first order로 더해진다.

c. 이 데이터들과 zero lifetime reference (호일)로부터, donor fluorescence lifetime map 을 계산한다 (MC3, p. 18.75에서 이미지 프로세싱에 관해 기술하였던 대로).

11. acceptor의 이미지를 측정한다. 그리고 lamp source를 100 W mercury arc lamp (Zeiss; HBO AttoArc)로 교체하여 acceptor를 photobleach 시킨다. Cy3 filter set (extinction: HQ545/30, dichroic: Q565LP, emission: HQ610/75 chroma)을 detection path 로 이동시킨다. CCD의 full dynamic range가 차도록 exposure time을 최적화함으로써 acceptor의 이미지를 찍는다. detector port를 닫고 식별되는 Cy3 fluorescence가 없을 때까지 acceptor에 illumination 한다.

중요: acceptor photobleaching 실험을 할 때, donor channel에서 photobleached acceptor의 photoproduct로부터는 아무런 형광도 생성되지 않도록 하는 것이 핵심이다.

프로토콜 18.6 (1)

BIAcore를 이용한 표면 플라즈몬 공명 기술(SPRS)을 이용한 상호작용하는 단백질의 분석

Analysis of Interacting Proteins with Surface Plasmon Resonance Spectroscopy Using BIAcore

Stage 1: 표면 캡쳐와 binding test의 준비

Preparation of the Capture Surface and Test Binding

BIAcore 같이 surface plasmon resonance (SPR) 를 측정할 수 있는 기계가 보급되면서 적은 양의 분석시료만으로도 분자간 상호작용을 실시간으로 측정할 수 있는 툴이 제공되는 계기가 되어 거대분자 상호작용에 대한 연구가 쉬워졌다. 이 프로토콜은 BIAcore 실험으로 통상적인 항원-항체 시스템을 분석하는데 있어서 필요한 단계에 대해서 서술하고 있다. 항체 (antithyroid stimulating hormone [anti-TSH])와 그에 대한 리간드 (TSH)는 회사로부터 구입할 수 있으며 시스템의 최적화에 사용될 수 있다. 기계의 셋업과 사용에 대한 자세한 설명은 www.biacore.com을 참고하도록 한다. Stage 1 은 (1) immobilized rabbit antimouse C domain이 붙은 sensor chip을 어떻게 만들 것인가 (2) 준비된 표면에 어떻게 mouse anti-TSH를 부착할 것인가 (3) 부착된 항체에 TSH가 붙는지를 어떻게 테스트 할 것인가에 대하여 설명하고 있다.

MATERIALS

CAUTION: 〈!〉표시된 물질의 적절한 사용법은 Appendix 4를 참조하세요.

Reagents and Solutions

농축액, 완충액, 시료의 조성은 Appendix 1을 참조하라. 농축액은 적당한 농도로 희석하여 사용하라.

- EDC (0.2 M *N*-ethyl-*N′*-(dimethylaminopropyl)-carbodiimide in H_2O) 〈!〉
- Ethanolamine (1 M ethanolamine hydochloride, adjusted to pH 8.5 with NaOH) 〈!〉
- HCl (20 mM) 〈!〉
- HEPES-bufferd saline buffer
  - 10 mM HEPES (pH 7.4)
  - 150 mM NaCl
  - 3 mM EDTA (pH 8.0)
  - 0.005% (v/v) Tween-20
  - 이 buffer는 BIAcore에서 구입할 수 있다.
- NHS (0.05 M N-hydroxysuccinimide in H_2O)
- Note: EDC, ethanolamine, and NHS는 BIAcore의 amine-coupling kit의 부분으로서 구입할 수 있다.

Antibodies

The Association of Biomolecular Resource Facillities (ABBF) 소속의 The Molecular Interactions Research Group (MIRG) (www.abrf.org) 에서는, BIAcore 분석에 실험할 단백질 샘플은 HEPES-buffered saline 으로 완충액 교환 투석 (500 volume 으로 세 번) 하여 준비하며, 냉장된 microfuge tube에 넣고 최대속도로 원심분리하고 최종적으로 0.22-μm 필터로 필터링할 것을 권장한다. 최종적으로 얻은 단백질 농도는 280 nm에서 측정된 흡광도로부터 계산할 수 있다 (특정한 단백질 또는 펩타이드에 대한 extinction coefficient를 이용).

- mouse anti-TSH monoclonal antibody (1 mg/ml in HEPES-buffered saline) (Alexon-Trend)
- Rabbit antimouse Fc domain (RAMc; 30 μg/ml in 10 mM sodium acetate [pH 5.0] [BIAcore])

Additional Items

- BIAcore instrument with control and evaluation software (see www.biacore.com)
- Sensor tip CM5 (BIAcore)
- TSH (20 μM in HEPES-buffered saline) (Alexon-Trend)

Additional Information

Theoretical and experimental details of surface plasmon resonance	MC3, pp. 18.96-18.103

Adapted from Chapter 18, Protocol 6 Stage 1, p. 18.104 of MC3.

METHOD

1. 센서 칩 CMS를 BIAcore 기계에 연결한다.
   센서 칩 CMs 표면에 RAMc의 primary 아민 커플링되는 과정은 약 45분이 소요된다. 명령어는 BIAcore 컨트롤 소프트웨어의 풀다운 메뉴 또는 툴바의 아이콘을 클릭하면 된다.
2. 여과되고 가스제거 된 HEPES-buffered saline을 주입한다.
3. NHS, EDC, Ethanolamine, RAM Fc, 그리고 20 mM HCl이 각각 100 µl 씩 들어있는 튜브들을 BIAcore의 autosampler rack의 적절한 위치에 놓는다.
4. BIAcore의 autosample rack에 빈 튜브를 놓는다.
5. 기계를 시작하여 한 개의 flow cell 위로 5 µl/분의 속도로 흘린다.
6. NHS 75 µl을 빈 튜브로 옮긴다.
7. EDC 75 µl를 같은 튜브로 옮긴다.
8. NHS와 EDC가 들어있는 튜브의 내용물을 섞어준다.
9. 35 µl의 NHS/EDC 혼합물을 주입하여 표면을 활성화한다.
10. 35 µl의 RAM Fc를 주입하여 활성화된 표면의 항체와 붙도록 한다.
11. 35 µl의 ethanolamine을 주입하여 반응하고 남은 초과된 반응기를 비활성화 시킨다.
12. 10 µl의 20 mM HCl을 재빨리 주입한 후 "Extraclean"단계를 수행함으로써 비공유결합으로 붙은 물질을 제거한다.
13. RAMc 주입 시작 전의 베이스라인 리포트포인트와 20 mM의 HCl 주입이 끝나고 2분 후의 두 번째 리포트포인트를 비교하여 RAMc가 붙어있는 정도를 결정한다.
14. 흘림을 중단하고, 명령줄 입력창을 닫고, 리포트 파일을 저장한다.
15. 결합된 RAMc가 있는 flow cell 위로 10 µl/분의 흘림 속도로 기계를 시작한다.
    anti-TSH가 RAMc 표면에 붙은 것을 테스트하기 위한 과정(단계 15~20)은 대략 20분 정도 소요된다. 명령어는 풀다운 메뉴 또는 BIAcore 컨트롤 소프트웨어의 툴바 아이콘을 통해서 접근할 수 있다.
16. 10 µl의 anti-TSH (2 µg/ml)를 주입한다 (총 40 µl의 anti-TSH 용액이 필요하다).
    10 µl의 anti-TSH로 대략 250 RUs 정도 증가되어야 한다. 만약 RAMc 표면에 붙는 레벨이 이보다 적다면 RAMc 표면을 재생시킨 후 (단계 17을 보시오), 적절한 주입량이 결정될 때까지 부피를 바꾸어가며 anti-TSH 주입을 반복해본다.
17. 10 µl의 20 mM HCl을 재빨리 주입한 후 "Extraclean"단계를 수행함으로써 RAMc 표면을 재생시킨다.
18. RAMc 표면에의 바인딩의 재생가능성을 테스트하기 위해서, anti-TSH가 붙었을 때 250 RUs가 되는 anti-TSH의 양을 사용하여 주입을 반복한다.
19. 10 µl의 20 mM HCl을 재빨리 주입한 후 "Extraclean"단계를 수행함으로써 RAMc 표면을 재생시킨다.
20. 흐름을 멈추고, 명령줄 입력창을 닫고, 레포트 파일을 저장한다.
21. RAMc가 커플링 되어있는 flow 셀 위로 10 µl/분의 속도로 흘려주면서 기계를 시작한다.
    포획된 anti-TSH 표면에 TSH가 붙은 것을 테스트하기 위한 과정(단계 21-25)은 약 20분 정도 소요된다. 명령어는 풀다운 메뉴 또는 BIAcore 컨트롤 소프트웨어의 툴바 아이콘을 통해서 접근할 수 있다.
22. 10 µl의 2 µg/ml anti-TSH (또는 단계 12~20에서 결정된 250 RUs가 되는 anti-TSH의 부피만큼)를 주입한다.
23. 25 µl의 200 nM TSH를 주입하면서 120초의 해리 시간을 주었는지 확인한다 (이것은 총 65 µl의 TSH 용액이 필요하다). 120초의 해리 시간은 주입된 항체-항원 복합체의 해리 속도에 적합한 시간이다.
24. 10 µl의 20 mM HCl을 재빨리 주입하고 "Extraclean"단계를 수행함으로써 RAMc 표면을 재생시킨다.
25. 흐름을 멈추고, 명령줄 입력창을 닫고, 레포트 파일을 저장한다.

프로토콜 18.6 (2)

BIAcore를 이용한 표면 플라즈몬 공명 기술(SPRS)을 이용한 상호작용하는 단백질의 분석

Analysis of Interacting Proteins with Surface Plasmon Resonance Spectroscopy Using BIAcore

Stage 2: 항체-항원 상호작용의 kinetic 분석

Kinetic Analysis of the Antibody-Antigen Interaction

단계 2는 리간드 쌍 사이의 상호작용에 대한 평형상수 결정을 가능하게 하는 일련의 방법 또는 분석 프로그램에 대하여 서술한다.

MATERIALS

CAUTION: 〈!〉표시된 물질의 적절한 사용법은 Appendix 4를 참조하세요.

Reagents and Solutions

농축액, 완충액, 시료의 조성은 Appendix 1을 참조하라. 농축액은 적당한 농도로 희석하여 사용하라.

HEPES-bufferd saline buffer

10 mM HEPES (pH 7.4)
150 mM NaCl
3 mM EDTA (pH 8.0)
0.005% (v/v) Tween-20
이 buffer는 BIAcore에서 구입할 수 있다.

Antibodies

마우스 anti-TSH 단일클론 항체 (1 mg/ml in HEPES-buffered saline) (Alexon-Trend)

Additional Items

BIAcore 기계와 control and evaluation 소프트웨어(www.biacore.com 을 참조)

센서 칩 CM5, coupled to RAMc, 프로토콜 18.6 단계1에 기술되어 있음.

TSH (20 μM in HEPES-buffered saline) (Alexon-Trend)

주입을 위하여 TSH의 연속 희석 용액을 준비한다.

i. 순차적인 희석을 통하여 200, 100, 50, 25, 10 그리고 5 nM의 TSH를 각각 280 μl의 running 버퍼(이 실험에서 쓰이는)에 희석하여 만든다.
ii. 4개의 플라스틱 바이알에 각각의 농도의 용액을 70 μl씩 나누어 담고 뚜껑을 닫는다.
iii. 샘플 룹 파라미터에 의해 지시된 것처럼 바이알들을 BIAcore 랙의 적절한 위치에 놓는다.

Additional Information

데이터의 분석 MC3, pp. 18.112-18.113
Surface plasmon resonance의 이론적 및 실험적 설명 MC3, pp. 18.96-18.103

METHOD

1. 분석 프로그램을 통한 상호작용의 평형상수 결정에 사용된 명령어 순서의 예는 MC3의 p. 18.108 처음 부분에 설명되어있다.
2. 명령어의 순서는 MAIN, DEFINE APROG, DEFINE SAMPLE의 세 가지 방법블럭 또는 섹션으로 구성되어 있다. 4개의 DEFINE APROG 블록이 있는데, 각각의 APROG는 MAIN (bind1, bind2, bind3, and bind4)를 가리킨다. BIAcore 소프트웨어가 방법을 편집할 때에는, 방법 명령어가 대문자로 표시될 것이며, 사용자지정 파라미터들은 소문자로 표시될 것이다(추가적인 내용은 www.biacore.com 참조).

부록

Appendices

1 분자 클로닝에 사용하는 시약 및 완충액, 691

2 배지, 717

3 분자 클로닝에 일반적으로 이용하는 실험 방법 , 727

4 주의 사항, 769

부록 1

분자클로닝에 사용되는 시약과 완충액의 준비

Preparation of Reagents and Buffers Used in Molecular Cloning

완충액 (Buffer), 692

- Tris Buffers, 692
- Good Buffers, 693
- Phosphate Buffers (Gomori Buffers), 695

산과 염기, 696

분자생물학에 사용되는 완충액과 stock 용액의 준비, 697

- pH Buffers, 697
- Enzyme Stocks and Buffers, 698
    - Enzyme Stocks, 698
    - Enzyme Dilution Buffers, 698
    - Enzyme Reaction Buffers, 699
- 혼성화 Buffer, 701
    - Prehybridization과 혼성화 용액, 702
    - Blocking Agents, 703
        - 핵산의 혼성화에 사용되는 blocking Agents, 703
        - Western Blotting에 사용되는 blocking Agents, 704
- 추출/용해 완충액과 용액, 704
- 전기 영동과 Gel-loading Buffers, 705
    - 일반적으로 사용하는 전기영동 Buffer, 705
    - 특화된 전기영동 Buffer, 705
    - Gel-loading Buffers, 706
- 특수한 완충액과 용액, 708

유기 용매의 준비, 710

- Phenol, 710
- Equilibration of Phenol, 710
- Phenol:Chloroform:Isoamyl Alcohol (25:24:1), 710
- Formamide의 Deionization, 710
- Glyoxal의 Deionization, 711

CHEMICAL STOCK 용액, 711

주기률표, 714

시약과 BUFFERS 색인, 716

BACKGROUND INFORMATION

다른 언급이 없으면 기본이 되는 정보는 *Molecular Cloning: A Laboratory Manual*, 3판 (이제부터 MC3)에 있다.

Adapted from Appendix 1, p. A1.1 of MC3.

완충액

Tris Buffers

생물학적 반응은 수소이온 농도가 일정한 범위 내에서만 잘 일어난다. 그러나 이와 모순 되게 많은 반응은 (H^+) 이온을 소모 하거나 생성한다. 완충액은 일정 범위 내의 pH에서 가역적으로 양전자를 주고받음으로써 수소 이온 농도를 어느 정도 일정하게 유지한다. 완벽한 완충액을, 마치 예수 최후 만찬의 성배처럼, 만들 수는 없겠지만 이상적인 완충액의 특성은 다음과 같다.

- pH 6.0과 8.0 사이의 pK_a를 가진다.
- 여러 종류의 화학 물질이나 효소에 의해 변하지 않는다.
- 극성을 띄어서, 수용액과 잘 섞이고, 생물학적 특징을 가지는 막을 확산에 의해 드나들 수 없어야 한다. 그래야만 세포 내부의 pH에 영향을 주지 않는다.
- 독성이 없어야 한다.
- 가격이 저렴해야 한다.
- 온도, 염 농도의 변화에 크게 영향을 받지 않아야 한다.
- 가시광선이나 자외선을 흡수하지 않아야 한다.

분자 생물학에 사용되는 어떠한 완충액도 이 모든 조건을 만족시킬 수 없다. 아주 적은 수의 약산이 10^{-7}과 10^{-9}사이의 해리 상수를 가진다. 무기염 중에는, 오직 borates, bicarbonates, phosphates와 ammonium 염이 이 범위에 속한다. 그러나 이들은 한, 두 가지 이유로 생리적 배지로 사용하기엔 부적합하다.

1946년, George Gomori는 유기 polyamines을 사용하여 pH 6.5–9.7범위의 pH 조절이 가능함을 제시하였다. 그가 제시한 3개 화합물 중 하나가 1897년 Piloty와 Ruff에 의해 처음으로 연구된 Tris(2-amino-2-hydroxymethyl-1,3-propanediol)이다. Tris는 대부분의 생화학적 목적에 적합한 완충액으로 오늘 날 대부분의 분자 클론닝의 효소반응에 사용된다.

표 A1-1 여러 pH 값의 Tris Buffer 준비

pH (25℃)	0.1 N HCl 양 (ml)
7.10	45.7
7.20	44.7
7.30	43.4
7.40	42.0
7.50	40.3
7.60	38.5
7.70	36.6
7.80	34.5
7.90	32.0
8.00	29.2
8.10	26.2
8.20	22.9
8.30	19.9
8.40	17.2
8.50	14.7
8.60	12.4
8.70	10.3
8.80	8.5
8.90	7.0

원하는 pH의 Tris buffer (0.05 M)는 50 ml의 0.1 M Tris base와 각 부피의 0.1 N HCl 을 섞은 후, 물로 전체 용액의 양이 100 ml이 되도록 맞춘다 1 M Tris의 stock 용액의 준비는 p. A1.7을 참조한다.

TRIS BUFFERS

Tris를 상업적으로 사용한 첫 번째 성공 사례는 물고기의 운반 및 취급에서 물고기의 폐사율을 줄이는데 사용한 것이었다. 1940대에는 살아 있는 물고기를 해수 탱크에 넣어 운반 하였다. 불행히도 많은 물고기들이 CO_2의 증가에 따른 산성도의 증가로 폐사 하였다. 이 문제는 물고기의 대사를 줄일 수 있도록 마취제를 사용하여 약간 호전시키기는 하였다. 이 마취제가 물고기를 먹은 사람들에게는 어떠한 영향을 끼쳤는지는 기록된바 없다. Tris는 바다물의 pH를 안정화시켜, 물고기의 폐사율을 확실하게 줄였으며, 또한 물고기를 먹는 사람들도 생생하게 만들었다. Tris는 생화학적 면에서도 아주 만족스러운 완충액으로 판명되었으며, 오늘날 대부분의 분자 클론닝의 효소 반응에 기본 완충액으로 사용된다.

Tris [Tris(hydroxymethyl)aminomethane]는 매우 큰 완충 역량을 가지고 있으며, 물에 잘 녹고, 여러 효소의 반응에도 안정성이 높다. 그러나 Tris도 역시 몇 가지 부족한 점을 가지고 있다:

- ***Tris의 pK_a는 pH 8.0 (20℃에서)이다.*** 이는 7.5보다 낮은, 또는 9.0 보다 높은 pH에서는 Tris의 완충 작용이 매우 낮다는 것을 의미한다.

- ***온도가 Tris의 해리에 큰 영향을 미친다.*** 온도가 1℃ 증가하면 Tris 용액의 pH는 대략 0.03 pH unit 만큼감소한다. 예를 들어 0.05 M 용액은 각각 5℃, 25℃, 그리고 37℃에서 pH 값이 9.5, 8.9, 그리고 8.6으로 나타난다. 일반적으로 Tris 용액의 pH는 25℃에서 측정된 pH값이다. Tris의 stock 용액을 준비할 때에는 원하는 범위의 pH로 용액을 준비하고 용액의 온도를 25℃로 맞춘 후 마지막 pH를 맞춘다.

- ***Tris는 많은 종류의 linen-fiber junctions이 포함되어 있는 pH electrodes와 반응을 한다.*** Tris는 아마사와 반응을 한다. 이러한 효과는 큰 liquid-junction potential, electromotive force(emf) 변동과 긴 평형 시간 등으로 알 수 있다. 따라서 linen-fiber junctions이 포함되어 있는 전극으로는 Tris 용액의 정확한 pH를 측정할 수 없다. Tris 용액의 pH는 ceramic 또는 유리 junctions으로 만들어진 electrode를 이용하여 측정하여야 한다.

- ***농도가 Tris의 해리에 커다란 영향을 미친다.*** 예를 들어 10 mM과 100 mM의 Tris 용액은 0.1 pH unit 만큼의 pH 차이를 보인다. 더 높은 농도의 용액이 더 높은 pH를 나타낸다.

- ***Tris는 많은 종류의 포유동물 세포에 독성이 있다.***

- ***1차 아민인 Tris는 glutaraldehyde 또는 formaldehyde 같은 고정제와 함께 사용 할 수 없다.*** Tris는 또한 glyoxal과 반응 한다. 이러한 시약과는 Tris 대신 Phosphate 또는 MOPS buffer를 사용한다.

Good Buffers

Tris는 7.5 이하의 pH에서는 완충액의 기능을 잘하지 못한다. 1960년 대 중반에 Norman Good과 그의 동료들은 aminosulfonic acids의 N-에 다른 기능기가 대체되어 있는, 생물체가 가지는 다양한 산성도에서 zwitterion으로 작용하는 좀 더 나은 완충액을 개발하였다. 만약 이 완충액들이 없었다면 분자 클론닝에서 이용하는 여러 테크닉은 존재할 수도 없었으며 매우 낮은 효율로 일이 진행 됐을 것이다. 이렇게 발달한 테크닉은 고 효율의 포유동물 세포의 형질 전환 (HEPES, Tricine, 그리고 BES), RNA의 전기 영동 (MOPS), 그리고 고 효율의 박테리아의 형질 전환 (MES) 등이다.

표 A1-2 Good Buffer의 특징들

약성어	화학명	FW	pK_a	유용한 범위 (pH units)
MES	2-(*N*-morpholino)ethanesulfonic acid	195.2	6.1	5.5-6.7
Bis-Tris	*bis*(2-hydroxyethyl)iminotris(hydroxymethyl)methane	209.2	6.5	5.8-7.2
ADA	*N*-(2-acetamido)-2-iminodiacetic acid	190.2	6.6	6.0-7.2
ACES	2-[(2-amino-2-oxoethyl)amino]ethanesulfonic acid	182.2	6.8	6.1-7.5
PIPES	piperazine-*N,N'*-bis(2-ethanesulfonic acid)	302.4	6.8	6.1-7.5
MOPSO	3-(*N*-morpholino)-2-hydroxypropanesulfonic acid	225.3	6.9	6.2-7.6
Bis-Tris Propane	1,3-*bis*[*tris*(hydroxymethyl)methylamino]propane	282.3	6.8[a]	6.3-9.5
BES	*N,N-bis*(2-hydroxyethyl)-2-aminoethanesulfonic acid	213.2	7.1	6.4-7.8
MOPS	3-(*N*-morpholino)propanesulfonic acid	209.3	7.2	6.5-7.9
HEPES	*N*-(2-hydroxyethyl)piperazine-*N'*-(2-ethanesulfonic acid)	238.3	7.5	6.8-8.2
TES	*N*-tris(hydroxymethyl)methyl-2-aminoethanesulfonic acid	229.2	7.4	6.8-8.2
DIPSO	3-[*N,N*-bis(2-hydroxyethypamino]-2-hydroxypropanesulfonic acid	243.3	7.6	7.0-8.2
TAPSO	3-[*N-tris*(hydroxymethyl)methylamino]-2-hydroxypropanesulfonic acid	259.3	7.6	7.0-8.2
TRIZMA	*tris*(hydroxymethyl)aminomethane	121.1	8.1	7.0-9.1
HEPPSO	*N*-(2-hydroxyethyl)piperazine-*N'*-(2-hydroxypropanesulfonic acid)	268.3	7.8	7.1-8.5
POPSO	piperazine-*N,N'*-bis(2-hydroxypropanesulfonic acid)	362.4	7.8	7.2-8.5
EPPS	*N*-(2-hydroxyethyl)piperazine-*N'*-(3-propanesulfonic acid)	252.3	8.0	7.3-8.7
TEA	triethanolamine	149.2	7.8	7.3-8.3
Tricine	*N-tris*(hydroxymethyl)methylglycine	179.2	8.1	7.4-8.8
Bicine	*N,N-bis*(2-hydroxyethyl)glycine	163.2	8.3	7.6-9.0
TAPS	*N-tris*(hydroxymethyl)methyl-3-aminopropanesulfonic acid	243.3	8.4	7.7-9.1
AMPSO	3-[(1,1-dimethy1-2-hydroxyethyl)amino]-2-hydroxypropane-sulfonic acid	227.3	9.0	8.3-9.7
CHES	2-(*N*-cyclohexylamino)ethanesulfonic acid	207.3	9.3	8.6-10.0
CAPSO	3-(cyclohexylamino)-2-hydroxy-1-propanesulfonic acid	237.3	9.6	8.9-10.3
AMP	2-amino-2-methyl-1-propanol	89.1	9.7	9.0-10.5
CAPS	3-(cyclohexylamino)-1-propanesulfonic acid	221.3	10.4	9.7-11.1

데이터는. Biochemical and Reagents for Life Science Research 1994 (Sigma-Aldrich) 와 참고 문헌 등의 여러 자료에서 모았다.

[a]pK_a = 9.0 (2차 해리 상수)

Phosphate Buffers (Gomori Buffers)

가장 많이 사용하는 phosphate buffers는 1940년대와 1950대에 Chicago 대학에서 일했고, 이 완충액을 개발한 조직화학자인 George Gomori의 이름을 따서 지었다. phosphate buffers는 일가 염기의 dihydrogen phosphate와 이가 염기 monohydrogen phosphate가 섞여 있다. 각 염의 양을 변화시켜 pH 5.8 과 8.0 사이의 완충액을 만들 수 있다(표Al-3A 과 Al-3B을 보시오). Phosphate는 매우 큰 완충능이 있고 물에 잘 녹는다. 그러나 몇 가지 잠재적인 문제점을 가지고 있다.

- Phosphate는 많은 효소 반응과 분자 클론닝의 기본적인 과정, 제한 효소를 이용한 DNA의 절단, DNA의 연결, 그리고 박테리아의 형질 변환 등을 저해한다.
- Phosphate는 ethanol에 의해 침전되므로, 인산 이온이 어느 정도 들어 있는 용액에서 DNA와 RNA를 침전 시키는 것은 불가능하다.
- Phosphate는 Ca^{++} 와 Mg^{++}의 2가 이온의 분포를 격리 시킨다.

표A1-3A 0.1 M Potassium Phosphate Buffer의 준비 (25℃)

pH	Volume of 1M K_2HPO_4 (ml)	Volume of 1 M KH_2PO_4 (ml)
5.8	8.5	91.5
6.0	13.2	86.8
6.2	19.2	80.8
6.4	27.8	72.2
6.6	38.1	61.9
6.8	49.7	50.3
7.0	61.5	38.5
7.2	71.7	28.3
7.4	80.2	19.8
7.6	86.6	13.4
7.8	90.8	9.2
8.0	94.0	6.0

Data from Green A.A. 1933.*J. Am. Chem. Soc.* **55**: 2331–2336.

Dilute the combined 1 M stock solutions to 1 liter with distilled H_2O. pH is calculated according to the Henderson–Hasselbalch equation:

$$pH = pK' + \log \left\{ \frac{(\text{proton acceptor})}{\text{proton donor}} \right\}$$

where $pK' = 6.86$ at 25℃.

표A1-3B 0.1 M Sodium Phosphate Buffer의 준비 (25℃)

pH	Volume of 1 M Na_2HPO_4 (ml)	Volume of 1 M NaH_2PO_4 (ml)
5.8	7.9	92.1
6.0	12.0	88.0
6.2	17.8	82.2
6.4	25.5	74.5
6.6	35.2	64.8
6.8	46.3	53.7
7.0	57.7	42.3
7.2	68.4	31.6
7.4	77.4	22.6
7.6	84.5	15.5
7.8	89.6	10.4
8.0	93.2	6.8

Data from ISCO. 1982. *ISCOTABLES: A handbook of data for biological and physical scientists*, 8th edition. ISCO, Inc., Lincoln, Nebraska.

Dilute the combined 1 M stock solutions to 1 liter with distilled H_2O. pH is calculated according to the Henderson– Hasselbalch equation:

$$pH = pK' + \log \left\{ \frac{(\text{proton acceptor})}{\text{proton donor}} \right\}$$

where $pK' = 6.86$ at 25℃.

산과 염기

표 A1-4 산과 염기의 농도: 일반 제품의 강도

Substance	Formula	M.W.	Moles/ Liter[a]	Grams/ Liter	% by Weight	Specific Gravity	ml/ LITER to prepare 1 M Solution
Acetic acid, glacial	CH_3COOH	60.05	17.4	1045	99.5	1.05	57.5
Acetic acid		60.05	6.27	376	36	1.045	159.5
Formic acid	HCOOH	46.02	23.4	1080	90	1.20	42.7
Hydrochloric acid	HCl	36.5	11.6	424	36	1.18	86.2
			2.9	105	10	1.05	344.8
Nitric acid	HNO_3	63.02	15.99	1008	71	1.42	62.5
			14.9	938	67	1.40	67.1
			13.3	837	61	1.37	75.2
Perchloric acid	$HClO_4$	100.5	11.65	1172	70	1.67	85.8
			9.2	923	60	1.54	108.7
Phosphoric acid	H_3PO_4	80.0	18.1	1445	85	1.70	55.2
Sulfuric acid	H_2SO_4	98.1	18.0	1766	96	1.84	55.6
Ammonium hydroxide	NH_4OH	35.0	14.8	251	28	0.898	67.6
Potassium hydroxide	KOH	56.1	13.5	757	50	1.52	74.1
			1.94	109	10	1.09	515.5
Sodium hydroxide	NaOH	40.0	19.1	763	50	1.53	52.4
			2.75	111	10	1.11	363.6

[a]일반적으로 사용되는 산과 염기stock 용액은 다른 몰 /노르말 농도를 가지고 있다. 농도가 높은 stock 용액은 "conc" 으로 희석된 용액은 "dil" 으로 표시한다.

표 A1-5 여러 농도의 Stock 용액의 대략적인 pH값

SUBSTANCE	1 N	0.1 N	0.01 N	0.001 N
Acetic acid	2.4	2.9	3.4	3.9
Hydrochloric acid	0.10	1.07	2.02	3.01
Sulfuric acid	0.3	1.2	2.1	
Citric acid		2.1	2.6	
Ammonium hydroxide	11.8	11.3	10.8	10.3
Sodium hydroxide	14.05	13.07	12.12	11.13
Sodium bicarbonate		8.4		
Sodium carbonate		11.5	11.0	

분자생물학에서 사용하는 완충액과 stock 용액의 준비

CAUTION: 〈!〉표시된 물질의 적절한 사용법은 Appendix 4를 참조하세요.

pH 완충액

Phosphate-buffered Saline(PBS)

137 mM NaCl
2.7 mM KCl
10 mM Na_2HPO_4
2 mM KH_2PO_4

8 g의 NaCl, 0.2 g의 KCl, 1.44 g 의 Na_2HPO_4, 그리고 0.24 g의 KH_2PO_4을 800 ml의 증류수에 녹인다. HCl로 pH를 7.4로 맞춘다. H_2O를 1L가 되도록 더한다. 용액을 적은 양으로 나누어 담고 20분간 가압 멸균 하거나 (15 psi, 1.05 kg/cm^2) 필터로 멸균한다. 용액은 실온에 보관한다.

위의 PBS는 2가 양이온을 포함하고 있지 않다. 만약 필요하다면 PBS에 1 mM $CaCl_2$과 0.5 mM $MgCl_2$를 첨가하여 사용한다.

10x Tris EDTA (TE)

pH 7.4
100 mM Tris-Cl (pH 7.4)
10 mM EDTA (pH 8.0)

pH 7.6
100 mM Tris-Cl (pH 7.6)
10 mM EDTA (pH 8.0)

pH 8.0
100 mM Tris-Cl (pH 8.0)
10 mM EDTA (pH 8.0)
용액을 15 psi (1.05 kg/cm^2)에서 20분간 액체 사이클로 멸균한다. 완충액은 실온에 보관한다.

Tris-Cl (1 M)

121.1g 의 Tris base를 800 ml의 H_2O에 녹인다. 농축 HCl 〈!〉로 pH를 원하는 값으로 맞춘다.

pH	*HCl*
7.4	70 ml
7.6	60 ml
8.0	42 ml

마지막 원하는 pH로 맞추기 전에 용액을 실온으로 식힌다. H_2O로 용액이 1L가 되도록 맞춘다. 적은 양으로 나눈 후 가압 멸균한다.

만약 1 M 용액이 노란 색을 띄면 그 시약은 버리고 더 좋은 질의 Tris를 구입한다. Tris 용액의 pH는 온도에 따라 변하며 1℃ 증가할 때마다 0.03 pH unit 만큼 감소한다. 예를 들어, 0.05 M 용액의 pH는 5℃, 25℃, 그리고 37℃에서 각각 9.5, 8.9, 그리고 8.6을 나타낸다.

Tris Magnesium Buffer (TM)

50 mM Tris-Cl (pH 7.8)
10 mM $MgSO_4$

Tris-buffered Saline (TBS)

8 g의 NaCl, 0.2 g의 KCl, 그리고 3 g의 Tris base를 800 ml의 증류수에 녹인다. 0.015 g의 phenol red를 첨가하고 HCl로 pH를 7.4로 맞춘다. 증류수를 가하여 1 L로 맞춘다. 용액을 작은 양으로 나누어 15 psi에서 20분간 가압 멸균한다(1.05 kg/cm^2). 완충액을 실온에 보관한다.

효소Stocks 과 완충액

효소 Stocks

Lysozyme (10 mg/ml)

사용하기 바로 직전에 고체상태의 lysozyme을 10 mg/ml의 농도가 되도록 10 mM Tris-Cl (pH 8.0)에 녹인다. 효소를 녹이기 전에 Tris 용액의 pH가 8.0 인지 확인한다. 만약 pH가 8.0 보다 낮으면 lysozyme은 잘 분해하지 않는다.

Lyticase (67 mg/ml)

67 mg/ml (900 units/ml)의 농도가 되는 효소를 50% glycerol을 포함하는 0.01 M sodium phosphate에 사용 직전에 녹인다.

Pancreatic DNase I (1 mg/ml)

2 mg의 crude pancreatic DNase I을 1 ml의 다음 용액에 녹인다.

10 mM Tris-Cl (pH 7.5)
150 mm NaCl
1 mM $MgCl_2$

DNase I이 녹으면, 1 ml의 glycerol을 첨가하고 뚜껑을 닫은 시험관을 거꾸로 뒤집어 잘 섞는다. 거품이 생기지 않도록 조심한다. 분주한 용액을 −20℃에 보관한다.

Pancreatic RNase (1 mg/ml)

2 mg의 crude pancreatic RNase I를 2 ml의 TE (pH 7.6)에 녹인다.

Proteinase K (20 mg/ml)

냉동 건조된 효소를 구입하여, 20 mg/ml 농도가 되도록 멸균된 50 mM Tris (pH 8.0), 1.5 mM calcium acetate에 녹인다. Stock 용액을 작은 양으로 나누어 −20℃에 보관한다. 하나의 stock 용액은 몇 번 녹이고 얼린 후에는 폐기하여야 한다. 다른 proteolytic 효소(예, pronase), 또는 proteinase K와 달리 스스로 분해되지 않는다. (더 자세한 정보는 MC3, p. A4.50를 참고한다.)

Trypsin

Bovine trypsin (Sequencer grade, Roche Applied Science)을 250 μg/ml의 농도가 되도록 200 mM ammonium bicarbonate (pH 8.9)에 녹인다. 분주한 후 −20℃에 보관한다.

Zymolyase 5000 (2 mg/ml)

Kirin Breweries로부터 구입한다. 사용 직전에 2 mg/ml의 농도로 50% glycerol을 포함하는 0.01 M sodium phosphate에 녹인다.

효소 희석 완충액

DNase I 희석 완충액

10 mM Tris-Cl (pH 7.5)
150 mm NaCl
1 mM $MgCl_2$

Polymerase 희석 완충액

50 mM Tris-Cl (pH 8.1)
1 mM dithiothreitol
0.1 mM EDTA (pH 8.0)
0.5 mg/ml bovine serum albumin
5% (v/v) glycerol

용액은 매번 사용 할 때 마다 새로 만든다.

Sequenase 희석 완충액

10 mM Tris-Cl (pH 7.5)
5 mM dithiothreitol
0.5 mg/ml bovine serum albumin

용액을 −20℃에 보관한다.

Tag **희석 완충액**

25 mM Tris (pH 8.8)
0.01 mM EDTA (pH 8.0)
0.15% (v/v) Tween-20
0.15% (v/v) Nonidet P-40

Enzyme Reaction Buffers

중요: 가능하다면 효소 반응에 사용하는 완충액은 효소와 함께 제공되는 10x 완충액을 사용하시오. 여기 제공되는 조성은 일반적으로 사용하기에 좋은 완충액이다.

10x Amplification Buffer

500 mM KCl
100 mM Tris-Cl (pH 8.3 at room temperature)
15 mM $MgCl_2$
10x 완충액을 10 분간 15 psi (1.05 kg/cm^2)으로 가압 멸균한다. 멸균된 완충액은 작은 양으로 나누어 -20℃에 보관한다.

10x Bacteriophage T4 DNA Ligase Buffer

200 mM Tris-Cl (pH 7.6)
50 mM $MgCl_2$
50 mM dithiothreitol
0.5 mg/ml bovine serum albumin (Fraction V; Sigma-Aldrich) (선택가능)
완충액은 작은 양으로 나누어 -20℃에 보관한다. 반응을 시킬 때는 ATP를 적정 농도로 첨가한다(예, 1 mM).

10x Bacteriophage T4 DNA Polymerase Buffer

330 mM Tris-acetate (pH 8.0)
660 mM potassium acetate
100 mM magnesium acetate
5 mM dithiothreitol
1 mg/ml bovine serum albumin (Fraction V; Sigma-Aldrich)
10x stock 완충액은 작은 양으로 나누어 -20℃에 보관한다.

10x Bacteriophage T4 Polynucleotide Kinase Buffer

700 mM Tris-CI (pH 7.6)
100 mM $MgCl_2$
50 mM dithiothreitol
10x stock 완충액은 작은 양으로 나누어 -20℃에 보관한다.

5x BAL 31 Buffer

3 M NaCI
60 mM $CaCl_2$
60 mM $MgCl_2$
100 mm Tris-Cl (pH 8.0)
1 mM EDTA (pH 8.0)

10x 탈인산화 완충액(calf intestinal alkaline phosphase [CIP] 사용시)

100 mM Tris-CI (pH 8.3)
10 mM $MgCl_2$
10 mm $ZnCl_2$

10x 탈인산화 완충액 (shrimp alkaline phosphatase [SAP] 사용시)

200 mM Tris-CI (pH 8.8)
100 mM $MgCl_2$
10 mM $ZnCl_2$

lx EcoRl Methylase Buffer

50 mM NaCl
50 mM Tris–Cl (pH 8.0)
10 mM EDTA
80 μM S–adenosylmethionine
완충액은 작은 양으로 나누어 –20℃에 보관한다.

10x Exonuclease III Buffer

660 mM Tris–Cl (pH 8.0)
66 mM $MgCl_2$
100 mM β–mercaptoethanol 〈!〉
β–Mercaptoethanol은 사용 직전에 첨가 한다.

10x Klenow Buffer

0.4 M potassium phosphate (pH 7.5)
66 mM $MgCl_2$
10 mM β–mercaptoethanol 〈!〉

10x Linker Kinase Buffer

600 mM Tris–Cl (pH 7.6)
100 mM $MgCl_2$
100 mM dithiothreitol
2 mg/ml bovine serum albumin
사용 직전에 새로 준비한다.

Nuclease S1 Digestion Buffer

0.28 M NaCl
0.05 M sodium acetate (pH 4.5)
4.5 mM $ZnSO_4.7H_2O$
nuclease S1 완충액은 –20℃보관하고, 사용 직전에 nuclease S1 농도가 500 units/ml 되도록 첨가한다.

10x Proteinase K Buffer

100 mM Tris–Cl (pH 8.0)
50 mM EDTA (pH 8.0)
500 mM NaCl

10x Reverse Transcriptase Buffer

500 mM Tris–Cl (pH 8.3)
750 mm KCl
30 mM $MgCl_2$

RNase H Buffer

20 mM Tris–Cl (pH 7.6)
20 mM KCl
0.1 mM EDTA (pH 8.0)
0.1 mM dithiothreitol
사용 직전에 준비한다.

5x Terminal Transferase Buffer

대부분의 판매회사에서는 5x reaction buffer를 제공하는데 그 완충액의 조성은 다음과 같다.

500 mM potassium cacodylate (pH 7.2) 〈!〉
10 mM $CoCl_2 \cdot 6H_2O$
1 mM dithiothreitol

5x terminal transferase (or tailing) buffer 는 다음과 같은 방법으로 준비한다:

1. 실온의 10 ml의 3 M potassium acetate에 5 g의 Chelex 100 (Bio-Rad)를 담가서 적정화되도록 한다.
2. 5분이 지나면, 진공 흡입하여 액체를 제거한다. Chelex를 10 ml의 deionized H_2O로 세 번 씻어낸다.
3. 1 M solution of potassium cacodylate을 준비한다. Cacodylate 용액을 준비한 Chelex resin으로 적정화 한다.
4. Cacodylate 용액을 Whatman No. 1 filter가 끼어있는 Buchner 깔때기로 걸러서 resin을 제거한다.
5. 필터한 cacodylate에 H_2O, dithiothreitol, 그리고 cobalt chloride를 순서대로 가하여, 500 mM potassium cacodylate, 1 mM dithiothreitol, 그리고 20 mM $CoCl_2$의 농도가 되도록 한다.

완충액은 −20℃에 보관 한다.

10x Universal KGB (Restriction Endonuclease) Buffer

1 M potassium acetate
250 mM Tris−acetate (pH 7.6)
100 mM magnesium acetate tetrahydrate
5 mM β−mercaptoethanol 〈!〉
0.1 mg/ml bovine serum albumin

10x buffer는 작은 양으로 분주하여 −20℃에 보관한다 .

Hybridization Buffers

Alkaline Transfer Buffer (DNA 의 nylon membranes에 염기전이 시 사용)

0.4 N NaOH 〈!〉
1 M NaCl

Church Buffer

1% (w/v) bovine serum albumin
1 mM EDTA
0.5 M phosphate buffer*
7% (w/v) SDS

* 0.5 M phosphate buffer는 134 g의 $Na_2HPO_4 \cdot 7H_2O$와 4 ml의 농축 (85%) H_3PO_4 〈!〉에 H_2O를 넣어 1 L 용액을 만든다.

Denaturation Solution (double−strand DNA를 gels 에서 membrane으로 옮기기 전의 변성화 과정에 사용)

1.5 M NaCl
0.5 M NaOH 〈!〉

HCl (2.5 N)

농축 HCl 〈!〉 (11.6 N) 25 ml를 91 ml의 멸균된 H_2O에 가한다. 희석된 용액은 실온에 보관한다.

Hybridization Buffer with formamide (RNA용)

40 mM PIPES (pH 6.8)
1 mM EDTA (pH 8.0)
0.4 M NaCl
80% (v/v) deionized formamide 〈!〉

2가 나트륨염 상태인 PIPES로 완충액을 준비하고 1 N HCl로 pH를 6.4로 맞춘다.

Hybridization Buffer without formamide (RNA용)

40 mM PIPES (pH 6.4)
0.1 mM EDTA (pH 8.0)
0.4 M NaCl

2가 나트륨염 상태인 PIPES로 완충액을 준비하고 1 N HCl로 pH를 6.4로 맞춘다.

Neutralization Buffer I (변성된 DNA를 전기를 띄지 않는 membrane에 옮길 때 사용)

1 M Tris−Cl (pH 7.4)
1.5 M NaCl

Neutralization Buffer II (DNA를 nylon membrane에 염기전이 시)

0.5 M Tris–Cl (pH 7.2)
1 M NaCl

Neutralizing Solution (DNA를 nylon membrane에 옮길 때 사용)

0.5 M Tris–Cl (pH 7.4)
1.5 M NaCl

Prehybridization Solution (dot, slot, 그리고 northern hybridization에 사용)

0.5 M sodium phosphate (pH 7.2)*
7% (w/v) SDS
1 mM EDTA (pH 7.0)

*0.5 M phosphate buffer는 134 g 의 $Na_2HPO_4 \cdot 7H_2O$와 4 ml의 농축 (85%) H_3PO_4 〈!〉에 H_2O를 가하여 1 L 용액을 만든다.

Prehybridization과 Hybridization 용액

Prehybridization/Hybridization 용액 (용균/콜로니 리프트)

50% (v/v) formamide (선택사항) 〈!〉
6x SSC (또는 6x SSPE)
0.05x BLOTTO (p. A1.13 참조)

위의 용액 대신 Church Buffer (조성은 MC3, p. A1.12 참조)를 사용할 수 있다. 어떤 용액을 사용할까에 대하여는 MC3, p. 1.141에 명시되어 있는 Prehybridization과 Hybridization 용액을 보시오. formamide의 사용 여부는 MC3, p. 6.59의 Formamide 와 분자 클론닝에서의 사용에 대하여를 참조하시오.

Prehybridization/Hybridization 용액 (수용성 buffer를 사용한 혼성화에 이용)

6x SSC (or 6x SSPE)
5x Denhardt's reagent (p. A1.13 참조)
0.5% (w/v) SDS
1 μg/ml poly(A)
100 μg/ml salmon sperm DNA

Prehybridization/Hybridization 용액 (formamide buffers를 사용한 혼성화에 이용)

6x SSC (or 6x SSPE)
5x Denhardt's reagent (p. A1.13 참고)
0.5% (w/v) SDS
1 μg/ml poly(A)
100 μg/ml salmon sperm DNA
50% (v/v) formamide 〈!〉

잘 섞은 후, 1 회용 membrane filter (0.45 μm cellulose acetate membrane:Schleicher & Schuell Uniflow syringe membrane 또는 그와 동일한)을 통하여 용액을 거른다. 낮은 stringency (예를 들어 20–30% formamide) 조건에서의 혼성화에서 지저분한 비특이적 반응을 줄이기 위하여, 가능한 순수한 formamide를 사용하여야 한다.

Prehybridization/Hybridization 용액 (phosphate–SDS buffer를 이용한 혼성화)

0.5 M phosphate buffer (pH 7.2)*
1 mM EDTA (pH 8.0)
7% (w/v) SDS
1% (w/v) bovine serum albumin

전기영동에 사용할 수 있는 순도의 bovine serum albumin을 사용한다. 이 용액을 사용하면 Blocking agent나 hybridization 속도 촉진제는 필요하지 않다.

*0.5 M phosphate buffer는 134 g 의 $Na_2HPO_4 \cdot 7H_2O$와 4 ml의 농축 (85%) H_3PO_4 〈!〉에 H_2O를 가하여 1 L 용액을 만든다.

20x SSC

NaCl 175.3 g과 sodium citrate 88.2 g을 800 ml의 H_2O에 녹인다. 14 N HCl〈!〉 용액으로 pH를 7.0이 되도록 맞춘다. H_2O로 마지막 부피가 1 L로 맞춘다. 작은 양으로 나눈 후 가압 멸균한다. 20x SSC의 내용물의 농도는 3.0 M NaCl 그리고 0.3 M sodium citrate 이다.

20x SSPE

NaCl 175.3 g, $Na_2HPO_4 \cdot 7H_2O$ 27.6 g 그리고 EDTA 7.4 g을 800 ml 의 H_2O에 녹인다. NaOH 〈!〉 (~6.5 ml의 10 N 용액n)로 pH 를 7.4로 맞춘 후 전체 부피가 1 L 되도록 H_2O를 첨가한다. 작은 양으로 나눈 후 가압 멸균한다. 20x SSCE의 내용물의 농도는 3.0 M NaCl, 0.2 M NaH_2PO_4 그리고 0.02 M EDTA 이다.

Blocking Agents

Blocking agent는 표면에 리간드가 붙는 것을 막아 주는 화합물들이다. 이들 blocking agent는 Southern, northern, 그리고 western 블로팅에 탐침이 비특이적으로 결합하는 것을 막기 위해 사용 한다. 이들 탐침은 그냥 놓아두면 nitrocellulose 또는 nylon membrane에 비특이적으로 붙게 된다. 따라서 blocking agent를 사용하지 않으면 알아보고자 하는 분자를 감지할 수 없다.

왜 탐침이 비특이적으로 결합하는가에 대한 것은 정확히 알지 못한다. 소수성 그룹의 뭉침, 리그닌의 잔존, 지나치게 높은 농도의 탐침, nitrocellulose filter의 baking 상태, 그리고 탐침 핵산의 반복적인 염기서열 등이 그 원인으로 생각되어지곤 했다. 그 이유가 무엇이건 간에 그의 해결방법은 간단하다: 필터를 탐침과 경쟁적으로 비특이적 결합을 방해하는 물질을 섞어 만든 blocking 용액으로 처리하는 것이다. Blocking agent가 작용하는 원리는 간단하여, 보통 아주 높은 농도의 고분자 폴리머(heparin, polyvinylpyrrolidine, nucleic acids), 단백질 (bovine serum albumin, nonfat dried milk), 그리고 세제(SDS 또는 Nonidet P-40)의 혼합액을 사용한다. 아래에 제시한 것 들은 nylon과 nitrocellulose filters에만 적용할 수 있다. 극성의 nylon filter는 공급한 회사가 추천하는 방법으로 처리하는 것이 좋다.

핵산의 혼성화에 사용하는 Blocking Agents. 핵산의 혼성화에 많이 사용하는 2 종류의 blocking agent는 Denhardt' 용액과 BLOTTO (bovine lacto transfer technique optimizer) 이다. 일반적으로, 알아보고자 하는 분자가 고정되어 있는 filter를 1-2 시간 정도 blocking agent에 담가두었다가 탐침을 넣는다. 대부분의 경우 비특이적 배경은 5x Denhardt's reagent, 1.0% SDS, 그리고 100 mg/ml의 변성시킨, 짧게 자른 salmon sperm DNA을 포함 하는 6x SSC 또는 SSPE를 사용하면 없어진다. 이 혼합액은 비특이적으로 나타나는 배경을 낮출 때 사용할 수 있다. 예를 들어 적은 양 발현되는 RNA 또는 단 한 개의 유전자가 존재하는 포유동물의 DNA 서열을 분석하고자 할 때의 northern 그리고 southern 분석에 사용한다. 그러나 대부분의 경우, (Grunstein-Hogness hybridization, Benton-Davis hybridization, 많은 수의 DNA 가 존재 하는 경우의 Southern hybridization 등)에는 저렴한 0.25-0.5% 탈지유를 포함하는 6x SSC 또는 SSPE (BLOTTO)를 사용한다.

Blocking agent는 nitrocellulose filter를 사용하는 경우에는 prehybridization과 hybridization 용액에 모두 첨가한다. 그러나 확인하고자 하는 핵산이 nylon membrane에 고정된 경우에는, hybridization 용액에는 blocking agent를 첨가하지 않는다. 왜냐면 높은 농도의 단백질은 탐침과 타겟 핵산과의 결합을 방해하기 때문이다. 특히 Oligonucleotide를 탐침으로 사용할 경우 blocking agent에 의해 시그널의 감소가 나타나기 때문이다. 이러한 문제는 혼성화 과정에 높은

DENHARDT'S 시약

Denhardt's reagent는 다음 과정에 사용한다.

- northern hybridization
- single-copy Southern hybridization
- nylon membranes에 고정되어 있는 DNA의 hybridizations

Denhardt's 시약은 보통 50x stock 용액으로 준비하며, 여과한 후 −20℃에 보관한다. stock 용액은 prehybridization buffer (1.0% SDS 그리고 100 µg/ml 변성 salmon sperm DNA를 포함하는 6x SSC 또는 6x SSPE)로 10배 희석하여 사용한다. 50x Denhardt's 시약은 다음의 조성이 H_2O에 녹아있다:

1% (w/v) Ficoll 400
1% (w/v) polyvinylpyrrolidone
1% (w/v) bovine serum albumin (Fraction V; Sigma-Aldrich)

BLOTTO <!>

BLOTTO는 다음에 사용한다.

- Grunstein–Hogness hybridization
- Benton–Davis hybridization
- Single-copy dot blot과 slot blot을 제외한 모든 Southern hybridizations

1x BLOTTO는 0.02% sodium azide〈!〉를 포함한 H_2O에 녹인 5% (w/v) 무지방 탈지분유이다. 1x BLOTTO는 4℃에 보관하고 사용 직전에 prehybridization buffer로 10 배 내지 25 배 희석한다. BLOTTO는 높은 농도의 SDS와 함께 사용하면, 우유 단백질을 침전시키므로 SDS와는 함께 사용하여서는 안 된다. 만약 비특이적 혼성화에 의한 강한 배경이 문제된다면, Nonidet P-40를 최종 농도가 1% (v/v)되도록 첨가한다.

BLOTTO는 상당량의 RNase를 포함한다. 따라서 northem hybridization이나 RNA 탐침을 사용할 경우에는 diethylpyrocarbonate을 처리하거나 72℃로 하루 밤 동안 가열한다. BLOTTO는 타겟 DNA가 nylon filter에 고정된 것에 반응시킬 경우에는 Denhardt 용액 보다 효율성이 낮다.

농도의 SDS (6–7%), sodium phosphate (0.4 M), bovine serum albumin (1%), 그리고 EDTA (0.02 M)가 함유한 용액을 사용하면 된다.

가끔 dextran sulfate 같은 혼성화 촉진제가 사용될 경우 Heparin이 Denhardt 용액 또는 BLOTTO 대신 이용된다. Heparin은 혼성화 용액에 dextran sulfate이 함유된 경우 500 mg/ml 농도로 사용한다. Dextran sulfate를 포함하지 않는 경우에 사용하는 heparin의 농도는 50 mg/ml 이다. Heparin (Sigma–Aldrich porcine grade ll, 또는 그에 준하는)은 4x SSPE 또는 SSC에 50 mg/ml 농도로 녹여 4℃에 보관한다.

Western Blotting에 사용하는 blocking agent. 가장 좋고 가격이 저렴한 blocking reagent는 탈지분유이다. 탈지분유는 사용이 용이하고 거의 모든 항체를 이용한 검출 시스템에 사용할 수 있다. 유일하게 탈지분유를 사용할 수 없는 western blot은 우유에 있는 단백질을 검출할 때이다.

다음의 처방에 따라 blocking buffer를 준비할 수 있다. Western blot에 사용하는 blocking 용액은 5% (w/v) 탈지분유, 0.01% Antifoam, 그리고 0.02% sodium azide을 포함하는 phosphate–buffered saline 이다.

Blocking Buffer (blocking agent를 포함하는 TNT buffer)

10 mM Tris–Cl (pH 8.0)
150 mM NaCl
0.05% (v/v) Tween–20
blocking agent (1% [w/v] gelatin, 3% [w/v] bovine serum albumin, 또는 5% [w/v] 탈지분유)

가장 좋은 blocking agent에 대한 의견은 실험실 마다 다르다. 어떤 것이 가장 적합한 지에 대한 예비 실험을 하면 도움이 된다. Blocking buffer는 4℃에 보관하며 여러 번 재사용이 가능하다. Sodium azide 〈!〉는 농도가 0.05% (w/v)가 되도록 첨가하여 미생물의 번식을 막는다.

추출/세포 용해 완충액과 용액

Alkaline Lysis Solution I (plasmid 준비 용)

50 mM glucose
25 mM Tris–Cl (pH 8.0)
10 mm EDTA (pH 8.0)

용액을 대략 100 ml 되도록 준비하여 15 psi (1.05 kg/cm^2) 압력에서 15 분간 멸균하여 4℃에 보관한다.

Alkaline Lysis Solution II (plasmid 준비 용)

0.2 N NaOH (10 N stock 용액을 사용 전에 희석하여 새로 준비)〈!〉
1% (w/v) SDS

용액은 매번 새로 준비하여 실온에서 사용한다.

Alkaline Lysis Solution III (plasmid 준비 용)

5 M potassium acetate	60.0 ml
glacial acetic acid 〈!〉	11.5 ml
H_2O	28.5 ml

이렇게 만들어진 용액은 3 M의 potassium과 5 M의 acetate를 포함한다. 용액은 4℃에 보관하고 사용 전에 얼음에 넣어 둔다.

STET

10 mM Tris–Cl (pH 8.0)
0.1 M NaCl
1 mM EDTA (pH 8.0)
5% (v/v) Triton X–100

모든 성분을 넣은 후 STET의 pH가 8.0이 되는지 확인한다. 멸균 과정은 필요하지 않다.

전기영동과 Gel-loading Buffers

일반적으로 사용되는 전기영동 완충액

Buffer	Working Solution	Stock Solution/Liter
TAE	1x	50x
	40 mM Tris–acetate	242 g 의 Tris base
	1 mM EDTA	57.1 ml의 glacial acetic acid 〈!〉
		100 ml의 0.5 M EDTA (pH 8.0)
TBE[a]	0.5x	5x
	45 mM Tris–borate	54 g의 Tris base
	1 mM EDTA	27.5 g의 boric acid
		20 ml의 0.5 M EDTA (pH 8.0)
TPE	1x	10x
	90 mM Tris–phosphate	108 g의 Tris base
	2 mM EDTA	15.5 ml의 phosphoric acid 〈!〉
		(85%, 1.679 g/ml)
		40 ml의 0.5 M EDTA (pH 8.0)
Tris–glycine[b]	1x	5x
	25 mM Tris–Cl	15.1 g의 Tris base
	250 mM glycine	94 g의 glycine (전기영동 등급)
	0.1% SDS	50 ml의 10% SDS (전기영동 등급)

[a]TBE 는 일반적으로 5x 또는10x stock 용액으로 만들어 보관한다. 농축된 stock 용액의 pH는 대략 8.3이 되어야 한다. 농축 stock 완충액은 사용 직전에 희석하여 사용한다. Gel 용액과 전기영동 완충액도 동일한 stock 용액을 희석하여 준비한다. 사용자에 따라 더 농축된 TBE (5x 용액 대신 10x) stock 용액을 선호하기도 한다. 그러나 5x stock 용액이 보관하는 동안 침전 형성이 되지 않으므로 더 안전하다. 5x 또는 10x 완충액의 stock용액을 0.22-μm filter로 여과하면, 침전의 형성을 막을 수 있다.
[b]SDS–polyacrylamide gels에는 Tris–glycine 완충액을 사용한다 (부록3 참조).

특화된 전기영동 완충액

10x 염기성 Agarose Gel 전기영동 완충액

500 mM NaOH 〈!〉
10 mM EDTA

10 N NaOH 50 ml 와 0.5 M EDTA (pH 8.0) 20 ml를 800 ml의 H_2O에 첨가하고 마지막 부피가 1 L 되도록 맞춘다. 10x 염기성 agarose gel 전기영동 완충액을 사용 직전에 1x 농도가 되도록 H_2O로 희석한다. 동일한 10x 염기성 agarose gel 전기영동 완충액을 염기성 agarose gel과 lx 전기영동 완충액의 준비에 사용한다.

10x BPTE Electrophoresis Buffer

100 mM PIPES
300 mM Bis−Tris
10 mM EDTA

10x 완충액의 최종 pH는 대략 6.5 이다. 10x 완충액은 3 g의 PIPES (free acid), 6 g의 Bis−Tris (free base), 그리고 2 ml의 0.5 M EDTA를 90 ml의 H_2O에 녹여 만든다. 그리고 용액은 diethylpyrocarbonate 〈!〉 (final concentration 0.1%; 자세한 정보는 MC3, p.7.84에 있는 Diethylpyrocarbonate 참고)로 처리한다.

10x MOPS Electrophoresis Buffer

0.2 M MOPS (pH 7.0) 〈!〉
20 mM sodium acetate
10 mM EDTA (pH 8.0)

41.8 g의 MOPS를 700 ml의 멸균된 DEPC−treated 〈!〉 H_2O에 녹인다. 용액이 pH 7.0이 되도록 2 N NaOH로 맞춘다. 20 ml의 DEPC−treated 1 M sodium acetate와 20 ml의 DEPC−treated 0.5 M EDTA (pH 8.0)를 첨가한다. 용액의 최종 부피를 DEPC−treated H_2O로 1 L 되도록 맞춘다. 용액을 0.45−μM Millipore filter로 여과한 후 빛이 닿지 않도록 하여 실온에 보관한다. 가압멸균 하거나 빛을 쬐면 시간이 지남에 따라 용액이 노랗게 변한다. 볏짚 정도의 노란 색을 나타내는 완충액은 사용할 수 있으나 더 진한 색을 띠는 완충액은 기능에 문제가 있어 사용이 불가능하다.

MOPS (3[*N*-MORPHOLINO]) PROPANESULFONIC ACID

FW	pK_a (20℃)	ΔpK_a /℃	Molar strength of saturated solution at 0℃
209.3	7.15	−0.013	3.1

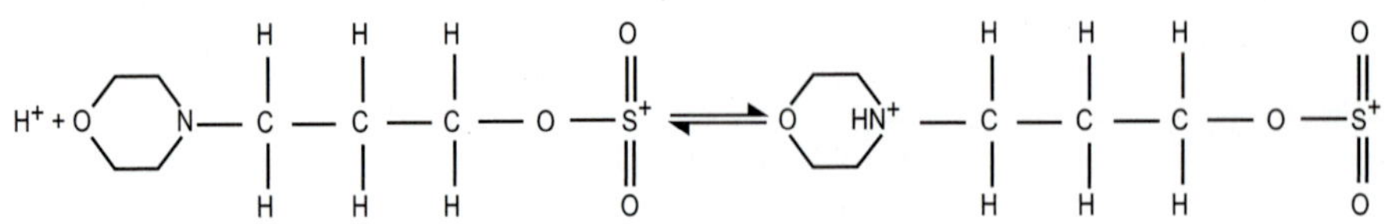

MOPS 는 1970 년대에 Robert Good의 실험실에서 엽록체와 기타의 세포내 소기관을 분리하기 위해 개발된 완충액이다. 분자 클론닝에서 MOPS는 RNA의 agarose gels 전기영동에 사용하는 완충액의 성분이다.

TAFE Gel Electrophoresis Buffer

200 mM Tris−acetate (pH 8.2)
0.5 mM EDTA

Acetic acid로 Tris 용액을 pH 8.2로 맞춘다. EDTA는 나트륨 염 형태가 아닌 산의 형태로 된 것을 사용한다. TAFE buffer의 농축 용액을 구입할 수 있다(예, Beckman Coulter).

중요: The TAFE gel 전기영동 완충액은 반드시 사용 전에 14℃로 온도를 낮춘다.

Gel-loading Buffer

6x Alkaline Gel−loading Buffer

300 mM NaOH 〈!〉
6 mM EDTA
18% (w/v) Ficoll (Type 400; Pfizer)
0.15% (w/v) bromocresol green
0.25% (w/v) xylene cyanol

Bromophenol Blue 용액 (0.4%, w/v)

Bromophenol blue 4 mg을 1 ml의 멸균된 H_2O에 녹인다. 용액은 실온에 보관한다.

표 A1-6 6x Gel-loading Buffers

BUFFER 종류	6X BUFFER	보관 온도
I	0.25% (w/v) bromophenol blue 0.25% (w/v) xylene cyanol FF 40% (w/v) sucrose in H_2O	4℃
II	0.25% (w/v) bromophenol blue 0.25% (w/v) xylene cyanol FF 15% (w/v) Ficoll (Type 400; Pfizer) in H_2O	room temperature
III	0.25% (w/v) bromophenol blue 0.25% (w/v) xylene cyanol FF 30% (v/v) glycerol in H_2O	4℃
IV	0.25% (w/v) bromophenol blue 40% (w/v) sucrose in H_2O	4℃

Bromophenol Blue Sucrose 용액

0.25% (w/v) bromophenol blue
40% (w/v) sucrose

Cresol Red 용액(10 mM)

Sodium 염 형태의 cresol red (Sigma-Aldrich) 4 mg을 1 ml의 멸균된 H_2O에 녹인다. 용액은 실온에 보관한다.

10x Formaldehyde Gel-loading Buffer

50% (v/v) glycerol (DEPC-treated 〈!〉 H_2O로 희석한 것)
10 mM EDTA (pH 8.0)
0.25% (w/v) bromophenol blue
0.25% (w/v) xylene cyanol FF

Formamide-loading Buffer

80% (w/v) deionized formamide 〈!〉
10 mM EDTA (pH 8.0)
1 mg/ml xylene cyanol FF
1 mg/ml bromophenol blue

Formamide는 deionized된 것을 구입하여 작은 양으로 분주하여 -20℃에 질소를 채워 보관한다. 또는 시약급의 formamide를 구입하여 부록 3에 설명된 방법으로 이온을 제거 한다.

RNA Gel-loading Buffer

95% (v/v) deionized formamide 〈!〉
0.025% (w/v) bromophenol blue
0.025% (w/v) xylene cyanol FF
5 mM EDTA (pH 8.0)
0.025% (w/v) SDS

2x SDS Gel-loading Buffer

100 mM Tris-Cl (pH 6.8)
4% (w/v) SDS (electrophoresis grade)
0.2% (w/v) bromophenol blue
20% (v/v) glycerol
200 mM dithiothreitol 또는 β-mercaptoethanol 〈!〉

Thiol (dithiothreitol 또는 β-mercaptoethanol)을 포함하지 않는 lx 와 2x SDS gel-loading 완충액은 실온에 보관할 수 있다. Thiol은 1 M (dithiothreitol) 또는 14 M (β-mercaptoethanol) stocks 용액을 사용 직전에 첨가하여 농도를 맞춘다.

2.5x SDS-EDTA Dye Mix

0.4% (v/v) SDS
30 mM EDTA
0.25% bromophenol blue
0.25% xylene cyanol FF
20% (w/v) sucrose

특수한 완충액과 용액

Elution Buffer (Qiagen)

50 mM Tris-Cl (pH 8.1-8.2)
1.4 M NaCl
15% (v/v) ethanol

KOH/Methanol Solution

이 용액은 sequencing gel을 만드는 유리판을 닦는데 사용한다. 5 g의 KOH 〈!〉를 100 ml의 methanol 〈!〉에 녹여 만든다. 용액은 유리병에 담아 뚜껑을 꼭 닫은 후 실온에 보관한다.

λ Annealing Buffer

100 mM Tris-Cl (pH 7.6)
10 mM $MgCl_2$

LB Freezing Buffer

36 mM K_2HPO_4 (anhydrous)
13.2 mM KH_2PO_4
1.7 mM sodium citrate
0.4 mM $MgSO_4.7H_2O$
6.8 mM ammonium sulfate
4.4% (v/v) glycerol
in LB broth

LB freezing buffer는 100 ml의 LB에 위의 농도가 되도록 각각의 염을 녹여 만드는 것이 좋다. 준비된 95.6 ml의 용액을 새 용기에 옮긴 후, 4.4 ml의glycerol을 더한다. 용액을 잘 섞은 후 1 회용 0.45-μm Nalgene filter로 여과하여 멸균한다. 용액은 온도 조절이 가능한 (15-25℃) 실내에 보관한다.

$MgCl_2$-$CaCl_2$ 용액

80 mM $MgCl_2$
20 mM $CaCl_2$

P3 Buffer (Qiagen)

3 M potassium acetate (pH 5.5)

PEG-$MgCl_2$ Solution

40% (w/v) polyethylene glycol (PEG 8000)
30 mM $MgCl_2$

40 g의 PEG 8000을 30 mM $MgCl_2$에 녹여 최종 부피 100 ml가 되도록 한다. 용액을 0.22-μm filter로 여과하여 멸균하고, 실온에 보관한다.

QBT Buffer (Qiagen)

750 mM NaCl 〈!〉
50 mM MOPS (pH 7.0) 〈!〉
15% (v/v) isopropanol
0.15% (v/v) Triton X-100

Radioactive Ink 〈!〉

방사성 잉크는 적은 양의 ^{32}P를 물에 지워지지 않는 검은 잉크에 섞어 만든다. 대략 3 단계 강도의 잉크를 만들면 편리하게 사용할 수 있다: 방사능이 매우 강한 (휴대용 미니카운터에서 〉2000 cps), 강한 (〉500 cps), 그리고 약한(〉50 cps). Fiber-tip 펜을 사용하여 원하는 잉크를 테이프에 묻힌다. 방사능 경고 테이프를 펜에 붙인 후 적당한 장소에 보관한다.

Sephacryl Equilibration Buffer

50 mM Tris-Cl (pH 8.0)
5 mM EDTA
0.5 M NaCl

SM 그리고 SM Plus Gelatin

1 리터를 준비 하려면:

NaCl	5.8 g
$MgSO_4 \cdot 7H_2O$	2 g
1 M Tris-Cl (pH 7.5)	50 ml
2% (w/v) gelatin 용액	5 ml
H_2O	1 리터가 되도록

용액은 15 psi (1.05 kg/cm^2) 에서 20 분간 멸균한다. 용액이 식으면, 50 ml 씩 멸균된 용기에 나누어 담는다. SM은 오랜 시간 실온에 보관 할 수 있다. 각 용기의 한번 사용하고 남은 SM은 감염을 방지하기 위해 폐기한다.

Sorbitol Buffer

1 M sorbitol
0.1 M EDTA (pH 7.5)

STE

10 mM Tris-Cl (pH 8.0)
0.1 M NaCl
1 mM EDTA (pH 8.0)

15 psi (1.05 kg/cm^2)에서 15 분간 가압 멸균 한다. 멸균한 용액은 4℃에 보관한다.

10x TEN Buffer

0.1 M Tris-Cl (pH 8.0)
0.01 M EDTA (pH 8.0)
1 M NaCl

TES

10 mM Tris-Cl (pH 7.5)
1 mM EDTA (pH 7.5)
0.1% (w/v) SDS

Tris-Sucrose

50 mM Tris-Cl (pH 8.0)
10% (w/v) sucrose

용액은 0.22-μm filter로 여과하여 멸균하고, 실온에 보관한다. Sucrose를 포함한 용액은 높은 온도에서 설탕이 탄화되므로 가압 멸균해서는 안된다.

Triton/SDS Solution

10 mM Tris-Cl (pH 8.0)
2% (v/v) Triton X-100
1% (w/v) SDS
100 mm NaCl
1 mM EDTA (pH 8.0)

용액은 0.22-μm filter로 여과하여 멸균하고, 실온에 보관한다.

Wash Buffer (Qiagen)

50 mM MOPS-KOH 〈!〉 (pH 7.5–7.6)
0.75 M NaCl
15% (v/v) ethanol

완충액을 만들 때는 MOPS/NaCl 용액의 pH를 맞춘 후 ethanol을 첨가한다.

Yeast Resuspension Buffer

50 mM Tris-Cl (pH 7.4)
20 mM EDTA (pH 7.5)

유기용매의 준비

CAUTION: 〈!〉표시된 물질의 적절한 사용법은 Appendix 4를 참조하세요.

Phenol

대부분의 구입 가능한 액체 상태의 phenol 〈!〉은 맑고 무색을 나타낸다. 이러한 phenol은 더 이상의 정제 없이 사용할 수 있다. 간혹 액화 phenol이 분홍색 또는 노란색을 띄는 경우가 있는데 그런 phenol은 반품하는 것이 좋다. 고체 상태의 phenol은 사용하지 않는 것이 좋다. 고체 phenol에 포함되어 있는 퀴논 같은 산화물을 제거하기 위해서는 160℃에서 재증류 하여야 한다. 왜냐면 그러한 산화물은 phosphodiester 결합을 끊거나 RNA와 DNA의 cross-link를 형성하기 때문이다.

Equilibration of Phenol

사용 전에 phenol은 반드시 pH가 7.8 이상이 되도록 맞추어야 한다. 산성의 pH에서는 DNA가 유기용매 층에 남게 되기 때문이다. 이 과정은 반드시 실험복, 장갑 그리고 얼굴을 보호할 수 있는 장비를 착용하고 진행 시킨다.

1. 액상의 phenol은 −20℃에 보관한다. 필요할 때 냉동고에서 꺼내어, 실온에 놓아 두었다가, 68℃에서 녹인다. Hydroxyquinoline을 최종 농도 0.1% 되도록 첨가한다. Hydroxyquinoline 은 항산화제, RNase 저해제, 그리고 약한 금속 이온의 chelator이다. 또한 약간의 노란 색을 나타내므로 유기용매 층을 구별하는데 도움이 된다.
2. 녹은 phenol에 동량의 완충액 (일반적으로 0.5 M Tris-Cl [pH 8.0, 실온에서])을 가한다. 자석 교반기로 15 분간 섞는다. 교반기를 정지시킨 후, 두 층이 분리되면, 위 부분의 수액 층을 진공 흡입기에 연결된 유리 피펫으로 빨아내어 적당한 트랩에 모은다 (부록 3, 그림 A3-2 참조).
3. 동량의 0.1 M Tris-Cl (pH 8.0)를 phenol에 가한다. 자석 교반기로 15 분간 섞는다. 교반기를 정지시킨 후, 두 층이 분리되면, 위 부분의 수액 층을 위의 과정 2와 같이 제거한다. 이 과정을 phenol 층의 pH가 〉7.8이 될 때까지 반복 한다 (pH는 pH paper로 측정한다).
4. Phenol의 평형과정이 끝나서, 마지막 수액 층을 제거하고 나면, 0.2% β-mercaptoethanol 〈!〉을 함유한 0.1 M Tris-Cl (pH 8.0)을 0.1배 부피만큼 첨가한다. Phenol 용액 위에 100 mM Tris-Cl (pH 8.0)를 덮고, 빛을 차단한 병에 넣어 4℃에 보관하면 한 달까지 사용할 수 있다.

Phenol:Chloroform:Isoamyl Alcohol (25:24:1)

일반적으로 핵산의 준비과정 중 단백질을 제거하기 위하여, 위와 같이 준비된 phenol과 chloroform:isoamyl alcohol 〈!〉 (24:1)을 동량 씩 섞어 사용한다. Chloroform은 단백질을 변성화시키고, 수액 층과 유기 용매 층의 분리를 도와준다. Isoamyl alcohol은 DNA 추출과정 중 기포가 생기는 것을 감소 시킨다. Chloroform과 isoamyl alcohol는 사용 전에 어떠한 처리도 할 필요가 없다. phenol:chloroform:isoamyl alcohol 혼합액은 100 mM Tris-Cl (pH 8.0)로 덮어, 빛을 차단 한 병에 넣어 4℃에서 보관하면 한 달 까지 사용할 수 있다.

Deionization of Formamide

시약 등급의 formamide 〈!〉는 별도의 처리 없이 사용할 수 있을 정도로 순수하다. 그러나 만약 노란 색을 띈다면, formamid에 Dowex XG8 mixed-bed resin을 넣어 1 시간가량 자석 교반기로 섞은 후 Whatman No. 1 여과지로 걸러 이온을 제거한다. 처리한 formamide는 작은 양으로 나누어 질소를 채운 후 −70℃에 보관한다.

Deionization of Glyoxal

시판되는 glyoxal (40% 또는 6 M) stock 용액은 여러 상태의 수화물로 존재할 뿐 아니라 산화된 형태인 glyoxylic acid, formic acid와 기타 RNA를 분해할 수 있는 산화물을 포함한다. 이러한 불순물은 Bio-Rad AG-510-X8과 같은 혼합-bed resin과 섞어 resin의 indicator dye가 더 이상 남아있지 않을 때까지 제거 하여야 한다. Glyoxal의 탈이온화를 위하여는,

1. 사용 직전에, glyoxal과 동량의 mixed-bed ion-exchange resin (Bio-Rad AG-510-X8)을 섞는다. 또는 glyoxal을 mixed-bed resin으로 채워진 작은 컬럼을 통과 시킨 후 단계 3을 진행 시킨다.
2. 탈 이온화된 시약은 여과(예, Uniflow Plus filter 사용, Schleicher & Schuell)하여 resin을 제거한다.
3. 200 μl의 glyoxal과 2 μl의 10-mg/ml bromocresol green 수용액을 섞어 색깔 변화를 보아 glyoxal의 pH를 조사한다. Bromocresol green은 pH 〈4.8에서 노란색을 나타내며 pH 〉5.2에서는 청록색을 나타낸다.
4. 탈 이온화 반응(단계 1과 단계 2)을 glyoxal의 pH가 〉5.5될 때까지 반복한다.

탈 이온화된 glyoxal은 질소를 채우고 뚜껑을 꼭 막은 microfuge tube에 넣어 −20℃에 보관하면 영구적으로 보존할 수 있다. 하나의 microfuge tube는 단 한번만 사용하고 남은 것은 폐기한다.

CHEMICAL STOCK 용액

CAUTION: 〈!〉표시된 물질의 적절한 사용법은 Appendix 4를 참조하세요.

Acrylamide Solution (45% w/v)

acrylamide (DNA-sequencing grade) 〈!〉	434 g
N,N'-methylenebisacrylamide 〈!〉	16 g
H_2O	600 ml 되도록

내용물을 녹이기 위하여 37℃로 데운다. 증류수로 최종 부피를 1 리터로 맞춘다. Nitrocellulose 필터 (예, Nalgene Nunc, 0.45-μm pore size)로 여과하고 용액은 갈색 유리병에 넣어 실온에 보관한다.

Actinomycin D (5 mg/ml)

Actinomycin D 〈!〉를 methanol 〈!〉에 5 mg/ml 농도가 되도록 녹인다. Stock 용액은 −20℃의 어두운 곳에 보관한다. Actinomycin D에 관련된 정보는 MC3, p. 7.88를 참조 하시오.

Adenosine Diphosphate (ADP) (1 mM)

고체상태의 adenosine diphosphate(아데노신 이인산화물)을 멸균된 25 mM Tris-Cl (pH 8.0)에 녹인다. 작은 양 (~20 μl)으로 분주하여 −20℃에 보관한다.

Ammonium Acetate (10 M)

1 리터 용액을 만들기 위하여 770 g의 ammonium acetate를 800 ml의 H_2O에 녹인다. 최종 부피가 1 리터 되도록 맞추고 여과한다. 또는 100-ml 용액을 준비하기 위하여 77 g의 ammonium acetate를 70 ml의 H_2O에 실온에서 녹인다. 최종 용액의 양이 100 ml가 되도록 H_2O를 가한다. 0.22-μm filter로 여과한다. 용액은 뚜껑을 꼭 닫은 병에 넣어 4℃ 또는 실온에 보관한다. Ammonium acetate는 뜨거운 물에서는 분해된다. 따라서 ammonium acetate가 들어 있는 용액은 가압 멸균해서는 안 된다.

Ammonium Persulfate (10% w/v)

ammonium persulfate 〈!〉	1 g
H_2O	10 ml가 되도록

Ammonium persulfate 1 g을 10 ml의 H_2O에 녹인 후 4℃에 보관한다. Ammonium persulfate는 용액에서 서서히 분해되므로 stock 용액은 2-3 주마다 새로 준비한다. Ammonium persulfate는 acrylamide와 bisacrylamide gel 중합반응의 촉매역할을 한다. 중합 반응은 diamine (예, TEMED)이 산화-환원 반응의 부촉매로 작용하여 형성된 자유radical에 의해 일어나게 된다.

ATP (10 mM)

고체 ATP를 25 mM Tris-Cl (pH 8.0)에 녹인다. ATP 용액을 작은 양으로 나누어 −20℃에 보관한다.

Calcium Chloride ($CaCl_2$, 2.5 M)

11 g의 $CaCl_2 \cdot 6H_2O$를 최종 부피 20 ml가 되는 증류수에 녹인다. 용액은 0.22 μm filter로 여과하여 멸균한다. 1-ml로 분주하여 4℃에 보관한다.

Coomassie 염색 용액

0.25g의 Coomassie Brilliant Blue R-250을 90 ml의 methanol:H_2O 〈!〉 (1:1, v/v)와 10 ml의 glacial acetic acid 〈!〉에 녹인다. 용액에 남아 있는 입자를 제거하기 위하여 Whatman No. 1 filter로 거른 후 실온에 보관한다. 부록 3의 Coomassie Staining에 대한 설명을 참조하시오.

Deoxyribonucleoside Triphosphates (dNTPs)

각각의 dNTP를 대략 농도가 100 mM이 되도록 H_2O에 녹인다. micropipette으로 0.05 M Tris base를 가하여 각 용액의 pH 를7.0 (pH paper를 이용하여)으로 맞춘다. 중화시킨 dNTP를 희석하고 아래 표에 나와 있는 파장에서 흡광도를 측정한다. 각 dNTP 용액의 농도를 계산한 후 용액의 최종 농도가 50 mM dNTP가 되도록 물로 희석한다. 각각의 용액은 작은 양으로 나누어 -70℃에 보관한다.

Base	Wavelength (nm)	Extinction Coefficient (E)(M^{-1} cm^{-1})
A	259	1.54×10^4
G	253	1.37×10^4
C	271	9.10×10^3
T	267	9.60×10^3

1 cm 폭의 cuvette을 사용하면, 흡광도 = EM으로 나타난다. 100 μM dNTP stock 용액은 구입 가능하다(Pfizer).

체인 중합 반응 (PCR)에 사용할 dNTP 용액은 2 N NaOH을 가하여 pH 8.0으로 맞춘다. 구입 가능한 PCR-grade dNTP 용액은 pH 보정이 필요하지 않다.

Dimethylsulfoxide (DMSO)

고급 DMSO 〈!〉 (HPLC 급 또는 더 순수한)을 구입한다. 새로 구입한 시약은 1-ml 씩 멸균된 시험관에 나누어 뚜껑을 꼭 닫아 -20℃에 보관한다. 각 시험관의 시약은 한번만 사용하고 나머지는 폐기한다.

Dithiothreitol (DTT, 1 M)

DTT 3.09 g을 20 ml의 0.01 M sodium acetate (pH 5.2)에 녹이고 여과하여 멸균한다. 용액은 1 ml 씩 나누어 -20℃에 보관한다. 이렇게 보관하면 DTT는 공기에 의해 산화되지 않는다.

EDTA (0.5 M, pH 8.0)

Disodium EDTA·$2H_2O$ 186.1 g을 800 ml의 H_2O에 넣고 자석 교반기로 섞어 녹인다. pH를 8.0이 되도록 고체 NaOH (대략 20 g의 고체 알갱이 NaOH 〈!〉)를 가한다. 작은 양으로 분주하여 가압멸균 한다. 2가 sodium염 형태의 EDTA는 NaOH를 가하여 용액의 pH를 대략 8.0로 맞추어야 녹는다.

EGTA (0.5 M, pH 8.0)

EGTA는 ethylene glycol bis(β-aminoethyl ether) *N,N,N',N'*-tetraacetic acid의 약자이다. EGTA용액은 위의 EDTA용액과 같은 방법으로 준비하고 가압멸균 또는 필터링으로 멸균한다. 멸균한 용액은 실온에 보관한다.

Ethidium Bromide (10 mg/ml)

Ethidium bromide 〈!〉 1 g을 100 ml의 H_2O에 넣고 자석 교반기로 여러 시간 섞어 완전하게 녹인다. 용액이 담긴 용기는 알루미늄 호일로 싸거나 진한 색의 병에 담아 실온에 보관 한다.

Gelatin (2% w/v)

2 g의 gelatin을 최종 부피 100 ml가 되도록 H_2O에 녹이고, 15 psi (1.05 kg/cm^2)에서 15 멸균한다.

Glycerol (10% v/v)

분자생물학 등급의 glycerol (1 volume)을 9 배의 멸균된 순수한 H_2O로 희석한다. 미리 헹군 0.22-μm filter로 용액을 여과한다. 200 ml 씩 분주하여 4℃에 보관한다.

IPTG (20% [w/v], 0.8 M)

IPTG는 isopropylthio-β-D-galactoside이다. 20% IPTG 용액은 2 g의 IPTG를 8 ml의 멸균된 H_2O에 녹여, 최종 부피를 H_2O로 10 ml로 맞추고 일회용 0.22-μm filter로 여과한다. 1 ml 씩 분주한 후 -20℃에 보관한다.

KCl (4 M)

알맞은 양의 고체 상태의 KCl을 H_2O에 녹인 후 20 분간 가압멸균 한다. 용액은 실온에 보관한다. 이상적인 사용 방법은 멸균된 시험관에 대략 100 μl 양으로 분주한 후 한 번씩만 사용하는 것 이다.

Lithium Chloride (LiCl, 5 M)

LiCl 21.2 g을 부피가 90 ml가 되도록 H_2O에 녹인다. 용액의 최종 부피를 100 ml가 되도록 H_2O를 가한다. 용액을 0.22-μm filter로 여과하거나 15 psi (1.05 kg/cm^2)압력으로 15분간 가압 멸균 한다. 용액은 4℃에 보관한다.

Maltose (20% w/v)

Maltose 20 g을 최종 부피 100 ml의 H_2O에 녹이고, 0.22 μm filter로 여과하여 멸균한다. 멸균된 용액은 실온에 보관한다.

$MgCl_2 \cdot 6H_2O$ (1 M)

203.3 g의 $MgCl_2 \cdot 6H_2O$를 800 ml의 H_2O에 녹인다. 최종 부피를 1 리터가 되도록 H_2O를 가한다. 작은 양으로 분주하여 가압 멸균한다. $MgCl_2$는 흡습성이 강하므로 작은 크기의 병 (예, 100 g)을 구입하고, 장시간 동안 뚜껑을 열어 놓은 상태로 보관하지 않는다.

$MgSO_4$ (1 M)

12 g의 $MgSO_4$를 최종 부피 100 ml가 되는 H_2O에 녹인다. 용액을 0.22-μm filter로 여과하거나 가압 멸균 한다. 용액은 실온에 보관한다.

NaCl (sodium chloride, 5 M)

292 g의 NaCl을 800 ml H_2O에 녹인다. 부피를 1 리터가 되도록 H_2O를 가한다. 작은 양으로 나눈 후 가압 멸균한다. NaCl 용액은 실온에 보관한다.

NaOH (10 N)

10 N NaOH 〈!〉 용액을 만드는 과정은 극심한 발열 과정이므로, 유리 용기가 파열될 수도 있다. 이 용액의 준비는 플라스틱 용기를 사용하여 조심스럽게 진행하여야 한다. 800 ml의 H_2O에 용액을 계속 저으며, 천천히 400 g의 NaOH 알갱이 〈!〉를 첨가한다. 예방 조치로 비이커를 얼음에 넣고 진행한다. 덩어리가 완전히 녹으면, 부피를 1 리터로 맞춘다. 용액은 플라스틱 용기에 넣어 실온에 보관한다. 멸균 절차는 필요치 않다.

PEG 8000

실제 사용하는 PEG 〈!〉의 농도는 13%에서 40% (w/v) 이다. 원하는 농도의 용액은 PEG 8000을 멸균된 H_2O에 녹여 준비한다. 필요하면 따뜻하게 데운다. 용액을 0.22-pm filter로 여과하여 멸균한다. 용액은 실온에 보관한다.

Polyethylene glycol (PEG)은 $H(OCH_2\ CH_2)nOH$가 반복되는 직선 구조의 단순 반복 중합체이다. PEG는 반복 구조의 개수 (n)를 나타내는 명칭이 보여주는 바와같이 다양한 분자량을 가진다. 예를 들어 PEG 400은 n= 8-9이고, PEG 4000의 n 의 범위는 68 에서 84이다. PEG는 용액 내의 고분자물의 밀집 현상을 유도하므로 분자 생물학에서 다음에 설명된 용도로 사용 된다:

- ***크기에 따른 DNA 분자의 침전.*** 침전에 필요한 PEG의 농도는 DNA 조각의 크기에 반비례 한다.
- ***Bacteriophage의 침전과 분리.***
- ***핵산 혼성화 과정 중 상보 사슬의 재결합 효율의 증가,*** DNA blunt-end ligation 그리고 bacteriophage T4 polynucleotide kinase에 의한 DNA 말단 labelling (MC3, p. 1.152의 농축과 밀집에 이용되는 시약 참조).
- ***배양세포와 bacteria protoplast의 융합.***

Potassium Acetate (5 M)

5 M potassium acetate	60 ml
glacial acetic acid 〈!〉	11.5 ml
H_2O	28.5 ml

만들어진 용액은 3 M의 potassium과 5 M의 acetate를 포함한다. 완충액은 실온에 보관한다.

SDS (20% w/v)

sodium lauryl sulfate로 부른다. 200 g의 전기 영동급의 SDS 〈!〉를 900 ml의 H_2O에 녹인다. 68℃로 가열하고 자석교반기로 섞어 잘 녹도록 한다. 만약 필요하다면 농축 HCl 〈!〉 몇 방울을 넣어 pH를 7.2로 맞춘다. 최종 부피를 1 리터로 맞추고 실온에 보관한다. 멸균 과정은 필요하지 않으며 가압 멸균 하지 않는다.

Silver Stain. **염색 섹션을 보시오 (부록 3).**

Sodium Acetate (3 M, pH 5.2 and 7.0)

408.3 g의 sodium acetate·$3H_2O$를 800 ml의 H_2O에 녹인다. glacial acetic acid 〈!〉로 pH 5.2로 맞추거나 희석된 acetic acid로 pH 7.0으로 맞춘다. 최종 부피 1 리터를 만든 후 작은 양으로 나누어 가압 멸균 한다.

Spermidine (1 M)

1.45 g의 spermidine (free-base 상태)을 10 ml의 deionized H_2O에 녹인 후 0.22-μm filter로 여과시켜 멸균 한다. 용액은 작은 양으로 나누어 -20℃에 보관한다. 매달 새 stock용액을 만든다.

SYBR Gold Staining Solution

SYBR Gold 〈!〉 (Invitrogen)은 농도를 알 수 없는 stock 용액으로 dimethylsulfoxide에 녹아 있는 상태로 공급된다. Agarose gel을 염색할 때에는 SYBR Gold nucleic acid stain을 전기영동 완충액으로 1:10,000으로 희석한 working solution을 사용한다. Working stock은 매일 새로 준비하여 온도가 일정한 실내의 어두운 곳에 보관한다. Aagarose gels의 염색에 대한 논의는, MC3, p. 5.14를 보면 된다.

I 1	II 2	3	4	5	6	7	8	9	10	11	12	III 13	IV 14	V 15	VI 16	VII 17	VIII 18
		Transition Metals															
1.00 H 1																1.00 H 1	4.00 He 2
6.94 Li 3	9.01 Be 4											10.81 B 5	12.01 C 6	14.00 N 7	15.99 O 8	18.99 F 9	20.17 Ne 10
22.98 Na 11	24.3 Mg 12											26.98 Al 13	28.08 Si 14	30.97 P 15	32.06 S 16	35.45 Cl 17	39.94 Ar 18
39.09 K 19	40.08 Ca 20	44.95 Sc 21	47.88 Ti 22	50.94 V 23	51.99 Cr 24	54.93 Mn 25	55.84 Fe 26	58.93 Co 27	58.69 Ni 28	63.54 Cu 29	65.38 Zn 30	69.72 Ga 31	72.59 Ge 32	74.92 As 33	78.96 Se 34	79.90 Br 35	83.80 Kr 36
85.46 Rb 37	87.62 Sr 38	88.90 Y 39	91.22 Zr 40	92.90 Nb 41	95.94 Mo 42	(98) Tc 43	101.07 Ru 44	102.90 Rh 45	106.42 Pd 46	107.86 Ag 47	112.41 Cd 48	114.82 In 49	118.69 Sn 50	121.75 Sb 51	127.60 Te 52	126.90 I 53	131.29 Xe 54
132.90 Cs 55	137.33 Ba 56	138.90 La 57-71	178.49 Hf 72	180.94 Ta 73	183.85 W 74	186.20 Re 75	190.2 Os 76	192.22 Ir 77	195.08 Pt 78	196.96 Au 79	200.59 Hg 80	204.38 Tl 81	207.2 Pb 82	208.98 Bi 83	(209) Po 84	(210) At 85	101.07 Ru 86
(223) Fr 87	226.02 Ra 88	227.02 Ac 89-103	(261) Unq 104	(236) Unp 105	(261) Unh 106	(261) Uns 107											

140.12 Ce 58	140.90 Pr 59	144.24 Nd 60	(145) Pm 61	150.36 Sm 62	151.96 Eu 63	157.25 Gd 64	158.92 Tb 65	162.50 Dy 66	164.93 Ho 67	167.26 Er 68	168.93 Tm 69	173.04 Yb 70	174.96 Lu 71	Lanthanides
232.03 Th 90	231.03 Pa 91	238.02 U 92	237.04 Np 93	(244) Pu 94	(243) Am 95	(247) Cm 96	(247) Bk 97	(251) Cf 98	(252) Es 99	(257) Fm 100	(258) Md 101	(259) No 102	(260) Lr 103	Actinides

표 A1-1 주기률표

괄호 안의 숫자는 가장 안정적인 동위원소의 질량을 나타낸다.

Trichloroacetic Acid (TCA; 100% solution)

한 번도 사용하지 않은 500 g의 TCA 〈!〉가 담긴 병에 227 ml의 H_2O를 넣는다. 이 용액이 100% (w/v) TCA 이다.

X-gal Solution (2% w/v)

X-gal은 5-bromo-4-chloro-3-indolyl-β-D-galactoside 이다. stock 용액은 X-gal을 20 mg/ml의 농도가 되도록 dimethylformamide 〈!〉에 녹여 만든다. 유리 또는 polypropylene 시험관을 사용한다. 용액이 담긴 시험관은 알루미늄 호일로 감싸서 빛에 의한 분해를 막고 -20℃에 보관 한다. X-gal 용액은 여과하여 멸균할 필요는 없다. MC3, p.1.149의 X-gal에 대한 정보를 참고하시오.

REAGENTS AND BUFFERS INDEX

분자생물학에서 사용하는 완충액과 stock 용액의 준비, 697

산과 염기, 696

완충액, 692
유기용매의 준비, 710

λ Annealing Buffer, 708
Acrylamide Solution (45% w/v), 711
Actinomycin D (5 mg/ml), 711
Adenosine Diphosphate (ADP) (1 mM), 711
Alkaline Lysis Solution I (plasmid 준비용), 704
Alkaline Lysis Solution II (plasmid 준비용), 704
Alkaline Lysis Solution III (plasmid 준비용), 705
Alkaline Transfer Buffer (DNA 의 nylon membranes에 염기전이 시 사용), 701
Ammonium Acetate (10 M), 711
Ammonium Persulfate (10% w/v), 711
ATP (10 mM), 711

Blocking Buffer (blocking agent를 포함하는 TNT buffer), 704
Bromophenol Blue 용액 (0.4%, w/v), 706
Bromophenol Blue Sucrose 용액, 707

Calcium Chloride ($CaCl_2$, 2.5 M), 712
CHEMICAL STOCK 용액, 711
Church Buffer, 701
Coomassie 염색 용액, 712
Cresol Red 용액(10 mM), 707

Denaturation Solution (double-strand DNA를 gels 에서 membrane으로 옮기기 전의 변성화 과정에 사용), 701
Deoxyribonucleoside Triphosphates (dNTPs), 712
Dimethylsulfoxide (DMSO), 712
Dithiothreitol (DTT, 1 M), 712
DNase I 희석 완충액, 698

EDTA (0.5 M, pH 8.0), 712
EGTA (0.5 M, pH 8.0), 712

Elution Buffer (Qiagen), 708
Ethidium Bromide (10 mg/ml), 712

Formamide-loading Buffer, 707

Gelatin (2% w/v), 712
Glycerol (10% v/v), 712

HCl (2.5 N), 701
Hybridization Buffer with formamide (RNA용), 701
Hybridization Buffer without formamide (RNA용), 701

IPTG (20% [w/v], 0.8 M), 713

KCl (4 M), 713
KOH/Methanol Solution, 708

LB Freezing Buffer, 708
Lithium Chloride (LiCl, 5 M), 713
lx EcoRl Methylase Buffer, 700
Lysozyme (10 mg/ml), 698
Lyticase (67 mg/ml), 698

Maltose (20% w/v), 713
$MgCl_2 \cdot 6H_2O$ (1 M), 713
$MgCl_2$–$CaCl_2$ 용액, 708
$MgSO_4$ (1 M), 713

NaCl (sodium chloride, 5 M), 713
NaOH (10 N), 713
Neutralization Buffer I (변성된 DNA를 전기를 띠지 않는 membrane에 옮길 때 사용), 701
Neutralization Buffer II (DNA를 nylon membrane에 염기전이 시), 702
Neutralizing Solution (DNA를 nylon membrane에 옮길 때 사용), 702
Nuclease S1 Digestion Buffer, 700

P3 Buffer (Qiagen), 708
Pancreatic DNase I (1 mg/ml), 698
Pancreatic RNase (1 mg/ml), 698
PEG 8000, 713
PEG-$MgCl_2$ Solution, 708
Phosphate-buffered Saline(PBS), 697
Polymerase 희석 완충액, 698
Potassium Acetate (5 M), 714
Prehybridization Solution (dot, slot, 그리고 northern hybridization에 사용), 702
Prehybridization/Hybridization 용액 (수용성 buffer를 사용한 혼성화에 이용), 702
Prehybridization/Hybridization 용액 (용균/콜로니 리프트), 702
Prehybridization/Hybridization 용액 (formamide buffers를 사용한 혼성화에 이용), 702
Prehybridization/Hybridization 용액 (phosphate-SDS buffer를 이용한 혼성화), 702
Proteinase K (20 mg/ml), 698

QBT Buffer (Qiagen), 708

Radioactive Ink, 708
RNA Gel-loading Buffer, 707
RNase H Buffer, 700

SDS (20% w/v), 714
Sephacryl Equilibration Buffer, 709
Sequenase 희석 완충액, 698
Silver Stain, 염색 섹션을 보시오 (부록 3), 714
SM 그리고 SM Plus Gelatin, 709
Sodium Acetate (3 M, pH 5.2 and 7.0), 714
Sorbitol Buffer, 709
Spermidine (1 M), 714
STE, 709
STET, 705
SYBR Gold Staining Solution, 714

TAFE Gel Electrophoresis Buffer, 706
Tag 희석 완충액, 699
TES, 709
Trichloroacetic Acid (TCA; 100% solution), 715
Tris Magnesium Buffer (TM), 697
Tris-buffered Saline (TBS), 697
Tris-Cl (1 M), 697
Tris-Sucrose, 709
Triton/SDS Solution, 709
Trypsin, 698
Wash Buffer (Qiagen), 710
X-gal Solution (2% w/v), 715
Yeast Resuspension Buffer, 710
Zymolyase 5000 (2 mg/ml), 698

부록 2

Media

*E. coli*를 기르기 위한 액체 배지, 718

- GYT 배지, 718
- LB 배지 (Luria–Bertani Medium), 718
- M9 Minimal 배지, 718
- NZCYM 배지, 718
- NZM 배지, 719
- NZYM 배지, 719
- SOB 배지, 719
- SOC 배지, 719
- Terrific Broth (TB), 719
- 2x YT 배지, 719

AGAR 또는 AGAROSE를 포함하는 배지, 720

보관용 배지, 720

- 액체 배양, 720
- Stab Cultures, 720

항생제, 721

BACTERIOPHAGE λ를 사용하는 실험에 필요한 용액, 722

- Maltose, 722
- SM, 722
- TM, 722

YEAST의 배양 및 선별에 사용되는 배지, 722

- Complete Minimal (CM) 또는 Synthetic Complete (SC) 그리고 Dropout 배지, 722
- Dropout Mix, 723
- Supplemented Minimal 배지 (SMM), 724
- Synthetic Dextrose Minimal 배지 (SD), 724
- Yeast에 사용되는 X–Gal Indicator Plates, 724
- 필터위에 용해된 Yeast 세포 준비를 위해 사용되는 X–Gal Plates , 725
- YPD (YEPD) 배지, 725

MEDIA INDEX, 726

BACKGROUND INFORMATION

다른 언급이 없으면 기본이 되는 정보는 *Molecular Cloning: A Laboratory Manual*, 3판 (이제부터 MC3)에 있다.

Adapted from Appendix 2, p. A2.1 of MC3.

E. COLI 배양에 사용되는 액체 배지

중요: 모든 배양액은 증류된 deionized H_2O를 사용하여 준비한다. 특별히 언급되어 있는 경우를 제외하고는 멸균된 배지는 실온에 보관할 수 있다.

GYT 배지

10% (v/v) glycerol
0.125% (w/v) yeast extract
0.25% (w/v) tryptone

배지는 미리 헹군 0.22-μm 필터로 여과하여 멸균한다.

LB 배양액 (Luria-Bertani 배양액)

1 리터를 준비할 때:

950 ml의 deionized H_2O에 다음을 넣는다:

tryptone	10 g
yeast extract	5 g
NaCl	10 g

넣은 내용물이 다 녹을 때까지 잘 흔든다. 5 N NaOH (대략 0.2 ml)를 첨가하여 pH를 7.0으로 맞춘다. 마지막 부피가 1 리터 되도록 deionized H_2O를 첨가한다. 15 psi (1.05 kg/cm^2)의 압력 하에서 20 분간 가압 멸균한다.

M9 Minimal 배지

1 리터를 준비할 때:

750 ml의 멸균된 H_2O (50℃ 이하로 식힌)에 다음을 가한다:

5x M9 salts*	200 ml
1 M $MgSO_4$	2 ml
20%의 적합한 탄소 제공원 (예, 20% 포도당)	20 ml
1 M $CaCl_2$	0.1 ml
멸균된 deionized H_2O	980 ml가 되도록

만약 필요한 경우 M9 배지에 적당한 아미노산, 비타민 stock 용액을 첨가한다.

* 5x M9 salt는 아래의 염들을 deionized H_2O에 녹여 최종 부피 1 리터로 만든다:

$Na_2HPO_4 \cdot 7H_2O$	64 g
KH_2PO_4 (anhydrous)	15 g
NaCl	2.5 g
NH_4Cl	5.0 g

만든 용액을 200-m1로 나누어 15 psi (1.05 kg/cm^2) 압력 하에서 15 분간 가압멸균 한다.

$MgSO_4$ 용액과 $CaCl_2$ 용액은 따로 준비하여, 가압 멸균하고, 5x M9 salts 용액을 멸균된 H_2O로 980 ml 되도록 희석한 이후에 첨가한다. 포도당 용액은 M9 salt에 첨가하기 전에 0.22-μm filter로 여과한다.

proline 합성 operon [Δ(*lac-proAB*)] 이 삭제된 *E. coli* strain (*proAB* 유전자가 포함된 F' plasmid를 포함한)을 사용할 때면, M9 minimal 배양액에 다음을 넣는다:

0.4% (w/v) 포도당 (dextrose)
5 mM $MgSO_4 \cdot 7H_2O$
0.01% thiamine

NZCYM 배지

1 리터를 준비할 때:

950 ml의 deionized H_2O에 다음을 가한다:

NZ amine	10 g
NaCl	5 g
yeast extract	5 g
casamino acids	1 g
$MgSO_4 \cdot 7H_2O$	2 g

넣은 내용물이 다 녹을 때까지 잘 흔든다. 5 N NaOH (대략 0.2 ml)를 첨가하여 pH를 7.0으로 맞춘다. 마지막 부피가 1 리터 되도록 deionized H_2O로 맞춘다. 15 psi (1.05 kg/cm^2)의 압력 하에서 20분간 가압 멸균한다.

NZ amine: 효소로 분해한 Casein (ICN Biochemicals). NZCYM, NZYM, 그리고 NZM은 BD Biosciences에서 분말 배지 형태로 구입할 수 있다.

NZM 배지

NZM 배지는 NZYM 배지에서 yeast extract를 뺀 것과 같다.

NZYM 배지

NZYM 배지는 NZCYM 배지에서 casamino acids를 제외한 것과 같다.

SOB 배지

1 리터를 준비할 때:

950 ml의 deionized H_2O에 다음을 가한다:

tryptone	20 g
yeast extract	5 g
NaCl	0.5 g

넣은 내용물이 다 녹을 때까지 잘 흔든다. 10 ml의 250 mM KCl 용액을 넣는다. (이 용액은 1.86 g의 KCl을 100 ml의 deionized H_2O에 녹여 만든다.) 배지에 5 N NaOH 〈!〉 (대략 0.2 ml)를 가하여 pH 7.0이 되도록 맞춘다. deionized H_2O를 가하여 최종 부피를 1 리터로 만든다. 15 psi (1.05 kg/cm^2)의 압력 하에서 20분간 가압 멸균한다. 사용 직전에 5 ml의 멸균된 2 M $MgCl_2$. (19 g의 $MgCl_2$을 90 ml의 deionized H_2O에 녹인다. 용액의 양을 deionized H_2O를 가하여 100 ml로 맞춘 후 15 psi [1.05 kg/cm^2]에서 20분간 멸균한다.)을 넣는다

SOC 배지

SOC 배지는 SOB 배지에 20 mM 포도당이 첨가된 것과 같다. SOB 배지를 가압멸균한 후, 60℃까지 식힌다. 멸균된 1 M 포도당 용액 20 ml을 넣는다. (1 M 포도당 용액은 18 g의 포도당을 90 ml의 deionized H_2O에 녹여 만든다. 포도당이 완전히 녹으면, 최종 부피를100 ml로 만들고 0.22-μm filter로 여과하여 멸균한다.)

Terrific Broth (TB로 부르기도함)

1 리터를 준비할 때:

900 ml의 deionized H_2O에 다음을 넣는다:

tryptone	12 g
yeast extract	24 g
glycerol	4 ml

넣은 내용물을 잘 흔들어 녹인 후, 15 psi (1.05 kg/cm^2)의 압력 하에서 20분간 가압 멸균한다. 용액을 60℃이하로 식힌 후, 100 ml의 멸균된 0.17 M KH_2PO_4, 0.72 M K_2HPO_4 용액을 첨가한다. (이 용액은 2.31 g의 KH_2PO_4 와 12.54 g의 K_2HPO_4 를 90 ml의 deionized H_2O에 녹인 후 마지막 부피를 100 ml로 만들어 15 psi (1.05 kg/cm^2)의 압력 하에서 20분간 가압 멸균하여 만든다).

2x YT Medium

1 리터를 준비할 때:

900 ml의 deionized H_2O에 다음을 넣는다:

tryptone	16 g
yeast extract	10 g
NaCl	5 g

넣은 내용물이 다 녹을 때까지 잘 흔든다. 5 N NaOH를 첨가하여 pH를 7.0으로 맞춘다. 마지막 부피가 1 리터 되도록 deionized H_2O로 맞춘다. 15 psi (1.05 kg/cm^2)의 압력 하에서 20분간 가압 멸균한다.

AGAR 또는 AGAROSE를 포함하는 배지

중요: 모든 배양액은 증류된 deionized H_2O를 사용하여 준비한다.

앞에 나와 있는 대로 액체 배양액을 준비한다. 가압 멸균하기 직전에 다음 중 하나를 첨가 한다:

Bacto Agar (plates 용)	15 g/liter
Bacto Agar (top agar 용)	7 g/liter
agarose (plates 용)	15 g/liter
agarose (top agarose 용)	7 g/liter

15 psi (1.05 kg/cm^2)의 압력 하에서 20분간 가압 멸균한다. 가압멸균기에서 꺼내면 agar 또는 agarose가 고르게 섞이도록 부드럽게 젓는다. 조심하시오! 용액이 과열되어 있어 저을 때 끓어 넘칠 수 있다. 열에 불안정한 물질(예, 항생제)을 배지에 첨가하기 전에 배지를 50℃−60℃ 로 식힌다. 기포발생을 막기 위해, 배지는 휘휘 돌려 섞는다. 직접 배양접시에 플래스크의 배지를 부어 만든다; 90−mm 배양접시에는 30−35 ml의 배지를 부어야 충분하다. 배양 접시에 기포가 생기면, 배지의 표면을 agar 또는 agarose가 굳기 전에 Bunsen 버너의 불꽃으로 훑는다. 배양 접시마다 color code (예, 빨간 두줄은 LB−ampicillin 배지; 한줄 검은 색은 LB 배지 등)를 정하여 표시한다.

배지가 완전히 굳으면, 사용할 때까지 배양접시를 뒤집어 4℃에 보관한다. 배양접시는 반드시 사용 1−2시간 전에는 냉장고에서 꺼내어 놓아야 한다. 새로 만든 배지에는 37℃에 놓아두면 이슬이 맺힌다. 이슬이 agar/agarose 표면에 떨어지면 박테리아 콜로니 또는 박테리오파지 플라그가 퍼져나가 서로 섞여 오염시킬 확률이 높아진다. 이러한 문제는 배양접시의 이슬을 닦아내고, 사용 전 몇 시간 동안 37℃ 에 뒤집어 놓아두면 해결된다. 또는 배양접시 뚜껑을 재빨리 흔들어 물을 제거하는 것으로 해결할 수 있다.

보관용 배지

중요: 모든 배양액은 증류된 deionized H_2O를 사용하여 준비한다.

액체 배양

고체의 배양 접시에서 자란 박테리아나, 액체 배지에서 자란 박테리아는 모두 30% (v/v) 멸균된 glycerol을 함유한 LB 배양액에 저장할 수 있다. 1 ml의 LB + glycerol을 준비하고 vortex 하여 완전하게 섞는다. 또는, 박테리아 균주는 LB freezing 완충액에 저장할 수 있다:

LB *freezing buffer*

36 mM K_2HPO_4(anhydrous)
13.2 mM KH_2PO_4
1.7 mM sodium citrate
0.4 mM $MgSO_4 \cdot 7H_2O$
6.8 mM ammonium sulfate
4.4% (v/v) glycerol
in LB

LB freezing buffer는 100 ml의 LB에 위의 농도가 되도록 각각의 염을 녹이는 방법이 최적의 방법이다. 준비된 LB 용액 95.6 ml를 새 용기에 담고 4.4 ml의 glycerol을 가한다. 용액을 잘 섞고 일회용 0.45−μm Nalgene filter로 여과한다. 박테리아 배양액의 저장에 관한 더 자세한 정보는 부록 3을 보시오.

Stab Cultures

고무 패킹이 붙어 있는 나사 뚜껑이 달려있는 유리 vial (2−3ml)에 stab culture를 준비한다. vial의 약 2/3 정도 되는 양의 녹은 LB agar를 병에 담는다. 뚜껑을 느슨하게 닫고 15 psi (1.05 kg/cm^2)에서 약 20 분간 가압 멸균한다. 가압 멸균기에서 병을 꺼내어 실온으로 식힌 뒤 뚜껑을 꼭 막는다. 사용할 때까지 병을 실온에 보관한다.

항생제

표 A2-1 일반적으로 사용하는 항생제 용액

	Stock 용액[a]		사용 농도	
	농도	보관	Stringent Plasmid	Relaxed Plasmids
Ampicillin	50 mg/ml in H_2O	−20℃	20 μg/ml	50 μg/ml
Carbenicillin	50 mg/ml in H_2O	−20℃	20 μg/ml	60 μg/ml
Chloramphenicol	34 mg/ml in ethanol	−20℃	25 μg/ml	170 μg/ml
Kanamycin	10 mg/ml in H_2O	−20℃	10 μg/ml	50 μg/ml
Streptomycin	10 mg/ml in H_2O	−20℃	10 μg/ml	50 μg/ml
Tetracycline[b]	5 mg/ml in ethanol	−20℃	10 μg/ml	50 μg/ml

마그네슘 이온은 tetracycline의 작용을 저하시킨다. Tetracycline에 저항성 있는 박테리아를 선별할 때는 마그네슘을 포함하지 않은 배지를(예, LB 배지) 사용한다.

[a]물에 녹인 항생제는 0.22−μm filter로 여과하여 멸균한다.

[b]Ethanol에 녹인 항생제는 멸균 과정이 필요하지 않다. 용액은 빛을 차단한 용기에 보관한다.

표 A2-2 항생제 작용 기작

항생제	분자량	작용기작	추가정보
Actinomycin C, (actinomycin D)	255.4	double−stranded DNA에 결합하여 RNA 합성저해	
Amphotericin	924.1	*Streptomyces*.에서합성, 넓은 범위의 항균제	
Ampicillin	349.4	peptidogly can의 cross−linking방해, 세포벽 합성저해	Ampicillin and Carbenicillin 정보패널 참조(MC3, p. 1.148)
Bleomycin	n.a.[a]	DNA 합성저해; single−stranded DNA 분해.	
Carbenicillin (disodium salt)	422.4	박테리아 세포벽 합성 저해.	
Chloramphenicol	323.1	50S ribosomal subunit와 결합 peptidyl transferase를 방해하여 해독과정 저해; 높은 농도 사용 시 진핵세포의 DNA 합성 저해	Chloramphenical (MC3, pp.1.143−1.144).
Geneticin (G418 geneticin disulfate)	692.7	Aminoglycoside는 광범위한 세포(bacterial, higher plant, yeast, mammaliam, protozoans, helminths)에 독성을 나타낸다; neomycin 저항성 유전자 포함 세포선택	
Gentamycin	692.7	50S ribosomal subunit의 L6 단백질과 결합하여 단백질 합성 저해	
Hygromycin B	527.5	단백질 합성 저헤.	
Kanamycin monosulfate	582.6	넓은 범위에 작용하는 항생제; 70S ribosome subunit결합하여 gram−positive와 −negative 박테리아와 mycoplasma의 성장 방해.	Kanamycins(MC3, p. 1.145).
Methotrexate	454.45	Folic acid의 유사체; dihydrofolate reductase 의 강력한 저해제	
Mitomycin C	334.33	DNA 합성 저해; gram−positive, negative, 그리고 acid−fast bacilli의 항미생물 역할.	
Neomycin B sulfate	908.9	30S ribosome subunit에 결합하여 박테리아의 단백질 합성 저해.	
Novobiocin sodium salt	634.62	정균 작용 항생제; gram−positive 박테리아의 성장 억제.	
Penicillin G sodium salt	356.4	박테리아 세포벽의 peptidoglycan 합성 저해	
Puromycin dihydrochloride	544.4	aminoacyl−tRNA의 유사체로 작용 (조기 chain termination)하여 단백질 합성 저해	
Rifampicin	823.0	원핵 세포의 RNA 중합 효소의 강력한 억제제 포유동물 RNA 중합효소의 약한 저해제	
Streptomycin sulfate	1457.4	단백질 합성 저해; 30S ribosomal subunit에 결합	
Tetracycline hydrochloride	480.9	박테리아 단백질 합성 저해; aminoacyl−tRNA 의 ribosomal binding 방해	Tetracycline (MC3, p.1.147).

[a]분자량에 대한 정보 없음

BACTERIOPHAGE λ를 사용하는 실험에 필요한 용액

중요: 모든 배양액은 증류된 deionized H_2O를 사용하여 준비한다.

Maltose

Maltose는 bacteriophage λ 수용체 유전자인 *IamB*의 발현을 유도하는 inducer로 bacteriophage λ를 배양접시에 기르는 데 사용한다. 멸균된 20% maltose 용액 1 ml를 100 ml의 배지에 첨가한다. Maltose 사용에 대한 자세한 정보는 MC3, p. 2.25에 나와 있다. 20% maltose stock 용액은 다음과 같다:

maltose	20 g
H_2O	100 ml가 되도록

용액은 0.22-μm filter로 여과하여 멸균한다. 멸균된 용액은 실온에 보관한다.

SM

이 완충액은 bacteriophage λ의 저장과 희석에 사용 된다.

1 리터를 만들기 위하여:

NaCl	5.8 g
$MgSO_4 \cdot 7H_2O$	2 g
1 M Tris-Cl (pH 7.5)	50 ml
2% gelatin solution	5 ml
H_2O	1 리터가 되도록

완충용액은 15 psi (1.05 kg/cm^2)에서 20분간 멸균한다. 용액을 식힌 후 50-ml씩 멸균된 용기에 나누어 담는다. SM은 실온에서 영구보관 가능하다.

2% gelatin 용액은 2 g의 gelatin 을 최종 부피 100 ml이 되도록 H_2O에 넣어 15 psi (1.05 kg/cm^2)에서 15 분간 가압 멸균하여 준비한다.

TM

1 리터를 만들기 위하여:

1 M Tris-Cl (pH 7.5)	50 ml
$MgSO_4 \cdot 7H_2O$	2 g
H_2O	1 리터가 되도록

완충용액은 15 psi (1.05 kg/cm^2)에서 20분간 멸균한다. 용액을 식힌 후 50-m1씩 멸균된 용기에 나누어 담는다. TM은 실온에서 영구보관이 가능하다.

효모의 배양과 선별에 사용되는 배지*

CAUTION: 〈!〉표시된 물질의 적절한 사용법은 Appendix 4를 참조하세요.

중요: 모든 배양액은 증류된 deionized H_2O를 사용하여 준비한다. 언급이 없는 경우 모든 용액과 배지는 15 psi (1.05 kg/cm^2)에서 15-20 분간 가압 멸균한다.

Complete Minimal (CM) 또는 Synthetic Complete (SC) 그리고 Dropout Media

영양요구 돌연변이체 균주에 따라 필요한 영양물질을 조사하기 위하여, 오직 관심 있는 하나의 영양 물질만을 제외한 (dropout media) 모든 영양소가 포함되어 있는 배지를 사용하는 것은 매우 유용한 방법이다. 건조된 성장영양물질은 미리 섞인 상태로 준비되어 있다. CM (또는 SC)의 'dropout mix'는 모든 영양물질이 포함되어 있다 (즉, 아무 것도 "dropped out"되어 있지 않다).

yeast nitrogen base (아미노산* 포함하지 않은)	6.7 g
glucose	20 g
Bacto Agar	20 g
dropout mix	2 g
H_2O	1000 ml 까지

* Yeast nitrogen base without amino acids (YNB)는 ammonium sulfate를 포함 하거나 또는 포함하지 않은 고체이다. 이 조성은 ammonium sulfate를 포함하는 YNB용 이다. 만약 YNB에 ammonium sulfate가 포함되어 있지 않다면, 5 g 의 ammonium sulfate 첨가하고 1.7 g 의 YNB를 사용한다.

Dropout Mix

해당하는 아미노산을 제외한 모든 내용물을 뚜껑을 닫을 수 있는 용기에서 섞는다. 용기를 15분 이상 거꾸로 흔들어 섞는다; 고체가 용이하게 섞이도록 깨끗한 유리구슬을 몇 개 넣는다.

Adenine	0.5 g
Alanine	2.0 g
Arginine	2.0 g
Asparagine	2.0 g
Aspartic acid	2.0 g
Cysteine	2.0 g
Glutamine	2.0 g
Glutamic acid	2.0 g
Glycine	2.0 g
Histidine	2.0 g
Inositol	2.0 g
Isoleucine	2.0 g
Leucine	10.0 g
Lysine	2.0 g
Methionine	2.0 g
para-Aminobenzoic acid	0.2 g
Phenylalanine	2.0 g
Proline	2.0 g
Serine	2.0 g
Threonine	2.0 g
Tryptophan	2.0 g
Tyrosine	2.0 g
Uracil	2.0 g
Valine	2.0 g

출처: Adams et al. 1998. *Methods in yeast genetics: A laboratory course manual*. Cold Spring Harbor Laboratory Press, Cold Spring Harbor, New York.

표 A2-3 영양보충된 minimal media의 구성 성분

성분	Stock 농도 (g/100 ml)	1 리터 Stock 배지에필요한 양 (ml)	배지에 존재하는 최종 농도 (mg/liter)	하나의 Plate를 덮을 수 있는 양(ml)
Adenine sulfate	0.2[a]	10	20	0.2
Uracil	0.2[a]	10	20	0.2
L-Tryptophan	1	2	20	0.1
L-Histidine HCl	1	2	20	0.1
L-Arginine LiCI	1	2	20	0.1
L-Methionine	1	2	20	0.1
L-Tyrosine	0.2	15	30	0.2
L-Leucine	1	10	100	0.1
L-Isoleucine	1	3	30	0.1
L-Lysine HCI	1	3	30	0.1
L-Phenylalanine	1[a]	5	50	0.1
L-Glutamic acid	1[a]	10	100	0.2
L-Aspartic acid	1[a,b]	10	100	0.2
L-Valine	3	5	150	0.1
L-Threonine	4[a,b]	5	200	0.1
L-Serine	8	5	400	0.1

[a]실온에 보관한다.
[b]가압 멸균 후 첨가한다.

Supplemented Minimal Medium (SMM)

SMM는 SD (아래에 표시된)에 다양한 보충영양물이 첨가된 것이다. 이 용액은 장기간 보관 할 수 있다. 어떤 용액은 침전이 생기는 것을 막기 위하여 실온에 보관하여야 하고, 어떤 것은 냉장 보관해야 한다. 가능한 경우에는, 아미노산은 HCl염 형태로 된 것을 사용한다.

필요한 배지는 SD 배지구성물에 적절한 양의 보충 stock 용액을 첨가한 후, 최종 부피를 1 리터가 되도록 증류수로 맞춘다. Threonine과 aspartic acid 용액은 따로 가압 멸균한 후 배지에 첨가한다.

다른 방법으로는, SD plate 위에 적은 양 뿌려 사용하는 것도 간편한 방법이다. 이방법을 사용할 때는 보충 영양액이 표면에 충분히 흡수된 다음에 효모를 접종 한다.

표 A2-3는 stock 용액의 농도와 1 리터의 배지를 만드는데 필요한 stock 용액의 양, SD plates에 뿌릴 stock 용액의 양, 그리고 SMM에 존재하는 각 성분의 농도를 보여준다.

Synthetic Dextrose Minimal Medium (SD)

SD 는 최소한의 영양물질, 염, 미량원소, 비타민, 질소공급원 (yeast nitrogen base without amino acids), 그리고 포도당을 포함하는 배지이다.

yeast nitrogen base without amino acids*	6.7 g
glucose	20 g
Bacto Agar	20 g
H_2O	1000 ml

* CM의 조제 방법은 p. 723을 보시오.

X-Gal Indicator Plates for Yeast

5-bromo-4-chloro-3-indolyl-β-D-galactoside (X-gal 〈!〉)은 원래의 SD 배지가 가지는 산성의 pH에서는 기능을 하지 않으므로, 중성 pH 배지가 사용된다. 하지만 많은 효모 균주는 중성의 pH에서는 잘 자라지 않으므로 X-gal의 사용은 어느 정도의 한계를 가지게 된다. 1 리터의 X-gal indicator plates를 준비하기 위하여 다음과 같이 용액을 만든다:

Solution I

10x Phosphate-buffered Stock Solution	100 ml
1000x mineral stock solution (아래 참조)	1 ml
dropout mix (p. 723)	2 g

만약 배지가 포도당을 포함하고 있으면 부피를 450 ml로 맞추고, 만약 배지가 galactose를 포함하면 부피를 400 ml로 맞춘다.

10x Phosphate-buffered Stock Solution

KH_2PO_4(1M)	136.1 g
$(NH_4)_2SO_4$(0.15M)	19.8 g
KOH (0.75 N) 〈!〉	42.1 g
H_2O	1000 ml

pH를 7.0으로 맞추고 가압 멸균한다.

1000x Mineral Stock Solution

$FeCl_3$(2mm)	32 mg
$MgSO_4 \cdot 7H_2O$(0.8M)	19.72 g
H_2O	100 ml

가압 멸균하고 저장한다. 이 용액이 노란 침전물을 형성하면 사용 전에 반드시 다시 녹인다.

Solution II

2-liter 플라스크에 섞는다:

Bacto Agar	20 g
H_2O	500 ml

- 용액 I 과 II는 따로 가압 멸균한다.
- 65℃ 이하로 식힌 뒤, 다음을 용액I에 첨가 한다:
  포도당 기타 당의 최종 농도를 2% 되도록 한다.

X-gal (20 mg/ml dimethylformamide 〈!〉에 녹인)	2 ml
100x vitamin stock solution	10 ml

- 기타 열에 약한 보충 첨가물을 첨가한다.
- 용액I과 II를 함께 섞고 한 배양 접시 당 30 ml를 붓는다.

100x Vitamin Stock Solution

thiamine (0.04 mg/ml)	4 mg
biotin (2 μg/ml)	0.2 mg
pyridoxine (0.04 mg/ml)	4 mg
inositol (0.2 mg/ml)	20 mg
pantothenic acid (0.04 mg/ml)	4 mg
H_2O	100 ml

용액을 0.22-μm filter로 여과하여 멸균한다.

필터위에 용해된 Yeast 세포 준비를 위해 사용되는 X-Gal Plate

이 배지는 β-galactosidase 활성도를 나타내는 세포를 찾기 위해 사용한다. 세포는 용해시켜 Whatman 3MM filter에 고정하여 사용한다.

Bacto Agar	20 g
1 M Na_2HPO_4	57.7 ml
1 M NaH_2PO_4	42.3 ml
$MgSO_4$	0.25 g
H_2O	900 ml

가압 멸균 한 후, 6 ml의 of X-gal 용액(20 mg/ml, dimethylformamide에 녹은)을 첨가한다.

YPD (YEPD) Medium

YPD 는 효모를 기르는데 기본적으로 사용하는 배지이다.

yeast extract	10 g
peptone	20 g
glucose	20 g
H_2O	1000 ml가 되도록

배양 접시를 준비하려면, 20 g의 Bacto Agar (2%)를 첨가한 후 가압 멸균한다.

MEDIA INDEX

2x YT Medium, 719

보관용 배지, 720

액체 배양,720

필터위에 용해된 Yeast 세포 준비를 위해 사용되는 X-Gal Plate,725

항생제, 721

효모의 배양과 선별에 사용되는 배지*, 722

AGAR 또는 AGAROSE를 포함하는 배지, 720

BACTERIOPHAGE λ를 사용하는 실험에 필요한 용액, 722

Complete Minimal (CM) 또는 Synthetic Complete (SC) 그리고 Dropout Media, 722

Dropout Mix,723

E. COLI 배양에 사용되는 액체 배지, 718

GYT 배지, 718

LB 배양액 (Luria-Bertani 배양액), 718

LB freezing buffer, 720

M9 Minimal 배지, 718

Maltose, 722

NZCYM 배지, 718

NZM 배지, 719

NZYM 배지, 719

SM, 722

SOB 배지, 719

SOC 배지, 719

Solution Ⅰ, 724

Solution II, 724

Stab Cultures, 720

Supplemented Minimal Medium (SMM), 724

Synthetic Dextrose Minimal Medium (SD), 724

Terrific Broth (TB로 부르기도함), 719

TM, 722

X-Gal Indicator Plates for Yeast, 724

YPD (YEPD) Medium, 725

부록 3

Commonly Used Techniques in Molecular Cloning
분자 클론닝에 많이 사용되는 테크닉

유리 용기와 플라스틱 용기의 준비, 729

- 유리 용기, 플라스틱 용기 그리고 유리섬유의 Siliconizing, 729
- RNase-free 유리 용기의 준비, 729

투석 튜브의 준비, 729

배양된 박테리아의 저장, 730

- Stab Cultures, 730
- Glycerol을 포함하는 배양, 730
  - 액체 배양액에서 배양된 박테리아의 저장, 730
  - 고체 배지에서 배양된 박테리아의 저장, 730

세포 수의 측정, 731

- Hemocytometry를 이용한 측정, 731
- 생존체의 염색, 732

핵산의 정제, 733

- Phenol:Chloroform을 이용한 정제, 733
  - Drop Dialysis, 734

핵산의 농축, 734

- Ethanol 침전법, 735
  - 침전된 DNA의 용해, 735
  - Carriers, 735
- Microfuge Tubes 내에서 DNA ethanol 침전법, 735
- RNA의 ethanol 침전법, 737
- 분자가 큰 RNA의 Lithium Chloride를 이용한 침전법, 737
- Microconcentrators를 이용한 핵산의 농축 및 염의 제거, 737
- Butanol 추출법을 이용한 핵산의 농축, 738

핵산의 정량, 739

- 분광 광도계를 이용한 DNA 또는 RNA의 정량, 740
- Hoechst 33258를 포함한 DNA의 형광 광도계를 이용한 정량, 742
- Ethidium Bromide를 이용한 double-stranded DNA의 정량, 743
- Ethidium Bromide 또는 SYBR Gold를 이용한 Saran Wrap Method, 743
- Agarose Plate Method, 744
- Minigel Method, 744

핵산의 방사선량 측정, 744

- Trichloroacetic Acid로 핵산 침전시키기, 744
- DE81 Filter에 흡착시키기, 745

ETHIDI및BROMIDE를 포함하는 용액의 처리, 746

- DNA에서 Ethidium Bromide 제거법, 746
- Ethidium Bromide의 폐기, 746
- 높은 농도의 Ethidium Bromide 오염제거 (>0.5 mg/ml)를, 746
  - Method 1, 746
  - Method 2, 746
- 낮은 농도의 Ethidium Bromide (예, 전기영동 완충액 0.5 pg/ml)를 포함하는 용액의 처리, 746
  - Method 1, 746

Adapted from Appendix 8, p. A8.1 of MC3.

Method 2, 747
구입 가능한 키트, 747
GEL-FILTRATION CHROMATOGRAPHY, 747
Sephadex의 준비, 747
컬럼 Chromatography, 748
Spun-column Chromatography, 748
HYDROXYAPATITE CHROMATOGRAPHY에 의한 SINGLE- STRANDED 그리고 DOUBLE-STRANDED DNA의 분리, 749
DNA의 절단, 751
초음파처리(sonication), 752
sonicator의 보정, 752
DNA의 음파처리, 753
분무처리, 753
Nebulizer(분무기)의 개량, 753
Nebulizer의 보정, 753
분무처리와 DNA의 회수, 754
원심분리, 755
단백질의 SDS-POLYACRYLAMIDE GEL 전기영동, 756
시약, 756
방법, 758
SDS-polyacrylamide Gel 만들기, 758
시료의 준비와 전기영동의 시행, 760
SDS-POLYACRYLAMIDE GEL의 염색, 761
Coomassie Brilliant Blue로 SDS-Polyacrylamide Gel 염색, 761
방법, 761
SDS-Polyacrylamide Gel의 은염(Silver Salts)염색, 762
방법, 762
SDS-POLYACRYLAMIDE GEL의 건조, 763
방법, 764
IMMUNOBLOTTING, 764
Gel에서 Filter로 단백질 옮기기, 764
Membrane의 종류, 765
Immunoblotting 과정 중 단백질 염색하기, 766
Blocking Agents, 766
탐침 붙이기와 가시화, 766
방법 색인, 768

BACKGROUND INFORMATION

다른 언급이 없으면 기본이 되는 정보는 *Molecular Cloning: A Laboratory Manual*, 3판 (이제부터 MC3)에 있다.

유리 용기와 플라스틱 용기의 준비

CAUTION: 〈!〉표시된 물질의 적절한 사용법은 Appendix 4를 참조하세요.

모든 유리 용기는 가압멸균 또는 오븐에서 구워 멸균해야 한다. 플라스틱 용기는 종류에 따라 가압 멸균할 수도 있다. 이미 멸균되어 있는 많은 종류의 플라스틱 용기를 시중에서 구입할 수 있다. 분자 클론닝의 모든 과정에 사용되는 유리용기와 플라스틱 용기는 멸균된 것을 사용해야 한다; 이러한 용기의 표면에 붙어 손실되는 고분자의 양은 그리 많지 않다. 그러나, 특정 과정은 (예, 아주 적은 양의 single-stranded DNA 또는 Maxam-Gilbert technique에 의한 sequencing), silicone으로 코팅된 유리, 플라스틱 용기를 사용하는 것이 가장 좋다. 피펫, 시험관, 비이커 등과 같은 작은 용기에 silicone을 코팅하는 과정은 아래에 나와 있다. 유리판과 같은 커다란 물체에 silicone을 바르는 과정은 맨 끝의 주석을 참고하시오.

유리 용기, 플라스틱 용기 그리고 유리섬유의 Siliconizing

다음 과정은 Brian Seed가 제공한 것이다.

1. Silicon을 입힐 용기를 큰 유리 건조기(desiccators) 안에 넣는다.
2. 1 ml의 dichlorodimethylsilane 〈!〉을 건조기 안의 작은 비이커에 넣는다.
3. 건조기를 중간에 트랩이 달린 상태로 진공 펌프에 연결한다. 진공 펌프를 켜서 비이커 안의 dichlorodimethylsilane이 끓을 때까지 놓아둔다.

   즉시 펌프와 건조기 사이에 연결된 관을 클램프로 집고, 펌프를 정지시킨다. 건조기는 진공상태로 유지한다.

4. Dichlorodimethylsilane이 끓는 즉시 진공 펌프를 끄는 것이 중요하다. 그렇지 않으면 휘발성 물질이 펌프로 들어가 진공 봉합에 치명적인 손상을 입힐 수 있다. Dichlorodimethylsilane가 증발된 후 (1–2 시간 후), 건조기를 fume 후드 안에서 열어놓는다. Dichlorodimethylsilane 증기가 다 날아간 후 유리 용기와 플라스틱 용기를 꺼낸다. 유리 용기와 유리섬유는 180℃에서 2시간 구운 후 사용한다. 사용 전 H_2O로 플라스틱 용기는 잘 헹구어낸다; 가압멸균은 하지 않는다.

주석

- 커다란 유리 용기 등은 chloroform 또는 heptane을 용매로 하여 만든 5% dichlorodimethylsilane 용액에 적시거나 헹구어 silicone을 입힐 수 있다. 시판용 siliconizing 약품(예, Sigmacoat)이 구입 가능하다.
- 유기용매가 증발하고 나면, dichlorodimethylsilane은 유리 용기에 남게 되는데, 유리용기는 H_2O로 여러 번 헹구거나, 사용하기 전에 180℃에서 2 시간 구워야 한다.

RNase-free 유리 용기의 준비

RNA 다룰 때 사용하는 유리용기의 준비는 MC3, p. 7.82에 나와 있는 RNase를 어떻게 처리 하는가에 나와 있다.

DIALYSIS TUBING (투석용)의 준비

반투과성 막을 통한 분자의 분리는 막의 양 쪽에 존재하는 물질 농도의 차에 의해 일어나게 되며, 막에 있는 구멍의 크기와 용액 내의 분자의 크기(분자량) 차이에 의해 제한된다. 막에 있는 구멍의 크기는 제한 분자량을 결정한다. 이때의 분자량이란 90%의 분자가 막에 의해 잡혀있을 때의 분자의 크기를 말한다. 용질이 막을 투과하는 정도는 분자의 크기뿐 아니라 분자의 모양, 수화되어 있는 정도와 전기를 띄고 있는 상태에 따라 다르다. 또한 이러한 조건도 용매의 특성, 산성도 그리고 이온세기에 영향을 받는다. 그 결과 제한 분자량은 각각의 용매, 용질에서 예상되는 절대적인 값이 아니므로 가이드로 사용하여야 한다. 투석용 막은 넓은 범위의 구멍 크기 (100 dalton – 2000 kD)를 가지는 것을 구할 수 있다. 대부분의 플라스미드 DNA와 단백질의 투석에는 제한 분자량 12,000 에서 14,000이 적당하다.

1. Tubing을 사용하기 편리한 길이 (10–20cm)로 자른다.
2. Tubing을 넉넉한 양의 2% (w/v) sodium bicarbonate와 1 mM EDTA (pH 8.0)에 넣고 10 분간 끓인다.
3. 증류수로 tubing을 잘 헹군다.
4. 1 mM EDTA (pH 8.0)에서 10분간 tubing을 끓인다.
5. 식힌 후 4℃에 보관한다. Tubing이 항상 액체에 잠겨 있는 상태를 유지한다.
   중요: 이 시점부터 tubing을 다룰 때는 장갑을 낀다.
6. 사용 전에 tubing의 안과 밖을 증류수로 잘 헹군다.

주석

- 1 mM EDTA (pH 8.0) (과정 4)에서 10 분간 삶는 대신, 물이 담긴 병에 tubing을 넣고 뚜껑을 느슨하게 닫은 후 20 psi (1.40 kg/cm^2)에서 10 분간 액체 사이클로 가압 멸균한다.

배양된 박테리아의 저장

Stab 배양

고체 배지에 배양된 박테리아를 보관하기 위하여, 잘 분리되어 자란 한 개의 콜로니를 멸균된 접종 바늘로 긁어 stab vial의 밑바닥에 닿도록 agar를 여러 번 찌른다 (stab vials의 준비는 p. 720 참고). 뚜껑을 꼭 닫고, vial과 뚜껑에 내용물을 표시한다. Vial을 실온에서 어두운 곳에 보관한다.

Glycerol을 포함하는 배양

액체 배양액에서 기른 박테리아의 저장

1. 1.5 ml의 박테리아 배양액에 0.5 ml의 멸균된 60% glycerol (15 psi [1.05kg/cm^2] 에서 액체 사이클로 20분간 멸균된)을 가한다.
2. Glycerol이 완전히 잘 섞이도록 vortex 한다.
3. 배양액을 레이블된 저장용 튜브 (a screw cap과 an air–tight gasket을 가지고 있는)에 옮긴다.
4. 배양액을 ethanol–dry ice 또는 액체 질소에서 얼린 후 장기간 보관을 위하여 –70℃로 옮긴다.
5. 박테리아를 다시 기르기 시작할 때는, 얼어 있는 배양액의 표면을 접종 루프로 긁어 적당한 항생제를 포함하는 LB agar plate의 표면에 접종한다. 얼린 배양액은 다시 –70℃에 보관하고 배양 접시는 37℃에 밤 동안 배양한다.

고체배지에서 배양된 박테리아의 저장

1. Agar plate위에서 자라고 있는 박테리아를 긁어 멸균된 시험관에 담긴 2 ml의 LB 배지에 옮긴다. 동량의 30% 멸균 glycerol을 포함하는 LB 배양액을 가한다.
2. Glycerol이 완전히 섞이도록 vortex한다.
3. Glycerol이 섞인 배양액을 멸균된 tube (screw caps 과 air–tight gasket을 가지고 있는)에 분주한다. 배양액을 위에 설명한 대로 얼린다. 이 방법은 플라즈미드 벡터에 넣어있는 cDNA library의 보관에도 유용하다.

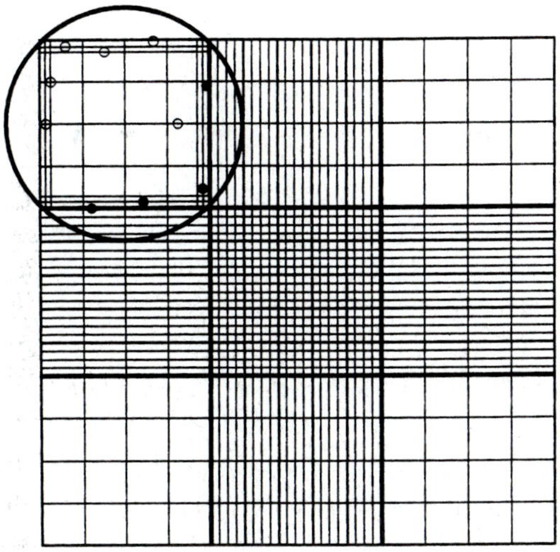

그림 A3-1 표준 Hemocytometer Chamber
원은 100 배 배율의 현미경 하에서 보이는 대략의 면적을 나타낸다 (10x 대안렌즈와 10x 대물렌즈). 위쪽과 왼쪽의 중간선에 닿아 있는 세포를 포함하여 세포 수를 헤아린다 (open circles). 아래 쪽과 오른 쪽의 가운데 선에 닿아 있는 세포 (closed circles)의 수는 헤아리지 않는다. 각 귀퉁이에 있는 4개의 사각형과 가운데 사각형 chamber (그림에는 하나의 chamber만 표시되어 있다)에 있는 세포의 수를 센다.

세포 수의 측정*

일정한 부피의 배양액에 있는 포유동물 세포의 수는 hemocytometer를 이용하여 측정할 수 있다. 많은 시료의 세포 수를 측정하려면 Coulter에 의해 생산된 자동화된 세포측정 장치가 바람직 하다. 살아 있는 세포 수를 측정하려면, 설명되어 있는 vital dye에 의한 염색법을 사용한다.

Hemocytometry Counting

Hemocytometer는 2개의 chambers로 나뉘어져 있는데 각 chamber를 채우고, coverslip을 덮으면 그 부피가 9 μl가 된다. 각 chamber는 9개의 큰 사각형으로 나누어져 있고 그 사각형은 깊이가 0.1 mm인 1 x 1 mm 크기이다. 따라서 coverslip이 덮히면 그 부피는 0.1 mm^3 또는 0.1 μl이다. 더 잘게 나누어 놓은 chamber는 세포 수를 헤아릴 때 더 이상 문제되지 않는다. Hemocytometer의 chamber 형태가 그림 A3-1에 나타나 있다.

1. 세포에 Trypsin (MC3, p. 17.63, 18단계 참조)을 처리하고 배양액에 다시 풀어 놓는다.
2. 파스테르 피펫을 이용하여 따로 두 번의 세포 부유액을 취하여, coverslip이 덮혀 있는 hemocytometer 양 쪽의 chamber에 모세관 현상을 이용하여 각각의 부유액이 담기도록 한다.
   액체는 chamber를 넘치지 않고 겨우 채워지는 정도로 담겨야 한다. 첫 번째 시료는 한 쪽의 chamber에, 두 번째 시료는 다른 쪽 chamber에 넣는다.
3. 9칸으로 나누어진 사각형 중 5개에 있는 세포 수를 헤아려서 hemocytomete 양 쪽을 합하여 10개의 사각형에 있는 세포 수를 센다.
   10x 대물렌즈와 10x 대안렌즈를 이용한 현미경의 시야에는 9개의 chamber가 들어오며 이는 세포 수를 세기에 적당한 배율이다. 사각형의 두 면에 닿아 있는 세포의 수를 세면, 나머지 두 면에 닿아 있는 세포의 수는 헤아리지 않

예시
10-ml의 세포 부유액 중 1 ml를 취하여 4 ml의 배양액으로 희석하였다. 이 희석된 세포액을 파스테르 파이펫으로 두 번 취하였다. 첫 번 째 시료는 hemocytometer의 한 쪽 chamber에 두 번 째 시료는 다른 쪽 chamber에 적재하였다. 양 쪽 chamber에서 각각 5개의 사각형에 있는 세포의 수를 헤아렸다.

Number of cells/square: 45, 37, 52, 40, 60, 48, 54, 70, 58, 60
전체 세포수: 524
희석 비율: (1 + 4)/1 = 5

세포수/ml (원래 배양액 속의): $524 \times 10^3 \times 5 = 2.62 \times 10^6$/m1 세포

*출처, Spector et al. 1998. Cells: A laboratory manual. Col d Spring Harbor Laboratory Press, Cold Spring Harbor, New York.

는다. 만약 처음 희석한 시료의 세포수가 50–100 cells/사각형 보다 많다면, 시료를 더 희석하여 세포 수를 세는 속도와 정확도를 높인다.

4. 10개 chamber에 있는 세포 수를 모두 합하여 (양 쪽에서 각각 5개의 chamber에 있는) 1×10^{-3} ml (1×10^{-4} ml/square×10 squares = 10^{-3} ml)에 있는 세포 수를 구한다. 전체 세포 수에 1000을 곱하여 1ml 당 세포 수를 구한다. 원래 배양액을 희석하였다면, 희석 배수를 합한다.
5. 사용한 hemocytometer와 coverslip은 즉시 70% ethanol과 증류수로 헹구어 둔다. lens paper를 이용하여 말린다.
   중요: Hemocytometer 위의 세포 배양액이 마르는 일이 없도록 해야 한다

주석

Hemocytometer를 이용한 세포 수의 측정에서 다음의 이유에 의해 오차가 생길 수 있다:

- ***세포 배양액을 채취할 때***의 차이. 세포 배양액은 반드시 흔들어야 한다. 세포를 용기 바닥에 가라앉지 않게 한다 .
- ***Hemocytometer chamber를*** 적절하게 채우지 못함. Chambers의 부피는 coverslip이 적절히 위치하였을 때의 값이다. 지나치게 많은 양이 채워지면 더 큰 부피에 포함하는 세포 수를 세게 된다.
- ***세포 뭉침.*** 세포의 커다란 덩어리는 모세관 현상에 의해 chamber 안으로 들어가지 못하고 세포 수를 헤아릴 때 제외된다. 작은 세포 덩어리는 chamber에 들어가나 정확한 수를 셀 수 없게 한다. 정확한 수를 얻기 위하여 하나 하나의 세포가 떨어져있어야 한다. 따라서 세포 배양액은 세포가 고르게 퍼져 있도록 잘 섞는다.

생존체 염색

세포의 여러 조작, 배양 중 분주, 동결, 그리고 조직에서의 분리 과정은 세포를 죽게 할 수 있다. 염색약인 Trypan Blue의 세포 밖으로의 배출은 살아 있는 수를 가늠하는 방법이다. 정상적인 건강한 세포는 염료를 배출할 수 있지만 세포막에 손상이 있는 경우 Trypan Blue는 세포막을 통하여 세포 내로 확산 된다. 염료 배출 방법은 살아있는 세포를 판단하는 대략적인 방법으로, 약 10–20% 정도의 차이를 보이는 세포는 구별하기 어렵다. 부연하자면 염료를 배출하는 세포가 반드시 배양접시에 부착하거나 지속적으로 생존하거나 또는 분열한다고 할 수는 없다.

1. 세포에 trypsine을 처리 한다 (MC3, p. 17.63, 과정 8을 보시오). 0.5 ml의 세포를 무균상태에서 PBS로 희석하여 세포의 수가 2×10^5 내지 4×10^5 cells/ml이 되도록 한다.
2. PBS로 희석된 0.5 ml의 세포를 새 시험관에 옮기고 0.5 ml의 Trypan Blue (0.4% w/v) 용액을 첨가한다.
3. 세포를 염색 용액에 3분 이상 10분 이하의 시간 동안 놓아 둔다. 파스테르 파이펫을 이용하여 모세관 작용으로 세포를 hemocytometer에 넣는다.
4. 적어도 500개 이상의 세포 수를 헤아리면서 그중 푸른 색을 나타내는 세포 수는 따로 헤아려 놓는다. 염료를 배출하지 않은 푸른색 세포의 빈도를 계산한다.
5. 염료를 배출하지 않은 푸른색 세포의 빈도로 세포의 생존률(%)을 구한다.

예시

배양접시 바닥에 붙어 자란 배양 세포를 trypsin으로 처리하고 5 ml의 배양액에 넣어 부유상태로 만든다; 0.5 ml의세포를 4.5 ml의 PBS와 섞은 후 0.5 ml의 세포를 취하여 작은 시험관에 넣고 거기에 0.5 ml의 Trypan Blue 용액을 넣는다. hemocytometer를 이용하여 전체 540 개의 세포수를 세었다; 62개의 세포가 염료 배출을 하지 못하여 푸른색을 나타냈다. 생존률은 88.5%이다.

540 − 62 = 염료를 배출한 세포의 수

540 = 측정된 전체 세포 수

$$\frac{540 - 62}{540} \times 100 = 88.5\% \text{ 생존률}$$

핵산의 정제

CAUTION: 〈!〉표시된 물질의 적절한 사용법은 Appendix 4를 참조하세요.

아마도 분자 클론닝 과정 중 가장 기본적인 것은 핵산의 분리 일 것이다. 그 중 핵심이 되는 과정인 단백질의 제거는 핵산이 녹아 있는 수용액을 간단하게 phenol:chloroform 〈!〉과 chloroform 〈!〉으로 추출하는 과정을 거치면 가능하다. 이 추출과정은 다음 과정으로 넘어가기 전 과정에서 사용한 효소의 비활성화나 효소단백질의 제거가 필요할 때는 언제 든 사용 가능하다. 그러나 핵산을 세포 lysate와 같은 여러 종류의 분자가 섞여있는 상태로부터 분리하기 위하여는 추가적인 과정이 필요하다. 이런 경우 대부분의 단백질을 pronase 또는 proteinase K 등의 거의 모든 단백질의 분해가 가능한 단백질효소로 분해한 후 유기 용매로 추출하는 것이 일반적이다.

Phenol:Chloroform을 이용한 추출

핵산으로부터 단백질을 제거하는 방법은 먼저 phenol:chloroform (0.1% hydroxyquiniline 를 선택적으로 첨가할 수 있다)으로 추출하고 그 다음으로 chloroform을 사용하는 것이 기본적인 방법이다. 두 가지 다른 종류의 유기 용매를 사용하는 이 방법은 하나의 유기 용매를 사용할 때 보다 더 효율적인 단백질 제거가 가능하다는 이점이 있다. 또한 phenol이 단백질은 효율적으로 변성시키지만, RNase의 활성은 완전히 저해하지 못하며, 긴 poly(A) 체인을 포함하는 RNA를 녹여내는 문제가 있다. 이러한 문제점은 phenol:chloroform:isoamyl alcohol (25:24:1)을 사용하여 해결할 수 있다. 두 번 째 사용하는 chloroform 추출은 핵산 시료에 남아 있는 phenol을 제거한다. 한동안 사용되었던 ether를 이용한 추출 방법은 더 이상 DNA의 정제에는 사용되지 않는다.

1. polypropylene 시험관에 시료를 옮기고 동량의 phenol:chloroform을 가한다.

   만약 phenol이 pH 7.8–8.0로 적정되지 않았다면 핵산이 유기 용매 층에 녹아 들어갈 수 있다.

2. 시험관 내용물을 혼탁액이 될 때까지 잘 섞는다.
3. 시험관을 최고 속도의 80% 정도의 빠르기로 원심 분리하고 실온에 1분간 놓아둔다. 만약 유기용매 층이 잘 분리되지 않으면 더 긴 시간 동안 원심 분리한다.

   정상적으로 수용액층은 위쪽에 형성된다. 그러나 수용액 층의 염분의 농도가 높거나 (〉0.5 M) 또는 높은 농도의 sucrose (〉10%)가 있으면, 수용액 층이 아래쪽에 위치 할 수 있다. 유기 용매 층은 phenol 적정 시 첨가한 8-hydroxyquinolinethe 의 노란색을 띄므로 쉽게 구별할 수 있다.

4. 피펫을 이용하여 수용액 층을 새 시험관으로 옮긴다. 작은 용량을 옮기려면 (〈200 μl), 일회용 팁을 사용할 수 있는 자동 피펫을 이용한다. 중간 층과 유기용매 층은 버린다.

   더 좋은 회수율을 위하여는 다음과 같은 "back-extracted" 를 행한다: 위에서 설명한 대로 수용액 층을 옮기고 남은 중간 층과 유기용매 층에 동량의 TE (pH 7.8)를 첨가한다. 잘 섞는다. 위의 3 단계에서 처럼 원심분리하여 수용액 층과 유기용매 층을 분리한다. 두 번째로 얻은 수용액 층을 처음에 얻은 수용액 층과 합한다

5. 유기용매 층과 수용액 층의 중간층에 더 이상의 단백질이 보이지 않을 때까지 1–4 단계를 반복 한다.
6. 동량의 chloroform을 가하고 2–4 단계를 되풀이 한다.
7. 핵산을 ethanol을 사용한 표준 침전 방법으로 회수한다.

   가끔 큰 분자량의 DNA를 준비하는 과정에서 남아 있는 작은 양의 chloroform을 제거하기 위하여 ether 〈!〉를 사용 한다 (아래의 주를 참고하시오).

주석

작은 DNA molecules (〈10 kb)을 추출할 때는 vortexing하고, 중간 크기의 DNA (10–30 kb)를 추출할 때는 가볍게 흔들어 유기 용매와 수용액 층을 섞는다. 크기가 큰 DNA molecules (〉30 kb)을 분리해 낼 때는 DNA가 끊어지는 것을 방지하기 위하여 다음 사항에 유의 하여야한다 (MC3, 6장 참조).

- 유기용매와 수용액 층은 회전 wheel을 이용하여 천천히 (20 rpm) 시험관을 돌려가며 섞는다.
- 한 시험관에서 다른 시험관으로 DNA를 옮길 때는 입구가 넓은 피펫을 사용한다.

Drop Dialysis

제한 효소의 기능이나 DNA sequencing을 방해할 수 있는 작은 분자량의 오염물질은 drop dialysis에 의해 DNA용액에서 제거할 수 있다.

1. DNA 한 방울 (~50 μl) 을 직경 10 cm 페트리 디쉬에 10ml의 물을 담고 그 위에 윤기나는 면을 위를 향하게 띄어놓은 Millipore Series V membrane (0.025 μm)의 가운데 떨어뜨린다.
2. DNA를 10분간 투석한다.
3. DNA 방울을 깨끗한 microfuge tube에 옮기고, 투석된 DNA의 일부를 제한효소 반응이나 DNA sequencing에 사용한다.

핵산의 농축

CAUTION: 〈!〉표시된 물질의 적절한 사용법은 Appendix 4를 참조하세요.

에탄올 침전법

Ethanol로 침전시키는 방법은 핵산을 수용액으로부터 회수하는 기본적인 방법이다. 이 방법은 빠르고, 간단하며, 효율적이다: nanogram이하의 적은 양의 DNA와 RNA도 ethanol로 정량적으로 침전 시킬 수 있으며, 원심분리로 모으고, 몇 분 내에 다시 녹일 수 있다.

Ethanol은 핵산 주위의 물 분자를 고갈시켜, (−) 전기를 띈 인산이 노출 되도록 한다. Na 같은 반대 이온이 (−) 전기를 가진 그룹에 결합하여 polynucleotide chain 사이의 밀어내는 힘을 약화 시켜 침전을 형성하게 한다. 따라서 Ethanol 침전은 노출되어 있는 인산의 전기를 중화시킬 만큼 충분한 양이온이 존재해야 가능하다. 가장 일반적으로 사용하는 양이온은 표 A3-1과 아래에 설명되어 있다.

- ***Ammonium acetate***는 원치 않는 오염물질(예, dNTPs or oligosaccharides)이 함께 침전하는 것을 감소시키기 위하여 사용한다. 예를 들어, 2 M의 ammonium acetate가 존재하는 상태에서의 두 번의 연이은 DNA침전은 〉99%의 dNTPs를 제거할 수 있다. Ammonium acetate는 agarose gel을 agarase로 분해한 후에 핵산을 침전 시킬 때 사용할 수 있는 가장 좋은 선택이다. 이 양이온은 분해결과 생성된 올리고당의 오염을 막을 수 있다. 그러나 bacteriophage T4 polynucleotide kinase는 ammonium 이온에 의해 그 활성도의 방해가 일어나므로, 이 kinase에 의한 인산화 반응에 사용될 핵산의 침전에는 ammonium acetate를 사용하여서는 안된다.
- ***Lithium chloride***는 높은 농도의 ethanol이 필요한 침전과정 (예, RNA의 침전)에서 종종 사용된다. LiCl은 ethanolic 용액에 매우 잘 녹아 핵산과 함께 침전되지 않는다. Small RNAs (tRNAs 와 5S RNAs)는 높은 이온 농도의 용액(without ethanol)에서 매우 큰 용해도를 나타내나, 큰 RNA는 그렇지 않다. 이러한 용해도의 차이 때문에 높은 농도의 LiCl (0.8 M) 존재 시의 침전방법은 large RNA를 정제하는데 이용할 수 있다
- ***Sodium chloride*** (0.2 M)는 만약 DNA 시료가 SDS를 포함하고 있다면 꼭 사용하여야 한다. SDS는 70% ethanol에 용해성을 가진다.
- ***Sodium acetate*** (0.3 M, pH 5.2)는 가장 기본적으로 DNA와 RNA의 침전에 사용된다.

최근까지 ethanol 침전은 낮은 온도 (예, dry-ice/ methanol bath)에서 이루어졌다. 지금은 낮은 온도에서 침전과정을 시행할 필요가 없음을 알고 있다. carrier 없이 0℃에서 20 ng/ml 정도의 낮은 농도의 DNA도 microfuge를 이용하여 정량적인 범위의 침전이 가능하다. 그러나 낮은 농도의 DNA 또는 아주 작은 크기의 조각 (〈100 nucleotides in length)을 침전 시킬 때에는 침전시키는데 더 긴 시간의 원심분리가 필요하다. Carrier 없이도 100,000g에서 20-30 분간의 원심분리에 의해 picogram 단위의 핵산을 회수할 수 있다.

표 A3-1 Salt Solutions

염	STOCK 용액 (M)	최종 농도 (M)
Ammonium acetate	10.0	2.0–2.5
Lithium chloride	8.0	0.8
Sodium chloride	5.0	0.2
Sodium acetate	3.0 (pH 5.2)	0.3

적은 양의 DNA를 다룰 때에는, 모든 DNA를 얻을 때까지 매 단계마다 ethanolic 상층액을 모아두는 것이 안전하다. 이러한 주의는 특히 70% ethanol로 DNA를 씻어낸 후 침전시킬 때 요구된다. 왜냐하면 ethanol washing은 tube에서 DNA 침전이 쉽게 떨어져 나오게 하기 때문이다.

침전된 DNA의 용해

최근까지, ethanol 침전에 의해 얻은 DNA는 다시 녹이기 전에 진공 상태에서 완전하게 건조시켰다. 이러한 실험과정은 지금은 이용되지 않는다. 그 이유는 (1) 진공 건조된 DNA는 천천히, 비효율적으로 용해되며 (2) 작은 조각의 double-stranded DNA (〈400 bp)는 DNA에 결합하여 DNA를 안정화시키는 물 분자를 건조에 의해 잃어버린 결과 변성화 되기 때문이다.

요즈음에 사용하는 최적의 방법은 핵산과 시험관 벽에서 ethanol을 빨아내어 제거하고, 뚜껑을 열어 실험대에 약 15분간 놓아두어 ethanol을 증발시키는 방법이다. 축축한 핵산 침전물은 적정의 완충액에 빠르고 완전하게 녹일 수 있다. 만약 필요하다면, 녹인 DNA을 시험관 뚜껑을 열어 놓은 채로 45℃에 2–3분간 놓아두어 남아있는 ethanol을 날려 보낼 수 있다.

DNA 침전은 angle-head rotor에서 원심분리하고 나면 항상 시험관 바닥에만 분포하는 것은 아니다. 예를 들어 microfuge 튜브에는 적어도 40% 가량의 침전된 DNA가 튜브 벽에 발라져 있다. DNA 회수를 최대로 하기 위하여는, 피펫 팁으로 DNA가 있는 튜브의 벽에 용액을 여러 번 뿌려 DNA를 완전히 녹인다. 만약 DNA가 방사능을 가지고 있다면, 녹인 DNA를 모두 모은 후 튜브에 방사능이 남아 있는지 확인 한다.

Carriers

Carrier (또는 공통침전물)는 ethanol을 사용하여 적은 양의 핵산을 회수할 때 회수율을 높이기 위해 사용하는 안정된 물질이다. ethanol 용액에서 불용성인 carrier는 핵산을 잡을 수 있어 침전물을 형성 할 수 있다. 원심분리에 의해, carrier는 가시적인 침전을 형성하여 DNA의 취급이 용이하게 도와준다. 이것이 carrier의 주 효력이다 : 위에 논의한 바와 같이, ethanol 침전–아주 적은 양의 핵산이 희석된 용액의–이 아주 효율적으로 이루어진다. Carrier는 핵산의 위치를 가시화 시키는 것 이외의 다른 역할은 거의 없다. 세가지 물질이 일반적으로 carrier로 이용된다: yeast tRNA, glycogen, 그리고 linear polyacrylamide이다. 그들의 좋은 점과 단점이 표 A3-2에 나와 있다.

Microfuge Tube 내에서의 DNA ethanol 침전법

1. DNA 용액의 부피를 가늠한다
2. 1가 양이온의 농도를 TE (pH 8.0)를 이용하여 희석하거나, 표 A3-1에 나와 있는 용액을 가하여 맞춘다.

   만약 최종 부피가 400 µl 보다 작으면 하나의 튜브에서 침전 시킨다. 더 많은 양은 여러 개의 microfuge 튜브에 나누어 침전시키거나, medium-speed centrifuge 또는 ultracentrifuge에 맞는 큰 튜브로 옮겨 침전 시킨다.
3. 용액을 잘 섞는다. 정확히 2배 되는 양의 ice-cold ethanol을 가하고 용액을 다시 잘 섞다. Ethanolic 용액을 얼음에 놓아 두어 DNA가 침전을 형성하도록 한다.

   보통 15–30 분이면 충분하지만, DNA의 크기가 작거나 (〈100 nucleotides) 적은 양의 DNA가 존재하면 (〈0.1 µg/ml), 얼음에 놓아두는 시간을 1 시간 정도로 늘이고, $MgC1_2$를 0.01 M이 되도록 첨가한다.

   DNA는 ethanolic 용액에 밀봉된 상태로 0℃ 또는 –20℃에서 영구 보관할 수 있다.

표 A3-2 Carriers

Carrier	사용 농도(µg/ml)	장점/단점
Yeast tRNA	10–20	Yeast tRNA는 가격이 싸다. 하지만 polynucleotide kinase 또는 terminal transferase 반응에 사용할 핵산을 침전 시킬 때는 사용할 수 없다. yeast RNA의 말단은 이 효소들이 작용하는 아주 좋은 기질이므로 target 핵산과 경쟁을 할 수 있다.
Glycogen	50	0.5 M ammonium acetate와 isopropanol로 핵산을 침전 시킬 때 glycogen이 carrier로 사용된다 . Glycogen은 핵산이 아니므로 효소 반응에서 target 핵산과 경쟁하지 않는다. 하지만 glycogen은 DNA와 단백질 간의 상호 작용을 간섭할 수 있다..
Linear	10–20	Linear polyacrylamide는 picogram의 핵산을 ethanol로 침전시킬 때, 그리고 polyacrylamide picogram의 단백질을 acetone으로 침전 시킬 때 사용하는 중성의 carrier이다.

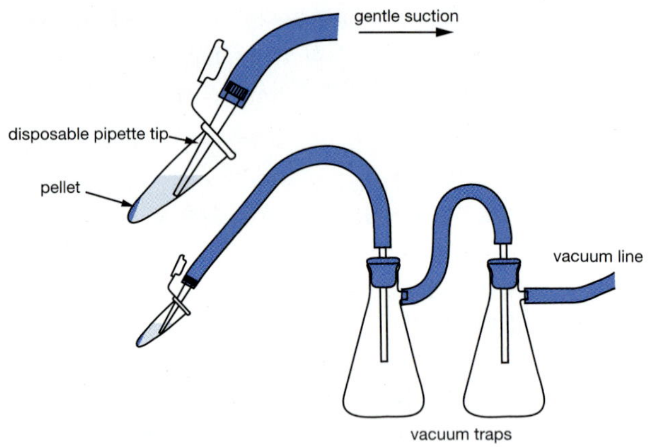

그림 A3-2 아스피레이터로 상층액 제거하기
Microfuge 튜브 뚜껑을 연채로 비스듬하게 위치시킨다. 이때 침전은 위쪽에 위치하도록 한다. 진공기에 연결된 선 끝에 일회용 피펫 팁을 끼워 튜브로부터 액체를 제거할 때 사용 한다. 피펫 팁을 튜브의 아랫 쪽 벽면의 액체 아랫 부분에 위치시킨다. 액체를 빨아내면서 팁을 바닥 쪽으로 움직인다. 팁을 바닥의 침전에 닿지 않도록 조심한다. 마지막으로 벽에 붙어있는 액체를 빨아내어 제거한다.

4. 0℃에서 원심분리하여 DNA를 회수 한다.

   대부분의 경우 microfuge에서 최대 속도로 10 분간 원심분리 하면 충분하다. 그러나 위에 언급된 것처럼 DNA의 농도가 낮은 경우 (〈20 ng/ml) 또는 아주 작은 조각의 DNA를 회수할 경우 더 긴 시간 원심분리 해야 한다.

5. 조심스럽게 상층액을 진공 선에 연결되어 있는 피펫팁을 이용하여 제거한다 (그림 A3-2). 침전된 핵산 (잘 보이지 않는)을 건드리지 않도록 조심한다. 피펫 팁을 이용하여 튜브벽에 붙어 있는 액체 방울을 제거한다.

   만약 귀한 시료라면 침전된 DNA가 확인 될 때까지 상층액을 보관하여 둔다.

6. 튜브에 반 정도를 70% ethanol로 채우고 4℃에서 최대 속도로 2 분간 microfuge를 돌린다.
7. 5번 과정을 되풀이 한다.
8. 뚜껑을 연 튜브를 모든 액체가 증발하도록 실온의 실험대 위에 놓아 둔다. 한 때는 진공 건조기에서 액체를 증발 시키는 것이 보통 이었으나 그 과정은 필요치 않을 뿐 아니라 작은 크기의 DNA (〈400-nucleotide)의 변성화와 크기가 큰 DNA의 회수률을 저하시키므로 바람직하지 않다.
9. DNA 침전을 원하는 양의 완충액 (보통 TE [pH 7.6 ~ 8.0])에 녹인다. 튜브의 벽도 완충액으로 잘 녹여낸다.

주석

- Microfuge로 원심 분리하여 DNA를 침전시키면 모든 DNA가 바닥에 침전되지는 않는다. 많은 경우 40% 가량의 DNA가 튜브 벽에 붙어있게 된다. DNA 전부를 회수하기 위하여 튜브 벽의 경사면에 액체 방울을 앞뒤로 흘려 녹여내야 한다. 이 작업은 마이크로 피펫의 팁을 사용하여 용액을 반복하여 흘리면 쉽게 할 수 있다.
- 2배가 되는 양의 ethanol을 사용하는 대신 1 배에 해당하는 양의 isopropanol 〈!〉을 DNA 침전에 사용할 수 있다. Isopropanol을 사용하면 원심 분리해야 하는 시료의 양이 작아진다는 이점이 있다. 그러나 isopropanol은 ethanol 보다 휘발성이 적으므로 제거가 쉽지 않다; 더구나 sucrose나 sodium chloride 같은 물질은 isopropanol을 사용할 때 DNA와 함께 침전을 형성하므로, 액체의 부피를 최소화 할 필요가 있을 때를 제외하고는 ethanol을 선호 한다.
- 일반적으로 ethanol로 침전시킨 DNA가 낮은 이온 농도의 완충액에, TE (pH 8.0)와 같은, 쉽게 녹는다. 간혹 $MgCl_2$ 또는 〉0.1M NaCl을 포함하는 완충액을 직접 침전된 DNA에 가하면 용해가 쉽지 않다. 따라서 DNA를 적은 양의 낮은 이온 농도의 완충액에 녹인 후 원하는 완충액의 조성으로 맞추는 것이 좋다. 만약 시료가 적은 양의 완충액에 잘 녹지 않는다면 충분한 양의 완충액을 사용한 후 다시 ethanol로 침전 시킨다. 이러한 추가적인 침전 과정은 과다한 염이나 기타 DNA의 용해에 영향을 주는 물질을 제거할 수 있다.

RNA의 ethanol 침전법

0.8 M LiCl, 5 M ammonium acetate, 또는 0.3 M sodium acetate를 포함하는 용액에 녹아 있는 RNA는 2.5–3.0 배되는 부피의 ethanol로 침전 시킬 수 있다. 이중 어떤 염을 사용하느냐 하는 것은 다음 과정에서 RNA를 어떤 방법으로 사용하느냐 하는 것에 따라 결정한다. dodecyl sulfate의 potassium 염은 거의 용해되지 않으므로, 침전시킬 RNA를 SDS를 포함하는 완충액, 예를 들어 oligo(dT)–cellulose chromatography에 사용할, 에 녹여야 할 때는 potassium acetate는 사용하지 않는다. 같은 이유로 SDS를 포함하는 완충액을 사용할 때는 potassium acetate는 첨가하지 않는다. RNA를 cell–free translation 또는 reverse transcription에 사용할 때는 LiCl는 선택하지 않는다. LiCl 이온은 대부분의 icell–free system에서 단백질 합성의 시작과 RNA–dependent DNA polymerase의 활성도를 저해한다.

주석

- RNA 침전에 사용하는 모든 용액은 RNase–free 상태 여야 한다. (MC3, p. 7.82 참조).

분자가 큰 RNA의 Lithium Chloride를 이용한 침전법

작은 RNAs (tRNAs 와 5S RNAs)는 높은 이온 농도에서 용해도가 크지만, 큰 RNAs (예, rRNAs 와 mRNAs)는 불용성이어서 원심분리에 의해 분리할 수 있다.

1. 시료의 부피를 측정하고 그의 0.2 배되는 양의 RNase–free 8 M LiCl를 첨가한다. 용액을 잘 섞고 적어도 2시간 이상 얼음에 놓아둔다.
2. 용액을 0℃에서 15,000g 속도로 20 분간 원심 분리 한다. 상층액을 제거하고 침전시킨 high–molecular–weight RNA를 0.2 배의 H_2O에 녹인다.
3. 과정 1과 2를 반복한다.
4. High–molecular–weight RNA를 2배의 ethanol을 가하여 다시 침전 시킨다.

Microconcentrators를 이용한 핵산의 농축 및 염의 제거

Ultrafiltration은 핵산의 농축과 염 성분의 제거에 ethanol 침전법 대신 사용할 수 있는 방법으로 유기용매의 사용이 필요 없고 아주 낮은 농도의 핵산을 다룰 때 유용한 방법이다. The Microcon cartridge는 Millipore에서 생산되는데, 원심분리를 이용한 ultrafiltration은 핵산의 농축과 염 성분의 제거에 효율적으로 사용할 수 있는 장치이다. 아래의 프로토콜과 주석은 Millipore Web site (www.millipore.com)에 나와 있는 것이다. 더 자세한 사용법은 Web site에서 볼 수 있다.

1. 얻어야 하는 핵산의 분자량보다 작은 nucleotide cutoff를 나타내는 Microcon unit을 선택한다. (표 A3–3 참조).

표 A3-3 Microcon Concentrators에 따른 제거 Nucleotide 크기

Microcon Model	Color Code	Nucleotide Cutoff[a]		최대 권장 g 값	원심분리 시간(분)	
		ss	ds		4℃	25℃
3	yellow	10	10	14,000	185	95
10	green	30	20	14,000	50	35
30	clear	60	50	14,000	15	8
50	rose	125	100	14,000	10	6
100	blue	300	125	500	25	15

Ultrafiltration으로는 완충 요액의 조성은 바뀌지 않는다. Microcon에서 원심 분리된 시료의 염분의 농도는 원심분리 이전의 완충액의 조성과 동일하다. 염분제거를 위해서는 농축된 시료를 물 또는 완충액으로 원래의 부피가 되도록 희석하고 다시 원심분리 한다 (비연속적 diafiltration이라고 한다). 이 과정은 ultrafiltration에 의해 농축하는 만큼 염분 성분을 제거한다. 예를 들어 100 mM 염분을 포함하는 500 μl 시료를 25 μl (20 배 농축)로 농축하였다면, 그 시료에 있는 95%의 염분이 제거된 것이다. 시료의 염분의 농도는 100 mM 그대로 동일하다. 그 시료를 H_2O로 희석하여 500 μl로 만들면 염분의 농도는 5 mM이 된다. 다시 25 μl로 농축한다면 원래 존재하던 염의 99%를 제거하게 된다. 결과 시료의 염의 농도는 0.25 mM이 된다. 완전히 염분을 제거하려면 희석 과정과 원심분리과정을 반복한다. 그러면 원래 염 성분의 99.9%가 제거된다.

[a]ss는 single stranded 그리고 ds는 double stranded를 나타낸다.

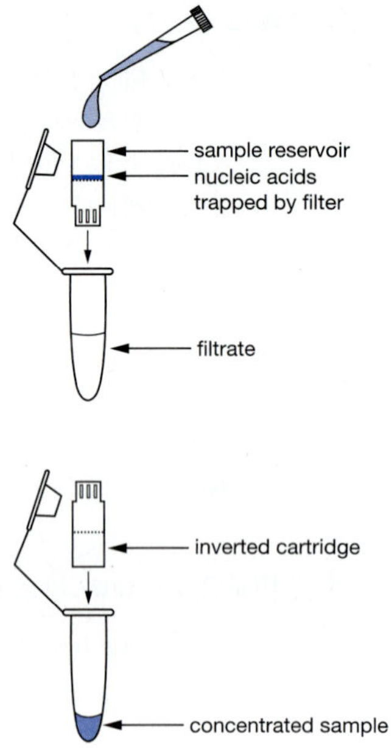

그림 A3-3 Micron Ultracentrifugation을 이용한 핵산의 농축/염의 제거

2. Microcon cartridge를 그림 A3-3에 있는 것처럼 하나의 유리병에 끼워 넣는다.
3. 농축하기 위하여 (염의 농도에 영향을 주지 않고), 시료(DNA 또는 RNA)를 최대 500 μl 까지 reservoir에 넣고 권장 시간 동안 원심 분리 한다. 표에 나타난 권장 *g* 값을 넘기지 않도록 한다.
4. 염의 조성을 바꿀 때에는, 적당한 양의 적합한 희석액을 더하여 농축된 시료를 500 μl가 되도록 한다. 권장 시간 동안 원심 분리 한다. 표에 나타난 권장 g 값을 넘기지 않도록 한다. 낮은 농도의 염 용액을 만들어야하면 이 과정을 여러 번 반복한다. 표 A3-3의 각주를 참고하시오.
   중요: 여과액이 모이는 병이 넘치지 않도록 한다.
5. Reservoir를 병에서 꺼내고 새 vial에 거꾸로 끼운다 (여과되어 빠져나간 용액은 시료의 분석이 끝날 때까지 버리지 않고 보관한다).
6. 핵산을 vial에 모으기 위하여 microfuge에서 500–1000g로 2 분간 원심분리 한다.
7. Reservoir를 빼내고 vial에 있는 시료를 뚜껑을 닫아 보관한다.

Butanol 추출법을 이용한 핵산의 농축

secondary butyl alcohol (isobutanol) 또는 *n*–butyl alcohol (n–butanol 〈!〉) 등의 유기용매를 이용하여 수용액 층을 추출할 때 물 분자가 유기용매 층으로 편입된다. 여러 번의 추출 과정을 거치면 핵산 용액의 부피를 상당한 양 줄일 수 있다. 이 농축 방법은 ethanol로 쉽게 침전 시킬 수 있는 상태의 매우 희석되어있는 핵산을 농축할 때 사용한다.

1. 핵산 용액의 부피를 측정하고 같은 양의 isobutanol을 가한다. 용액을 vortexing 하여 잘 섞는다.

   너무 많은 양의 isobutanol을 첨가하면 모든 물 분자를 제거하여 핵산이 침전 될 수 있다. 만약 그러한 일이 일어나면 다시 수용액층 (핵산이 포함된)이 나타날 때까지 유기용매 층에 물을 첨가한다.

2. 실온의 microfuge에서 최대 속도롤 20 초간 또는 benchtop 원심분리기에서 1600g 속도로 1 분간 원심분리 한다. 자동 마이크로피펫을 사용하여 상층액 (isobutanol)을 제거한다.
3. 과정 1과 2를 수액층이 원하는 크기의 부피가 될 때까지 되풀이 한다.

   Isobutanol 추출에 의하여 염은 제거되지 않으므로, 수용액 속의 염의 농도는 용액의 부피가 감소함에 따라 증가하게 된다. 핵산은 spun–column chromatography나 ethanol로 침전시켜 원하는 완충액에 옮길 수 있다.

핵산의 정량

CAUTION: 〈!〉표시된 물질의 적절한 사용법은 Appendix 4를 참조하세요.

시료에 있는 핵산의 양을 측정하기 위하여 두 가지 방법을 사용한다. 만약 시료가 순수하다면 (즉, 단백질, phenol, agarose, 또는 다른 핵산 등의 오염량이 크지 않다면), DNA 염기에 의한 UV 광선 흡수를 이용한 분광광도계법이 간단하고 정확하다. 만약 DNA 또는 RNA의 양이 매우 적고 기타 오염물질의 양이 많다면, 핵산의 양은 ethidium bromide나 Hoechst 33258로부터 방출되는 형광의 양을 측정하여 알 수 있다. DNA의 농도를 측정하기 위하여 일반적으로 사용하는 방법이 표 A3-4에 명시되어 있다. 방법에 대한 좀 더 자세한 논의는 표에 나와있다.

표 A3-4 핵산의 정량

방법	기기	설명
260 nm에서의 흡광도	spectrophotometer (흡광 광도계)	오직 순도가 높은 핵산의 측정에만 유용함. 왜냐면 DNA, RNA, EDTA, 그리고 phenol 모두 260 nm에서 흡광도가 크게 나타나기 때문임. 260과 280 nm에서의 흡광도 비는 DNA와 RNA 시료에 오염되어 있는 단백질을 알아보는데 사용 한다. 가장 많이 사용되는 방법임에도 불구하고 이 방법에 대한 신빙성은 떨어짐. 핵산은 260 nm에서의 흡광도가 매우 큼으로 아주 많은 양의 단백질이 오염되어 있을 때에만 두 파장에서의 흡광도의 비가 달라진다. (다음 면에 있는 핵산의 흡광도 참고) DNA와 RNA의 흡광 상수는 용액의 이온 농도와 pH에 의해 영향을 받는다. 정확한 농도의 측정은 용액의 pH가 조심스럽게 조절되고 이온 농도가 낮을 때에만 가능하다. 양이 적은 용액은 측정이 어렵고 이 방법은 좁은 농도 범위에서만(5 – 90 μg/ml) 그 값을 믿을 수 있다.
Hoechst 33258 존재시 458 nm 에서의 발광	fluorometer (형광계)	Hoechst 33258는bis-benzimidazole 형광 염료 중 하나로 염기사이에 결합하지 않으나 double-strand DNA에 특이적으로 결합 한다. 결합에 의하여 형광이 0.01에서 0.6으로 증가하다; Hoechst 33258는 double-strand DNA의 양을 측정하는데 매우 유용한 형광 염료이다. Hoechst 33258는 DNA 나선의 A/T-rich 지역에 우선적으로 결합하여 DNA의 A+T 양에 비례하는 $\log_{10}$ [intensity of fluorescence]의 값을 보여준다. Hoechst 33258에 의한 형광은 single-strand DNA에서 3배 정도 낮게 나타난다. Hoechst 33258에 의한 형광 분석법은 극한의 pH에서는 사용할 수 없고 또한 세제나 염에 의해 영향을 받는다. 따라서 이 분석 방법은 pH 7.4의 0.2 M NaCl, 10 mm EDTA 용액에서 이용된다. 미지의 DNA 시료의 농도는 기준이 되는 DNA (10–250 ng/ml)의 standard curve를 이용하여 구할 수 있다. 발광 강도는 DNA 농도가 1000배 되는 범위에서도 농도에 비례 한다. 이 방법을 적용시킬 DNA는 반드시 분자량이 커야한다. 왜냐면 Hoechst 33258는 작은 조각의 DNA에는 잘 결합하지 않기 때문이다. 모든 DNA와 사용하는 용액에는 Hoechst 33258의 형광을 억제하는 ethidium bromide가 없어야 한다. 그러나 Hoechst 33258는 단백질, rRNA에는 잘 결합하지 않으므로 세포 lysates 또는 정제된 DNA의 양 모두 측정할 수 있다 .
Dipstick (Invitrogen에서 생산한 kit)		이 방법은 오직 낮은 농도의 DNA 와 RNA (〈10 μg/ml)를 포함하는 용액에만 사용 가능하다. 두 용액과의 반응은 비용이 비싸고 비교적 느리다. (30–40 minutes).
Ethidium bromide spot test	UV transilluminator	DNA에 끼어 들어간 ethidium bromide 분자에 의해 방출되는 UV-induced fluorescence를 이용하는 방법으로 빠르고 민감한 방법이다. 측정해야하는 DNA 시료를 0.5μg/ml의 ethidium bromide를 포함하는 agarose 판에 점으로 찍는다. 일련의 농도를 알고 있는 DNA를 standard로 사용한다. 형광의 양이 DNA의 양에 비례하므로 590 nm에서 방출되는 형광량을 비교하여 시료의 농도를 측정할 수 있다. 분석 결과는 필름에 기록할 수있다. 비슷한 방법으로 1970년대에 개발된 것이 있는데 희석된 ethidium bromide와 일련 농도의 DNA 시료를 섞어 Saran Wrap 위에 점으로 찍어 사진을 찍는 방법이 있다. 주요한 문제점은 이 방법이 RNA에 의해서 크게 영향을 받는다는 것이다.

분광 광도계를 이용한 DNA 또는 RNA의 정량

DNA 또는 RNA의 양을 측정하기 위하여, 260과 280 nm 파장에서의 흡광도를 측정한다. 260 nm에서의 흡광도는 핵산의 농도를 알려 준다. 흡광도 (OD) 값 1은 대략 50 μg/ml의 double-strand DNA 농도를, 40 μg/ml의 single-strand DNA와 RNA 농도를, 그리고 33 μg/ml의 single-strand oligonucleotides 농도를 나타낸다. 260과 280 nm 에서의 흡광도의 비 (OD_{260}:OD_{280})는 핵산의 순도를 보여준다. 순수한 DNA와 RNA는 OD_{260}:OD_{280} 값이 1.8과 2.0로 나타낸다. 만약 시료에 꽤 많은 양의 단백질이나 phenol의 오염이 있다면 OD_{260}:OD_{280} 값은 앞의 값들 보다 작게 나타나며 이 때는 정확한 핵산의 정량은 불가능 하다.

이 방법은 빠르고, 간단하며, 시료를 손상시키지 않기 때문에 흡광 spectroscopy는 순수한 DNA와 RNA의 농축 용액의 농도를 측정하는데 사용하였다. 그러나 흡광 spectroscopy는 대부분의 분광 광도계를 사용할 때 아주 적은 양의 핵산은 측정할 수 없어, A_{260}으로 농도를 측정하려면 적어도 1 μg/ml 이상이 필요하다. 또한 흡광도만으로는 DNA와 RNA를 구별할 수 없어, 정제되지 않은 핵산의 정량에는 사용할 수 없다. 이러한 한계 때문에 DNA와 RNA 농도를 측정하는 다른 방법들이 고안되었다 (표 A3-4를 보시오).

핵산의 흡광 Spectroscopy

핵산에 있는 퓨린과 피리미딘은 UV 광선을 흡수한다. Beer-Lambert Law에 설명되는바와 같이 특정 파장에서 흡수되는 에너지의 양은 빛을 흡수하는 물질의 농도에 의해 결정 된다:

$$I=I_o\ 10^{-\varepsilon dc}$$

where I = 투과된 빛의 강도

I_o = 투사된 빛의 강도

ε = 분자의 소멸 상수 (분자의 흡광도 상수라고도 함)

d = 빛의 통과 길이 (cm)

c = 물질의 농도 (mole/liter)

ε는 1 M 용액이 1-cm의 길을 통과할 때 나타나는 흡수도와 같다. 따라서 $M^{-1}\ cm^{-1}$로 표시된다. 흡광도는 UV 흡광계를 이용하여 측정할 수 있고 absorbance A (log I/I_o)로 나타낸다. 거리 D = 1 cm이면, A는 optical density 또는 특정 파장 (λ)에서의 OD 라고 한다.

$$OD_\lambda=\varepsilon\ c$$

DNA와 RNA의 흡수 스펙트럼은 260 nm에서 최대 값을 보이므로, 핵산의 흡광도 결과는 A_{260} 또는 OD_{260} 단위로 표시 한다. Double-strand DNA의 1단위 A_{260} 또는 1단위 OD_{260} 은 50 μg/ml의 농도에 해당한다. Beer-Lambert의 법칙은 OD = 2의 값까지 잘 적용되며 따라서 핵산의 농도는 간단한 보간법에 의해 계산할 수 있다. 예를 들어 OD_{260} = 0.66 인 핵산 용액은 33 μg/m1의 double-strand DNA를 포함한다. 핵산의 폴리뉴클레오티드 사슬의 퓨린과 피리미딘이 가깝게 쌓일수록 ε 값은 감소한다. 따라서 ε 값은 다음의 순서대로 감소한다:

염기

↓

작은 올리고뉴클레오티드

↓

single-strand 핵산

↓

double-strand 핵산

이것의 의미는 single-strand 핵산이 double-strand 핵산보다 260 nm에서 더 높은 흡광도를 가진다는 것을 의미한다. 그러므로 260 nm에서 double-strand DNA 분자의 흡광도 상수는 6.6이고, single-strand DNA와 RNA의 분자 흡광도 상수는 대략 7.4 이다. 그러나 DNA와 RNA의 분자 흡광도 상수 모두는 용액의 이온 농도와 pH에 영향을 받는다는 것을 주목 해야 한다. 정확한 용액의 농도 측정은 pH를 정확히 조절하고 이온의 농도가 낮을 때 측정 가능하다.

(Continued on facing page.)

관한다.

3. Standard curve를 만들기 위하여 100, 200, 300, 400, 그리고 500 ng의 DNA를 각각의 시험관에 담는다. DNA를 넣은 즉시 잘 섞고, 미리 켜놓은 형광 광도계로 흡광도를 측정한다 .

   standard로 사용할 DNA는 TE에 100 μg/ml 농도로 준비하여 사용한다. Hoechst 33258 염료가 DNA에 결합 할 때는 염기 조성에 영향을 받으므로, standard curve에 사용할 DNA는 시료와 같은 종으로부터 얻은 것을 사용하여야 한다.

4. 0.1 (즉, 1μl of a 1:10 dilution), 1.0, 그리고 10 μl의 DNA (그 농도를 이미 알고있는)를 희석된 염료용액이 담긴 시험관에 첨가한다. 즉시 형광계로 읽는다.

5. Standard curve를 세로축에 형광 값을, 그리고 가로축에 DNA (nanograms)의 양을 표시하여 그래프를 그린다. 시료의 농도를 그래프를 이용하여 계산한다.

   만약 시료의 DNA 농도가 standard curve 밖의 범위에 있으면 더 높은 농도의 값을 얻거나, 시료를 희석하여 그 값을 측정한다.

주석

- Hoechst 33258의 결합은 극단적인 pH, 교질입자 형성이 이루어 질수 있는 높은 농도의 세제, 그리고 3 M 이상의 염에 의해 방해 받는다. 만약 이러한 것들이 DNA의 준비 과정의 조건이 되거나, 사용되고, 형광 광도계 분석에 의하여 믿기 어려운 결과가 나오면, DNA 용액을 ethanol로 침전 시키고, 침전을 70% ethanol 닦은 후, 말리고 난 침전을 TE에 녹이고 다시 분석한다.
- 만약 시료 DNA가 아주 점성이 높다면, 보통 사용하는 yellow tip을 이용하여 시료를 취하면 DNA 시료의 희석 정도가 정확하지 않아 standard curve에 의해 농도를 결정할 수 없다. 이런 경우라면 두 개의 시료(10–20 μl)를 끝을 자른 yellow tip으로 취하여, 각 시료를 대략 0.5 ml의 TE (pH 8.0)에 희석하고, 강하게 1–2 분간 vortex 한다. 각각 다른 양의 시료를 희석된 형광 염료가 담겨있는 시험관에 넣어 섞고 (2 조의 희석시료가 준비됨) 2 조의 결과를 비교하여 결과가 일관성 있게 나오면 문제가 없는 것으로 간주한다.
- 가위나 개발톱깍기 (예, Fisher–Scientific)를 사용하여 끝을 자른 yellow tip을 준비한다. 다른 방법으로는 면도날을 사용하여 yellow tip을 준비한다. 사용 전에 가압멸균, 또는 70% alcohol 에 2 분간 담군 후 공기로 말려서 소독한다. 멸균된 wide–bore tips을 몇몇 회사에서 구입할 수 있다 (예, Bio–Rad).

Ethidium Bromide를 이용한 Double-stranded DNA의 정량

DNA (〈250 ng/ml)의 양이 적으면 분광광도계를 이용하여 농도 측정이 어렵다. 또는, DNA가 UV를 흡수하는 다른 물질에 의해 심하게 오염되어 정확한 분석이 어려울 경우가 있다. 그러한 시료의 DNA 농도를 측정할 수 있는 빠른 방법은 DNA와 결합한 ethidium bromide 〈!〉에 의해 방출되는 UV–induced fluorescence를 측정하는 것이다. 형광의 양은 DNA의 전체 양에 비례하므로, 일련의 standard와 DNA 시료의 형광을 비교하여 그 농도를 산정할 수 있다. 1–5 ng의 DNA도 이 방법에 의해 검출할 수 있다. Ethidium bromide에 대한 더 자세한 정보는, MC3, pp. 5.14 와 A9.3을 참고하시오.

Ethidium Bromide 또는 SYBR Gold를 이용한 Saran Wrap Method

1. UV transilluminator 또는 검은 종이 위에 Saran Wrap (크린랩)을 팽팽하게 펴 놓는다.
2. 1–5 μl의 DNA 시료를 Saran Wrap 위에 반점을 찍는다.
3. DNA 농도 standards (0.1, 2.5, 5, 10, 그리고 20 μg/m1)도 동일한 부피로 Saran Wrap위에 순서대로 반점을 찍는다.

   Standard DNA 용액은 측정하고자 하는 시료의 DNA와 비슷한 크기의 동종의 DNA로 만들어야 한다. DNA standard는 몇 달간 안정되게 –20℃에 보관할 수 있다 .

4. 각각의 반점에 2 μg/ml ethidium bromide를 포함한 TE (pH 7.6)를 더하거나 동일한 양의 1:5000로 희석된 dimethylsulfoxide 〈!〉 (DMSO)/SYBR Gold 〈!〉를 더한다. micropipette으로 여러번 피펫팅하여 액체를 섞는다.
5. Ethidium bromide의 경우 짧은 파장의 UV 조명을 이용하여, 또는 SYBR Gold는 300–nm transillumination을 이용하여 반점의 사진을 찍는다 (MC3, p. 5.15 참조). Standard 용액의 반점에서 나오는 형광의 강도와 비교하여 DNA의 농도를 산정한다.

Agarose Plate Method

DNA 시료의 오염물은 fluorescence의 양을 증가 시키거나 감소시킬 수 있다. 이러한 문제를 피하기 위하여, ethidium bromide (0.5 μg/m1)를 함유하는 1% agarose slab gel 위에 DNA 시료와 standard의 반점을 찍고, 몇 시간 동안 gel을 실온에 놓아두어 작은 오염물이 다른 곳으로 확산 되도록 한다. MC3, p. 5.16에 있는 방법으로 gel의 사진을 찍는다.

Minigel Method

Minigel (MC3, p. 5.13)을 이용한 전기영동은 DNA의 양과 상태를 동시에 측정할 수 있는 편리한 방법이다. 만약 시료에 상당한 양의 RNA가 포함될 가능성이 있다면 이 방법을 사용하는 것이 좋다.

1. DNA 시료 2 μl를 0.4 μl의 gel-loading buffer IV (bromophenol blue only; 표 A1-6 참조)와 섞어, ethidium bromide (0.5 μg/m1)를 포함한 0.8% agarose minigel의 slot에 loading 한다.
   SYBR Gold는 이 방법으로 일상적인 사용을 하기에는 가격이 비싸다.
2. 2 μl의 standard DNA 용액(0, 2.5, 5, 10, 20, 30, 40, 그리고 50㎍/m1)을 4 μl의 gel-loading buffer IV와 각각 섞는다. 섞은 DNA를 gel에 loading 한다.
   standard DNA 용액은 측정하고자 하는 시료의 DNA와 비슷한 크기의 동종의 DNA로 만들어야 한다. DNA standard는 몇 달간 안정되게 -20℃에 보관할 수 있다.
3. Bromophenol blue가 1-2 cm 정도 움직일 때까지 전기영동한다.
4. Gel을 5 분간 0.01 M $MgCl_2$를 함유한 electrophoresis buffer 에 담가 destain한다.
5. 짧은 파장의 UV 조명을 이용하여 (MC3, p. 5.16 참조) 사진을 찍는다. Standard 용액의 반점에서 나오는 형광의 강도와 비교하여 DNA의 농도를 산정한다.

핵산의 방사선량 측정

CAUTION: 〈!〉표시된 물질의 적절한 사용법은 Appendix 4를 참조하세요.

방사성 동위원소〈!〉는 RNA또는 DNA의 합성 반응을 추적하는데 사용된다. 그러한 반응의 효율을 측정하기 위해서는, 원하는 화합물에 편입된 방사성 동위원소 전구체의 양을 정확히 측정하여야 한다. 이러한 목적은 두 가지 방법에 의해 성취할 수 있다 : (1) trichloroacetic acid 〈!〉(TCA)을 이용한 핵산의 침전법 그리고 (2) positively charged surface (예, DE81 paper)에 핵산의 흡착법이다.

Trichloroacetic Acid로 핵산 침전시키기

1. 무른심 연필로 Whatman GF/C glass fiber filters (2.4-cm diameter)에 label한다. 필름 polystyrene 지지판에 핀으로 고정 시킨다.
2. 각 시료를 정확한 부피(최대 5 μl)를 취하여 두 장의 필터 위에 반점을 찍는다.
   한 장의 필터는 반응의 총 방사선량 (즉, acid-soluble 그리고 acid-precipitable radioactivity)을 측정하는데 사용한다. 다른 필터는 acid-precipitable radioactivity를 측정하는데 사용한다. 묘사된 조건에서, DNA와 RNA 분자 >50 nucleotide는 필터 위에 침전될 것이다.
3. 모든 액체가 마를 때까지 필터를 실온에 놓아둔다. 이 과정은 꼭 필요한 것은 아니지만, 따뜻한 램프를 사용하면 빠르게 진행된다.
4. 끝이 뭉툭한 forcep (예, Millipore)을 사용하여 각 한 장의 필터를 200-300 ml의 ice-cold 5% TCA와 20 mM sodium pyrophosphate가 담겨있는 비이커에 넣는다. 필터를 용액 속에서 2 분간 잘 저은 후 같은 양의 ice-cold 5% TCA/20 mM sodium pyrophosphate가 담겨 있는 비이커로 옮긴다. 이 과정을 두 번 더 반복한다.
   이 닦아내는 과정 중, 합성에 쓰이지 않은 nucleotide는 filter로부터 떨어져 나오고 방사성 핵산은 필터에 고정된다.

시판되는 24 필터용 vacuum-driven filtration manifold를 필터를 닦기 위해 사용할 수 있다.

5. 닦은 필터를 70% ethanol이 담긴 비이커에 옮기고 잠깐 놓아둔다. 필터를 실온에서 말리거나 따뜻한 램프 아래서 말린다.

6. 각 필터를 (washed 와 unwashed) scintillation vial에 넣고, 각 필터의 방사선량을 측정한다.

   ^{32}P는 마른 필터에서 Cerenkov counting (액체 섬광기의 ^{3}H channel)으로 측정될 수 있다. Cerenkov radiation의 측정 효율은 기계마다 다르고 사용하는 vial의 배열과 필터에 남아 있는 물의 양에 따라 다르다. 마른 필터를 사용 하였을 때 Cerenkov counting의 효율은 약 25% (one radioactive decay in four can be detected)이다. 또는 ^{32}P는 몇 ml의 toluene-based scintillation fluid를 마른 필터에 가하고 액체 섬광 측정기의 ^{32}P channel에서 측정하면 100% 의 효율로 측정할 수 있다.

   다른 종류의 방사성 물질을 (^{3}H, ^{14}C, ^{35}S, ^{33}P 등.)측정하려면, toluene-based scintillation fluid를 사용하고 liquid scintillation counter의 적합한 채널을 사용하는 것이 필수적이다. 이 들 isotope의 측정 효율은 측정기 마다 다르므로 각 측정기의 효율을 결정하여야 한다.

7. Unwashed 필터의 방사선량과 washed 필터의 방사선량을 비교하여 핵산으로 합성된 전구체의 비율을 아래와 같이 계산 할 수 있다.

DE81 Filter에 흡착 시키기

DE81 filter는 (+) 전기를 띄고 있어 TCA에 의해 잘 침전되지 않는 크기가 작은 oligonucleotide를 포함한 모든 핵산을 강하게 잡는다. 핵산으로 합성되지 않은 nucleotide는 필터에 잘 붙지 않고 sodium phosphate로 닦으면 필터에서 제거할 수 있다. 그 과정은 TCA에 의한 핵산의 침전 과정과 기본적으로 동일하다. 다른 점은 DE81는 TCA/sodium pyrophosphate 대신 0.5 M Na_2HPO_4 (pH 7.0)로 닦는다는 점이다.

방사성 표지된 탐침의 특정 활성도 계산

방사성 표지된 탐침의 특정 활성도, dpm/μg는 다음의 방정식을 이용하여 계산 한다:

$$\text{특정 활성도} = \frac{L\,(2.2 \times 10^9)\,(PI)}{m + [(1.3 \times 10^3)\,(PI)\,(L/S)]}$$

여기서

L = input radioactive label (μCi)

PI = 전구체가 DNA에 합성되어 들어간 비율 (cpm in washed filter/cpm in unwashed filter; 위의 설명 참조)

m = 주형 DNA의 양 (ng)

S = 넣어준 전구체의 특정 활성도 (μCi/nmole)

이 방정식의 분자는 3가지 항목에 의해 나타내진다: 반응의 총 dpm [(L)(2.2 × 10^6 dpm/μCi)], 이 dpm 값에 비례하며, 반응에 의해 합성되어진 양 (PI), 그리고 특정 활성도의 최종 단위를 dpm/ng에서 dpm/μg으로 바꾸는 인자, (10^3) 이다.

분모는 반응이 끝났을 때 DNA (nanogram)의 총량, 즉 반응 시작시의 DNA양 (m)과 반응에서 합성된 DNA 양 (nanogram)의 합을 나타낸다. 반응에서 합성된 DNA의 양은, 합성에 이용된 dNMP [(PI)(L/S)] 양 (nanomole)에 4 종류의 dNMP의 평균 분자량(4 × 325 ng/nmole = 1.3 × 10^3 ng/nmole)을 곱하여 계산할 수 있다.

예

반응 시작에 사용된 주형 DNA는 25 ng, 그리고 특정 활성도 3000 Ci/mmole을 나타내는 dNTP가 50 μCi 존재하는 random priming 반응에 의하여 50%의 방사능이 TCA-precipitable DNA로 합성되었다: L = 50 μCi, PI = 0.5, m = 25 ng, 그리고 S = 3000 Ci/mmole.

$$\text{탐침의 특정 활성도} = \frac{50\,(2.2 \times 10^9)(0.5)}{25 + [(1.3 \times 10^3)(0.5)(50/3000)]} = 1.5 \times 10^9 \text{ dpm/μg}$$

ETHIDIUM BROMIDE를 포함하는 용액의 처리

CAUTION: 〈!〉표시된 물질의 적절한 사용법은 Appendix 4를 참조하세요.

DNA로부터 Ethidium Bromide 제거법

Ethidium bromide 〈!〉와 DNA 사이의 반응은 가역적이다. 그러나 서로의 복합체에서 서로분리되는 반응은 매우 느리고 몇 시간, 몇 분 사이에 일어나는 것이 아니라 몇 일이 걸려 일어나는 반응이다. 따라서 실용성 있는 방법으로는 복합체를 Dowex AG 50W-X8 같은 cation-exchange resin이, 채워진 작은 컬럼을 통과 시키거나 isopropanol 또는 *n*-butanol 〈!〉 같은 유기 용매로 추출하는 것이 있다. 앞의 방법으로는 형광을 감지할 수 없을 정도로, 염료:핵산의 분자비가 1:4000, ethidium bromide를 제거 할 수 있다.

Ethidium Bromide의 폐기

Ethidium bromide는 강력한 돌연변이원은 아니지만, 효모나 *Salmonella typhimurium*의 마이크로좀 효소에 의하여 변형되어 조금 강한 돌연변이원으로 변화된다. Ethidium bromide에 의해 오염된 용액이나 표면의 오염을 제거 몇 가지 방법이 제시되어 있다 용액에 있는 ethidium bromide의 농도를 목탄을 이용하여 0.5 μg/ml 이하로 낮추고 목탄을 태워서 처리하는 방법이 있다. 또는 ethidium bromide를 sodium nitrite 〈!〉 와 hypophosphorous acid 〈!〉로 분해하는 방법이 있다.

높은 농도의 Ethidium Bromide (solutions containing 〉0.5 mg/ml) 오염 제거

Method 1

Lunn과 Sansone의 방법은 Salmonella/ microsome assay에 의해 측정한 바로는 대략 200배 가량 ethidium bromide의 발암능을 감소시킨다.

1. Ethidium bromide의 농도가 〈0.5 mg/ml가 되도록 물을 충분히 가한다.
2. 희석된 용액에 0.2배 되는 양의 5% hypophosphorous acid 와 0.12 배 되는 양의 신선한 0.5 M sodium nitrite를 첨가한다. 조심스럽게 섞는다.

   중요: 용액의 산성도가 〈3.0 이하인지 확인 한다.

   Hypophosphorous acid 는 일반적으로 50% 용액으로 제공되는데, 이 용액은 부식성이 있으므로 조심스럽게 다루어야한다. 사용 직전에 희석하여 바로 사용한다.

   Sodium nitrite 용액 (0.5 M)은 34.5 g의 sodium nitrite를 물에 녹여 최종 부피가 500 ml 되도록 만든다.
3. 24 시간 실온에 놓아둔 후 1 M sodium bicarbonate를 과량 넣는다. 이제 용액은 폐기해도 된다.

Method 2

이 방법은 Quillardet와 Hofnung 방법으로 *Salmonella*/microsome assay에 의해 측정된 바로는 ethidium bromide의 돌연변이원으로의 기능을 3000배가량 줄인다. 그러나 가끔오염 제거에 사용되는 용액만으로도 돌연변이가 생길 수 있다는 보고가 있다.

1. Ethidium bromide의 농도가 〈0.5 mg/ml가 되도록 충분한 양의 물을 가한다.
2. 1 배의 0.5 M $KMnO_4$ 〈!〉를 가한다. 조심스럽게 섞고 1 배의 2.5 N HCl을 첨가한다. 잘 섞은 후 실온에 몇시간 동안 놓아 둔다.
3. 1 배의 2.5 N NaOH 〈!〉를 첨가한다. 잘 섞은 후 용액을 버린다.

낮은 농도의 Ethidium Bromide (예, 전기영동 완충액 0.5 μg/ml ethidium bromide 포함) 오염 제거

Method 1

다음의 방법은 Lunn과 Sansone에 의한 방법이다 .

1. Amberlite XAD-16 (Sigma-Aldrich) 2.9 g을 100 ml의 용액에 넣는다. Amberlite XAD-16 는 nonionic,

polymeric 흡착제(absorbent) 이다.

2. 용액을 12 시간 동안 실온에 놓아두고 가끔 씩 흔들어 준다.
3. 용액을 Whatman No. 1 filte로 여과하여 여과액은 버린다.
4. 필터와 Amberlite resin을 plastic bag에 넣고 봉한 후, 위험물 폐기함에 버린다.

Method 2

다음은 Bensaude의 방법이다.

1. 100 ml 용액 당 100 mg의 가루 활성탄을 첨가한다.
2. 용액을 가끔씩 흔들며, 1 시간 동안 실온에 놓아둔다.
3. 용액을 Whatman No. 1 filter로 여과하고 여과된 용액은 버린다.
4. 여과지와 활성탄은 plastic bag에 넣고 봉한 후, 위험물 폐기함에 버린다.

주석

- 희석된 ethidium bromide 용액을 hypochlorite (bleach)로 처리하는 것은 오염물질 제거 방법으로 바람직한 방법은 아니다. 그러한 처리는 ethidium bromide의 *Salmonella/ microsome assay*에 의한 돌연변이능을 1000배 정도 줄이기는 하나 microsome이 없는 상태에서 염료가 돌연변이원으로 작용하게 변화 시킨다.
- Ethidium bromide는 262℃에서 분해 되고나면 일반적인 상황에서 위험물질로 작용할 가능성이 거의 없다.
- Amberlite XAD-16나 활성탄 현탁액은 ethidium bromide에 오염된 표면을 처리하는데 사용할 수 있다.

구입 가능한 Kits

여러 회사에서 용액으로부터 많은 수고 없이 ethidium bromide를 제거해내는 제품을 팔고 있다. 예를 들어 EtBr GreenBag (Q·BIOgene)이 있다.

GEL-FILTRATION CHROMATOGRAPHY

CAUTION: 〈!〉표시된 물질의 적절한 사용법은 Appendix 4를 참조하세요.

고분자 DNA를 작은 분자로부터 분리하기 위한 gel filtration 테크닉은 방사성 표지된 DNA를 레이블된 dNTP와 분리하는데 이용된다. 그러나 이 방법은 double-stranded cDNA의 blunt-ended DNA에 링커를 붙이거나, polymerase chain reaction (PCR)에서 oligonucleotide 시발체를 제거하고, 일반적으로 DNA가 녹아 있는 완충용액의 조성을 바꿀 때도 사용된다.

두 가지 이용가능한 방법이 있다: 일반적인 column chromatography는 원하는 크기의 내용물을 포함한 분획을 모으는데 적용할 수 있고, 일회용 주사기에 채워진 gel matrice를 원심분리하는 방법은 DNA를 작은 분자와 분리해내는 데 사용할 수 있는 빠른 방법이다. 일반적으로 많이 사용하는 gel matrice는 Sephadex와 Bio-Gel로 두 가지 모두, 여러 크기의 공극률을 가진 것이 있다. Sephadex G-50과 Bio-Gel P-60는 그 길이가 80 nucleotide 보다 큰 DNA를 분리하는데 사용하기 좋다. 작은 분자들은 gel의 구멍에 남아 있고, 큰 DNA는 column으로부터 바로 빠져 나오게 된다. Bio-Gel P-2는 oligonucleotide를 인 이온이나 dNTP와 분리하는데 사용할 수 있다. Bio-Gel은 gel 형태로 제공되는데 사용 전 running buffer로 평형화 시키는 과정이 필요하다. Sephadex는 마른 가루형태 이므로 사용전 반드시 수화과정이 필요하다.

Sephadex의 준비

1. 원하는 등급의 Sephadex를 증류수가 담긴 500-ml 비이커나 병에 넣는다 (10 g의 Sephadex G-50은 160 ml의 슬러리로 변한다). 불린 resin을 멸균된 증류수로 여러 번 헹구어 수용성 dextran을 제거한다. 수용성 dextran은 ethanol에 의한 침전과정에서 문제를 야기할 수 있다.
2. Resin을 TE (pH 7.6)로 평형화 시키고 10 psi (0.70 kg/cm^2) 에서 15 분간 가압 멸균한 후, 실온에 보관한다.

Column Chromatography

1. 멸균된 glass wool을 채운 일회용 5-ml borosilicate 유리 피펫이나 파스테르 피펫을 이용하여 Sephadex 또는 Bio-Gel 컬럼을 만든다. 길고 가는 피펫으로 (예, 일회용 1-ml 플라스틱 피펫) glass wool을 끝까지 밀어 넣는다.
2. 파스데르 피펫을 이용하여 Sephadex나 Bio-Gel 슬러리로 컬럼을 채울 때 공기방울이 생기지 않노록 주의 한다. 컬럼의 아래 부분을 막을 필요는 없다. 컬럼의 맨 위에서 1 cm 정도 떨어진 곳까지 채우고, 컬럼 부피의 여러 배에 해당하는 양의 lx TEN buffer (pH 8.0)로 gel을 닦아 낸다 (p. 709를 보시오).
3. DNA 시료(200 µl 또는 그보다 적은 부피)를 gel 위에 넣는다. DNA 시료가 gel 안으로 스며들면 즉시, 시료가 담긴 튜브를 ~100 µl의 1× TEN buffer 헹구어(washing) 컬럼에 넣는다. 나중에 넣은 washing이 gel에 들어가면 즉시 컬럼을 1× TEN buffer로 채운다.

   경고: 방사성 표지된 DNA를 방사성 반응물로부터 분리하기 위하여 컬럼을 사용할 때는 반드시 Lucite screen 뒤에서 컬럼을 사용하여 방사능에 노출되지 않도록 해야한다.

4. 즉시 microfuge tube에 분획(~200µl)을 모은다.

   만약 DNA가 ^{32}P 〈!〉로 레이블 되어있으면, 각 튜브의 방사능을 handheld minimonitor 또는 액체 섬광기 안의 Cerenkov counting로 측정한다. 필요할 때마다 1× TEN buffer를 gel의 윗 부분에 넣는다 .

   DNA는 gel로부터 빠져 나와서 void volume (보통 컬럼 부피의 30% 정도 되는)에 포함되어 있을 것이다. 먼저 나오는 방사능 피크는 DNA에 합성되어 들어간 nucleotide를 포함하고, 뒤에 나오는 방사능 피크는 합성에 사용되지 않은 [^{32}P]dNTP 이다.

5. 앞에 나타난 방사능 피크를 포함한 분획을 합하여 −20℃에 보관한다.

주석

각각의 분획을 모으는 대신 실험을 할 때는 handheld minimonitor로 컬럼에서 나오는 incorporated 또는 unincorporated [^{32}P]dNTP 파트를 알아 낼 수 있다.

- 컬럼으로 부터 먼저 빠져나오는 앞쪽의 피크를 멸균된 polypropylene 튜브에 모은다.
- 컬럼의 아래 부분을 잠그고 buffer가 더 이상 컬럼에 들어가지 않도록 한다.
- 컬럼을 방사선 폐기물로 처리한다.

Spun-column Chromatography

이 빙법은 gel-filtration matrix를 통과하는DNA를 컬럼에 남아있는 작은 분자들과 분리하는 방법이다. Spun-column chromatography는 특히 레이블된 DNA를 방사성 반응물과 분리하는 데 유용하다. 그러나 이 방법은 다른 목적, 예를 들어 원치 않는 nucleotide 시발체 또는 double-strand linkers를 제거하기 위하여, 적은 양의 DNA가 녹아 있는 완충용액을 바꾸기 위하여, miniprep에 의해 준비된 plasmid나 bacteriophage DNA를 제한효소 방해제로부터 분리하기 위하여 사용된다. 이 방법은 여러 개의 DNA 시료를 동시에 처리할 수 있다. 이런 점에서 spun-column chromatography는 여타의 컬럼 chromatography 보다 우수한 점을 가지고 있다.

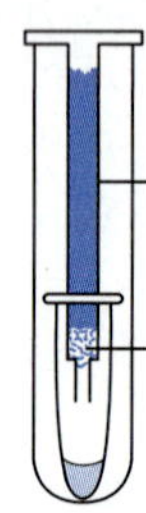

1. 일회용 1-ml 주사기의 바닥을 멸균된 glass wool로 막는다. 주사기 몸통에 glass wool을 쑤셔 넣어 만드는 것이 가장 좋다.
2. 주사기를 1× TEN buffer (pH 8.0)에 평형화 시킨 Sephadex G-50 또는 Bio-Gel P-60로 채운다 (p. 709를 보시오). 주사기의 몸통 부분을 여러 번 쳐서 완충용액을 흐르도록 한다. 주사기가 꽉 찰 때까지 resin을 채운다.
3. 주사기를 15-ml 일회용 플라스틱 튜브에 넣는다. Benchtop 원심 분리기의 Swinging-bucket rotor를 이용하여 1600g로 4 분간 실온에서 원심 분리한다. 컬럼의 형태에 대하여 놀라지 마시오. 원심 분리 동안 resin이 아래로 모아져서 물기가 빠진 상태를 보일 것이다. Resin을 계속 채우고 다시 원심 분리하기를 반복하여 컬럼이 더 이상 변하지 않고 0.9 ml가 될 때까지 채운다.
4. 컬럼에 0.1 ml의 1× TEN buffer를 가하고 3 번 단계처럼 다시 원심 분리한다.

5. 단계 4를 두 번 더 반복 한다.
   원한다면 이 단계에서 spun columns을 보관해 둘 수 있다. 여러 개의 spun columns을 동시에 준비하여 4℃에서 1 달 또는 그 이상의 기간 동안 보관할 수 있다. 주사기를 1x TEN buffer로 채우고 마르지 않도록 Parafilm으로 감아둔다. 컬럼을 똑바로 세워서 4℃에 보관한다. 이러한 방법으로 저장되어 있던 Spun column은 사용하기 전에 lx TEN buffer로 단계 4와 같은 방법으로 씻어낸다.

6. DNA 시료 0.1 ml (lx TEN buffer를 이용하여 이 부피를 맞춘다)을 컬럼에 넣는다. Spun column을 뚜껑을 제거한 microfuge 튜브가 들어 있는 새 일회용 튜브에 위치시킨다 (옆 면의 그림을 보시오).
7. 단계 3처럼 다시 원심분리하여, 주사기 아래 쪽으로 흘러나오는 액체를 (~100 μl) microfuge 튜브에 모은다.
8. 합성에 사용되지 않은 방사성 dNTP나 다른 작은 분자를 포함하고 있는 주사기를 제거한다. Forcep을 사용하여 DNA가 담겨있는 microfuge 튜브를 조심스럽게 꺼낸다. DNA는 뚜껑이 달려있는 microfuge 튜브에 옮긴다.
   대략적인 핵산으로의 합성률은 주사기와 유출된 DNA의 방사선량을 handheld minimonitor로 측정하여 계산 할 수 있다.

9. 만약 주사기가 radioactive 〈!〉하면 조심스럽게 radioactive waste 함에 처리한다. 유출된 DNA는 사용할 때까지 −20℃에 보관한다.

주석

- 모든 resin이 spun−column centrifugation에 사용 가능한 것은 아니다: DEAE−Sephacel은 원심분리 과정 중 덩어리를 형성하고, 크기가 큰 Sephadex는 원심 분리에 의해 구슬모양이 찌그러지므로 사용할 수 없다. 만약 더 엉성한 coarser−sieving resin이 필요하면 Sepharose CL−4B을 사용하시오.

HYDROXYAPATITE CHROMATOGRAPHY에 의한 SINGLE- STRANDED 그리고 DOUBLE-STRANDED DNA의 분리

핵산은 polynucleotide backbone의 인산기와 hydroxyapatite의 calcium residue의 상호작용에 의하여 hydroxyapatite와 결합한다. 결합한 핵산은 phosphate buffer에 의해 용출시킬 수 있다. 이 과정은 보통 60℃에서 이루어지는데, 25℃ 와 60℃에서의 용출 프로파일이 크게 다르지 않은 것으로 보아 이렇게 하는 특별한 이유는 찾을 수 없다. 핵산의 친화력은 matrix와 결합하는 phosphate 그룹의 수에 의해 결정된다. Single− 그리고 double−stranded 핵산 모두 0.05 M sodium phosphate (pH 6.8)에서 hydroxyapatite에 결합한다. Double−stranded 분자는 매우 잘 정렬된 구조에 의해 인산기가 규칙적으로 나타나므로 matrix와 규칙적인 결합을 하게 되어 용출시키기 위하여는 높은 농도의 phosphate (0.4 M)가 필요하다. Single−stranded 분자는 덜 규칙적이므로 적은 수의 인산기가 matrix와 결합한다. 따라서, single−stranded DNA는 좀 더 낮은 농도의 phosphate (~0.12 M)에서 용출 시킬 수 있다. 부분적으로 이중선 상태이거나 DNA−RNA hybrid 분자는 중간 농도에서 용출된다.

간혹 아주 많은 양의 용액에 용출된 핵산은 사용하기 전에 농축할 필요가 있다. Ethanol을 이용한 침전법은 phosphate 이온이 용액에서 제거되기 전에는 사용하여서는 안 된다. 용출된 용액은 isobutanol로 농축하고 염은 Sephadex G−50 column을 이용한 chromatography로 제거하는 것이 최선의 방법이다.

Hydroxyapatite는 batch마다 약간씩 차이가 있으므로 single− 와 double−stranded 핵산을 용출시키는 최적의 phosphate 농도는 예비 실험으로 찾아야한다. 아래에 설명되어 있는 두 개의 hydroxyapatite 컬럼을 이용하여 그것이 가능하다. 하나의 컬럼에는 TE (pH 7.6)에서 10분간 끓여 변성화 시킨 적은 양의 ^{32}P−labeled DNA (~10^5 cpm)를 loading하고, 다른 컬럼에는 동량의 ^{32}P−labeled native DNA(~10^5 cpm)를 loading한다. 각 컬럼은 점점 높은 농도의 sodium phosphate (0.01, 0.12, 0.16, 0.20, 0.24, 0.28, 0.32, 0.36, and 0.40 M)를 포함하는 buffer로 씻어 낸다. 각 phosphate 농도에서 용출되는 방사선량을 측정한다 (Cerenkov counting 또는 water−miscible fluor를 이용하여). 일반적으로 single−stranded DNA는 0.14−0.16 M sodium phosphate (pH 6.8)에서 용출되며, double−strand DNA는 phosphate 농도가 0.36 M 보다 높아 질 때 까지 컬럼에서 용출되지 않는다. 다음에 오는 프로토콜에는 SS buffer는 single−stranded DNA를 용출하는데 적합한 phosphate 농도를; DS buffer는 double−stranded DNA를 용출해 내는데 적합한 phosphate 농도를 포함한다.

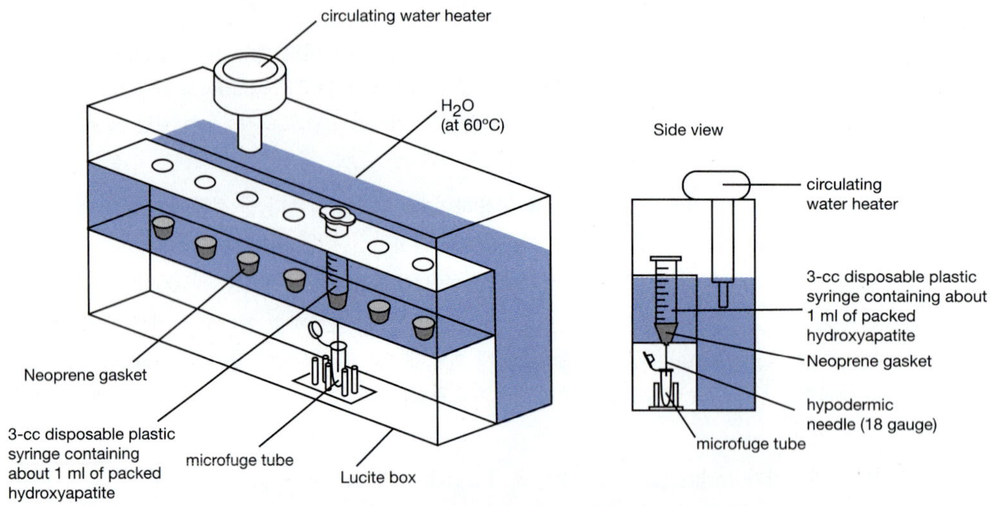

그림 A3-4 Hydroxyapatite Chromatography를 위한 장치

1. 위에 설명된 바와 같이 single-stranded DNA (SS buffer)와 double-stranded DNA (DS buffer)를 용출시킬 최적의 sodium phosphate 농도를 결정한다.
2. Prepare SS 와 DS buffer를 2 M sodium phosphate (pH 6.8)를 희석하여 준비한다.
   2 M sodium phosphate (pH 6.8)는 동량의 2 M NaH_2PO_4 와 2 M Na_2HPO_4를 섞어 준비한다.
3. Hydroxyapatite powder (Bio-Gel HTP)를 0.01 M sodium phosphate (pH 6.8)에 섞는다. 대략 0.5 ml의 Bio-Gel HTP 가 필요하다.
   Bio-Gel HTP는 100-200 µg의 native DNA/ml bed volume의 수용능력을 가진다.
4. 일회용 3-cc plastic 주사기를 이용하여 hydroxyapatite 컬럼을 다음과 같이 준비 한다:
   a. 주사기 안쪽에 있는 barrel을 꺼낸다.
   b. 파스테르 파이펫의 뭉툭한 부분으로 Whatman GF/C filter를 주사기의 아랫 쪽으로 밀어 넣는다. 필터는 주사기의 아래쪽을 완전히 덮어야한다.
   c. 18-gauge 주사바늘을 주사기에 끼운다.
   d. 주사기를 그림 A3-4 에 나타난 기구의 Neoprene gasket에 끼운다.
   e. 파스테르 피펫을 이용하여 hydroxyapatite 슬러리를 주사기에 가하여 채워진 부피가 0.5-1.0 ml 되는 컬럼을 만든다. 컬럼을 여배가 되는 부피의 0.01 M sodium phosphate (pH 6.8)로 닦는다. 컬럼은 말라도 크게 문제되지 않는다; 단지 다시 적셔 사용한다.
   f. 컬럼의 주사바늘 끝에 작은 Neoprene stopper를 끼워 컬럼을 잠근다.
5. 핵산을 포함하는 시료를 컬럼에 loading 한다.
   시료의 phosphate 농도는 반드시 0.08 M 보다 낮아야 한다.
6. Neoprene stopper를 제거하고 시료가 컬럼 안으로 흐르게 놓아둔다.
   컬럼으로 부터 빠져나온 loading buffer나 용출액을 모아둘 필요는 없다.
7. 컬럼을 3 ml의 0.01 M sodium phosphate로 씻어낸다.
8. 컬럼의 밑을 Neoprene stopper로 막는다. 컬럼 부피의 1배가 되는 양의 pre-heated SS buffer(60℃)를 가한다.
9. 5 분 후 Neoprene stopper를 제거하고 용출액을 microfuge tube에 모은다. 각 microfuge tube 당 0.5 ml 이상의 용액을 모아서는 안 된다. 단계 8과 9를 두 번씩 더 반복 한다.
10. Neoprene stopper로 컬럼의 밑을 막고 컬럼 부피의 1배가 되는 양의 pre-heated DS buffer(60℃)를 가한다.

11. 5 분 후 Neoprene stopper를 제거하고 용출액을 microfuge tube에 모은다. 각 microfuge tube 당 0.5 ml 이상의 용액을 모아서는 안 된다. 단계 10과 11을 두 번씩 더 반복 한다.
12. 용출액을 실온까지 식힌다. DNA는 다음의 방법으로 추출할 수 있다:
    a. 원하는 핵산을 포함하고 있는 각 튜브에 동량의 isobutanol을 가한다.
    b. 유기용매 층과 수용액층을 vortexing 하여 섞고 최대 속도로 20 초간 실온의 microfuge에서 원심분리 한다.
    c. 윗 층의 유기용매는 버린다.
    d. 수용액 층의 부피가 100−125 μl가 될 때까지 isobutanol 추출을 반복한다.
    e. TE (pH 8.0)로 준비한 Sephadex G−50 작은 컬럼 chromatography를 하거나, TE (pH 8.0)로 준비한 Sephadex G−50 작은 컬럼을 통한 원심 분리로 DNA에서 염분을 제거한다.
    f. 0℃에서 2 배의 ethanol로 DNA를 침전시켜 회수한다.

주석

- 분자 클론닝에서 hydroxyapatite에 의해 분리하는 핵산은 대개 방사성으로 표지 되어 있어, 원하는 시료를 포함하는 분획은 Cerenkov counting (liquid scintillation counter 내의)에 의해 쉽게 확인된다.

DNA의 분절

DNA 분절은 library construction 또는 DNA sequencing을 위한 subcloning에 앞서 수행 해야할 과정이다. 분절은 물리적인 방법 또는 효소를 이용하는 것이 전형적인 방법 이다; 가장 일반적으로 사용하는 방법이 표 A3−6에 나와 있다. 각각의 방법은 어느 범위의 크기에 해당하는 DNA 조각을 만드는데 상당히 성공적이긴 하지만 각각은 한계도 가지고 있다. 분절은 염기서열과 무관하게 일어나므로 DNA를 자르는 물리적 방법은 효소를 사용하는 방법보다는 더 일정하고 무작위적인 분절이 이루어진다. 특히 유체역학적인 분절은 고주파음이나 액체의 분무에 의해 형성되는 물리적 스트레스에 의해 일어나므로 무작위적인 조각들이 생겨난다. 이 조각들이 나타내는 길이는 매우 다양하여 그 조각을 클로닝이나 sequencing에 사용하려면 어느 정도의 크기선별 과정이 필요하다.

자동화된 분절

최근 들어 유체역학적인 분절방법, 초기에 high−performance liquid chromatography (HPLC)와 "point−sink"라고 불리는 액체 흐름 시스템에 기초한, 이 더 정교해지고 드디어는 자동화 되었다. point−sink 시스템에는, HPLC 펌프로 DNA 시료에 압력을 가하여, 시료가 아주 가는 관을 통과하도록 하는 것 이었다. HydroShear라는 자동화된 과정에서는, DNA가 작은 구멍을 통과하여 특정 크기로 잘릴 때까지 되어있어 DNA 시료를 반복적으로 처리한다. 최종 DNA의 크기 분포는 시료의 유속과 구멍의 크기에 의해 결정되는데 이러한 변수는 자동화된 시스템에 의해 감시되고 조절된다. 어떤 조건에서건, 어느 이상되는 길이의 DNA는 분절되며, 짧은 길이의 DNA는 그 구멍을 통과하여도 영향을 받지 않는다. 그 결과 생성된 분절 조각들은 그 크기가 어느 정도의 좁은 범위 내에 분포하게 된다: 전형적으로, 조각난 DNA의 90%는 원하는 길이의 두 배 정도 되는 범위에 분포하게 된다. 따라서 오랜 전통 방법에 의해 만들어진 DNA조각으로 만든 library보다 이렇게 준비한 DNA 조각으로 library를 만들었을 때 훨씬 더 우수한 질의 library가 만들어 질 것이라고 기대하는 것은 당연하다. 이렇게 만든 library는 일정한 크기의 DNA를 포함하며 따라서 모든 genome을 포함 할 것이라고 기대하는 것은 당연하다. 그러나, 고주파음에 의해 만든 DNA나 유체역학적인 분절방법에 의해 만든 DNA로 구성한 library 모두 완벽하진 않지만 사용할 수 있다. 완벽주의자는 이 기계가 필요하다고 느낄 것이고; 실용주의자는 별 필요성을 못 느낄 것이다.

표 A3-6 DNA의 분절에 사용하는 액체 역학적 방법

방 법	좋은 점과 나쁜 점
고주파음 처리	상대적으로 많은 양의 DNA (10–100 μg)가 필요하다; 아주 넓은 범위의 DNA 분절 크기가 나타난다; 오직 소량의 DNA 분절만이 클로닝과 sequencing에 사용할 수 있는 크기를 가진다; sonication 전에 DNA의 ligation을 하거나 끝나고 난 후에 end-repair 과정이 필요하다; DNA가 과정 중 생겨난 액체의 동공현상에 의해 hydroxyl radicals generate에 의해 손상 받는다.
Nebulization (분무)	쉽고 빠르다; 적은 양의 DNA (0.5–5 μg)와 큰 부피의 DNA 용액에 적용한다; A+T–rich region에 대한 특별한 작용 없다; 분절의 크기를 분무기의 압력을 바꿈으로써 쉽게 조절할 수 있다; DNA 조각의 크기는 좁은 범위에 (700–1330 bp) 분포한다; 분무 처리 전 DNA ligation이 요구되며 처리 후 end-repair가 필요하다.
Circulation through an HPLC pump	비싼 장비가 필요하다, sonication전에 DNA ligation이 필요함, 그리고 1–100 μg의 DNA를 처리할 수 있다; DNA 조각의 크기를 어느 정도 일정한 범위에 들도록 flow rate를 조절하여 맞출 수 있다; 클론닝 전에 end-repair가 필요하지 않다.
Passage through the orifice of a 28–gauge hypodermic needle	싸고, 쉽고, 적은 양의 DNA만을 가지고 처리할 수 있다; 그러나 DNA 조각의 크기는 shotgun sequencing에 사용 가능한 크기보다 조금 크다 (1.5–2.0 kb); 자르기 전에 DNA ligation이 필요하고 끝난 후 end-repair가 필요하다.

음파 처리 (sonication)

DNA 시료를 짧게 고주파음을 처리하여 유체역학적인 방법으로 분절시킬 수 있다. DNA를 긴 시간 동안 sonication 처리하는 것은 매우 어렵다, 아마도 free radical에 의해 손상을 입기 때문인 것 같다. 대부분의 sonicator는 DNA를 300–500 bp 보다 더 작게 자르지는 않기 때문에 DNA가 모두 작은 크기로 잘릴 때까지 sonication을 지속하고 싶은 유혹을 느낀다. 그러나 subclone의 생성률은 처음으로 잘린 DNA가 대략 700 bp 일 때 sonication을 멈춘 경우 훨씬 더 높다.

Sonicator의 조건 잡기

1. Bacteriophage λ DNA (또는 분자량이 큰 다른 DNA) 10 μg을 microfuge tube에 옮긴다. TE (pH 7.6)를 가하여 최종 150 μl가 되도록 한다. DNA 용액을 5개의 microfuge tube에 25–μl 씩 나누어 담는다. 나머지 DNA는 ice bath에 넣어 둔다.
2. Sonicator의 cup horn을 얼음과 물을 섞어 채운다. Bacteriophage λ DNA가 담겨 있는 5개의 microfuge tube를 sonicator의 probe 바로 위에 클램프로 고정한다.
   sonication 하는 동안시료의 온도가 높아지면, 분절 속도와 강도가 증가한다. 따라서 매번 sonication을 할 때마다 얼음과 물을 섞어 주고 필요 하면 얼음을 넣어 주는 것이 바람직하다.
3. 최대 출력으로 한번에 10 초간 지속되게 sonication한다. 한번의 sonication (10초)이 끝날 때마다, microfuge tube 하나를 꺼내어 얼음에 둔다.
4. sonication이 끝나면 각 튜브에 있는 시료의 DNA 조각의 크기를 1.4% agarose gel에서 전기 영동하여 분석한다. 적당한 분자량 standard를 사용한다 (MC3, p. A6.14를 보시오).
5. Gel을 염색하고 사진을 찍어 적당한 크기(500 bp to 2 kb)의 조각이 형성되는 sonication 시간을 결정하시오.
   이 방법에서 결정된 sonication 시간은 최대 출력이 475 W라고 명시된 cup–horn sonicator에 적용된다. 다른 sonicator의 출력은 모두 다르므로, 각 기기에 맞추어 적당한 조건에 대한 보정이 필요하다. probe–type sonicator는 DNA 시료의 양이 250 μl 까지는 microtip을 사용할 수 있다. sonication이 끝나면 DNA를 2배의 ethanol로 침전 시키고 25 μl의 TE (pH 7.6)에 녹인다.

Target DNA의 Sonication

6. DNA 시료를 적당한 크기의 DNA 조각 (500 by to 1 kb)을 만들 수 있는 sonication 조건에 맞추어 그 시간동안 sonication 한다. 시료의 일부 (~200 ng)를 1.4% agarose gel로 전기 영동하여 계획한 대로 잘렸는지 확인한다.

Nebulization (분무)

Nebulization은 분무기의 작은 구멍을 통하여 DNA 용액을 뿜어내어 고운 안개 형태의 물방울을 모아 DNA를 조각낸다 (그림 A3.5). DNA 조각의 크기는 주로 DNA 용액이 구멍을 통과하는 속도와 용액의 점성도 그리고 온도에 의해 결정 된다.

분무기의 변경

1. Model number CA-209 (CIS-US Inc., Bedford, Massachusetts) 분무기를 변형시키기 위하여, 위 쪽의 입구를 QS-T plastic cap (Isolab)으로 막는다. 어느 정도 길이의 Nalgene tubing을 작은 구멍에 연결하여 질소 가스가 공급될 수 있게 한다.

Nebulizer의 조건잡기

2. bacteriophage λ DNA 또는 다른 크기를 알고 있는 큰 DNA 25 μg을 25% glycerol을 포함하는 500 μl의 TE (pH 7.6)에 녹여 만든다. DNA 용액은 얼음에 5 분간 놓아 둔다.
3. DNA를 질소가스 탱크와 연결된 분무기의 컵에 넣고 분무기를 ice-water 수조에 담근다.
4. DNA 시료를10 psi (69 KPa)의 압력으로 90 초간 분무한다.
   분무기는 보통 조금씩 샌다.
5. 분무과정이 끝나면, 분무기 전체를 rotor bucket 안에 Styrofoam을 넣어 맞도록 한 후 bench-top centrifuge 에서 2500 rpm속도로 30 초간 원심 분리하여 DNA를 모은다. DNA조각을 1.4% agarose gel에서 적당한 크기의 standard [예, 100-bp DNA ladder (New England BioLabs)]와 함께 전기 영동하여 분석한다.

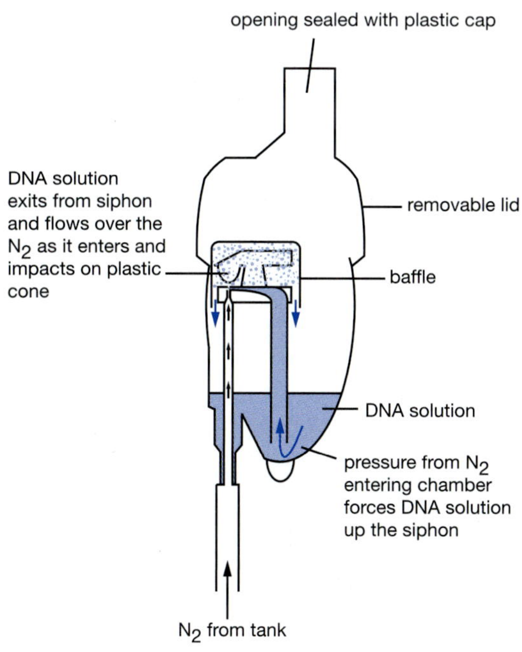

그림 A3-5 무작위 DNA 분절에 사용되는 분무기
Glycerol (점성을 주기 위해)을 포함한 DNA 용액을 분무기에 넣는다. 분무기를 질소 탱크에 연결 한다. 질소가 들어오는 압력에 의해 아래 약실에 있는 DNA 용액을 위로 빨아올린다. 용액은 siphon을 빠져나가 위에 있는 작은 플라스틱 콘을 채우게 되고 이로써 DNA는 잘게 잘린다.

6. 만약 DNA 조각이 너무 크면 (〉1.0 kb), 질소 가스의 압력을 높이거나(14 psi 또는 96.5 KPa) 분무 시간을 더 길게 하여 (2분 정도) 위의 과정을 되풀이 한다. 적당한 크기 (500 bp~1 kb) 로 잘린 조각들이 어느 정도 생성되는 조건을 찾을 때까지 과정을 반복한다.

분무처리와 target DNA의 회수

7. Target DNA를 원하는 크기 (500 bp ~ 1 kb)의 조각이 되도록 분무처리 한다.
8. 시료의 일부 (~200 ng)를 취하여 DNA조각이 잘 만들어졌는지 위에 설명된 바와 같이 1.4% agarose gel에서 전기영동하여 분석한다.
9. 나머지 시료는 두 개의 microfuge tube에 나누어 담고, 2.5 M ammonium acetate 존재 하에서 3배의 ethanol로 DNA를 침전 시킨다.
10. DNA 시료를 microfuge에서 최대 속도로 5 분간 원심분리하고 침전을 0.5 ml의 70% ethanol로 닦아내고 다시 원심분리한다. 몇 분간 DNA를 방치하여 ethanol을 날아가도록 하고, 침전된 DNA는 25μl의 TE (pH 7.6)에 녹인다.

원심분리

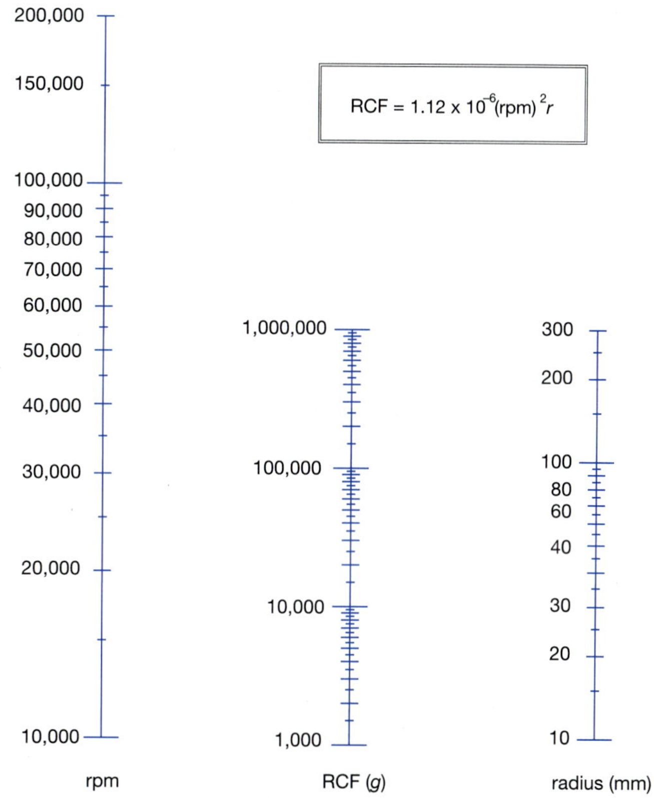

그림 A3-6 Rotor Speed (rpm)를 Relative Centrifugal Force (RCF)로 바꾸는 계산 도표

r로 표시된 값은 원하는 RCF값이 얻어지는 로터의 중앙으로부터의 반지름에 해당하는 거리이다. 이 값은 일반적으로 rotor의 r_{max} 와 같다. 예를 들어 rotor speed = 80,000 rpm 이고 r = 20 mm이면 RCF는 도표의 가운데 표시에서 대략 145,000g으로 읽힌다. 위에 주어진 식에서, RCF는 142,080g으로 계산된다. (그림은 친절하게도 Sian Curtis가 제공하였음.)

표 A3-7 일반적으로 사용하는 Rotor

	r_{max}	g_{max}	Max rpm
Sorvall Rotors			
GS-3 Superspeed	151.3	13,700	9,000
SLC-1500 Superspeed	145.6	27,400	13,000
HB-6	146.3	27,617	13,000
AH-629 Ultraspeed	161.0	151,000	29,000
SS-34 Superspeed	107.0	20,500	50,200
Beckman Rotors			
SW 28.1	171.3	28,000	150,000
VTi 50	86.6	50,000	242,000
SW 40 Ti	158.8	40,000	285,000
SW 41 Ti	153.1	41,000	288,000
SW 50.1	107.3	50,000	300,000
Type 70 Ti	39.5	70,000	504,000

단백질의 SDS-POLYACRYLAMIDE GEL 전기 영동

대부분의 단백질을 분석하기 위한 전기영동은 단백질의 단위체가 모두 떨어져 엉기지 않는 조건에서 polyacrylamide gel을 이용하여 이루어진다. 가장 일반적으로 사용하는 것은 강력한 anionic 세제인 SDS로, 단백질을 gel에 loading하기 전에 환원제와 함께 넣어 열을 가하여 단백질을 분리 시킨다. 변성화된 polypeptide는 SDS와 결합하고 (–) charge를 띠게 된다. 결합하는 SDS의 양은 polypeptide의 분자량에 비례하고 아미노산 조성과는 독립적이기 때문에 SDS–polypeptide 복합체는 polypeptide의 크기에 의하여 polyacrylamide gel에서의 이동이 결정된다. 포화 상태에서는 대략 1.4 g의 세제가 1 gram의 polypeptide에 결합 한다. 분자량을 알고 있는 marker를 이용하여 polypeptide chain(s)의 분자량을 산정할 수 있다. Polypeptide backbone에 N– 또는 0–linked 당쇄화와 인산화 등의 변형은 분자량을 크게 바꿀 수 있다. 따라서, 당쇄화된 단백질의 gel에 나타난 분자량은 실제의 polypeptide chain의 분자량과 다를 수 있다

대부분의 경우, SDS–polyacrylamide gel electrophoresis는 gel을 만들 때 사용한 완충액과 gel reservoir에 있는 완충액의 pH와 이온 농도가 다른 'discontinuous buffer system'을 이용한다. 시료의 SDS–polypeptide 복합체는 gel에 loading하고 전기를 걸어주면 두 전극 사이의 전류의 흐름에 따라 움직이게 된다. 구멍이 많은 stacking gel을 통과한 다음에는, 복합체는 resolving gel 위의 매우 좁은 지역에 (또는 stack) 모이게 된다. 'Discontinuous buffer system'이 시료 안의 복합체를 매우 작은 지역에 모을 수 있는 것이 SDS–polyacrylamide gel의 해상도를 크게 증가 시킨다.

가장 널리 사용되고 있는 'Discontinuous buffer system'은 Ornstein 과 Davis에 의해 고안 되었다. 시료와 stacking gel은 Tris–Cl (pH 6.8)을 포함하고, 위, 아래의 reservoir는 Tris–glycine (pH 8.3) 완충액을, 그리고 resolving gel은 Tris–Cl (pH 8.8)을 포함한다. 이 시스템의 모든 용액과 gel은 0.1% SDS를 포함한다. 시료와 stacking gel에 포함되어 있는 Cl 이온은 가장 앞서가는 경계를 만들고, 맨 뒤의 경계는 glycine 분자가 형성하게 된다. 앞서가는 경계와 맨 뒤에 따라가는 경계사이에 낮은 전도율 (conductivity)과 가파른 voltage 경사가 만들어져 시료의 polypeptide를 resolving gel의 경계면 까지 몰아가게 된다. 그곳에서는 resolving gel의 더 높은 pH가 glycine을 이온화 시켜, glycine ion이 모여 있는 polypeptides를 앞질러 Cl 이온의 뒤를 바로 따라가게 된다. 움직이는 경계와 무관하게 SDS–polypeptide 복합체는 일정한 voltage와 pH를 가지고 있는 resolving gel을 통과하여 그 크기에 의한 분리가 일어난다.

Polyacrylamide gel은 acrylamide 중합체와 가로질러 연결되어 있는, *N,N'*–methylene–bisacrylamide로 구성되어 있다 (그림 A3–7을 보시오).

SDS–polyacrylamide gel이 효과적으로 분리할 수 있는 크기의 범위는 gel을 만드는데 사용한 polyacrylamide의 농도와 cross–linking의 정도에 따라 다르다. Cross–linking 시약 없이 acrylamide를 중합 반응이 일어나도록 하면, gel은 끈적한 용액의 형체가 되어 사용할 수 없다. Cross–link는 bisacrylamide에 의해 형성되는데, 그 결과 gel이 단단함과 장력을 가지게 되고, SDS–polypeptide complexe가 통과하는 구멍이 형성된다. Bisacrylamide:acrylamide 비가 증가할수록 이들 구멍의 크기는 작아져서, 이들의 비가 대략 1:20이 되면 최소의 구멍이 형성 된다. 대부분의 SDS–polyacrylamide gel은 bisacrylamide:acrylamide의 분자 비가 1:29로 만드는데, 실험적으로 이렇게 만든 gel은 크기의 차이가 약 3% 정도 되는 polypeptide를 분리할 수 있는 것으로 나타났다.

Gel이 단백질을 거르는 특성은 gel을 만드는데 사용된 acrylamide와 bisacrylamide의 절대 농도에 따라 만들어지는 구멍의 크기에 의해 결정된다. 표 A3–8은 5% ~ 15% acrylamide 농도로 만든 gel이 선형의 분포로 별러내는 단백질의 크기를 보여주고 있다.

시약

- ***Acrylamide와 N,N'–methylenebisacrylamide.*** 여러 회사가 금속 이온이 오염되지 않은 전기영동 등급의 acrylamide를 판매한다. 따뜻한 deionized H_2O로 29% (w/v) acrylamide와 1% (w/v) *N,N'*–methylenebisacrylamide를 포함한 stock 용액을 준비 한다 (bisacrylamide를 녹이기 위하여 따뜻한 물을 사용한다). Acrylamide와 bisacrylamide는 저장하는 동안 acrylic acid와 bisacrylic acid로 천천히 변화한다. 이와 같은 deamination 반응은 빛과 염기에 의해 촉진된다. 용액의 pH가 7.0 또는 그보다 낮은지 확인하고 용액을 진한 색의 병에 넣어 실온에 보관 한다. 몇 달 마다 새 용액을 준비 하여야 한다. 바로 사용 가능한 premixed stock 용액을 판매한다 (예, Invitrogen). 이와 같은 gel system은 ammonium persulfate를 제외한 모든 성분을 포함하고 있어 사용이 간편하다. 하지만 비용은 조금 비싸다.
- ***Sodium dodecyl sulfate (SDS).*** 여러 회사가 전기영동에 사용할 수 있는 순수한 특 등급의 SDS를 판매 한다. 그 중 어느 것이든 반복적으로 동일한 결과를 얻는데 문제없이 사용할 수 있으나 , 한 회사의 제품을 사용할 때와 다른 회사의 제품을 사용할 때는 polypeptide의 이동 패턴이 상당히 다르게 나타난다. 따라서 한 회사의 SDS 제품을 계속 사용할 것을 권장한다. A 10% (w/v) stock 용액을 deionized H_2O로 준비하고 실온에 보관한다. 만약 단백질의 sequencing을 하

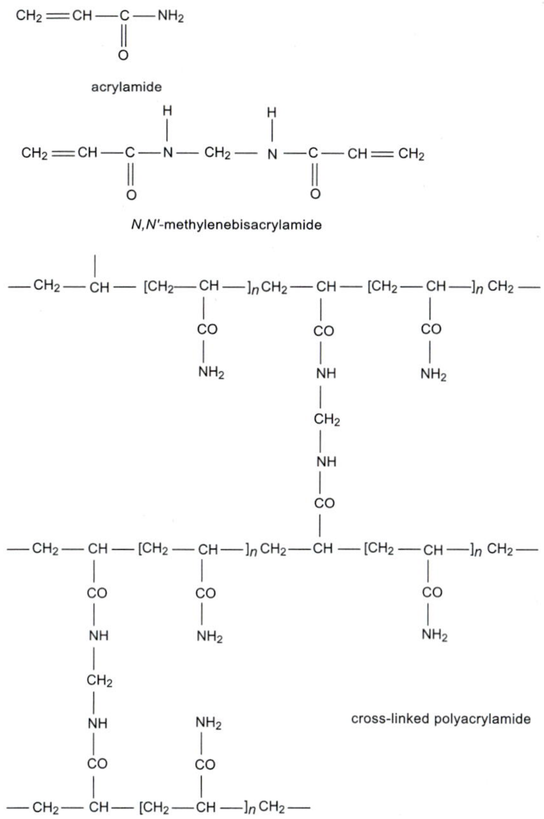

그림 A3-7 Polyacrylamide의 화학 구조
Acrylamide의 단위체는 free radical에 의해 시작된 중합반응에 의해 긴 사슬형태로 변한다. *N,N'*-methylenebisacrylamide가 존재하면, 이 사슬은 십자가지가 형성되어 gel로 변한다. 그 결과 만들어 지는 gel의 공극은 중합 반응 과정 중 형성되는 사슬의 길이와 십자가지의 형성 정도에 따라 결정된다.

기 위하여 gel로부터 단백질을 용출해낼 때는, electrophoresis-grade SDS는 더 정제하여야 한다.

- ***Tris buffers for the preparation of resolving and stacking gels.*** Tris base로 이 완충용액을 만드는 것이 필요하다. Tris base를 deionized H_2O에 녹인 후, p. 697에 설명된바와 같이 HCl로 pH를 맞춘다. 만약 Tris-Cl 이나 Trizma를 이용하여 완충용액을 만든다면염의 농도가 너무 높게되므로 polypeptide는 변칙적으로 gel을 통과하여 매우 선명하지 않은 밴드가 형설 될 것이다.
- ***TEMED (N,N,N',N'-tetramethylethylenediamine).*** TEMED는 ammonium persulfate가 radical을 형성하도록 촉매작용을 하여 acrylamide와 bisacrylamide의 중합 반응을 촉진한다. 여러 회사에서 파는 electrophoresis grade를 사용해야한다. 왜냐면 TEMED는 free base 상태로 기능을 하고, 낮은 pH에서는 중합 반응이 방해를 받는다.
- ***Ammonium persulfate.*** Ammonium persulfate는 free radical을 제공하여 acrylamide와 bisacrylamide의 중합 반응이 일어나도록 한다. 작은 양의 10% (w/v) stock 용액을 deionized H_2O로 만들고 4℃에 보관한다. Ammonium persulfate는 천천히 분해된다. 따라서 일주일에 한번 씩 용액을 새로 만든다.
- ***Tris-glycine electrophoresis buffer.*** 이 완충액은 25 mM Tris base, 250 mM glycine (electrophoresis grade) (pH 8.3), 0.1% SDS를 포함한다.

표 A3-8 SDS-Polyacrylamide Gel의 효율적인 분리의 범위

Acrylamide 농도 (%)	분리의 Linear Range (kD)
15	10–43
12	12–60
10	20–80
7.5	36–94
5.0	57–212

bisacrylamide:acrylamide의 분자 농도의 비는 1:29이다.

MATERIALS

CAUTION: 〈!〉표시된 물질의 적절한 사용법은 Appendix 4를 참조하세요.

Reagents and Solutions

Stock 용액, buffer, 그리고 시약의 조성은 부록 1을 참고하시오. Stock 용액을 희석하여 알맞은 농도를 만드시오.

Acrylamide 용액 〈!〉

표 A3-9의 resolving gel, 그리고 표 A3-10 의 stacking gel 조성을 보시오.

단백질 markers

기본적인 분자량 marker는 구입 가능하다 (예, Invitrogen 과 Promega).

Protein 시료

분석해야할 시료는, 예를 들어, 정제된 단백질 또는 세포 용해질 등이다.

1 x SDS gel-loading buffer

50 mM Tris-CI (pH 6.8)

100 mM dithiothreitol

2% (w/v) SDS (전기영동 급)

0.1% bromophenol blue

10% (v/v) glycerol

Dithiothreitol을 포함하지 않는 lx SDS gel-loading buffer는 실온에 보관한다. 사용 직전에 dithiothreitol 1 M stock 용액을 넣어 사용한다.

1 x Tris-glycine electrophoresis buffer

25 mM Tris

250 mM glycine (전기영동급) (pH 8.3)

0.1% (w/v) SDS

15.1 g의 Tris base, 94 g의 glycine을 900 ml의 deionized H_2O에 녹여 5x electrophoresis buffer stock 용액을 만든다. 50 ml의 10% (w/v) SDS stock 용액(전기영동급)을 첨가하고 H_2O를 가하여 마지막 부피를 1000 ml로 맞춘다 .

Additional Items

Power supply

최대 500 V, 200 mA 까지 올릴 수 있는 전원 공급 장치가 필요하다.

수직 electrophoresis 장치

Discontinuous buffer system은 수직 상태로 SDS-polyacrylamide electrophoresis를 할 수 있는 장치가 필요하다. Studier가 개발한 이후 ectrophoresis tank와 plates의 기본적인 디자인은 크게 달라지지 않았지만 많은 소소한 개선이 전기영동 장치에 나타났다. 단백질의 분리와 blotting에 사용되는 표준 수직 장치 뿐 아니라 minigel 수직 전기영동 장치는 많은 회사에서 제작 판매하고 있다 (예, Invitrogen). 어느 회사의 제품을 살 것인가는 개인의 선택에 달려있으니, 한 실험실에서는 한 가지 타입을 사용하는 것이 현명하다. 이런 표준화된 조건은 각기 다른 실험자에 의해 얻은 실험 결과를 비교하기 좋고, 망가진 장치의 일부를 다른 장치에 활용하거나 재활용 할 수 있다.

METHOD

SDS-polyacrylamide Gel 만들기

1. 생산자의 설명서에 준하여 glass plates를 조립한다.
2. Gel의 형태에 따라 소요되는 용액의 부피를 결정 한다 (이 정보는 보통 생산회사에서 알려준다). 삼각 flask 또는 일회용 플라스틱 튜브에, 표 A3-9의 값을 이용하여 적당한 부피의 원하는 농도의 acrylamide resolving gel 용액을 준비한다. 중합 반응은 TEMED를 첨가하면 바로 시작된다. 지체 없이 내용물을 휘휘 저은 후 다음 과정을 진행한다.

   여기에 추천하는 ammonium persulfate의 농도는 다른 연구자들이 사용하는 것보다 높다. 높은 농도의 ammonium persulfate를 사용하면 녹아 있는 산소의 제거 과정 (degassing)을 생략할 수 있다. 용액에 있는 산소는 중합 반응을 지연 시킨다.

표 A3-9 Tris-glycine SDS-Polyacrylamide Gel Electrophoresis의 Resolving Gel 용액 준비

	각 농도의 gel을 표시된 양의 용액을 만들 때 필요한 내용물의 부피 (ml)							
성분/Gel 부피	5	10	15	20	25	30	40	50
6% gel								
H_2O	2.6	5.3	7.9	10.6	13.2	15.9	21.2	26.5
30% acrylamide mix ⟨!⟩	1.0	2.0	3.0	4.0	5.0	6.0	8.0	10.0
1.5 M Tris (pH 8.8)	1.3	2.5	3.8	5.0	6.3	7.5	10.0	12.5
10% SDS	0.05	0.1	0.15	0.2	0.25	0.3	0.4	0.5
10% ammonium persulfate ⟨!⟩	0.05	0.1	0.15	0.2	0.25	0.3	0.4	0.5
TEMED ⟨!⟩	0.004	0.008	0.012	0.016	0.02	0.024	0.032	0.04
8% gel								
H_2O	2.3	4.6	6.9	9.3	11.5	13.9	18.5	23.2
30% acrylamide mix ⟨!⟩	1.3	2.7	4.0	5.3	6.7	8.0	10.7	13.3
1.5 M Tris (pH 8.8)	1.3	2.5	3.8	5.0	6.3	7.5	10.0	12.5
10% SDS	0.05	0.1	0.15	0.2	0.25	0.3	0.4	0.5
10% ammonium persulfate ⟨!⟩	0.05	0.1	0.15	0.2	0.25	0.3	0.4	0.5
TEMED ⟨!⟩	0.003	0.006	0.009	0.012	0.015	0.018	0.024	0.03
10% gel								
H_2O	1.9	4.0	5.9	7.9	9.9	11.9	15.9	19.8
30% acrylamide mix ⟨!⟩	1.7	3.3	5.0	6.7	8.3	10.0	13.3	16.7
1.5 M Tris (pH 8.8)	1.3	2.5	3.8	5.0	6.3	7.5	10.0	12.5
10% SDS	0.05	0.1	0.15	0.2	0.25	0.3	0.4	0.5
10% ammonium persulfate ⟨!⟩	0.05	0.1	0.15	0.2	0.25	0.3	0.4	0.5
TEMED ⟨!⟩	0.002	0.004	0.006	0.008	0.01	0.012	0.016	0.02
12% gel								
H_2O	1.6	3.3	4.9	6.6	8.2	9.9	13.2	16.5
30% acrylamide mix ⟨!⟩	2.0	4.0	6.0	8.0	10.0	12.0	16.0	20.0
1.5 M Tris (pH 8.8)	1.3	2.5	3.8	5.0	6.3	7.5	10.0	12.5
10% SDS	0.05	0.1	0.15	0.2	0.25	0.3	0.4	0.5
10% ammonium persulfate ⟨!⟩	0.05	0.1	0.15	0.2	0.25	0.3	0.4	0.5
TEMED ⟨!⟩	0.002	0.004	0.006	0.008	0.01	0.012	0.016	0.02
15% gel								
H_2O	1.1	2.3	3.4	4.6	5.7	6.9	9.2	11.5
30% acrylamide mix ⟨!⟩	2.5	5.0	7.5	10.0	12.5	15.0	20.0	25.0
1.5 M Tris (pH 8.8)	1.3	2.5	3.8	5.0	6.3	7.5	10.0	12.5
10% SDS	0.05	0.1	0.15	0.2	0.25	0.3	0.4	0.5
10% ammonium persulfate ⟨!⟩	0.05	0.1	0.15	0.2	0.25	0.3	0.4	0.5
TEMED ⟨!⟩	0.002	0.004	0.006	0.008	0.01	0.012	0.016	0.02

Harlow 와 Lane으로부터 변경됨 . 1988. Antibodies: A laboratory manual. Cold Spring Harbor Laboratory, Cold Spring Harbor, New York

3. Glass plate 사이의 빈 공간에 acrylamide 용액을 부어 넣는다. Stacking gel (comb의 폭길이 더하기 1 cm 정도의 길이)을 만들 공간은 남겨 놓는다. 파스테르 피펫을 이용하여 acrylamide 용액 위에 0.1% SDS (약 8% acrylamidegel) 또는 isobutanol (약 10% acrylamide gels)을 넣는다. 실온에 gel을 수직으로 놓아 둔다.
   Overlay (위에 부은 용액)는 산소가 gel로 확산되어 들어가 중합 반응을 방해하는 것을 방지 한다. Isobutanol은 minigel 장치의 플라스틱을 녹일 수도 있다.

4. 중합 반응이 끝나면 (30 분 정도), overlay를 따라버리고 gel의 윗 부분을 deionized H_2O로 여러 차례 헹구어 중합 반응에 쓰이지 않고 남은 acrylamide를 제거한다. 가능한 gel 위의 용액을 많이 제거하고 남은 H_2O는 paper towel의 가장 자리를 이용하여 제거한다.

5. Stacking gel을 다음과 같이 준비 한다: 일회용 플라스틱 튜브에, 표 A3-10을 참고하여 원하는 농도의 acrylamide 용액을 적당량 준비 한다. 내용물을 순서대로 섞는다. 중합 반응은 TEMED를 첨가 하자마자 시작된다. 지체하지 말고

표 A3-10 Tris-glycine SDS-polyacrylamide Gel Electrophoresis의 5% Stacking Gel 용액의 준비

성분/Gel 부피	표시된 부피의 용액을 준비하는데 필요한 각 성분의 양 (ml)							
	1	2	3	4	5	6	8	10
H_2O	0.68	1.4	2.1	2.7	3.4	4.1	5.5	6.8
30% acrylamide mix 〈!〉	0.17	0.33	0.5	0.67	0.83	1.0	1.3	1.7
1.0 M Tris (pH 6.8)	0.13	0.25	0.38	0.5	0.63	0.75	1.0	1.25
10% SDS	0.01	0.02	0.03	0.04	0.05	0.06	0.08	0.1
10% ammonium persulfate 〈!〉	0.01	0.02	0.03	0.04	0.05	0.06	0.08	0.1
TEMED 〈!〉	0.001	0.002	0.003	0.004	0.005	0.006	0.008	0.01

Harlow 와 Lane으로부터 변경됨. 1988. Antibodies: A laboratory manual. Cold Spring Harbor Laboratory, Cold Spring Harbor, New York.

내용물을 재빠르게 섞고 다음 과정을 진행한다.

여기에 추천하는 ammonium persulfate의 농도는 다른 연구자들이 사용하는 것보다 높다. 높은 농도의 ammonium persulfate를 사용하면 녹아 있는 산소의 제거 과정 (degassing)을 생략할 수 있다. 용액에 있는 산소는 중합 반응을 지연 시킨다.

6. Stacking gel 용액을 굳은 상태의 resolving gel 위에 직접 붓는다. 즉시 깨끗한 Teflon comb을 기포가 생기지 않도록 조심하며 stacking gel 용액에 끼워 넣는다. Comb 사이의 공간을 채워 넣도록 stacking gel 용액을 조금 더 부어 넣는다. 실온에 수직 상태로 세워 놓는다.

   Teflon comb은 사용 전 반드시 H_2O로 닦고 ethanol로 말린다.

시료의 준비와 전기영동의 시행

7. Stacking gel이 굳는 동안, lx SDS gel-loading buffer에 들어 있는 시료를 준비하여 100℃에서 3 분간 끓여 단백질을 변성화 시킨다.

   분자량을 알고 있는 Marker 단백질도 변성화 시킨다. 적당한 크기의 polypeptide가 섞여 있는 marker는 구입 가능하다.

   소수성이 강한 단백질은, transmembrane domain을 여러 개 포함하는, 100℃에서 3분간 끓였을 때 침전을 형성하거나 복합체를 형성할 수 있다. 이러한 위험을 피하기 위해서는, 시료를 더 낮은 온도(45-55℃)에서 1 시간 정도 데워 변성화를 촉진 시킬 수 있다.

8. 중합반응이 끝나면 (30 분 정도), Teflon comb을 조심스럽게 제거한다. 주사기나 squirt 병을 이용하여 gel의 well을 deionized H_2O로 씻어 남아 있는 acrylamide를 제거한다. 만약 필요항 경우 stacking gel의 well 사이의 teeth를 뭉툭한 주사바늘로 똑바로 편다. 전기영동 장치에 gel을 고정시킨다. Tris-glycine electrophoresis buffer를 위 쪽과 아래 쪽 reservoir에 넣는다. gel의 바닥 쪽 glass plate 사이에 있는 공기 방울을 제거한다. 주사기에 구부린 주사바늘을 꽂아 사용하면 이 과정이 쉽다.

   중요: 시료를 loading하기 전에 gel에 전기를 흐르게 하지 말아야 한다. 전기를 흘리면 buffer system의 discontinuity를 없애 버린다.

9. 미리 정한 순서대로 최대 15 μl의 시료를 well의 아랫 쪽에 loading 한다. Hamilton microliter 주사기 또는 gel-loading tip을 끼운 micropipettor으로 하는 것이 좋다. 같은 양의 lx SDS gel-loading buffer를 사용하지 않은 well에 채운다.

10. Electrophoresis 기구를 전원 공급 장치 (+ 전극은 아랫 쪽 reservoir에 연결 해야 한다)에 연결하라. 8 V/cm가 되도록 전원을 조절 한다. 앞 쪽 염료가 resolving gel에 들어가면, 전원을 15 V/cm 로 올려 bromophenol blue가 resolving gel의 바닥에 도달할 때까지 (~4 hours) gel을 실행한다. 전원 공급 장치를 끈다.

11. 전기영동 장치에서 glass plate를 떼내어 paper towel 위에 놓는다. gel spacer를 이용하여 plate를 떼어 낸다. 왼쪽 (slot 1)에서 가까운 아래 귀퉁이를 잘라서 gel의 방향을 표시한다 .

    중요: immunoblotting에 사용할 gel의 귀퉁이는 자르지 않는다.

12. 이 단계에서 gel을 고정할 수 있는데 Coomassie Brilliant Blue 또는 silver salts로 염색하고, 형광 사진 또는 autoradiograph를 만들 수 있고, 또는 immunoblot을 하거나. 이 모든 가능한 방법이 다음에 설명되어 있다.

SDS-POLYACRYLAMIDE GEL 염색

Polyacrylamide gel 전기 영동법으로 미표지(unlabeled)된 단백질을 분리할 때에는 일반적으로 Coomassie Brilliant Blue 또는 silver salt 등으로 염색을 하여 탐지해 낸다. Coomassie Brilliant Blue가 비특이적으로 단백질과 결합하고 겔과 결합하지 않는 것은 비교적 빠르고 뚜렷한 반응이므로 단백질은 반투명 gel 안에 푸른색 밴드로 나타나 눈으로 식별이 가능하다. 반면, 수행하기에 다소 까다로운 silver salt를 이용한 염색은 훨씬 더 예민하게 단백질 밴드를 분리하여 보여줄 수 있다. 이 방법은 Coomassie Brilliant Blue를 이용할 때보다 거의 100 배나 낮은 농도의 단백질을 겔 전기 영동법으로도 탐지해낼 수 있다. silver staining을 이용한 단백질 탐지는 은이온의 차별적인 환원력에 기반하고 있으며, 이것은 사진을 찍는 과정에서 이용되는 것과 유사한 반응이다. Coomassie Brilliant Blue를 이용한 염색에 사용되는 시약과 도구세트 (kits)는 시판되고 있다. silver staining을 위한 도구세트(kits)는 Pierce와 Bio-Rad에서 구입할 수 있다.

Coomassie Brilliant Blue를 이용한 SDS-Polyacrylamide Gel 염색

Coomassie Brilliant Blue는 aminotriarylmethane 계열의 염료로서 단백질과 공유결합 없이도 van der Waals 힘과 NH_3^+ 그룹과의 전자기적 반응의 결합을 통해 단단한 복합체를 형성한다. Coomassie Brilliant Blue는 polyacrylamide gel을 이용한 전기영동 후 단백질을 염색하는 데 이용된다. 염료의 흡수량은 Beer-Lambert 법칙에 따라 단백질의 양에 거의 비례한다.

Polypeptide는 SDS-polyacrylamide gel에 의해 분류되는 동시에 메탄올:glacial acetic acid에의해 고정되고 triphenylmethane계 섬유 염료로 Acid Blue 83으로도 알려져있는 Coomassie Brilliant Blue R-250에 의해 염색된다. Gel은 농축된 염료 용액(methanol:acetic acid 용액)에 수 시간 담가두었다가 과량의 염료를 destaining 시켜 gel로부터 빠져나가게 한다.

MATERIALS

CAUTION: 〈!〉표시된 물질의 적절한 사용법은 Appendix 4를 참조하세요.

Coomassie Brilliant Blue R-250

Methanol:acetic acid solution 〈!〉

900 ml의 methanol:H_2O (500 ml methanol 과 400 ml H_2O을 섞은)와 100 ml의 glacial acetic acid를 섞는다.

METHOD

1. p.756 도입부에서 설명한 SDS-polyacrylamide gel 전기영동법으로 단백질을 분리한다.
2. methanol:acetic acid 용액 100ml 당 Coomassie Brilliant Blue R-250 0.25g을 녹여 staining 용액을 준비한다. Whatman No. 1 filter로 용액을 걸러내어 미립자 들을 제거한다.
3. 적어도 5배의 염색 용액에 gel을 담가 실온에서 최소 4시간 동안 천천히 돌아가는 회전대에 놓아둔다.
4. 염료 용액을 모아서 차후 사용을 위해 보관한다. 염료를 포함하지 않은 methanol:acetic acid 용액에 담가 4~8시간 동안 천천히 흔들며 destaining 한다. 3~4회 정도 destaining 용액을 갈아준다.

   더 완전하게 gel을 destaing시킬수록 Coomassie Brilliant Blue에 의해 염색되어 탐지되는 단백질의 양이 작아진다. 일반적으로 24시간을 destaining한다면 하나의 밴드로 탐지되는 단백질의 최소양은 0.1 μg 정도다.

   보다 빠르게 destaing 하기 위해서는 아래와 같은 방법을 이용한다:

   - 30% methanol와 10% acetic acid로 destainig한다. 만약 destaining이 오래 지속되면, 염색된 단백질 밴드의 색이 옅어질 것이다.
   - normal destainig buffer로 더 높은 온도(45℃)에서 destaining한다.
   - 몇 g의 음이온 교환 수지나 스폰지 한 조각을 normal destaining buffer에 넣어둔다. 이들은 gel로부터 침출되는 염료를 흡수한다.
   - destaining 목적으로 판매되는 전기기구를 사용하여 destainig한다.

5. destaining 한 후 gel은 H_2O에 담가 밀봉한 플라스틱 백안에 보관한다.
   겔은 무기한으로 보관하여도 염색의 강도가 약해지지 않는다. 그러나 H_2O에 넣어 보관하면, 고정된 polyacrylamide gel은 보관 중에 부풀어오르거나 변형될 수 있다. 이 문제를 방지하기 위해서는 20% glycerol이 들어간 H_2O에 고정된 gel을 보관해야 한다. 염색된 gel은 destaining buffer에 보관해서는 안 된다. 이 경우 염색된 단백질 띠가 흐려질 수 있다.
6. 영구적으로 기록하기 위해서는 염색된 gel의 사진을 찍거나 p. 763에서 설명한대로 건조시킨다.

SDS-Polyacrylamide Gel의 은염(Silver Salts)염색 방법

SDS polyacrylamide gel 전기영동법으로 분리한 후 silver salts를 이용하여 polypeptide를 염색하는 수많은 방법들이 개발되어왔다. 모든 방법의 과정은 아미노산의 곁사슬에 결합한 은이온의 차별적인 환원에 의해 이루어 진다. 이 방법은 크게 두 가지로 분류될 수 있다; ammoniacal silver 용액을 이용하는 것과 은질산염을 이용하는 것이다. 두 방법이 모두 Coomassie Brilliant Blue R-250를 이용하는 것보다 거의 100배에서 1000배 더 민감하여, 0.1-1.0 ng polypeptide를 포함하는 밴드를 탐지해낼 수 있다. ammoniacal silver salts와 달리, 질산염 용액은 준비하기가 더 쉬우며 폭발 가능성이 있는 부산물을 생산하지 않는다. 아래의 방법은 Sammons와 동료들이 고안한 본래의 절차를 몇 번의 개선을 통해 수정한 것이다. 보다 상세한 것은 MC3, pp. A9.5-A9.7.의 논의를 참고하라.

MATERIALS

CAUTION: 〈!〉표시된 물질의 적절한 사용법은 Appendix 4를 참조하세요.

Acetic acid (1%) 〈!〉

Developing solution

2.5% sodium carbonate, 0.02% formaldehyde 수용액은 사용할 때마다 새로 만든다 〈!〉

Ethanol (30%)

Fixing solution

Ethanol:glacial acetic acid:H_2O (30:10:60) 〈!〉

Photographic reducing solution (선택사항; Step 10을 보라)

A 용액의 준비: 37 g NaCl과 37 g $CuSO_4$를 850 ml의 deionized H_2O에 녹인다. 농축된 NH_4OH 〈!〉를 짙은 파랑색의 침전물이 생길 때까지 첨가한 후 잘 섞어 녹인다. H_2O로 부피가 1L가 되도록 조정한다.

B 용액의 준비: 436 g sodium thiosulfate를 900 ml deionized H_2O에 녹인다. H_2O로 부피가 1L가 되도록 조정한다.

용액 A와 B를 같은 부피로 섞어, 3 배의 H_2O로 희석한다. 희석한 용액은 즉시 사용한다.

Silver nitrate 용액

20% 용액을 희석한 0.1% $AgNO_3$ 용액〈!〉을 사용할 때 마다 새로 만들어 준비하고 실온에서 갈색 병에 밀봉하여 보관한다.

METHOD

중요: 장갑을 착용하고 gel을 조심해서 다룬다. 압력과 지문은 얼룩을 만들 수 있다. 또한 깨끗한 유리 용기와 deionized H_2O를 사용해야 한다. 왜냐하면 오염물질들은 silver staining의 민감도를 현저히 떨어뜨리기 때문이다.

1. SDS-polyacrylamide gel 전기영동법으로 단백질을 분리하라. p. 756 초반부에 설명 되어있다.
2. 실온에서 4~12시간 동안 gel을 incubating 하여 단백질을 고정하라. 최소 5 배의 고정용액에서 천천히 흔들어준다.
3. 고정용액을 버리고 최소 gel의 5배 되는 양의 30% ethanol을 첨가한다. 실온에서 천천히 흔들어주며 30분 정도 gel을 담가둔다.

4. 단계 3을 반복한다.
5. Ethanol을 버리고 gel의 10 배 부피의 deionized H_2O를 더한다. 실온에서 천천히 흔들어준다.
6. 단계 5를 두 번 반복한다.
   rehydration하는 동안 gel은 약간 부풀 것이다.
7. 마지막 H_2O 세정액을 버리고, 장갑을 끼고 gel의 5 배 되는 양의 은질산염 용액을 가한다. 실온에서 30분 동안 천천히 흔들어준다.
8. 은질산염 용액을 버리고 gel의 양쪽 면을 탈염 H_2O 스팀 아래서 씻어 낸다.(각 20초간)
   gel의 표면이 건조되면 인공적인 얼룩이 생길 수 있다.
9. Gel 부피의 5 배 되는 양의 새로운 현상액을 가한다. 실온에서 천천히 흔들며 gel을 incubate한다. gel을 주의 깊게 살펴야한다. 염색된 단백질 band가 몇 분 내에 나타나야 한다. 원하는 염색 강도가 나타날 때까지 계속하라.
   너무 오래 놓아두면 gel의 바탕이 색을 나타내어 지저분해질 수 있다.
10. Gel을 1% acetic acid에 몇 분간 씻어 반응을 중단 시킨다. 그 후 deionized H_2O에 gel을 몇 차례 씻는다.(1회당 10 분씩)
    종종 gel 표면에 은빛의 반짝거리는 회색막이 형성되기도 한다. 이것은 1:4로 희석한 광학환원액에 2~3초간 씻는 것으로 제거할 수 있다. 이렇게 처리한 gel은 deionized H_2O로 잘 헹구어 내야 한다.
11. Gel은 다음 페이지에서 설명하는 대로 건조시켜 보관한다.

SDS-POLYACRYLAMIDE GEL의 건조

방사성 동위원소인 ^{35}S-labeled amino acids로 표지된 단백질을 포함하는 SDS-polyacrylamide gel은 방사선 사진을 얻으려진 그 전에 건조시켜야 한다. Gel을 건조시킬 때 나타나는 주요 문제는 (1) 수축과 변형 (2) gel의 균열이다. 첫 번째 문제는 gel을 탈수하기 전에 Whatman 3MM paper를 gel에 붙이는 것으로 최소화할 수 있다. (비방사성 gel의 경우, gel을 acetate sheet 사이에서 건조시키는 것이 좋다. 이렇게 건조된 gel은 광선투과가 가능하며 쉽게 볼 수 있기 때문에 이 방법을 선호한다.) 그러나, 두 번째 문제를 해결할 확실한 방법은 없다. 이 문제는 polyacrylamide의 함량이 높고 두꺼운 gel일수록 더 심하게 나타난다. 일반적으로 균열은 gel이 완전히 탈수되기 전에 건조기에서 떼어낼 때 발생한다. 그러므로 건조기를 좋은 상태로 유지하여 것이 필수적이며, 좋은 진공 펌프를 사용하여 일정한 압력을 유지하고, 가능한 얇은 gel을 사용해야 한다. 가장 좋은 대안은 gel을 3% glycerol에 담갔다가 간단한 기구로 건조시키는 것이다. (GE Healthcare 나 Owl Separation Systems을 활용할 수 있다.)

MATERIALS

CAUTION: 〈!〉표시된 물질의 적절한 사용법은 Appendix 4를 참조하세요.

고정액
  Glacial acetic acid:methanol:H_2O (10:20:70 [v/v/v]) 〈!〉

Gel dryer
  Gel dryer는 시중에서 다양하게 구할 수 있다 (예, Invitrogen과 Promega). SDS-polyacrylamide gel 전기영동 탱크의 제조사에서 구입하는 것이 가장 좋은데, 그런 경우 건조기의 크기가 gel과 맞고, 몇 개의 SDS-polyacrylamide gel을 동시에 말리는 경우에도 문제가 없기 때문이다.

Methanol (20%) containing 3% glycerol 〈!〉 (선택사항; Step 1을 보시오)

Whatman 3MM paper

METHOD

1. 전기영동 장치에서 gel을 떼내어, 실온에서 5~10 배의 고정액에 담가둔다. Bromophenol blue는 산성 고정액이 gel에 스며들게 되면 노란색으로 변한다. 푸른색이 사라지고 난 후 5분 동안 고정을 계속한 후, gel을 deionized H_2O로 간단히 씻어낸다.

   건조하는 동안의 polyacrylamide gel 균열이 계속 일어나면 2단계를 진행하기 전에 20% methanol과 3% glycerol에 고정된 gel을 하룻밤 담가둔다.

2. 겔의 잘린 귀퉁이가 아래의 오른쪽에 위치하도록 gel보다 약간 큰 Saran Wrap 위에 겔을 올려놓는다.
3. 마른상태의 Whatman 3MM paper 한 장을 젖은 겔 위에 올려놓는다. 종이는 gel 둘레로 1~2cm의 여백을 가지도록 하지만, gel 건조기에 맞을 수 있을 정도의 크기여야 한다. 한 번 gel에 붙인 3MM paper는 위치를 바꾸지 말아야 한다.
4. 마른 다른 한 장의 3MM paper를 gel 건조기의 표면에 놓는다. 이것은 동시에 건조시키는 모든 gel이 놓일 수 있을 만큼 충분히 커야 한다.
5. gel 건조기의 3MM pape에 3MM paper/gel/Saran Wrap 샌드위치를 그대로 올려놓는다. Saran Wrap이 가장 위쪽에 위치해야 한다.
6. 건조기의 덮개를 닫고, 진공 suction을 가하여 (진공 펌프를 켜서) gel 주변을 단단하게 밀봉하게 한다. 만약 건조기에 히터가 있다면 저온(50-65℃)으로 열을 가하여 건조 속도를 높여준다.
7. 제조사에서 추천하는 시간 동안 gel을 건조시킨다.(표준 0.75-mm gel의 경우 일반적으로 2시간) 만약 히터를 사용할 경우, gel을 꺼내기 몇 분전에 히터를 꺼준다.
8. 3MM paper에 붙어있는 겔을 건조기로부터 꺼낸다.
9. Saran Wrap을 제거하고 MC3, pp. A9.9-A9.15에 설명대로 방사능 사진을 만들거나, 실험 기록으로 탈수된 겔을 보관한다.

IMMUNOBLOTTING

CAUTION: 〈!〉표시된 물질의 적절한 사용법은 Appendix 4를 참조하세요.

Immunoblotting은 항체에 특이적으로 반응하는 고분자 항원(일반적으로 단백질)을 밝히고 그 크기를 측정하는 데 이용된다. 단백질은 SDS-polyacrylamide gel 전기영동으로 일차적으로 분리하고, gel에서 nitrocellulose, polyvinylidene difluoride (PVDF), 또는cationic nylon membrane과 같은 고형의 지지물로 옮겨진다. Membrane을 비특이적 항체의 흡착을 억제하기 위해 bocking하고 나면, 고정된 단백질이 특정한 다클론성 항체 또는 단일 클론 항체와 반응한다. 항원-항체 복합체는 방사선, 발색 또는 발광 반응으로 찾아낼 수 있다.

Immunoblotting에서 흔히 일어나는 문제점을 방지하는 방법에 대해서는 많은 공론(空論)이 기록되어 있다. 이러한 문제들로는 비효율적인 단백질의 전이, 항원 부위 유실, 낮은 민감성, 진한 background, 그리고 양적으로 측정할 수 없는 탐지 방법 등을 포함하고 있다. 발생하는 이러한 어려움들을 모든 항원에서 제거할 수 있는 마법의 주문은 없지만, 몇 번의 실험으로 아주 고질적인 기술상의 문제를 제외한 대부분의 문제는 충분히 해결할 수 있다.

Gel에서 filter로 단백질 옮기기

전기영동 방법으로 polyacrylamide gel에서 막으로 단백질을 옮기는 방법은 모세관 현상에 의해 단백질을 옮기는 방법보다 훨씬 효율적이고 빠르다 (표A3-11을 보라). 단백질의 전이는 단백질을 분리 겔의 수직 방향으로 일어나는데, 전극과 gel 전체를 덮고 있는 membrane을 이용한다. 대부분의 시판되고 있는 전기영동식 전이 기구는 graphite, platinum wire mesh, 또는 stainless steel을 이용한 커다란 전극을 사용한다. 구형 기구의 경우, 수직 전극이 gel과 membrane 주변을 감싸고 있는 플라스틱 용기의 transfer buffer 통에 잠겨있다. 보다 신식의 기구는 효과적인 "반건조" 방법을 사용한다. Transfer buffer를 흠뻑 적신 Whatman 3MM paper가 완충액 저장소로 사용된다. SDS gel로부터 membrane으로 단백질 전이가 이루어지려면 membrane이 gel의 양(+)극을 마주보고 있는 면에 놓여야 한다. 전환을 위한 조건은 기구의 디자인에 따라 매우 다양하다. 그러므로 이 단계에서 가장 좋은 방법은 제조사의 지침을 따르는 것이다.

표 A3-11 Polyacrylamide Gel에서 Membrane으로 단백질 전이에 사용되는 완충용액

전이 방법	완충용액
반건조	24 mM Tris base 192 mM glycine 20% methanol 〈!〉
침수	48 mM Tris base 39 mM glycine 20% methanol 〈!〉 0.0375% SDS

Methanol은 gel의 팽창을 최소화하며 단백질이 nitrocellulose membrane과 결합하는 효율을 높여준다. 전이률은 electrophoresis buffer내의 SDS 존재, transfer buffer의 pH, 그리고 전이되기 전 단백질이 염색이 되었는지 여부에 영향을 받는다. 단백질의 전이를 최대화하기 위해서는 SDS의 농도가 ≤ 0.1%이어야 하고 pH는 ≥8.0 이어야한다. membrane에서 단백질의 sequencing을 하려면 CAPS buffer를 사용하여야 한다. Glycine은 이 과정을 방해한다.

Membranes의 종류

세 가지 유형의 membrane이 immunoblotting에 사용 된다: nitrocellulose, nylon, polyvinylidene fluoride. 다른 종류의 단백질들은 이들 membrane과 서로 다른 효율로 결합하여, 특히 항원결정기는 어떤 경우에 더 잘 보존되기도 한다. 그러므로 가능하다면 다양한 membrane 위에서 몇 개의 다른 항체를 사용하여 항원이 감지되는 효율성을 검토하는 것이 바람직하다.

- ***Nitrocellulose*** (pore size 0.45 μm은 immunoblotting의 표준 membrane이다. 그러나 M_r 〈14,000인 작은 단백질의 immunoblotting에는 더 작은 구멍 (0.22 또는 0.1 μm)을 가진 membrane 사용을 추천한다. nitrocellulose는 80 ~ 250 μg/cm^2 의 단백질과 결합하고 그 결합을 유지할 수 있다. 단백질은 아미노산의 곁사슬과 membrane의 nitro group 사이의 수소결합이 이루어지기는 하나, 주로 소수성 상호작용에 의해 nitrocellulose와 결합한다. 어떤 경우에도, methanol이나 transfer buffer의 salt에 의해 단백질을 부분적으로 탈수하면 단백질과 membrane 사이의 결합이 더 오래 지속된다. 그렇다 하더라도, 단백질은 과정이 진행되는 동안 membrane으로부터 유실될 수 있다. 특히, nonionic detergent를 함유하고 있는 완충책을 사용할 때는 더욱 그렇다. 그러므로 많은 연구자들은 단백질을 항체와 incubation하고 세정하는 동안의 유실을 줄이기 위해, 단백질을 nitrocellulose membrane에 고정시킨다. 그러나, 고정을 위한 처리(glutaraldehyde, cross-linking, UV irradiation)가 항원결정기를 파괴하지 않는다는 것을 확인하는 것은 중요하다. 이러한 처리는 건조된 nitrocellulose filter의 부스러짐을 증가 시킨다.
- ***Nylon과 양전하를 띈 nylon membrane***은 nitrocellulose보다 튼튼하고 정전기적 상호작용에 의해 단백질과 더욱 단단히 결합한다. 이러한 결합력은 nylon의 종류와 단백질의 종류에 따라 다양하지만 보통 150 ~ 200 μg/cm^2 정도 이다. nitrocellulose와 비교하여 nylon과 양전하 nylon membranes이 가지는 좋은 점은 서로 다른 항체를 사용하여 여러 번 검사를 수행할 수 있다는 점이다. 그러나 nylon membranes은 두 가지 잠재적인 단점이 있다. 첫째, 아래의 논의에서와 같이 염색된 단백질을 nylon과 양전하 nylon membranes에 고정시키 것은 복잡하고 민감한 과정이 요구된다. 둘째, 이들 membrane의 비결합부위를 모두 차단시키는 것이 어렵기 때문에 항체들은 비특이적으로 필터와 결합하여 다른 바탕색이 나오는 경향이 있다. 특히 enhanced chemiluminescence (ECL)와 같은 민감성이 높은 탐지법을 사용할 때는 더욱 그러하다. 많은 경우에, 만족스러운 결과를 얻기 위해 6% 열처리된 casein과 1% polyvinylpyrrolidone이 포함된 용액에서 오랜 시간동안 blocking을 하는 것이 필요하다.
- ***Polyvinylidene fluoride*** (PVDF)는 역학적으로 튼튼하고 단백질과 강력한 결합반응(소수성의)을 나타낸다. 단백질을 옮기기 전에, 반드시 membran의 소수성 표면을 methanol로 적셔야 한다. PVDF membrane의 결합력은 nylon membrane과 거의 같다.(~170 μg protein/cm^2) 단백질은 nitrocellulose보다 PVDF membrane과 거의 6배 이상 단단하게 결합하며, 이후 탐지 단계 동안에도 결합을 효율적으로 유지한다. PVDF에 고정된 단백질은 Amido Black, India ink, Ponceau-S, Coomassie Brilliant Blue와 같은 표준 염료로도 쉽게 탐지된다.

Immunoblotting 과정 중 단백질 염색

Gel에서 분리된 단백질과 membrane으로의 옮긴 후의 단백질은 염색에 의해 확인할 수 있다. 이과정은 간단한 과정이지만, membrane의 종류에 따라 민감성을 가진 효과적이고, 적합한 염료를 신중하게 선택해야 한다. Immunoblotting 과정에서의 염색은 아래의 개요에 따라 몇 가지 단계로 수행된다.

- ***membrane으로 옮기기 전 gel 염색하기.*** polyacrylamide gel에서 단백질은 Coomassie Brilliant Blue같은 보편적인 염료로 염색할 수 있다. 얼룩을 제거한 뒤, immunoblotting을 위해 nitrocellulose나 PVDF filter로 전기영동법으로 전환한다. 이 방법의 가장 중요한 이점은 immunodetection과정 동안 단백질이 염색된 채로 유지된다는 점이다. 따라서 염색된 단백질을 내부 marker로 사용할 수 있다. 그러나 어떤 경우에는 단백질의 염색이 전기용출의 효율을 떨어뜨리거나 항체와의 결합을 방해하기도 한다. (전 염색된 단백질 marker[Invitrogen]를 사용하면 전체 gel을 염색할 필요 없이 set의 내부 marker들을 얻을 수 있다.)
- ***membrane으로 옮긴 후 단백질 염색하기.*** Ponceau-S로 nitrocellulose와 PVDF membrane의 전체 표면을 염할 수 있는데 이들 염료는 후에 제거할 수 있다. 반면 민감하지는 않다. 보다 지속적인 염료(예, India ink, Amido Black, colloidal gold, 또는 silver)를 사용할 때는 반드시 membrane에서 reference lane을 잘라내야 한다.

alkali에 짧게 노출시키면 India ink와 colloidal gold의 염색력을 강화시킬 뿐 아니라 세정하는 동안 filter로부터 단백질 유실을 감소시켜 준다. 이러한 조건 하에서는 단백질이 몇 nanograms 포함된 밴드도 쉽게 탐지된다. nylon 이나 양전하 nylon membrane에 고정된 단백질을 염색하는 좋은 방법은 없다. 이들 membrane의 높은 양전하 밀도가 염료분자를 표면에 무분별하게 결합시켜, 단백질 밴드가 아닌 강한 배경이 나타난다.

Blocking Agents

0.5% low-fat dry milk나 5% bovine serum albumin같은 전통적인 blocking agent는 horseradish peroxidase을 기반으로 하는 발색 탐지체계에 적합하다. 그러나 이러한 용액은 대부분 잔류된 alkaline phosphatase를 많이 포함하고 있어 이러한 효소를 이용하는 탐지법에는 사용할 수 없다. 특히 민감도가 방사 신호의 강도뿐 아니라 백그라운드의 발색을 억제하는 정도로 결정되는 화학발광법에는 더욱 적합하지 않다. alkaline-phosphatase를 기초로 하는 방법에 가장 좋은 blocking solution은 phosphate-buffered saline에 6% casein, 1% polyvinylpyrrolidone, 10 mM EDTA를 첨가한 용액이다. blocking solution은 잔존 alkaline phosphatase를 비활성화하기 위해 65℃에서 1시간 정도 가열해두어야 하며 3 mM sodium azide를 첨가하여 4℃로 보관해야 한다.

탐침 붙이기와 가시화

관심있는 항원 결정기와 반응하는 항체는 polyclonal 또는 monoclonal 항체를 사용할 수 있다.어떠한 경우에도 항체 자체는 방사성 표지 또는 효소와 결합되지 않고, 항체-항원 결합이 이루어지기에 적합한 농도로 희석하여 사용한다. 일반적으로 효소에 의한 가시화 방법을 사용할 경우 적어도 1:1000의 비율로 희석하고, 화학발광법으로 가시화 할 경우는 적어도 1:5000의 비율로 희석하여야 배경이 지나치게 진하지 않게 나타난다. 항체와 반응 시킨 다음 membrane을 닦아내고 나면 항체는 방사성표지되거나, 또는 효소와 연결된 2차 항체를 이용하여, 가시화 할 수 있는데, 2차 항체는 1차 항체의 공통적인 구조를 감지하여 결합할 수 있다. 2차 시약은 다음과 같다.

- ***Radioiodinated 항체 또는 Staphylococcal protein A***는 초기의 immunoblotting 이후 몇 년간 사용되었다. 그러나 방사성 표지된 시약들은 이후 덜 위험하고 더 민감한 화학발광법 등의 비방사성 시스템로 대체되었다. 새로운 방법은 어느 정도 정량가능한 방법 중의 가장 정확한 방법이다.
- ***효소와 연결된 항체***는 horseradish peroxidase 또는 alkaline phosphatase 등의 효소와 결합되어 있는데 이들 효소는 발색 가능하거나, 형광을 내고, 화학발광이 가능한 여러 화합물을 기질로 사용할 수 있다.
- ***Biotin과 결합된 항체***는 streptoavidin으로 표지하거나 결합시켜 가시화가 가능하다.

방사성 표지된 시약은 X-ray 필름 또는 phosphorimager로 그 상을 얻을 수 있고, 발색 반응과 형광 반응으로 나타나는 결과는 일반적인 사진으로 그 결과를 볼 수 있다. 표 A3-12는 일반적인 항원에 높은 역가과 높은 특이적 반응을 보이는 항체를 이용하여 여러 가지 방법으로 가시화 하였을 때 각 방법의 대략적인 민감도를 보여준다. 더 자세한 정보가 필요하면 MC3의 부록 9를 참조하시오.

표 A3-12 고정된 항체를 가시화하는 발색 반응 및 화학 발광법

효 소	시 약	민감도	비 고
발색법			
Horseradish peroxidase	4-chloro-1 naphthol/ H_2O_2	1 ng	산화물의 보라색은 빛에 노출되면 빠르게 변색된다.
	diaminobenzidine 〈!〉/ H_2O_2	250 pg	발암원으로 작용할 수 있다. diaminobenzidine 반응은 갈색의 침전을 형성하고, cobalt, silver, nickel 염을 첨가하면 침전의 형성을 촉진 시킨다.
	3,3',5,5'-tetramethyl-benzidine	100 pg	진한 보라색의 침전.
Alkaline phosphatase	nitro blue tetrazolium/ 5-bromo-4-chloroindolyl phosphate	100 pg	파란색의 침전.
화학 발광법			
Horseradish peroxidase	luminol/4-iodo-phenol/ H_2O_2	300 pg	산화된 luminol은 푸른빛을 방출하며, 이 빛은 X-ray film을 감광시킨다. 진한 밴드는반응 후 몇초 이내 발광이 일어나며, 희미한 밴드는 적어도 30분 정도가 지나야 반응을 보인다.
Alkaline phosphatase	AMPPD 3-(4-methoxyspiro[1,2-dioxetane-3'2'-tricyclo [3.3.1^{3,7}]clecan]-4-yl)-phenylphosphate	1 pg	효소에 의해 탈인산화된 생성물이 발광한다. 이 결과물의 turnover number는 매우 빠르므로, alkaline phosphatase는 빠르게 강한 signal을 발생하여 매우 예민한 mmunodetection 방법이다.

MEDIA INDEX

Agarose Plate Method, 744
Blocking Agents, 766
Butanol 추출법을 이용한 핵산의 농축, 738
Carriers, 735
Column Chromatography, 748
Coomassie Brilliant Blue를 이용한 SDS-Polyacrylamide Gel 염색, 761
DE81 Filter에 흡착 시키기, 745
DIALYSIS TUBING (투석용)의 준비, 729
DNA로부터 Ethidium Bromide 제거법, 746
DNA의 분절, 751
Drop Dialysis, 734
Ethidium Bromide 또는 SYBR Gold를 이용한 Saran Wrap Method, 743
Ethidium Bromide를 이용한 Double-stranded DNA의 정량, 743
ETHIDIUM BROMIDE를 포함하는 용액의 처리, 746
Ethidium Bromide의 폐기, 746
Facts and Figures, 742
Gel에서 filter로 단백질 옮기기, 764
GEL-FILTRATION CHROMATOGRAPHY, 747
Glycerol을 포함하는 배양, 730
Hemocytometry Counting, 731
HOECHST 33258, 742
Hoechst 33258를 포함한 DNA의 형광 광도계를 이용한 정량, 742
HYDROXYAPATITE CHROMATOGRAPHY에 의한 SINGLE-STRANDED 그리고 DOUBLE-STRANDED DNA의 분리, 749
Immunoblotting 과정 중 단백질 염색, 766
IMMUNOBLOTTING, 764
Membranes의 종류, 765
Microconcentrators를 이용한 핵산의 농축 및 염의 제거, 737
Microfuge Tube 내에서의 DNA ethanol 침전법, 735
Minigel Method, 744
Nebulization (분무), 753
Nebulizer의 조건잡기, 753
OD_{260}:OD_{280} 비율, 741
Phenol:Chloroform을 이용한 추출, 733
RNA의 ethanol 침전법, 737
RNase-free 유리 용기의 준비, 729
SDS-polyacrylamide Gel 만들기, 758
SDS-POLYACRYLAMIDE GEL 염색, 761
SDS-POLYACRYLAMIDE GEL의 건조, 763
SDS-Polyacrylamide Gel의 은염(Silver Salts)염색 방법, 762
Sephadex의 준비, 747
Sonicator의 조건 잡기, 752
Spun-column Chromatography, 748
Stab 배양 , 730
Target DNA의 Sonication , 753
Trichloroacetic Acid로 핵산 침전시키기, 744
고체배지에서 배양된 박테리아의 저장, 730
구입 가능한 Kits, 747
낮은 농도의 Ethidium Bromide (예, 전기영동 완충액 0.5 μg/ml ethidium bromide 포함) 오염 제거, 746
높은 농도의 Ethidium Bromide (solutions containing >0.5 mg/ml) 오염 제거, 746
단백질의 SDS-POLYACRYLAMIDE GEL 전기 영동, 756
방사성 표지된 탐침의 특정 활성도 계산, 745
배양된 박테리아의 저장, 730
분광 광도계를 이용한 DNA 또는 RNA의 정량, 740
분무기의 변경, 753
분무처리와 target DNA의 회수, 754
분자가 큰 RNA의 Lithium Chloride를 이용한 침전법, 737
생존체 염색, 732
세포 수의 측정*, 731
시료의 준비와 전기영동의 시행, 760
시약, 756
액체 배양액에서 기른 박테리아의 저장, 730
에탄올 침전법, 734
원심분리, 755
유리 용기, 플라스틱 용기 그리고 유리섬유의 Siliconizing, 729
유리 용기와 플라스틱 용기의 준비, 729
음파 처리 (sonication), 752
자동화된 분절, 751
침전된 DNA의 용해, 735
탐침 붙이기와 가시화, 766
핵산의 농축, 734
핵산의 방사선량 측정, 744
핵산의 정량, 739
핵산의 정제, 733
핵산의 흡광 Spectroscopy, 740

부록 4

Caution

GENERAL CAUTIONS

다음 일반적인 주의사항들은 항상 지켜져야 한다

- 실험과정을 진행하기 전에 사용되는 모든 물질 들의 특성을 **완벽하게 숙지**하여야 한다.
- **경고가 없다**고 해서 모든 물질이 안전하다는 것은 아니다. 왜냐하면 가끔 그에 대한 정보가 없는 경우가 있기 때문이다
- 만약 유독한 물질에 **노출되었다면**, 가까운 병원이나 보건소에 연락하여 적절한 조치를 취한다.
- 모든 화학적, 생물학적, 방사성 폐기물들은 적절한 폐기 절차를 통해 처리하여야한다.
- 필요에 맞는 실험 장갑을 사용하고, 부정확한 경우에는 해당 안전 사무소에 문의하여야한다.
- 높은 농도의 산과 염기를 다룰 때에는 특별한 주의가 요구된다. 보안경 및 적절한 장갑을 착용하고, 다루는 양이 많을 경우에는 안면 방패를 착용한다.

  강산과 유기용매는 반응할 염려가 있으므로 섞지 않는다. 황산과 질산은 특히 높은 발열 반응으로 화재 및 폭발의 원인이 될 수 있다.

  강염기과 할로겐화 용매는 폭발을 일으킬 수 있는 활성 카르빈을 형성할 수 있으므로 섞지 않는다.

  원액의 산을 희석할 때 물에 산을 넣는다.
- 절대로 **pipette을 입으로 물고** 빨아들이지 말아야 한다. 이 방법은 오염 가능성이 높고 위험한 상황이 발생할 수 있다. 항상 pipette aid나 벌브를 사용한다.
- **할로겐화/비할로겐화 용매**를 분리해서 보관한다.(예를 들면, 클로로포름과 아세톤은 알칼리 조건에서 의외의 반응이 일어날 수 있다.) 할로겐화 용매는 chloroform, dichloromethane, trichlorotrifluoroethane, dichloroethane이있고, pentane, heptane, ethanol, methanol, benzene, toluene, N,N-dimethylformamide (DMF), dimethylsulfoxide (DMSO), 그리고 acetonitrile은 비할로겐화 용매이다.
- 보이거나 보이지 않는 **레이저**에 대한 노출은 눈과 피부에 심각한 손상을 일으킬 수 있으므로 직, 간접적(반사된 레이저) 노출을 방지하기 위해 적절한 예방 조치를 해야 한다. 항상 제조업체 안전 지침을 따르고 해당 안전 사무소에 문의한다. 자세한 내용은 아래 주의를 참조한다.
- **섬광등**은 빛의 강도가 세기 때문에 눈에 영향을 줄 수 있고, 경우에 따라 폭발의 위험성이 있다. 적당한 보안경으로 눈을 보호하고 제조업체 지침을 따른다.
- **사진 현상, 인화액**은 해로운 물질을 포함하고 있으므로 제조업체 지시를 따라 주의해서 사용한다.
- **전원 공급 장치 및 전기영동 장치**는 올바르게 사용되지 않으면 심각한 화재 및 감전의 위험이 있다.
- 실험실에서 **전자레인지와 고온고압 멸균장치의 사용**에는 특별한 주의가 필요하다. 병뚜껑을 풀어 놓지 않아 내부 증기가 빠져나가지 못하면 전자레인지나 멸균장치에서 병을 꺼냈을 때 폭발할 수 있다. 그러므로 항상 전자레인지나 멸균장치를 사용할 때는 병뚜껑을 풀어 놓아야한다.
- 조직절편 날, 해부용 칼, 면도칼 또는 주사기를 다룰 때는 특별한 주의가 필요하다. 위와 같은 **날카로운 기구**를 이용할 때는 사용에 익숙하지 않다면, 사용 경험이 있는 실험자로부터 사용법을 교육받는다. 사용한 칼날은 따로 모아 적절한 절차를 통해 처리한다. 많은 사고가 바늘 뚜껑을 다시 장착하는 과정 (감염우려가 있다)에서 발생하기 때문에 사용한 바늘은 주사기에 부착된 상태로 버린다. 깨진 파스퇴르 피펫이나 커버슬립, 슬라이드 등에 의해 사고가 일어 날 수 있다.
- 초음파분쇄기는 세포를 파쇄하기 위해 고주파음(16–100kHz)을 사용한다. "초음파"는 사람에게 직접적인 위험을 끼치지는 않지만, 공기를 통해 전달되어 두통이나 메스꺼움, 이명을 포함한 다양한 영향을 줄 수 있다. 고주파음의 직접적인 접촉은 피해야 하고 사용 시 귀마개를 사용하고 이 장치를 사용하는 실험실 출입문에 귀 보호 표시를 부착해 놓는다.

실험실에서 일반적으로 사용하는 화학물질의 특성

위험 물질 목록은 다음의 범주로 정리할 수 있다:

- 염산, 황산, 질산, 또는 인산과 같은 무기산은 무색 액체로 자극적인 증기를 가진다. 피부나 옷에 묻지 않도록 한다. 흘린 경우에는 많은 양의 물로 여러 번 희석해 닦아낸다. 원액의 산 용액은 눈에 심각한 부상을 입힐 수 있을 뿐 아니라 종이나 섬유, 피부에 닿으면 큰 손상을 입힐 수 있다.
- 중금속 염은 물에 녹는 유색, 가루 형태의 고체이다. 이들 대부분은 효소 억제제 이므로 사람과 환경(예, 물고기, 조류)에 유해하다.
- 대부분의 유기 용매는 휘발성, 가연성 액체이다. 증기를 통해

Adapted from Appendix 12, p. A12.1 of MC3.

흡입한 경우에는 구역질이나 어지럼증을 일으킬 수 있다. 피부 접촉을 피해야 한다.

- mercaptoethanol이나 유기 아민과 같은 유황화합물은 불쾌한 냄새가 있다. 이외에 다른 유기화합물은 반응성이 매우 높으므로 조심하여 사용해야 한다.
- 염료 용액들을 잘못 사용하면 피부나 옷이 변색 될 수 있다. 이들 중 일부는 (예, ethidium bromide) 돌연변이원 또는 발암성 물질로 유해하므로 사용에 주의가 필요하다.
- "ase"로 끝나는 거의 모든 물질은 (예, catalase, β-glutarase, 또는 zymolase) 효소로 분류되지만, 예외적으로 pepsin 같은 다른 이름을 갖는 효소도 있다. 대부분은 제조업체에서 완충용액을 포함해 제공하므로 여기에 포함된 물질에 대한 특성은 관련 정보를 확인하도록 한다.
- 세포를 이용한 실험에서 종종 독성 화합물(예, cycloheximide, actinomycin D, rifampicin)이 사용되는데 위험할 수 있으므로 주의하여 취급한다.
- 다음에 나와 있는 몇 몇 화합물들은 독성에 대한 연구가 완료되지 않았기 때문에 주의를 기울여 취급해야한다. 화합물의 독성효과가 정량화(예, LD_{50} 값)되었다하더라도 한번 노출된 발암물질이나 돌연변이원질의 독성효과를 알수는 없어 효과의 정량화가 가능한 것은 아니다. 사용하는 화합물의 위험성은 물리적인 상태 (고운 가루 vs 덩어리, dry ice vs 가압 상태의 CO_2)에 따라 다를 수 있음을 인지하여야 한다. 실험을 진행하는 동안 예상되는 노출에 대하여 본인과 본인 주변을 보호하는데 최선을 다해야 한다.

유해 물질(HAZARDOUS MATERIALS)

NOTE: 일반적인 물질의 독점판매되는 물질은 다루지 않는다. 대부분의 마취약, 염료, 고정액 뿐 아니라 판매되는 실험키트는 다루지 않는다. 마취약은 특별한 주위가 필요하다. 함께 제공되는 제조업체의 안전관리 지침을 따라 사용한다.

Acetic acid (concentrated)은 사용할 때 많은 주의가 필요하다. 아세트산을 흡입, 섭취, 피부 접촉에 해로울 수 있다. 적절한 보안경과 장갑을 착용하고 후드에서 작업한다.

Acetonitrile은 가연성과 휘발성이 강한 물질이다. 매우 자극적이고 흡입, 섭취, 피부 흡수에 의해 질식의 위험이 있다. 심하게 노출되었을 경우 청산가리 중독과 동일한 처리를 요한다. 적절한 보안경과 장갑을 착용하고 품 후드에서 작업한다. 온도가 높은 곳이나, 불꽃이 가까운 곳에서는 취급하지 않는다.

Acrylamide (중합반응되지 않은)는 강력한 신경독소이고 피부를 통해 흡수되고 누적되어 영향이 나타난다. 아크릴아마이드나 메틸렌-비스아크릴아마이드의 중량을 측정할 때는 적절한 장갑과 안면 마스크를 착용하고 가루를 흡입하지 않도록 취급한다. 후드에서 취급하고 비록 중합된 acrylamide는 독성이 없지만, 미량의 중합되지 않은 아크릴아마이드가 포함되어 있을 수 있으므로 주의해서 다루어야 한다.

Actinomycin D는 기형유발물질일 뿐 아니라 발암물질이다. 매우 독성이 강하며 섭취, 흡입, 또는 피부를 통해 흡수되면 치명적일 수 있다. 자극성이 강하다 가루 흡입을 피해야 한다. 항상 후드에서 다루고 적절한 장갑과 보안경 착용 후 취급한다. actinomycin D 용액은 빛에 민감하다.

S-Adenosylmethionine는 독성이 있으며 흡입, 섭취 피부흡수를 통해 해로운 영향을 준다. 적절한 장갑과 보안경 착용 후 후드에서 취급하고, 가루를 흡입하지 않는다.

$AgNO_3$, Silver nitrate를 보시오

α-Amanitin는 독성이 강하며 흡입, 섭취, 피부 흡수에 의해 치명적인 영향을 미칠 수 있다. 증상은 6-24시간 후에 나타날 수 있다. 적절한 장갑과 보안경을 착용하고 항상 후드에서 다룬다.

Aminobenzoic acid는 흡입, 섭취, 피부 흡수에 의해 유해할 수 있다. 적절한 장갑과 보안경을 착용하고 취급한다.

Ammonium acetate, $H_3CCOONH_4$는 흡입, 섭취, 피부흡수에 의해 유해할 수 있다. 적절한 보안경과 장갑을 착용한 후 후드에서 사용한다.

Ammonium chloride, NH_4Cl는 흡입, 섭취, 피부흡수에 의해 유해할 수 있다. 적절한 보안경과 장갑을 착용한 후 후드에서 사용한다.

Ammonium formate, Formic acid를 보시오.

Ammonium hydroxide, NH_4OH는 암모니아 수용액이다. 부식성 물질이므로 조심해서 다루어야 한다. 암모니아 기체가 용액에서 날아가는데, 독성과 부식성이 강하고 폭발의 위험도 있다. 기계적 배기를 사용한다. 적절한 장갑을 착용하고 후드에서 취급한다.

Ammonium molybdate, $(NH_4)_6Mo_7O_{24}\cdot 4H_2O$, (또는 tetrahydrate)는 흡입, 섭취, 피부흡수에 의해 유해할 수 있다. 적절한 보안경과 장갑을 착용한 후 후드에서 사용한다.

Ammonium persulfate, $(NH_4)_2S_2O_8$는 점액막과 상부호흡기, 눈과 피부 조직에 심각한 손상을 초래할 수 있다. 흡입은 치명적 손상을 초래할 수 있으므로 적절한 장갑과 보안경, 보호복을 착용하고 후드에서 작업한다. 취급 후 깨끗이 씻는다.

Ammonium sulfate, $(NH_4)_2SO_4$는 흡입, 섭취, 피부흡수에 의해 유해할 수 있다. 적절한 보안경과 장갑을 착용한 후 후드에서 사용한다.

Ampicillin는 흡입, 섭취, 피부흡수하면 유해할 수 있다. 적절한 보안경과 장갑을 착용한 후 후드에서 사용한다.

Aprotinin는 흡입, 섭취, 피부흡수에 의해 유해할 수 있다. 또한, aprotinin에 노출되면 알러지 반응을 일으킬 수 있고, 위장장애, 근육통, 혈압 변화, 기관지 경련과 같은 증상이 나타날 수 있다. 적절한 장갑과 보안경을 착용하고 가루를 들이 마시지 않는다. 후드에서 작업한다.

Arc lamp는 폭발의 위험이 있다. 제조 업체 지침에 따라 취급하고 아크등을 켤 때는 전자파에 의한 손상을 방지하기 위해 주변의 컴퓨터를 끈다. 일단 arc lamp의 작동이 시작된 후에는 컴퓨터를 사용하여도 무방하다.

Aspartic acid는 돌연변이 유발 물질로 비가역적 효력을 나타낼 수

있다. 흡입, 섭취, 피부흡수에 유의하고 적절한 장갑과 보안경을 착용한다. 후드에서 작업하고 분말 가루를 들이마시지 않는다.

Bacterial strains (shipping of) 미국의 건강/교육/복지부(HEW)는 배송할 때 갖추어야 하는 요건에 따라 여러 단계로 세균을 분류했다.(Sanderson and Zeigler, *Methods Enzymol. 204*: 248-264 [1991]이나 Alexander and Brandon의 *Packaging and Shipping of Biological Materials at ATCC* [1986]/ American Type Culture Collection [ATCC], Rockville, Maryland 참고). 1 분류군에속하는 비감염성 대장균(예, K-12)과 고초균(*Bacillus subtilis*)은 일반 배송이 가능하다. 그러나, 살모넬라균이나 스트렙토미세스와 슈도모나스의 몇 몇 종은 2 분류군에 속한다. 2 분류군은 일반적인 위험군: 정도가 다양하게 질병을 일으키지만, 일반적인 실험실에서 취급할 수 있는 것들로 분류된다.

BCIG, 5-Bromo-4-chloro-3-indolyl-β-D-galacto-pyranoside 를 보시오

Biotin은 흡입, 섭취 피부로 흡수되면 유해할 수 있으므로 적절한 장갑과 보안경을 착용하고 후드에서 취급한다.

Bisacrylamide는 피부를 통해 흡수되어 지속적으로 영향을 주는 신경독소이다. 적절한 장갑과 보안경을 착용하고 무게를 측정할 때는 안면 마스크를 착용하여 들이 마시지 않도록 한다.

Blood (human) and blood products and Epstein-Barr virus. 사람의 혈액이나 조직, 그것과 관련된 제품은 B형 간염 바이러스나 HIV 등이 포함되어 있을 수 있다. 이들 물질은 생물학적 위험을 고려해 올바르게 사용, 처리해야 한다. 또한, 엡스타인-바 바이러스(EBV)로 형질 전환된 림프아세포를 취급하는 실험자는 EBV 감염에 유의해야 한다. 적절한 일회용 장갑을 착용하고 자동 피펫을 사용하며,에어로졸 발생을 최소로 할 수 있는 생물학적 안전이 유지되는 장소에서 취급하고 발생한 폐기물은 소독 후 폐기한다. 오염된 플라스틱기구와 용액들은 멸균과정을 거치거나 표백제(최종농도 10%)로 30분 이상 처리한 후 버린다. 구체적인 처리 방법 및 절차는 안전담당자에게 문의한다.

Boric acid, H_3BO_3는 흡입, 섭취 또는, 피부 흡수 되면 해로우므로 적절한 장갑과 안경을 착용한다.

5-Bromo-4-chloro-3-indolyl-β-D-galactopyranoside (BCIG; X-gal)는 눈과 피부에 독성을 가지며, 흡입, 섭취, 피부 흡수는 유해할 수 있다. 적절한 장갑과 보안경을 착용해 야 한다.

Bromophenol blue의 흡입, 섭취, 피부 흡수는 유해할 수 있다. 장갑과 보안경을 착용하고 후드에서 취급한다.

***n*-Butanol**은 호흡기관, 점막, 피부 특히 눈을자극할 수 있다. *n*-Butatnol 기체를 흡입하지 않도록 하고, 장갑과 보안경을 착용하고 후드에서 다룬다. 가연성이 높아 열과 불꽃으로 부터 멀리 보관, 취급한다.

Cacodylate는 비소를 포함하는 독성이 매우 높은 물질이므로 흡입, 섭취 혹은 피부를 통해 흡수되면 치명적이다. 암을 일으키거나 돌연변이를 유발할 수 있으므로 적절한 장갑과 보안경을 착용하고 후드에서 작업한다.

Cacodylic acid는 독성이 있고 암을 유발할 수 있다. 돌연변이를 유발 시킬 수 있고, 흡입, 섭취, 피부를 통한 흡수는 해롭다. 적당한 장갑과 보안경을 착용하고 후드에서 작업한다. 가루를 흡입하지 말아야한다.

Carbenicillin은 흡입, 섭취, 피부로 흡수 되어 과민 반응을 일으킬 수 있으므로 적절한 장갑과 보안경을 착용해야 한다.

Carbon dioxide, CO_2는 어떤 경로를 통해서든지 체내로 유입되면 치명적이다. 고농도에서는 호흡기를 마비시키고 질식의 위험이 있다. 환기가 잘되는 곳에서만 사용한다. 드라이아이스는 동상을 일으킬 수 있다. 저온 실험실과 같은 밀폐된 공간에 다량의 드라이아이스를 보관하지 않는다. 적절한 보호 장갑과 보안경을 착용한다.

Cesium chloride, CsCl는 흡입, 섭취, 피부로 흡수되면 유해할 수 있다. 적절한 장갑과 보안경을 착용한다.

Cetylpyridinium bromide(CPB)는 눈과 피부, 호흡기에 심각한 자극을 준다. 적절한 장갑과 보안경을 착용하고, 후드에서 취급한다.

Cetyltrimethylammonium bromide (CTAB)은 독성이 있는 자극적인 물질이다. 흡입, 섭취, 피부 흡수에 의해 유해하므로 적절한 장갑과 보안경을 착용한다. 가루를 흡입하지 말아야한다.

CH_3CH_2OH, Ethanol을 보시오

$C_6H_5CH_2SO_2F$, Phenylmethylsulfonyl fluoride를 보시오.

$CHCl_3$, Chloroform을 보시오

$C_7H_7FO_2S$, see **Phenylmethylsulfonyl fluoride**

Chloramphenicol은 흡입, 섭취, 피부 흡수에 의해 유해할 수 있고 발암물질이므로 적절한 장갑과 보안경을 착용하고 후드에서 사용한다.

Chloroform, $CHCl_3$는 피부, 눈, 호흡기, 점액막을 자극한다. 발암물질이고 간과 신장에 손상을 입힌다. 휘발성 물질로 증기를 흡입하지 않도록 하고 적절한 장갑과 보안경을 착용한 후 항상 후드에서 취급한다.

Citric acid은 자극적이고 흡입, 섭취, 피부 흡수를 통해 유해할 수 있다. 눈에 심각한 손상을 입힐 수 있으므로 적절한 장갑과 보안경을 착용하고 미세가루를 흡입하지 않도록 한다.

CO_2, Carbon dioxide를 보시오.

Cobalt chloride, $CoCl_2$는 흡입, 섭취, 피부 흡수에 의해 유해하므로 적절한 장갑과 보안경을 착용한다.

$CoCl_2$, Cobalt chloride를 보시오.

Coomassie Brilliant Blue는 흡입, 섭취, 피부 흡수에 의해 유해할 수 있으므로 적절한 장갑과 보안경을 착용한다.

Copper sulfate, $CuSO_4$는 흡입과 섭취에 의해 해로울 수 있다. 적절한 장갑과 보안경을 착용한다.

CPB, Cetylpyridinium bromide를 보시오

***m*-Cresol**은 흡입, 섭취하거나 피부를 통해 흡수된다면 치명적일 것이다. *m*-Cresol에 노출되면 화상을 입거나 눈, 피부, 점액막과 호흡기관에 심각한 손상을 초래한다. 그러므로 적절한 장갑과 보안경을 착용하고 후드에서 사용한다.

CsCI, Cesium chloride를 보시오.

CTAB, Cetyltrimethylammonium bromide를 보시오.

$CuSO_4$, Copper sulfate를 보시오.

Cysteine은 눈, 피부, 호흡기관에 자극을 준다. 흡입, 섭취, 피부를 통한 흡수에 의해 유해할 수 있으므로 적절한 장갑과 보안경을 착용하고, 미세가루를 흡입하지 않도록 한다.

DEAE, Diethylaminoethanol을 보시오.

DEPC, Diethyl pyrocarbonate를 보시오.

Dichloromethylsilane, Dichlorosilane를 보시오.

Dichlorosilane은 가연성이 높고 독성이 있어 흡입하면 치명적이다. 흡입, 섭취, 피부 흡수에 의해 유해하므로 적절한 장갑과 보안경을 착용한다. 후드에서 취급하며, 높은 온도, 불꽃, 불에 가까이 두지 않는다. 정전기 방전에 대한 예방 조치를 취해야 한다.

Diethylamine, $NH(C_2H_5)_2$ 은 부식성이 강하고 독성을 갖는 가연성 물질이다. 흡입, 섭취, 피부 흡수에 의해 유해할 수 있으므로 적절한 장갑과 보안경을 착용하고 후드에서 취급한다. 높은 온도, 전기 불꽃, 불에 가까이 두지 않는다.

Diethylaminoethanol(DEAE)는 흡입, 섭취, 피부 흡수에 의해 해로울 수 있으므로 적절한 장갑과 보안경을 착용하고 후드에서 취급한다.

Diethyl ether, Et_2O 또는 $(C_2H_5)_2O$는 휘발성이 강한 가연성 물질이다. 눈, 점액막, 피부에 자극을 주고 중추신경 억제제로 마취 효과가 있다. 흡입, 섭취, 피부 흡수에 의해 해로울 수 있으므로 증기를 흡입하지 않도록 한다. 장갑과 보안경을 착용하고 항상 후드에서 취급한다. 보관되는 동안이나, 공기 중에 또는, 직사광선에 노출된 경우에 폭발성 과산화물이 형성될 수 있다. 높은 온도, 불꽃, 불에서 멀리 보관한다.

Diethyl pyrocarbonate(DEPC)는 강력한 단백질 변성제이고 발암물질 일 수 있다. 뚜껑을 열 때, 내부 압력에 의해 튈 수 있으므로 몸에서 먼 쪽으로 뚜껑을 향하게 한다. 적절한 장갑과 실험복을 착용하고 후드에서 작업한다.

Diethyl sulfate(DES), $(C_2H_5)_2SO_4$는 돌연변이 유발물질 이며 발암 물질일 수 있다. 휘발성 물질이므로 증기 흡입을 하지 않도록 하고, 적절한 장갑을 착용한다. 후드에서 작업하고 DES가 처리된 모든 배양액은 나사 마개를 사용하고, DES 용액은 자동 피펫을 이용하여 다룬다. DES가 들어 있는 모든 배양액은 표백제 처리 후 폐기한다.

N,N−Dimethylformamide(DMF), $HCON(CH_3)_2$은 눈, 피부, 점액막에 자극을 준다. 흡입, 섭취, 피부 흡수를 통해 독성 효과가 나타날 수 있다. 지속적인 흡입은 간과 신장에 손상을 줄 수 있다. 적절한 장갑과 보안경을 착용하고 후드에서 취급한다.

Dimethylsulfate(DMS), $(CH_3)_2SO_4$는 매우 독성이 강한 발암물질이다. 증기 흡입을 피하고 적절한 장갑과 보안경을 착용한다. 후드에서만 취급하고 DMS를 포함한 용액의 폐기 시에는 NaOH나 NH_4OH 용액에 천천히 부어 후드에서 하루 밤 두었다가 처리한다. DMS가 유출된 경우 절차에 대해 담당자에게 먼저 문의한다.

Dimethylsulfoxide(DMSO)는 흡입, 피부 흡수에 의해 해로울 수 있으므로 적절한 장갑과 보안경을 착용한다. 후드에서 취급한다. 또한, 가연성 물질이므로 잘 닫힌 용기에 보관하고, 높은 온도나 불꽃, 불로부터 멀리 보관한다.

Dinitrophenol(DNP)는 흡입, 섭취, 피부 흡수는 치명적일 수 있다. 적절한 장갑과 보안경을 착용하고 후드에서만 취급한다.

Diphenyloxazole(PPO)는 발암물질일 수 있으므로 흡입, 섭취, 피부 흡수 등을 통해 체내로 유입되지 않도록 한다. 적절한 장갑과 보안경을 착용하고 사용 방법과 폐기 절차는 해당 담당자에게 문의한다.

Disodium citrate, Citric acid를 보시오.

Dithiothreitol(DTT)는 역한 냄새를 가진 강력한 환원제이다. 흡입, 섭취, 피부 흡수는 유해할 수 있다. 가루 형태나 농축된 용액을 사용할 때는 반드시 적절한 장갑과 보안경을 착용하고 후드에서 취급한다.

DMF, *N,N*−Dimethylformamide를 보시오.

DMS, Dimethylsulfate를 보시오.

DMSO, Dimethylsulfoxide를 보시오.

DNP, Dinitrophenol를 보시오.

Dry ice, Carbon dioxide를 보시오.

DTT, Dithiothreitol을 보시오.

EDC, *N*−Ethyl−*N′*−(dimethylaminopropyl)−carbodiimide를 보시오.

EMS, Ethyl methane sulfonate를 보시오.

Ethanol(EtOH), CH_3CH_2OH은 흡입, 섭취, 피부 흡수는 해로울 수 있다. 적절한 장갑과 보안경을 착용한다.

Ethanolamine, $HOCH_2CH_2NH_2$은 독성이 있고 흡입, 섭취, 피부로의 흡수는 유해할 수 있다. 취급 시 피부 접촉을 피하고 적절한 장갑과 보안경을 착용한다. 후드에서 사용한다. Ethanolamine은 부식성이 매우 크며 산과 심하게 반응 한다.

Ether, Diethyl ether를 보시오.

Ethidium bromide는 강력한 돌연변이 유발 물질로 독성을 갖는다. 취급 방법이나 폐기방법에 대해서는 해당 담당자에게 문의한다. 가루 흡입을 하지 않도록 하고 용액을 가지고 실험할 때는 적절한 장갑을 착용한다.

Ethyl acetate는 섭취하면 치명적이고 흡입과 피부로의 흡수는 해로울 수 있다. 적절한 장갑과 보안경을 착용하고 가루를 흡입하지 않도록 하고 환기가 잘되는 공간에서 취급한다.

N−Ethyl−*N′*−(dimethylaminopropyl)−carbodiimide (EDC)는 점액막과 호흡기를 자극한다. 흡입, 섭취, 피부 흡수는 유해할 수 있으므로 적절한 장갑과 보안경을 착용하거 조심스럽게 취급한다.

Ethyl methane sulfonate(EMS)는 돌연변이나 암을 유발하는 휘발성 유기용매이다. 흡입, 섭취, 피부를 통한 흡수는 유해하다. 오염된 경우 비커에 50% sodium thiosulfate로 오염 물질을 세척하고 폐기한다. EMS가 오염된 모든 물질은 다량의 10%(w/v) sodium thiosulfate로 오염물을 제거한다. 사용 시 각별한 주의를 하고 희석되지 않은 EMS는 적절한 장갑을 착용하고 후드에서 취급한다. EMS는 냉장보관하고 **입으로 피펫은 사용하지 않는다.** EMS의 증발을 최소화하기 위해 차갑게 해서 사용한다. EMS를 이용한 모든 유리용기는 재사용하거나 폐기하기 전에 1 N NaOH나 실험실 표백제에 담가둔다.

EtOH, Ethanol을 보시오.

$FeCl_3$, Ferric chloride를 보시오.

Ferric chloride, $FeCl_3$를 흡입, 섭취, 피부에 의한 흡수는 유해할 수 있으므로 적절한 장갑과 보안경을 착용하고 후드에서만 취급한다.

Formaldehyde, HCOH는 독성과 휘발성이 강한 시약이다. 발암물질이고 피부를 통해 쉽게 흡수되어 피부, 눈, 호흡기, 점액막을 자극한다. 증기를 흡입하지 않도록 하고 적절한 장갑과 보안경을 착용한다. 항상 후드에서 사용하고 높은 온도, 전기 불꽃, 불에서 멀리 보관한다.

Formamide는 돌연변이를 유발한다. 그 기체는 눈과 피부, 점액막, 호흡기를 자극한다. 흡입, 섭취, 피부 흡수는 유해할 수 있으므로 적절한 장갑과 보안경을 착용하고 원액을 사용할 때는 항상 후드에서 사용한다. 최대한 덮개를 덮고 실험을 진행한다.

Formic acid, HCOOH는 매우 독성이 강하고 점액막, 호흡계 기관, 눈과 피부에 심한 손상을 일으킨다. 흡입, 섭취, 피부 흡수에 의해 유해할 수 있으므로 적절한 장갑과 보안경(또는 안면 방패)을 착용하고 후드에서만 취급한다.

β-Galactosidase는 자극적이어서 알레르기 반응을 일으킬 수 있다. 흡입, 섭취, 피부 흡수는 유해할 수 있으므로 적절한 장갑과 보안경을 착용한다.

Giemsa는 섭취에 의해 실명되거나 목숨을 잃을 수 있다. 또한 흡입, 피부 흡수는 유해할 수 있다. 영구적인 손상을 야기할 위험이 있으므로 적절한 장갑과 보안경을 착용하고 후드에서만 취급하며 가루를 들이마시지 않도록 한다.

Glassware, pressurized는 특별한 주의가 필요하다. 진공건조기, 진공 트랩, 건조장치, 아르곤 가스 내 반응기등과 같은 진공 하에서 유리용기를 사용할 때는 적절한 주의가 필요하다.

Glass wool은 흡입하면 유해하며, 피부 자극을 유발한다. 적절한 장갑과 마스크를 착용하고 취급한다.

Glutaraldehyde는 독성이 있고 피부를 통해 쉽게 흡수된다. 피부나, 눈, 점액막, 호흡기에 자극을 주거나 손상을 입힌다. 적절한 장갑과 보안경을 착용하고 항상 후드에서 사용한다.

Glycine의 흡입, 섭취, 피부에 의한 흡수는 유해할 수 있으므로 적절한 장갑과 보안경을 착용하고 가루를 들이 마시지 않도록 한다.

Guanidine hydrochloride는 점액막과 호흡기, 피부, 눈에 자극을 준다. 흡입, 섭취, 피부 흡수는유해 할 수 있으므로 적절한 장갑과 보안경을 착용하고 가루를 들이 마시지 않도록 한다.

Guanidine thiocyanate의 흡입, 섭취, 피부 흡수는 유해할 수 있다. 적절한 장갑과 보안경을 착용한다.

Guanidinium hydrochloride, Guanidine hydrochloride를 보시오.

Guanidinium isothiocyanate, Guanidine thiocyanate를 보시오.

Guanidinium thiocyanate, Guanidine thiocyanate를 보시오.

H_3BO_3, Boric acid를 보시오.

$H_3CCOONH_4$, Ammonium acetate를 보시오.

HCl, Hydrochloric acid를 보시오.

HCOH, Formaldehyde를 보시오.

H_3COH, Methanol을 보시오.

$HCON(CH_3)_2$, Dimethylformamide를 보시오.

HCOOH, Formic acid를 보시오.

Heptane의 흡입, 섭취, 피부 흡수는 해로울 수 있다. 적절한 장갑과 보안경을 착용하고, 매우 가연성이 높으므로 화기로부터 멀리 보관한다.

HNO_3, Nitric acid를 보시오.

H_2O_2, Hydrogen peroxide를 보시오.

$HOCH_2CH_2NH_2$, Ethanolamine을 보시오.

$HOCH_2CH_2SH$, β-Mercaptoethanol을 보시오

H_3PO_2, Hypophosphorous acid을 보시오.

H_3PO_4, Phosphoric acid (concentrated)을 보시오.

H_2S, Hydrogen sulfide을 보시오.

H_2SO_4, Sulfuric acid을 보시오.

Hydrazine,N_2H_4는 무수화 상태에서 강한 독성과 폭발성이 있는 물질이다. 흡입, 섭취, 피부 흡수는 유해하며 증기를 들이 마시지 않도록 한다. 적절한 장갑과 보안경, 보호복을 착용하고 후드에서만 사용한다. hydrazine을 포함하는 용액의 폐기는 MSDS의 추천에 따른다. 높은 온도, 불꽃, 불로부터 멀리 보관한다.

Hydrochloric acid, HCl은 휘발성이 있고 흡입, 섭취, 피부를 통한 흡수는 치명적이다. 점액막, 호흡기, 눈과 피부를 손상시키므로 적절한 장갑과 보안경을 착용하고 세심한 주의를 기울여 후드에서 사용한다.

Hydrogen peroxide,H_2O_2는 부식성이 있는 독성 물질이다. 피부에 심각한 손상을 입힌다. 흡입, 섭취, 피부 흡수는 유해하므로 적절한 장갑과 보안경을 착용하고 후드에서만 사용한다.

Hydrogen sulfide, H_2S는 호흡기 마비를 일으키는 매우 유독한 기체이다. 자극적이고 조직을 손상시키고 후각을 마비시킨다. 존재 유무를 악취에 의존 하지 않는다. 취급 시에는 주의를 기울이고 H_2S는 후드나 배기장치가 설치되 곳에서 보관하고 적절한 장갑과 보안경을 착용한다. 매우 가연성이 높으므로 높은 온도, 불꽃, 불에서 멀리 보관한다.

N-Hydroxysuccinimide는 자극성을 띄므로, 흡입, 섭취, 피부로의 흡수는 유해할 수 있다. 적절한 장갑과 보안경을 착용한다.

Hygromycin B는 매우 독성이 강한 물질로 흡입, 섭취, 피부를 통한 흡수는 치명적일 수 있다. 적절한 장갑과 보안경을 착용하고 후드에서 취급하며 가루를 흡입하지 않는다.

Hypophosphorous acid, H_3PO_2는 일반적으로 50% 용액으로 공급된다. 부식성이 있으므로 조심해서 취급한다. 사용하기 직전에 희석해 사용한다. 적절한 장갑과 보안경을 착용하고 후드에서 취급

한다.

Inositol의 흡입, 섭취, 피부 흡수는 해로울 수 있다. 적절한 장갑과 보안경을 착용한다.

IPTG, Isopropyl-β-D-thiogalactopyranoside를 보시오.

Isoamyl alcohol의 흡입, 섭취, 피부 흡수는 유해할 수 있고, 눈에 심각한 손상을 준다. 적절한 장갑과 보안경을 쓰고 높은 온도, 불꽃, 불에서 멀리 보관한다.

Isobutanol, Isobutyl alcohol을 보시오.

Isobutyl alcohol (Isobutanol)은 강한 가연성 물질이고 흡입, 섭취는 유해할 수 있다. 적절한 장갑과 보안경을 착용하고 높은 온도, 불꽃, 불에서 멀리 보관한다.

Isopropanol는 자극적이어서 흡입, 섭취, 피부 흡수는 해로울 수 있다. 적절한 장갑과 보안경을 착용하고 높은 온도, 불꽃, 불로부터 멀리 보관한다. 증기를 흡입하지 않는다.

Isopropyl-β-D-thiogalactopyranoside (IPTG)의 흡입, 섭취, 피부 흡수는 해로울 수 있다. 적절한 장갑과 보안경을 착용한다.

Isotope ^{125}I는 갑상선에 축적되어 건강문제를 일으킨다. 방사능 물질의 사용과 폐기에 관한 지침은 해당 부서 담당자에게 문의한다. 적절한 장갑을 착용한다. Na^{125}I가 산화되면서 형성되는 ^{125}I는 휘발성 물질이다. Na^{125}I를 chloramine-T, IODO-GEN 또는 산과 같은 산화제에 노출 시킬 때, charcoal 필터가 장착되어있는 허가된 후드에서 수행한다. Chloramine-T를 사용했을 때, 산화과정은 매우 빠르게 일어나며 많은 양의 휘발성 ^{125}I이 발생하기 때문이다. 방사능 발생을 최소로 하여 오염의 위험을 줄이기 위하여 반응의 각 과정을 잘 준비해 놓는 것이 중요하다. 방사선 동위원소를 취급할 때는 동위원소 양과 다루는 과정의 복잡함에 따라 한 겹 또는 두 겹의 장갑을 착용한다.

KCl, Potassium chloride를 보시오.

$K_3Fe(CN)_6$, Potassium ferricyanide를 보시오.

$K_4Fe(CN)_6 \cdot 3H_2O$, Potassium ferrocyanide를 보시오

$KH_2PO_4/K_2HPO_4/K_3PO_4$, Potassium phosphate을 보시오

$KMnO_4$, Potassium permanganate를 보시오.

KOH, Potassium hydroxide를 보시오.

Laser radiation 모든 레이저는 볼 수 있거나 볼 수 없는, 눈과 피부에 심각한 손상을 초래할 수 있으며, 사용하는 레이저의 종류에 따라 공기 오염 물질을 생성할 수 있다. 고출력 레이저는 눈에 영구적인 손상을 일으킬 수 있고, 노출된 피부는 화상을 입게 되고, 가연성 물질을 발화시킬 수 있다. 독성 부산물을 방출하는 반응을 활성화시킨다. 직접적이거나 산란된 레이저에 눈과 피부 노출을 하지 않도록 조심하고 레이저를 응시하거나 다른 사람에게 레이저가 향하지 않도록 한다. 사용하는 레이저의 파장, 작동방식 (연속, 펄스), 레이저의 출력(watts)에 따른 적절한 방어 장비를 착용한다. 레이저를 사용할 때는 레이저가 귀금속이나 장신구에 반사되거나 산란될 수 있으므로 착용 하지 않는다. 감전, 화재, 질식 등의 비광선 위험에도 항시 대비한다. 레이저를 사용하는 실험실에 들어갈 땐 레이저를 안에서 사용하는 중이라는 경고 표시를 외부에 부착하도록 한다. 항상 안전 지침을 따르고 추가적인 정보는 담당자에게 문의한다.

LiCl, Lithium chloride를 보시오.

Liquid nitrogen은 온도가 매우 낮으므로 심각한 손상을 입힌다. 냉동 샘플을 다룰 때는 매우 조심해야한다. 증기를 흡입하지 않는다. 액체질소에서 샘플튜브를 꺼냈을 때, 튜브로 들어간 액체질소로 인한 폭발이 있을 수도 있다. 가능한 뚜껑에 고무링이 들어간 튜브를 이용한다. 극저온 장갑과 안면 마스크를 착용한다.

Lithium chloride, LiCl는 눈, 피부, 점액막에 자극을 준다. 흡입, 섭취, 피부 흡수는 해로울 수 있으므로 적절한 장갑과 보안경을 착용한다. 후드에서 사용하며, 가루를 들이 마시지 않도록 한다.

Lysozyme은 점액막을 녹인다. 적절한 장갑과 보안경을 착용한다.

Magnesium chloride, $MgCl_2$의 흡입, 섭취, 피부 흡수는 유해하다. 적절한 장갑과 보안경을 착용하고 후드에서 취급한다.

Magnesium sulfate, $MgSO_4$의 흡입, 섭취, 피부 흡수는 유해하다. 적절한 장갑과 보안경을 착용하고 후드에서 취급한다.

Manganese chloride, $MnCl_2$의 흡입, 섭취, 피부 흡수는 유해하다. 적절한 장갑과 보안경을 착용하고 후드에서 취급한다.

MeOH 또는 H_3COH, Methanol을 보시오

β-Mercaptoethanol(2-Mercaptoethanol), $HOCH_2CH_2SH$은 흡입하거나 피부를 통해 흡수되면 치명적일 수 있다. 삼킨 경우에는 해로울 수 있다. 고농도 β-mercaptoethanol은 역한 냄새가 나며 점액막, 호흡기, 피부와 눈을 심하게 손상 시킬 수 있다. 적절한 장갑과 보안경을 착용하고 항상 후드에서 취급한다.

MES, 2-(*N*-morpholino)ethanesulfonic acid을 보시오.

Methanol, MeOH 또는 H_3COH은 눈에 심각한 손상을 주는 독성물질이다. 흡입, 섭취, 피부 흡수는 해로울 수 있다. 증기에 노출을 최소화하기 위하여 적절한 환기가 필요하다. 증기의 흡입을 피하고 적절한 장갑과 보안경을 착용하고 후드에서 작업한다.

Methotrexate(MTX)는 발암 물질이자 기형 유발 물질이다. 흡입, 섭취, 피부 흡수는 해로울 수 있다. MTX는 소화계에 영향을 주고, 골수를 억제하거나 간, 신장에 손상을 준다. 염증을 일으킬 수 있다. 기체 흡입을 피하고, 적절한 장갑과 보안경을 착용한 후 후드에서 취급함으로써 오염을 방지한다.

N,N'-Methylenebisacrylamide는 중앙 신경계에 영향을 주는 독소이다. 흡입, 섭취, 피부 흡수는 해로울 수 있으므로 적절한 장갑과 보안경을 착용하고 가루를 흡입하지 않는다.

Methylene blue는 눈과 피부에 자극을 준다. 적절한 장갑과 보안경을 착용해 흡입, 섭취, 피부 흡수에 의한 오염을 방지한다.

Methylmercuric hydroxide는 독성이 매우 강한 물질로 흡입, 섭취, 피부 흡수는 유해할 수 있다. 휘발성이 강하므로 10^{-2} M 이상의 농도를 포함하는 모든 용액은 적절한 장갑을 착용 후 후드에서 취급한다. 이와 관련된 모든 고체, 액체 폐기물은 독성물질로 취급하며, 이의 폐기는 MSDS 기준에 따른다.

$MgCl_2$, Magnesium chloride를 보시오.

$MgSO_4$, Magnesium sulfate를 보시오.

2-(*N*-morpholino)ethanesulfonic acid(MES)의 흡입, 섭취, 피

부 흡수는 유해할 수 있으므로 적절한 장갑과 보안경을 착용한다.

3-(*N*-morpholino)propanesulfonic acid (MOPS)의 흡입, 섭취, 피부 흡수는 유해할 수 있다. 점액막과 호흡기를 자극하므로 적절한 장갑과 보안경을 착용하고 후드에서 취급한다.

$MnCl_2$, Manganese chloride를 보시오.

MOPS, 3-(*N*-morpholino)propanesulfonic acid를 보시오.

MTX, Methotrexate를 보시오.

NaF, Sodium fluoride를 보시오.

Na_2HPO_4, Sodium hydrogen phosphate를 보시오.

NaN_3, Sodium azide를 보시오.

$NaNO_3$, Sodium nitrate를 보시오.

NaOH, Sodium hydroxide를 보시오.

N_2H_4, Hydrazine를 보시오.

NH_4Cl, Ammonium chloride를 보시오.

(NH_4), $Mo_7O_{24}\cdot 4H_2O$, Ammonium molybdate를 보시오.

NH_4OH, Ammonium hydroxide를 보시오.

$(NH_4)_2SO_4$, Ammonium sulfate를 보시오.

$(NH_4)_2S_2O_8$, Ammonium persulfate를 보시오.

Nickel sulfate, $NiSO_4$는 발암 물질이며 유전적 손상을 일으킬 수 있다. 피부를 자극하며, 흡입, 섭취, 피부 흡수는 유해하다. 적절한 장갑과 보안경을 착용한 후 후드에서 취급한다. 가루를 흡입하지 않도록 한다.

$NiSO_4$, Nickel sulfate를 보시오.

Nitric acid, HNO_3은 휘발성 물질이고 사용 시에는 각별한 주의가 필요하다. 흡입, 섭취, 피부 흡수는 해로울 수 있으므로 적절한 장갑과 보안경을 착용하고 후드에서 취급한다. 질산 기체는 흡입하지 않도록 하고 열과 불꽃, 불로부터 떨어진 곳에서 보관한다.

PEG, Polyethyleneglycol를 보시오.

Perchloric acid의 흡입, 섭취, 피부 흡수는 치명적일 수 있다. 적절한 장갑과 보안경을 착용하고 후드에서 취급한다.

Phenol은 독성과 부식성이 매우 강하고 심각한 화상을 일으킬 수 있다. 흡입, 섭취, 피부 흡수를 조심하고 적절한 장갑과 보안경을 착용해 오염으로부터 미연에 방지한다. 항상 후드에서 취급한다. 페놀에 오염된 경우 많은 양의 물로 오염 부위를 씻어낸다. 비누와 물을 사용하고, 절대 에탄올은 사용하지 않는다!

Phenylmethylsulfonyl fluoride(PMSF), $C_7H_7FO_2S$ 또는 $C_6H_5CH_2SO_2F$는 매우 독성이 강한 콜린에스테라제 억제제이다. 호흡기의 점액막과 눈과 피부에 심한 손상을 줄 수 있다. 흡입, 섭취, 피부 흡수는 치명적이며 오염된 경우 즉시 흐르는 물로 오염 부위를 씻어준다. 적절한 장갑과 보안경을 착용하고 후드에서 취급한다.

Phosphoric acid, H_3PO_4는 부식성이 매우 높고 흡입, 섭취, 피부 흡수는 해로울 수 있다. 적절한 장갑과 보안경을 착용한다.

Piperidine은 독성이 강하고 눈, 피부, 호흡기, 위장에 심각한 손상을 입힐 수 있다. 산이나 산화제와 격렬하게 반응하므로 흡입, 섭취, 피부 흡수는 유해하다. piperidine 증기를 흡입하지 않도록 조심하고, 발화의 위험을 방지하기 위해 열, 불꽃, 불이 있는 곳은 피한다. 적절한 장갑과 보안경을 착용하고 후드에서 취급한다.

PMSF, Phenylmethylsulfonyl fluoride를 보시오.

Polyacrylamide는 독성이 없지만, 미량의 중합되지 않은 acrylamide나 bis-acrylamide가 있을 수 있으므로 조심해서 다룬다.(Acrylamide 참조).

Polyethyleneglycol (PEG)의 흡입, 섭취, 피부 흡수는 해로울 수 있으므로 가루의 흡입을 조심한다. 취급 시 적절한 장갑과 보안경을 착용한다.

Polyvinylpyrrolidone의 흡입, 섭취, 피부 흡수는 해로울 수 있으므로 적절한 장갑과 보안경을 착용하고 후드에서 취급한다.

Potassium cacodylate, Cacodylate를 보시오.

Potassium chloride, KCl의 흡입, 섭취, 피부 흡수는 해로울 수 있으므로 적절한 장갑과 보안경을 착용한다.

Potassium ferricyanide, $K_3Fe(CN)_6$의 흡입, 섭취, 피부 흡수는 치명적일 수 있다. 적절한 장갑과 보안경을 착용하고 항상 최대한 조심해서 후드에서 취급한다. 강산과는 가까운 곳에 보관하지 않도록 한다.

Potassium ferrocyanide, $K_4Fe(CN)_6\cdot 3H_2O$의 흡입, 섭취, 피부 흡수는 유해할 수 있다. 적절한 장갑과 보안경을 착용하고 항상 후드에서 특별한 주의를 기울여 취급한다. 강산과는 가까운 곳에 보관하지 않는다.

Potassium hydroxide, KOH와 KOH/methanol은 매우 유해하므로 흡입, 섭취, 피부 접촉을 조심한다. 용액은 부식의 위험이 있으므로 사용 상 주의가 필요하다. 적절한 장갑을 착용한다.

Potassium permanganat, $KMnO_4$은 자극성 물질이며 강력한 산화제이다. 유기물과 혼합하면 폭발성 물질을 형성할 수 있다. 모든 용액은 후드에서 취급하고, 염산과 섞지 않는다.

Potassium phosphate, $KH_2PO_4/K_2HPO_4/K_3PO_4$의 흡입, 섭취, 피부 흡수는 유해할 수 있다. 적절한 장갑과 보안경을 착용하고 날리는 가루를 마시지 않도록 한다. $K_2HPO_4\cdot 3H_2O$는 *이가 염기*이고 KH_2PO_4는 *일가 염기*이다.

PPO, Diphenyloxazole를 보시오.

Probe DNA 또는 RNA, Radioactive substances를 보시오.

Proteinase K는 흡입, 섭취, 피부 흡수를 통해 자극을 주는 물질이다. 적절한 장갑과 보안경을 착용한다.

Putrescine은 가연성, 부식성 물질이다. 흡입, 섭취, 피부 흡수는 해로울 수 있으므로 적절한 장갑과 보안경을 착용하고 발화원으로부터 멀리 보관한다.

Radioactive substances. 방사능을 사용하는 실험을 계획할 때, 동위원소의 물리화학적 특성(반감기, 방출 유형, 에너지양), 동위원소의 화학적 형태, 방사능 농도(specific activity), 전체 양, 화학적 농도를 자세하게 알아 둔다. 필요한 만큼만 주문하여 사용한다. 방사성 물질을 다룰 때는 항상 적절한 장갑과 방호복, 보안경을 착용한다. X 선과 감마선은 특별한 장치나 방사능 물질을 통해 방출되는 매우 단파장의 전자기장파이다. 이들은 선원으로부터 모든 방향으로 방출되거나 광선으로 방출될 수 있다. 노출 시간, 강도, 파장에 따라 위험성이 달라진다. 적절한 차폐로 이들의 영향을 최소화해야 한다. 차폐의 두께는 X 선이나 감마선의 에너지에 의해 결정된다. 올바른 사용과 폐기물 처리를 위한 추가적인 정보는 관련 담당자에게 문의한다. 방사성 동위원소를 사용한 후에는 항상 오염 여부를 확인한다. Graphpad는 웹사이트에서 방사능 계산을 할 수 있는 방법을 소개하고 있다. http://www.graphpad.com을 참고한다.

SDS, Sodium dodecyl sulfate를 보시오.

Silane의 흡입, 섭취, 피부흡수는 해로울 수 있다. 가연성 물질이므로 열, 불꽃, 불에서 멀리 보관한다. silane 기체는 눈, 피부, 점액막 및 호흡기에 자극을 준다. 적절한 장갑과 보안경을 착용하고 항상 후드에서 취급한다.

Silica는 자극적이고 흡입, 섭취, 피부 흡수에 의해 해로울 수 있다. 적절한 장갑과 보안경을 착용하고 가루를 마시지 않도록 한다.

Silver nitrate, $AgNO_3$는 강력한 산화제이므로 각별한 주의가 필요하다. 흡입, 섭취, 피부를 통한 흡수는 해로울 수 있으므로 피부 접촉을 피하고 적절한 장갑과 보안경을 착용한다. 다른 물질과 섞일 경우 폭발할 수 있다.

Sodium acetate, Acetic acid를 보시오.

Sodium azide, NaN_3는 전자전달계를 막아 매우 유독하다. 흡입, 섭취, 피부 흡수를 통해 유입되면 해로울 수 있다. 적절한 장갑과 보안경을 착용하고 사용에 주의를 기한다. sodium azide를 포함하는 용액은 분명하게 표시하여야 한다.

Sodium cacodylate는 비소를 포함하는 발암물질이다. 독성이 매우 강하며 흡입, 섭취, 피부흡수를 통해 좋지 않은 영향을 줄 수 있다. 태아에게도 심각한 영향을 끼친다. 묻거나 흡입한 경우 효과가 천천히 나타난다. 가루를 들이마시지 않도록 하고 적절한 장갑과 보안경을 착용하고 후드에서 취급한다. Cacodylate를 참고한다.

Sodium citrate, Citric acid를 보시오.

Sodium dodecyl sulfate (SDS)는 독성이 있고, 자극적이며, 눈에 심각한 손상을 입힌다. 흡입, 섭취, 피부흡수를 통해 좋지 않은 영향을 줄 수 있다. 적절한 장갑과 보안경을 착용하고 후드에서 취급한다.

Sodium fluoride, NaF는 매우 독성이 강하고 심한 자극을 준다. 흡입, 섭취, 피부접촉은 매우 심각한 결과를 초래할 수 있다. 적절한 장갑과 보안경을 착용하고, 후드에서 취급한다.

Sodium hydrogen phosphate, Na_2HPO_4(sodium phosphate, dibasic)는 흡입, 섭취, 피부흡수를 통해 좋지 않은 영향을 줄 수 있다. 적절한 장갑과 보안경을 착용하고 후드에서 취급한다.

Sodium hydroxide, NaOH와 solutions containing NaOH는 독성과 부식성이 매우 강해 특별한 주의가 필요하다. 적절한 장각과 안면 마스크를 착용하고, 모든 높은 농도의 알칼리용액은 동일한 방법으로 취급한다.

Sodium nitrate, $NaNO_3$는 흡입, 섭취, 피부 흡수를 통해 좋지 않은 영향을 줄 수 있다. 적절한 장갑과 보안경을 착용하고 후드에서 취급한다.

Sodium nitrite, $NaNO_2$는 눈과 점액막, 호흡기, 피부에 자극을 준다. 흡입, 섭취, 피부 흡수를 통해 좋지 않은 영향을 줄 수 있다. 적절한 장갑과 보안경을 착용하고 후드에서 취급한다. 산으로부터 멀리 보관한다.

Sodium pyrophosphate는 자극적이며, 흡입, 섭취, 피부흡수를 통해 좋지 않은 영향을 줄 수 있다. 적절한 장갑과 보안경을 착용하고, 가루를 들이 마시지 않도록 한다.

Sodium salicylate는 자극적이며, 흡입, 섭취, 피부흡수를 통해 좋지 않은 영향을 줄 수 있다. 적절한 장갑과 보안경을 착용하고, 가루를 들이 마시지 않도록 한다.

Spermidine은 부식성이 높고, 흡입, 섭취, 피부 흡수는 해로울 수 있다. 적절한 장갑과 보안경을 착용하고 후드에서 취급한다.

Streptomycin은 발암물질 일 뿐만 아니라 돌연변이 유발 물질로 알레르기 반응을 일으킬 수 있다. 흡입, 섭취, 피부 접촉을 피하고, 적절한 장갑과 보안경을 착용한다.

Sulfuric acid, H_2SO_4는 매우 독성이 높고 점액 조직, 호흡기, 눈, 피부에 치명적인 손상을 입히므로 사용상에 각별한 주의가 필요하다. 화상을 일으킬 수 있고, 다른 물질(예, 종이)에 닿으면 화재가 일어 날 수 있다. 적절한 장갑과 보안경, 실험복을 입고 후드에서 취급한다.

SYBR Green I/Gold는 제조업체로부터 DMSO에 10,000배로 농축되어 제공된다. DMSO는 피부나 다른 조직으로 화학물질을 이동시킬 수 있기 때문에 적절한 장갑과 보안경을 사용한다. DMSO를 보시오.

TCA, Trichloroacetic acid를 보시오.

TEMED, *N,N,N′,N′*-Tetramethylethylenediamine를 보시오.

Tetracycline은 흡입, 섭취, 피부흡수에 주의해야한다. 적절한 장갑과 보안경을 착용하고 후드에서 작업한다. 이 용액은 빛에 민감하다.

N,N,N′,N′-Tetramethylethylenediamine(TEMED)는 점액막과 호흡기, 눈, 피부 조직에 심한 손상을 일으킨다. 흡입은 치명적이고, 장기간의 접촉은 심한 신체적 손상을 일으킬 수 있다. 적절한 장갑과 보안경, 보호복을 착용한 후 후드에서 취급한다. 사용 후 손을 깨끗이 씻는다. TEMED 기체는 가연성이 높으므로 점화원으로부터 충분한 거리를 두어야 한다. 열, 불꽃, 불로부터 멀리 보관한다. TFA, Trifluoroacetic acid를 보시오.

Thiourea는 발암 물질이고 흡입, 섭취, 피부 접촉을 피해야 한다. 적절한 장갑과 보안경을 착용하고 후드에서 작업한다.

Tissues (human), Blood (human) and blood products를 보시오.

Trichloroacetic acid(TCA)는 부식성이 매우 높으므로 적절한 장갑과 보안경을 착용한다.

Trichlorotrifluoroethane는 흡입, 섭취, 피부 접촉을 피해야 한다. 적절한 장갑과 보안경을 착용하고 후드에서 작업하며, 높은 온도, 전기 불꽃, 불에서 멀리 보관한다.

Trifluoroacetic acid (TFA;**고농도**)의 흡입, 섭취, 피부를 통한 접촉은 몸에 해로우므로 주의하고, 원액은 특별히 주의로 취급한다.

사용 시 유독가스가 발생되므로 적절한 장갑과 안면마스크를 착용하고 후드에서 작업한다.

Tris는 흡입, 섭취 또는 피부에 접촉하면 유해하므로 적절한 보안경 및 장갑을 착용한다.

Triton X-100은 눈에 심각한 자극 및 화상을 일으킬 수 있고, 흡입, 섭취 또는 피부에 접촉하면 유해하므로 적절한 보안경 및 장갑을 착용한다.

Trypan blue는 발암 물질이고 흡입, 섭취 또는 피부에 접촉하면 유해하므로 적절한 보안경 및 장갑을 착용한다. 절대 들이 마시지 않는다.

Tryptophan은 흡입, 섭취 또는 피부에 접촉하면 유해하므로 적절한 보안경 및 장갑을 착용한다.

Urea는 흡입, 섭취 또는 피부에 접촉하면 유해하므로 적절한 보안경 및 장갑을 착용한다.

UV light and/or UV radiation는 눈의 망막을 손상 시킬 수 있다. 절대 보호 장구 없이 직접 자외선을 보지 않는다. 사용하기 전 적당한 필터를 사용하거나 보안경을 착용해 위험을 제거한다. 일반적으로 실험실에서는 휴대용이나 실험대 위에 놓고 사용하는 자외선등을 사용한다. 자외선에 노출되면 돌연변이가 생기거나 암이 발생할 수 있으므로 항상 자외선에 노출되지 않도록 적절한 방어 장비를 갖추고 사용한다.

Valine는 흡입, 섭취 또는 피부에 접촉하면 유해하므로 적절한 보안경 및 장갑을 착용한다.

X-gal은 피부와 눈에 치명적인 영향을 주므로 가루시약을 다룰 때는 주의를 요한다. X-gal은 유기용매인 DMF에 녹여 사용하므로 이와 관련된 정보는 *N,N*-dimethylformamide를 참고한다. 5-Bromo-4-chloro-3-indolyl-β-D-galactopyranoside (BCIG)를 참고하시오.

X rays, Radioactive substances를 보시오.

Xylene은 높은 농도에서 환각을 일으킬 수 있다. 흡입, 섭취 또는 피부에 접촉하면 유해하므로 적절한 보안경 및 장갑을 착용하고 후드에서 작업한다. 가연성 물질이므로 열, 불꽃, 불로부터 멀리 보관한다.

Xylene cyanol, Xylene를 보시오.

Zinc chloride, $ZnCl_2$는 부식되기 쉬우며, 태아에게 심각한 영향을 줄 수 있다. 흡입, 섭취 또는 피부에 접촉하면 유해하므로 적절한 보안경 및 장갑을 착용한다.

$ZnCl_2$, Zinc chloride를 보시오.

Zymolyase는 흡입, 섭취 또는 피부에 접촉하면 유해하므로 적절한 보안경 및 장갑을 착용한다.

INDEX

기호

[^{35}S]methionine, 673
[α−^{32}P]Cordycepin 5' Triphosphate, 389
[α−^{32}P]DideoxyATP, 389
[α−^{32}P]코디세핀 5' 삼인산, 357
α−complementation, 544
β−galactosidase, 642
β−Glucuronidase, 618
[γ−^{32}P]ATP, 670
λPR 프로모터, 551
λZAP, 544
λZiplox, 544
λ박테리오파지, 154
ϕX174, 469

번호

2−hybrid, 656
2× PK buffer, 670
3'−RACE, 334
4−chloro−1−naphthol, 545
5−bromo−4−chloro−3−indolyl phosphate (BCIP), 544
5× Cycle−씨퀀싱 완충용액, 486
5× $MgCl_2$가 포함된 Sequenase 반응 완충용액, 477
5× $MnCl_2$가 포함된 Sequenase 반응 완충용액, 477
5'−RACE, 330
5× Sequenase 희석 완충용액, 476
5× Sequencase 반응 완충용액, 474
5' 또는 3' 말단, 294
10× 이미다졸 완충용액, 398
^{125}I−표지된 2차 항체, 551
^{125}I−표지된 단백 A, 551
^{125}I−표지된 항−IgG 항체, 551

A

ACD (acid citrate dextrose solution B), 241
ACD 혈액튜브, 241
Adapters, 436
Adaptor, 39
agarose, 49
Alkaline Lysis, 2, 4, 6, 139, 143
alkaline lysis solution, 139
alkaline lysis solution I, 2, 5, 7
alkaline lysis solution II, 2, 3, 5, 7
alkaline lysis solution III, 3, 5, 7
Alkaline Phosphatase, 44, 391
Alkaline transfer buffer, 258
Alkylammonium Salts, 420
AmpliTaq CS, 483
Amylose−agarose beads, 590
aneuploid, 244
anti−IgG 항체, 544
antisense primer, 327
Antiserum, 543
antithyroid stimulating hormone [anti−TSH], 686
aspiration, 2
autoradiography, 503, 671, 674

B

BAC, 169
BAC DNA, 169
bacterial artificial chromosomes, 169
Bacteriophage M13, 506
bacteriophage P1, 164
Bacteriophage T4 DNA ligase mixture, 49
Bactriophage T4 폴리뉴클레오티드 키나아제, 394
BAC 라이브러리, 169
BAC 클로닝 벡터, 169
Bait−LexA 융합 단백질, 656
BAL 31 Nuclease, 538
Band−stab PCR, 338
batch chromatography, 279
BIAcore, 686
biolistic particle delivery, 599
Blocking 완충용액, 544
Blotting paper, 285
Blunt−ended Cloning, 41
Blunt−ended DNA, 47
Boiling, 9, 11
borosilicate pasteur pipette, 101
Bradford assay, 641
Bradford reagent, 678
Bradford 시약, 679

C

Calcium chloride, 58
Calf intestinal alkaline phosphatase (CIP), 44
calf intestinal phosphatase (CIP), 45
calf thymus 말단 전달효소, 389
Capillary Transfer, 286
Carrier RNA, 295
CAT lysis buffer, 637
CAT reaction buffer, 639
cDNA expression libraries, 670
cDNA Libraries, 428
cDNA 라이브러리, 428
Cell homogenization buffer, 622
Cell resuspension buffer, 622
Cell rinse buffer, 622
Cells, Mammalian, 637
Cerenkov radiation, 394
Cetylpyridinium Bromide, 410
Chaotropic reagents, 596
chase 혼합물, 480
CHEF, 229, 230
chloramphenicol, 7
Chloramphenicol Acetyltransferase, 637
Chloramphenicol Acetyltransferase 활성측정, 637
Chloroform Overlay, 664
Chloroquine diphosphate, 606
Chromatography, 21, 33
chromosome walking, 344
cIts857, 544

CNBr, 560
CO_2-independent imaging medium, 681
Coimmunoprecipitation, 675
competent cell 준비, 58
competent의 준비, 51, 55
complementation, 63
complete minimal (CM) selective medium, 666
concatamer, 107, 243, 317
Continuous gradients, 22
Cosmid library, 158
cosmid vector, 154
cos 부위, 107
cresol red, 15
Cre 재조합 효소, 167
cross-linking, 72, 122
CsCl-ethidium bromide, 22, 25
Cup-horn 초음파파쇄기, 469
Cy3 and Cy5 multifunctional sulfoindiocyanine succinimide esters, 681
Cy3 and Cy5 multifunctional sulfoindocyamine succinimide esters, 678
Cycle 씨퀀싱, 467

D

ddNTP 연장/종료 혼합물, 476
DD-PCR, 351
DE81 filters, 378
DEAE-Cellulose 막, 193
DEAE-dextran, 611
DEAE-Sephacel, 199
DEAE-Sephadex, 199
Deep-well microplates, 469
Degenerate oligonucleotide primer, 338
Denaturation solution, 258
Denhardt's reagent, 265
deoxynucleotide triphosphate, 310
Dephsphorylation, 44
Dialysis tubing, 109
dideoxy-매개 씨퀀싱, 467
Dideoxy-매개 합성 종료, 467
Differential display, 309, 351
Differential display PCR, 351
Directional Cloning, 37
Discontinuous Gradients, 25
Discontinuous SDS-PAGE gradient gel, 676
dithiothreitol, 49, 51
DMEM, 644, 645, 646
DMSO, 51, 53, 56
DMS 완충용액, 489
DMS 정지 용액, 489
DNA-binding proteins, 627
DNA denaturing solution, 632
DNA depurination, 259
DNA microarray, 351
DNA Polymerase I, 417
DNase I dilution buffer, 630
DNase I footprinting, 622
DNA 폴리머레이즈 I, 417
DnD solution, 51
DnD 용액, 53
dNTP 용액, 310
donor fluorophore, 683
dot blotting, 291
double-strand probe, 290
Dowex AG50, 29
DpnI, 512
driver RNA, 379
Drop analysis, 165
Dry-ice/ethanol 수조, 637
DsRed, 683
Dulbecco's modified Eagle's complete medium (DMEM), 644

E

EBC lysis buffer, 675
Ecdysone, 653
ecdysone-inducible mammalian expression system, 653
E.coli DNA 라이게이즈, 431
E.coli DNA 중합효소 I, 431
EcoRI methylase, 434
EDTA, 44, 45
EGFP, 683
EGY48, 665
electrocompetent, 169
electroporation, 599
Electroporation, 60, 167
Equilibrium Centrifugatio, 22
Equilibrium Centrifugation, 25
EtBr, 191
Ethidium Bromide, 27, 29, 191, 230, 232
ethyl acetate, 637, 639
Eukaryotic Expression Vectors, 443
Exon Trapping, 449
Exonuclease III, 535
Expression in Mammalian Cells, 621, 644, 648, 651, 653

F

Fibroblast, 644
Ficoll 400, 625, 627, 628
Filter, 73
FLIM-FRET, 679, 681
fluorescent lifetime imaging microscopy (FLIM), 683
fluorescent sulfoindocyanine dyes, 678
fluorometry, 259
Formaldehyde, 283
formaldehyde-RNA-ethidium bromide 결합체를 분리, 283
Formamide, 228, 231
Formamide denaturation buffer, 244
Formamide dye mix, 623
frozen storage buffer, 52
Fusion Proteins, 566

G

GAL1 프로모터, 663
Gelatin solution, 681
Gel loading buffer, 238
gel retardation, 627
Gel Retardation Assay, 627
genomic DNA, 629
genotype, 251
GFP, 678
glutamine, 644, 648, 651
Glutathione-agarose beads, 586
glutathione S-transferase, 576
glycerol, 646
Glycerol storage buffer, 632
glycylglycine, 640
glyoxal-RNA-ethidium bromide 결합체의 분리, 281
Gradient-making device, 109
GST basic buffer, 670
GST blocking buffer, 670
GST fusion protein attached to glutathione-agarose beads, 670
GST interaction buffer, 670
GST wash buffer, 670
GST 단백질 Pulldown, 673
GST 융합-^{32}P 표지 목적 단백질, 670

GST 융합 단백질 탐침, 673
guanidium thiocyanate, 270
GYT 배지, 60, 61

H

Hanahan Method, 51
helper M13K07 박테리오파지, 151
helper virus, 151
hexamminecobalt chloride, 52
high stringency, 124
histidinol, 646, 647, 648, 649, 650
Hot start 방법, 311
HRP, 545
HSB buffer, 632
Hybridization, 65, 67, 69, 73, 631

I

Imidazole elution buffer, 592
inclusion body, 575
Infection at high multiplicity, 86
Inoue Method, 55
Interactor, 660
Inverse PCR, 344
In Vitro Transcription, 371
In vitro 전사, 371
Ion-exchange Chromatography, 29
IPTG, 63, 574
isopropyl-β-D-thiogalactoside (IPTG), 544
isopycnic centrifugation, 92

K

KC8, 665, 668
Klenow Fragment, 417, 467

L

Labeling buffer, 632
labeling ratio formula, 680
LB, 164
library, 543
ligatio, 41
ligation, 40, 44, 49
linker, 47, 436
linker kinase buffer, 47
Lipofection reagent, 601
liquid scintillation counter, 349
Liquid scintillation spectrometer, 394
lithium chloride, 19, 35
Long PCR, 342
lon 유전자, 566
Low-melting-temperature Agarose, 202, 204
Luciferase assay buffer, 640
Luciferase cell lysis buffer, 640
luciferase 활성측정, 640
Luciferin solution, 640
lunt-ended DNA, 47
Lysis buffer, 629, 639
Lysozyme, 6, 7, 9, 10, 11, 12, 16, 17, 173
Lytic Infection, 569

M

M13 RF DNA, 146
M13 균주의 이중 가닥 DNA의 대용량의 스톡, 142
maltose-binding protein, 576
Mammalian Cells, 640, 642
Mapping, 622
Mapping DNase I hypersensitive sites, 629
Melting Temperature, 423
Melting 온도, 423
membrane에의 고정과정, 288
Methylation, 434
Mg^{2+}, 642
$MgCl_2$, 19, 20
Microtiter plates, 469
Mixed oligonucleotide-primed amplification of cDNA (MOPAC), 337
Mo-MLV의 역전사효소, 374
Mutagenesis, 509

N

NA 정지/보관 완충용액, 358
Neomycin, 653, 654
nested PCR, 346
NETN, 675
Neutralization buffer I, 258
Neutralization buffer II, 258
Neutral transfer buffer, 258
NIH-3T3, 648
Nitro blue tetrazolium, 545
nitrocellulose, 65, 66, 67, 68, 69, 70, 71
nitrocellulose membrane, 636
Ni^{++} 친화도 레진, 593
N,N-dimethulforamide (DMF), 678
Nonidet P-40, 625, 635
nonspecific control bait, 669
northern blot, 351
NSS solution, 14
NSS 용액, 15
nuclear extract, 625, 626
nuclease S1, 294
Nucleic Acid, 31, 33, 35
nucleic acid hybridization, 159
nucleic extracts, 624
Nuclei wash buffer, 633
nylon, 65, 66, 67, 68, 69, 70, 71, 636
nylon membrane, 286, 632

O

oligo(dT), 328
Oligo(dT) 컬럼을, 276
ONPG, 642

P

P1 라이브러리, 165
P1 박테리오파지, 164
P1 벡터, 165
PAC vector, 164
PAC 벡터, 165
Pancreatic DNase I, 371
pBAIT, 665
pCMV-SPORT-β-gal, 640
PEG 8000, 88
penicillin, 644, 648, 651
periplasmic space, 583
pfu/ml, 80
pfuTurbo DNA 중합효소, 513
pGEX 벡터, 586
pGL3, 640
Phase Extraction, 27
phenol:chloroform, 2, 3, 4, 5, 6, 16, 18, 19, 20, 626, 631
Phosphate-SDS washing 용액 1, 265
Phosphate-SDS washing 용액 2, 265
phosphoimaging, 366, 671
PKCα, 678
Plasmid DNA, 2, 4, 6, 9, 11, 14, 16, 19, 21, 31, 33, 35, 44
Plasmid Vector, 37, 41
pMW112, 665
Polyacylamide Gel, 402
$poly(A)^+$ RNA, 276
Poly(A) RNA, 266
Polybrene, 619
poly(dI-dC), 625, 627, 628
Polyethylene Glycol, 19

polyhistidine tag, 576
Poly-L-lysine, 681
polymerase chain reaction, 309
polyvinyl alcohol, 622, 625, 627, 628
polyvinylidene difluoride (PVDF), 651
pPGKPuro, 648
Prehybridization and hybridization solution, 74
Prehybridization/hybridization 용액, 73
pRFHM1, 665
primer extension, 305
Probe DNA 또는 RNA, 289
Protease K, 44, 45, 630, 631, 634
proteinase K, 98, 238, 636
Protein A-Sepharose column, 679
Protein-Protein Interactions, 670
Pseudoscreeing, 543
pSV2-His, 644, 645
pTet-tTAk, 644, 645
Pulsed-field 겔 전기영동, 217
Pulsed-field 전기영동, 115
Pulse-field electrophoresis, 155
Pulse-field gel, 114
puromycin, 648, 649, 650, 651, 652
puromycine, 648, 652
PVDF, 652
pVgRXR, 653
pVHL-결합 단백질, 675

Q

Quantitative PCR, 347

R

random hexamer, 328
random hexamer priming, 186
Random priming, 358
reaction buffer, 633
Real-time PCR, 347, 348
recombinase, 167
Red blood cell lysis buffer, 254
Reduced glutathione, 673
Regulator, 644, 648, 651, 653
resin, 30
Reverse Transcriptase, 428
Reverse Transcriptase-PCR, 456
reverse transcription, 327
RF DNA, 138
RNA, 632
RNA denaturation solution, 291
RNA-dependent DNA plymerase, 327
RNase A, 31, 33, 34, 35, 630
RNase A와 RNase T1의 혼합효소, 300
RNase H, 431
RNasin, 371
RNA-의존 DNA 중합효소, 374
RNA의 지도 작성, 294
RT-PCR, 348

S

Salmon sperm DNA, 266
screening, 69
Screening, 63, 65, 67, 69
SDS, 2, 4, 6, 14, 16, 44, 45, 667
self-ligation, 106
sense, 327
Sephacryl equilibration buffer, 33, 34
Sephacryl S-1000, 33, 34
Sephadex G-50, 382
Sephadex G-50 spun, 359
Sepharose CL-4B, 439
Sep-Pak C18, 402, 415
Sequenase version 2.0, 477
shrimp alkaline phosphatase (SAP), 44, 45
simultaneous activation, 663
Single-stranded Conformational Polymorphism (SSCP), 531
Site-directed Mutagenesis, 519
Size-exclusion Chromatography, 412
SM, 154, 545
SNET, 251
SOB 한천 배지, 551
SOC medium, 167
sodium chloride, 31
sodium phosphate, 642, 643
soft agar, 546
Sorbitol buffer, 180
Southern, 629, 631
Southern blotting, 258
specific activity, 680
spheroplast, 180
spooling, 246
SSC, 258
STES lysis solution, 665
Stop mix, 622, 626
StrataScript, 374
streptomycin, 644, 648, 651
subtracted cDNA 탐침, 357
subtraction, 379
Sucrose dye solution, 627
SuperCos-1, 154
SuperScript II, 374
SYBR Gold, 191, 201, 230, 232
SYBR Gold 용액, 258

T

T4 DNA중합효소, 509
T4 박테리오파지, 154
Taq DNA 중합효소, 461, 467
Taq 희석 완충용액, 483
TB, 154
Tetracycline, 644, 648, 651
Thin-layer chromatography (TLC) solvent, 637
Tissue homogenization buffer, 623, 633
Tissue resuspension buffer, 623
TLC, 639
TM 완충용액, 480
TNT 완충용액, 545
Toothpick Minipreparation, 14
top agar, 78
Transcriptional Run-on Assays, 632
Transfection, 642, 644, 648, 653
Transformation, 51, 55, 58, 60
transformation buffer, 52, 56
Transverse Alternating Field 전기영동, 226
Trifluoroacetic acid (TFA), 675
Triton X-100, 9, 637, 640
Trypan Blue dye, 623, 624, 629, 630, 634, 635
Trypsin, 645, 646, 648, 650
tTA-expressing NIH-3T3 Cells, 648
TTE 완충용액, 468
T vectors, 319
Two-component Systems, 665
T 벡터, 319

U

ultra-competent cell, 55
ultrafiltration, 315
UV light, 72
UV transilluminator, 680

V

Vectorette polymerase chain reactions, 184

W

Whatman 3MM, 74

X

X-gal, 63

Y

YACs, 176
Yeast, 220
yeast artificial chromosomes, 176
Yeast lysis solution, 665
Yeast rescue buffer, 665
YPD, 176

Z

Zymolase 100T, 180
Zymolyase, 667

ㄱ

글루타치온-아가로즈 비드, 673

ㄴ

니트로셀룰로스 filter, 546
니트로셀룰로즈 필터, 115

ㄷ

다채널 피펫터, 469
다클론 항혈청, 556
단백분해효소 K, 391
단백질-단백질 상호작용, 673
단백질 동시면역침강법, 675
단백질분해효소 K, 237
단백질의 labelling, 678
단백질의 상호작용, 678
단일가닥구조다형성법, 531
돌연변이생성, 509
드라이아이스/에탄올 수조, 638
등량, 99

ㄹ

라이소젠, 543
레진, 21

ㅁ

마커, 224
메틸화, 434
면역염색법, 674
무작위 priming, 357
무작위 서열 올리고뉴클레오티드, 357
미네랄 오일, 487
미세 발사체 배송, 599

ㅂ

박테리아 인위 염색체, 169
박테리오파아지 M13, 506
박테리오파아지 T4 DNA 중합효소, 431
박테리오파아지 T4 폴리뉴클레오타이드 카이네이즈, 406, 431
박테리오파지 M13 단일 가닥 DNA, 140
박테리오파지 M13벡터, 468
박테리오파지 M13 재조합체, 145
박테리오파지 T3, T7, 또는 SP6의 DNA-의존 RNA 중합효소, 371
박테리오파지 T7 DNA 중합효소 (Sequenase), 467
박테리오파지 λ, 543
방사선으로 표지된 탐침, 73
방사선표지, 546, 632
방사성 동위원소를 가진 DNA 검출, 213
변성 폴리아크릴아마이드 겔, 467
비표지화 상대산물, 680

ㅅ

상어이빨 comb, 493
상호작용의 평형상수, 688
새우 염기성 탈인산효소 [SAP], 391
세균 염기성 탈인산효소 [BAP], 391
세포, 271
송아지 장 염기성 탈인산효소 [CIP], 391
수크로스 밀도구배, 110
스페로플라스트, 183
스풀링, 237, 246
스핀 컬럼 크로마토그래피, 104
실란액, 493
실버 나이트레이트, 674

ㅇ

아크릴아미드, 493
알칼리성 아가로우즈 겔, 205
암모늄 아세테이트, 668
암모늄 퍼설페이트, 493
압착과 침투 방법, 215
액체 섬광 측정기, 349
액체질소, 624, 625
양치기의 지팡이(Shepherd's crook) 모양 막대, 100
얼렸다녹이기, 638
에드만 분해방법, 675
에탄올 침전, 139
엑소뉴클레이즈III, 535
역 PCR, 344
역전사, 309, 327
역전사중합효소연쇄반응, 456
역전사효소, 327, 374, 428
연쇄 선형 구조, 317
연어 정자 DNA, 489
염기성 탈인산화 효소(AP), 544
염색체 워킹, 344
오레곤 그린, 683
올리고뉴클레오티드 primers, 474
왁스 비드, 487
위치 특이 돌연변이 유발, 519
유전자형분석, 251
융합단백, 566
음이온 교환 chromatography, 199
인트론의 위치, 294

ㅈ

자가 연결, 106
자이몰레이즈, 183
재조합 파지미드, 150
저온용해 아가로스 겔, 361
전기영동, 189, 626
전기천공, 167
전기천공법, 599
전해질 농도구배 겔, 467
정량적 PCR, 347
조직에서 RNA 분리, 271
중합효소연쇄반응, 309
지노믹 DNA 라이브러리, 115
진핵세포 발현벡터, 443

ㅋ

칼슘인산염 침전법, 599
코스미드, 115
코스미드 라이브러리, 158
코스미드 벡터, 154
콘카타머, 243
콜로니 PCR, 318
쿠마시 블루, 674
클로로포름-덮어씌우기 분석방법, 664
킬레이터, 94

ㅌ

탈이온시킨 formamide, 368
탐침, 543
탐침 단백질, 673
태반 RNase 저해제, 371
태반 염기성 탈인산효소, 391
투석, 196
투석용액 1, 244
투석용액 2, 244

ㅍ

파-웨스턴 분석, 670
펄스 필드 전기영동, 220
포름산 피페리딘, 489
포름아미드 로딩 완충용액, 368
포스파타아제, 145, 146
폴리아크릴아마이드 젤, 402
폴리아크릴아미드, 208
폴리에틸렌 글리콜, 398
표면 플라즈몬 공명 기술(SPRS), 686
표지화 비율, 680
표지화 산물, 680
프라이머신장법, 305
프로테아제 저해물질, 673
플라그, 78
플레이팅 박테리아, 135
피페리딘, 489

ㅎ

하이드록시아파타이트 컬럼, 378
한외여과법, 309, 315
항원-항체 복합체, 544
항체-항원 상호작용의 kinetic 분석, 688
핵, 630, 632, 635
핵산 혼성법, 159
협공 고성능 액체 크로마토그래피, 677
형광 공명 에너지 전송(FRET), 678, 681
형광 염색약, 678
형질도입, 651
형질전환, 38, 43
화학적 씨퀀싱, 467
회복, 232
효모 무기 탈피로인산효소, 477
효모 인위 염색체, 176
히드라진, 489
히드라진 정지 용액, 489
히드록시아파타이트 크로마토그래피, 378